Poul Vad

Anatomie der Katze
Roman

Aus dem Dänischen von Monika Wesemann

Rasch und Röhring Verlag

Für Karen

CIP-Kurztitelaufnahme der Deutschen Bibliothek

Vad, Poul:
Anatomie der Katze: Roman / Poul Vad. – 1. Aufl. –
Hamburg; Zürich: Rasch und Röhring, 1987.
ISBN 3-89136-164-5

Originaltitel: Kattens anatomi

Schutzumschlaggestaltung: Studio Reisenberger
unter Verwendung einer Illustration von Kirsten Christensen
Satzherstellung: Fotosatz Otto Gutfreund, Darmstadt
Druck- und Bindearbeiten: Bercker Graphischer Betrieb, Kevelaer
Printed in Germany

Inhalt

1

Der Aufbruch und Elias Lönns und des Scholiers erste Geschichten. Madame Blanche. Die Afghanen. Beatrice, Fräulein Camilla und das Imperium der Ratten

An dem Tag, als Elias Lönn beschlossen hatte, nach Hammerum zu reisen, erwachte seine Frau am Morgen mit einem kleinen Schrei, weil sie geträumt hatte, sie sei eine Fliege, die auf einer Leiche herumspazierte. Das war ihr anfangs freilich nicht klar, da sie über die seltsame Geographie der nackten Landschaft überhaupt nicht weiter nachdachte, sondern weit mehr mit ihrer ungewöhnlichen Wesensform beschäftigt war, die sie nicht richtig verstand. Sie fühlte sich unsicher mit ihren Flügeln, imstande zu fliegen und im Besitz von nicht weniger als sechs eifrigen Beinen, die zu laufen begannen, sobald sie gehen wollte. Als ihr der Zusammenhang aufging, erhob sie sich in Angst und Pein auf glänzenden Flügeln in die Luft. Es war ihr, als schwebte sie zu einem blendenden Licht empor, gleichzeitig fühlte sie jedoch, daß sie erst irgendeine unerhörte Prüfung überstehen müsse, bevor sie wieder eine menschliche und normalere Gestalt annehmen konnte. Deshalb schrie sie, als sie erwachte, die Morgensonne im Gesicht, Auge in Auge mit der entschlossenen Resignation ihres vernünftigen Mannes.

Als ich später an die Rekonstruktion der Ereignisse dieses Tages ging, besann ich mich darauf, wie das Ganze angefangen hatte, und obgleich damals niemand seine Bedeutung verstand, kam ich mit mir überein, es zusammen mit all dem anderen, das ich ebenfalls nicht verstand, zu erzählen.

Ich hatte es übernommen, während Lönns kurzer Abwesenheit auf das Geschäft aufzupassen. Unsere hinteren Geschäftsräume stießen aneinander, so, wie das für einen Optiker und einen Uhrmacher nur natürlich war, und da wir eine Tür hatten durchbrechen lassen, war es für mich eine Kleinigkeit, auf eventuelle Kunden zu achten, ihnen zu erklären, daß sich der Optiker seit einer Ewigkeit zum erstenmal einen freien Tag genommen hatte, und sie zu bitten, ein andermal wiederzukommen.

Elias Lönn hatte eine Siamkatze namens Spinoza. Die hatte er schon seit vielen Jahren, und er nahm sie immer mit ins Geschäft, wo sie sich gern auf einem der Regale in der Werkstatt niederließ. Er hatte sich einen runden Korb mit Deckel und Henkel angeschafft, dessen Boden und Seiten gefüttert und danach mit blauem Samt bezogen worden waren. Spinoza nahm Platz in ihrem Korb – und entstieg ihm wieder auf alten, zittrigen Beinen, doch mit dem Ausdruck königlicher Würde, und zusammengerollt glich sie einem gräulichen, riesigen Diamanten in erlesener Fassung. Aus irgendeinem Grund erhöhten ihre glänzende und verfeinerte Gestalt und der kalte, unpersönliche Blick der blauen Augen den Eindruck einer unerschütterlichen und gleichzeitig zerbrechlichen Stille, die von den Regalen mit den feingeschliffenen Gläsern und dem blanken Metall der optischen Instrumente ausging. In der Gleichgültigkeit, mit der Spinoza die Welt betrachtete, fand ich eine Grausamkeit, die ich nicht verstand.

Frau Lönn und Spinoza begleiteten den Optiker. Noch immer entsinne ich mich des Maitages in jener Friedenswelt, als wir nichtsahnend voneinander Abschied nahmen. Er sollte mir seither immer wieder ins Gedächtnis zurückkehren. Ich bin noch immer nicht fertig mit ihm.

Martin hatte strengen Befehl, auf seinem Weg von und zur Schule keinerlei Abstecher zu machen. Als das unschuldige Kind, das er war, konnte ihm alles mögliche zustoßen, weshalb es nur natürlich war, daß sich seine Eltern um sein Wohl und Wehe sorgten. Man sollte vielleicht nicht annehmen, daß derartige Vorsichtsmaßnahmen im Silkeborg des Jahres 1936 notwendig gewesen seien, es trieben sich aber doch auf Straßen und Wegen häufig Rüpel und Rabauken herum, und nicht selten sah man auch Säufer und andere verdächtige Personen frei umhergehen, obgleich sich diese in der Regel doch in dem unappetitlichen Niemandsland hinter der Genossenschaftsschweineschlachterei aufhielten, auf deren spärlichem Rasen Abfall, leere Konservendosen und alte Zeitungen herumlagen. Einige von ihnen waren dort von Eltern geboren worden, die von anderen Himmelsstrichen her eingewandert waren, und sie hatten auch ihren eigenen kleinen Friedhof, wo sie ihre Toten ohne Pfarrer und Totengräber in die Erde senkten. Dann war da noch der Waldschrat, der hinter dem neuen Friedhof in einem der Gemeindewälder in einem verfallenen Baubudenwagen wohnte, den man aber beständig auf dem Fahrrad umherstreifen sah, in einem alten Mantel mit einem Strick um den Bauch, mit blutunterlaufenen Augen, Lippen, die immer etwas feucht waren, weil er die ganze Zeit ein wenig sabberte, und einem Tun und Lassen, dessen unbestimmbares Wesen uns die finsteren Absichten einer unbekannten Welt auszudrücken schien. So hatte es also trotz der Tatsache, daß wir im großen und ganzen in geordneten Verhältnissen lebten, seine Erklärung, daß Herr und Frau Lönn dies als eine Frage von großem Ernst betrachteten. An diesem Tag sollte sich Martin nach der Schule bei mir einfinden, und damit war er durchaus zufrieden. Er war sowieso daran gewöhnt, mir in meiner Werkstatt kleine Besuche abzustatten, wir redeten über Gott und die Welt, und in seiner Knabenseele spürte ich das unruhige Verlangen, das nicht so sehr als Ausdruck eines Dranges zu verstehen als vielmehr Hang zum Unverständlichen ist, so, als wolle es sich selbst in den wogenden und stürmischen Zuständen wiederfinden, die sich unter der Oberfläche der Dinge verbergen. Als ich mich von ihnen verabschiedete, konnte ich nicht umhin, Frau Lönns problematischen Geruch zu bemerken, den ich nicht erwähnen würde, wenn es sich dabei nicht um mehr als eine rein private Angelegenheit gehandelt hätte. Niemand soll mich der Andeutung beschuldigen, Frau Lönn habe in irgendeiner Weise ihre persönliche Hygiene vernachlässigt. Sie vermochte nur nichts gegen die Transpiration, die, wenngleich nicht sonderlich stark, doch einen durchdringenden, essigähnlichen Geruch verbreitete, deren unvorteilhafter Wirkung auf ihre Umgebung sich die unglückliche Frau nicht einmal bewußt war.

Auf dem Bahnhof fiel Elias Lönns Blick durch die Scheibe zum Fahrkartenschalter und auf den Hund des Bahnhofsvorstehers. Er knurrte unheilverkündend, als hätte er ihm am liebsten verboten zu reisen, oder vielleicht, weil er erriet oder mit seinem feinsinnigen Gespür registrierte, was der Korb in Lönns Hand enthielt. Als sie auf den Bahnsteig hinaustraten, sah er den Hund erneut, der sich nun aus dem Gebäude schlich. Es war ein unbestimmbarer Bastard, der seine Schnauze hob und schnüffelte, als er an dem Ehepaar vorbeikam, und man braucht nicht sehr viel über Hunde zu wissen, um sich darüber im klaren zu sein, daß er *alles* erschnüffelte; nichts blieb ihm verborgen. Daraufhin setzte er seinen Weg fort, mit hechelnder Zunge und einem betrübten, allwissenden Ausdruck in den gelblichen Augen, hin zum Ende des Gebäudes, wo er sich hinlegte und sich kurz darauf ein zweiter und ebenso hoffnungsloser Bastard zu ihm gesellte, der augenscheinlich herrenlos war, wenn es sich denn nicht um einen der jämmerlichen Köter handelte, die sich zusammen mit den Säufern hinter der Schlachterei herumtrieben.

Einen Augenblick, nachdem der Zug eingefahren und das Ehepaar eingestiegen war, fingen die Hunde an zu bellen. Sie bellten, während der Zug hielt, und auch, als er wieder anfuhr. Ich kenne die Sprache der Hunde ein wenig und verstand das meiste von dem, was sie bei der Gelegenheit sagten. Leider waren sie ziemlich vulgär

und ihre Tiraden kein bißchen tiefsinnig, da diese aber in gewisser Weise mit zur Geschichte gehören, weil sie durch die Anwesenheit von Herrn und Frau Lönn auf dem Bahnhof von Silkeborg veranlaßt wurden, will ich sie dennoch wiedergeben, jedenfalls in Auszügen, denn mehr verdienen sie nicht.
Pfui Teufel, sagte der Hund des Bahnhofsvorstehers, manchmal meint man fast, man kommt ihnen zu nahe. Das Seltsamste ist, daß sie es selbst aushalten können.
Das liegt ganz einfach an ihrer Unwissenheit, sagte der zugelaufene Hund, oder an ihrer Dummheit, um es geradeheraus zu sagen. Und du führst hier sogar noch ein sehr behütetes Dasein. Du solltest mal versuchen, was man mir manchmal bietet! Es ist, als zögen sich einem die innersten Gedärme zusammen, und manchmal bekomme ich fast Mitleid mit ihnen, aber so tief bin ich doch noch nicht gesunken!
Behütet! Man hört schon, daß du nicht weißt, wovon du redest. Du vergißt völlig, daß hier alle möglichen Sorten vorbeikommen, und ich kann dir sagen, viele sind erheblich schlimmer als die, von denen du sprichst, denn die Sorte kenne ich nämlich auch. Klar ist ihr Mief happig, aber das liegt vor allem daran, daß sie sich nicht waschen und in Sachen herumlaufen, die auch nie gewaschen werden und die sie nie ausziehen. Aber es gibt welche, die übel riechen, auch wenn sie sich noch so sehr waschen. Ja, je mehr sie sich waschen, um so mehr riechen sie. Ich gebe dir recht, sie sind dumm. Selbstverständlich sind sie dumm. Weißt du aber auch, weshalb sie dumm sind? Weißt du, worin ihre Dummheit und Unwissenheit bestehen?
Ich möchte meinen, sie bestehen darin, daß sie zuweilen ihren gegenseitigen Geruch aushalten können, obgleich man es nicht für möglich halten sollte.
Das ist keine Erklärung. Es reicht doch nicht, wenn man sagt, sie sind dumm, weil sie dumm sind! Aber ich kann dir sagen, ich habe entdeckt, worin ihre Dummheit besteht.
Na, dann zier dich doch nicht so und erzähl es mir lieber gleich, wenn es wirklich wahr ist und nicht nur Angabe.
Selbstverständlich ist es keine Angabe, und du, werde bloß nicht frech! Der ganze Fehler liegt darin, daß wir glauben, sie seien uns mehr oder weniger ähnlich, obgleich sich jeder ausrechnen kann, daß das überhaupt nicht stimmen kann. Wenn sie einander aushalten können, obgleich sie einander eigentlich nicht aushalten können dürften, dann ganz einfach, weil sie es nicht wissen! Sie sind so

degeneriert – ja, oder auch einfach unentwickelt, das kann ich nicht entscheiden –, daß sie sich voneinander weder angezogen noch abgestoßen fühlen, so einfach ist das. Du brauchst nur auf einen oder zwei Meter Abstand heranzukommen, und schon weißt du den größten Teil dessen, was wissenswert ist. Aber die können einander auch die Schnauze in den Schädel stecken und werden doch nicht schlauer. Deshalb irren sie sich immer übereinander, und das ist ja nicht weiter verwunderlich. Aus dem Grunde bilden sie sich auch ein, daß die Luft uns alle trennt, während wir uns völlig im klaren darüber sind, wie das in Wirklichkeit zusammenhängt, daß nämlich die Luft uns alle verbindet.

Sieht das wirklich so aus! Dann muß es ihnen ja noch schrecklicher gehen, als ich es mir vorgestellt hatte. Doch das erklärt vieles. Auf diese Weise müssen sie sich ja fürchterlich einsam fühlen?

Das tun sie auch. Glücklicherweise aber – kann man in gewisser Weise sagen – sind sie sich selbst dessen nicht ganz bewußt. Sie sind so in die Einsamkeit verliebt, daß sie, statt sich daraus herauszuarbeiten, sich immer tiefer darein verbohren. Nein, Gerüche wollen sie sowenig wie möglich, und wenn sie dann die Welt nicht mehr direkt erleben können, dann wollen sie sie sich vorstellen, und das geht natürlich gar nicht.

Na, aber alles taugt doch wohl zu irgend etwas? Was du da sagst, ist vielleicht auch der Grund, weshalb sie sich entschlossen haben, uns zu dienen und uns Futter und Obdach zu geben? Ich habe mich zwar den größten Teil meines Lebens herumgetrieben, denn diese Art von Dasein ziehe ich nun einmal vor, aber letzten Endes habe ich meine tägliche Mahlzeit immer ohne größere Anstrengungen bekommen können. Und dich bürstet und streichelt und krault man wohl?

Das liegt, erwiderte der Hund des Bahnhofsvorstehers, alles an ihrem heimlichen Kummer. Sie haben das unklare Gefühl, sich gegen irgend etwas vergangen zu haben, aber was das ist, können sie nicht richtig herauskriegen. Es tröstet sie, uns in ihrer Nähe zu haben. Unsere Lebensweise bestätigt ihren Kummer in einer Weise, die sie selbst nicht richtig verstehen. Achte mal darauf, sie schauen immer zur Seite, wenn wir unsere Exkremente ablegen. Das sehen sie nicht gern! Und wenn sich zwei von uns an einer ihrer Straßenecken paaren, dann amüsieren sie sich, sie lachen, aber dieses Lachen hat etwas Künstliches an sich; irgendwie ist es eine Art Todeslachen, und das kannst du deutlich hören, wenn du genau hinhörst. Auf diese Weise, kann man sagen, treten wir beständig vor

ihnen auf. Wir sind das Welttheater der Hunde, das seine Vorstellungen immer zeigt, und niemand hat ein so dankbares Publikum wie wir.
Während sie sich so unterhielten, war der Zug natürlich schon längst außer Sicht. Herr und Frau Lönn waren in ein Abteil gegangen, wo sie sich in Gesellschaft eines dritten Reisenden befanden, der bereits dort saß, ein Mann in mittleren Jahren mit einem riesigen Koffer, dessen Hotelaufkleber in strahlenden Farben mit den Namen bekannter und unbekannter Städte in fernen Ländern und anderen Erdteilen sie an den fliegenden Koffer des Märchens denken ließen. Er betrachtete das Ehepaar mit einer gefräßigen Neugier, so, als sei an diesen beiden ganz gewöhnlichen, einfachen Menschen irgend etwas Ungewöhnliches, und erzählte unaufgefordert, daß er auf dem Weg in seine Heimatgegend sei, nach vielen, allzu vielen Jahren in der Fremde. Um einen Platz zu finden, sagte er, wo ich endlich zur Ruhe kommen kann. Und wo ich es darf, setzte er hinzu, als sei das etwas Verbotenes; so was wie ein Schrebergarten, nur eine Winzigkeit größer, mit einer weißen Bank, einem Tisch und einer Kaffeekanne: Ist das nicht ein wunderbarer Gedanke?
So lernten sie Vagn Wagner kennen, der sich selbst Scholier nannte und sich nun wieder der Landschaft zuwandte, die seine Augen mit einer Art lebensmüder Aufmerksamkeit verschlangen. Die Zugfahrt von Silkeborg nach Hammerum dauerte damals normalerweise eine Stunde, und bringen wir nun ein für allemal die Landschaft hinter uns. Erst ist da der Wald, dann die Sumpfstrecke und ein vereinzelter, unbedeutender See. Dem Sumpf folgen schwere Hügel, worauf die Eisenbahn endlich in das flache Land hinausführt, das sich von dort aus öde und gleichförmig meilenweit nach Westen erstreckt. Bevor der Zug jedoch so weit kam, mußte er in Funder halten. Der Bahnhof war nicht viel mehr als ein Trittbrett: ein Kiesbahnsteig und ein winziges Bahnhofsgebäude. Die Einwohner von Funder waren mit ihrer Scholle so verwachsen, daß sie sich nie dazu verlocken ließen, den Zug zu besteigen, um andere Gegenden zu besuchen. Deshalb bekamen sie selbst auch nie Besuch, und deshalb war der Aufenthalt des Zuges hier eine reine Formsache. Die Landschaft war mit anderen Worten völlig ereignislos für alle anderen als Elias Lönn, der nicht ahnte, welche Gefahren und Versuchungen in dänischen Buchenhainen und Wäldchen lauern. Er saß da und starrte gedankenverloren zu einem fernen Waldrand hinüber, dessen frisch ausgeschlagenes Laub in der Sonne leuchtete, als ein unerklärliches, lockendes Winken zwischen den Bäumen sein vernachlässig-

tes Fleisch sich beschämt wie einen ungezogenen Schuljungen davonstehlen ließ, erpicht darauf, sich in unschuldige, doch verbotene Abenteuer zu stürzen. Der Geist entdeckte jedoch bald, was hier gespielt wurde, und nahm die Verfolgung auf, denn er fürchtete, das Fleisch würde ihn ins Unglück stürzen oder doch jedenfalls einen Zustand der Verwirrung und Unruhe herbeiführen, der nicht gut war. Es gelang ihm auch, das Fleisch einzuholen, und er brachte sich rittlings auf ihm an, um es im Zaum zu halten und auf den rechten Weg zu lenken. Das Fleisch aber, das bereits die Süße der Freiheit gekostet hatte und auf den Geschmack gekommen war, setzte mit seinem unglücklichen Reiter zum Sprung an und stürzte auf das nächste Dickicht zu, ein kleiner Hain mit hohen Bäumen, deren Laub die stechenden Sonnenstrahlen filterte, mit ein wenig Gras, Mäuschen, die sich paarten, und einem säuerlichen Geruch von den Blumen des Waldbodens. Ist es hier nicht herrlich? sagte das Fleisch, und der Geist mußte es zugeben, doch, herrlich ist es hier schon, denn dies ist die Natur, wie der gute Gott sie geschaffen hat, aber ... Und fühl nur, fuhr das Fleisch fort, wie mild die Luft ist, wie reiner Balsam, weicher als die weichste Hautcreme. Das Fleisch betrachtete seine eigene weiße Haut und brachte vorsichtig zwei bebende weiße runde weiche Backen in pieksigem Gras an und starrte verlegen auf das Bäuchlein, das sich offenbart hatte. Im Paradies, sagte der Geist, waren die Menschen nackt, aber ... – Ist das nicht komisch, unterbrach ihn das Fleisch, ich fühle mich wie ein Kind: Ich bin ein Kind, Körper eines Kindes, Haut und Haar eines Kindes, Augen eines Kindes und inmitten all dieser Herrlichkeit angebracht. Während das Fleisch noch sprach, kam eine Nymphe, die ihre Wohnung in dem kleinen Hain hatte, zwischen den grauen Buchenstämmen herbeigegangen. Ihr Anblick erschreckte den Geist so sehr, daß er ins Unterholz flüchtete, von wo aus er atemlos und in großer Pein dem Geschehen folgte. Die Nymphe war natürlich überrascht, als sie den splitternackten Körper des Optikers Elias Lönn – den sie am wenigsten hier zu finden erwartet hatte – dort liegen sah, in Moos und Gras ausgestreckt; sie blieb stehen und betrachtete ihn schweigend. Der Anblick seines Spitzbäuchleins und der dünnen, blaugeäderten Beine machte sie lächeln, und als ihr Blick auf die Füße und Zehen fiel, die geradewegs in die Luft ragten, schüttelte sie den Kopf und sagte zu sich, arme Füße und arme Zehen, die sind so miserabel, daß sie nach Mitleid verlangen. Weshalb steht Elias Lönns Schicksal dort geschrieben, in der Form der Knochen, der toten, hornigen Haut und der eingewachsenen Nägel? Ist das in

Wirklichkeit nicht eine Tragödie? Denn diese Füße sollen ihn ja bis ans Ende seiner Tage *tragen*, und das gerne einigermaßen anständig unter anderen Menschen. Sie sollten in diesem Dasein sein wahres und elastisches Fundament sein, und nach ihrem Aussehen zu urteilen steht es nicht gut um ihn. Es ist schade um die Menschen, daß sie mit solchen Füßen leben müssen. Oder ist es nicht eher schade um die Füße, daß sie mit solchen Menschen leben müssen? Doch nun will ich zu ihm hingehen und mich auf ein Gespräch mit ihm einlassen und herauskriegen, was er in sich hat, und vielleicht sogar ein wenig im Gras mit ihm tändeln.

Und so geschah es, daß der Optiker in mittleren Jahren plötzlich in die strengen Augen der Waldnymphe emporsah. Sein Fleisch war entzückt und schämte sich über sich, denn sie war eine stolze und schöne Nymphe mit schwellendem Busen und würdevoller Haltung, aber auch mit einem Schalk in den blauen Augen.

Sie sah seine Verlegenheit und sagte: Warum schämst du dich?

Er sah direkt an ihr vorbei und antwortete: Weil ich nackt bin und nicht weiter hübsch, ich fühle mich entkleidet und unwohl, weil du mich ansiehst. Ich bin ein äußerlich armes Fleisch, mein Bauch ist unschön und unwürdig, schau, wie dünn meine Schenkel sind, wie Stöcke unter dem Oberkörper – ist es so seltsam, daß ich mich gern verstecken möchte?

Doch die Nymphe sprach: Diese Art Gedanken mußt du dir augenblicklich aus dem Kopf schlagen, oder wo sie sich sonst verstecken. Ich bekomme eine Gänsehaut am ganzen Körper, wenn ich dich so reden höre, und das ist das schlimmste, was einer Nymphe passieren kann. Was du da sagst, ist eine fürchterliche Sünde. Du bist Fleisch und darfst dich nicht schämen. Du mußt auf der Stelle anfangen, dich zu lieben, sonst kannst du nicht leben, und um dich zu lieben, mußt du dich genießen, und um dich zu genießen, mußt du eins sein mit dir, und um eins zu sein mit dir, mußt du dich vergessen, und damit du dich vergißt, will ich dir eine Ohrfeige geben.

Und bevor er sich besann, gab ihm die Waldnymphe eins hinter die Ohren, daß ihm der Schädel brummte. Elias Lönn erschrak fürchterlich, denn ihm war noch nie eine Frau begegnet, die so handfest auftrat; in seinem Nervensystem begaben sich seltsame und unkontrollierbare Dinge, und er begriff nicht, was ihm einfiel, als er in einem Anfall übermütiger Keckheit der Nymphe ins pralle Hinterteil kniff. Sie lachte nur und umarmte ihn, doch als er wiederum in ihre Augen hochsah, lachte sie nicht mehr, und er bekam es mit der Angst.

Vor einem Augenblick fühlte ich mich wie ein Kind und war froh und glücklich, sagte Elias Lönns Fleisch, aber jetzt habe ich Angst.
Das ist klar, sagte die Waldnymphe, das hier ist ein ernsthaftes Spiel, das ist nichts für verantwortungslose Rotznasen.
Ich habe geglaubt, fing das Fleisch an, doch die Waldnymphe unterbrach es: Dann hast du alles völlig mißverstanden. Ich will einen Mann, kein verspieltes Kind. Und wo ist dein Geist? Das hier schaffen wir nicht ohne die Hilfe deines Geistes.
Elias Lönns unerprobtes Fleisch begann zu zittern und stieß schließlich hervor: Aber ich habe geglaubt ... Bist du verrückt! rief die Nymphe mit so fürchterlicher Stimme, daß der Geist, der sich sowieso schon ins Unglück gestürzt fühlte, völlig verschreckt wurde. Das Fleisch sprang vom Waldboden empor, wo es noch immer ruhte und auf eine Glückseligkeit wartete, die sich nicht einstellte; es setzte dem Geist hinterher, tiefer ins Dickicht hinein. Es fühlte sich angeführt, und panischer Schrecken überfiel das Fleisch. Es verwirrte sich in einem Labyrinth aus Gebüsch, Gestrüpp und Blättern und traf den Geist an einer Stelle im Schatten wieder, wo sich die Zeremonie einer düsteren Versöhnung und Unterwerfung abspielte. Der Zug setzte sich in Bewegung, und Elias Lönn war glücklich, sich in Gesellschaft seiner Frau und des Scholiers wiederzufinden, die seine Abwesenheit glücklicherweise nicht bemerkt hatten. Ich muß besser aufpassen, sprach er zu sich, selbst eine kleine Reise kann offenbar Überraschungen bieten, die ich mir nicht vorgestellt hatte. Es ist seltsam mit Reisen, sagte er laut, unterwegs passiert immer etwas, was man nicht vorausgesehen hatte; und hinterher meint man, daß das, was geschah und nicht hatte geschehen sollen, das Wichtigste war – man sollte fast meinen, es sei der Grund der Reise gewesen.
Davon kann ich ein Lied singen, bemerkte der Scholier, aber ich muß zugeben, daß ich die meisten Überraschungen, die mir widerfahren sind, gern entbehrt hätte, denn sie haben mir, ehrlich gesagt, das Leben verdorben und die Reise durchs Leben abwechslungsreicher gemacht, als gut ist. Nun hoffe ich, daß das endlich vorbei ist.
Elias Lönn erwiderte: Was mich betrifft, so ist das ganz anders gewesen. Ich verdanke es denn auch nur dieser Art unvorhergesehener Ereignisse, daß sich mein Leben unter der Herrschaft der Vernunft so still und friedlich gestaltet hat und daß ich heute hier sitze als der, der ich bin. Wenn ich seinerzeit als junger Optiker auf dem Weg in die Schweiz nicht in Hamburg Aufenthalt gemacht hätte, dann möchte ich nicht wissen, wie es Elias Lönn ergangen wäre.

In Hamburg mußte ich umsteigen und war gezwungen, dort zu übernachten. Seit meiner Abreise aus Silkeborg war ich bereits unzählige Male umgestiegen. Es war damals eine sehr lange und umständliche Reise. Ich logierte mich in der Spiegelstraße im Hotel »Zum guten Bürger« ein, einem Hotel, das sehr zu meiner Zufriedenheit hielt, was sein Name versprach.
In Hamburg entdeckte Elias Lönn, daß die Welt ein Labyrinth ist, eine Wildnis, eine unüberschaubare Weite, wohin auch immer man den Blick wendet, über alle bekannten und unbekannten Horizonte hinaus verlängert und multipliziert und von so unglaublicher Kompliziertheit, daß es keinem Menschen möglich ist, irgendwelche Vorausberechnungen über mögliche Abläufe, Bahnen und Richtungen anzustellen, sobald man sich auch nur über das Allernächstliegende hinausbewegt.
Ich kam geradewegs aus Silkeborg, der größten Stadt, die ich jemals gesehen hatte. Damals konnte man fast von einem Ende zum anderen spucken. Die Zahl der Störche, die jedes Jahr zu denselben Nestern zurückkehrten, war zwei- oder dreimal so hoch wie heute. Die wenigen Straßen bevölkerten nur Menschen, deren Fleiß und Rechtschaffenheit über jeden Zweifel erhaben waren, ob Städter oder Bauern auf Besuch in der Stadt. Und am Ufer des Gudenaa lag ein einziges Schiff vor Anker, der berühmte Raddampfer »Goldregenpfeifer«, der im Linienverkehr zwischen Silkeborg und Himmelberg hin- und herfuhr, doch nur im Sommer, und dessen dreiköpfige Besatzung – Kapitän, Maschinenmeister und dann der, der an den Landungsbrücken vertäute, den Passagieren an Land half und Fahrkarten verkaufte – die einzigen Seeleute waren, die meine Augen je erblickt hatten. Kaum hatte ich mich in die Straßen und Gassen von Hamburg hinausbegeben, da überfiel mich eine Verwirrung, die mir fast den Boden unter den Füßen weggerissen hätte. Die Menge der Menschen in den Straßen war so gewaltig, daß ich mich nicht mehr als hundert Meter vom Hotel entfernt hatte, bevor ich stehenbleiben und Schutz suchen mußte in einem abgelegenen und friedlichen Winkel auf einem großen Platz, an den ich gekommen war, um hier meine Gedanken zu sammeln und einen Überblick über die Lage zu gewinnen. Bereits das Auffinden eines friedlichen Winkels war schwieriger, als ich geglaubt hatte, schließlich aber gelang es mir doch, eine Toreinfahrt zu finden, die anscheinend nur der Zufluchtsort von Hunden, Katzen und Ratten war. Ich fühlte mich überzeugt oder fühlte doch instinktiv, daß die Anwesenheit so vieler Menschen das Ergebnis irgendeines gigantischen Irrtums von

seiten des Schöpfers sein müsse. Doch sicherlich gehen sie gerade allesamt fort von hier, und gleich wird alles ruhiger und geklärter sein, und dann sind hier nur noch die, die hergehören, sagte ich zu mir. Aber anstelle der Verschwundenen wimmelten die ganze Zeit über Neue herbei, so daß die Gesamtzahl, soweit ich beurteilen konnte, immer einigermaßen gleich blieb. Ich begriff, daß dieses Menschengewimmel das Ergebnis irgendeines wildgewordenen Mechanismus sein müsse und daß seine Gegenwart Ausdruck der furchteinjagenden Logik einer Unüberschaubarkeit, Verwirrung und vielleicht der hasardierten Berechnung sei. Das Ziel der Menschheit war mir bisher einfach und überschaubar erschienen. Was tut man, wenn einem das Ziel der Menschheit plötzlich weder einfach noch überschaubar erscheint?
Ich fühlte, wie in mir ein neuer Mensch geboren wurde, ein seltsames Geschöpf, plump und gleichzeitig viel zu elegant, mit einer Kontur, die ungefähr der eines Vogels gleichkam, und auch mit Flügeln, die seltsam trübsinnig schlappten. Ich dachte daran, daß ich vielleicht ein Paar Stützen für diese Flügel kaufen sollte und daß man sicher gerade diesen Artikel in einem der unzähligen Geschäfte der großen Stadt Hamburg kaufen könne. Aber ich dachte auch daran, daß es sich bei der ganzen Sache möglicherweise um eine Frage der Brustmuskulatur handle, denn es erforderte zweifellos recht viel Kraft – rein physisch –, wollte man diesen schlaff herunterhängenden Flügeln überhaupt irgendeine Bewegung entlocken. Während all das in mir vorging, betrachtete ich noch immer mit der gleichen Neugierde das wilde Gewühl auf dem Platz dort draußen, ein Gewühl, das keineswegs abnahm, sondern ganz im Gegenteil immer wilder wurde. Ich sagte mir: Ich habe mich auf diesen friedlichen, abgelegenen Fleck gestellt, erstens, um meine Gedanken zu sammeln, und zweitens, um einen Überblick über die Lage zu gewinnen. Keines von beiden ist mir gelungen. Ich habe zwar nachgedacht, aber die ganze Zeit über meinen Gedanken hinterherlaufen müssen, die in ebenso viele Richtungen davonstürzen wie die Hunderte von Spaziergängern und Fahrzeuginsassen, die sich unaufhörlich kreuz und quer über den Platz bewegen. Und was den Überblick über die Lage betrifft, so verhält es sich ja so, daß es sich bei weitem nicht nur um eine Situation handelt, sondern um so viele, daß sie sich nicht zählen lassen und daß jede einzelne von ihnen so verwirrend ist, daß der Begriff Überblick seinen Sinn verliert. Am alarmierendsten ist aber, daß dies auch auf meine eigene Lage zutrifft, denn ich bin Elias Lönn, außerdem aber auch noch etwas anderes, das

langsam Gestalt gewinnt: Elias Lönn, der sich den Hals wäscht, eine richtige Silberzwiebel, die er zur Konfirmation bekommen hat, in der Westentasche trägt und der immer guten Appetit wünscht, wenn er sich an den Tisch setzt; und dann ist da außerdem dieses andere, das sich zwar langsam abzeichnet, ohne daß ich jedoch richtig verstehe, was es ist; das vermutlich einen langen und wohlklingenden Schrei ausstoßen könnte, mit einem seltsamen, traurigen Tonfall, wenn es nur seine eigene elegante Erscheinung fassen könnte, was es also nicht kann; und das mir vor allem wegen der Flügel Sorgen macht, die sich nicht bewegen können, weil ihnen Stützen, Spannkraft und gewöhnliche Elastizität fehlen.

Kein Wunder also, daß ich auch keinen Überblick über meine eigene Lage gewinnen konnte und mich deshalb allmählich dort, wo ich stand, ein wenig unwohl fühlte und zu überlegen begann, was ich denn nun anfangen solle. Während ich daran dachte, tauchte der Gedanke auf – einer von denen, die so schnell davonflogen und -jagten, daß ich ihn nur wie durch ein Wunder überhaupt erwischte –, daß ich das Ganze völlig mißverstanden hatte, wenn ich mir einbildete, ich könne mich der allgemeinen Zirkulation entziehen und glauben, in dieser Toreinfahrt für Hunde, Katzen und Ratten eine Art Freistatt gefunden zu haben. Erstens gehörten diese Tiere genauso wie die Menschen mit zu dieser Zirkulation und flitzten ebenso verwirrt herum, zweitens war ich gar nicht in dieser Weise Elias Lönn: eine kleine Zelle, die sich von den übrigen abgesondert hat – nein, ich war letzten Endes nur eine unter all den anderen. Ich befand mich überhaupt nicht außerhalb dieser Situation, die ich so gern überschauen wollte, sondern war ein Teil von ihr. Und wenn man sich vorstellte, daß irgendeiner dort oben zwischen den Wolken herumschweben und auf das Ganze hinabschauen konnte, dann würde dieser irgendeine nur bemerken, daß da also einer in eine Toreinfahrt geflüchtet oder von der Fliehkraft der Bewegung der Menge dort hineingeschleudert worden war, was in der allgemeinen Unüberschaubarkeit von Bewegungen nichts Bemerkenswertes darstellte. Es war höchstens komisch: Da stand Elias Lönn in seinem dunklen Anzug, den der Schneider von Silkeborg gerade erst für ihn genäht hatte und dessen Schnitt weit stärker das Gepräge solider mitteljütischer Traditionen als das der zentraleuropäischen Moden trug, die hier zwischen den Lumpen der Armut, der groben und strapazierfähigen Schäbigkeit der Arbeit und der zugeknöpften, blankgeputzten und lederknirschenden Panzerung der Kriegskunst vor des Burschen erstauntem Blick lässig spazierengetragen wurden.

Hinein! sagte ich zu mir und verließ die Gesellschaft von Hunden, Katzen und Ratten zugunsten der Menschen, und dann war ich mittendrin und hatte mich nun so weit an die Unüberschaubarkeit gewöhnt, daß ich imstande war, sie auszuhalten. Während ich weiterging und die Leute anschaute, entdeckte ich, daß andere sich in der gleichen Lage befanden wie ich: Auch sie trugen die Konturen eines anderen Wesens mit sich herum, und die meisten von ihnen schleppten ebenfalls an Flügeln, die auf eine sonderbare Weise nutzlos waren, denn sie hingen schlaff herab wie der Putz eines vergangenen Karnevals. Bei einigen waren die Flügel im Weg und verursachten Mühe, weil sie so lang waren, daß man leicht drauftreten konnte. Um das zu vermeiden, mußten sie die ganze Zeit über die Füße unnatürlich weit nach außen setzen und auch ihre Zehen nach außen drehen, was ihnen einen wunderlichen Gang verlieh, der meines Wissens dort, wo ich herkam, nicht seinesgleichen hatte.
Unter anderem bemerkte ich einen Mann, der sich sehr ungeschickt bewegte. Er trug einen großen Hut und hatte augenscheinlich Angst, ihn zu verlieren, denn er hielt ihn die ganze Zeit über mit der einen Hand fest. Mit der anderen Hand schlug er immer wieder nach einem der Flügel aus, der auf höchst störende Weise ständig nach vorn klappte, so daß er beinahe über ihn stolperte. Nur einen kurzen Augenblick, nachdem er ihn zurückgeschlagen und damit zurechtgerückt hatte, war der Flügel schon wieder da. Er war so damit beschäftigt, seinen Hut festzuhalten, den Flügel zurückzuklappen und seine Füße zu bewegen, daß er an nichts anderes denken konnte. Das mußte natürlich schiefgehen, und das tat es denn auch. Er spazierte geradewegs auf den Fahrweg hinaus, ohne sich nach links oder rechts umzublicken, und wurde von einem Pferdewagen erfaßt, der im selben Augenblick in rasender Geschwindigkeit vorbeibrauste. Der Mann wurde auf den Bürgersteig und mit solcher Wucht an die Hausmauer geschleudert, daß ich fürchtete, er sei zu Tode gekommen, doch so schlimm war es zum Glück nicht. Er jammerte leise vor sich hin, als ich ihn erreichte, und nun sah ich, daß sein Kopf über und über von alten Narben und noch frischen Wunden bedeckt war und daß er am ganzen Körper sowie an Armen und Beinen Verbände trug. Sein einziger Gedanke galt offenbar seinem Hut, den er bei seinem Fall verloren hatte und den ihm jetzt ein beherztes Mütterchen anbrachte. Mir erschien es, als benötige er vor allem einen Arzt, und ich begann aufgeregt hin und her zu laufen, wahrscheinlich, weil alle anderen einfach weitergingen, als sei nichts geschehen, anstatt dem Unglücklichen zu Hilfe zu eilen.

Kümmern Sie sich nicht um ihn, mein Herr, sagte das Mütterchen, das den Hut aufgehoben hatte, so ergeht es ihm immer, und er ist es gewohnt, allein zurechtzukommen.
Was soll das heißen, fragte ich, haben Sie ihn denn schon einmal gesehen?
Ach ja, er kommt fast jeden Tag um diese Zeit hierher und versucht die Straße an dieser verkehrsreichsten Stelle zu überqueren, und immer endet das auf diese Weise.
Als ich mich wieder umdrehte, hatte der Unglückliche sich erhoben und schickte sich an fortzugehen. Sein Haar war blutverklebt, und auf dem einen Bein hinkte er jetzt. Er hielt seinen Hut mit der rechten Hand, und mit der linken schlug er nach dem Flügel.
So waren die Weltbürger dieser Stadt nun einmal, und als ich die Häuser und Straßen erst richtig wahrgenommen hatte, konnte ich das Ganze besser verstehen. Da gab es Straßen, die so lang waren, daß mir schwindelte, wenn ich diese Straßen entlangblickte, und wie sollten die Bürger der Stadt innerhalb eines vernünftigen und überschaubaren Zeitraums von einem Ende zum anderen und vielleicht wieder zurückkommen können, wenn sie nicht für die nötige Eile sorgten? Damals begriff ich nicht, daß sie sich vor allem beeilten und sich mit schrecklicher, ameisenartiger Geschwindigkeit bewegten, weil sie meinten, auf diese Weise so schnell wie möglich die nächsten zehn Jahre zurücklegen zu können. Sie sehnten sich geradezu danach, daß es 1914 wurde, die Mütter drängten ihre zehnjährigen Söhne mit ihren Blicken, die Väter ermahnten und ermunterten sie: Werdet doch schnell zehn Jahre älter, dann dürft ihr mit der dicken Bertha und anderen gemütlichen Kanonen schießen, und euer bebendes Fleisch soll die in Halluzinationen geschaute Vernichtung in den glühenden Fremdkörpern der Projektile grüßen. Durch intensive Anstrengungen gelang es ihnen denn auch, diese zehn Jahre fast zu einem Nichts zusammenzupressen, die Kinder wuchsen mit wahnwitziger Geschwindigkeit aus ihren Sachen heraus, von einem Tag auf den anderen schossen die Vorstädte empor, und die Uhrmacher stellten neue, dynamische Uhren her, die imstande waren, die Akzeleration schmerzlos zu messen. Bevor sie sich umsahen, waren Tausende von jungen Männern damit beschäftigt, sich feuerüberschüttet in einem fremden Land in Erdlöcher einzugraben. Sie kochten Suppe in Kochgeschirren aus Blech, die sie von zu Hause mitgebracht hatten. Es gab Feldlazarette, die sich von einem Ort zum anderen transportieren ließen, Ärzte und Krankenschwestern standen bereit.

Aber davon wußte ich damals, wie gesagt, nichts, ich war völlig unschuldig, was das Wissen von den eigentlichen Folgen des Ganzen betraf, und versuchte nur, so gut ich es vermochte, etwas von den Tausenden auf mich einströmenden neuen Eindrücken in mich aufzunehmen. Da ich die Stadt ja nicht kannte, ging ich aufs Geratewohl umher, und da, während ich so herumwanderte, fiel mein Blick auf ein Geschäft, das meine Aufmerksamkeit fesselte. Hier fand ich im Schaufenster nämlich Bruchbinden, Holzbeine, Krücken, anschraubbare Eisenhaken, Glasaugen, Zwangsjacken und Rollstühle und außerdem eine reiche Auswahl an mißgebildeten Skeletteilen, vertrockneten Gehirnen, geplatzten Blasen, Miniaturherzen und balsamierten Embryos, eine phantastische Sammlung, deren exemplarische Überschaubarkeit von der fachlichen Befähigung des Inhabers wie auch von seinem ausgeprägten Sinn für Ordnung und Symmetrie zeugte. Das hier war das Merkwürdigste, was ich bis dahin gesehen, seit meine Mutter mir zum Abschied auf dem Bahnhof von Silkeborg einen Kuß auf die Stirn gedrückt hatte, das hier war ganz anders als die Straßen, bei denen es sich schließlich und endlich nur um eine gigantisch vergrößerte Ausgabe des Phänomens Straße handelte, das ich ja ganz genau kannte, so, wie auch das Menschengewimmel nur eine schockierende und nahezu unfaßbar vergrößerte Ausgabe des Gewühls auf dem heimatlichen Marktplatz darstellte. Dieses Schaufenster dagegen zeigte etwas, das wie eine andere Art Menschlichkeit wirkte, eine Abart, deren grausame Charakteristika die metallische Schönheit eines sonderbaren Traums besaßen. Die Vorbeigehenden gingen weiter, anscheinend, ohne davon Notiz zu nehmen, obgleich die bemerkenswerte Einrichtung des Fensters die katastrophalen Wohltaten einer verhängnisvollen Chirurgie vorstellte, deren potentielle Opfer und Kunden sie allesamt waren. Im Gegensatz zum Gemüsehändler auf der einen und dem Schuhmacher auf der anderen Seite, in deren Fenstern sich die Waren kunterbunt und ohne jede Form einer durchdachten Ordnung oder eines Systems häuften, wirkten die einzelnen Gegenstände in diesem speziellen Schaufenster wie aufgespießt und besaßen den gleichen Glanz von Fremdheit wie die tödlichen Präparate eines Laboratoriums oder die ausgewählten Ikonen eines ansonsten kahlen Kirchenraumes. Obgleich ich keine Menschenseele habe hineingehen sehen, muß dieses Geschäft doch irgend jemandem zum Nutzen gereichen, sagte ich zu mir, sonst wäre seine Existenz völlig sinnlos, und Dr. Robert Müller – so hieß der Inhaber, wenn man denn dem Schild über

der Tür glauben durfte – wird wohl auch kaum völlig umsonst immer weiter Miete zahlen.
Ja, so naiv war ich damals, ich glaubte, man könne die Dinge und ihre Ursachen und die Beweggründe der Menschen und die Geheimnisse der Wirtschaft und des Geschäftslebens vom gesunden Menschenverstand her beurteilen!
Während ich noch so dastand und grübelte, kam mir plötzlich der einleuchtende Gedanke, daß das Geschäft unter anderem wohl auch mir zum Nutzen gereichen könne. Hier müßte ich die Stützen bekommen können, die ich so dringend benötige, sagte ich mir, und fühlte, wie mir ein Licht aufging. Was soll ich mit Kartoffeln, Blumenkohlköpfen und Petersilie oder mit Pantoffeln, Gummistiefeln und Lackschuhen, um solcher Waren willen bin ich ja nicht nach Hamburg gekommen oder habe mich überhaupt erst auf eine Reise begeben. Dr. Müllers unerwartetes Geschäft aber ist etwas ganz anderes: Dessen Existenz ist die Ergänzung zur Entwicklung dieser Flügel, deren traurig kraftlosem Zustand Dr. Müller vielleicht mit seinen chirurgischen Erfahrungen abhelfen kann.
Das erwies sich jedoch als leichter gesagt denn getan, denn obgleich es mir also einleuchtend erschien, mußte ich mich doch erst überwinden. Was die Leute wohl denken würden? – alle die Leute, die jetzt einfach vorbeihasteten, sich aber wahrscheinlich hinstellen und glotzen würden, wenn ich allein mich von der Menge absondern und das Geschäft betreten würde. Außerdem handelte es sich um etwas so Ungewöhnliches, daß meine Bedenken wohl nicht weiter sonderbar wirken können. Ich überwand sie jedoch, stieg die drei Stufen der Treppe hinauf und öffnete die Tür im selben Moment, als jemand von innen dasselbe versuchte, um herauszutreten. Trotz alledem bin ich also nicht der einzige Kunde, stellte ich erleichtert fest, während ich zur Seite trat. In einem Zustand verlängerter Anästhesie spazierte ein Mann in mittleren Jahren an mir vorbei, augenscheinlich, ohne mich zu sehen, und geradeaus, als beabsichtige er, die Stufen hinabzuschweben, statt zu gehen. Es sah recht bedrohlich aus, doch irgendeine hypnotische Sicherheit hielt, trotz aller Aussicht auf das Gegenteil, das Gleichgewicht seines schwankenden Körpers aufrecht, was dazu führte, daß er im nächsten Augenblick sicher auf dem Bürgersteig stand und sich mit gleichgültigem Gesichtsausdruck umblickte.
Die Tür schloß sich hinter mir. Ich nahm den Hut ab und grüßte, aber das Geschäft war leer.
Das heißt: menschenleer. Denn mich umgab eine reiche Auswahl an

Objekten der gleichen oder entsprechenden Art, wie ich sie im Schaufenster studiert hatte und die hier auf dem Fußboden standen, in Regalen, Glasschränken und Schaukästen lagen oder von der Decke herabhingen. Und trotz ihrer sorgfältigen Klassifizierung und Systematisierung und ihrer makellosen Aufstellung wirkten sie in ihrer Leblosigkeit so zahlreich und zudringlich, daß ich nahe daran war, mich ebenso seltsam zu fühlen wie der Rollstuhl mit den sehr großen Rädern und der Fußbremse, der mit seinem Glanz von blankem Leder und schwarzem Lack auf dem gebohnerten Fußboden einen auffälligen Platz einnahm.
Ich fühlte mich beobachtet und drehte mich um. Keine Menschenseele war zu sehen. Ich machte noch eine halbe Wendung und stand mit einemmal einem Mann in mittleren Jahren gegenüber, dessen Erscheinen auf mich völlig unerklärlich wirkte. Hinter ihm lag ein Raum, der, so hätte ich geschworen, einen Augenblick zuvor noch nicht dagewesen war und dessen leerer Kubus und nackte Wände im weißen Schein einer Bogenlampe wie die exakte und leblose Projektion irgendeiner in seinem großen Gehirn gezüchteten abstrakten Idee wirkten.
Ich fragte ihn, was hier denn eigentlich vor sich gehe, und er antwortete bereitwillig, daß die Beherrschung der in den Magnetfeldern schlummernden Kräfte ihn in die Lage versetze, die verblüffendsten Materialisationen und Dematerialisationen vornehmen zu können. Danach sah er mich fragend an.
Ich murmelte, ich sei anläßlich eines kleinen Problems gekommen, ob er mir vielleicht mit einem Paar Stützen behilflich sein könne? Ich fühlte, daß ich rot wurde.
Dr. Müller sah mich an. Er sagte: Das Problem der Stützen ist sehr schwierig. Jeder Organismus hat seine Geheimnisse, die man kennenlernen muß.
Ich stelle meinen Organismus gern für eine Untersuchung zur Verfügung, erwiderte ich, denn die Sache ist mir ziemlich lästig, und ich möchte sie gern in Ordnung bringen lassen.
Ich muß vertrauenerweckend ausgesehen haben, denn er fragte mich, wieviel ich denn anzulegen gedächte. Ich meinte, ungefähr fünfzig Mark. Er schüttelte resigniert den Kopf und erklärte, ich müsse mindestens mit der doppelten Summe rechnen, ich mußte also in aller Eile etwas kopfrechnen. Ich brauchte Geld für Hotel, Essen, Droschke und anderes mehr – ich war nicht imstande, das Doppelte zu opfern. Nachdem wir ein wenig hin und her verhandelt hatten, einigten wir uns auf einen Kompromiß. Er bat mich, mit

nacktem Oberkörper bäuchlings auf einer Pritsche Platz zu nehmen. Ich befolgte seine Anweisungen, und bald befühlte er mit seinen kundigen Fingern meine Schulterblätter, meine Rippen und mein Schlüsselbein. Danach hielt er mir einen langen, von gelehrten Erklärungen und Fachausdrücken strotzenden Vortrag, von dem ich kein Sterbenswörtchen verstand, und stellte mich schließlich vor die Wahl. Mit den ganz speziellen und im übrigen höchst interessanten Bedürfnissen meines Organismus könne ich zwischen zwei Möglichkeiten wählen: entweder ein Paar Stützen der Braun und Schröder AG aus Düsseldorf, die völlig zu Recht wegen ihrer technischen Perfektion berühmt sei, oder ein etwas teureres Paar seines eigenen Fabrikats, das sich dadurch auszeichne, daß es an einer bestimmten kritischen Stelle eine feine Platinauflage habe, die die Bewegungen weicher und dadurch natürlicher mache.
Ich war ziemlich müde und entschied mich schleungist für sein Produkt, das er mir voller Begeisterung anmontierte. Von dem Augenblick an und bis zu dem Moment, wo ich mit der Rechnung in der Hand dastand, entsinne ich mich an nichts mehr.
Als ich wieder auf der Straße stand, war ich ganz zufrieden mit mir, und es kam mir vor, als könne ich nun mit weit größerer Zuversicht meiner Lehrzeit in der Fremde entgegensehen. So fühlt man sich nämlich, wenn man seine trübseligen Flügel oder, ich sollte vielleicht eher sagen, Flügelansätze, denn das kommt der Wahrheit wohl näher, sachkundig hat behandeln lassen und sich danach voller Hoffnung in die Welt hinausbegibt. Jetzt kommt es nur darauf an, daß man seine Muskeln trainiert, sagt man sich, wenn man merkt, daß noch nicht alles ganz so ist, wie es sein sollte. Hatte Dr. Müller nicht auch gerade dies besonders betont? Kein Zweifel, in bezug auf Stützen verfahren die Deutschen mit der gleichen Gründlichkeit, die im übrigen alles kennzeichnet, was sie in Angriff nehmen. Hier bleibt wahrlich nichts dem Zufall oder plötzlichen Eingebungen überlassen. Aber nach einiger Zeit mußte ich mir eingestehen, daß mich an den Stützen irgend etwas störte. Vielleicht waren sie zu schwer. Jedenfalls waren die Theorien, die Dr. Müller entwickelt hatte, äußerst sinnreich, um nicht zu sagen verwickelt, und wenn die Stützen diesen Theorien entsprechen sollten, dann war es kein Wunder, daß sie mich bedrückten. Die Briten mit ihrem praktischen Sinn hatten zu jenem Zeitpunkt Stützen hergestellt, die so einfach waren, daß die Leute in den Kolonien sie benutzen konnten: nur mit etwas Bindfaden und mit ein paar Bambusstäben. Und der französische Ingenieur Des Tailler – dessen bizarres Projekt einer von Bal-

lons getragenen schwebenden Stadt auf der Weltausstellung in Paris im Jahre 1900 so viel Lärm verursacht hatte – hatte sich eine elegante, wenn auch zerbrechliche Konstruktion patentieren lassen, die unter den Künstlern, Dichtern und Bohemiens von Montmartre bereits große Verbreitung gefunden hatte.
Doch ich lief da also in Hamburg mit Dr. Müllers eigenhändigem Werk herum, und wenn ich vielleicht auch mit den Stützen eines englischen Gentlemans oder eines französischen Künstlers nicht zurechtgekommen wäre, so war dieses Wunder deutscher Technik aus irgendeinem Grunde an mir ebenfalls fehl am Platz und harmonierte nicht mit den Bedürfnissen meines Körpers. Die Flügel, deren Entwicklung mich geängstigt und zugleich erfreut hatte, waren zwar abgestützt worden, aber jede Bewegung mit ihnen war so kompliziert geworden, daß der Gedanke daran mich schon im voraus erschöpfte und ich sie deshalb nur unter größten Anstrengungen durchführen konnte. Und damit war das Vergnügen flöten.
Elias Lönn hatte mit anderen Worten die Sache so richtig satt, wie er da herumging, und ich kann euch sagen, es fehlte nicht viel, und ihm wären die Tränen gekommen.
Ich entsinne mich noch deutlich an die Empfindung von einer Stadt, in der der Nachmittag sich seinem Ende zuneigt. Ich ging immer weiter, es erschien mir, als befände ich mich auf einer endlosen Wanderung. Ich beschloß, mich der Stützen bei der ersten besten Gelegenheit zu entledigen. Der Kuckuck hole Dr. Müller und seine Platinauflage, sagte ich mir.
Verloren in diese Gedanken und Überlegungen, hatte ich nicht weiter bemerkt, wo ich ging, und nun bog ich um eine Straßenecke, hob den Blick und erlebte eine Offenbarung.
Die Straßen mit ihrem Gedränge von Menschen, in die man immer wieder hineinlief oder von denen man geschubst wurde, mit ihren hohen Häusern und dem rumpelnden Verkehr, hatten mich in dem Maße betäubt, daß mich der Anblick, der sich mir bot, völlig unvorbereitet traf. Tausende von Masten, Hunderte von Kränen, Segeln, Schornsteinen, Rauchfahnen, große und kleine Schiffsrümpfe und die Flaggen vieler Nationen; die Lagergebäude der Kais, Warenhallen, Poller und Trossen; und dann natürlich der Fluß selbst, der mir so groß wie ein Weltmeer erschien und seltsame schwärzliche und blaugraue Farben zeigte, die ich vom Gudenaa und Julsee her nicht kannte, als handelte es sich um zwei verschiedene Arten von Flüssigkeit, die durch einen Irrtum die Gemeinschaftsbezeichnung Wasser erhalten hatten.

Die Offenbarung beruhte jedoch nicht auf der Menge überraschender Eindrücke. Sondern: Die Geräumigkeit der Welt, eine Mannigfaltigkeit unsichtbarer Kontinente, ein unerschöpflicher Vorrat festgehaltener Horizonte, entstrahlte diesem enormen, konzentrierten Wirrwarr, der sich vor mir ausbreitete, und jedes einzelne Wasserfahrzeug, von der kleinsten Jolle bis zum Ozeandampfer, konnte auf dem Wasser diesem Imperium phantastischer Möglichkeiten entgegenfließen. Die Eisenbahn hatte eine einzige, geradlinige, allzu menschliche Dimension, überschaubar und von vornherein in ihrer gesamten Erstreckung bekannt. Die Meere aber breiten sich so unüberschaubar aus, füllen so große Teile der Erdoberfläche aus, daß sie ihrer Natur nach unbegrenzte Möglichkeiten bergen; dazu kommen die Flüsse, deren Wege sich in die Tiefe selbst der unwegsamsten Kontinente winden.
Mir wurde klar, daß die Welt andere Möglichkeiten barg als die, nach Luzern zu fahren, wo Dr. Schaff meine Ankunft erwartete. Ich begann mich deshalb nach einem Heuerbüro umzusehen, das es auf sich nehmen würde, einen jungen Silkeborger, der den Unterschied zwischen Backbord und Steuerbord nicht kannte, auf die Weltmeere hinauszuschicken. Nachdem ich eine Zeitlang umhergewandert war, fand ich eins in einer nahegelegenen Straße, die trotz ihrer Breite und Verkehrsdichte den paradoxen Namen Sackgasse trug. Die Türen zum Büro waren aus irgendeinem edlen Holz und schwer von Messingbeschlägen; sie führten in einen Raum, wo das gleiche edle, doch dunkle Holz der riesigen Schranken, Schreibtische, Pulte und mit schwarzem Leder bezogenen Stühle und Bänke zusammen mit dem dunklen Fußboden und dem spärlichen Licht, das durch ein paar schmale, nach Norden gehende Fenster einfiel, eine ziemlich düstere und gedrückte Atmosphäre hervorbrachte. Und als habe die Luft eine ungewöhnliche Dichte und lasse sich nicht ohne weiteres durchbrechen, war ich ein paar Schritte von der Tür entfernt stehengeblieben und hatte den Hut abgenommen.
Ich war wirklich verwirrt, denn kein Mensch war zu sehen. Erst nach einiger Zeit wurde mir klar, daß es sich bei den matt schimmernden, gelblichweißen Kuppeln, die über die schweren Schranken, hinter denen die Schreibtische standen, zu sehen waren, um die blanken Scheitel des fleißigen Büropersonals handelte. Ich näherte mich schüchtern einer der Schranken. Die Stille wirkte drückend. Die Weltmeere erschienen mir in diesem Augenblick fern und unwirklich, und ich konnte nicht begreifen, daß die Gewalt über die Schiffe, die sie befuhren, oder, genauer gesagt, über die

Besatzungen dieser Schiffe und deren Schicksal in den Händen dieser Menschen lag.
Nun hob ein Büroangestellter den Blick und sah mich über einen Abstand hinweg, der mir unermeßlich erschien, fragend an. Ich begriff, daß dies meine Schicksalsstunde war, und begann deshalb ohne Zögern, doch vielleicht etwas durcheinander, mein Anliegen vorzutragen.
Ich komme aus Silkeborg, das ist eine Stadt mitten in Jütland, in Dänemark, wie Sie wissen, wo die einzige Schiffahrt von dem berühmten Raddampfer »Goldregenpfeifer« betrieben wird, der jeden Sommer Passagiere zum Himmelberg und zurück befördert; der Himmelberg ist gar kein Berg, sondern ein heidebewachsener Hügel an dem schönen Julsee. Ich wollte schon immer gern zur See, hatte aber keine Möglichkeit dazu, deshalb kam ich in die Optikerlehre und hatte meinen Hang zum Meer völlig vergessen, bis ich auf dem Weg nach Luzern in der Schweiz, wo mich der große Optiker Dr. Schaff erwartet, in diese Stadt hier kam. Der Anblick der vielen Schiffe und Ozeanriesen in diesem Welthafen weckte meine Erinnerung und eine plötzliche Lust dazu, mich in das Unbekannte zu stürzen. Ich habe nämlich das Gefühl, daß meine Brust bald zerbirst, und um eine solche Katastrophe zu verhindern, muß ich irgend etwas Ungewöhnliches unternehmen. Ist es nicht ein unerträglicher Gedanke, daß die Bahn meines Lebens bereits festliegen sollte? Schon als Kind beschloß ich, daß ich als Held leben würde, und insgeheim habe ich das Gewicht dieses Entschlusses oft in mir nagen gefühlt, ohne daß ich imstande gewesen wäre, etwas dagegen zu tun. Deshalb ersuche ich nun um eine Heuer auf einem Schiff, das auf große Fahrt geht. Das würde mit einem Schlag die Bahn meines Lebens ändern, und wissen Sie, was: Ich meine, daß ein Mensch fühlen muß, daß nicht alles von vornherein festgelegt ist. Denn das ist ja der Tod. Und Sie sehen sicher, daß ich viel zu jung bin, um zu sterben, ganz im Gegenteil, ich möchte leben, und wenn Sie nur begreifen können, wie unendlich sehr ich leben möchte – denn es läßt sich überhaupt nicht beschreiben, aber Sie kennen es ja sicher aus eigener Erfahrung aus der Zeit, als Sie jung waren –, dann, ich bin sicher, werden Sie mir helfen.
So was sagte ich und sicherlich noch ein ganz Teil mehr, und allmählich bemerkte ich, wie sich erst ein Kopf und bald ein zweiter an den anderen Tischen hob, weil sie offensichtlich durch meine fließende Darstellung gefesselt worden waren. Doch als ich fertig war, begann der Zunächstsitzende mich auszufragen, als hätte er über-

haupt nicht verstanden, was ich da gesagt hatte. Er drehte sich um und beriet sich flüsternd mit seinem nächsten Nachbarn. Ab und zu sahen sie zu mir herüber, und ich hatte plötzlich das Gefühl, daß aus allen Winkeln des Raumes, der viel größer war, als ich angenommen hatte, eine verblüffend große Anzahl Augenpaare auf mich gerichtet war. Was waren denn das für alte Männer, die hier saßen? Ihre blauen Augen besaßen die Kälte und den fernen Glanz von Sternen, und in ihren Gesichtern hing die Haut in eingetrockneten Falten wie an einem toten und eingetrockneten Tier oder saß wie ein Bezug, steif und vor Alter dem Zerreißen nahe, über hervortretenden und mehr oder weniger verwitterten Knochen.

Während des andauernden Flüsterns und der andauernden Ausfragerei, wobei ich eine Unmenge nicht zur Sache gehöriger Fragen über meine Herkunft beantwortete und gleichzeitig noch immer meinen Wunsch vorbrachte, hörte ich plötzlich ein Kichern. Ich weiß nicht, woher es kam – von einem der Tische, aus einem der Winkel, die ich nicht sehen konnte? –, doch verschiedene Köpfe duckten sich plötzlich und verschwanden ganz unter ihren jeweiligen Tischplatten und Pulten. Ich sah mich verwirrt um. Was war mit ihnen los? Als ich erneut meinen Blick auf den Büroangestellten richtete, mit dem ich sprach, erschrak ich. Sein Kiefer knirschte beim Sprechen. Von der Haut um seinen Mund erklang ein Knistern und Rascheln wie von Papier, das zerknüllt wird. Das Gebiß klapperte wie verwelkte Zweige, die aneinanderschlagen. An all das hatte ich mich gewöhnt, indem ich mir sagte, er ist ein reines Überbleibsel aus grauer Vorzeit, er kann nichts dafür, daß alles an ihm fast auseinanderfällt. Nun dagegen sah ich seine Lippen sich öffnen, so, als wollte der Kopf wirklich gleich auseinanderfallen, der Kiefer kreischte in seinen verkalkten Lagern, und während ein merkwürdiger Laut zwischen den klappernden Zähnen herausdrang, sah ich eine vertrocknete Zunge zum Vorschein kommen, die mechanisch vor- und zurückschnellte, so, als werde ihre Bewegung durch eingeübtes Ziehen an einer Schnur gelenkt.

Mein Erschrecken verlor sich, als mir klar wurde, daß er lachte, daß das durch die Zähne dringende röchelnde Geräusch ein Lachen war; um seine Heiterkeit mit ihm zu teilen, lächelte ich ihn an, was seine Heiterkeit nur erhöhte. Als ich mich umsah, wurde mir klar, daß auch die anderen Büroangestellten lachten. Einige duckten die Köpfe und sprudelten vor Lachen; andere waren ganz auf den Fußboden gekrochen, als suchten sie irgend etwas, was sie verloren hatten, und das einzige, was ich von ihnen sah, waren stoßweise hüp-

fende Rücken und Schultern; einige lachten unverhohlen, und ihr Lachen, tosend und lärmend wie ein losgelassener Hund, warf sich hemmungslos zwischen den Tischen hin und her.
Der Büroangestellte, mit dem ich verhandelt und der mich verhört hatte, hob die rechte Hand und zeigte auf mich mit einem krummen Finger, den er einfach nicht stillhalten konnte. Erneuter Lachanfall. Als wolle er das Gelächter bekämpfen, versuchte er die Lippen zusammenzukneifen, wobei er gleichzeitig die Zuckungen, die sein Gesicht verunstalteten, einer strengen Kontrolle unterwarf.
Ich nutzte eine Pause in dem allgemeinen Gelächter, um etwas zu sagen: Sie müssen verstehen, meine Herren, daß das ernst gemeint war ...
Ein donnerndes Lachgebrüll ließ die Luft im Raum erzittern. Nun lachten sie alle ohne Ausnahme, und die, die auf den Fußboden gekrochen waren, hämmerten die Köpfe auf die Dielen und stießen wiehernde Geräusche aus. Man hätte nicht glauben sollen, daß dies dieselben Menschen waren, die wenige Minuten zuvor über ihre Arbeit gebeugt gesessen hatten.
Jetzt wagte ich nichts mehr zu sagen. Ich wartete darauf, daß sich das Gelächter legen würde. Irgendwann mußten sie mir doch wieder zuhören. Was ich sagte, war doch kein Verbrechen, sondern etwas ganz Normales für einen jungen Menschen. Der Büroangestellte zog ein Taschentuch hervor und trocknete die Tränen von Augen und Wangen. Sein erst so bleiches Gesicht war rosig geworden, nun jedoch wieder gefaßt, abgesehen von plötzlichen Stichen, die darüber hinfuhren, und winzigen Zuckungen seines Körpers, als kneife ihn jemand in den Fuß. Vereinzelte plötzliche Lachsalven, die noch immer rund umher erklangen, erstarben, und die herumkriechenden Büroangestellten hatten sich zusammengenommen und nahmen allmählich wieder ihre gewohnten Plätze ein. Der Augenblick näherte sich mit anderen Worten, wo es mir wieder möglich sein würde, zu Worte zu kommen, ich wartete nur darauf, daß sich der Büroangestellte endgültig beruhigte, bevor ich ihn erneut ansprach, weshalb ich ihn aufmerksam im Auge behielt.
Endlich war alles in Ordnung. Er saß wieder wie zuvor, die Glieder des Körpers in der teuer erworbenen Würde eines alten Büroangestellten erstarrt, mit einer Gesichtshaut, die ihre natürliche, fahle Farbe wiedergewonnen hatte, und einem so fernen Blick auf mich, als habe er mich kaum je zuvor gesehen. Meine Aufmerksamkeit wurde durch die Stille gefesselt. Sie wirkte völlig anormal, obgleich Stille nur Stille sein kann und nichts anderes. Sie hatte etwas Über-

dimensioniertes an sich, als sei sie ein riesiger Klumpen Stille aus dem All, den man zwischen diese Wände gestopft hatte, wodurch ein völlig anormales spezifisches Gewicht von Stille entstand, das gegen die Wände und auf mein Trommelfell preßte. Ich vergaß ganz zu reden, weil ich dieser Stille lauschte, der nicht zu entgehen war, weil sie sich buchstäblich in mich hineindrängte. Jetzt schien sie mir von dem Büroangestellten auszuströmen, als sei die Stille nicht allein Abwesenheit von Geräuschen, sondern irgendeine Kraft, die Lebewesen unter besonderen Umständen auszusenden imstande sind. Als mir endlich wieder einfiel, daß ich irgend etwas sagen sollte, geschah etwas Unangenehmes. Ich konnte nämlich die Worte nicht herausbringen. Vielleicht, weil ich dennoch die ganze Zeit über dieser Stille lauschte und meine Gedanken sie nicht loslassen konnten und ich deshalb nicht gleichzeitig Worte formen konnte. Sie staken mir im Hals, wie man sagt. Die Sprechorgane wollten nicht gehorchen. Zerstreut versuchte ich sie zu überreden. Vielleicht waren sie klüger als ich. Sie hielten mich jedenfalls zum Narren. Ich hatte sie nicht unter Kontrolle. Und gerade jetzt hätte ich das entscheidende Wort sagen sollen. Doch die Stille sperrte mich ein, sie isolierte mich, sie barg ein strenges Verbot. Sie war, kurz gesagt, völlig tödlich für meine Redegabe, als nähmen diese Büroangestellten ihre Zuflucht zu ihrer letzten, endgültigen und unüberwindlichen Waffe, offenbar entschlossen, nichts mit mir zu tun haben zu wollen und mir mit allen Mitteln den Zugang zu der phantastischen Zukunft unglaublicher Reisen, den Gerüchen fremder Städte und schleimiger Decks zu versperren, die mein Unverstand mir bereitet hätte, hätte man ihm seinen Willen gelassen.

Mir blieb nun nichts weiter übrig, als meines Wegs zu gehen. Noch immer mit dem massiven Gewicht der Stille auf mir, wanderte ich über den Fußboden und sah zum letzten Male den matten Glanz auf den dunklen Pulten und Schranken, die geneigten Köpfe dahinter und das welke und vertrocknete Licht, das auf ihnen lag wie grauer Staub.

Offenbar war es mir beschert, auf Leute zu treffen, wenn ich durch Türen hinein- oder herausging. Denn als ich aus der Tür gekommen war und die Treppe hinunterging, war ein junger Mann auf denselben Stufen auf dem Weg nach oben. Ich sah auf den ersten Blick, daß er ein Seemann war, und war drauf und dran, ihn am Ärmel zu ergreifen, um zu sagen, geh nicht hinein! Diese Relikte einer grauen Vorzeit, die dort drin sitzen, heuern überhaupt niemanden an, sondern beantworten bloß eine ehrliche Anfrage mit Gelächter oder

Schweigen. Die Frage ist, ob das hier ein Heuerbüro ist oder in Wirklichkeit etwas ganz anderes, irgendein lichtscheues Unternehmen, das sich hinter dieser unschuldigen Bezeichnung verbirgt.
Ich packte ihn jedoch nicht am Ärmel, denn ich hatte gleich gesehen, daß er groß und kräftig von Gestalt war, und es fuhr mir durch den Kopf: Höchstwahrscheinlich packt er mich am Kragen, faucht mir ins Gesicht, daß ich mich nicht in seine Angelegenheiten mischen soll, und wirft mich schließlich die Treppe hinunter.
Doch als wir aneinander vorbeigingen, hob er den Kopf, und ich sah in dem sonnengebräunten und bereits wettergegerbten Gesicht zwei starke blaue Augen, deren sanfte und seraphische Freundlichkeit mich mit einer Welle von Wärme durchflutete, die mich auf der untersten Stufe stehenbleiben und wiederum einen Augenblick über mein Leben nachdenken ließ, bevor ich den letzten Schrittt machte, wiederum in der Sackgasse stand und in die Richtung zu gehen begann, aus der ich gekommen war.

Was mich betrifft, erzählte der Scholier, mich haben die Umstände immer gerade dann gezwungen, aufzubrechen und mich auf irgendeine lange Reise zu begeben, wenn ich mich eben dort, wo ich war, einigermaßen eingerichtet hatte. Das ist mein Schicksal gewesen.
Ich habe auch Verwandlungen und seltsame Zustände erlebt, denn das läßt sich in einem langen und bewegten Leben wohl nun einmal nicht vermeiden, und oft ist es ziemlich heftig zugegangen, was Sie verstehen werden, wenn Sie erfahren, daß ich unter anderem als Wildschwein aufgetreten bin. Das geschieht nur zu ganz besonderen Gelegenheiten, anscheinend vor allem, wenn irgendwie Gefahr im Anzug ist, und mir ist aufgefallen, daß es mir das Leben gerettet hat. Deshalb ist mir das Wildschwein fast eine Art Schutzheiliger. Ich verdanke es den Kräften und gesunden Instinkten dieses ungestümen Tieres, daß ich auf meine alten Tage überhaupt hier sitzen kann, und zwar gesund und rüstig. Man kann dann fragen, ob sich mein Leben nicht einfach anders und weniger heftig gestaltet hätte, wenn nicht diese merkwürdigen Neigungen in mir rumort hätten, und darauf weiß ich keine Antwort.
Ich entsinne mich an eine Gelegenheit, bei der ich in einem Wald umherging und mit meinem Rüssel friedlich im Erdboden herumwühlte. Das war wundervoll. Stellen Sie sich einen richtigen Herbstwald vor, mit Unmengen von Bucheckern und Eicheln und allen möglichen anderen guten Dingen; alles riecht so frisch und stark wie zu keiner anderen Jahreszeit. Für ein Wildschwein ist die

beste Zeit nämlich weder der Frühling noch der Sommer. Es ist viel zu heiß und schwül, die Luft steht still, es ist, als stagniere sie zwischen den Bäumen, beladen mit all den Gerüchen, die in sie hineinströmen und sich kaum vom Fleck rühren. Es wimmelt von Insekten, im Gras, in den Blättern und in der Luft; gern kommen sie angeflogen, lassen sich auf allen möglichen unbehaglichen Stellen nieder und kriechen auf einem herum, egal, ob man schläft oder wacht. Im Herbst ist das nicht so. Der frische Wind zieht durch den Wald, die Luft ist stark und sauber, zwischen den Baumstämmen zeigt sich eine besondere, glanzvolle Helligkeit, was wohl am Himmel liegt. Davon sieht man sehr viel mehr, weil etliche Blätter von den Bäumen abgefallen sind. Keine dampfende Feuchtigkeit, kein Hitzedunst oder sonst irgend etwas in der Luft kann den Farben ihre Kraft nehmen, deshalb ist der Himmel so blau wie niemals sonst. Außerdem ist er oft voller Wolken, Wolken mit Tempo; denn immer jagen sie mit voller Fahrt darüber hin, weiß sind sie oder von einer graublauen Farbe, die ebenso klar ist wie die des Himmels, und ihre Ränder zeichnen sich mit einer Schärfe, als seien sie ausgeschnitten. Nun glauben Sie nicht, ich verbrächte meine Zeit damit, mich in Bewunderung über die Farbe des Himmels, das Jagen der Wolken, die hohen und schnittigen Säulen der grauen Stämme und so weiter und so weiter zu ergehen, ganz im Gegenteil, ich nehme diese Dinge kaum wahr, da ich, wie gesagt, meinen Rüssel die ganze Zeit über in der Erde habe. Doch ab und zu, während man sich so ein paar Schritte weiterschiebt, hebt man einen Augenblick den Kopf und erwischt gerade eben einen flüchtigen Blick der Szenerie. Das reicht. Das trägt zu dem allgemeinen Glücksgefühl bei, das also in erster Linie mit der Tatsache zusammenhängt, daß es so unermeßlich viel zu fressen gibt. Wie Sie bemerken werden, bin ich kein bißchen schwärmerisch veranlagt, aber deswegen kann man ja trotzdem offen sein für die Poesie des Daseins, und der Anblick des Herbstwaldes gehört zu den Dingen, die meine Seele in Schwingungen versetzen können. Die besondere Räumlichkeit, die der Herbstwald an sich hat, die sonderbar klare Verteilung der Baumstämme, die einen, wie erwähnt, an Säulen denken lassen, obgleich das leider banal ist und eigentlich nicht dem entspricht, was man gern sagen möchte; das alles ist wie geschaffen für eine Entwicklung von Kräften, für eine Inszenierung von Ereignissen mit dramatischer Kraft und Reichweite, die genau eines solchen Spielraums bedürfen und ihm mit ihrer überrumpelnden Logik eine zusätzliche Dimension verleihen können.

Na, das ist alles Theorie, ich spazierte jedenfalls in diesem Herbstwald da herum und war natürlich glücklich. Oder? Nun ist es ja so, was keiner besonderen Beweisführung meinerseits bedarf, daß der Herbst auch die Zeit der Leidenschaften ist – eines muß zum anderen passen –, wo das Schwellen der Triebe so akut und die Lust zur Zeugung so dringlich werden, daß sie jedes Hindernis aus dem Weg räumen und freudig ihr Leben für das Tier aufs Spiel setzen, das sie heimsuchen. Die Zeugungsorgane werden irgendwie von Explosionen vollgepumpt, die glimmen und brennen und den Inhaber in tausend Stücke zu sprengen drohen, wenn sie nicht auf natürliche Weise ausgelöst werden. Ach ja, nun bin ich so alt und gebrechlich, daß die Organe bald kein Interesse mehr für mich haben, ich trage sie nur noch herum als eine schlaffe Erinnerung an damals. Wenn ich sie mir im Spiegel betrachte – das habe ich nämlich immer gern getan –, wie sie da unter dem Torso aufgehängt sind und in einer Weise ein wenig hin und her baumeln, die ich nur als trübsinnig auffassen kann, dann erscheinen sie mir völlig ihres Strahlenglanzes beraubt, den ihnen damals allein das bloße Bewußtsein der in ihnen schlummernden, wilden Kraft verlieh.

Ich spreche von der Zeit, als ich als kraftvolles Wildschwein herumlief, wohlgenährt, aber reizbar aus unbefriedigter Leidenschaft, und von damals, als der Herbstwald und sein gesunder Wind diesen heftigen Trieb nur noch mehr anregten. Ich hatte keine Familie. Ich schnüffelte allein umher. Bald lief ich über eine Lichtung, wo die Sonne wärmte und das Gras noch saftig war, bald hinein in dichtes Gebüsch, Eichenbüsche zum Beispiel, oder über den offenen Waldboden unter hohen Bäumen.

Kurz gesagt, ich streifte umher, und das Leben war herrlich, aber ich war sehr einsam, ja, und während ich so hierhin und dorthin lief, empfand ich diese Einsamkeit als immer nervenaufreibender. Das vor allem ist kein normaler Zustand für ein Wildschwein. Für ein Wildschwein ist es natürlich, eine zahlreiche Familie um sich zu haben, als Wildschwein weiß man aber auch, daß eine solche Familie nicht von allein kommt. Vor allem verlangte mich nach einer Sau, sie begehrte ich aus ganzem Herzen, eine ausgewachsene und an das männliche Geschlecht gewöhnte Sau, die man aufschnüffeln konnte und die begeistert sein würde, wenn man sie durch diesen herrlichen Wald verfolgte. Doch ich war allein, keine Sau war in Sicht, und der Wald konnte noch so schön sein, allmählich ging mir das auf die Nerven. Das Verlangen nach einer Sau war so stark, daß es mich mit einem Schmerz stach, der mich wahnsinnig machte. Ich begann zu rennen, raste wie ein Verrückter durch die Büsche, das Unterholz und die Wiesen, über die ich mich zuvor einfach gefreut hatte, und schließlich wurde es so schlimm, daß ich Halluzinationen bekam. Ich warf mich auf einen alten Baumstumpf, in dem Glauben, es sei eine Sau, und war natürlich schrecklich enttäuscht, denn der Unterschied ist groß. Jede neue Enttäuschung trieb meine Leidenschaft ein paar Grad in die Höhe, zuletzt war mir, als hätte ich Feuer im Unterleib.

Gerade als es mir am allerschlimmsten ging, überfiel mich plötzlich das Gefühl: Jetzt, jetzt ist hier was Sauiges in der Nähe! Dieses Gefühl machte mich ruhig, als hätte ich plötzlich die Gewißheit erhalten, daß meine Wünsche erfüllt werden würden. Bald würden meine Triebe auf natürliche Weise befriedigt und nicht mehr mit morschen Baumstümpfen und anderen schlechten Ersatzlösungen zum Narren gehalten werden, die auf die Dauer alles nur noch schlimmer machen.

Während ich nun ganz ruhig und gefaßt dastand, um herauszubekommen, welcher Weg zum Ziel meiner Wünsche führte, hatte ich das Gefühl, daß in diesem Wald nicht alles so war, wie es sein sollte, jedenfalls nicht vom Standpunkt eines Wildschweins aus betrachtet. Eine Schar Vögel, die aus einem Wipfel aufgeflattert war, jagte durch den Wald. Ihre Flucht wirkte hastig und unbegründet. Ich sah einen Hirsch zwischen den Stämmen davonspringen. Auch andere Bewegungen, unmerkbare, ließen mich stutzen; auch das plötzliche Verstummen des Vogelgesangs.

Im Wald ist die Zeit des Herbstes zugleich die Zeit der Jagd, die Zeit des Todes. Ich entsann mich: Reiter, wilde Hundemeuten, zwischen den Stämmen widerhallendes Krachen. Doch eben jetzt hörte ich kein Krachen, kein Bellen und keine Hufschläge. Da ich irgendwie die Anwesenheit des Todes spürte, wirkte die Abwesenheit dieser Geräusche sonderbar unheilschwanger.

Was das wohl bedeutet? sagte ich mir; jeder Gedanke an die Sau war wie weggeblasen. Das heißt, ich konnte gerade noch denken: Ach, ich war drauf und dran, die Sau zu finden! Doch so ist das nun mal, wenn sich die Todesangst wirklich meldet, vergißt man alles andere. Und so war es um mich bestellt, und das war ein Zeichen der Gesundheit, sage ich, denn wenn der Tod lauert, ist es gesund, wenn man Angst bekommt. Und ih, wie hatte ich Angst, ich zitterte direkt, und ich sehnte mich danach, daß der Tod sich offenbaren möge, statt sich irgendwo in einem Dickicht, hinter einem Baumstamm oder dort, wo das Gras hoch war, zu verstecken. Laß ihn kommen,

dachte ich, laß ihn kommen! Und auf diese Weise flehte ich den Tod fast an, sich zu zeigen, damit ich die fürchterliche Ungewißheit loswerden konnte, mir nicht die ganze Zeit über einzubilden brauchte, daß ich ihn sah: Auf diese Weise war der ganze Wald nämlich voller Tod, als könne er von überallher über mich hereinstürzen. Und doch wußte ich genau, daß er nur an einer Stelle lauerte, in einer bestimmten Richtung, und daß meine Rettung darin bestand, daß ich rechtzeitig entdeckte, in welcher. Deshalb also wiederholte ich, laß ihn kommen! Laß ihn kommen! Als wollte ich ihn beschwören. Und vielleicht glaubte ich, den Tod auf diese Weise täuschen und glauben machen zu können, daß ich auf ihn warten würde, so daß er sich zu früh verriet und mir Gelegenheit gab zu entwischen.
Da, als ich so herumlief und ihn mehr oder weniger direkt heraufbeschwor, geschah es, daß ich plötzlich von einem Augenblick zum nächsten davonraste. Nun glauben Sie vielleicht, daß ich mich überhaupt nicht wie ein richtiges Wildschwein benahm. Aber ich kann Ihnen versichern, wenn es zum Äußersten gekommen wäre und meine Wut und Todesangst sich hoch genug geschraubt hätten, dann hätte ich auch kehrtgemacht und wäre selbst zum Angriff übergegangen. Doch diesmal wußte ich, daß es nur eines gab, nämlich abzuhauen. Ich war, wie gesagt, bereits wild auf der Flucht, und bis heute ist mir nicht klar, welches mystische Signal mir mitteilte, von welcher Seite die Gefahr drohte, in welche Richtung ich folglich flüchten mußte. Vermutlich funktionierte hier mein sechster Sinn, und das war meine Rettung, ich bin ganz sicher. Darüber dachte ich damals natürlich nicht nach, nein, ich rannte bloß, und die Furcht verlieh mir die Kraft, schneller zu laufen als je zuvor. Hier war die enorme Schwere meines Körpers eine gute Hilfe: Die Vereinigung dieses gewaltigen Gewichtes mit der von mir erreichten Geschwindigkeit ließ mich durch die undurchdringlichsten Dickichte brechen, die mein Verfolger ganz sicher umgehen mußte, quer über Wasserläufe und Gräben, vor denen ich unter normalen Umständen haltgemacht hätte. Die Furcht verlieh mir Flügel, wie man sagt, und ich kann bescheinigen, daß dies mehr ist als eine bloße Redensart.
Wer aber verfolgte mich? Was war das eigentlich für ein Tod, der mir auf den Fersen war? Das wußte ich noch immer nicht, aber mir war klar, daß die größte Gefahr gerade darin bestand, daß ich anfing zurückzublicken, weil das meinen Lauf unweigerlich aufhalten mußte. Das aber wagte ich nicht, denn ich hatte sowieso das Gefühl, daß der Verfolger aufholte. Wer besaß nun die größte Ausdauer? Das konnte entscheidend sein. Ach, ich hatte gerade meinen Magen mit

herrlichem Futter vollgestopft, was ich bitter bereute – aber wie hätte ich ahnen können? Eines jedoch war mir klar: Mein Gefühl, der Tod lauere nur in einer bestimmten Richtung, war richtig gewesen; denn es gab nur einen Verfolger. Geraume Zeit schon hatte der hämmernde Rhythmus eines Pferdehufschlags dazu beigetragen, meine Flucht immer wilder, immer verzweifelter werden zu lassen. In einer Beziehung war das natürlich beruhigend: Ich war nicht in Gefahr, umzingelt zu werden, ich steuerte, dessen war ich gewiß, das sagte mir mein Gefühl, nicht geradewegs auf eine ausgeklügelte Falle aus Reitern und Hunden zu, die nur darauf warteten, sich auf mich zu stürzen, wenn ich erschöpft genug und eine leichte Beute für ihre scharfen Zähne und todbringenden Projektile war. Doch das war nur ein armseliger Trost. Irgendein *anderer* Tod holte auf, von hinten und offenbar besessen von einer wilden Begierde danach, mir den Garaus zu machen, koste es, was es wolle. Aber konnte ich denn nicht kehrtmachen und mich diesem fürchterlichen Verfolger stellen? Wäre es nicht besser und würdiger gewesen, den Kampf aufzunehmen? Das klingt sehr schön, wenn man es so dahersagt, doch warum soll man würdig sterben, wenn man durch die Flucht überleben kann? Wie ich bereits gesagt habe, mir war klar, daß mein einziges Heil in der Flucht lag, so feige und memmenhaft das auch klingen mag. Umdrehen würde ich mich erst in dem Augenblick, in dem ich vor einer Mauer stand und nicht weiterkonnte, mich umdrehen und bereit sein zu sterben. Vorläufig aber bestand keinerlei Aussicht auf eine Mauer, und die Todesangst, die mich erstarrte, verhinderte nicht, daß ich gleichzeitig Kräfte mobilisierte, Ressourcen in meinem Körper ausnutzte, von deren Existenz ich keine Ahnung gehabt hatte.

Langsam, aber sicher holte der Tod auf. Ich war wie verhext bei dem Gedanken daran, in wem sich dieser Tod wohl verkörpert hatte, durch wen er mich mit so unmenschlicher Entschlossenheit verfolgte, und nur mit Mühe und Not widerstand ich der Versuchung, mich umzudrehen, um endlich einen kurzen Blick auf den Verfolger werfen zu können. Die Hufschläge kamen immer näher. Während meiner kopflosen Flucht war ich in Wälder gekommen, in denen ich nie zuvor gewesen war. Hin und wieder sah ich zwischen den Stämmen den blanken Spiegel eines Sees. Der Rhythmus der Hufschläge hielt sich unverändert, vielleicht war er sogar ein klein wenig schneller geworden, wogegen ich merkte, daß ich selbst nicht mehr dasselbe Tempo hielt. Die Todesangst wuchs, doch die Möglichkeiten meines Körpers waren allmählich erschöpft. Geplatzte Adern ließen mich alles durch einen roten Nebel sehen, mein Gehirn raste in einem wilden Aufruhr von Gedanken, Vorstellungen und Bildern, so, als wollten sie sich auch einzeln befreien, in wilder Flucht aus einem geschlossenen Raum und von Vernichtung bedroht.

So war die Lage, als mir klar war, daß der Verfolger nun so dicht heran war, daß es jetzt nur noch eine Frage von Minuten oder Sekunden sein konnte. Auch wenn mich nicht gleich ein tödlicher Schuß treffen würde – das war unwahrscheinlich, weil der Verfolger ja während des Reitens schießen mußte –, so würden in meiner jetzigen Verfassung ein paar ernsthafte Wunden genügen, um die Sache zu entscheiden.

Vor mir tauchte ein weißes Licht auf. Meine blutunterlaufenen und halb erblindeten Augen begriffen nicht sofort, worum es sich handelte, doch im nächsten Augenblick ging mir auf, daß es ein sehr großer See sein mußte. Nach rechts oder links abzubiegen hätte den sicheren Tod bedeutet: Durch meine Richtungsänderung würde ich den Abstand zu meinem Verfolger verkleinern; gleichzeitig würde ich mich in voller Figur darbieten und ein besseres Ziel für seine Kugeln abgeben.

Im Verhältnis zum See befand ich mich hoch oben. Er war spiegelblank, was auch der Grund war, weshalb ich ihn zuerst als weißes Licht gesehen hatte. Erst weiter draußen, wo Wald und Land keinen Schutz mehr gewährten, kräuselte ihn die frische Herbstbrise.

Zeit zum Überlegen hatte ich überhaupt keine. Ich haßte und fürchtete den See, dessen Oberfläche das Licht zurückwarf wie blankgeriebenes Metall oder vielleicht eher wie Spiegelglas, wie hartes Spiegelglas, das gerade von einer Hausfrau geputzt worden ist, die in der ganzen Welt nichts weiter zu tun hat, oder von einem fanatischen Fensterputzer, der nicht den kleinsten Fleck verträgt, wenn man ihn auch mehrere hundert Quadratmeter putzen läßt. So sah der See aus, und ich kam ihm immer näher, denn hinter mir hatte ich das, was noch schlimmer war.

Ein steiler Abhang mußte zum See hinunterführen oder vielleicht geradezu eine senkrechte Klippenwand – ins Wasser hineinzulaufen, damit war es nichts, ein Sprung würde alles entscheiden. Könnte ich dann aber nicht erst recht ein leichtes Opfer für die Kugeln des Verfolgers sein, wenn ich denn überhaupt Kraft genug hätte, mich über Wasser zu halten und nicht wie ein Stein abzusacken? *Aber dann tue ich es eben!* Dann sacke ich eben ab! Dann ertrinke ich eben! So schrie ich innerlich, während ich die letzten Meter zurücklegte, die mich von dem Todessprung trennten. Nun können Sie sich

sicher vorstellen, in welcher Verfassung ich mich befand, denn ich liebe das Leben, und vor gar nicht so schrecklich vielen Minuten war ich ja noch im Wald umhergewandert und hatte es in vollen Zügen genossen. Es erschien mir, als würfe ich mich in die Vernichtung. Wenn mein Körper den glasblanken Spiegel dieser Fläche zersplitterte, war alles vorbei. Solche Gefühle durchfuhren mich in Sekundenbruchteilen, die es dauerte, die letzten Meter von dem Gebüsch, durch das ich geradewegs hindurchbrach, bis zu dem felsigen Steilufer zurückzulegen.
Können Sie sich den Sprung eines solchen Wildschweinkörpers vorstellen? Mir ist, als hätte ich es mit eigenen Augen gesehen, obgleich ich mich in Wirklichkeit in diesem fürchterlichen Körper befand und also mit ihm zusammen schwebte und eins war mit seiner enormen Schwere und der Leichtigkeit und Eleganz, mit der er sich kopfüber über den Steilhang hinaus warf. Im selben Augenblick aber, das heißt im Moment meines Sprunges, geschah jedoch etwas Seltsames mit dem See: Denn plötzlich, ganz ohne Übergang, hatte sich seine blanke Fläche hochkant gestellt.
Ich bekam einen ordentlichen Schrecken. Ja, es ist eigenartig, wieviel man in solchen Augenblicken durchleben kann. Die Zeit muß so kleine Teile enthalten, daß eine ganze Masse in das allerkleinste Endchen Zeit, das man sich vorstellen kann, hineingeht, gleichgültig, wieviel oder, genauer, wie wenig es auch sein mag. Und jedes dieser kleinen Endchen hat Platz für einen ganzen Gedanken oder ein ganzes Gefühl. Zum Beispiel des Schreckens oder des Erstaunens oder was auch immer.
Obgleich es sich also um einen unendlich kurzen Augenblick handelte, gelang es mir dennoch zu schweben, zu erschrecken, mich im Schwebezustand zu befinden – bis zu dem Augenblick, als alles vorbei war, mit einem Krach, einem Geräusch von zersplittertem Glas und einem Riesenschrecken, der schlimmer war als alle die vorhergegangenen, gleichzeitig aber herrlich befreiend.
Ich stieß mich halbtot beim Landen, und wenn mein Wildschweinkörper nicht so entspannt gewesen wäre, hätte ich mir wohl durchaus die meisten seiner Knochen gebrochen. Nun kam ich mit Schnittwunden und Verstauchungen davon. In Anbetracht der Tatsache, daß ich durch die Fensterscheibe unseres Schlafzimmers im ersten Stock gesprungen und mitten auf der Straße gelandet war, muß man wohl sagen, daß ich billig davongekommen war. Die Wunden bluteten zwar ziemlich stark, was aber, wie sich zeigte, bei weitem nicht so gefährlich war, wie es aussah.

Ich war wieder Mensch geworden, wie Sie sicher begreifen, wenn Sie Schlafzimmer und Straße hören. Ja, das war ein höchst sonderbares Erlebnis. Und das Ganze ging weiter, denn einen Augenblick später kehrte die Todesangst zu mir zurück, doch nun konnte sie mir nichts mehr anhaben. Die Sache ist nämlich die, daß ich also im Nachthemd mitten auf der Straße saß, mich umschaute und mich ziemlich benommen fühlte. Es war noch Nacht, das heißt, es war so spät in der Nacht oder so früh am Morgen, daß es hell genug war und ich klar sehen konnte. Ich schaute natürlich zu dem Schlafzimmerfenster hinauf, aus dem ich herausgesprungen war. Tatsächlich, es war zersplittert. Während ich so dasaß, völlig benommen, und zu den spitzen Zacken der Glasscherben und zu dem Dunkel dahinter emporsah, erschien dort oben eine Gestalt, eine weiße, schweigende Gestalt, die einfach irgendwie aus dem dunklen Feld hervorglitt und *da* war. Es war meine liebe Frau. Ich starrte mit albernem Lächeln zu ihr empor, sie starrte zu mir herunter, ohne zu lächeln, und da hörte ich ganz langsam auf zu lächeln; denn plötzlich ging mir auf, daß *sie der Jäger war.*
Seit dem Tag ist mir klar, daß es keineswegs gelogen ist, wenn in den Büchern steht: Das Blut in seinen Adern gefror zu Eis. Es ist nämlich die genaueste Beschreibung dessen, was in dem Augenblick mit *meinem* Blut in *meinen* Adern geschah. Ich verstand überhaupt nicht, was das bedeutete, denn sie war ja nicht zu Pferd und hatte auch kein Gewehr in der Hand, sie stand nur völlig unbeweglich da und starrte in einer Weise auf mich herunter, die nicht nur Ausdruck des Erschreckens war. Na ja, es mag vielleicht nicht so seltsam sein, daß sie etwas komisch guckte, denn schließlich ist es wohl keine ganz gewöhnliche Situation, daß eine Frau nachts aufwacht, weil ihr Mann durch das Schlafzimmerfenster springt und in einem Regen von Glasscherben mitten auf der Straße landet! Doch in ihrem Ausdruck lag auch noch etwas anderes, etwas, das ich wiedererkannte, das ich aber erst in diesem Augenblick richtig *sah;* denn ich will nicht sagen, daß ich es verstand. Praktisch kann ich es so am besten ausdrücken, daß ich sie an diesem Ausdruck als den Jäger erkannte: einem leidenden Ausdruck – seltsamerweise. Nun ist mir nichts so zuwider wie Leiden. Genauso, wie ich nichts höher schätze als Wohlbefinden.
Ich glaube auch, ich erkannte sie wieder – und war von Entsetzen gelähmt –, weil ich noch immer irgendwie den Wildschweinkörper um mich hatte: einen großen Körper voller Kraft und Lebensmut, grunzend und bebend und kurzatmig, in dem ich mich irgendwie

bewegen konnte, existieren konnte, als sei es weiter bis zu den Grenzen meines Körpers – eigentlich ein ganz wunderbares Gefühl, in diesem Moment aber also dennoch kein ungeteilt angenehmes. Liebend gern hätte ich etwas anderes getan, als im Nachthemd und mit blutigen Gliedern um fünf Uhr morgens an einem Tag im April in Georgetown, Texas, mitten auf der Straße zu sitzen und zu einem zerbrochenen Fenster und einer Frau emporzuschauen, die meine Gattin war, Mutter meiner beiden Kinder und die ich in animalischer, primitiver, echt wildschweinartiger Weise fürchtete: weil ich wußte, daß sie dem Wildschwein in mir an den Kragen wollte.
Wie war es überhaupt dazu gekommen? Dann muß ich erzählen, wie ich in Georgetown ankam, weil meine Spur ganz einfach dort endete, eine Spur, die in der verwickeltsten Weise nach New Orleans zurückführte und von dort aus über den Atlantik und hin und her über den Atlantik, um schließlich in Silkeborg zu enden, wo ich umherging und mir die Verhältnisse anschaute, nachdem ich den Hof verlassen hatte, auf dem ich Knecht gewesen war; von dort aus ging ich nach Skanderborg, weil mich einer, den ich auf der Straße kennengelernt hatte, gefragt hatte, ob ich nicht mitwolle, und warum sollte ich nicht? Übrigens war es eine herrliche Tour – na, aber lassen wir das.
Eines Tages spazierte ich also in Georgetown die Straße entlang und stellte fest, daß es eine wirklich nette Stadt war. Es war heiß, staubig und monoton, gleichzeitig aber herrschte ein gewaltiges Leben, so, als ob die Stadt zu jeder Stunde des Tages größer, schöner und bedeutungsvoller würde. Da ich ziemlich durstig war, betrat ich das erste Lokal, das mir unter die Augen kam, um mir ein Glas Bier zu genehmigen. Damit war mein Schicksal besiegelt. Ich bin, glaube ich, von Natur aus ziemlich impulsiv, das ist immer mein Unglück gewesen. Im selben Augenblick, in dem ich die Kellnerin sah, war mir völlig klar, daß ich hierbleiben würde. Damit nicht genug: Ich wollte sie. Und ich wußte auch, so seltsam das auch klingen mag – denn zu dem Zeitpunkt hatte ich noch kein einziges Wort mit ihr gewechselt –, daß ich sie bekommen würde. Das wußte sie auch! Ich sah sie an, und sie hat mir später erzählt, sie habe sofort gefühlt, daß ich gleichsam die Arme nach ihr ausstreckte, und sie habe es geschehen lassen. Sie war mittelgroß und hatte eine schöne glatte Haut, etwas heller als Milchschokolade. Ihr Haar war sehr dunkel, fast schwarz, und in der Mitte gescheitelt. Es war kräftig, etwas lokkig und rahmte zu meinem großen Unglück beide Seiten ihres Gesichts ein. Solchem Haar kann ich einfach nicht widerstehen; das

entschied die Angelegenheit. Und doch war mir irgendwie klar, daß dieses offene Haar nicht ihre ganze Persönlichkeit verriet, sondern in Wirklichkeit vielleicht ihr wahres Ich verschleierte. Ich muß Signale irgendeiner Art empfangen haben, Signale, die, ohne daß ich mir dessen bewußt war, mein Verhalten diktierten und mich in einer Weise auftreten ließen, die mich völlig überrumpelte. Sie kam zu dem Tisch, an dem ich saß, mein Herz klopfte, als ich sie ansah, und ich las auch in ihrem Blick irgendeine unwillkürliche Bewegung; und dann bestellte ich eine Tasse Schokolade.
Als ich sie das nächste Mal sah, trug sie das Haar in zwei dicken Zöpfen geflochten, die auf dem Scheitel aufgesteckt und dort so kunstvoll angebracht waren, daß dies ihrem Gesicht einen fürchterlich reinen und strengen und viel zu zerbrechlichen Ausdruck verlieh. Ich hätte begreifen sollen. Doch die dunkle Haarfülle der Begegnung des ersten Tages hatte mich ein für allemal verzaubert; daran denke ich noch immer und bekomme noch immer fast Herzklopfen, wenn ich daran denke.
Ihre Eltern waren Deutsche. Sie hieß Maria Mustermann. Wir heirateten in der protestantischen Kirche.
Zu dem Zeitpunkt hatte ich bereits das Haus gekauft, ein hübsches zweistöckiges Holzhaus in einer Seitenstraße zur Hauptstraße von Georgetown. Das war so: Nachdem ich die Schokolade, die Maria Mustermann mir serviert hatte, getrunken hatte, ging ich weiter die Hauptstraße hinunter und in die erstbeste Kneipe, um mich zu stärken. Der Wirt dort, ein prächtiger Schurke namens Sean Kildare Cunningham mit einem riesigen, buschigen Schnurrbart, brachte mir ein Glas Bier, das mich auf eine Idee brachte. Offenbar gefiel ich ihm, denn es gelang mir, ihn anzupumpen, so daß ich für eine Hotelübernachtung bezahlen und an einen Bekannten telegraphieren konnte, den ich in New Orleans kennengelernt hatte, er solle mir ein paar Kisten von dem Bier schicken und das Telegramm an meine Hoteladresse beantworten. Auch er muß an dem Tag gute Laune gehabt haben; denn er telegraphierte tatsächlich zurück – und das Telegramm reichte aus, der Hotelwirt gewährte mir Kredit. Damit nicht genug: Es war so heiß und so staubig und das Leben aus irgendeinem Grund so traurig und melancholisch, daß die Aussicht auf eine Sendung extra starken Pilseners eine völlig phantastische Wirkung hatte: Der Hotelwirt erzählte allen, die es hören wollten, welch eine unentbehrliche Person ich sei und was nun dank meines plötzlichen Auftauchens auf dem Schauplatz zu erwarten stünde, und Sean Kildare Cunningham, dem ich das Alleinrecht auf die ge-

samte Sendung versprochen hatte, war genauso enthusiastisch. Als demnach der große Tag anbrach und die fünfzig Kisten auf dem Bahnhof abgeladen wurden, befand sich die halbe Stadt in totaler Fieberstimmung. Es war ein wirklicher Festtag. Na, am selben Tag kam auch eine Herde Vieh von der mexikanischen Grenze herunter, und die Leute, die mit der Herde kamen, waren völlig außer sich vor Durst und Erschöpfung, vor allem aber vor Durst. Als sie von dem Pilsener bei Sean hörten, fielen sie in das Lokal ein, und das Ganze endete in einer mächtigen Schlägerei. Kurz, es war ein einmaliger Erfolg, und gleich früh am nächsten Morgen schickte ich ein Eiltelegramm und bestellte eine neue und noch größere Sendung zur umgehenden Lieferung.

Das war der Anfang, der Rest lief von selber. Ich kaufte das Haus. Ich kaufte Polstermöbel mit Bezügen aus grünem Samt, weiße Tüllgardinen, ein schönes Buffet und ein Klavier, auf dem die leichten Finger von Maria Mustermann die hübschesten Läufe spielen konnten. Mein Freund Sean schüttelte den Kopf und sagte, Maria ist kein Mädchen für dich. Ihr Vater hat Geld, aber Maria ...

Als wir verheiratet waren, sagte Maria, sie habe es nicht so gern, daß ich so oft zu Sean zum Biertrinken rüberginge. Davon leben wir doch aber, entgegnete ich. Darauf antwortete sie nicht, aber ihre Haltung ...

Ich wollte sie nicht traurig machen, wir waren schließlich jung verheiratet. Ich hatte ja auch reichlich damit zu tun, mein eheliches Glück zu genießen. Meine Beziehung zu Sean aber wurde geschäftlicher. Er war zwar derselbe wie immer, aber ich ... Neun Monate nach der Hochzeit brachte Maria unsere beiden Jungen, Hans und Hugo, zur Welt. Ich war erschüttert. Ich erlebte etwas Entsetzliches. Etwas wie ein Blitz durchzuckte mein Leben, bei dessen Schein ich eine ganze Landschaft erblickte oder eher einen fürchterlichen Abgrund, der sonst im Dunkel verborgen ist. Ach, meine beiden Wildfänge! Da lagt ihr und fuchteltet mit den Armen und strampeltet mit den Beinen und starrtet mit blauen Augen in die Luft und pinkeltet und schisset und weintet und heultet und gluckstet, ich kann den Gedanken daran fast nicht ertragen. Nicht diese ganze Duselei mit dem Wunder des Gefühls und was weiß ich. Nein, aber ich sah meine beiden kleinen Jungen als eine Bedrohung des Lebens, eine Bedrohung, die *nicht akzeptiert werden würde*. Wer hat bloß den ganzen Quatsch mit den kleinen unschuldigen Kindern erfunden? Etwas so reißend Unersättliches, Berechnendes und Wildes wie die beiden kleinen Bengel hatte ich noch nie erlebt; ein herrlicher An-

blick war das, aber auch entsetzlich, ja – entsetzlich. Denn rundherum standen die Erwachsenen, schauten auf sie hinunter und sagten: Sind sie nicht niedlich! Sind sie nicht süß! Und ich fühlte bis in das Innerste meiner Seele, daß meine beiden Jungen, meine beiden Wildfänge, verdammt waren. Da standen Maria und ihre Eltern und ihre Onkel und ihre Tanten, und die Kinder waren in ihrer Gewalt, total. Was konnte ich machen? War ich übrigens auch nur um ein Haar besser? – Ach, diese entsetzlichen Menschen mit ihrer Liebe und ihren Grundsätzen und dem eisernen und sanften Willen, diese beiden Jungen zu brechen! Und ich begriff eins: Ihre Handlungsweise war von Naivität und Herzensgüte diktiert, und niemand ist so niederträchtig gerissen wie die wirklich Herzensguten. Die Kinder aber konnten sie in Wirklichkeit gar nicht sehen! Sie glaubten selbst, sie sähen etwas Niedliches, Süßes und Unschuldiges. Gleichzeitig aber ahnten sie, daß dies nicht die ganze Wahrheit war, daß die beiden kleinen Körper und Willen gewisse gefährliche Tendenzen bargen und daß es deshalb notwendig war, Vorsichtsmaßnahmen zu treffen.
Dürfen die beiden kleinen Geschöpfe überhaupt leben, bevor sich das Grab über ihnen schließt? Worauf lassen sie sich ein? So, wie sie da liegen, sprengen sie die Rahmen all dessen, was ich jemals vom Leben gewußt habe. Und sie sind verdammt! Sie sind verdammt! Ich versank in tiefe Melancholie. Ich wurde verschlossen. Ich wurde unaufmerksam, auch den Kindern gegenüber. Wenn das Kindermädchen sie am Abend, bevor sie zu Bett gebracht wurden, zu mir hereintrug, warf ich nur einen zerstreuten Blick auf sie.
Maria sagte: Du liebst noch nicht einmal deine Kinder!
Ich aber saß da und dachte daran, daß ich auch einmal so ein Kind gewesen war, so herrlich, so vielversprechend! Und was war ich jetzt? Schloß sich das Grab nicht bereits über mir? In welch entsetzliche Mißgeburt hatten mich meine liebevollen Eltern verwandelt? Gleichzeitig befiel mich eine seltsame Taubheit. Wenn Maria mich ansprach, konnte ich beispielsweise nicht hören, was sie sagte, wohingegen ich mit entsetzlicher Deutlichkeit den Blick ihrer Augen und die Bewegungen ihrer Lippen sah. Gerade weil ich nicht hören konnte, was sie sagte, starrte ich wie hypnotisiert auf ihr Gesicht, wenn es zu mir sprach, und erst wenn sie auf meine Aufforderung hin wiederholte, was sie bereits gesagt hatte, schnappte ich einige der Worte auf. Ganz klar, das ärgerte sie, ich war jedoch außerstande, etwas daran zu ändern, und schließlich schickte sie nach dem Arzt, der meinem Fall jedoch völlig machtlos gegenüberstand.

So nahmen die Dinge ihren schiefen Lauf, bis ich mich an jenem erwähnten Morgen vor meinem Haus mitten auf der Straße sitzend wiederfand und mit jeder Faser meines Körpers spürte: Das ist nicht mehr dein Haus. Also sammelte ich mich ganz still und ohne mich umzuwenden und zurückzuschauen – das wagte ich nicht, sie stand ja oben am Fenster und sah mir nach, und ich, das Wildschwein, wußte, daß ich schleunigst verschwinden mußte –, schlich in der Dämmerung davon und klopfte bei Sean Kildare Cunningham an, der in Unterhosen herauskam und aufmachte. In der nächsten Nacht kroch ich durch ein Fenster im Erdgeschoß meines eigenen Hauses, drohte dem farbigen Kindermädchen alles mögliche an, wenn sie nicht den Mund hielte, und schlich mich auf Zehenspitzen in das Zimmer, wo meine beiden Jungen schliefen. Ich zündete eine Kerze an und weckte sie. Sie waren zu dem Zeitpunkt zwei Jahre alt und sehr klug. Sie richteten sich in ihren kleinen Betten auf und sahen mich mit ihren großen Augen an, und ich erklärte ihnen, daß ich fortreisen müsse und wie alles zusammenhinge.

Ich muß sehr weit reisen, sagte ich, und es wird eine schwierige und möglicherweise gefährliche Reise. Sie ist nichts für Kinder, abgesehen davon, weiß ich überhaupt nicht, wohin sie mich führt und ob ich imstande wäre, Essen für euch zu beschaffen. Deshalb muß ich also allein reisen. Außerdem fürchte ich, daß eure Mutter sofort die Verfolgung aufnehmen würde, wenn ich euch mitnähme, und Oma und Opa und alle Onkel und Tanten würden ihr beistehen, und wir hätten überhaupt keine Chance.

Darin gaben mir die Jungen recht; denn obgleich sie die Ohren etwas hängen ließen, waren sie, wie gesagt, so klug, daß sie das Vernünftige meiner Argumente einsahen. Aber wo willst du hin? fragte Hugo, wenn wir das wissen, könnten wir ja später hinterherkommen.

Ich erklärte ihnen, daß ich nach Norden führe, nach Chicago, und danach vielleicht nach Osten.

Gut, meinte Hans, wir erzählen ihnen, daß du zu uns gesagt hast, du würdest nach Mexiko gehen. Dann suchen sie dich in der Richtung, wenn sie dich überhaupt suchen. Auf die Weise kriegst du jedenfalls einen Vorsprung.

Prima, sagte ich, aber jetzt muß ich euch etwas erklären, weil ich sonst nie mehr die Gelegenheit habe, es euch zu sagen. Ihr bleibt ja nun allein zurück mit eurer Mutter und Großmutter und allen Onkeln und Tanten, und ihr wißt, wie lieb sie euch alle haben. Etwas aber wißt ihr nicht, nämlich, daß sie sich auch gegen euch verschworen haben und euch eine Menge Dinge weismachen wollen, die alle Lügen sind. Vor allem werden sie sagen – denn das versuchen fast alle Menschen kleinen Kindern weiszumachen –, daß das Leben schön ist und ein Geschenk, für das man dankbar sein muß, und daß man sich auf eine Menge Gutes freuen kann. Das jedenfalls ist eine notorische Lüge. Das meiste ist entweder langweilig oder sinnlos oder geradezu unangenehm; deshalb gilt es vor allem, so viele Freuden und Vergnügen an sich zu reißen, wie man nur kann. So erklärte ich ihnen das Leben, und sie stellten viele verständige Fragen, unter anderem fragte Hugo, ob es denn dann nicht das vernünftigste wäre, man schlüge gleich alle Mitglieder der Verschwörung tot. Das ist das schlimmste, sagte ich, wenn man erst damit anfängt, weiß man nicht, wo man aufhören soll. Ich erklärte ihnen, daß sie gezwungen seien, so zu tun, als glaubten sie, was man ihnen erzählte, denn sonst würden sie es sich viel zu schwer machen, und schwer genug sei es sowieso schon. Ich wüßte schon, daß in diesem Theaterspiel eine tiefe Trauer liege, und das schlimmste sei, daß man Gefahr liefe, allmählich selbst daran zu glauben. Doch ab und zu würden sie vielleicht auf einen Menschen stoßen, der ihnen ein geheimes Zeichen des Erkennens geben würde. Worin das Zeichen bestehe, könne ich ihnen nicht sagen, aber sie würden es schon wissen, wenn sie es sähen. Die Nacht verging, die Kerze im Leuchter brannte herunter. Alles stand in einer seltsamen Klarheit vor uns, als sähen und wüßten wir in dieser Nacht alles, was uns zustoßen sollte: nicht in Einzelheiten, nicht so, als wenn ein Hellseher oder Astrologe seine Vorhersagen macht, sondern auf einer exemplarischen Ebene, nach einleuchtenden Prinzipien, die den meisten anderen unverständlich gewesen wären. Wenngleich es mir schien, als hätten wir tagelang miteinander reden können, so erzählte das erste bleiche Licht, das den Anbruch eines neuen Tages verkündete, daß es nun Zeit zum Abschiednehmen sei. Wir umarmten einander, und ich deckte sie ein letztes Mal zu. Als ich auf der Straße stand, war mir klar, daß ich nun wieder allein war. Was bedeutete nun die Vertrautheit der langen Nacht mit den beiden Jungen? Ich schaute mich grimmig um und nahm den Zug nach Süden, als blinder Passagier, nach Mexiko, denn ich wußte, daß meine beiden kleinen Wildfänge mich verraten würden, in der Hoffnung, mich zurückzubekommen, und darüber war ich froh, gleichzeitig aber sagte ich mir, so ein Elend, so ein Elend, und fühlte mich schrecklich traurig, weil ich nichts weiter war als ein viel zu großes, hungriges und sehr einsames Wildschwein.

Der Zug fuhr auf dem Bahnsteig von Moselund ein.
Hier hatten die Signalglocken bereits mehrere Minuten zuvor seine Ankunft angekündigt mit dem regelmäßigen, aber dennoch melodischen Läuten, das in jenen Zeiten selbst die allerkleinste Station zu einer Heimstätte konzentrierter musikalischer Poesie machte. Während die Kirchenglocken mit ihrem edlen Klang aus gegossenem Metall immer von erhabenen Themen wie Gottesdienst, Begräbnis, Hochzeit sprachen, ganz zu schweigen von Dingen wie Bränden, feindlichen Angriffen oder todbringenden Epidemien, so überbrachten die beiden Töne der Signalglocke, deren mechanischer Rhythmus so unvergleichlich war, eine alltäglichere Botschaft, ebenso undramatisch und unveränderlich, wie der Alltag nun einmal ist, aber auch ebenso bezaubernd. So etwas, das schätzten die Leute, was aber zweifellos auch daran liegt, daß die Menschen damals insgeheim kindlicher waren, als dies in späteren, depravierteren Zeiten der Fall gewesen ist.
Zu jener Zeit wurde der Gasthof von Moselund von einer Frau namens Maria Elisabeth Hvide betrieben. Man nannte sie Madame Blanche; sie trug immer große, phantastische Hüte, die eine kosmopolitische Vergangenheit verrieten, und rauchte fremdartige Zigaretten aus langen, bernsteinfarbenen Zigarettenspitzen, die sie zwischen Fingern balancierte, die groß, knochig und zugleich elegant waren – wie ein Zwischending aus solider Ingenieurkonstruktion und insektenhafter Verfeinerung.
Sie hatte große Zähne, doch das machte nichts, denn sie saßen in einem entsprechend großen Mund und unter der leichten Krümmung einer beunruhigenden und schmeichelnden Nase. Die Zähne zeigte sie ab und zu vor, nicht notwendigerweise beim Lächeln und Lachen, als einen besonders überraschenden Effekt im Theater des Gesichts. Sie staken in einem sehr ausgeprägten Kiefer.
Madame Blanche hatte zwei Afghanen und ein Pferd, das sie jeden Tag ritt. Sie pflegte am Pfarrhof vorbeizureiten, und wenn der Pfarrer im Garten arbeitete, hielt sie ihr Pferd an und redete mit ihm. Ihr ständiges Gesprächsthema war Sören Kierkegaard, der seit der Studentenzeit des Pfarrers für diesen eine große Versuchung war: War es denn richtig von ihm, daß er sich um ein Amt bemüht hatte, hätte er sich nicht lieber darauf konzentrieren sollen, sich um das Reich Gottes zu bemühen?
Doch Madame Blanche sagte: Das ist alles uninteressant! Jedesmal, wenn ein Pfarrer sein Amt aufgebe und sich um das Reich Gottes bemühe, lächle der Sören in seinem Himmel ein wenig. Er zwang

sich zu dem Versuch, eine Frau zu lieben. Ja, allem Anschein nach liebte er sie in gewisser Weise wirklich, doch dann entdeckte er, daß er seine Liebe zu ihr nicht verwirklichen konnte, aufgrund einer Neigung – nämlich zu seinem eigenen Geschlecht –, die ihn die Zeit zu verbergen zwang. Das ist banal, und ich gehe davon aus, daß darüber Bücher geschrieben worden sind, für mich aber ist es eine einleuchtende Wahrheit. Diese geheime Leidenschaft ist das Feuer unter seinem Werk, und ich für meinen Teil finde es vor allem bewundernswert, daß er so viel aus seiner Situation gemacht hat. Ja, ich bewundere seine Eleganz. Ich will die Bedeutung seiner Auseinandersetzung mit Hegel nicht unterschätzen, denn das übersteigt meinen Verstand bei weitem, aber letztlich, ich bin sicher, erhält dieses ganze existenzphilosophische Schwergewichtsboxen seine Berechtigung nur als das notwendige Sprungbrett für eine Serie ästhetischer Volten. Du lieber Himmel: Bildet sich wirklich jemand ein, daß er die menschliche Natur besser versteht, weil er dasitzt und über alle diese tiefsinnigen Gedanken und spitzfindigen Argumente nachgrübelt, oder daß ihm das irgendeine Hilfestellung gibt, wenn er sich entscheiden soll, ob er zu Mittag falschen Hasen, Schweinebraten oder Eisbein mit Sauerkraut essen will oder zur Paarung Sophie, Marie oder Johanna bevorzugen soll – kurz, in allen sogenannten existentiellen Situationen, in die ein Mensch nun einmal hineingestellt wird? Damit zieht man den ganzen Ernst aus seinem Werk, antwortete der Pfarrer; aus seinem Werk, das durch die dialektische Methode gerade die Absicht verfolgte, den Leser sich selbst gegenüberzustellen.

Den Ernst! Madame Blanche bleckte die Zähne. Versuchen sie einmal, mit einem Ironiker über den Ernst zu sprechen. Hat er nicht selbst von der Distanz der Ironie als der Voraussetzung des Kunstwerks gesprochen? Die Struktur des Gedankens im Filigran der Sprache: Dort, genau dort holt man sich sein Erlebnis, wenn man ihn liest; dort ist er größer als seine Zeit und größer als irgendwelche philosophischen Probleme, die man eigentlich nie ganz ernst hat nehmen sollen. Die ästhetische Wärme, die erst läßt den Teig gehen und macht das Brot essenswert.

Der Pfarrer sagte: Erst macht man ihn zu einem Sonderfall und seine leidenschaftliche Wahrheitssuche zur Reaktion auf einen unzulässigen Trieb. Danach isoliert man die Form seines Werkes, damit man eine Stellungnahme zu seiner Botschaft vermeiden kann, und zuletzt hat man nur noch den leeren Genuß einer eleganten, aber inhaltslosen Konversation. Guten Appetit!

Madame Blanche lachte: Vor allem war er ein rastloser Schöpfer, ein unglaublicher Hervorbringer, und ich wiederhole: Was ist das Beständige, das Einzigartige seines Werkes, wenn nicht der Tonfall? Und über irgend etwas mußte er natürlich sprechen. Konversation? Nein: Schrift, die zeugt, und zwar so großartig, daß es von jedem Vernunftsstandpunkt her gesehen absurd ist. Das Beste an seinem Werk ist, daß man jedes seiner Bücher auf irgendeiner beliebigen Seite aufschlagen und zu lesen beginnen kann: Und sofort befindet man sich im Zentrum seiner Welt.
So konnten sie immer weiterreden.
Es war bekannt – obgleich darüber nur unter vier Augen geflüstert wurde –, daß Madame Blanche mit ihren beiden Afghanen redete. Nicht so, wie andere Leute mit ihren Hunden reden, sondern richtig: Sie fragte sie in vielen Dingen um Rat, die sie besser wußten, tauschte Erfahrungen mit ihnen aus, und sie erzählten einander auch Geschichten. Aus eben diesem Grund war sie bei den Bauern der Gegend auch etwas gefürchtet, die noch immer gewisse abergläubische Vorstellungen hegten. Sie liebten sie aber trotzdem, wegen ihrer Kalbssülze, ihres Branntweins und des phantastischen Kaffees, den sie in einer französischen Cafetière braute, und zwar aus Bohnen, die sie im Eigenimport aus Paris von einem Geschäft in der Rue de la Boëtie bezog.
Sie ritt in Begleitung ihrer beiden Hunde den Feldweg entlang, und alle konnten sehen, daß sie sehr einsam war. Vor allem draußen auf dem Feld und daheim in der Stube – wenn die Mädchen sich zur Ruhe begeben hatten – sprach sie mit ihren Hunden. Sie tat es nicht gern allzu offenkundig, eben weil sie der Bevölkerung der Gegend keine unnötige Furcht einflößen wollte. Was sie an diesem Tag zueinander sagten, das weiß niemand, doch die Wege der Hunde sind unerforschlich, und was die Hunde über das Gegenwärtige und das Künftige wissen, das hat noch niemand ergründen können.
Nach ihrer Heimkehr zog sie sich um. Sie öffnete den Kleiderschrank und wählte unter den leblosen Überlieferungen aus einer anderen Zeit ein langes, dunkelviolettes Samtkleid mit kurzen Ärmeln, das, als sie es herausnahm, einen Augenblick darum zu kämpfen schien, im Dunkel des Schranks verbleiben zu dürfen, wo es sich schon längst an eine Existenz in risikoloser Passivität gewöhnt hatte. Doch Madame Blanches Hände hauchten ihm erneut Leben ein: Mit einem Beben erwachte der Stoff unter der Berührung dieser Hände, als beginne er bereits von Kurven, Bewegungen und Einklang zu träumen, und ans Licht gebracht, nahm die violette Farbe

einen dunkleren und zugleich reineren Klang an, indem sich der Stoff von selbst mit einer verdichteten sexuellen Energie auflud.
Außerdem behängte sich Madame Blanche mit Schmuck, puderte sich, malte sich die Lippen an und färbte sich die Augenbrauen und donnerte sich überhaupt so auf, daß sie einem Zwischending aus Karnevalsfigur, einer übriggebliebenen Prinzessin aus einem degenerierten mitteleuropäischen Fürstenhaus und der ausgehaltenen Geliebten eines Finanzmagnaten aus der Zeit um die Jahrhundertwende geglichen hätte, wäre nicht ihr großartiger Blick so zweideutig gewesen und hätte nicht gleichzeitig ihr humoristisches Bewußtsein, das in der stilisierten Art und Weise, in der sie sich bewegte, zum Ausdruck kam, derartige Identifikationen unmöglich gemacht.
Seltsamerweise hatten Lippenstift, Augenbrauenfarbe und Puder gewisse maskuline Züge ihres Gesichts eher noch verstärkt, doch als sie fertig war, betrachtete sie sich nichtsdestoweniger mit großer Zufriedenheit. Nun fehlte nur noch die Frisur. Das Haar war einmal dunkelblond gewesen, nun aber so ergraut, daß seine Farbe unbestimmbar war. Schlimmer aber war, daß es allmählich auch auszugehen begann, und obgleich ihre Hände eine verzweifelte Akrobatik entfalteten, war es ihnen, wenn sie es im Nacken aufstecken wollten, nicht möglich, ihm die Fülle zu verleihen, an die sie einst gewöhnt gewesen war. Doch sie taten ihr Bestes, und nun trat das Feminine wieder deutlicher hervor, vermutlich, weil ihr faltiger Hals – trotz der Tatsache, daß sie nicht mehr jung war – noch immer ziemlich schlank war: Der stattliche Körper verjüngte sich in diese liebreizenden Linien, die unbeschwert den recht kräftigen Kopf trugen. Sie hatte grüne Augen. Ihre Kühle war trügerisch.
Dann beschloß sie ihren Aufzug mit einer Dosis heiteren und derb exotischen Parfüms, das sie ohne Kleinlichkeit verteilte, und nachdem dies getan war, ließ sie die Hunde herein. Sie waren entzückt darüber, sie in diesem verwandelten Zustand wiederzufinden, umschnüffelten sie mit peitschenden Schwänzen, jaulten und jammerten vor Begeisterung, bohrten ihre Schnauzen in den weichen und glatten Stoff und rieben mit halb geschlossenen Augen ihre Köpfe an Madame Blanches Waden. Dieser Ausdruck ungeheuchelter Zuneigung erfreute Madame Blanche. Mit ihren großen, ringgeschmückten Fingern kraulte sie sie heftig hinter den Ohren und kratzte sie sanft mit den Nägeln, während sie ihnen etwas zumurmelte, als müsse sie sie beruhigen oder ihnen irgend etwas versichern.

Madame Blanche war nicht durch reinen Zufall in den Besitz ihrer Hunde gelangt.
An einem Oktobertag, neunundzwanzig Jahre zuvor, hatte sie ein Café am Boulevard Montparnasse betreten. Sie hatte gerade den Salon d'Automne und darauf eine Ausstellung mit Zeichnungen von Rodin bei Bernheim jr. besucht. Sie war noch ganz erfüllt von den Eindrücken der Bilder von Henri Rousseau, Matisse und Cézanne und von den phantastischen und beunruhigenden Zeichnungen kambodschanischer Tänzerinnen, in denen Rodin die Bewegungen des Körpers mit der vegetativen Ruhe der Pflanze vermählt hatte, weshalb sie ziemlich abwesend war, als sie mit einem jungen amerikanischen Dichter, den sie von früheren Besuchen in dem Café her kannte, in ein Gespräch geriet. Der Tag war neblig und hell gewesen. Jetzt regnete es. Die Vorübergehenden eilten schnell weiter, um Schutz zu suchen, oder wanderten gesetzt unter aufgeschlagenen Regenschirmen dahin. Es gibt gewisse Dinge, für deren Besitz man freudig sein Leben lassen würde, *n'est-ce pas*, Elisabeth? Was halten Sie von Poes Chirurgie oder von Diderots unvorhersagbaren Manövern? Oder man braucht nur an das Geheimnis zu denken, das der hermetischen Sprache der sprechenden Afghanen zugrunde liegt!
Maria Elisabeth spitzte die Ohren. Sie sah den Dichter an, der sich bereits weit in neuen Themen befand; er brauchte nur einen Zuhörer, dann konnte er stundenlang reden. In seinem schmalen, verfeinerten Gesicht schienen sich Jugend und Begeisterung nur anstandsweise zu manifestieren und maskierten mit knapper Not die würdigen und bitteren Krämpfe einer gealterten Physiognomie.
Hören Sie, Antony, sagte sie, indem sie den Augenblick ausnutzte, als er seinen *café noir* zum Mund führte, was haben Sie da vorhin über die Afghanischen Windhunde gesagt? Irgendwas mit einer Sprache und einem hermetischen Wissen.
Antony stellte die Tasse ab und nahm den Faden wieder auf, als habe er ihre Frage nicht gehört, während er sich gleichzeitig eine Zigarette anzündete. Doch nun unterbrach ihn Maria Elisabeth, indem sie ihm vorwarf, er habe ihre Frage nicht beantwortet, und ihm vorhielt, er benehme sich unhöflich.
Vermutlich geht es nur um eine pittoreske Legende, entgegnete er mit einem Achselzucken. Es handelt sich um eine Familientradition, und da meine Familie leicht verrückt ist, besteht vermutlich kein Anlaß, die Geschichte sonderlich ernst zu nehmen. Aber recht kurios ist sie schon.
Er stammte von einer französischen Familie ab, die zu Beginn des

18. Jahrhunderts nach Amerika ausgewandert war. In ihrem äußerst bunten Gepäck führte die Familie auch die mündlichen Berichte über das höchst abenteuerliche Leben ihres Familienmitglieds Stéphane de Crâne mit sich. Als jüngerer Mann hatte er eine Reise in den Nahen Osten unternommen, hatte Bagdad, Isfahan, Samarkand und viele andere berühmte Städte besucht und sich in viele kulinarische, erotische und metaphysische Mysterien der fremdartigen Kulturen einweihen lassen, Mysterien, die oft in einer höheren Einheit aufgehen und wie Räucherwerk wirken, dessen berauschende Wirkung das Gehirn nicht umnebelt, sondern ihm ganz im Gegenteil eine seltene Klarheit verleiht, die es ihm unter anderem ermöglicht, die inneren Organe seines eigenen Körpers zu betrachten, so, als sei der Körper durchsichtig, ohne deshalb seine Fleischlichkeit zu verlieren. Seine einsame und rebellische Seele hatte ihn nun aber gezwungen, Zonen aufzusuchen, die jedenfalls damals auf keiner Karte verzeichnet waren und wo er sich in der Tracht der nomadisierenden Bevölkerung auf anstrengende, zwecklose und oft gefährliche Reisen begab, die ihn jedoch schließlich zu dem Mann führten, der das Geheimnis der sprechenden Afghanen kannte: zu einem verarmten Scheich, in dessen Zelt Stéphane de Crâne, dessen Auftreten beständig von einer charmanten Mischung aus kindlich Linkischem und französischer Courtoisie geprägt war, die fundamentale Belehrung empfing, die das heimliche Ziel seiner Reisen gewesen war. Als junger Offizier hatte er nämlich einmal an einer diplomatischen Mission nach Österreich teilgenommen, wo er in einer Privatbibliothek durch Zufall über ein lateinisches Werk gestolpert war, die Übersetzung eines diesen geheimnisvollen Hunden und ihrer noch geheimnisvolleren Sprache gewidmeten arabischen Originals. Während er zerstreut in dem Folianten blätterte, die Holzschnittillustrationen betrachtete und hin und wieder ein wenig las, wanderten seine Gedanken in alle möglichen anderen Richtungen. Die in den Illustrationen eingefangene Wiedergabe arabischer Figuren, ihr Aussehen, ihre Haltung und Kleidung, ging ganz deutlich auf einen Europäer zurück – wahrscheinlich einen deutschen oder flämischen Künstler –, der sich außer auf Beschreibungen wohl eigentlich nur auf seine Phantasie hatte stützen können. Doch trotz der Naivität – oder vielleicht gerade deshalb? – wirkte das Bild des Hundezüchters, der mit seinem Turban und dem Krummsäbel an der Seite zwischen seinen beiden Lieblingshunden dastand, auf Stéphane de Crâne seltsam fesselnd: Es besaß die gleiche magnetische Ausstrahlung von Rätselhaftigkeit und eingestandenem Betrug wie

die Himmelskarten der Astrologie und die sinnbildlichen Transmutationen der Alchimie, doch ohne das verwickelte symbolische Instrumentarium und die feierliche Geheimniskrämerei dieser Pseudowissenschaften. Das hatte er immer lachhaft gefunden. Während von der Straße her das Geräusch von Pferdehufen und rumpelnden Gefährten zu ihm heraufdrang und er durch geschlossene Türen bald als murmelnde, bald als laute Stimmen ein Filtrat der weltpolitischen Intrigen vernahm, wurde er immer weiter in die Darstellung rätselhafter Doktrinen entrückt, die ihn bald jubeln ließen, bald mit einer Eisigkeit durchzuckten, die lähmend wirkte: Es schien Stéphane de Crâne, als sei das Buch für ihn und nur für ihn geschrieben, als sei die Lektüre das Wiedererkennen von etwas, was er bereits im voraus gewußt hatte, von dem er aber erst jetzt wußte, daß er es wußte; und als müsse er sich irgendwie auf diesen Augenblick vorbereitet haben, ohne es zu wissen.
Er blickte von dem Buch auf. Im Kamin brannte ein Feuer. Sein Gürtel mit dem Koppel und dem Degen hing ein paar Meter von ihm entfernt über einem Stuhl. Die in der Höhe dreigeteilten Fenster zur Straße hinaus waren dunkel. Wie durch den Schnitt eines ungeheuer scharfen Messers war seine Verbindung zu diesen Dingen zertrennt. Nicht Einsamkeit erlebte er, die setzt ihren eigenen Gegensatz voraus und kennt ihn, sondern die völlig fremde Existenzform eines kristallinischen Zustands. Er entsann sich deutlich seiner eigenen persönlichen Existenz, doch sie erschien ihm ebenso fern, unzugänglich und seltsam – verloren in einer Dimension, die er mit uninteressierter Kühle fixierte – wie der Kamin, der Degen und die dunklen Fenster. Keine Beschreibungen, Metaphern oder Analysen können eine erschöpfende Vorstellung vermitteln von dem, was in diesem Augenblick in dem Jüngling mit dem bleichen Watteau-Gesicht vor sich ging, und von dem Zustand lebendigen Todes, den er durchlebte und zugleich beobachtete. Als er einen Augenblick später erneut auf die Tafeln des Buches sah und in dem wunderlichen Text las, schlug er jedoch ein lautes Gelächter an. Es war ihm unmöglich, an die sprechenden Hunde und ihre seltsame und unnütze Existenz zu denken, ohne lachen zu müssen; überhaupt war er von diesem Augenblick an mit einem weitaus heitereren Gemüt ausgestattet als früher und konnte – zuweilen zum großen Verdruß seiner Umgebung – bei nahezu jeder Gelegenheit irgendeinen Grund zum Lachen finden.
Stéphane de Crâne kehrte von seiner Reise in den Osten mit einigen Hunden zurück und mit einer speziellen Züchtertechnik, die unter

anderem den Schlüssel zu der Hundesprache in sich barg, auf die ihn die lateinische Abhandlung vorbereitet hatte. Er war von Watteau gemalt worden, in einem Park stehend und von seinen beiden Lieblingshunden umgeben. Dieses Bild war leider verlorengegangen, doch zuvor war es glücklicherweise von einem zweit- oder drittrangigen Künstler kopiert worden, dessen Zeichnung die Vorlage für einen Kupferstich abgegeben hatte. Von Stéphane de Crânes Hunden stammten alle sprechenden Afghanen in Europa ab, in der Regel nur zwei in jeder Generation. Obgleich die Familie kein schriftliches Material besaß, das diese ganze unwahrscheinliche Geschichte bestätigen konnte, verlautete doch, Stéphanes Lebenslauf sei wenige Jahre nach seinem Tode von Madame de Taisévouze aufgeschrieben worden; hinter diesem Pseudonym verbarg sich die liebenswürdige und intelligente Marquise, die seine Geliebte gewesen war und die er in sein großes Geheimnis eingeweiht hatte: Es hatte sich gezeigt, daß die Hunde als einzigartiger Postillon d'amour fungieren konnten. Ein einziger Kläffer vor ihrem Palais in der Rue du Faubourg Saint-Germain reichte aus, ihr einen extremen und anregenden Einfall zu übermitteln, einen Vorschlag zu einem Tête-à-tête oder eine offensichtlich obszöne Liebeserklärung, die inmitten einer Gesellschaft, während die geschliffene und niederträchtige Konversation ihren Lauf nahm, ihre Brustwarzen erzittern ließ. Die Hunde waren mit anderen Worten völlig ohne Vorurteile. Sie waren bereit, an jedem menschlichen Gedanken und Gefühl teilzunehmen.

Einige Tage später: Maria Elisabeth ging über den Pont Neuf in Richtung Quai des Grands Augustins. Die Luft war golden. Sie war glücklich. Vage dachte sie an Antonys Bericht: Darüber müßte sich eine Novelle schreiben lassen. Sie ging den Kai entlang und sah sich die Bücherkisten an, las die Titel, betrachtete die Bände. Hier eine Sammlung alter Landkarten, da Kupferstiche: eine adlige Dame des 18. Jahrhunderts als Schäferin, eine Schlafzimmerszene derselben Periode, ein Jäger mit seinen beiden Hunden.

Im selben Augenblick erkannte Maria Elisabeth das Bild, ohne es je zuvor gesehen zu haben. Sie erinnerte sich an Antonys Worte: porträtiert von Watteau mit seinen beiden Hunden – in einem Park – Kopie eines zweit- oder drittrangigen Künstlers – Kupferstich. Nun sah sie auch, daß es sich gar nicht um einen Jäger handelte, denn die dargestellte Person trug keine Waffen. Die ungeschickte Kopie des wahrscheinlich eleganten Originals vermittelte den Eindruck einer traumartigen Ferne, gleichzeitig aber schien es Maria Elisabeth, als

könne sie eine Eigenschaft ahnen, die das Original ebenfalls im Übermaß besessen haben mußte, eine intensive Nähe, doch unauffällig.
Der Name des Porträtierten war auf dem Stich nicht angegeben, als sie aber genauer hinsah, las sie unter dem Bildrand: *A. Watteau pinxit, N. Marmonneau del., P. Bagny sculp.*
Maria Elisabeth empfand eine Ergriffenheit und ein Entzücken – heftiger, als ihr lieb war. Das ist alles nichts als eine fixe Idee, sagte sie sich. Da ihr gleichzeitig jedoch klar war, teils, daß sie sie nicht würde abschütteln können, teils, daß sich diese Idee anderen unmöglich so würde erklären lassen, daß sie auch nur den geringsten Anschein von Wahrscheinlichkeit oder Räson erhielt, lachte sie laut auf, was den Bouquinisten zusammenzucken und ihr erschrockene und mißtrauische Blicke zuwerfen ließ. Vielleicht auch war das der Grund, weshalb er sich weigerte, ihr den Kupferstich zu verkaufen, als sie nach dem Preis fragte.
Am nächsten Tag aber saß sie in der »Bibliothèque Nationale«, und als sie nach ausdauernder Suche und nachdem sie mit ihrer lächelnden Beharrlichkeit mehrere Bibliothekare an den Rand der Verzweiflung getrieben hatte, mit dem begehrten Buch in der Hand dasaß, schüttelte sie den Kopf. Maria Elisabeth, sagte sie zu sich, wenn du sie wirklich alle beisammen hast, wie kannst du dich dann in diesen Wahnsinn stürzen? Sie öffnete das Buch und las auf dem Titelblatt: *L'Histoire Véritable et Pitoyable du Chevalier Stéphane de Crâne, Grand Maître des Chiens Parlants. De ses Voyages, de son Art, de ses Amours, et de sa Mort, d'après ses propres Renseignements racontée, distillée et manigancée par Dame Cinique-Blanche de Taisévouze.*
Sie schlug das Avant-Propos auf, das das Buch einleitete, und begann zu lesen:
Wenn ich nun in meinem hohen Alter die Feder ergreife, um zurückzuschauen, und insbesondere, um von der obskuren Person zu berichten, deren Lebensweg den meinigen kreuzte und die bestimmt nicht ohne Einfluß auf mich blieb, so will ich doch zunächst meine Gedanken und die Aufmerksamkeit des geneigten Lesers auf meinen Gatten, den Marquis de Valeur, lenken. Dieser treffliche und tätige Mann war ein herzensgutes Gemüt und vorbildlich, wenn es darum ging, seine Geistesgaben bis zum äußersten einzusetzen. Sind sich die Weisen nicht von alters her in einer Sache einig, nämlich, daß die Voraussetzung der Weisheit die Fähigkeit zum Staunen ist? Diese kostbare Fähigkeit besaß er in reichem Maße, und ich

glaube, daß mein Lebenswandel zuweilen, ja, vielleicht ziemlich oft, der Anlaß war, der es hervorrief.
Maria Elisabeth übersprang das restliche Vorwort und machte sich an die Lebensschilderung, die den eigentlichen Inhalt des Buches darstellte:
Als Kind hatte sich Stéphane de Crâne durch ein besonderes Verhältnis zu Hunden hervorgetan. Praktisch hatte er mit Hunden sprechen können, bevor er mit Menschen sprechen konnte, und seine erste Erinnerung in dieser Welt war das Bellen eines Hundes. Diese Erinnerung lag zu einem so frühen Zeitpunkt, daß seine Eltern überzeugt waren, es handle sich um pure Einbildung. Stéphane dagegen entsann sich deutlich dieses Bellens, weil es so traurig und ohnmächtig geklungen hatte und doch mit einer so dröhnenden Kraft, als ergreife der Laut mit einem heftigen Selbstbewußtsein, das die Leistungsfähigkeit von Menschenstimmen weit übertraf, Besitz von dem Raum, in dem er sich verbreitete. Das Kleinkind in der Wiege begann zu weinen, die armen Eltern, die die Gründe dieses untröstlichen Weinens nicht kannten, wußten sich keinen Rat. Später erzählte Stéphane, er habe geweint, weil er gespürt habe, daß sein ganzes Leben im Zeichen der Hunde stehen und er deshalb unter den Menschen sehr einsam sein würde.
Das sollte auch zutreffen, gleichzeitig aber war sein Leben abenteuerlich, schreckeinflößend und bedauernswert zugleich. Abgesehen davon, daß er aufgrund seines ständigen Umgangs mit den Hunden, deren Gesellschaft er der der Menschen vorzog, schon frühzeitig ziemlich übel angeschrieben war, verwickelte er sich in verschiedene Affären, die nicht geeignet waren, sein Ansehen zu erhöhen. Sie gipfelten während seiner Jugend in einer Schlägerei mit tödlichem Ausgang. War es Totschlag? Stéphane – er bereitete seiner Familie, die dem Hof nahestand, großen Kummer – wurde unter verschiedenen Vorwänden ins Ausland geschickt. In der Bibliothek eines Klosters in Österreich stieß er auf ein Buch, dessen legendärer Bericht – eine Art hündisches »Tausendundeine Nacht« – sich mit der Travestie einer wissenschaftlichen Abhandlung über irgendwelche sprechenden Afghanen mischte. Das Buch faszinierte ihn so sehr, daß er es zu stehlen versuchte. Der Diebstahlsversuch wurde entdeckt. Die Affäre wurde vertuscht.
Stéphane de Crâne sagte selbst: Bis zu dem Tag, an dem ich dieses Buch las, war ich der einsamste Mensch der Welt. In diesem Buch begegnete ich einem Bruder, der zu mir sprach; die Abstände in Raum und Zeit, die uns trennten, zerschmolzen und wurden bedeu-

tungslos. Deshalb war ich bereit, mich zu erniedrigen und zu einem gemeinen Dieb zu werden, um mir das Buch zu sichern, weshalb ich auch unverletzlich war gegenüber den anklagenden und enttäuschten Blicken, die danach auf mir ruhten.

Doch die Einsamkeit schlug wieder über ihm zusammen und schloß sich um ihn wie ein Mantel aus Blei. Einige Jahre später trat ein entscheidendes Ereignis in sein Leben. Während eines Aufenthalts in Neapel bekam er zwei Afghanen geschenkt von einer Person, über deren Identität er nie mit sich ins reine gelangte, die jedoch viele Abende damit verbrachte, ihm von ihren Reisen in die abenteuerlichen Länder östlich des Mittelmeers vorzuflunkern. Zu dem Zeitpunkt hatte Stéphanes Familie sich bereits von ihm abgewandt. Begleitet von seinen beiden Hunden, kehrte er mit einer Truppe italienischer Schauspieler nach Frankreich zurück. Er erzählte, er habe die Hunde auf einer Reise in den Osten unter gefahrvollen Umständen erworben, eine Erzählung, die jedesmal, wenn er sie zum besten gab, ein paar zusätzliche Schnörkel erhielt, obwohl er sehr wohl wußte, daß alle die Wahrheit kannten; die Wahrheit war ganz einfach, daß er nie über Neapel hinausgekommen war und daß er seine Zeit dort in Gesellschaft der schlimmsten Trunkenbolde und in den berüchtigsten Hurenhäusern vergeudet hatte.

Daß er in Wirklichkeit jeden Tag sechs bis sieben Stunden in Gesellschaft des Hundezüchters zubrachte, der ihm die Afghanen geschenkt hatte und ihn lehrte, ihre Sprache zu verstehen, das ahnten dagegen nicht so viele. Die Trunkenbolde, die jeden Vormittag ihren Rausch ausschliefen und die Stunden des Nachmittags als eine Vorbereitung auf die Orgien des Abends betrachteten, nahmen ohne weiteres an, daß es sich mit Stéphane ebenso verhielte.

Er selbst war ein Mittdreißiger, als er die sogenannte Madame de Taisévouze kennenlernte, die noch nicht dreißig war.

Innerhalb des Gesellschaftslebens betrachtete man ihn ängstlich und mißtrauisch als einen Clown, der aus irgendeinem ungewissen Grund für gefährlich gehalten wurde, obgleich er – darin waren sich alle einig – völlig harmlos war. Sein Verhältnis zu den Hunden begriff man als unnatürlich, als krankhafte Neigung, der er sein elendes Schicksal verdankte. Madame de Taisévouze sah seine Einsamkeit und wurde von ihm angezogen wie von einem Magneten. Sie war zu klug, um zu glauben, sie könne sie durchdringen. Er lehrte sie, daß diese Einsamkeit keine Grundlage für eine besondere Trauer oder Bitterkeit liefere. Er sagte: Sie ist verwandt mit dem Tod, um den niemand herumkommt.

Als sein Vermögen aufgebraucht war, ließ er sich von ihr aushalten und war dadurch imstande, seinen Umgang mit den Pariser Saufbrüdern und seine Besuche in den Hurenhäusern der Stadt fortzusetzen.
Sie wunderte sich und fragte: Bin ich nicht genug für dich?
Ach, antwortete er, du bist mehr als genug, aber ich hege einen unglückseligen Hang dazu, mich zu verderben und die Welt von der Unterseite der Verderbnis her zu erfahren. Meine Erfahrungen haben mich, ehrlich gesagt, zu den seltsamsten Schlüssen geführt. Denn wenn ich mich in euren Salons bewege, fühle ich mich nun von einer so abgrundtiefen und übelriechenden Verderbnis umgeben, daß ich mich schleunigst durch einen Besuch in den berüchtigtsten Schweineställen dieser Stadt reinigen muß. Nimm es mir nicht übel und verurteile mich vor allem nicht zu sehr: Ich leide an einer Augenkrankheit, und dein liebes Gesicht ist fast das einzige, dessen Anblick ich länger als fünf Minuten ertragen kann. Und was soll ich tun, wenn ich es nicht vor Augen habe? Außerdem habe ich mir verschiedene Gedanken über die Kette, wie ich sie nenne, gemacht: Ihre Glieder bestehen aus Geld, greifen ineinander und lassen sich nie brechen. Die Freiheit, die du in dem Verhältnis zu deinem Mann, dem guten Marquis, genießt, die bezahlst du von Zeit zu Zeit damit, daß du ihn in deinem Schlafzimmer empfängst und ihm deine Beine breitmachst. Die Leistungen, die ich von dir erhalte, bezahle ich wiederum mit Gegenleistungen verschiedener Art. Doch sollte die Kette hier aufhören? Nein, sage ich und gehe zu der kleinen Louise Derval, und zu ihr sage ich akkurat dasselbe wie dein Mann zu dir. Ich will kaufen, hast du etwas zu verkaufen? Und dann kaufe ich zehn Minuten oder eine Stunde oder eine Nacht, je nachdem, wieviel Geld ich habe.
Madame de Taisévouze war blaß geworden.
Sie erwiderte: Die Wahrheit dessen, was du sagst, hat mich getroffen. Aber dann ist es doch überhaupt nicht mehr möglich, jemanden zu lieben, wenn es sich so verhält.
Ich schließe entgegengesetzt, antwortete Stéphane. Wehe dem, der niemanden liebt, wenn es sich so verhält.
Kurze Zeit nach diesem Gespräch beging Madame de Taisévouze die größte Dummheit ihres Lebens. Sie weihte ihren Mann in Stéphane de Crânes Gedanken ein. Was den Marquis amüsiert hätte, hätte er es in einem Buch gelesen oder als einen geistreichen und witzigen Beitrag zu einer Konversation gehört, das stimmte ihn nun nachdenklich, und in seinem Herzen begann er Stéphane de Crâne zu hassen.

Als er eines Abends die Marquise in ihrem Schlafzimmer aufsuchte, widerfuhr ihm ein unangenehmes Erlebnis. Sie lag im Bett und sah wie immer verführerisch aus, doch als er sich ihr näherte, fiel ihm die unzüchtige Zirkulation des Geldes in dieser Welt ein. Der Gedanke wirkte störend auf die erwartete Blutstauung, er versuchte ihn zu verdrängen, indem er seine Aufmerksamkeit auf die Brüste konzentrierte, deren schwellende Formen gegen das Nachthemd spannten. Doch es kam ihm vor, als sei jede der Brustwarzen, die als dunkler Schatten hinter dem durchsichtigen Stoff zu sehen waren, eine Münze. Er fühlte seine Geschlechtsorgane schrumpfen, als seien sie von einem Fluch getroffen worden, und nachdem er eine Entschuldigung hervorgestammelt hatte, verneigte er sich leicht und entfloh. Als er mit sich allein war, unterzog er sich einer Untersuchung, die nur bestätigte, was er gefühlt hatte, und ihm seine eigene Ohnmacht nur noch bewußter machte. Er rief nach seinem Kammerdiener, der ihn auf der Bettkante sitzend fand, aschgrau im Gesicht.
Rodrigue, sagte der Marquis, mir ist etwas Fürchterliches zugestoßen. Meine Manneskraft verließ mich just in dem Augenblick, als ich das Bett der Marquise besteigen wollte. Ich bin verloren! Was ist geschehen? Was soll ich tun? Hilf mir!
Das ist nicht so gefährlich, antwortete Rodrigue kaltblütig. In uns wohnt eine Person, deren Namen wir nicht kennen. Außerdem trägt sie eine Maske! Sie kann launisch und unberechenbar sein, und sie hat Gewalt, zwar nicht über unsere Lüste, aber doch über das Organ, mit dem wir sie befriedigen. Dann müssen wir erst herausbekommen, wie wir diese Person wieder begütigen. Schlimmer ist das alles nicht. Wenn mich der Herr Marquis mal nachsehen lassen würde?
Der Marquis lehnte sich zurück und hob das Nachthemd an. Rodrigue setzte sich auf den Bettrand.
Wollen doch mal sehen, wie schlimm es ist, murmelte er.
Es gelang Rodrigue ohne größere Schwierigkeit, dem Marquis zu beweisen, daß die Angelegenheit in Wirklichkeit gar nicht so schlimm war.
Und nun, sagte er, während er sich in einer Wasserschüssel die Hände wusch, gilt es herauszubekommen, wodurch der Herr Marquis die Maskenfigur, von der ich sprach, beleidigt hat. Ich habe da so meine Vermutungen.
Das nun folgende Gespräch machte deutlich, daß die Kalamität, die die Maske den Marquis strafen ließ, Stéphane de Crânes bloße Existenz war.

Sein Verschwinden wäre mit anderen Worten das höchste Glück, das mir widerfahren könnte? fragte der Marquis.
Parfaitement, antwortete Rodrigue, dann könnten der Herr Marquis die Marquise ungestört genießen. Und, fügte er hinzu, die finanzielle Transaktion, die in die Verbindung, wie in jede Verbindung dieser Art, einfließt, wird zweifellos weitaus gesünder sein, wenn Stéphane de Crâne, der notorisch wahnsinnig ist und von dem es heißt, er führe lange Gespräche mit seinen Hunden, wenn er des Nachts stundenlang mit ihnen in den Straßen von Paris herumläuft, nicht einer der Kontrahenten ist.
In diesem Augenblick spürte der Marquis entsetzt, daß er die Gewalt über seine Maske an seinen Kammerdiener abgetreten hatte.
Was sollen wir denn tun? fragte er mit schwacher Stimme.
Etwa eine Woche später wurde Stéphane de Crâne von zwei Männern angegriffen, während er mitten in der Nacht, in ein Gespräch mit seinen beiden Hunden vertieft, durch die Rue de l'Echaudé spazierte. Anfangs sagten sie nichts, sondern schlossen bloß auf, der eine schräg vor ihm, der andere schräg hinter ihm. Er konnte ihre Gesichter nicht sehen, die unter großen Schlapphüten versteckt waren.
Aladdin jaulte: Die giftigen Gedanken dieser Männer sind so voller Angst und Bosheit, daß sie selbst fast daran ersticken.
Nureddin knurrte: Paß an der nächsten Straßenecke auf!
Doch an der nächsten Straßenecke geschah nichts Ernsthaftes: Nur wurde Stéphane de Crâne, der nach rechts abbiegen wollte, von den beiden Fremden daran gehindert und gezwungen, geradeaus weiterzugehen.
Während sie weitergingen, sprach er leise mit seinen beiden Hunden. Sie näherten sich der Seine, und alle drei Männer verlangsamten unwillkürlich ihre Schritte. Die beiden Männer, die gekauft worden waren, Stéphane de Crâne zu töten, begannen ihre Vorbereitungen zu treffen. An einem dunklen Abend auf der Straße einen Menschen zu erschlagen ist gar nicht so ganz einfach, wenn man sicher sein will, daß es ordentlich gemacht wird. Am Kai angelangt, blieben sie stehen. Stéphane zitterte am ganzen Körper. Die enorme Faust, die schon lange sein schmächtiges linkes Handgelenk in eiserner Umklammerung hielt, hatte jeden Gedanken an Widerstand, geschweige denn Flucht, unmöglich gemacht. Der andere der beiden stand halb abgewandt und befühlte ein letztes Mal die lange, spitze und scharfe Messerklinge. Er befürchtete trotzdem, nicht tief genug eindringen zu können und vor allem, falsch zu treffen, solan-

ge der Delinquent den weiten Umhang trug, der seinen Oberkörper verhüllte. Nuschelnd brachte er seine Wünsche vor, aber es dauerte etwas, bevor Stéphane erfaßte, worum er bat.
Ach so, sagte er mechanisch, als er verstand. So helfen Sie mir doch, fügte er, an den Besitzer der Eisenfaust gewandt, hinzu. Sagen Sie, fragte er, während er den Umhang ablegte, wieviel ist mein Leben wert – in barem Geld?
Der Henker hatte jedoch mit seiner linken Hand Stéphanes rechten Oberarm gepackt, so daß er den Körper gut im Griff hatte. Er hatte während der letzten Tage Gelegenheit gehabt, sein Opfer zu studieren: dessen Größe, Umfang – der bescheiden war – und seine Bewegungen. Deshalb war er im Dunkeln imstande, das Messer mit solcher Kraft zu führen, daß die Klinge, die sich tief einbohrte, genau ins Herz traf. Stéphane, der nach Luft schnappte, hörte den Stoß der Faust wie einen hämmernden Schlag gegen den Brustkasten.
Die beiden Männer hielten den Körper zwischen sich aufrecht, als stützten sie einen Zechkumpanen. Sie begaben sich auf die Brücke. Als sie die Mitte erreicht hatten, blieben sie stehen und lehnten die Leiche an die Balustrade, über die der Oberkörper zusammensackte. Während der eine noch den Oberkörper stützte, bückte sich der andere, zog die Stiefel von den Füßen und hob die Beine hoch. Auf diese Weise bugsierten sie den Toten über die Kante und ließen ihn fallen.
Mitternacht war vorbei, als Madame de Taisévouze die beiden Hunde vor ihren Fenstern hörte. Ihre Mitteilungen erschienen ihr beunruhigend. Sie rief nach dem Kammermädchen, das sie hereinließ. Die Hunde krochen auf dem Fußboden ihres Gemaches entlang, und als sie ihre Augen sah, glaubte sie, die Hunde habe der Wahnsinn gepackt. Auf ihre Aufforderung hin begannen sie schließlich zu erzählen. Als sie beim Höhepunkt ihres Berichts angelangt waren, war ihr klar, daß sie den Verstand verloren hatten.
Während Stéphane zwischen den beiden Gestalten des Todes dahinwanderte, blickte er von einem zum anderen und fragte: Wer von euch ist nun eigentlich wer?
Der eine drückte vertraulich sein Handgelenk und sagte: Erkennst du mich nicht? Ich bin der Tod, der in jedem guten oder glücklichen Augenblick auf dich wartete. Ich gab dir einen kleinen Wink.
Stéphane lächelte: Ich bin im Bilde! Aus irgendeinem Grund mußte ich immer einen Blick zur Seite werfen.
Und da war ich oder, genauer gesagt: Da verschwand ich gerade.

Vielleicht konntest du gerade noch einen kurzen Blick von mir erhaschen? Ein schönes Spiel, nicht wahr?
Makaber, sagte Stéphane, jedenfalls von meinem Standpunkt aus betrachtet. Aber es ist mir dennoch gelungen, damit zurechtzukommen, ja, es sogar zu schätzen. Da wir nun aber endlich Gelegenheit haben, miteinander zu reden, muß ich dir doch sagen: Ich glaube nicht, daß dir selber klar ist, welche Wirkung du hast. Die ist ganz erheblich für eine nur einigermaßen sensible Intelligenz.
Stéphane wandte den Kopf zur anderen Seite und sagte zu dem zweiten Tod, der mit abgewandtem Gesicht schweigend neben ihm herging: Sollten wir uns auch kennen?
Der zweite Tod, der nicht sonderlich entgegenkommend wirkte oder vielleicht in seine eigenen Gedanken vertieft war, antwortete nicht, und Stéphane fuhr, etwas eindringlicher, fort: Vor vielen Jahren war ich in eine Schlägerei verwickelt und sah das Blut zwischen den Lippen eines jungen Mannes hervorsickern, der durch den Schlag eines Stuhlbeins zu Boden gestreckt worden war. In Neapel nahm mich mal ein Arzt zu einem Krankenbesuch bei einem Kardinal mit, der Syphilis hatte; das, was an ihm noch lebendig war, strebte mit aller Macht seiner Grenze zu. Glücklicherweise gelang es.
Der zweite Tod wandte den Kopf. Wegen der Hutkrempe und des Dunkels konnte Stéphane das Gesicht nicht sehen, aber ein Gestank fauligen Zahnfleischs schlug ihm entgegen.
Ich gehe mit Messern, Kugeln und Keulen um, sprach der zweite Tod, dessen Stimme dunkel war, aber einen lebhaften und fast fröhlichen Anflug besaß.
Ich bediene mich der dem Körper selbst eigenen Veralterung, fuhr er fort, nehme aber gern eine der Krankheiten zu Hilfe, von denen mir eine Unzahl zur Verfügung steht. Zuweilen gehe ich recht hart vor, zerre an allen Sehnen und Nerven oder packe den Körper und drükke zu, wie eine Hand, die eine reife Frucht zerdrückt, bis das Fruchtfleisch zwischen den Fingern hervorspritzt.
Eine Zeitlang gingen sie schweigend weiter.
Stéphane sagte: Ich friere.
Die beiden Gestalten preßten sich dichter an ihn.
Stéphane sagte: Nun bereue ich. Ich habe das Gefühl, daß in der Reue irgendeine Läuterung liegt, die ich ebensosehr oder ebensowenig brauche wie jeder andere Mensch, obgleich das in gewisser Weise lächerlich wirkt. Mich reut nun, daß ich als Neunjähriger das Steckenpferd meines Spielkameraden zerbrochen habe. Er hatte es selbst gemacht. Er wußte nicht, daß ich es zerbrochen hatte, und ich

habe es ihm nie erzählt. Weshalb ich es tat, weiß ich nicht mehr, vermutlich war es ein Anfall von Neid. Meine Reue macht es zwar nicht wieder heil – abgesehen davon, daß niemand die Zeit zurückrollen kann, aber ich bereue es trotzdem.
Der erste Tod lächelte ihn aufmunternd an: Nun dauert das Ganze nicht mehr so lange. Ich bin bei dir, und diesmal verlasse ich dich nicht.
Der zweite Tod spuckte aus und murmelte irgend etwas.
Stéphane de Crâne entdeckte, daß er allein war. Die beiden Gestalten waren verschwunden. Er wollte Madame des Taisévouze eine Botschaft schicken, einen letzten Gruß, aber nun war es zu spät. Als nächstes wollte er bereuen, daß er nicht etwas eher daran gedacht hatte, doch von diesem Reuegefühl blieb er verschont: Es war auch bereits zu spät zum Bereuen. Erschrocken entdeckte er, daß die beiden Gestalten in ihn eingedrungen waren und sich mit ihm vereinigt hatten, ohne daß ihm klar war, wie das vor sich gegangen war.
Das ist aber seltsam, sagte er zu sich. Er sah gerade noch eine graue Katze im Dunkel verschwinden und dachte, da war ja eine Katze, worauf er endlich die Augen aufschlug und dem Alptraum ein Ende setzte.
Verstört vor Schmerz, ging Madame de Taisévouze in ihrem Gemach auf und ab, warf sich auf das Bett, auf den Fußboden, auf den Kaminvorleger, zerriß ihre Kleidung, zerfetzte die Laken, fiel schließlich um und blieb wie leblos liegen, doch mit weit geöffneten Augen.
Als sie sich am Morgen erhob und einen Schmerz in den Gliedern spürte, der sie seither nie mehr ganz verließ, begriff sie, daß sie nun am Wahnsinn der beiden Hunde teilhatte. Sie begann sofort mit ihnen zu reden, und es zeigte sich, daß sie einander vollkommen verstanden.
Der Marquis, der darum gebeten hatte, ihr eine Morgenvisite abstatten zu dürfen, weil er sehen wollte, wie es ihr ging, und weil er gleichzeitig feststellen wollte, ob ihm die Maske wieder gut sei, fand sie aufrecht, von den beiden Hunden umgeben, in einem Raum, der aussah wie ein Schlachtfeld; der Ausdruck ihrer Augen war so mild, daß er ernstlich erschrak. Danach war der Rest Schweigen, doch als Maria Elisabeth die »Bibliothèque Nationale« verließ, betrachtete sie die Hunde, die ihr auf ihrem Weg begegneten, mit einer neuen Aufmerksamkeit und hörte vor allem so intensiv auf ihr Bellen und Knurren, daß sie eine Zeitlang nahe daran war, die gewöhnliche

Sprache der Menschen zu vergessen und, völlig von dieser neuen Wissenschaft erfüllt, zur heftigen Verzweiflung ihrer Umgebung, selbst diese Laute zu imitieren begann. Bald wurde ihr jedoch klar, daß dies eine Sackgasse war, weshalb sie sich sagte: Du kannst und sollst nicht das Leben eines Hundes leben. Statt dessen stürzte sie sich in das Studium der Grammatik der Hundesprache. Sie entdeckte jedoch schnell, daß die kläffenden Köter, die zu hören sie Gelegenheit hatte und die vor allem nur einander zu übertönen suchten, eine reine Karikatur der Hunde und der Sprache waren, an die sie dachte. Wenn sie aber versuchte, sich dem einen oder anderen Bekannten mitzuteilen, bekam sie immer nur zu wissen, was sie da sage, sei weiter nichts als eine Täuschung.
Sie war von dem Gedanken besessen, selbst in den Besitz eines Afghanenpaares zu gelangen. Aber wo in Europa sollte sie sie suchen? Und wer sollte sie in ihr Geheimnis einweihen? Eines Tages, im Jardin du Luxembourg, glaubte sie auf der anderen Seite einer Rasenfläche so ein Paar zu sehen. Doch es verschwand, bevor sie es einholen konnte.
Einige Jahre später stieg sie auf dem kleinen Bahnhof Melk in Österreich aus dem Zug. Hoch oben über der kleinen Stadt lag das Stiftsgebäude, und sie begann zu dem gewaltigen Komplex emporzuwandern. Es war ein Wintertag, sie begegnete fast niemandem, und in der völligen Stille empfand sie die Bewegung ihrer eigenen Person als etwas nahezu Gewalttätiges, eine Kränkung, eine Schamlosigkeit, deren fast unzüchtige Natur sie sich krümmen ließ.
Das ist aber schrecklich, dachte Maria Elisabeth, ich gehe immer weiter, obgleich es schamlos und lächerlich ist. Was müssen die guten Leute in dieser Stadt von mir glauben?
Außerdem hatte sie, um das Maß der Schamlosigkeit und Lächerlichkeit voll zu machen, das starke Gefühl, daß die ordentlichen Häuser wie die sie umgebende Landschaft und der gewaltige Luftraum sie ebenfalls betrachteten, und zwar mit ähnlicher Mißbilligung.
Und das alles wegen irgendwelcher dummen Hunde, fuhr sie fort. Wo habe ich denn meinen Verstand gelassen?
Wenig später blieb sie stehen. Ihr wurde schwindlig. Sie hatte den Eindruck, das Bewußtsein zu verlieren. Jedenfalls begrüßte sie sich selbst, als sei sie fortgewesen, erleichtert darüber, sich wiederzufinden: Alles beim alten, die Welt steht noch!
Nichtsdestoweniger fühlte sie sich nun davon überzeugt, daß sie es lernen würde, die Sprache der Afghanen zu verstehen. Sie wußte es

mit Bestimmtheit. Sie mußte nur den einmal eingeschlagenen Weg weitergehen. Aber wird er jemals zum Ziel führen? fragte sie sich zweifelnd im selben Atemzug.

Im Kloster wurde sie empfangen, als sei sie erwartet worden, und in die Bibliothek geführt. Es war ein großer Raum mit Büchern in zwei Stockwerken. Mitten im Raum stand ein alter Globus, der in einer Holzeinfassung aussah, als sei er in einem Stuhl angebracht worden, wo er Ruhe gefunden hatte. Am Ende des Raumes befand sich ein großes Fenster, durch das man eine Terrasse erblickte, deren begrenzende Balustrade mit ihren schwellenden und schweren Barockformen sich als Silhouette gegen die Weiße des Himmels und der verschneiten Landschaft abzeichnete.

Die Menge weißen Lichtes, die durch dieses Fenster hereinströmte, reichte jedoch bei weitem nicht aus, den Raum wirklich zu beleuchten: Große Teile lagen im Halbdunkel.

Die Kälte schlug über Maria Elisabeth zusammen: Dieser gewaltige Raum hinter den dicken Mauern würde sich nie heizen lassen. Hier herrschte, so begriff sie, immer eine winterliche Kälte. Tausende von dunklen Bücherrücken bedeckten die Wände, alle von unbegreiflichem Alter. Wer benutzt wohl jemals diese Bibliothek? dachte sie bei sich. Welche phantastischen Kuriosa sind hier begraben? Welch absurder Fleiß steckt hinter der Errichtung einer so einzigartigen Nekropole?

Ihr eigener kleiner Körper aber – denn er wirkte so klein in diesem Raum – war voll warmen Blutes, und es dröhnte darin von der Katastrophe ihres Geschlechts.

Hingeschleppt zu ihr, als sei es eine Steintafel, und auf dem Tisch angebracht: ein Foliant, dessen zolldicker Einband die gleiche Farbe hatte wie Holz, das Jahrhunderte hindurch auf dem Grund eines Moores gelegen hat. Als sie das Buch aufschlug, quietschte es darin, als flüchtete eine Masse Mäuse aus seinen heimlichen Fächern oder als drehe sich der Einband in halb zusammengerosteten Eisenangeln. Das Titelblatt überraschte sie mit einer Architektur von Buchstaben, deren scharf getriebene Linien, Fugen und Proportionen eine eingehende Kenntnis der Axiome einer vergessenen Mathematik verrieten.

De canibus loquentibus. Tractatus de scientia secretissima antiquorum populorum gentilium et islamiticorum a Duwaine, mendace magniloquo, collectus.

Diese strahlenden Ankündigungen ließen Maria Elisabeth ziemlich kalt. Sie schlug den Folianten an einer zufälligen Seite auf, völlig mit sich im reinen darüber, daß es sich hier kaum um ein Buch handelte, das man so einfach von der ersten bis zur letzten Seite durchlas, und im übrigen völlig darauf eingestellt, jegliches weitere Studium aufzugeben, sollte sich das wider Erwarten als notwendig erweisen. Soweit sie den Text deuten konnte, bestand er aus ziemlich sinnlosen Wortgefügen; deshalb blätterte sie schnell weiter bis zu einer Schautafel, die, wie sich zu ihrer großen Erleichterung zeigte, etwas ungeheuer Einfaches, selbst ihr Verständliches zeigte, nämlich eine arabische Stadt mit Stadtmauer, Kuppeln, Minaretten und einer vereinzelten Palme im Vordergrund, an deren Fuß, der Stadt zugewandt, eine burnusgewandete Figur mit zwei Hunden stand. Doch dann entdeckte sie eine Eigentümlichkeit des Bildes, die seine Bedeutung veränderte. Sie sah, daß der Himmel mit den Wolken und der Kontur der Stadt das Bild eines ungeheuren Hundes abgab oder, genauer gesagt, das Bild von zwei sich in entgegengesetzte Richtungen wendenden Hunden: zwei Hunde, die einen gemeinsamen Körper besaßen, sich aber dennoch als zwei Hunde unterscheiden ließen. Die Figuren im Vordergrund hatten ihre Aufmerksamkeit nun offensichtlich auf diese himmlischen Hunde gerichtet und keineswegs auf die Stadt der Menschen, die leer und öde wirkte: eine Konstellation aus leeren Schalen und Polyedern mitten in einer Wüste.

Das Vexierbild amüsierte Maria Elisabeth. Sie dachte daran, wie herrlich es sein müßte, dem Gebell der himmlischen Hunde lauschen zu können, und es erschien ihr nicht abwegig, daß es außer irdischen Hunden, die immer herumliefen und das Bein an Hausmauern und Bäumen hoben und die sich seit Urzeiten den Menschen angeschlossen hatten, auch kosmische Hunde geben müsse, die aus ihrem Himmel auf die Erde herunterpinkelten und deren ungewöhnliche Paarungen in innig gesetzmäßigen Bahnen auf den Reisen durch diese fernen Räume stattfanden.

Die Darstellung trug ein etwas naives Gepräge. Genau das machte sie glaubwürdig.

Sie schlug eine weitere Tafel, weiter hinten in dem Folianten, auf. Sie war seltsam. Sie stellte ein Skelett dar, das heißt all die Knochen, die zusammen ein Skelett bildeten, über die ganze Seite verstreut. Mit etwas gutem Willen konnte man sehen, daß es sich um einen Hund handelte, um einen zerlegten und deformierten Hund, dessen einzelne Skeletteile jedoch jeweils mit einer Nummer versehen waren (die mit so kleinen Typen gesetzt waren, daß Maria Elisabeth im Halbdunkel Schwierigkeiten hatte, sie zu deuten, obgleich sie die

Nase fast ganz auf das Papier setzte). Auf der Gegenseite waren alle Nummern mit der Angabe der Bezeichnung für den betreffenden Skeletteil aufgeführt. Als Maria Elisabeth genauer hinschaute, ging ihr auf, daß jede Rippe, jeder Knorpel der Wirbelsäule, jeder einzelne Knochen der vier Beine und so weiter einen eigenen Namen hatte, was ihr tiefen Respekt vor der zugrundeliegenden Wissenschaft einflößte. Nichtsdestoweniger verspürte sie keinen Hang, sich darein zu vertiefen, denn sie konnte es nicht lassen, die ganze Zeit über den lebendigen Hund vor sich zu sehen. Als sie die Überschrift über der Texttafel las, wurde ihr klar, daß es sich um einen Hund in der Erde handelte: einen toten und begrabenen Hund, dessen Skelett durch den Druck der Erdmassen im Laufe der Jahrhunderte aus den Fugen geraten war. Doch ihr Geist ließ den Hund unwillkürlich wiederauferstehen, fügte die Knochen zusammen, hängte das Fleisch daran, schloß ihn in einen Pelz ein – und froh und munter sprang ihr der Hund entgegen, glücklich darüber, der fürchterlichen Anatomie des Todes entronnen zu sein.
Die folgenden Seiten waren nicht im eigentlichen Sinne Tafeln, aber auch keine reinen Textseiten. Dagegen waren sie aus Bildchen zusammengesetzt, die den Charakter eines Fragments trugen – wie die Teile eines Puzzlespiels –, aus seltsamen graphischen Zeichen und Wörtern und kurzen Sätzen, die alle in sinnreichen und schwer durchschaubaren Konstellationen über die Seite verstreut waren. Maria Elisabeth wurde klar, daß es sich dabei um den Versuch – einen genialen und verzweifelten Versuch – zur Notation der besonderen, hochentwickelten Sprache der Afghanen handelte. Vor ihr tat sich eine phantastische Welt auf, als sie die Seiten sah, die die Aufzeichnung eines einzigen »Wau« enthielten. Selbst die kleinsten Variationen in der Länge der Laute trugen einen Sinn. Die Einzelteile des Lautes – und der Laut setzte sich aus einer schwindelnden Anzahl von Teilen zusammen – wechselten ihre Bedeutung, je nachdem, ob dieses »Wau« den Bruchteil einer Sekunde kürzer oder länger war. Entsprechend verhielt es sich selbst mit den kleinsten Variationen in Tonhöhe, Lautstärke und so weiter.
Es zeigte sich jetzt, daß die vier Elemente sowie die Dimensionen der Zeit und des Raumes die Grundzellen bildeten, aus denen diese ganze Sprache aufgebaut war. Auf der Grundlage dieser Elemente ließ sich durch Kontaminationen, ungeheure Verdichtungen, ein jedes Phänomen benennen, und gleichfalls bezeichnen konnte man die Reihen von Zuständen, die wir Veränderungen oder Ereignisse nennen. Ebenfalls wurden sowohl Gefühle wie auch abstrakte Be-

griffe durch verwickelte Paarungen innerhalb der genannten grundlegenden Elemente und Dimensionen dargestellt, so daß es kein einziges Gefühl, keinen einzigen Begriff gab, die nicht mit der Erde, der Luft, dem Wasser oder dem Feuer verknüpft waren. Der Begriff Gott beispielsweise war durch eine besondere Paarung der Begriffe »Alles und Nichts« entstanden. Diese wiederum waren in einer Weise gebildet, die anscheinend verwickelt, in Wirklichkeit aber ganz klar war. »Alles« war beispielsweise das Ergebnis einer Benennung aller Elemente – ausgehend von der Festlegung des Begriffs »Menge und Endziel« (wenn man das so nennen konnte) im Begriff »Menge aller Mengen« – sowie der Begriffe »Form und Formlosigkeit« in allen Möglichkeiten ihrer Reihenfolge. »Form und Formlosigkeit« wiederum wurden durch spezielle Paarungen der primären Elemente gebildet. »Nichts« dagegen wurde ganz einfach durch »kein Hund« ausgedrückt, wobei natürlich sowohl der Begriff »kein« wie auch das Wesen »Hund« nach den gleichen findigen, im übrigen geltenden Regeln aufgebaut waren.

Die Paarung von »Alles und Nichts« wurde nicht durch eine einfache Addition (a + n) ausgedrückt; die Algebra kannte überhaupt keinen Ausdruck für diese Operation. »Alles und Nichts« waren so ineinander eingeschlossen, daß sie eine gegenseitige Bedingtheit bildeten. Durch Variationen der Dimensionen von Zeit und Raum, die als Teile in den Begriff »Alles« eingingen, ließ sich der Gesamtbegriff »Alles/Nichts« (vergleichbar mit einer chemischen Verbindung) unendlich weit fortschieben oder ganz nah heranziehen, und Maria Elisabeth begriff, daß es hier um das ging, was die Philosophen Transzendenz und Immanenz nennen. Durch Zusätze in der Form von Präfixen und Suffixen konnte man den Begriff noch weiter konkretisieren und all die Götter, die Menschen jemals angebetet haben, benennen: Einige hatten mehr vom Wesen des Feuers, andere mehr von dem der Erde oder der Luft. Ganze Mythologien, ganze Himmel von Göttern, ganze Geschlechter ließen sich auf diese Weise nicht allein ohne große Mühe bezeichnen, sondern im selben Atemzug auch charakterisieren.

Ein einziges »Wau« konnte, wie gesagt, Bedeutungen enthalten, die, in menschliche Sprache umgesetzt, durch einen ganzen Satz ausgedrückt werden mußten. Es ist klar, daß sich die Zahl der Bedeutungen mit »Wau Wau« vervielfachte, doch hier spielte die Beherrschung des Intervalls eine entscheidende Rolle. Ja, letztlich lag in ihr der endgültige Prüfstein der Meisterschaft. Es zeigte sich, daß einige Hunde versucht hatten, das Intervall und seine Bedeutung zu beschreiben und näher zu bestimmen. Um dies jedoch mit ausreichender Genauigkeit tun zu können, mußten sie das Intervall zu Hilfe nehmen – was die Hunde amüsierte, für die Hundeforscher, die Canologen, die damit auch nicht weiter waren, aber eine Quelle der Verzweiflung darstellte.

Der unbekannte Verfasser des betreffenden Abschnitts mußte zugeben, daß der Versuch, eine Notation zu schaffen, von vornherein zum Scheitern verurteilt sei. Die geheimnisvollen, subtilen und evidenten Gesetzmäßigkeiten dieser Sprache lassen sich nun einmal nicht notieren, hatte er zum Schluß geschrieben. Er hatte jedoch hinzugefügt: Doch glaube ich, daß niemand dem Ziel näher gekommen ist als ich.

Was das Studium dieser Seiten so unterhaltsam machte, war die Tatsache, daß sich alle diese schwierigen Dinge, diese komplizierten Begriffe und unbestimmbaren Bestimmungen auf ein fröhliches und klingendes »Wau« bezogen. Es erschien Maria Elisabeth, als höre sie es, und sie träumte von Afghanen, bis ihr plötzlich einfiel, daß man sie vielleicht vergessen habe. Die Kälte des Raumes war durch ihren Mantel, den sie anbehalten hatte, hindurchgedrungen. Sie war unter die Haut gedrungen, tief in ihren Körper hinein. Sie erhob sich und begann auf und ab zu gehen. Den Folianten, der noch immer aufgeschlagen dalag, hatte sie vergessen; sie überlegte, was wohl das nächste ist.

Die Antwort erhielt sie erst viele Jahre später, in einer Seitenstraße des Kopenhagener Arbeiterviertels Nörrebro. Der Lumpensammler im zweiten Stock rechts des Hinterhauses von Nummer 24 lag völlig angezogen auf einem Bett, dessen dreckiges Laken die Farbe von brauner Schuhcreme hatte. Sein Gesicht war von der tauben und gequälten Menschenfeindlichkeit des Strafgefangenen gezeichnet, und nichts an seinem Ausdruck verriet, ob er ihre Anwesenheit billigte oder mißbilligte.

Sie fühlte sich dennoch wohl (sie hatte sich unaufgefordert auf die Kante eines Stuhls gesetzt), als sei sie sicher, daß sie einander verstehen würden. Außerdem war sie auf beklommene Weise glücklich beim Anblick der beiden Afghanen, die in einer Ecke des Zimmers auf einer alten Matratze lagen. Der Lumpensammler, Pinnaghel Jochumsen, beschrieb ihr sein Dasein. Es war voller Wechselfälle, Entbehrungen und Widerwärtigkeiten gewesen. Sein ganzes Leben über war er von Richtern verfolgt worden. Der Richterstand hatte von Anfang an ein Auge auf ihn geworfen. Er war der Sohn eines Richters. Die väterliche Ausübung des Richteramtes war überaus

niederträchtig gewesen; er hatte nämlich immer alles in seiner Macht Liegende getan, um die Unschuldigen zu bestrafen und die Banditen laufen zu lassen. Um den Unschuldigen keine Fluchtmöglichkeit zu geben und sich selbst an den Sinn des hohen Amtes, das er innehatte, zu erinnern, hatte er vor den Fenstern seines Amtszimmers Gitter anbringen lassen. Da er aber mit Haut und Haar Richter war, Richter, wenn er arbeitete, Richter, wenn er ausspannte, Richter, wenn er aufwachte und wenn er schlief, hatte er auch die Fenster der hochherrschaftlichen Villa, die er bewohnte, vergittern lassen, und er saß dem Mittagstisch, um den sich die Familie versammelte, nicht vor, ohne Urteile zu fällen: Das Essen, das Wetter oder die russisch-französischen Verhandlungen erhielten ihr Urteil.
Als Dreizehnjähriger empfing Pinnaghel sein erstes Urteil, gefällt wurde es von seinem Vater. Er blieb der Schule so hartnäckig und konsequent fern, daß der Lehrer ihn aufgab. Als sich herausstellte, daß Pinnaghel seine gesamte Zeit in einem Hundezwinger verbrachte, erstattete die Schulbehörde Anzeige gegen ihn, und es half Pinnaghel nichts, daß er erklärte, er gehe in eine Hundeschule. Während der Verhandlung meinte der Staatsanwalt mit großem Nachdruck, Hundeschulen für Menschen seien in der dänischen Gesetzgebung ein unbekannter Begriff, und die wirklichen Motive des Angeklagten, die ihn dazu brächten, sich der Erfüllung der Schulpflicht zu entziehen, seien Faulheit, Widerspenstigkeit und allgemeiner bürgerlicher Ungehorsam. Der Verteidiger redete viel von Pinnaghels schwach entwickeltem Verstand und erklärte, streunende Köter, die nicht die gleiche standesgemäße Erziehung genossen hätten wie die gut getrimmten Hunde der Familie Jochumsen selbst, hätten einen nachteiligen Einfluß auf den leicht zu beeinflussenden Jungen gehabt. Die Verhöre des Richters verrieten Pinnaghel, daß dieser Mensch, den man seinen Vater nannte, nicht allein nichts begriff, sondern geradezu ein feindliches Prinzip verkörperte. Deshalb nahm er das Urteil mit bitterer Befriedigung entgegen. Er wurde zur Unterbringung in einem Internat verurteilt und bemerkte bei seiner Ankunft ohne Erstaunen die dekorativen, schmiedeeisernen Gitter, deren geschwungene und phantasievolle Formen die Fenster des Schlafsaals schmückten. Der Vorsitzende des Internatsvorstands war zufällig ein Richter, und als Pinnaghel zum zweitenmal dabei erwischt worden war, wie er im Schlafsaal vor den Augen aller Kameraden masturbierte, wurde er vor diesen Richter gebracht, in dessen forschendem Blick er die atavistische Angst seines Vaters wiederfand.

Nachdem man ihn in ein Arbeitslager für Gewaltverbrecher und unzurechnungsfähige Personen überführt hatte, war Pinnaghel bald imstande, sich die Strategie seines Lebens zurechtzulegen. Als Fünfzehnjähriger hatte sein Gesicht die charakteristischen Züge eines verstockten Delinquenten. Er mußte seinen Arsch für ein paar ausgewachsene Kerle hergeben, die ihn brüderlich miteinander teilten und eifersüchtig darüber wachten, daß kein anderer ihm nahe kam. Voller Staunen reiste er nach seiner Entlassung nach Deutschland, wo er als Streuner und Obdachloser verhaftet wurde. In seiner Zelle brütete er eine finstere und bittere Hoffnungslosigkeit aus, in der Nacht aber träumte er von singenden Hunden. Als die Gefängniswärter sein Frühstück brachten, waren sie entsetzt, als sie ihn auf allen vieren auf dem Zellenfußboden herumkriechen sahen. Aufgrund seines jugendlichen Alters wurde er nach Dänemark zurückgeschickt, wo ihn sein Vater, der Richter, in Empfang nahm. Als Pinnaghel die herrschaftliche Villa wiedersah, lächelte er: Beim Anblick ihrer vergitterten Fenster begriff er, daß der Richter dazu verurteilt war, sein ganzes Leben hinter Schloß und Riegel zu verbringen. Bis zu diesem Augenblick hatte Pinnaghel mehr oder weniger blind gehandelt, außerstande, es anders zu machen, doch auch ohne seine eigene Natur, ihre dumpfe und hartnäckige Eigensinnigkeit, oder die mystische Metaphysik der Gesellschaft, der Gefängnisse oder des Richterstandes zu begreifen. Nun aber gingen ihm die Zusammenhänge auf; es war, als würde sein fiebriges Gehirn in eiskaltes Wasser gesenkt, und während er zu überschlagen versuchte, wie viele Jahre ihm zur Durchführung seines Vorhabens bleiben würden, teilte er seinem Vater ruhig mit, daß er sich von jetzt an als für die Gesellschaft endgültig verloren betrachte; er habe nämlich beschlossen, sich der aufrührerischen Sprache der sprechenden Hunde zu widmen.

Der Richter, der sich gerade dazu entschlossen hatte, den Sohn in einem letzten verzweifelten Rettungsversuch zum Leben zu verurteilen, weigerte sich, Pinnaghels Erklärung anzuerkennen. Das nahm Pinnaghel leicht. Kein Urteil des Richters konnte ihn mehr erreichen, geschweige denn anfechten; obwohl es ihm gleichgültig geworden war, versuchte er seinem Vater zu erklären, weshalb es sich so verhielt.

Ich habe den Tod selbst in die Hand genommen, erläuterte er, ich habe ihn mir ganz und gar zu eigen gemacht. Diese Tat erkennt keine gesetzgebende Gewalt der Welt an oder, genauer: Keine gesetzgebende Gewalt kennt sie. Sie stellt eine so schwere Verweigerung dar, daß kein Gesetz sie zu erwähnen wagt, aus Furcht, sie könnte dadurch eine weitere Verbreitung finden. Als mir aufging, daß du der Eingesperrte bist und ich der Freie bin, da habe ich gleichzeitig begriffen, daß es sich auch in allen anderen Fragen so umgekehrt verhält.

In derselben Nacht, nachdem er das Haus seines Vaters verlassen hatte, wurde er – auf Befehl von höchster Stelle, hieß es – verhaftet, als er in Begleitung eines entlaufenen und polizeilich gesuchten Hundes die Frederiksbergallee hinunterspazierte, und verbrachte den Rest der Nacht zusammen mit einem vornehm gekleideten, jedoch betrunkenen Mann, der auf den Fußboden der Zelle kotzte. Pinnaghel litt an Angstanfällen, die Erstickungsgefühle verursachten, denn niemandem wird die Auszeichnung dieser Hellsichtigkeit zuteil, ohne daß sie ihm durch Mark und Bein geht. Am nächsten Morgen starrte er sehnsüchtig auf die Beamten, mit dem Ausdruck eines verlorenen Hundes, und folgte mit den Augen der geringsten Bewegung, während sie Kaffee tranken, ihn verhörten und Berichte schrieben. Später am Tag wurde er mit der Begründung des Landes verwiesen, sein Umgang mit den Hunden belästige die Hundebesitzer; kaum aber hatte er die Grenze nach Deutschland überschritten, so wurde er erneut verhaftet und erhielt diesmal eine strengere Strafe, weil er zurückgekehrt war, nachdem man ihn bereits einmal dieses Landes verwiesen hatte. Damit begann sein Dasein in der Verbannung, das ihm gestattete, nicht allein viele Länder, sondern auch viele Gefängnisse dieser vielen Länder zu sehen und viele der zahlreichen Richter dieser vielen Länder, und alle erinnerten sie ihn – in einem oder mehreren Punkten – an seinen Vater.

Während er sich durch die Unterwelten und Armenviertel der Großstädte gekämpft hatte, durch Schmutz, Niedertracht und Hoffnungslosigkeit; durch das Elend der Prostitution, durch Hunderte von unbeseelten Liebesnächten, die in seiner Erinnerung blieben und ihn immer weiter mit magischem Licht bestrahlten; durch die Verwünschungen der Einzelzellen und die fürchterlichen Hierarchien der Gefangenenlager, hatte er entschlossen und geduldig sein Gehör trainiert, hatte sich nicht eine einzige Gelegenheit entgehen lassen, in den verschiedenen Ländern, durch die er hindurchkam, der Sprache der Hunde zu lauschen, und war unweigerlich ziemlich vielen Gleichgesinnten begegnet, mit denen er seine Erfahrungen austauschte.

Pinnaghel Jochumsen berichtete das alles mit einer gewissen mürrischen Arroganz. Nun war seit seiner Heimkehr nach Dänemark

schon eine Reihe von Jahren verstrichen. Er beklagte sich nicht. Einzig eine zunehmende Schlaflosigkeit quälte ihn. Die Angstanfälle waren selten geworden, dafür aber schloß er jede Nacht nur für zwei bis drei Stunden die Augen. Möglicherweise sei er damit ja billig davongekommen, erklärte er.
Was er damit meine? wollte Maria Elisabeth wissen.
Damit meine er, daß man, wenn man erst einmal von dem Gedanken an die sprechenden Afghanen besessen sei, in seiner Seele nie mehr Frieden finde.
Maria Elisabeth war nicht mehr jung und fand, sie habe nichts Nennenswertes zu verlieren. Außerdem sah sie keinen Weg zurück.
Das klingt aber fast, als müßte man sich verschreiben, sagte sie.
Pinnaghel Jochumsen war wütend. Der Gipfel der Wut waren in seinem Fall ein paar unverständliche Grunzer und ein seltsames Verdunkeln seines ganzen Gesichts, dazu ein stierender Blick, so, als habe er soeben ein Heer von giftigen kleinen Ameisen entdeckt, die auf ihn zu und unter seine Kleidung marschierten.
Ein paar Deutsche, stöhnte er, haben ein schlechtes Gewissen bekommen, weil sie aus dem bürgerlichen Zauberkreis ausgetreten sind. Sie bilden sich in vollem Ernst ein, der Teufel wohne in einem sprechenden Hund. Das ist der reinste Blödsinn, eine einzige Mystifikation. Sie spazieren in einer Welt strebsamer Leichen umher und glauben, mit ihnen sei etwas nicht in Ordnung, weil sie nicht tot sind.
Pinnaghels Entrüstung kannte keine Grenzen. Ihm zuzuhören amüsierte Maria Elisabeth.
Verschwenden Sie nie auch nur einen Gedanken an solch dummes Zeug, warnte er, das führt nur ins Verderben.
Nun lenkte Elisabeth das Gespräch auf ein anderes Thema, das sie sehr beschäftigte und von dem sie den Eindruck hatte, es komme ihm große Bedeutung bei, nämlich auf die Frage, weshalb es so wichtig sei, daß zwei Hunde zusammenseien.
Nun ja, antwortete der ehemalige Häftling, zwei Stimmen sagen mehr als das Doppelte von einer Stimme, aber ich kriege Kopfweh und Herzschmerzen, wenn ich es erklären soll. Die eine Stimme muß dasein, um die andere aufzuheben, und umgekehrt, sonst wären ihre Aussagen überhaupt nicht zu ertragen, was ich am besten durch ein Beispiel erklären kann. Stellen Sie sich vor, der eine Hund sagte: Den Abschluß der großartigen Mahlzeit bildete ein wohlschmeckender Knochen. Der Hund wird seine ganze Seele in diesen Satz legen. Ist das so verwunderlich? Ließen sich nicht alle

Leiden, Tränen, Begierden und Genüsse eines Hundelebens in diesem Satz vereinen? Er würde ein erdrückendes Gewicht bekommen, allein die Gegenwart des Knochens würde die Vorstellung des lebenden Ochsen, von dem er stammt, beschwören, ein nahezu unerträglicher Gedanke. Deshalb Hund Nummer zwei, der im selben Atemzug sagt: Den Abschluß der großartigen Mahlzeit bildete ein wohlschmeckender Knochen. Wie kann das nun angehen? Der Zuhörer versteht augenblicklich, daß diese Mahlzeit, weit entfernt davon, großartig zu sein, viel eher eine reine Fiktion oder Einbildung ist, daß ihr »Abschluß« nicht in der wirklichen Dimension der Zeit vor sich geht, sondern in ihrer lächelnden Spiegelung, und daß es sich bei dem »wohlschmeckenden Knochen« um die Fata Morgana der Stofflichkeit in der Landschaft der Sprache handelt. Mit anderen Worten: Der eine Hund ergreift das Phänomen, nimmt es an sein Herz, verzehrt es – gut mit Speichel und anderen Sekreten vermischt – und löst es in sich auf; wogegen der zweite es ermordet oder hinwegschleudert, außer Reichweite. Der eine Hund ruft uns, der zweite hält uns auf Abstand. Aber – Pinnaghel Jochumsens Gesicht wurde wiederum dunkel, er sah aus, als beherrsche ihn ein heftiger Zorn – das haben die Canologen auf den Tausenden von Seiten und in den Millionen von Fußnoten ihrer Beschreibungen, Analysen, Theorien und Einführungen in der Regel auf die bestialischste und verbrecherischste Weise verpfuscht.
Maria Elisabeth erschrak nicht, denn sie fühlte in ihrer Seele die gleiche dumpfe Wut wie Pinnaghel Jochumsen, obgleich es ihrer Natur näher lag, sich über die Phänomene, die seine Galle übergehen ließen, lustig zu machen.
Wissen Sie aber auch – Pinnaghel stöhnte schwer und wechselte die Stellung –, daß nach einem unter den Afghanen weit verbreiteten Glauben am Tag des Jüngsten Gerichts die Canologen in zwei Gruppen geteilt werden sollen, die Schafe von den Böcken. Die Schafherde wird ganz klein sein, die Böcke werden allesamt geschlachtet, und da ihr Fleisch für Hunde ungenießbar ist, soll es Schakalen, Hyänen und Geiern zum Fraß vorgeworfen werden.
Auf diese Weise führten Pinnaghel Jochumsen und Maria Elisabeth ihr Gespräch ein paar Tage lang weiter. Maria Elisabeth dachte überhaupt nicht daran, daß sie auf einem unbequemen Holzstuhl saß, auf dem man genaugenommen unmöglich mehr als ein paar Stunden hintereinander sitzen konnte. Bei ein paar Gelegenheiten aßen sie auch irgend etwas, und einmal entdeckte Maria Elisabeth, daß sie geschlafen hatte. Sie hatte aber den Eindruck, das Gespräch im

Schlaf fortgesetzt zu haben, denn als sie aufwachte, beantwortete Pinnaghel Jochumsen gerade eine sehr vernünftige Frage, die gestellt zu haben sie sich nicht entsann.
Wenn Sie von hier fortgehen, sagte er, dürfen Sie nicht mehr daran denken, daß Sie das Geheimnis der Afghanen erforschen wollen. Sie werden auf einen unerwarteten Spiegel treffen, der Ihnen den Rest erzählen wird.
Plötzlich stand sie auf der Straße und führte eifrig ihr Gespräch mit dem alten Lumpensammler weiter, während sie langsam allein fortging. Die Leute wichen erschrocken zur Seite, sie blieb stehen und sah sich im Spiegel einer Schaufensterscheibe. Das war es wohl, was er gemeint hat, sinnierte sie. Die Leute glauben, ich sei betrunken oder krank oder betrunken und krank. Meine Haare sträuben sich nach allen Seiten. Meine Augen sehen ganz wahnsinnig aus. Ich spreche laut mit mir selbst und kann nicht einmal gerade gehen. Aber sieh mal an – da ist ja ein Hotel! Ich muß mich ausruhen. Ich nehme mir ein Zimmer und lege mich ein Weilchen hin.
Auch auf ihrem Zimmer gab es einen Spiegel, und auch dieser Spiegel zeigte Maria Elisabeth ein müdes und verwüstetes Gesicht. Da haben wir es schon wieder, sprach sie zu sich. Weshalb ich aber wohl das Geheimnis der Afghanen nicht mehr erforschen darf? Bevor sie sich hinlegte, schaute sie sich in dem Zimmer um, das unendlich trübselig aussah. Die Tapete war verblichen, der Kleiderschrank ramponiert, der Teppich zerlöchert. Ihr Blick fiel auf den zwischen Bett und Wand eingeklemmten Nachttisch. Zu ihrer Verblüffung entdeckte sie, daß auch er sie widerspiegelte, und blieb stehen, aus Angst, die Spiegelwirkung könne verschwinden.
Maria Elisabeth, sagte sie, da hast du dich – du bist wirklich rührend!
Weit weg hörte sie sich lachen.
Die Müdigkeit übermannte sie, sie legte sich auf das Bett, ohne sich auszuziehen. Als sie viele Stunden später erwachte, lagen am Fußende des Bettes zwei Afghanen, etwa zwei Monate alte Welpen. Der Wirt erklärte, sie seien von einer Person abgeliefert worden, die behauptet habe, sie seien ein Geschenk, und das Ganze sei mit dem betreffenden Gast, Maria Elisabeth Hvide, abgesprochen.
Und das sind doch Sie, nicht wahr? schloß der Wirt fragend.
Das muß wohl stimmen, antwortete Maria Elisabeth und dankte ihm.
Daraufhin machte sie sich sofort daran, ihre Welpen die wunderba-

re Sprache der Afghanen zu lehren, die sie sich gleichzeitig auch selbst aneignete.
Madame Blanche erzählte mir viele Jahre später: Es ist meine Dummheit und mein Unglück, daß ich mich in kopflose Abenteuer stürze, und selbst zu dem Zeitpunkt, wo ich hätte klüger sein sollen, gingen die Leidenschaften mit mir durch – das heißt, anfangs habe ich natürlich alles unter Kontrolle, glaube ich jedenfalls, doch unmerklich gehe ich immer mehr in dem Spiel auf, und bevor es mir klar wird, ist es Ernst geworden. An jenem Tag im Mai 1936, als Edith zusammen mit ihrem Mann und dem Scholier zu Gast bei mir war, hatte ich mich schon längst darauf eingestellt, daß mit solchen Abenteuern Schluß sei. Obgleich ich mich bei weitem noch nicht alt fühlte – ich war in den Fünfzigern –, meinte ich doch, über die Stürme der Leidenschaft hinauszusein, die es in allen Knochen ächzen lassen und mich zuweilen haben fürchten lassen, daß ich den Verstand verlieren würde. Was für ein Leben haben die Menschen gelebt, die das nicht erfahren haben? Aber ich sollte eines anderen belehrt werden. Eine Zeitlang betrachten wir voller Scham die lächerlichen Verirrungen unserer Jugend, doch wir lernen es, einen nachsichtigeren Maßstab an sie anzulegen. Dann glauben wir uns sicher in einer Kleidung von Jahren, die nur verschleiern kann, daß die Torheit, die wir einmal genährt haben, noch immer ebenso unausrottbar in uns lebt. Unser Fall ist jetzt noch lächerlicher und unwürdiger als in der Jugend – aber ich preise ihn dennoch! Ich habe die Sicheren nie ausstehen können. Meiner Meinung nach ist der Sichere ein ganz simpler Betrüger – mag er seine Sicherheit auch in Weisheit und geistige Überlegenheit kleiden. Na, aber das, was ich hier sage, ist auch nichts weiter als billige Lebensweisheit – ich muß wohl lieber anfangen zu erzählen, was geschah, denn das ist jedenfalls die reine, schiere Wahrheit.
Ich beschloß kurz und gut, sie zu verführen, denn ich war ganz unerwartet von einem unzähmbaren Verlangen, sie zu berühren, ergriffen worden; sie war nämlich in Wirklichkeit sehr sensuell, was sie jedoch selbst nicht wußte, und ich fand, es müßte wunderbar sein, wenn sie es entdeckte und wenn ich an diesem Erlebnis zusammen mit ihr teilhaben könnte.
Zunächst drückte ich ihre Hand. Daran an sich ist weiter nichts Sonderbares, aber ich weiß es besser. Man kann durch die Hand die ganze Kraft seines Wesens in einen anderen Menschen hinüberströmen lassen, und man kann einen anderen Menschen spüren und sich eine Vorstellung von ihm machen, als sähe man geradewegs

durch ihn hindurch und könnte das Herz, die Eingeweide und das Gehirn sehen. Oh, nicht alle sind dazu imstande, bei weitem nicht, es erfordert ein Vertrauen auf die angeborene Sensibilität, das nicht üblich ist. Auch das wird in uns getötet. Und die Hand, was geschieht mit der Hand? Sehen Sie einmal, hier ist sie, mit der Handfläche und den fünf Fingern, so voller Leben und Kraft und Möglichkeiten, wie ein Wesen mit seiner eigenen, selbständigen Existenz, voller launischer Neigungen, und wir können entscheiden, ob wir sie lieben und ehren – oder verwerfen, bezwingen, bekriegen wollen.

Die Fingerspitzen sind fünf Antennen, die die Welt absuchen und erzählen, woraus sie besteht. Sie liebkosen auch mit der leichtest denkbaren Berührung. Doch die Hand macht nicht nur Erfahrungen, sie führt auch Handlungen aus, die wir nicht einmal bemerken, und unablässig stellt sie uns der Umwelt dar, so daß niemand im Zweifel darüber ist, wer wir sind.

Ich drückte also Ediths Hand und behielt sie etwas länger in der meinen, als es eigentlich notwendig war. Nicht, daß ich es angenehm gefunden hätte, denn ihre Handfläche war klamm, und ihre dünnen Finger zitterten, sondern weil ich bereits begonnen hatte, mein Vorhaben auszuführen. Außerdem war meine Hand sofort darauf versessen, sie richtig zu berühren, und genauso passierte es. Noch hätte ich umkehren können, wenn man so sagen darf, aber die Hand gab den Ausschlag. Gut, meine Hand, sagte ich, du sollst deinen Willen haben, aber bist du dir auch im klaren darüber, welches Risiko ich eingehe? Die Sache ist nämlich die, daß ich im Gegensatz zu der Hand die Kosten kannte: Den Schmerz würde letzten Endes ich haben. Sollte ich es deshalb unterlassen, dem Wink zu folgen, den mir die Hand gab? Ich glaube, ich würde geradewegs in die Hölle gehen, sollte meine Hand sagen, komm, hier entlang, hier erwartet dich das Abenteuer! Und um es gleich vorwegzunehmen, einmal habe ich so einen Spaziergang tatsächlich unternommen, ich weiß also, wovon ich rede; doch davon erzähle ich hinterher. Es war nun ganz natürlich, daß ich ihr anbot, sich ein wenig zu waschen, denn genau das braucht man nun einmal, wenn man während einer Reise Aufenthalt hat, und obgleich die Reise nicht sehr lange gedauert hatte, so mußte man damals wirklich nicht viele Minuten mit dem Zug fahren, damit man schmutzig war und durchaus Lust haben konnte, ein wenig Kohlenstaub von sich abzuwaschen. Sie ließ sich also ohne weiteres von mir mitziehen, freute sich sogar, und ich nutzte das aus und sagte, sie könne ja eigentlich ebensogut richtig baden, es dauere nur einen Augenblick, und sie fühle sich hinterher viel angenehmer – sie sei ja auch ganz schweißnaß! Ihre zaghaften Proteste halfen kein bißchen. So, als wollte ich ihr alles zeigen, ging ich selbst mit in das Badezimmer, das sehr groß war, fast ein Saal. Ich hatte einen Vorhang, hinter dem sie stehen konnte, während sie sich entkleidete, und inzwischen bereitete ich das Bad vor. Hören Sie: Ich zitterte am ganzen Körper. Ich hatte Angst. Ich pflegte sonst nie Angst zu haben, aber nun hatte ich Angst. Meine Einsamkeit, das Gefühl der Verlassenheit war plötzlich so heftig geworden, daß es mich durchschüttelte. Sollte ich wirklich den Rest meines Lebens hier verbringen, lediglich zusammen mit den Hunden und einigen lächerlichen Bewunderern und Anbetern, die sich bei ausgewählten Gelegenheiten vor mir auf die Knie warfen, mir ewige Treue schworen und jedes Wort, das ich sagte, verschluckten, als seien es reine Worte der Weisheit, obgleich es zum großen Teil nur Possen und Humbug waren und ich mich damit amüsierte, dieser Suada eine raffinierte Form mit einigen Spritzern verbalen Parfüms zu verleihen, das sie völlig benebelte? Natürlich würde ich hierbleiben, aber weshalb sollte ich keine Freundin bei mir haben – wenn nun einmal mein ganzer Körper und meine Seele darauf eingerichtet waren? Ach, mein armer Körper, er war nicht mehr jung, und würde er sie nicht erschrecken? Ein fürchterlicher Sturmwind fegte durch ihn hindurch, erfüllte ihn mit wilder Kraft und Wahnsinn, und ich ging umher, emsig und ruhig wie eine sehr viel ältere Schwester, und sagte zu ihr, nun sei das Bad fertig, bitte. Sie hatte ein Badehandtuch um sich gewickelt, als ahne sie irgend etwas, und ich konnte ihr ansehen, daß die Luft dank der Ausstrahlung meines Körpers mit einer Kraft geladen war, die sie nicht unberührt ließ, obgleich sie natürlich überhaupt nicht wußte, was hier vor sich ging.

Als sie im Wasser lag, konnte sie mich nicht daran hindern, sie zu waschen; ich ließ meine Hände sie mit so weichen und freundlichen Bewegungen einseifen, daß ihre angespannten Nerven völlig zur Ruhe kamen. Nachdem ich sie abfrottiert hatte, führte ich sie in mein Zimmer, das nebenan lag, ließ sie einen meiner Schlafröcke auswählen und nahm selbst ein Bad. Während ich in der Badewanne lag, rief ich sie. Sie trat ein, blieb aber an der Tür stehen. Ich war ungeduldig, aber dennoch ruhig, weil ich wußte, daß man sich Zeit nehmen muß. Deshalb sprachen wir erst etwas miteinander, und dann bat ich sie, mir einen Handspiegel hinüberzureichen, der beim Waschbecken lag. Sie kam damit zu mir hin, und ich ergriff ihre Hand, als sie ihn mir reichte. Nun konnte sie nicht anders, nun mußte sie mich betrachten. Mein grausamer Körper war unter Wasser weniger abschreckend. Weshalb grausam? Der Körper ist grausam, das ist sein Privileg. Ein Körper, der nicht grausam ist, ist kein Körper. Die Grausamkeit erwacht im Körper wie ein unvermeidlicher Zauber, der ihn in Besitz nimmt. Die große Zärtlichkeit ist darin verborgen. Er ist ohne Boshaftigkeit. Der Körper der Frau, der im Gegensatz zu dem des Mannes die Organe in sich verbirgt, besitzt seine eigene Grausamkeit. Die Organe sind hineingelegt wie in eine Tüte, eine Tüte voller saftiger und bluterfüllter Dinge, die zum Schwellen und Beben gebracht werden können. Dennoch ist der Körper fest und geschlossen wie eine Vase. Aber mein Körper war ja überhaupt nicht mehr jung. Seine Haut war bereits zäh und fast rauh geworden, und die Vase, von der ich spreche, wurde in meinem Fall schon allmählich formlos, denn meine Hüften waren breit, und ich hatte keine Taille mehr. Doch das wurde in gewissem Umfang durch das Wasser verschleiert, wie Sie sich sicher vorstellen können, alles in allem sah ich also ganz anziehend aus. Das fand sie offenbar auch. Ich glaube, es war das erste Mal, daß sie den Körper einer Frau richtig ansah, denn ich bin nicht einmal sicher, daß sie sich mit ihrem eigenen richtig bekannt gemacht hatte. Und was war mit dem anderer? Etwas hatte sie ja wohl gesehen, in der verstohlenen Weise, die man beim Umkleiden in Turnhallen und Badeanstalten benutzt. Aber ich meine »betrachtet«, mit der gierigen Neugierde, die unser Blick hat, wenn er die Dinge, die wir wirklich kennenlernen wollen, ergreift und *verzehrt*. Genauso aber sah sie mich jetzt an, und während sie so dastand und mich betrachtete, wurde in ihr alles auf den Kopf gestellt. Während sie mich anschaute, sah sie nämlich auch sich selbst an. So ist das mit diesen Dingen, und sie bekam geradezu einen Körper geschenkt, bloß weil ich sie sozusagen zur Badewanne hinschleppte und meine ganz Figur vor ihr ausstellte, ohne mich zu schämen, sondern geradezu besessen war von all dem Stolz, den man spürt, wenn man nun einmal einen Körper besitzt, der allerhand erfahren hat und mit dem man viele Jahre lang Gutes und Böses geteilt hat.

Ich war ja ein ältliches Raubtier, meine Brüste, die an der Wasseroberfläche trieben, ähnelten großen Bergen aus Fleisch, und wenn ich die Beine etwas breitmachte, war es, als presse all das in der Tüte Verborgene an das Licht des Tages. Doch, doch, ich veranschaulichte in vollem Maße den physischen und fleischlichen Aspekt der Liebe, und die Grausamkeit meines Körpers war nicht mißzuverstehen. Ich streckte eine nasse Hand aus und berührte sie. Mit den Finger-

spitzen zeichnete ich leichte, feuchte Streifen auf ihre Haut, die unter der Berührung erbebte. Ich schrieb mit den nassen Fingerspitzen meine Worte auf ihre Haut, und sie stand ganz still und empfing bebend diese Inschrift. Es ist vielleicht mißverständlich, wenn ich so viel von Grausamkeit spreche. Diese Grausamkeit hat nichts mit Qualen zu tun, jedenfalls nicht im gewöhnlichen Sinne. Ich schrieb meine Liebe auf ihren Körper wie eine weiche und flüchtige Botschaft, fast diskret, unschuldig, als wisse niemand von uns etwas von diesen Dingen oder verstünde, was all das solle.
Sie dachte nicht mehr daran, sich zurückzuziehen, aber natürlich war sie erschrocken. Ich lächelte sie an, und nun sah ich, daß sie mir gern dienen wollte, sie wußte nur nicht richtig, wie sie es anstellen sollte. Hätte ich nur die gleiche Stärke besessen, als ich jung war, dann hätte alles anders ausgesehen!
Hol das Handtuch! Stell dich hinter mich! Frottier mich ab! Ich sagte das alles ganz weich, als sei es etwas, was ich ihr erlaubte, und sie tat fügsam, worum ich sie bat. Auf diese Weise gewöhnten wir uns aneinander, auf diese Weise gewöhnte ich sie an mich und, was vielleicht das Wichtigste war: Auf diese Weise gewöhnte ich sie an sich selbst. Ihr Körper war schmächtig, fast so, als seien die Knochen darin aus Stroh, aber nach dem Bad war ihre Haut herrlich warm, und sie roch gut, kann ich Ihnen sagen! Was sich zwischen uns abspielte, das ist für einen Mann nur schwer oder unmöglich zu begreifen, und es ist auch kaum zu erklären. Die Sache ist die, daß der Mann und alles, was zum Mann gehört, eben herausgelassen wird. Nicht nur sein plumper Körper, seine Gerüche – und dann das Sperma, das letztlich immer ausläuft und unsere Backen und Schenkel naß macht und fast unvermeidlich das Laken verschmutzt, so daß das Ganze schließlich eine klamme und unangenehme Angelegenheit wird. Sondern sein ganzes Wesen, seine Absichten, seine unerträgliche Verletzlichkeit, sein Kindischsein und sein lächerlicher Stolz. Irgendwann muß er immer getröstet werden. Nicht ganz selten heult er, wenn er nicht im Gegenteil brutal wird. Und seine Brutalität hat nichts mit der Grausamkeit zu tun, von der ich spreche, das muß Ihnen klar sein! Dann will er uns absolut schwanger machen, und dann! Ja dann, dann hat er uns an der Leine. Ach, welch ein Kindskopf bleibt er immer, gleichgültig, wie alt er wird, nichts weiter als ein Kindskopf, dem man die rotzige Nase trocknen, den man am Abend in den Schlaf wiegen und den man fast füttern muß, als sei er noch immer ein Baby – und dann will er uns trotzdem an der Leine haben, darauf lauert er, und zu alledem betrachtet er es

auch noch als sein gutes Recht, als eine Art göttliche Ordnung, die das alles so weise zu seinem Vorteil eingerichtet hat.
Alles, was ich hier sage, erklärte ich der kleinen Edith, alles und noch viel mehr, was ich nicht wiederholen kann, und sie nickte gehorsam und sagte ja. Aber innerlich zweifelte ich daran, ob sie verstand, ob sie verstehen würde, trotz der Tatsache, daß ihre Hingabe im Augenblick total erschien. Ich war mit anderen Worten in Wirklichkeit verzweifelt und hätte wie eine Wahnsinnige gebrüllt und geschrien, wenn ich meinen innersten Gefühlen und Ahnungen Luft gemacht hätte, die keine Ahnungen waren, sondern ein trauriges Wissen, das schwer wie ein Bleigewicht in mich eingesunken war. Vielleicht hätte ich brüllen und schreien sollen. Ich flehte sie an. Ich flehte diese Provinzstadtfrau an, weil ich es mir einen Augenblick lang gestattet hatte, an eine Illusion zu glauben. Dieses eine Mal war ich weich gewesen. Weshalb sollte sie nicht bleiben können? Ich bot ihr eine besondere Stellung im Haus an. Sie hätte da zusammen mit mir leben können, alles hätte gut sein können, doch sie wollte nicht. Zuletzt schalt ich sie. Sie starrte mich erschrocken an. Natürlich durchschaute ich mich und meine törichten Illusionen, das schlimmste war jedoch, daß ich das Gefühl hatte, auch sie durchschaue mich in ihrer eigenen naiven Weise und habe deshalb Erbarmen mit mir. Das konnte ich ihr nicht vergeben. Jedenfalls nicht damals. Jetzt ist es mir natürlich gleichgültig.
Nein, ich begriff, daß ich sie sich selbst geschenkt hatte, nur damit sie direkt zu den Männern gehen konnte. Den Gedanken konnte ich nicht ertragen, Törin, die ich war. Deshalb mußte ich sie verletzen. Das gelang mir auch. Ich fügte uns beiden eine ordentliche Wunde zu, die uns die Trennung wieder möglich machte. Ich sagte ihr eiskalt und ganz bewußt die ungeheuerlichsten Dinge; unter Aufbietung aller meiner Kräfte und der letzten, die mir noch verblieben waren, ließ ich sie einen Schmerz fühlen, der gesund und lebenspendend war, weil er akut und unverschleiert war. Es war das letzte, was ich für sie tun konnte.
Doch nun will ich Ihnen den traurigen Bericht von den Leiden einer jungen Frau geben, meine eigene Geschichte, sozusagen das Portal zu allem, was folgte.

Ich entstamme einem Geschlecht von Offizieren, Schauspielerinnen und wahnsinnigen Pfarrern. Unter den Vorvätern der Ahnengalerie entsinne ich mich unter anderem an einen alten Haudegen mit Vorderlader, der neben einer zerschossenen Kanone stand und augenscheinlich bereit war, in dem Haufen von Leichen, der ihn umgab, umzufallen. In der Familie gab es immer irgend jemanden, der ein Auge, einen Arm oder ein Bein verloren hatte, und viele waren auf fernen Schlachtfeldern umgekommen, die aufzusuchen sie sich gezwungen fühlten, wenn es in unserem Teil der Welt zu friedlich zuging, was oft der Fall war. Da waren auch die Tragödinnen, die in seltsamen Gewändern die stolzen, unglücklichen und dämonischen Figuren der klassischen Dramatik in Stücken von Shakespeare, Racine, Corneille und Schiller kreierten. Wenn ich ihre Porträts betrachtete, konnte ich alle die Seufzer, jedes Stöhnen und alle die Schreie hören, die über ihre Lippen gekommen sein mußten, und ich wurde grün und gelb vor Neid bei dem Gedanken an die Leidenschaften, die sie hatten durchleben dürfen. Na, vielen von ihnen war es ziemlich dreckig ergangen: unglückliche Ehen, wirtschaftlicher Ruin, plötzlicher Fall von der strahlendsten Berühmtheit in totale Vergessenheit, Selbstmord, früher Tod nach kurzer, aber heftiger Krankheit, mehr oder weniger freiwillige Verbannung, öffentliche Enthüllungen von entehrenden Verbindungen oder schamloser und unnatürlicher Neigungen, Eifersuchtsdramen, Rivalisierungen – kurz, alles, was man sich an Bösem, Demütigendem und Bitterem vorstellen kann. Doch auf den Bildern sahen sie allesamt strahlend aus, und die Leidenschaften, die sich in ihren Gesichtern spiegelten, wirkten so edel oder jedenfalls erhaben, daß ich sie keinen Augenblick lang zu dem traurigen Ergebnis ihres Lebens in Beziehung brachte. Im übrigen war ich sicher, daß ich mich mit ihnen in tiefster Übereinstimmung befand, wenn ich selbst das Glück eines strahlenden Augenblickes gern mit aller möglichen Schande und mit Unglück bezahlen wollte. Außerdem verliebte ich mich ganz einfach in sie alle, stundenlang träumte ich, ich sei ihr Streicheltier, und der Gedanke an die knisternden Geräusche, die von ihren Gewändern aus Taft, Seide und Musselin ausgingen, erhitzte mich. Doch dann waren da außerdem die Pfarrer, die Außenseiter der Familie, so muß man sie wohl, glaube ich, nennen, obgleich sie irgendwie gut zu den anderen paßten. Es waren strenge, zerquälte Männer, oft Brüder oder Väter der leichtsinnigen Schauspielerinnen, deren amoralische Neigungen sie sozusagen im Namen der Familie durch eine extra fromme und pflichterfüllende Lebensführung aufzuwiegen suchten. Deshalb hatte keiner von ihnen irgendeine Geschichte, sie waren wie Repetitionen ein und derselben Rolle, sie nahmen es auf sich, diese Rolle von Anfang bis Ende mit demütigem Sinn und unglaublicher Standhaftigkeit durchzuspielen.

Einige von ihnen waren jedoch als große Prediger bekannt. Sie zogen gegen Satan in den Krieg, der in ihrer Vorstellung so gegenwärtig war, daß ihn die verschreckte Gemeinde buchstäblich im Kirchenschiff vor sich sehen konnte, und nur unter Entfaltung kühner oratorischer Leistungen überwanden sie ihn. Dann habe ich mir überlegt, ob nicht die Todesverachtung der Offiziere und die Schauspielerei der Schauspielerinnen in diesen schwarzgewandeten Prälaten zusammenkam und sich in ihrem Inneren mit dem unglückseligen Hang zu schwermütigen, düsteren und pantastischen Grübeleien vereinigte, die ihnen dieses zermarterte Aussehen verliehen und die vereinzelte von ihnen mehr als einmal dazu brachten, in der Bekämpfung von Satan zu körperlichen Mitteln zu greifen. Von der Kanzel flog die Bibel quer durch die Kirche, um mit einem Krachen die Tür zum Vorraum zu treffen, die Seine Majestät gerade hinter sich zugemacht hatte.

Leider eignete ich mich nicht für die Theaterlaufbahn, ich war viel zu plump, besonders meine Nase war zu groß, und mein Körper und meine Glieder waren nicht imstande, die geschmeidigen und musikalischen Bewegungen auszuführen, die nun einmal notwendig sind, wenn man der Rolle Leben verleihen und das Publikum verzaubern will.

Deshalb reagierte ich irgendeinen dunklen, in mir wohnenden Hang ab, indem ich zeichnete. Ich zeichnete mit einem ziemlich kräftigen Strich, und zu meinem großen Kummer hatte ich auf dem Papier oft nicht genug Platz für meine Modelle. Gelegenheit zum Modellzeichnen zu bekommen, das war damals für ein junges Mädchen so eine Sache. Zwar interessierten mich nur weibliche Modelle, was die Situation etwas leichter machte, aber dennoch träumte ich natürlich davon, nach Paris zu reisen, um mich weiterzubilden und weil ich das Gefühl hatte, daß mir dort eine weit größere Auswahl an Modellen zur Verfügung stehen würde. Mein Vater war Oberst der Leibgarde, ritt ein schwarzes Pferd und hatte reich geheiratet. Ich reiste mit seinem Segen nach Paris. Er nahm Abschied von mir, als sei ich ein Sohn, der an die Front müsse.

Ich war eine junge Frau, aber ich war es nicht so wie alle anderen jungen Frauen. Das Lachlustige, Kalbrige, Verschämte, Erwartungsvolle und Unerfahrene, das ich an anderen jungen Frauen beobachtete, hatte ich selbst nie gekannt. Ich war Kind gewesen, und etwa mit vierzehn wurde ich – fast von einem Tag auf den anderen – Frau und erwachsen. Ich betrachtete die Welt mit einer gewissen Überlegenheit und kühlen Neugierde. Ich fand sie seltsam und interessant,

aber ich hegte keine romantischen Erwartungen. Dagegen stellte ich mir vor, daß ich Leidenschaften erleben würde. Das wollte ich mir nämlich selbst erlauben.
So ein Mensch war ich, als ich die »Académie des Dames« betrat, die in einer Seitenstraße des Boulevard Montparnasse untergebracht war. Das Haus war voller Frauen, die nach Modell zeichneten: Einige träumten von Skulpturen à la Rodin, andere wollten Tänzerinnen à la Degas zeichnen, doch ihr gesamtes Dasein in diesem Atelier hatte für mich nur eine Bedeutung, die überhaupt nichts mit ihren mehr oder weniger gut untermauerten künstlerischen Ambitionen zu tun hatte. Für mich waren wir in einer kultischen Anbetung der Frau versammelt, die mitten im Raum stand und von Zeit zu Zeit zu uns herunterstieg; und unter der Atmosphäre von Ernst und schweigender Arbeitsamkeit, die die meiste Zeit über herrschte, lauerte eine andere Atmosphäre von latenter Erotik. Wie konnte es anders sein? – So viele Frauen beisammen, dicht beieinander, so viel Verlangen nach gegenseitiger Zärtlichkeit, die Sehnsucht, erobert zu werden, Angst und Widerwillen gegenüber diesem fremden und herrschsüchtigen Geschlecht mit seinem Atem aus Cognac und aufgeblähten Bäuchen, der heuchlerischen Farce seiner Ritterlichkeit und seiner Eroberungslust, die sich in jedem beliebigen Augenblick mit der ersten besten Straßendirne zufriedengeben konnte.
Ich suchte mir erst eine junge Russin aus, nennen wir sie Anna. Sie war rothaarig und hatte ein schmales Gesicht mit hohen Wangenknochen. Ihre Zeichnungen waren zart wie Schatten und ähnelten eher halb materialisierten Träumen als Porträts der Modellfigur, die inmitten des Wirrwarrs von Staffeleien in dem kalten Licht des großen, nach Norden gehenden Atelierfensters für uns Modell stand. Sie wurde jeden Tag von ihrem Mann begleitet und wieder von ihm abgeholt: Pünktlich hielt er mit der Droschke vor der Tür, und ich hatte Gelegenheit, sein Gesicht zu studieren. Es war das alte, matte und versteinerte Gesicht eines noch jungen Mannes, eingerahmt von Koteletten, gleichsam überlagert von einem feinen Nebel, der ihm einen fahlen Schimmer verlieh, eine sehr hohe Stirn, die Selbstbewußtsein und unantastbare Traditionen ausstrahlte. Eigentlich war es ebensosehr er wie Anna selbst, der meine Gedanken um sie kreisen ließ. Sein Aussehen, seine geizige Wachsamkeit – soweit ich sehen konnte, berechtigte nichts den wohlhabenden, müden und genußsüchtigen Taugenichts dazu, der einzige Vertraute ihres Körpers und ihres Gemüts zu sein. Nein, dieser Gedanke versetzte mich in Raserei. Ja, freilich war ich eine schöne junge Frau,

das war ich wirklich – wenngleich ein bißchen groß –, aber in Wirklichkeit war ich Dynamit.
So ging ich in den Straßen umher, ich sah die Armen, die Kranken, die Blinden und die alkoholisierten Gaukler mit ihren jämmerlichen Affen, die rund umher in den Vorstädten auftraten, die tuberkulösen Prostituierten und die mißgebildeten und abgestumpften Artisten, deren Kunst darin bestand, sich Stricknadeln durch die Arme und durch die Brusthaut zu bohren und sie mit Gewichten und seltsamen Medaillen zu behängen. Ich betrachtete das alles mit passionierter Kühle, mich ging es nichts an, ich fühlte mich in der geschmeidigen Haut intakt, die mich einschloß und die ich mit so großer Sorgfalt pflegte, alleine mit meinem Dynamit.
Liebe Anna, geh doch mit mir in den Louvre! Er wartete unten in der Droschke. Die Wanderung durch die Säle gab die Möglichkeit flüchtiger Berührungen und anderer Zaubereien, die nun einmal mit so etwas wie meinem Vorhaben verbunden sind.
Ich schenkte ihr Konfekt, sagte aber dann, erzähle es ihm nicht! Sie war verwirrt. Ein anderes Mal im Louvre standen wir vor der Mona Lisa, und ich sagte, Leonardo hat eine Spiegelung von etwas geschaffen, was er selbst nicht verstand. Nur Frauen verstehen es. Die Männer haben immer von ihrem rätselhaften Lächeln gesprochen. Ja, für sie ist es rätselhaft. Es ist ihnen nie eingefallen, uns zu fragen, und das mit gutem Grund. Sie haben Angst davor, sie könnten uns sagen hören, was sie nicht hören wollen. Im übrigen würden sie uns nicht glauben, aber sie wollen es trotzdem nicht hören. Sie haben ihre Bruderschaft, treiben aber Keile zwischen uns, machen uns zu Feinden voneinander, damit wir nichts Ähnliches haben können. Aber wir verstehen das Lächeln der Mona Lisa. Für uns ist es kein bißchen geheimnisvoll. Sie lächelt uns an. Ihr Lächeln spricht zu uns von den Dingen, die wir gemeinsam haben können, wenn sie nicht dabei sind. Ich drückte mich gern auf französisch aus, und was ich sagte, klang auf französisch noch interessanter und überzeugender, als es sonst der Fall gewesen wäre. Ich bin auch sicher, daß es ebensosehr die Sprache war und der Genuß, der damit verbunden war, ihr zu lauschen, wie der eigentliche Inhalt, was auf Anna so verführerisch wirkte, wie es tatsächlich der Fall war.
Träume und Dynamit! Nachdem ich Anna erobert hatte, die ohne Skrupel und mit der größten Eleganz ihren Mann hinters Licht führte, begann mich das Verhältnis ein bißchen zu langweilen. Aber glücklicherweise hatte meine Vertraulichkeit mit Anna zu anderen Möglichkeiten geführt. Es zeigte sich nämlich, daß sie keineswegs

ganz unerfahren war, sondern mir den Zugang zu einem ganzen Kreis von Verbindungen eröffnen konnte – die sie freilich selbst nicht pflegte –, die Beziehungen zur Akademie hatten. Das war die wahre »Académie des Dames«, in die ich nun aufgenommen wurde, ein geheimer und weit verzweigter Bund von Frauen mit gemeinsamen Interessen, die zur Vollkommenheit meinen eigenen entsprachen. Das war für mich natürlich ein großes Glück; obgleich mir klar wurde, daß ich auf künstlerischem Gebiet keine nennenswerten Fortschritte machte, besuchte ich doch weiterhin die Akademie. Zwar war es mir allmählich gelungen, das Modell auf dem Papier zu behalten, aber die allzu große Heftigkeit meiner Bleistift- und Kohlezeichnung zu bezwingen, dazu war ich nicht imstande, und die ganz schwarzen, rastlos überarbeiteten und seltsam proportionierten Ergebnisse meiner Anstrengungen entsprachen überhaupt nicht dem, was mir in dem Augenblick, als ich den ersten Strich aufs Papier brachte, vorgeschwebt hatte.

Eines Tages dann stand sie da, die junge schwedische Frau, die ich meine Beatrice nenne. Mag sein, daß sie keine eigentliche Schönheit war, ja, das ist sogar höchstwahrscheinlich. Sie war ein blondes, nordisches Mädchen mit ziemlich gewöhnlichen Farben, einem regelmäßigen Gesichtsoval, aber mit sehr ausdrucksvollen Augen, die leicht verschreckt wirkten, wie die eines Tieres, das jeden Augenblick davonlaufen kann. Ihr Verlobter war ein junger Offizier. Sie zeigte mir eine Fotografie von ihm. Er sah keck aus, Säbel an der Seite, stramme Positur und ein Ausdruck, als sei er darauf vorbereitet, einer jeden Gefahr zu trotzen. Im Augenblick nahm er mit Bravour an ermüdenden und dramatischen Manövern in den Einöden des nördlichen Schwedens teil. Sie war in Begleitung ihrer Mutter nach Paris gereist, um unter gehöriger Aufsicht die künstlerischen Fähigkeiten zu entwickeln, die sie in hübschen Aquarellen an den Tag gelegt hatte, deren Zartheit eine katastrophale und gefährliche Eigenschaft besaß, eine gläserne Zerreißbereitschaft, die ihre seelische Konstitution widerspiegelte.

Ich erwachte in der Nacht, gejagt von Bildern, die von der Laterna magica unbekannter Kräfte in mein Gehirn projiziert wurden. Dynamit in Funktion! Ich stand auf, lief während der Nacht in den Straßen umher, und ich brauchte die Männer, die mich ansprachen, nur anzuschauen, um sie in die Flucht zu jagen. Ich wußte, daß sie, meine Beatrice, unschuldig war. Ihr Geschlecht war geschlossen wie die weichen und schmollenden Lippen eines niedlichen und ängstlichen Kindes, und der Bausch ihrer Schamhaare war nie gebrochen

worden, sondern war jetzt, da sie einundzwanzig war, genauso dicht und verfilzt wie mit siebzehn. Ich sehnte mich danach, meine Finger so scharf wie einen Vogelschnabel hineinzubohren, und das mag egoistisch und brutal klingen, doch teils war ich wirklich von ihr besessen – und wenn man besessen ist, was ist man dann, wenn nicht egoistisch und brutal, wenn wir ganz ehrlich sein sollen? –, teils glaubte ich nicht und glaube es noch immer nicht, daß das ihr an sich schaden konnte. Ihre Unschuld war ja doch kein guter Schutz gegen eine Welt, die voller Bosheit ist, und was würde meine Brutalität sein, verglichen mit der des Mannes, und sich der zu unterwerfen, darauf mußte sie ja eingestellt sein.
Ich stellte ihr also nach und lehrte sie eine weibliche Zärtlichkeit kennen, die ihr neu war. Ich weihte sie langsam in die Geheimnisse unserer Körper ein. Ich war versucht, sie ihr in exotischen Bildern voller starker Farben auszumalen, aber was soll's! – Der Körper ist ja trotz allem ein höchst handgreifliches Ding, und ich fühle mich ehrlich gesagt fast beschämt, wenn ich alle die poetischen Umschreibungen oder haarklein ausgemalten und übertriebenen Beschreibungen und Umschweife höre, in denen die Männer vor allem schwelgen, wenn sie auf diese Dinge zu sprechen kommen. Nein, was zwischen uns vorging, das bedarf überhaupt keiner näheren Beschreibung, denn das Lustgefühl kann man ja sowieso weder wiedergeben noch erklären, und was das moralische Mysterium betrifft – ich ziehe es vor, es so zu nennen –, an dem ein liebendes Paar teilhat, so wird es dem, der nicht zu irgendeinem Zeitpunkt selbst darin eingeweiht worden ist, sowieso verschlossen bleiben. Und dann ist da alles Drumherum, zerknüllte Laken, knarrende Matratzen, die Spuren von munteren und grausamen Kämpfen – ich gebe zu, daß ich das alles sehr poetisch finde, daß ich gerne in der Erinnerung dabei verweile –, aber wenn man das so aufzählt, dann klingt es ja, ehrlich gesagt, ziemlich trivial.
Außerdem könnte das die Vorstellung vermitteln, unsere gesamte Zeit sei auf diese Weise vergangen, daß zwischen uns nichts weiter gewesen sei als das, was im Bett geschah. Und du lieber Himmel: Das war sehr wichtig, und im Bett begann es erst wirklich – aber außerdem hatten wir viele andere Dinge gemeinsam. Lassen wir nun einmal die Oper, in die wir immer Beatrices Mutter mitgenommen hatten, und lassen wir den Louvre und das Luxembourg-Museum. Ich denke lieber an unsere Spaziergänge in Paris, wo wir zusammen auf Entdeckungsfahrt gingen. Ich kannte die Stadt ziemlich gut, so daß ich fast als Führer auftrat, aber weil Beatrice dabei war,

wurde alles für mich irgendwie neu. Sie war wie ein Medium, durch das ich die Dinge auf eine neue Weise spürte. Sie lachte, wenn sie die Affen der Gaukler sah, und der Anblick der Blinden ließ sie weinen. Das Elend der Prostituierten erfüllte sie mit Mitgefühl, und während ich sie wie ein Zoologe betrachtet hatte, der irgendeine Art studiert, so versuchte sie – vergeblich natürlich – sich vorzustellen, wie es sein müßte, »so eine zu sein«! Sie fühlte sich unglücklich und beschämt, wenn sie von einem der Armen oder einem Bettler angesprochen wurde, und der Anblick eines der degenerierten und widerwärtigen Artisten, die selbst mitten im Winter auf einem der Boulevards mit nacktem Oberkörper zu sehen waren, während sie einen Säbel schluckten oder Feuer aus dem Mund spien, erfüllte sie mit einer unerklärlichen physischen Angst.
Wenn sie in der Akademie zeichnete, hatte sie immer Mühe, die Figur richtig auf dem Papier anzubringen. Das heißt, anbringen konnte sie sie schon, aber in der Regel wurde sie sinnlos klein und verschoben, ein in der unteren Ecke mit schwarzen, kaum sichtbaren Bleistiftstrichen gezeichneter Zwerg, so, als habe sie Angst vor der Mitte, wo ja die Kraft von einem Stück weißen Zeichenpapier auch am stärksten verdichtet ist. Sie lachte selbst, wenn sie das Ergebnis sah, doch obgleich sie beharrlich versuchte, gelang es ihr fast nie, diese Neigung zu überwinden. Beatrice hatte eine Stoffpuppe, die sie Friedrich nannte. Sie hatte die Puppe seit ihrer Kindheit und hatte sich nicht bequemen können, sich von ihr zu trennen. Ganz im Gegenteil, sie folgte ihr auf ihren Reisen überallhin, aber dafür sprach sie von ihr in nachsichtigem und scherzhaftem Ton. Der böse Friedrich, wie sie ihn aus irgendeinem Grund ab und zu nannte, hatte seinen Platz auf ihrem Kopfkissen, und sie verriet mir, daß sie immer lange Gespräche mit ihm führte, bevor sie einschlafe.
Beispielsweise hatte sie Friedrich alles über unser Verhältnis anvertraut, und Friedrich war es auch, der sie tröstete, wenn wir uns einmal gezankt hatten. Ich war verblüfft, als ich Friedrich zum erstenmal sah. Er erwies sich nämlich als ein alter Mann mit langen, schlottrigen Armen und Beinen, und obwohl ich ja gewußt hatte – denn Beatrice hatte es mir erzählt –, daß es sich um eine Stoffpuppe handelte, überraschte es mich, daß dieser Friedrich der Tröster und Vertraute ihres Herzens, ein verblichener, fleckiger und aus den Nähten platzender Fetisch aus Wolle und alten Lappen war.
Der heftige Einbruch des Liebesaktes in das Bewußtsein eines Körpers, den Beatrice zum erstenmal erlebt hatte, hatte ihre Hormonproduktion so richtig in Gang gebracht. Ich hatte plötzlich Angst, sie

zu verlieren. Es war, als stünde sie allem und allen offen. Zu meinem großen Entsetzen entdeckte ich, daß ich mir überhaupt nicht vorstellen konnte, ohne sie zu sein. Ich versuchte, einen kühlen Kopf zu behalten. Ich sagte mir, daß ich ja genau wüßte, daß früher oder später die Stunde der Trennung schlagen würde – was augenblicklich dazu führte, daß mein Bewußtsein sich total verdunkelte. Deshalb begriff ich, daß die Katastrophe unumgänglich war. Ich sprach mit Beatrice darüber: Sie klammerte sich an meinen Hals und sagte, daß sie mich nie, nie verlassen würde, aber das waren nur Worte. Sie glaubte zwar selbst daran, während sie sie aussprach, aber ich kannte ihr Herz.

Nun verriet sie mir auch, daß sich ihr Verhältnis zu Friedrich geändert habe. Eines Abends, als sie zu Bett gegangen war, hatte er nämlich darum gebeten, zwischen ihren Brüsten liegen zu dürfen. Anfangs fand sie das eine wunderliche Idee, aber er hatte sie immer weitergequält, und schließlich hatte sie nachgegeben. Da sie ganz still lag, hatte es sie nicht gestört, daß er dort lag, sie fand es im Gegenteil ganz angenehm, und obgleich er augenscheinlich der Ansicht war, daß ihm dies das Recht zu einer gewissen Narrenfreiheit gebe, konnte sie sich über seine unschuldigen Einfälle nur amüsieren. Was mich betrifft, so konnte ich dieses Amüsement nicht teilen. Ich mußte immer daran denken, daß Friedrich aussah wie einer von diesen alten Greisen in einer schwedischen Häuslerhütte, in etwas verschlissenen und zerfransten Sachen und mit Tabaksabber im Bart. Ich tat, als sei nichts, aber es mag schon sein, daß Beatrice bereits zu dem Zeitpunkt ahnte, was in mir vorging. Jedenfalls konnte ich in der folgenden Zeit nicht umhin, über Friedrich nachzudenken, vor allen Dingen am Abend, wenn ich mich schlafen gelegt hatte. Während ich mich zuvor mit friedvollem Gemüt hingelegt hatte – das heißt: relativ, denn wenn zwei Menschen voneinander besessen sind, so, wie das mit mir und Beatrice der Fall war, dann kann keiner von ihnen jemals wirklich Frieden in seinem Gemüt haben –, so lag ich nun da und drehte und wendete mich und konnte die verdammte Stoffpuppe nicht aus dem Kopf kriegen. In der darauffolgenden Zeit sagte Beatrice jedoch nichts von Friedrich, schließlich, als ich es nicht länger aushalten konnte, fragte ich sie eines Tages leichthin – so leichthin ich nun einmal konnte – und mit einem munteren Tonfall, wie es denn ihrem Bettkameraden gehe?

Wiegst du ihn noch immer zwischen deinen Brüsten in den Schlaf?

Beatrice sagte nein und sah ziemlich gekränkt aus, doch ihrem verletzten Ausdruck konnte ich entnehmen, daß die Frage mit dieser

Antwort noch nicht erschöpft war. Nach einigem Schweigen begann ich sie also auszufragen, und obgleich sie anfangs ziemlich mürrisch war und nicht mit der Sprache heraus wollte, so gelang es mir allmählich doch, sie so zu locken, daß sich ihre Zunge löste. Ihr habt wohl süße Geheimnisse, du und dein Friedrich, sagte ich lächelnd, während ich ihr Haar liebkoste, und ihr Blick verschleierte sich ganz, sie lächelte, als sei sie von den süßesten Gedanken erfüllt. Es zeigte sich denn auch, daß Friedrich, statt zwischen ihren Brüsten zu ruhen, nun seinen Platz zwischen ihren Beinen gefunden hatte, wo es ihm offensichtlich so gut ging, daß er sich nichts Besseres wünschen konnte, wo er dafür aber auch jeden Abend angebracht zu werden verlangte.

Ach, meine arme Phantasie, die nicht umhinkonnte, sich in die erotische Perversion, deren Zeuge ich hier war, zu vertiefen! Meine süße, unschuldige Beatrice war bei weitem nicht so unschuldig, wie ich die ganze Zeit über angenommen hatte: Selbst in ihrer Entdekkung der Liebe war sie voller Unschuld gewesen. Nun mußte ich meine Auffassung revidieren. Es ging mir nämlich auf, daß sich das liebe Kind dieser Puppe nicht nur in einem zärtlichen und intimen Liebesverhältnis hingab, sondern daß es ihr einen ausgesuchten Genuß bereitete, mich zu ihrem Mitwisser zu machen. Ihr Verlobter, dessen Ankunft sich nun hastig näherte, war für mich zu einer unbedeutenden und ungefährlichen Figur zusammengeschrumpft. Ich erblickte eher einen Bundesgenossen in ihm. Das Seltsamste war, daß ich meinen besten Bundesgenossen in Beatrice selbst hatte.

Beatrices unkomplizierte Jungmädchenseele war eine Wildnis voller widerstreitender Eingebungen, und der Teil von ihr, der danach verlangte, in der Liebeserfüllung, die wir zusammen erlebt hatten, Frieden zu finden, betrachtete verzweifelt und offensichtlich, ohne etwas dagegen tun zu können, die schleichenden und sie überrumpelnden Neigungen, denen sich ihr anderer Teil mit so großem Genuß hingab. Innerhalb ein und derselben Stunde konnte sie mit hintergründiger Boshaftigkeit einige Bemerkungen über die neueste Entwicklung in ihrem Verhältnis zu Friedrich fallenlassen und mir gleichzeitig weinend anvertrauen, daß diese manifestierte Bosheit ihr selbst die größten Leiden bereite. Sie dachte jedoch nicht im Traum daran, sich von Friedrich zu trennen, was das einfachste und effektivste gewesen wäre, und als ich es ihr einmal geradeheraus vorschlug, da weigerte sie sich zu glauben, daß dies kein Spaß gewesen sei. Dann sagte sie zu mir, ihr größter Kummer sei, daß wir kein Kind bekommen könnten. Diesen mir recht abstoßend vorkommen-

den Gedanken fand sie so bezaubernd, daß sie sich den weitschweifigsten Phantasien über dieses unmögliche und hypothetische Kind hingeben konnte; über dessen Geschlecht war sie sich jedoch nicht ganz sicher, weshalb sie sich auch nicht entscheiden konnte.
Das natürlichste wäre selbstverständlich ein Mädchen, sagte sie gedankenverloren, stell dir vor: ein Mädchen, das erst ein niedliches kleines Wesen ist, das wir mit den hübschesten Kleidern schmükken können und das zu unserem Kameraden heranwächst. Sie soll viel von dir haben, denn du bist so klug und stark – aber auch etwas von mir, nicht war? – auch ein klein bißchen von mir! Und wenn es eine Junge würde – denn das ist doch gut denkbar, nicht wahr? Das ist nicht ganz unmöglich, nicht wahr? –, dann könnten wir ihm ganz heimlich Mädchensachen anziehen, wenn wir mit ihm spielen. Es gibt nichts Niedlicheres als kleine Jungen in Mädchenkleidung, nicht wahr? Aber natürlich sollte er zu einem feschen Kerl heranwachsen wie mein ... Ich meine nur: *falls* es ein Junge werden sollte. Denn das ist doch trotz allem nicht ganz undenkbar, oder?
Das ist absolut vollständig undenkbar, sagte ich empört, das kannst du dir doch selbst ausrechnen.
Ich meinte nur, die erschreckte Beatrice flüsterte fast, aber trotzdem hartnäckig, wenn es nun vielleicht doch passieren sollte, nicht wahr?
Nun war ich ganz kalt und ruhig geworden und antwortete deshalb: Wenn es ein Junge werden sollte, was ich für eine Unmöglichkeit halte, dann erwürge ich ihn nach der Geburt mit meinen eigenen Händen.
Beatrice begann zu weinen, und ich mußte sie trösten, aber es war, als seien wir beide von irgendeiner seltsamen Distraktion getroffen worden und nicht ganz anwesend, weder sie in ihrem Weinen noch ich in meinen tröstenden Worten. Woran dachten wir? Weiß der Himmel, woran, doch sobald wir selbst diese Distraktion entdeckt hatten, begannen wir sie resolut zu bekämpfen und mußten deshalb unsere ganze Aufmerksamkeit darauf richten. Das Ergebnis war, daß wir beide in tiefes Sinnen versanken und damit noch weniger anwesend waren, wir waren mit Welten beschäftigt, die für den anderen nicht zugänglich waren.
Ich hatte oft und wiederholt versucht, Beatrice dazu zu überreden, ihre Zukunft mit mir zu teilen. Nichts hätte sie lieber getan, aber so ohne weiteres ihre Mutter zu verlassen, gerade jetzt, das konnte sie doch nicht. Sie besaß überhaupt weder genug Stärke noch Selbständigkeit, um einen solchen Schritt zu machen, und ich wußte schon

lange, daß die Gespräche, die wir über unsere gemeinsame Zukunft geführt hatten, nichts anderes waren als Luftschlösser. Diese Wahrheit begann nun Beatrice zu dämmern.
Ich hatte jedoch auch nicht vergessen, daß mein größter Gegner Friedrich war. Denn selbst wenn Beatrice nun fortreisen und sogar heiraten mußte – der Gedanke war abscheulich, darin waren wir uns einig –, so würden wir auch weiterhin die Verbindung aufrechterhalten können, zuweilen uns treffen können – überhaupt redeten wir einander alles mögliche ein, während wir so über die unabwendbare Zukunft phantasierten. Aber war Friedrich auch ein Teil davon? Irgendwie war mir klar, daß er zerstört werden mußte, und dazu schien es mir nur einen einzigen Weg zu geben: Man mußte ihn lächerlich machen. Deshalb begann ich, wenn wir uns in Gesellschaft anderer befanden, von dieser seltsamen Stoffpuppe zu erzählen, die nun treu so viele Jahre hindurch Beatrice begleitet hatte, und ich machte das so witzig und elegant, daß Friedrich unter Umständen dem Gelächter ausgeliefert wurde, in dem Beatrice ihm nicht zu Hilfe kommen konnte. Arme Beatrice, das Gelächter traf sie blutig, und sie mußte ihre Gefühle verbergen. Wie kommt es bloß, daß bestimmte Gegenstände der Liebe eines Menschen würdiger sind als andere? Ein Tier zu lieben, das ist in den Augen der meisten bereits schlimm genug – jedenfalls, wenn es die einzige Liebe eines Menschen ist. Aber eine Stoffpuppe! Die Liebe eines erwachsenen Menschen zu einer Stoffpuppe, das ist eine schreckliche und gefährliche Sache. Gerade deshalb bekriegte ich Friedrich. Ich fand nicht das Verhältnis lächerlich, doch ihn lächerlich zu machen, das war ein Werkzeug, das ich in meinem Krieg einsetzen konnte. Ich versuchte, die Ergebnisse meiner Strategie zu bewerten – und entdeckte, daß zwischen uns nun keine Liebe mehr bestand, sondern irgendeine mörderische Beschäftigung, die die Liebe als Deckmantel benutzte und mehr oder weniger daran gebunden war.
Meine Strategie gelang, das muß ich schon sagen. Ihre Ergebnisse waren furchteinflößend, aber auch unvorhergesehen. Beatrice hatte nun noch größere Schwierigkeiten beim Modellzeichnen, wo sie im übrigen ansonsten gewisse bescheidene Fortschritte gemacht hatte. Nun fiel ihr die Aufgabe wirklich schwer. Zunächst saß sie nur da und starrte auf das Modell, als sei irgend etwas Auffälliges daran, von dem sie die Augen nicht abwenden konnte. Wenn sie dann endlich anfangen wollte zu zeichnen und gerade den ersten Strich aufs Papier bringen wollte, zögerte sie einen Augenblick und warf noch einen Blick auf das Modell. Sie begann am Bleistift zu kauen. Sie

schaute sich nach allen Seiten um, als suche sie Hilfe, näherte den Bleistift wiederum dem Papier, konnte sich dann aber trotzdem nicht entschließen. So verging die Zeit, bis das Modell seine Stellung änderte, mit dem Ergebnis, daß sie höchstens einen einzelnen Strich gemacht hatte, dessen zusammenhanglose Gegenwart auf dem weißen Bogen ihr monströs und unberechtigt erschien.

Eines Tages, als ich in der Wohnung, die sie zusammen mit ihrer Mutter auf dem Boulevard Saint-Germain bewohnte, einen Besuch machte, wurde ich Zeuge von Friedrichs Untergang und direkt in seine Beisetzung verwickelt. Ihre Mutter – diese nette und würdige Dame, Erbin von Eisenwerken, großen Höfen und unermeßlichen Wäldern – trippelte nervös umher und erzählte mir atemlos, Beatrices Benehmen komme ihr absonderlich vor. Es zeigte sich nun, daß Beatrice Friedrich zerlegt hatte. Sie hatte erst den Kopf abgerissen, danach die Arme und Beine, und zuletzt hatte sie den Körper aufgeschlitzt und in Stücke gerissen. Die verstümmelte Stoffpuppe lag auf dem Fußboden ihres Zimmers, und sie schaute mich mit einem sonderbaren Lächeln an, das mich die Augen abwenden ließ. Die ganze Zeit über war es mir so erschienen, als sei mein Unglück größer als das von Beatrice: Wenn sie erst von mir getrennt und mit diesem Mann vereint war, würde sie sicher in einem neuen Dasein Ruhe finden und höchstwahrscheinlich – ich machte mir keine Illusionen im Hinblick auf die Beständigkeit ihrer Gefühle – darin glücklich werden. Ich selbst dagegen machte mich auf ein Leben in mehr oder weniger totaler Einsamkeit gefaßt. Das würde ich sicher auch ertragen können, aber ich mußte stark sein, sehr stark. Der Anblick der jämmerlichen, losgerissenen Teile der Stoffpuppe ließ mich begreifen, daß Beatrice etwas von sich selbst verstümmelt und geschändet hatte und daß ich tief an dieser blutigen Handlung beteiligt war. Deshalb war es auch mehr als eine reine Formsache, als sie mich darum bat, ihr beim Aufsammeln der Fetzen zu helfen. Ich bückte mich, hob ein Bein, einen Arm und einige Wollfäden auf. Dann kam sie zu mir mit den übrigen Resten, die sie selbst zusammengesucht hatte, und legte sie in meine Hände.

Friedrich, wahrscheinlich ein Geschenk von irgendeiner alten Tante, war fast nicht wiederzuerkennen, und ich empfand, wie absonderlich es war, persönlich an dem traurigen Schicksal dieses gefährlichen Spielzeugs teilzunehmen, aber genau dazu zwang mich Beatrice.

Es war das letzte Mal, daß ich sie sah. Sie war etwas geistesabwesend, als denke sie die ganze Zeit über an irgend etwas weit Entferntes. Ich nahm die Reste der Stoffpuppe mit hinunter und warf sie in den Mülleimer.

Ich glaube schon, daß ich unglücklich war, aber ich entsinne mich nicht. Große Unglücke und Schmerzen verleihen dem Leben Inhalt wie nichts anderes. Dennoch vergißt man sie bekanntlich. Na, natürlich kann ich mich gut erinnern, daß es mir schrecklich ging, wenn ich mich ein bißchen anstrenge. Doch nun kehre ich zu meinem Geschlecht zurück, von dem ich anfangs erzählt habe. Ich weiß nicht, ob ich zu den Offizieren, den Schauspielerinnen oder den wahnsinnigen Pfarrern zu rechnen bin – vielleicht gehöre ich in alle drei Kategorien, denn oft scheint es mir, als sei ich im Krieg gewesen und schwer verwundet worden, ich bin in mehreren Rollen aufgetreten, und der Wahnsinn, der Gespenster sieht und hört, den kenne ich ausgezeichnet. Doch davon wollte ich jetzt gar nicht erzählen.

Ich war also am Ende, und wenn wir in meiner Familie am Ende sind, dann ist das ein Zustand, mit dem nicht zu spaßen ist. In der folgenden Zeit trieb ich ziellos in Paris umher, ohne mich dazu entschließen zu können, was ich mit mir selbst anstellen sollte. Eines Tages saß ich auf einer Bank im Jardin du Luxembourg neben einer alten Frau. Kennen Sie die alten Frauen von Paris? Immer ganz in Schwarz und auf eine besondere Weise gealtert, die sich nicht erklären läßt. Sie sind wie eine Art Fauna, die mit zur Stadt gehört, denn man hat fast den Eindruck, daß die Häuser selbst sie geboren haben: die düsteren Pförtnerlogen und diese dunklen Tunnel aus Korridoren in den Seiten- und Hinterhäusern und die feuchten Schächte der Höfe, all das, was ein jeder, der in Paris gelebt hat, kennt und was viel mehr Paris ist als der Eiffelturm und der Triumphbogen und der Place de la Concorde.

Die Frau war uralt und geschrumpft und trug einige Lumpen, die sozusagen in den zerfetzten Lappenschuhen gipfelten, die sie an den Füßen trug. Ich glaube, wir kamen überhaupt nur ins Gespräch miteinander – es war nichts, was ich wollte, es geschah bloß –, weil ich so elend aussah. Ich muß einem Wrack sehr ähnlich gewesen sein. Um nun alle Zwischenschritte zu überspringen, will ich lieber gleich erzählen, daß es sich herausstellte, daß sie Dänin war. Sie war also nicht von einem der Häuser geboren worden, doch so sieht man aus, wenn man lange genug dort gelebt hat und arm genug ist. Sie war – ganz im Gegenteil – in Kopenhagen geboren, sie war Schauspielerin gewesen und war als junges Mädchen in Heibergs Vaudevilles aufgetreten. Sie hieß Camilla und war voller Temperament. Sie brauchte eine größere Bühne als Kopenhagen, um sich entfalten

zu können. Das Leben sollte jedenfalls nicht ohne Abenteuer abgebrannt werden. Das führte im Laufe von wenigen Jahren zu großem Elend. Ein Kind, das sie in Paris mit einem polnischen Violinvirtuosen zeugte, starb schnell. Sie reiste viel umher, aber irgendwie war sie von Paris eingefangen worden und kehrte immer wieder zu den dunklen Pförtnerlogen, den kalten und feuchten Wohnungen und zu der ganzen strahlenden und animierten Lebensentfaltung zurück, die so aufreizend auf ästhetische Gemüter wirkt, daß viele von ihnen lieber im größten Elend zugrunde gehen wollen, als sich unter Erhaltung eines gewissen Wohlseins in dem vertraulichen Frieden von eher stillstehenden Umgebungen durchzuschlagen.
Nun war meine Neugierde geweckt worden, denn aus den Antworten auf meine Fragen konnte ich entnehmen, daß ich einer quicklebendigen Ausgabe der Schauspielerinnen gegenübersaß, deren phantastischen Schicksale die Geschichte der Familie illuminierten. Eine Tragödin war Camilla zwar nie gewesen, aber dafür hatte sie im wirklichen Leben mehr erlebt als die meisten. Der Höhepunkt, an den sie am liebsten zurückdachte und über den sie am liebsten sprach, waren die Schrecken, die sie in Paris während des Krieges und der Kommune erlebt hatte. Sie war vor den Nationalgardisten aufgetreten, das Pflaster der Straße war ihre Bühne, ein neues und dankbares Publikum huldigte ihr, diesem Publikum war es gleichgültig, daß ihre Kleider schon längst aus der Mode und immer wieder geflickt waren. Als der Hunger immer gräßlicher wurde, organisierte sie die Durchführung von radikalen Maßnahmen zu seiner Bekämpfung und zur Einführung von bisher nie gesehenen Gerichten auf der Tageskarte. Nachdem sie das erste Mal eine Katze gefangen, geschlachtet und zerteilt hatte, fühlte sie sich wie in eine Gemeinschaft des Elends aufgenommen, zu der Zugang zu erlangen nicht jedem gegeben war. Nun können sich die Katzen nicht mehr sicher wähnen, erklärte sie grimmig, und was euch betrifft, Kinder – so sagte sie zu den großen, halb verhungerten Mannsbildern –, so sollen meine beiden Hände euch in den nächsten paar Tagen schon Essen in eurem Bauch verschaffen.
Während ich Camilla zuhörte, mußte ich unwillkürlich an Beatrices und meine Geschichte denken. Ich dachte an die große, geräumige Wohnung, in der Friedrich seine Tage geendigt hatte, an die Akademie, wo wir arbeiteten – und bis zu einem gewissen Grade zum Schein arbeiteten, denn niemand von uns bildete sich ein, ein großer Künstler zu sein, aber wann wurde es dann eigentlich Ernst? –, und an unsere Spaziergänge in der Stadt als Beobachter. Was für

eine Rolle spielten unsere kleinen Leiden, wenn man an die Hungrigen und Verletzten von damals dachte? Wenn Camilla mit der Wirklichkeit fertig geworden war, war es dann nicht verächtlich und lächerlich von mir, aufgrund von Liebeskummer und einer zerfetzten Stoffpuppe den Untergang der Welt zu erleben? Waren das nicht alles Leiden, die nur deshalb eine so große Rolle spielen durften, weil sie von einer größeren, brutaleren, elementaren und anspruchsvollen Wirklichkeit abgetrennt waren – der Wirklichkeit, auf die Menschen im allgemeinen nun einmal angewiesen sind und die ab und zu von fürchterlichen Katastrophen in Form von Kriegen und Revolutionen getroffen wird? Ja, so verhält es sich ganz sicher, sagte ich zu mir, doch im nächsten Augenblick stieg Beatrices Bild vor mir empor, und ich wußte nicht mehr, wie es möglich sein sollte, die menschlichen Leiden zu klassifizieren – und ich weiß nicht, ob ich dabei an meine eigenen oder besonders an die ihren dachte. Doch noch heute durchfährt es mich eiskalt, wenn ich an ihr Gesicht denke, als sie mir die Reste der Stoffpuppe hinreichte, und irgend etwas in mir krümmt sich in Abscheu und Entsetzen, wenn ich daran denke, was ich an jenem Tag im Mülleimer verschwinden ließ.
Camilla, die neben mir an die Zubereitung der enthäuteten und zerlegten Katzen dachte, gluckste vor Lachen und zeigte mir ihren zahnlosen Kiefer.
Ja, so war das, sagte sie, aber niemand kann sich vorstellen, was ich damals erlebte.

Die Schrecken und der Hunger in der belagerten Stadt waren unbeschreiblich, aber ich sage Ihnen, liebes Kind, da waren auch Mut und Stolz und eine Ausdauer, von der man nicht hätte träumen können. Ja, die wirklichen Schauspieler kennen das alles, das kann ich Ihnen versichern – gleichgültig, ob sie auf der Opernbühne stehen oder in dem kleinsten Kabarett, um nicht zu sagen auf der Freilichtbühne des schäbigsten Vorortviertels: Die wirklichen Schauspieler, die geborenen Gaukler, die sich dem eisernen Gesetz des Gauklerdaseins unterworfen haben – kleine Mädchen, die irgendwelche Lumpen mit Nadeln aufstecken, um wie Königinnen zu strahlen, und die die dummen Augen aller Zuschauer zwingen, diesen Strahlenglanz wirklich zu sehen –, die kennen es, weil sie an jedem Abend ihr Leben einsetzen und mehr Mut mobilisieren müssen, als ein kleines Menschenherz augenscheinlich fassen kann, doch gerade dazu ist das kleine Menschenherz ganz genau geschaffen worden. Und plötzlich waren alle Menschen imstande, den gleichen

Mut zu zeigen, und die Barrikaden der Trümmer bildeten eine Szenerie, die nach Helden, wirklichen Helden rief – nicht nach Lügenmäulern, aufgeblasenen Offizieren, Advokaten oder Politikern, die von Heldenmut nur reden –, sondern nach ganz gewöhnlichen, kleinen zähen Helden, denen es schwerfällt, sich auszudrücken; denn die Szenerie war *Wirklichkeit*. Hier war es unmöglich zu kneifen, doch ach, wie wurde ich von dieser Wirklichkeit zerschlissen. Und entweder war ich nicht mutig genug, oder ich war einfach nur wie alle anderen auch, jedenfalls mußte ich ab und zu einen Ort finden oder irgendwo Zuflucht suchen, wo ich mich aufhalten konnte, ohne daß irgend jemand an mich Ansprüche stellte, auch ich selbst nicht.

Eines Abends gehe ich so an der Seine entlang. Ich gehe unten am Kai entlang und denke, jetzt ist es fast so, als sei ich außer der Zeit: Hier fließt das Wasser faul vorbei und spiegelt den Abendhimmel. Hier sind keine Menschen, die um das Recht kämpfen, Atem holen zu dürfen, um das Brot und den Wein, um das Wort, um irgendwelche Grenzen – das Wasser fließt einfach vorbei, und mir ist alles egal, und ich versuche, es nachzuahmen. Eine Weile will ich alles durch mich hindurchfließen lassen, ich will wie ein Flußbett sein, durch das die Dinge einfach hindurchfließen können, und dann kommen die Sterne am Nachthimmel vielleicht auch zu mir und spiegeln sich in mir. Mit anderen Worten: Selbst inmitten des Lärms und der Katastrophe bin ich ein empfindsames Gemüt, ich brauche nur etwas Stille, nur die Einsamkeit einiger Minuten, und sofort bin ich bereit, mich solchen Träumereien hinzugeben. Aber dennoch, um die Wahrheit zu sagen – ganz hingeben konnte ich mich nicht. Irgendwo in meinem Hinterkopf schmerzte es immer weiter: Was wird morgen? Was mit meinen Freunden? Wo finde ich die Kraft, noch einen Tag zu ertragen? Wie soll ich den Glauben bewahren, und wie mache ich es, daß der Glaube und die Begeisterung in meine Beine strömen, so daß sie tanzen können? Denn es war wirklich ein Tanz für das Leben. Ich tanzte für die Verlorenen auf den Schanzen. Ich wollte tanzen, nicht, damit sie vergessen konnten – die Zerbrechlichkeit der Schanze, die Rücksichtslosigkeit der Übermacht, ihre eigene Todesangst vergessen –, sondern um sie noch mehr zum Leben zu erwecken, um den Traum in ihnen zu wecken, ihm Fleisch und Blut zu verleihen, ihn wild und unersättlich zu machen, und so ein Tanz ist vielleicht nicht der schwierigste – aber jedenfalls einer der schwierigsten überhaupt, den man auf sich nehmen kann. Sie verstehen sicher, daß das hier etwas ganz Neues für mich war, wo

ich doch meist in Operetten und solchen Sachen aufgetreten war. Aber ich hatte es in mir, wenn ich das sagen darf.
Na, das aber war also der Grund: Ich hatte mir zwar so einen freien Abend genommen und ließ meine Gedanken zur Ruhe kommen und versuchte, dieses Flußbett zu werden, das die Dinge dahinströmen läßt, ohne einen Unterschied zu machen, ohne zu verschmähen und zu verwerfen, ohne zu verurteilen, ohne mich vor ihnen zu ängstigen oder mich darüber aufzuregen, um ein so blanker und lebendiger Spiegel zu werden, wie es die Sterne nun einmal verlangen – hören Sie, bin ich nicht poetisch? So war es tatsächlich –, jedoch wollte es mir letzten Endes nicht wirklich gelingen.
Das ist aber auch der verdammte Krieg, sagte ich zu mir. Weshalb habe ich mich nicht in Wien oder in London oder in Rom niedergelassen – irgendwo, wo kein Krieg ist. Und weshalb sitze ich hier in Paris in der Falle und tanze mir die Füße blutig für diesen verdammten Pöbel, auf ihrem harten Pflaster, statt irgendwo auf den glatten Brettern einer Bühne aufzutreten, hinter deren strahlendem Rampenlicht ich die Minister, Fürsten und Generäle des Parketts und diese Damen da ahnen kann, deren Köpfe allesamt berühmten Skulpturen ähneln, wie man sie jedes Jahr im Salon sieht, weil das Haar hochgekämmt ist und so einen Aufsatz bildet, der auf dem Kopf ruht und ihn verlängert – nur mit dem Unterschied zu den Skulpturen, daß sie die Köpfe mit kleinen, nicht sehr ausladenden Bewegungen bewegen und verwundert mit den Augen zwinkern und kleine, lebendige Singvögel in ihren Kehlen eingebaut haben, die ansonsten genauso glatt und rein in den Linien sind und ohne eine einzige Falte wie das feinste, glatte, polierte Marmor. Trotz allem liebe ich es ja, wenn sie klatschen, das will ich gern zugeben, wenn ich so über einen Saal hinausblicke, der siedet und braust, und der Beifall mir gilt und wenn ich das Licht in den Juwelen und in den Orden blitzen sehe, dann friert es mich den Rücken entlang, ich friere vor Glück und fühle mich stark wie eine Zauberin, die ihre ganze Stadt verhext hat und sie in der Hand hält.
Na, nun verliere ich gewiß den Faden, aber was ich sagen wollte, war also, daß ich mich da so fragte, was eigentlich der Sinn der ganzen Sache sei, und insbesondere, was der Sinn der Tatsache sei, daß ich mit den Untersten zusammen in die Falle gegangen war, wenn ich ebensogut – wenn ich nur rechtzeitig nachgedacht und daran gedacht hätte, was meinem eigenen Besten diente – mit den Oberen hätte meinen Spaß treiben können. Denn gleichgültig, wie man es dreht und wendet, letztlich ist sich ja ein jeder selbst der Nächste,

nicht wahr? Und dennoch konnte ich nicht bereuen. Ich konnte meine eigene Dummheit verfluchen, und das tat ich auch, aber bereuen konnte ich nicht. Nein, da war nichts zu machen. Ich hatte mich den Unteren verschrieben.
So stand mein Schicksal vor mir, während ich da an der Seine entlangging und mit mir abrechnete und der Tatsache ins Auge sah, daß meine Karriere vorbei war, daß ich aus dem Sumpf, in den ich gesunken war, nie mehr hochkommen würde, daß ich höchstwahrscheinlich auf die eine oder andere Weise zugrunde gehen würde – denn entweder würde ich irgendwann erschossen werden, und damit Schluß, oder meine Aussichten waren allem Anschein nach für alle Zukunft verdorben, weil ich mich mit dem Pöbel gemein gemacht hatte; und sollte es wirklich nicht der Fall sein, wo sollte ich da die Kraft hernehmen, um hinterher weiterzuleben, in neuen Singspielen oder lächerlichen Komödien aufzutreten, die Kraft, an irgend etwas dessen, was danach kommen würde, zu glauben. Es kam mir nämlich so vor, als hätte ich in den letzten Wochen mehr Kraft verbraucht als in meinem gesamten bisherigen Leben, und ich hatte mich doch eigentlich nicht geschont. Ja, in meinem kleinen Körper hatte ich Reserven entdeckt, das kann man schon sagen, ich war in unbekannte Tiefen hinabgetaucht, die sich mir eröffnet hatten, und hatte ihnen unentdeckte Schätze entrissen, mit dem Ergebnis, daß ich jeden einzigen Morgen mit dem merkwürdigen Gefühl erwachte, neu geboren zu werden. Aber mir war völlig klar, daß das nicht dauern konnte. Eines Tages würde ich verschlissen sein. Seltsamerweise störte mich das nicht im geringsten. Soll ich mit den Unteren zugrunde gehen, so tue ich es eben, sagte ich zu mir, und dann dachte ich nicht mehr darüber nach.
Ich wurde durch ein Flüstern aus meinen Gedanken und Träumereien geweckt. Es war, als riefe mich jemand, und mein erster Gedanke war, daß irgendein hungriger Nationalgardist gerade jetzt, wo ich hier unten am Kai Ruhe gesucht hatte und nun aus der Dämmerung unter der Brücke – denn ich ging gerade unter einer der Brücken hindurch – die Frau entdeckt hatte, die einsam da vorbeiging, und deshalb von einem noch größeren Hunger gepackt worden war und mich deshalb anrief, damit sie ihr Elend miteinander teilen konnten. Ich zögerte. Ja, durchfuhr es mich, ich will in das Dunkel hineingehen. Ich habe nach Parfüm duftende Männer hinter den schweren Seidenportieren pompöser Himmelbetten umarmt; ich habe die blanken Knöpfe in stramm sitzenden Uniformen gezählt und, während ich mich hinter einem Schirm entkleidete, das Klir-

ren des Säbels gehört, der auf einen Tisch gelegt wurde; meine kleine Hand hat die Zunge eines schweißigen Theaterdirektors geführt – ja, Sie wissen schon, was ich meine! –, weil er Schwierigkeiten hatte und so gerne wollte; all das und noch viel mehr habe ich getan, weshalb sollte ich also jetzt nicht in das Dunkel hineingehen, wo die Erde hart ist wie Stein und wo mich vielleicht irgendein zerlumpter Nationalgardist erwartet, der eine Fahne von billigem Wein hat und unter dem Arm nach Schweiß stinkt und dessen Gesichtszüge ich im Dunkeln noch nicht einmal unterscheiden kann?

Nachts sind alle Katzen grau, sagt man ja, und ich möchte gerne für mich selbst hinzufügen, wenn man beschlossen hat, in das Nachtdunkel hineinzugehen, dann kann man durchaus sicher sein, daß es noch dunkler ist, als man geglaubt hatte, und es kann leicht alle möglichen Überraschungen bergen. Denken Sie nur an Thor, der vor der Nacht Schutz in einer Höhle oder in einem Haus mit reichlich Platz gesucht hatte und am nächsten Morgen entdeckte, daß es sich um den einen Handschuh eines fürchterlichen Riesen handelte. So kann es einem gehen, wenn man absolut in das Dunkel hineinspazieren möchte, und hinterher nützt es gar nichts, wenn man sich beklagt. Ich hörte dieses Flüstern noch einmal, als riefe mich jemand, und nun war mir aus irgendeinem Grund klar, daß es kein Nationalgardist war. Da ich immer für alles zu haben gewesen bin, trippelte ich also entschlossen näher, und ich sage Ihnen – das war jedenfalls kein Nationalgardist!

Die Mauer dort unter der Brücke ist aus gewaltigen Steinen erbaut, großen Quadern, die nur roh zugehauen und übereinandergestapelt sind, so daß es aussieht wie ein Bauwerk aus irgendeiner Urzeit oder aus einer Zeit, wo diejenigen, die regierten und solche Mauern aufführten, rücksichtslose und grausame Tyrannen waren, die sich vor ihren Untertanen in Gebäuden schützen mußten, die am ehesten noch an Gefängnisse erinnerten. Mitten in dieser Riesenmauer ist da ein Tor, nein, eine Öffnung, denn sie ist mit einer so kräftigen Gittertür verschlossen, daß sie aussieht, als könne sie tausend Jahre halten.

Aus dem Loch kommt auch ein tausendjähriger Gestank – ein Gestank von Schlamm, der so alt ist, daß man glauben sollte, er stamme aus der Zeit, als Noah mit der Arche herumschwamm und die Wasser endlich sanken; das muß ein fürchterlicher Anblick gewesen sein, so ein Modder! –, ein Gestank von Schimmel und Verwesung und von Exkrementen, die, so sollte man glauben, jahrhundertelang in langsam dahingleitenden Wassern wie auf großen Ozeanen herumgetrudelt waren. Dann ist der ursprüngliche scharfe Gestank längst verschwunden, aber etwas anderes ist an seine Stelle getreten, na, und viel mehr, was sich unmöglich mit Worten beschreiben läßt. Und dann muß man bedenken, daß es dort immer klamm ist. Als ich da also im Dunkeln stand und das Gitter angelehnt war, da bekam ich diesen kalten, klammen Luftstrom – mit allen Gerüchen, die ich gerade eben beschrieben habe – geradewegs ins Gesicht, und er legte sich auch um meinen Körper, so daß ich vom Scheitel bis zur Sohle zu zittern begann, und eine Stimme in mir sagte, kehr um, kleine Camilla, kehr um, bevor es zu spät ist! Doch auf diese Stimme (ich kannte sie nämlich sehr gut) habe ich nie gehört, deshalb kommt es mir auch so vor, als hätte ich nicht nur meine fünfundsiebzig Jahre gelebt, sondern dreimal fünfundsiebzig Jahre oder mehr.

Wie ich nun so dastehe und am ganzen Körper zittere und auf das Gitter starre, das einen Spalt breit offensteht – ich konnte es gerade eben ahnen, als sich meine Augen erst einmal an das Dunkel gewöhnt hatten –, da merke ich, wie etwas Glattes meinen Fuß berührt, meinen rechten Fuß, um ganz genau zu sein. Ich hatte kein lebendes Wesen erblicken können und glaubte schon, daß das mit der Stimme, die mir zuflüsterte, die reine Einbildung gewesen sei. Das kann man sich ja leicht vorstellen, wenn man so in sich versunken herumläuft, daß man sich dann in Wirklichkeit danach sehnt, daß einen jemand ruft, jemand, der einen braucht, und tatsächlich war es auch eine bittere Enttäuschung für mich, daß der Nationalgardist, den ich mir vorgestellt hatte, nicht dastand und auf mich wartete. Aber nun berührt also etwas Glattes meinen rechten Fuß, und als ich hinuntersehe, um nachzuschauen, was es ist, erschrecke ich so sehr, daß ich im selben Augenblick völlig zu zittern aufhöre. Da saßen zwei ausgewachsene Ratten und guckten mich an. Obgleich es dämmrig war, konnte ich sehen, daß sie fürchterlich mager waren, im Dunkeln leuchtete ihr Pelz mit einem seltsamen Glanz, und ihre großen Augen waren wachsam und seidenweich, anziehend und abstoßend zugleich, wie bei sehr grausamen Menschen. Ich weiß nicht, wie es ist, wenn man von Polizeigendarmen oder Soldaten verhaftet wird, aber ich bin ganz sicher, das hier war zehnmal schlimmer, denn hier bestand nicht die geringste Möglichkeit, sich der Tricks zu bedienen, zu denen eine Frau im äußersten Notfall nun einmal ihre Zuflucht nehmen kann und deren ich mich jedenfalls immer ohne Zögern bedienen würde, wenn es sich als notwendig erweisen sollte. Oft und immer wieder habe ich darüber nachgegrübelt, weshalb ich mich nicht einfach umgedreht hatte und davongelaufen war, und ich wette, genau daran denken Sie jetzt auch gerade. Ja, wenn ich es doch erklären könnte! Vielleicht ist das eines der Rätsel dieser Welt? Vielleicht hat es etwas mit der verrückten Art und Weise zu tun, in der sich diese Welt nun einmal dreht und die wir so gut kennen? Ich weiß es nicht, ich weiß nur, daß ich zu dem Schluß gekommen bin: Der eigentliche Grund, weshalb ich nicht einmal erwog umzudrehen und davonzulaufen, war: *Ich wollte nicht.*

Sehen Sie, Sie ahnen nicht, was es mich gekostet hat, bis hierher zu kommen. Denn seither ist kein Tag vergangen, an dem ich nicht Grund gehabt hätte, mich darüber zu beklagen, daß ich wie ein Dummkopf stehengeblieben war; nicht ein einziger Tag, dem ich nicht dafür danken konnte, daß mir gerade in dem Augenblick das nötige Gehirnschmalz fehlte; denn seit dem Augenblick nämlich steht mein Leben im Zeichen der Ratten, und das ist nicht besonders lustig für einen Menschen, wie Sie sich sicher vorstellen können. Es wäre sehr bequem, wenn ich irgend jemand anderem die Schuld zuschieben könnte, denn dann könnte ich mich wenigstens wirklich über mein Schicksal beklagen. Aber ich sage mir: Wer mag sich schon jemanden anhören, der sich immer beklagt? Nein, dazu hat niemand Lust, und ich selbst auch nicht. Wie hart es also auch sein mag, letztlich sage ich mir immer: Kleine Camilla, du hast es nur dir selbst zuzuschreiben, daß es so gekommen ist. Wenn Sie dann nach diesen Worten so etwas wie einen kleinen Seufzer hören, dann haben Sie sicher nicht verkehrt gehört, denn mein Herz schnürt sich zusammen bei dem Gedanken an all die Freude und all das Glück, das mir hier im Leben entgangen ist, und ich muß aufpassen, damit ich meine Klagen nicht gegen mich selbst richte, denn welchen Zweck hätte das?

Aber sehen Sie, wenn ich das gesagt habe, so muß ich doch schnell hinzufügen, daß es die eiskalten und grausamen Augen der beiden Ratten waren, die mich daran hinderten, meine Füße auch nur einen Millimeter wegzurücken. Ich war überzeugt, hätte ich auch nur die kleinste Andeutung eines Fluchtversuchs gemacht, so hätten sie sich irgendwie auf mich gestürzt, und das wurde mir später auch bestätigt. In solchen Situationen benutzen sie nämlich eine ganz bestimmte Taktik, die uralt ist – so heißt es. Die eine Ratte geht zum Angriff auf den Fuß des Opfers über, während die andere sich bereithält. Die Angreifende beißt sich mit einer so fürchterlichen Kraft und Plötzlichkeit fest, daß dies das Opfer sehr oft vor Schmerz lähmt und es auf der Stelle umfällt. Manchmal wird der Angegriffene natürlich versuchen, die Ratte abzuschütteln, indem er seinen Fuß schwingt, aber das ist praktisch unmöglich. Die zweite Ratte benutzt die Gelegenheit zu einem Biß in den anderen Fuß, und dann können nur noch die wenigsten sich auf den Beinen halten. Ich will gar nicht von denen reden, die imstande sind, sich zu bücken, um mit den Händen zu versuchen, die Ratte, die sich festgebissen hat, loszureißen. Dann ist es für die andere Ratte eine Kleinigkeit, sich mit einem Sprung in der Nase festzubeißen. Aber wie gesagt, die meisten fallen schnell um, und sobald der Arme am Boden liegt, sitzt Ratte Nummer zwei ihm mitten im Gesicht. Hier geht sie zuerst – und das geht so schnell, daß niemand abwehrend die Hände erheben kann – auf die Augen, danach reißt sie ein Loch in die Wangen, und durch ein solches Loch geht sie zum Angriff auf die Zunge über. Und als wäre das nicht genug, so hat die Ratte, die im Fuß festsaß, ihren Biß aufgegeben, aber bestimmt nicht, um sich hinzustellen und Zuschauer zu spielen. Ganz im Gegenteil, sie richtet den letzten und entscheidenden Angriff auf das Opfer. Die Ratte weiß ganz genau, wo die Mastdarmöffnung ist, und während sich der Bedauernswerte, der nun weder sehen und bald auch nicht mehr sprechen kann, vor Schmerzen windet, bohrt sie sich da hinein. Eine Ratte ist nicht zimperlich, ihr ist es gleichgültig, was ihr auf diesem Weg begegnet. Sie wird von dem, was sie eventuell in diesem Bereich antreffen kann, nur angefeuert und drängt sich mit noch größerer Rücksichtslosigkeit und mörderischer Kraft vorwärts. Zu dem Zeitpunkt ist es natürlich aus mit dem Opfer, das auch sehr bald stirbt, ohne richtig begriffen zu haben, wie es geschieht und was da eigentlich geschieht; die Ratten aber verlieren keine Zeit, sondern verlassen den Tatort so schnell und lautlos wie Schatten, und erst wenn sie in irgendeinem Versteck in Sicherheit sind, machen sie sich daran, sich zu reinigen und zu putzen, während sie über den überstandenen Kampf sprechen.

Im allgemeinen verlieren sie darüber nun nicht sehr viele Worte, denn die Ratten neigen weder zur Angeberei noch überhaupt dazu, in ihren Taten zu schwelgen, denn für sie ist das eher eine Art Handwerk, eine Profession; und wenn Fachleute, egal, welcher Art, miteinander reden, dann ist kein Platz für Umschweife und Wortgeklingel.

Dafür aber, doch das ist eine ganz andere Geschichte, besitzen die Ratten eine ganze Menge alter Sagen und Chroniken, in denen von den Taten, die ihre Vorväter vor vielen Generationen ausgeführt ha-

ben, die Rede ist. Freilich nennen sie selbst sie nicht Sagen oder Chroniken, sondern glauben voll und ganz, sie handelten von wirklichen Begebenheiten, die vor mehreren Jahrtausenden eingetroffen seien, damals, als die Ratten noch nicht in der Kanalisation, den Kellern und Kasematten von großen Städten oder einsam gelegenen Festungen wohnten, sondern dagegen in Erd- und Felsenhöhlen, gasigen Sümpfen oder verrottenden Wäldern in den Einöden, die damals die Erde bedeckten, und wo sie kämpften, um eine Existenz zu bewahren, die keineswegs dadurch erleichtert wurde, daß große konzentrierte Menschenmassen Kehricht und Abfall anhäuften. Das begann erst so ganz langsam, als sich die Menschen in den ersten Dörfern sammelten, in den ersten fest ansässigen Gemeinschaften, die einen Fleck in der Wildnis rodeten und die ersten Ratten dazu brachten, ihre Verstecke an den Flußufern zu verlassen. Die Menschen stammten jedoch von einem Geschlecht von Riesen ab, das im Gegensatz zu den Menschen nicht in Herden lebte, sondern einsam umherstreifte, weshalb sie auch immer mehr oder weniger wahnsinnig und verrückt waren. Damals waren die Ratten zwar auch größer als die heutigen, eine mittelgroße Ratte besaß die Größe eines Hundes – selten höher als ein Boxer –, die Riesen aber waren dafür so groß, daß ihre Exkremente einen mehrere Meter breiten Fluß stauen und damit große Überschwemmungen und Naturkatastrophen hervorrufen konnten. So, wie wir Wörter wie Kuhfladen und Pferdeäpfel haben, nannten die Ratten diese Ablagerungen Riesenfelsen, was sicher daher kommt, daß die Riesen, außer Bäumen, Echsen und Tintenfischen, gerne Felsstücke aßen – Gneis, Quarz und Kiesel –, die dem Stuhl ihr Gepräge gaben und dazu beitrugen, diesen phantastischen Formationen, wenn sie erstarrt waren, eine steinharte Oberfläche und oft und gern auch eine monumentale Massivität zu verleihen. Vor allem aber schätzten die Riesen eine ausgewachsene Ratte als Nachtisch und betrachteten das als eine große Delikatesse. Die Ratte Dslf wurde eines Tages von dem Riesen Soll gefangen. Das entdeckte die Ratte Mgbt, die Dslf zu Hilfe kam. Bis zu diesem Tag war niemals eine Ratte einer anderen Ratte zu Hilfe gekommen. Sie hatten immer nur die Flucht gekannt. Mgbt konnte sich selbst nicht erklären, wie es zugegangen war, aber irgendwie hatte er gesehen, wie Soll sich darauf vorbereitete, Dslf zu verzehren. Sonst hatten die fliehenden Ratten immer nur einen unerklärlichen, knirschenden Laut gehört, wenn ein Riese einen ihrer Kameraden gefangen hatte.
Soll hielt seinen zappelnden Fang am Schwanze, und der Anblick

von Dslf, der hoch oben in der Luft hing, den Kopf nach unten und Todesangst im Gesicht, bewirkte eine Revolte in Mgbts Seele und damit eine Änderung im Dasein der Ratten. Was war das Geräusch der knirschenden Knochen, das die fliehenden Ratten zu hören pflegten, gegen den Anblick der Hilflosigkeit der gefangenen Ratte? Die Ratten hatten nun einmal nicht die Phantasie, sich vorzustellen, was da geschah. Pfeifend stoben sie davon, bis sie sich außer Gefahr fühlten. Dann strebten sie zusammen, drückten sich dicht aneinander und versuchten zu vergessen, was geschehen war.
Doch nun hatte Mgbt es mit eigenen Augen gesehen, und das war nicht angenehm. Der sabbernde Mund des Riesen war voller großer, scharfer Zähne, für eine Ratte besonders unheimlich, aber ganz pervers und unnatürlich war der Anblick der großen, hellrosa, feuchten Lippen, quabbelig und schmatzend, die von einer kräftigen, ungepflegten Bewachsung voller Essensreste, toter Fledermäuse und eingetrocknetem Rotz umgeben waren.
Undeutlich spürte Mgbt, daß er nie so würde weiterleben können wie zuvor. Was immer er tat, er würde immer Dslf vor sich sehen, dieser Anblick würde seinen Schlaf stören und es ihm überhaupt unmöglich machen, auch nur fünf Minuten hintereinander seinen Seelenfrieden zu finden. Auch wenn er mit seinen Genossen zusammen war, würde er einsam sein, und plötzlich verstand er die Einsamkeit der Riesen und den Irrsinn, der sie – zur großen Verwunderung der Ratten – manchmal dazu brachte, sich selbst vor den Kopf zu schlagen, so daß er voller blauer Flecken und Blutergüsse war, oder dazu, ziellos herumzujagen, um sich danach plötzlich und unmotiviert hinzuschmeißen.
Doch jetzt war nicht die Zeit für solche Erwägungen und Überlegungen, das fuhr nur so durch Mgbts Kopf, und im nächsten Augenblick sprang er, ohne sich zu bedenken, auf Solls Fuß los, der das nächste und im übrigen auch das einzige Angriffsziel darbot. Soll, der durch den unvorhergesehenen Schmerz völlig gelähmt war, wußte im ersten Augenblick nicht, was er unternehmen sollte. Es gelang Mgbt, eine Sehne des Fußes durchzubeißen, doch damit begann der Kampf erst richtig. Todesangst, Haß und Rachegefühl feuerten die beiden Ratten an, ihre Bewegungen waren die ganze Zeit über so schnell, daß Soll sie mit den Händen nicht erwischen konnte. Er setzte sich schwerfällig auf den Hintern, um mit der Hand leichter Mgbt vom Fuß entfernen zu können, wo er sich festgebissen hatte. Nun zeigte sich jedoch, daß Dslf nicht weniger Geistesgegenwart, Mut und Todesverachtung besaß. Da Soll den Schwanz nicht losge-

lassen hatte, konnte Dslf die Hand nicht ordentlich angreifen. Resolut wand er sich deshalb herum, biß seinen eigenen Schwanz fast ganz am Ansatz ab und ging darauf auf Solls nichtsahnende Hand los.

Der Kampf wogte viele Stunden lang hin und her und wurde mit einer Grausamkeit geführt, die nicht geplant war, sondern der Situation entsprang und später zu einem unentbehrlichen Teil der Taktik der Ratten wurde. Es gelang den beiden Ratten, den Riesen vor Schmerz zu Boden gehen zu lassen, und nun war es Dslf, der zum Angriff auf Solls Gesicht überging. Er fürchtete zwar den Bart, den Mund, die Zähne – diesen mörderischen, fürchterlichen und stinkenden Schlund mitten im Kopf – und hielt sich die ganze Zeit vorsorglich davon fern, aber um so eifriger versuchte er, die großen, blutunterlaufenen Augen des Riesen zu erreichen. Solls eine Hand patschte ihn immer wieder weg, doch bevor der Kampf zu Ende war, war es ihm jedenfalls gelungen, das eine Auge des Riesen zu blenden, was Soll sehr viel Spott von seiten der anderen Riesen eintrug, die, so zeigte sich, fast bar jeder Fähigkeit zum Mitgefühl waren.

Nun hatte Soll jedoch Mgbt vom Fuß weggerissen, dessen Sehnen mehr oder weniger zerfetzt waren und wo die Haut, infolge der Wildheit, mit der die Ratten gekämpft hatten, in Fetzen herabhing. Um nicht von der fürchterlichen Hand des Riesen gefangen zu werden, die die Knochen in dem Körper der Ratte hätte zermalmen können, wenn sie richtig hätte zupacken können, kroch Mgbt zwischen den Beinen empor und unter den kurzen Schurz, den Soll trug und mit dem er seinen behaarten Unterleib verbarg. Hier dann fand er den Weg in Solls Gedärm. So schleimig und glatt, wie es da war, war es eine Kleinigkeit für Mgbt, hineinzugleiten; es war dort auch sehr geräumig, so geräumig, daß er großen Schaden anrichten und dem entsetzten Riesen die schrecklichsten Wunden beibringen konnte.

Nun wurde es Soll zuviel. Dieser Angriff brachte ihn an den Rand des Wahnsinns, weil er sich nicht mit den Händen verteidigen konnte, die im übrigen ja sowieso schon genug damit zu tun hatten, Dslf von dem zweiten Auge wegzuhalten. Soll fuhr so plötzlich empor, daß der unvorbereitete Dslf zur Erde purzelte, Soll stand grätschbeinig und krümmte seinen Bauch und ging in die Knie. Er löste einen Rutsch von Riesenfelsen, die auf Mgbt zudonnerten, eine kochende Masse voller zermalmter Steine, Kies und unverdauter Knochenreste, die sich am besten mit dem Lavastrom des Vesuvs oder anderer berühmter Vulkane im Ausbruch vergleichen läßt. Mgbt wurde zwar halb betäubt und war nahe daran, den Erstik-

kungstod zu erleiden, aber er hielt so lange durch, bis der Rutsch vorbeiging – er landete mit einem mächtigen Getöse, das im Umkreis vieler Meilen zu hören war, auf der Erde zwischen Solls Beinen. Zu Mgbts Pech hatte Soll gerade an diesem Morgen eine sehr solide Mahlzeit eingenommen. Er hatte Kies an den Ufern des Flusses Laugar aufgesammelt, hatte ein paar große Echsen gefangen, die ebenfalls dort lagen, und hatte seine Mahlzeit mit einigen großen Vögeln abgeschlossen, deren einzelne Federn bis zu vier Meter lang werden konnten – es waren also mit anderen Worten ein paar ordentliche Burschen. All das hatte Soll in der Zwischenzeit verdaut, die erste Portion Riesenfelsen war demnach nur der Anfang. Der benommene und halb betäubte Mgbt hörte weiter oben in den Därmen ein drohendes Donnern und war sich klar, daß es nun zu entkommen galt. Aber es war zu spät. Der nächste Rutsch aus Riesenfelsen war so heftig, daß Mgbt das Bewußtsein verlor, mit herausgeführt und unter dem Bergrutsch, der fast eine halbe Stunde dauerte, begraben wurde.
Dort kam Mgbt um.
Nun ging Soll. Dslf suchte seinen Stamm auf und erzählte, was geschehen war. Die Ratten wunderten sich und schauderten, aber sie begriffen instinktiv, daß für sie eine neue Zeit angebrochen war.
Dslf sagte: Wir haben gegen Soll gekämpft, das Wichtigste aber ist, daß Mgbt sich umdrehte, den Tod sah und gegen den Tod gekämpft hat. Von nun an soll uns der Tod nie mehr kampflos haben, flieh vor ihm, wenn es möglich ist, aber geh auf ihn los, wenn es keinen anderen Ausweg gibt.
Danach gingen die Ratten zu den großen Ansammlungen von Riesenfelsen, die wie aus der Erde geschossene Berge dalagen und unter denen Mgbt begraben lag. Sie dampften noch, und der Gestank, den sie in der Landschaft verbreiteten, erfüllte die Ratten mit dem Verlangen, die Gedärme aller Riesen, die sich auf der Oberfläche der Erde bewegten, in Stücke zu reißen.
Eine Ratte entdeckte, daß auf der Erde zwischen den deutlichen Abdrücken der Füße des Riesen große rote Flecke zu sehen waren. Als sie näher daran rochen, zeigte es sich, daß es Blut war. Zwei der Ratten wurden losgeschickt, um festzustellen, was mit Soll passiert war.
Nach Ablauf von anderthalb Tagen kam die eine von ihnen zurück und erzählte: Wir folgten den Blutspuren, die immer deutlicher wurden. Soll war erst nach Nordosten gegangen, hatte sich aber dann nach Norden gewandt. Nachdem er bis zum Rand der großen

Ebene nach Norden gegangen war, war er nach Westen abgebogen, dann nach Süden, dann nach Norden und dann nach Westen. Er war mit anderen Worten augenscheinlich völlig verstört herumgeirrt, und es lief immer mehr Blut aus ihm heraus. Als wir ihn erreichten, hatte er sich hingelegt. Die ganze Zeit über lief das Blut aus dem Mastdarm, er hielt mit der einen Hand das blinde Auge, während er vor Schmerzen stöhnte und zwischendurch bitterlich jammerte. Als wir ihn so liegen sahen, freuten wir uns, daß die Ratten nicht so einsam umherirren wie die Riesen, und wir begriffen, daß wir dem Tod nie mehr Gelegenheit bieten dürfen, uns einzeln zu holen, sondern daß wir uns allesamt, sosehr wir können, wehren müssen. Soll wurde immer schwächer. Ab und zu schrie er etwas, als riefe er, aber niemand von den anderen Riesen kam ihm zu Hilfe. Diejenigen, die vorbeikamen – und es geschah, daß ein Riese am Horizont auftauchte und mehr oder weniger zufällig an der Stelle vorbeikam, wo Soll lag –, lachten entweder oder zeigten mit dem Finger auf das Auge, das nicht da war, oder sie schlichen vorbei, als schämten sie sich, und warfen nur im Vorübergehen einen verstohlenen Blick auf ihn. Zuletzt war Soll so entkräftet, daß er sich nicht rühren konnte. Wir krochen auf ihn hinauf, spazierten auf ihm herum und studierten seinen Körper, aber ansonsten ließen wir ihn liegen, weil wir uns erst über ihn hermachen wollten, wenn wir alle zusammen wären. Deshalb beschlossen wir, daß ich zurücklaufen und das, was Sie gerade gehört haben, erzählen sollte.
Die Ratten brachen auf und machten sich auf den Weg. Als sie zu Soll kamen, war er tot. Sie warfen sich sofort auf die Leiche, und da sie viele und allesamt sehr hungrig waren, war es eine Kleinigkeit für sie, alles Eßbare zu verzehren, so daß das Skelett bald völlig sauber und blitzend weiß in der Sonne dalag. Sie lösten den Schädel vom Rest des Körpers und kullerten ihn nach Hause zu ihrer Siedlung. Sie wußten nicht, weshalb sie das taten und was sie damit anfangen sollten, aber wahrscheinlich fühlten sie, daß dieser Schädel, wenn sie ihn nur hätten, sie immer an den Tod und an die ersten Kämpfe der Ratten erinnern würde.

So wurde mir die Geschichte erzählt, als ich in die Welt der Ratten gekommen war, eine Stadt wie eine Art unterirdisches Venedig, mit breiten Kanälen, schmalen Kanälen, Gassen, Pfaden und Plätzen, in eine ewige Stille versunken, die nur ab und zu von einem Platscher unterbrochen wurde, der immer so klang, als käme er von weit her. Ich wurde zur Versammlungsstelle der Ratten geführt, die gerade so

ein großer Platz war, wo sie sich alle unter dem Vorsitz ihres Königs versammelt hatten. Es ist mir unmöglich zu erklären, wie ich überhaupt sehen konnte, denn aus der Welt von oben drang nicht der kleinste Lichtstrahl herunter. Alles lag jedoch in einen ganz schwachen Lichtschimmer gebadet da, wie in einer Mondnacht bei uns, wo man nur den Mond nicht sehen kann. Vielleicht lag es daran, daß meine Augen die gleichen Eigenschaften bekommen hatten wie die der Ratten, einfach, weil ich nicht nur widerstrebend mitgegangen, sondern, wie gesagt, stehengeblieben war, weil ich stehenbleiben wollte, in die Welt der Ratten eintreten wollte, damals, als sie sich mir so überraschend offenbarte.
Die Ratten saßen mäuschenstill. Es waren Tausende und aber Tausende, eng aneinandergedrückt, so daß sie fast so etwas wie einen Teppich bildeten, der den Platz in seiner ganzen Ausdehnung bedeckte. Sie saßen in den anstoßenden Gängen, auf kleinen Mauervorsprüngen, selbst oben unter den niedrigen Gewölben, wie immer sie es geschafft haben mochten, sich da festzuhalten. Sie waren irgendwie ein einziges großes Tier, dessen Seele seine Wohnung in allen diesen kleinen Abbildern seines Körpers genommen und sich darin verteilt hat, denn irgendwie merkte ich, daß die ganze mächtige Versammlung von denselben Gedanken beherrscht wurde. Sie waren allesamt fürchterlich mager, und in ihren Augen las ich eine verzweifelte Entschlossenheit, eine sonderbare Mischung aus fatalistischer Geduld und unverschleißbarer Tatkraft. Hier stand ich vor den Alleruntersten, den Gefürchteten, Verhaßten und Verachteten, in deren Königreich in diesem Augenblick eine andächtige Stimmung herrschte, als erwarteten sie, Zeuge eines Rituals zu werden, dessen magische Kraft ihr Schicksal mit einem Schlag wenden – oder es vielleicht bestätigen und sie damit in der Identität des Hasses und der Boshaftigkeit bestätigen – würde, die ihr namenloser Gott war.
Der ganze Körper des Rattenkönigs war von Narben übersät, ihm fehlte ein Auge, und er hinkte schwer auf dem linken Hinterbein. Nichtsdestoweniger strahlte er eine Kraft aus, die die Stellung, die er einnahm und die im übrigen nicht durch äußere Zeichen der Würde angegeben war, völlig erklärte. Für jedes Bein hatte er sieben Königinnen und sieben für den Schwanz. Sie saßen in fächerförmigen Reihen vor ihm, streckten abwechselnd auf Befehl des Königs den Hintern in die Luft und sangen dazwischen im Chor mit heiseren, zischenden Stimmen verschiedene Litaneien, deren obszöner Inhalt so platt, so ordinär und geradezu ehrlos war, daß es zu meiner

großen Überraschung fast schön klang, was wahrscheinlich nicht beabsichtigt war.
Nun erwartete ich natürlich, daß mit mir irgend etwas geschehen würde, und die erwartungsvolle Stille der tausendköpfigen Schar ließ mich das Schlimmste befürchten. So dumm war ich jedoch, daß ich selbst zu dem Zeitpunkt meinen Leichtsinn nicht bereute. Denn obgleich ich Angst hatte, auch Angst um mein Leben, war meine Neugierde dennoch so groß, daß sie die Angst aufwog. Wenn ich denn wirklich in dieser Unterwelt, die völlig den Gesetzen und Bestimmungen der Menschen entzogen war, in irgendeinem Ritual geopfert werden sollte, dann war das jedenfalls nicht sinnloser als der Tod, den Franzosen und Deutsche einander mit ausgeklügelten Mordwaffen zufügten und den kennenzulernen ich so reichlich Gelegenheit gehabt hatte. Eher im Gegenteil.
Meine bangen Ahnungen wurden jedoch beschämt. Eine nahezu unmerkliche Bewegung des königlichen Kopfes ließ die tausendköpfige Schar aufbrechen. Es war, als würde die gesamte Umgebung auf einmal lebendig, doch das geschah in tiefstem Schweigen, und im Verlauf eines Augenblickes lagen der Platz, die Wände, die Gewölbe völlig öde da. Übrig waren nur noch der König, seine Königinnen – die ihren kreischenden Gesang abgebrochen hatten – und ein paar andere Ratten, die an Minister oder Diplomaten oder auch Gewohnheitsverbrecher erinnerten. Es zeigte sich, daß die Ratten die Lage sehr düster beurteilten. In der großen, hungernden Stadt blieb fast nichts übrig für die Ratten. Eine Zeitlang konnten sie schon hungern, dauerte die Unterernährung jedoch zu lange, dann würden sie zu entkräftet sein und deshalb eine leichte Beute für ihre Feinde abgeben. Gleichzeitig hatten die Menschen angefangen, sich für sie zu interessieren, nicht nur, um sie auszurotten – das kannten sie, und darüber lachten sie –, sondern um sie zu essen. Das war etwas ganz Neues für die Ratten, sie fühlten sich gedemütigt bei dem Gedanken, von den verhaßten Feinden verzehrt zu werden. Es überraschte sie auch, daß der Preis, der in den Fleischergeschäften für eine Ratte verlangt wurde, im Verhältnis zu dem Preis von anderem Fleisch so lächerlich war. Nur ein Spatz war billiger! Eine Ratte konnte man für zwei Francs bekommen, während eine Katze zehnmal so viel kostete. Mit anderen Worten, ich konnte merken, daß ihr Selbstgefühl getroffen war. Ratten hatten nichts gegen Haß und Verachtung. Sie fanden es in Ordnung, daß die Menschen sie mit allen Mitteln, auch den giftigsten, bekämpften, doch an dem augenblicklichen Zustand erschien ihnen einiges entehrend. In einem Flei-

scherladen zu enden, das war für eine Ratte ein ebenso fürchterlicher Gedanke wie für einen Calvinisten die Aussicht, in der Hölle zu landen.
Doch die Ratten wichen auch vor den ungewöhnlichsten Handlungen nicht zurück. Deshalb hatten sie beschlossen, einen Menschen zu sich zu locken, der in ihrer Gewalt sein sollte. Das würde die Moral der ganzen Gesellschaft stärken. Und was man einmal tun konnte, konnte man dann auch wiederholen. Aber außerdem wollten sie sich diesen Menschen dann auch zu Diensten machen. Zwar waren sie selbst Meister, wenn es darum ging, in der Stadt Stellen zu finden, die die beste Ausbeute erbrachten, doch die augenblicklichen Zustände hatten die Menschen dazu gezwungen, sorgfältiger zu sein. Auf diese Weise wurde ich Gefangene, ein lebendiges Opfer, das in bestimmten Abständen allen Ratten vorgezeigt wurde, und gleichzeitig ihr Helfer im Kampf um das Dasein.
Es klingt vielleicht seltsam, wenn ich das sage, aber ich muß gestehen, daß es mir in der Gesellschaft der Ratten gutging. Das liegt sicher an meinem leichtsinnigen Gemüt, und ich will gern glauben, daß mit mir was nicht in Ordnung ist. Ich hatte nie einen Gedanken an die Tatsache verschwendet, daß unter dem Boden der Gesellschaft noch ein Boden liegt. Ich begann zu denken, daß man unter den Untersten immer noch jemanden findet, der noch weiter unten ist. Das Besondere an den Ratten war ihr wütender Stolz. Obgleich er mir nicht immer unbedingt berechtigt erschien, begriff ich, daß hier einer der Gründe ihres Überlebens lag. Ich ging deshalb bereitwillig darauf ein, ihnen zu dienen, und kannte die Verhältnisse »da oben« so gut, daß ich ihnen wirklich viele wertvolle Auskünfte geben konnte. In der hungernden Stadt gab es noch immer viele, die sich mästeten. Ich wußte, wo es Abfalleimer gab, die ebensosehr oder noch mehr als unter normalen Umständen überflossen. Es war, als würden die Bäuche der Reichen noch unersättlicher, wenn alle anderen hungerten und Not litten; als müßten sich ihre Gaumen an noch größeren Mengen der besten Jahrgangsweine, die ihre Keller füllten, laben; als verlange ihr Bewußtsein, daß noch größere Haufen als normalerweise in den Abfalleimern landeten, deren Inhalt, der nicht in verkehrte Hände fallen durfte, von den ergebensten Dienern bewacht wurde, die mit ihren eingefallenen Wangen, den vorspringenden Knochen und der fahlen Haut von der Treue zeugten, mit der sie der gnädigen Herrschaft dienten: Die Hunde konnten die besten Stücke bekommen, der Rest mußte verrotten. Das war, kurz gesagt, wie geschaffen für die Ratten. Aber deshalb schissen und

pißten diese feinen Damen und Herren auch sehr viel mehr als gewöhnlich, und ich hatte von vielen Armen gehört, die sich buchstäblich kaputtschufteten, weil sie die Kloeimer in der Faubourg Saint-Honoré leeren mußten und selbst kein Brot auf dem Tisch hatten.

In meiner Entrüstung über diese fürchterlichen Zustände wurde es mir eine wahre Leidenschaft, den Ratten zu helfen, und zuletzt hatte ich nichts anderes im Kopf als ihr Wohl und Wehe. Deshalb überraschte es mich irgendwie auch nicht, als mir Seine Majestät vorschlug, ich solle in die Reihe der Königinnen eintreten. Aufgrund meiner nur allzu menschlichen Natur würde ich notwendigerweise eine Sonderstellung einnehmen, aber dagegen hatten die übrigen fünfunddreißig Königinnen nichts einzuwenden. Sie nahmen mich unter sich mit den einzigartigsten, abscheulichsten Litaneien in fünfstimmiger Polyphonie auf, und ich fühlte meine Seele von einer Tristesse durchdrungen, die ich nie zuvor gespürt hatte und die mich stark und unbeugsam machte, als der König mit seiner zischenden, pfeifenden Stimme an die versammelten Ratten gewendet verkündete: Königin über die Kloaken von Paris!

Ich streckte sofort meinen Hintern in die Luft, und in der Stille, die folgte, pflanzte er seinen Rattensamen in mich. Hinterher tanzte ich zu den gespenstischen Tönen der Litaneien Cancan.

Nun, da ich etwas von der Ratte in mir hatte – und bald merkte ich, daß es darin zu wachsen begann –, fühlte ich, daß mein Leben weitgehend verändert war. Etwas war geschehen, und dieses Etwas bewirkte, daß ich nie mehr dieselbe sein würde wie zuvor. Mit der Hälfte meines Wesens war ich eine der Verdammten geworden, nicht mehr nur ein Gast, ein Tourist in der Hierarchie der Erniedrigung, sondern ich war jetzt imstande, ihren Stolz und ihre Scham zu teilen, während ich es gleichzeitig noch immer so betrachten konnte, als befände ich mich außerhalb. Deshalb begann ich nun auch Dinge zu sehen, für die ich früher keinen Blick gehabt hatte oder die ich ganz einfach nicht hatte sehen können. Die Ratten waren eine gleichförmige Masse gewesen. Nur der König und die ihn Umgebenden unterschieden sich von den anderen. Aber so war es ja überhaupt nicht. Es gab kleine Unterschiede, die einem plötzlich ins Auge sprangen. Im Laufe der Zeit bewirkten diese Unterschiede, daß mir der König eigentlich auch nicht so anders vorkam als alle die anderen. Doch, halt! Es gab einen Unterschied. Der bestand gerade darin, daß er König war. Ich begann zu fühlen, daß diese Entdekkungen meine Seele zerreißen würden. Ich war Mensch und doch

nicht Mensch, weil ich eine Ratte in mir hatte. Ratte, wirklich Ratte war ich natürlich auch nicht – obgleich ich nun die klamme Berührung des Schlamms als Liebkosung empfand und mich schon längst damit abgefunden hatte, daß meine Haut gelb und grün wurde, daß auf dem Kopf, unter den Achseln und zwischen den Beinen der Schimmel wuchs und ein Haufen halb verrotteter Kartoffelschalen als Abendessen dienen mußte.
Ich weiß nicht, wie lange ich mein Kind trug, denn die Ratten haben keine Zeitrechnung wie wir, bei ihnen ist die Zeit ebenso undeutlich wie alles andere, ein langer, unterschiedsloser Augenblick zwischen Geburt und Tod. Doch oben in der anderen Welt, bei den Menschen, hatte sich alles verändert. Der Krieg war vorbei, Paris machte sich auf eine heroische Zukunft gefaßt, und nun gab es wieder Mengen von Abfall in allen Mülleimern. Das interessierte mich jedoch alles überhaupt nicht, und was die Ratten betrifft, so hatten sie augenscheinlich vollständig vergessen, weshalb ich in ihre Welt aufgenommen worden war. Ich brauchte ihnen nicht mehr bei der Futtersuche zu helfen. Auf Geheiß des Königs brachten sie mir das Beste, was sie beschaffen konnten. Ich lag mit schwellendem Bauch in einem dunklen Winkel, wo ich völlig ungestört sein konnte, denn ich fühlte die Zeit für meine Niederkunft näherrücken und wurde von angstvollen Gedanken gepeinigt, die sich natürlich alle um das Kind, das ich zur Welt bringen sollte, drehten.
Die Wehen ließen mich laut stöhnen. Die Ratten, die sich in der Nähe aufhielten und es hörten, flüchteten erschreckt. Sie hatten noch nie etwas Ähnliches gehört und fürchteten, daß mir etwas Böses und Schädliches, etwas Unnatürliches geschehen sei, das auch ihnen etwas zuleide tun könne. Das Gerücht lief von Mund zu Mund, der König, der sich selbst näherte, um zu hören, ob die Gerüchte wahr gesprochen hätten, erteilte den strengen Befehl, alle Ratten sollten sich außer Hörweite meiner unheimlichen Laute begeben. Das Echo der letzten gemeinen Litaneien der fünfunddreißig fettwanstigen Königinnen erstarb unter den Gewölben, und ich war mir selbst überlassen. Was half es, daß ich die Königin der Kloaken gewesen war? Zum erstenmal erfüllten mich die niedrigen Gewölbe, das Dunkel, das stehende Wasser der Kloaken und der faulige Gestank mit Abscheu, und als ich vor Angst und Schmerz schrie, gellte mein Ruf nur in eine Leere, die mir das Gefühl gab, das einsamste Geschöpf der Welt zu sein. Nun bin ich aber ganz verloren, dachte ich zwischendurch, wenn die Schmerzen abklangen, und dieser Gedanke sollte mir die Niederkunft natürlich nicht leichtermachen.

Die Geburt fand zu einem Zeitpunkt statt, als ich völlig umnebelt war. Ebensosehr von der fürchterlichen Angst, mit der mich die Einsamkeit erfüllte, wie von den Schmerzen, doch einen Augenblick später war ich wieder zu mir gekommen und hatte meine Umsicht und Tatkraft wiedergewonnen. Das Kind war ein Junge, das merkte ich schnell, denn er hatte einen ungewöhnlich langen Pimmel, dünn und schleimig wie ein Wurm, und außerdem hatte er von Geburt an dünne, spitze Nagerzähne; die verlor er jedoch mit sechs Jahren und bekam dann richtige Menschenzähne in den Mund, was sein Aussehen im übrigen stark veränderte und seinen Kopf weniger rattenartig erscheinen ließ.
Ich legte mein Kindchen sofort an die Brust, es saugte begierig, obgleich das, was da herauskam, keine richtige Milch war, sondern irgendein saurer Saft, der den Magen eines gewöhnlichen Menschenkindes dazu gebracht hätte, sich vor Schmerzen zu verkrampfen. Es lag sicher daran, daß ich so viele Wochen hindurch nicht an der Luft und am Licht gewesen war, sowie an der Kost, die ich gegessen hatte, daß meine Brüste nun eine Nahrung hervorbrachten, die, wie sich zeigte, genau das war, was das Neugeborene brauchte. Abgesehen von den Dingen, die ich bereits erwähnt habe, unterschied der Junge sich nicht sonderlich von einem normalen Menschenkind, wenn man einmal von den Augen absieht. Aber natürlich wäre es völlig verrückt, wollte man von den Augen absehen, um so mehr, als sie so ungefähr auch das erste waren, was mir auffiel. Denn als er an meiner Brust lag, schaute er mit ihnen direkt in meine empor, und sie waren rund, stecknadelkopfartig und konnten sich nicht schließen, da ihnen die Lider und Wimpern fehlten. Er selbst sagt, daß es ihm keine Schmerzen bereite, aber ich glaube, das liegt daran, daß er sich so sehr daran gewöhnt hat, daß etwas in seinem Kopf weh tut, daß er sich nicht darüber im klaren ist, daß wir das Schmerz nennen. Wenn er plötzlich imstande wäre, die Augen zu schließen, würde es ihn sicher mit Schrecken erfüllen, daß die Welt nicht mehr da ist. Angenommen, sie käme nie wieder!
Sobald ich gehen konnte, trug ich ihn auf den Armen umher. Nun, da ich nicht mehr stöhnte oder schrie, hatten die Ratten nicht mehr so viel Angst vor mir, doch es war, als hätten sie die Lust verloren, etwas mit mir zu tun zu haben.
Vielleicht hatten meine Töne, die ihnen so unheimlich vorkamen, sie mißtrauisch gemacht. Sie strichen hastig an mir vorbei und verlangsamten das Tempo erst wieder, wenn sie von mir weg waren. Den König sah ich überhaupt nicht. Ich wanderte in den Gängen

umher, oft bis zur Hüfte im Wasser, wie ich es gewöhnt war, und suchte nach ihm, doch überall, wo ich hinkam, kehrten mir die Ratten den Rücken zu, wichen zurück oder flüchteten geradezu. Mit der Zeit empfand ich mit immer größerer Deutlichkeit, daß ich ausgestoßen war, und wurde von einem Gefühl der Verzweiflung übermannt, das mich zum Äußersten trieb. Mein Gemüt muß völlig verdunkelt gewesen sein, ich entsinne mich auch nur ganz schwach an das, was geschah, während ich immer erschöpfter und verzweifelter im Dunkeln umherwanderte. Vermutlich geschah überhaupt nichts. Ich war nur allein. Zuletzt stellte ich mich an einer Stelle, wo, wie ich wußte, der König vorbeizukommen pflegte, mit dem Hintern in die Luft auf, in der Hoffnung, ihn auf diese Weise zu mir locken zu können. Ich richtete mich erst auf, als ich entdeckte, daß mein kleiner Sohn, den ich neben mich gelegt hatte, einen Pimmel bekommen hatte, der lang und steif war und wie eine Weidenrute schwankte.

Zu dem Zeitpunkt war ich wohl nahe daran auszurasten, ja, ich glaube, das war der schlimmste Augenblick von allen, denn ich hatte keine einzige vernünftige Idee oder einen Plan im Kopf und eigentlich auch keinen unvernünftigen. Wenn da jemand vorbeigekommen wäre und zu mir gesagt hätte, spring in den Kanal, der geradewegs in die Seine führt, und da kannst du mit deiner entarteten Nachkommenschaft ersaufen, dann hätte ich das auf der Stelle getan.

Meine nächste Erinnerung ist etwas Entsetzliches. Es war, als bedürfe es irgendeines Schreckens, um mich zum Leben zu erwecken und meinen Verstand zu retten.

Durch die Kanäle begann Blut zu fließen. Es sickerte die Wände hinunter, es tropfte von den Decken, es bahnte sich seinen Weg durch die Gänge, und in der klammen Luft wirkte es lauwarm und verbreitete einen süßlichen Gestank. Die Ratten gerieten außer sich. Sie stoben umher, als sei irgendeine Naturkatastrophe geschehen. Einige von ihnen wälzten sich in dem Blut und gebärdeten sich schreiend und pfeifend, während sie darin herumrollten, so daß es nach allen Seiten spritzte. Es war eine richtige Schweinerei. Andere scheuten es, waren aber dennoch davon in den Bann gezogen, denn jedesmal, wenn sie geflohen waren, kehrten sie wieder zurück und schnupperten daran. Ich bin völlig sicher, daß bei dieser Gelegenheit eine Menge Ratten total den Verstand verloren. Und gleichzeitig tropfte das Blut immer weiter und lief als dicker Strom, der die ganze Zeit über anschwoll und immer klebriger wurde. Sein Geruch

erfüllte mich mit einem Gefühl des Ekels und des überraschten Erkennens. Als ich mein Kind gebar, war das Blut, das aus mir herausgeströmt war, dünn wie Wasser gewesen, fast farblos und mit einem nicht sehr starken, doch seltsamen scharfen und säuerlichen Geruch, als sei es mit Essig vermischt. Jetzt wußte ich plötzlich wieder, was richtiges Menschenblut ist, und ich begriff auch, weshalb die Ratten so verstört waren. Ich begann eine merkwürdige Sehnsucht nach den Menschen zu empfinden, und gleichzeitig verwandelten sich der Abscheu und der Ekel, die das Blut in mir hervorgerufen hatten, in Trauer und Mitgefühl.
Ich tobte vor Trauer, denn es liegt mir nun einmal nicht, in Jammer und Elend zu versinken, doch als plötzlich in den Kanälen Menschen auftauchten, konnte ich schon merken, daß ich lange aus ihrer Welt weggewesen war.
Die Welt der Ratten ist so still und friedlich. Die Ratten flitzen lautlos umher, und die langsamen Bewegungen des Schlamms, wenn er in den Kanalleitungen dahintreibt, löst nur ab und zu ein leichtes Plätschern oder ein schwaches Brodeln aus. Aber die Menschen, die nun auftauchten, die machten vielleicht ein Theater! Sie taumelten herum wie betrunken, und obgleich sie gedämpft sprachen, klang es wie der schlimmste Lärm und Spektakel. Hinzu kam, daß sie riesig wirkten, doch das lag sicher nur daran, daß ich so viele Monate lang nur die Ratten vor Augen gehabt hatte: groß und plump, wie gewaltige Maschinen, die nicht ganz richtig zusammengeschraubt sind. Sie wußten weder aus noch ein, das war ganz deutlich – wußten nicht, wo sie hingehen und was sie überhaupt mit sich anfangen sollten. Wenn mehrere zusammen waren, begannen sie sich schnell zu streiten und teilten sich in zwei oder mehrere Parteien. Einige von ihnen gerieten in Schlägereien und ertranken, weil sie hinfielen und während der Schlägerei zu Boden gingen oder in den Fluß hinausgeführt wurden, weil sie viel zu entkräftet waren, um sich an den glatten Steinen festzukrallen. Andere machten sich zielbewußt auf den Weg, allein oder in ganz kleinen Gruppen, wurden jedoch bald durch die rätselhafte Geographie der Kanalisation verwirrt und verloren den Verstand unter dem Einfluß der unüberschaubaren Verzweigungen des schleimigen Dunkels. Schließlich gaben sie nacheinander auf und legten sich überall zum Sterben nieder, eingesperrt in einen Wahnsinn, der vielleicht irgendwie die Grausamkeit des Endes milderte.
Anfangs waren die Ratten völlig von Sinnen über diese brutale und seltsam sinnlose Störung der traditionsreichen Harmonie ihrer

ererbten Welt. Bald jedoch nahmen sie eine beobachtende Haltung ein, studierten aus ehrerbietigem Abstand, wie die Streitenden einander in den Untergang trieben, lauschten den lispelnden Stimmen der Wahnsinnigen und hielten Wache bei den Sterbenden, die deshalb ihre letzte Einsamkeit von einem Kreis kleiner, glühender Augenpaare bevölkert sahen, die Stunde um Stunde näherrückten.
Und was konnte ich tun? Ich war selbst völlig gelähmt vor Entsetzen und war so lange von den Menschen fort gewesen, daß ich Angst vor ihnen hatte. Sie wirkten so unberechenbar, wer wußte, was ihnen einfallen würde? Schließlich aber nahm ich mich doch zusammen und ging zu einem hin, der sich in einer Ecke niedergelassen hatte oder dort umgefallen war und um den bereits eine Menge neugieriger Ratten einen Kreis gebildet hatten. Die scheuchte ich weg, und obgleich sie pfiffen und zischten, wagten sie dennoch nicht, mir den Gehorsam zu verweigern. Es war eine Frau, die dort lag. Ich näherte mich vorsichtig, bereit zu verschwinden, wenn sie auch nur das kleinste Zeichen von Angriffslust zeigen sollte. Doch das tat sie nicht. Sie war eingeschlafen, und ich setzte mich neben sie mit meinem Kind auf dem Arm und wartete darauf, daß sie aufwachte. Sie war sicher schrecklich ermattet, denn sie schlief sehr lange, aber hazuletzt schlug sie doch die Augen auf. Da sie natürlich erwartet hatte, genauso allein zu sein wie zu dem Zeitpunkt, als sie sich hingelegt hatte, erschrak sie ein wenig, aber ich saß ganz still und begnügte mich damit, sie anzuschauen, so daß sie schnell begriff, daß ich ihr nichts tun wollte. Ich habe vergessen zu erzählen, daß sie verbunden und augenscheinlich schwer verletzt war und daß ihr Gesicht so weiß war wie eine Kalkmauer. Es war deutlich, daß sie nicht mehr lange leben würde. Ihre Augen waren zwar schwach und verschleiert, hatten aber dennoch eine seltsame Kraft in sich, und ich saß immer weiter da und schaute sie an, als sei es das erste Mal, daß ich ein Paar Augen sah. So empfand ich es auch. Denn die Augen der Ratten, von denen ich umgeben gewesen war, waren völlig anders.
Dann ging mir ein Licht auf. Ihre Augen hatten nämlich überhaupt nichts Ungewöhnliches, sie waren ganz normal, so, wie Augen nun einmal sind, aber weil ich direkt aus der Gesellschaft der Ratten kam, schien es mir, daß ich diese seltsame Kraft sah, von der ich gerade erzählt habe. Ja, Pustekuchen! Ich kann mir vorstellen, daß sie vielleicht Fleischersfrau oder so etwas gewesen ist, jedenfalls war sie sehr einfach gekleidet, und ihre Hände – ja, nun war sie natürlich so entkräftet, daß sie einfach nur dalagen – waren solche Pranken, wie man sie von harter Arbeit bekommt.

Aber sehen Sie, mit den Ratten ist das so, sie sind zwar mutig, und sie helfen auch einander, so, wie ich es erzählt habe, und opfern sich freudig für die gemeinsame Sache, wenn es sich als unumgänglich erweist, aber sie waren schreckeinflößend. Sie waren zu vollkommen, kann man schon sagen. Sie hatten etwas Metallisches an sich. Sie hielten zusammen, aber sie mochten sich dennoch nicht, und selbst ihre Todesangst war merkwürdig taub, als sei sie eher eine Art Krankheit des Nervensystems. Aber die Frau hier, die hatte Angst, und das verstehe ich gut, so, wie ihre Lage war. Sie hatte Angst vor dem Sterben. Und genau das konnte ich ihr ansehen. Und ich konnte ihr ansehen, daß sie dankbar war, daß ich da war, obgleich ich ja nicht das geringste tun konnte. Oje, das war schrecklich! Sie lag da und starb mir ganz langsam unter den Händen weg, und ich konnte sie nur ansehen. Sie war zu schwach, um zu sprechen, sie konnte also nicht sagen, woran sie dachte. Vielleicht hatte sie Mann und Kinder, vielleicht lebten ihre Mutter und ihr Vater noch, vielleicht wollte sie einen Priester zum Beichten? Was weiß ich! Ich redete ein bißchen zu ihr, fast wie zu einem Kind, das man beruhigen und trösten will, und ich schwöre, daß ich sie nun schon genauso mochte, als wäre sie mein eigenes kleines Kind gewesen. Das Schlimme war nur, daß sie nicht die einzige war. Ich wußte, daß rund umher andere lagen, denen es ebenso schlimm oder vielleicht sogar noch schlimmer erging. Ab und zu hörte ich jemanden um Hilfe rufen, dann hatte ich die größte Lust, zu ihnen hinzueilen. Aber nein, das konnte ich nicht übers Herz bringen, ich konnte die, bei der ich saß, nicht verlassen. Die Rufe wurden immer schwächer, vermutlich sind sie ja alle im Dunkeln krepiert.

Na, aber zuletzt starb sie natürlich auch, und obgleich ich mich völlig versteinert fühlte, konnte ich ja nicht da sitzen bleiben wie ein Grabmal, außerdem mußte ich an mein Kind denken. Und nun hatte ich genug von den Ratten. Ich wollte zu den Menschen zurück, auch wenn sie sich noch so sehr totschlugen und überhaupt schändlich benahmen. Ich begann zu gehen, indem ich mich an die Mauer drückte, in den Winkeln verbarg und auf alle mögliche Weise die Ratten zu meiden suchte, während ich nach einem Ausgang suchte. Ich war zwar recht ortskundig, aber ehrlich gesagt war ich durch die jüngsten Ereignisse etwas wirr im Kopf und taumelte anfangs nahezu ziel- und zwecklos umher. Endlich sah ich dann Licht voraus, und während ich auf den fernen Lichtschein zustürzte, geschah etwas Merkwürdiges. Ich begann den Kanal zu riechen! Pfui Teufel, der stank vielleicht! Er stank nach Schlamm und feuchten Mauern

und nach all dem, was herumtrieb, und nach Ratten, nicht zuletzt nach Ratten. So ein richtiger scharfer Geruch, der mir fast Brechreiz verursacht hätte. Vermutlich lag es an den sterbenden Menschen, die im Imperium der Ratten so viel Spektakel veranstaltet hatten, daß ich überhaupt die Möglichkeit erhielt zu entkommen. Es war ein reines Wunder. Ich wage überhaupt nicht, mir vorzustellen, was geschehen wäre, wenn der Rattenkönig jemanden hinter mir hergeschickt hätte. Sie hätten mir mit Leichtigkeit den Weg versperren können, und dann wäre mein Schicksal besiegelt gewesen und auch das meines Kindes.
Nun kam ich also raus, und seltsamerweise kam ich genau da raus, wo ich reingekommen war. Mir wurde ganz komisch, als ich so dastand und auf die Seine sah. Es war direkt schön. Es war, als wäre ich nach Hause gekommen. Mein armes Kind konnte nicht sehen. Es mußte sich die Hände vor die Augen halten, damit das starke Licht sie nicht kaputtmachte. Es zitterte und bebte, und plötzlich ging mir auf, daß es so mager war wie ein reines Skelett. Ab und zu nahm es einen Moment lang die Hände von den Augen und wandte die Schnauze, doch dann begann es auch sofort wieder zu zittern, es zuckte und zappelte, als bekäme es Krämpfe, so stark wirkte der Eindruck. Als ich auf die Straße hinauskam, schauten mich die Leute so seltsam an, und erst als ich mich in einem Spiegel sah, verstand ich, weshalb. Ich hatte völlig vergessen, daß mein Haar voller Schimmel und ich selbst fast halbnackt war, weil meine Kleider, die mürbe und morsch geworden waren, in Fetzen an mir hingen, und daß das, was von meinem Gesicht und von meinen Armen und Beinen zu sehen war, eine kränkliche, gelbgrüne Farbe zeigte und die Ähnlichkeit mit Menschenhaut völlig verloren hatte.
Ich wurde zum Schrecken für alle anderen im Haus; selbst als ich mich gewaschen und mein Haar gekämmt hatte, sahen sie mich noch immer an, als trüge ich irgendeine Deformität mit mir herum oder als sei ich die Hexe im Pfefferkuchenhaus. Doch das war mir egal. Die meisten von ihnen sind jetzt tot. Sie waren schwach, sie sind weg, aber ich war stark, und ich starb nicht. Ich verbarg meinen Theodor vor ihren Blicken. Tagsüber behielt ich ihn in der Wohnung und schloß die Fensterläden, um seine schmerzenden Augen zu schonen. Am Abend nahm ich ihn zuweilen mit und führte ihn durch Straßen und auf Boulevards, wo der Anblick der Menschenmengen in Bewegung ihn anfangs völlig verschreckte und wo er instinktiv zu den Kais hinunterlief, als suche er nach einem Eingang zu den Kanälen und wolle um jeden Preis zu ihrem widerwärtigen,

klammen, schleimigen Dunkel zurück. Beim Anblick seiner rattigen Schnauze – bereits als Zweijähriger hatte er Flaum auf den Wangen und um den Mund – und seiner kugelrunden Augen ohne Lider und Wimpern wandten sich die Leute ab. Ich sah durchaus, welchen Ekel sie empfanden, obgleich sie natürlich versuchten, es zu verbergen, und einige sogar so taten, als fänden sie, er sei ein süßes kleines Kind. Doch er durchschaute sie, und Sie hätten ihn sehen sollen, wenn die Leute ihn unter dem Kinn kraulten: Dann fauchte er sie an, und dann zogen sie ihre fetten Finger schon weg!

Auf diese Weise war mir eigentlich bereits bestimmt, wie mein Leben jetzt weiterverlaufen würde. Ich mußte mich für meinen Sohn opfern, der nicht dazu geschaffen war, unter Menschen zu gehen, wo er nur auf Spott und Unverständnis stoßen würde. Ich knapste und knauserte, verließ den kleinen Raum nur, wenn es zwingend notwendig war, und brachte ihm gleichzeitig all die Erziehung bei, die er brauchen würde, wenn sich die Zeit näherte, wo er, ohne daß ihm ein Leid geschah, imstande sein würde, sich unter Fremde zu wagen. Auf unseren zwölf Quadratmetern vermittelte ich ihm einen Begriff von den Himmelsrichtungen, den Himmelskörpern und den Kardinalpunkten des Raumes. Ich zeigte ihm an den vier Wänden die vier größten Kontinente, komplett mit den wichtigsten Ländern, Städten, Bergketten und Flüssen, und mit Hilfe eines Eimers Wasser vermittelte ich ihm die Vorstellung von den Weltmeeren. Es fiel mir leicht, die Weltgeschichte durch lebende Bilder zu demonstrieren, die mir die Gelegenheit boten, die bewegendsten Auftritte zu mimen. Auch die Botanik versäumte ich nicht, denn wir hatten eine Topfblume, deren Blüten er auseinanderpflücken durfte, bis er ihren Aufbau verstanden hatte. Wogegen ich etwas zurückhaltender war, wenn es um das Tierreich ging. Ich schaffte jedoch einen Kanarienvogel an, dessen Gesang er gern lauschte und der ihm dadurch einen tiefen Einblick in die Seltsamkeiten der Zoologie gewährte.

Auch die Rechenkunst versäumte ich nicht. Ich brachte ihm die Zahlen bei, indem ich ihm eins auf den Kopf gab. So zählten wir auf, was das Leben an Leiden und Freuden zu bieten hat, legten zusammen und dividierten, nahmen mal und zogen ab, und mit der Summe *in mente* gingen wir direkt zur Philosophie über und studierten die weitschweifigen Systeme der großen Denker, wobei sich sehr schnell herausstellte, daß es sich dabei um ebenso viele eitle Versuche handelte zu verdecken, daß sie in Wirklichkeit nichts gegen die unbarmherzige Logik unserer Zahlen auszurichten vermochten. Lesen lernte er fast zu schnell, denn da er seine Augen nie schließen konnte, mußte er sie konstant beschäftigen. Auf kleinen Streifzügen nach Einbruch der Dunkelheit sammelte ich Zeitungen und Zeitschriften jeder Art aus Papierkörben und Abfalleimern auf. Dadurch lernte er die Welt bald kennen, denn ich kann Ihnen versichern, daß Bücher zu diesem Zweck ganz überflüssig sind. Wenn man sorgfältig allen Abfall an gedrucktem Papier, den man finden kann, einsammelt und danach liest, dann wird man früher oder später mit allem Bekanntschaft machen, was hier in der Welt geschrieben und gedacht worden ist; vielleicht in verkürzter und geraffter Form, aber trotzdem ... Er las jeden Fetzen von A bis Z, aber nicht genug damit, er entsann sich auch an alles, was er las, und erarbeitete auf diese Weise ein phänomenales Arsenal an Wissen über sozusagen alles zwischen Himmel und Erde. Man mag meine Erziehung angreifen, doch hier besitzt er jedenfalls einen Schatz, den niemand ihm nehmen kann. Seine Entwicklung hätte leicht sehr einseitig verlaufen können, ja, er hätte durchaus als richtiger Stubengelehrter enden können, wie man sagt, und so sah es eine Zeitlang auch aus. Doch dann nahm ich mich auch dieser Seite der Angelegenheit an und begann mit ihm zu turnen. Ich erlaubte ihm, auf den Möbeln herumzuklettern, und allmählich wurde er so geschmeidig wie eine Katze. Ich gab ihm schwere Gegenstände zum Heben, damit er seine Armmuskeln trainierte, und jeden Tag mußte er fünfhundertmal um den Tisch herumgehen. Schließlich ließ ich ihn über mich bockspringen, und das lernte er allmählich so leichtfüßig, daß die Nachbarn aufhörten, sich über die schweren Aufschläge auf dem Fußboden zu beklagen. Er gewann diesen Sport nun sehr lieb, und noch heute muß ich mich zuweilen aufbauen, obgleich ich allmählich steife Glieder bekomme und fast zusammenfalle, wenn er sich auf meinem Rücken abstützt.

Ich möchte behaupten, daß niemand ihm das Tanzen besser beibringen konnte als ich, und ich habe ihm sogar Gesangsunterricht gegeben, abgesehen davon, daß ich ihm natürlich ganz allgemein Manieren anerzog. Aber ich mußte das ja alles ganz allein machen. Deshalb hat es auch länger gedauert, als es sonst bei Kindern der Fall ist, die Mutter und Vater und mehrere Schulmeister haben, die ihnen all das beibringen können, worum ich mich allein kümmern mußte.

Jetzt ist er Anfang Dreißig, und es gibt nur noch zwei Dinge, über die ich ihn nichts habe lehren können. Das sind Gott und die Liebe.

Ich bin ja Protestantin, und Pfarrer habe ich nie ausstehen können, sie sind das einzige, um das ich in dieser Stadt und überall, wo ich sonst noch gewesen bin, immer einen weiten Bogen gemacht habe.

Gleichzeitig haben mir die Pfarrer Gott immer verleidet. Doch dann sage ich mir, daß das vielleicht mein Fehler ist – ich meine: Es kann ja sein, daß ihm mit ihnen gar nicht gedient ist. Es ist ja schon vorgekommen, daß eine achtbare Person von einer Bande Speichellecker umgeben war, von denen sich zu distanzieren ihr verwehrt war.
Ich will jedoch auch ehrlich zugeben, daß ich eine Religion vorgezogen hätte, wo es neben einem Gott auch eine Göttin gibt. Das wäre mir jedenfalls verständlicher erschienen, und gleichzeitig hätte ich meinem Sohn die Liebe erklären können. Das Thema habe ich jedoch, ehrlich gesagt, etwas oberflächlich behandelt, denn meiner Meinung nach eignet es sich nicht in erster Linie für die Theorie.
Ich fürchte mich nicht, alles geradeheraus zu sagen, so, wie es nun einmal ist – auch nicht zu meinem Sohn. Doch irgendwo hören die Worte auf und etwas anderes beginnt, darüber sind wir uns sicher einig! Und ich konnte ihm meinen Körper nicht zur Verfügung stellen, obgleich ich es manchmal erwogen habe. Denn wo sollte ich eine Frau finden, die sich nicht durch seine Augen schrecken ließ? Die nicht vor ihm zurückweichen würde, wenn sie plötzlich die Rattenschnauze ahnte? Ich selbst hätte das alles ertragen können, denn ich habe Schlimmeres gesehen, aber von meiner Sorte laufen auch nicht sehr viele herum.
Nein, das ist das einzige, was mir noch fehlt. Erst wenn das geschehen ist, hat sie eine Art Abschluß gefunden, die Geschichte, die an jenem Abend, als ich unten an der Seine stand und hörte, wie mich jemand aus dem Dunkel rief, ihren Anfang nahm. Komisch, ich fühle mich immer ein bißchen heiter, wenn ich an den Augenblick denke, trotz all der Kümmernisse und Unglücke, die er mit sich brachte. Wie mein Leben wohl verlaufen wäre, wenn ich nicht in das Dunkel hineingegangen wäre? Hätte ich überhaupt anders handeln können?
Sehen Sie, ich meine, das wäre ein schrecklicher Gedanke, alles ist so gelaufen, wie es laufen mußte. Nun fehlt mir nur der Abschluß. Dann wird das Dunkel schon wieder eingreifen und eine neue Geschichte gebären.

2

Oberst Böje Thompson. Die erste Erzählung von Bab el Mandeb dem Dritten.
Der schwarze Berg, die Prophetin Klapperschlange und die Geschichte von Nummer Fünfzehn.
Rath und die Gerechten

Nun springen wir direkt zur Station von Engesvang, wo Oberst Böje Thompson vom dritten schwedischen Leibjägerregiment auf dem Bahnsteig auf und ab ging.

Die Thompsons widmeten sich seit undenklichen Zeiten der militärischen Laufbahn und hatten gleichzeitig eine ausgesprochen humanitäre Einstellung an den Tag gelegt. Ein Großonkel von Böje Thompson, David Mortimer Thompson, hatte während eines vierjährigen Aufenthaltes in den Vereinigten Staaten in einem Kavallerieregiment gedient, das in verschiedene Kämpfe mit Sioux, Apachen und Navahos verwickelt wurde. Er erreichte einen gewissen Ruf als »Verteidiger der Indianer«, weil er für die Sache der Indianer sprach und wiederholt eine Versöhnung zwischen den Weißen und den Roten vorschlug. Ein Steinhügel in der unwegsamen Wüste ist die letzte Erinnerung an sein Schicksal. Während eines Gefechts, bei dem er zu vermitteln versuchte, wurde er von einem Irrläufer aus seinen eigenen Reihen getroffen, so hieß es, und als ihn die Indianer – deren Übermacht die Weißen zur Flucht zwang – sterbend fanden, erledigten sie ihn schnell, durch drei oder vier tüchtige Axtschläge auf den Schädel. Sie zogen der Leiche die Kleidung aus und ließen sie liegen. Es waren bereits einige Tage vergangen, als zwei Späher des Regiments beim Rekognoszieren in dem gefährlichen Territorium an der Stelle vorbeikamen und plötzlich den häßlichen Kadaver erblickten. Sie häuften ihn eilig mit Steinen zu, und was sie begonnen hatten, wurde im Laufe der Zeit zu dem erwähnten Steinhügel. So weit David Mortimer.

Böje Thompsons Mama hatte dem begierig lauschenden Jungen oft von diesem Großonkel erzählt und von seinem selbstlosen Versuch, das Los der Rothäute zu mildern und zwischen den Streitenden Frieden zu stiften, während er als braver Soldat seine Pflicht tat und im übrigen überall zu finden war, wo es am heißesten zuging. In kindlichen Zeichnungen hatte Böje Thompson versucht, verschiedene typische Situationen zu beschwören. Auf einer davon sah man David Mortimer – mit völlig steifem Körper, damit auch alle Uniformknöpfe Platz finden konnten, die Beine wie Stöcke, den Revolver im Gürtel und einen sehr breitkrempigen Hut auf dem Kopf – vor dem Indianerhäuptling stehen, den er aufgesucht hatte, um mit ihm zu verhandeln. Auf einer zweiten war er in die unglückliche Situation geraten, die zu seinem Ende führte, mitten im Regen von Pfeilen und pfeifenden Kugeln, mit seitwärts ausgestreckten Armen und Beinen, wie ein Hampelmann, der den unkontrollierten Rukken eines Kindes unterworfen ist, die im nächsten Augenblick die Schnur zerreißen lassen. Den Kadaver konnte sich Böje Thompson nicht vorstellen – seine Mutter hatte ihn in unbestimmten Wendungen erwähnt –, dafür aber hatte er verschiedene Zeichnungen des Steinhügels angefertigt, der in seinen Vorstellungen enorme Dimensionen besaß und sich vor allem bei Sonnenaufgang oder Sonnenuntergang gut ausnahm. Auf einer der Zeichnungen ragte eine Hand von unten empor, doch das mochte seine Mama nicht leiden, weshalb er sich in Zukunft damit begnügen mußte, sich diese makabre Einzelheit vorzustellen.

An dem Morgen, als Böje Thompson auf dem Bahnsteig hin und her ging, hatte er die Meierei von Engesvang aufgesucht, um einen Liter frische Milch zu kaufen, an der er sich vor der Ankunft des verspäteten Zuges stärken konnte. Inmitten der angehaltenen Maschinen mit ihren roten Schwungrädern und in dem süßlichen und wäßrigen Geruch von Milch und ungelagertem Käse arbeitete der weißgekleidete Mejerist mit zügigen Bewegungen, spulte, reinigte und schrubbte, als gelte es sein Leben. Er nahm keinerlei Notiz von dem Erscheinen der uniformierten Gestalt. Es erschien Böje Thompson, als arbeiteten die muskulösen Arme und roten Hände des Mejeristen mit einer maschinellen Kraft und Präzision, die es ihm genauso unmöglich machten, sie anzuhalten, als wenn es das große Schwungrad gewesen wäre.

Endlich hielt die Menschmaschine von selbst an, und nachdem er die Hand zum Gruß an die Mütze gehoben und die Hacken zusammengeschlagen hatte, brachte Böje Thompson sein Anliegen vor. Das Gesicht des Mejeristen, der in seinem Reich sicher noch nie den Ton einer Fremdsprache gehört hatte, nahm einen schmerzlichen Ausdruck an, als er die dünnen, hellen Brauen runzelte und die bleiche und straffe Stirnhaut über den fischigen Augen emporzog. Nachdem er die uniformierte Gestalt eine Weile studiert hatte, rief er, wie aus einem Traum erwachend, aus: Ganz recht, ganz recht. Aber es ist nicht leicht für einen Menschen, wenn die Frau an einer unheilbaren Krankheit leidet.

Mjölk? wiederholte Böje Thompson eindringlich.

Der Mejerist zog ihn mit hinaus und in ein Haus hinein, das auf der anderen Seite der Straße lag.

Ich muß sie ja beschützen, erklärte er, als sie aus dem dunklen Flur in die Stube traten, wo es völlig dunkel war, weil vor den Fenstern mehrere Lagen Gardinen hingen.
Es roch nach kranker Haut, nach von menschlichen Ausdünstungen gesättigtem Bettzeug, nach dahinsiechenden Blumentöpfen und nach den zählebigen Gespenstern des zweifelhaften Aromas vergangener Mahlzeiten.
Nein, sie ist gar nicht so leicht zu finden, erklärte der Mejerist stolz.
Es zeigte sich, daß er die Stube mit Möbeln in ein sinniges Labyrinth verwandelt hatte. Er bewegte sich jedoch völlig heimisch zwischen dem Eßtisch, dem Büffet, das außer Porzellanfiguren und Kristallvasen eine Unzahl von Familienbildern zierten, deren verschlossene Gesichter den Vorübergehenden mit Hunderten von unbeantworteten Fragen zu verfolgen schienen, vorbei an Sofatischen, Ofenschirmen und phantastischen Lehnsesseln mit ihren hybriden Formen aus imitiertem Mahagoni und ihren üppigen, von der pervertierten Revolte eines eingesperrten Gehirns gezeugten Polsterungen.
Schließlich kamen sie an ein Bett.
Hier ist sie also, sagte der Mejerist.
Und nachdem Böje Thompson lange und gründlich hingestarrt hatte, erblickte er wirklich eine Frau, deren weiße Haut fast mit den Laken des Bettes zusammenfloß. Ihr Blick war sehr schwach, so, als könne er jeden Augenblick völlig verschwinden, und verursachte Böje Thompson ein unbequemes Gefühl schlechten Gewissens, als bilde er mit seiner soldatischen Haltung, seiner Uniform und seiner Gesundheit irgendein obszönes Gewächs am Sein.
Wer ist das? fragte die Frau mit schwacher Stimme und sah ihren Mann vorwurfsvoll an.
Das siehst du doch, das ist ein Soldat, antwortete der Mejerist. Er kommt wohl aus Deutschland – da unten geht alles ordentlich zu, Krankheit und Gebrechlichkeit duldet man nicht. Von denen könnten wir gut etwas lernen.
Die Frau starrte Böje Thompson mißtrauisch an, der seinerseits fieberhaft darüber nachdachte, wie er so schnell und so leicht wie möglich hier herauskommen könne.
Irenes Krankheit, erklärte der Mejerist, stammt noch aus ihren Jugendtagen, und wir glauben, daß daran eine Entzündung an einem Finger schuld ist, die sie vor fast zwanzig Jahren bekam. Der Finger wurde schließlich wieder gesund, aber die Sache ging ins Blut, und da blieb sie. Nun muß man dazu sagen, daß Irene allein mit ihrer Mutter und einem Teil anderer Geschwister aufwuchs. Ihren Vater

hatte sie nie gekannt, denn sie erblickte das Licht der Welt erst mehrere Monate nach seinem gewaltsamen Tod. Er war nämlich zu Schaden gekommen, aber man kann schon sagen, daß er sich das selbst zuzuschreiben hatte. Er war nicht nur ein ziemlich riesiger Bursche, sondern auch immer geneigt, die Leute zu betrügen und übers Ohr zu hauen, vor allem aber fiel es ihm oft schwer, die Mädchen in Ruhe zu lassen, wenn er sich rund umher auf den großen Höfen verdingte, obgleich er verheiratet und Vater vieler Kinder war. Einmal also hatte er es mit einem der Mägde auf einem Hof. Das kam seinem Dienstherrn zu Ohren, der ein richtiger krakeeliger Satan war und zu dem Kerl sagte, das nächste Mal würde er eine Tracht Prügel bekommen und fortgejagt werden. Das Ende der Geschichte aber war, daß die Schwester der Frau seines Dienstherrn, die auch auf dem Hof wohnte, so richtig ein Auge auf ihn warf und ihn bald nicht mehr in Ruhe lassen konnte. Einmal gelang es ihr denn auch, ihn in die Scheune zu locken, da er aber aus irgendeinem Grund nichts mit ihr zu tun haben wollte – ansonsten war er eigentlich kein Kostverächter, und sie war eine stattliche Frau mit einer richtigen roten Mähne –, begann sie aus Leibeskräften zu brüllen und zu schreien. Er wollte sich im Heu verstecken, doch als der Hofherr angelaufen kam, zeigte sie auf sein Versteck und schrie, der Bauer solle ihn erstechen. Es war Pech, daß der Mann unter dem Heu lag, denn wenn der Bauer seine Augen gesehen hätte, hätte er sich möglicherweise damit begnügt, ihn mit den nackten Fäusten zu verdreschen, oder er hätte vielleicht einen Holzschuh genommen oder ein Brett. So aber nahm er eine Heugabel, die direkt daneben stand, wenn sie ihm denn nicht von der Frau zugesteckt worden war, und die stieß er aus voller Kraft mehrmals nacheinander ins Heu, denn, wie gesagt, er besaß ein hitziges Gemüt, und es war niemand in der Nähe, der ihn hätte aufhalten können. Als er endlich fertig war, hatte der arme Mann im Heu lauter Löcher im Bauch, und das Blut lief ihm an so vielen Stellen aus dem Körper, daß er am Blutverlust starb. Damit war Irenes Mutter also allein, aber man muß ja schon sagen, daß die Art und Weise, wie ihr Mann ums Leben gekommen war, ihr Schmach und Schande bereitete, weshalb es denn auch ein großes Glück für sie war, daß sie sich als Magd auf dem Hof verdingen konnte, wo es ihm so schrecklich ergangen war. Der des Totschlags angeklagte Bauer wurde freigesprochen, denn alle wußten ja, was Irenes Vater für einer gewesen war, und er zeigte sich sehr liebevoll und verständnisvoll gegenüber Irenes Mutter und allen ihren vielen Kindern, die sonst ganz allein auf der Welt gewesen wären – als Gegenleistung verlangte er nur eines, nämlich, daß sie nie von ihrem verstorbenen Mann und Vater sprechen dürften, der durch seinen liederlichen und zügellosen Lebenswandel Schande über die Schwester seiner Frau gebracht hatte und die direkte Ursache dafür war, daß er selbst ein Menschenleben auf dem Gewissen hatte. Irene wuchs also dort auf und war wohl schon als Kind etwas kränklich – ihre Mutter hatte auch gerade eben noch die Kraft, sie zu gebären, denn sie hatte während der Schwangerschaft eher abgenommen, was wohl nicht ganz normal ist. Deshalb wurde Irene von der Arbeit befreit, die die anderen ausführen mußten, sie riß sich an einem Nagel und zog sich eine Entzündung an einem Finger zu und konnte lange Zeit hindurch nicht richtig zupacken. Das ging dann aber doch vorbei. Es sah aus, als wäre sie wieder gesund. Nun glauben wir, daß diese Entzündung nach innen geschlagen ist, jedenfalls ist es irgend etwas mit dem Blut. In der ersten Zeit unserer Ehe ging alles richtig gut, obgleich Irene in der einen wie in der anderen Weise etwas vorsichtig war. Eines Tages, als ich nach Hause kam, war sie jedoch mitten auf dem Fußboden umgefallen und lag dort ohne Bewußtsein, so daß ich Angst hatte, sie würde sterben. Das war natürlich ein Schlag für mich, vor allem, weil sie seit jenem Tag nicht mehr richtig gesund gewesen ist. Entweder läuft das Blut nicht schnell genug durch den Körper und steht dann, stagniert und wird sauer, und alle möglichen schädlichen Stoffe gedeihen darin; oder aber es liegt daran, daß die Muskeln schlaff geworden sind, und wenn die schlaff sind, dann kann man sich kaum bewegen, und damit stockt der Kreislauf – und dann muß wieder das Blut herhalten. Wir haben es viele Male untersuchen lassen. Das letzte Mal kam die Flasche mit dem Bescheid aus dem Labor zurück, es handle sich nicht um Menschenblut. Auch ihre Augen sind in Mitleidenschaft gezogen, denn sie kann fast kein Tageslicht mehr ertragen. Vor etwa zehn Jahren ging sie einmal spazieren und hatte einen sehr breitkrempigen Hut mit einem großen Schleier aufgesetzt. Sie hatte jedoch das Pech, daß ihr ein Windstoß den Schleier zur Seite riß, und da im selben Augenblick eine böswillige Person – eines von den Weibern, die nie erfahren haben, was Krankheit ist – ein Fenster zur Straße hin öffnete, wurde sie von einem solchen Sonnenblitz getroffen, daß sie zu weinen begann und ihr Gesicht kreideweiß wurde. Ich weiß nicht, was hätte geschehen können, wenn ich nicht in der Nähe gewesen wäre, aber glücklicherweise hörte ich ihren Schrei und kam angelaufen. Denn andere dachten bestimmt nicht daran, ihr zu helfen. Sie ließen sie einfach mitten auf der Straße stehen, während ihr die Tränen die Wangen hinunterliefen, und um die ganze Sache noch schlimmer zu machen, stand das Fenster noch offen, ich sah mit meinen eigenen Augen, wie die Sonne darin brannte. Man guckt ja nicht freiwillig in die Sonne, nicht wahr, und wer ist schon darauf gefaßt, die Sonne in die Augen zu bekommen, wenn man ihr den Rücken zukehrt? Aber wie soll man sich gegen die Sonne wehren, wenn sie so in einer Scheibe scheint und man eben völlig unvorbereitet ist? Deshalb ging ich auch hin und durchschlug die Scheibe mit einem Stein, und als wir nach Hause gekommen waren, machte ich Irene eine Wärmflasche, weil sie am ganzen Körper eisig kalt geworden war, und das ist sie seitdem, gleichgültig, wie viele Wärmflaschen ich ihr ins Bett lege. Seit vielen Jahren versuche ich, eine Hilfe zu bekommen, die Irene versorgen kann, denn das ist schwer für mich, wenn ich gleichzeitig auch die Meierei in Gang halten muß. Aber es ist schwierig, die jungen Mädchen heutzutage sind so unzuverlässig, kaum haben sie angefangen, da laufen sie schon wieder weg, und die alten Weiber hier in der Stadt, die will ich nicht in meinen vier Wänden haben, denn sie stecken voller Klatsch und sind gleichzeitig so glatt wie das Innere eines Butterfasses. Deshalb habe ich auch die Küchentür zugemauert. Von der Meierei aus kann ich nämlich die Haustür beobachten, aber sie nutzten meine Abwesenheit aus, um sich zur Küchentür hereinzuschleichen und der armen Irene in den Ohren zu liegen, die ihrem Gutdünken überlassen war, weil sie sie in ihrem schwachen und hilflosen Zustand nicht rausschmeißen konnte und deshalb gezwungen war, sich ihre Geschichten anzuhören. Aber damit nicht genug. Sie kamen auch mit frischen Beeren, die ihr schwacher Magen überhaupt nicht vertragen konnte, und ich übertreibe bestimmt nicht, wenn ich sage, daß sie sie zwangen, davon zu essen, natürlich mit dem Ergebnis, daß sie in der Nacht mit den fürchterlichsten Schmerzen erwachte. Dann mußte ich wieder hoch und die Wärmflasche erneuern, denn die ist das einzige, was hilft – jedenfalls eine gewisse Linderung verschafft, die Irene schätzengelernt hat. Sonst hat sie keine Schmerzen, aber sie hat sich nun einmal an die Wärmflasche da gewöhnt, und wenn ich schon nichts anderes tun kann, dann kann ich ihr doch wenigstens damit helfen. Deshalb habe ich also immer einen Kessel Wasser auf dem Gas stehen, und schon lange brauche ich keinen Wecker mehr, um nachts um zwei aufzuwachen und die Wärmflasche zu erneuern. Jetzt schlafe ich nicht mehr als drei Stunden pro Nacht, und dann mache ich am Nachmittag ein halbstündiges Nickerchen. Das ist wirklich auch reichlich genug für mich, ich könnte durchaus mit weniger auskommen, wenn ich müßte, aber so schlimm ist es denn auch wieder nicht. Irene braucht vor allem irgendeine Medizin, die sie ein bißchen wärmen könnte. Wenn sie nur ein bißchen Wärme in den Körper bekäme, dann könnte sie ganz sicher wieder aus dem Bett aufstehen, und wenn man ihr dann die Augen verbinden und ich sie stützen würde, dann könnte sie ganz gut einen Spaziergang auf der Straße machen und die frische Luft spüren, und das wäre doch wenigstens ein Schritt in die richtige Richtung. Das schlimmste ist, daß es eine schreckliche Masse Geld kostet ...

Nein, unterbrach er sich, ich will doch auch mehr als gern bezahlen, was es kostet. Sie kommen aus einem so starken und gesunden Volk, Sie müssen doch eigentlich wissen, was da zu tun ist? Jaja, ich sehe schon, du frierst, ich hole dir gleich eine frische Wärmflasche.

Er steckte die Hand unter die Bettdecke, zog die Wärmflasche hervor und verschwand irgendwo in der ewigen Dämmerung des Raumes. Böje Thompson wollte flüchten, warf jedoch unwillkürlich einen Blick auf die Frau, die ihn noch immer ansah, nun aber mit einem bittenden Ausdruck in den Augen. Ihre Lippen begannen sich zu bewegen, und gleichzeitig zog sie mit einem Stöhnen, als koste es sie eine übermenschliche Anstrengung, die Arme aus dem Versteck der Bettdecke hervor. Sie waren bleich und dünn wie verkümmerte Pflanzenstengel und hoben sich von der Bettdecke mit schwankenden und unsicheren Bewegungen, als versuchten sie, mit letzter Kraft zu ihm emporzuschießen, um ihn zu erreichen und sich an ihn zu klammern. Jetzt hörte er das Flüstern ihrer Lippen.

Retten Sie mich, Herr ... helfen Sie mir weg ...

Böje Thompson starrte die Frau wie gelähmt an, im selben Augenblick aber hörte man den schwachen Klang der Signalglockentöne auf der Station, die die Ankunft des Zuges meldeten.

Das ist mein Zug, rief der Oberst aus, ich muß mich beeilen.

Er hörte ein Ächzen von der Frau, sah die bleichen Arme wie an der Wurzel durchgeschnittene Stengel umsinken und wandte sich suchend dem Ausgang zu. Sich zurechtzufinden war nicht so leicht, obgleich sich seine Augen nun an das Dunkel gewöhnt hatten und deshalb weit mehr Einzelheiten unterschieden, wie zum Beispiel die phantastische Blumenpracht des Teppichs und die Bilder, die die Wände fast völlig bedeckten. Er zwängte sich durch die Möbel, geriet aber immer wieder in Sackgassen, die ihn zum Umkehren zwangen. Er hatte das klaustrophobische Gefühl, daß das Zimmer wie eine Falle konstruiert war, die ihm nicht erlaubte zu entkommen, und als er es nach vielen vergeblichen Versuchen aufgeben mußte, um den Eßzimmertisch herumzukommen, ließ er sich schließlich auf allen vieren nieder und begann zu kriechen, was ihm ein beschämtes, schuljungenhaftes Gefühl eingab. Nach einigem Kriechen aber erreichte er die Tür zum Flur, erhob sich und prallte mit dem Mejeristen zusammen, der mit der Wärmflasche zurückkam.

Was soll das heißen, fragte der Mejerist verzweifelt, gehen Sie schon?

Er ging durch den Flur hinter Böje Thompson her.

Glauben Sie nicht, daß da irgend etwas zu machen ist?

Als Böje Thompson herausgekommen war, drehte er sich um und hob grüßend die Hand an die Mütze.

Warten Sie mal einen Augenblick, rief der Mejerist und lief mit der Wärmflasche ins Haus.

Böje Thompson nahm Kurs auf den Bahnhof, wo, abgesehen vom Stationsvorsteher, keine Menschenseele zu sehen war. Er begann hin und her zu gehen, geplagt von der quälenden Erinnerung an die Frau, die in dem dunklen Raum als Gefangene in ihrem Bett lag, als er zu seinem Entsetzen den Mejeristen erblickte, der geradewegs auf ihn zusteuerte. Glücklicherweise tauchte im selben Moment der Zug auf, der nach einem kurzen Augenblick auf dem Bahnsteig einfuhr.

Der Zugführer sprang heraus, wechselte ein paar Worte mit dem Stationsvorsteher und ging daraufhin ein paarmal am Wagen auf und ab, während er rief: Engesvang – Engesvang – eine Stunde Aufenthalt!

Der Mejerist, der die Hoffnung offenbar nicht aufgegeben hatte, war einige Meter vom Obersten entfernt stehengeblieben, machte nun jedoch erneut Anstalten, sich an ihn zu wenden.

Als Herr und Frau Lönn, gefolgt von dem Scholier, aus dem Zug ausstiegen, um sich die Beine zu vertreten, ergriff Böje Thompson diese Chance begierig, um sich der Verfolgung des Mejeristen zu entziehen, und sagte atemlos: Mein Name ist Böje Thompson, Oberst im dritten schwedischen Leibjägerregiment. Ich fahre mit demselben Zug weiter wie Sie, wir sind also Reisegefährten. Vielleicht fragen Sie sich, was ich denn hier mache, das ist nicht so leicht zu erklären und eine ziemlich lange Geschichte.

Sie begannen auf dem Bahnsteig auf und ab zu gehen; später setzten sie sich auf eine Bank. Eine Zeitlang folgte der Mejerist Böje Thompson von weitem. Schließlich verlor der den Mut, verließ die Station und verschwand in Richtung Meierei.

Dieser Bahnsteig, auf dem wir hier auf und ab gehen, sagte Böje Thompson, ist der vorläufige Endpunkt einer langen Reise; doch um die zu erklären und damit Sie das Ganze verstehen können, ist es fast notwendig, daß ich mit der Frage beginne: Wie kam das Böse in die Welt? Oder, anders ausgedrückt: Wie konnte es geschehen, daß Kain seinen Bruder Abel erschlug, und was war die Folge? Wie bekämpft man das Böse – und was ist das eigentlich? Ich habe es nämlich – direkt und indirekt – dermaßen kennengelernt, daß ich diese Frage stellen muß; ich bilde mir aber bestimmt nicht ein, sie beantworten zu können.

Die Bibel erzählt, daß Kain auf seinen Bruder neidisch wurde, weil der Herr Abel gnädig ansah und sein Opfer annahm, und wer kann dem Kain das eigentlich verdenken? Ich habe es auch immer als blutige Ungerechtigkeit empfunden, daß Gott der Allmächtige die Weltgeschichte mit einem solchen Musterbeispiel an Vorzugsbehandlung begann und damit die Grundlage allen Zankes und Streites legte, die seither auf der Erde herrschen. Doch der Kebra Nagast, die Heilige Schrift der Abessinier, die ich kennengelernt habe, erzählt die Geschichte etwas anders und liefert die Erklärung für die Ereignisse, die man in der Bibel vermißt. Dort steht nämlich, Kain wurde geboren, als Adam aus dem Paradies vertrieben wurde, weil ihn der Teufel durch seine List zur Sünde verleitete. Als Adam nun entdeckte, daß Kain so mürrisch und unzufrieden aussah und geradezu einen boshaften und scheelen Gesichtsausdruck hatte, wurde er sehr traurig und sagte zu sich, den mag ich nicht; mit dem will ich nichts zu tun haben. Als dagegen etwas später Abel zur Welt kam und sich als der absolute Gegensatz seines Bruders erwies, weil er nämlich immer so gut aussah und immer einen freundlichen und lächelnden Gesichtsausdruck trug, war Adam natürlich glücklich; denn wie alle anderen sah er am liebsten frohe und zufriedene Gesichter um sich.

Der ist wirklich mein Sohn, rief Adam aus, er soll mein Erbe sein!

Hinzu kam aber noch, daß Kain von seinem Vater gezwungen wurde, die Schwester zu heiraten, die zusammen mit Abel geboren und deren Gesicht ebensowenig ansprechend war wie Kains; Abel dagegen lag im Ehebett mit der nach Sein und Schein so einnehmenden Schwester, die zusammen mit Kain auf die Welt gekommen war. Als dann der Herr Kains Opfer nicht annehmen wollte, war das Maß

voll. Und so ging es zu, daß der bei seinem Vater unbeliebte und von seinem Gott verworfene Kain eines Tages seinen Neid nicht mehr beherrschen konnte und seinen Bruder erschlug.
Das Geschlecht Kains war mannigfaltig, nicht allein nach der Zahl – denn natürlich konnten seine Mitglieder sich nicht aus der Geilheit ihrer Natur losreißen, sondern gaben sich ihr hin und pflegten sie ganz im Gegenteil auf alle mögliche und unmögliche Art und Weise –, sondern auch nach ihrer Boshaftigkeit oder bloß nach ihrer gewöhnlichen Niederträchtigkeit, was bei dem Erbe, an dem sie trugen, niemanden wundernehmen kann.
Die Geschwindigkeit, mit der sie sich vermehrten, wurde allmählich ein Dorn im Auge Gott des Herrn, der außerdem fürchtete, daß sie die Gerechten, nämlich das Geschlecht Seths, des dritten Sohns Adams, das in der Zucht und Ermahnung des Herrn lebte, völlig entmachten würden. Da also entschloß er sich zu der Sintflut, deren Wasser laut Kebra Nagast kälter war als Eis und deren gewaltige Masse teils aus dem Inneren der Erde emporquoll, teils aus den unerschöpflichen Reservoiren des verdunkelten Himmels herabstürzte und die Erde so überspülte, daß alles Lebendige umkam – mit Ausnahme der Gerechten, die Noah auf Geheiß des Herrn mit in seine Arche genommen hatte. In diesem größten Massenmord aller Zeiten kam Kains Geschlecht um, und wenn die Nachkommen von Noahs Sohn Ham nicht angefangen hätten, alle möglichen Götzenbilder aus Holz und Lehm anzubeten, wodurch sie sich die Lepra holten und einen schmutzigen und gemeinen Charakter bekamen, hätte alles vielleicht sehr viel besser laufen können, als es letzten Endes der Fall war.
So erklärten die Abessinier die Anwesenheit des Bösen und den schiefen Lauf der Welt, und damit begnügte ich mich, bis ich die geheimgehaltene Fortsetzung der Geschichte hörte. Ich sollte nämlich in dem Krieg, der nun fast vorbei ist, eine Entsatzexpedition nach Abessinien leiten. Eines Abends – wir befanden uns auf einer unfruchtbaren und öden Hochebene – stattete mir Bab el Mandeb der Dritte nach Anbruch der Dunkelheit in meinem Zelt einen unerwarteten Besuch ab. Aber ich muß wohl zuerst lieber erzählen, wer er war und wie er kurze Zeit zuvor auftauchte, denn das war ein bemerkenswertes Ereignis, das mich völlig überraschte.
Eines Tages während einer Rast saß ich unter dem Sonnensegel und studierte einige Landkarten. Das war wahrlich eine müßige Beschäftigung, denn sie waren bei weitem nicht ausführlich genug, um uns irgendwie helfen zu können; doch ich war gezwungen, mich mit

irgend etwas zu beschäftigen. Vor wenigen Tagen erst waren wir dem letzten italienischen Luftangriff ausgesetzt gewesen und befanden uns nun in einem schockähnlichen Zustand. Das Ablesen der verschiedenen Signaturen auf der Karte lenkte meine Gedanken ab, ich dachte an die Zeit, als ich als junger Leutnant das Kartenlesen gelernt hatte; ich entsann mich an ein Manöver weit oben in Nordschweden, wo ich eines Tages zusammen mit einer Gruppe von Jägern auf einem Höhenzug stand, die Karte auf der Erde ausgebreitet, und über die Landschaft mit ihrem Wirrwarr aus Wäldern, Hügelketten und Bächen hinwegsah, in die wir uns immer zu zweit hinausbegeben sollten. Darauf wurden die verschiedengearteten Punkte, Striche und gestrichelten Linien der Karte – wie eine verzauberte Graphik aus rätselhaften Andeutungen – zu einer Landschaft, deren grasige Täler und schattigen Bäume uns die Schrecken des Bombardements vergessen ließen. Wir waren alle nackt, aber darüber zerbrach sich niemand von uns den Kopf, man hätte also fast glauben können, wir seien in den Garten des Paradieses versetzt worden. Dieser Zustand der Unschuld dauerte leider nur, bis wir Rast hielten, dann begannen einige der Männer und im übrigen auch einige der Frauen sich zu einem obszönen und unanständigen Benehmen verleiten zu lassen, das den paradiesischen Zuständen bald ganz und gar ein Ende bereiten würde. In meinem Inneren spielte sich ein schwerer Kampf ab: Sollte ich die Expedition in den verzauberten Landschaften der Karte bleiben lassen, mit all den Versuchungen, die sie in sich bargen; oder sollte ich sie zu der Wirklichkeit der grausamen Hochebene zurückführen, wo die Möglichkeit neuer Luftangriffe nicht auszuschließen war?

Der Ruf des Wachpostens riß mich aus diesen Überlegungen, ich ließ Karte Karte sein und eilte erschreckt zu ihm hinaus. Die Furcht, es könnten die Italiener sein, erwies sich glücklicherweise als unbegründet. Die Wache zeigte nach Nordosten.

Man sollte meinen, der Horizont in Afrika könne Menschen gebären. Plötzlich sind sie da, hervorgebracht von einem Tiegel aus Zeitlosigkeit. So jedenfalls wirkte der Anblick der Person, die aus der Ferne auf uns zugewandert kam. Ich betrachtete sie durch den Feldstecher. Der Mann ging wie ein Vogel auf langen, dünnen Beinen. Augenscheinlich hatte er die Schamma, wie die Abessinier das lange Gewand nennen, in das sie sich wickeln, gut um sich emporgezogen, um ordentlich ausschreiten zu können. Er trug ein Bündel unter dem Arm.

Aus irgendeinem Grund hatte ich schon von weitem das Gefühl, daß

diese Vogelscheuche von einem Menschen kein ganz gewöhnlicher Flüchtling vor dem Krieg war, und als er zu uns hinkam, sprach ich ihn ziemlich brüsk an. Davon ließ er sich jedoch nicht aufhalten. Er warf mir einen scheelen Blick zu und ging direkt an mir vorbei. Der Wachposten stand wie vom Donner gerührt und starrte mich zweifelnd an, aber was sollte ich tun? Ich mußte mich dazu bequemen, der Vogelscheuche hinterherzugehen, die erst mitten im Lager anhielt, wo sie das Bündel von sich warf und sich so benahm, als habe sie das Kommando über das Ganze.
Dann rief er mit einer schrillen Stimme, die alle die Schlafenden rund umher auffahren ließ: Ich bin Bab el Mandeb der Dritte!
Zu dem Zeitpunkt war ich drauf und dran gewesen, die Hoffnung auf Rettung aufzugeben. Die Expedition drohte in Auflösung zu geraten und war in einer Art sinnloser Routine gelandet, als seien wir eine Gruppe umherstreifender Nomaden. Doch hier nun stand dieses kirchliche Oberhaupt quicklebendig vor uns, und nachdem er das Bündel ausgepackt hatte, dauerte es nur einen Augenblick, bevor er die zerlumpte und schmutzige Schamma gegen ein schwarzes Priestergewand ausgetauscht und die mit Diamanten besetzten Goldringe, den Beweis seiner Würde, an die Finger gesteckt hatte.
Die Ankunft Bab el Mandebs gab uns allen erneut Mut. Als das geistige Oberhaupt der Unglücklichen sollte er zusammen mit diesem zusammengewürfelten Haufen das Überleben des Glaubens der Väter in einem neuen Zion sichern. Endlich hatte die Expedition den Sinn erhalten, den sie die ganze Zeit über hätte haben sollen, der aber verlorengegangen war während der aussichtslosen Flucht durch unwegsame Berge und unter den unbarmherzigen Luftangriffen, die versucht hatten, uns mit Feuer und Kugeln auszulöschen, als seien wir Schmutz auf der Oberfläche der Erde – bis wir schließlich in dieser Einöde gelandet waren, in der wir uns jetzt befanden und wo wir jegliche Verbindung zu Freunden wie Feinden verloren hatten, als seien wir aus der Geschichte verschwunden, und ahnten deshalb nicht mehr, was wir mit uns anfangen sollten. Bab el Mandeb hatte Abschied von seinem jüngeren Bruder nehmen müssen, der zurückgeblieben war, während er selbst, als schäbiger Bettler verkleidet, unseren Spuren gefolgt war, bis es ihm nun endlich gelungen war, uns einzuholen.
Eines Abends kam er dann zu meinem Zelt. Ich hatte eine kleine Karbidlampe brennen, die ein kaltes und gelbliches Licht erzeugte, und saß noch einmal über die nutzlosen Karten gebeugt, als hoffte ich, die illusorischen Versuchungen der paradiesischen Landschaf-

ten wiederzufinden. Er behielt den Filzumhang an, der ihn vor der Nachtkälte schützte, und begann ein Gespräch, das sich anfangs um recht gleichgültige Themen drehte.
Schließlich sagte Bab el Mandeb: Herr Oberst, da du nun einmal die Verantwortung für das Schicksal Zions trägst, so solltest du auch gewisse Geheimnisse kennen, in die wir Fremde sonst nicht einweihen, und ich habe lange überlegt, ob ich sie dir verraten soll.
Mir war unruhig zumute, weshalb ich, obwohl er meine Neugier geweckt hatte, sagte: Vielleicht ist es am besten, mir keinen Einblick in Dinge zu gewähren, die mich eigentlich nichts angehen.
Herr Oberst, sagte Bab el Mandeb, gleichgültig, ob das Schicksal mit uns wie Puppen geschaltet und gewaltet hat oder ob wir selbst das Leben, das wir leben wollten, gelebt haben, man kann sich nun einmal dem Risiko nicht entziehen, das mit der Position, die wir einnehmen, und mit der augenblicklichen Situation, in der wir uns befinden, verbunden ist. Von jetzt an gehen diese Geheimnisse auch dich an, denn ich will, daß du sie kennst. Aber lösch nun die Lampe, ihr Licht blendet meine Augen, und man lauscht einer Geschichte ebensogut im Dunkeln.
Böje Thompson sah sich um und fuhr fort: Jetzt müssen wir uns also vorstellen, daß es Nacht ist und der Bahnsteig hier eine öde Hochebene.

Einer von Kains Nachkommen hieß Rath. Er lebte zu Noahs Zeiten und war dazu ausersehen, in der Sintflut umzukommen, über die Noah mit dem Herrn eine Art Absprache getroffen hatte. Daß Rath von dieser Absprache Wind bekam, war kein Zufall, sondern lag an dem Nachrichtendienst, den er aufgebaut hatte und der ihn über das Geschehen unter den Gerechten auf dem laufenden hielt. Smuth hatte sich so sehr mit einem von Noahs Söhnen angefreundet, daß er, von ihrem Liebreiz besessen, sie unbedingt mit in der Arche haben wollte, die in aller Heimlichkeit im Bau war. Smuth ließ ihr Geschlecht nicht im Stich, sondern ging mit ihrem Wissen geradewegs zu Rath. In einer Art Vorausahnung der Katastrophe war Rath in der letzten Zeit von Rastlosigkeit und Gereiztheit geplagt gewesen, doch die Nachricht von dem mörderischen Komplott gab ihm seine gewöhnliche Ruhe und Tatkraft zurück.
Er hatte weder die Zeit noch die Mittel, eine Arche zu bauen, machte sich aber unverzüglich daran, ein Floß zu zimmern. Da Noah notwendigerweise nicht entdecken durfte, was er vorhatte, mußte er die Arbeit nachts ausführen. Aber so ist das mit Kains Geschlecht:

Gezwungen durch die Umstände, müssen sie ihre Taten in die Nachtstunden verlegen, die sie dafür mit einer verletzlichen Empfänglichkeit belohnen, mit einer Art Antennen im Fleisch, die es in einem wunden und schmerzlichen Genuß – der auch Wissen ist – vibrieren lassen, den die Kinder des Tages nicht kennen.
Deshalb also wirst du, wenn du einen von ihnen triffst, sei es in der Nacht der Wüste oder in den Wäldern der Nacht oder in einer der von Menschen wimmelnden Großstadtnächte eurer fernen Welt, die besondere Wachsamkeit des Blickes und die krankhafte Überempfindlichkeit ihrer seltsam porösen Haut immer wiedererkennen: So sind sie nämlich, und wenn sie endlich gegen Morgen zu Bett gehen, können sie nur schwer einschlafen, sie winden sich auf ihrem Lager und schließen die Lider über Augäpfeln, die in ihren Höhlen wie Feuerkugeln brennen.
Als der Tag der Sintflut kam, war das Floß bereits seit einiger Zeit fertig und mit Trinkwasser und geräuchertem Fleisch beladen. Rath konnte seine Familie nicht so wie Noah in Ruhe und Frieden an Bord eines luxuriösen Schiffes gehen lassen – nein, an dem Tag, als der Himmel die Schleusen öffnete und die kleinsten rieselnden Quellen sich in Springfluten verwandelten, als würden sie von unterirdischen Turbinen getrieben, da war seine Familie in ihrer gedankenlosen und unbekümmerten Art natürlich in alle Winde zerstreut, und außer Rath selbst kamen nur noch seine Frau Smath und seine Schwester Gnath an Bord des Floßes.
Smath war umfangreich, lachlustig und boshaft wie eine alte Sau. Ihre Ohrfeigen waren wie Keulenschläge, und im Tal der Träume und Blumen, wo sich Raths Familie dem Müßiggang und der Befriedigung ihrer Lüste hingegeben hatte, während die Kinder Sau im Loch spielten, klangen ihre Winde, deren Echo von den Felswänden zurückprallte, wie rollender Donner. Ihr wechselhaftes Temperament hatte dem Rath oft das Dasein verpestet, so daß er dann Zuflucht in den Hainen der Treulosigkeit suchte, wo er sich in Gesellschaft verständnisvoller Nymphen die Zeit damit vertrieb, sich in bitteren Wendungen über sein saures Los zu verbreiten, während er gleichzeitig halbherzig und mit einer fehlenden Konzentration, die er voller Scham hinter einem leicht durchschaubaren Schwall von Beredsamkeit und lügnerischen Liebeserklärungen zu verbergen suchte, so gut er konnte das Bedürfnis dieser Nymphen nach Zärtlichkeit befriedigte.
Gnath war langgliedrig und recht dünn. Sie hatte schwimmende Augen, und beim Gehen schlugen ihre Knie mit einem rasselnden

Geräusch gegeneinander. Aber sie hatte ein schönes Gemüt, und es herrschte allgemeine Einigkeit darüber, daß es nicht so viel ausmache, daß sie schon frühzeitig die meisten ihrer Zähne verloren hatte. Es hatte sie eher noch schöner gemacht, und jetzt gab es jedenfalls nichts, was in gleichem Maße andere Menschen ablenken konnte, die sich mit ihr unterhielten. Wollte man etwas gegen Gnath einwenden – wozu jedoch nicht sehr viele Lust hatten –, dann vielleicht, daß sie ein wenig zu sehr von sich eingenommen war. Sie ging vielleicht ein wenig zu häufig zum See der Wahrheit hinunter, um sich in dessen Spiegel zu betrachten, andererseits aber kann man einem jungen Mädchen nur schwer vorwerfen, daß sie sorgfältig auf ihr Äußeres achtet und mit Zeit und Bedacht ihr Haar pflegt, vor allem, wenn sie von der Natur nicht mit einer der dichten und herrlichen Mähnen beschenkt worden ist, die dieses sorglose Geschlecht ansonsten so sehr auszeichnen. Sie hatte etwas Unreifes an sich. Sie war nie richtig so weit gekommen, daß sie sich dem gewöhnlichen Leben im Tal der Träume und Blumen hingab, sondern zog es vor, Zuschauer zu sein, indifferent, allmählich aber, während die Zeit verging, mit einem verzagten Ausdruck der Resignation.

Der fürchterliche Regenguß peitschte gegen die kleine Strohhütte, die Rath mitten auf dem Floß gebaut hatte. Nach einigen Tagen sikkerten die ersten Tropfen durch, und als sie erst einmal ihren Weg gefunden hatten, wurden sie bald zu kleinen Strömen, die sich schnell vermehrten; im Laufe von ein Dutzend Tagen war der Schutz gegen Wind und Wetter, den die Hütte gewährte, völlig illusorisch: Die drei Menschen, die unter dem Flechtwerk zusammenkrochen, wurden von Sturzseen aus Regenwasser getroffen und überspritzt, die der Sturm mit plötzlichen, heftigen Stößen gegen das Floß trieb. Sie waren gezwungen, das Wasser so schnell wie möglich von sich abzuschütteln, denn andernfalls riskierten sie, daß es an ihren Körpern zu Eis gefror, und auf dem begrenzten Raum fiel ihnen nichts anderes ein, als sich auf allen vieren niederzulassen und die Bewegungen eines Hundes nachzuahmen, der sich das Wasser aus dem Pelz schüttelt.

Als der Regen einige Wochen angedauert hatte, waren sie allmählich ziemlich verkommen. Sie waren erkältet, hatten Durchfall und zitterten ab und zu am ganzen Körper, als wolle er auseinanderfallen. Smath wurde zuweilen von Weinkrämpfen geschüttelt und verlor ihre beachtliche Wohlbeleibtheit. Der Dreck lief aus ihr heraus, und durch das kleine, achtern gelegene Loch füllte sie die Wasser mit ihrem Kot. Sie verteilte keine Ohrfeigen mehr. Gnath wimmerte

ein wenig, vergaß völlig ihre Frisur und biß tapfer die noch übrigen Zähne zusammen. Rath selbst wurde verschlossen, was ihm überhaupt nicht lag und deshalb auf ihn fast wie eine Krankheit wirkte. Das Ganze stammt von Kain her, sagte er, nachdem er vier Tage und vier Nächte lang wie ein Wahnsinniger nachgedacht hatte.
Smath und Gnath antworteten nicht, denn es war ihnen gleichgültig. Rath vertiefte sich wieder in sich selbst, nieste, hustete, und der Rotz strömte ihm ununterbrochen aus den Nasenlöchern, und nach Ablauf von vier Tagen und vier Nächten war er sicher, daß er sich nicht geirrt hatte. Danach konnte er den Gedanken an Kain nicht loswerden. Er hielt ihn mehrere Nächte hintereinander wach, es war ihm unmöglich, auch nur ein Auge zuzumachen, und als sein Körper schließlich nachgab und zu schlafen begann, kreiste der Gedanke weiter um dieses undurchdringliche Problem. Ich bin sicher, daß jeder Mensch das gleiche hätte tun können wie Kain, sagte er sich; das ist sonnenklar. Doch der Gedanke war so ungeheuerlich, daß er mit einem Ruck erwachte und damit im Nu in seine schreckliche Situation zurückgebracht war.
Eines Tages – oder vielleicht eines Nachts –, als Smath wieder achteraus mußte, hielt sie sich nicht gut genug fest. Als eine Dünung das Floß hob, als stemme sich aus der Tiefe irgendein riesiger Fisch dagegen, purzelte sie nach hinten, ohne auch nur einen einzigen Seufzer, und war augenblicklich vom Wasser und vom Dunkel verschluckt. Rath bekam Angst, er könne auch Gnath verlieren. Wenn sie wirklich ein seltenes Mal ihre Notdurft verrichten mußte – denn sie nahm keine Nahrung mehr zu sich –, dann folgte er ihr nach achtern und hielt sie fest, während sie über dem Loch hockte.
Allmählich waren sie durch den unaufhörlichen Regen und das ewige Dunkel völlig von Sinnen. Sie lagen die ganze Zeit über ausgestreckt und fühlten sich wie Würmer oder Schildkröten, während sie japsend umherkrochen und sich mit klammen Fingern vortasteten, deren mehrere Zentimeter lange Nägel brachen, wenn sie zwischen den Balken in die Klemme gerieten. Das Floß, das bisher standgehalten hatte, begann nachzugeben. Durch das gelähmte Bewußtsein konnten sie spüren, daß sich die Balken und Planken im Verhältnis zueinander bewegten, als sei die Konstruktion nun so locker geworden, daß es nur noch eine Frage der Zeit war, bevor sie völlig auseinanderfiel. Zu dem Zeitpunkt hatte Rath angefangen, auf dem Bauch Fischschuppen zu entwickeln, und Gnath hatte zwischen den Zehen Schwimmhäute bekommen, so, als beginne ihr Organismus von sich aus zu handeln und in ihrem Namen Meta-

morphosen einzuleiten, die sie vor dem endgültigen Untergang retten sollten. Diese untrüglichen Anzeichen dafür, daß ihre menschliche Natur sich allmählich in eine tierische verwandelte und dies der Preis für das Überleben zu sein schien, registrierten sie mit einer Gleichgültigkeit, die das erste Stadium des Stumpfsinns darstellte, der sie im Laufe von ziemlich kurzer Zeit völlig eroberte. Zuletzt lagen sie nur noch als zwei Organismen da, deren Lebensäußerungen auf das Elementarste beschränkt sind. Sie wußten nicht, was oben und unten war, sie wußten nicht, was Zeit war: Die Uhren ihres Bewußtseins waren stehengeblieben und wurden allmählich ganz und gar von der seelenlosen Zeitlosigkeit der animalischen Natur verschluckt.
Das Floß gab zwar stark nach, und in allen Verzurrungen zerrte es heftig, aber dennoch hielt es stand. Ein Wrack von einem Floß war es freilich allmählich, verborgen in einem Dunkel aus Regendickicht und undurchdringlichen Wolken. Mit der Dünung hob und senkte es sich in ruhigem Rhythmus wie eine seltsame Wiege in einem Universum aus Wasser, das sich um sie herum in alle Richtungen ausbreitete. Das darauf liegende Geschwisterpaar wurde von dem salzigen Meerwasser so gründlich gewaschen und von dem frischen Regenwasser so sehr gespült, daß nicht viel fehlte, und ihre Menschenhaut hätte sich völlig gelöst und die sich darunter allmählich bildenden glatten Körper aus Fischhaut und Seehundfell enthüllt. Zuletzt sah der allwissende Blick Gott des Herrn sie nicht mehr, der Regen war so dicht, daß er sie verbarg, und er glaubte, nun gebe es auf der Oberfläche der Erde keine lebendigen Wesen aus Kains Geschlecht mehr.
Eines Tages schlug Rath die Augen auf. Anfangs begriff er nicht, wo er sich befand, doch nach einiger Zeit kehrte die Erinnerung zurück. Er entsann sich mit Entsetzen, daß er zugunsten der stummen und kalten Glückseligkeit eines elliptischen Körpers fast Arme und Beine und den Gebrauch der Stimme verloren hätte. Erst jetzt entdeckte er, daß seine Glieder sich mit denen der Schwester verschlungen hatten und daß ihr Kopf auf den Planken neben dem seinen ruhte. Er betrachtete sie zärtlich, glücklich darüber, nicht allein zu sein, und freute sich an den strahlenden Farben der Muschelschalen, Seesterne und Tangpflanzen, die ihr Gesicht und Haar schmückten.
Als er sich bewegte, erwachte Gnath ebenfalls. Anfangs konnte sie nicht sehen, denn sie hatte vergessen, wie man das tut, und ihre Lippen waren so verwässert und gefühllos, daß sie die Worte nicht formen konnte. Doch die Sonne, die auf sie herunterschien, schickte

Wellen aus Wärme tief in ihren Körper hinein und gab ihrem Blut das unstete Verlangen wieder, das es fast ganz verloren hatte.
Sie waren beide verwirrt darüber, sich in den Armen des anderen wiederzufinden, doch obgleich sie sich entsannen, daß sie sich als Geschwister nicht berühren durften, waren sie außerstande, sich von der Stelle loszureißen, an der sie als eine verfilzte Schöpfung aus den absichtslosen Energien des Dunkels, des Regens und der Dünung lagen. Sie krochen ganz im Gegenteil noch enger zusammen. Rath sehnte sich danach, seinen kalten Bauch mit den Fischschuppen gegen die warme Haut von Gnath zu drücken, und Gnath entdeckte erstaunt, daß sie die jungfräulichen Hemmungen verloren hatte, die sie seinerzeit daran gehindert hatten, sich dem Dasein hinzugeben, das die anderen im Tal der Träume und Blumen lebten, mit Verliebtheit, Treulosigkeit, Eifersucht, zerbrochenen Herzen und stürmischen Wiedervereinigungen. Sie war jedoch keineswegs gesonnen, sich zu beklagen und den verlorenen Jahren nachzujammern, sondern hatte reichlich damit zu tun, in der Gegenwart zu existieren, die voller Möglichkeiten war, die spannender und erregender waren als alles, was sie bisher erlebt hatte. Sie klemmte ihre Flossen um Raths behaarte Waden zusammen, und während sie einander in die Augen blickten, erforschten sie die mystische Anziehungskraft der Geschwisterschaft, die sie mit einer ererbten Angst erfüllte, der sie nicht nachzugeben beabsichtigten.
Deshalb krochen sie dichter aneinander, und darauf noch dichter, und schließlich waren sie einander so nahe, wie sie als Mann und Frau überhaupt kommen konnten, und in dieser Stellung verblieben sie lange. Sie erwarteten die ganze Zeit über, daß irgend etwas geschehen würde, was die Angst, die sie noch immer fühlten, begründen könne, da aber nichts geschah und sie an ihrer Vereinigung nur Vergnügen hatten, verließ sie die Angst schließlich.
Jetzt fanden sie doch erst richtig zu ihrer wirklichen Situation. Sie begannen an anderes als an sich selbst und aneinander zu denken und fühlten sich beklommen beim Anblick des Meeres, das sich, so weit das Auge reichte, erstreckte. Im ersten Augenblick waren sie zwar entzückt von den strahlenden und wechselnden Farbenspielen, die die Sonne in den Nebeln und Dämpfen hervorbrachte, von denen sie noch immer teilweise umgeben waren. Doch diese Verzückung war nicht von langer Dauer. Der Wind fegte die Nebel und damit die schönen Farbenschimmer fort, übrig blieb das Wasser, ziemlich prosaisch, unter einem öden Himmelsraum. Noch verstimmter wurde ihnen zumute, als sie in das Wasser hinuntersahen

und entdeckten, daß der Ozean voller Aas war, das darin in allen möglichen Stadien der Auflösung herumschwamm. Große Säugetiere mit zersprengten Bäuchen, aus denen Eingeweide und Gedärm heraushingen, und unter diesen Säugetieren erspähten sie von Zeit zu Zeit auch Menschen. Starke unterseeische Flüsse setzten die Wasser in Bewegung und erzeugten Strömungen, die die Kadaver an die Oberfläche brachten. Zuweilen waren sie zu Hunderten oder Tausenden in großen, verfilzten Klumpen zusammengetrieben, die direkt unter dem blanken Spiegel des Meeres wogten, sie segelten über das Meer des Todes, und Gnath bedeckte ihre Augen mit beiden Händen. Sie dachten an ihre vielen Verwandten, die umgekommen waren, und wurden von einer dumpfen, ohnmächtigen Trauer erfüllt, die sie beide zum Weinen brachte.

Doch nun begann sie der Hunger zu nagen, und der ließ sie schließlich zu weinen aufhören. Die Reste des Fleisches waren längst über Bord gespült worden, doch nach den heftigen Regengüssen waren die Wasserbehälter glücklicherweise voll. Sie mußten sich damit begnügen, von Wasser zu leben, denn alle die Fische und Wassertiere, die sonst in den Ozeanen zu leben pflegten, waren ebenfalls umgekommen, vielleicht als Folge der Verwesung, die viele Millionen ertrunkener Landtiere hervorbrachten.

In diesem Universum von Tod sich völlig selbst überlassen, wurde ihnen allmählich die Lebenskraft entsogen. Sie lagen ausgestreckt, und wenn sie die Leere des Himmelsraumes nicht länger ertragen konnten, wandten sie den Blick über den Ozean. Dessen öde Fläche und das Bewußtsein des darunter Verborgenen waren wenn möglich noch schlimmer, so daß sie ihren Blick schnell zurücknehmen mußten und statt dessen einander anschauten. Doch die Lust, beieinander Trost zu suchen, hatten sie wieder verloren, nun konnten sie einander nicht sehr lange auf einmal anschauen, als sähen sie überall, wohin sie den Blick richteten, die Leere eingeschrieben, und weigerten sich, diesen unheimlichen Text auf Stirn, Bauch und Gliedern des anderen zu lesen.

Nur eine Befriedigung blieb ihnen, nämlich daß sie nun wieder ganz und gar menschlich zu sein schienen. Die Wärme von Gnaths Bauchdecke hatte die Fischschuppen von Raths Bauch zum Verschwinden gebracht, die Schwimmhäute zwischen Gnaths Zehen hatten sich gelöst und waren abgefallen. Es war ihnen zwar klar, daß ihnen der Tod zweifellos gewiß war, aber dennoch zogen sie es vor, mit ihrer intakten menschlichen Identität zu sterben, statt in der Bewußtlosigkeit eines animalischen Zustands gerettet zu werden,

und nur ihre gegenseitige Erinnerung aneinander hielt sie noch am Leben. Als sie so entkräftet waren, daß sie den Kopf nicht mehr drehen konnten, um einander anzuschauen, erinnerten sie sich doch noch immer an die Blicke des anderen.
Doch ohne daß sie es merkten, begannen die Wasser allmählich zu sinken, und eines Tages stieß das Floß auf dem Gipfel eines Berges, der aus der Oberfläche emporragte, auf Grund. Das Wasser sank schnell und deckte immer mehr von dem Berg auf, der schwarz vor Schlamm war und wo sich bald ein unerträglicher Gestank von den halbaufgelösten Kadavern auszubreiten begann, die daran strandeten und deren Verwesung jetzt, wo sie den Strahlen der Sonne ausgesetzt wurden, erst so richtig einsetzte. Das einzig Eßbare, was sie finden konnten, waren einige kleine grüne Keime, die nach Verlauf einiger Tage zwischen den Spalten der trockenen, schwarzen Borke, in die sich der Schlamm unter der Bestrahlung der Sonne verwandelt hatte, hervorzulugen begannen. Sie hatten einen säuerlichen Geschmack und machten nicht satt. Allmählich sehnten sich Rath und Gnath fast auf das Meer zurück, denn sowohl der Gestank wie auch der Anblick der Verwesung gingen ihnen auf die Nerven, und sie erwogen ernsthaft, das Floß zu reparieren, um dann wieder in See zu stechen.
Eines Tages kam eine große weiße Taube geflogen und landete auf dem Berg. Sie war so zutraulich, daß es dem entkräfteten Rath gelang, sie mit den bloßen Händen zu fangen. Er schlug die Zähne in die Taube und riß, umnebelt von dem Geschmack aus Fleisch und Blut, große Bissen los, wobei er sich nicht die Zeit nahm, sie zu kauen. Gnath mußte sich damit begnügen, die Knochenreste aufzusammeln, die er ausspuckte und die im übrigen voller langer Fleischfasern waren, die sie sofort begierig losriß, worauf sie die Knochen sorgfältig sauberlutschte.
Die gefräßige Art und Weise, in der Rath sich über die Taube hergemacht hatte, rächte sich bald. Es war noch keine Viertelstunde vergangen, da bekam er fürchterliche Bauchschmerzen und Brechreiz. Einen Augenblick später begann er das Fleisch herauszuwürgen, das er in den Mund gestopft hatte, und während ihm die Tränen die Wangen hinunterliefen und er sich im Sand wand, kam ein Klumpen nach dem anderen wieder hoch. Jetzt war Rath an der Reihe mit Jammern und Weinen, denn die sparsame Mahlzeit, die Gnath eingenommen hatte, hatte sie vor solchen unglücklichen Nachwirkungen völlig verschont. Sie erbarmte sich seiner, tröstete ihn, trocknete seine Augen und seine Nase mit ihren Fingern und vertraute ihm

schließlich an, daß sie ein freudiges Ereignis erwarte. Ihre Sorge wie die überraschende Neuigkeit belebten ihn gewaltig, und als sie im selben Moment einen ganzen Schwarm Tauben erblickten, der sich auf einer Wiese in der Nähe niederließ, stieg ihre Laune um mehrere Grad an. Wie ein richtiges junges Paar schwatzten sie den ganzen Tag lang, machten Pläne für die Zukunft und schliefen in den Armen des anderen ein, und am nächsten Tag fing Rath ein paar Tauben, über die sie sich wohlweislich langsam und sehr überlegt hermachten. Groß war deshalb ihre Enttäuschung, als Gnath nach ein paar Tagen erst mit einem Fisch und danach mit einem Salamander niederkam. Der lange Aufenthalt auf dem Floß und der gezwungene Umgang mit dem nassen Element hatten also dennoch ihre Wirkung gehabt, ihre Körper reproduzierten noch immer die tierischen Anlagen, die sie sich ohne ihr eigenes Wissen angeeignet hatten, die sie mit dem Verschwinden der Fischschuppen und der Schwimmhäute völlig vergessen hatten, an die sie diese verblüffende Niederkunft jedoch in rührender Weise erinnerte.
Eine Flunder! rief Rath verblüfft, und nachdem sie sie ein wenig gestreichelt hatten, setzten sie sie im Wasser aus. Der Salamander stand noch da und wandte ein wenig den Kopf hin und her, erstaunt über die Welt aus Gras, in der er sich plötzlich befand, worauf er mit kleinen, lustigen Bewegungen, die sie zum Lachen brachten, davonschlüpfte.
Bei ihrer Jagd auf die Tauben hatten sie sich allmählich weit umherbewegt. Wenn sie stehenblieben und den Weg, den sie gekommen waren, zurückschauten, sahen sie am Horizont noch immer den schwarzen Berg, auf dem sie gestrandet waren und der ihre Rettung gewesen war. Sein regelmäßiger Kegel zeichnete sich scharf gegen den Himmel ab, es war, als habe sich der Schlamm, in dem sie gelandet waren und der dem Berg seine Farbe gegeben hatte, in irgendeinen harten Stoff verwandelt, so daß er nun eher aussah wie Basalt. Doch dieser Eindruck ergab sich vielleicht nur durch die Entfernung. Unter allen Umständen konnten sie den Berg nicht ohne Zittern anschauen: Er erinnerte sie an ihr ungebührliches Überleben, daran, daß sie Gott zum Trotz lebten und atmeten, ein verdammtes Geschlecht, das eigentlich hätte tot und verschwunden sein sollen, das sich aber nun aus aller Kraft und mit neuerwachter Energie daranmachte, es weiterzuführen. Ein kleines, schwächliches Menschenkind, das drei Tage nach der Geburt starb und keine andere Spur hinterließ als die Erinnerung an ein untröstliches Weinen, das ihre Herzen mit einer erdrückenden Trauer erfüllte, versprach

nichts Gutes. Sie gingen wie versteinert umher, und als sie schließlich wieder in die Arme des anderen getrieben wurden, war das Lustgefühl von kurzer Dauer und von krampfartigen Zuckungen begleitet, als kitzle sie der Tod mit seiner unvermuteten Nähe und habe sich sogar in diese intimsten Organe eingeschlichen.

Das Ergebnis ihres wiederaufgenommenen sexuellen Verhältnisses, das einst eitel Freude gewesen war, nun aber die ganze Zeit über im Schatten einer dringlichen Angst vor sich ging, war diesmal ein kleines Mädchen.

Sie sieht aus wie eine Schildkröte, sagte Rath, ein Vergleich, der jeder Grundlage entbehrte, aber dennoch in irgendeiner unerklärlichen Weise richtig war und sich als prophetisch erwies.

Kleine Schildkröte wurde nämlich unermeßlich alt, ich glaube mehrere hundert Jahre, und hatte schließlich eine Haut, die so hart und hornig war wie der Panzer einer Schildkröte, einen kleinen abgezehrten Kopf, der auf seinem dünnen Hals weit hervorragte und sich langsam von Seite zu Seite bewegte, und verschleierte Augen, deren hintergründiger Blick einem den Eindruck der traurigen Weisheit uralter Meeresschildkröten ins Gedächtnis rief. Vorläufig aber war sie nur ein kleines, schleimiges Würmchen, das Gnath wikkelte und in eine kleine Wiege aus Stroh legte und dem sie danach all ihre Fürsorge widmete. Kleine Schildkröte hatte überhaupt in keiner Weise die Möglichkeit, Leib und Leben zu riskieren, denn Gnaths besorgter Blick folgte ihr überallhin, wo sie ging und stand, und Gnath ließ keine einzige Gelegenheit aus, sie vor dem Tod zu retten, der ihrer Meinung nach überall lauerte. Als das kleine Kind laufen lernen sollte, machte sie Spazierstöcke, auf die sich das Kind stützen konnte, weil sie Angst hatte, Kleine Schildkröte könne umfallen und sich bei ihren ersten schwierigen Versuchen, das Gleichgewicht zu halten, den Kopf an einem scharfen Stein zerschmettern. Diese Stöcke machten es zehnmal komplizierter für Kleine Schildkröte, herauszubekommen, auf welchem Bein sie stehen sollte und wie sie all die vielen Glieder im Verhältnis zueinander zu bewegen hatte, deshalb zog sie es vor, an derselben Stelle stehenzubleiben, und war auch lange Zeit mit dem Ausblick über die Welt zufrieden, den die aufrechte Stellung ihr vermittelte. Wütend darüber, sein Kind mit Krücken zu sehen, noch bevor es überhaupt seine Bewegungsfähigkeit erlangt hatte, entriß Rath Kleiner Schildkröte die Stöcke und befahl ihr zu gehen. Aber sie fällt ja! schrie Gnath, und nun sah es tatsächlich so aus, als puste jemand das Kind an, das mit einem erschreckten Ausruf umkullerte und zu weinen begann.

Rath drehte ihnen den Rücken zu und ging seiner Wege, Gnath aber suchte Kind und Stöcke auf, verband wiederum das eine Ende der Stöcke mit den beiden kleinen Fäusten und stellte – nachdem sie erst das kleine Wesen getröstet und die blutenden Wunden mit heilenden Blättern verbunden hatte – die beiden Füße und die beiden Stöcke mit einem solchen Abstand zueinander auf die Erde, daß das Gleichgewicht kein Problem darzubieten schien. Aufgrund ihres phänomenalen Gehirns und des im Menschengeschlecht angelegten unbezwingbaren Lebensmutes gelang es Kleiner Schildkröte bald, sich ohne zu fallen vorwärtszubewegen, und nach einigen Wochen eilte sie auf allen vieren davon, als bilde sie mit ihren Stöcken auf der Oberfläche der Erde das erste Exemplar einer neuen Art. Gnaths warnende Rufe ließen sie glücklicherweise ihre wilde Fahrt über Stock und Stein unterbrechen, da sie sonst in einen Abgrund gestürzt wäre, was den sicheren Tod bedeutet hätte. Das jagte ihr einen ernsthaften Schrecken ein, und sie fand es selbst beruhigend, als Gnath festlegte, daß sie in Zukunft nur mehr zehn Meter zur einen und zehn Meter zur anderen Seite von der Stelle, an der sie sich befanden, fortlaufen dürfe – und im Hinblick auf die Gefahren, die damit verbunden sind, daß man sich unter feindlich gesonnene Tiere begibt, waren sie immer zusammen.
Rath versuchte vergeblich, Gnath dazu zu bringen, Kleine Schildkröte nicht immer und ewig zu überwachen.
Du verziehst das Kind, sagte er; doch an Gnath prallte alles ab.
Du siehst doch, daß ich ihr ein bißchen auf die Sprünge helfen muß, sagte sie. Und ist es vielleicht dein Verdienst, daß sie nicht bereits hingefallen ist und sich die Glieder zerschlagen hat?
Die Diskussionen entarteten bald zu Streitereien, die zuweilen in einem Handgemenge endeten, denn Rath konnte seine Wut nicht beherrschen, und Gnath, die nach der Geburt von Kleiner Schildkröte fürchterlich krakeelig und reizbar geworden war, wollte sich nichts gefallen lassen. Das Ergebnis war, daß sie jeder für sich von einem ohnmächtigen Gefühl der Einsamkeit übermannt wurden, das sie quälend wie ein physischer Schmerz nicht allein in der Nacht heimsuchen konnte, sondern auch mitten am Tage, und das sie ruhelos machte und sie mit einer unbrauchbaren Wut erfüllte, die sie an niemandem und nichts auslassen konnten. Du paßt nicht ordentlich auf mich auf! rief Kleine Schildkröte eines Tages, als sie von einem Regenschauer überrascht worden waren, der sie triefend naß machte, und sie schlug Gnath mit einem ihrer Stöcke auf den Kopf; es ist deine Schuld, wenn ich an Lungenentzündung sterbe.

Nach Kleine Schildkröte hatte Gnath am laufenden Band eine Reihe von Kindern zur Welt gebracht, für die sie kaum Zeit hatte, weil sie sich um Kleine Schildkröte kümmern mußte, die allerdings gezwungen war, mit ihren Stöcken eine gewisse Disziplin zu halten. Gnath hatte Angst vor den Stöcken, denn sie wußte aus Erfahrung, daß Kleine Schildkröte sie mit Kraft und Genauigkeit führte, gleichgültig, ob sie einem damit einen Streich über die Finger versetzte, den Rücken versohlte oder die Schläge gegen den Kopf richtete.

Was ist aus all dem geworden, wovon wir damals, als uns der schwarze Berg vor dem Untergang rettete, geträumt haben? beklagte sie sich nun bei Rath.

Aber gerade jetzt, als sie sein Mitgefühl brauchte, antwortete er zynisch, das sei ihre eigene Schuld. So einigten sie sich darauf, daß ihr Dasein eine Hölle geworden sei und es viel besser gewesen wäre, wenn sie während der Sintflut auf dem Meer umgekommen wären. Sie hatten nichts weiter zu erwarten als Schinderei und Plackerei von morgens bis abends, um der Familie Essen zu verschaffen, und Gnath lief außerdem in einer ewigen Angst umher, Kleine Schildkröte könne schlechte Laune haben, denn das bekam sie sofort zu spüren. Eines Tages konnte Rath diese Zustände nicht mehr aushalten. Ohne ein einziges Abschiedswort verließ er sein Zuhause und nahm Kurs nach Osten, wo er die Gerechten aufsuchen wollte, die, so wußte man, dort lebten, und wo er eine junge Frau zu finden hoffte, die ihn mit ihrer Unschuld mit dem Leben versöhnen und die Mißstimmung verjagen konnte, die sein täglicher Gefährte geworden war.

Gnath schimpfte und schalt, weil Rath sie verlassen hatte, in der Nacht aber weinte sie und dachte aus irgendeinem Grund an ihre Jugend, als sie jeden Tag zum See der Wahrheit gegangen war und sich ängstlich fragend zu ihrem eigenen Spiegelbild hinabgebeugt hatte.

Kleine Schildkröte war inzwischen etwa hundertfünfzig Jahre alt geworden. Um ihren Körper keinem Risiko auszusetzen, hatte sie es vermieden, sich einem Mann hinzugeben, und um ganz sicher zu sein, hatte sie ihre Scheide auch noch mit Steinen angefüllt, die sie ab und zu herausnahm und in sauberem Quellwasser spülte. Nun, da sie in die Jahre gekommen war, war sie in Abständen nicht ganz klar im Kopf, tat unberechenbare Dinge und benahm sich überhaupt zuweilen wie eine völlige Törin. Eines Tages ließ sie Steine Steine sein und machte sich auf, einen Mann zu finden, doch trotz der Tatsache, daß das Geschlecht allmählich groß und zahlreich gewor-

den war, konnte sie kein einziges seiner männlichen Mitglieder dazu überreden, ihren brennenden Wunsch zu erfüllen. Erst als sie auf einen Bergtroll stieß, dessen Augen siedeten und sprudelten, wenn die Lider mit den verbrannten Wimpern kühlend über ihre gewölbten Flächen glitten, und dessen riesige behaarte Hände so weich waren wie Seide, fand sie den Mann, der nicht davor zurückschreckte, diese mühevolle Arbeit auf sich zu nehmen, die verwitterte Struktur ihrer Geschlechtsorgane zu durchbohren und zu erforschen, eine Leistung der erotischen Archäologie, die auch später nie vergessen wurde. Hinterher fiel er denn auch ohnmächtig um, aber Kleine Schildkröte wankte davon, noch immer auf ihre Stöcke gestützt und innig zufrieden darüber, daß sie nun dennoch nicht ohne diese Erfahrung ins Grab gehen müsse, die anscheinend doch nicht so risikoreich war, wie sie sich immer vorgestellt hatte.
Nach einiger Zeit aber wurde sie von einem beginnenden Kopfschmerz und einer Unruhe in allen Gliedern geplagt, die schnell zunahmen und einen schmerzlichen Charakter annahmen, der ihr Tag und Nacht kaum eine Minute Frieden gewährte. Die Schmerzen nahmen langsam zu und machten ihr allmählich das Dasein mühsam, und als sie es schließlich nicht länger ertragen konnte, schob sie alle Bedenken beiseite und suchte einen weisen Mann auf. Nach einer gründlichen Untersuchung erklärte er, das einzige Mittel gegen diese unerklärlichen Schmerzen bestünde darin, alles umzukehren, sie müsse sich mit anderen Worten auf den Kopf stellen – eine Kur, die sich bei unzähligen nervösen Leiden als wirksam erwiesen hatte und die viele weise Männer täglich an sich selbst praktizierten. Glücklicherweise war der weise Mann nicht nur im Hinblick auf die menschliche Natur einsichtig, sondern auch praktisch veranlagt. Kleine Schildkröte war viel zu alt, um noch den Kopfstand zu lernen, ganz abgesehen davon, daß dies durch die nach vorn gebeugte Form fast unmöglich gemacht wurde, die ihr Körper angenommen hatte, weil sie sich immer auf ihre beiden Stöcke stützte. Aber der weise Mann hatte einen schlauen Apparat konstruiert, der es möglich machte, Kleine Schildkröte, den Kopf nach unten und eine Schlaufe um jedes Bein, emporzuhieven. Als sie so dahing, glich sie einem völligen Monstrum, dessen Ungeheuerlichkeit sogar den weisen Mann erschreckte, der doch immerhin einiges gesehen hatte. Während sie langsam hin- und herschwang, spürte Kleine Schildkröte zum erstenmal wirklich, daß sie die Herrschaft verloren hatte und die Richtung ihres Lebens nicht mehr beherrschte. Da die Unruhe und die Schmerzen in Kopf und Gliedern nicht

abklangen, bat sie darum, herabgehievt zu werden, und enttäuscht und gedemütigt machte sie sich davon.

Eines Tages erreichten die Unruhe und die Schmerzen in Kopf und Gliedern ihren Höhepunkt, das Leben, das Kleine Schildkröte aus purer Angst und Vorsicht ihrem Körper verwehrt hatte, kehrte sich mit fünffacher Kraft gegen sie und verlangte sein Recht. Sie hatte ihre Gebärmutter erfolgreich terrorisiert, und nun zeigte es sich, daß die Folgen der einzigen Liebesaffäre ihres Lebens sich statt dessen in den Gliedern und im Kopf festgesetzt hatten. Auf den dunklen Wegen des Körpers strebten diese unruhigen Leibesfrüchte nun der Öffnung desselben zu, und die fünf kleinen Kinder, die zur Welt kamen, hatten alle in mehr oder weniger starkem Ausmaß den brennenden Blick ihres Vaters geerbt. In den Armen und Beinen hatten zwei Jungen und zwei Mädchen gewohnt; diese Kinder wuchsen heran und wurden ordentliche Menschen. Das Mädchen aber, das im Gehirn gesessen hatte, war ein seltsames, unverständliches Wesen. Es zitterte ohne Grund wie Steppengras und war nicht mehr als vierzehn Tage alt, als es das erste Mal, mit einem Gesichtsausdruck, als schaue es ein himmlisches Mysterium, das es mit Verwunderung und Schrecken erfüllte, das Bewußtsein verlor. Es zeigte sich bald, daß es prophetische Gaben besaß. In seinem Ohnmachtszustand war es nach seinen Aussagen imstande zu fliegen, und das bevorzugte Ziel dieser Flüge war der Heilige Berg, das heißt der schwarze Berg, der jetzt bereits nur noch in der phantastischen Geographie der Legenden existierte, denn selbst Gnath wußte nicht mehr, an welcher Ecke der wirklichen Welt er zu suchen sei.
Diese Prophetin erhielt den Namen Klapperschlange, und wie bei den meisten Namen sagt das mindestens ebensoviel und vielleicht mehr über diejenigen aus, die diesen Namen gaben, als über den Träger.
Klapperschlange erschien so schwach und zerbrechlich wie ein degeneriertes Schoßtier. Sie ernährte sich überwiegend von Wasser, denn ihr empfindlicher Magen vertrug fast keinerlei feste Nahrung. Sie litt an Schlaflosigkeit, lag oft mehrere Tage hintereinander im dunkelsten Winkel der Hütte, ohne sich zu rühren und ohne die Käfer und Ameisen wahrzunehmen, die auf ihr herumkrabbelten, und beklagte sich mit leidendem Gesichtsausdruck, wenn sich jemand zankte oder die große Klappe schwang oder sich irgendwie laut benahm. In Wirklichkeit aber war sie stark wie ein Ochse, und nichts konnte sie unterkriegen. Nach mehreren Tagen ohne Schlaf

und nachdem sie nichts weiter als Wasser zu sich genommen hatte, konnte sie sich von einem Augenblick zum nächsten erheben und ohne zu ermüden mehrere Tage hintereinander an langen, anstrengenden Bergwanderungen teilnehmen.
Sie konnte Leute durch einen Blick in die Augen heilen. Sie brachte nicht allein Kopfweh und Gichtschmerzen zum Verschwinden, sondern machte auch kinderlose Frauen fruchtbar, und Männer, die Memmen waren, verwandelten sich unter dem Einfluß ihres Blickes in gestählte Helden.
Klapperschlange war sehr gefürchtet, und natürlich trug sie ihren Namen deshalb. Man fürchtete sie, obgleich sie stets nur Gutes tat. Ihre Prophezeiungen besagten immer, alles werde sehr viel schlimmer laufen, als selbst die Pessimistischsten angenommen hatten, und da diese Prophezeiungen regelmäßig zutrafen, war das noch ein weiterer Grund, sie zu fürchten. Es betrübte Klapperschlange, daß sie so viel Furcht erweckte, sie stellte sich vor, daß sie ihrem Volk einige tröstende und aufmunternde Worte sagen könne, die die Furcht in Vertrauen und Hingabe verwandeln konnten. Doch kaum wollte sie den Mund in dieser Absicht öffnen, so fiel sie auf die Erde und begann in rasender Geschwindigkeit zu reden und eine Menge Dinge zu sagen, die sie überhaupt nicht vorbringen wollte. Unter anderem sagte sie geradeheraus, daß sich ihr eigenes Volk in Wahrheit danach sehne, sie loszuwerden, und im geheimen davon träume, sie totzuschlagen. Sie glaubten nur – so sagte sie weiter –, daß es schwierig wäre, sie zu töten; daß sie Form und Gestalt verändern würde, wenn sie sie abholen kämen, und zu einer Schlange würde, die in die Erde kröche, oder zu einem Vogel, der sich in die Lüfte schwinge; oder daß ganz gewöhnliche Methoden, seien es Gift, Schwert, Feuer oder Erdrosseln, bei ihr nicht wirken würden. In diesem Punkt könnten sie jedoch ganz beruhigt sein: Sie sei nichts weiter als ein gewöhnlicher, sterblicher Mensch, und es sei nicht schwerer, sie vom Leben zu trennen, als jede beliebige Kuh. Wenn sie das begriffen hätten – so schloß sie –, würden sie es natürlich auch tun.
Die das hörten waren entsetzt und starrten einander voller Ratlosigkeit an, und als sich die ersten umdrehten und sich davonzustehlen begannen, rief sie sofort jemanden zurück, worauf sie alle zusammen in großer Angst und Erregung Rat zu halten begannen. Da jeder von ihnen ganz im geheimen genau den Wunsch genährt hatte, den Klapperschlange ausgesprochen hatte, waren sie allesamt daran interessiert, daß Klapperschlanges Worte nicht bekannt wurden. Es

galt vor allem, nicht noch mehr in ihre fürchterliche Weissagung einzuweihen, die sie fast dazu zwingen würde, sie zu töten und sie auf diese Weise alle zu Mitschuldigen zu machen. Deshalb einigten sie sich darauf zu schweigen, und nachdem dieser Beschluß gefaßt worden war, trennten sie sich mit schwerem Herzen und brüteten über ihr gemeinsames Geheimnis nach. Im Dunkel der Nacht aber schüttete der Mann der Gattin das Herz aus, der Geliebte der Geliebten, der Sohn der Mutter, der Schüler dem Lehrer, der Bauer dem Ochsen, der Fischer dem See und der Einsiedler den Wolken. Alle behielten ihr Wissen für sich und erleichterten ihr Herz nur gegenüber einem einzigen Vertrauten, und bald wußten nicht allein alle Erwachsenen, ohne jemals darüber gesprochen zu haben, daß sie eines schönen Tages Klapperschlange würden töten müssen, sondern auch die Kinder wußten es, und die Haustiere wußten es; selbst die Bäume, das Gras der Steppen und die Zinnen der Berge wußten es. Dieses gemeinsame, unausgesprochene Wissen sollte in das Leben des Volkes auf unterschiedliche, sozusagen sinnentstellende Weise eingreifen. Es wurde gefährlich, sich in Gedanken zu verlieren, denn ein jeder würde sofort zu erraten meinen, weshalb der Betreffende so versunken sei, und sich deshalb schleunigst davonmachen. Es war schwierig und erforderte sehr viel Selbstkontrolle, nicht sogar in den unschuldigsten Äußerungen eine Anspielung auf das gemeinsame Geheimnis zu erblicken. Der bloße Gedanke, daß eine Äußerung mißverstanden werden könne, konnte selbst die Redseligsten dazu bringen, mitten in einem Satz steckenzubleiben. Die Schlafenden, die im Schlaf stöhnten und sich wanden und offensichtlich von Alpträumen geplagt wurden, deren Inhalt man nur allzugut erraten konnte, wurden brutal geweckt, so daß die meisten zuletzt geradezu Angst hatten einzuschlafen. Auf diese Weise wurde normales, alltägliches Benehmen nahezu unmöglich gemacht, der allgemeine Gesundheitszustand wurde langsam untergraben, das Vieh gedieh nicht, die Flüsse trockneten aus, und auf den Feldern breitete sich das Unkraut aus.
Klapperschlange, die natürlich wußte, wie das alles zusammenhing, war betrübt, aber in diesem Fall außerstande zu helfen, und im übrigen hatte sie mehr als genug damit zu tun, ihre arme Mutter zu trösten. Kleine Schildkröte hatte nach den letzten Erlebnissen langsam ihren Charakter geändert. Sie hatte aufgehört, Gnath mit dem Stock zu schlagen, und legte überhaupt an alles und alle einen nachsichtigen Maßstab an. Sie sah ihre eigene Jugend in einem neuen Licht und war in wortloser Selbsterkenntnis so weit gekommen, daß

sie sogar ihr eigenes egoistisches Benehmen mit Nachsicht betrachtete. Nun, da sie wußte, daß das Volk ihr Kind, die seltsame und zerbrechliche Klapperschlange, die als ein drückender Schmerz hinter ihrer eigenen Stirn gesessen hatte, töten würde, wurde ihre Nachsicht auf die härteste Probe gestellt.

Aber wenn es stimmt, sagte Klapperschlange, daß du alles und alle mit Nachsicht betrachtest, dann mußt du das auch tun, selbst wenn sie mich töten wollen; ja, dann mußt du es erst recht tun. Und weshalb solltest du das nicht auch? Du darfst nämlich nicht vergessen, daß ich es bin, die sie dazu bringt.

Damals, als mir alles umgedreht wurde, sagte Kleine Schildkröte, meinte ich, das mache keinen Unterschied; ich konnte ja nicht wissen, daß ich euch trug und daß dies der Grund der seltsamen Schmerzen war, die mich quälten. Nun aber sieht es doch so aus, als müsse man nur alles auf den Kopf stellen, dann stimmt alles.

Klapperschlange sagte: Jetzt sieh mich mal an! Ich habe ihnen erzählt, was sie tun werden. Wenn ich es ihnen nicht erzählt hätte, wären sie kaum imstande gewesen, es zu tun. Aber warum habe ich es denn dann gesagt? Weil ich sehen konnte, daß es so sein mußte. Es war der einzige Ausweg. Gab es denn überhaupt keine Möglichkeit, dieser Situation zu entrinnen? Was glaubst du wohl, woran ich gedacht habe, wenn ich drei Tage und Nächte hintereinander mit dem Kopf an der Wand lag? Aber wir stammen von Kain ab, und dazu müssen wir uns bekennen.

In dieser Weise sprachen Mutter und Tochter mehrere Tage lang miteinander, und von der Zeit an hatte der Blick von Kleine Schildkröte den Ausdruck trauriger Weisheit, der sie während der letzten paar hundert Jahre, die sie auf der Erde lebte, kennzeichnete.

Inzwischen hatten sich die Verhältnisse katastrophal entwickelt, die Gesellschaft geriet allmählich in Auflösung, unter dem Einfluß des wohlbewahrten Geheimnisses wurden ganze Familien von Epidemien moralischer Zusammenbrüche heimgesucht, so daß niemand mehr zu sagen vermochte, ob etwas recht und richtig war, was Selbstmordversuche, Depressionen und Wahnvorstellungen nach sich zog.

Niemand weiß, wer die Idee gehabt hatte, eines Tages aber hatte der Rat der Weisen die Lösung gefunden: Wir verurteilen Klapperschlange dazu, bis an den äußersten Rand der Welt zu wandern und von dort aus ins Nichts weiterzugehen – auf diese Weise vermeiden wir es, unsere Hände mit ihrem Blut zu besudeln.

Das nächste Problem allerdings ergab sich daraus, daß man etwas finden mußte, wofür man Klapperschlange verurteilen konnte, was sich als nicht ganz einfach erwies. Der Rat der Weisen zerbrach sich den Kopf, konnte aber auf nichts kommen, bis eines Tages ein kleines Mädchen in aller Unschuld zu seiner Mutter sagte: Ich finde, Klapperschlange hat so eine komische Nase.

Der Mutter fiel auf, daß das Kind recht hatte, obgleich sie selbst nie darüber nachgedacht hatte, und sie fragte ihren Mann: Hast du bemerkt, daß Klapperschlange so eine komische Nase hat?

Was sagst du da? erwiderte der Mann erschrocken, denn er war eine Memme, die Klapperschlanges Blick nie zum Helden gemacht hatte, und um mit dieser fürchterlichen Beobachtung, deren Wahrheit auch ihm sofort aufgefallen war, nicht allein zu sein, eilte er zum Nachbarn hinüber, der am selben Abend eine große Gesellschaft gab, bei der das Komische von Klapperschlanges Nase zum allesüberschattenden Gesprächsthema wurde.

Bereits am nächsten Tag trat der Rat der Weisen zusammen, denn aus Rücksicht auf die erregten Diskussionen, die von Mann zu Mann geführt wurden, wagten sie die Behandlung der prekären Angelegenheit – die komische Nase von Klapperschlange – nicht auszusetzen, sondern machten sich sofort an die Beratung der Sache.

Klapperschlange wurde als Zeugin geladen.

Hast du die Nase mit? fragte der Älteste des Rates, und Klapperschlange antwortete nur, indem sie den Kopf drehte, so daß er sie im Profil sehen konnte.

Die Wahrheit über Klapperschlanges Nase war, daß es sich um einen großen, ungemein schön gekrümmten Zinken handelte, den sie von dem Bergtroll geerbt hatte.

Darauf begann der Älteste die Anklageschrift vorzulesen. Sie war schrecklich lang und verwickelt und so langweilig, daß niemand sie verstand, obgleich alle wußten, worum es ging.

Das Gerichtsverfahren fand auf der offenen Ebene vor der Stadt statt, deren Einwohner genau wie die Einwohner der kleinen Dörfer rund umher herbeigeströmt waren, um diesen Prozeß zu verfolgen, als gehe es dabei für sie um Leben und Tod.

Die vielen tausend Menschen saßen in dem spärlichen Gras, und nur wenige konnten den Schatten der vereinzelten Eukalyptusbäume genießen, deren Blätter raschelten, wenn ab und zu ein schwacher Wind über die Ebene dahinstrich. Weit und breit war es still, als einziges Geräusch war sonst nur die näselnde Stimme des Ältesten zu hören, die auf die Dauer, als Stunde um Stunde verging, so monoton wirkte wie das Rieseln eines Wasserlaufs, so, als sei er selbst Teil

der Natur, und sie bringe durch ihn unpersönlich und leidenschaftslos ihre Anklage vor.
Der Himmel war klar, dennoch aber war das Licht irgendwie ein Quentchen staubig, so daß die Szenerie – von weitem betrachtet – einem alten Bild ähneln konnte, dessen einst so klare Farben, Ocker, welkes Grün und Blau, im Laufe der Zeit verblichen oder eher durch die Patina der Jahre überlagert worden waren. Die Ähnlichkeit mit einem Bild – denn die zahlenstarke Versammlung saß unbeweglich da, als sei sie auf der weitläufigen Ebene für die Ewigkeit gemalt – wäre noch auffälliger gewesen, wenn nicht ab und an eine vereinzelte weiße Wolke langsam über den Himmel dahingesegelt wäre wie ein Geograph, der gerade die großartigen Geheimnisse des kosmischen Zeit-Raum-Kontinuums ausmißt.
Von den Menschen ungesehen, konnte eine solche Wolke senkrecht über der Ebene für einen verschwindend kurzen Augenblick in ihrem Flug innehalten, so, als wolle sie sich einprägen, was dort unten vor sich ging, während die blauen, die Ebene umkränzenden Berge unmerklich flirrten, als erbebe ihr Inneres unter einer Haut aus Felsen.
Dafür sprachen hinterher viele davon, daß sich die Salzvögel äußerst seltsam benommen hätten. Diese normalerweise so gesetzten Vögel, die oft aus eigenem Antrieb den Menschen kleine Dienste erwiesen und deren salziges, wohlschmeckendes Fleisch ohne weitere Behandlung fast unbegrenzt haltbar war, schlugen unruhig mit den Flügeln umher, und einige von denen, die sich auf den Zweigen der Bäume zur Ruhe gesetzt hatten, verloren das Gleichgewicht und purzelten unmotiviert herunter.
Nachdem die Hälfte des Tages vergangen war, war der Älteste mit dem Verlesen der Klageschrift fertig, und nun war Klapperschlange mit ihrer Verteidigung an der Reihe.
Sie erhob sich und sagte: Ihr zieht diese Angelegenheit mit allen euren Umschweifen nur unnötig in die Länge. Es ist quälend genug für uns alle, daß ihr mich töten wollt, obgleich ich euch immer nur Gutes getan habe. (Bei diesen Worten rührte es sich zum erstenmal in der Versammlung: Einige protestierten lauthals, andere schüttelten mit ungläubigem Ausdruck den Kopf, wieder andere duckten sich, einige drohten ihr mit geballten Fäusten.) Aber ich lüge nicht, wenn ich sage, daß ich euch gut verstehen kann, und ich kann ja nichts dafür, daß ich so geboren wurde, daß meine Augen durch viele Dinge hindurchsehen und insbesondere ungehinderten Zugang zu dem haben, was in den Gehirnen der meisten Menschen vor

sich geht. Ich beneide euch oft darum, daß ihr nicht mit meiner krankhaften Aufmerksamkeit geboren worden seid, die mich so viele Dinge, die die meisten nicht sehen, genau bemerken läßt, daß mein Gehirn sie alle vergleicht und alle Möglichkeiten durchdenkt und zum Schluß völlig klar sehen kann, wie sich die Dinge von der vorliegenden Grundlage her notwendigerweise gestalten werden – was die Zukunft in ihrem Schoß trägt, wie man sagt, was die einfache Erklärung meiner prophetischen Gaben ist. Ihr stellt euch also vermutlich vor, daß ich die Zukunft, wenn ich ausspreche, wie sie sich gestalten wird, geradezu in eine bestimmte Bahn zwinge, und daß ihr, wenn ihr mich loswerden könnt, damit eine Freiheit zurückerobert, die es euch ermöglicht, eure Zukunft selbst zu bestimmen. Aber ihr irrt euch völlig. Ob ich nun lebe oder nicht, die Zukunft ist in euch, und euer Leben wird unter allen Umständen dadurch bestimmt, diese existierende Zukunft zu leben. Ihr hättet also die Chance ausnutzen sollen, mit der Freiheit weiterzuleben, die das Wissen vermittelt, statt in der Unfreiheit der Unwissenheit weiterzuexistieren. Möglicherweise werden die Menschen einmal so stark, daß sie die Zukunft nicht fürchten, und in dem Fall bin ich nur zu früh geboren. Aber ich sah ja eure Furcht und wie die Furcht euer Leben zerstörte; und so war ich zu diesem Schritt gezwungen, obgleich ich damit die Schuld auf mich nehme, euch dazu zu zwingen, zu Mördern zu werden. Das ist eine grauenvolle Zukunft, die wir zusammen leben müssen, und es gibt keine Sühne für die Tat, die wir nun gemeinschaftlich begehen werden. Was meine Nase betrifft, die ihr so anstößig findet, so meine ich, daß es nur einen Ausweg aus eurem Dilemma gibt, nämlich, daß ihr mir den Kopf abschlagt und ihn einbalsamiert und ausstellt, so daß ihn alle kommenden Geschlechter in Augenschein nehmen und sich mit eigenen Augen davon überzeugen können, daß ihr recht und richtig gehandelt habt. Und nun will ich euch zum Schluß nur noch um eins bitten, nämlich, daß ihr, wie ich anfangs gesagt habe, diese Sache nicht unnötig in die Länge zieht. Glaubt ihr nicht, daß auch ich das Leben liebe? Ich würde liebend gern noch viele Tage leben, die Sonne aufgehen sehen, klares Wasser trinken und die Existenz meines eigenen Körpers spüren. Aber wenn das nun einmal nicht sein kann, so laßt uns eine schnelle Entscheidung treffen. Ich stelle euch meinen Kopf zur Verfügung.

Auf Klapperschlanges Rede folgte eine tiefe Stille, als seien sie alle völlig versteinert und als wüßte niemand, wie man diesen verhexten Zustand brechen solle. Doch schließlich begannen die Mitglieder des Rates der Weisen miteinander zu flüstern, und nach viel Flüsterei und Tuschelei verkündete der Älteste des Rates das Urteil. Er bewegte jedoch seine dünnen, trockenen Lippen fast nicht, so, als würden die Worte ohne Hilfe der Zunge und der Lippen direkt aus seinen inneren Organen übertragen, weshalb sie auch nur von den Zunächstsitzenden aufgefangen wurden.

Flüsternd liefen die Worte des Richters von Mund zu Mund: ... Unanständigkeit ... einiges Volk ... der äußerste Rand ... das Nichts ...

Es war, als ob diese Worte, deren erschreckende Perspektiven unfaßbar über alle menschliche Erklärung hinauswiesen, allmählich nicht nur in das Gehirn aller Versammelten eindrangen, als sie sie geflüstert hörten, sondern sich gleichzeitig im Rückgrat festsetzten und ihnen deshalb allen eine etwas verkehrte Haltung verliehen, als sie sich nun endlich wieder erheben konnten – so jedenfalls empfanden sie es. Während alle sich trennten, verhandelte der Rat der Weisen weiter über die Vollstreckung des Urteils. Wie konnten sie sich denn nun sichern, daß Klapperschlange wirklich bis zum äußersten Rand der Welt wandern und von dort aus in das Nichts weitergehen würde, um nie mehr zurückzukehren? Man beschloß, einen jungen, unverdorbenen Burschen vom Lande zu holen, einen Hirten bei irgendeinem Großbauern. Als Belohnung sollte er einen Ochsen bekommen, so daß er in Zukunft sein eigener Herr sein konnte, was ihn zweifellos dazu ansporneu würde, den gefährlichen Auftrag auf Punkt und Komma genau auszuführen.

Die Abgesandten, die man losschickte, kehrten nach ein paar Tagen mit einem vierzehnjährigen Jungen zurück, der den Namen »Nummer Fünfzehn« trug. Sein einziger Besitz außer der Schamma war ein Hirtenstab, und der Rat der Weisen gab ihm ein Schwert, damit er sich auf jeden Fall verteidigen könne, falls sie unterwegs auf Feinde stoßen sollten. Er war wirklich ein schöner junger Mann, der dem Leben voller Neugierde und Erwartung entgegenging, aber ebenso unwissend war wie ein Kind. Er griff begierig nach der Chance, etwas Ungewöhnliches erleben zu können, und war glücklich über die Aussicht, Besitzer eines Ochsen zu sein, wenn dieses seltsame Abenteuer überstanden war.

Sie fragten ihn, ob es irgend etwas gebe, was er erleben wolle, bevor er sich am nächsten Tag mit Klapperschlange auf den Weg mache, worauf er antwortete, daß er gern die Liebe erleben wolle. Deshalb führten sie ihn zu einer Hütte am Rande der Stadt; das heißt, sie drückten ihm eine Schale Mehl, die er als Bezahlung brauchte, in die Hand, zeigten auf die Hütte, gaben ihm einen Puff in den Rücken und sagten: Dort!

Am nächsten Tag wanderte Nummer Fünfzehn mit Klapperschlange davon. Die Einwohner der Stadt nahmen keinen Abschied von ihnen, denn sie waren alle zusammen eifrig mit den Vorbereitungen für eine bessere Zukunft beschäftigt. Sie schickten nur einen verstohlenen Blick hinter dem seltsamen Paar her, das sich nun über die Ebene entfernte und bald von den Weiten verschluckt war, die an das Ende der Welt führten und wo jenseits des äußersten Randes das Nichts begann.

Der Tag verlief ohne weitere Ereignisse, alle arbeiteten mit gutem Mut und voller Hoffnung, daß nun eine bessere Zukunft ihren Anfang nähme oder, genauer gesagt, die normalen Zustände aus der Zeit vor Klapperschlanges Geburt zurückkehren würden. Von diesen normalen Zuständen hegten sie im übrigen die seltsamsten Vorstellungen. In Wirklichkeit hatten sie vergessen, wie das Dasein damals war, und konnten die Zustände vor und nach Klapperschlanges Geburt nicht unterscheiden. Wenn sie also mit dem Wort »damals« begannen, fingen sie stehenden Fußes an zu dichten, und die Erinnerungen, an denen sie die Zuhörer auf diese Weise teilhaben ließen, waren in Wirklichkeit die Auswirkung einer schöpferischen Phantasie von verblüffend weiter Verbreitung.

In der Nacht aber schliefen viele unruhig, als würden sie in ihrem Schlaf von irgendeiner wesenlosen Nähe heimgesucht.

Dessenungeachtet gingen sie das Leben am nächsten Morgen wiederum vertrauensvoll an und arbeiteten eifrig und ungestört an der Verbesserung der Zustände, bis die Ankunft eines Fremden, als der Tag zur Neige ging, kurz vor dem Einbruch der Dunkelheit, die Verwirrung zurückbrachte.

Er war ein alter, in jeder Beziehung traurig und miserabel aussehender Mann. Er kam von Gott weiß woher und ging zwischen den Hütten hin und her, ohne stehenzubleiben oder mit jemandem zu sprechen. Die Leute ließen ihn einfach vorbeigehen, denn er sah ziemlich einfältig aus, und wenn er sowieso nicht mit ihnen reden wollte, war es auch egal. Der alte Mann – im übrigen war sein Alter recht unbestimmbar – war weißhaarig, sein Gesicht war von den tiefen Furchen des Alters und der Prüfungen gezeichnet, und sein Körper glich eher einem ausgedienten Wrack. Das sah man sogar sehr deutlich, denn er hatte nur einen zerlumpten Lappen um die Lenden. Seine wenigen Habseligkeiten trug er in einem Bündel über der Schulter, das er wackelnd zwischen den Hütten hindurchschlepp-

te, bis er die Mitte erreichte und vor der Hütte haltmachte, wo der Rat der Weisen immer versammelt saß und weise Bestimmungen zum Nutzen der Zukunft des Volkes traf.
Hier stellte er sich hin und hatte die Frechheit zu rufen und nach den Weisen zu verlangen.
Kommt raus! rief er, ich habe ein Geschenk für euch! Kommt und seht!
Zuletzt konnten die ehrwürdigen Weisen ihre Neugier nicht länger beherrschen und kamen herausgeströmt und betrachteten den alten Schreihals, dessen wildstarrende Augen so komisch aussahen, sie aber gleichzeitig unruhig machten und verstimmten. Als sie alle zusammen herausgekommen waren – in der Zwischenzeit waren eine ganze Reihe Neugierige hinzugeströmt, die herumstanden und ihn mit der ganzen trägen und dummen Geistesabwesenheit der Neugierde beglotzten –, hörte er auf zu rufen und warf das Bündel von sich. Es rollte auf die Erde, das Tuch ging auf, und da lag Klapperschlanges Kopf schön zu Füßen aller Weisen. Der Kopf sah schrecklich aus, blutig und verdreckt, die große Nase ragte in die Luft wie eine obszöne Provokation.
Nun wußte niemand, was er tun sollte. Die Weisheit der weisen Männer schien in dieser unerwarteten Situation zu kurz zu kommen, noch verwirrter aber wurden sie, als sie in der miserablen Gestalt des alten Mannes langsam die Nummer Fünfzehn wiederzuerkennen begannen. Bei näherem Hinsehen ging ihnen auf, daß er kein bißchen alt war. Tatsächlich war er ganz der alte, andererseits aber ließen sich die Züge, die man mit Alter und dem Verschleiß der Jahre verband, nicht wegdeuten. Die triste Erosion der Jahre und der Verdruß eines ganzen Lebens waren ihm im Laufe dieser vierundzwanzig Stunden zugestoßen.
Die Nachricht von diesem so schreckenerregenden wie unerwarteten Ereignis ging wie ein Lauffeuer durch die Stadt und erreichte auch Kleine Schildkröte. Sie kam mit ihren Stöcken angewandert, und ohne ein Wort zu sagen, rollte sie den Kopf in ihre Schamma ein, warf ihn sich über die Schulter und trug ihn nach Hause. Sie grub in ihrem Gemüsegärtchen ein großes Loch in die Erde, und während sie leise mit sich sprach, ließ sie den Kopf ohne weitere Zeremonien darin verschwinden und deckte das Loch zu. Später wuchs genau an dieser Stelle seltsamerweise ein Baum aus der Erde empor. Er bekam den Namen Klapperschlangenbaum. Wenn man gut hinsah, konnte man in seiner Frucht die Konturen von Klapperschlanges abgeschlagenem Kopf und in der Fruchthaut die im Tod

versteinerten Züge ahnen. Man konnte ganz sicher sein, daß jeder, der von den Früchten des Baumes aß, irgendwann sagen würde, jetzt beiße er in Klapperschlanges Kopf, als erhöhe dieser makabre Spaß den sonderbaren Genuß. Die Kinder suchten die herabgefallenen, angefaulten Früchte auf und benutzten sie als Wurfgeschosse. Wenn eine solche Frucht irgend etwas traf und explodierte, so daß es nach allen Seiten spritzte, dann verbreitete sich ein durchdringender Geruch von Ammoniak. Das ist Klapperschlanges Gehirn, sagte man dann.

Was Nummer Fünfzehn betrifft, so brauchte er als allererstes eine Mahlzeit. Er saß vor der Hütte des Rates der Weisen auf der Erde und aß, während sowohl der Rat der Weisen wie Hunderte von anderen einen Kreis um ihn gebildet hatten und seine kleinsten Bewegungen mit den Augen verfolgten. So, wie sie ihn alle ansahen, hätte man glauben sollen, er sei wenigstens ein Bergtroll oder eine verwandelte Hyäne, und dabei sah er doch nur aus wie jeder andere Mensch auch, der seinen Anteil an den Prüfungen erhalten hat, die nun einmal das Los der Menschen sind.

Als er mit dem Essen fertig war, sagte der Älteste zu ihm: Nummer Fünfzehn, du hast Klapperschlange nicht an den äußersten Rand der Welt und in das Nichts geführt, wie wir dir aufgetragen haben. Statt dessen hast du sie getötet, und die Schuld für diesen Mord ruht auch auf uns. Wir müssen wissen, wie du darauf kommen konntest, eine so fürchterliche Tat zu begehen. Wir sind, um es direkt zu sagen, völlig verwirrt und wissen weder, was wir denken, noch was wir tun sollen. Nun mußt du uns aus unserer Unwissenheit herausreißen und uns alles ganz genau erzählen, wie es vor sich gegangen ist.

Zu diesem Zeitpunkt versank die Sonne hinter den Bergen im Westen. Nach kurzer Zeit hatte sich das Nachtdunkel eingefunden, in der Zwischenzeit aber hatte man ein Feuer angezündet, so daß die vielen Zuhörer Nummer Fünfzehn sehen konnten, während er erzählte:

Damals, als ihr mich holen kamt, war ich ein völlig unbeschriebenes Blatt, aber inzwischen habe ich recht viel erlebt, und ich möchte mein Herz liebend gern erleichtern, deshalb müßt ihr mir gut zuhören. Zuvor war ich überhaupt nicht weise genug, um so sprechen zu können wie jetzt, und ich verstehe kaum, woher mir diese Weisheit gekommen ist, aber das kommt vielleicht an den Tag, während ich rede. In meinem Kopf braust es, mir ist ganz schwindlig, ich versuche die rechten Worte zu finden, und wenn ich erst in Gang gekommen bin, muß ich weitermachen, sonst wird meine Stimme von dem heftigen Tumult in meiner Brust nur erstickt.

Fürchterlich ist es, daß ich noch nicht einmal einen Namen habe, das ist vielleicht die Erklärung dafür, daß es mir so übel ergehen sollte, alles in dieser Welt hat einen Namen, und es gibt nichts, dessen Namen man nicht kennt – als ich draußen in der Einöde mit Klapperschlange einherging, erblickte ich einmal eine winzige Ameise, die im Sand dahergelaufen kam, und es war die einzige dieser Ameisen, die es in der ganzen Welt gibt, aber Klapperschlange, die nicht allein sehr klug war, sondern auch die unglaublichsten Dinge wußte, rief im selben Moment, als sie sie sah, aus: Hallo, da haben wir ja Kleinstemse! Sogar die hatte also einen Namen, nur ausgerechnet ich habe keinen.

Doch das ist auch das einzig Sonderbare an mir, sonst bin ich ganz gewöhnlich. Darüber habe ich sehr oft nachgedacht, denn wenn ich mich in der Welt umsah, dann erschien es mir, als sei an allem etwas Ungewöhnliches. Gleichgültig, ob ich einen Baum anschaute oder einen Truthahn oder einen anderen Menschen, ich konnte nicht umhin zu bemerken, daß an ihnen etwas Sonderbares war. Ich selbst dagegen war ganz gewöhnlich, und wenn ich mich auch noch so sehr anstrengte, ich konnte zu keinem anderen Ergebnis gelangen. Deshalb war ich sehr froh, als ihr mich holen kamt, denn nun passierte doch wenigstens etwas mit mir, was nicht ganz gewöhnlich war, weshalb ich es mir gestatten konnte zu denken, daß nun in gewisser Weise auch an mir etwas Sonderbares, etwas sehr Sonderbares sei. Damals kannte ich ja die Folgen nicht, Gott sei Dank, sonst hätte ich mich sicher mit Händen und Füßen dagegen gesträubt und darum gebeten und gebettelt, daß mir dieses Sonderbare nicht widerfahren möge.

Aber ich war, wie gesagt, ganz gewöhnlich, das einzig Sonderbare an mir war praktisch, daß es so etwas Gewöhnliches überhaupt gab. Darüber wunderte ich mich auch Tag und Nacht, doch aus Furcht, mir die Wunderkrankheit zuzuziehen (merkt ihr, selbst die hat einen Namen!), beschloß ich, mein Wundern zu rationieren. Um die Dinge zu regeln und mich selbst kontrollieren zu können, bestimmte ich, daß ich mich nur bei Neumond wundern dürfe und nur so lange, wie der Mond zunahm, und während dieses Zeitraums täglich nur die Hälfte der Zeit, die der Mond am Himmel stand, sowie eine kurze Weile mitten am Tag, wenn die Sonne im Zenit stand. Sobald der Mond voll war, wollte ich aufhören, mich zu wundern.

Das war nicht so leicht durchzuführen, wie es vielleicht klingen mag, doch selbst heute muß ich darüber staunen, daß ich damals imstande war, darauf zu kommen. Ich hatte ja nicht die gleiche gute Erziehung genossen wie wohlhabende Kinder, in gewisser Weise hatte ich überhaupt keine Erziehung bekommen, und trotzdem war ich also imstande, auf so etwas Schlaues zu verfallen!
Auf diese Weise erhielt ich mir meine Gesundheit und entging der Gefahr, der Krankheit ausgeliefert zu sein, die meinen Gesundheitszustand sonst bedroht hätte. Ich möchte auch behaupten, daß es im allgemeinen für einen Menschen ausreicht, sich in der begrenzten Zeit zu wundern, die ich für mich angesetzt hatte, jedenfalls, wenn man hier im Dasein seinem Beruf nachgehen soll, wozu ich immer gezwungen gewesen war, wenn ich nicht verhungern wollte. Denn von dem Augenblick an, in dem ich im Bauch meiner Mutter zu entstehen begann, bis zu dem Tag, an dem ihr mich holtet, bin ich immer das Eigentum des großen Stopfmauls gewesen.
Ich bekam eine Nummer anstelle eines Namens, weil meine Mutter starb und niemand Zeit hatte, mir so viel Aufmerksamkeit und Fürsorge angedeihen zu lassen, wie es nun einmal nötig ist, um einem lebenden Wesen einen Namen geben zu können.
Sobald ich auf den Beinen stehen konnte, wurde mir die Sorge für irgendein armes Vieh übertragen – ich entsinne mich zum Beispiel an eine zahme Kröte, die mir ab und zu über den Kopf sprang und so in mein ereignisloses Leben ein gewisses Vergnügen und eine gewisse Abwechslung hineinbrachte. Später folgte eine Ratte, die einem von Stopfmauls Freunden gehörte, einem Zauberer, der in der nahegelegenen Wüste in einer Felsenhöhle wohnte. Er hatte ihr einen Draht in den Nacken eingenäht, an den er eine Leine gebunden hatte, so daß sie nicht davonlaufen konnte, außerdem hatte er ihre Augen ausgestochen, so daß sie leichter im Zaum zu halten war. Jeden Tag mußte ich sie zu einer bestimmten Zeit bei ihm abliefern und sie zu einer bestimmten Zeit wieder abholen. Er zog sie mit mystischen Formeln und raffinierten Diäten auf, wußte aber nicht, daß ich ihr jeden Tag trotz seiner strengen Ermahnungen irgend etwas zu essen gab und hinterher mit ihr in einer Weise spielte, die die Ergebnisse, die erreicht zu haben er sich einbildete, völlig zunichte machte.
Er war ein sehr dummer Zauberer, weshalb es ziemlich leicht war, ihn zum Narren zu halten, was mich amüsierte, und gleichzeitig lernte ich dabei, daß man nur so durchs Leben kommt. Man muß nur aufpassen, daß man nicht entdeckt wird. Einer meiner Brüder oder

Halbbrüder oder irgend etwas in dieser Richtung hatte auch einmal den Zauberer zum Narren gehalten, war aber entdeckt worden, und dann machte der Zauberer – der nicht nur dumm, sondern auch noch grausam war – mit ihm genau das gleiche, was er mit der Ratte getan hatte, auf die ich aufpaßte. Was Stopfmaul betrifft, so war er noch dummer als der Zauberer, aber wir mochten ihn alle, denn es gab nur eines, was ihn mit Freude und Zufriedenheit erfüllte, nämlich auf einem Bein zu stehen.

So verlebte ich meine sorglosen Kinderjahre, mir wurden größere und mehr Tiere anvertraut, und ich verbrachte fast alle meine Zeit draußen auf den Ebenen mit Stopfmauls großen Herden. Oft hatte ich meinen blinden Bruder und die Ratte des Zauberers dabei, die mir Gesellschaft leisteten, ich hatte sie an zwei Leinen, damit sie nicht davonlaufen konnten, und während wir so gingen oder dalagen und uns ausruhten, erzählte ich ihnen, was uns auf unserem Weg begegnete. Mag schon sein, daß ich mich nicht immer an die Wahrheit hielt, denn ihr werdet wohl verstehen, daß es fürchterlich langweilig wäre, wenn man nur über Ochsen und Gras und ein paar Klippen reden würde, tagaus, tagein immer wieder dasselbe. Ich konnte es nicht lassen, sie zu erschrecken, indem ich sagte, daß draußen am Horizont ein Löwe auftauche – wir warfen uns auf die Erde und drückten uns gegen den Boden, in der Hoffnung, er möge uns nicht entdecken, und selbst ich zitterte vor Angst. Zuletzt brachte ich sie dazu, an Riesen und andere Ungeheuer zu glauben, die nie existiert haben.

Eines Tages, während ich so umherstromerte, sah ich einen großen Baum – das geht zwar diese Geschichte hier gar nichts an, jedenfalls nicht direkt, aber ich muß trotzdem davon erzählen, so einen großen Eindruck machte er auf mich.

Ich hatte nämlich noch nie einen Baum gesehen – könnt ihr euch das vorstellen? Dann könnt ihr auch besser begreifen, in welchem Unschuldszustand ich meine Kindheit verlebte.

Als ich den Baum sah, hätte ich mich fast gewundert, da es aber zu einem Zeitpunkt geschah, wo ich mich laut Plan nicht wundern durfte, ließ ich es sein und begnügte mich damit, mir zu sagen, ein Baum, aha! Überhaupt ist mir diese Übung im Nichtwundern später im Leben von großem Nutzen gewesen, denn sie hat mich dazu gezwungen, mich über die sonderbaren Dinge und Zustände, von denen das Leben voll ist, nicht zu wundern. Selbst wenn die sonderbarsten und unerwartetsten Dinge auftauchten, war die Rationierung meines Wunderns so streng, daß es sich nicht damit beschäfti-

gen konnte, denn im selben Augenblick, in dem es an der Zeit war, daß ich mich wieder wundern durfte, waren wiederum meine eigene Gewöhnlichkeit und die Tatsache, daß ich überhaupt existierte, das Nächstliegende.
Der Baum nun war eigentlich ein phantastischer Anblick, doch das brauche ich euch nicht zu erzählen, ihr wißt ja alle ganz gut, wie ein Baum aussieht, und wenn ihr euch im Hinblick auf das Wundern nicht gerade allesamt so eingerichtet habt wie ich – und zu der Annahme besteht wohl kein Grund, denn soweit ich sehen kann, ist an euch allen irgend etwas Sonderbares –, habt ihr euch vielleicht geradezu irgendwann über den Anblick eines Baumes gewundert.
Das Merkwürdigste der ganzen Geschichte ist vielleicht, daß ich vor dem Baum überhaupt keine Angst hatte. Das hätte man sich eigentlich gut vorstellen können, denn trotz allem war ich ja nur ein großes Kind, wohingegen der Baum – so ein großer Baum wie der, von dem hier die Rede ist – hier im Dasein doch wohl zu den eher schreckenerregenden Dingen gehört.
Er stand ganz allein auf der Ebene, ich hatte, wie gesagt, keine Angst davor und unterließ es, mich zu wundern, aber dennoch machte er Eindruck auf mich.
Kein Baum wächst in den Himmel, aber alle Bäume strecken sich ihm entgegen, das ist nun einmal ihre Natur. Man kann auch nicht sagen, der Himmelsraum reiche bis auf die Erde, aber vielleicht reicht er doch gerade so weit herunter, daß die größten Bäume ihn berühren? Jedenfalls glaube ich, daß alle Menschen an einer riesigen Baumkrone etwas Himmlisches finden.
Vielleicht wurde ich an dem Tag, als ich den Baum sah, erwachsen. Ich begann über viele Dinge nachzugrübeln, an die ich zuvor keinen Gedanken verschwendet hatte. Mein armes Gehirn ächzte und krachte unter dem Druck dieser Grübeleien, etwas anderes war wohl auch nicht zu erwarten, wenn ein Bengel meines Alters versuchen wollte herauszubekommen, welche Geheimnisse von Leben und Tod der Baum denn bewache, nach dem Einfluß zu urteilen, den er auf mich hatte.
Ja freilich, den kennen wir gut, sagten die Leute, wenn ich den Baum erwähnte, du sprichst von Hoher und Mystischer Baum; und dann wirkten sie innerlich zufrieden mit sich und begannen die idiotischsten Sachen zu erzählen, in dem Glauben, ich sei ebenso gutgläubig wie sie. Einer der Zweige von Hoher und Mystischer Baum war einmal vom Blitz getroffen worden. Er hatte für alle Zeiten die Blätter verloren und war völlig eingegangen. Sie sagten, die Blitze

seien eine Art Speere aus Feuer, die von Göttern, deren Wohnung oben im Himmel sei, auf die Erde geschleudert würden, und Hoher und Mystischer Baum betrachteten sie als besonders heilig, weil die Götter ihn einmal gezeichnet hatten. Aber ich wußte noch, wie ich meinen blinden Bruder und die blinde Ratte des Zauberers dazu gebracht hatte, sich vor Löwen zu fürchten, die nicht da waren, und an Riesen und Ungeheuer zu glauben, die es nicht gab, und ich war überzeugt davon, daß die Götter dort oben im Himmel, die niemand gesehen hatte, freie Phantasie waren.

Deshalb erzählte ich diesen Idioten nichts mehr von dem Baum, aber wenn ich in die Gegend kam, ging ich immer mit Furcht und Beben zu Hoher und Mystischer Baum und stellte mich darunter. Das schwache Rascheln der Blätter klang wie ein Knistern von Feuer; es herrschte Windstille, doch hoch oben über meinem Kopf rührte dennoch ein Lüftchen die Blätter. Ihr müßt bedenken, daß ich nur ein Junge war, aber dieser Junge hatte von Hoher und Mystischer Baum eine besondere Erlaubnis erhalten, sich im Schatten des Laubhangs aufzuhalten; die Erlaubnis, in der Rinde des Baumes, die hart ist wie Stein, die sinnreichen Zeichnungen abzulesen, die sich so lustig mit den Fingern verfolgen ließen und deren einfältige Weisheit für den, der sie deuten kann, die zweifelhaften Tiefsinnigkeiten der raffinierten Kryptogramme der Magier übertrifft; und die Erlaubnis, sich mit dem Rücken zum Stamm zu setzen und durch die Berührung des Rückgrats einen kleinen Teil der großen und unfaßbaren Kraft zu spüren, die diesen Baum aufgerichtet hatte und mit so großer Milde und Freigebigkeit ihre Gegenwart in den zitternden Myriaden der Blätter entlädt.

Obgleich ich also im Gegensatz zu allen anderen Dingen namenlos und durch und durch gewöhnlich war, war ich dennoch imstande, die Zeit in einer Weise totzuschlagen, die mir selbst behagte. Was andere davon denken mögen, weiß ich nicht, denn teils kümmerte sich niemand um mich, teils wäre es mir nie eingefallen zu erzählen, wie ich den Zauberer zum Narren hielt – und was Hoher und Mystischer Baum betrifft, war ich überhaupt nicht in der Lage, irgend etwas zu erklären. Das kann ich auch heute noch nicht, das sehe ich jetzt ein, deshalb könnt ihr ebensogut alles vergessen, was ich gesagt habe, denn es war doch nicht das, was ich auf dem Herzen hatte.

Eines Tages aber muß ich irgend jemandem eingefallen sein, wie auch immer das geschehen konnte, denn ich wurde zu Stopfmaul hereingeholt. Wie gesagt, kannte er hier im Leben nur ein großes

Vergnügen, nämlich auf einem Bein zu stehen, viel mehr gibt es über ihn eigentlich nicht zu berichten. Sein Vater war ein großer und mächtiger Mann gewesen, und das war Stopfmauls Glück. Stopfmaul selbst war nämlich weder groß noch mächtig, da er aber die gewaltigen Reichtümer seines Vaters geerbt hatte, war das nicht so schlimm. Wir anderen schufteten und schindeten uns alle den lieben langen Tag, damit er sich jeden Tag sattstopfen und sich jeden Abend unbesorgt schlafen legen konnte. Da er sich nie in irgend etwas einmischte, lief alles aufs beste. Er war zu träge, um grausam zu sein, und zu wankelmütig, als daß er mehr als die unwichtigsten Entscheidungen hätte treffen können. Sein dicker Bauch machte ihn leutselig, und nur das interne Gezänk seiner fünf Gattinnen konnte ihn griesgrämig stimmen. Da er als Kind ziemlich ungeschickt und zu fast allem ungeeignet gewesen war, war er begeistert, als er entdeckte, daß er die Fähigkeit besaß, auf einem Bein zu stehen. Das Geheimnis des Gleichgewichts war die große Offenbarung seines Lebens gewesen, und vielleicht barg sie größere Tiefen, als wir zu fassen imstande sind oder als man jedenfalls unmittelbar annehmen sollte. Warum nicht? Ich glaube, jeder Mensch besitzt die größten Mysterien, und jeder hat nun einmal seine eigene Art und Weise, sie zu erleben, die andere nicht verstehen.

Dennoch wird die Geschichte nun traurig, jedenfalls eine Zeitlang, denn während wir allesamt von morgens bis abends eifrig beschäftigt waren und jeden Augenblick, in dem wir eine kleine Pause machen konnten, genossen, mußte sich Stopfmaul ganz schrecklich anstrengen, um nur ein bißchen beschäftigt zu sein. Diese Anstrengung zehrte an ihm und ließ ihn allmählich aussehen wie einen kranken Träumer, den die ganze Zeit das Bewußtsein von der Unerreichbarkeit seiner seltsamen Traumwelt quälte.

Er stand auf einem Bein, als ich zu ihm hereinkam, und da sein Körper nur mit einigen spärlichen Fetzen bekleidet war, konnte ich deutlich sehen, wie der große Bauch schief vor dem Körper hing und es ihm allmählich schwermachte, über längere Zeit hinweg das Gleichgewicht zu bewahren. Selbst dieses Vergnügen wurde ihm langsam verdorben, und als ich die zerquälte Tapferkeit seiner Augen sah, bekam ich Mitleid mit ihm und hätte mein Schicksal nicht gegen seines tauschen mögen. Darüber habe ich seither nachgedacht, und jetzt bin ich meiner Sache nicht mehr ganz so sicher.

So, du bist also Nummer Fünfzehn, sagte er.

Ich nickte.

Er stellte sich auf beide Beine.

Möchtest du gern ein freier Mann sein und einen Ochsen ganz für dich haben? fragte er.
Er begann hin und her zu gehen. Dann blieb er stehen und sagte: Du hast das ganze Leben vor dir. Weshalb schaust du mich so an?
Vielleicht ist es eine Augenkrankheit, antwortete ich.
Was ich in Wirklichkeit meinte, war, daß seine Augen vielleicht an einer Augenkrankheit litten. Deshalb mußte ich sie immer wieder anschauen.
Stopfmaul sagte: Das tut mir leid für dich, aber nimm die Augen weg, sieh auf die Erde, ich befehle es dir! Du hast meine Frage nicht beantwortet.
Ich konnte mir nicht vorstellen, daß ich einen Ochsen besitzen sollte, noch weniger aber konnte ich mir vorstellen, nicht Stopfmaul zu gehören. Was sollte ich mit mir anfangen? Alles und alle, Ochsen wie Menschen, gehörten Stopfmaul. Wie konnte dann etwas nicht Stopfmaul gehören?
Gut, sagte er. Aber du mußt dich darum verdient machen. Hier sind einige Männer, die dich holen wollen. Du sollst mit ihnen von hier fortgehen. Sie werden dir erzählen, was du tun mußt. Es geht bloß um so was wie einen weiten Spaziergang.
Er blieb vor mir stehen. Ich sah ihn an, er litt ganz bestimmt an einer Augenkrankheit.
Du hast das ganze Leben vor dir, wiederholte er und fügte hinzu: Heute wäre ich gern du.
Wie die meisten anderen wußte er nicht, wovon er sprach. Wie konnte er sich wünschen, ich zu sein, wenn er nicht wußte, was es heißen würde, ich zu sein?
Danach rief er die beiden Männer herein, die ihr geschickt hattet, und nachdem sie mich betrachtet und hier und da ein wenig befühlt hatten, machten wir uns auf den Weg.
Da ich überhaupt nicht begriff, was das alles sollte, war ich guter Laune, und falls ihr die beiden braven Männer fragt, werden sie euch bestätigen, daß ich, während wir gingen, über Gott und die Welt plauderte. Inzwischen erzählten sie mir auch eine ganze Menge, insbesondere redeten sie von Klapperschlange, so daß ich mir die abscheulichste Hexe vorstellte und mir bei dem Gedanken an den »Spaziergang« – wie Stopfmaul das genannt hatte –, den ich mit ihr unternehmen sollte, etwas unbehaglich zumute wurde.
Obgleich der Zauberer, den ich kannte, etwas minderbemittelt und ein Schwindler war, der seine Existenz nur Stopfmauls Trägheit verdankte, konnte es ja durchaus sein, daß die Frau mit dem furcht-

einjagenden Namen wirklich so große Kraft besaß und nicht so leicht zum Narren zu halten war. Es beruhigte mich zu hören, daß sie sich nicht damit beschäftigte, Menschen in Tiere oder ähnliches zu verwandeln. Das konnte unser eigener Zauberer natürlich auch nicht, aber ich hatte von glaubwürdigen Männern gehört, daß so etwas vorkommen solle.
Die beiden Männer sagten auch, daß ein Kerl wie ich in einer Stadt wie eurer leicht die Liebe würde kennenlernen können, und wenn ihr euch entsinnt, so wurde mir genau dieser Wunsch erfüllt. Dagegen dürftet ihr kaum wissen, was eigentlich an dem Abend in der Hütte am Rande der Stadt, zu der ihr mich mit der Schüssel Mehl in der Hand hinführtet, geschah.
Ich entsinne mich, daß ich mich darüber wunderte, daß die Liebe in einer so abseits gelegenen Hütte hauste, deren nächster Nachbar ein stinkender Misthaufen war. Doch als ich in die Hütte hineinkam, roch es nach ganz anderen Dingen, und das so stark, daß ich fast betäubt umfiel. Später erfuhr ich, daß es das feinste Blumenwasser war, das man mit großer Mühe und vielen Kosten aus fernen Ländern beschafft hatte. Ich wurde von Flachem Teller empfangen. Sie hielt mich lange mit ihren knochigen Fingern an der Hand, um mich zu beruhigen, und weihte mich danach mit erprobtem Professionalismus in die Technik der Liebe ein. Die hatte ich in meiner ländlichen Unwissenheit mit den mystischsten Vorstellungen umgeben, weshalb ich entzückt war, als ich entdeckte, wie geradezu sich das Ganze verhielt. Ich konnte nicht umhin, Flacher Teller meine Besorgnis anzuvertrauen.
Hör zu, sagte ich. Wie soll es mir denn bloß mit Klapperschlange da ergehen, die, wie ich höre, eine so fürchterliche Frau ist?
Und dann beschrieb ich die Vorstellungen, die ich mir machte und die auf den Berichten meiner beiden Begleiter beruhten.
Du wirst erstaunt sein, sagte Flacher Teller, in gewisser Weise ist Klapperschlange weitaus fürchterlicher als deine Beschreibungen.
Ich schauderte, denn ich fand sie schlimm genug.
Sag mal, fragte Flacher Teller, wenn du nun zusammen mit Klapperschlange an den äußersten Rand der Welt kommst, was willst du dann eigentlich machen? Glaubst du, daß sie sich selbst hinausstürzt, um im Nichts zu verschwinden? Oder ob du ihr wohl einen Stoß geben mußt?
Aber mit Vergnügen, wenn sie so böse und schrecklich ist, wie ihr sagt, antwortete ich vertrauensvoll.
Was aber, wenn sie sich zur Wehr setzt?

An diese Möglichkeit hatte ich überhaupt nicht gedacht. Ich versuchte mir vorzustellen, was es heißt, am äußersten Rande der Welt zu stehen. Ich hatte Berge durchwandert und war dicht an Abgründen entlanggegangen. Ich hatte Wasserfälle gesehen, wo die Wassermassen ruhiger und gewaltiger Flüsse herabstürzten und tief, tief unten in weißen, donnernden Nebeln zu verschwinden schienen. Doch wenn ich nun darüber nachdachte, erschien es mir trotzdem, als müsse der äußerste Rand der Welt etwas ganz, ganz anderes sein. Die Abgründe der Berge waren immerhin wie Brücken, Brücken aus Luft, aus Licht, aus Winden – zu anderen Berghängen oder zu fernen Tälern. Die Gischt des Wasserfalls tief unten wurde immerhin wieder zu Wasser. Doch wer am Rande der Welt stand, starrte in das, was nicht war, was nicht ist und nie sein wird. Und wie leicht konnte ich mit in diesen Abgrund gerissen werden, den ich mir nicht vorstellen konnte und der mir gerade deshalb so unheimlich vorkam?
Die Ältesten hatten mir inzwischen jedoch bereits ein Schwert gegeben, und da mich der Umgang mit Kröten, dressierten Ratten, Ochsen und anderen Haustieren gelehrt hatte, niemals ratlos zu sein, dachte ich mir, ich könne die Hexe ein wenig kitzeln und sie auf diese Weise dazu bringen, selbst den entscheidenden Schritt zu machen.
Unter allen Umständen hatte mir Flacher Teller mit ihren Fragen etwas zum Grübeln gegeben, und ich fand in dieser Nacht nicht sehr viel Schlaf. Hatten sie nicht gerade deswegen mich gewählt, weil ich keinen Namen hatte? Falls ich zusammen mit Klapperschlange im Nichts verschwand, war kein größerer Schaden geschehen, es verschwand damit nur eine Nummer. Das war nicht so seltsam. Dafür erschien es mir zum erstenmal, als sei nun auch an mir etwas Sonderbares, so, wie bisher immer an allen anderen Dingen etwas Sonderbares gewesen war; und das war absonderlich, und darüber wunderte ich mich.
Sag mal, sagte ich später in der Nacht zu Flachem Teller, denn nun war ich mir über alles im unklaren, scheint heute nacht der Mond?
Ja, der Mond nimmt ab, antwortete Flacher Teller, drehte sich auf die andere Seite und schlief.
Obgleich es sich so verhielt, konnte ich mein Wundern nicht zurückhalten, und ich wunderte mich so sehr, daß ich eine Zeitlang beinahe fürchtete, ich sei ein Opfer der Wunderkrankheit geworden; aber der Anfall ging von allein vorüber.
In dieser Nacht geschahen mir also drei ungewöhnliche Dinge. Ich

lag zum erstenmal bei einer Frau. Ich entdeckte zum erstenmal, daß auch an mir etwas Sonderbares war. Und ich wunderte mich zum erstenmal, ohne auf den Zeitplan zu achten, den ich mir eigentlich festgesetzt und den ich bis dahin so streng eingehalten hatte.
Deshalb ist es also wohl nicht weiter ungewöhnlich, daß mir das Einschlafen schwerfiel – vor allem, wenn man dazu noch bedenkt, daß ich, der ich nur an die frische Luft der Ebenen und Berge, an den Geruch von Tieren und ihrem Dünger und an Holzgeruch gewöhnt war, in den starken und ungewohnten Duft von Blumenwasser eingehüllt war. Nicht sofort einzuschlafen, wenn ich mich hinlegte, auch das war etwas Neues für mich. Erst gegen Morgen übermannte mich der Schlaf. Und so schloß diese Nacht.

Nach einer sonderbaren Nacht ist es nur folgerichtig, wenn man auch zu einem sonderbaren Tag erwacht. Ich pflege immer hellwach zu sein, wenn ich aufwache, doch als ich gestern die Augen aufschlug, war ich nicht nur hellwach. Wie ein Vogel, der aus einem Käfig entlassen wird, flog mein Gedanke davon, als wolle er – nein, nicht den Horizont erreichen, das ist ja sehr leicht, sondern das unbegreifliche Weite jenseits des Horizonts, den wir sehen können.
Der Duft von Blumenwasser hatte sich fast ganz verzogen, so geschieht es mit all den Dingen, die Menschen unternehmen, und das hatte ich bereits längst entdeckt. Aber ich wußte, daß die Sonne aufging wie immer; mit ihr konnte man rechnen, sie betrog nicht.
Als ich nun das Schwert ergriff, erschien es mir, als sei ich am vorhergehenden Tag ein reines Kind gewesen, das nicht verstand, was es heißt, ein Schwert in die Hand gelegt zu bekommen. Es stak in einer Scheide, die an einem Gürtel befestigt war, den ich mir um den Leib gürten konnte. Ich zog es ein wenig heraus und betrachtete es. Der Schmied hatte es gehämmert, geformt und geschliffen, es war ein Ding, das zu einem mörderischen Zweck gemacht worden war. Die Kraft des Zweckes war darin niedergelegt und davon nicht mehr zu trennen. Sie wartete geduldig darauf, ins Leben gerufen zu werden. Ich nahm Abschied von Flachem Teller und trat aus ihrer Hütte hinaus. Der Misthaufen stank, einige magere Hunde schnüffelten um ihn herum, und auf seiner anderen Seite herrschte ein lebhaftes Kommen und Gehen von Ratten, die von den verschreckten Kötern keine Notiz nahmen, sondern ungestört hin- und herhuschten.
Ich hatte damit gerechnet, daß mich irgend jemand von den Ältesten oder vielleicht die beiden Männer, die mich bei Stopfmaul abgeholt hatten, erwarteten, um mich zu Klapperschlange zu führen, aber

nicht einer war zu sehen. Nur eine Frau saß etwas entfernt auf der Erde, und da ich mich nicht genau daran entsann, welchen Weg zwischen den Hütten ich einschlagen mußte, um zu den Ältesten zu gelangen, ging ich zu ihr hin, um sie nach dem Weg zu fragen.
Noch bevor ich sie erreicht hatte, hatte sie sich erhoben und ging so vor mir her, daß mir klar war, daß ich ihr folgen sollte. Sie führt mich wohl zu den Ältesten, dachte ich, oder direkt zu Klapperschlange.
Offenbar beachtete uns niemand sonderlich, ich aber schaute alles, woran wir vorbeikamen, neugierig an und dachte, wann ich wohl wieder zurück sein mag und wie ein ganz gewöhnlicher Mensch weiterleben könne; ich versuchte mir vorzustellen, was es heißen würde, selbst einen Ochsen zu besitzen und nicht Stopfmaul zu gehören.
Die Frau ging immer weiter vor mir her, und nun konnte ich sehen, daß sie mich jedenfalls nicht zum Rat der Weisen führte, denn wir waren bereits an einen anderen Rand der Stadt gelangt. Sie blieb nicht stehen, und ich dachte, daß Klapperschlange mich vermutlich irgendwo außerhalb der Stadt erwartete. Vorläufig aber sah ich niemanden.
Als wir einige Zeit gegangen waren, wurde ich doch unruhig.
Ich lief zu ihr hin und sagte: Sollst du mich zu Klapperschlange führen?
Sie blieb stehen. Nun sah ich sie zum erstenmal richtig. Sie war eine recht kleine und zarte Frau, das hatte ich schon bemerkt. Ihre Augen waren erstaunlich, ja, nie hatte ich etwas Ähnliches gesehen. Meiner Meinung nach sind die meisten Frauen schöner als Männer. Das kommt sicher daher, daß sie nicht so selbstzufrieden sind, wie das bei den Männern oft der Fall ist, und das verrät sich gerade in den Augen. Doch diese hier war auf ihre Weise noch schöner als irgendeine Frau, die ich je gesehen hatte, und das lag gerade an den erstaunlichen Augen. Das fand ich jedenfalls, als ich ihr Auge in Auge gegenüberstand, und bis zu meinem Todestag segne ich diesen Augenblick.
Ja, sagte sie, ich führe dich zu Klapperschlange.
Und dann ging sie weiter. Nun gingen wir lange.
Zuletzt wurde ich wiederum unruhig und fragte: Wer bist du? Und wann kommen wir zu Klapperschlange?
Darauf antwortete sie nicht, blieb aber stehen und sagte: Du hast ein Schwert, wie ich sehe.
Heute ist mir klar, daß sie mir ansehen konnte, daß ich zum erstenmal ein Schwert trug. Daran war nichts Ungewöhnliches. Ihr wißt

selbst, wie selten Schwerter sind, vielleicht wißt ihr sogar ganz genau, wie viele der Schmied hergestellt hat, seit er die Idee zum erstenmal bekam und in die Tat umsetzte. Ich war stolz auf das Schwert und hatte Angst davor. Ihre Bemerkung machte mich verlegen.
Sie fragte: Darf ich es sehen?
Ich zog das Schwert aus der Scheide und hielt es ihr entgegen.
Sie betrachtete es lange und befand: Das ist wahrlich eine gute Arbeit.
Dann fuhr sie fort: Verstehst du es zu gebrauchen?
Sie sah sich um, zeigte auf einen Baumstumpf und fragte: Kannst du diesen Stumpf durchhauen?
Das meinte ich schon. Ich wußte, daß ich ziemlich stark war. Das Leben, das ich gelebt hatte, hatte mir in den Beinen wie in den Armen und im Rücken starke Muskeln geschenkt. Als ich mich hinstellte und zum Streich ausholte, hielt sie mich zurück. Sie legte ihre Hand leicht auf meinen Arm.
Nein, sagte sie, so nicht. Ich verstehe mich zwar auch nicht darauf, ein Schwert zu führen, fuhr sie fort, aber ich sehe schon, daß du es nicht richtig anpackst. Jedes Gerät hat irgendeine besondere Eigenschaft, die man kennenlernen muß, um es richtig zu benutzen. Das geht nicht auf einmal, aber man kann es zumindest vermeiden, verkehrt anzufangen. Du bist viel zu sorglos. Nun mußt du dich wirklich auf das Schwert konzentrieren. Zuallererst mußt du richtig auf deinen Füßen stehen. Wenn du nicht richtig auf den Füßen stehst, hast du nie genug Kraft für deinen Streich. Ich kann dir nicht erzählen, wie du stehen mußt, das mußt du selbst herausbekommen. Aber ich weiß, daß es äußerst wichtig ist, daß du richtig stehst, daß du in deinen Fußsohlen steckst, denn von dort unten muß der Streich ausgehen und sich danach durch den ganzen Körper fortpflanzen, so daß er zuletzt eine Kraft auslöst, die größer ist, als es die Stärke der Muskeln eigentlich erlaubt, weil sie von der Erde herkommt.
Ich besah mir das Schwert, ich hatte nie richtig mit Geräten zu tun gehabt. Ich hatte nie gelernt, wie man ein Gerät ordentlich benutzt, deshalb lauschte ich den Worten der Frau begierig, die, wie ich durchaus hören konnte, ziemlich vernünftig klangen. Wer hätte gedacht, daß ein Schwertstreich so kompliziert sein konnte! Nein, nicht kompliziert. Auf den Füßen zu stehen, das war ja ziemlich einfach. Ich stellte mich auf die Füße. Nun konnte ich sie spüren, und ich fühlte das Gewicht des Körpers auf ihnen ruhen. Ich holte zum Streich aus. Die Frau berührte meinen Arm. Glaube nicht, daß

du mit den Vorbereitungen schon ganz fertig bist, ließ sie sich vernehmen. Es reicht nicht, daß du auf den Füßen stehst. Was hilft es, wenn du auf den Füßen stehst und gleichzeitig vergißt, was du mit deinem Streich eigentlich treffen willst? Ich konnte dir ansehen, daß du nur an deine Fußsohlen dachtest und daß du weiter nichts im Kopf hattest als die Kraft, die aus der Erde durch sie empor- und durch die Hüften in die Schultern und in die Arme springen sollte. Sehr gut. Doch nun mußt du auf den Punkt schauen, den du mit deinem Streich treffen möchtest. Was hilft es, daß der Streich kräftig ist, wenn er fünf oder drei oder nur einen Finger breit neben den Punkt fällt, den zu treffen du dich entschlossen hast? Und dieser Punkt darf nicht zufällig sein. Ob du es willst oder nicht, du mußt dich für einen bestimmten Punkt entscheiden. Auf diesen nun mußt du deine ganze Aufmerksamkeit versammeln. In diesen Punkt mußt du mit deinem Streich treffen wollen. Du mußt also von den Fußsohlen an aufwärts im Körper stecken und gleichzeitig außerhalb von dir, in dem genauen Ziel deines Streiches sein. Du mußt diesen Punkt mit deinem Blick anpacken. Du mußt ihn erobern.
Man hätte meinen sollen, die Frau sei selbst eine Meisterin im Führen des Schwertes gewesen, doch das leugnete sie bestimmt und wollte das Schwert nicht einmal halten.
Ich tat wiederum, was sie gesagt hatte, stellte mich auf die Füße und richtete den Blick auf den Baumstumpf. Dorthin, ganz genau dorthin wollte ich schlagen. Es war nicht so einfach, die Augen an einem bestimmten Punkt festzuhalten. Ich strengte alle meine Kraft an und begann das Schwert zu heben, als sie erneut meinen Arm berührte und damit meine Bewegung unterbrach.
Ein Drittes und Letztes, sagte sie.
Ich ließ das Schwert sinken.
Du hast das Schwert ganz vergessen, sagte sie.
Ich war ziemlich verblüfft, als ich das hörte, und verstand nicht, was sie meinte. Was sollte das heißen, ich hätte das Schwert vergessen, das ich gerade anhob?
Wenn du es erst einmal gelernt hast, ist es nicht schwer, sagte sie, als wolle sie mich trösten.
Sie fuhr fort: Schau dir einmal das Schwert richtig an. Halt es vor dich hin. Spüre sein Gewicht in deinen beiden Händen. Und denk dann an seine Bahn durch die Luft. Alle Vorbereitungen gelten ja dem Schwert und dem Streich, den es ausführen soll. Wenn du dich richtig auf die Füße gestellt hast, so daß der Körper dort ruht und sein Gewicht federn und hin- und herschwanken kann; und wenn

du deinen Blick auf den einen Punkt gerichtet hast, den du treffen willst und der alles, was ihn umgibt, verschwinden läßt; dann mußt du dich völlig entspannen. Sonst wird dein Streich angespannt sein und an Kraft und Genauigkeit verlieren. Wenn du ganz entspannt bist, muß dich das Schwert ausfüllen. Es ist scharf geschliffen, wie du weißt. Richtig geführt, ist diese scharfe Schneide fürchterlich. Du selbst mußt fürchterlich werden wie die Schneide. Das Schwert ist deine Fortsetzung, in dich aber muß das Wesen des Schwertes überfließen. Hier sind wir beim Geheimnis des Gerätes. Ein Schwert, das am Boden liegt, ist nur ein lebloses Ding. In dem Augenblick aber, in dem ein Mann es aufhebt und sich seinen Zweck zu eigen macht, so sind sie mehr als nur ein Mann und ein Schwert; auch mehr als ein Mann *mit* einem Schwert. Sie sind zu etwas völlig Neuem geworden. Das Schwert ist nicht mehr leblos. Nun bestimmt das Schwert ebensosehr wie der Mann. Deshalb muß der Mann mit dem Schwert zusammenarbeiten. Und wenn der Streich richtig und von einem Meister geführt wird, dann ist es, als sei das schwere Schwert leicht wie eine Feder geworden, fliege aus eigener Kraft durch die Luft. Deshalb: Wenn du richtig stehst, wenn deine Aufmerksamkeit ihr Ziel gefunden hat, dann laß dich von dem Schwert erfüllen; werde genauso glatt und grausam wie die Klinge; und laß das Schwert selbst entscheiden, wann der Streich fallen soll.
Ich stellte mich hin und folgte ihren Anweisungen. Ich stand da, und ich sah, und ich entspannte mich, und ich schlug zu. Ich schlug mit aller Kraft zu, dennoch gelang es mir nicht, den Stumpf zu durchschlagen, und ich traf auch nicht genau den Punkt, den ich hatte treffen wollen. Es war vieles falsch. Im entscheidenden Augenblick hatte ich dennoch nicht sicher auf den Füßen geruht. Ich hatte den Punkt nicht mit den Augen festhalten können. Ich hatte angefangen, an andere Dinge zu denken. Ich hatte auch etwas Angst vor der fürchterlich scharfen Schneide bekommen, wozu ich überhaupt keinen Grund hätte haben sollen. Ich war also ziemlich entmutigt.
Doch die Frau klatschte und sagte: Dafür bist du wirklich begabt.
Sie trat einen Schritt zurück, um irgendwie einen besseren Blick auf mich zu gewinnen.
Jetzt ist es nur noch eine Frage der Übung, fuhr sie fort. Du mußt nur auf jeden Baumstumpf einschlagen, an dem du vorbeikommst. Ich glaube, dann wirst du ein wahrer Meister.
Das war natürlich eine willkommene Aufmunterung, ich selbst zweifelte zwar noch immer an meiner Begabung, aber trotzdem

spornte sie mich dazu an, weiterzumachen und die Hoffnung nicht aufzugeben, ich könne es lernen, dieses verhängnisvolle Instrument zu beherrschen. Deshalb teilte ich jedem Baumstumpf, an dem wir vorbeikamen, einen Streich zu, und als der Tag vorbei war, konnte ich einen Grashalm auf ein Baumstück legen und diesen Grashalm mit einem Streich, den ich unter Aufbietung aller meiner Kraft führte, der Länge nach spalten und das Holzstück in zwei gleich große Teile teilen.
Aber nun will ich euch nicht mit der Beschreibung aller mehr oder weniger verfehlten Streiche ermüden, es reicht, wenn ihr wißt, daß ich das Schwert gebrauchen lernte. Aber es wurde mir nichts geschenkt!
Als wir nun weitergingen, begannen wir miteinander zu reden, das heißt, sie fing an, mich danach zu fragen, woher ich sei. Ich erzählte also von Stopfmaul, der auf einem Bein stand, und von meiner Kindheit als Hirte. Irgendwie brachte sie das Gespräch auf Stopfmauls Kläglichkeit. Denn wir hatten uns zusammen über seine unschuldige Freude hier im Leben amüsiert, aber sie konnte mir anhören, daß Stopfmaul wohl eigentlich gar kein glücklicher Mensch war, daß er immer schlechter auf einem Bein stehen und die Zeit nicht mehr fern sein konnte, in der sein Körper das Gleichgewicht nicht mehr würde finden können – und wofür sollte er dann noch leben? Doch von solch dunklen Ahnungen sagte der Zauberer draußen in der Felsenhöhle nichts zu Stopfmaul. Er sagte ganz im Gegenteil zu Stopfmaul – wenn man sein Alter in Betracht ziehe, stehe er praktisch immer besser auf einem Bein. Was hätte Stopfmaul wohl mit dem Vermessenen gemacht, der es gewagt hätte, die Wahrheit zu sagen? Nur Trägheit hätte Stopfmaul daran gehindert, ihn eigenhändig zu erschlagen. Er hätte ihn also seinen Richtern übergeben. Die hätten sich viel Zeit gelassen – im Laufe von ein paar Tagen hätte Stopfmaul die ganze Geschichte sowieso vergessen und der Verbrecher auf diese Weise sein Leben gerettet. Vermutlich hätten sie sich damit begnügt, ihm die Zunge auszureißen oder ihn in die Einöde zu jagen.
Kannst du dir nun eine ganze Bevölkerung vorstellen, die so ist wie Stopfmaul? fragte die Frau. Sie gerät völlig außer Rand und Band, wenn jemand anfängt, die Wahrheit zu erzählen. Die Leute schreien, sei still, und stopfen sich die Finger in die Ohren. So ist das nun einmal. Stell dir vor, es käme ein Mann in die Stadt, der die Fähigkeit besäße, Menschen zu durchschauen, so daß er die ganze Zeit über wüßte, ob sie lügen oder die Wahrheit sprechen, und er den

Keim der verschiedenen Krankheiten sehen könnte, die sie in sich tragen, weshalb er sie rechtzeitig warnen könnte – einen solchen Mann müßten die Leute unbedingt töten.
Ich war sehr empört und protestierte eifrig.
Nein, rief ich, die Leute müßten doch ganz im Gegenteil dankbar sein für einen solchen Menschen, der zwischen Lüge und Wahrheit unterscheiden könnte. Wer würde es wagen zu lügen, wenn alle wüßten, daß der Mann auf der Stelle sagen könnte, er lügt wie gedruckt? Alle könnten auf die Plagen der Krankheit vorbereitet sein und rechtzeitig weise Männer und Frauen aufsuchen, und wenn die ihnen nicht helfen könnten, so hätten die Armen doch jedenfalls Zeit, sich an das Kommende zu gewöhnen.
Du bist doch nicht ganz so klug, wie ich angenommen habe, sagte die Frau, jedenfalls denkst du nicht ordentlich nach. Sag mal, hast du noch nie jemanden belogen und betrogen?
Sofort fielen mir der Zauberer und seine dressierte Ratte ein. Ich mußte also zugeben, daß ich kein ehrliches Spiel gespielt hatte – andererseits aber mußte ich gestehen, daß ich in meinem Umgang mit Menschen kein größeres Vergnügen gekannt hatte, als den dummen Zauberer zum Narren zu halten. Er seinerseits hatte Stopfmaul zum Narren gehalten. Dadurch, daß er so absolut zu nichts anderem taugte, als auf einem Bein zu stehen, hatte Stopfmaul uns allesamt zum Narren gehalten – denn hätte er nicht vielleicht irgend etwas Nützliches leisten können, wenn nicht gerade die Reichtümer seines Vaters es unnötig gemacht hätten, daß er irgendwie arbeitete? Andererseits hatten wir alle zusammen Stopfmaul zum Narren gehalten und betrogen, weil wir ihm vorlogen, daß er die Entscheidungen treffe – während sich in Wahrheit fast niemand nach ihm richtete.
Da siehst du, sagte die Frau, und so, wie das bei euch ist, so ist das überall. Wer daherkommen und die Wahrheit sagen wollte und dazu imstande wäre, der müßte notwendigerweise überall die wildeste Verwirrung stiften. Ja, ein solcher Mann leidet in der Tat an einer schlimmeren Krankheit als alle die anderen. Und was die Krankheit angeht: Wer möchte schon wissen, daß ihn in einem Jahr, in einem halben Jahr oder in zwei Jahren irgendeine verhängnisvolle Krankheit, vielleicht eine tödliche, erwartet?
Nein, was sie sagte, war wahr, das sah ich schon ein, und notgedrungen mußte ich ihr recht geben, als sie hinzufügte: Du mußt doch zugeben, daß Chaos und Auflösung das einzige Ergebnis einer solchen Wahrsagertätigkeit wären.

Ich war in einer schlimmen Klemme. Zwar hatte ich den Zauberer nach allen Regeln der Kunst zum Narren gehalten, aber ich fühlte dennoch, daß derjenige, der imstande war, die Wahrheit zu sehen, und mutig genug, sie auch noch zu sagen, ein äußerst ungewöhnlicher Mensch sein müsse. Und doch war da nichts zu machen: Solch ein Mensch mußte beiseite geschafft werden, denn die Leute mußten ja nun einmal ihr Leben unter einigermaßen geordneten Verhältnissen leben können, was durch die Existenz eines solchen Menschen zu einer absoluten Unmöglichkeit werden würde.
Aber kannst du nun einsehen, fragte die Frau nach einem Augenblick, wie schwierig die Situation ist? Denn wer in dem Volk, von dem wir sprechen, würde zugeben, daß dieser Wahrsager um der Wahrheit willen aus dem Wege geräumt werden müßte?
Nein, antwortete ich, sie müssen natürlich so tun, als sei der Grund ein völlig anderer. Aber ich finde sie ziemlich erbärmlich.
Weißt du was, gab die Frau zu bedenken, das verstehe ich gut, aber überleg trotzdem erst mal ein bißchen, bevor du sie so hart verurteilst. Denk an die Menschen, die Menschen, die Stopfmaul gehörten. Denk an die Frauen, die jeden Tag aufstanden und ihrer Berufung nachgingen, die Essen kochten und melkten und Brot backten und was dir sonst noch einfällt. Und denk an die Männer, die jeden Tag zu einer mühsamen Arbeit aufstanden. Denk an jeden einzelnen von ihnen, und dann sage mir, ob sie erbärmlich waren.
Und ich dachte an die Menschen, die ich gekannt hatte: Einige waren klug, andere waren dumm, einige waren nett und andere hitzköpfig, sie waren alle unterschiedlich, aber erbärmlich – nein, das konnte ich trotz allem von ihnen nicht sagen. Sie waren so, wie die meisten Leute nun einmal sind, und in den meisten Punkten ähnelte ich ihnen aufs Haar.
Ich wanderte noch immer mit der Frau dahin, doch um die Wahrheit zu sagen, so grübelte ich nicht mehr darüber nach, wohin wir gingen. Das Gespräch hatte mir Stoff zum Nachdenken geliefert, ja, es war, als entdeckte ich plötzlich, daß man über die Dinge in einer völlig neuen Weise denken könne.
Nein, nicht wahr? fuhr die Frau nach kurzer Zeit fort. Sie waren nicht erbärmlich, und ich finde schon, daß man ihnen den Frieden gönnen kann, ihr Leben hier auf dieser Erde zu leben, ohne sie mit einer Wahrheit zu quälen, um die sie nicht gebeten haben. Wie aber sollen sie den Wahrsager loswerden? Wieder sind sie gezwungen, sich selbst zum Narren zu halten, und vor allem sind sie dazu gezwungen, damit zu rechnen, daß der Wahrsager mit ihnen zusam-

menarbeitet. Das kann er nur teilweise tun, denn sonst würde er ja zum Lügner werden und wäre kein Wahrsager mehr. Als nächstes aber sind sie in einer fürchterlichen Verlegenheit, eines nämlich brauchen sie dringend, und zwar einen Helden. Einen Helden, der diese Tat für sie ausführen kann: den Wahrsager aus dem Weg zu räumen.

Aber du sprichst ja von einem Henker, rief ich aus, und nicht von einem Helden! Kein Mensch ist so gefürchtet und so verachtet wie der Henker.

Warte, fuhr die Frau fort, warte mal und hör zu und begreife. Der Held, von dem ich spreche, ist kein Henker im gewöhnlichen Sinne. Der Büttel richtet oder verstümmelt trotz allem nur Menschen, die einen Mord oder andere Untaten begangen haben. Der Wahrsager dagegen hat keine einzige Untat begangen, ganz im Gegenteil. Das Volk kann nur nicht mit ihm leben. Wer ihn tötet, befreit das Volk. Deshalb braucht man einen Helden.

Ich glaube, niemandem in der Welt habe ich jemals so zugehört wie den Worten dieser Frau, außer vielleicht den raschelnden Blättern von Hohem und Mystischem Baum, die wie Feuer klangen – aber das war trotzdem anders. Ich fühlte nämlich, daß ich mit meinem ganzen Körper lauschte, ja mit meinem ganzen Wesen. Ihre Worte waren wie ein fernes Signal, das es um alles in der Welt zu verstehen galt, wie ein Klopfen, das jemanden erreicht, der in einer Höhle tief unter der Erde eingesperrt ist, und das ihm erzählt, in welche Richtung er kriechen muß, um an die Oberfläche der Erde zu gelangen – wenn er nur gespannt genug lauscht, kann er dem Signal folgen. Es war, als sei ich nahe daran, irgend etwas zu verstehen, was sie nicht sagte, was sie mir aber dennoch in irgendeiner Weise mitteilte; als sei ich drauf und dran, irgendeinen Zusammenhang zu fassen.

Aber ... sagte ich fragend, ohne zu wissen, wonach ich fragen sollte, und dann hielt ich inne, weil mein Körper den Spannungszustand, in dem ich mich jetzt befand, nicht länger ertragen konnte; weil er es nicht schaffte, mit mir weiterzugehen, und deshalb anhielt und mich dort stellte.

Die Frau blieb ebenfalls stehen, und wir sahen einander an. Ich sah sie unaufhörlich an, und zuletzt begann ich am ganzen Körper zu zittern, und alles begann sich vor mir zu drehen. Ich hatte in dem Augenblick vielleicht Fieber. Ich sah meine schreckliche Dummheit ein. Ich dachte natürlich sofort daran zu verschwinden, aber ich sah auch sofort ein, daß das unmöglich war. Aus mehreren unterschiedlichen Gründen.

Erstens wurde meine Dummheit nicht kleiner, weil ich verschwand. Sie saß in mir, und ich konnte ihr nicht davonlaufen.
Zweitens – zweitens –, ihr kennt Klapperschlange selbst, aber habt ihr jemals ihre Augen richtig gesehen – ohne Furcht, meine ich? Es gab, glaube ich auch, einen dritten und einen vierten Grund, die ich vergessen habe, zusammen war es jedenfalls mehr als genug, um mich am Verschwinden zu hindern, obgleich mir meine Schande grenzenlos erschien.
Du hast mich zum Narren gehalten, sagte ich zuletzt, und in dem Augenblick war ich tatsächlich drauf und dran zu weinen.

Ihr, die ihr hier sitzt und mir zuhört, ihr seid nie auf dem Weg zum äußersten Rand der Welt gewesen, und ihr wißt überhaupt nicht, was das heißt. Ich bezweifle auch, daß ich imstande bin, es zu erklären oder auch nur zu beschreiben. Aber jedenfalls: Jetzt, da ich plötzlich begriff, daß es Klapperschlange war, der ich Auge in Auge gegenüberstand, wurde alles anders. Sie war nicht die häßliche Hexe, die ich mir nach eurer Beschreibung vorgestellt hatte, und ich war entsetzt, weil ich diese Frau an den äußersten Rand der Welt bringen sollte. Tausend Gedanken fuhren mir durch den Kopf, Bruchstücke des Gesprächs mit Flachem Teller tauchten auf: *Du wirst überrascht sein ... ob du ihr wohl einen Stoß wirst geben müssen ... was nun, wenn sie sich zur Wehr setzt ...*, und gleichzeitig begann ich den tieferen Sinn des Gesprächs zu begreifen, das ich gerade mit Klapperschlange geführt hatte.
Ich fühlte mich bestimmt nicht als Held, und die Rolle, die ich spielen sollte, schien mir überhaupt nichts Heldenhaftes an sich zu haben. Doch Klapperschlange tat nichts, um mir aus der schwierigen Situation herauszuhelfen, in der ich mich befand, obgleich sie mich mit einigen klugen und gewählten Worten sicher in die richtige Richtung hätte stoßen können. Nein, sie blieb einfach sitzen – wir hatten uns nämlich hingesetzt –, ohne auch nur den Mund zu öffnen, und während die Zeit verging, ging mir allmählich auf, daß ich gezwungen war, die Sache in die Hand zu nehmen. Wir konnten ja nicht den ganzen Tag über hier sitzenbleiben, und da sie keinerlei Anstalten machte, etwas zu unternehmen, war ich dazu gezwungen. Ich konnte auch ganz einfach die Tatenlosigkeit nicht aushalten, und was sollte ich sonst anfangen? Bisher waren wir einfach nur aufs Geratewohl dahingewandert, als ich aber nun darüber nachzudenken begann, wurde mir klar, daß Klapperschlange uns in Wirklichkeit geführt hatte. Doch das wollte sie anscheinend nicht mehr.

Es war nichts zu machen, wir mußten einfach weitergehen. Ich hatte mich locken und mich zum Narren halten lassen, und die Konsequenzen mußte ich nun tragen.

Ich sah mich um. Es war, als erwachte ich nach einem langen Traum. Wie lange war ich in das Gespräch und in die Gedanken, die es in mir ins Leben rief, vertieft gewesen? Wo befanden wir uns? Welche Richtung sollten wir einschlagen? Mir wurde klar, daß ich überhaupt keinen Blick für die Landschaft gehabt hatte, die wir durchwandert hatten. Ich hatte nur die Baumstümpfe bemerkt, an denen wir von Zeit zu Zeit vorbeigekommen waren, denn ich war bei jedem einzelnen stehengeblieben und hatte mich darin geübt, das Schwert zu führen, so, wie Klapperschlange es mich gelehrt hatte. Darüber hinaus aber hatte ich nichts gesehen, und ich mußte mir mit Scham gestehen, daß ich an die Richtung keinen Augenblick einen Gedanken verschwendet hatte.

Nach kurzer Orientierung beschloß ich, die Wanderung in westlicher Richtung fortzusetzen. Wenn man den äußersten Rand erreichen will, dann muß man selbstverständlich Kurs in die Richtung nehmen, in der die Sonne untergeht – so dachte ich. Noch aber war es früh am Tage, die Sonne hatte ihre Mittagshöhe noch nicht erreicht, und wir hatten also eine lange Wanderung vor uns.

Komm, sagte ich zu Klapperschlange, jetzt gehen wir weiter. Sie haben mir meine Freiheit und einen Ochsen versprochen, wenn ich dafür sorge, daß sie dich loswerden und ich dich zum äußersten Rand und ins Nichts hinausführe. Ich selbst bleibe am Rand zurück und versichere mich, daß du gut loskommst, aber los mußt du, deshalb müssen wir uns nun also wieder bewegen.

Danach stand ich auf, was Klapperschlange ebenfalls ganz bereitwillig tat, und wir begannen zu gehen. Nach ein paar Stunden kamen wir an einen See, der unermeßlich groß und dessen Wasserspiegel völlig unbeweglich war.

Siehst du, sagte Klapperschlange und zeigte gegen den Horizont – denn so weit erstreckte sich der See –, siehst du, daß er sich wie ein Auge wölbt?

Sie hatte wirklich recht, ich sah, daß sich der Horizont ganz schwach wölbte.

Deshalb, fuhr Klapperschlange fort, und weil er so blank und dunkel ist, heißt er das Auge der Erde.

Ich hätte mir denken können, daß der See natürlich einen Namen hat.

Klapperschlange fuhr fort: Es heißt, er spiegle die Sterne mit einer

solchen Klarheit wider, daß sich die Widerspiegelungen verdichten und als Diamanten zu Boden sinken. Während die Diamanten langsam sinken, erbleichen die Sterne am Himmel im ersten Morgenschein. Die Diamantenfischer, die am Ufer des Sees leben, fahren in ihren kleinen Booten hinaus und tauchen nach den Schätzen, die sich an seinem Grund verbergen. Man kann durchaus sagen, daß die Menschen von einer Art Wahnsinn ergriffen sind. Sie leben in der Regel in Höhlen, und die Diamantenfischerei ist teils sehr gefährlich, teils nahezu aussichtslos. Der See ist nämlich so ungeheuer tief, daß ein Mensch nur schwer bis auf seinen Grund hinabtauchen kann, und hinzu kommt noch, daß der Druck da unten so groß ist, daß er im schlimmsten Fall den Körper zerquetscht, ihn im besten Fall beschädigt und, was schlimmer ist, die Taucher völlig zu Geistesgestörten macht. Nichtsdestoweniger behaupten sie selbst, daß der Aufenthalt da unten ein so seltsames und atemberaubendes Erlebnis sei, daß sie gern ihre Gesundheit aufs Spiel setzen, um daran teilhaben zu können, und daß der Anblick der Diamanten alles übertreffe, was man hier oben an der Oberfläche der Erde erleben könne.
Wir begannen am Seeufer entlangzugehen, und nach einiger Zeit veränderte sich der Charakter der Landschaft. Das Gras wurde saftiger und grüner, es gab kleine Sträucher und mehr Bäume, obgleich keiner davon sonderlich groß war. Schließlich erreichten wir das Gewässer, das sicher die Erklärung dieser ganzen Fruchtbarkeit war. Ja, so etwas kennt ihr hier nicht, und von dort, wo ich herkomme, kenne ich es auch nicht; aber ich glaube, alle Menschen wären anders, wenn sie nur einmal auf dem Rücken in herrlichem, weichem Gras und im Schatten eines Baumes gelegen und den lieblichen Laut so eines kleinen glucksenden Rinnsals in den Ohren gehabt hätten.
Wie könnt ihr nur meinen, ihr kennt das Leben, ihr, die ihr auf dieser Ebene aus trockenem Gras, unfruchtbarem Sand und vermessenen Felsen lebt? Wie könnt ihr glauben, ihr kennt die Liebe? In der Nacht, wenn der Wind über eure Stadt hinwegstreicht, schüttelt er die Kälte der Berge über euch aus, und ihr versucht durch einen wahnsinnigen Liebesakt Wärme in den Körper zu hämmern, auf einer Erde, deren Härte ihr vergeblich durch Felle oder Matten zu mildern sucht. Ich will bestimmt nicht leugnen, daß das auch Liebe ist, eine Art Liebe, ein Fetzen der Liebe. Ich habe es ja selbst versucht, denn wie ihr euch erinnern werdet, verbrachte ich eine Nacht bei Flachem Teller. Sie kannte alle Arten und Abarten der Liebe, die es

nun einmal bei uns hier gibt. Ich wurde durch die hitzige Jagd auf ein kurzes Lustgefühl, das sich, wie vorausgesehen, einfand, nicht erschüttert, und ich wurde weder erschreckt noch verzaubert von der Unterschiedlichkeit unserer Organe oder von der Stärke der Kräfte, die in mir ins Leben gerufen wurden und genau dem entsprachen, was von mir verlangt wurde – die oberen Spiralen eines zusammengerollten, schlummernden Wesens, dessen volle Länge zuweilen unsere Träume heimsucht. Flacher Teller hatte mich zu meiner vollen Zufriedenheit in die Liebe eingeweiht, deshalb war ich auf sie völlig unvorbereitet. Das karge Leben hier auf eurer steinigen Erde bietet keine Möglichkeit dafür, daß sich die süße und sonderbare Kraft, die der Liebe innewohnt, entfalten kann.
Doch Liebe war im übrigen das letzte, woran ich dachte, als wir durch das Gras dahergegangen kamen, das ich erwähnt habe, und den kleinen Wasserlauf erreichten. Ich hatte genug damit zu tun, einfach nur das Gras und die Büsche und das Wasser zu betrachten – das war mir ja völlig neu, aber ich kann durchaus sagen, daß es an sich schon fast Belohnung genug für den Gang bis an den äußersten Rand der Welt war. Aber das werdet ihr nie verstehen können, denn ihr werdet nie etwas anderes sehen als das, was ihr sowieso schon kennt – ihr habt viel zuviel Angst, um euch auf so eine Reise zu begeben.
Klapperschlange hatte Lust, in dem kleinen Bach zu baden, und während sie im Wasser stand, das ihr bis an die Knie reichte, lag ich auf dem Rücken im Gras und blickte bald auf sie, bald auf das grüne Laub der Bäume über meinem Kopf und bald hinauf in den blauen Himmel.
Wie ich nun so dalag und ihr ab und zu mit den Augen folgte, ging mir plötzlich auf, daß nichts dagegen sprach, die Gelegenheit zu nutzen, wo ich nun sowieso mit einer Frau zusammen war. Zudem war sie ja überhaupt nicht die Hexe, die ich mir ursprünglich vorgestellt hatte; aber weil ich die ganze Zeit über mit den Gedanken bei meinem Schwert gewesen war oder ihren Erklärungen über das Auge der Erde gelauscht hatte, hatte ich an sie eigentlich nicht als Frau gedacht.
Ich dachte mir also: Ich habe es nur mit einer Frau versucht; nun will ich es auch mit der hier versuchen und sehen, ob es anders ist. Und wenn ich mit ihr nicht fertig werde, dann wird es sowieso niemand jemals erfahren.
Ihr müßt euch also vorstellen, daß ich im Gras lag – ich weiß schon, dazu seid ihr überhaupt nicht imstande; wie solltet ihr so viel und

so saftiges Gras vor euch sehen können? Wie solltet ihr die wohltuende Kühle unter einem schattigen Baum wahrnehmen können, dessen Rieseln aus Blütenblättern im Gras leuchtendviolette Flekken bildet? Und wenn ihr mich jetzt seht, wo ich alt und gebrechlich bin, wie solltet ihr mich dann sehen können, wie ich so dalag, als mein Körper noch jung und elastisch und meine Haut glatt und geschmeidig und ich bereit war, mich kopfüber in das erste beste Abenteuer zu stürzen, ohne an die Folgen zu denken, wenn es mir nur irgendein spannendes und ungewöhnliches Erlebnis versprach? Aber dann versucht doch wenigstens, eure Phantasie einzusetzen!

Ich mußte offenbar völlig in meine eigenen Gedanken verloren gewesen sein, denn plötzlich hörte ich, wie Klapperschlange mich rief, und irgendwie begriff ich, daß sie meine Nummer schon einige Male gerufen hatte, bevor ich aufwachte.

Sie stand da und sah zu mir hin, und ich schwöre, als ich ihrem Blick begegnete, sah ich geradewegs in ihre Seele hinein, so, als hätte sie beschlossen, daß ich sie nun endlich wirklich kennenlernen sollte. So etwas ist unerkärlich. Es läßt sich nur mit Naturkatastrophen vergleichen: ein Fluß, der über seine Ufer tritt und mit unbändiger Kraft ganze Dörfer fortreißt; eine Sternschnuppe, deren kurze Bahn über den Nachthimmel von einem unglücklichen Vorfall in den fernen Räumen, der Wohnung der Sterne, erzählt. Hinterher ist etwas für Zeit und Ewigkeit verändert. Dennoch gehört das mit zu einem Menschenleben, einem ganz gewöhnlichen Menschenleben – ja, ich spreche nicht von so einem Leben, wie ihr es hier lebt, denn das ist nun einmal so klein und erbärmlich, daß ihr euch nie der Gefahr aussetzt, irgend etwas Überraschendes zu erleben; was glaubt ihr aber wohl, wie es zuging, als unsere Vorväter sich im Tal der Träume und Blumen bewegten? Ich habe immer geglaubt, das sei nur ein Ort, der in die Welt der Fabeln und Märchen gehöre, aber nun weiß ich, daß es ein wirklicher Ort ist und daß die Menschen, die dort leben, wirklich lieben und wirklich leiden.

Vielleicht waren wir dorthin gelangt? Vielleicht erwachten wir aus einem Traum, der unser Leben zu einem Schattenspiel gemacht hatte, in dem nur die Umrisse lebendig waren, richtige Körper aber fehlten? Jedenfalls reichte ein Blick, um uns zu vereinen, und wie ein paar miteinander spielende Vögel flatterten unsere Seelen über den Rasen dahin, schlüpften in den schattigen Verstecken unter den Büschen ein und aus und entschwanden über den nahen Baumwipfeln den Blicken.

Wir setzten in einem Boot über den See, das wir von einem der Diamantenfischer geliehen hatten. Er stellte nur die Bedingung, daß ich das Boot wieder abliefern müsse, wenn ich zurückkäme. Es war schon traurig genug, daß wir weiterziehen mußten, seine Bedingung aber ließ mich unweigerlich an unsere bevorstehende Trennung denken, so daß ich noch trauriger wurde und zweifellos alles andere als lustig aussah.
Was ist denn mit euch los? fragte der Diamantenfischer, als wir das Boot zum See hinuntertrugen. Ihr seht so traurig aus, als sei es ein Riesenunglück, daß ihr eine Bootsfahrt machen müßt. Das ist doch nicht so schlimm. Wenn ihr dann auch noch schwimmen und ein wenig tauchen könnt, dann könnt ihr nicht mehr verlangen. Und wenn ihr nicht schwimmen könnt, dann könnt ihr wenigstens dasitzen und ins Wasser sehen.
Der Diamantenfischer war ein älterer Mann. Seine Glieder waren noch immer schmal und glatt, doch sein Körper hatte die Festigkeit angenommen, die mit dem Alter folgt und irgendeine Trägheit oder Inertie des Fleisches ausdrückt.
Die Ältesten haben Klapperschlange dazu verurteilt, am äußersten Rand der Welt ins Nichts zu verschwinden, und ich bin gekauft worden, um sie bis dorthin zu begleiten, erklärte ich.
Das ist nun einmal der Lauf des Lebens, sagte der Diamantenfischer. Ich bin jetzt schon viele, viele Jahre nicht mehr dort unten in den großen Tiefen gewesen, dort, wo man die Möglichkeit hat, die Diamanten zu sehen, und ich komme dort nie mehr hin. Das gehört einer verschwundenen Zeit an.
Ist Entsagen wirklich so leicht, dachte ich verblüfft. Vielleicht sind seine Worte Ausdruck dessen, was man Reife nennt? Und da schwor ich mir in meinem Inneren, daß ich nie reif werden würde, nicht auf diese Weise, nie, nie! Und ich kann euch anvertrauen, daß ich meinen Eid gehalten habe. Sollte ich mich mit dem Leben versöhnen? Nein, ich hasse den Frieden des Gemüts, den ihr findet, wenn ihr euch versöhnt. Das ist nur eine billige und leisetreterische Art und Weise, Unannehmlichkeiten zu vermeiden, und das wäre auch in Ordnung, wenn der Vorteil, den ihr euch erschwindelt, etwas taugte. Aber er ist nichts wert.
Während wir über den See fuhren – wir wechselten uns beim Rudern ab –, blitzte der Gedanke in mir auf, daß vielleicht dieser See uns an den äußersten Rand der Welt führen würde. Würde er sich wohl später verengen und zu einem breiten Fluß und danach immer schmaler und zuletzt zu einem reißenden Strom werden, der sich in

einen donnernden Wasserfall verwandelte, der das Ende aller Dinge bedeutete? Wie sollte es mir dann ergehen? Diese Möglichkeit hatte ich überhaupt nicht vorhergesehen, und als ich sie durchdachte, erfüllte mich Todesangst. Ich konnte mich nicht mit dem Gedanken abfinden, daß ich jetzt sterben sollte.
Es zeigte sich, daß meine Vorahnungen beschämt wurden. Als wir das andere Ufer erreichten, stiegen wir an Land und setzten unsere Wanderung fort. Nun veränderte sich der Charakter der Landschaft. Vor uns erstreckte sich eine kreuz und quer von Klüften, Furchen, Spalten, kleinen Höhenrücken, plötzlichen Abgründen und allen möglichen anderen Hindernissen durchzogene Ebene. Ich hatte noch nie etwas Ähnliches gesehen und wurde beim Anblick dieser Landschaft ebenso erschüttert wie beim Anblick des Sees, gleichzeitig aber erschien es mir, daß ihr düsterer und unheilschwangerer Charakter genau das war, was man zu erwarten hatte, wenn man sich an den äußersten Rand der Welt begeben wollte.
Es besteht kein Grund, euch die Wanderung der nächsten Stunden zu beschreiben. Wenn ihr jemals eine Ameise betrachtet habt, die über Steine und umgestürzte Bäume und in alle möglichen Löcher in der Erde hinein- und wieder herauskriecht, dann habt ihr ein deutliches Bild unserer trostlosen Wanderung durch diese fürchterliche Landschaft, die aussah, als sei sie in einem Anfall von Raserei geschaffen worden – wenn sie denn nicht ganz im Gegenteil das Ergebnis einer kalten und zynischen Berechnung war, was ihr teuflischer Charakter einen durchaus glauben machen konnte.
Die Sonne stand niedrig am Himmel, als wir endlich diese Einöde hinter uns gebracht hatten, ich aber war nun so erschöpft, daß ich eine längere Rast brauchte. Als wir die Wanderung wieder aufnahmen, war es neblig geworden, gleichzeitig versank die Sonne hinter dem Horizont. Glücklicherweise schien der Mond, sonst hätten wir keine Hand vor Augen sehen können. Wir kamen in einen Wald, wo wir einem Pfad folgten, der uns zu einem Fluß führte, in dem es von Krokodilen wimmelte. Sie griffen uns jedoch nicht an, sondern blieben still im Wasser liegen, als seien sie nur auf Grund gestoßene Baumstämme. So wateten wir in Sicherheit über den lauen, nebelumhüllten Fluß, der uns an der tiefsten Stelle bis an die Hüften reichte, und so ging es zu, daß ich mit eigenen Augen sah, daß Klapperschlange im Besitz seltsamer Kräfte war.
Als wir das andere Ufer erreichten, fiel ich um. Ich zitterte am ganzen Körper, ich stammelte, die Gedanken wirbelten mir im Kopf umher, ohne daß ich sie sammeln oder einen Sinn in sie bringen

konnte, und ich wagte kaum, mich in dem Nebel umzuschauen, wo alle Konturen verwischt erschienen, als befände ich mich in einer Welt aus fließendem Stoff, was ein höchst unangenehmer Gedanke ist. Ich weiß eigentlich nicht, woher mir der Mut und die Stärke zum Weitergehen kamen, aber ich habe den leisen Verdacht – und eine schwache Erinnerung daran –, daß das an Klapperschlanges Aufmunterung lag.

Nun hör schon, sagte sie, jetzt kann es nicht mehr weit sein. Und wenn du mich nicht bis zum äußersten Rand bringst und dort ablieferst, bekommst du ja weder deine Freiheit noch einen Ochsen.

Wir gingen weiter. Ich nahm nicht wahr, wo wir gingen, und wenn Klapperschlange mich nicht an der Hand gehalten hätte, wäre ich umgefallen. Es war, als übertrage ihre dünne Hand Kraft auf mich, und auf diese Kraft gestützt, vermochte ich schwankend weiterzugehen, obwohl ich in Wirklichkeit völlig am Ende war. Vermutlich habe ich das Bewußtsein verloren oder bin eingeschlafen, während ich ging. Ich entsinne mich, daß der Wald offener und der Nebel weniger dicht wurde. Ich dachte, jetzt müssen wir doch bald dasein. Aber dann war das Bewußtsein wieder fort, ich nahm weder meine Umgebung noch meinen eigenen Körper oder meine Nerven wahr, die, wie ich fühlte, zerreißen und mich als Bündel sinnloser und wahnsinniger Gedanken, Gefühle und Wahrnehmungen zurücklassen würden, wenn ich noch weiteren Belastungen ausgesetzt würde.

Vielleicht glaubt ihr, daß es die reine Lüge ist, was ich euch jetzt erzähle. Aber das zeigt nur, daß ihr nicht die Phantasie habt, euch vorzustellen, was es heißt, Klapperschlange bis zum äußersten Rand der Welt begleiten zu müssen.

Als ich wieder zu Bewußtsein kam, begriff ich zuerst nicht, wo ich mich befand. Ich lag nicht, aber ich ging auch nicht. Im Mondschein sah ich Bäume vorbeigleiten, doch sie standen nur noch vereinzelt, so daß wir also auf dem Weg aus dem Wald heraussein mußten. Ich wußte kaum, wer ich selbst war. Ich schaukelte auf und nieder.

Dann wurde mir klar, daß ich auf dem Rücken von Klapperschlange hing. Sie trug mich in bedächtigem Tempo, wir bewegten uns aus dem Wald hinaus und über eine offene Ebene hinweg, durch einen feinen und kühlen Nebel wie durch einen großen, anhaltenden Schleier. Ich hatte nicht einmal mehr die Kraft, mich beschämt zu fühlen, weil ich von dieser schmächtigen Frau getragen wurde, die ich geliebt hatte und die ich – so lautete meine Aufgabe – aus dieser Welt herausführen oder jedenfalls zu dem Punkt führen sollte, wo das Jenseits seinen Anfang nimmt. Deshalb hing ich nur und ließ mich tragen, als sei ich noch immer das Kind, das ich noch vor kurzem gewesen war, über die Ebene in der völligen Stille, die nur von dem Geräusch von Klapperschlanges Füßen im Gras und von ihren ruhigen, unangestrengten Atemzügen unterbrochen wurde, durch den Nebel, durch die dunkle Nacht. Ich döste erneut.

Und nun nähern wir uns einem wirklich entscheidenden Punkt meines Berichts. Ja, ich näherte mich ihm schlafend. Nun werdet ihr gleich etwas Sonderbares hören.

Irgendwann mußte sie mich ins Gras gelegt haben, denn dort jedenfalls wachte ich auf. Ich war richtig schön durchgefroren und hatte gleichzeitig das Gefühl, nun könne der äußerste Rand der Welt nicht mehr weit weg sein. Wenn ich aber herausbekommen wollte, ob mein Gefühl richtig war, und um dem Ganzen ein Ende zu machen, gab es nur eines, ich mußte mich erheben und wieder gehen. War ich durch das ewige Sitzen und Grübeln klüger geworden? Nein, keine Spur. Aber ich sage nicht, daß die Idioten, die auf ihrem Hintern sitzenbleiben, es nicht besser haben. Sie haben es sicher besser.

Dann streckte ich meine steifen Beine und schlug ein wenig mit den Armen um mich, damit ich warm würde, während ich sagte: Komm schon, Klapperschlange, nun müssen wir gehen, es ist viel zu kalt zum Stillsitzen.

Nach einiger Zeit tauchten aus dem Dunkel und dem Nebel die Umrisse einer Hütte auf.

Das ist aber sonderbar, sagten wir zueinander und blieben stehen.

Welcher Einsiedler ist denn auf die Idee verfallen, sich an so einem Ort niederzulassen?

Hier, wo man fast das Nichts brausen hört und wo dich drei Schritte weiter vielleicht dessen Wahrheit nahe bringen. Kein Mensch war zu sehen, nein, selbst hier draußen meldete sich wohl der Schlaf, wir aber, wir waren doch hellwach und starrten angespannt nach vorn, als glaubten wir, eine zusätzliche Anstrengung versetze uns in die Lage, durch das Dunkel hindurchschauen zu können. Aber das konnten wir natürlich nicht, es blieb uns also nichts weiter übrig, als weiterzugehen.

Als wir drei Schritte gegangen waren, erblickten wir noch eine Hütte, und es kam uns vor, daß wir sogar noch eine dritte und eine vierte ausmachen konnten, wir waren unserer Sache jedoch nicht sicher, bevor wir uns noch ein paar weitere Schritte vorwärtsbewegt hatten – ganz richtig, die dritte und die vierte tauchten auf,

außerdem aber auch noch eine fünfte, sechste und siebte. Es war kein Zweifel mehr möglich, wir gingen auf einem Pfad zwischen Hütten, und weiter vorn gab es andere ähnliche Pfade, die rechts und links abzweigten und zusammen eine Stadt bildeten, deren Einwohner allesamt schliefen. Das einzig Lebendige, was wir sahen, war ein Hund, der zwischen den Häusern auftauchte und langsam, lautlos und mit hängendem Kopf zu uns hinkam, uns beschnupperte und wieder verschwand. Es war nicht gerade ein Wachhund. Er war ganz echt, obgleich er eher den Eindruck eines Schattens machte, und seine matten Augen wirkten wie die apathische Seele dieser schlafenden Stadt.
Was waren das bloß für Leute, zu denen wir gekommen waren und die sich so nahe am äußersten Rand der Welt niedergelassen hatten? Vielleicht wußten sie das überhaupt nicht, und wir sollten es ihnen eigentlich erzählen? Andererseits, wenn sie in ihrer Unwissenheit glücklich waren, weshalb sollten wir sie dann aus dieser Unwissenheit herausreißen? Das erörterten wir – wir wagten kaum die Stimme zu heben –, während wir zwischen den Häusern hindurchgingen und schließlich an eine Feuerstelle mitten in der Stadt kamen, wo noch Glut lag, an der wir uns wärmen konnten. Wir beschlossen, bevor wir weitergingen, in eines der Häuser hineinzuschauen, um zu sehen, wie die Einwohner der Stadt eigentlich aussahen und ob sie überhaupt am Leben waren. Denn die Stille gab uns das erdrükkende Gefühl, daß wir vielleicht zu einer Stadt von Toten gekommen seien. Mich trieb auch noch ein anderes Gefühl, aber das wagte ich nicht auszusprechen.
Dann zündeten wir an der Glut einen Knüppel an, und mit dieser Fackel gingen wir zur nächsten Hütte. Man dringt nicht gern in die Wohnung eines fremden Menschen ein. Wir waren zwar keine Diebe, wir führten nichts Böses im Schilde, dennoch hämmerte mein Herz, als fürchtete ich, bei der Durchführung irgendeiner verbrecherischen Tat ertappt zu werden.
Aber ich habe nun die Erfahrung gemacht, daß die großen Augenblicke immer irgendeine Form der Kleinlichkeit begleitet – als liege alles, was es hier im Dasein an Lausigem und Lumpigem gibt, nur auf der Lauer und warte darauf, seine Nase vorstrecken zu können, oder als machten sich das Mittelmäßige, der Hintergedanke und der kleine Egoismus gerade in solchen Augenblicken in der unschuldigsten Weise geltend.
Warte, ich leuchte dir, geh du ruhig zuerst hinein, sagte ich zu Klapperschlange, als wir vor der Hütte standen.

Nein, du zuerst, sagte Klapperschlange, wer die Fackel trägt, muß vorn gehen.
Später habe ich daran gedacht, daß sie die Wahrheit, die ich bald sehen sollte, vielleicht kannte oder erraten hatte.
Dann standen wir im Dunkel der Hütte, und hier herrschte jedenfalls keine Todesstille, da ich ganz im Gegenteil deutliches Schnarchen und andere Geräusche vernahm – kleine Seufzer und Stöhnen –, die Menschen hervorbringen, wenn sie schlafen. Außerdem roch es kräftig nach lebendigen Menschen, und das war ein Geruch, den ich fast vergessen hatte und der mir deshalb fürchterlich stark vorkam – wie Stallgeruch.
Ich hielt die Fackel über einen der Schlafenden. Es war ein Mann. Ich starrte ihn lange an. Ich ging zum nächsten weiter und dann wieder zum nächsten.
Nun muß ich euch erzählen, wie es ist. Es gibt keinen äußersten Rand. Ich befand mich in eurer Stadt. Ich war in eine der Hütten hier am Platz hineingegangen. Und hier am Feuer erkenne ich die Gesichter wieder, über die ich gebeugt stand.
Da ich ja erwartet hatte, am Nichts zu stehen und ins Nichts hinauszuschauen, versteht ihr ja wohl, daß es ziemlich erschütternd für mich war zu entdecken, daß ich immer wieder zu euren nichtssagenden Gesichtern zurückgeführt wurde, gleichgültig, wie weit ich auch ging.
Es gibt keinen einzigen Spalt, durch den ihr hinausschlüpfen könnt. Es gibt nur diese Welt. Als wir zwischen den Hütten hindurchgingen, hatte ich das Gefühl, sie wiederzuerkennen – die Bestätigung dieser Ahnung war es, die ich fürchtete. So weit also mußten wir wandern und so viel mußten wir durchmachen, um zu entdecken, daß es keinen Umkreis gibt, alles ist Zentrum; gleichgültig, wie weit man sich bewegt, das Zentrum kommt mit.
Wohin wollt ihr nun also gehen, ihr, die ihr hier sitzt und mich anglotzt, als sei ich irgendein Phänomen, das aus den Wolken herabgefallen sei? Ich meine: in Gedanken hingehen? Denn ich bilde mir nicht ein, daß ihr jemals euren Hintern anheben werdet, um die Wahrheiten zu untersuchen, die etwas abseits vom breiten Wege liegen. Wo wollt ihr hingehen? Nun könnt ihr euch nicht mehr einbilden und euch damit trösten, daß die langweilige und deshalb grausame Welt, in der ihr lebt und die euer eigenes Werk ist, irgendwo eine Grenze habe; daß es irgend etwas anderes gebe – und wenn dieses andere auch das Nichts sein sollte; daß es möglich sei, Klapperschlange und die Dinge, die sie sagte, in eine Art Nichts, das es

nicht gibt, zu verbannen. Nein, das ist vorbei! Das war pure Einbildung, und darauf müßt ihr euch einstellen, obgleich ich den leisen Verdacht habe, daß ihr schon alle möglichen und unmöglichen Ausflüchte und Erklärungen finden werdet, denn eines wollt ihr bestimmt nicht: nämlich der Wahrheit ins Auge sehen – gerade deshalb wolltet ihr ja Klapperschlange loswerden. Aber nun wißt ihr es: Es gibt kein Nichts, in dem man sie hätte verschwinden lassen können. Gleichgültig, wie weit wir uns von euch entfernten, ihr wart immer noch da.
Ich habe nie etwas gelernt, und ich bin nicht sehr alt, aber jetzt weiß ich, daß das Alter der Ältesten ihnen keine Weisheit beschert hat und daß das, was der Rat der Weisen beschloß, nur Dummheiten waren. Denn als ich in dem unsicheren Schein der Fackel eure häßlichen Gesichter anschaute, war es mir, als zerbarsten alle meine Gedanken und Vorstellungen in aller Stille – gleichgültig, wonach ich die Hand ausstreckte, um einen Halt zu erwischen, weg war es; ich war in einer Situation, in der ich keinen Ausweg sehen konnte, und ihr hattet mich in diese Lage gebracht.
Wir verließen die Hütte, warfen die Fackel auf das Feuer und gingen aus der Stadt hinaus. Wir gingen durch den Wald zurück und kamen in die Landschaft voller Klüfte, Spalten und riesiger Felsblöcke. Während wir noch hier gingen, dämmerte es, und bald ging die Sonne auf. Zu dem Zeitpunkt dann fiel Klapperschlange um und verdrehte die Augen.
Ich wußte nicht, was ich tun sollte, weshalb ich mich einfach hinsetzte und wartete. Die Sonne wärmte angenehm, ich legte mich auf die harte Erde, und so geschah es, daß ich einschlief. Als ich erwachte, war Klapperschlange wieder zu sich gekommen. Sie sah abgezehrt und mitgenommen aus, als hätte sie, während sie so dalag, unerhörte Strapazen und Prüfungen durchgemacht.
Klapperschlange sagte: Du hast mir erzählt, wie du den Zauberer zum Narren gehalten hast, damals, als du bei Stopfmaul Hirte warst, und wie du lerntest, daß dies die einzige Art und Weise ist, mit dem Leben fertig zu werden. Das hat mir gefallen. Es amüsierte mich, ich fand dich klug – viel klüger, obgleich du nur ein Hirtenjunge warst, der nie etwas gelernt hatte, als die Idioten zu Hause im Rat der Weisen, wie sie sich so frech nennen.
Ja, ihr müßt schon entschuldigen, doch ich gebe nur wieder, was Klapperschlange sagte. Sie hatte von euch als Weisen keine besonders gute Meinung.
Aber, fuhr Klapperschlange fort, es kommt ein Punkt, an dem es

nicht mehr möglich ist, jemanden zum Narren zu halten; wo das Zum-Narren-Halten ganz genau die einzige Möglichkeit wird, mit der du nicht mehr fertig wirst. Was glaubst du, wäre geschehen, wenn wir wirklich an den äußersten Rand der Welt gekommen wären?

Nun, ich will dir erzählen, fuhr Klapperschlange nach einer Pause fort – denn ich wußte nicht, was ich auf ihre Frage antworten sollte oder ob ich überhaupt antworten sollte –, wo ich gewesen bin, als ich bewußtlos war:

Als ich umfiel, erhob sich gleichzeitig der Geist aus meinem Körper und stieg mit einer Kraft empor, die die Kraft bei weitem übertraf, die ich für gewöhnlich besitze. Du glaubst vielleicht, das sei ein Märchen oder nur irgend so ein poetisches Gerede, das phantasievolle Personen erfinden, die nichts weiter zu tun haben. Aber ich kann dir versichern, daß ich immer bar jeder Phantasie gewesen bin und daß ich keine Ahnung habe, was ich mit mir anfangen sollte, wenn die Wirklichkeit mich aus ihrem Griff entließe; und genau das muß ja wohl geschehen, wenn die Leute ihre Phantasie mit sich durchgehen lassen, und das habe ich nie verstanden. Nein, ich gebe nur so genau wie möglich wieder, was geschah, aber das kann auch schon schwierig genug sein, denn in Wirklichkeit ging ich von einer Wesensform in eine andere über. Wenn ich immer weiter »ich« sage, dann teils deshalb, weil es in gewisser Weise stimmt, aber vor allem wohl, weil mir keine anderen Worte zur Verfügung stehen. Wenn etwas seine Wesensform ändert, dann kann es natürlich nicht dasselbe bleiben, weshalb »ich« also nicht die ganze Zeit über dasselbe Ich ist – es ist aber auch kein anderes, jedenfalls keine andere Person. Es ist zum Verzweifeln, daß man so viele Worte benutzen muß, um etwas zu erklären, was ganz einfach ist, vielleicht verstehst du es ja besser, wenn ich erzähle, daß mein Geist in diesem Augenblick in einem Vogel war oder zu einem Vogel wurde. Wenn du, damals, als ich umfiel, hier in der Nähe einen großen Vogel hast aufsteigen sehen, dann kannst du ziemlich sicher sein, daß ich es war.

Wenn ein Vogel seine Flügel ausbreitet und gegen die Luft preßt und sich auf diese Weise über die Erde erhebt, dann geschieht sehr viel mehr, als man rein unmittelbar glauben sollte. Hast du jemals darüber nachgedacht, daß diese Welt nicht nur eine Welt ist, sondern viele Welten, die gleichzeitig ineinander existieren? Der Vogel ist eine Welt oder ein Weltsystem, und wenn er die Flügel ausbreitet, entstehen ein völlig neuer Raum und eine neue Zeit, genauso,

als ob sich ein Mensch aus seiner liegenden Stellung erhebt und einen Schritt nach vorn macht, so weit seine Beine nun einmal reichen.
Das also war es, was geschah, aber wie es möglich ist, von einem Weltsystem in ein anderes hinüberzugleiten, ohne davon zerrissen zu werden, verstehe ich nicht – so war es nur, und nun sah ich plötzlich mit den Augen des Vogels, und auch das war etwas Neues, natürlich. In dem Augenblick, in dem ich durch den Raum, in dem ich nun zu Hause war, nach oben glitt, begriff ich, daß ich dazu geschaffen war, die Dinge von dort oben zu sehen. Wäre ich ein Mensch gewesen, dann wäre das ein sonderbares, unwirkliches Erlebnis gewesen – die Dinge wären auf einmal flach und gespenstisch, unhandgreiflich geworden! Doch nun war ich ein Vogel, ich sah mit den Augen eines Vogels und schwebte in der Wirklichkeit einer neuen Existenzform, und ich empfand es als ebenso natürlich und glücklich zu schweben, mit dem Flug dieses Körpers eins zu sein, wie es sonst natürlich für mich ist, mich mit meinen Beinen auf der Oberfläche der Erde dahinzubewegen.
Soweit ich weiß, haben alle Menschen irgendwo in sich einen Vogelgeist, sie haben es nur nicht alle entdeckt, und ich glaube nicht, daß man vom Verstand her irgend etwas tun kann, um ihn zu erfahren. Und man kann bestimmt nicht vom Äußeren der Menschen auf ihren Vogelgeist schließen, denn es kann durchaus sein, daß ein großer, starker Mann, der viele Menschen kommandiert, einen winzigen Vogelgeist besitzt und nur zu einem Sperling wird – auf den man im übrigen nicht herabsehen darf, er ist ja ebenso nützlich wie jeder andere Vogel, steigt nur nicht so hoch und fliegt auch nicht so weit.
Ich habe großen Respekt vor dem Gehirn des Menschen und habe ja bereits festgestellt, daß es imstande ist, die unglaublichsten Dinge zu errechnen. Aber ich bin auch sicher, denn das weiß ich, daß man nicht erleben kann, was es heißt, ein Vogel zu sein, bevor man es selbst in seinem Geist in der Wirklichkeit probiert hat.
Ich hatte die Flügelweite eines großen Vogels, ich brauchte nur wenige Augenblicke, um in die Klarheit der großen Höhen hinaufzugelangen und dann den Kurs abzustecken. Wie ich das aber wohl gemacht habe, wirst du fragen. Ich brauchte nur der magnetischen Kraft zu folgen, die mich zog – eine Wirkung ohne Rücksicht auf Abstände in Zeit und Raum, als sei sie nicht von dieser Welt, obgleich sie in dieser Welt ist. Das kennen alle Wesen – sie haben alle einen Kurs, dem sie folgen müssen. Bald war ich in Wolken, die

meine Flügel zersplitterten, so daß sie geradezu in Stücke geschlagen wurden und ihre Nebelmassen mir in langen, leuchtenden Fasern hinterherhingen, und jenseits der Wolken flog ich unverdrossen weiter und hatte kaum Zeit, auf die Landschaft hinunterzusehen, die langsam unter mir wegglitt.

Der Kegel des schwarzen Berges durchbohrt den Raum wie eine Waffe, die mit den sich um sie scharenden, treibenden Wolken und mit dem unangreifbaren Universum des blauen Himmels eine ewige Feindschaft eingeht. Wenn die Erde Schwere besitzt, dann liegt das auch an dem schwarzen Berg, ja, ich bin sicher, wenn die Zauberformel irgendeines unwahrscheinlichen Demiurgen ihn zum Verschwinden bringen könnte, würde die Erde krängen und aller Wahrscheinlichkeit nach im Raum kentern, weil das Gleichgewicht völlig verrückt wäre. Ich hielt Kurs auf den schwarzen Berg, den mein sehnsüchtiger Blick zuerst als einen Schatten entdeckte, dessen vager Umriß noch bei weitem keine Vorstellung von der Massivität des Körpers vermittelt. Wie groß der Abstand von dem schwarzen Berg bis zu der Stelle ist, an der wir uns jetzt befinden, kann ich nicht sagen. Ich legte den Weg ja durch die Luft und in der Gestalt eines Vogels zurück, und das Verhältnis der Vögel zu Raum, Zeit und Bewegung unterscheidet sich so sehr von dem der Menschen, daß sich diese Art Erfahrungen nicht von einer Wesensform auf die andere übertragen läßt.

Wenn unser Geschlecht nicht so vergeßlich gewesen wäre; wenn es nicht so emsig damit beschäftigt gewesen wäre, jeden einzigen Augenblick mit irgendeiner gleichgültigen Handlung auszufüllen, dann hätte es sich vielleicht an die Geographie seines Ursprungs erinnert, und der Weg zu dem schwarzen Berg hätte jedem offengestanden. Nun existiert der Berg nur in den Legenden, als Wort der Sprache, und man kann ihn nur in Vogelgestalt besuchen.

Das dunkle Licht, das von ihm ausgeht, weil die Strahlenbündel aus Licht, die seine Seiten treffen, gleichsam zerbrochen und pulverisiert werden, schafft eine Zone vollständiger Stille und Unbeweglichkeit um ihn, die die Wolken auf Abstand hält, als sei das Luftmeer hier innen beim Kegel ein dunkles und stillstehendes Wasser, dessen Klarheit ebenso unergründlich ist wie die Kontur des Berges jetzt scharf, gegen den Hintergrund durchleuchteter Seide, wie mit einem Messer geschnitten.

Als sich der Berg gegen diese weißbläuliche Seide vor mir endlich in seiner ganzen Gestalt abzeichnete, schloß ich einen Augenblick die Augen, weil der Anblick so hart war, daß er in mich einschnitt, und augenblicklich sprang hinter meinen Augenlidern der weiße Kegel eines anderen, entsprechenden Berges hervor. Doch das brachte mich nicht vom Kurs ab, ich flog unverdrossen weiter, und im nächsten Augenblick, als ich die Augen wieder aufschlug, war ich dem Berg so nahe, daß ich mich in seinem Schatten oder in der Zone, von der ich erzählt habe, befand. Im selben Augenblick fühlte ich, daß ich mein Ziel erreicht hatte, daß ich mich im Zauberkreis des Berges befand und daß es von untergeordneter Bedeutung war, ob ich auf der nackten Basaltklippe wirklich landete. Aber ich tat es dennoch. Leben erfordert so große Stärke. Auf dem Berg dort wurde ich daran erinnert, daß wir ein verdammtes Geschlecht sind, daß wir zum Trotz leben – denn in der Nacht, wenn die anderen schlafen, bauen wir Flöße, um zu überleben. Als verdienten wir nicht umzukommen – wir, die wir von Kain abstammen?

Wenn ich auf dem Berg bin, sehe ich mein eigenes Leben klar. Ich sehe, was ich tun muß. Es führt kein Weg darum herum. Du weißt ebensogut wie ich, daß sich die meisten über ihr Leben Illusionen machen, in der einen oder in der anderen Weise. Das erwähne ich nicht, um etwas Herabsetzendes über andere Menschen zu sagen, sondern eigentlich nur, um zu zeigen, daß ich keine Ausnahme bilde. Aber vielleicht – ich will nicht für andere sprechen – gibt mir der Besuch auf dem schwarzen Berg die Möglichkeit, mich selbst und andere illusionslos zu betrachten. Deshalb kann ich sehen, was getan werden muß, und wenn ich das erst gesehen habe, kann ich nicht umhin, es zu tun, gleichgültig, wie schwer es sein mag.

Entsinnst du dich an das Gespräch zu Beginn unserer Wanderung? Waren wir uns nicht darüber einig, daß die Einwohner einer Stadt einen Menschen, der die Wahrheit sieht und sagt, nicht ertragen können? Sie müssen einen solchen Menschen notwendigerweise loswerden. Sonst können sie nicht überleben. Das bilden sie sich zumindest ein, und diese Einbildung ist so stark und verwurzelt, daß sie die Grundlage ihres Lebens bildet.

Ich sagte zu ihnen, sie dürften mir den Kopf abschlagen, aber davon wollten sie auch nichts hören. Ich sollte nur ganz einfach verschwinden, und du solltest das Werkzeug dieses Verschwindens sein. Aber so leicht geht das nicht. Nun sind wir zum äußersten Rand der Welt gekommen, man kann ihn nur nicht sehen, bevor man über ihn hinaustritt, und du, Nummer Fünfzehn, mußt zusammen mit mir über ihn hinaustreten. Du bist ja inzwischen ein richtiger Meister des Schwertschlags, und ich muß dich bitten, mir auf der Stelle den Kopf abzuschlagen.

Ich war völlig gelähmt und starrte Klapperschlange lange an, ohne ein Wort herausbringen zu können. Dann aber begann ich mit ihr zu argumentieren, und noch nicht einmal so dumm, wenn ich das selbst sagen darf, obgleich ich tief in mir spürte, daß kein Argument, das ich mir ausdenken konnte, an dem, was sie gesagt hatte, würde rütteln können.

Hör doch, was ich sage, und komm zur Vernunft! begann ich. Es gibt viele Gründe dafür, daß wir nicht tun, was du sagst. Erstens: Jeder ist sich selbst der Nächste, und es gibt überhaupt keinen Grund, weshalb du den Idioten helfen solltest, dein Leben loszuwerden. Du solltest dich ganz im Gegenteil an das Leben klammern – ja, das ist ganz einfach deine Pflicht, und das ist das einzig natürliche Gefühl für einen Menschen, der anderen überhaupt nichts Böses zugefügt und den auch kein unheilbares Unglück getroffen hat, das ihm die Lust zum Leben raubt. Außerdem bist du noch so jung, es gibt so viel, was du überhaupt noch nicht erlebt hast.

Zweitens aber, fuhr ich fort, gibt es einen Grund, der fast ebenso wichtig ist und der dich vielleicht stärker anspricht, denn du hast ja etwas sonderbare Ideen. Es ist völlig falsch von dir, dich nach dem sogenannten Rat der »Weisen« zu richten. Diese Menschen in der Stadt brauchen keine Leiche oder einen Kopf ohne Körper. Du solltest ihnen viel lieber zeigen, daß du nicht so ohne weiteres zu töten bist. Solange du das Maul aufmachen kannst, solltest du es tun. Nichts stört sie so sehr. Es geschieht ihnen so richtig recht, den sogenannten »Weisen«, daß du da bist und sagst, wie die Dinge zusammenhängen.

Nichts würde ich lieber wollen, antwortete Klapperschlange sofort, aber das wäre nur möglich oder vernünftig, wenn es in der Stadt jemanden gäbe, der das Gefühl hätte, für mich eintreten zu müssen, und ich fürchte, so jemanden gibt es nicht. Ach nein, niemand von ihnen braucht letztlich die Wahrheit – wie ich dir bereits erklärt habe –, denn selbst wenn sie im Prinzip dafür sind, so erweist sie sich doch immer als ungelegen. Nein, mein Freund, ihr Todesurteil über mich war ernst gemeint, und sie haben es so direkt ausgedrückt, wie sie es überhaupt konnten. Wenn ich allein zur Stadt zurückkehre, dann glauben sie bloß, ich hätte dich verhext oder getötet, und dann finden sie einen anderen, der mich noch einmal auf die gleiche Reise begleiten kann. Und dann bin ich auch nicht weiter. Kehren wir dagegen zusammen zurück, wen, glaubst du wohl, töten sie dann? Und dir würden sie das Leben ohne Bedenken auf die gute, alte Weise nehmen, nämlich, indem sie dich am nächsten Baum aufknüp-

fen. Abgesehen davon, daß das an sich schon keine ansprechende Aussicht für dich ist, wäre ich damit schuld an deinem Tod. Nein, das taugt nichts. Und fliehen, wo sollten wir hinfliehen? Du hast selbst gesehen, wo wir landen, wenn wir lange genug weitergehen. Dann bleibt uns nur die Möglichkeit, bis zum Ende unserer Tage in der Einöde umherzuirren, und das finde ich ein so erbärmliches Schicksal, daß fast alles andere besser ist.
Nach einer kurzen Pause fuhr Klapperschlange fort: Dein erstes Argument fand ich weitaus ernster. Selbstverständlich ist es natürlich für einen Menschen, sich ans Leben zu klammern. Nun habe ich aber oft daran gedacht, wann es wohl sinnvoll wäre, daß ich sterben würde. Denn irgendwann ist es wohl sinnvoll, daß ich sterbe, nicht wahr? Nein, eigentlich nicht, dachte ich. Nein, das ist völlig sinnlos. Das ist empörend! Und dann ist ein jeder Zeitpunkt gleich sinnlos.
Nein, unterbrach ich sie mit so lauter und erregter Stimme, daß sie ganz erschrocken aussah, nein, das kann nicht richtig sein.
Nicht? fragte Klapperschlange und schaute mich mit einem eigentümlichen Lächeln an, das mich noch verwirrter machte.
Das ist nur Theorie, sagte ich hastig, das hat nichts mit der Wirklichkeit zu tun. Ich bin zwar nicht sehr alt, dennoch aber habe ich in den letzten beiden Jahren, ja, allein in den letzten beiden Tagen, so unendlich viel gesehen und erlebt, was ich sonst – wenn ich früher gestorben wäre – verpaßt hätte. Das gleiche gilt für dich. Wenn du noch zehn, zwanzig oder fünfzig Jahre leben würdest, würdest du so unendlich viel erleben, daß du fast ein völlig anderer Mensch wärest. Du bist eine Frau, du könntest zum Beispiel Kinder bekommen …
Könnte ich Kinder bekommen! rief Klapperschlange aus, als sei ihr das völlig neu. Ja, natürlich könnte ich Kinder bekommen, darin hast du recht, genauso, wie du in allem anderen recht hast, aber dennoch: Gleichgültig, wie lange du lebst, eine Grenze gibt es doch. Denn du lebst nicht ewig, und bei weitem nicht alle sterben ja an Alter: Na, aber ist ihr Leben denn völlig mißlungen? Und die alten, hilflosen Wracks, die ihren Stuhl nicht halten können und sehr wohl wissen, daß sie nur eine Belastung sind, meinst du, die erleben etwas so Wertvolles, daß es die Demütigung aufwiegt, die sie empfinden? Das kannst du mir jedenfalls nicht einreden. Nein, wer es erreicht, nur einigermaßen erwachsen zu werden, der hat bereits alles Erlebenswerte erlebt. Was dann noch hinzukommt, ist nur noch so eine Art Zusatzgewinn. Das Wichtigste, was du erleben kannst, ist sowieso in jedem Augenblick vorhanden, und wenn du

das nicht weißt, dann ist dir nicht zu helfen, und wenn du tausend Jahre leben würdest.
Hier warf ich ein: Das geht über meinen Verstand. Aber ich sage mir: Welche Freude habe ich heute an der leckeren Frucht, die ich gestern gegessen habe? Doch wenn ich mich auf eine morgen freuen kann – ja, sieh mal, das ist etwas anderes. Ich wäre doch ein großer Tor, wenn ich freiwillig darauf verzichtete.
Morgen! sagte Klapperschlange mit einem Achselzucken, als sei »morgen« nichts weiter als gehaltloser Dreck.
Nein, fuhr sie fort, jeden Augenblick gibt es so viel *Gegenwart*, daß es ganz unmöglich ist, sie auszuschöpfen.
Sie ließ sich also überhaupt nicht dazu bringen, ihre Auffassung zu ändern. Das war mir zwar die ganze Zeit über klar gewesen, aber man kann ja das Hoffen trotzdem nicht sein lassen. Zuletzt sah es aus, als mache sie einen Versuch, sich selbst zu überreden.
Es gibt nur einen einzigen Grund, um jeden Preis auch morgen noch leben zu wollen, und zwar den Wunsch, irgend etwas wirklich Wichtiges zu leisten, was man heute nicht geschafft hat und was niemand anderer in der Welt – das jedenfalls bildet man sich ein – ganz genauso zu leisten imstande ist. Es ist wahrlich qualvoll, mit dem Bewußtsein aus dem Leben scheiden zu müssen, daß man keine Gelegenheit hatte, die Schande noch ein wenig kleiner zu machen, denn sie ist unter allen Umständen groß genug. Dieser Grund hat nur einen Fehler, fuhr Klapperschlange fort, er ist ganz einfach zu ernst. Das Leben erkennt für nichts so ernste Gründe an.
Das waren die letzten Worte, die Klapperschlange sagte, nun gab es also keinen anderen Weg mehr. Ich konnte nicht entscheiden, für wen es am schlimmsten war, doch mein Los war zumindest nicht viel schwerer als ihres, so daß ich mir nicht erlauben konnte zu jammern. Ich konnte Klapperschlange ansehen, daß sie wegen meiner jungen Jahre Mitleid mit mir hatte. Sie meinte wohl, daß ich mit dem Ernst des Lebens zu früh konfrontiert würde, doch nach den Ereignissen der Nacht fühlte ich mich alt und erfahren. Außerdem war ich wegen der Fertigkeit, die ich mir im Führen des Schwertes angeeignet hatte, für das Kommende gut gerüstet.
Ich verlange, als Held betrachtet zu werden; und wenn ihr meint, daß ich nicht wie ein Held aussehe, dann kann das vielleicht eine Lehre sein, die ihr nicht sofort wieder vergeßt.
Ich hatte mit Klapperschlange nichts abzumachen, ganz im Gegenteil – das war eure Angelegenheit; hätte ich nicht gefürchtet, was ihr mir antun würdet, dann hätte ich sie zurückgeführt und hier mit

dem Schwert zusammen wieder abgeliefert und hätte gesagt, bitte schön, macht es selber, wenn es wirklich einer wagt.
Doch ich schlug ihr also den Kopf ab, und als das überstanden war, war ich nahe daran, in Ohnmacht zu fallen. Ich setzte mich hin und hatte das Gefühl, daß mehrere hundert Jahre vergingen, und als ich mich endlich wieder erhob, war ich so müde, daß es jeder Beschreibung spottet. Ich sah mich um, um zu sehen, wie die Welt aussieht, wenn man über den äußersten Rand hinausgegangen ist, und sie glich sich selbst aufs Haar. Wenn ihr also wissen wollt, wo das Nichts ist – und nun könnt ihr durchaus anfangen zu schaudern –, dann braucht ihr euch nur umzuschauen.
Der einzige Unterschied war, daß Klapperschlanges Kopf von ihrem Körper getrennt worden war und daß ich diese fürchterliche Untat begangen hatte. Jedenfalls hatte ich das Schwert geführt, und ich will die Verantwortung gar nicht von mir weisen; aber seid versichert, ich dachte viel an euch, als ich mutterseelenallein da draußen stand und den Kopf aufhob und ihn in die Schamma einwickelte und damit losging. Jetzt müssen wir noch abrechnen. Ich habe meinen Teil auf die einzig mögliche Weise erfüllt, und den Beweis habe ich abgeliefert, ihr braucht also Klapperschlanges Wahrheiten nicht mehr zu fürchten. Nun müßt ihr dann euren Teil des Handels erfüllen und mir meine Freiheit und einen Ochsen geben, so daß ich zum erstenmal in meinem namenlosen Dasein etwas habe, was ich mein eigen nennen kann.
Von einem bin ich glücklicherweise befreit worden, nämlich der Furcht, mir die Wunderkrankheit zu holen, denn nun wundere ich mich über gar nichts mehr, und ich fürchte auch nichts mehr. Ob ihr wohl begreift, was das heißen will, ihr Weisen? Nein, so weit reicht eure Weisheit kaum; aber nach allem, was geschehen ist, kann auch das niemanden wundern.

Als Nummer Fünfzehn seinen Bericht beendet hatte, legte er sich schlafen, und alle trennten sich. Während er schlief, hielten die Weisen eine Sitzung ab, und obgleich die Sache mit Klapperschlange etwas anders ausgefallen war als berechnet, beschlossen sie, ihr Nummer Fünfzehn gegebenes Versprechen dennoch zu halten. Aus der Herde des Ältesten, die vor der Stadt auf den mageren Feldern graste, wählten sie ein Tier aus, das sie danach zu Nummer Fünfzehn hineinführten, der auf dem Boden lag und schlief. Sie banden den Ochsen neben ihm fest und trennten sich.
Nummer Fünfzehn erwachte spät am Tag und fand sich allein an der

Feuerstelle in Gesellschaft eines Ochsen, der so alt und abgearbeitet war, daß er aussah, als könne er jeden Augenblick zusammenfallen. Die Zunächstwohnenden, die er um etwas Essen bat, sagten, sie hätten nichts oder sie wären beschäftigt, und drehten ihm den Rücken zu. Schließlich zog er mit dem Ochsen davon und suchte Flachen Teller auf. Sie ließ ihn ein. Als er sie am nächsten Morgen verließ, ließ er den Ochsen vor der Hütte stehen, wo er ihn angebunden hatte. Am selben Nachmittag wurde der Ochse von zwei Handlangern des Ältesten abgeholt, und es half nichts, daß Flacher Teller schrie und brüllte, sie habe ihn von Nummer Fünfzehn bekommen. Den Neugierigen, die durch den Radau herbeigerufen worden waren, erklärten sie, der Ochse solle auf Rechnung und Gefahr des Ältesten bei ihm in Pflege genommen werden, bis Nummer Fünfzehn zurückkäme und Anspruch auf ihn erhebe.
Nummer Fünfzehn selbst war verschwunden, und niemand wußte, was aus ihm geworden war. Doch was niemand wußte, konnten die Geschichten erzählen, die nach einiger Zeit im Umlauf waren und mit denen man einander am Abend beim Feuer unterhielt.
Draußen auf dem Lande, so erzählte man, ging das Leben seinen gewohnten Gang, und in Stopfmauls Gegend dachte niemand darüber nach, was eigentlich aus einem zufälligen Hütejungen geworden war, der an ein paar Abgesandte vom Rat der Weisen verkauft worden war. Hütejungen gab es genug, und insbesondere dieser Hütejunge war um so schwerer in Erinnerung zu behalten, als er nicht einmal einen Namen, sondern nur eine Nummer gehabt hatte – war es übrigens dreizehn oder fünfzehn oder siebzehn gewesen?
Eines Tages war ein Hirte, der den Spitznamen Ferkel trug, so weit herumgekommen, daß er am Horizont Hohen und Mystischen Baum erschaute, den er vom Erzählen her kannte. Als er ihn erblickte, mußte er daran denken, ob irgendeiner von all den Hirten, die den Baum so wie er vom Erzählen kannten, jemals in seiner Nähe gewesen sei. Je mehr er darüber nachdachte, um so sicherer war er, daß er noch nie mit jemandem gesprochen hatte, ja nicht einmal von jemandem gehört hatte, der beim Baum gewesen sei. Diese Gewißheit sowie der Anblick des fernen, einsam stehenden Riesenbaumes und die Erinnerung an die sich daran knüpfenden unsicheren Legenden ließen Ferkel Kurs auf den Baum nehmen, ohne sich von dem Bewußtsein der verzauberten Entfernungen des Flachlandes schrecken zu lassen. Er mußte lange wandern, als er sich aber allmählich näherte, stieg der Baum an einem fernen Hori-

zont langsam aus seiner mystischen und dekorativen Existenz empor und nahm seinen Platz in dem Raum ein, in dem er sich selbst bewegte.
Der Baum war höher, als Ferkel ihn sich vorgestellt hatte (dabei hatte er sogar an einen wirklichen Riesenbaum zu denken versucht), darüber hinaus aber hielt er noch eine Überraschung für ihn bereit. Als er noch näher kam, sah er nämlich, daß von einem der untersten Zweige eine Gestalt herabhing. Anfangs glaubte er, sie sei noch lebendig, und wunderte sich darüber, was sie dort mache. Doch es zeigte sich bald, daß dieser Eindruck durch die Gegenwart eines Aasgeiers zustande kam, der sich auf den Kopf des Gehenkten gesetzt hatte und ab und zu mit den Flügeln schlug. Ferkel warf ein paar Steine nach ihm, so daß er abhob und davonflog, das Gesicht des Gehenkten war jedoch bereits bis zur Unkenntlichkeit zerhackt. Unter großer Mühe gelang es ihm, die Leiche abzuschneiden. Es bestand ein unverständlicher Gegensatz zwischen der zerlumpten, schmutzigen und blutbefleckten Schamma und dem kostbaren Schwert, das ihr an einem Gürtel um den Leib hing.
Der Träger eines solchen Schwertes kann nicht nur irgendein x-beliebiger sein, grunzte Ferkel vor sich hin; und er wagte es nicht, die Leiche liegenzulassen, obgleich er gerade dazu am meisten Lust hatte. Unter Aufbietung aller seiner Kräfte wuchtete er sie auf die Schulter und schleppte sie davon, während er Hohen und Mystischen Baum verfluchte, der ihn durch den mit uralten Legenden geschmückten Ruf seiner Hoheit zu sich gelockt hatte und dann so eine abscheuliche und lästige Frucht trug.
Da Leiche wie auch Schwert Stopfmauls Besitz sein mußten, steuerte Ferkel nach der anstrengenden Wanderung vieler Stunden geradewegs auf Stopfmauls Hütte zu. Beim Anblick der sonderbaren Last, die er angeschleppt brachte, wagten ihn die Wachen nicht zurückzuhalten, und Ferkel lenkte seine Schritte direkt zu dem Winkel, in dem Stopfmaul lag und sich ausruhte. Stopfmaul war nicht mehr imstande, auf einem Bein zu stehen, und mit dieser Fertigkeit war auch seine letzte Freude am Leben flötengegangen. In seiner Widerstandslosigkeit gegenüber der verzehrenden Melancholie suchte er ab und zu in einer Grausamkeit Zerstreuung, der seine Trägheit glücklicherweise Grenzen setzte. Der Anblick der übel zugerichteten Leiche, die plötzlich zu ihm angebracht wurde, versetzte ihm einen Schock und riß ihn aus der Umarmung der Melancholie. Er gab den Befehl, Ferkel zehn Schläge mit der Peitsche zu versetzen, als Strafe dafür, daß er seinen Herrn auf so barbarische Weise

gestört hatte. Als das Urteil vollstreckt war, ließ er Ferkel wieder hereinführen und verhörte ihn über den unheimlichen Fund. Nun erzählte Ferkel zum erstenmal den Bericht von seinem Besuch beim Hohen und Mystischen Baum und dessen Folgen, den er später so oft wiederholen sollte und der mit der Zeit immer ausführlicher wurde; für seine Umsicht und Treue wurde er von Stopfmaul mit der blutbefleckten Schamma der Leiche belohnt, die er danach den Rest seiner Tage trug, ohne sie jemals zu waschen. Doch die Identität der Leiche war noch immer genauso rätselhaft. Es war nicht einmal mit Sicherheit zu entscheiden, ob sie hier einen jungen oder einen alten Mann vor sich hatten, und selbst das aufsehenerregende Schwert konnte nicht den geringsten Fingerzeig liefern. Daß die durch dieses Mysterium herbeigerufenen Bewohner der Gegend kamen, um die Leiche in Augenschein zu nehmen, führte nicht zur Lösung des Rätsels, sondern wurde der Anlaß zu weitschweifigen und phantastischen Mutmaßungen.
Nachdem alle, Männer, Frauen und Kinder, an der Leiche vorbeidefiliert waren, tauchte zuletzt ein blinder Mann auf. An ihn hatte niemand gedacht, da er die Leiche ja nicht sehen konnte, aber er bestand darauf, zu ihr hineingeführt zu werden, und ließ sich an ihrer rechten Seite auf dem Boden nieder. Er tastete nach der Hand der Leiche, fand sie und befühlte sie einen Augenblick. Dann hob er das Gesicht mit den leeren Höhlen, in denen die ausgestochenen Augen gewesen waren, als lausche er einem fernen Gespräch, und brach schließlich das Schweigen.
Der Tote hier, sagte er, ist mein Halbbruder. Ich habe ihn oft an der Hand gehalten, ja, stundenlang gingen wir zusammen Hand in Hand, deshalb bin ich meiner Sache so sicher. Armer Kerl, er hatte noch nicht einmal einen Namen, den hatte ihm nie jemand gegeben. Er hieß nie anders als Nummer Fünfzehn, er war nämlich das fünfzehnte Kind seiner Mutter. Er hatte ein großes Laster, mein Halbbruder da. Vielleicht hat gerade das ihn ins Unglück gebracht? Er konnte es nicht lassen, die schlimmsten Lügengeschichten zu erzählen. Wenn wir da draußen bei der Herde in der Einöde herumgingen, vertrieb er die Zeit mit Geschichten über Geister und Riesen so lebendig, daß ich diese Ungeheuer vor mir sah und fast Angst vor ihnen bekam. Eines Tages wurde er vom Feld geholt, ich weiß nicht, weshalb, man sagte, er solle auf einen langen Spaziergang. Seither habe ich ihn und insbesondere seine Geschichten vermißt, und nun kann er nicht einmal erzählen, was er erlebt hat; das werden wir wohl also nie erfahren.

Voller Schrecken und Abscheu starrte Stopfmaul auf das, was vor noch nicht allzulanger Zeit ein frischer junger Bursche mit einem lebendigen Blick gewesen war, und als er wieder allein war, gab er sich mit seinem beschränkten Verstand schwermütigen Überlegungen hin.

Den also habe ich beneidet, dachte er verstört, als gestehe er irgendeine unverzeihliche Sünde, weshalb taucht er nun wieder auf, in dieser Gestalt? Man sollte meinen, nur um mich zu quälen. Eine Augenkrankheit, sagte er an jenem Tag. Er sagte, er leide an einer Augenkrankheit. Vielleicht war das eine Vorahnung der fürchterlichen leeren Höhlen?

Der Gedanke an den jungen Burschen, den er beneidet hatte, kehrte immer wieder zu Stopfmaul zurück. Wenn mein Wunsch in Erfüllung gegangen wäre, wenn ich seinen Platz eingenommen hätte, dann wäre ich es jetzt, der dort tot läge und ... und ... ein gräßlicher Gedanke! Wie kann jemand auf die Idee kommen, sich das Leben zu rauben? Sollte das mir passieren können?

Um diese Gedanken loszuwerden, die seinen Körper in kalten Schweiß badeten, versuchte er sich an die glücklichen Tage zu erinnern, in denen er stundenlang auf einem Bein gestanden und in der einfachen Kunst der Balance eine unerklärliche Harmonie erlebt hatte, als verleihe das haarscharf berechnete Gleichgewicht des Körpers seinen Gedanken und seinem Gemütszustand über einem unverrückbaren Punkt eine schwebende Leichtigkeit. In diese Träume und Phantasien versunken, die immer bitterer wurden, weil in ihnen ein dahingeschwundenes Glück aufblitzte, ließ Stopfmaul mehr als gerne seine Diener die Leiche entfernen, die ihn plötzlich in einen Abgrund hatte blicken lassen, der ihn für immer seines Seelenfriedens beraubte. Immer erschöpfter durch die ermüdende Belagerung der Tatenlosigkeit, suchte sein Gehirn vergeblich Zerstreuung in immer gleichgültigeren und unnotwendigeren Beschäftigungen, die allmählich ein Gespinst aus Unwirklichkeit bildeten, in dem er hilflos zappelte. Er klagte lauthals seine Not, doch wenn sich jemand teilnehmend nach seinem Ergehen erkundigte, sah er ihn nur stumm an oder jagte ihn fort.

Eines Tages rief er seine Diener zu sich und bat sie, sie möchten ihn auf den Fußboden hinaustragen. Sie griffen ihm unter die Arme, seine kraftlosen Beine schleppten hinter ihm her, und mitten auf dem Fußboden stellten sie ihn aufrecht hin. Er hob das eine Bein, während sie ihn weiterhin stützten, und schaute mit einem seligen und triumphierenden Blick vor sich hin.

Nummer Fünfzehn wurde an der Grabstätte begraben, wo auch Stopfmauls andere Diener sowie seine Lieblingshunde und Papageien ruhten; und damit sollte dann nichts mehr über ihn zu erzählen sein. Doch allmählich kamen verschiedene Geschichten in Umlauf, und die Leute sind ja so gutgläubig, sie schenken allem möglichen Glauben. Zwar sagen sie immer zuerst, das sei sicher Schwindel, aber ich habe gehört, daß ... Und genauso war es auch in diesem Fall. Alle beteuerten, jedenfalls zu Beginn, daß sie die Geschichte überhaupt nicht glaubten – die verschiedenen Geschichten waren nämlich in Wirklichkeit unterschiedliche Fassungen ein und derselben Geschichte. Aber wenn die Zeit totgeschlagen werden soll, sind dem, was Menschen sagen, und den Dingen, denen sie zuhören, keine Grenzen gesetzt, und übrigens kann ich mir auch nicht vorstellen, wie die Erde sich drehen sollte, wenn man die ganze Zeit über aufpassen müßte, daß man kein bißchen dichtet.

Etwas anderes ist es, wenn man aus schierer Bosheit lügt oder wenn man seinen Vorteil darin erblickt oder um sich dadurch an irgend jemandem oder irgend etwas zu rächen. Vielleicht war es genau das, was Flacher Teller mit ihrer Geschichte wollte: Sie wollte Rache für den Ochsen, der ihr genommen worden war; gestohlen, wie sie einem jeden sagte, der es hören wollte. Denn alles deutete darauf hin, daß die Geschichte von ihr stammte. Wem hätte Nummer Fünfzehn sie sonst erzählen sollen – wenn er sie denn überhaupt erzählt hatte?

Der äußerste Rand der Welt, sagte Nummer Fünfzehn, daran habe ich nie geglaubt, so dumm bin ich nicht. Aber als ich mit Klapperschlanges Kopf zurückkam, mußte ich eine Geschichte bereit haben, die phantastisch genug war, um plausibel zu klingen. Halt dich an die nackten Tatsachen, und das Ganze fällt zu Boden! Das habe ich immer gewußt.

Mir war klar, daß mich die sogenannten Weisen für ziemlich blauäugig hielten und damit rechneten, mich zu allem kriegen zu können. Vielleicht waren sie selbst Opfer der Einbildung, daß es einen äußersten Rand gebe – die Leute hegen ja nichts so sehr und glauben an nichts so sehr wie an ihre eigenen Einbildungen; oder aber sie sahen einen Vorteil darin, den Leuten so etwas weiszumachen. Vor allem aber ging es für sie darum, Klapperschlange auf so unblutige Weise wie möglich loszuwerden, ob sie nun in das Nichts, das sie sich vorstellten, hinabstürzte, oder wir einfach bei unserer vergeblichen Suche danach umkämen, das lief auf eins hinaus. Das war gar nicht so dumm gedacht, und bei jedem anderen als ausgerechnet

mir wäre die Sache sicher auch so gelaufen, wie sie sich das vorgestellt hatten. Mir war auch von Anfang an klar, daß ich irgend etwas brauchte, woran ich meine Geschichte aufhängen konnte, wenn ich zurückkam und sie erzählen sollte, doch das lief von ganz allein, wie sich zeigte. In ihrer unwahrscheinlichen Dummheit kamen sie mir mit dem Schwert zu Hilfe, das sie mir schenkten. Ich hatte mir bereits den Kopf zerbrochen, wie ich dieser Hexe das Leben nehmen könnte, denn ich dachte natürlich keinen Augenblick im Traum daran, mich in eine der Einöden hinauslocken zu lassen, in denen man sich verirrt und zuletzt vor Hunger und Durst stirbt. Sie mit den bloßen Fäusten erwürgen? Oder sie in einen Abgrund stürzen? Das Schwert, das sie mir gaben, reicht, um zu zeigen, wie dumm die Weisen in Wirklichkeit sind. Ihnen fehlt nämlich Phantasie. Ich hatte zwar keine Übung im Gebrauch des Schwertes, doch das bekümmerte mich nicht. Ich hatte nie andere Waffen als Keulen und Stöcke gekannt, einmal hatte ich in einem Stockkampf einem Gegner auch die Beine geknickt. Ich selbst hatte Glück gehabt, mir wurden nur die beiden äußersten Glieder meines rechten Zeigefingers zerschlagen.
Wir hatten zu Hause einen Zauberer, er wohnte in einer Felsenhöhle, und den habe ich oft besucht. Als Feind war er gefährlich. Wer an der Felsenhöhle vorbeiging, schielte zu ihr hinauf, und viele wagten nicht, in ihre Nähe zu kommen. Sie hatten Angst, er könne sie mit einer Zauberformel an sich binden. Er sammelte Kräuter und Organe toter Tiere, die er trocknete. Er zog auch gehenkten Verbrechern die Zähne raus. Ich weiß mehr über ihn als die meisten, denn ich ging bei ihm ein und aus, und ab und zu ging ich ihm auch mit dem einen oder anderen zur Hand. In mich konnte er aus irgendeinem Grund nicht hineinsehen. In alle anderen konnte er hineinsehen. Er erkannte sofort, wo etwas nicht in Ordnung war, und das nutzte er aus. Vielleicht war ich so primitiv oder inhaltslos, daß es nichts zu sehen gab. Ich fürchtete natürlich, daß er eines Tages dazu imstande sein könnte und wegen all der Dinge, die ich von ihm wußte, grausame Rache nehmen würde; doch das gelang ihm nie.
Ich erzähle von ihm, weil ich mir vorgestellt hatte, Klapperschlange sei auch so eine, in dem Punkt jedoch erlebte ich die Überraschung meines Lebens. Klapperschlange wäre es nie im Traum eingefallen, sich zu rächen. Darin besaß sie in gewisser Weise so große Macht, daß sie mich zum Schluß vielleicht zwingt, mich um ihretwillen an mir selbst zu rächen. Aber daran mag ich nicht denken. Im Gegensatz zu dem Zauberer zu Hause sah sie mich wirklich, und ich konn-

te ihr ansehen, daß das, was sie sah, sie erschreckte. Ich bin überzeugt davon, Klapperschlange konnte die Zukunft eines Menschen in seinem Gesicht lesen. Das machte ihr das Leben in gewisser Hinsicht zu einem Leiden, weshalb es vielleicht nicht so schlimm für sie war, es loszuwerden.
Wir begaben uns auf den Weg und nahmen Kurs nach Westen – irgendwo hatte das Nichts ja zu liegen.
Als wir aber einige Kilometer gegangen waren und ich sicher war, daß uns niemand folgte, blieb ich stehen und sagte: Lassen wir uns nieder und machen es uns gemütlich, denn ich glaube nicht an den sogenannten äußersten Rand der Welt, und das tust du sicher auch nicht.
Dann mußt du mich allerdings töten, sagte Klapperschlange.
Das habe ich auch vor, entgegnete ich.
Wollen wir uns über Leben und Tod unterhalten? fragte sie.
Es gefiel mir, daß sie nicht davon anfing, wie jung ich sei und wie traurig das Ganze sei.
Ich antwortete: Warum sollen wir über den Tod reden, damit sind wir schnell fertig. Aber meinetwegen können wir ein bißchen über das Leben reden.
Dann begannen wir Geschichten zu erzählen. Ich erzählte von meiner Kindheit, Dichtung und Wahrheit in schönem Durcheinander. Ich erzählte von dem Zauberer, von Stopfmaul und von Hohem und Mystischem Baum, und während ich davon erzählte, sah mich Klapperschlange so an, daß mir ganz seltsam zumute wurde. Sie erzählte vom Land der Träume und Blumen, von der Sintflut und vom schwarzen Berg und noch viel mehr. Ich bin selbst daran gewöhnt, dick aufzutragen, und ich lüge, wie gesagt, gern und mit großem Vergnügen, wenn ich auf diese Weise eine Geschichte interessanter machen kann.
Als Klapperschlange dann berichtete, sie sei durch die Luft geflogen und habe auf diese Weise den schwarzen Berg besucht, lachte ich und sagte: Du dichtest noch besser als ich, und das heißt nicht ganz wenig.
Das war als Kompliment gemeint, doch zu meiner großen Überraschung hielt Klapperschlange daran fest, daß der Flug nicht Dichtung, sondern die reine Wirklichkeit gewesen sei. Zuletzt wußte ich nicht mehr, was ich glauben sollte. Wenn das, was sie erzählte, wahr war, geschahen also wirklich unwahrscheinliche und übernatürliche Dinge im Gegensatz zu allem, was ich immer geglaubt hatte. Oder aber sie glaubte voll und ganz an ihre eigene Einbildung – und

das war fast ebenso unglaublich. Nein, Klapperschlange hatte etwas an sich, was ich nicht verstand, und das machte mich unruhig. Weshalb so sehr darauf bestehen, daß die Geschichte mit dem Flug Wahrheit war? Ich fühlte, daß ich gezwungen war, mich selbst geringzuachten, weil ich keine entsprechende Treue gegenüber Dingen, die ich erlebt hatte, besaß. Dieses Gefühl warf ich insgeheim Klapperschlange vor. Um mich nicht äußern zu müssen, bat ich sie, von dem schwarzen Berg zu erzählen.

Nun erzählte sie mir – und das war mir völlig neu –, daß es außer dem schwarzen Berg auch noch einen zweiten gibt, der weiß ist und den Gerechten gehört; denn auf dem Berg strandete Noah nach der Sintflut. Die Gerechten dankten Gott, weil er sie überleben ließ, und sie haben ein gutes Gewissen. Wir, die wir nicht zu den Gerechten gehören, merken das gerade daran, daß wir kein gutes Gewissen besitzen.

Auf mich traf das schon zu, aber ich hatte nie einen Gedanken daran verschwendet, daß es daran lag, daß ich einem Geschlecht angehörte, das zum Trotz überlebt hatte. Obgleich mich noch immer das Gefühl bedrückte, daß ich mich wegen Klapperschlange geringachten müsse, schätzte ich sie allmählich immer mehr und begann darüber nachzugrübeln, ob sie denn keinen überzeugenden Grund finden könne, so daß ich sie nicht hinzurichten brauchte. Sollten die Fatzken in der Stadt drin wirklich diese Genugtuung haben? Waren sie es wirklich wert, daß man um ihres jämmerlichen Seelenfriedens willen Klapperschlanges Leben opferte? Gehen wir mal rein und schauen sie uns an, sagte ich mir, dann kommt uns vielleicht eine Idee, die uns beide retten kann. Ich ergriff Klapperschlange am Handgelenk und zog sie mit, denn die Sonne war untergegangen, es war Nacht, und in der Stadt waren alle längst zur Ruhe gegangen. Ja, sie schliefen, wie sich zeigte, allesamt wie Steine, als gehörten sie zu den Gerechten und hätten ein gutes Gewissen. In Wirklichkeit war das nur noch ein weiterer Beweis dafür, wie abgestumpft sie geworden waren.

Wir gingen in die Hütte des Ältesten und betrachteten ihn beim Schein eines Holzscheites, das anzupusten mir gelungen war. Aber der, den wir fanden, das war ja überhaupt nicht er. Das war nicht der berechnende Zyniker, den ich am selben Tag kennengelernt hatte, sondern ganz im Gegenteil ein anderes, namenloses und unbekanntes Wesen, das nur eine rein äußerliche, oberflächliche Ähnlichkeit mit dem selbstzufriedenen Träger des höchsten Amtes in der Stadt besaß. In den Geschichten, die ich meinem blinden Bruder zu erzäh-

len pflegte, kamen eine Menge Verwandlungen vor – Berghöhlen wurden zu Riesenrachen im Kopf von abenteuerlichen Ungeheuern; kochende Suppenkessel wurden zu lebendigen Wesen, die ihre schleimigen Fangarme in alle Richtungen hin ausstreckten; Spinnennetze herrschten über die Spinnen und versuchten lautlos, sich mit ihren unberechenbaren Gittern die Erde zu unterwerfen. Doch was war all das gegen die wirkliche Verwandlung, deren Zeuge wir hier geworden waren? Die Schlafenden, die die Plätze der Wachenden einnahmen, so daß ich mich fragen mußte: Wer bewohnt eigentlich die Welt? Die Wachenden konnten schon schlimm genug sein, aber die Schlafenden waren schlimmer; und dann waren sie auch noch völlig unzugänglich. Wir schauten uns auch noch ein paar der anderen Schufte an, aber überall war es das gleiche Bild, und ich hatte schnell genug.
Deshalb schlichen wir wieder hinaus und gingen denselben Weg zurück, den wir gekommen waren, und nach einiger Zeit sagte ich zu Klapperschlange: Nun beschlafen wir es, und bei Sonnenaufgang, dann ...
Daraufhin band ich uns zusammen, damit sie nicht abhauen konnte, und wir legten uns beide nieder und schliefen ein. Als ich am Morgen erwachte, erschien mir der Gedanke, daß ich sie töten sollte, grauenvoll. Sie schlief noch, und während ich so dasaß und sie betrachtete, fiel mir ein, daß ich nur mit einer einzigen Frau zusammengewesen war. Weshalb sollte ich die Gelegenheit nicht ausnutzen und noch einige andere Erfahrungen sammeln? Besonders hexenhaft war sie ja nicht, und wenn ich sie überkommen konnte, während sie noch unter der Verwandlung des Schlafes stand, brauchte ich auch ihre Augen nicht zu fürchten. Sie erwachte zwar, als ich mich auf sie legte, und begann sich zu wehren, aber ich vermied es, sie anzusehen, weil mir bewußt war, daß sie mich mit dem Blick verhexen konnte, wenn ich nicht sehr aufpaßte. Ihr Widerstand machte mich zornig – ich wollte ihr ja nichts Böses –, und um zu zeigen, daß ich nicht irgendein hergelaufener Hirtenjunge war, der sich alles bieten läßt, versetzte ich ihr mit der Faust einen ordentlichen Schlag auf den Kopf. Das machte sie gefügig.
Als ich wieder auf die Beine gekommen war, wurde mir klar, daß wir der Sache nun ein Ende machen mußten. Ich konnte die langsame Quälerei nicht länger aushalten, und Klapperschlange, glaube ich, auch nicht. Sie lag noch immer auf der Erde, hatte sich zusammengerollt und sah aus, als habe sie sich in eine innere Welt zurückgezogen und wollte nichts mehr mit mir oder mit allem anderen, das

sie umgab, zu tun haben. In gewisser Weise wäre es leicht gewesen, sie zu töten, während sie so dalag, und hinterher bereute ich, daß ich es nicht getan hatte. Aber hinterher ist man ja immer klüger. Jedenfalls war meine Entschlußkraft nicht groß genug. Es ist gar nicht so leicht für einen Mann, eine schwache Frau zu töten, nicht so einfach, wie man vielleicht glauben sollte. Dazu braucht es etwas ganz Besonderes, obgleich schwer zu sagen ist, was. Ich brachte sie auf die Beine, aber sie blieb immer weiter in einer unheimlichen Weise abwesend, die mich allmählich wütend machte. Auf diese Weise rief sie selbst in mir die nötige Entschlossenheit hervor. Ich hatte mich etwas von ihr entfernt, um meine Notdurft zu verrichten, und benutzte die Gelegenheit, um das Schwert aus der Scheide zu ziehen. Als ich nun zurückging, überfiel mich die Entschlossenheit als eine wahre Wut, und ich rammte das Schwert aus aller Kraft von vorn in sie hinein. Während ich auf sie zustürzte, sah ich aus Versehen in ihre Augen, und die erzählten ganz deutlich, daß sie wußte, was geschehen würde. Es sah aus, als habe sie auf diesen Augenblick gewartet, als gehe eine Sehnsucht nach irgend etwas Wunderbarem in Erfüllung.

Ich war, wie gesagt, im Gebrauch des Schwertes völlig ungeübt – ja, wie kann es auch anders sein, wenn man bedenkt, wie selten Schwerter sind? Damit umzugehen erwies sich als weitaus schwieriger, als ich angenommen hatte. Wenn man nicht sehr geübt ist, dann ist es völlig unmöglich, mit einem solchen Schwert genau zu treffen, denn es ist sehr viel schwerer, als man sich vorstellt, vor allem, wenn man aus voller Kraft zustößt, so, wie ich es tat. Es drang zwar tief ein, aber es traf nicht das Herz, wie ich es beabsichtigt hatte. Und Klapperschlange stieß einen Schrei aus, der durch Mark und Bein ging, als es sich in sie hineinbohrte, und gleichzeitig fiel sie nach hinten um. Sie war bei weitem noch nicht tot, obgleich die Spitze tief in ihr drinstak, und das war eine Situation, die ich mir überhaupt nicht vorgestellt hatte. Es gab keine andere Möglichkeit, ich mußte das Schwert wieder herausziehen und noch einmal zustoßen, aber auch das war nicht so einfach, wie sich zeigte. Ich glaube, es hatte sich zwischen zwei Rippen eingekeilt. Jedenfalls saß es fest. Ich zerrte und zog, aber es half nichts, und nun wurde ich erst richtig verzweifelt. An der Stelle, an der sich die Klinge eingebohrt hatte, stürzte das Blut in einem dicken Strom aus dem Körper, und Klapperschlange, die jetzt laut jammerte, packte das Schwert mit den Händen, mit dem Ergebnis, daß sie sich die Handflächen blutig schnitt. Allmählich hatte ich das Schwert so hin- und hergerüttelt,

daß ich es herausziehen konnte, und ich mußte eine heftige Lust bekämpfen, völlig blind damit herumzustechen, um meine Wut abzureagieren. Aber nein, ich behielt einen kühlen Kopf, doch wie ich dazu imstande war, das ist mir eigentlich rätselhaft. In gewisser Weise war ich bewußtlos. Jedenfalls brachte ich die Spitze des Schwertes sorgfältig genau über dem Herzen an – Klapperschlange lag flach auf dem Rücken –, und erst dann stieß ich aus aller Kraft zu.
Ich weiß nicht, was hinterher geschah. Ich glaube, ich fiel ohnmächtig um, so ein völlig gefühlloses Untier bin ich ja auch wieder nicht. Ich weiß nur, als ich aufwachte, war ich viele Jahre älter.
Mein erster Gedanke galt den Schweinen in der Stadt. Die Schweine, das waren die Ältesten, übrigens aber auch alle die anderen, die keinen Deut besser waren. Was mit mir geschehen würde, das war mir nun völlig egal, aber die Schweine, die sollten mir nicht entrinnen. Da ich viel zu alt und entkräftet war, um die Leiche mit mir zu tragen, beschloß ich, ihr den Kopf abzuhauen. Das war ein Plan, der mir um so besser paßte, als ich wußte, daß Klapperschlange es ja angeboten hatte, ihren Kopf zur Verfügung zu stellen. Ich machte mich daran, den Kopf abzutrennen, und nach einigem Herumhauen – denn das verlangt auch Übung und ist keineswegs so leicht, wie man sich vorstellen mag – gelang es mir endlich, und ich konnte ihn in die Schamma einrollen und mich auf den Weg machen. Unterwegs dachte ich, die Schweine reden vom äußersten Rand als etwas Fernem, was sie nichts angeht, fast etwas Gemütlichem. Sie ahnen nicht, wie blutig er sein kann und wie nahe; aber das will ich sie lehren, so daß sie es nie vergessen.

Hiermit nun sind die Geschichten von Klapperschlange und Nummer Fünfzehn zu Ende gebracht, abgesehen davon aber, daß sie von Mund zu Mund gingen, lebte die Erinnerung an sie indirekt und in einem anderen und weitaus unvergänglicheren Material als dem menschlichen Gedächtnis weiter. Die Erzählung von dem unglücklichen Tod der armen Nummer Fünfzehn und besonders die Vorstellung von seinem fürchterlich mißhandelten Kopf wurden der Gegenstand einer besonderen Ehrfurcht und reizten die Bildermacher dazu, dieses Motiv darzustellen. Doch weshalb nicht Klapperschlanges abgeschlagener Kopf; wäre das nicht naheliegender gewesen? Der Grund ist, glaube ich, daß Klapperschlange zu sonderbar war. Sie war eine Ausnahme. Niemand konnte sich vorstellen, Klapperschlange zu sein, wohingegen ein jeder sich vorstellen

konnte, Nummer Fünfzehn zu sein. Sein Unglück konnte uns allesamt ergreifen.
Ich habe selbst einmal so einen Kopf gesehen, in aller Heimlichkeit natürlich, denn offiziell existieren sie nicht. Es war eine Steinfigur aus uralten Tagen. Das Motiv – der bis zur Unkenntlichkeit zerhackte Kopf – ist makaber, es bedarf jedoch eines besonderen Blickwinkels, um ihn in dem zerfurchten, unebenen und polierten Stein zu erblicken. Es soll hoch oben in den Bergen auch in Monumentalformat, in gigantischen Felsblöcken ausgeführt sein, die außer für die Eingeweihten nicht von den anderen herabgestürzten Felsblöcken zu unterscheiden sind.
Die Darstellung dieser Köpfe stellte große Anforderungen an die Bildhauer, die sich daranwagten. Scharlatane oder selbstzufriedene Heuchler ihres Faches konnten mit dieser Aufgabe überhaupt nicht anbinden oder mußten sehr schnell aufgeben oder ihren Charakter von Grund auf ändern. Wenn sie es nicht taten und trotzdem darauf beharrten, liefen sie in ihrer blinden Unwissenheit große Gefahr, verrückt zu werden. Mit der Nacht, dem Dunkel und dem Tod dieses Motivs war nicht zu spaßen; gleichzeitig mußte es mit einer unbekümmerten Leichtigkeit behandelt werden, der allerschwierigsten der verlangten Eigenschaften. Die ersten Köpfe wurden lange, nachdem Nummer Fünfzehn gelebt hatte und gestorben war, hergestellt, zu einem Zeitpunkt, als die alten Überlieferungen bereits erstickt worden oder wohl eher gezwungen worden waren, im verborgenen zu leben. Vielleicht waren die Köpfe eine Art Zeichen dafür, daß der Widerstand noch immer existierte.

Nach Klapperschlanges Tod und dem Verschwinden von Nummer Fünfzehn lebte das Volk relativ ruhig und friedlich weiter wie zuvor. Nun gab es keinen Wahrsager mehr, der das Verhältnis des Volkes zu den Betrügereien störte, die die Grundlage dafür abgaben, daß sie mit so großer Zufriedenheit das jämmerliche Leben leben konnten, auf das sie angewiesen waren. Kleine Schildkröte bewegte sich noch immer auf ihren beiden Stöcken umher, begoß den Klapperschlangenbaum und teilte zuweilen von seinen Früchten an die Kinder aus, die sie nur zögernd entgegennahmen, weil sie Kleine Schildkröte für eine alte Hexe hielten.
Aus demselben Grund benutzten die Mütter sie als Schreckbild: Wenn du nicht artig bist, kommt Kleine Schildkröte und holt dich! Paß auf, daß ich nicht nach Kleiner Schildkröte rufe! Soll dich Kleine Schildkröte mit ihren Stöcken schlagen?

Dabei war es völlig gleichgültig, daß sie keiner Fliege etwas zuleide tun konnte und nie jemandem ein Härchen krümmte: Es war schon so undenkbar lange her, daß sie ihre Mutter tyrannisiert und mit ihren Stöcken verhauen hatte, um sie zum Spuren zu bringen oder auch nur, um ihre Gereiztheit abzureagieren, daß alle – das schloß auch sie selbst und Gnath ein – es schon längst vergessen hatten. Niemand weiß, wann und wie sie starb. Vielleicht lebt sie noch.
Gnath ihrerseits hatte auf ihre alten Tage angefangen, Geschichten zu erzählen. Ihr Haar war schon längst kreideweiß geworden, das Alter hatte ihren Körper deformiert, so, als seien die schmächtigen Knochen in einen Mörtel aus geronnenem Fleisch eingemauert worden, der sie massiver machte und ihr den Charakter von Unsterblichkeit oder jedenfalls unfaßbarer Haltbarkeit verlieh. Ihre pfeifende und etwas heisere Stimme brachte die Zuhörer dazu, sich um sie zu scharen, sie saßen wie verzaubert und starrten ihr bald auf den Mund, dessen Lippen völlig eingefallen und zusammengesunken um die zahnlosen Kiefer saßen, bald auf die Augen, hinter deren nebliger und fast milchiger Oberfläche sie das unaufhörliche Blinken irgendeiner fernen, aber unendlich starken Lichtquelle zu ahnen schienen.
Gnath erzählte von den ältesten Zeiten, als die Menschen im Tal der Träume und Blumen lebten, und von der allerersten Zeit nach der Sintflut. Die Zuhörer faßten das Ganze als Märchen auf, das sie stehenden Fußes erfand, und waren außerstande, ihren Versicherungen zu glauben, das alles seien Ereignisse, die sie selbst erlebt oder von denen sie gehört habe, und Menschen, die sie selbst gekannt habe. Alle die dazwischenliegenden Jahre waren aus ihrem Bewußtsein ausgelöscht, und jenseits der Katastrophe der Sintflut stieg diese ferne Zeit mit ihren intensiven Farben und der phantastischen Geographie ihrer Landschaft vor ihrer Erinnerung empor: der See der Wahrheit, der Baum der Ideen, der Fluß des Vergessens, die Haine der Treulosigkeit, der Felsen der Gerechtigkeit, die Abgründe der Rache, der Brunnen der Einsamkeit, der Feuerofen des Zorns und die Wüste der Eitelkeit. Um die Wahrheit zu sagen, so waren ihre Erzählungen nicht ganz frei von Lüge und Dichtung, vor allem aber spielte sie selbst eine ganz andere Rolle darin, als sie es in der Wirklichkeit getan hatte, deren Einzelheiten ansonsten mit großer Schärfe vor ihr standen.
So sah es aus, als die Stadt eines Tages Besuch von einem sonderbaren Aufzug erzielt. Er kam aus Nordosten und bestand aus einer kleinen Gruppe von Männern, deren auffälligster ein Greis war, der

so schwach war, daß er nicht selbst gehen konnte. Er lag auf einer Trage, ruhte auf einem Stück in strahlenden Farben gewebten Stoffes, desgleichen niemals jemand gesehen hatte. Männer und Frauen drängten sich um die Trage, nur um ihn berühren zu dürfen, und weich war der Stoff auch. Wenn ihre Handflächen darübergeglitten waren, gingen sie mit einem abwesenden Ausdruck in den Augen fort, als hätten sie eine Offenbarung erlebt.

Als der Aufzug die Stadtmitte erreicht hatte, wurde die Trage auf die Erde gestellt, der Greis richtete sich auf, sah sich mit einem scharfen Ausdruck in den Augen um und begann lauthals nach Gnaths Anwesenheit zu verlangen. Einen Augenblick später kam sie angestakst, streckte ihre nebligen Augen zu dem Greis hin und stieß einen lauten Ton aus, der an ein Mähen erinnerte.

Er ist es, rief sie endlich mit ihrer pfeifenden Stimme, er ist zurückgekommen! Wo bist du die ganze Zeit über gewesen, du Schuft?

Und mit diesem Ausbruch schlang sie die Arme um den Hals des Alten und brach in ein herzzerreißendes Schluchzen aus.

Nachdem sich der Greis mit Mühe aus ihrer Umklammerung befreit hatte, erhob er sich, wodurch sich zeigte, daß er ausgezeichnet in der Lage war zu gehen und zu stehen.

Kennt ihr mich nicht? fragte er und blickte sich mit einem triumphierenden Ausdruck um, der die Mädchen, die sich um ihn scharten, zum Kichern brachte.

Sein pathetisches Selbstgefühl war theatralisch und erschien ihnen lächerlich, doch viele der Männer fühlten sich aus irgendeinem Grund unruhig und wußten nicht, was sie glauben sollten. Nicht, daß sie daran zweifelten, daß es sich bei dem Greis um Rath handelte – denn er und kein anderer war es natürlich –, aber sie hatten das undeutliche Gefühl, er spiele irgendeine Komödie. Da sie – jenseits einer unüberschaubaren Menge von Gliedern und Verzweigungen – gezwungen waren, in ihm ihren Stammvater zu sehen, fühlten sie sich doch unwillkürlich verpflichtet, ihn mit einer gewissen Ehrerbietung zu betrachten und ihn mit gehörigem Respekt zu behandeln, weshalb sie auch, und allmählich immer aufrichtiger, an den Feierlichkeiten teilnahmen, mit denen man Raths und Gnaths Wiedervereinigung feierte und die nach einer diskreten Andeutung von Rath aufs großartigste veranstaltet wurden.

Alle warteten jedoch ungeduldig auf den Augenblick, an dem Rath erzählen würde, wo er während all dieser vielen, vielen Jahre gewesen war, und am Abend, als das große Feuer angezündet worden war, begannen sie alle zu rufen: Erzähl! Erzähl!

Erst aber zeigten die Feuertänzer ihre Künste. Sie sprangen über das Feuer und schienen in der Luft zu stehen, während sich der Körper um seine Achse drehte und das Feuer in den klirrenden Knöchelreifen, im Brustschmuck und in den rituellen Dolchen aus grünlichem Obsidian blinkte, die sie in den Händen hielten. Sie liefen und sprangen so schnell nacheinander, daß sie aussahen, als seien sie auf eine Schnur aufgereiht, und sie hätten ausgesehen wie Puppen, wenn nicht die spielenden Muskeln, der federnde Brustkasten und die strahlenden Augen in den wild zurückgeworfenen Köpfen unterstrichen hätten, daß es sich in hohem Maße um Menschen handelte.
Ihre Künste wurden immer kühner, immer unglaublicher. Sie kamen gleichzeitig von verschiedenen Seiten gesprungen und sahen aus, als würden sie in der Luft über dem Feuer zusammenstoßen, vermieden es jedoch auf unerklärliche Weise und flogen jeder in seiner Bahn weiter. Es gab Feuertänzer – und sie verdienten ihren Namen wirklich –, die aussahen, als tanzten sie auf der Spitze der Flammenzungen, bevor sie mit Salti mortali wieder fortgeschleudert wurden und hinter dem Rücken der Zuschauer im Dunkeln verschwanden. Andere kreisten, im Mysterium der Zentrifugalkraft ruhend, wie riesige Insekten um das Feuer.
Die letzte Nummer wurde von dem Veteranen unter den Feuertänzern, ihrem Anführer und Lehrmeister, einem knapp vierzigjährigen Mann, ausgeführt. Seine Augen hatten den Glanz sorgloser Unbekümmertheit, die sich als Folge des festen Entschlusses ergibt, große Taten zu vollbringen – die andererseits aber wieder als so selbstverständlich wie irgendeine alltägliche Beschäftigung betrachtet werden. Zwischen dem Gewicht des Körpers und den Bewegungen der Glieder herrschten völliges Gleichgewicht und Harmonie, doch obgleich er – im Gegensatz zu den meisten anderen Menschen – den Eindruck machte, in vollkommenem Maße sichtbar zu sein, war es dennoch, als wohne die Essenz seines Wesens überhaupt nicht in ihm oder reiche jedenfalls weit über ihn hinaus und sei auf einen fernen Punkt gerichtet, der für alle anderen unsichtbar war. Aus eben diesem Grund wurde er mit der größten Ehrfurcht betrachtet, und die Mütter mußten die Kinder trösten, die auf sein Erscheinen mit einem Tränenausbruch reagierten.
Dabei trat er ganz ruhig auf, als er sich vor der Ausführung dieser abschließenden Nummer dem Publikum vorstellte; stand einen Augenblick mitten im Kreis mit gesenktem Kopf still, als empfange er demütig ein Urteil oder eine Auszeichnung, und verschwand dar-

aufhin wieder ruhig hinter dem Rücken der Zuschauer im Dunkeln, aus dem auch die anderen Tänzer angelaufen gekommen waren, um für ihre halsbrecherischen Sprünge genug Anlauf zu erhalten. Nachdem die Spannung bis ins Unerträgliche gewachsen war, kam er endlich zum Vorschein: Er kam gelaufen, setzte ab und schwebte über den leckenden Zungen der Flammen. Im Gegensatz zu den vorigen Tänzern aber, die nach einem kurzen Augenblick den Sprung fortsetzten, als sprängen sie von Flamme zu Flamme, um letztlich wiederum im Dunkel zu verschwinden, blieb er an der gleichen Stelle und in der gleichen Haltung. Die Zuschauer folgten den geringsten Bewegungen mit zurückgehaltenem Atem, und es lief ein Raunen durch die Schar, als sie ihn sinken sah.
Wie ein Schwimmer, der Wasser tritt, die Arme in die Luft streckt, die Beine schließt und sich so senkrecht nach unten sinken läßt, so streckte er die Arme hoch und glitt mit geschlossenen Beinen langsam in die Mitte des Feuers nieder, wo die Flammen um ihn zusammenschlugen und ihn in eine brennende Fackel verwandelten. Das kam so unerwartet, das war so überraschend, daß keiner der Anwesenden auch nur ahnte, was er tun sollte. Wenn das nun ein Teil der Nummer war, konnten sie nicht eingreifen, da ihr Eingreifen dann vielleicht katastrophal gewesen wäre. Und der Gedanke, es könne wirklich eine Katastrophe sein, lähmte sie. Rund umher vernahm man kleine, halb erstickte Schreie, erschreckte Ausbrüche, angstvolle Rufe. Einige hielten sich die Hand vor Augen, die meisten aber starrten gebannt auf die brennende Gestalt, die sich noch immer mit erhobenen Armen unbeweglich verhielt. Die Flammen leckten um den Körper wie große Stücke durchsichtigen Stoffes, der von unsichtbaren Händen in wallende Bewegung versetzt wurde, rot, bläulich und gelb.
Es war, als sei das Feuer, nachdem es die Oberfläche erhitzt und bearbeitet hatte, plötzlich damit fertig geworden, als sprenge es sie auf und schlüge seine Zähne in die Knochen, die entgegen aller Erwartung brennbar wie trockenes Holz wirkten. Mit einem langen Krachen sandte das Feuer einen Funkenregen empor, und während sich der Körper zusammenkrümmte, als werfe er sich in einen letzten, wilden Tanz, stießen die schwefelgelben Flammen stinkende Dämpfe und ein brodelndes Geräusch aus, als seien Därme, Nieren und Magen zu Retorten und Kolben eines wahnwitzigen Laboratoriums geworden, das in einem Anfall experimentellen Wahnsinns den chemischen Prozeß seines eigenen Untergangs registrierte.
Die entsetzten Zuschauer rückten ab, als wollten sie fliehen, seien

jedoch nicht dazu imstande. Sie konnten sich dem Anblick nicht entziehen, obgleich er sie bis zur Grenze des für sie Erträglichen belastete, und als die letzten Reste vom Körper des Feuertänzers verschwanden, als habe er sich nun endlich ganz und gar mit den Flammen vereint, saßen sie verstört da. Sie versuchten den Anblick als Blendwerk abzuschütteln, doch obgleich sie sich selbst und einander versicherten, daß sie hier in ein ganz gewöhnliches Feuer schauten, das zu keinem Zeitpunkt etwas anderes gewesen sei, verrieten die Nervosität der Stimmen und die verborgene Erregung, daß sie selbst nicht glaubten, was sie so eifrig beteuerten. Die Erinnerung an den Tänzer im Feuer, das ihn so völlig verzehrt hatte, ließ sich nun einmal nicht verdrängen.

Als die Nervosität auf ihrem Höhepunkt war, Frauen schrien, Kinder jammerten und Männer sich unruhig hin und her wiegten, während sie schwer stöhnten, als trügen sie an irgendeiner großen Last, geschah etwas völlig Unerwartetes.

Es dauerte einen Augenblick, bis sie es faßten, als seien sie nicht mehr in der Lage, ihren eigenen Augen zu trauen. Der Feuertänzer, den sie gerade in den Flammen hatten verschwinden sehen, kam aus dem Dunkel hinter ihren Rücken in den Kreis gewandert und stand mitten unter ihnen auf der festgetretenen Erde still. Das war vielleicht ein Schauspiel! Einige schrien begeistert und schlugen sich auf die Schenkel, andere seufzten nur erleichtert oder lächelten ein dummes, glückseliges Lächeln. Er wirkte zwar in irgendeiner unbegreiflichen Weise mangelhaft, doch das ließ die Erleichterung über seine Gegenwart sie übersehen. Sie waren wieder auf dem Wege zu sich selbst und dabei, sich erneut ganz normal zu fühlen, als er mit einer einzigen Handbewegung ihre Aufmerksamkeit einfing. Er schloß ruhig die Beine und begann aufrecht stehend zu verblassen. Die fleischliche Konsistenz seines Körpers erwies sich als Betrug und Haut und Kleidung nur als Aschenflocken, die im nächsten Augenblick zu zerstauben begannen. Bevor irgend jemand bis drei zählen konnte, war der Körper in sich zusammengesunken, und von dem Feuertänzer war nur noch ein hellgraues Aschenhäufchen auf der Erde zu sehen. Viele behaupteten, daß der Köter, der im nächsten Augenblick hereingeschossen kam, an dem Aschenhäufchen das Bein hob und ihn darauf mit seinen scharrenden Hinterbeinen in alle Winde zerstreute, in Wirklichkeit mit zu der Nummer gehörte.

Rath erhob sich und sprach: Nun ist die Unterhaltung vorbei. Ich muß sagen, ihr habt euch zu tüchtigen Illusionisten entwickelt, während ich weg gewesen bin. Als ich euch verließ, hatten wir wahrlich keine Feuertänzer, ja, wir hatten kaum Feuer, jedenfalls nur für den Hausbedarf und nicht für so hervorragende Unterhaltung, wie wir sie gerade erlebt haben. Nein, wir klammerten uns aneinander, um nicht zu frieren – das kann Gnath bestätigen; und Kleine Schildkröte drosch ohne besonderen Anlaß mit ihren Stökken auf uns ein, so daß wenigstens sie sich zum Positiven entwickelt zu haben scheint.

Die an ein so ungezwungenes Auftreten nicht gewöhnten Zuhörer – sie pflegten sich gottjämmerlich zu langweilen, wenn sie den Ältesten zuhörten – amüsierten sich und zeigten mit den Fingern auf Kleine Schildkröte (zu dem Zeitpunkt lebte sie also noch!), die beehrt lächelte und Rath mit ihren Stöcken drohte.

Rath glich einem alten, heimtückischen und unberechenbaren Ziegenbock, den niemand auch nur im Traum ernst nehmen würde. Über diese Rolle war er sich anscheinend im klaren und schien sogar Gefallen daran zu finden, denn er drehte sich schmunzelnd nach allen Seiten wie eine alte Primadonna, die mit dem deutlichen Verfall ihrer längst abgedankten Liebreize kokettiert, völlig besessen von dem Verlangen, noch ein einziges Mal, koste es, was es wolle, Mittelpunkt der allgemeinen Aufmerksamkeit zu sein.

Hm, ja, fuhr Rath fort, darüber könnte ich noch viel mehr sagen, aber ich will lieber erzählen, was ich hinterher erlebte, denn daraus könnt ihr wirklich etwas lernen. Ihr habt ja nie ein anderes Leben gekannt als das, was ihr nun einmal hier lebt, und niemand von euch hat jemals den Mut oder die Lust gehabt zu untersuchen, was außerhalb eurer eigenen kleinen Welt liegt. Gesteht es nur! Dazu bedurfte es eines Rath. Wenn ich jetzt nicht gekommen wäre, um euch das eine oder andere zu erzählen, hättet ihr in eurer stupiden Unwissenheit weitergelebt. Ihr werdet mir noch als eurem Wohltäter danken – achtet auf meine Worte! Ja, ihr lacht – das macht auch nichts. Ihr braucht nur an eins zu denken: Wer hat denn das Floß gebaut? Wer hat uns denn vor der Sintflut gerettet? Rath, sage ich. Ich, und kein anderer!

Die Zuhörer, die Rath die Lügengeschichten wiederholen hörten, mit denen Gnath sie stundenlang unterhalten hatte, brüllten vor Lachen angesichts des erregten Greises, der hin und her trippelte, als suche er nach einer Stelle, wo er sein Wasser lassen könne, während er mit den Armen in der Luft herumfuchtelte, sich mit theatralischen Gebärden an die Brust schlug und sich zwischendurch den Sabber abtrocknete, der ihm über das Kinn hinunterlief.

Ach, du alter Narr, schrie Gnath, die zu ihm hingestakst kam, während ihre nebligen Augen ihn einzufangen suchten. Weshalb krähst du so herum? Hörst du nicht, daß sie dich auslachen? Was soll diese Angeberei? Du hast keinen Grund zum Angeben. Solange du sie nicht dazu bringen kannst, den Gestank all der Leichen, die im Meer herumschwammen, zu riechen, kannst du deine Klappe halten. Was willst du eigentlich erreichen? Wenn du etwas Neues zu sagen hast, dann heraus damit, und erspar uns alle die Umschweife.
Hau ab und laß mich ausreden, rief Rath verblüfft über diese unerwartete Unterbrechung. Du hast mehrere hundert Jahre Zeit zum Erzählen gehabt, jetzt bin ich an der Reihe.
Ha-h, hu-h, heulte Gnath, glaubst du vielleicht, du hast Anspruch auf besondere Aufmerksamkeit, bloß weil du so feige und hinterhältig warst, ausgerechnet zu dem Zeitpunkt abzuhauen, als man dich am allermeisten brauchte. Sei du froh, daß wir hier so nachsichtig sind, sonst könnten wir alle unsere hungrigen Köter an deinen Knochen nagen lassen, die sind sowieso nichts mehr wert. Was willst du eigentlich? Was hast du eigentlich zu sagen?
Nun bewies Rath, daß er doch noch Kraft hatte, denn er gab seiner Schwester so eine hinter die Ohren, daß sie umpurzelte und fortgetragen werden mußte. Der ganze Auftritt hatte das Publikum derartig amüsiert, daß es Rath nun mit noch größerer Neugierde anstarrte und sich erwartungsvoll zurechtsetzte, um ihm zu lauschen.

Ihr seid natürlich daran gewöhnt, daß man euch mit Lügen vollstopft, das merke ich deutlich. Man braucht hier nur fünf Minuten gewesen zu sein, dann weiß man, wie es aussieht. Ich habe wirklich das größte Mitleid mit euch, denn ich finde, ihr verdient etwas Besseres. Ja, ich kann durchaus sagen, daß mich in den Jahren, in denen ich fort war, nichts weiter gequält hat, dafür war das aber schlimm. Ich kannte euch ja nicht, denn ihr seid, wenn ich so sagen darf, später hinzugekommen, aber ich wußte, daß ihr dasein mußtet, und so, wie ich meine Schwester und die ganze Vorgeschichte kannte, war mir völlig klar, wie es aussah. Es brannte mir also wirklich im Herzen, vor allem am Abend, wenn ich schlafen wollte – ach, ich habe viele Nächte wach gelegen und mir gesagt, ist es nun auch richtig, daß du hier liegst und es dir gutgeht und du die Gerechten kennengelernt hast, während die Deinen praktisch in all der Lüge verrotten müssen, in der sie bis zum Hals stecken und die das einzige ist, was sie kennen? Ja, das klingt vielleicht drastisch, und so könnt ihr es natürlich selbst nicht erleben, aber schaut: Das ist gerade das Traurige, daß ihr nicht selbst sehen könnt, wie es euch wirklich geht, und damit muß es auch Schluß sein. Und genau das sagte ich zu mir: Damit muß es Schluß sein!

Wie kannst du dir erlauben, so zu reden? Das denkt ihr doch jetzt, nicht wahr? Doch, das dachte ich mir! Du setzt dich so richtig aufs hohe Roß, und wir sind nur Dreck! Das denkt ihr jetzt, das weiß ich, das weiß ich.

Nein, Freunde, so ist es überhaupt nicht. Wenn ihr nur in mein Herz hineinsehen könntet, dann würdet ihr wissen, daß es nicht so ist.

Nun will ich euch erzählen, was ich selbst erlebt habe, das ist nämlich die allerbeste Möglichkeit, das Ganze zu erklären, und dann brauche ich eigentlich nichts mehr zu sagen, dann versteht ihr das Ganze von allein, dessen bin ich völlig sicher.

Es stimmt schon, was Gnath sagt, ich habe sie verlassen, das will ich gar nicht zu leugnen versuchen, aber das ist auch so ungefähr das einzige an der Geschichte, was stimmt. Doch das ist jetzt schon egal, lassen wir das. Ihr müßt nur daran denken, daß ich damals nicht so ein alter, gebrechlicher Waschlappen war wie jetzt, nein – damals war ich wirklich in meinen besten Mannesjahren, und ich konnte, ich *konnte* mich einfach nicht damit abfinden, nie mehr ein anderes Leben zu leben als das, was wir damals hier führten. Ja, ihr habt ja Gnath, meine Schwester, die die Umstände zu meiner Frau gemacht hatten, selbst erlebt und kennt sie natürlich in- und auswendig. Wenn ihr ein bißchen darüber nachdenkt, könnt ihr mich vielleicht verstehen. Und wenn ihr ganz ehrlich sein sollt: Ist es euch nicht auch irgendwann mal passiert, daß ihr von einem anderen Leben geträumt habt? Diese Frage kann jeder nur Auge in Auge mit sich selbst beantworten, aber ich bin mir über die Antwort nicht im Zweifel.

Na, aber in der vollen Kraft meines Mannesalters ging ich also fort in Richtung Nordosten. Ich wollte nämlich die Gerechten finden, und aus irgendeinem Grund war uns immer klar gewesen, daß sie in dieser Richtung wohnen mußten – etwas näher dem Sonnenaufgang als wir. Ich wußte, daß ich nach einem großen Berg Ausschau halten mußte, denn die Gerechten stammten von Noah ab, der sie vor der Sintflut gerettet hatte und zuletzt mit seinem Fahrzeug auf einem solchen Berg gestrandet war, als die Wasser zu sinken begannen. Vorläufig aber ging ich einfach, und nun will ich euch nicht mit all den wunderlichen Dingen ermüden, die ich unterwegs erlebte und die eigentlich die Geschichte hier nichts angehen – dann würde ich mit dem Erzählen nie fertig –; nein, ich komme gleich zur Sache: Ich

will nur sagen, daß ich zuerst über die Steppen hier dahinging, die ihr selbst so einigermaßen kennt und die sich schrecklich weit erstrecken. Ich kam an gewaltige Berge, die ich überschreiten mußte – da wäre ich fast umgekehrt –, und danach an ein großes Meer, über das ich nur dank einem einsam wohnenden Fischer hinüberkam. Danach kamen dann Wälder und Täler, neue Berge und dann eine große, fruchtbare Ebene; und dort lebten die Gerechten.
Als erstes stieß ich auf einen Wachposten. Die haben nämlich Wachposten, etwas, was wir überhaupt nicht kennen und dessen Nutzen ihr euch natürlich nicht vorstellen könnt. Doch der Wachposten ist also ein Mann, der jeden, der angereist kommt, anhält und ihn danach ausfragt, wer er sei, was er wolle und überhaupt herauszubekommen versucht, ob es sich um einen ehrlichen Mann handelt. Auf diese Weise ist man sicher, daß nicht einfach alle durchschlüpfen, und das ist eine praktische Maßnahme, so, wie die Welt heute aussieht. Das heißt, als allererstes fragte er danach, ob ich einen Passierschein hätte – und das ist ganz einfach ein Stück Papier, erfuhr ich später, wo schwarz auf weiß steht, daß man in Ordnung ist und ohne weiteres durchdarf.
Hier – Rath hielt triumphierend ein Stück Papier hoch –, hier ist mein Passierschein, denn so einen bekam ich später natürlich. Aber damals, als ich ankam, hatte ich keinen, deshalb redete ich lange mit dem Wachposten und beantwortete seine Fragen so vernünftig, daß er mir schließlich das Weitergehen erlaubte.
Und dann sagte er: Komm mal, ich will dir etwas zeigen. Du mußt ja so schnell wie möglich ins Zentrum – das ist klar. Wir haben es so eingerichtet, daß das leicht und bequem möglich ist.
Er führte mich hinter eine Gruppe von Bäumen, wo er mir etwas zeigte, was ich so noch nie gesehen hatte.
Es war eine ungeheuer einfache Einrichtung, die aber trotzdem schwer genug zu beschreiben sein kann, und ich weiß überhaupt nicht, ob ihr imstande seid, sie euch vorzustellen, geschweige denn, sie zu verstehen.
Zuallererst fällt man einen Baum mit einem völlig aufrechten und geraden Stamm, und dann macht man alle Äste davon ab. Daran legt man einen zweiten von derselben Art an, und man schiebt sie so eng zusammen, daß sie soweit wie möglich aussehen wie ein einziger langer, runder, auf der Erde liegender Baumstamm. Und das macht man immer weiter, hintereinander weg, so weit man es braucht. Genau das hatten sie getan, und diese Baumstämme sah ich – oder diesen einen Riesenstamm, der sich schnurgerade durch die Land-

schaft bis zum Horizont hin erstreckte, wo er verschwand. Er ähnelte einem riesigen Pfeil, der himmlischen Giganten auf die Erde gefallen war und nun dalag, so weit das Auge reichte. Aber was sollte das denn? Ihr versteht sicher, daß ich gaffte. Ja also, die hatten nämlich eine Einrichtung gebaut – und nun kommt das Schwierige –, die aus einem Rad mit einem Sitz obendrauf bestand. Ein Rad ist eine runde, aufrechte Holzscheibe, die auf der Erde entlangrollen kann. Dieses Rad war sehr breit, vielleicht waren es eher zwei Räder und dazwischen eine runde Stange oder Trommel, die sich ebenfalls drehen konnte – und wenn sie es auf den Baumstamm draufsetzten, konnte es sich darauf entlangbewegen. Wenn man sich nun auf den Sitz über dem Rad setzte, dann konnte man sich mit dem Rad zusammen davonbewegen und eine große Geschwindigkeit erreichen, wenn es bergab ging oder man an einem Seil zog, das in bequemer Höhe in der ganzen Länge der Baumstämme gespannt war.

Unser Reich ist ja so riesig, sagte der Wachposten, daß es viel zu lange dauern würde, wenn man immer von Ort zu Ort laufen müßte oder, genauer gesagt: wenn man hier von der Grenze bis zur Mitte gehen müßte, wo alles vor sich geht, oder umgekehrt.

Dann erklärte er mir die Verkehrsregeln, denn so etwas muß man haben, was ich auch sofort einsah.

Ja, sagte er, wenn sich nun zwei begegnen, die einander entgegenkommen, dann hat der mit der Sonne im Rücken Vorfahrtsrecht. Wer die Sonne im Gesicht hat, muß also rechtzeitig anhalten, von seinem Fahrzeug absteigen, es vom Baumstamm herunterheben und warten, bis der andere vorbei ist.

Seit ich die Erklärung zum erstenmal hörte, bin ich oft auf Baumstämmen gefahren, und ich kann euch sagen, es ist ein wunderbares Erlebnis, so mit der Sonne im Rücken dahinzusausen und zu wissen, daß niemand das Recht hat, einen aufzuhalten, und zu sehen, wie andere Reisende, die sich in die entgegengesetzte Richtung bewegt haben, mit ihrem Rad neben dem Stamm stehen und ehrerbietig oder ungeduldig darauf warten, daß man vorbeisaust. Dabei hat man das schnurgerade Band aus Baumstämmen vor sich, als sei das Ziel auf seltsame Weise in Reichweite, obgleich es vielleicht hinter dem Horizont verborgen liegt. Es ist, als habe sich das Ziel erweitert und die Baumstämme zu einem Teil seiner selbst gemacht, und vielleicht deshalb ergreift einen dieses jubelnde Gefühl. Andererseits ist es ganz gesund, daß man einmal erfahren hat, wie es ist, wenn man mit seinem Rad vom Baumstamm herunter muß. Das kann übrigens ganz schön mühsam sein, denn das Rad greift irgendwie um den Stamm – deshalb nämlich kann es nicht umkippen – und muß deswegen recht hochgehoben werden, damit man es herunterbringt. Das kann durchaus Probleme bereiten, vor allem für Leute, die etwas in die Jahre gekommen sind, und das hat im übrigen auch zu Unfällen geführt. Alte Leute, die herumfahren und vielleicht mit ihren triefenden Augen nicht rechtzeitig einen Entgegenkommenden mit Vorfahrtsrecht sehen konnten – es kann aber auch schwer sein, die Abstände zu beurteilen, vor allem, wenn man direkt in die Sonne guckt –, sind auch zuweilen angefahren worden oder fuhren jedenfalls ihr Rad zu Bruch. Solche Unfälle kommen gar nicht so selten vor, denn es ist schwerer, als man glauben sollte, mit den Augen gegen die Sonne zu fahren – beispielsweise kann es auch einen gräßlichen Kopfschmerz verursachen.

Ich fragte, was passiert, wenn keiner der aufeinander Zufahrenden die Sonne im Rücken habe, weil sie sie gleichmäßig von der Seite treffe.

Das sei ein schwacher Punkt, gab die Grenzwache zu, denn in Wirklichkeit gebe es keine Bestimmungen, die solche Fälle regelten.

Ich drang mit meinen Fragen in ihn. Was passierte dann, wollte ich wissen, und weshalb gebe es keine Regeln? Das müsse doch eine lebensgefährliche Situation sein.

Das gab er etwas widerwillig zu. Nicht, weil er irgend etwas verbergen wollte – so sind die Gerechten nicht –, sondern weil seiner Meinung nach diese Sonderfälle, das waren sie ja trotz allem, nicht die Schau stehlen sollten. Wenn es keine Bestimmungen zur Regelung dieser äußerst seltenen Fälle gab, dann, weil es unmöglich gewesen war, in der Praxis brauchbare Bestimmungen zu finden. Folglich mußten die Leute miteinander verhandeln. Erst wenn das nicht möglich war, entweder weil es nie zu einem Gespräch kam oder das zu keinem Ergebnis führte, passierten die Unfälle.

Bis zur Vollkommenheit haben wir es noch weit, sagte die Grenzwache – und das haben mir später viele wiederholt –, aber wir bewegen uns in die richtige Richtung, und eines schönen Tages werden wir schon dahinkommen!

Ich muß auch zugeben, daß ich vom Anblick der sich quer durch die Einöde erstreckenden Baumstämme fasziniert war und auch von den Fahrenden, die auf ihren Sitzen knapp über der Erde dahinzuschweben schienen. Das war eine ganz andere und elegante Art, sich fortzubewegen, als die Latscherei mit schweren, müden Füßen, an die ich, dort, wo ich herkam, gewöhnt war.

Da ich natürlich den brennenden Wunsch hegte, mich zum Zentrum zu begeben, wo alles geschah, wurde mir ein Rad zur Verfügung gestellt, und ich nahm auf dem kleinen Sitz Platz. Ich war ziemlich nervös, als ich mich das erste Mal zurechtsetzte, und hatte Angst herunterzufallen, was sich jedoch als völlig unbegründet erwies. Ich saß fest und sicher, und sobald ich an dem Seil zu ziehen begann, rollte ich in Zielrichtung davon. Ich bin überhaupt nicht imstande, dieses wunderbare Gefühl zu beschreiben, wenn man durch die Luft dahingleitet, denn es war fast, als hätten die Gerechten mit dieser einfachen Erfindung den Menschen in ein neues und auf der Oberfläche der Erde noch nie gesehenes Wesen umgeschaffen. Später hatte ich denn auch Gelegenheit zu sehen und zu hören, wie die Fahrenden spontan in Gesang ausbrachen und sich so mit jubelnden Stimmen auf ihren schnurgeraden Bahnen dahinbewegten.
Na, ich muß wohl aufpassen, daß ich mich nicht zu sehr in Einzelheiten verliere, denn dann werde ich mit dem Erzählen nie fertig, über die Baumstämme muß ich jedoch noch eine Sache hinzufügen, die euch gleichzeitig eine Menge über dieses erstaunliche Volk und sein Land erzählen kann.
Die Bahn durch die Einöde, auf der ich dahinfuhr, war natürlich nicht die einzige. Wie ich bereits erzählt habe, führte sie geradewegs ins Zentrum, aber das gleiche galt für alle die anderen Bahnen, die von verschiedenen Punkten der Grenze ausgingen: Sie führten alle zusammen ins Zentrum, und dort trafen sie sich. Man kann auch sagen, daß sie vom Zentrum aus in alle Richtungen ausstrahlten, und hätte man das Ganze von der Luft aus betrachten können, hätte es wirklich ausgesehen wie ein Stern, ein riesiger Stern, der sich auf unserer Erde zurechtgelegt hatte. Es gab keine Baumstämme, die in andere Richtungen liefen, quer zum Beispiel, so daß man sich um das Zentrum herum hätte bewegen können. Denn sie liebten das Zentrum so sehr, daß alles diesen Weg nehmen mußte – sonst wäre der Verkehr auch so unüberschaubar geworden, daß es völlig unmöglich gewesen wäre, ihn zu regeln.
Ich erreichte das Zentrum am späten Nachmittag, und nachdem ich das menschenleere Flachland durchfahren hatte, wurde ich ganz benommen, als ich mich nun plötzlich in einer vielköpfigen Menschenmenge auf dem riesigen Platz wiederfand, in den alle Baumstämme einmündeten. Die Hütten lagen auf die wohlgeordnetste Weise zwischen den Bahnen, und da man ja aus Rücksicht auf den Verkehr die Leute nicht über die Baumstämme hin- und herhopsen lassen konnte, was eigentlich verführerisch gewesen wäre, wenn

man von einem Stadtteil zum anderen wollte, mußte aller Verkehr über den großen Platz laufen. Wenn du deine Nachbarn auf der anderen Seite des Baumstamms, vielleicht nur fünf Meter von deiner eigenen Hütte entfernt, besuchen willst, mußt du zuerst dem Baumstamm bis zu dem großen Platz folgen, um ihn herumbiegen und ihn dann auf der anderen Seite wieder zurückgehen. Auf dem Platz herrscht denn auch ein Leben und Treiben, wie man es andernorts kaum ähnlich sehen dürfte. Hier stehen Leute, die gerade aus fernen Grenzgegenden angekommen sind, noch mit ihren Rädern, während andere, die ihre Reise in eine andere Richtung fortsetzen wollen, sich auf den Weg quer über den Platz machen, um den Baumstamm zu finden, der sie an ihren Bestimmungsort führt. Einer hat sich vielleicht mit der Absicht für die Nacht niedergelassen, die Reise am nächsten Morgen mit der Sonne im Rücken fortzusetzen, bereit, im selben Augenblick aufzubrechen, in dem die Sonnenscheibe über dem Horizont emporsteigt, während ein anderer im Gegenteil davoneilt, um noch heute eine Strecke mit der Sonne im Rücken zurückzulegen, bevor sie hinter dem westlichen Horizont versinkt.

Wie gesagt, war ich völlig benommen und hatte keine Ahnung, was ich mit mir anfangen sollte, plötzlich aber bemerkte ich ein hübsches junges Mädchen, das neben mir stand und mich mit einem schelmischen Ausdruck in den Augen anschaute.

Na, du bist wohl fremd hier, sagte sie, und das konnte ich ja nicht leugnen.

Warte, ich helfe dir, fuhr sie fort, und ich war heilfroh, denn teils brauchte ich wirklich in allerhöchstem Maße jemanden, der mich in dieser verwirrenden Umgebung zurechtwies, teils charakterisierte sie gerade die Unschuld, nach der ich mich gesehnt hatte, weil ich völlig zerbrochen und zermartert gewesen war von dem Kampf um die bloße Aufrechterhaltung einer unerträglichen Existenz, und davon, ein Geschlecht weiterführen zu müssen, das unweigerlich Deformitäten körperlicher oder geistiger Art anheimgefallen schien, ein mehr oder weniger hilfloses Opfer von Leiden, die seiner eigenen Natur entsprangen.

Wir wandten uns zum Gehen, und alles, was wir sahen und was neu für mich war – und das war ja das meiste –, erklärte sie mir, so daß ich auf diese Weise einen tiefen Einblick in das Leben hier erhielt, statt mich mit einer Reihe oberflächlicher Eindrücke begnügen zu müssen, die ich vielleicht völlig falsch ausgelegt hätte.

Auf meine Frage hin erklärte sie, es sei ihre Berufung hier im Dasein, sich um die Zugereisten zu kümmern, die die Verhältnisse nicht kennen und deshalb leicht zu verwirren sind und sich schlimmstenfalls völlig davon unterkriegen lassen. Ja, stellt euch vor: So denkt man da an das Wohl und Wehe der Menschen – das ist doch etwas anderes als hier bei uns!

Ich erfuhr, daß Noah selbst die erste Reihe Baumstämme angebracht habe – ihm konnten sie überhaupt dafür danken, daß alles bei ihnen heute so aussah, wie es der Fall war. Ihr könnt euch vielleicht vorstellen, daß mich das nachdenklich machte!

Auch etwas anderes machte großen Eindruck auf mich. Es zeigte sich nämlich, daß das nette junge Mädchen bereits alles über mich wußte, was ich der Grenzwache erzählt hatte – wie immer das möglich war.

Wie ihr gemerkt haben werdet, war bereits dieser erste Tag so voller Eindrücke, daß ich stundenlang davon erzählen könnte, aber ich muß ja weiter. Um eine lange Geschichte kurz zu machen:

Anfangs wurde ich in einem Gästehaus untergebracht, und sofort am nächsten Morgen tauchte meine kleine Freundin wieder auf und begleitete mich zu meinem Unterricht. Ja, ich wurde nämlich zusammen mit verschiedenen anderen Zugereisten unterrichtet, und wir lernten alles über Noah, über die Arche, die er gebaut hatte, über das neue Leben, das er nach der Sintflut begründet hatte, und so weiter und so weiter. Hier muß ich vielleicht einschieben, daß ich seit meiner Begegnung mit der Grenzwache nichts weiter gesagt hatte, als daß ich mich nach vielen Jahren in der Einöde aus ganzem Herzen danach sehne, zu den Gerechten gehören und ein ordentliches und anständiges Leben führen zu können.

Dabei halfen sie mir denn auch auf jede erdenkliche Weise, und nach einiger Zeit erhielt ich den sehr vertrauensvollen Posten als der Verantwortliche dafür, daß die Brennholzscheite der großen Opferfeuer in die richtige Richtung zeigen. Das ist typisch für die Gerechten: Selbst die kleinsten Kleinigkeiten müssen das zugrundeliegende Prinzip widerspiegeln, und keine Sache oder kein Ding ist so gering, daß es nicht wert wäre, in Betracht gezogen zu werden. Ich möchte nicht angeben, aber die Frage der Brennholzscheite war in Wirklichkeit etwas, was auf meine Veranlassung hin aufgegriffen wurde. Ich begann ganz klein, ganz von selbst, Ordnung in den Aufbau bestimmter kleinerer Opferfeuer zu bringen, bei denen ich zur Hand gehen durfte. So etwas wurde bemerkt, und es zeigte, daß ich wirklich die Grundlage für die Lebensführung der Gerechten verstanden hatte. Als ich erst einmal darauf hingewiesen hatte, konnte ein jeder sehen, wie richtig das war: Selbstverständlich gibt es nur eine richtige Richtung für die Brennholzscheite in einem Opferfeuer.

Damit hatte ich gleichzeitig meine zukünftige Existenz bei den Gerechten gesichert, denn mit der Versiertheit, die ich mir im Hinblick auf Holzscheite aneignete, und kraft der Pionierleistung, die ich vollbrachte, wurde ich natürlich unentbehrlich. Noch wichtiger war jedoch, daß der Traum in Erfüllung ging, der mich ursprünglich dazu gebracht hatte, von hier aufzubrechen und dieses fremde Land aufzusuchen. Ich heiratete die junge Unschuld, die meine erste Führerin gewesen war und in deren Armen ich endlich Frieden fand. Alles Elend – und davon hatte ich mehr als genug gehabt – verschwamm unter dem Einfluß der Geborgenheit des ehelichen Lebens, den im großen wie im kleinen geordneten Verhältnissen, die das Leben bei den Gerechten zu bieten hatte, und der liebevollen Fürsorge meiner ergebenen Gattin; ich versöhnte mich endlich mit dem Leben und genoß ein wenig Frieden, was meiner eigenen Auffassung nach wohlverdient war.

Danach geht die Geschichte eigentlich nicht weiter, jedenfalls nicht, bis ich zu dem Augenblick komme, an dem ich beschloß zurückzukehren, um euch an meinen Erlebnissen und Erfahrungen teilhaben zu lassen. In all diesen Jahren wart ihr nämlich nie ganz aus meinen Gedanken verschwunden, und das Wissen um euch war das einzige, was mein Glück stören konnte. Ich wünschte mir brennend, ihr könntet dasselbe sehen, was ich gesehen hatte, und dasselbe lernen, was ich gelernt hatte. Deshalb beschloß ich zuletzt trotz meines hohen Alters, diese gefährliche und fast unmögliche Reise zu unternehmen, und man stellte mir ohne weiteres die Träger zur Verfügung, die ihr gesehen habt und die mich den langen Weg sicher transportierten. Deshalb bin ich nun wieder hier bei euch. Jetzt wollen wir richtig feiern und an gar nichts denken, morgen könnt ihr mich dann alles mögliche über die Gerechten fragen – ihr bekommt ganz bestimmt auf alles eine Antwort.

Die Bevölkerung hatte Raths Bericht mit wachsender Verwunderung gelauscht, und alle waren sich einig, daß es nichts Wunderbareres geben könne, als die Gerechten näher kennenzulernen. Es gab keinen einzigen, der sich nicht danach gesehnt hätte, sein erbärmliches Los verbessert zu sehen; und wie eine Bande Krimineller, die eine Chance erspäht, mit einem Schlag der sich mit verhängnisvoller Unumgänglichkeit abzeichnenden Verbrecherbahn

zu entrinnen, gaben sie sich konturlosen Träumen von einem neuen und besseren Dasein hin.
Als sie am nächsten Morgen erwachten, war die Stadt zu ihrer großen Überraschung voller Fremder. Es handelte sich, so wurde gesagt, um einen völlig friedlichen Besuch der Neugierigen von den Gerechten, die deshalb natürlich gut bewirtet wurden. Der Besuch zog sich jedoch immer mehr in die Länge und wurde allmählich von dauerhafterer Art, während er gleichzeitig langsam den Charakter änderte. So verlief die Eroberung des Landes im großen und ganzen ruhig, vereinzelte Aufstände wurden augenblicklich niedergeschlagen, und gleichzeitig begann die systematische Unterdrückung der Erinnerung an die Geschichte des Volkes. Trotz der Tatsache, daß Rath – dessen nicht mehr ganz junge Ehegattin ebenfalls bald auftauchte – und Gnath noch lebten, wurde es durch Erlaß verboten, ihre Namen zu nennen, und den Müttern wurde auferlegt, ihren Kindern die Geschichte von Noah und der Arche zu erzählen, ohne irgend etwas hinzuzudichten. Bald entsann sich niemand mehr der Existenz des schwarzen Berges, und die letzte Generation, die selbst noch Klapperschlange erlebt und in ihrer Kindheit in jener Nacht am Feuer dem Bericht von Nummer Fünfzehn gelauscht hatte und die imstande war zu zeigen, wo die Hütte von Flachem Teller gestanden hatte, ging ins Grab und hinterließ eine Lücke voller Ahnungen über Geheimnisse von Leben und Tod, die sich nun nicht mehr in Fleisch und Blut kleiden ließen.
Gnath mußte die Demütigung erleben, bei lebendigem Leibe dem Vergessen übergeben zu werden. Niemand wußte mehr, wer sie war, niemand kannte mehr ihren Namen. Man betrachtete sie als eine alte Närrin, die man in Ruhe ließ, weil sie sowieso niemandem etwas zuleide tat. Sie selbst erlebte es als ein lebendiges Begräbnis, und da durch den Sarg aus Vergessen, Unverstand und Nachsicht, in den ihre Umgebung sie eingesperrt hatte, keine einzige Mitteilung hinausdrang, war sie zum erstenmal in ihrem fürchterlich langen Leben wirklich nahe daran, den Verstand zu verlieren. Sie mußte sich fragen, ob sie denn wirklich die sei, für die sie sich hielt, oder ob sie allein das Opfer einer Einbildung sei. Schließlich begann sie daran zu zweifeln, daß es etwas nütze, seine Identität zu bewahren – wenn sie der Welt so egal war, konnte es ihr dann nicht auch egal sein?
Das Auftauchen dieses Gedankens entsetzte Gnath so sehr, daß es die letzten Kräfte in ihr zum Leben erweckte, Kräfte, die zu besitzen sie sich selbst nicht bewußt gewesen war. Sie spürte, daß ihre Wur-

zeln durchgeschnitten würden und sie selbst von einem Augenblick zum nächsten welken würde, wenn sie sich diesem Gedanken hingab. So bevorzugte sie doch lieber die Qual, sich selbst zu bewahren und gleichzeitig hilflos zuzusehen, wie sich die anderen halb freiwillig dem Vergessen unterwarfen, das ihre eigene Vergangenheit fortriß.

Sie hatte jedoch noch eine Rechnung zu begleichen. Da war etwas, was sie nicht verstand, und sie wollte nicht sterben, bevor sie jedenfalls den Versuch gemacht hatte, es zu verstehen.

Deshalb stellte sie sich eines Tages in die Schlange bei dem Oberaufseher für die Opferfeuer und wartete geduldig, bis sie an der Reihe war, vorgelassen zu werden. Sie war es nicht gewöhnt, sich unter Menschen zu bewegen, denn viele Jahre hindurch hatte sie sich nie mehr als einige Schritte von der Hütte entfernt, weshalb sie nun mit staunender Mißbilligung die armselige Pracht betrachtete, die in der Kleidung der besseren Schichten in Mode gekommen war, und trotz ihrer umnebelten Augen fing sie einen fremden Schein in den Blikken auf, die sich neugierig auf sie richteten. Nach mehrstündigem Warten in der Schlange wurde sie endlich bei dem Beamten vorgelassen, an dessen Namen sie sich nicht entsann. Er war genauso alt wie sie, doch die Würde des Amtes und die damit verbundenen Rituale ließen ihn bedeutend aussehen.

Gnath ließ sich von nichts beeindrucken. Sie ging direkt zu ihm hin, streckte ihr Gesicht dicht zu dem seinen und sagte: Hör zu, Freundchen! Ich lebe nicht mehr so lange, und es gibt ein paar Dinge, über die wir beide erst noch miteinander reden müssen. Du kannst mich an der üblichen Stelle finden, denn ich wohne noch in genau derselben Hütte, in der ich immer gewohnt habe, und wenn sich auch alles andere verändert hat, die nicht.

Nach einigen Tagen machte sich der Beamte wirklich auf den Weg. Seit dem Besuch des alten Weibes hatte er keine ruhige Minute mehr gehabt, und schließlich sah er keinen anderen Ausweg, er mußte sie aufsuchen, um eine Erklärung für ihre rätselhaften Worte zu bekommen. Um kein Aufsehen zu erregen, hatte er seine Amtsrobe abgelegt, und als er in Gedanken versunken von zu Hause fortging, tat er das aus irgendeinem Grund in der Hoffnung, niemand möge ihn bemerken, als habe dieses Unternehmen etwas Ungehöriges oder jedenfalls Unpassendes an sich. Ohne darüber nachzudenken, wie es eigentlich kam, war er nach einiger Zeit auf dem Weg durch ein Viertel mit alten Hütten und voll morscher, baufälliger Löcher, deren Existenz er längst vergessen hatte. Beim Gehen begann die Ver-

gangenheit langsam wieder lebendig zu werden, es war, als wandere er rückwärts durch die Zeit, und voller Schmerz erwarb er seine verlorene Identität zurück.
Gnath saß bei einem kleinen Feuer vor der Hütte, und Rath ließ sich neben ihr nieder.
Nach einem Augenblick sagte sie: Nun will ich dich fragen: Wie konntest du uns so verraten? Wie konntest du es über dich bringen, so etwas Schreckliches zu tun? Darüber wollte ich mit dir sprechen.
Also, weißt du, entgegnete Rath entrüstet, wie kannst du bloß daran glauben, daß ich euch verraten habe? Ich konnte schließlich nicht wissen, daß sie mir damals, als mich das Mitleid packte, Spione und Sicherheitsstreitkräfte auf die Fersen setzten – du darfst nicht vergessen: als mich das Mitleid packte und ich zurückkam, um euch einen Besuch zu machen.
Rath hatte vermutlich erwartet und damit gerechnet, daß Gnath vor Wut explodieren und das Ergebnis eine der gewöhnlichen Streitereien sein würde, die ihm Anlaß dazu bieten würde, ihr ein paar runterzuhauen, worauf er sich in aller Ruhe zurückziehen konnte.
Deshalb war er bestürzt, als er hörte, daß Gnath ihm, ohne die Stimme anzuheben, mit einem: Jetzt hör bloß mit dem Quatsch auf! das Wort abschnitt. Hast du nicht begriffen, daß ich keine Lust habe, mir deine Lügengeschichten anzuhören?
Das war so, sagte Rath nach einem Augenblick, während ich bei den Gerechten war, ging mir auf, daß nur ein Verrat uns retten konnte. Mir wurde schnell klar, daß die Gerechten uns früher oder später aufspüren würden, und damit war unser Schicksal besiegelt. Das beste war, ihnen zuvorzukommen. Das konnte ich nur tun, indem ich ganz offen zu euch zurückkehrte und ihnen damit den Weg zeigte. Wenn ich nun als Rath zurückkehrte, würden sich viele unserer gemeinsamen Vergangenheit entsinnen, und während die Gerechten scheinbar jede Erinnerung ausrotteten, würde sie in Wirklichkeit mit neu erwachter Stärke im verborgenen weiterleben. Dadurch würde mein Verrat dazu dienen, dieses todgeweihte Wissen am Leben zu erhalten, ja, ich fürchte, ohne den Verrat wäre es untergegangen und völlig verschwunden.
Außerdem aber, fuhr Rath nach einer kurzen Pause fort, war der Verrat auch aus einer anderen und dunkleren Ursache notwendig. Ich rettete dieses Geschlecht mit Hilfe des Floßes, das ich zum Trotz und im verborgenen baute; und weil du und ich den Tabus trotzten, die wir allmählich als unverletzlich zu betrachten gewohnt waren, gelang es uns, das Leben erneut zum Sprießen zu bringen. Aber es

war ja gut denkbar, daß sich dieses Geschlecht allmählich als gerecht empfand und vergaß, daß es von Kain abstammte. Verrat ist ebenso schlimm wie Brudermord. Das Geschlecht, das ich rettete, sollte auch durch mich zugrunde gehen. Nun wird niemand jemals mehr vergessen.

Gnath legte ein wenig Kleinholz auf das Feuer, dessen Flammen in dem klaren Sonnenlicht fast unsichtbar waren. Rath fielen die angeberischen Brennholzscheite der großen Opferfeuer und ihre kunstvolle Anbringung ein, und er empfand ein Gefühl der Scham.

Entsinnst du dich, wie naß wir damals wurden? fragte Gnath träumerisch, als habe sie in den Flammen des Feuers ihre Vergangenheit erblickt.

Ja, sagte Rath, und die Fischschuppen, entsinnst du dich daran?

In Wirklichkeit aber waren sie zu alt geworden, um sich an irgend etwas zu entsinnen. Die Erinnerungen, von denen sie sprachen, waren eine Art Ikonen der Erinnerung, die sie aus einem dazu eingerichteten Lager hervorzogen und mit großer Ehrerbietung abstaubten. Doch obgleich die Erinnerung selbst tot und dahin und deshalb außerstande war, ihre Herzen anzurühren, barg die Ikone zumindest ihr Bild als Zeugnis dafür, daß das Motiv dieses Bildes in längst entschwundenen Tagen die bittere Wirklichkeit ihres Lebens gewesen war.

Rath sagte: Ich habe den jämmerlichen Verrat teuer genug bezahlen müssen. Anfangs wünschte ich mich tot und weg, aber wenn ich mir damals das Leben genommen hätte, hätte ich ja den Verrat verdorben. Und später wurde es gleichgültig. Das war fast das Schlimmste von allem.

Du redest und redest, meinte Gnath, du möchtest so gern haben, daß es ein bißchen schön und sogar begründet und selbstlos klingt, dieser Verrat, so, als sei er nach einer Vorschrift ausgeführt worden und damit irgendwie entschuldbar. Aber auf den Leim gehe ich nicht! Du redest und redest zwar, aber es gibt etwas, wovon du nicht sprichst. Siehst du, ich hörte auch deine blumige Erzählung über damals, als du zu den Gerechten kamst, und ich gönne dir von ganzem Herzen all den Erfolg, den du hier im Leben gehabt hast, und auch die junge Unschuld, die du geheiratet hast. Dafür finde ich allerdings, daß wir von ihr zu wenig gehört haben. Ich bezweifle bestimmt nicht, daß du bei ihr das Glück gefunden hast, wie du erzähltest. Aber sie blieb ja nicht immer so jung. Wie lange konntest du wohl ungestört den Frieden genießen, nach dem du dich so gesehnt hattest? Gib es nur zu, die alte Geschichte wiederholte sich

bloß: Allmählich wurde es eine Gewohnheit – und du in deiner Dummheit hattest an dem jungen Mädchen die kleinen Züge überhaupt nicht bemerkt, die dir hätten erzählen können, wozu sie sich entwickeln würde. Sagen wir es doch ganz deutlich, im Laufe der Zeit gelang es ihr, dich völlig mit Beschlag zu belegen. Glaubst du nicht, ich hätte sie gesehen? Und du konntest dich buchstäblich nicht mehr vom Fleck rühren. Was konntest du dir nun einfallen lassen, um die Oberhand zu bekommen, um dir Respekt zu verschaffen? Um ein bißchen Abwechslung in den fürchterlichen Trott des täglichen Familienlebens zu bringen? Da fiel dir dann ein, daß du etwas besaßt, was dir bei den Gerechten mit einem Schlag eine neue Position und gleichzeitig zu Hause die Oberhand verschaffen konnte; etwas, was Abwechslung bedeuten würde und deine Lage völlig verändern konnte. Ja, Pustekuchen! Aber weißt du was – das finde ich viel menschlicher als alle deine Vernunftsgründe für deinen Verrat an uns. Um die schere ich mich keinen Deut! Aber daß du die Langeweile des häuslichen Lebens nicht aushalten konntest und dich der damit verbundenen Tyrannei entziehen wolltest – das ist jedenfalls zu verstehen. Wer kennt das nicht? Dann opfert man gern seine gesamte Vergangenheit, und zu dem Zeitpunkt hattest du ja, um die Wahrheit zu sagen, nicht sehr viel übrig für uns. Ja, so war das, dessen bin ich sicher; deswegen sitzen wir heute in diesem Kladderadatsch und kommen nie mehr raus.
Gnath neigte sich zu Rath, hielt ihr Gesicht ganz nahe an seines und schaute ihm forschend in die Augen. Als sie ihren Ausdruck kindlicher Gekränktheit sah, begann sie zu lachen, während sie gleichzeitig hin und her wiegte. Schließlich ließ sich Rath mitreißen, und die beiden zahnlosen Alten lachten und lachten pfeifend, während sie hin und her schaukelten, so daß die Vorbeigehenden glaubten, die beiden Narren seien zusammen kindisch geworden.
Aber nun soll es ein Ende haben, sagte Gnath, als sie ausgelacht hatte, ich könnte vielleicht durchaus noch ein paar hundert Jahre leben, aber zu welchem Zweck? Alles ist jetzt so traurig – da hast du das! Und deshalb müssen andere dafür sorgen, die Geschichte von dem schwarzen Berg lebendig zu erhalten, ich habe getan, was ich konnte, und ich mag nicht mehr. Außerdem bin ich ja selbst Teil der Geschichte, und ich finde fast, daß ich die Pflicht habe, dafür zu sorgen, daß sie, soweit es mich betrifft, einen Abschluß bekommt, mit dem unseren Nachkommen gedient ist, wenn sie ihn weitererzählen.
Mit diesen Worten steckte sie ihr eines Bein in das Feuer, das sie

allmählich mit mehr Kleinholz gefüttert hatte, und hielt es so lange still, bis es Feuer gefangen hatte.
So, sagte sie, jetzt kann es, glaube ich, von selbst weiterbrennen.
Die Flamme knisterte und zischte. Das alte Bein war so dünn, daß es aussah wie ein eingegangener Zweig, der undenkliche Zeiten hindurch auf der Erde gelegen hat, und seine graue, trockene und runzelige Haut sah aus wie eine Art Bezug, die an einigen Stellen zu groß war und lose hing. Es dauerte lange, bis sich das Feuer ausdehnte, als sei ihm eine Traumaufgabe zugeteilt worden und es wolle sich unter keinen Umständen damit übereilen, ansonsten aber brannte Gnath ausgezeichnet, verbreitete fast keinen Rauch und pustete selbst in die Flammen, wenn sie meinte, sie würden zu regungslos.
Die Vorbeigehenden trauten ihren Augen nicht und gingen deshalb einfach weiter und taten, als sei gar nichts; oder sie dachten, das sei eine Art Zauberei oder irgendein anderer Brauch, der aus alter Zeit überlebt hatte, oder einfach nur die letzte Narretei der alten Närrin: Und genau das war es wohl auch.
Gnath war natürlich seit vielen Jahren völlig weißhaarig. Jetzt ergriffen die Flammen ihr Haar, dessen dünne, zum Bersten gespannte Seide so leicht Feuer fing, und bildeten eine lebendige Glorie um ihren Kopf, wo einen Augenblick lang die Züge des jungen Mädchens in einem schmerzlichen Verwandlungsprozeß zurückzukehren schienen, bevor er für alle Zeiten verschwand: sie, die das wilde Leben im Tal der Träume und Blumen so ängstlich betrachtet und seither in den Stürmen und Wechselfällen des Lebens, die größer waren, als sie sich hätte träumen lassen können, alle Ängstlichkeit verloren hatte.
Aus dem Feuer starrten Rath noch einen Augenblick ihre Augen entgegen, strahlender, so fand er, als je zuvor, als erhielten sie ihre Jugend zehnfach zurück. Doch dann verlöschte dieser Blick mit einem Sieden, und zu seinem Entsetzen sah er in den nun leeren Augenhöhlen Flammenzungen auftauchen, von innen, als habe das Feuer ihr Inneres bereits völlig verzehrt und hause nun darin wie in einem Ofen. Es dauerte glücklicherweise nur einen Augenblick, dann fiel die Gestalt in sich zusammen, was die Flammen mit frischer und erneuter Energie auflodern ließ.
Hör mal, Alter, paß doch auf das Feuer auf, sagte ein Weibsbild, das gerade vorbeiging. Es sind ja bereits zwei Feuer, fuhr sie fort und starrte Rath besorgt an. Sieh zu, daß es sich nicht weiter so ausbreitet.

Rath wollte auffahren, war dann aber zu traurig, um es tun zu können. Er hatte gerade in diesem Augenblick wirklich nicht die Energie zum Schimpfen und Schelten, und im übrigen hatte sie recht. Auf der Erde vor ihm waren ja zwei Feuer. In dem einen lagen ein paar dicke Zweige, die noch nicht ganz abgebrannt waren, und die konnten eigentlich ein bißchen mehr zusammengeschoben werden. Rath nahm einen Zweig und scharrte die beiden Feuer zu einem zusammen. Er blieb sitzen, bis es niedergebrannt war.

Rath lebte noch eine Reihe von Jahren. Als er starb und sein Körper auf den Scheiterhaufen gelegt wurde, wollte er nicht brennen. Als einziges verschwanden Haar, Bart, Augenbrauen und Wimpern, gleichgültig aber, wie große Holzscheite man nahm und wie lange man es versuchte, es war unmöglich, die Haut wollte nicht Feuer fangen. Danach wollte man den entseelten Körper mit dem nun kahlen Kopf, der einem bisher unbekannten mineralogischen Phänomen glich, begraben, es zeigte sich jedoch, daß dies mit unüberwindlichen Schwierigkeiten verbunden war. Gräber stürzten zusammen, bevor sie in Gebrauch genommen waren, oder sie waren außerstande, den Toten zu halten, der sich mit einer rotierenden Bewegung durch die Erdschichten emporbohrte, bis der Kopf herausguckte. Nachdem man die Leiche einer eingehenderen Untersuchung unterzogen hatte, zeigte es sich, daß sie sich nicht auflöste, sondern ganz im Gegenteil eine immer härtere Konsistenz annahm, als sei sie dabei zu versteinern. Deshalb beschloß man, die Sache anders anzugehen, bevor der Prozeß so weit gediehen war, daß er es unmöglich machte, den Toten überhaupt loszuwerden. Die Glieder wurden abgehauen und sowohl Glieder, Körper als auch Kopf danach in kleinere Stücke zerteilt. Als die Stücke klein genug waren, machte man sich daran, sie mit einer Keule zu zerstören. Sie rissen, sprangen in Stücke, fielen auseinander und waren kein Körper mehr, den man mit der Vorstellung von einem Menschen verbinden konnte. Danach ging man daran, die übriggebliebenen Fetzen und Stücke einzeln nacheinander mit kleinen Hämmern zu zerschlagen, und zwar mit einer unglaublichen Gründlichkeit, die auch die kleinste Ecke nicht unberührt ließ, bevor alles in ein graues Pulver verwandelt war, das man zuletzt in einen Mörser tat und zu Staub zerstieß. Damit war dieser Körper endgültig und vollständig vernichtet.

Eines Tages wurde der gesammelte Staubhaufen in zwölf kleinere Haufen geteilt und zwölf verdienten Dienern übergeben. Sie wurden in zwölf verschiedene Richtungen geschickt und hatten den Befehl, jeder zwölf Meilen zu gehen, die nächste Anhöhe zu erklimmen und von dort aus den mitgebrachten Staub in den Wind zu streuen. Zwar konnte man danach wohl nicht sagen, dieser Mensch sei von der Oberfläche der Erde verschwunden, aber man konnte jedenfalls sagen, er sei auf der Oberfläche verschwunden, wonach man glauben sollte, daß die verantwortlichen Stellen erfolgreich gewesen seien. Doch seit dieser Zeit kann man in jedem Feuer Gnath und in jedem Sandkorn Rath sehen, und wenn das geschieht, dann vergißt man nicht so leicht, von wem man letzten Endes abstammt.

3

Die Tätowierung des Waldschrats.
Über einen Fall von künstlicher Befruchtung.
Elias Lönns und des Scholiers
weitere Geschichten.
Utgard und eine Mergelgrube

In meinem Geschäft gibt es nicht mehr viele Uhren. Die Bevölkerung der Stadt wächst ständig, doch meine Kunden werden immer weniger. Das liegt zweifellos daran, daß ich für die Reparaturen unendlich lange Zeit brauche, weil ich wichtigere Dinge im Kopf habe und es sich nur die wenigsten leisten können, so lange nacheinander kein Auge auf die Zeit werfen zu können. Dafür freue ich mich darüber, daß Lönns Geschäft wie geschmiert läuft. Er hat immer eine große Auswahl der neuesten Brillengestelle auf Lager, und sollte man von dem Zulauf zu seinem Geschäft ausgehen, dann wird die Bevölkerung immer sehbehinderter. Er führt auch eine große Auswahl der feinsten Feldstecher und Mikroskope, die es den Leuten ermöglichen, alle Aspekte der Natur zu studieren. Und wenn man mich fragt, was ist das Wichtigste, auf die Zeit zu achten oder klar zu sehen? – so würde ich jederzeit antworten, daß es für jeden Menschen das erste und Wichtigste sein muß, klarzusehen. Einen jeden Zweifler auf dem Bürgersteig vor den beiden Geschäften würde ich unverzüglich an den Optiker verweisen. Und wäre es auch nur, um selbst nicht gestört zu werden.

Onkel, sagte Martin, als er von der Schule nach Hause kam und in die Werkstatt eintrat, wie kann man wissen, ob eine Uhr richtig geht?

Ich bin natürlich nicht sein Onkel, doch so nannte er mich.

Ich antwortete: Das ist ganz leicht, du vergleichst sie einfach nur mit einer, von der du weißt, daß sie richtig geht.

Und wie kann ich denn wissen, ob die richtig geht? fuhr der wißbegierige Junge fort.

Das ist genauso leicht, antwortete ich, auch die vergleichst du einfach mit einer, von der du weißt, daß sie richtig geht.

Aber wie . . , begann Martin; und da ich vorausgesehen hatte, daß er weiterfragen würde, unterbrach ich ihn und sagte: Du vergleichst sie die ganze Zeit über mit einer, von der du weißt, daß sie richtig geht, und zuletzt, wenn es hier im Land keine Uhren mehr gibt, mit denen du vergleichen kannst, dann mußt du zu den Briten gehen. Unter allen Völkern dieser Erde haben sie nämlich das Privileg und die Verantwortung bekommen, auf die Zeit zu achten, und sie haben eine Uhr, die richtig geht. Sie befindet sich in einer Stadt, die Greenwich heißt, und die Zeit, die man an dieser Uhr ablesen kann, heißt Greenwich Meantime. Meantime ist englisch und bedeutet so etwas wie Mittelzeit, das ist also die Zeit, nach der alle andere Zeit hier auf der Erde gemessen wird. Doch das Wort bedeutet leider auch etwas anderes, denn »mean« kann außer mittel auch minderwertig, schnöde oder gemein heißen. Und siehst du, es ist denn ja wohl auch nicht unbedingt ein Zufall, daß die Zeit, die uns hier zum allgemeinen, wenn ich so sagen darf, täglichen Gebrauch auf der Erde zur Verfügung steht und die man mit einer Uhr messen kann, als minderwertig oder schnöde bezeichnet wird, weshalb man denn auch darüber nachgrübeln kann, ob es nicht vielleicht eine andere Zeit oder vielleicht andere Zeiten gibt, die keine Uhr messen kann. Doch um auf die Uhr in Greenwich zurückzukommen – wenn du mich fragst, wie sie sicher sein können, daß die Uhr genau geht, dann will ich dir erzählen, daß sie das sehen können, indem sie in den Weltraum zu den Gestirnen hinaussehen, zwischen denen unsere Erde herumschwebt, denn das ist alles zusammen ein riesiges Uhrwerk. Wenn du aber weit genug hinaussiehst, dann beginnt das Uhrwerk völlig anders zu gehen, und ob es richtig geht oder nicht, kann meines Wissens niemand sagen, und soweit ich weiß, gibt es auch niemanden, der sagen könnte, ob es überhaupt sinnvoll ist, in dem Zusammenhang nach richtig oder falsch zu fragen, weshalb die Fragen hier also von allein aufhören.

Doch sag, fuhr ich nach einem Augenblick fort, ich habe gesehen, daß du mit Freya zusammen gekommen bist und daß ihr lange hier vor dem Geschäft gestanden und miteinander gesprochen habt, weshalb hast du sie nicht mit hereingebracht? Was hat sie dir denn so eifrig zu erzählen gehabt?

Ich weiß nicht, ob ich das sagen will, entgegnete Martin. Ich habe ihr versprochen, es niemandem zu erzählen.

Mir kannst du es doch ruhig erzählen, forderte ich ihn auf. Ich hatte zwar das Gefühl, daß ich sein Vertrauen benutzte, um ihm irgend etwas zu entlocken, doch ich war neugierig geworden und wollte in ihre unschuldigen Geheimnisse eindringen.

Martin sah mich streng an.

Versprichst du, es nicht weiterzuerzählen? Auf Ehrenwort?

Ich erschrak über den Ernst, den er zeigte, und war drauf und dran, die ganze Sache abzutun und das Thema zu wechseln; andererseits aber erhöhte dieser Ernst gleichzeitig meine Neugier, weshalb ich bereitwillig, doch auch etwas ängstlich versprach, ganz und gar dichtzuhalten.

Freya, sagte Martin, hat nämlich die seltsamsten Dinge erlebt, und heute ist ein großer Tag in ihrem Leben, an dem etwas ganz Besonderes geschehen soll, was ich dir nur erzähle, weil du dein Ehrenwort gegeben hast. Denk dran! Aber alles fing an dem Tag an, als sie zum erstenmal den Waldschrat zu Hause besuchte – oder nein! Das stimmt nicht ganz; in Wirklichkeit begann es nämlich an dem Tag, als der Waldschrat sie so richtig erblickte und sie ihn dann gleichfalls. Du weißt ja sicher, daß er normalerweise auf einem alten Fahrrad durch die Straßen zu radeln pflegt, und er hat immer einen alten Mantel an und in der Regel nur alte Filzlatschen an den Füßen. Niemand kann verstehen, weshalb er so herumradelt, die meisten glauben, er tue es lediglich, um die Leute zu erschrecken; sie erschrekken nämlich, wenn sie ihn sehen, und glauben, er tue es deshalb.
Ja, also, so radelt er aber rum, und das wußte Freya durchaus, denn sie hatte ihn oft gesehen, ohne näher darüber nachzudenken, sie dachte bloß, ja, da ist er also, jetzt erschreckt er mich! Denn das hatte sie gehört. Und dann spielte sie mit ihren Freundinnen weiter. Diesmal spielte sie mit Iris und Céleste, das sind so ein paar langbeinige Gören, die du bestimmt kennst, wenn du sie siehst, und man sollte meinen, sie könnten viel besser Hopsekasten spielen als Freya, weil sie so langbeinig sind. Die Sache ist nur, daß sie herumalbern und beim Spiel an alles mögliche andere denken, Freya dagegen hat beim Hopsekasten nichts anderes im Kopf, deshalb ist sie trotzdem besser als die beiden. Aus dem Grund hatte sie wohl auch den Waldschrat nicht eher richtig bemerkt, weil sie nur die Kästchen sah. Eines Tages aber war der Waldschrat vom Fahrrad gestiegen, um sie richtig zu erschrecken, und wollte gerade das Seil binden, das er immer um den Bauch trägt, weil sein Mantel keine Knöpfe hat, und da sie einem Ball hinterherlief, hob sie ihn direkt vor seiner Nase auf; und als sie sich aufrichtete, da erblickten sie einander.
Das war nur das erste Mal so. Später erblickten sie einander mehrere Male, denn als es erst einmal geschehen war, konnten sie fast nicht anders, wenn sie sich bloß in der Nähe voneinander befanden. Das erschreckte Freya, und nun entdeckte sie, daß sie all die anderen Male nicht wirklich erschreckt worden war – also bevor sie ihn richtig gesehen hatte; und ihr wurde auch bewußt, daß genau dasselbe für Iris und Céleste und vermutlich auch für alle anderen Menschen galt, nur mit dem Unterschied natürlich, daß sie sich selbst darüber nicht im klaren waren, denn sie hatten ihn ja noch immer nicht so wahrhaftig gesehen wie sie.
Du wirst sicher verstehen, daß ihr das Stoff zum Nachdenken liefer-

te, und ich sage nur, arme Freya! Denn sie hatte keine Menschenseele, der sie sich anvertrauen konnte – wer hätte es wohl auch sein sollen? Du weißt genausogut wie ich, daß ihre Mutter und ihr Vater sie schrecklich gescholten hätten, wenn es ihnen zu Ohren gekommen wäre. Vielleicht hätte sie von ihrem Vater sogar einen Hinternvoll bekommen, und ganz bestimmt hätten sie ihr verboten, anderswo zu spielen als im Garten – und das wäre eine Katastrophe für Freya gewesen, denn niemand streunt so gern durch die Straßen wie sie. Sie hatte also ihre Gründe dafür, daß sie sich keinem Menschen anvertraute (Denk an dein Ehrenwort!), deshalb mußte sie mit der ganzen Sache allein zurechtkommen, ich meine: Sie mußte ganz allein die verschiedenen Gedanken denken und sich all die Fragen, die sich unwillkürlich meldeten, selbst stellen und beantworten. Das führte natürlich dazu, daß sie sich bei weitem nicht so sehr wie normalerweise auf das Hopsekastenspielen konzentrieren konnte oder auf ihren Ball oder was sie gerade spielten. Deshalb passierte es ihr, daß sie auf die Striche trat, dauernd ließ sie den Ball fallen – kurz, sie war in einer Weise abwesend, die ihr sonst überhaupt nicht ähnlich sah. Schließlich wollten weder Iris noch Céleste wie sonst mit ihr spielen, worüber Freya nur froh war, denn so konnte sie ungestört umherlaufen, das heißt ungestört ihren eigenen Gedanken nachhängen, die ihr plötzlich massenweise einfielen und die so seltsam waren, daß sie überhaupt nicht wußte, was sie mit ihnen anfangen sollte. Ich kann sie natürlich nicht wiedergeben, und ich glaube, Freya selbst ist auch nicht dazu imstande, denn sie nennt es zwar Gedanken – wie sollte man es auch sonst nennen? –, in Wirklichkeit aber war es wohl nur irgendeine innere Unruhe, die sich nicht näher beschreiben läßt.
Doch nun, als sie so allein herumgrübelte, geschah es noch häufiger, daß sie und der Waldschrat einander erblickten, und sie mußte einfach darüber nachdenken, ob das wohl der reine Zufall war; und wenn nicht, wessen Schuld war es dann? Doch bevor sie diese Nuß knacken konnte, geschah eines Tages etwas Neues und Unerwartetes, als sie den Amselweg entlangging und wie gewöhnlich auf die Fliesen starrte. Sie sah auf, als sie um die Ecke in den Nachteulenweg einbog, und wer kommt angeradelt? – natürlich der Waldschrat. Diesmal aber geschah das Seltsame, daß er sein Fahrrad vor ihr anhielt und sie im selben Augenblick stehenblieb.
Du heißt Freya, sagte der Waldschrat.
Ja, antwortete sie – aber woher er das wußte, hat niemand von uns herausbekommen können.

Willst du mich mal besuchen kommen? fragte er dann. Freya nickte.
Denk an deinen Regenmantel, sagte er noch und fuhr weiter.
Das war vielleicht geheimnisvoll! Man kann ohne Übertreibung sagen, daß Freya beim Weitergehen zehnmal soviel Stoff zum Nachdenken bekommen hatte wie zuvor, vor allem aber konnte sie nicht begreifen, was das mit dem Regenmantel bedeuten sollte. Sehr im Unterschied zu vorher aber passierte nun etwas; sie brauchte sich also nicht mehr über etwas, was geschehen war, verrückt zu grübeln – sie konnte sich ganz und gar auf das konzentrieren, was geschehen sollte. Seltsamerweise begann sie daraufhin, sehr viel schneller zu gehen. Sie konnte nicht begreifen, weshalb sie am Abend so müde war, als sie ins Bett mußte. Sie fiel fast um vor Müdigkeit, und die Füße taten ihr schrecklich weh, doch dann ging ihr auf, daß sie sehr viel weiter als sonst gelaufen war. Sie hatte immer weiter auf die Fliesen gestarrt, aber welch ein Tempo hatte sie vorgelegt! Sie schritt zügig aus wie ein Geher, der nichts weiter im Kopf hat, als so schnell wie möglich zum Ziel zu kommen.
Jetzt erhob sich nur die Frage, wann sie dem Waldschrat den Besuch machen sollte, dem sie zugestimmt hatte, doch sie hatte das Gefühl, das würde sich von ganz allein ergeben. Nun darfst du nicht glauben, daß es Freya nicht ängstlich zumute gewesen wäre und sie überhaupt nicht darüber nachgedacht hätte, ob sie das Richtige getan hatte. Doch, ich sage dir, sie dachte nach! Jeden Tag mußte sie einen Kampf mit sich ausfechten, um sich davon zu überzeugen, daß sie auf dem rechten Weg sei, denn wenn sie bei ihrer Mutter und ihrem Vater zu Hause war und mit ihren Puppen spielte, dann war ihr, als sei all das mit dem Waldschrat überhaupt nicht wirklich. Es war gar nicht einfach für Freya, aber ich muß schon sagen, sie war ein tapferes Mädchen, und das wirst du, glaube ich, zugeben. Stell dir nur einmal vor, was es heißt, daß sie ihren Eltern nicht erzählen konnte, was geschehen war, und vor allem nicht, was geschehen sollte. Sie mußte sich vor ihnen ja wie eine kleine Betrügerin vorkommen; aber – sagte sie sich – das war nun einmal nicht zu ändern.
Was willst du denn damit? fragte ihre Mutter wie aus allen Wolken gefallen, als sie sah, daß Freya ihren Regenmantel aus dem Kleiderschrank nahm, denn die Sonne schien strahlend, und es bestand nicht die geringste Aussicht auf Regenwetter.
Man kann ja nie wissen, sagte Freya, es ist doch ganz gut, wenn man ihn dabeihat, falls es einen Schauer geben sollte.

Lauf aber nicht zu weit weg, forderte ihre Mutter besorgt; sie hatte es bereits aufgegeben, Freya dazu zu überreden, den Regenmantel zu Hause zu lassen, denn sie wußte aus Erfahrung, daß es nichts nützte – Freya ist nämlich ein stures kleines Biest. Und der Regenmantel konnte dem Kind ja unter keinen Umständen schaden – ja, so dachte sie vermutlich, jedenfalls sagte sie nichts mehr über den dummen Regenmantel, sondern kam nur mit ein paar der üblichen Ermahnungen, nach denen sich Freya im großen und ganzen nie richtete. Wenn sie gewußt hätte, was der Regenmantel bedeutete! Freya nahm ihn aus dem Kleiderschrank, fast ohne nachzudenken, zugleich aber dachte sie überrascht, na ja, heute will ich ja den Waldschrat besuchen! Dieser Gedanke machte sie sehr froh, denn nunmehr war es ja genauso gelaufen, wie sie es sich vorgestellt hatte, nämlich ganz von selbst. Gleichzeitig wurde ihr aber auch ängstlich zumute, was man gut verstehen kann, wenn man bedenkt, daß sie kleines Mädchen den Waldschrat ganz allein besuchen wollte – auch wenn er eigentlich gar kein Schrat ist, sondern nur ein ganz gewöhnlicher Mensch.

Bald war sie im Wald mit den Kiefern, die sich mit ihren Kronen, die hoch oben wie kleine Besen aussahen, zum Himmel emporreckten. Sie liebte die Waldpfade – du weißt, diese Pfade mit weißem Sand, wo in der Mitte ein Streifen Gras wächst und hier und da verwelkte Kiefernnadeln und Zapfen liegen. Doch als sie in den Waldpfad eingebogen war, fühlte sie sich dennoch beklommen – vielleicht, weil es um sie herum ganz, ganz still war.

Ich friere, dachte sie, das muß an den Bäumen liegen, die Schatten werfen, sie schaute sich um und entdeckte, daß der Schatten gar nicht von den Bäumen kam, sondern von einer großen Wolke am Himmel, die ganz plötzlich zum Vorschein gekommen war und nun hinter ihrer dunkelblauen, schwellenden Masse bereits die Sonne verbarg. Die Wolke besaß ein solches Tempo, daß sie bei dem Anblick erschrak, stehenblieb und ihr mit den Augen folgte: Sie konnte deutlich beobachten, wie sie immer länger über den blauen Himmel hinglitt, und verzweifelte ganz bei dem Gedanken, daß sie überhaupt nichts tun konnte, um den Himmel zu retten, wie gern sie es auch getan hätte – ja, das ist natürlich ein seltsamer Gedanke, aber so dachte sie nun mal. Sie verharrte also in diesem Anblick, und sie sagt selbst, daß ihr plötzlich eine Menge Dinge klarwurden. Sie sah die Wolke an und konnte dadurch deutlich erkennen, wie machtlos sie selbst war.

Weshalb bekommen die Leute keine Angst, wenn sie die Wolken

über den Himmel dahingleiten sehen? fragte sie sich. Den Wolken sind wir egal. Sie sind einfach da und machen ganz und gar, was sie wollen. Da kann man sehen, wie wenig man selbst bedeutet!
Das jedenfalls machte ihr Angst, ihr Herz schnürte sich verzweifelt zusammen, während sie sah, wie die Wolke ungehindert immer mehr Himmel mit Beschlag belegte. Um sie herum verbreitete sich ein graues und dunkles Licht, das den Wald völlig anders aussehen ließ – zuvor war er grün gewesen und hatte gelächelt, jetzt wirkte er traurig und gleichzeitig verstimmt, und da sich auch kein Lufthauch rührte, wurde ihr jetzt erst wirklich traurig und ängstlich zumute. Na, sagte sie zu sich, aber ich kann ja nichts anderes machen als weitergehen – ja, es fiel ihr überhaupt nicht ein, daß sie auch hätte umkehren können, doch nun war ihr Schritt nicht mehr so zügig und leichtfüßig wie gewöhnlich. Sie war nur ein wenig weitergegangen, als ein Grollen am Himmel verkündete, daß ein Gewitter im Anzug war und jeden Augenblick losbrechen konnte; noch bevor dieses Grollen richtig verklungen war, kam der erste Blitz, dem ein Donnerschlag folgte. Jetzt hatte Freya richtig Angst, denn wer läuft schon gern allein bei Gewitter im Wald umher? Sie war drauf und dran zu bereuen, daß sie die Einladung des Waldschrats angenommen hatte. Dem ersten Blitz folgten schnell ein zweiter und ein dritter, danach krachte der Donner ebensooft, und ihr erschien es, als ziehe das Unwetter immer näher heran und werde bald direkt über ihr stehen. Doch kaum hatte Freya diesen Gedanken zu Ende gedacht, da wurde sie von einem Blitz aus weißem Feuer geblendet, während gleichzeitig die Erde unter ihren Füßen bebte. Sie hörte ein Krachen, und der Donner, der sie im nächsten Augenblick völlig betäubte, hätte sie fast zu Boden geworfen. Als sie ihrer Sinne wieder mächtig war, sah sie, daß eine der zunächststehenden Kiefern vom Blitz gespalten worden war, sie spürte den Geruch verbrannten Holzes, zugleich zitterte sie am ganzen Körper so sehr, daß sie fast den Regenmantel verloren hätte, den sie die ganze Zeit über getreulich an sich gepreßt gehalten hatte.
Der Regenmantel! Ob der wohl ihre Rettung sein würde? Weshalb hatte sie bloß nicht eher daran gedacht? Schnell zog sie ihn an, und das keinen Augenblick zu früh, denn nun fielen bereits die ersten schweren Tropfen, und kurz darauf brach das Unwetter wirklich los. Weiter, sagte Freya zu sich, ich kann hier nicht stehenbleiben, und nun zieht der Donner ja ab. Der gespaltene Baum sah furchteinflößend und unheimlich aus, und ihr Herz hämmerte, wie sie es noch nie erlebt hatte, aber dennoch ging sie weiter, während der

Regen auf den Wald herniederpeitschte und den Pfad, auf dem sie entlangging, bald in zwei reißende Bäche verwandelte. Sie ärgerte sich darüber, daß sie keine Gummistiefel anhatte, denn dann hätte sie mit jedem Fuß in einem dieser reißenden Ströme gehen und spielen können, sie sei eine Riesin, die einen großen Fluß durchwatet. Nun mußte sie sich statt dessen so gut es ging an den Grasstreifen in der Mitte des Pfades halten, und selbst dabei wurden Schuhe und Strümpfe völlig durchweicht. Glücklicherweise aber hatte ihr Regenmantel eine Kapuze, abgesehen von den Füßen wurde sie also überhaupt nicht naß, und, ach was, sagte sie zu sich, denn es sah zwar so aus, als würde der Wald in den unglaublichen Wassermengen, die über ihn herabströmten, ertrinken, aber dennoch fühlte sie sich jetzt entschieden besser als während des Gewitters. Allmählich fiel der Regen so dicht, daß sie knapp die Hand vor Augen sehen konnte, die Bäume standen nur wie graue Silhouetten in den Wassermassen, als seien sie zu riesigen, unterseeischen Wasserpflanzen geworden, die Senken des Pfades hatten sich bereits in große Seen verwandelt, um die sie herumgehen mußte, was sie ins Unterholz hineinzwang, wo sie mit ihren klammen Fingern die Zweige der Sträucher auseinanderreißen mußte, um überhaupt vordringen zu können, wo sie über umgestürzte Bäume kriechen und um undurchdringliches Gestrüpp herumgehen mußte, was dazu führte, daß sie nicht zum Pfad zurückfand.
Sie kämpfte sich weiter, ohne zu wissen, wohin, und zuletzt begann sie zu weinen, so daß Regen und Tränen ihre Augen behinderten und es ihr noch schwerer machten zu sehen, wo sie entlangging. Sie ging nämlich immer weiter, obgleich sie es bitter bereute, daß sie sich in dieses Abenteuer gestürzt hatte.
Weshalb habe ich nicht meine Mutter um Rat gefragt? Jetzt ist es zu spät, vielleicht komme ich nie zu ihr zurück.
Aber siehst du, als es am allerschlimmsten war, meinte sie durch den Regen und die Tränen einen dunklen Schatten ahnen zu können, und fast im selben Moment begann der Regen nachzulassen. Sie ging auf den Schatten zu, der bald die Gestalt der fahrbaren Baubude annahm, in der der Waldschrat wohnt. Nun hatte der Regen aufgehört, und als sie auf die Lichtung hinaustrat, auf der der Wagen stand, brachen die ersten Sonnenstrahlen durch und ließen alle Regentropfen, die an den Grashalmen und an den Zweigen und Blättern der Büsche hingen, wie die wunderbarsten Diamanten glitzern und leuchten. Sie jauchzte vor Freude, denn sie meinte nie etwas so Schönes gesehen zu haben, hinzu kam, daß die Vögel sangen und

anscheinend ebenso erleichtert darüber waren, daß das Gewitter und der Regen aufgehört hatten, wie sie selbst.
Na, aber letzten Endes interessierte sie natürlich am meisten der Wagen. Das muß aber seltsam sein, in einem solchen Kasten zu wohnen, dachte sie. Sie bemerkte, daß kleine Fenster darin eingelassen waren und ein Schornsteinrohr auf das Dach gesetzt worden war.
Als sie an die Seite des Wagens trat, an der die Tür war, ging diese gerade auf, der Waldschrat stand im Türrahmen und begrüßte sie: Na, guten Tag, Freya, komm herein.
Nun weißt du ja, daß der Waldschrat nicht sonderlich hübsch ist. Das fand Freya auch, wie du sicher begreifen wirst, und als sie ihm nun plötzlich Auge in Auge gegenüberstand, wäre sie am liebsten umgekehrt und so schnell, wie sie es gelernt hatte, nach Hause geflitzt. Denn er stand da in einem alten, nur teilweise geknöpften Hemd, seine langen Arme hingen herunter, er sabberte ein wenig und hatte schwarze Bartstoppeln. Aber Freya sagt selbst, daß es ihr leid um ihn getan hätte, wenn sie fortgelaufen wäre, deshalb blieb sie also stehen. Oder, genauer gesagt, sie ging hinein, doch erst, nachdem sie Schuhe und Strümpfe ausgezogen hatte, damit sie in der Sonne trocknen konnten.
Wie sich zeigte, war es drinnen richtig gemütlich, jedenfalls nach Freyas Behauptungen, denn wie sie es beschreibt, klingt es meiner Meinung nach nicht besonders wohnlich. Erstens ist da ja nicht sehr viel Platz, und die Möbel sahen überhaupt nicht aus wie die Möbel, an die sie in den Wohnzimmern der Leute gewöhnt war. Es gab zwar einen Tisch, aber der war bloß aus einigen Brettern hergestellt, und dann waren da noch ein Stuhl und ein paar Kisten, auf denen man sitzen konnte – das Bett bestand aus einer durchlöcherte Matratze mit alten Decken. In dem Raum standen auch ein Ofen und ein Spirituskocher, und es roch nach Kaffee, und ich habe den leisen Verdacht, daß der Kaffeegeruch den Ausschlag gab. Nicht, daß Freya selbst Kaffee mag, aber ein bißchen Kaffeegeruch und Pfeifenrauch – und beides war da – haben immer so eine gemütliche Wirkung. Dann setzten sie sich, und er fragte, ob sie Kaffee wolle. Nein, das wollte sie nicht; er war ganz bestürzt, offenbar hatte er ihretwegen Kaffee gekocht, ohne daran zu denken, daß sie noch ein Kind war und überhaupt noch keinen trank. Dann trank er selbst seinen Kaffee, während sie einfach dasaß und sich umschaute. Keiner von ihnen sprach etwas.
Schließlich wurde Freya, die sich eigentlich ganz wohl fühlte, et-

was unruhig und fragte den Waldschrat, ob er gut Hopsekasten spielen könne. Er sah erschrocken aus, als habe sie ihn irgendeiner fürchterlichen Sache bezichtigt, und schaute mit unstetem Blick umher, seine Augen wurden von diesem Umherkreisen noch blutunterlaufener, als sie es sowieso schon waren. Leider kann ich es dir nicht beibringen, sagte Freya schnell, denn das erlaubt mir, glaube ich, meine Mutter nicht.
Dann wurde sie rot und fügte mit Worten, die übereinanderstolperten, hinzu: Ich meine, ich spiele es selbst so schlecht, das sagt meine Mutter auch, und ich muß es erst selbst besser lernen, bevor ich es anderen beibringen kann. Aber Iris und Céleste, *die* können Hopsekasten spielen, die haben so lange Beine, richtige Hopsebeine – du hast ja auch viel längere Beine als ich, du kannst es also sicher auch gut lernen. Aber wo willst du üben? fuhr sie atemlos fort, erhob sich und sah hinaus. Im Gras kann man nicht so gut hopsen.
Während sie so hinaussah, erblickte sie einen Hund, der den Pfad entlang- und direkt zum Wagen hingelaufen kam, wo er ein lautes Bellen von sich gab. Der Waldschrat ließ ihn herein, und als sie ihn aus der Nähe sah, erkannte sie ihn schon vom Ansehen her, er ist ein Bastard, der auf Straßen und Wegen herumschleicht und den anderen Hunden in der Stadt kleine Besuche macht. Ich kenne ihn auch gut, denn er hält sich oft bei den Säufern hinter der Schweineschlachterei auf. Der Waldschrat begann den Hund zu kraulen, der mit ergebenem Blick zu ihm aufschaute, und es war, als paßten seine eitrigen Augen und die blutunterlaufenen, rotgeränderten Augen des Waldschrats auf eine unerklärliche Weise zusammen, die Freya fast die Tränen in die Augen trieb.
Willst du ihn ein bißchen streicheln? fragte der Waldschrat, er heißt Namenlos.
Obgleich Freya Namenlos garstig und abstoßend fand, wollte sie ihn gern streicheln, sie setzte sich also auf den Fußboden, nahm seinen Kopf in ihren Schoß und kraulte ihn hinter den Ohren, während sie aufmerksam seine Augen betrachtete. Er muß das Mitleid, das sie mit ihm empfand, gespürt haben, er blickte sie jedenfalls dankbar an, sein Augenausdruck verschwamm immer mehr, er entspannte sich völlig und schlief ein. Als Freya die Augen hob, sah sie zu ihrer Überraschung, daß sich der Waldschrat ausgezogen hatte und nun auf sie hinuntersah.
Augenblick mal, unterbrach ich Martin, hatte er sich *ganz* ausgezogen?
Ja, sagte Martin, gereizt über die Unterbrechung. Wenn ich sage, er

hatte sich ausgezogen, dann hatte er sich natürlich ganz ausgezogen und nicht nur ein bißchen.
Was machte er dann?
Machte? Er machte gar nichts. Er stand bloß da, sagt Freya und schaute sie an, ohne etwas zu sagen, und sie wunderte sich, daß er auf die Idee kam, sich waschen zu wollen, wenn er Besuch hatte, denn das war die einzige Erklärung, die ihr einfiel. Aber sie sagt, daß er ausgezogen kein bißchen hübscher ist, eher im Gegenteil. Er hat recht große Schultern und einen krummen Rücken, seine Beine aber sind ziemlich dünn und sehen überhaupt nicht so aus, als könnten sie einen so großen Oberkörper tragen. Er hat ziemlich viele Haare auf den Armen und auf dem Bauch und an den Beinen, und das läßt ihn ein bißchen äffisch aussehen – vielleicht auch, weil die Arme gerade herunterhängen, so daß man fast darauf wartet, daß er sich nach vorn beugt und etwas in die Knie sinkt, damit sich die Hände auf der Erde abstützen können. Aber den größten Eindruck auf sie machte etwas ganz anderes, und du kannst nicht erraten, was das war.
Mitten auf der Brust hatte er eine große Tätowierung, die ein Schiff, einen Dreimaster unter vollen Segeln, darstellte.
Das ist aber toll, rief Freya und zeigte auf das Schiff. Bist du auf dem Schiff gefahren?
Zu ihrer Verblüffung sah sie, wie dem Waldschrat ein paar große Tränen die Wangen hinunterrollten, und fühlte instinktiv, daß sie durch ihre Bemerkung hervorgerufen worden waren. Aber weshalb das so war, begriff sie natürlich nicht, sie wurde also verlegen und versuchte so zu tun, als hätte sie das Schiff und alles mögliche andere vergessen, und machte sich wieder daran, Namenlos hinter den Ohren zu kraulen.
Der Waldschrat wischte die Tränen mit dem Handrücken fort und hatte es offenbar aufgegeben, sich zu waschen, denn er begann sich wieder anzuziehen – das sah sie aus den Augenwinkeln –, und als er damit fertig war, seufzte er schwer und setzte sich auf den Stuhl am Tisch.
Ich will dir gern erzählen, was das für ein Schiff ist, sagte er, wenn du mir versprichst, nicht darüber zu lachen.
Nein, natürlich lache ich nicht darüber, rief Freya.
Und es niemandem zu erzählen, fuhr der Waldschrat fort.
Nein, keiner Menschenseele, versprach Freya.
Deshalb mußt du daran denken, was du versprochen hast, sagte Martin und sah mich an. Ich nickte.

Der Waldschrat erzählte folgendes: Mein Vater ist Seemann und fährt auf dem Schiff, das du auf meiner Brust siehst. Wenn ich Atem hole und mich aufrichte, dann ist mir, als füllten sich die Segel mit Wind und das Schiff gleite rasch durch die Wellen fremden Häfen zu. Meine Mutter war Dienstmädchen, als sie meinen Vater traf, aber da sie sich nicht kriegen konnten, verschwand er aufs Meer, bevor ich geboren wurde, und dort ist er geblieben. Meine unglückliche Mutter, die darauf angewiesen war, ihren Lebensunterhalt durch Arbeit im Haushalt zu verdienen, hatte das Glück, daß sie sich bei warmherzigen und geradlinigen Menschen verdingt hatte, die sie nicht hinauswarfen, was sie mit gutem Recht hätten tun können. Mich mußte sie natürlich in einem Kinderheim abliefern, wo ich zwölf Jahre lang blieb. Im Kinderheim erzählten sie mir, daß meine Mutter später gestorben sei, und ich habe sie nie gesehen. Ich habe auch meinen Vater nie gesehen, aber ich habe erfahren, daß er die Welt als Seemann umsegelt, und zuweilen bekomme ich auch kleine Grüße von ihm.

Als ich zwölf Jahre alt war, verließ ich das Kinderheim, um bei einem Pächter zu arbeiten, der mir dafür Essen und Kleidung gab. Ich arbeitete hart von morgens bis abends, bekam aber dennoch ziemlich oft Prügel, denn der Pächter war in allen Dingen sehr genau, trotz meines guten Willens konnte ich es ihm also nur schwer recht machen. Wenn bloß mein Vater hier wäre, dachte ich, dann würde er mir helfen, und statt meiner würde der Pächter Dresche beziehen. Auf diese Weise kreisten meine Gedanken immer um meinen Vater, jedes Jahr erwartete ich, daß er auftauchen würde, andererseits aber konnte ich durchaus verstehen, daß er das Meer nicht im Stich lassen konnte.

Ein paar Jahre, nachdem ich zu dem Pächter gekommen war, hatte ich ein wunderliches Erlebnis. In jenem Sommer verdingte sich bei dem Pächter ein Knecht, der anders war wie die übrigen Knechte: Er ging anders, sein Körper sah anders aus, und sein Gesicht trug einen anderen Ausdruck. Ja, ich möchte schwören, daß sein Kiefer anders gebaut war als der der Bauern, und vor allem ließ irgend etwas an seinem Haar ihn fremdartig aussehen – obgleich es ganz gewöhnliches helles Haar war, so, wie es bei uns alle Leute hatten. Er war Seemann. Ich konnte meine Augen nicht von ihm losreißen, aber ich war ja nur ein Junge, den die Erwachsenen nicht für voll nahmen, deshalb wagte ich nicht, ihn anzusprechen.

Aber nun komme ich zu dem Abenteuerlichsten an ihm. Auf seinem linken Arm hatte er einen Anker, der wie ein blaues Bild in der Haut saß. Ich sah ihn zum erstenmal einen Tag nach seiner Ankunft – er war vom Feld nach Hause gekommen, hatte das Hemd ausgezogen und wusch sich draußen im Hof an der Pumpe. Seine Haut war ganz weiß, so daß das Bild sehr deutlich zu sehen war. Ich wußte aus Erfahrung, daß die Blutadern unter der Haut blau leuchten, deshalb glaubte ich, daß die Blutadern diesen Anker bildeten, und stellte mir vor, daß alle Seeleute mit solch einem Mal geboren seien, so daß alle, sie selbst und ihre Umgebung, von Geburt an wüßten, wozu sie im Leben bestimmt seien.

Aber den Seemann selbst fragen, nein, das wagte ich nicht. Deshalb dauerte es lange, bevor mir aufging, wie die Sache eigentlich zusammenhing. Ich lauschte den Gesprächen der Knechte und begriff schließlich dadurch, daß das Bild in irgendeiner fernen Hafenstadt in seine Haut eingraviert worden war und daß es auch in Kopenhagen Leute gebe, die eine solche Arbeit ausführen könnten.

Dieses Erlebnis war der einzige kleine Lichtblick während der zehn Jahre, in denen ich für den Pächter arbeitete – ich schuftete von morgens bis abends, tagaus, tagein, Sommer wie Winter, mein Rükken wurde krumm, was er seither geblieben ist, und als ich endlich zur Musterung kam – das hatte der Pächter durch alle möglichen Tricks ein ums andere Jahr hinausschieben können –, da war es zu spät, ihn wiederaufzurichten. Der Arzt kommandierte mich zum Hinlegen, doch obgleich sich mir fünf Mann auf den Rücken und die Schultern stellten, konnten sie ihn nicht geradebiegen. Genauso krumm und unrichtbar waren meine Finger, und als sie entdeckten, daß ich auch nicht lesen und schreiben konnte, wurde ich für untauglich erklärt und wieder nach Hause geschickt. Aber glaubst du vielleicht, ich ging nach Hause zu dem Pächter? Nein, natürlich tat ich das nicht, denn das bißchen Lohn, das er mir während der letzten vier Jahre gegeben hatte, hatte ich aufgehoben, und mit diesem Geld in der Tasche machte ich mich auf den Weg. Ich fragte einen Mann nach dem Weg nach Kopenhagen und begann auf der Landstraße in die Richtung zu gehen, in welche er gezeigt hatte. Wenn ich auf einem Hof um Essen bat, bekam ich einen Kanten Brot und einen Krug lauwarme Milch, da man mir aber nie erlaubte, in den Scheunen zu schlafen, mußte ich draußen auf dem Feld in den Heuhaufen übernachten. Nach einigen Tagen konnte ich kaum noch Brot und Milch bekommen, und zuletzt wiesen mich die Leute fort, sobald ich mich auf dem Hof zeigte, oder sie hetzten den Hund auf mich. Davon hatten sie allerdings nichts, denn selbst die größten und bissigsten Köter, die mir mit gesträubten Borsten entgegensprangen,

beruhigten sich, sobald sie in meine Nähe kamen, und ließen sich streicheln und hinter den Ohren kraulen. So sammelte ich also auf den Feldern Rüben und Kohlrabi und lebte davon; eines Tages aber stand ich am Wasser und sah zu meinem Entsetzen, daß es kein See war, um den ich herumgehen, und kein Bach, den ich durchwaten konnte – nein, wie alle anderen mußte ich die Fähre nehmen und war gezwungen, mit einem Teil meines Geldes die Fahrkarte zu bezahlen. Das schlimmste aber war, daß wir aufs Wasser hinaus mußten, ich fuhr nämlich nicht gern mit dem Schiff, sobald ich an Bord gekommen war, ging ich in die Kajüte hinunter, die ich ganz für mich allein behielt, und dort blieb ich, bis wir auf der anderen Seite im Hafen waren. Das gleiche wiederholte sich nach ein paar Tagen mit einer noch längeren und noch schrecklicheren Überfahrt, die noch teurer war, so daß ich meinen Fuß also mit schwerem Herzen wieder auf festen Boden setzte, obgleich ich erleichtert darüber war, daß ich die Überfahrt überstanden hatte. Endlich erreichte ich Kopenhagen, hier ging ich immer der Nase nach über das harte Pflaster, bis ich den Hafen erreichte, wo es so stark nach Wasser roch, daß ich fast wieder umgekehrt wäre. In einem Keller fand ich, was ich suchte, einen Mann, der – in der Zwischenzeit hatte ich das Wort gelernt – Bilder in die Haut tätowieren konnte, zu ihm ging ich sofort hinunter und erklärte ihm, was ich wollte. Er zeigte mir ein paar Bilder von Schiffen, und ich suchte mir das größte und schönste mit fünf Masten aus. Aber ach, die beiden Fährkarten hatten zu viel von meinem Geld verschlungen, so daß ich mir das Schiff nicht leisten konnte, und obgleich ich weinte und ihn anflehte, war er nicht zu bewegen, deshalb mußte ich mich mit einem Dreimaster begnügen. Ich schloß die Augen, und während er mit seinen Nadeln in meine Brust schmerzende Löcher stach, dachte ich an meinen Vater, der sich irgendwo befand, wo der Himmel und das Meer dieselbe blaue Farbe besaßen, die ich nun in meine Haut eingeprägt bekam.
Sobald das Bild fertig war, begann ich heimwärts zu wandern, wie es mir gelang, ohne Geld für die Fähre nach Hause zu kommen, ist wohl gleichgültig, doch nach Hause in meine Gegend kam ich jedenfalls. Als ich durch den Wald ging, in dem wir uns hier befinden, traf ich auf eine Gruppe Waldarbeiter, die mir ein Stück Brot und eine Tasse Kaffee gaben. Es zeigte sich, daß sie in ihrer Schicht gut noch einen Mann gebrauchen konnten, und auf diese Weise kam ich zur Waldarbeit. Das war mir gerade recht, denn ich merkte schon, daß die meisten Menschen, so wie die Pächter, die mich fortjagten, nicht gern etwas mit mir zu tun haben wollten. Da ich kein Dach

über dem Kopf hatte, durfte ich in dem Bauwagen übernachten, der hier draußen für die Arbeiter hingestellt worden war, und da ich einfach immer weiter darin wohnte, meinten schließlich alle, es sei meiner. Ab und zu gehe ich in den Wald und packe mit zu, sonst aber verkehre ich nur mit dem Völkchen, das sich hinter der Schweineschlachterei aufhält und das ich manchmal besuche. Nicht viele Menschen haben ein so friedliches Leben wie ich, und nachdem ich Namenlos kennengelernt habe, habe ich obendrein noch Gesellschaft bekommen und vermisse deshalb nichts. Ich weiß zwar, daß die meisten Männer eine Frau haben, aber wer weiß, das kann ja noch kommen! Nur einen großen Kummer habe ich, nämlich, daß ich nicht schreiben kann. Ich würde meinem Vater hin und wieder so gern einen Gruß schicken. Stell dir vor, wie einsam er da draußen auf den großen Meeren sein muß, die an sich schon schrecklich sein müssen – glaubst du nicht, es würde sein Herz erwärmen, wenn ein kleiner Gruß für ihn daläge, wenn er irgendwo auf der anderen Seite der Erde in einen Hafen kommt?
Ich könnte dir helfen, rief Freya aus, der fast die Tränen in die Augen traten, wenn sie an den armen einsamen Seemann und Vater dachte, hast du etwas zum Schreiben?
Leider zeigte es sich, daß der Waldschrat weder Bleistift noch Papier besaß.
Dann nehme ich selbst das nächste Mal etwas mit, sagte Freya – im selben Augenblick erkannte sie, daß sie nun versprochen hatte, noch einmal zu kommen.
Dann fiel ihr etwas ein.
Sag mal, zu welchem Hafen soll der erste Brief geschickt werden?
Der Waldschrat betrachtete sie unsicher.
Dabei mußt du mir helfen, sagte er. Ich bin meiner Sache nicht ganz sicher. Bitte, willst du mir nicht helfen?
Er sah sie flehend an.
Das versprach Freya schnell, dann erhob sie sich, um zu gehen. Ihre Schuhe und Strümpfe waren inzwischen getrocknet. Sie lief den direkten Weg auf dem Pfad durch den Wald zurück und kam dadurch nach Hause, bevor ihre Mutter unruhig zu werden begann und sich fragte, wo sie denn nur bliebe. Sie ist ja unter allen Umständen daran gewöhnt, daß Freya überall umherstreift und überhaupt ihrem eigenen Kopf folgt.
Zwei oder drei Tage später ging sie wieder zum Waldschrat hinaus. Diesmal wurde sie unterwegs von keinem Gewitter überfallen, und statt des Regenmantels hatte sie eine kleine Tasche mit. Darin hatte

sie Papier und Bleistift und Briefumschläge (die gehörten ihrem Vater) und den Schulatlas ihrer großen Schwester, den sie ausgeliehen hatte, ohne diese zu fragen. Sie machten sich sogleich an einen Brief; der Waldschrat sagte ihr, was darin stehen solle, und sie schrieb. Freya schreibt mit sehr großen Buchstaben, deshalb hatten auf dem Bogen nur wenige Zeilen Platz, aber damit war der Waldschrat durchaus zufrieden, und hinterher mußte sie ihm mindestens zehnmal laut vorlesen, was sie geschrieben hatten.
Und wo soll der Brief nun hingehen? fragte Freya.
Mein Vater, sagte der Waldschrat, befährt alle Weltmeere. Er kommt bald zu dem einen, bald zu dem anderen Hafen, wo immer wir den Brief hinschicken, früher oder später wird er ihn bekommen.
Freya schlug im Schulatlas nach, und der Waldschrat war glücklich, als er die blauen Ozeane sah, deren Farbe genau der entsprach, die er auf der Brust trug. Freya buchstabierte sich mühselig durch seltsame Namen, Bombay, Montevideo, Cape Town, San Francisco, Cadiz, und nach reiflicher Überlegung beschlossen sie, den Brief nach Montevideo zu senden. Nach einer Woche aber kam Freya wieder, und dann schrieben sie einen neuen Brief, den sie an einen anderen Hafen richteten, dessen Namen Freya sehr sorgfältig mit Druckbuchstaben auf den Umschlag schrieb. Der Waldschrat schaute den Umschlag mit seinen blutunterlaufenen Augen an, drehte und wendete ihn in den Händen hin und her, als sei er etwas fürchterlich Kostbares und eine große Seltenheit, und das tat er jedesmal, wenn sie kam und sie gemeinsam einen Brief schrieben. Und jedesmal mußte sie ihm den Brief mindestens zehnmal vorlesen, nachdem sie ihn geschrieben hatten, denn er wurde es einfach nicht müde, ihn immer wieder zu hören.
Aber hör bloß, was schließlich passierte. Eines Tages – inzwischen waren seit Freyas erstem Besuch bei ihm mehrere Monate vergangen – fragte der Waldschrat sie, ob sie ihn nicht heiraten wolle. Ja, so einfach brachte er das natürlich nicht heraus, er stammelte und stotterte, doch sie verstand jedenfalls den Sinn und wußte zunächst nicht, was sie antworten sollte.
Ich glaube, das erlaubt meine Mutter nicht, sagte sie zuletzt, und außerdem bin ich, glaube ich, nicht alt genug, um zu heiraten.
Der Waldschrat erklärte eifrig, sie könnten bei dem Völkchen nachfragen, ob sie nicht dort heiraten könnten, denn bei dem Völkchen herrschen ganz andere Regeln als die, die sonst in der Gesellschaft gelten. Und ihre Mutter?
Ja, ich habe mir auch nicht vorgestellt, daß du sofort hier rausziehen

sollst. Du darfst gern bei deiner Mutter und deinem Vater wohnen bleiben und in die Schule gehen, damit du noch besser Briefe schreiben lernst. Glaubst du nicht, daß sie es dir dann erlauben werden?
Wenn das so ist, überlegte Freya, dann könnte ich das Fragen ja eigentlich lassen, denn daran bin ich sowieso gewöhnt.
Der Waldschrat wußte nicht richtig, ob das angehe, doch in diesem Punkt überwand sie seine Bedenken. Sie beschlossen schließlich, sich zusammen an das Völkchen zu wenden, und eines Tages verabredeten sie sich draußen hinter der Schweineschlachterei, wo sie mit Mühe und Not ein paar wecken konnten, es war zwar nach der Schulzeit – an dem Tag hatte Freya um eins Schluß –, aber sie schliefen noch immer. Sie benutzen nämlich in der Regel die Stunden der Nacht, um miteinander zu reden und Pläne zu schmieden oder einfach nur über die Dinge nachzudenken. Dafür schlafen sie bis weit in den Tag hinein, und sie begreifen einfach nicht, daß die meisten Leute nicht krank werden, weil sie jeden Morgen zu einer bestimmten Uhrzeit aufstehen müssen. Das liegt ihrer Meinung nach daran, daß die meisten Leute schrecklich faul sind – ja, so verquer denken sie über fast alles! Nachdem Freya und der Waldschrat jedoch ihre Sache dargelegt hatten, gelang es ihnen ohne größere Mühe, eine Zusage zu erhalten, und nun kommen wir an unseren Anfang zurück, nämlich das große Ereignis in Freyas Leben, das heute eintrifft. Du hast sicher bereits erraten, worum es geht, aber denk an dein Ehrenwort, denn wenn du es auch nur einem einzigen Menschen erzählst, rede ich, solange ich lebe, nie mehr mit dir.
Genau in diesem Augenblick ging die Tür zum Geschäft auf, und herein trat die kleine Freya. Sie rief Martin, der ins Geschäft hinausging, wo die beiden die Köpfe zusammensteckten und ein langes geflüstertes Gespräch führten. Die phantastische Geschichte, die ich gerade eben gehört hatte, hatte mich ziemlich verwirrt. Wieviel gilt ein Ehrenwort gegenüber Kindern, fragte ich mich, und kann ich die Verantwortung auf mich nehmen, ihn nach der Geschichte, die ich gehört habe, mit Freya zusammen laufenzulassen? Aber wenn ich ihn nicht laufenlasse, dann erfahre ich den Schluß der Geschichte nie!
So begann das Ganze. Als sie gegangen waren, war mir, als verschwinde die Uhr zwischen meinen Fingern unmerklich. Nicht in dem Sinne, daß alle die kleinen, wunderbaren Zahnräder und Federn auf den Boden rollten und weggekommen wären, denn so tolpatschig war ich natürlich nicht, sondern so, als gehörten diese

Zahnräder und Federn nicht mehr zusammen; so, als hätten sie vergessen und würden sich nie mehr daran erinnern können, daß sie diese Konfiguration, die wir eine Uhr nennen, bilden und durch ihr Ineinandergreifen die armselige Zeit, die uns beschieden ist, messen konnten.

Nun kehren wir zu dem kleinen Zug zurück, dessen Zugführer mir später berichtete, was geschah, nachdem er Engesvang verlassen hatte und gemächlich durch die flache Landschaft nach Westen rollte, deren Monotonie nur hie und da durch Höhenzüge, Moore und Wäldchen unterbrochen wird.
Ich begreife nicht, erzählte er, wie diese Frau in den Wagen gekommen war, ohne daß irgend jemand es bemerkt hatte. Man sollte meinen, sie sei geflogen oder habe sich vielleicht eher in ein Insekt oder auch einfach nur in einen Windstoß verwandelt. Ich sehe sie direkt vor mir, wie sie in ihren weißen Gewändern emporsteigt, über die roten Dächer von Engesvang hinwegfliegt wie eine etwas ungewöhnliche Wolke, die sich an diesem sonnigen und wolkenlosen Tag in dieses Krähwinkel verirrt hat, und schließlich auf einem der Sitze des Abteils Zuflucht sucht und ohnmächtig wird. In ihrem Gesicht waren jedoch keine himmlischen Freuden zu finden, es war ganz im Gegenteil in einer solchen Grimasse aus Schmerz und Ekel erstarrt, daß es der reine Jammer war, und in Wirklichkeit muß sie sich wie ein Verbrecher davongestohlen haben; zweifellos auch schlug ihr Herz völlig wahnsinnig vor Angst und Entsetzen. Als sie endlich ungesehen in das Abteil hineinschlüpfte, war sie zunächst so erleichtert, daß sie ohnmächtig wurde, sie schlug gerade die Augen wieder auf, als ich mich zeigte, und war drauf und dran, erneut in Ohnmacht zu fallen. Ich sehe eigentlich recht vertrauenerwekkend aus, und meine schwarze Uniform hat einen zuverlässigen Hauch von Verschlissenheit, doch sie hatte viele Jahre hindurch so abgesondert gelebt, daß sie völlig die Fähigkeit verloren hatte, die verschiedenen Dinge der Wirklichkeit zu unterscheiden. Deshalb glaubte sie, ich sei von der Polizei und gekommen, um sie zurückzuholen, und während sie verzweifelt ihre Hände rang, warf sie sich vor mir auf die Knie und flehte mich schluchzend an, sie nicht nach Hause zurückzuführen, was ich ihr ohne weiteres versprechen konnte, da das überhaupt nicht in meiner Macht stand. Doch sie war so aufgeregt, daß sie anfangs überhaupt nicht zuhörte, sondern immer weiter schrie und die Hände rang, und dann begann sie mich anzupacken. Ihre langen, schmalen Finger packten meine Weste

und krochen gleichsam daran empor. Ich habe noch nie so lange, so dünne und so weiße Hände gesehen – es war, als kämpften sich die Hände eines Skeletts über meinen Bauch und meine Brust empor, gleichzeitig aber war ich durch ihr Gesicht völlig hypnotisiert. Es verzog sich ohne eine einzige Träne, fast wie ein Stück Leder, das sich auf leidvoll mechanische Weise bewegt, obwohl man so etwas vielleicht von einem Menschengesicht nicht sagen darf.
Schließlich legte sie sich jammernd auf den Sitz und sagte: Jetzt kann die Geburt jeden Augenblick losgehen.
Ich dachte, sie sei nicht richtig bei Troste, denn es wollte mir nicht in den Kopf, daß ihre spindeldürre Gestalt in gesegneten Umständen sein könne, was aber dennoch der Fall war, wie sich später zeigte.
Um eine Erklärung für ihr seltsames Benehmen zu finden, drang ich in sie, und sie erzählte mit klagender Stimme: Vor neun Jahren kam mein Mann eines Abends zu mir herein, nachdem ich mein Nachthemd angezogen hatte. Er trug einen Stock bei sich und einige andere Dinge, die ich in meiner Verwirrung nicht richtig bemerkte. Er fuchtelte mit dem Stock in der Luft herum und sagte, er wolle ihn in Hohlräume und Kanäle meines Körpers einführen, ich solle deshalb die Bettdecke zurückschlagen, das Nachthemd ausziehen und mich auf meinem Bett flach auf den Rücken legen. Das klang mir nicht besonders angenehm, und ich verstand überhaupt nicht, wozu das Ganze gut sein sollte oder welchem Zweck es diente. Da er mir aber mit dem Stock drohte und ich Angst hatte, daß er mich wirklich damit schlagen würde, legte ich mich schließlich auf das Bett, doch ohne das Nachthemd auszuziehen, wie er gesagt hatte. Er hatte mich noch nie nackt gesehen, und ich verstand nicht, weshalb das notwendig sein sollte. Aber er stand mit dem Stock über mir und zerrte mit der freien Hand an dem Nachthemd herum, während er mir gleichzeitig erklärte, daß er den Stock so nicht einstoßen könne, es sei denn, das Nachthemd würde entfernt. Es reichte mir bis zu den Knöcheln, weshalb es ziemlich lange dauerte, bis es hochgezogen war, und während es langsam hochgezogen wurde, erstarrte ich buchstäblich zu Eis, denn es war mitten im Winter, und der Ofen im Schlafzimmer war nicht geheizt. Zuletzt zog ich es völlig über den Kopf, so daß es ganz und gar weg war, womit er schließlich zufrieden war und sagte, nun würde er sofort anfangen. Er müsse nur erst etwas in Ordnung bringen, fügte er hinzu, und begann, mit den anderen Sachen, die er mithatte, herumzurumoren. Ich lag einfach da und starrte an die Decke, weshalb ich nicht weiß, was er eigentlich

machte, aber jedenfalls pustete und stöhnte er laut, und zuletzt sagte er, nun sei alles bereit. Als nächstes bat er mich darum, die Beine etwas breit zu machen, so daß er den Stock leichter in einen Hohlraum hineinbohren könne, den er dazwischen gefunden hatte, und als er den Stock angebracht hatte, ließ er ihn los und ließ ihn sitzen, so daß er schräg in die Luft stand. Danach lief er hin, um irgend etwas zu machen, und nun wandte ich den Kopf, um zu sehen, was das war. Eigentlich war ich die ganze Zeit über ziemlich geistesabwesend gewesen, aber allmählich wurde ich geistesanwesender, weil es weh tat, als er den Stock in den Hohlraum hineinsteckte. Nun entdeckte ich, daß er mitten im Zimmer eine kleine Dampfmaschine stehen hatte, die er gerade in Gang setzte. Offenbar hatte er den Kessel bereits zuvor angeheizt, jetzt war der Dampfdruck so groß geworden, daß er mit der Arbeit beginnen konnte. Außerdem aber hatte er einen der roten Schläuche aus der Meierei mitgebracht, der aufgerollt dalag und den er nun über den Fußboden zu mir hinzog, die ich noch immer, ohne mich zu rühren, auf dem Bett lag und fror, daß mir die Zähne klapperten, den Stock in die Luft.
Die Dampfmaschine war größer als eine Spielzeugdampfmaschine, war aber auch keine der Meiereimaschinen, vielleicht war es also eine, die er selbst gebaut oder Gott weiß woher bekommen hatte. Sie siedete, die Räder drehten sich, die Kolben glitten hoch und runter, aber noch lief sie nicht schnell.
Er ergriff den Stock, der noch immer in mir saß, und zog ihn ein paarmal vorsichtig hin und her – ich muß schon sagen, er war rücksichtsvoll und paßte auf, daß er soweit wie möglich nichts machte, was mir weh tat! Aber dann zog er ihn schließlich wieder heraus, ich war fast völlig zu Eis erstarrt, gleichzeitig aber auch gespannt darauf, was nun passieren würde. Den Kopf konnte ich ja noch immer bewegen, und ich hatte, wie gesagt, den roten Gummischlauch bemerkt, der sich über den Fußboden schlängelte. Den steckte er durch dasselbe Loch in mich hinein, in dem der Stock gesessen hatte, doch der Schlauch war kalt und naß und widerlich, besonders anfangs, bevor ich mich daran gewöhnt hatte. Ich machte eine Bewegung mit den Händen, um ihn herauszuziehen, im entscheidenden Augenblick konnte ich mich aber nicht von der Stelle rühren, teils starrte er mich auch anklagend an und sagte, nun hätte ich einfach stillzuliegen, sonst würde das Ganze mißlingen.
Er schob den Schlauch weit in mich hinein, ich konnte inwendig spüren, wie er immer weiter hineinglitt, bis er auf Widerstand stieß, da war er endlich zufrieden. Dann drückte er mit seinen Händen

meine Beine zusammen, so daß sich der Hohlraum um den Schlauch zusammenpreßte – ich entsinne mich noch, daß seine Hände ein wenig feucht waren, sicher, weil der Schlauch naß gewesen war.
Ich folgte ihm mit den Blicken, als er zur Maschine zurückging, und nun sah ich, daß der Schlauch mit einem runden Behälter verbunden war. Die Maschine lief inzwischen ziemlich auf Hochtouren, die Räder schnurrten, die Kolben jagten hoch und runter, alles bebte und dröhnte eintönig, so daß es eine Lust war; als er nun ein paar Ventile etwas verstellte, drehte die Maschine noch mehr auf, obgleich ich es nicht für möglich gehalten hätte. Es sah fast so aus, als würde sie gleich vom Boden abheben, um zu schweben, was sie jedoch nicht tat, ganz im Gegenteil verpflanzten sich ihre Schwingungen durch den Fußboden, was wiederum das Bett unter mir zum Erbeben brachte.
Es waren gräßliche Minuten, doch glücklicherweise war ich kalt wie Eis, sonst wäre ich bestimmt in Ohnmacht gefallen.
Als er die Ventile eingestellt hatte, hatte er es auf fiebrige und verwirrte Weise noch eiliger und begann am ganzen Körper zu zittern, sicher aufgrund der Kälte, die durch Mark und Bein ging. Außer dem Schlauch, der in mich hineingesteckt war, hatte er noch einen roten Schlauch, der, wie sich zeigte, ebenfalls mit dem gerade erwähnten runden Behälter auf der Maschine verbunden war. Jetzt ergriff er also Schlauch Nummer zwei und fing an, ihn herumzutragen, als wisse er nicht, was er mit sich anfangen solle, während er gleichzeitig zu mir herüberschielte, um zu sehen, ob ich beobachtete, was er machte, was ich natürlich tat, und das irritierte ihn offenbar. Zuletzt aber stellte er sich doch mit dem Rücken zu mir in eine Ecke und machte irgend etwas, was ich am liebsten nicht sehen sollte. Aber ich sah ganz gut, daß er die Hose aufknöpfte und den Schlauch in die Hose hineinzog, und das sah so komisch aus mit dem Schlauch, der von hinten durch seine Beine hoch und in die Hose hineinging und den er mit beiden Händen festhalten mußte, daß ich zu lachen begann. Das war zwar wirklich zum Lachen, aber man fühlt sich doch schrecklich einsam, wenn man so daliegt und ganz allein lacht, denn er lachte natürlich nicht, er war zu sehr damit beschäftigt dazustehen und mit beiden Händen festzuhalten und gleichzeitig darauf zu achten, daß ihm die Hose nicht die Beine hinunterrutschte. Die Maschine arbeitete die ganze Zeit über, und ich war gespannt darauf, was geschehen würde, ich war so gespannt, daß ich zuletzt trotz meines verfrorenen Zustands am gan-

zen Körper zu zittern begann und fast erleichtert war, als ich eine laue Flüssigkeit aus dem roten Gummischlauch in mich hineinströmen fühlte. Nun begriff ich, daß er wirklich im Sinn hatte, mir ein Kind zu machen, und der Gedanke war mir so abstoßend, daß ich völlig apathisch wurde – anders kann ich es nicht erklären, daß ich in dem Augenblick nicht die Kraft hatte, den Schlauch herauszureißen. Auch ich zitterte so sehr am ganzen Leib, daß meine Zähne zu klappern begannen, und ich war völlig davon überzeugt, daß ich dieses Kind niemals gebären würde. Inzwischen pulsierte diese lauwarme Flüssigkeit ungestört in mich hinein, sie kam in regelmäßigen Spritzstößen, als ob die Dampfmaschine eine Pumpe antriebe, die hoch und runter ging, und ich konnte nichts tun, um das zu verhindern. Zuletzt muß er wohl gedacht haben, daß es genug sei, denn nun sah ich, wie er die Hose wieder zuknöpfte – das durfte ich offenbar sehen, denn er hatte sich drüben in seiner Ecke umgedreht, stand völlig ungeniert da und sah geistesabwesend aus, als habe er mich völlig vergessen und als seien seine Gedanken an allen möglichen anderen Orten. Schließlich aber hatte er genug an seinen Hosenknöpfen herumgefummelt – ja, der Schlauch lag auf dem Fußboden, den hatte er einfach fallen lassen –, nun kam er wieder zu mir her und schaute auf mich hinunter, sah aber noch immer so aus, als ginge ihm nicht ein Gedanke durch den Kopf oder als sei er, wie gesagt, ganz woanders.

Ich lag noch immer genauso da wie zuvor, jetzt nahm ich alle meine Kraft zu einem Schrei der Verzweiflung zusammen, um ihn zu veranlassen, mich von dem ekelhaften Schlauch zu befreien. Aber ich konnte mich noch so anstrengen, es kam mir selbst so vor, als sei ich ein einziger großer, zerfetzender Schrei, der so scharf war, daß er meinen eigenen Körper von innen her zerfleischen konnte – über meine Lippen kam kein Laut. Doch was sage ich da? Kein Laut, das stimmt nicht, meine Lippen öffneten sich gerade eben, wie ich merken konnte, und es erklang ein kleines, mäuseartiges Piepsen. Anfangs konnte ich nicht verstehen, wo es herkam, denn wir pflegen keine Mäuse zu haben, und als ich entdeckte, daß dieses kleine Piepsen mein eigener fürchterlicher Schrei war, war ich so entsetzt, daß ich einen Augenblick aufhörte zu schreien, was bewirkte, daß der Piepston verschwand. Doch der Schrei drückte immer weiter und wollte heraus, weshalb ich wieder anfing, und diesmal war ich überzeugt davon, daß ich ihn auch würde herausbringen können; ich war sogar sicher, daß man ihn in der halben Stadt würde hören können, aber die Nachbarn waren mir egal – sollten sie denken, was sie wollten! Ich war, kurz gesagt, ganz in der Gewalt des Schreis. Nun stellen Sie sich mal vor, was es heißt, daß noch immer keine anderen Töne über meine Lippen kamen als dieses kleine mäuseartige Piepsen! Ich konnte überhaupt nicht herausbekommen, wer ich war, ob ich das winzige Piepsen im Raum oder der große, schreckliche Schrei in mir selbst war, und ich lief völlig von Sinnen zwischen den beiden hin und her, denn das mußte ich natürlich herausbekommen, sonst würde ich als zwei Personen weiterleben müssen, die sich knapp kannten, und dieser Gedanke war unerträglich.

Während ich so von meinem Schrei erfüllt war, daß ich davon fast den Verstand verlor, müssen seine Gedanken zurückgekehrt sein, denn er hatte die Maschine angehalten, ohne daß ich es bemerkt hatte, nun kam er zu mir her und begann ohne ein Wort den Schlauch herauszuziehen. Er breitete nur meine Beine wieder etwas auseinander, so daß er leichter herausgleiten konnte, und rollte ihn daraufhin völlig mechanisch auf, so, als arbeite er in der Meierei. Es war natürlich eine große Erleichterung für mich, den Schlauch loszuwerden, aber es war auch schmerzhaft; nun hatte ich zwar den Grund zum Schreien verloren, doch mein Drang war noch genauso groß, mein Mund piepste also noch eine Zeitlang wie eine Maus, während ich mich in mir selbst mit dem Schrei zerfetzte.

Ich war noch immer völlig steifgefroren, zuletzt gelang es mir jedoch, mit klappernden Zähnen aus dem Bett zu kriechen. Er nahm keine Notiz von mir, denn er war eifrig mit der Maschine beschäftigt, die er zusammen mit den Schläuchen und dem Stock gerade wieder hinaustragen wollte. Ich setzte mich auf den Nachttopf, den ich immer unter dem Bett stehen habe, und etwas von der lauwarmen Flüssigkeit lief aus mir heraus – als ich später in den Topf guckte, sah ich, daß sie gelblichweiß war und sich in Klecksen wie geronnene Milch zusammengeklumpt hatte.

Als er entdeckte, daß ich mich auf den Nachttopf gesetzt und daß das, was er mit Hilfe der Dampfmaschine und des Schlauchs in mich hineingepumpt hatte, nun wieder herauslief, wurde er wütend, ließ alles stehen und liegen und kam zu mir her, während er mir mit geballten Fäusten drohte. Um seinem Zorn zu entgehen, beeilte ich mich, ins Bett zurückzukommen, auch gelang es mir, das Nachthemd wieder anzuziehen, und ich zog die Bettdecke über mich, denn vor allem sehnte ich mich nach der Wärme. Erst als ich wieder im Bett lag, war er zufrieden und ging zu der Dampfmaschine zurück, die er nun zusammen mit den anderen Sachen hinausschleppte. Ich lag zwar unter der Bettdecke, fror aber immer weiter, und am nächsten Tag war ich so schwach, daß ich ohnmächtig umfiel und mitten im Zimmer lag, bis er nach Hause kam und mich ins Bett trug. Ich fror schrecklich und bat ihn, mir eine Wärmflasche zu bringen, doch das schlug er rundweg ab. Wenn du unter der Bettdekke liegst, wird dir ja wohl warm genug sein, sagte er und ging in die Meierei zurück. Da ich auch am Abend im Bett lag und er das Klappern meiner Zähne nicht mehr ertragen konnte, machte er mir endlich eine Wärmflasche, und das half eine Zeitlang. Doch im Laufe der Nacht erwachte ich und spürte, daß sie wieder kalt geworden war, und jeder, der einmal mit einer kalten Wärmflasche im Bett gelegen hat, weiß, wie schrecklich das ist. Kann man es mir verdenken, daß ich ihn weckte und ihn bat und anflehte, mir eine neue, heiße Wärmflasche zu geben? Ich bin sicher, hätte ich nicht in einigermaßen regelmäßigen Abständen eine frische Wärmflasche bekommen, dann wäre es mit mir schon längst aus gewesen – die Kälte hätte mich von innen verzehrt. Hinzu kam, daß ich seinen Anblick nicht ertrug, insbesondere nicht seine Augen, die, so hatte ich das Gefühl, mich immer belauerten. Ich ging dazu über, große Hüte mit Schleier zu tragen, wenn ich wirklich ein seltenes Mal ausging – das gab mir das Gefühl, vor der Überwachung seiner Augen geschützt zu sein, als ich aber entdeckte, daß er mir überall, wo ich ging und stand, folgte, gab ich es völlig auf, das Haus zu verlassen.

Das waren jedoch nicht meine einzigen Sorgen. Ich hatte Angst, er könne auf den Gedanken verfallen, das Experiment mit der Dampfmaschine zu wiederholen, und das wollte ich um jeden Preis verhindern. Deshalb umwickelte ich meinen Unterleib mit vielen Metern Mullbinden, denn ich war sicher, daß ihm das bestimmt die Lust rauben würde, wenn sie ihn denn wirklich wieder überkommen sollte. Das war zwar sehr mühselig, denn wenn ich auf den Topf ging, mußte ich ja den ganzen Verband abwickeln, damit es also nicht allzuoft passierte, aß und trank ich sowenig wie möglich.

Anfangs geschah es, wie gesagt, noch manchmal, daß ich aufstehen und einen Spaziergang machen konnte, aber es dauerte nicht lange, da schaffte ich das nicht mehr und mußte bei vorgezogenen Gardinen im Bett liegenbleiben, wo ich nur auf den Zeitpunkt wartete, an dem ich eine neue Wärmflasche bekommen würde. Inzwischen hatte ich das Kind in mir, denn es war ihm wirklich gelungen, mir mit Hilfe seiner Maschine das Kind aufzuzwingen. Ich stellte mir vor, ich könnte es mit der Kälte meines Körpers töten, deshalb freute ich mich über die Kälte, die ich gleichzeitig fürchtete und unter der ich litt. Ich hatte Angst davor, daß die Kälte, wenn sie groß genug geworden wäre, um das Kind töten zu können, auch mich selbst töten würde. Jedenfalls aber hinderte sie das kommende Kind daran, normal zu wachsen, und statt neun Monate habe ich neun Jahre getragen. Nun aber kann ich es nicht länger in mir behalten, deshalb bin ich geflohen, er soll sein Kind jedenfalls nicht haben. Au, jetzt kommt es, jetzt kommt es!

Mit diesen Worten begann die Frau laut zu schreien und zu heulen, während sie sich gleichzeitig zurückbog und das Nachthemd hochzog, das ihr einziges Kleidungsstück war. Als es hoch genug gezogen war, offenbarte sich ihr Unterleib oder, genauer gesagt: Das tat er eben nicht, denn ich habe so etwas noch nie gesehen. Vom Bauch an abwärts, ein Stück die Schenkel hinunter, war sie völlig in Mullbinden eingewickelt, die straff und fest in vielen Schichten um sie herumlagen, so daß sie einer seltsamen weißen, sich zweiteilenden Schlummerrolle glich. Das Ganze wurde von Sicherheitsnadeln und Knoten festgehalten, es war verblüffend, wie sie mit ihren fiebrigen Fingern imstande war, diese Knoten und Sicherheitsnadeln zu lösen, während sie gleichzeitig aus vollem Halse schrie, aber sie hatte natürlich langjährige Übung. Ich versuchte sie zu beruhigen, doch sie übertönte mich mit ihren wilden Schreien, und ihr Gesicht war vor Schmerz und Entsetzen so verzerrt, daß mir selbst ganz angst wurde. Meter um Meter der Mullbinden wurden abgewickelt und häufte sich auf dem Fußboden, und während ich die ganze Zeit dachte, nun müsse sie doch wirklich bald fertig sein, machte sie immer weiter, wobei sie ununterbrochen ihre fürchterlichen Schreie von sich gab. Ich wurde immer ratloser, was sollte ich mit dieser Frau anfangen, und was nun, wenn an der ganzen Sache doch irgendwie etwas dran war? Mir war noch nie etwas Ähnliches begegnet, aber in der Zeitung liest man alle Augenblicke von den seltsamsten Vorkommnissen, ja, man sollte meinen, die Welt nähere sich ihrem Untergang, weshalb also sollte das nicht auch zu mir und meiner friedlichen Bahnstrecke kommen, wo seit Menschengedenken nichts Ungewöhnliches geschehen war?

Die abgewickelten Mullbinden füllten allmählich die Hälfte des Fußbodens und beide Sitze aus, aber die Frau machte immer weiter, bis schließlich die Schenkel und der Bauch zum Vorschein kamen. Abgesehen davon, daß ich völlig verwirrt war, fühlte ich mich unangenehm berührt davon, daß ich zusehen mußte, wie sich eine Frau vor mir entblößte, doch bremsen konnte ich sie unter keinen Umständen, ohne mit ihr in ein Handgemenge zu geraten. Bevor ich einen Entschluß fassen konnte, fielen die letzten Stücke Mullbinde, und ihr Unterleib lag vor meinem Blick offen dar. Ach, das war ein erbärmlicher, ein trauriger, ein fürchterlicher Anblick. Ihre Schenkel waren so dünn wie Stengel, die Haut der Schenkel und des Bauches war so verrunzelt und eingetrocknet wie ein zu lange gelagerter Apfel. Sie war da unten etwas behaart, doch nicht recht stark, jedenfalls konnte die Behaarung die schlaffen und jämmerlichen Hautfalten des kleinen Geschlechtsorgans überhaupt nicht verbergen, die aussahen, als seien sie zusammengeklebt und bildeten bestimmt nicht den Eingang zu etwas dahinter. Im übrigen war gar nicht zu begreifen, wie in dem eingeschrumpften, spindeldürren Unterleib überhaupt Platz für die normalen Innereien sein sollte, ganz zu schweigen von einem Baby, doch die Frau schrie und jammerte immer noch, beugte die Beine und wand den Körper in konvulsivischen Zuckungen, als sei sie von heftigen Wehen heimgesucht und die Geburt bereits in vollem Gange.

Der Zug schlingerte dahin – denn damals schlingerten die Wagen erheblich stärker, als sie es heute tun –, mir war klar, daß jetzt etwas passieren mußte. Man kann es nun einmal nicht zulassen, daß Frauen im Zug gebären, ohne daß man etwas tut – wenn gebären denn das richtige Wort dafür ist. Jedenfalls mußte ich Hilfe holen und entsann mich nun daran, daß in dem anderen Abteil eine kleine Gruppe Reisender, und darunter eine Frau, saß. Doch bevor ich zu ihnen hineinlief, um sie zu holen, zog ich die Notbremse. Es ist der geheime Traum aller Zugführer, eines Tages die Notbremse ziehen zu können, doch viele, wohl die meisten, müssen ins Grab gehen, ohne diesen Traum in Erfüllung gehen zu sehen. In dieser Situation erschien mir dieser drastische Schritt mehr als berechtigt, ja als zwingend notwendig, und während ich merkte, wie der Zug an Geschwindigkeit verlor, eilte ich bereits zu dem anderen Abteil, um Hilfe zu holen. Dort saßen drei Männer und eine Frau, die ich kurz ins Bild setzte.

Die Frau des Meieristen von Engesvang liegt dort in dem anderen Abteil und bringt ein Kind oder etwas Ähnliches zur Welt. Ihr Mann hat ihr vor neun Jahren mit Hilfe von Dampfkraft und Gummischläuchen ein Kind gemacht, und das paßt durchaus zu seiner Natur, denn er ist als tüchtiger und strebsamer Mann bekannt, der die Meierei von Engesvang innerhalb weniger Jahre zur besten der Gegend gemacht hat, ja, ihr Ruf ist bis zum mittleren Jütland vorgedrungen, so daß die Leute angereist kommen, um seinen Käse zu kaufen und zu sehen, wie er das macht. Aber er antwortet immer nur, er kümmere sich um seine Arbeit und bezahle jedem das Seine!

Er erfindet unzählige kleine Tricks zur Verbesserung der Produktion, er wartet seine Maschinen selbst, justiert sie hier und gibt ihnen dort einen Tropfen Öl, er ist überhaupt ein erfinderischer Mann und geht seinem Gewerbe so regelmäßig nach wie ein Uhrwerk. Ich möchte sagen, daß solche Männer wie er unser Land zu dem gemacht haben, was es heute ist, und jeder, der seine Milch trinkt und seine guten Käse ißt, schätzt ihn auch nach Verdienst. Was er in seinen eigenen vier Wänden macht, ist eine andere Sache und geht uns nichts an, aber alle wissen, daß seine Frau ein wenig schwächlich ist und seit mehreren Jahren kränkelt – und jetzt ist sie ihm also ganz einfach davongelaufen –, und da liegt sie nun.
Glücklicherweise hatte sich die Frau nun beruhigt, dafür aber glaubte ich einen Augenblick, sie sei ohnmächtig geworden. Sie hatte das Nachthemd wieder heruntergezogen, und während wir so auf sie hinuntersahen, schlug sie langsam die Augen auf – ihr Blick sah aus, als sei sie mehrere Kilometer weit weg –, und gleichzeitig war sie so schwach, daß sie sich nicht rühren konnte.
Als sie uns aber lange genug angeschaut hatte, begann sie die Lippen zu bewegen, und sowohl ich wie auch die anderen rückten näher, um zu hören, was sie uns zuflüsterte: Es war ein Junge – ich habe ihn getötet ... Ich hatte entschieden, daß er kein Kind haben sollte ... Ich habe versucht, es mit der Kälte meines Körpers zu töten – aber das ist mißlungen ... Nun habe ich es mit meinen beiden Händen getan.
Währenddessen starrte sie uns mit ihren großen, schwachen Augen an, deren brennender Blick aussah, als ginge er durch eine Menge von Schleiern hindurch, bevor er uns erreichte, und zuletzt, als sie es bekannte, erhob sie ihre beiden langen Hände in die Luft – sie glichen Toten, die aus dem Grabe auferstanden waren.
Offenbar war sie wieder etwas zu Kräften gelangt, denn nun nahm sie das Kind, das neben ihr auf der Bank lag und das sie bis dahin mit ihrem Körper verdeckt hatte, und hob es empor, damit wir es selbst sehen könnten. Ich habe noch nie so ein unansehnliches Baby gesehen, und der Anblick des kleinen Körpers, der mit seinem schlaff herabhängenden Kopf am ehesten an ein totes Vogeljunges erinnerte, ging durch Mark und Bein.
Seht, sagte sie, er hat kleine Flügel.
In Wirklichkeit waren das die Arme, die sie anhob, aber an dem unterentwickelten Körper konnten sie ebensogut wie die Ansätze von Flügeln aussehen.
Ja, wie das vor sich ging, weiß ich nicht, aber alles, von dem ich hier

erzähle, habe ich *gesehen*, obgleich es in Wirklichkeit überhaupt nichts zu sehen gab; und die anderen, die anwesend waren, die Reisenden und der Lokomotivführer, der gekommen war, weil er eine Erklärung dafür haben wollte, daß die Notbremse gezogen worden war, sahen es ebenfalls. Auch wenn es also kein Kind gab, kann seine Gegenwart demnach von glaubwürdigen Zeugen bestätigt werden und läßt sich nicht wegdeuten.

Sie legte es wieder von sich, und während ihre Augen von einem zum anderen irrten, begann sie mit ihren schmalen, verdorrten Lippen zu flüstern: Rettet mich ... rettet mich ... wer will mich retten ... die Leiche ... wenn sie sie hier finden ... ich bin eine Kindesmörderin ... ich konnte es nicht leben lassen ... es wäre nie ein richtiger Mensch geworden ... schaut selbst ... eine Mißgeburt ... das kommt von dem Gummischlauch ... ich habe es mit meinen eigenen Händen erwürgt ... wenn sie es entdecken ... wenn er es findet ... ich habe solche Angst ... solche Angst ... schafft es fort ... weshalb sagen Sie nichts ...

Sie stützte sich auf die Ellbogen und starrte uns mit leuchtenden Augen an, und nun konnte man ihr Haar besser sehen, das völlig grau war wie das einer alten Frau und sehr lang und genauso drahtig und irgendwie genauso verwüstet wie das schmerzverzerrte Gesicht. Doch jetzt konnte die Reisende – also Frau Lönn –, die ich aus dem anderen Abteil geholt hatte, den Anblick auch nicht länger ertragen, ohne etwas zu unternehmen – sie stürzte vor, umschlang die bebende Frau, deren Zähne laut klapperten, und drückte sie nach hinten, so daß sie wieder lag, während sie beruhigend auf sie einsprach. Sie war überhaupt äußerst tatkräftig, und nachdem sie die Kindesmörderin beruhigt hatte, drehte sie sich zu uns um und sagte: Es ist klar, wir müssen etwas tun. Sehen Sie nicht, wie unglücklich sie ist? Ich pfeife darauf, was das Gesetz sagt, denn ich finde, wir müssen in erster Linie barmherzig und menschlich sein. Laßt euch etwas einfallen! Ihr habt doch gehört, was die Frau gesagt hat.

Wenn hier ein Verbrechen vorlag, war ich damit in eine schwierige Situation gebracht, denn als Bürger und Beamter hatte ich zweifellos die Pflicht, es der Polizei zu melden. Andererseits war es eben zweifelhaft, ob hier wirklich ein Verbrechen vorlag, denn wo war das Opfer – das unsichtbare Kind, das unter so großen Leiden geboren war und zu dessen Existenz wir Stellung nehmen mußten?

Oberst Böje Thompson sagte: Ich gehe davon aus, daß wir alle das Kind gesehen haben, das die Frau unter so großen Schmerzen geboren und das sie nach der Geburt selbst getötet hat. Aber wir sind die

einzigen, die es gesehen haben, und niemand anderer bekommt es jemals zu sehen. Helfen wir der unglücklichen Frau, so gut wir können. Ich schlage vor, wir versenken die Leiche des toten Kindes im nächsten See.
Leider gibt es weit und breit keinen einzigen See, erklärte der Lokomotivführer, aber dafür gibt es auf dem Feld von Utgard ein paar Kilometer von hier entfernt eine Mergelgrube.
Es bestand allgemeine Einigkeit darüber, daß eine Mergelgrube dem Zweck noch angemessener sei als ein See, aber auch darüber, daß man einen soliden Sack brauche, um die Kinderleiche darin auf den Grund sinken zu lassen.
Ja, dann gibt es nichts, dann müssen wir nach Utgard gehen und einen kaufen oder uns einen eintauschen, sagte der Lokomotivführer, das ist auch nicht so weit von hier, nur ein paar Kilometer.
Der Scholier und Elias Lönn boten sich an, Elias Lönn nach kurzem Besinnen, als halte ihn irgend etwas zurück. Er war offenbar sehr besorgt um seinen Kater.
Paß gut auf ihn auf, sagte er mit bekümmertem Ausdruck zu seiner Frau, als er ging.
Um die Wahrheit zu sagen, so sah Frau Lönn aus, als seien ihr die Katze wie die Ermahnungen ihres Mannes gleichgültig. Dafür half sie der Kranken, sich wieder in ihre Mullbinden einzuwickeln. Sie versuchte die Frau zwar dazu zu überreden, es sein zu lassen, aber das kam für diese nicht in Frage. Der Schreck vor der Dampfmaschine und dem Gummischlauch steckte so tief in ihr, daß sie den Schutz des Unterleibs, den die Bandage ihr gewährte, nicht aufzugeben wagte. Dennoch hatte unser Entschluß, ihr zu helfen, ihr neuen Mut eingeflößt und sie überhaupt aufleben lassen. Sie war zwar noch immer so entkräftet, daß sie nicht aufstehen konnte, sah aber jedenfalls nicht mehr so verschreckt und wahnsinnig aus.
Ich ging auf die offene hintere Plattform hinaus, wie man sie damals hatte, um etwas frische Luft zu schöpfen. Ich konnte den Scholier und Elias Lönn in ihren schwarzen Anzügen auf einem Feldweg nach Norden wandern sehen. Es war weit und breit still und friedlich; kein Laut, abgesehen von dem Sieden der Lokomotive, und keine Bewegung, abgesehen von den beiden sich entfernenden Männern.
Ich konnte ihnen ansehen, daß sie beim Gehen miteinander redeten. Der Scholier gestikulierte. Ich war froh darüber, daß sie es auf sich genommen hatten, diesen langen Weg in der Sonne zu gehen. Das mit dem Sack und der Mergelgrube gefiel mir auch nicht, aber was

sollten wir tun? Wenn man einmal von diesen und den folgenden Ereignissen absieht, dann entsinne ich mich an einen schönen Frühlingstag. Es beunruhigte mich nur, daß wir mitten zwischen zwei Stationen stillstanden, obwohl die Strecke frei war. Das war mir noch nie passiert, und ich habe es auch später nie wieder erlebt.

Nun wollen wir den Scholier und Elias Lönn auf ihrem Weg nach Utgard begleiten.
Elias Lönn denkt an Spinoza in seinem Korb. Er ist zwar an der Gleisböschung im Gras gewesen, um seine Notdurft zu verrichten, und in Engesvang hat er auf der Station Milch zu trinken bekommen, aber es ist ein langer Tag, wenn man eingeschlossen ist. Und Frau Lönn, die sich um diese Frau kümmern muß, wird kaum Zeit haben, ihm sehr viel Aufmerksamkeit zu widmen. Elias Lönn macht sich keine Illusionen.
Der Scholier denkt an Frau Lönn. Es kommt ihm so vor, als habe sich diese Frau, die er doch erst so wenige Stunden kennt, irgendwie verändert, und er kann nicht umhin, seine Gedanken mit ihr zu beschäftigen.
Aber sie denken auch beide an ihren seltsamen Auftrag. Es ist, als müsse er einen Sinn haben, der sich ihrem Verständnis entzieht, und nun, da sie sich auf dem Weg befinden, können sie nicht mehr vernünftig erklären, was da eigentlich geschehen ist. Sie scheuen sich davor, sich mit der offenbar nächstliegenden Erklärung zu begnügen – nämlich mit der Tatsache, daß sie als bereitwillige Helfer in der Vorstellungswelt einer kranken Frau auftreten. Noch entsinnen sie sich ja an den Eindruck, den das tote Kind auf sie gemacht hat, dieses schreckliche tote Kind, und sie müssen beenden, was sie begonnen haben, fast gegen ihren Willen, als nähmen sie an einer Verschwörung teil, die sich auch gegen sie selbst richtet.
Um diesen Eindruck zu verscheuchen – es ist nämlich nur ein Eindruck, kein formulierter Gedanke in ihren Köpfen –, sprechen sie miteinander, schauen sich an und können jeder für sich denken, wir sind bloß zwei ganz gewöhnliche Männer in dunklen Anzügen mit weißem Kragen in einer dänischen Landschaft, an uns ist nichts Besonderes, es ist ganz natürlich, daß wir hier langgehen.
Doch der Scholier sagte: Wenn man es nicht besser wüßte, sollte man meinen, die Frau und ihre seltsame Niederkunft wären ein Teil der Geschichte, die uns Oberst Thompson gerade von dem schwarzen Berg und den schmutzigen Nachkommen Kains erzählt hat, die

immer unter ihrer unglücklichen Abstammung haben leiden müssen.
Er blieb stehen.
Wir können uns doch wohl eine Rast erlauben? fragte er und setzte sich hin. Elias Lönn ließ sich neben ihm nieder.
Der Scholier fuhr fort: Ich für meinen Teil bin sicher, daß ich das Land der Träume und Blumen, von dem er erzählt hat, kenne oder jedenfalls etwas, was ihm ähnelt. Ja, in gewisser Weise habe ich mein ganzes Leben darin verlebt. Ich habe immer irgendwie einen stechenden Schmerz in meinem Fleisch verspürt, der mich vorwärts getrieben und mir nie Rast oder Ruhe gegönnt hat. Ohne ihn hätte ich mich nie in das verdammte Abenteuer mit Maria Mustermann gestürzt, von dem ich bereits erzählt habe, und mein Leben hätte einen ganz anderen Verlauf genommen. Ich habe direkt Lust zu erzählen, wie es anfing, das war nämlich in einer Landschaft, die recht stark an die, in der wir hier sitzen, erinnert, sie war nur erheblich fruchtbarer.
Der schöne Boden, auf dem ich geboren wurde, war so voller Versuchungen, und ich war für sie nur ein allzu leichtes Opfer, denn so ist nun mal meine Natur. Sobald ich zu sehen und zu begreifen begann, wie sich die Tiere benehmen, und sobald ich die ganze Kraft zu verstehen begann, die Menschen zueinanderzieht, erwachte das alles auch in mir zum Leben. Ich habe mich nie mit dem Gedanken abfinden können, daß ich die Hände in den Schoß legen und darauf warten sollte, daß die Dinge zu mir kämen – nein, ich habe sie ganz im Gegenteil zu mir hinreißen und sie in Besitz nehmen wollen, sobald sie auftauchten und ich mir über ihre Existenz im klaren war. Das heißt, sie in Besitz nehmen, das ist eigentlich falsch ausgedrückt. Nein, ich wollte eigentlich nur *Umgang mit ihnen pflegen*, wenn man das so ausdrücken kann. Ich wollte Umgang mit dem Essen, mit Frauen und mit Geld pflegen, das kann ich ebensogut geradeheraus zugeben, und keine Moralpredigt hat mich von irgend etwas abhalten können.
So war es, als ich von der Kuh träumte, und ich muß schon sagen, wenn irgend etwas für mein Leben entscheidend gewesen ist, dann waren es einzelne ausgewählte Träume, die mich haben Dinge tun lassen, auf die ich sonst nicht gekommen wäre. Tun lassen ist im übrigen ziemlich gelinde gesagt. In Wirklichkeit wurde ich von den Träumen, die ich hatte, gezwungen, denn sie wirkten ganz einfach so stark auf mich, daß ich einfach tun mußte, was sie mir mehr oder weniger diktierten.

Wenn mir die Kuh erscheinen konnte, dann natürlich deshalb, weil sie ursprünglich oder in der Welt der Wirklichkeit auf dem Feld meines Vaters stand. Ich hatte sie nie bemerkt, sie war bloß genauso da wie der Hof, das Gras, der Himmel und meine Mutter und mein Vater. Als ich von ihr träumte, war sie jedoch sofort etwas Besonderes – ja, im Traum werden die Dinge ja in eine eigene Welt entrückt, die überhaupt nicht zu erklären ist, sie erhalten was weiß ich für seltsame Bedeutungen, die völlig überrumpelnd wirken, weil sie im Traum ganz selbstverständlich auftreten. In meinen Träumen spazierte da plötzlich eine Kuh umher, und ich beantwortete den Anblick dieser einsamen und einladenden Kuh sofort mit einer starken Erektion. Ich war bestimmt nicht sehr alt damals, ein großes Kind, aber ich wage schon zu behaupten, daß ich, was die Erektion anging, bereits imstande war, das ganz Unglaubliche zu leisten, was ich denn auch seither niemals übertroffen habe, und im übrigen habe ich auch nie seinesgleichen gesehen. Die blanke, weiche Haut dieser rotbraunen Kuh, das große weiche Maul, der Hintern, der zum Vorschein kam, wenn sie mit dem Schwanz schlug, all das machte mich völlig verrückt, und ich wurde mit diesem viel zu enormen Naturphänomen gesegnet, das aus meinem noch zarten und völlig unvorbereiteten Körper wuchs und wuchs. Da stand ich also mit meinen geballten Fäusten – geballt um rissige Handflächen, wie sie Bauernkinder haben – und mit der weichesten weißen Haut, die mich einem anmutigen neugeborenen Tier ähnlich machte, als sei ich dazu geschaffen, auf grünen Wiesen herumzuspringen und die sprießenden Muskelbündel meiner Schenkel in einem Gewimmel gelber Blumen zu begraben, während ich gleichzeitig voller Verwunderung feststellte, daß dies ein völlig unerhörtes Benehmen wäre, das mich mit einem Schlag zum Außenseiter machen würde – ohne daß ich selbst begriff, weshalb ich dann gegebenenfalls ein Außenseiter sein würde.

Damit war die Grundlage für eine unerträgliche Spannung in meiner kindlichen Seele bereits angelegt, und wäre ich im Laufe der Fortsetzung des Traumes nicht aus diesem Dilemma befreit worden, hätte mein Leben allem Anschein nach eine ganz andere Richtung genommen, als es tatsächlich der Fall war, und ich hätte es zweifellos in dem düsteren Schatten eines drohenden Wahnsinns dahingelebt. So muß ich es jedenfalls beurteilen, wenn ich darauf zurückblicke und über die unbezähmbaren Kräfte nachdenke, die damals in Bewegung gesetzt wurden und mehr oder weniger meine bisherige Existenz bestimmt haben.

Doch zurück zu der Kuh und zu mir. Wie Sie sicher verstehen werden, waren wir ein ziemlich ungleiches Paar, denn obgleich er ja groß geworden war, war ich selbst doch nur klein – ich war zu diesem Zeitpunkt nämlich bei weitem noch nicht ausgewachsen, ja, ich befand mich noch nicht einmal ganz in der Pubertät –, vor allem, wenn man in Betracht zieht, daß es eine große, rotbraune Kuh war, mit der ich mich messen mußte, und genau das zog ich in Betracht. Wie kam man im Altertum zurecht, wenn man in eine schwierige Situation geriet? Das will ich Ihnen sagen: Man nahm seine Zuflucht zu Metamorphosen. Ich selbst glaube in aller Unbescheidenheit, daß ich mit diesen im Altertum beheimateten Helden und Halbgöttern verwandt bin, denn ich habe immer empfunden, daß ich sie verstand und daß ich in Wirklichkeit in einer ihrer mannigfaltigen und deftigen Geschichten auftrat. Das sage ich nicht, um anzugeben, denn ich bin bestimmt kein Held, und sollte ich mich selbst für einen Halbgott halten, dann nur deshalb, weil gewisse dieser Halbgötter genauso unkultiviert berechnend und bauernschlau wirken, wie man es ohne Übertreibung von mir behaupten kann. Doch hinzu kommt also noch, daß auch ich in der Stunde der Prüfung meine Zuflucht zur Metamorphose nahm, und mein Gefühl der Verwandtschaft geht vielleicht in erster Linie auf diesen denkwürdigen Augenblick zurück.

Nun müssen Sie daran denken, daß ich – vorläufig – nur von einem Traum spreche und daß er zeitlich ein paar Menschenalter zurückliegt, mindestens, aber die genaue Zahl kenne ich nicht, denn ich hasse es, so über das Leben Buch führen zu müssen, als sei man sein eigener Buchhalter. Trotzdem hat sich dieser Traum so festgebissen, daß ich mich noch heute daran erinnere, und ich bin sicher, er wird mich mit als Letztes verlassen, wenn ich in etwa noch einem Menschenalter vor Alter sabbernd daliege und mir die Windel wechseln lasse, bevor ich meinen letzten Seufzer ausstoße.

So ein Kuhhintern ist für einen Bengel nicht leicht zu bewältigen, auch wenn er mit einem überaus überdimensionierten Instrument versehen worden ist – überdimensioniert jedenfalls, wenn man es zu seiner winzigen Größe in Beziehung setzt. Hinzu kam noch, daß ich völlig erschreckt worden war und weder aus noch ein wußte. Die Kuh hatte mir den Hintern zugedreht, wandte aber den Kopf zurück, und ich sah ihr eines Auge, riesig groß und blank, sich auf mich mit einem Blick richten, der sie ebenso würdig und gebietend und tiefsinnig machte wie einen Pfarrer, doch für eine völlig andere Religion als die, die ich aus der Kirche und vom Pfarrer her kannte, dessen Blick mich immer mit Entsetzen erfüllt hatte. In der dunklen, glänzenden Halbkugel dieses sanften Auges lag eine sonderbar große und kratzbürstige Aufforderung, und da das Instrument deshalb noch mehr wuchs, obgleich das nicht möglich schien, und gleichzeitig zu glühen begann, als werde seine äußerste Spitze über einem schwachen Feuer geröstet, das die schrecklichsten inneren Zuckungen durch es hindurchjagte und eine Klaue tief in die Leiste schlug, da also mit anderen Worten irgend etwas Entscheidendes geschehen mußte, damit meinen armen, unvorbereiteten Körper keine Katastrophe treffen sollte, da fand die Metamorphose statt. Ich sage ausdrücklich, daß sie stattfand. Ich war nicht darauf verfallen, nein, sie traf ein. Ich konnte keineswegs sagen: Ich verwandelte mich, doch daß ich verwandelt wurde, daran besteht andererseits nicht der geringste Zweifel. Der unwissende Bauernjunge, der ich war, hätte von sich aus gar nicht auf so etwas verfallen können, ich meine: mit dem Kopf, doch gerade deshalb deutet ja alles darauf hin, daß ich mit diesen Göttern und Halbgöttern aus dem Altertum verwandt bin, obgleich das natürlich ziemlich abwegig ist! Doch ich rede nur und vergesse völlig, zur Sache zu kommen und Ihnen zu erklären, in was ich verwandelt worden war, und ich garantiere Ihnen, wenn die Verwandlung genausolange gedauert hätte wie meine blöden Erklärungen hier, ja – dann hätte ich das nicht durchgehalten.

Doch ganz plötzlich war es also passiert, und obgleich ich natürlich nicht neben mir stehen und mich betrachten konnte, so hegte ich bei mir keinen Zweifel: Ich war in etwas wie ein Drittel Stier verwandelt worden. Plötzlich konnte ich mich mit der Kuh messen, ich hatte nicht die geringste Mühe, mein Instrument zu tragen, obgleich ich immer noch so sehr Mensch geblieben war, daß ich aufrecht auf zwei Beinen stand und einen menschlichen Verstand besaß – so jedenfalls erschien es mir. Andererseits besteht nicht der geringste Zweifel, daß der Verstand in einem riesigen Stierkopf saß, und sicher war er auch ein bißchen umnebelt worden, weil er der Instinktkraft dieses Stiers ausgesetzt worden war. Doch das war nun einmal der Preis für meine Rettung. Das Seltsamste war allerdings, daß ich mich nicht über die Kuh hermachte, sondern daß es in gewisser Weise die Kuh war, die sich auf mich warf. Jetzt, da ich auf Stierhufen, aber aufrecht wie ein Mensch und noch immer mit Armen und Händen dastand, war sie offenbar völlig sicher, daß ich etwas mit ihr anfangen konnte, denn plötzlich war sie nach rückwärts gerückt und hatte sich an mich gepreßt, so daß das Instrument weit in sie

hineinschnellte; das war ein so wunderbares Gefühl, daß das Feuer an der Spitze sofort gelöscht wurde, denn es war weicher, weit, weit weicher, als ich es mir je hätte vorstellen können.
Glücklicherweise hatte ich etwas im Rücken, sonst wäre ich umgeworfen worden, denn teils drückte sich die Kuh, wie gesagt, mit großer Kraft rückwärts, teils war das Gleichgewicht meines Körpers natürlich nicht richtig, nachdem ich einen riesigen Stierkopf bekommen hatte, mich aber gleichzeitig aufrecht hielt. Aber ich hatte also das Stallgebäude im Rücken. Ich war nämlich aus dem Hof hinaus- und hinter den Stall gegangen, dort hatte ich die Kuh gesehen, und dort war mir das Instrument aus der Hose gewachsen, aus der es sich offenbar seinen Weg gesprengt hatte, aber das weiß ich nicht ganz genau. Ich hatte noch immer so viel Menschenverstand, daß ich begriff, daß hier irgendwie zwei Welten zusammenstießen. Ich will nicht behaupten, daß ich den Hof besudelte, denn gerade so konnte ich es nicht empfinden, aber mir war völlig klar, daß die Hofwelt die ungewöhnliche Natur meiner antiken Liebesentfaltung und die wunderbare Metamorphose, die mir den Zugang dazu ermöglicht hatte, überhaupt nicht würde verstehen können. Nun dürfen Sie nicht glauben, daß ich vor allem dastand und nachdachte – was ich hier gesagt habe, wußte ich einfach, es war irgendwo in mir. Nein, ich war völlig mit dem Vorgang der gigantischen Paarung beschäftigt, diese reizende Kuh mit ihren großen Kräften im Körper schubberte sich rückwärts an mich, dadurch bohrte sich das Instrument immer länger ein, während ich mich gleichzeitig mit meinen langen Armen an ihren Körper klammerte, um festzuhalten und den andauernden Druck und die Stöße ihres Hinterns beantworten zu können, so, als hätte ich die Absicht, das Instrument durch den ganzen Körper hindurch- und zum Maul herauszubohren, so daß ich ihn in ewiger Vereinigung oder als großäugige und hilflose Trophäe auf einem Spieß herumtragen konnte. So halfen wir einander bis zu meiner endgültigen großen Samenauslösung, und ich erwachte in der kalten Kammer in meinem Bett unter der Wärme der Bettdecke zusammengerollt und spürte, wie die letzten Ströme ruckweise aus mir hinausliefen, während meine Stierhaut zu meinem Kummer und meiner Erleichterung wunderbar luftig oder vielleicht eher schattenartig wurde, bevor sie völlig verschwand. Das heißt, sie verschwand doch nicht gleich ganz und gar. Es war, als stünde sie noch lange Zeit als unsichtbare Kontur um mich herum, und ich dachte, daß andere Menschen nur die Hälfte von mir sehen könnten. Das war in gewis-

ser Weise auch gleichgültig, aber trotzdem war es eher komisch, daß ich meine Mutter und meinen Vater ansehen und denken konnte, daß sie überhaupt nicht wußten, wie ihr Sohn in Wirklichkeit aussah, und ich entsinne mich, daß ich im Herzen einen kleinen Stich verspürte, als ich es entdeckte. Später sah ich Bilder von Menschen, die von etwas umgeben waren, was man eine Aura nannte, laut Erklärung sollte das eine Art Geisteskörper sein. Es sah ziemlich verschwommen aus, wie irgendein luftiges Plasma, wurde aber augenscheinlich als etwas sehr Vornehmes aufgefaßt. Da mußte ich an meine eigene Aura oder unsichtbare Stiergestalt denken, aber mir war völlig klar, daß ich damit nicht angeben durfte. Deshalb hatte ich also ein heimliches Leben, das meine ganze Kindheit hindurch andauerte und in gewisser Weise nie aufhörte, und wenn man mich fragte, wer meine Eltern seien, schickte ich immer einen kleinen Gedanken an die Götter und Halbgötter der Antike, die mich als ein glückliches, aber auch etwas einsames Monstrum in dem langweiligen Universum dieser spätchristlichen Welt das Licht des Tages hatten erblicken lassen.

Doch ich lag also unter der Bettdecke und war nur noch mein eigener kleiner, von einem wohlriechenden Schweiß bedeckter Jungenkörper, der die ungeheuren Anstrengungen verriet, denen ich ausgesetzt gewesen war, und ich hatte Sperma den ganzen Bauch hinauf und auf den Schenkeln; als Beweis dafür, daß mich die halb tierische Gottnatur bei weitem noch nicht verlassen hatte oder ihr geheimer Ursprungsort tief in meiner Seele noch lebendig und wirksam war, krümmte ich mich zusammen und begann mit meiner ungewöhnlich langen Zunge meinen Körper abzulecken. Das erschien mir nicht allein völlig natürlich, sondern verschaffte mir auch ein höchst ungewöhnliches Gefühl des Wohlbehagens. Außerdem kann ich bestätigen, daß es die angenehmste Art und Weise ist, seinen Körper sauberzuhalten, wenn man denn eine gut entwickelte Zunge besitzt. Ich leckte meine Ober- und Unterarme ab, die ich ja leicht erreichen konnte, ich leckte meine Handflächen und rieb sie mir über die Brust und den Bauch, kurz, über die Stellen, die ich mit meiner Zunge nicht erreichen konnte, gleichgültig, wie stark ich mich zusammenkrümmte. Auf diese Weise entfernte ich mit Zunge und Händen meinen Schweiß und das Sperma und hatte das Gefühl, als ob ich dadurch meinen eigenen Körper liebte und ihm damit das Gute, das er mir angetan hatte, und den Genuß, den er mir verschafft hatte, vergalt; gleichzeitig entdeckte ich, daß diese Säfte meines eigenen Körpers trotz ihres salzigen und bitteren Ge-

schmacks mir gut bekamen und daß es mir ein Gefühl tiefen Wohlseins bereitete, sie hinunterzuschlucken.
Schließlich lag ich so naß und sauber da wie ein neugeborenes Kind und fühlte mich in gewisser Weise auch wie neugeboren, in der warmen Dunkelheit meiner Einsamkeit unter der Decke hatte ich das starke Gefühl, in eine Daseinsform hinabgesunken zu sein, wo eine andere, elementarere Gemeinschaft ihren Anfang nahm und wo ich durch tiefe Schächte biologischer Zeitalter die mentale Urform der Art erreicht hatte.
Mit diesem Gefühl schlief ich ein, als ich aber am Morgen aufwachte, hegte ich keineswegs den Wunsch, einfach dazuliegen und Urform zu sein – das war ein viel zu passives Dasein für mich –, ich stand also wie gewöhnlich auf und begann meine Arbeit auf dem Hof, wo man uns von dem Augenblick an, in dem wir buchstäblich auf eigenen Beinen stehen konnten, an das Helfen gewöhnt hatte. Aber ich hatte den Traum bestimmt nicht vergessen, den ich in der Nacht gehabt hatte, und da es mir nicht liegt, mich mit Phantasien und Einbildungen zu begnügen, begann ich mich sofort mit neuen Augen umzusehen. Bei der ersten sich bietenden Gelegenheit ergriff ich diese, rannte hinaus ins Feld und nahm die Kühe näher in Augenschein – sie weideten glücklicherweise auf einem Feld in der Nähe des Hofes. Doch das wirkte, ganz ehrlich, ziemlich niederschmetternd auf mich, denn auch, wenn ich meine Phantasie bemühte, konnte ich mir nicht vorstellen, daß mein Instrument so große Ausmaße annehmen sollte, daß es mit einer Kuh fertig werden konnte. Da bekam ich also auf äußerst schlagende Weise eine Lektion über das Verhältnis zwischen Traum und Wirklichkeit. Ich war traurig, denn die Kuh, auf die ich meine Aufmerksamkeit gerichtet hatte, wirkte eigentlich angenehm und einladend auf mich – es war, als sei es genau die Kuh, von der ich geträumt hatte, und so war es in Wirklichkeit auch. Ich starrte sehnsüchtig auf ihren Hintern, und wenn ich mir ihre gemächlichen Bewegungen anschaute, fühlte ich mich überzeugt, daß es leicht gewesen wäre, mein Vorhaben zur Durchführung zu bringen, wenn ich denn den Anforderungen gewachsen gewesen wäre. Doch mir war, wie gesagt, klar, daß ich hier zu kurz kam, ich kehrte also niedergeschlagen vom Feld nach Hause zurück und war nun gezwungen, mir die Sache von völlig neuen und unerwarteten Einfallswinkeln her zu überlegen. Dagegen hatte ich auch nichts, ich war vor allem von dem Gedanken besessen, daß ich mich nicht unterkriegen lassen wollte, nur weil das nicht so leicht lief, wie ich es mir vorgestellt hatte.

Was konnte denn an die Stelle einer Kuh treten? Ich mußte ein Tier finden, das leichter zu schaffen, aber gern ebenso einladend und aufregend sein sollte, und das war vielleicht nicht so ganz einfach. Den Hofhund Treu schlug ich mir gleich aus dem Kopf. Treu kläffte wie ein Verrückter, sobald auch nur ein Wagen draußen auf der Landstraße vorbeifuhr oder ein Fremder zu Besuch auf den Hof kam. Er entfaltete bei diesen Anfällen eine enorme Energie – denn so wirkte es – und fiel danach fertig zu Boden und sah niedergeschlagen und jämmerlich aus. Treu war viel zu unruhig, viel zu primitiv und gleichzeitig Menschen viel zu ergeben, so, als demütige er sich mit seinem wedelnden Schwanz, wenn er hinter den Ohren gekrault wurde. Das konnte ich nicht gebrauchen, das hätte geheißen, das Ganze auf eine zu niedrige Ebene herabzuziehen, auf der die Reinheit meines großartigen Vorhabens bis zur Unkenntlichkeit beschmutzt worden wäre.
Auch die Katze konnte ich außer Betracht lassen. Erstens war sie zu klein, zweitens barg sie das unangenehme Risiko, daß man blutig gekratzt werden konnte, wenn sie die Situation mißverstand oder mißbilligte – ganz abgesehen davon, daß das kleine pelzige Raubtier überhaupt nicht imstande gewesen wäre, meine Triebe zu wecken.
Das gleiche galt für die Sau, die ich natürlich auch in meine Überlegungen einbezog. Ich war völlig sicher, daß sie mich ungestört mit ihr würde tun lassen, was ich wollte, und um die Wahrheit zu sagen, so versteckte ich sie ganz hinten in einem Winkel meines Bewußtseins als eine letzte, verzweifelte Möglichkeit, wenn alles andere schiefgehen sollte – und damit glaube ich auch deutlich genug gesagt zu haben, wie ernst mir dieses Vorhaben war: Gegebenenfalls, das heißt im äußersten Notfall, würde ich nicht davor zurückweichen, in den Schweinestall hinabzuspringen und mit den ungeschickten Bewegungen meiner ungeübten Hände die beruhigenden Liebkosungen an die Speckseiten der dreckigen, hellrosa Sau zu verschwenden, die sie dazu bringen würden, den Ringelschwanz anzuheben und so ihr Organ dem begehrlichen Vordringen meines unerfahrenen Instruments zu entblößen.
Glücklicherweise aber war das Tierrepertoire des Hofes damit noch nicht erschöpft, und als meine Überlegungen auf die Ziege fielen, war mir sofort klar, daß ich das Richtige gefunden hatte.
Die Ziege war zwar klein und, verglichen mit der Kuh, dem Ziel meiner Träume, unbedeutend, doch da ich nun einmal festgestellt hatte, daß die Kuh ausgeschlossen war, war die Ziege gar kein so schlechter Ersatz, obgleich es natürlich ein merkwürdiger Gedanke

war, daß ich als halber Stier mich mit diesem so zarten und graziösen Tier vereinen sollte. Das Euter der Ziege gefiel mir, ja, in gewisser Weise fand ich es schöner als das der Kuh, und jedenfalls ließ es mich nicht an Milchkannen denken, dafür aber mußte ich von dem Kopf mit der langen, schmalen Form und den dummen rosa Augen absehen, der mich an bestimmte vornehme, hochmütige und wahrscheinlich hohlköpfige Damen denken ließ, die zu sehen ich ein paarmal Gelegenheit gehabt hatte, wenn ich meine Eltern auf eine abenteuerliche Reise in die Provinzstadt begleitete. Dieser Kopf konnte sich jedenfalls in keiner Weise mit der großartigen und unergründlichen Würde messen, die ich an der Kuh beobachtet hatte, die auch so aussah, als sei sie voller zärtlicher Besorgnis bereit, mich mit ihrer großen Zunge am ganzen Körper abzulecken.
Aber ich wollte mich ja nun einmal nicht in erster Linie mit dem Kopfende beschäftigen, mir lag zwar viel daran, mit den starken Gefühlen, die ich für das Tier hegte, das ganze Tier zu umfassen, ich war aber trotzdem mit allem anderen so ziemlich zufrieden, daß ich wohl imstande war, mich mit dieser Kleinigkeit abzufinden.
Kaum hatten sich meine Gedanken auf die Ziege gerichtet, da erfüllte mich eine völlig flammende Begierde danach, meinen Traum zur Wirklichkeit zu machen. Meine Gedanken kreisten unaufhörlich um das Tier und um dessen einladenden Hintern, und ich begann sofort darüber nachzudenken, wie ich mein Vorhaben in die Tat umsetzen sollte. Ich umkreiste die Ziege, sobald ich einen Anlaß dazu finden konnte, und ich bin überzeugt, das Tier wurde fast magisch mit einer undeutlichen Form der Erwartung aufgeladen, die sich mit meiner Anwesenheit und den ungeschickten Berührungen meiner rauhen Hände verknüpfte. Ich ließ die Hand über den Rücken hingleiten, dort, wo die Knochen des Rückgrats unter der Haut eine harte und kantige Brücke abzeichnen, doch von dort glitt meine Hand über die Flanken und über den Bauch, der in gewaltiger Fülle schwillt und sich herrlich glatt anfaßt.
Es leuchtet wohl ein, daß ich nicht allzu unverhohlen zu Werk gehen konnte. Meine Eltern, meine zahlreichen Geschwister sowie das große Gesinde wußten ja überhaupt nichts von meiner halbgöttlichen Stiernatur und hätten deshalb meiner Absicht völlig verständnislos gegenübergestanden. Das war in gewisser Weise das einzige, was mich quälte, denn mir wäre es lieber gewesen, das Ganze wäre völlig offen vor sich gegangen, und soweit ich weiß, waren die Metamorphosen der alten Zeit, von denen so viele Geschichten berichten, auch nicht von Geheimniskrämerei umgeben. Aber die Zei-

ten haben sich ja geändert, und mir war ganz bewußt, daß ich darauf gebührende Rücksicht nehmen mußte.
Auf dem Land ist die Mittagsruhe des Spätsommers einer der besten, um nicht zu sagen der beste Zeitpunkt für Paarungen und überhaupt für die Entfaltung und Befriedigung eines jeglichen Lustgefühls und jeglicher Begierde. Von der Sehnsucht meines unreifen Körpers nach der endgültigen Einweihung in das Mysterium, das, so fühlte ich, die Lebensquelle an sich sein mußte, getrieben und gepeitscht, nutzte ich nun einen der besonders warmen Tage des Spätsommers aus, wo die Mittagsruhe sich extra lang und intensiv hinzieht und außer den Menschen, den Tieren und den Pflanzen auch die Dinge zu umfassen scheint, als ob selbst die Steine, das Fachwerk und das Strohdach daran teilnehmen. Ohne daß jemand darüber nachgedacht hätte, hatte ich die Ziegen auf einer kleinen Wiese hinter einer dichten Hecke nicht weit vom Hof angebracht, und als sich alle anderen zum Ausruhen hinlegten, begab ich mich hinter diese Hecke und legte mich in ihren Schatten, als hätte ich die Absicht, die Ruhe an diesem friedlichen Ort zu genießen, wo mich nur die Ziegen stören konnten. Ich schloß die Augen; obwohl ich auf dem Rücken lag und die Hände unter dem Nacken gefaltet hatte, machte sich der Teil von mir, der meine geheime und halbgöttliche Stiernatur ausmachte, sofort mit einer Kraft geltend, die mich mit ungemischtem Entzücken erfüllte.
Wie viele Hütejungen, die mit zum Himmel gerichteten Augen im saftigen Gras auf dem Rücken gelegen haben, haben wohl nicht das gleiche oder ein entsprechendes Erlebnis gehabt? Ich bin sicher, daß man die Metamorphosen, die die ungezählten Mengen kleiner Hütejungen der Geschichte erlebt haben, weitgehend übersehen hat, möchte aber auf der anderen Seite nicht behaupten, daß sie diesen Hütejungen außerdem Erfahrungen vermittelt haben, die denen ähnelten, die ich mir bei dieser Gelegenheit aneignete.
Ich erhob mich auf meine Hufe und stand unsicher aufrecht, weil ich nicht daran gewöhnt war, das große, schwere Haupt zu tragen, in dessen Innerem eine Kraft hauste, die so überwältigend und unbändig war, daß sie meine Knabenglieder erzittern ließ. Gleichzeitig aber brüstete ich mich und hätte vor Freude und Begierde ein lautes Brüllen ausgestoßen, wenn ich mich nicht, noch im Besitz von jedenfalls der Hälfte meines rein menschlichen Verstandes, klugerweise gezügelt hätte, um nicht irgendwelche unangebrachte Aufmerksamkeit auf mich zu lenken. Vor allem spürte ich jedoch freudestrahlend, wie es mir eine schnelle und heftige Verstärkung mei-

ner instrumentalen Kraft ermöglichte, die Sturmflut der Begierde zu befriedigen, die es einen Moment lang schwarz vor meinen Augen werden ließ.

Ohne daß ich im übrigen die Begierde auch nur im geringsten abnehmen fühlte, wurde es glücklicherweise schnell wieder hell vor meinen Augen, und ich blieb davor bewahrt, mich blindlings auf das erwählte Tier zu stürzen. Ganz im Gegenteil zügelte ich mich, weil ich dachte, der Anblick meiner höchst ungewöhnlichen Gestalt könne die arglose und, um ehrlich zu sein, nicht besonders aufgeweckte Ziege erschrecken, womit ich sofort meine Möglichkeiten für diesen Tag verschwendet hätte. Nein, soll sie sich nun bloß erst mal an mich gewöhnen, dachte ich, und da mich die Ziege im selben Augenblick anschaute, wandte ich meine glimmenden Augen ab, damit ihre Glut sie nicht erschreckte, statt dessen starrte sie leichter verwundert auf das eigentümliche Profil meines riesigen Kopfes. Ich rief sie, und mit nickendem Kopf kam sie langsam näher, neugierig auf die Bekanntschaft mit dem unbekannten und dennoch vertrauten Wesen, das so plötzlich in ihrer Welt aufgetaucht war. Mit meinen intakten Händen rieb ich ihren Hals, und beruhigt von ihrer wohlbekannten Berührung wie von meinem unveränderten Geruch schubberte sie sich mit einer Zärtlichkeit an meinen Beinen, die mich laut prusten machte.

Nun näherte sich der kritische Augenblick; nachdem ich mich versichert hatte, daß sich die Ziege bei mir ganz geborgen fühlte und sich weder durch die gewaltige Masse meines gehörnten Kopfes noch durch meine blutunterlaufenen Augen erschrecken ließ, schob ich mich an ihr Hinterende und drückte mich leicht dagegen. Meine instrumentale Kraft hatte, wie gesagt, Ausmaße angenommen, die – so fühlte ich – in diesem Augenblick dem entsprachen, was ich im Traum erlebt hatte, aber sie war noch immer durch meine kurze Hose eingesperrt und mußte erst aus dieser Einsperrung befreit werden, um wirken zu können. Ich begann an meinen Hosenknöpfen herumzufummeln, und in dem Moment zeigte es sich, wie stark meine Menschennatur in dieser Situation hinter meiner Tiernatur zurückstand. Oder, um es geradeheraus zu sagen: Meine Hände zitterten, so daß ich die Knöpfe kaum aufkriegen konnte. Endlich gelang es mir aber, und ich konnte nicht umhin, den Anblick meines befreiten Instrumentes zu genießen, das rosig in der Sonne schimmerte und mit selbstbewußtem Ausdruck bestätigend zu nicken schien, als wolle es mir versichern, daß es mich nicht im Stich lassen würde.

Ich liebkoste die Ziege mit der linken Hand, um sie zum Stillhalten zu bewegen, schloß die Augen, stellte mir vor, es sei die Kuh, und fühlte mich bereit.

Unglücklicherweise paßte die Höhe der Ziege nicht richtig zu der meinen, denn nun entdeckte ich, daß ich gerade eben etwas höher war, so daß ich gezwungen war, mich irgendwie zu bücken, um das Instrument in das Organ der Ziege einführen zu können. Das war leichter gesagt als getan, denn es ist ziemlich mühselig, in die Knie gehen und in dieser Stellung stehen bleiben zu müssen. Aber ich war dazu gezwungen, und es gelang denn auch. Nach verschiedentlichen Anstrengungen hatte ich das Instrument an die richtige Stelle dirigiert, und mit dem schwindelnden Gefühl, daß es nun endlich gelungen und daß es fast zu unglaublich sei, um wahr zu sein, stieß ich ein paarmal kräftig zu und konnte zu meiner unbeschreiblichen Freude nur spüren, daß dieser Ort für mich wie geschaffen war.

Dennoch hielt ich in meinen Bewegungen inne, obgleich ich die größte Lust hatte, buchstäblich draufloszuochsen, denn ich stand trotz allem in einer unbequemen Stellung wegen der Hose, die meine Schenkel in einer Weise zusammenzwang, die sich für einen Halbgott in Stiergestalt nicht richtig gehören konnte. Ich zog mich aus der Ziege zurück, vielleicht sollte ich hinzufügen, daß ich die Gelegenheit zu einem hastigen Blick in alle Richtungen benutzte, aber alles atmete Frieden – und ich glaube, das war eine kleine Enttäuschung für das Tier, das sich mit gutem Grund betrogen fühlte. Jedenfalls stieß es zurück, als wolle es sich gegen mich pressen, und da ich im selben Moment gerade meine Hose über die Beine zog, war ich drauf und dran umzufallen. Endlich hatte ich meine Beine freibekommen und machte mich daran, noch einmal von vorn zu beginnen, jetzt mit gespreizten Beinen, so daß ich die Knie um die Ziege zusammendrücken und sie auf diese Weise festhalten konnte, während ich sie gleichzeitig unter Aufbietung all der Wildheit, die sich allmählich in mir aufgestaut hatte, bearbeitete.

Ich ging also wieder in die Knie, diesmal aber mit gespreizten Beinen, so daß die Ziege zwischen meinen Schenkeln Platz finden konnte, und dirigierte das Instrument in die weiche und feuchte Tiefe, deren Seiten nun bei dem Kontakt mit der unabweisbaren Liebkosung meines heftigen Eindringens gleichsam schwellend zuckten.

Die knabenhafte und noch nicht entwickelte Eckigkeit meines Körpers durchlief eine spürbare Veränderung, als würde in ihm ein schlummerndes Wesen zum Leben erweckt und richte sich mit einer schmerzlichen Bewegung zu seiner vollen Größe auf. Vielleicht war es die Metamorphose, die mich völlig eroberte. Die stoßenden Bewegungen meines Unterleibs ließen den Stierkopf hin und her schwanken, ich hatte Lust, mich wie ein richtiger Stier auf den Rükken der Ziege zu werfen und mein Weibchen so in direkterem und buchstäblicherem Sinne zu reiten.

Ich beugte mich vor, die Wirbelsäule der Ziege drückte mit ihren hervorstehenden Knochen hart gegen meinen Unterleib, und schlang die Arme um den Hals der Ziege. Stier und Ziege – ein ungleiches Paar! Mein Kopf hing schwer auf dem Nacken des Tieres und schnupperte begierig den Ziegengeruch ein, der zwar nicht derselbe war wie Kuhgeruch, aber dennoch die Trunkenheit meiner Sinne anregte und mich zum erstenmal ein kleines Eckchen im strahlenden und unerforschten Paradies des Geruchs erleben ließ.

Zweifellos hatte ich die enorme Erhöhung meines Gewichts, die mir die Tiergestalt und vor allem der riesige Stierkopf verliehen, unterschätzt – oder, genauer gesagt: Ich hatte in meinem Eifer völlig vergessen, mit diesem Umstand zu rechnen. Aber die arme Ziege merkte es natürlich, und während ich meinen Unterleib am kräftigsten an sie preßte, mich mit beiden Armen an ihren Hals klammerte und völlig durch den erregenden Geruch des Tieres umnebelt wurde, begann sie sich schwankend zu rühren, um sich von dieser störenden Last zu befreien, unter der sie zusammenzubrechen drohte.

Ich wollte brüllen, vielleicht schluchzte ich. Die Kraft meines Wesens sammelte sich in den gespannten Fasern meines siegreichen Instruments, und ich wollte um alles in der Welt den Triumph dieser Offenbarung nicht missen, deren ekstatische Verwirklichung gerade jetzt einzutreffen schien. Die Ziege dagegen schien zu meinen, sie habe nun genug, oder jedenfalls konnte sie sich nicht mehr damit abfinden, daß sie mich auch noch *tragen* mußte, denn sie setzte sich in Bewegung und schüttelte gleichzeitig den Kopf, um sich aus meiner störenden Umklammerung zu befreien.

An diesem Punkt angelangt, kann ich nur noch schwer darlegen, was da eigentlich geschah. Versuchte ich trippelnd mit der Ziege Schritt zu halten? Oder ließ ich mich ganz einfach mit im Gras baumelnden Füßen davonschleppen? Ich hatte nur eins im Kopf, nämlich das Instrument da drinzubehalten, wo es sich befand, weshalb ich mich verzweifelt an den Hals des Tieres klammerte und überhaupt aus aller Kraft festhing.

Schließlich fiel die Ziege jedoch um und ich mit ihr, und gerade in diesem Augenblick sinnloser Verwirrung und des Tumults, in dem das Tier plötzlich mit vier wild zappelnden Beinen am Boden lag, schoß ich mit einer schrecklichen Kraft los, als ginge mein holdseliges Instrument in Auflösung über und verwandle seine schwere Stofflichkeit in die schwindelnden Potenzen einer völlig unkörperlichen Wollust.

Bis dahin hatte ich meinen Griff um den Hals des Tieres nicht gelokkert, und in Anbetracht der Tatsache, daß ich ein ziemlich starker Kerl war, ist es eigentlich das reinste Wunder, daß ich ihr nicht das Genick brach. Als ich meinen Griff nun aber unwillkürlich löste, nutzte die Ziege das augenblicklich aus, kämpfte sich frei, kam auf die Beine und eilte mit vergnügten und erschreckten Bewegungen fort, als tanze sie. Da lag ich nun also völlig durcheinander und betrachtete bewundernd den schneeweißen Schaum, den der kleine Mund in immer winzigeren Portionen herausließ, als wolle das Instrument die Brennesseln, in denen ich gelandet war, mit einer besonders wohlriechenden Decke schmücken.

Erst jetzt entdeckte ich, daß es an meinen Beinen und an meinem blanken Hintern brannte und stach, doch aus irgendeinem Grund störte mich dieser Schmerz nicht – das kam erst später. Nein, noch lag ich da und war aufgrund der heftigen Gemütsbewegungen und der großen körperlichen Anstrengungen, die ich durchgemacht hatte, völlig außer mir und empfand es nur als natürlich, daß meine Haut derartig brannte und stach. Ich war zu den äußersten Geheimnissen vorgedrungen, und es war, als sei ein Zipfel des Schleiers von dem Mysterium meiner Halbgottnatur angehoben worden. Da aber die Stiergestalt mir noch anhing, wollte ich andererseits nicht Gefahr laufen, in diesem Zustand überrascht zu werden, denn mir war völlig klar, wie gefährlich das war und welches Risiko ich einging. Wenn mich jemand von den Knechten oder Mägden oder einer meiner zahlreichen Geschwister mit dem Stierkopf hier in den Brennesseln finden würde, würden sie sofort Alarm schlagen. Es würde die fürchterlichste Verwirrung entstehen, und wenn ich nicht auf der Stelle mit der Doppeljagdbüchse meines Vaters erschossen würde, so würde man mich zumindest gefangennehmen und als ein grauenvolles Untier einsperren, woraufhin man den Arzt, den Pfarrer und sicher auch den Dorfbürgermeister herbeiholen würde. Was würden sie mit mir anfangen? Der Arzt würde vorschlagen, man solle den Kopf wegoperieren und durch einen normaler aussehenden ersetzen, der Pfarrer würde für meine Seele beten und meine Eltern wegen der teuflischen Entartung ihres Sprößlings zur Rechenschaft ziehen, und der Dorfbürgermeister würde einen Bericht an die Polizei, das Justizministerium und den König schreiben. Ich würde allmählich in den Träumen all dieser Menschen als Gespenst herumwandern, und um mich loszuwerden, würden sie mich an einen fahrenden Zirkus verkaufen. All das würde geschehen, weil es mir unmöglich sein würde, mit einfachen Worten zu erklären, wie das alles zusammenhing, so daß sie es verstehen konnten. Mir war bewußt, daß ich in ihren Augen ein Monstrum war und daß sie, statt das Göttliche oder, sagen wir, Halbgöttliche an mir zu lieben, mich nur verabscheuen und obendrein vielleicht sogar schlagen würden. Selbst der Pfarrer, der in seiner Jugend in vornehmen Büchern über meine Vorväter nachgelesen hatte, würde außerstande sein, meine Metamorphose zu verstehen, geschweige denn, sie zu billigen, und überhaupt mußte ich darauf gefaßt sein, die unbeschreiblichen Qualen einer Art lebendigen Begräbnisses zu erleben.

Ich stöhnte vor Schmerzen, erhob mich halb und spähte vorsichtig nach allen Seiten. Erst jetzt, als ich auf den Knien lag, entdeckte ich, daß die Beine unter mir zitterten, daß meine Wangen brannten und mein Herz hämmerte. Es war gar nicht so ganz einfach, ein Halbgott zu sein, und für einen unwissenden Bauerntrottel aus Jütland brachte so ein riesiger Stierkopf die fürchterlichsten Gemütsumwälzungen mit sich. Als er wieder verschwunden war, wurde mir klar, welchen Mut diese Tat von mir verlangt hatte, und ich fühlte mich ganz stolz, war gleichzeitig aber auch erschrocken. Beruhigt stellte ich fest, daß nichts den dösigen Frieden der Mittagsruhe störte, mit ein paar Sätzen war ich wieder bei der Hose und hatte sie an. Jetzt brannten die Stiche der Brennesseln erst richtig, aber irgendwie war ich auch froh über diesen Schmerz, weil er mit dem Mut zusammenhing, den ich gezeigt hatte, und mich die ganze Zeit daran erinnerte. Nun hatte ich bewiesen, daß ich ein Stier werden und eine Ziege bespringen konnte. Was hatte ich nun noch zu fürchten? Sollte ich, wenn es darauf ankam, nicht vielleicht doch eine Kuh schaffen können? In puncto Frauen sah ich überhaupt kein Problem – ja, so dachte ich damals!

Ich sollte mich jedoch nie an einer Kuh versuchen können, und bis heute ist es mein großer Kummer, daß ich nicht weiß, wie ein solches Abenteuer ausgefallen wäre.

Nun kennen Sie den Hintergrund für die späteren Ereignisse, und damit meine ich insbesondere im Verhältnis zu meinem Aufenthalt in Santa Demonica. Doch dorthin gelangte ich nicht sofort.

Als ich von Maria und den Kindern abgehauen war, weil ich fürchtete, sie würde mein Tod sein, nahm ich Kurs auf Mexiko. Ich reiste als blinder Passagier in einem Güterwagen, und auf diese Weise gelang es mir, über die Grenze zu entkommen. Als ich erst einmal in Mexiko war, fing ich an aufzuleben. Bis dahin hatte ich nur auf dem Rücken gelegen und mich von dem rumpelnden Güterwagen durchschütteln lassen, während ich geradewegs in die Luft starrte. Das waren die Nachwirkungen der fürchterlichen Erlebnisse, die ich gehabt hatte. Ja, ich kann durchaus sagen, es war, als säße die Todesangst noch immer hinten in der Wirbelsäule, das war ein unheimliches Gefühl, das ich nicht loswerden konnte. Aber, wie gesagt, in Mexiko erwachte ich zu neuen Taten, und schließlich saß ich mit baumelnden Beinen in der offenen Tür des Güterwagens und grölte aus vollem Hals – entweder alle möglichen Lieder, an die ich mich entsann, oder nur, was mir gerade einfiel, und das trotz der Tatsache, daß ich noch nie eine so unfruchtbare und wüste Landschaft gesehen hatte, die keineswegs zu einem solchen Ausdruck der Lebensfreude einlud.
Aber dennoch war ich quietschvergnügt, ich war in einem neuen Land, die Welt lag offen vor mir, und dieses Gefühl hat mich immer begeistert. Ich hatte Glück, denn als ich die erste größere Stadt erreichte, wurde dort gerade ein mächtiges Fest abgehalten. Die Indianer waren aus den umliegenden Bergen herabgestiegen und mischten sich mit ihren farbenprächtigen Ponchos unter die Menge; an jeder zweiten Straßenecke spielten Orchester auf kleinen Estraden und erfüllten die Luft mit elektrisierendem Lärm, haushohe Puppen aus Stroh und Buntpapier wanderten von allein durch die Straßen und rührten mit ihren Stelzen in der Menschenmenge, als seien sie ein Breitopf kurz vor dem Kochen. Der Markt war voller Buden, verkauft wurden jedoch nur drei verschiedene Waren, nämlich Tequila, Zuckerwerk als Skelette und Totenköpfe sowie eine Art riesiger Blumen, deren weißliche Kronblüten – ihre Farbe erinnerte an Sperma – sich mit einer Üppigkeit voll dreister Andeutungen wölbten.
Um jede Erinnerung an das niederträchtige Schicksal, dem ich gerade so glücklich entronnen war, auszulöschen, warf ich mich mit aller Kraft in das wilde Getümmel des Festes. Mit den brennenden Tropfen des Tequilas vertrieb ich den trägen Protestantismus des Biers, mit dem ich mir in den vorausgegangenen Jahren den Bauch vollgeschlagen hatte, und als ich daraufhin den Blick auf die weißen Zinnen der umliegenden Berge richtete, entdeckte ich zu mei-

ner Überraschung, daß sie rosig geworden waren, als nähmen sie die kurze Zauberei des Sonnenuntergangs voraus.
Die Kinder lutschten an Totenköpfen und knabberten Skelette, während die schönsten Frauen in prächtigen Mantillen, Erbstücken aus der Zeit der Conquistadoren, die Grausamkeit ihrer hochmütigen Lippen hinter einem offenen Fächer verbargen. In ihren Haaren, die sie mit Schildpattkämmen zu kunstvollen, ebenholzschwarzen Aufsätzen verwandelt hatten, war eine vereinzelte weiße Blüte angebracht, deren herausfordernde Gegenwart eine verwirrende, zweideutige Symbolik barg.
Ich war Großhändler, Kapitalist und Familienvater gewesen und nun nichts weiter als ein schäbiger Landstreicher, der als blinder Passagier reiste und nur ein paar zerlumpte und dreckige Lappen trug. Ich konnte es mir bestimmt nicht erlauben, meine Blicke auf diese unantastbaren Geschöpfe zu richten, doch ihre bloße Anwesenheit war schon genug Anregung, und ich sah mich nach einer anderen Sorte Damen um. An der Ecke einer staubigen Gasse erblickte ich eine stattliche Frau, die einen sehr großen Hut voller Blumen in so schreienden Farben trug, daß er einem eher ärmlichen Blumenaufbau glich. Ihr Gesicht verbarg sie hinter einem Schleier. Ihre Mantille war schwarz, dazu sparsam mit einem Goldfaden durchwirkt, als sprühten ab und zu kleine Funken, die zu glühen begannen, wenn sie sich bewegte, und unter rauschenden Röcken wackelte ihr Unterleib mit herausfordernder Plattheit.
Sie stolperte vorneweg und riß die Tür zu einem Haus auf, das die Gelegenheit nutzte und einen Überschuß schlechten Parfümatems von sich gab. Die Diwane des Empfangssalons mit ihrem verblichenen und verschlissenen Bezug aus weinrotem Samt waren leer, ich konnte mir also ausrechnen, daß die Nachfrage an diesem Festtag groß war. Sie schnappte sich eine Flasche und ging vor mir die Treppe zum ersten Stock empor, wo sie eine Tür öffnete und mich in eine Kammer eintreten ließ. Durch die halboffenen Fensterläden konnte ich über der gegenüberliegenden Häuserreihe die rosafarbenen Zinnen der höchsten Berge sehen. Aus Angst davor, der herrliche Farbschein könne verdämmern, nahm ich einen kleinen Schluck aus der Flasche. Die Frau führte die eine Hand hinter den Schleier und legte mit einer diskreten Bewegung ihre Zähne auf einen kleinen Tisch. Als sie daraufhin ihren Schleier zur Seite schlug, wußte ich ihre Rücksichtnahme zu schätzen. Unter dem üppigen Blumenhut kam nämlich ein nackter Totenschädel zum Vorschein, dessen breites Grinsen jetzt, wo das Gebiß fehlte, weniger auffiel. Einen

Moment lang beobachtete sie mich, um zu sehen, welchen Eindruck dieser Anblick auf mich machte, aber da ich mich nicht erschrecken ließ, ließ sie Mantille, Blusenleibchen und Röcke fallen und stand in der frappierenden Anonymität ihres Skeletts vor mir.
Nach der Angst, die ich in meinem gemütlichen und friedlichen Familienleben durchlebt hatte, wo ich mit Mühe und Not dem gewissen Tod entronnen war, fühlte ich mich eher erleichtert, als ich dem Tod nun in dessen unmaskierter Gestalt Auge in Auge gegenüberstand. Er erschien mir in Wirklichkeit weit weniger furchteinflößend, und da die Frau bereit war, ohne Vorbehalte oder heimtükkische Hintergedanken meinen fürchterlichen Hunger zu stillen, sprach nichts dagegen, daß ich mich der kundigen Umarmung ihrer Knochen hingab.
Sie hatte ihren Blumenhut aufbehalten, als sei er untrennbar mit ihrem Beruf verbunden, sie hatte dieses Prachtstück noch immer auf dem Kopf, als sie sich auf das Bett mit den hohen Eisengestellen an den Enden legte und mich einladend näherwinkte.
Nach einer Reihe verzweifelter Ejakulationen, die durch die Öffnungen des Skeletts über das sowieso schon dreckige Laken spritzten, konnte ich mich endlich neben ihr zur Ruhe legen, und während das Licht in dem kleinen, nach Osten gehenden Zimmer im Verlauf der Nachmittagsstunden allmählich kühler wurde, lagen wir da und redeten miteinander, lauschten dem Lärm und dem Radau des Festes, die neue Höhen zu erreichen schienen, und nippten ab und zu von der Flasche.
Meine Kenntnisse des Spanischen waren zwar gering, dafür aber wurden sie erweitert, als ich ihr zuhörte. Sie erzählte mir, das Fest werde zum Gedenken an die Gründung der Stadt veranstaltet und sei von der allmächtigen Familie inszeniert, der das größte der umliegenden Güter gehöre, die meisten der Kneipen in der Stadt und andere Etablissements, einschließlich dessen, in dem wir uns befanden, außerdem die Druckerei und die Zeitung der Stadt, während sie gleichzeitig auch die meisten Plätze im Rat der Stadt besetze. Es sei wirklich eine freigebige Familie, beispielsweise hatte sie die Flasche Tequila bezahlt, von der wir nippten, und als Höhepunkt des ganzen Tages ließ sie gegen Mitternacht in der Kirche einen Festgottesdienst abhalten, wo die aus diesem Anlaß vorgenommene prächtige Ausschmückung allein schon ein kleines Vermögen gekostet hatte. Sie wußte durchaus, daß insgeheim viele über die Familie schlecht dachten, aber sie persönlich hatte mehrere ihrer männlichen Mitglieder gekannt, und diese hatten sich ihr gegen-

über immer ritterlich benommen, ihr glänzendes Haar roch nach einer erlesenen Pomade, und ihre weißen Hände mit den beringten Fingern machten einen durch und durch vornehmen Eindruck.

Es war Abend geworden, und ich konnte hören, daß jetzt im Haus Leben herrschte. Als wir aus dem Zimmer kamen, zeigte sich, daß ein Gewimmel von Menschen wogte, als ginge das Fest aus den Straßen direkt in das Haus weiter. Das schien auch wirklich der Fall zu sein, denn eines der kleinen Orchester hatte sich auf dem Tresen im Salon aufgebaut, und der Raum war voller tanzender Paare. Die Männer schwenkten die weiblichen Skelette, so daß die Röcke flatterten. Das Trampeln der Füße und das Rasseln der Knochen skandierte den Rhythmus der quietschenden Musik von Banjo, Gitarre und Violine.

Als die Uhr auf Mitternacht zuging, drang das Geräusch von Kirchenglocken durch den Lärm der Musik, betrunkene Menschenmengen und hysterische Prozessionen zogen mit Fackeln durch die Straßen zum Kirchenplatz. Drinnen bei uns ging das Fest jedoch weiter, und der erste ferne Donner, den wir nur undeutlich auffingen, konnte es nicht dämpfen. Erst als er sich unter vielem Knattern und Knallen wiederholte, so, als hagle es auf ein fernes Wellblechdach, spitzten wir die Ohren. Die Musik verstummte, der Tanz erstarb, und in der darauffolgenden Stille hörten wir deutlich das Geräusch von Kanonenschüssen und Gewehrsalven, die schnell näher zu kommen schienen. Die Frauen schrien, die Männer stürzten wild verwirrt umher und sprangen aus Fenstern und Türen, die Musikanten vertauschten ihre nun unnützen Instrumente mit Revolvern und Gewehren, die sie plötzlich hervorzauberten, worauf sie mit dem Ruf: Es lebe die Freiheit! hinausstürzten, um sich dem Aufstand anzuschließen.

Mir war klar, daß es für mich jetzt nur noch darum ging, aus der Stadt herauszukommen, denn wer immer auch gewann, ich als Fremder würde unter Verdacht stehen und riskierte, daß man kurzen Prozeß mit mir machte. Vorläufig schien das Haus, in dem ich mich befand, jedoch der sicherste Aufenthaltsort zu sein, insbesondere nachdem die Damen die Fensterläden und Türen geschlossen und, abgesehen von ein paar Wachskerzen, die Beleuchtung gelöscht hatten.

Im Dunkel stärkten wir uns an der Flasche und lauschten den Kämpfen, die in der Stadt hin und her wogten. Kanonen und Gewehre krachten unaufhörlich, und nach ein paar Stunden erhellte der erste Feuerschein das Dunkel über den Dächern. Im Morgen-

grauen nahm die Schießerei noch stärker zu. Der Rauchgeruch der brennenden Gebäude drang durch die Fensterläden und Fenster und durchdrang den Raum, dessen nackte, geweißte Wände, die umgekippten Stühle, die zerschmetterten und umgefallenen Flaschen, die farbigen Papierschlangen, die vergessenen und zertrampelten Hüte und die zerrissenen Bezüge der Diwane den plötzlichen Abbruch des Festes in alle Ewigkeit festzuhalten schienen.
Nach ein paar Stunden erstarb die Schießerei. Wir hörten Rufe in den Straßen und warteten mit angehaltenem Atem darauf, was jetzt geschehen würde. Sicherheitshalber sammelten die Damen Vorräte von Papierblumen, mit denen sie die Sieger umkränzen konnten, und ich fing schon an zu bedauern, daß ich trotz der Schießerei nicht die Nachtstunden ausgenutzt hatte, um mich davonzuschleichen. Da hätte ich Mut gebrauchen können, aber leider werde ich wohl nur mutig, wenn mir kein anderer Ausweg bleibt. Nun saß ich jedenfalls in der Falle und konnte nichts weiter machen als warten und sehen, was weiter geschehen würde.
Es donnerte an die Tür. Die Skelette warfen sich auf den Fußboden und sahen aus, als seien sie tot, ich sprang hinter den Tresen und kroch darunter.
Mit einem Krach wurde die Tür eingetreten. Ich hörte Schritte und Stimmen. Die Skelette erwachten zum Leben und begannen Blumen zu streuen. Mein Herz hämmerte. Ich versuchte dem Geschehen zu folgen. Die Zeit verging. Stimmen kamen und gingen. Die Skelette wurden unter heiteren Rufen auf die Straße getrieben. Das Haus wirkte leer. Ich konnte spüren, wie die frische Luft in den Raum eindrang und sich in den leeren Zimmern verteilte. Ich war gerettet. Ich war jedoch nicht endgültig in Sicherheit. Erneut erklangen Schritte, und über mir auf dem Tresen klirrten Flaschen. Stille. Die Schritte kamen um den Tresen herum und blieben stehen.
Ich schaute von unten zu ihm empor, er sah äußerst beeindruckend aus. Kreuzweise über der Brust hingen ihm ein paar Patronengürtel, die Leinenhose und das zerschlissene und schmutzige Hemd saßen an einem kräftigen und gut gewachsenen Körper, dessen selbstsichere Haltung ich ohne weiteres zu dem Karabiner in Beziehung brachte, den er an die Wand gelehnt hatte, und zu dem langen Messer, das ihm am Gürtel hing.
Angesichts der Situation fand ich es tunlich, das will ich nicht verbergen, eine etwas demütige Haltung einzunehmen. Na, das war denn auch die einzige Möglichkeit, wenn man in Betracht zieht, daß ich zusammengekrümmt unter dem Tresen hockte. Er glotzte mich

ohne ein Wort an, ich krabbelte langsam heraus und bereitete nach bestem Vermögen ein entschuldigendes und gewinnendes Lächeln vor.
Unter dem Sombrero sah ein kräftiges, fleischiges Gesicht mit einem großen, schwarzen und buschigen Schnauzbart hervor. Seine braunen Augen wirkten völlig ausdruckslos, und aus irgendeinem Grund verwirrte mich ihr Gestiere mehr als die augenscheinliche Gefahr der Situation – vielleicht, weil mir aufging, daß ich mit meinem schmutzigen und zerlumpten Zeug kaum als Feind der Revolution aufgefaßt werden würde.
Plötzlich lächelte er, und als sich der Bart dabei wie eine majestätische Portiere bewegte, die zur Seite gezogen wird, da sah es aus, als habe das Lächeln den Zweck, das Aufeinanderzuschwellen von zwei rosa und glänzenden Lippen zu enthüllen. Jetzt hätte ich mein eigenes Lächeln gebrauchen können, doch bevor ich es zur Anwendung bringen konnte, war die Portiere wieder an ihren Platz geglitten und verbarg das gefährliche und provozierende Geheimnis seines Gesichts aufs neue.
Langsam zog er das lange Messer aus der Scheide und hielt es, mit der Spitze gerade auf meinen Bauch gerichtet, zu mir hin. Noch immer sehe ich deutlich vor mir das kräftige Handgelenk und die große braune Hand und insbesondere die lange, schrecklich lange Messerklinge, die zwar völlig unbeweglich war, mir aber einen fürchterlichen Schock eingeflößt hatte. Ich bezweifelte nicht, daß er das Messer benutzen konnte und auch würde, wenn er es für notwendig hielt, und als er sagte: Hose runter!, zögerte ich keine Sekunde und tat, was er wollte. Ja, es war seltsam, ich hatte überhaupt keine Schwierigkeiten, ihn zu verstehen, meine Sprachkenntnisse waren phänomenal angewachsen, als richtete die Anwesenheit der gefährlichen Messerklinge in wenigen Sekunden mehr aus als das Beisammensein vieler Stunden mit dem verführerischen Skelett.
Und nun runter auf alle viere! Als ich dem Befehl gehorcht hatte, durchbohrte er mich nicht mit dem Messer, sondern mit etwas ganz anderem, und als würden Haut und Gewebe unter seinem unbändigen Angriff zu Streifen zerfleischt, krümmte ich mich unter dem Eindruck des starken Schmerzes mit einem halb erstickten Schrei zusammen. Schwer wie ein Büffel warf er sich auf mich, und während sich meine Nasenlöcher mit dem Geruch seiner verschwitzten Achselhöhlen füllten und meine Ohren mit einem animalischen Prusten, das ein Röcheln voller obszöner Beschwörungen begleitete, bearbeitete er meinen widerstandslosen Körper innen wie außen

mit einem Tornado von Bewegungen. Als er mich losließ, fiel ich um, aber da war er immer noch nicht ganz fertig mit mir. Nein, in gewisser Weise hatte er das Schlimmste bis zuletzt aufgehoben. Er hatte noch eine Liebkosung für mich übrig, die zur Vollendung meiner Schande wurde. Als ich dort auf dem Bauch lag, die Hose runter und das Hemd hochgezogen, spürte ich nämlich, wie er auf meine rechte Backe mit seinen großen nassen Lippen einen zärtlichen Kuß drückte, und lange nachdem er weggewischt worden war, konnte ich noch immer den großen feuchten Fleck spüren und mich an den Augenblick entsinnen, als das Fleisch seiner Lippen mit genießerischem Schwellen meine Unterwerfung besiegelt hatte.
Doch trotz aller möglichen Schande und Unterwerfung und was weiß ich und trotz der Tatsache, daß man gern in die Erde versinken möchte, die sich noch nie geöffnet hat, um jemanden aus diesem Grund zu empfangen, so ist man eben doch nur ein Mensch, der nichts weiter tun kann als das, was nun einmal getan werden *muß*. Geschehen war geschehen, so ungern ich wollte, ich mußte mich aufrichten und mich dazu bequemen, meinen Bezwinger anzusehen. Sonst hätte ich mich ja benommen wie ein hysterisches Frauenzimmer, das sein Gesicht in den Händen verbirgt, sich weigert, sich von der Stelle zu rühren, und überhaupt die ganz große Szene abzieht. Ich richtete mich also auf und sah den Mann an, der immer noch gespreizt dastand und damit beschäftigt war, seine Sachen in Ordnung zu bringen. Ich kann schon sagen, daß ich bei seinem Anblick schauderte, und das nicht, weil ich besonders empfindlich bin und bestimmt nicht wegen des Messers, das wieder in der Scheide saß, oder wegen der Patronengürtel oder des Karabiners oder des buschigen Schnauzbartes, der mich an einen schwarzen Büffel denken ließ. Nein, sondern einfach wegen des großen Gliedes, das schräg in die Luft hing, rot wie ein Krebs oder wie ein Stück frisch abgeschnittenes Rindfleisch im Fleischerladen, aber mit einer schleimigen und glänzenden Oberfläche, die wohl zum Teil durch das Blut meines schmerzenden Mastdarms verschmiert war. Es hing dort über die V-förmige Öffnung des Hosenstalls hinaus, die gespreizt wurde, weil er die Hose durch Auseinanderdrücken der Schenkel festhielt, und bei seinem Anblick erlebte ich eine widerwillige Identifikation, der ich mich nicht entziehen konnte.
Er trocknete ihn mit dem unteren Ende des Hemds ab, sah mich mit einem breiten Grinsen an – das enthüllte, daß er hinter dem Bart, hinter den Lippen, tief, tief drin, große weiße Zähne besaß – und stopfte ihn danach in die Hose, die er gleichzeitig mit der anderen

Hand hochzog, wobei er immer weiterstopfte, als seien es Fleischstreifen, die in einen Fleischwolf gepreßt wurden.
Als er fertig war, reichte er mir ein Glas Tequila und sagte eine ganze Menge, aber nun verstand ich kein Spanisch mehr und begnügte mich damit, das kleine Glas zu leeren. Dann ging er. Ein wenig später ging ich selbst auf die Straßen hinaus und hatte nun keine Angst mehr, daß man kurzen Prozeß mit mir machen würde. Das *war* nämlich bereits geschehen, und sollte mich einer der Aufständischen einem drohenden Verhör unterziehen, würde ich einfach die Hose runterlassen, auf mein Arschloch zeigen und sagen: Revolution!
Die großen Brände, die wir während der Nacht beobachtet hatten, waren anscheinend gelöscht worden, doch der Gestank davon hing noch immer in den Straßen, und auf dem Markt sah ich die rauchgeschwärzten Fassaden einiger mehr oder weniger zusammengeschossener Gebäude. Das waren unter anderem ein paar Hotels, das Hauptquartier der Gendarmerie und eine Bank. Auf dem Marktplatz standen noch die Buden vom gestrigen Fest, doch viele von ihnen waren zerstört oder zeigten in der weißen Leinwand Schußlöcher. Hier und da lagen die großen Puppen wie gefallene Riesen, deren Konstruktionen aus langen Stangen, Stroh oder Buntpapier zu demontieren niemand die Zeit gehabt hatte.
Auf den Straßen waren kaum Menschen, überall herrschte eine drückende Stille. Das Ganze glich fast einer düsteren Theaterdekoration, die von den Schauspielern verlassen worden ist, es gab allerdings zu viele Einzelheiten, die kein Theatermaler würde vorzeigen können.
Vor der Kirche lagen verschiedene Körper auf dem Pflaster aufgereiht, von Neugier getrieben, trat ich näher, um sie in Augenschein zu nehmen. Die einst untadelig schwarzen Anzüge waren zerknautscht und staubig, über den fliehenden Stirnen der weißen, unbeweglichen Gesichter aber lag das glatte, pomadisierte Haar wie eine papierdünne, schwarze Laminierung der langgestreckten Schädelwölbung. Die weißen Hemdbrüste hatten große, schmutzige, von roten und bräunlichen Flecken umkränzte Löcher, so daß man sehen konnte, daß mehrere von ihnen durch verschiedene Kugeln in den Bauch und in die Brust getroffen worden waren. Ich empfand Mitleid mit den Händen, obgleich ich gleichzeitig dachte, daß dazu eigentlich überhaupt kein Grund bestehe. Es waren alles sehr vornehme weiße Hände mit nach allen Regeln der Kunst geschnittenen, gefeilten und geputzten, kurz gesagt, manikürten Nägeln. Nun lagen sie da völlig leblos und sahen unbrauchbar aus wie

ein vornehmes Spielzeug, das entzweigegangen ist und nun nur noch zum Wegwerfen taugt. Ja, dachte ich, jetzt würden sie gern ein bißchen in dem Schmutz kratzen, auf dem sie ruhen und den sie nie gekannt haben!

Auf den Straßen tauchten allmählich mehr Menschen auf, die Geschäfte öffneten, die Restaurants und die kleinen Bars machten auf, aber die Leute gingen umher, als hätten sie Angst, in etwas hineinzulaufen, und dem angespannten Ausdruck der schwerbewaffneten, patrouillierenden Aufständischen war deutlich anzusehen, daß sie noch immer eine Gegenoffensive fürchteten und von ihrem endgültigen Sieg noch immer nicht selbst überzeugt waren.

So war die Situation während der folgenden Stunden, am Nachmittag aber traf ein Ereignis ein, das die gespannte Situation auflöste. Was eigentlich wirklich geschah, ist mir und wahrscheinlich auch niemand anderem jemals richtig klargeworden, doch plötzlich begannen die Aufständischen in den Straßen herumzuflitzen, vereinzelte Schüsse fielen, und unschuldige Passanten wurden verhaftet, anscheinend ausschließlich zu dem Zweck, ein Verlangen nach Handlung zu befriedigen, was ein paar allzu angespannte Nerven zur Ruhe bringen konnte. Ich wurde jedoch von der gleichen Panik ergriffen wie in der Nacht und begann mich in einer Weise umherzubewegen, die im allerhöchsten Maße dazu angetan war, Aufmerksamkeit zu erregen, und als eine Streife um die Ecke in die Straße einbog, in der ich mich gerade befand, beschleunigte ich meine Schritte und sprang schließlich im Laufschritt in die nächste Seitenstraße. Ich stellte mir vor, ich würde zu meinem nächtlichen Etablissement zurückfinden, in der Hoffnung, meine Freundin sei dort wieder eingesetzt worden oder man habe wenigstens wieder geöffnet, aber mir wurde klar, daß ich keine Ahnung hatte, in welche Richtung ich meine Schritte lenken sollte.

Die Streife bog in die Seitenstraße ein, und ich erwartete bereits ihren Anruf, als ich am Kragen gepackt und mit großer Kraft zurückgerissen wurde. Eine Stimme zischte mir: Sing! ins Ohr, und ich fand mich mitten in dem Orchester wieder, dessen schrille Töne von den Wänden im Bordell des Todes widergehallt hatten und das nun wiederum Gewehre und Pistolen gegen verschiedene Streichinstrumente ausgetauscht hatte. Ich sah die Streife näher kommen: vier mit schweren Patronengürteln behängte Männer, die Fäuste voller blanker Waffen, mit einem Ausdruck hinterhältiger und nervöser Aufmerksamkeit. Das Orchester stimmte eine wilde Melodie an, und ich verstand, daß sie die verdichtete Atmosphäre der Angst ver-

scheuchen und vernichten sollte, die jeden Augenblick den Abzug auslösen oder zu einer sinnlosen Verhaftung führen konnte.
Ich begann das vaterländische »Jütland zwischen Meeren zween« zu singen, an das ich mich noch Zeile für Zeile entsann und das ich wie ein schrilles Revolutions- und Freiheitslied klingen ließ. Ich hatte nie daran gedacht oder gewußt, daß ich imstande war zu singen, und das war ich in Wirklichkeit vielleicht auch nicht, aber ich weiß nicht, wie man das, was ich da tat, sonst nennen soll. Dafür weiß ich, daß ich eine Hundeangst vor den vier Männern hatte, die nun mit drohendem Ausdruck vor uns standen; daß mich mein schmerzender Mastdarm an eine Demütigung erinnerte, die mir nicht aus dem Kopf ging; und daß die Erinnerung an den ehelichen Tod mich noch immer kalt durchschauern konnte, als befände ich mich noch in dem Wald, wo der schreckliche Jäger mir auflauerte. Alle diese Dinge schrie ich heraus, während es mir wie durch ein Wunder gelang, die Worte der Verse mit dem Rhythmus der Melodie zusammenfallen zu lassen, denn ich dachte überhaupt nicht daran, schön zu singen, ja, in gewisser Weise dachte ich überhaupt nicht daran zu singen, obgleich ich gerade das tat, und das mit einer Kraft, die die Vorübergehenden stehenbleiben und sich umwenden ließ, während die nachdenklichen Säufer in der Bar hinter uns zögerten, bevor sie das Glas an die Lippe hoben, das sie gerade ergriffen hatten.
Die vier bewaffneten Männer, die auf Tod oder Verhaftung lauerten, als fehle ihnen etwas zum Abendessen, wurden durch die Musik und den Gesang abgelenkt; als wir geendet hatten, konnte ich sehen, daß ihre Fäuste die Gewehrläufe nicht mit der gleichen angespannten Nervosität umklammerten wie zuvor. Auf ihre Frage antwortete der Gitarrist, ich sei ein glühender europäischer Revolutionär, der in meiner eigenen Sprache den Aufstand besinge, den Siegern huldige und die tödliche Gerechtigkeit der revolutionären Kugeln preise.
Wegen meines fremdartigen Aussehens entsannen sich die Musikanten von der Orgie der vergangenen Nacht her an mich, und als wir einander umarmt hatten, kauften sie mir Essen, weil ich ihnen wahrheitsgemäß erzählte, daß ich zwei oder drei Tage lang nichts zu mir genommen hatte. Sie stimmten ein schmachtendes Liebeslied an, und zu meiner großen Verwunderung zeigte es sich, daß die überstandene Todesangst, die Demütigung, die Schäferstunden im Bordell des Todes, die blutbefleckten Leichen auf dem Kirchenplatz mit den aristokratischen Hieroglyphen der weißen Hände, was noch

alles in mir saß, als habe es sich festgebissen, nicht im Kopf oder an ähnlichen peripheren Stellen, nein, in den Gedärmen sage ich, an keiner anderen Stelle als den Gedärmen, denn genau da enden die Dinge, wenn es um Leben und Tod geht – es zeigte sich, daß all das zusammen in meiner Kehle zu weichen, schmelzenden Tönen wurde und »Jütland zwischen Meeren zween« einschmeichelnder machte, als man es hätte für möglich halten sollen. Wenn jemand von einem Sänger sagt, er lege seine ganze Seele in das Lied, dann antworte ich, daß das schon sein mag, aber das reicht nicht. Wenn man einem Sänger lauscht und zu sich sagt, das ist schon gut, aber etwas fehlt – dann fehlt in neunundneunzig Prozent der Fälle nicht die Seele. Seele ist da in der Regel mehr als genug. Seele haben alle irgendwie, und es wird einem gerade unbehaglich, oder man wird müde und rutscht unruhig auf dem Stuhl umher, weil man von der Seele schnell mehr als genug kriegt. Aber wenn die Gedärme im Gesang zu kreischen beginnen, dann wird man schon aufwachen. Das ist nun mal meine Ansicht über die Angelegenheit, und ich möchte behaupten, daß hier die Erfahrung spricht!
Auf diese Weise wurde ich wandernder Sänger und besuchte zusammen mit Moses mit der Violine, Klein-Jesus mit dem Banjo und Gabriel mit der Gitarre alle umliegenden Dörfer.

Die Landschaft, durch die der Scholier und Elias Lönn nun ihre Wanderung fortsetzten, war vorläufig fast völlig flach, der grauschimmligen Farbe der Wiesen war deutlich anzusehen, daß die Erde mager war und vermutlich nach Regen dürstete. Hier und da stießen sie auf ausgetrocknete Gräben, über die sie hinwegspringen mußten, ab und zu lief der Feldweg an einer Hecke entlang, deren gerade erst ausgesprungenes Laub ebenso farblos war wie das Gras der Wiesen. Fast hätten sie linker Hand einen Seitenweg übersehen, erst im letzten Augenblick fiel ihr Blick auf ein Schild wie ein Pfeil, auf dem sie nur mit Mühe die Aufschrift *Utgard* entziffern konnten. Das ist aber auch so ungewöhnlich, daß sie zu entschuldigen sind – natürlich hatten sie einen großen Naturstein mit hübsch gemalten weißen Buchstaben erwartet, der die Einfahrt zu einem dänischen Bauernhof normalerweise anzugeben pflegt. Das einfache Holzschild war an einen ziemlich verrotteten Pfahl geknallt, neigte sich gefährlich und war teilweise verborgen durch das Gras, das ungestört darum emporgeschossen war, und hinter den Zweigen, die der nächste Holunder nach ihm ausstreckte.
Sie gingen nun an einer Hecke entlang, die zusammen mit einem

niedrigen Hügel den Hof noch immer vor ihnen verbarg, und während sie hier entlanggingen, erlebten sie jenes Naturphänomen, das ein Übermaß an Sonne und Licht unter besonderen Umständen hervorzurufen vermag. Mitten am hellichten Tag scheint sich das Licht zu verdunkeln. Vielleicht liegt das an einer Spiegelung, die die unermeßlich ausgestreckte flache Landschaft in den leeren Raum emporsendet, wo sie die ansonsten absolute Macht des Sonnenlichts bricht, vielleicht aber ruft auch nur die quälende Weiße des konstanten Sonnenlichts auf der Netzhaut ihren eigenen Gegensatz hervor. Das Dunkeln dieses Lichts, das so trügerisch ist, daß es sofort wieder verschwindet, sobald man es bemerkt hat und es näher untersuchen möchte, erschreckte sie natürlich, denn sie erlebten es zum erstenmal; da sich das Phänomen jedoch nicht wiederholte, gingen sie ein wenig beruhigt weiter. Bald bog der Weg um den niedrigen Hügel herum, und der Hof kam in Sicht. Gras und Brennesseln wuchsen hoch an den niedrigen Flügeln empor, das Strohdach, das aussah, als wolle es gleich herabrutschen, hing so weit herunter, daß es die winzigen und spärlichen Fenster des Stallgebäudes fast ganz verbarg, deren dunkle Gucklöcher von Staub und Spinnweben bedeckt waren. Der Anblick eines einsamen, dreckigen Schweines, das auf dem Mist herumwatschelte, erhöhte den Eindruck der Verlassenheit, und nun fiel ihnen auch die tiefe Stille auf, die bereits lange über der Landschaft geruht hatte, als seien alle Vögel sowie andere Tiere weit fortgeflüchtet.

Sie blieben am Eingang des von vier Flügeln eingeschlossenen Hofes stehen und konnten sich nicht zum Weitergehen entschließen. Der verfallene Hof sah aus, als sei er in einen Zustand trauriger Ewigkeit versunken, und unwillkürlich fürchteten sie, davon eingefangen zu werden. Aus einem der beiden Schornsteine des Wohnhauses stieg eine dünne, hellgraue Rauchsäule senkrecht in den blauen Himmel empor, doch selbst sie schien ihnen kein Zeugnis menschlicher Gegenwart abzulegen. Sie sah eher aus wie ein geisterhaftes Zeichen, das ebensogut das Symbol des Todes oder des Nichts sein konnte. Schließlich ging Elias Lönn über das holperige Pflaster voran auf die Tür des Wohnhauses zu, es zeigte sich, daß sie angelehnt war und sie so in die Dämmerung der Diele einlud. Hier wandte sich Lönn der nächstgelegenen Tür zu, und ohne anzuklopfen drückte er die Klinke nieder, als sei er nun sicher, daß er sich auf dem rechten Weg befand.

Sie traten – doch erst mußten sie sich sehr tief bücken, um die Köpfe unter dem niedrigen Türrahmen durchzubekommen – in die Küche ein, wo eine alte Frau am Herd saß. Sie schien die Anwesenheit der beiden Fremden kaum zu bemerken, obgleich der einsam gelegene Hof ja wohl kaum an den Besuch von Stadtleuten gewöhnt war – sei es aufgrund eines so verwurzelten und bäurischen Fatalismus, daß niemand und nichts sie aus der gewohnten Bahn schütteln konnte, oder vielleicht eher, daß sie auf ihren Besuch vorbereitet war, weil sie ihnen von dem Augenblick an, als sie den Hof betreten hatten, mit den Blicken durch die Scheiben hatte folgen können. Jedenfalls schien sie sich in keiner Weise an sie wenden zu wollen, und da sie nicht gut stehenbleiben konnten, ohne etwas zu tun, entschloß sich Elias Lönn schließlich, sich auf einen Stuhl zu setzen. Der Scholier folgte seinem Beispiel.

Als sie sich an das Halbdunkel gewöhnt hatten, sahen sie, wie uralt und spindeldürr die Frau war. Endlich wandte sie ihnen ihr Gesicht zu. Ihre Augen, die aussahen, als würden sie gleich ganz in den Kopf hineinfallen, wirkten ausgelöscht und milchig. Einen Augenblick später aber erschien es ihnen, als hätten sie einen stechenden und durchbohrenden Ausdruck.

Die Frau erhob sich – in Anbetracht ihres hohen Alters mit leichten und anmutigen Bewegungen –, nahm einige Ringe vom Herd und warf eine Handvoll Reisig hinein. Das Feuer flammte auf, sie setzte einen Kessel Wasser auf, der bald darauf kochte. Danach machte sie Kaffee, stellte Brot und Kuchen auf den Tisch und bat ihre beiden Gäste zu Tisch.

Diese Vorbereitungen, dieses Tun und Lassen, erschienen in gewisser Weise ebenso überraschend wie der seltsame Mangel an Interesse, das die Frau den beiden Besuchern entgegenbrachte.

Plötzlich und ganz grundlos begann Elias Lönn zu frieren. Ein unerklärliches Entsetzen ergriff ihn, er hatte große Lust aufzustehen, mit einem Ruck, so daß der Stuhl umflog, aus der Küche zu flüchten, vom Hof weg, weit weg auf dem Feldweg und zurück zu einer Gegend, wo sich das Licht nicht verdunkelte und wo Dinge und Menschen nicht mit der gleichen langsamen und deutlichen Unabwendbarkeit zugrunde gingen wie hier. Was fürchtete er denn – das ausgehämmerte Metall ihres Kopfes? Die nebelerfüllten Spiralen ihrer Augen? Ihre in Haut und alten Fetzen verborgenen unbeeinflußbaren Knochen? Die schlaffe Trompete ihres Mastdarms und die wüstenhafte Dürre ihres verdorrten Unterleibs – oder vielleicht eher die knisternden Flammen des Herdes, als brannten sie in einem Ofen für umgekehrte alchimistische Prozesse, die weder Gold ausschmolzen noch eine mystische Einsicht, dafür aber die bitteren Minerale und die verhängnisvollen Salze des Untergangs und der Auflösung? Fliehen wollte er jedoch nicht, sondern ganz im Gegenteil die Sache durchstehen, weshalb er seine ganze Kraft dafür einsetzte und gleichzeitig geistesabwesend vom Selbstgebackenen aß und ebenso geistesabwesend von dem Kaffee trank, der schwarz und bitter war.

Als sie Brot und Kuchen gegessen hatten, sagte er: Wir kommen eigentlich nur, weil wir einen Sack brauchen. Frag aber nicht, liebe Frau, wozu wir den brauchen, denn das ist schon egal und unsere eigene Angelegenheit, aber du sollst wissen, daß wir ihn dir gern bezahlen.

Einen Sack könntet ihr vielleicht schon bekommen, antwortete die Frau geheimnisvoll, und über die Bezahlung werden wir uns sicher auch einig, aber so sehr eilt es wohl nicht. Verweilt doch ein bißchen über dem Kaffee und schwatzt ein wenig mit einer alten Frau, dann können wir ja immer noch auf den Sack zurückkommen. Hier ist es nämlich so schrecklich einsam, wie ihr ja sicher sehen könnt, daß mir der Gebrauch des Zungenbandes fast ganz abhanden gekommen ist. Aus irgendeinem Grund bleiben die meisten Wagen stehen, bevor sie hierhergelangen – die Pferde brechen zusammen, die Räder rollen ab, oder der Kutscher schläft ein. Und Leute zu Fuß finden in der Regel einen Vorwand zum Umkehren – aber ich will gern zugeben, daß der Weg hierher lang und mühselig ist, man kann es ihnen also wohl nicht verdenken. Einst aber war das anders.

Elias Lönn und der Scholier tauschten ein paar Blicke, und Elias Lönn sagte: Wir können nicht sehr lange hierbleiben, aber schon gut – wenn das die Bedingung dafür ist, daß wir den Sack bekommen, dann müssen wir eben tun, was du sagst. Doch da wir nun schon einmal über den Weg hierher reden: Viel wäre gewonnen, wenn du das Schild ein wenig in Ordnung bringen würdest, damit man es leichter sehen könnte und es leserlicher wäre.

Die Frau sah erschrocken aus, soweit es überhaupt möglich war, den Ausdruck ihres starren Gesichts zu deuten: Was sagst du da? Steht das Schild noch? Das ist aber ein Unglück! Und da habe ich geglaubt, es sei schon vor einem Menschenalter zugrunde gegangen! Was muß ich da hören!

Was heißt das denn? fragte Elias Lönn, bist du unzufrieden darüber, daß das Schild nicht völlig vernichtet worden ist? Dann kann ich dich trösten, es ist nur eine Frage der Zeit, bis es umfällt, wenn denn nicht zuvor ein kräftiger Regenguß das letzte bißchen Farbe

völlig abblättern läßt, so daß die Buchstaben verschwinden, bevor es so weit kommt.
Allem, was du sagst, kann man freilich anhören, daß du hier in der Gegend fremd bist, sagte die Frau mit einer pfeifenden und zugleich messerscharfen Stimme, die für sie charakteristisch war. Ich wüßte nicht, daß wir jemals einen kräftigen Regenguß gehabt hätten. Das Getreide braucht gern sieben Jahre, um zu sprießen, die Bäume blühen nur alle zwei Jahre, und ihre Früchte sind so klein und hart, daß man sich daran die Zähne rauszubrechen droht. Ohne Zähne aber kann man sie überhaupt nicht essen, deshalb habe ich damit schon vor vielen Jahren aufgehört. Und wenn du sagst, daß das Schild noch immer dasteht, dann verstehe ich besser, daß die Besuche so selten sind. Aber wer dachte damals, als mein Mann es aufstellte, schon daran, daß wir einen schlechten Ruf bekommen würden? Ich warnte ihn zwar bereits damals schon, denn ein jeder weiß, was böse Zungen anrichten können, und kann man ehrlichen Leuten nichts nachsagen, dann wird man ihnen früher oder später schon irgend etwas andichten, und weshalb soll man sich der Welt dann geradezu anbieten? Ich weiß schon, wir sind nicht wie die meisten Leute, wer will schon hier draußen wohnen, wo wir wohnen, wo es doch andernorts fette Erde und genügend Regen gibt?
Aber mein Mann lachte und sagte: Weshalb sollten wir uns denn schämen, oder was sollten wir zu verbergen haben? Irgend jemand muß ja hier draußen wohnen! Sollten alle Knechte und Mägde wirklich solche Feiglinge und Schwächlinge sein, daß sie es nicht wagen, sich bei uns zu verdingen? Das glaube ich nicht!
Und er behielt auch recht, so war das damals, aber nun bin allein ich übrig, und heute weiß ich wirklich nicht, was ich von den Leuten halten oder glauben soll, ob sie feiger sind als in meiner Jugend; jetzt kommen sie nicht mehr hierher, um sich zu verdingen, und selbst zwischen Reisenden wie euch beiden können Monate oder Jahre vergehen.
Dabei waren wir hier auf dem Hof eine große Familie und viele Leute, und alle schufteten und schleppten sich von morgens bis abends ab, doch die einstige Herrlichkeit ist nur noch eine bleiche Erinnerung, alle sind sie längst unter der Erde oder fortgereist. Stellt euch mal vor, welche Arbeit es gekostet hat, diesen Hof von Grund auf aufzubauen, so, wie wir es mit unseren eigenen Händen getan haben. Ich kochte das Essen über einem Feuer auf dem Feld, ich kochte Brei in einem riesigen Eisentopf, aber das Korn, das ich brauchte, mußte ich selbst ernten und selbst dreschen, deshalb lief ich von

früh bis spät hin und her, erntete, drosch, heizte den Kessel an und rührte den Brei um, der acht Stunden kochen mußte, um eßbar zu sein. Deshalb mußte ich auch während der Nacht wachen, um unter dem Topf zu heizen und darin zu rühren, sonst bekamen die Leute, die ihre tägliche Arbeit beginnen wollten, kein Frühstück, und ich wurde hohlwangig und bekam schwarze Ränder unter den Augen, aber es half alles nichts. Man mußte unermeßliche Breimengen verputzen und wurde doch nicht satt, die Milch der mageren Kühe, die auf der abgegrasten Wiese ein kümmerliches Dasein fristeten, war dünn wie Wasser und hatte eine grauweiße Farbe. Inzwischen wuchs der Hof, wenn auch langsam, denn sein trauriger und unwiderruflicher Verfall wurde von Anfang an so gründlich wie möglich aufgebaut, und zwar bis in die kleinsten Einzelheiten, denn sonst hätte es ja nur angeflickt und unglaubwürdig gewirkt, doch in der Hinsicht ähneln wir aufs Haar anderen jütländischen Bauern, so etwas dulden wir nicht. Hinzu kam, daß das Baumaterial von weither geholt werden mußte. Wo sollten wir hier in der Gegend das Holz beschaffen können, das in den Decken, den Dachsparren und in den Fußböden sitzt? Nein, nein, auf sandigen und steinigen Wegen mußten wir meilenweit dahinholpern, ich höre noch immer das knirschende und kreischende Geräusch der Wagenräder und sehe die zum Umfallen müden Pferde vor mir, wenn sie nach mehrtägiger Abwesenheit auf den Bauplatz einbogen, mit einer Fuhre Planken, die den Wagen fast zum Zerbersten brachte.

Lehm holten wir auf dieselbe Weise in großen Fuhren weit fort von hier, wir formten ihn selbst zu Steinen und brannten sie in einem Ofen, den mein Mann auf dem Feld gebaut hatte und für den auch um jeden Preis Brennmaterial herbeigeschafft werden mußte. So bauten wir die schrägen Mauern, die zu stürzen drohen, aber noch immer stehen, und wir richteten die Dachkonstruktion mit Sparren und Hahnenbalken in bescheidener Höhe, damit jeder sehen kann, daß diese Häuser sich zur Erde drücken. Aber da hatten wir Pech, vielleicht, der erste Herbststurm riß Balken und Planken auseinander, bevor sie fest verankert waren, wir mußten es aufgeben, das Haus in jenem Winter unter Dach und Fach zu bekommen. Regenschauer peitschten in die ungeschützten Räume des Hauses, der Schnee fegte in sie hinein und legte sich in Schneewehen darin nieder, die Wände sogen sich mit einer Feuchtigkeit und Kälte voll, die noch heute in ihnen sitzt, während wir hinter hastig geflochtenen und mit Heide und Grassoden abgedichteten Abschirmungen Schutz suchten. Solange der Vorrat reichte, ernährten wir uns von

der kalten Grütze, die ich sofort vorbereitet hatte, als die Unglücksfälle über uns hereinbrachen, und mit einer Schöpfkelle in der einen Hand und einem Krug Branntwein – dem letzten Trost in der Not – in der anderen gebar ich dort im Schnee eines meiner vielen Kinder, das jämmerlich umkam und irgendwo begraben wurde. Die Stelle kennt niemand.
Eines schönen Tages endlich war der Hof aber doch fertig, die Jahre sind zwar nicht spurlos an ihm vorübergegangen, doch im großen und ganzen hat er sich doch gut gehalten und ist noch völlig der alte, aber wie ihr wohl begreifen werdet, scheuten wir auch keine Mühen, um ihn so vollkommen und so widerstandsfähig wie überhaupt möglich zu machen. Ein wenig mußte hier und da zwar geflickt werden, aber er ist noch genauso verfallen und düster wie immer, und die Kälte sitzt in ihm trotz der Tatsache, daß das Feuer hier im Herd seit dem Tag, an dem wir einzogen und an dem ich zum erstenmal Feuer machte, unaufhörlich gebrannt hat.
Zu dem Zeitpunkt trug ich bereits wieder ein Kind, das das letzte sein sollte und sich anscheinend viel Zeit ließ – mit den anderen war es viel geschwinder gegangen, sie konnten gar nicht früh genug herauskommen und sich mit der Pein und Plage dieser Welt bekannt machen. Ihr Vater war ein harter Mann, der sie nicht anders behandelte als andere Menschen, und vor allem nicht anders als die Leute, die sich bei ihm verdingten, das heißt mit Hieben und Prügeln, wenn die Arbeit nicht zu seiner Zufriedenheit getan wurde. Und da er ein sehr genauer Mann und schwer zufriedenzustellen war, verging kaum ein Tag, an dem die Gebäude nicht von dem hohlen Dröhnen widerhallten, wenn er mit irgendeinem Sünder abrechnete. Nein, hier auf dem Hof taten wir nichts, um zu verbergen, daß die Arbeit kein Spiel ist, und wir beiden Alten arbeiteten von allen am härtesten. Eines Tages endlich, als ich draußen auf dem Hof über einen Pflasterstein gestolpert war, sah es aus, als wolle sich das Kind doch endlich an das Licht der Welt bequemen. Ich legte mich auf die Schlafbank und machte mich bereit, es wie gewöhnlich zu empfangen, aber als es in der Öffnung erschien und den Kopf wendete, so daß es sich umsehen konnte, rutschte es wieder zurück.
Nach einiger Zeit konnte ich das Warten schließlich nicht länger ertragen, und trotz meiner Länge gelang es mir doch, mich so zusammenzukrümmen, daß ich eine Hand hineinjagen und den Burschen herausziehen konnte. Gut wäre es, wenn man sie wieder zurückstopfen und dorthin verschwinden lassen könnte, wo sie herkommen. Der hier sah mir nach allerhand aus, jedoch nach nichts Gu-

tem, deshalb liebte ich ihn besonders stark und gab auf ihn acht, wie ich es bei keinem meiner anderen Kinder getan hatte. Er mußte zwar wie alle anderen arbeiten, was er auch ganz bereitwillig tat, ja, ich habe niemals jemanden so unermüdlich arbeiten sehen wie ihn, dafür aber lieferte ich ihn auch nicht der Strafe seines Vaters aus, die er im übrigen auch nie verdient hatte, sondern belohnte ihn statt dessen mit meinem Schutz. Und das tat ich bis zu dem Augenblick, an dem er mich im Stich ließ, aber da brauchte er ihn nicht mehr, denn so sind wir hier nämlich; können wir unsere fehlende Dankbarkeit irgendwie zeigen, so tun wir es, und genau das tat er, sobald er erwachsen war und von hier fortreiste, um mit einer Frau zusammenzuleben, die ich verfluchte. So verlor ich sie nacheinander allesamt, ob sie nun andere Höfe übernahmen, denen ihre Strebsamkeit schnell den Stempel aufdrückte, oder bis ans Ende ihrer Tage hierblieben.
Wir sind zwar ein abgehärtetes Geschlecht, aber dennoch mußte einer nach dem anderen dran glauben. Viel Jugend hatten sie nicht, sie arbeiteten sich von der Kindheit direkt ins Alter, und Fremde, die den Hof besuchten, mußten glauben, seine Bewohner seien alles Greise, die nach der erdrückenden Plackerei eines langen Lebens unter Aufbietung ihrer letzten und mächtigen Kräfte noch immer das Anwesen versorgten und in stummem Trotz seinen bitteren Verfall verlängerten. Zuletzt waren nur noch meine Schwester und ich übrig – wir hatten nämlich meine unverheiratete Schwester bei uns wohnen lassen, obgleich sie sich als einzige um die Arbeit drückte, faulenzte, wann immer sie konnte, und oft die Zeit vergeudete, als sei es – jedenfalls bei uns – nicht so gedacht gewesen, daß jede Sekunde ausgenutzt werden mußte. Es ist ganz klar, daß sie meinem guten Mann ein Dorn im Auge war, ja, ihre Untätigkeit – denn wie reine und schiere Untätigkeit erschien es ihm – konnte ihn in der Seele krank machen, ihn, der sonst so rüstig und rührig war und hinter seinem abgearbeiteten Äußeren vor Kraft und Gesundheit strotzte.
Oft wollte er sie vor die Tür setzen, aber ich bat für sie und sagte: Denk doch nur daran, wie sie zugrunde geht, wenn wir sie verstoßen, ganz sich selbst überlassen und ohne Hilfe und Unterstützung eines einzigen Verwandten, denn sie sind alle tot, und sie hat nur uns. Laß sie doch lieber mit uns zusammen zugrunde gehen, vielleicht kann sie an unserer Ehre teilhaben, vielleicht kann sie doch noch etwas lernen, man weiß nie, wenn ich auch zugeben muß, daß sie schwer von Begriff ist und sich längst hätte bessern müssen.

Jedesmal versprach sie denn auch Besserung, aber nur zum Schein, glaube ich, denn sie machte nie auch nur den geringsten Ansatz eines Versuchs, das Versprochene auszuführen. Ihre Versprechen und besonders meine Fürbitte besänftigten ihn jedoch so sehr, daß er es aufgab, sie davonjagen zu wollen, mit dem Ergebnis, daß sie ihn überlebte, ihn, der selbst alle hier zurückgebliebenen Kinder sowie das Gesinde, das wir hatten und das uns durch alle die unglücklichen Jahre des Verfalls hindurch treu geblieben war, überlebt hatte. Einträchtig legten wir ihn ins Grab, das heißt, *ich* mußte natürlich das Loch graben mit einem der Spaten mit gespaltenem und notdürftig repariertem Schaft, der immer zur Arbeit hier auf dem Hof benutzt wurde; mußte es in die sandige Erde graben, die ständig wieder einfiel, während sie danebenstand und mit rotgeränderten Augen zusah und mit dünnen Streifen von Altweiberrotz, der ununterbrochen in ihren zahnlosen Mund sickerte – weinen konnte sie trotz allem nicht, es sei denn, die Tränen hatten den Weg durch ihr Inneres genommen, ja, so wird es wohl zusammenhängen, denn wie sollte die Nase, die ebenso eingetrocknet war wie ihre schlaffen Altjungferzitzen, so viel Rotzwasser hervorbringen können?
Doch bevor wir so weit kamen, hatte ich zuerst den Sarg zimmern müssen, und um den Sarg zimmern zu können, brauchte ich Holz, und um Holz zu finden, suchte ich weit und breit auf dem Hof, in Scheunen und auf Böden, in Ställen und in Kammern, und überall fand ich die nie verwischten und nie ausgebesserten Spuren des Verfalls, den wir der zähen Beständigkeit unseres widerspenstigen Materials abgerungen hatten. Schließlich fand ich in einem Winkel unter zolldickem Staub einen Stapel Planken, die es mir einzeln ans Tageslicht hinauszuschleppen gelang und die mir dort bekannt vorkamen. Als ich sie mir genauer anschaute, ging mir auf, daß sie einmal der Wagen gewesen waren, in dem wir das Material für den Hof geholt hatten. Als er mit seiner letzten Fuhre auf das Anwesen fuhr, war er wirklich auseinandergefallen: Die Achsen brachen mit einem Krach, die Seiten und der Boden des Wagenkastens lösten sich und wurden zu den Planken, auf die ich nun starrte, und die letzte Fuhre Pflastersteine für den Hofplatz sank zusammen und rutschte; so groß war die Fuhre, daß sie den ganzen zusammengebrochenen Wagen unter sich begrub.
Ich suchte nach Nägeln, die ja unentbehrlich waren, und es wurde mir schnell klar, wenn ich Nägel haben wollte, dann mußte ich das gleiche Verfahren benutzen, das man immer hier bei uns benutzt hat, ich mußte nämlich die rostigen und verbogenen Nägel aus den

Brettern herausziehen, wo sie unnütz geworden waren, und sie danach geradebiegen. Wenn so ein rostiger Nagel endlich aus dem Holz herausglitt, dann geschah das mit einem kreischenden Geräusch, als tue es weh, ins Leben zurückgebracht zu werden, aber es half nichts, ich war unbarmherzig, und nach einem Tag Arbeit hatte ich genug Nägel und machte mich daran, sie geradezubiegen. Inzwischen richtete meine Schwester die Leiche her – das hatte ich verlangt, und das konnte sie mit Mühe und Not gerade noch schaffen –, so daß sie zumindest erträglich aussah; natürlich eine verfallene Leiche, aber eine gründlich mit einer in Seifenlauge getauchten Scheuerbürste abgeschrubbte. Wir legten sie also in den Sarg und deckten sie mit einem Laken zu – und ich wage durchaus zu sagen, es war ein beeindruckender Sarg, sieben Fuß lang und ebenso hoch wie breit. Er war zwar ein kräftiger, aber kein sehr großer Mann, weshalb ein so langer Sarg überflüssig war, aber teils schaffte ich es nicht, die vielen Planken zu verkürzen, teils erschien mir ein so überflüssig großer Sarg standesgemäßer.

Ich hatte nicht daran gedacht, daß der Riesensarg mit der Leiche so schwer sein würde, daß wir ihn nicht tragen konnten, nun aber stand er mitten auf dem Hof und ließ sich nicht vom Fleck rühren. Mit großer Mühe gelang es mir, Räder darunter anzubringen, so daß wir ihn aus dem Hof und hinter das Wohnhaus rollen konnten, wo sich das Grab befand.

Mit den Jahren wurden meine Schwester und ich uns immer ähnlicher. Einst hatte sie rote Haare gehabt, nun aber hatten wir beide das gleiche graue Haar, und beide waren wir genauso abgezehrt wie Bäume, die den Herbststurm durchgemacht haben. Nach der Beerdigung nahmen wir unsere gewohnte Lebensweise wieder auf, mit anderen Worten, ich machte den größten Teil der Arbeit, sie jedoch magerte immer mehr ab, und selbst das Wenige, das ich von ihr verlangte, konnte sie nicht ausführen. Ich erbarmte mich ihrer und gab ihr weiterhin zu essen, obgleich sie das Essen nicht verdiente, und als sie sich endlich zum Sterben niederlegte, bereitete ich die bitteren Suppen, die wir nach der Gewohnheit unserer Familie den Sterbenden als letzte Mahnung an die Annalen des Schmerzes zu verabreichen pflegen.

Für sie konnte ich keinen Sarg zimmern, sie kam also so in die Erde, wie sie war, nur ein Hemd über ihrer Nacktheit. Seither lebe ich allein, ich halte nur eine Sau am Leben oder aber sie mich, das ist schwer zu sagen, und ich rechne damit, daß ich noch viele Jahre durchhalte.

Elias Lönn hatte sich den langen Bericht ungeduldig bis zu Ende angehört, und als die Frau schwieg, sagte er hoffnungsvoll: Danke für den Bericht, dem ich mit großem Interesse gelauscht habe. Du hast wirklich ein seltsames Leben gehabt. Aber wir wollten ja eigentlich den Sack.

Deinen höflichen Lügen kann ich anhören, daß du gern einen guten Eindruck machen möchtest, erwiderte die Frau kalt, aber so führt man mich nicht an der Nase herum, und das werde ich dir heimzahlen. Ich hatte dich also doch überschätzt. Die Wahrheit ist, du hast hier wie auf Kohlen gesessen – nein, leugne es nicht! Ich schaue direkt durch dich hindurch, und du sagst dir nur eins, nämlich: Wozu soll ich dem Altweibergeschwätz zuhören, das geht mich nichts an! Aber darin irrst du dich, und das wirst du schon noch zu spüren bekommen. Doch sag mir eines, das mußt du mir doch jedenfalls wahrhaft beantworten können: Bist du weise?

Lönn antwortete: Würde ich von mir selbst sagen, ich sei weise, dann wäre ich es ja nicht. Aber ich glaube, ich habe die Weisheit in der Ferne gesehen.

Die Alte lachte pfeifend.

Nein, du bist nicht weise, schrie sie. Denn die Weisheit kennt keine falsche Bescheidenheit. Der Weise sagt, lausche der Weisheit – und läßt die Weisheit aus seinem Mund sprechen. Aber ich bin weise, im Gegensatz zu dir.

Die Alte ließ einen Wind fahren, doch statt sich zu schämen, starrte sie Elias Lönn mit einem unverschämten Ausdruck geradewegs ins Gesicht.

Jetzt hör mal, unterbrach der Scholier, was sollen alle diese Umschweife? Können wir nun den Sack haben oder nicht? Und wenn wir ihn haben können, dann her damit!

Langsam, langsam, sagte die Frau, sonst kommen wir überhaupt nicht weiter, und das wäre doch schade. So muß es wohl sein, damit alles in Erfüllung gehen kann, fügte sie rätselhaft hinzu und fuhr fort: Ach ja, von dem Sack waren wir abgekommen. Nun habt ihr mir zugehört, und nun will ich den Sack verkaufen. Aber natürlich muß ich meine Bezahlung dafür haben.

Ja, natürlich, stimmte Elias Lönn erleichtert zu, wieviel verlangst du denn?

Ach, sagte die Frau, wenn du mir deine Jacke gibst, kannst du den Sack haben, sonst nicht.

Aber das ist doch übertrieben! Eine Jacke von bester Qualität gegen einen alten Sack! Obendrein ist er sicher verwittert – also zerlumpt

und morsch und mit lockerem Gewebe –, wenn ich denn deine Erzählung richtig verstanden habe?
Für den Sack stehe ich ein! Wie immer er aussehen mag, ich bin sicher, daß es genau der richtige Sack für euch ist.
Wir brauchen einen Sack, sagte Elias, aber wie kannst du meine Jakke brauchen? Das klingt unsinnig.
Ich frage euch ja auch nicht, wozu ihr den Sack braucht, frag du mich also nicht, wozu ich die Jacke brauche.
Zwischen einem Sack und einer Jacke ist ein großer Unterschied, rief Elias Lönn, der erregter war, als es die Weisheit erlaubt – und so zankten sie sich lange.
Doch die Alte hielt an ihrer Forderung fest, es war mit ihr einfach nichts anzufangen.
Na, dann nimm sie schon, lenkte Elias Lönn schließlich ein und zog die Jacke aus.
Die Alte riß sie mit einer gierigen Bewegung an sich.
Und nun her mit dem Sack! brüllte der Scholier außer sich.
Listig sah die Alte sie an und sagte, ohne die Stimme zu heben: Ich sehe immer alles voraus, draußen in der Scheune liegt einer für euch bereit, dort könnt ihr ihn euch nehmen.
Komm selber mit und such ihn für uns, forderte der Scholier und machte Miene, sie anzupacken, um sie mitzuziehen.
Habt doch Mitleid mit einem alten Menschen, piepste die Alte jämmerlich, ich kann das Haus kaum verlassen, und meine alten Beine können fast nicht über das Pflaster staksen. Mir geht es nun mal hier beim Feuer am besten. Ich gehe auch nicht mehr ins Bett, ich sitze nur hier und schlummere ein bißchen auf meinem Stuhl. Aber ihr könnt den Sack auch allein finden, er ist gar nicht zu übersehen.
Na denn Lebewohl, verabschiedete sich Elias Lönn, der in Weste und Hemdsärmeln dastand, ich hoffe bloß, daß der Sack richtig ist, sonst kommen wir wieder zurück.
Als sie zur Tür hinausgingen, rief ihnen die Alte mit ihrer pfeifenden Stimme hinterher: Ihr dürft das Schild gern umkippen! Und denkt an einen großen Stein!
Aber welches ist wohl die richtige Tür? fragte Elias Lönn, als sie auf dem Hof standen und sahen, daß in das Scheunengebäude zwei Türen hineinführten.
Sie beschlossen, daß jeder durch eine Tür hineingehen sollte. In der Scheune war es so dunkel, daß es eine Zeitlang dauerte, bevor Elias Lönn den Umriß der Dinge ahnte. Einen Sack konnte er jedoch nicht finden, obgleich er überall suchte, und als er wieder hinausgehen

wollte, stieß er zu seiner großen Verblüffung mit dem Scholier zusammen, dessen Suche ebenso ergebnislos gewesen war.
Weshalb gehen Sie denn jetzt durch meine Tür hinaus? fragte er, indem er ihn zuerst hinaustreten ließ.
Sie irren sich, entgegnete der Scholier, Sie gehen durch meine Tür.
Sie drehten sich um und zeigten in verschiedene Richtungen, jeweils auf ihre Tür, und entdeckten überrascht, daß es nur eine gab und sie beide auf diese eine Tür zeigten.
Ich versuche es noch einmal, erklärte Elias Lönn, vielleicht habe ich diesmal mehr Glück.
Er stieß die Tür auf und trat in die Scheune ein. Durch ihr Dunkel starrend, blieb er an der Tür stehen und wartete darauf, daß der Raum vor seinen Augen wieder Gestalt annehmen würde. Als Lönn endlich die schwachen Umrisse zu ahnen begann, erwies er sich in seiner Leere als groß. Die Hahnenbalken und Dachsparren zeichneten über seinem Kopf die unhandgreiflichen Dimensionen des Raumes, das feine Licht, das durch Undichtigkeiten und Löcher in dem Strohdach hindurchgesiebt wurde, trug nur dazu bei, den Eindruck von der Leere des Raumes zu verstärken.
Sein Blick fiel auf den Sack. Er lag vor ihm auf dem Boden. Abgesehen von der Leere, war er das einzige Sichtbare, wo immer er auch hinsah. Es mußte schon viele Jahre her sein, daß die Scheune ihrer Bestimmung gedient hatte.
Einen Moment überfiel ihn der Gedanke, die Scheune sei für diesen Augenblick gebaut worden: Es sei von jeher ihre Bestimmung gewesen, daß er hier stehen und auf den Sack starren sollte, der auf dem Boden lag, als warte er auf ihn – nicht zufällig hingeworfen, sondern sorgfältig viermal gefaltet.
Ich könnte ihn liegenlassen, durchzuckte es ihn. Ich könnte wieder zu der Alten hineingehen und sagen, wir machen den Handel rückgängig, gib mir meine Jacke! Das könnte ich tun.
Der Gedanke ließ ihn am ganzen Körper erzittern, wenn es denn nicht ausschließlich daran lag, daß er in seinen Hemdsärmeln hier drin in dem dunklen Raum, den die Sonne nie erwärmen durfte, fror.
Ich könnte es wirklich tun, dachte er zähneklappernd bei sich, und ich könnte zu dem Scholier sagen, das Ganze war vergeblich, da war kein Sack, gehen wir wieder!
Aber, fuhr er einen Augenblick später an sich selbst gewandt fort, sollte ich nicht ohne Jacke leben und sterben können? Damit bückte er sich entschlossen und hob den Sack auf.

Er trat zur Tür hinaus und stieß mit dem Scholier zusammen, der ausrief: Hören Sie, wo bleiben Sie denn? Nun warte ich hier schon wer weiß wie lange, und als ich hineingehen wollte, um Sie zu holen, weil ich allmählich unruhig wurde, konnte ich die Tür nicht finden. Erst in dem Augenblick, als Sie die Tür öffneten, sah ich sie, und stellen Sie sich vor: Da hatte ich direkt davorgestanden. Aber was ist denn los? Stimmt irgend etwas nicht? Sie sind ganz blaß!
Das bedeutet nichts, sagte Elias Lönn verwirrt, das Wichtigste ist, ich habe den Sack.
Der muß schwer zu finden gewesen sein, so lange, wie das gedauert hat. Ich glaubte schon, Sie würden nie wieder herauskommen.
Ja, das war nicht leicht, hörte sich Elias Lönn sagen. Da drin war so unglaublich viel altes Gerümpel, das ich erst beiseite räumen mußte.
Hoppla, passen Sie auf, Sie fallen ja, rief der Scholier aus und ergriff Lönn am Arm, als dieser drauf und dran war, auf die Nase zu fallen. Haben Sie sich weh getan?
Elias Lönn bürstete seine Hose.
Nicht besonders, antwortete er, ich glaube, das ist das tückische Pflaster.
Er blinzelte gegen die Sonne.
Das Licht ist schrecklich stark, wenn sich die Augen so lange an das Dunkel gewöhnt haben, fügte er hinzu. Erst jetzt kann ich allmählich wieder richtig sehen.
Das Gesicht des Scholiers, das Pflaster, die vier Flügel des Hofes kehrten langsam zurück.
Hören Sie, was ist denn das? fragte er und blieb stehen, um zu lauschen; er hatte nur die Stille gehört.
Sie kamen an dem Schild vorbei, kippten es jedoch nicht um.
Nach einem kurzen Augenblick sagte Elias Lönn: Jetzt bin ich es, glaube ich, der eine Rast braucht.
Als sie sich im Gras niedergelassen hatten, fuhr er fort: Ich glaube, seit jenem Tag in meiner Jugend, als ich wieder in der Sackgasse stand, nachdem sich all die verzauberten Horizonte mir endgültig verschlossen hatten, bin ich nicht mehr so verwirrt gewesen. Da glaubte ich gerade, daß eine völlig neue Zukunft anfangen würde, und so war es eigentlich auch, nur ganz anders, als ich mir vorgestellt hatte.
Als ich in der Sackgasse stand, hatte ich trotz des Geschehenen keineswegs den Mut verloren, denn ich sagte zu mir, welche Rolle spielt es schon, daß sie dich nicht zur großen Fahrt auf den Weltmee-

ren anheuern wollen, dein Traum vom Seemannsdasein war letztlich ja doch nur der Ausfluß einer plötzlichen und unüberlegten Eingebung. Nun kannst du dich sehr viel besser auf den eigentlichen Sinn deines Lebens konzentrieren, nämlich auf die Reise nach Luzern, wo du unter Dr. Scharffs kundiger Anleitung den Grundstein zu einer Laufbahn legen wirst, die dich zu anderem und mehr emporheben kann als dem kleinen Provinzstadtoptiker, der du sonst dein ganzes Leben lang geblieben wärst.
Dann fiel mir der Besuch bei Dr. Müller ein, und ich ärgerte mich darüber, daß ich für ein so unvollkommenes und zweifelhaftes Produkt wie die Stützen, die die zögernden Bewegungen meiner sprießenden Flügel unterstützen und geschmeidig machen sollten, Geld ausgegeben hatte. Doch ich entschuldigte Dr. Müller: Die Optik, so dachte ich, war ja auch nicht von Anfang an vollkommen gewesen, und die ersten Brillenmenschen mußten ziemlich komisch ausgesehen haben, teils, weil den Brillen in Form und Konstruktion alle die Feinheiten fehlten, die wir heute für selbstverständlich halten, teils und insbesondere, weil der Schliff der Gläser den Anforderungen des einzelnen Auges überhaupt nicht genügend angepaßt war – mit dem Ergebnis, daß sich die betreffenden Menschen fast durch eine defekte und wenig glaubwürdige Welt tasteten. Diese ersten Brillenmenschen hatten, das mußte man bei näherer Überlegung schon zugeben, nahezu etwas Heldenhaftes an sich, ohne ihre Standhaftigkeit hätte sich die Technik nie weiterentwickelt und deshalb auch nie ihr heutiges Stadium erreicht, wo man erwarten kann, daß sie sich bald die ganze Menschheit untertan machen würde: Der Tag schien nicht mehr fern, an dem man würde nachweisen können, daß jedes menschliche Auge seine spezielle Brille brauchte, mit dem Ergebnis, daß das Verhältnis zwischen dem, was man für normal und was man für anormal hielt, völlig umgekehrt werden mußte.
Genauso verhielt es sich sicher mit der neuen Technik, die Dr. Müller so enthusiastisch vertrat, und von dem Blickwinkel her gesehen, der mich analog zu den ersten Brillenmenschen zu einer Art Held machte, war das Geld dennoch gut ausgegeben. Das neue Wesen, das allmählich in mir Gestalt annahm und das sich in erster Linie durch die Flügel manifestierte, war zwar aus rein prinzipiellen, man kann auch sagen, rein gefühlsmäßigen, Gründen mit den Stützen etwas unzufrieden. Vögel brauchten ja auch keine von Menschenhand hergestellten, anmontierten Stützen, um mit den Flügeln fliegen zu können, die die Natur ihnen verliehen hatte! Aber ich verteidigte

mich damit, daß die Stützen nur als eine *Hilfe* für die Natur gedacht seien und daß es in unserer Zeit nicht allein rückschrittlich, sondern geradezu anachronistisch wäre, wenn man sich weigerte, die Hilfe anzunehmen, die Wissenschaft und Technik gemeinsam zur Verfügung stellten.
Während ich so argumentierte, war mir, als könne ich wiederum den Klang des langgezogenen Schreis vernehmen, den ich mir an diesem Tag bereits schon einmal vorgestellt hatte, und ich sah mich erschrocken um, weil ich fürchtete, das könne in unpassender Weise die Aufmerksamkeit auf mich lenken. Doch ich mußte über meine eigene Naivität lächeln, der Schrei war ja überhaupt nicht in der Wirklichkeit erklungen, sondern war, wenn nicht gar eine Ausgeburt meiner Phantasie, so doch nur mit einer Art inneren Ohrs hörbar.
Wie ich nun so dastand, wurde ich von einer Stimme aus meinen Gedanken gerissen, die mich ansprach, und ich möchte fast sagen, daß ich die Augen aufschlug – so sehr war ich in mich selbst versunken gewesen, daß mir war, als schliefe ich.
Seien Sie nicht so betrübt, erklang die Stimme und fuhr fort: Ich sehe schon, Sie sind neu hier in der Stadt. Aber vielen von uns hier geht es genauso.
Wie gesagt, ich schlug die Augen auf, vor mir stand ein Männchen, das mich mit eindringlichem Blick anschaute. Ich möchte nicht behaupten, daß es ein Zwerg war, denn so klein war es nun auch wieder nicht, aber seine großen Augen hatten etwas von dem traurigen Ausdruck, den man zuweilen bei Zwergen findet und weshalb man den Gedanken an sie mit einer Form von paradoxer und undefinierbarer Schönheit verbindet. Ich starrte ihn verwirrt an und auch etwas ängstlich, weil ich mich an die Ermahnungen erinnerte, die ich bei der Abreise von zu Hause mitbekommen hatte: Trau keinem Fremden! In der großen Stadt gibt es viele böse Menschen, die dich ausnutzen werden, wenn du dich mit ihnen einläßt! Doch obgleich er ungeheuer vertrauenerweckend wirkte – ich hatte nämlich zu wissen bekommen, dann müsse ich besonders auf der Hut sein –, konnte ich mich nicht zu der Überzeugung durchringen, daß er Böses im Schilde führe, und in meiner schrecklichen Verlassenheit griff ich begierig nach der Möglichkeit, in diesem Gewimmel von Unbekannten einen Mitmenschen kennenzulernen, nicht zuletzt, weil seine Bemerkung ebenso wie sein Blick ein geheimes Einverständnis zwischen uns mehr als angedeutet hatten.
Als er sich nun umdrehte, entdeckte ich auf seinem Rücken – ja,

natürlich: ein Paar Flügel. Aber sie waren nicht sehr groß, nein, das konnte man wirklich nicht sagen, und obgleich sie, wie erwähnt, an einem Körper unter Normalgröße saßen, wirkten sie dennoch mächtig bescheiden und machten überhaupt einen drolligen Eindruck, der mich zum Lächeln brachte, was ich sofort bereute. Ich konnte ihm nämlich ansehen, daß dieses Lächeln, das seiner Aufmerksamkeit nicht entgangen war, auf ihn verletzend wirkte – ja, fast war es, als hätte er es *erwartet*, er mußte also daran gewöhnt sein. Diese schmächtigen Flügel waren vermutlich sein wunder Punkt. Nicht genug damit, daß er sowieso schon kleinwüchsig war, außer dem Problem, das die Existenz der Flügel an sich schon ausmachte, dem nagenden Zweifel und der Unsicherheit, die mit dem empfindlichen Bewußtsein von der Unvollkommenheit des sonderbaren Wesens verbunden waren, er mußte darüber hinaus auch noch der Tatsache ins Auge sehen, daß sie in seinem Fall außer einem mitleiderregenden auch noch einen komischen Eindruck machten.
Ich sagte schnell: Ich bin ganz neu hier in der Stadt. Ich bin zwar nur auf der Durchreise, aber ich freue mich, Ihre Bekanntschaft zu machen, denn ich kenne hier keine Menschenseele, und da können Sie sich sicher vorstellen, wie einsam man sich fühlt.
Das konnte ich Ihnen ansehen, erwiderte er. Sie kommen aus irgendeiner kleinen Stadt, wo Sie Ihre Kinderjahre geborgen im Schoß der Familie verbracht haben. Eines Tages stehen Sie nun plötzlich hier in Hamburg auf der Straße. Es schwindelt Ihnen. Sie bemühen sich vergeblich zu verstehen, was hier vor sich geht. Es ist, als versuchten Sie einen Text aus riesigen Buchstaben zu lesen, die jedoch so zusammengesetzt sind, daß sie keinen Sinn ergeben. Niemand hat Ihnen jemals erzählt, daß Sie eines Tages mit Flügeln behelligt würden, aber nun sind sie plötzlich da, und Sie fühlen sich beschämt, weil Sie sie nicht zu gebrauchen wissen. Dann glauben Sie, die Lösung gefunden zu haben, werden aber bitter enttäuscht und erneut von Hoffnungslosigkeit heimgesucht.
Ich sah ihn erstaunt an und sagte bestürzt: Ich muß schon sagen! So ungefähr habe ich es erlebt! Aber können Sie mir dann nicht auch erzählen, was ich tun soll?
Nur falsche Wunderdoktoren und Quacksalber machen sich weis, sie seien imstande, die Frage zu beantworten, sagte er nun mit einer leisen Traurigkeit im Tonfall.
Oder, genauer gesagt: Sie machen sich das natürlich nicht weis, aber sie versuchen es jedenfalls anderen weiszumachen. Ich bedaure, so einfach ist das nicht. Doch das heißt natürlich nicht, daß man die

Hoffnung einfach aufgeben soll. Ich kann Sie jedenfalls zu einer Sitzung einladen, bei der es genau darum und um verwandte Themen geht und die Sie sicherlich interessieren wird.
Wir gingen jetzt nebeneinander her, und da er mich nun führte, kümmerte ich mich nicht darum, in welche Richtung wir gingen. Der Tag war jedoch schon fast vorbei, es dunkelte bereits. Der Schein der sinkenden Sonne stand flammend rot hinter den dunklen Silhouetten ferner Wohnblöcke, er wogte unruhig hin und her, als würde er in einem Meer aufgewühlter Wolken umhergewirbelt.
Ich machte meinen Begleiter und Führer auf die dramatische Szenerie aufmerksam, aber er warf nur einen uninteressierten Blick in die von mir angegebene Richtung und fragte: Sonnenuntergang? Seit wann geht die Sonne denn im Osten unter?
Na, da hatte ich mich aber blamiert, aber ich fühlte mich auch betrogen und fragte deshalb nach der Bedeutung des Farbscheins, wenn er nun einmal nicht vom Sonnenuntergang herrühren könne.
Ach, das ist nur ein Feuer, antwortete er.
Das ist ja schrecklich, rief ich aus und wollte sogleich im Laufschritt in Richtung Flammenschein laufen. Doch als ich mich umsah, entdeckte ich, daß anscheinend niemand Notiz davon nahm.
Aber in einer solchen Weltstadt gibt es doch wohl eine große und gute Feuerwehr, die den Unglücklichen zu Hilfe kommt? fuhr ich fort. Oder brennen da vielleicht nur ein paar leere Gebäude, bei denen es nur ein Vorteil sein kann, wenn sie in Schutt und Asche sinken?
Man hört ganz deutlich, daß es eine sehr kleine Stadt sein muß, aus der Sie kommen, sagte das Männchen.
Nun war ich mit dem Gekränktsein an der Reihe, denn freilich war Silkeborg im Vergleich zu Hamburg unwiderlegbar sogar sehr klein, aber daran war ja andererseits auch nichts Böses.
Schon gut, schon gut, fuhr er fort, als er entdeckte, daß ich etwas verzagt aussah.
Es ist Ihnen bestimmt nicht zu verdenken, daß Sie die Verhältnisse hier nicht kennen. Leider muß ich Sie aus Ihren schönen Illusionen herausreißen. Die Häuser, die jetzt da drüben in Flammen stehen, sind in allerhöchstem Maße bewohnt. Es sind vielstöckige, erbärmliche und baufällige Kästen, und die Leute wohnen darin so eng zusammengepfercht, daß man zuweilen fürchten muß, daß die Fußböden und Zwischenböden unter ihnen zusammenbrechen – solche Fälle hat es sogar schon gegeben. Wenn also ein Feuer ausbricht, sind die meisten Bewohner dem preisgegeben. Das Feuer läuft näm-

lich immer durch die Treppenschächte, wo ein ausgezeichneter Zug herrscht, auf diese Weise dauert es nur ein paar Minuten, bis alle Ausgänge versperrt sind. Dann bleiben nur noch die Fenster, und die benutzen viele auch, aber das ist ja nun so eine Sache, wenn man kleine Kinder vom vierten Stock hinunterwirft. Ich habe mir sagen lassen, daß man dort die schrecklichsten und ergreifendsten Szenen erleben kann, und bei solch einem wirklich großen Brand können durchaus bis zu ein paar hundert Menschen umkommen. Ja, einige retten sich natürlich, vor allem die aus den unteren Stockwerken, die noch rechtzeitig die Treppe benutzen können oder imstande sind, aus den Fenstern zu springen, ohne dabei zu Schaden zu kommen, oder die mit ein paar gebrochenen Beinen oder anderen Verletzungen davonkommen. Doch wie sollte man diese Unglücksfälle begrenzen können? In einer Stadt von der Größe Hamburgs gehört das nun einmal dazu.

Erneut dachte ich erleichtert an Silkeborg zurück, wo ich aufgewachsen und nie der Gefahr ausgesetzt gewesen war, vom vierten Stock heruntergeworfen zu werden. Nach meiner Rückkehr wollte ich als allererstes direkt zum Bürgermeister gehen, um ihn zu warnen: Passen Sie auf, in der Zukunft lauert Fürchterliches auf uns! Wenn die Stadt so groß wird, daß man sie nicht mehr überschauen kann, entstehen Brände, bei denen Hunderte von unschuldigen Menschen umkommen, ohne daß man daran etwas ändern kann! Ich fürchtete jedoch, daß mir niemand glauben würde, denn ich wußte, wie mißtrauisch die Leute meiner Heimatstadt gegenüber Geschichten aus der großen, weiten Welt sind. Wo läuft denn da auch die Grenze, wie groß darf eine Stadt werden? Wann würde sie die Größe erreicht haben, bei der Riesenhäuser dazu benutzt würden, Menschen zu verbrennen, als seien sie sowieso völlig überflüssig? Ich hörte schon, das klang völlig wahnsinnig, und wenn ich an den Stolz dachte, mit dem meine Heimatstadt jedes kleine Anwachsen der Einwohnerzahl registrierte, dann war mir klar, daß ich nichts würde tun können, um diese Entwicklung zu verhindern.

Aber die Feuerwehr? fragte ich, obgleich ich bereits begriffen hatte, daß keine Feuerwehr gegen diese sinnreich geplanten Scheiterhaufen etwas ausrichten konnte.

Es gibt nur einen Ausweg, antwortete er, man müßte die ganze Stadt zu einem einzigen ungeheuren Feuerwehrwesen machen. Alle müßten mit Spritzen und Feuerlöschgeräten bereitstehen, alle müßten Tag und Nacht wachen – oder zumindest bereit sein, aufzuspringen und beim ersten Ton der Alarmglocken die Spritzen zu bemannen. Ja, auf diese Weise könnte man das Feuer vielleicht bekämpfen – wenn jeder, aber auch jeder Bürger ein Feuerwehrmann wäre, dessen erste Pflicht es wäre, auch auf die kleinste Flamme zu achten, um sie in ihrer Geburt zu ersticken. Doch das ist ja andererseits reine Utopie. Wie sollten dann die Fabriken arbeiten, die Geschäfte verkaufen, die Schiffe und Wagen fahren, die Banken Geld wechseln können – kurz gesagt, wie sollte die Stadt als großer und betriebsamer Körper von morgens bis abends vor Leben pulsieren können, und auch in der Nacht, wenn die Restaurants geöffnet haben und das Vergnügungsleben blüht? Das wäre alles ausgeschlossen, die Stadt wäre eher ein scheintoter Leib ohne Leben und Unternehmungsgeist. Natürlich gibt es hier eine Feuerwehr, sogar eine ganz ausgezeichnete, um nicht zu sagen hervorragende Feuerwehr mit vorzüglich ausgebildeten Feuerwehrleuten, die mit den besten und modernsten Geräten ausgerüstet sind. Offensichtlich sind sie auch imstande gewesen, mehrere Brände in den Innenvierteln der Stadt zu löschen, wo die solideren Gebäude stehen, und dadurch haben sie die Einwohner der Stadt vor finanziellen Katastrophen bewahrt, weil die solideren Gebäude ja auch die kostbarsten sind, deren Ersatz ein Vermögen kosten würde. Doch in Fällen wie dem Feuer, das nun heute abend hier ausgebrochen ist, ist die Feuerwehr durch die Umstände dazu gezwungen, sich darauf zu beschränken, soweit wie möglich eine Ausbreitung des Brandes zu verhindern, was an sich schon schwierig genug sein kann. Und ich kann Ihnen durchaus versichern, daß die Mannschaft wirklich eine heldenhafte Leistung vollbringt, um zu verhindern, daß statt zweihundert Menschen in einer einzigen Nacht vier- oder sechshundert umkommen. Deshalb ist das Dasein der Feuerwehrmänner auch die Hölle. Während sie verzweifelt darum kämpfen, die leicht entzündbaren Nachbargebäude mit Wasser zu überspritzen, müssen sie gleichzeitig die Schreie der Unglücklichen mit anhören, die in den Flammen umkommen, und sie können auch nicht umhin, die schrecklichen Umrisse hilfloser Menschen zu sehen, die schließlich in lebendige Fakkeln verwandelt werden, die sich zuweilen aus den Fenstern werfen und mit flammenden Haaren und Kleidern zu Boden stürzen. Aus Rücksicht auf die Moral der Truppe hat die Stadtverwaltung beschlossen, die Löhne auf einem begrenzten Niveau zu halten, dafür aber bezahlt man einen Berufsmusiker und Dirigenten dafür, an der Spitze des Feuerwehrorchesters zu stehen, das einmal im Jahr zugunsten der ärmsten Opfer dieser Brände, die im Laufe des Jahres stattgefunden haben, ein vielbesuchtes Konzert gibt. Das Orchester spielt alle bekannten Stücke und ist ungemein beliebt, denn es spielt mit einer seltenen Feurigkeit und einer musikalischen Glut, die wirklich die Begeisterung des Publikums erregt und das Geld buchstäblich in die Kasse fließen läßt. Die Verteilung des Geldes ist den Empfängern Ursache zur höchsten Dankbarkeit, deshalb lieben sie die Feuerwehr noch mehr – doch das können Sie sich ja sicher vorstellen; und nun sind wir da.

Wir waren vor einem vornehm aussehenden Gebäude mit vielen erleuchteten Fenstern angelangt, und ich war wirklich gespannt, auf was ich mich da eingelassen hatte, als wir zusammen mit verschiedenen anderen, die sich in dieselbe Richtung bewegten, in das Tor einbogen. Glücklicherweise ging mein Begleiter vorneweg, sonst hätte ich es nicht gewagt, mich in das starke Licht der vielen Lüster, die uns nun umgaben, hineinzubegeben. Es zeigte sich jedoch, daß dies nur das Treppenhaus war, das mit den breiten Stufen seiner stattlichen, gewundenen Treppe und der erlesenen, braunnarbigen Marmorbekleidung der Wände alle meine Vorstellungen von dem Begriff Treppe über den Haufen warf und ihn in ein neues System verschwommener Kategorien einzufügen suchte. Ich hatte mir nämlich immer vorgestellt, daß ein Denkmal etwas sei, was man aus ehrerbietiger Entfernung betrachte, und aus meinen Schulbüchern entsann ich mich an die xylographischen Illustrationen mit Bildern der Cheopspyramide, der Freiheitssäule und verschiedener Triumphbögen. Nun ging mir auf, daß sich ein Denkmal auch als etwas Betretbares manifestieren konnte und daß ich gerade im Begriff war, die majestätischen Proportionen eines namenlosen Denkmals zu besteigen, was ein neues und seltsames Erlebnis für mich war. Voller Scham und Ehrfurcht versuchte ich, mit den seltsamen Stufen der Treppe Schritt zu halten, die aussahen, als seien sie für eine Art Riesen oder Übermenschen gestaltet, und aus irgendeinem Grund mußte ich an eine halb zusammengerollte Schlange denken, als seien die blanken Treppenstufen in den Rücken des versteinerten Körpers eines gigantischen Lindwurms eingehauen.

Vielleicht kann es als Entschuldigung und Erklärung dienen, daß die Umgebung mich ablenkte, jedenfalls wurde mir klar, daß das Besteigen einer solchen Treppe Übung erforderte und daß ich nicht gleichzeitig meine Umgebung beobachten und die Füße so setzen konnte, daß sie zu den Stufen paßten.

Na, hoch kam ich jedenfalls, und wir traten nun in einen großen Saal ein, in dem bereits eine Menge Menschen versammelt war, die trotz ihrer gutgekleideten und eleganten Erscheinung einen ziemlich

traurigen und verstimmten Eindruck machte. Teilweise lag das wohl an ihren Gesichtern, denn die meisten sahen nicht nur ernst, sondern fast besorgt und zerquält aus, allerdings glaube ich auch, daß ihre verschiedenen Flügel, die schlaff und freudlos wirkten, zu diesem Eindruck beitrugen.
Menschen, sage ich, doch um ganz genau zu sein, sollte ich eigentlich Männer sagen – es war nämlich nicht eine einzige Frau im Raum. Sie gehörten allesamt zu der gleichen vielbeschäftigten Sorte, die ich am Vormittag mit so großer Eile durch die Straßen hatte flitzen sehen, einige von ihnen erinnerten mich obendrein an die gespenstischen Büroangestellten des Heuerbüros. Der Saal hallte wider von einem gedämpften Stimmengewirr, das erst aufhörte, als eine Glocke erklang und wir alle auf den Stühlen Platz genommen hatten, die hintereinander in Reihen aufgestellt waren.
Der Redner des Abends war Professor Eberhard Flügel. Ich schickte dem effektiven Deutschunterricht meiner Realschule in Gedanken einen freundlichen Gruß. Er ermöglichte es mir nämlich, der Ankündigung der neuesten Errungenschaften der germanischen Geisteswissenschaft auf dem Gebiet der dädalischen Ikonographie mit der Erwartung zu lauschen, daß ich von diesem Vortrag etwas haben würde. Ich verstand zwar nicht, was das war, starrte dafür aber um so neugieriger Professor Flügel an, der nun unter stürmischem Beifall das Rednerpult bestieg. Sein buschiges Haar und der Bart betonten nur noch stärker die methodische Schärfe und Tiefe der waagerechten Stirnfalten, die unter anderen Himmelsstrichen unbekannt sind, und in den tiefliegenden Augen wohnte eine intellektuelle Trauer, die die Welt mit einer Mischung aus Mißtrauen, Hohn und Nachsicht betrachtete. Da er seine Hände nirgendwo anders anbringen konnte, umklammerte er damit die Vorderkante des Rednerpults. Mit der knochigen Struktur ihrer ungeheuer langen, krummen Finger hatten sie eine unverkennbare Ähnlichkeit mit Vogelklauen. Er schüttelte den Kopf wie ein Vogel, der seine Federn zurechtplustert, machte mit seiner recht plumpen Gestalt einen kleinen Hopser und schlug gleichzeitig ein paarmal mit den Flügeln, die dadurch zum Vorschein kamen. Die Hände oder Klauen noch immer um das Rednerpult gekrallt, hielt er sich ein paar Zentimeter über dem Boden in der Schwebe und begann in reißendem Tempo und mit einer knarrenden und zugleich pedantischen Stimme, die einen seltsamen Gegensatz zu der abnormen Levitation seines Körpers bildete, zu sprechen.
Meine Herren! Verehrte Zuhörer! Wer von uns träumt nicht davon,

einen Beitrag – und sei er noch so bescheiden – zu unserer gemeinsamen Leidenschaft, der dädalischen Wissenschaft, deren Entwicklung und Ergebnisse für uns eine so große Rolle spielen, daß unser zukünftiges Schicksal eng damit verbunden erscheint, leisten zu können; der Wissenschaft, die für einen jeden, der erst einmal in sie eingeweiht worden, ja von den Umständen dazu gezwungen worden ist, sich mit ihr zu beschäftigen, die Wissenschaft unserer Zeit par excellence darstellt, geboren fast gleichzeitig mit diesem Jahrhundert, in dem sie – das ist unsere Hoffnung und unsere Überzeugung – auch zu ihrer vollen Entfaltung gelangen und die glänzendsten Ergebnisse erzielen wird? Wer, so sage ich, hat sich unter diesen Umständen den Spekulationen entziehen können, zu denen die vielen ungelösten Fragen unserer noch so jungen Wissenschaft so reichlich Anlaß geben? Ich jedenfalls nicht. Wenn mein Gedanke während der Mittagsruhe dahindöst, dann reicht es, daß sich mir eine Fliege auf die Nase setzt, damit ich, wenn ich sie fortjage und ihren verwirrten und unberechenbaren Flug durch den Raum sehe, mich sofort wieder Auge in Auge mit den Rätseln fühle, die selbst unsere hartnäckigsten Analysen nicht haben lösen können.
So wenig gehört dazu: eine Fliege – es wäre in allerhöchstem Maße komisch, wenn der Anlaß, verglichen mit dem vielleicht durch ihn Verursachten, nicht unter allen Umständen gleichgültig wäre. Man braucht sich nur eine Entdeckung der gleichen revolutionierenden Einfachheit wie das Gesetz der Schwerkraft vorzustellen, das uns mit einem Schlag den Schlüssel zum Verständnis des gesamten bekannten Universums und vielleicht aller denkbaren Universa geliefert hat und das auch eine unumgängliche Grundlage für unsere Wissenschaft bilden wird, weil die Schwere die notwendige Voraussetzung für Leichtigkeit, Schweben und Flug darstellt. Doch lassen Sie mich betonen, daß es illusorisch ist, auf solche Wunder zu hoffen. Genaugenommen kennt die Wissenschaft nur harte und methodische Arbeit, womit ich keineswegs die Absicht habe, die seltenen Augenblicke plötzlicher, unvorbereiteter Einsicht zu verdächtigen oder hinwegzulügen, dafür gibt es in der Geschichte der Wissenschaften und in der Biographie großer Wissenschaftler genug Beweise – nur gehören sie gewissermaßen nicht mit zur Wissenschaft; es gibt sie, aber die Wissenschaft »kennt« sie nicht; sie sind eine Art Abnormität, und die Strafe folgt ihnen auf dem Fuß, wenn man ihnen zu viel Gewicht beimißt.
Die Fliege, die sich mir auf die Nase setzte, riß mich aus meinem unzulässigen Schlummer, ich fühlte mich wieder dem schmerzer-

füllten anatomischen Bewußtsein überlassen, das nun einmal von unseren Schulterblättern ausgeht und den Ausgangspunkt unserer Wissenschaft bildet. Ich vertrete die Hypothese, daß ihr Gegenstand der Menschheit bereits seit Urzeiten ahnungsvoll vorschwebt, weshalb ich bei dieser Gelegenheit Material vorlegen möchte, das zwar aufgrund der uns zur Verfügung stehenden knappen Zeit natürlich ungeheuer begrenzt bleiben muß, aber dennoch ein kleines Panorama bezaubernder Prophezeiungen ausmachen sollte.
Die Antike zeichnet sich durch die Naivität ihrer Bilder aus, durch die Anschaulichkeit ihrer Mythen und das ursprüngliche Fehlen allgemeiner Hygiene, die erst beliebt wurde, nachdem Platon sie eingeführt hatte. Die uns besonders angehende Geschichte ist ein ausgezeichnetes Beispiel dafür; denn wenn die Wissenschaft, mit der wir uns beschäftigen, nach Dädalus benannt wurde, dann ganz einfach deshalb, weil kein anderer Name eine so unmittelbare und anschauliche Vorstellung davon vermittelt, worum es eigentlich geht. Es sei denn, man wählte Ikarus, aber wer will sich schon mit dem Unglücklichen identifizieren, der im Flug abstürzte?
Wie Dädalus sind wir alle in einem Labyrinth gefangen, deshalb können wir keine Erfahrungen austauschen – oder, genauer gesagt: Die Erfahrungen, die wir unaufhörlich austauschen, sind uns zu nichts nutze. Ihre Unbrauchbarkeit erhöht nur das quälende Bewußtsein der Gefangenschaft als unabänderlichen Zustand.
Schliemann fand Troja, weil er an die Existenz dieser sagenhaften Stadt glaubte, doch trotz der Bewunderung, die wir unweigerlich für seine geniale Nase hegen müssen, die begrabene Städte aufspürte wie ein Hund Knochen, sollten wir das Troja nicht vergessen, das er dabei verlor, wie wir es auch nicht unterlassen sollten, dessen Strahlenglanz mit den katalogisierten Raritäten der wiedergefundenen Stadt zu vergleichen. Konnten sie wirklich das Troja ersetzen, das er in sich getragen hatte, wo Helena quicklebendig umherging und mit den verführerischen Intimitäten ihres treulosen Körpers seine Träume störte? Wo Kassandras unheilverkündende Augen bereits zu prophezeien schienen, daß die Stadt zweimal in Schutt und Asche versinken sollte? Und wo der Bauch des hölzernen Pferdes, wie die verklemmten Phantasien, die auf uns losgelassen werden, wenn wir es am wenigsten erwarten, edle Helden barg, die mordeten, plünderten und vergewaltigten?
Den dädalischen Spiegel – so möchte ich das Labyrinth nennen, Dädalus und seine berühmte Erfindung; es wäre ein eitles Unterfangen, wollte man den Ursprung des Spiegelbildes in dem langweili-

gen Skelett einer prosaischen Vergangenheit suchen, dessen Fleisch die Zeit längst verzehrt hat. Das Monopol für diese Form des systematisierten Wahnsinns überlassen wir mit Freuden dem 19. Jahrhundert und geloben uns, daß das 20. etwas Besseres bringen soll.
Aus dem Labyrinth des Organismus gibt es keinen Ausweg. Die Griechen kannten das Geheimnis der Mutation nicht, ahnten es jedoch, als sie Dädalus ein Paar Flügel konstruieren ließen. Minos, der »König« des Labyrinths, das heißt genauer dessen Gehirn, wurde schachmatt gesetzt, als Dädalus die Naturgesetze brach und in der Gestalt eines neuen Wesens sich selbst zur Freiheit verhalf. Was erzählt uns der mißlungene Flug des Ikarus? Viel zu lange vermochte er immer wieder nur den Moralismus des erhobenen Zeigefingers hervorzurufen, als lauschten wir einer erbaulichen und belehrenden Geschichte im Wohnzimmer des Herrn Geheimrats Biedermann: Hochmut kommt vor dem Fall – vergessen wir die Erde nicht in einem Augenblick des Hochmuts! Ich schlage vor, das Schwergewicht zu verlagern. Dafür gibt es zwei gute Gründe. Erstens gibt uns das die Möglichkeit, dieser Geschichte eine neue Erfahrung zu entnehmen; zweitens befreit uns das von einem moralischen Druck, dem wir alle viel zu lange unterworfen gewesen sind.
Die Geschichte erzählt nur, daß die von dem Vater konstruierten Flügel den Sohn nicht vor dem Labyrinth retten konnten. Die sich anbietenden Schlußfolgerungen sind so einfach, daß ich sie meinen verehrten Zuhörern nicht einmal vorzuführen brauche.
Bevor wir den dädalischen Spiegel verlassen, müssen wir jedoch mit einer Wahnvorstellung aufräumen – denn als solche schätze ich sie ein –, die ihren Ausgangspunkt ebenfalls in dem klassischen Spiegelbild findet. Die Tatsache, daß Dädalus die Flügel *konstruierte* und sie mit Bindfaden und Wachs an seinem Rücken befestigte, ist nur ein Ausdruck für das von mir als die Naivität der Bilder Bezeichnete. Die Griechen freuten sich wie Kinder über alle mögliche primitive Mechanik, und an der Erfindung der Dampfmaschine ist an sich zwar nichts Verwerfliches, doch unsere übertriebene Begeisterung über diese plumpe Maschinerie zeigt nur, daß wir in diesem Punkt die höchst kindischen Erben der Griechen sind. Dieser Hang wird bereits von gewissenlosen Profitjägern ausgenutzt, was nur den Grad der Verwirrung illustriert und den Ernst der Verpflichtung unterstreicht, den uns die Unvollkommenheit und Zweideutigkeit unseres augenblicklichen körperlichen Zustands auferlegen muß.
Ich möchte deshalb sofort zum Mittelalter übergehen und ein Bild beschwören, das zwar auch naiv, uns jedoch näher und vertrauter

ist, stärker mit der Kindheit des einzelnen als mit der Kindlichkeit des Erwachsenen verbunden: So, wie das Christentum nun einmal zu der Luft geworden ist, die wir einatmen, zu der Lebensatmosphäre, der sich kein Abendländer entziehen kann – im Gegensatz zur Antike, die sich nur unter Überwindung der grammatischen Hindernisse toter Sprachen und durch den mühseligen Rundgang unter trostlosen Marmorfiguren der Pinakotheken zurückerobern läßt.

Oder sagen Sie mir: Ist der Engel nicht in jedem Kinderzimmer ein- und ausgegangen? Ich weiß nicht, ob es möglich ist, den Abstand zu messen zwischen den Vorstellungen, die die scholastischen Philosophen mit dem Begriff Engel verbanden, und dem Bild eines sanften und freundlichen Wesens in langen weißen Gewändern, das uns allen so vertraut ist, obgleich wir unmöglich sagen können, woher wir es eigentlich haben.

Wenn ich an Giotto denke, stelle ich mir immer einen sehr muskulösen Mann vor, der zwei Kumpane während einer Schlägerei am Hals packt, sie auseinanderreißt und mit seinen gewaltigen Fäusten gründlich durchschüttelt. *Hier* ist der Tod, das heißt das Leben mit seinem unabwendbaren Verlauf, *dort* das ewige Leben der Seele. *Hier* der tiefe Kummer, der die Trauernden versteinert, *dort* die Transzendenz des Schmerzes in himmlischer Choreographie. *Hier* der Mensch als Architektur, als Tempel und Monument, *dort* die tanzende Inkarnation des Traumes in rundlichen, umherschwirrenden Engelkerlchen.

Hierin zeigt sich die Spitzfindigkeit der mittelalterlichen Menschen ebenfalls: Um die ihnen vorschwebende Ahnung zu veranschaulichen, bilden sie aus der Vereinigung von Kind und Vogel ein neues Wesen. Freilich kannte die Antike die Geflügelten ebenfalls, doch woran wir uns *entsinnen* und was der dädalische Spiegel uns gezeigt hat, ist eine mechanische und technische Lösung des dringenden Problems. Die Lösung des Mittelalters ist phantastisch und theologisch, sie verzaubert uns durch ihre Phantasie, doch sie ist inakzeptabel für unsere Vernunft. Hier bemerken wir, verglichen mit der Antike, nun einen anderen Unterschied: Es konnte, wie sich gezeigt hat, verführerisch sein, irgendeine banale Wirklichkeit als den Ursprung des Bildes zu suchen – dem seligen Schliemann in schmerzlicher Erinnerung; doch niemandem würde es im Traume einfallen, daß er jene Stadt ausgraben könne, die Heimat der Engel war, und es würde auch niemandem aus Fleisch und Blut in den Sinn kommen, die Kristallhimmel zu besuchen, in denen sie woh-

nen, wenn sie zwischen den jämmerlichen Hütten auf dieser sündigen Erde nichts zu tun haben.
Das nächste von mir projizierte Bild läßt uns mit vollem Recht erschauern. Wie kann es angehen, daß die Fledermausschwingen der Dämonie gerade dann zum Leben erwachen, wenn wir uns unserer eigenen Zeit nähern? Es ist, als umwogte uns Goya mit den unappetitlichen Winden aus den Gedärmen des Menschen, und wir entdecken zu unserem Schrecken, daß wir in ihnen die verleugnete Identität des Menschen wiederfinden. Doch selbst in dem hermetischen Universum der Gasarten lebt der Traum wie in einer häßlichen, verzerrten Gestalt – was sage ich da: der Traum? Nichts ist jemals den flüchtigen und unglaubwürdigen Bildern des Traumes ferner gewesen als diese Manifestation einer supergenetischen Tendenz, deren Fährte wir seit Urzeiten folgen können und die wir, erst wir, kraft der Auswüchse, die den eigentlichen Grund unseres Beisammenseins hier heute abend ausmachen, zu verstehen beginnen. Ich starre, das gestehe ich gern, Goyas Bild voller Grauen an, auf dem der eine Zauberer dem anderen Nägel wie gehörnte Klauen schneidet, während der dritte hinter ihnen seine Schwingen hebt, wobei er sie mit einer mahnenden Geste vor den neugierigen Blikken anderer abschirmt, uns aber gleichzeitig zu Mitwissern macht – und bald wird er sich zum Flug erheben, nicht wahr, und das Dunkel der Fledermausschwingen wird nicht von den schweren Wolken zu unterscheiden sein, deren Flügelspitzen die Gegenwart des Vogels verraten, der, wenn er seine Flügel ganz ausbreitet, das Universum umspannt.
Schließen wir einen Augenblick die Augen und lauschen: Hören wir nicht das deutliche Klicken der metaphysischen Schere, die die knochenharten Spitzen der Nägel abspringen und durch die Luft sausen läßt wie tödliche Projektile, die sich geradewegs ins Gehirn einbohren? Ja, es ist wirklich so, als stürbe man ein wenig bei der Betrachtung dieser Aquatintaminiatur, und während uns sowohl der dädalische Spiegel wie auch der mittelalterliche Engel durch die unumstößliche Größe ihrer Naivität versöhnen, erregt uns Goya durch die unbarmherzige Objektivität, in der wir das grausame Thema unserer eigenen Zeit wiederfinden.
Diese Flügel hat die Zoologie der unerträglichen Normalität des Menschen seltsam eingepflanzt, und nur ein Fegefeuer wird aus diesem grotesken, doch wahrhaftigen Alptraum einen erträglichen Zukunftstraum herausschmelzen können. Das Bild ist wie ein Negativ, das bei langer Betrachtung das Positiv hervorspringen läßt, doch

dieses Positiv ist nur ein Schattenbild, dessen Umriß wir ablesen können, während der Rest im Dunkel liegt. Was enthält es wohl? Was hat es uns zu bringen? Was haben wir ihm zu bringen? Und was hatte das vergangene Jahrhundert an Fegefeuer zu bieten? Wir müssen uns aus der in den mittelalterlichen Vorstellungen zu findenden rührenden Inszenierung des Leidens befreien – wenn wir das tun, brauchen wir das Fegefeuer vielleicht nicht als die uns nichtberührende Symbolik eines fernen Zeitalters zu erleben: Feuerzungen, die an den staksigen Beinen eines Haufens nackter, verschreckter Marionetten emporlecken; statt dessen sehen wir plötzlich als etwas Gegenwärtiges die tausend unnennbaren Qualen eines gewöhnlichen Alltags in unserer vorwärtsstürzenden Zeit, den handgreiflichen Schmerz unseres eigenen vergitterten Fleisches und das unserer Umgebung.
Wenn dies das 19. Jahrhundert war, was hat dann das 20. zu bringen? Wir flüchteten über die Grenzen Europas zu den fernsten Winkeln, weil wir die Geheimnisse dieser öden Weiten nicht dulden wollten, und die Flucht geht weiter, bis der Mensch sich auf unserer Kugel im Universum wieder Auge in Auge selbst gegenübersteht.
Das Finden eines Auswegs aus diesem Zustand wird in der kommenden Zeit für die Menschen immer akuter werden, wir tragen ihn mit uns, die Antwort wächst an unseren Schulterblättern. So, wie die Stigmatisierung das sichtbare Zeichen des transmenschlichen Zustandes des Heiligen war, der Identifikation mit dem Versöhner und den Leiden des Versöhners, so sind die neuen Extremitäten das Zeichen der transmenschlichen Identität, die sich nahezu gegen unseren Willen unseren ungeeigneten Körpern aufgezwungen hat und die uns aus den Begrenzungen hinaus- und über sie hinwegheben wird, die uns zu willen- und sinnlosen Elementen in der unüberschaubaren Textur einer mittelmäßigen demokratisierten Hölle zu machen drohen.

Während er die letzten Worte äußerte, begann Professor Flügel, wie um ihnen eine sichtbare Bestätigung zu verleihen, sich langsam über das Rednerpult emporzuheben. Seine Hände, die sich bis dahin um die vordere Kante gekrallt hatten, stützten sich nun bald nur noch mit den Fingerspitzen darauf ab, doch zuletzt ließen auch sie los, und er hing völlig frei im Raum, fast waagerecht, doch mit etwas angehobenem Oberkörper, ein bißchen wie eine Galionsfigur. Trotz seiner untersetzten Gestalt, die ich erst jetzt richtig sehen konnte, wirkte er beeindruckend, um nicht zu sagen furchteinflößend. Die langen schwarzen Rockschöße hingen an den Seiten des Körpers wie ein Paar zusätzliche, nicht in Gebrauch befindliche Flügel herab und machten den Eindruck noch gravitätischer. Im Saal war es totenstill, und mir war, als spürte ich irgendeine benommene und ungläubige Bestürzung, irgendeinen inneren Kampf zwischen Übergabe und Verleugnung. Professor Flügel bewegte sich jedoch unter den Lüstern schwebend über die Versammlung hinweg, während sich die nach oben gerichteten Köpfe alle langsam wandten, um seiner Lufttour zu folgen. Indem er so über die Zuhörer hinwegschwebte, begann er Flugblätter herabzuwerfen, die er aus der Rocktasche gezogen hatte und nun einzeln über die Versammlung hinunterflattern ließ, wo so viele und so eifrige Hände gleichzeitig danach griffen – alle gleichermaßen abgeneigt loszulassen, wenn sie erst einmal zugepackt hatten –, daß sie in vielen Fällen letzten Endes in Fetzen gerissen wurden. Dadurch entstand im Saal einige Unruhe, und ich orhielt das Gefühl, daß die versammelten Körper, die sich während des Vortrags unbeweglich verhalten hatten, diese Gelegenheit, sich bewegen zu können, begierig ergriffen und geradezu einen großen Wirbel veranstalteten, weil sie sich nun unbeherrscht und mit übertriebener Ausgelassenheit benehmen konnten. Professor Flügel flog jedoch ruhig weiter, stolz erhaben über das Getümmel, das seine Flugblätter verursachten, das Gesicht gezeichnet von einer schmerzlichen Konzentration, die etwas über den Preis für seinen Triumph aussagte. Sein fliegender Körper in dem korrekten, soliden Schneideranzug wirkte erschreckend, dennoch aber war es sein Kopf, der mich richtig erschreckte. Die intellektuelle Trauer der Augen, ihr betrübter und einsamer Ausdruck der Verwerfung, als könne nichts sie jemals mehr beeinflussen, hatte an Stärke zugenommen und auf das übrige Gesicht übergegriffen. Anscheinend war er außerstande zu sehen, was direkt unter seiner Nase vor sich ging, denn unbeirrt und mit mechanischen Bewegungen ließ er immer weiter Flugblätter über die Versammlung herabrieseln, die allmählich durch wilde Verwirrung geprägt war. Hier und da entwikkelte sich der Kampf um die Flugblätter langsam zu einem Handgemenge, und mehrere ältere Herren hatten sich auf den Fußboden geworfen, wo sie jetzt zwischen den Stuhlbeinen auf allen vieren herumkrochen, um auf diese Weise eines der begehrten Blätter aufzuschnappen. Mich hielt sicher nur meine provinzielle Unzulänglichkeit von einer Teilnahme an diesem demütigen Wettstreit zurück, der sie Professor Flügel selbst hatte vergessen lassen. Ich jedoch konnte meinen Blick nicht von ihm losreißen, wie er da so schwermütig, völlig von dem vollendeten Mirakel seines eigenen Gedankens verschluckt, vorsichtig hin und her manövrierte, und während ich ihn so anstarrte, ging es mir plötzlich auf, ja, es ging mir auf, daß er sich sehnte. Er sehnte sich wild und wahnsinnig. Er sehnte sich nicht danach, fliegen zu können. Er sehnte sich nicht nach dem Besitz von Flügeln. Er sehnte sich danach, einen Spaziergang machen zu können und an nichts anderes denken zu müssen als an Wind und Wetter. Er sehnte sich danach, mit jemandem zusammenzustoßen und dafür Verzeihung zu sagen, danach, auf einer Bank im Park zu sitzen, schließlich einen Vorbeigehenden zu grüßen, an dessen Namen er sich zu seinem Ärger nicht erinnern konnte. Eine verlorene Welt – er wagte nicht einmal, an sie zu denken, er *konnte* nicht an sie denken, denn er hatte vergessen, wie, und wenn er es versuchte und abgelenkt wurde, würde er vielleicht herabfallen. Und er hatte Angst, sich weh zu tun – und so er konnte nicht.

Ich war erschreckt worden, einmal durch das um sich greifende Getümmel, zum anderen durch die einsame Kraftleistung Professor Flügels, und ohne daran zu denken, mir eines der Flugblätter zu sichern, strebte ich dem Ausgang zu, eilte die monumentale Treppe hinunter und ins Freie hinaus, wo ich durch die Straßen spazierte, die nun menschenleer und dunkel und nur ab und zu von vereinzelten Gaslaternen erleuchtet waren. Verirrt in diesem Labyrinth aus Dunkelheit, ging ich lange auf gut Glück weiter, doch als ich einen schwachen Brandgeruch in der Luft spürte, wurde mir klar, daß ich mich in der Nähe des Viertels befinden mußte, wo das große Feuer gewütet hatte. Ich mußte daran denken, wie viele Unglückliche dabei wohl umgekommen waren, aber das konnte ich vielleicht in einer der Bierstuben erfahren, an deren erleuchteten Fenstern ich in Abständen vorbeikam.

Ich nahm meinen Mut zusammen und betrat eine davon. Als ich die Tür öffnete, glaubte ich zunächst, in dem Raum, den ich betrat, sei ein neues Feuer ausgebrochen, denn die Menschen bewegten sich in einem dicken Rauch oder Nebel, wobei sie brüllten und schrien, als befänden sie sich in Lebensgefahr, und viele von ihnen taumelten umher, als suchten sie verzweifelt, dieser Hölle zu entkommen. Ich schlich mich an der Wand entlang und fand Platz an einem Tisch, wo ein paar der Trunkenbolde saßen, von denen, das hatte ich bald begriffen, das Lokal voll war. Hin und wieder waren da auch Frauen, von denen die eine Hälfte spindeldürr war und schmale Gesichter hatte, die an winzig kleine Särge denken ließen, während die andere

Hälfte, fett und vollbusig, mit überdimensionierten Pfoten und Wurstfingern die riesigen Bierkrüge packte.
Während ich mich da so an die Wand drückte, sah ich, daß einer der Särge mich anlächelte; nun hatte ich mich zwar weit über die Ermahnungen hinweggesetzt, die ich von zu Hause mitbekommen hatte, wagte aber dennoch nicht zurückzulächeln. Dafür benutzte ich die Gelegenheit, als sich ein neuangekommener Gast an meinem Tisch niederließ, und stellte einige der Fragen, die mir auf der Zunge brannten.
Junger Freund, sagte er, ich kann fast nicht darüber sprechen, so fürchterlich ist das! Weshalb glauben Sie, sitze ich hier? Glauben Sie, ich finde es lustig, von Säufern und Huren umgeben zu sein – ich, der ich eine Gattin so rein wie eine Taube hatte –, nein, da kennen Sie mich schlecht. Doch wozu kann die Verzweiflung einen Mann nicht treiben!
Er bestellte beim Kellner einen Krug Bier und ein Glas Branntwein und fuhr fort, indem er das Branntweinglas hob: Wo sucht ein unglücklicher Vater Trost in seiner Trauer? Heute nacht verbrannten meine Frau und meine drei ältesten Kinder – nur die beiden Kleinsten sind noch übrig. Die konnte ich selbst aus dem brennenden Haus retten, denn ich packte eins unter jeden Arm und sprang mit einem Satz die brennende Treppe ein Stockwerk hinunter. Es war wie der Sprung in das Flammenmeer! Und dabei wußte ich ja noch nicht einmal, ob der Treppenabsatz dort unten bereits durchgebrannt war, so daß wir durchbrechen und im Fallen zerschmettert werden oder uns jedenfalls Arme und Beine und vermutlich auch den Rücken brechen würden. Doch ich sprang trotzdem, es war der einzige Ausweg. Den Absatz umloderten zwar auch Flammen, aber ich warf mich die nächste Treppe hinunter, so daß ich mit den beiden Kleinen in den Armen hinunterrollte. Es war ein Wunder, daß wir uns nicht alle Knochen im Leib brachen, doch nur das eine der beiden Kleinen wurde ernsthaft verletzt. Unsere Sachen hatten zwar Feuer gefangen, aber beherzte Menschen warfen sofort Bettdecken und Teppiche über uns, so daß wir mit versengten Augenbrauen und stellenweise angesengtem Haar davonkamen. Währenddessen hörte ich meine Frau und meine Kinder dort oben um Hilfe rufen.
Springt! rief ich. Um Gottes willen, springt!
Doch sie trauten sich nicht. Hätte auch ich nur eine Sekunde überlegt, so wäre ich verloren gewesen. Dann hätte ich den Sprung auch nicht gewagt, das ist ganz sicher.

Junger Mann, ich will Ihnen etwas erzählen. Das Feuer ist schrecklich, weil man das Gefühl hat, es strebe zu einem hin. Man kann nicht umhin zu denken, es will *mich!* Und denken Sie auch daran, daß es völlig wahnsinnig lärmt und kracht und knistert und gleichzeitig einen erstickenden Rauch aussendet, ganz genau wie ein Tier, das sein Opfer erst mit einem Gift oder irgend so etwas lähmt, um es danach ungestört verzehren zu können.

Zuletzt sprang der älteste meiner Söhne, doch da war es zu spät. Die anderen schrien immer weiter, und ich stand da und hörte das Ganze. Ich konnte ihnen nicht zu Hilfe kommen, und die Leute versuchten mich fortzuziehen, aber ich blieb stehen und mußte schließlich mit Gewalt fortgeführt werden. Hätte ich nicht die beiden kleinen Würmer gehabt, hätte ich den Verstand verloren, doch das verhinderten sie. Ich mußte mich ja um sie kümmern, sonst waren sie verloren, zuletzt nahm ich sie also hoch und ging mit ihnen fort. Ich kehrte dem Haus den Rücken, es war nur noch eine Ruine und würde nie mehr mein Zuhause sein, und das ist auch einerlei. Doch wo sollte ich hingehen? Stellen Sie sich mein Unglück vor! Geld hatte ich fast überhaupt nicht, das Wenige, was ich hatte, war zusammen mit der Familie verbrannt, und da ich hier in der Stadt auch keine Verwandten habe, hatte ich niemanden, den ich um Hilfe bitten konnte. Freunde? Sie waren entweder verbrannt oder genauso unglücklich gestellt wie ich selbst, und übrigens, wie viele Freunde hat der Arme in einer Stadt wie dieser? Ich lebe von meiner Arbeit im Hafen oder wo ich nun mal Arbeit bekommen kann, und da geht es nur um eines, nämlich, sich eine Arbeit zu verschaffen, die so gut wie möglich bezahlt wird, und sie, wenn nötig, deinem Freund vor der Nase wegzuschnappen. Wie viele Freundschaften können das aushalten? Da stand ich also nun, das Armenbüro macht erst morgen auf, nirgendwo konnte ich hingehen – noch nie bin ich einen so schweren Gang gegangen wie den, zu dem ich mich nun aufmachte. Während es dunkelte, wanderte ich mit meinen beiden Kleinen auf dem Arm durch die Straßen, und wissen Sie, was ich tat – ich schäme mich, es sagen zu müssen, doch Ihnen will ich es erzählen, damit Sie mein Unglück verstehen: Ich durchsuchte die Mülleimer, um für meine beiden Kleinen und für mich Essen zu beschaffen! Dabei war ich taub und blind vor Schmerz und Verzweiflung und Hilflosigkeit, ich lief und lief nur stundenlang, ohne daran zu denken, wie das enden sollte oder wo meine Wanderung mich hinführen würde. Zuletzt konnte ich nicht mehr, ich sackte buchstäblich zusammen; der Zufall wollte, daß da gerade eine Kellertreppe war –

sind das nicht solche Dinge, die einen an die Vorsehung glauben lassen? Als ich wieder zu Kräften gekommen war, tastete ich mich die Treppe hinunter und entdeckte, daß die Tür zum Keller angelehnt war. Ich ging hinein, und stellen Sie sich vor, in einem Winkel lagen ein Haufen Säcke und alte Lumpen, auf denen meine beiden Kleinen liegen konnten. Sie schliefen augenblicklich ein, und ich selbst sank vor Ermattung zusammen, aber schlafen konnte ich dennoch nicht. Um mich herum im Dunkeln hörte ich die Ratten rascheln, doch das konnte ja noch hingehen: Wach hielten mich die Schreie meiner unglücklichen Gattin und meiner Kinder, die nun plötzlich zu mir zurückkehrten. Ich begann am ganzen Körper zu zittern, ich bin zwar ein großer, starker Mann, aber dennoch klapperten mir die Zähne. Wie soll ich denn mit dem morgigen Tag fertig werden, wenn ich in dieser Verfassung bin, dachte ich. Nein, das geht nie! Und ich beschloß, hierherzugehen und mir für mein letztes Geld eine Herzstärkung zu genehmigen. Ja, morgen wird ein harter Tag, der härteste meines Lebens. In dem Keller kann ich nicht bleiben, sobald sich das erste Tageslicht am Himmel meldet, muß ich raus, sonst riskiere ich eine Anzeige bei der Polizei, und dann werden mir die beiden Kleinen fortgenommen. Und wo soll ich Essen für sie beschaffen? Und wie soll ich arbeiten gehen, wenn ich mich gleichzeitig um sie kümmern muß? Nein, jetzt im Augenblick sieht alles so verzweifelt aus, daß ich nicht weiß, wie ich es schaffen soll, aber ich gebe nicht kampflos auf, und ich bin Ihnen dankbar, weil Sie meine Geschichte haben hören wollen.
Tief bewegt schob ich ihm einen Schein über den Tisch hin.
Nein, rief er abwehrend, das nicht! Ich war froh, daß ich einen Zuhörer hatte. Irgendwie ist das Ganze jetzt nicht so schwer, wo ich mein Herz erleichtert habe. Daß wir uns hier treffen sollten! Mit wem hätte ich sonst sprechen sollen, sagen Sie mir das. Schauen Sie sich doch mal um – nein, mit wem hätte ich sprechen sollen? So eine Bande Trunkenbolde und säuische Weiber! Aber Sie sind ein Fremder. Wer sind Sie, woher kommen Sie?
Dort, wo ich herkomme, antwortete ich, haben wir immer gelernt, einem Menschen in Not zu helfen. Nehmen Sie nur – ich habe noch immer reichlich für die Reise, obgleich ich für ein Paar Stützen bei Dr. Müller eine größere Menge aus dem Fenster geworfen habe.
Ich bin völlig überwältigt, sagte er und bestellte bei dem Kellner ein Glas Branntwein. Wie kann ich Ihnen danken? Nun brauche ich nur noch eine letzte Herzstärkung, dann muß ich nach Hause in den Keller zu den Kleinen.

Er beugte sich über den Tisch und flüsterte mir zu: Ich will Ihnen zeigen, wo es ist. Ich will Ihnen meine beiden kleinen Lieblinge zeigen. Sie sind so gut zu mir gewesen, darf ich Sie meinen Freund nennen?
Er starrte mich mit aufgerissenen Augen an, in denen ich noch immer den Schmerz und die Verzweiflung über die durchlebten Leiden las. Sein Atem betäubte mich fast, so stark roch er nach allem möglichen, und mit seinen großen Händen ergriff er meine Hand, die noch auf der Tischplatte lag, und drückte sie heftig. Es mußte schon lange her sein, seit der Arme im Hafen Arbeit gehabt hatte, denn seine Hände waren weich und übrigens auch feucht, als drückte ich einen Schwamm, um unsere Freundschaft zu besiegeln. Niemand wird mir die Geschichte glauben, wenn ich nach Hause komme, wenn ich das nicht mit eigenen Augen gesehen habe, dachte ich. Das Leben in der Großstadt ist weitaus grausamer, als sich irgend jemand daheim vorstellen kann, aber wie soll ich sie davon überzeugen, wenn ich nicht selbst die fürchterlichsten Zustände in Augenschein genommen habe? Sie werden glauben, ich phantasierte oder prahlte – ich kenne sie, gegen die komme ich nicht an!
Kommen Sie mit! flüsterte mein Freund und drückte erneut meine Hand, aber um Gottes willen: Kein Wort – stellen Sie sich vor, irgendeiner dieser Banditen hier folgt uns und findet das Versteck, wo ich meine beiden kleinen Schätze verborgen halte!
Während er bezahlte, entdeckte ich, daß einer der Särge – die gleiche, die mich zuvor angelächelt hatte – mich nun mit einem brennenden Blick betrachtete, dessen Strahlen an mir wie ein weiches Fluidum festschmolzen, das langsam an meinem Körper hinunterlief. Mir wurde warm und gleich darauf kalt, ich war verblüfft über die Entdeckung, daß die Verführerin Mittel besaß, mit denen sie mich von der Stelle an der entgegengesetzten Wand her, wo sie saß, berühren konnte, über einen Abstand von mehreren Metern hinweg. Auch das würden sie nicht glauben, dachte ich bei mir; doch davon will ich sie auch nicht zu überzeugen suchen.
Glücklicherweise standen mein Freund und ich gleich darauf auf der Straße in der frischen Nachtluft. Er nahm mich beim Arm, wir gingen los. Damit ich im Dunkeln nicht über irgend etwas stolperte, drückte er meinen Arm mit einem festen Griff, und beim Gehen bat er mich, von Dr. Müllers Stützen zu erzählen, die ihn anscheinend sehr interessierten, obgleich er offenbar zu den Glücklichen ohne diese Auswüchse gehörte, deren Emporwachsen meine Verwunderung und meine Sorge geweckt hatten. Ich mußte die Sicherheit be-

wundern, mit der er den Weg fand – soweit ich sah, bewegten wir uns aufs Geratewohl umher, durch eine Unzahl von Straßen, die ich natürlich überhaupt nicht auseinanderhalten konnte, aber dennoch gelangten wir schließlich zu dem Kellerschacht, der in sein zwischenzeitliches trauriges Zuhause hinabführte.
Nun sind wir da, sagte er, gehen Sie ruhig hinunter, ich komme nach – aber fallen Sie bloß nicht.
Die einsame Gaslaterne auf der entgegengesetzten Straßenseite vermochte das Dunkel, in das ich hinabstieg, überhaupt nicht zu erleuchten, obgleich der Kellerschacht nicht sonderlich tief war. Ich tastete mich vorsichtig mit den Füßen vor, wobei ich Schritt für Schritt hinunterstieg, und bald stand ich vor der geschlossenen Tür. Ich hörte meinen Freund schwer atmen, während er hinterherkam, und aus irgendeinem Grund schien mir sein Abstieg eine Ewigkeit zu dauern.

Den Rest muß ich wohl lieber ein andermal erzählen, unterbrach sich Elias Lönn. Wenn wir nicht bald dies – diesen, wie man es nun nennen mag – beiseite schaffen, kommen wir ja nie weiter.
Sie nahmen ihre Wanderung wieder auf, und es dauerte nicht lange, da erblickten sie in der Ferne den haltenden Zug. Aus dem Ventil der Lokomotive stieg ein wenig Dampf empor, aber das war auch die einzige Bewegung, die zu sehen war. Obgleich sie selbst von dem Zug hergekommen und nun auf dem Weg zurück waren, wirkte sein Anblick beunruhigend und unglaubwürdig auf sie, es hätte sie nicht gewundert, wenn er sich plötzlich wie eine Fata Morgana aufgelöst und sie in einer völlig anderen Wirklichkeit zurückgelassen hätte, im Begriff, ganz andere Leben zu leben, und als Personen, deren Namen und Schicksal man nur erraten konnte. Doch der Zug wurde ganz im Gegenteil immer wirklicher, je näher sie kamen, sie verloren keine einzige ihnen bekannte Identität, und schließlich war da ja auch noch der Sack, um den nicht herumzukommen war. Wenn es sich also um eine Luftspiegelung handelte, dann bildeten sie selbst jedenfalls einen Teil davon, trugen zu ihren phantastischen Bewegungen und zu ihrer Illusion des Lebens bei und konnten mit ihr in einem Nichts verschwinden, durch dessen Prisma das Licht sie zum Leben erweckt hatte.
Als sie den Zug erreicht hatten, schwitzten sie von der Sonnenhitze, besonders der Scholier.
Wo hast du denn deine Jacke gelassen? fragte Frau Lönn, als sie einstiegen – die Frau des Meieristen lag friedlich schlafend da.

Elias Lönn setzte sich.
Ich mußte die Jacke für den Sack geben, sagte er. Was sollte ich machen? Aber ich muß immer daran denken, ob wir hier wohl das Richtige tun.
Normalerweise weißt du immer ohne Zweifel, was das Richtige ist, bemerkte Frau Lönn.
Ja, sagte er, das ist schon immer meine starke Seite gewesen, aber das gilt in Situationen, wo es um das Leben geht oder wo es etwas mit dem Leben zu tun hat.
Ich muß schon sagen, erwiderte Frau Lönn, hat das vielleicht nichts mit dem Leben zu tun, daß du deine Jacke für einen alten Sack gegeben hast?
Elias Lönn antwortete nicht darauf.
Dann meinte er: Es gefällt mir nicht, daß wir hier halten. Warum mußte sie auch gerade – warum mußte es ausgerechnet hier passieren, so daß der Zugführer den Zug anhalten mußte?
Passiert ist passiert, stellte Frau Lönn fest, und im übrigen ist das ja ein Glück für die arme Frau, und um sie geht es ja.
Nein, behauptete Elias Lönn, sie ist vielleicht eine Art Kanal oder ein Transformator oder ein Relais; es geht nicht um sie, aber das da – er zeigte auf den Sack –, oder das ist – ich weiß nicht, was es ist – etwas Unverständliches – etwas, was durch sie hindurchgegangen ist –, das hat nichts mit dem Leben zu tun, und deshalb weiß ich nicht, was das Richtige ist. Aber ich habe das Gefühl, wir sollten hier nicht halten.
Schon möglich, das verstehe ich nicht. Soweit ich sehe, halten wir hier ausgezeichnet, aber wir kommen jedenfalls nicht vom Fleck, bevor wir diese Sache nicht abgeschlossen haben, und ich dachte, wir wären uns einig darüber, daß wir der armen Frau helfen wollten. Kann es denn nicht gleichgültig sein, was in Wirklichkeit mit ihr passiert ist. In wessen Wirklichkeit? frage ich. Natürlich in ihrer eigenen, aber die kann doch genausogut sein wie unsere, schloß Frau Lönn.
Ich weiß nicht mal, ob es ihre eigene ist, bemerkte Elias Lönn, das können wir jedenfalls nicht sicher wissen. Wir kennen X nicht.
Frau Lönn erhob sich. Das mag schon sein, doch nun finde ich, daß wir genug geredet haben, und so kann es nicht weitergehen.
Sie nahm den Sack. Der Zugführer war nicht da, der Lokomotivführer aber war sitzengeblieben. Der Scholier schwitzte, der Oberst runzelte die Brauen. Elias Lönn sah hinaus über die Felder in die Richtung, wo, wie er jetzt wußte, Utgard liegen mußte.

Frau Lönn ging zu der schlafenden Frau hin. Ohne sie zu wecken, nahm sie das zwischen dem Körper der Frau und der Rückenlehne Versteckte und ließ es schonend, als könne es entzweigehen, ganz in den Sack hinuntergleiten, wo es – ohne auch nur einen Augenblick sichtbar gewesen zu sein – völlig verschwand. Elias Lönn blickte währenddessen auf den Fußboden. Böje Thompson stand in strammer Habachtstellung. Die Augen des Scholiers irrten umher, er sah aus, als wünsche er sich tausend Meilen weit weg. Der Lokomotivführer rührte sich nicht vom Fleck.
Ein Schnarchen der schlafenden Frau, die sich gerade in dem Augenblick bewegte, ließ sie zusammenfahren. Sie sahen aus, als hätten sie eine Ohrfeige bekommen. Sie konnten sich dem Anblick des schlaffen Sacks nicht entziehen, der wie eine gefährliche Provokation, die eine Erklärung verweigerte, zwischen ihnen auf dem Fußboden lag. Wenn bloß der Sack nicht dagewesen wäre! Das andere hätte man vielleicht verschweigen können, und jedenfalls ging es sie in gewisser Weise ja nichts an. Doch der Sack ließ sich nicht verschweigen, so, wie er mit seinem gefährlichen Inhalt dalag – ihn beherrschte eine fürchterliche Inertie, die sich weder auflösen noch ignorieren ließ. Seine schalkhafte Anwesenheit war um so schlimmer, als sie sie selbst zuwege gebracht hatten. Es war ein geflickter und gestopfter Sack, der ganz sicher einen langen Lebenslauf hinter sich hatte, sozusagen eine Persönlichkeit war, und hier auf dem Fußboden in diesem Eisenbahnwagen – aber weshalb? Weshalb? – präsentierte er mit unverschämter Aufrichtigkeit eine Forderung, die sie nicht mißachten konnten.
Aber es war fürchterlich, der Sack hier und die Landschaft dort draußen. Und der Zug, der noch immer am selben Fleck hielt. Inertie.
Der Scholier machte Miene aufzustehen und sagte: Na, dann müssen wir wohl.
Elias Lönn erhob sich schwerfällig und bückte sich, um den Sack aufzuheben, als demütige er sich vor ihm.
Kann das wirklich stimmen? fragte er, als er mit dem leeren Sack in der Hand dastand.
Doch niemand wußte einen Rat, weil nun einmal etwas geboren war, wovon sie irgendwie die Augen abwenden mußten, als schämten sie sich für dieses Etwas oder wollten dessen Existenz nicht anerkennen.
Existenz?
Der Scholier stieg zuerst aus dem Wagen aus, reichte eine Hand em-

por, als sei Elias Lönn ein Greis, der Hilfe brauche, oder um ihm den Sack zu erleichtern, als sei der Inhalt irgend etwas Zerbrechliches und müsse mit Vorsicht behandelt werden. Das wäre nicht nötig gewesen – Lönn kam selbst zurecht, er sprang fast mit dem Sack in der Hand, und das ging wunderbar.
Während sie den Feldweg entlanggingen, sagte der Scholier: Jetzt wäre eine Lied ganz gut, aber ich kenne, keins, das zu dieser Gelegenheit paßt.
Nein, denn hier gibt es nichts zu besingen, bestätigte Elias Lönn, das schlimmste ist jedoch: Es paßt auch nicht mit der Vernunft zusammen, denn es hat überhaupt keinen Sinn; also, daß wir hier langgehen.
Macht das so viel aus? fragte der Scholier leicht dahin. Ich bin immer für alles zu haben gewesen, auch wenn ich darin keinen Sinn sehen konnte.
Elias Lönn erwiderte: Das kann ich nicht anerkennen. Und sagte dann: Daß nichts so schwer sein kann.
Er nahm den Sack in die andere Hand.
Ein wenig später lachte der Scholier laut auf.
Hören Sie mal, rief er, wir sind vielleicht dumm! Nun sind wir ja außer Sichtweite des Zuges. Weshalb legen wir den Sack nicht einfach unter irgendeinen Strauch und setzen uns ins Gras und plaudern ein bißchen, statt hier herumzuschwitzen? Ich hätte große Lust, Ihnen von meinem Aufenthalt in Santa Demonica zu erzählen; und Sie sind mit Ihrer Geschichte auch nicht fertig geworden.
Doch davon wollte Elias Lönn nichts hören.
Möglich, daß das hier der reine Wahnsinn ist, sagte er, aber dann muß es eben bis zum bitteren Ende wahnsinnig sein. Was glauben denn Sie, wofür ich meine gute Jacke hergegeben habe? Jetzt muß ich diesen Sack mitsamt Inhalt in einer Mergelgrube verschwinden sehen, sonst macht überhaupt nichts mehr einen Sinn.
Der Scholier übernahm den Sack, warf ihn über die Schulter und sagte: Dann eben nicht! Ich fand das eigentlich eine gute Idee. Ich habe schon immer Ideen zu schätzen gewußt, die mir das Dasein erleichtern, aber ich bin natürlich auch sehr leichtsinnig, und ich gebe gern zu, daß es nur allzuoft schiefgegangen ist.
Sie waren zuerst nach Norden gegangen, waren nun aber nach Osten abgebogen, wie es ihnen der Lokomotivführer erklärt hatte. Er war zwar selbst nie bei der Mergelgrube gewesen, hatte aber oft davon sprechen hören. Die Mergelgrube, hatte er gesagt, die kennen alle Leute hier in der Gegend zwischen Engesvang und Bording, und ein

jeder hat seine eigene Meinung darüber, auch wenn er sie nie in seinem Leben gesehen hat. Einig sind sie sich nur über eines, nämlich, daß es sie gibt.
Der Stein! rief der Scholier aus und blieb stehen. Neben den beiden Radspuren, denen sie folgten, lag im Gras ein Stein, etwas größer als eine Kokosnuß. Es war der einzige Stein von dieser Größe, der ihnen unterwegs aufgefallen war.
Elias Lönn war verwirrt: Was soll der Stein?
Der Scholier sagte: Man kriegt keinen Sack zum Sinken, wenn man keinen Stein hineinlegt.
Einen Augenblick später fügte er hinzu: Den muß sie gemeint haben, die Alte auf dem Hof. Denkt an den Stein, hat sie gesagt.
Noch einen Augenblick später sagte er: Woher konnte sie wissen, wozu wir den Sack brauchen?
Elias Lönn stand da und sah auf den Stein, als sei er etwas Gefährliches, das aufspringen und ihn angreifen könne.
Das wird immer schlimmer, stellte er fest, nun kann man noch nicht einmal an einem ganz gewöhnlichen Stein vorbeigehen, ohne daß der etwas bedeutet.
In einer bestimmten Situation kann ja wohl alles irgend etwas bedeuten, meinte der Scholier, aber um ganz sicher zu sein, müssen wir ihn wohl mitnehmen.
Daraufhin Elias Lönn: Was sich nicht durch die Vernunft erklären läßt, gehört nicht zur Wirklichkeit. Und was wir hier gerade tun, hat auf keinen Fall etwas mit Vernunft zu tun, wenn wir also den Stein mitnehmen und zu unserem Zweck gebrauchen, dann geschieht das überhaupt nicht in der Wirklichkeit, sondern in etwas ganz anderem, für das ich keinen Namen habe und an dessen Existenz ich zweifle. Die Optik ist mir jedenfalls nicht bekannt.
Er hob den Stein auf und nahm ihn mit.
Die Radspuren bogen ab. Hier ist es ein bißchen gleichförmig, bemerkte der Scholier.
Um sie herum war es noch immer genauso flach, nur magere Wiesen, kaum eine Hecke.
Wir müssen bald dasein, sagte Lönn einen Augenblick später, es ist, als würde alles toter.
Der Scholier sprach: Bin ich es, mit dem irgend etwas los ist? Ich bekomme Angst. Ich habe schon immer von weither riechen können, wenn es irgend etwas zum Angsthaben gab.
Er blieb stehen und setzte den Sack ab.
Der ist schwer, sagte er.

Elias Lönn: Das ist eine Schande! Eine Schande! Ein erwachsener Mann, fuhr er fort, der im Jahre 1936 die Straße in Silkeborg entlanggeht, hat keine Angst. Das ist normal. Vielleicht ist er besorgt, weil die Dinge nun einmal ihren schiefen Lauf nehmen, und das ist ja auch schon schlimm genug. Aber wie sollten sie auch sonst laufen? Und wovor sollte er Angst haben? Nein, das gehört sich nicht. Aber man kann schon sagen, wir haben uns auf Abwege locken lassen.
Ich finde, ich habe mich mein ganzes Leben lang auf Abwege locken lassen, sprach der Scholier und hob den Sack wieder auf. Nimmt denn das überhaupt kein Ende? Ich hatte gehofft, das wäre jetzt vorbei. Es sah eigentlich auch so aus, als ich nach Dänemark kam. Endlich, sagte ich mir, endlich keine Abwege. Dänemark ist ein Land ohne Abwege. Und jetzt laufe ich hier herum!
Mich überrascht das auch, sagte Elias Lönn. Und wozu die Abwege?
Nun gelangten sie an die Mergelgrube. Sie sahen sie erst, als sie ganz dicht dran waren. Der Scholier setzte den Sack ab.
Da ist ja ein ganzes Lager, sagte er und zeigte auf einen Steinhaufen.
Hier ist nur ein Stein, meinte Elias Lönn, und das ist der hier.
Verblüfft lauschten sie den Worten des anderen nach, denn die klangen seltsam tonlos, als würden sie von irgendeinem unsichtbaren Stoff in der Luft aufgesogen. Hier um die Mergelgrube verdichtete sich die Stille der Landschaft noch mehr, die Luft wurde schwerer, alles wirkte unbeweglich. Das war die vollkommene Inertie. Die graugelbe Wasserfläche, die nichts spiegelte, schien drückend auf der darunterliegenden Wassermasse zu ruhen, als habe sie sie in die Erde hineingedrückt, wodurch das runde Loch mit den steilen Wänden entstanden war.
Sie konnten sich fast nicht bewegen. Die Inertie erreichte ihren Höhepunkt. Sie erstreckte ihre Herrschaft auf ihr unvorbereitetes Zentralnervensystem, und sie begannen sich wie bekleidete Statuen zu fühlen, die man zu ritueller Verwendung in irgendeinem grimmigen, aber unverständlichen Zusammenhang aufgestellt hat. Elias Lönn gelang es jedoch, aus diesem Zustand auszubrechen, als er sich aber bückte und den Stein in den Sack legte, konnte er dafür nicht umhin, sich als Bajazzo in einer dummen Pantomime zu fühlen.
Er ging zum Rand der Mergelgrube und schwenkte den Sack hin und her. So muß man das wohl tun, dachte er. Er hatte das ja noch nie gemacht. Der Scholier fing an zu lachen. Von plötzlicher Wut ergriffen, schwang Elias Lönn den Sack aus aller Kraft mit beiden Händen hin und her, während der Scholier lachte und lachte, und zuletzt

ließ er ihn über das Wasser hinausfliegen, in dem er schließlich ohne einen Laut landete. Zu ihrer großen Verblüffung sank er nicht auf den Grund, sondern blieb liegen, und der Scholier hörte auf zu lachen. Sie wollten ihren eigenen Augen nicht trauen. Das wirkte unbillig und provozierend, wie eine Sauerei oder etwas Schlimmeres – eine Perversität. Wie gelähmt starrten sie auf den Sack mit dem Stein, bis sich endlich die Wasserfläche wie ein mürrischer Mund öffnete, gerade weit genug, um den Sack durchzulassen, worauf er ganz langsam und ohne einen Laut in der Mergelgrube verschwand, die anscheinend Mühe hatte, ihn zu schlucken.
Als Elias Lönn und der Scholier zum Zug zurückkamen, waren sie erschöpft und sahen aus, als grämten sie sich über irgend etwas. Die Fragen, wie es denn gelaufen sei, beantworteten sie nicht und begnügten sich damit zu nicken, als der Lokomotivführer fragte, ob sie die Mergelgrube gefunden hätten. Überhaupt machte sich eine gedrückte Stimmung breit.
Aber ich muß schon sagen, bemerkte Elias Lönn schließlich, es ist sehr enttäuschend, wenn man aufs Land kommt, nach allem, was man über die dänische Landwirtschaft hört. Da ist es öde und traurig. Es mag schon sein, daß sie strebsam sind, aber Lebensfreude ist da nicht zu holen.
Die Frau – die Gattin des Meieristen, die Kindesmörderin – erwachte, als sich der Zug in Bewegung setzte.
Sie richtete sich auf, vor Kälte zitternd, und sagte: Ich friere, kriege ich nicht bald eine Wärmflasche?
Sie tastete mit den Händen auf dem Sitz herum.
Hier ist ja gar keine Wärmflasche, fuhr sie fort, wo ist die denn hingekommen?
Mit einem gequälten Ausdruck im Gesicht starrte sie verwirrt um sich, als entdecke sie erst jetzt, wo sie sich befand.
Frau Lönn wollte sie beruhigen und sagte: Sie brauchen keine Angst zu haben, wir haben das in Ordnung gebracht, und wir erzählen keiner Menschenseele, was geschehen ist.
Die Frau hielt sich die Ohren zu und schrie: Seien Sie still! Ich will nichts hören!
Sie begann zu schluchzen, aber aus ihren Augen kamen keine Tränen. Die spindeldürren Schultern hüpften sonderbar zufällig hoch und nieder. Von dem grauen Haar umkränzt, schien ihr Gesicht sich selbst vernichten zu wollen, als wollten die einzelnen, gemarterten Teile – die Stirn, die Augen, die Nase, der Mund, die Wangen, das Kinn – nichts voneinander wissen, sondern strebten nur jeder für

sich ihrer eigenen Deformierung, ihrem eigenen Tod zu. Das Haar mit der bleiigen Farbe war bereits tot. Es wirkte unorganisch wie ein Mineral und umarmte die verdammten Gesichtszüge, als käme es von einem Ort jenseits dieser Grenze.
Sie legte sich wieder hin und sagte zähneklappernd: Weshalb führt Ihr mich fort? Mein Mann soll kommen! Ich will nach Hause zu meinem Mann, er ist so gut zu mir, er macht mir eine Wärmflasche.
Frau Lönn ließ Oberst Thompson seinen Umhang holen, den sie über die Frau breitete, die ihr Zähneklappern daraufhin einstellte. Statt dessen stimmte sie ein leises, anhaltendes Wimmern an, das durch Mark und Bein ging.
Während Elias Lönn auf die draußen monoton vorbeigleitenden Felder sah, steckten Frau Lönn, der Scholier und Böje Thompson die Köpfe zusammen und diskutierten tuschelnd, was da zu tun sei. Bevor sie jedoch groß darüber nachdenken konnten, sollte sich dieses gravierende Problem von selbst lösen. Der Zug hatte bereits einen guten Teil der restlichen Strecke nach Bording zurückgelegt und verlangsamte die Geschwindigkeit. Als er an der Station von Bording einfuhr, sahen sie zu ihrer Verwunderung mitten auf dem Bahnsteig vor dem Stationsgebäude einen Pferdewagen halten. Auf dem Bock saß ein Mann in weißer Arbeitskleidung, den der Oberst als den Meieristen von Engesvang erkannte.
Böje Thompson drehte sich zu der Frau um und sagte: Ich glaube, Ihr Mann ist hier, um Sie abzuholen.
Die Frau sah aus, als sei sie weit weg in einer fernen und anderen, unzugänglichen Welt, sie richtete sich auf und sah erschrocken aus dem Fenster. Sie stieß einen Schrei aus, den der Meierist sicher hörte, denn es versetzte ihm einen kleinen Stoß. Abgesehen davon aber unternahm er gar nichts, er blieb einfach sitzen und sah vor sich hin, als habe er die Absicht, so in Ewigkeit zu halten. Die Augen der Frau irrten umher, ihr Mund öffnete sich, als wolle sie rufen, doch über ihre Lippen kam kein Laut. Zuletzt legte sie eine Hand über die Augen und begann sich durch den Wagen vorzutasten. Sie tastete sich heraus, und einen Augenblick später sahen sie sie auf dem Bahnsteig zum Vorschein kommen, noch immer mit der einen Hand über den Augen, während sie die andere ausgestreckt von sich hielt. Der Meierist rührte sich nicht. Unbeweglich war er magnetisch, fürchterlich anzusehen, als habe er sich in einen leblosen Gegenstand verwandelt, um diesen Magnetismus beherbergen zu können, der jeglicher menschlichen Kennzeichen entbehrte. Die Frau war um den Wagen herumgegangen. Sie ging unsicher auf etwas unnatür-

lich gespreizten Beinen, schwankte in ihrem Nachthemd, als drohten plötzliche innere Windstöße sie umzuwerfen. Mühselig krabbelte sie auf den Wagen und rutschte auf dem Bock zurecht, ohne den Meieristen zu berühren, noch immer die Hand vor Augen und den Kopf leicht gesenkt. Nun hob er einen Kittel auf, der im Wagen lag, und legte ihn um ihre Schultern, ohne ihr jedoch im übrigen irgendwelche Aufmerksamkeit zu schenken, als sei sie ein Stativ. Dann ergriff er die Zügel, trieb das Pferd an, setzte den Wagen rumpelnd über den Bahnsteig hin in Bewegung, bog um das Ende des Stationsgebäudes und verschwand.

4

Über Meneliks Geschichte und eine Expedition.
Magnus Troll, der Rosenkavalier und
die zweite Erzählung Bab el Mandebs des Dritten.
Fräulein Törngren, Ludwig Flügel
und die Agentur des Todes

Wie bereits angedeutet, hatte Böje Thompsons Geschlecht schon immer den Drang verspürt, an ungewöhnlichen Expeditionen teilzunehmen und sein Leben aufs Spiel zu setzen, um die Welt zu retten, um Frieden zu stiften oder in irgendeiner anderen Weise eine humanitäre Leistung der Nächstenliebe zu vollbringen. Er selbst hatte bereits längst die Hoffnung aufgegeben, überhaupt irgend etwas der Familientradition Würdiges zu leisten, als die Zufälle in sein Leben eingriffen.

Noch entsann er sich an den Tag, an dem er als junger Mensch zum erstenmal Sir Richard Burtons »Lost Splendours of Menelik« aufgeschlagen hatte, ein großes, schön gedrucktes Buch, dessen Seiten sich unter den Fingerspitzen steif anfühlten und nach dem Leder des Einbands rochen, als handle es sich nicht um eine tote Sache, sondern um ein gezähmtes Tier, das man wegen seiner brünstigen Natur noch immer mit vorsichtigem Verständnis behandeln mußte. Der Inhalt des Buches enthielt all die verschwenderische und großartige Mischung aus Pracht, Leiden, Aufopferung, Schmutz und Reinheit, die wir so gern fernen Jahrhunderten zuschreiben oder geradezu in die unglaubwürdigen Spiegel der Legenden verweisen, nichtsdestoweniger aber handelte es sich um eine ausführliche und äußerst realistische Schilderung von Sir Richards gefährlicher Reise nach Gondar zu Beginn der fünfziger Jahre des 19. Jahrhunderts – den Rest des Reiseabenteuers veröffentlichte er später unter dem Titel »First Footsteps in East Africa« –, zum Teil eine Darstellung der Geschichte und Archäologie von Menelik und den Menelikiten, die auch heute noch kein einziges anderes Werk vollständig behandelt.

Es finden sich zwar mehr oder weniger offene Anspielungen auf Menelik in der »Historia da Etiopia« des Portugiesen Pero Paez aus dem Anfang des 17. Jahrhunderts und gleichfalls in dem nahezu gleichzeitig entstandenen Werk mit demselben Titel von seinem Landsmann Manoel de Almeida, doch das ist auch alles, wenn man einmal von verstreuten Bemerkungen in verschiedenen Reiseberichten der Forscher und Geographen absieht, die Ostafrika seit der zweiten Hälfte des 18. Jahrhunderts systematischer bereisten.

In der Bibel, schreibt Richard Burton, begegnet uns in den alttestamentlichen Patriarchen eine Reihe von Gestalten, deren Größe ihnen im Guten wie im Bösen übermenschliche Dimensionen zu verleihen scheint. Als ich vor dem Patriarchen von Gondar, Bab el Mandeb dem Ersten, stand, begriff ich, daß er der leibhaftige Sproß jener fernen Könige war.

Zu dem Zeitpunkt, als Richard Burton seine große Entdeckung machte, war Menelik schon längst nur noch ein Schatten seiner selbst, denn das Reich existierte seit langem nicht einmal mehr dem Namen nach; dieser Schatten aber ließ sich dafür nicht auslöschen. In Gondar fand Burton die Spuren einer erhabenen Vergangenheit. Der Weg zur Stadt führte durch Bergpässe, die ein so kompliziertes und labyrinthisches Muster bildeten, daß man hätte meinen sollen, sie seien von Menschenhänden in der Absicht geschaffen worden, die Stadt vor eindringenden Fremdlingen zu schützen. Die langen Alleen der Eukalyptusbäume bildeten großartige Straßen, aber sie waren staubig und melancholisch, als sei die Zeit stehengeblieben, und die Menschen, die sich an den Brunnen versammelten, waren ohne Lächeln und einsilbig, als trügen sie an einem Geheimnis, das sie keinen Augenblick aus den Gedanken lassen konnten. Es gelang Richard Burton dennoch, das Vertrauen einiger Geistlicher zu gewinnen. Zu dem Zeitpunkt wußte er wohlgemerkt nichts von Meneliks Existenz, doch als er sie nach den mit ihrer Kirche verbundenen Traditionen ausfragte, begannen sie von der Zeit zu sprechen, als Meneliks Patriarch in Gondar lebte. Nach ein paar Monaten fing Burton an, etwas zu ahnen, was seinen Gedanken auf die Umrisse eines versunkenen Kontinents lenkte, und nach ein paar weiteren Wochen wurde ihm eine Begegnung gewährt, die für seine ganze Reise entscheidend wurde: Das Oberhaupt der menelikitischen Kirche war bereit, ihn zu empfangen. Wie seine Vorgänger lebte er schon längst nicht mehr in Gondar, die Begegnung fand in einer Felsenhöhle in den Bergen beim Lake Tana statt. Burton sprach mehrere Tage und Nächte mit Bab el Mandeb und schrieb nach jedem Gespräch die Auskünfte, die er erhalten hatte, nieder.

Das Reich hatte seinen Namen nach dem Sohn der Königin von Saba mit König Salomon. Menelik, so hieß er, raubte die Bundeslade aus dem Tempel seines Vaters, führte sie mit sich und zog an der Spitze seines Volkes nach Süden, bis sie zu dem Ort im Versteck der Berge gelangten, wo Gondar liegen sollte. Hier gründete er sein Königreich, baute einen Tempel für die Lade und starb. Sein ältester Sohn übernahm das Land, und als das Christentum nach Menelik, wie das Reich nun hieß, kam, wurde das Oberhaupt der Kirche der Herrscher des Landes und der Diener aller – ja, das Land war eine einzige große Kirche, und alle seine Einwohner waren Priester, die nur daran dachten, dem Herrn zu dienen. Im 13. Jahrhundert blühte Gondar, und im Land herrschte Frieden. Im 14. Jahrhundert drangen von Norden und Osten die Mohammedaner nach Menelik ein, der Bischof mußte aus Gondar fliehen, dessen Kirchen und Klöster dem Erdboden gleichgemacht oder in Moscheen umgewandelt wurden. Der Bischof ließ sich in den Bergen nieder, richtete Kirche und Klöster in Berghöhlen ein, die die eindringenden Eroberer nicht finden konnten, und schrieb die Geschichte seines Volkes bis zur Zeit von Menelik und der Königin von Saba auf. Gegen Ende des 16. Jahrhunderts gelang das kriegerische Vordringen des Gala-Volkes in Ostafrika von Süden her nach Menelik: In hellen Scharen verwüsteten diese gefürchteten Krieger die Dörfer der Ebene und drangen nach Gondar selbst ein, wo ihre nackten Gestalten, die schwarz und glänzend waren wie der Tod, ihr verweilender Gang, der die latente Grausamkeit der Raubtiere ausdrückte, und der aristokratische Hochmut ihrer samtweichen Augen Christen wie Mohammedaner zum Erbeben brachten. Das Reich der Mohammedaner war im 17. Jahrhundert von allein zerbröckelt, aber nun wurde Menelik von Süden her von christlichen Königen erobert, die die Existenz der menelikitischen Kirche nicht anerkannten, ihre Überlieferungen stahlen und sie als ihre eigenen ausgaben. Die ersten Portugiesen tauchten auf, und von diesen ersten europäischen Besuchern stammen die Anspielungen auf Menelik in den Werken von Pero Paez und Manoel de Almeida, die Bab el Mandeb im übrigen in seiner Bibliothek stehen hatte und mit einem entschuldigenden Lächeln Richard Burton vorzeigte.

Meneliks Zeit als selbständiges Reich war endgültig vorbei, doch Menelik – das wahre Zion – lebte im verborgenen weiter. Im Jahre 1754 – die Chronisten von Menelik wissen genau Bescheid über die Geschichte des Volkes – formulierte der Patriarch von Gondar, Gebre-Yesus, der genau wie alle die anderen Patriarchen seit dem 14. Jahrhundert mit wenigen Ausnahmen dazu gezwungen war, sich in den Felsenhöhlen am Lake Tana aufzuhalten, die Doktrinen, die das Leben des Volkes bestimmten und sich auf die Erfahrungen vieler Jahrhunderte gründeten. Die Menelikiten sollten sich unsichtbar und unverwundbar machen, indem sie als Teil des Volkes im Volke lebten – und genau das praktizierten sie bereits seit langem. Die Tradition wurde im verborgenen aufrechterhalten. Menelik wurde unsichtbar. Die offizielle abessinische Kirche übernahm das Land, doch mitten in der offiziellen Kirche lebte die unsichtbare

Kirche, und die Priester und Mönche, die gleichzeitig Priester und Mönche in Menelik waren, erkannten sich, ohne einander mit Worten zu verraten, an fast unmerklichen Zeichen wieder, die Außenstehende nicht auffangen konnten. Im übrigen wurde jedes Mitglied von Menelik, ob Mann, Frau oder Kind, als potentieller Priester betrachtet und brauchte keine besondere Weihe, und im Laufe der Zeit gab es immer weniger Priester und Mönche, die gleichzeitig der offiziellen Kirche dienten. Da die großen Herren – die Besitzer der großen Güter oder gewaltigen Herden – ihren Vorteil darin sahen, sich mit der Regierung in Addis Abeba gut zu stellen, fielen sie allmählich von Menelik ab, das zuletzt seine treuesten Anhänger unter dem ärmsten Pack fand, den Tagelöhnern, Sklaven, Hirten, Bettlern und Dieben. Sie wußten, daß ihr geistliches Oberhaupt noch immer in den geheimen Felsenhöhlen am Lake Tana lebte und von dort aus das Bestehen der Tradition sicherte, doch sie konnten, weil es notwendig war, die Existenz von Menelik geheimzuhalten, ihr Leben dahinleben, ohne ihn jemals zu Gesicht zu bekommen. Seine Worte und Botschaften verbreiteten sich unter ihnen, und das war ihnen genug.
Ich kann bezeugen, schreibt Richard Burton, daß dieses unsichtbare, fast nicht existierende und doch so wirkliche Volk mit gutem Grund zu seinem geistlichen Oberhaupt aufsieht. Dieser Mann beherrscht nicht nur Amharisch und Gees, sondern auch Griechisch, Hebräisch und Latein und außerdem Englisch und Französisch. Er machte jedoch keineswegs den Eindruck eines Büchergelehrten, sondern strahlte die Einfalt des wahren Mystikers aus und war ganz deutlich ein Mann, der sich im hohen Maße auf die praktischen Angelegenheiten dieser Welt verstand.
Richard Burton sah auch die beiden Söhne Bab el Mandebs – denn die Priester Meneliks leben nicht im Zölibat –, von denen der Ältere dazu bestimmt war, das Amt seines Vaters zu übernehmen und eines Tages Bab el Mandeb der Zweite zu werden. Die große Frage war nun: Was war aus Menelik geworden, nachdem Richard Burton Gondar verlassen hatte?
Als ich mich zum letztenmal im Sattel umdrehte und über das Land hinwegblickte, schien mir das Ganze ein Märchen zu sein, das aus der Tiefe des Volkes aufgetaucht war und wieder darin verschwand, so, wie dieses Tal nun bald vor meinen Blicken verschwinden würde.
In seinem Buch hatte Burton das Märchen neu geschaffen, er muß jedoch das Gefühl gehabt haben, daß er kein Recht dazu habe, das

Geheimnis von Menelik vor aller Welt auszuposaunen, denn das Buch wurde nur in zwanzig Exemplaren gedruckt und an einen kleinen Kreis verteilt. Zu diesem Kreis gehörte der Großonkel von Böje Thompson, David Mortimer Thompson, von dem sich das Buch in der Familie weitervererbte und so in der Bibliothek des Vaters landete, wo Böje Thompson es fand.

Er träumte davon, eines Tages in die Fußstapfen von Richard Burton zu treten, Menelik aufzusuchen und danach seine eigene Fassung dieses wirklichen Märchens zu schreiben – auch wenn sie wie die von Burton nur in zwanzig Exemplaren gedruckt werden sollte. Dieser Traum erschien ihm um so natürlicher, als er seit seiner Kindheit in der Tradition erzogen worden war, daß ein Thompson gern irgend etwas für die Menschheit tut, was etwas über das Gewöhnliche hinausragt. Leider war Böje Thompsons starke Seite der Traum und nicht die Wirklichkeit, und trotz seiner Karriere bei den Leibjägern beschäftigten ihn zum großen Kummer seines Vaters in erster Linie kulturelle und ästhetische Interessen – wenn ihn überhaupt etwas anderes beschäftigte als die Grübelei über sein eigenes Leben.

Viele Jahre vergingen, Böje Thompson hatte den Traum seiner Jugend und Burtons Werk schon längst vergessen, als er plötzlich in einer Gesellschaft hörte, wie das Wort Menelik fiel. Es war eine Lehrerin der Mädchenschule der evangelischen Vaterlandsstiftung in Addis Abeba, die auf Urlaub zu Hause in Schweden war und von einer Reise berichtete, die sie nach Gondar unternommen hatte, die den Namen in ihren Mund nahm. Hinterher suchte Böje Thompson das kleine, spindeldürre, lächelnde und willensstarke Fräulein auf und weihte sie in sein Wissen ein. Sie erzählte, daß Menelik noch immer existiere, nun unter Bab el Mandeb dem Dritten, der zusammen mit seinem jüngeren Bruder in genau derselben Felsenhöhle lebe, die Richard Burton besucht hatte. Die Größe Meneliks kannte niemand, vielleicht waren es einige tausend, vielleicht nur ein paar hundert Gläubige oder weniger, aber wenn die Italiener ihre Drohungen wahr machten und unter irgendeinem Vorwand das Land angriffen, dann würde Meneliks Schicksal sicher besiegelt sein. Der Angriff der Italiener würde mit der stillschweigenden Billigung des Vatikans stattfinden, weil der Vatikan darin die Möglichkeit sehe, endlich diese Kirche auszulöschen, die dem Heiligen Stuhl immer ein Dorn im Auge gewesen sei, weil sie ihren Ursprung nicht bis auf Petrus, sondern bis auf Salomon und dadurch letzten Endes bis zu Adam und Eva zurückführe.

Die Worte der Lehrerin erweckten in dem Oberst den Traum zu neu-

em Leben, als er nach Hause kam, nahm er Burtons Werk aus dem Regal, wo es ein Menschenalter lang unberührt gestanden hatte, und begleitete den Engländer erneut auf seiner phantastischen Reise, die ihn zuletzt zu den geheimen Felsenkirchen geführt hatte. Doch der Traum besaß nicht mehr das gleiche Feuer wie in der Jugend. Böje Thompson betrachtete ihn mit einer Resignation, die sich zu gleichen Teilen aus Schmerz und Behagen zusammensetzte. Schmerz, weil er nicht auf die durchlebten Prüfungen einer unvergleichlichen Wirklichkeit zurückschauen konnte; Behagen, weil ihm die Mühe, die mit der Verwirklichung von Jugendträumen verbunden ist, erspart geblieben war, und die in dem Zusammenhang immer unvermeidbaren Enttäuschungen. Unter allen Umständen gehörte der Traum in die Vergangenheit, und wenn er ihm nun einen Besuch machte, so erschien er ihm als ein Gespenst, das ein letztes Mal ein Haus heimsucht, um vor dessen endgültigem Verfall Abschied von ihm zu nehmen.
Der Krieg in Afrika brach aus. Böje Thompson dachte, nun muß Menelik also zugrunde gehen – denn angesichts der Grausamkeit, mit der die Italiener gleich vom ersten Tag an vorgingen, war gar kein Zweifel möglich, daß die Vorahnungen der Lehrerin durch die Wirklichkeit bestätigt werden würden. Der Gedanke stimmte ihn traurig, doch andererseits: Was konnte er schon tun? Und außerdem würde das ja nur noch eine weitere Bestätigung des bitteren Wissens sein, daß alles in der Welt vergänglich ist.
Dabei wäre es geblieben, wenn nicht gleichzeitig Böje Thompsons Vater sich ans Sterben gemacht hätte. In diesem Punkt war er ebenso systematisch wie in den übrigen Dingen des Lebens, und es zeigte sich, daß die Selbstdisziplin, die ihn effektiv, oft aber auch unerträglich hatte werden lassen, ihm bis zuletzt beistand. Sobald er im Karolinska-Krankenhaus in einem Einzelzimmer lag, ging er in die Bewußtlosigkeit ein, es sollte sich jedoch erweisen, daß dies nicht seinen Abschied von der Welt bedeutete. Der fand erst nach mehreren Tagen statt, und in seiner Zählebigkeit und Schlauheit wartete er den Augenblick ab, als Böje Thompson während eines Besuches mit ihm allein war, weil die Krankenschwester, die ansonsten ständig an seinem Bett wachte, das Zimmer verließ.
Böje Thompson betrachtete das eingefallene Haupt seines Vaters, das aussah, als wolle es ihn verraten. Der alte starrköpfige Soldat war nicht mehr Herr darüber, und gegen seinen eigenen Willen erzählte es deutlich, wie es um ihn stand. Doch sein Anblick rief in Böje Thompson nur das seltsam gleichgültige Mitleid hervor, das

wir angesichts der Einsamkeit eines Sterbenden empfinden, weil kein Eingreifen möglich ist. Er hatte sich allerdings völlig verrechnet, denn als er sich bereits wieder umdrehen wollte, in der Absicht, das Zimmer zu verlassen, öffnete der Vater die Augen, wandte den Kopf ein wenig auf dem Kissen und blickte seinen Sohn gerade und mitleidlos an, mit einem verrückten, zermalmenden Blick, der, bereits im Begriff zu brechen, ihn und sein vergeudetes Leben endgültig und unwiderruflich verwarf.

Böje Thompson war gelähmt. Doch um das Maß vollzumachen, drehte der Vater nun erneut langsam den Kopf auf dem Kissen, fort von dem Sohn, als ziehe er es vor, die Leere des Raumes vor Augen zu haben. Diese Bewegung war definitiv.

Auge in Auge mit der Leere des Raumes, den sein Vater verlassen hatte und wo er sich allein mit der Leiche befand, kämpfte Böje Thompson wie ein Wahnsinniger, um sich von dem Urteil dieses letzten Blickes zu befreien. Doch das war unmöglich. Er konnte es nicht wegdenken, und es half auch nichts, daß er das Krankenhaus verließ. Es verfolgte ihn, wo immer er ging und stand. Zuletzt sah er nur noch einen Ausweg, er mußte irgend etwas im Leben unternehmen, was die Anerkennung des Vaters gefunden hätte, und sofort fiel ihm ein, daß es eine große und anspruchsvolle Aufgabe gab, die ihn erwartete. Böje Thompson suchte die Lehrerin, Fräulein Törngren, auf, die während ihres Aufenthalts in Stockholm bei einer Schwester wohnte. In einer kleinen Wohnung mit schweren Samtportieren, Familienporträts und vererbten Antiquitäten trank er Tee und aß Plätzchen in Gesellschaft der beiden Fräulein, die seinen Vorschlag, eine Entsatzexpedition nach Menelik zu organisieren, als das Selbstverständlichste von der Welt aufnahmen. Trotz des Kriegsausbruchs wollte Agnes Törngren gerade nach Addis Abeba zurückreisen, um bei ihren Schülern zu sein, und sie versprach, von dort aus eine Botschaft nach Menelik zu vermitteln. Rosa Törngren ihrerseits hatte im Laufe eines Augenblicks den Plan für die Finanzierung der Expedition entworfen. Natürlich hat Magnus Troll zu bezahlen, erklärte sie bestimmt. Wenn er der Mädchenschule so große Summen schenken kann, dann kann er auch für die Rettung von Menelik bezahlen – das wäre ja noch schöner!

Als sich Böje Thompson von dem blanken Mahagonitisch erhob, war alles be- und abgesprochen. Ohne die Entschlossenheit und Tatkraft der beiden Schwestern wäre aus der ganzen Sache kaum etwas geworden, und unterwegs wanderten Böje Thompsons Gedanken

oft zu der kleinen Wohnung, zu den zerbrechlichen, ernsten und doch lachlustigen Fräulein in ihren adretten, hochgeschlossenen Kleidern und zu dem Geschmack der kleinen Kokosplätzchen, der für ihn unlösbar mit der Umwälzung seines Lebens verbunden war, die an diesem Tag seinen Anfang nahm.
Es lief, wie Fräulein Törngren es vorausgesagt hatte. Magnus Troll willigte ein zu zahlen, und damit war die Sache in Ordnung. Folglich fuhr Böje Thompson nach ein paar Monaten von Marseille aus über das Mittelmeer mit einem der fernöstlichen Passagierschiffe der Messagerie Maritime, in Gesellschaft von Handelsreisenden, französischen Offizieren auf dem Weg nach Indochina, englischen Plantagenbesitzern, chinesischen Diplomaten und leichtlebigen Frauen; er ging in Djibouti an Land und erwartete in dieser trockenen, sonnenversengten Stadt das Frachtschiff mit der Expeditionsausrüstung von Fahrzeugen, Zelten und anderem Material; nach der Zugreise nach Addis Abeba wurde er von Fräulein Törngren empfangen, die ihm mitteilen konnte, daß die nötigen Absprachen getroffen seien; und schließlich konnte er an der Spitze der Expedition Kurs nach Norden nehmen, unter dem Vorwand, der notleidenden Bevölkerung der vom Krieg heimgesuchten Nation mit humanitärer Hilfe beistehen zu wollen – was nicht völlig unwahr war. Doch das eigentliche Ziel, die Rettung von Menelik, kannte niemand.
Eines Tages konnte er dann also in Gondar einziehen, dessen Häuser und Hütten von einem unrettbaren Verfall zeugten und dessen apathische Bevölkerung die Mitteilungen darüber, daß die Italiener von Nordosten her in das Land vordrängten, mit einer eisernen Ruhe aufnahmen, die auf mangelnde Phantasie zurückzuführen war. Alle jungen, waffenfähigen Männer waren längst aufgebrochen und hatten sich mit ihrer Ausrüstung, die, abgesehen von vereinzelten veralteten Gewehren, völlig mittelalterlich war und aus Äxten und Lanzen bestand, der kaiserlichen Armee angeschlossen, um die eindringenden Feinde aufzuhalten, die sie mit ihren Panzerfahrzeugen, Maschinengewehren, ihrer Feldartillerie, ihren Flugzeugen, Bomben und ihrem Giftgas überraschten. Wie sollte Böje Thompson unter den Zurückgebliebenen Menelik finden? Wie sollte er das unsichtbare Volk erkennen, das sich nicht zu erkennen geben durfte? In Gondar, hatte Fräulein Törngren gesagt, werden Sie auf Menelik stoßen, und wenn sich der erste Menelikite meldet, werden Sie sich nicht im Zweifel sein, Herr Oberst. Eines Tages stand Ngeru vor Böje Thompson, und er war sich nicht mehr im Zweifel. Ngerus Alter war unbestimmbar. Er sah abgehärtet und mitgenommen aus wie

ein Baum, der lang andauernde Dürreperioden überlebt hat. Er sprach englisch und sagte zu Böje Thompson: Herr Oberst, wir werden ausziehen und das Volk sammeln; ich kenne seine Wege, ich weiß, wo es sich befindet.

Am nächsten Tag brach die Expedition mit vier Lastwagen, mit Pferden und Maultieren auf und steuerte mit Ngeru als Führer auf die unwegsamen und unerforschten Berge und Hochebenen zu, wo sich eine arme Bevölkerung in zerstreuten Dörfern als Hirten für die Viehherden der Reichen oder vielleicht als Räuber mit Unterschlupf in schwer zugänglichen Höhlen kümmerlich ernährte. Die Expedition rückte vor, und bald schloß sich ihr einer, bald ein zweiter an, und bald kamen ganze Familien: Sie tauchten bei Anbruch der Dunkelheit auf oder standen plötzlich in der Morgendämmerung wartend in der Nähe des Lagers oder kamen ihr unter der brennenden Sonne des Mittags entgegen; sie wechselten ein paar Worte oder auch nur Blicke mit den bereits Angekommenen und waren dann sofort ein Teil des Haufens.

Allmählich tauchten Leute auf, die vor dem Krieg flohen und denen Böje Thompson, so gut es ihm möglich war, mit Medizin, Wundbehandlung und Verbänden half, und er begann zu Ngeru von der Notwendigkeit zu sprechen, daß sie bald nach Gondar würden umkehren müssen, um sicher nach Addis Abeba gelangen zu können. Doch davon wollte Ngeru nichts hören, und Böje Thompson verstand den Grund: Noch fehlte Bab el Mandeb, der nicht das geringste Lebenszeichen von sich gegeben hatte. Nun begannen die Schwierigkeiten. Der Motor des einen Lastwagens versagte und ließ sich nicht reparieren. Nach ein paar Tagen fuhr ein zweiter im Sand fest, der nur immer mehr um den Wagen zusammensackte, wenn sie ihn freizugraben suchten, als wolle die gefräßige, ausgemergelte Erde ihr Opfer nicht loslassen. Einer der Chauffeure und ein Mechaniker rissen aus, die Maultiere wurden krank, legten sich hin und starben langsam und geduldig – bis Böje Thompson ihrem Leben mit einem Pistolenschuß ein Ende setzte. Schließlich traf die Katastrophe ein. Eines Tages tauchten die italienischen Flugzeuge auf, spritzten Kugeln über das Lager hinunter und warfen Bomben, die die noch übrigen Lastwagen in Brand setzten.

Nun war Menelik zwar versammelt, aber einem ungewissen Schicksal in einem Bergland überlassen, von wo aus keine Rückkehr möglich war. Das Volk – ein Haufen von etwa hundert Seelen – ertrug diese Prüfungen, ohne zu klagen, und anscheinend in der festen Zuversicht, daß die Wanderung eines Tages zu dem gewünschten

Ziel führen würde, während Böje Thompson von dem nagenden Zweifel gequält wurde, ob er imstande sein würde, diese Menschen vor dem Untergang zu retten, und ob nicht ganz im Gegenteil seine Untauglichkeit das nur zu willige – und wie sich jetzt zeigte – höchst brauchbare Werkzeug dieses unglückseligen Schicksals gewesen sei.
Des Nachts lag er wach in seinem Zelt und grübelte wie ein Wahnsinniger darüber nach, was er tun sollte, und wenn er die Augen schloß, sah er den Blick seines Vaters vor sich. Doch nun erschien es Böje Thompson, daß der Vater spottend lächelte und sich das vom Tode gezeichnete Gesicht in einer höhnischen und zufriedenen Grimasse verzog, als genieße er den Anblick der unabwendbaren Niederlage seines Sohnes. Jeden Tag war Böje Thompson aufs neue gezwungen, so zu tun, als folge er einem bestimmten Plan und als seien die Strapazen nur die notwendige Voraussetzung für die Errettung Zions. Eines Tages, als er statt die Landkarten zu studieren, die sich sowieso als unnütz erwiesen hatten, die Bibel aufschlug, las er im Ersten Buch Mose über den Fluß Gihon, der um das Land Kusch oder Abessinien herumfließt und von dem Fluß ausgeht, der seinen Ursprung im Garten Eden hat. Die aussichtslose Wanderung, seine Einsamkeit inmitten von Meneliks Volk, die öde Natur und die brennende Sonne waren zweifellos der Hintergrund für den Anfall von Geistesverwirrung, der es ihm ermöglichte, mit dem nötigen Selbstbewußtsein als Retter Zions aufzutreten und dem Volk zu erzählen, es sei auf dem Wege zum Fluß Gihon, der direkt mit dem Garten Eden in Verbindung stehe. Selbst diese aufmunternde Illusion hätte auf Dauer die Hoffnung nicht am Leben erhalten können, die das tägliche Brot der Flüchtlinge war, wenn nicht endlich eines Tages Bab el Mandeb aufgetaucht wäre.
Böje Thompson fand in ihm nicht den biblischen Patriarchen und praktischen Mystiker wieder, den Richard Burton in seinem Großvater gesehen hatte. Bab el Mandeb der Dritte wirkte von den Prüfungen mitgenommen, die er hatte durchmachen müssen, bevor er die Expedition fand, und sein mageres Gesicht war von den Sorgen um sein Volk zerquält. Er betrachtete die Menelikiten mit einer sonderbaren Aufmerksamkeit, als seien sie Gespenster aus einem Alptraum und als wundere es ihn, daß er ihnen unter diesen unvorhergesehenen Umständen begegne; anfangs ging er beständig in seiner Priesterkleidung und mit den Ringen umher, die das Zeichen seiner Würde waren, so, als nehme er aus Furcht davor, es zu vergessen, und in einem halb träumenden Zustand unablässig an der Durch-

führung irgendeines Rituals teil. Dann schien es endlich, als wache er auf und mache sich voller Energie daran, die Expedition vor dem apathischen und verhängnisvollen Glauben an unmögliche Illusionen zu retten, die ihr Böje Thompson in seiner Machtlosigkeit vorgegaukelt hatte.

Wenn der Garten Eden eine Illusion ist, dann machen wir sie eben zur Wirklichkeit, und wenn wir sie zwingen müssen, erklärte Bab el Mandeb.

Böje Thompson war zu diesem Zeitpunkt zu allem bereit und ließ sich bereitwillig von diesem oratorischen Trick und von der Rücksichtslosigkeit überzeugen, mit der Bab el Mandeb seinen Willen, einen Ausweg zu finden, geltend machte.

Sollte ich das Land, wo wir seit Urbeginn gelebt haben, nicht kennen? fuhr er fort. Die großen Ströme gibt es nur nach Westen, denn nach Osten – weit, weit fort – liegt das Meer, und der Weg ist versperrt. Der Weg zum Garten Eden führt nach Westen, und wenn wir dem Dschungel trotzen können, werden wir auch den rettenden Fluß schon finden.

Böje Thompsons Landkarten erwiesen sich nun plötzlich als brauchbar, als habe sich die Wirklichkeit wie durch einen Zauberschlag danach eingerichtet und sie glaubhaft gemacht, und bestätigten diesen Standpunkt, der auch dem Wissen und den Erfahrungen von Ngeru entsprach. Sie brachen deshalb unverzüglich auf. Nach einigen Tagen Wanderung brachten sie das Hochland mit der trockenen Luft und dem beißenden Wind hinter sich und strebten dem diesigen Horizont des Flachlandes zu, der die sinkende Sonne anschwellen und verfließen ließ, als löse sie sich, von irgendeiner Krankheit getroffen, auf, bevor sie verschwand. Hinter dem verschleierten Horizont fanden sie schließlich den Dschungel, der sich mit seinem grünen Halbdunkel, seinem höllischen Spektakel von Affen und bunten Vögeln, das nur von den beunruhigenden Intervallen einer eindringlichen Stille unterbrochen wurde, mit seinen Insektenbissen und seiner schweren, feuchten Luft um sie schloß. Hier wurden die Menelikiten, die an das Hochland, an Ebenen und weite Ausblicke gewöhnt waren, der ersten von vielen Prüfungen ausgesetzt, die sie erleben sollten, und Kinder wie Erwachsene wanderten die schmalen Pfade mit starren Augen und völlig durchgeweicht von einem Schweiß, der nicht nur durch die feuchte Luft verursacht wurde, sondern auch von der Angst vor dem Unbekannten, die sie ergriffen hatte.

Nun konnte Böje Thompson wieder mit größerer Zuversicht an sich selbst denken. Die Erinnerung an den richtenden und gleichzeitig spöttischen Blick des sterbenden Vaters quälte ihn nicht mehr, er hatte genug damit zu tun, sich um die Expedition zu kümmern und alle unterwegs auftauchenden Probleme zu lösen. Nach einigen Tagen im Dschungel ging es bereits nur noch langsam vorwärts wegen der Ermattung, des Hungers, der Fieberanfälle und einer um sich greifenden Hoffnungslosigkeit. Es war, als würde der Dschungel nie aufhören, und die kleinen, modderigen Bäche mit ihrem kribbelnden Leben aus Insekten und Lurchen, auf die sie ab und zu stießen, ließen sich nur schwer zu dem Fluß in Beziehung setzen, der sie zum Garten Eden führen sollte.

Eines Tages sagte Bab el Mandeb: Nun müssen wir die Peitsche benutzen.

Böje Thompson war völlig umnebelt vor Ermattung, und es dauerte etwas, bis ihm aufging, was Bab el Mandeb da gesagt hatte.

Wir können doch nicht die Leute peitschen, die wir retten wollen, sagte er, dann könnten das ja ebensogut Tiere sein, und weshalb retten wir sie denn dann?

Dann sollten wir sie also umkommen lassen? Nein, Herr Oberst, da mache ich nicht mit. Ich habe nun einmal meine Stärke vom Herrn, und ich ziehe es vor, sie in das Paradies hineinzupeitschen, statt sie hier ungepeitscht im Dschungel zugrunde gehen zu lassen.

Böje Thompson blickte sich unter den Elenden um, deren Rettung er auf sich genommen hatte, und sagte: Wenn es denn sein muß, dann lassen Sie *mich* peitschen, als ein Beispiel. Das wird sie schon zum Durchhalten bringen.

Bab el Mandeb streckte seinen Kopf zu Böje Thompsons hin, und Böje Thompson spürte seinen Atem im Gesicht wie einen immer wiederkehrenden Hauch glühender Luft, während er sprach.

Und was geschieht an dem Tag, wo wir in dem wiedergefundenen Eden sitzen, im Garten des Paradieses? Wenn uns Hunger und Insekten, Erschöpfung und Hoffnungslosigkeit nicht mehr quälen? Wenn der Bauch voller Essen ist und wir uns nur noch von morgens bis abends ausruhen? Wenn alle Strapazen und alle Angst vergessen sind und wir ein neues Leben begonnen haben? Was wird dann geschehen, Herr Oberst? Dann werden sie sich gegen mich wenden und sagen: Du hast unseren Retter peitschen lassen, und nun sollst du deine Strafe haben. Und dann werden sie mich fortjagen, dann werden sie mich fortjagen – wenn sie nicht gar Schlimmeres tun.

Bab el Mandeb ließ ohne weitere Diskussion eine Tierhaut in Streifen schneiden und flocht aus den Streifen eine lange Peitsche mit fünf Knoten am Ende. Böje Thompson verfolgte die Entstehung der Peitsche und wurde von Mitleid ergriffen, nicht sosehr mit denen, die ihre Hiebe treffen sollte, sondern mit dem Armen, der der Henker sein sollte.

Deshalb sagte er zu Bab el Mandeb: Wenn gepeitscht werden muß, dann will ich es selbst tun. Gib mir die Peitsche.

Aber Bab el Mandeb schob die Hand fort, die sich bereits danach ausstreckte, und sagte: Wir dürfen uns zu solch schmutzigen Taten nicht herablassen. Wenn wir das tun, verlieren sie allen Respekt vor uns, und mit vollem Recht, und wie sollen wir sie dann auf die Dauer führen können? So was muß man einem Handlanger überlassen, den zu verachten oder gar zu hassen sie sich leisten können, weil er einer der Ihren ist. Wenn einer von uns sie ungebührlich hart peitschen würde, bei wem sollten sie sich beschweren? Jetzt können sie sich im äußersten Fall bei uns beschweren, und obgleich wir ihre Klage natürlich abweisen müssen, weil unser Diener niemals anders und härter peitscht, als er soll, so haben sie doch zumindest die Hoffnung, daß ihre Beschwerde eines Tages erhört werden wird.

Damit gab Bab el Mandeb die Peitsche einem der Niedrigsten des ganzen Haufens und unterwies ihn mit sanften Worten in ihrem rechten Gebrauch. Es zeigte sich, daß dieser Mann sie schnell und mit großer Gewandtheit benutzte, und unter dem Geräusch seiner gezielten Schläge auf die nackten Rücken ging es unter Seufzen und Stöhnen wieder vorwärts.

Wie durch ein Wunder überlebten alle die Wanderung durch den Dschungel und erreichten endlich den Fluß. Sie folgten seinem Lauf und kamen in ein Dorf, dessen Einwohner sich zunächst völlig verschreckt im Dschungel versteckten, weil sie die Flüchtlinge für ein Heer unseliger Geister hielten, was sie in gewisser Weise ja auch waren. Als aber die Dorfbewohner entdeckten, daß die Geister nichts Böses im Schilde führten und wie gewöhnliche Sterbliche aßen und tranken, kehrten sie allmählich einer nach dem anderen zurück. Sie selbst ernährten sich durch Fischfang mit Hilfe kleiner Boote und erklärten sich bereit, die Fremden den Fluß hinunterzuführen. Es gelang Böje Thompson und Bab el Mandeb, die Menelikiten zu überreden, sich auf dieses ungewöhnliche Abenteuer einzulassen. Keiner von ihnen hatte je zuvor seinen Fuß in ein Boot gesetzt, und die Prüfung der Bootsfahrt, die ihre Kräfte schonte, war in gewisser Weise noch größer als die Prüfung des Dschungels, die sie mit Mühe und Not überlebt hatten. Unbekannt war ihnen das unausgesprochene Einverständnis zwischen den Bewegungen des

Wassers, dem Rudergänger und dem zerbrechlichen Rumpf, und ebensowenig verstanden sie die reibungslose Zusammenarbeit des Rudergängers mit der leichten Brise, die das weiße Segel füllte. In ihrer erzwungenen Passivität fühlten sie sich unbekannten Kräften überlassen, deren Glucksen und Flüstern ihnen verhängnisvoller erschienen als das Gebrüll des Löwen und das Geheul der Schakale. Böje Thompson dagegen kam zur Ruhe und zu Kräften und begann über die Dinge nachzudenken. Es erfüllte ihn mit Stolz, wenn er daran dachte, daß Menelik nun gerettet war, doch wenn er unter den verschreckten Gesichtern in die Runde sah, war ihm klar, daß die Rettung nur der Anfang völlig neuer Prüfungen war. Als die Boote nach einer längeren Fahrt bei einer richtigen Stadt anlegten, wo sie die Ankunft des Flußdampfers abwarteten und von wo aus Böje Thompson die ersten Telegramme an Fräulein Törngren in Stockholm schickte, konnte er auch nicht umhin, die Flüchtlinge mit neuen Augen anzuschauen. Zwar war es eine arme und schäbige Stadt, aber sie hatte doch richtige Häuser und Menschen, die Hosen und Hemden trugen. Wie würde man die Menelikiten betrachten? Plötzlich konnte er sehen, wie sie wirkten. Die Schamma an sich machte es nicht; aber sie glichen einer ausgesuchten Ansammlung des Schäbigsten, was man sich überhaupt vorstellen kann. Zwar gab es unter ihnen ein paar gutaussehende, kräftige Männer, die allerdings waren zu Haut und Knochen geworden, und mehrere von ihnen hatten das Pech gehabt, eine Hand zu verlieren. Und die anderen Männer wie die Frauen und Kinder sahen allesamt mehr oder weniger mitgenommen und mitleiderregend aus, zahnlos, lahm, mit rinnenden Augen oder halb zerfressen von Wunden und Narben – sie boten überhaupt einen abscheulichen Anblick, und besser wurde es durch ihre strähnigen, ungepflegten Haare voller Dreck und Ungeziefer natürlich nicht. Ihre ursprüngliche Hautfarbe schwankte von einem sehr hellen Braun, fast wie das der Südeuropäer, bis zum völligen Schwarz, doch selbst ihre Haut war irgendwie mitgenommen – entweder voller Wunden, voller Narben nach Ausschlag und Hautkrankheiten oder nur so durch Wüstenstaub imprägniert und wie Pergament vertrocknet –, daß sie mit einem rötlichen Farbton oder einem gräulichen, fahlen Schein überzogen war, als befände sich überhaupt kein Blut darunter. Ihr Gerede klang wie ein verwirrtes Kakeln, ansonsten aber zeichneten sie sich vor allem durch ein stummes und mürrisches Benehmen aus, erst die Peitsche und danach die Bootsfahrt hatten sie so passiv gemacht, daß sie kaum ein Bein vor das andere setzen konnten, wenn man ihnen nicht sagte, wie sie es zu tun hätten. Wenn Bab el Mandeb seine Gebete hersagte und sie segnete, sahen sie fast aus, als seien sie in einen endgültigen Stumpfsinn versunken, und es gelang ihm nur mit großer Mühe, sie zu lehren, beim Abschluß des Gebetes Amen zu rufen. Das kam, so schloß Böje Thompson, daher, weil sie mit ihrem Glauben so isoliert gelebt hatten, weil sie nie die Gelegenheit gehabt hatten, ihn in Gemeinschaft zu pflegen, und lesen konnte natürlich niemand von ihnen. Er hatte erkannt, welch fürchterliche Aufgabe ihm bevorstand, wenn sie erst einmal in Zions neuer Heimat in Sicherheit gebracht waren – letzten Endes war es vielleicht nur das Wenigste, daß man sie vor dem Untergang in ihrer Heimat gerettet hatte, doch es tröstete ihn, wenn er an die tatkräftigen Fräulein Törngren dachte. Er war überzeugt davon, daß sie in dieser Angelegenheit schon Rat wüßten und für die Menschwerdung dieser Armen ein Programm entwerfen würden. Er beschloß, die Reise dazu zu nutzen, Bab el Mandeb und Ngeru einen Einblick in europäische Kultur zu vermitteln, so daß sie sich leichter den neuen Verhältnissen anpassen könnten, unter denen sie leben sollten.

Böje Thompsons Telegramme an Fräulein Törngren hatten die gewünschte Wirkung gezeitigt. Überall, wo die Expedition hinkam, wurde sie erwartet, schwedische Konsule, Botschafter oder Geschäftsleute waren auf Trab gewesen und hatten für Verpflegung, Unterbringung – in der Regel in Baracken, Zelten oder verfallenen Villen – und für den Weitertransport gesorgt. Böje Thompsons Respekt davor, wie Fräulein Törngren in Stockholm die Dinge meisterte, war groß, nun aber stieg er noch mehr.
Der Flußdampfer brachte die Flüchtlinge nach Kairo, von wo aus sie mit dem Zug in das Heilige Land weiterfahren konnten. Als Bab el Mandeb das hörte, glaubte er erst, dies sei das endgültige Ziel der Reise, aber Böje Thompson mußte ihm erzählen, daß es bis dahin noch weit sei.
In unserer Zeit, sagte er, haben sich die Kultur und die Zivilisation in das nördlichste Europa verlagert, und nur dort habt ihr die Chance, euer Eden zu finden. Du darfst dir keine Palmen und Weinranken vorstellen, sondern mußt an grüne Felder mit hellen Birkenbäumen und weiten Nadelwäldern denken, deren Tiefe klare Seen birgt.
Die Fahrt mit dem Flußdampfer war schlimm gewesen, die Zugreise aber war für die unvorbereiteten Menelikiten ein fürchterliches Erlebnis. Mehrere fielen vor Schreck in Ohnmacht, als sie in die Wagen geführt wurden und der Zug sich in Bewegung setzte, und man

konnte sie nicht dazu überreden, die Toilette zu benutzen. Keiner von ihnen wollte sich freiwillig in den kleinen Raum mit den sonderbaren Einrichtungen einsperren, mit dem gähnenden Loch und dem bullernden Geräusch, das dadurch emporschlug.
Das Heilige Land war eine Enttäuschung für die unfreiwilligen Pilger, die sicher mit den naiven und strahlenden Erzählungen über die Segnungen des Haines Mamre aufgewachsen waren, nach denen sie auf dem Bahnhof von Jerusalem vergeblich ausspähten. Sie sahen vertriebener, heimatloser und verwirrter aus als je zuvor, und Böje Thompson, der fürchtete, daß sie sich einzeln in Abenteuer stürzen würden und der Haufen sich auflösen könnte, fühlte sich erst sicher, als sie in einem von Stacheldraht umgebenen und von englischen Soldaten bewachten Zeltlager untergebracht waren. Um ihnen die Erlaubnis zu verschaffen – unter gehöriger Bewachung –, die heiligen Stätten besuchen zu können, versuchte er bei dem englischen Kommandanten Vortritt zu erlangen. Dieser Gentleman erwies sich als unempfänglich für Böje Thompsons Argumente.
Sie müssen verstehen, erklärte der Oberst geduldig, daß diese Menschen gläubige Christen sind; sie gehören zu einer der ältesten Gemeinden der Welt, ja, praktisch können sie ihre Kirche bis zu Adam und Eva zurückführen – und sie haben Anspruch auf den Besuch der heiligen Stätten.
Der Kommandant antwortete: Der Teufel hole alle Kirchen und Gemeinden, mit dem Kram habe ich sowieso schon genug Ärger. Und diese sogenannten Menschen sind so dreckig und so mit Krankheiten verseucht, daß ich ihren Anblick nicht einmal einem Juden bieten möchte – und schon gar nicht ihren Gestank.
Das schwergeprüfte Volk von Menelik mußte sich deshalb mit dem Anblick der schnurgeraden Reihen der Militärzelte, dem schützenden Stacheldraht, den staubigen Zypressen und der fernen, graugelben Silhouette der Stadt begnügen. Um dem stumpfsinnig machenden Einfluß der Untätigkeit entgegenzutreten, hielt Bab el Mandeb ihnen unaufhörliche Predigten, in denen er erklärte, daß die Felsenkirchen ihres Heimatlandes heiliger seien als alle Kirchen des Heiligen Landes; daß sie dank einer helfenden Hand vor dem Untergang gerettet worden seien, und es sei Gottes Wille gewesen, daß sie diese Hand ergreifen sollten; und daß sie sich nun auf den Frieden in dem neuen, fernen Zion freuen könnten, wo keine fremden Heere und Bombenflugzeuge sie verfolgen würden.
Bab el Mandeb schuf auch Abwechslung in der Monotonie der Tage, indem er eine offizielle Rangordnung einführte, die es jedem einzel-

nen in dem zusammengewürfelten Haufen ermöglichte zu wissen, nach wem er sich zu richten habe, und er umgab sich mit einem kleinen Kreis von Vertrauten, die er durch Handauflegen und unverständliche Abzählreime zu Leibwächtern, Adjutanten und Aufsehern ernannte.

Nach einigen Tagen in diesem Lager ging die Reise auf Lastwagen nach Haifa weiter, wo die Flüchtlinge auf einen griechischen Dampfer, die »SS Pandora«, eingeschifft wurden, die Kurs auf Griechenland nahm – oder, wie Böje Thompson es gegenüber Bab el Mandeb und Ngeru ausdrückte, Kurs auf die Wiege der europäischen Kultur. Er nutzte die Überfahrt, um ihnen einen Einblick in die Implikationen dieser Tatsache zu vermitteln; er erzählte von der griechischen Demokratie, von Sokrates' Verurteilung und Tod und von seinen Gedanken über die Tugend. Während Böje Thompson erzählte, wunderte er sich darüber, in welchem Maß diese uralten Gedanken und Vorstellungen einen Teil seiner selbst und des idealen Strebens des Thompsonschen Geschlechts darstellten. Die Lehre der Nächstenliebe aus dem Heiligen Land und die vernunftbetonte Tugend der Griechen schienen in seiner eigenen protestantischen Kultur in einer höheren Einheit aufzugehen, der vielleicht nur das klare Herauskristallisieren der Idee des Opfers fehlte, die der Jude wie der Grieche verkörpert hatten.

Um sich nicht in die abstrakte Sphäre von Ideen zu verlieren, erzählte er auch von den Tempeln der Akropolis, die noch heute zu sehen seien, und von den Statuen nackter Götter und Athleten, die bei diesem seltsamen Volk so ungefähr ein und dasselbe seien. In dieser Situation, in der er jemandem diese Selbstverständlichkeiten erklären mußte, dem jegliche Grundlage für deren Verständnis abging, wurde ihm bewußt, wie stark seine europäische Identität mit der Vorstellung von Säulen, Marmorskulpturen und Kathedralen verbunden war. Während er noch so in diese Betrachtungen vertieft war, fuhr die »SS Pandora« in den Hafen von Piräus ein. Ein starker, heißer Wind von Südwesten versetzte alle Schiffe im Hafen in unruhige Bewegung, als bebten ihre Eisenrümpfe vor Ungeduld nach Freiheit, und der Anblick dieser wilden, rostfleckigen oder frisch gestrichenen Rümpfe mit ihren Eingeweiden aus Maschinen, mit ihren rauchgeschwärzten Schornsteinen und ihren Taljen und die Betriebsamkeit auf den Kaien unter dem starken Licht der Frühjahrssonne schleuderten den philosophischen Oberst mit einem Schlag in die Wirklichkeit zurück, in der sich sein Schicksal abspielte. Böje Thompson erkannte, daß er nicht genügend betont hatte, daß Sokrates, Akropolis und Marmorstatuen einer fernen Vergangenheit angehörten, sondern daß er ganz im Gegenteil diese Welt lebendiger gemacht hatte als die Gegenwart, die die »SS Pandora« repräsentierte und mit der der Hafen von Piräus Bab el Mandeb und Ngeru nun so unabwendbar konfrontierte.

In Athen wurden die Flüchtlinge in eine verfallene Villa außerhalb der Stadt gesteckt, die sie unter keinen Umständen verlassen durften. Böje machte sich sofort daran zu erreichen, daß Bab el Mandeb und Ngeru die Erlaubnis zum Besuch der Akropolis erhielten. Das erwies sich als weit mehr denn als reine Formsache, er mußte tagelang unzählige Büros in verschiedenen Ministerien heimsuchen und Gespräche mit höflichen, korrekten, ausweichenden oder abweisenden Beamten führen. Hinter allen Phrasen spürte er die unausgesprochene Frage: Was können diese Halbneger schon von unserer Kultur haben? Hinzu kamen jedoch die politischen Aspekte der Angelegenheit, die sich in der Tatsache manifestierten, daß die Öffentlichkeit über den Aufenthalt der Flüchtlinge in Griechenland absolut nichts erfahren durfte.

Schließlich jedoch trug Böje Thompsons Beharrlichkeit im Namen der Kultur Früchte. Auf je mehr Widerstand er stieß, je mehr Trägheit, Unlust und Vorsicht die Beamten zeigten, um so mehr entflammte er, beherrscht von einer heimlichen Angst vor der Niederlage gegenüber Bab el Mandeb und Ngeru, wenn sie auf die Erlebnisse verzichten müßten, die er ihnen in Aussicht gestellt hatte. Die Erlaubnis wurde allerdings nur unter der Bedingung erteilt, daß Bab el Mandeb und Ngeru die Akropolis in europäischer Kleidung besichtigten. So verkleidet, würde ihre Identität verborgen bleiben, und sie würden auch die zahlreichen Touristen mit ihrer in normalen europäischen Augen unerklärlichen und schamlosen Anwesenheit nicht ablenken.

In Anbetracht der ihnen in Aussicht gestellten Erlebnisse ließen sich Bab el Mandeb und Ngeru auf diese Bedingungen ein, ihre Verwandlung wurde in der schwedischen Botschaft durchgeführt. Man hatte zwar neue, zu ihrer Größe passende Sachen herbeigeschafft, in denen nahmen sie sich allerdings aus, als sollten sie an irgendeiner Maskerade teilnehmen. Ngeru weigerte sich, den Ledergürtel, den er um den Leib trug und an dem eine Börse hing, abzulegen; da er unter dem Hosenbund keinen Platz hatte, durfte er ihn über das Hemd binden, wo er sowieso im großen und ganzen von der Jacke verborgen wurde.

Als sie im Taxi saßen, war es Böje Thompson aus irgendeinem

Grund ungemütlich zumute. Er konnte sich nicht mit der Beschleunigung des Wagens abfinden, auch nicht mit den Kurven, die sie zwang, sich gegeneinanderzulehnen, oder mit den Bremsmanövern, die ihre Oberkörper nach vorn preßten. All dies erfüllte seine beiden Begleiter mit einer Mischung aus Schrecken und Entzücken, während sie gleichzeitig mit aufgerissenen Augen den Eindrücken des Verkehrs und dem Gewühl der Spaziergänger folgten.
Es erschien Böje Thompson, als entferne sich die Akropolis mit noch größerer Geschwindigkeit als das Tempo, in dem sich das Auto bewegte. Man muß sich der Akropolis zu Fuß nähern, dachte er undeutlich und ohne sich klarzumachen, was ihn an der Dynamik des Explosionsmotors, der er unterworfen war, störte. Dann waren sie jedoch am Ziel, und Bab el Mandeb und Ngeru blickten sehnsüchtig dem Taxi nach, das sofort davonfuhr.
Wir sind nicht weit genug gegangen, sagte Böje Thompson zu sich, als sie zu den Propyläen hinaufgingen, und als sie vor dem Parthenon standen und die Karyatiden des Erechtheion betrachteten, erschien es ihm, daß sie nicht wirklich gegenwärtig seien. Bab el Mandeb und Ngeru waren zwar durch den Anblick dieser Bauwerke beeindruckt, konnten allerdings nicht verstehen, daß diese Häuser nicht in einen brauchbaren Zustand gebracht wurden, und faßten das als Ergebnis von Faulheit und Mißwirtschaft auf.
Herr Oberst, sagte Bab el Mandeb betrübt, wenn man daran denkt, was du uns über die Kultur Europas erzählt hast, dann ist es schon traurig, wenn man sieht, wie dieses Heiligtum hier so einfach verfällt. Wie sieht es dann wohl mit dem Eden aus, zu dem du uns führen willst?
Böje Thompson wollte gerade antworten, daß sie sich das Eden, von dem er gesprochen hatte, selbst bauen und es mit ihrer eigenen Existenz zur Wirklichkeit machen müßten, daß ihnen dafür aber das neue Zuhause Zions reiche Gelegenheit bieten würde, wenn sie es wirklich aus brennendem und demütigem Herzen wünschten; bevor er jedoch etwas sagen konnte, fiel sein Blick auf Ngeru, der sich mit einem gequälten Gesichtsausdruck mit dem Rücken zu einer der Säulen des Parthenons gesetzt hatte und dabei war, Schuhe und Strümpfe auszuziehen.
Solange ich die Schuhe anhabe, sagte er entschuldigend, bin ich nicht imstande, Europas Kultur zu verstehen.
Böje Thompson sah sich erschrocken um. Ngerus nackte Zehen waren eine unerhörte Provokation, und er fragte sich, was wohl geschehen könnte, wenn sie einem Aufseher oder einer Gruppe Touristen

unter die Augen gerieten. Glücklicherweise war niemand in unmittelbarer Nähe; wenn er schnell handelte, konnte er also noch einen Skandal verhindern. Er betrachtete die Zehen, die sich in der wiedergewonnenen Freiheit so richtig tummelten, während die Füße, auf die Fersen gestützt, sich hin und her bewegten. Der Anblick der verbrauchten, unschönen Füße des alten, dunkelhäutigen Mannes bestürzte ihn; sie guckten aus den schwarzen Hosen mit ihren Bügelfalten und breiten Aufschlägen hervor, als sei er außerstande, den Grund ihrer überraschenden Anwesenheit zu verstehen.

Er zog seine Jacke aus, und während er sie über Ngerus Füße ausbreitete, so daß sie Füße und Schuhe verbarg, sagte er: Es ist von alters her Sitte und Brauch, daß man diese Steine nicht mit nackten Füßen betritt.

Ngeru war dankbar dafür, daß er nicht sofort dazu gezwungen wurde, sich Schuhe und Strümpfe wieder anzuziehen, er sorgte dafür, daß die Jacke liegenblieb und so die aufsässigen Körperteile gehörig verbarg, für Böje Thompson allerdings wurden sie nur noch aufdringlicher. Als er sie mit der Jacke zudeckte, erschien es ihm fast, als habe diese Handlung eine Bedeutung, die er selbst nicht verstand, als spreche er den Füßen eine geheimnisvolle Überlegenheit, eine verschämte Aussage geringschätziger und verarmter Wahrheiten zu, denen er die freche Lästerung von Aufsehern und Touristen ersparen wollte, denen er sich allerdings auch selbst nicht auszusetzen wagte.

Um seine eigenen, Ngerus und Bab el Mandebs Gedanken abzulenken, sagte Böje Thompson: Was trägst du da für eine Börse im Ledergürtel, die du absolut nicht entbehren kannst und an der du herumfingerst?

Das ist eine lange Geschichte, sagte Ngeru, soll ich sie erzählen?

Ja, antwortete Böje Thompson, tu das.

Ngeru erzählte:

Mein Vater wurde sehr alt, doch obgleich er hochbetagt war und sich der Zeitpunkt näherte, an dem er sterben sollte, war er noch immer voller Kraft und wollte das Leben nicht gutwillig aufgeben, das in ihm gewohnt hatte, seit er vor langer, langer Zeit als schreiendes Kind aus dem Bauch seiner Mutter gekommen war. Ich wußte zwar, daß er hinterlistig und gefährlich war, unterschätzte ihn aber dennoch und achtete nicht genügend auf ihn, was mich teuer zu stehen kam.

Wenn ein Mann sterben soll, ruft er einen seiner Söhne zu sich, und wenn es ihm gelingt, mit seinem letzten Blick, kurz bevor er sein

Leben aushaucht, die Augen des Sohnes einzufangen, so schlüpft der Geist, der nicht sterben will, aus ihm heraus und klammert sich an diesen Sohn.
So erging es mir. Ich paßte nicht auf. Ich glaubte bloß, er wolle mich um irgend etwas bitten, vielleicht um etwas Wasser zum Trinken, aber er hatte all seine Kraft gesammelt, und im selben Augenblick, als ich seine Augen auf mir ruhen sah und ihrem Blick begegnete, wußte ich, daß ich in die Falle gegangen war. Er starb schnell und gab mir keine Gelegenheit, ihn abzuschütteln, kaum hatte ich mich von seinem Sterbebett abgewandt, da spürte ich auch schon, wie sich der Geist an meinen Rücken klammerte. Hier muß ich vielleicht einschieben, damit ihr das Folgende verstehen könnt, daß der Geist dieselbe Gestalt annimmt, die der nun Verstorbene in Fleisch und Blut hatte. Wer der Geist ist, weiß man also mit Sicherheit.
Zuerst versuchte ich so zu tun, als sei gar nichts, und fuhr wie gewöhnlich in meiner Arbeit fort, aber jeder, der es durchgemacht hat, weiß, wie unmöglich das ist, jedenfalls wenn es sich um einen großen, kräftigen Geist wie den meines Vaters handelt. Natürlich gibt es auch kleine, zierliche und höfliche Geister, die einem nichts zuleide tun und denen man deshalb erlaubt, sich niederzulassen, obgleich die auf die Dauer auch gefährlich werden können. Ich wurde dadurch ruhelos und versuchte zu entwischen, aber gleichgültig, wie weit und wie schnell ich dahinwanderte – er blieb mir auf den Fersen, ich hatte ihn die ganze Zeit im Rücken und konnte merken, wie er mich mit beiden Händen packte. Da die Hände meines Vaters groß und stark waren, weil sie von Geburt an so angelegt waren und weil er mit ihnen sein ganzes Leben über geschuftet hatte, und da sie an langen und kräftigen Armen saßen, packte er mich also mit einem sehr festen Griff. Ich habe die Figur meines Vaters nicht geerbt, ich ähnle eher meiner Mutter, aber vielleicht bin ich genauso stur, wie mein Vater es bei Lebzeiten und als Geist war, und daß ich Ausdauer besitze, das habe ich jedenfalls bewiesen.
Zuletzt wurde es mir zuviel, ich drehte mich zu dem Geist um und dachte, wenn ich ihm bloß den einen Arm abreißen könnte, dann würde er vielleicht ganz loslassen, und jedenfalls wäre es leichter, sich von ihm zu befreien. Es tat mir zwar leid um den Geist meines Vaters, aber dennoch packte ich den Arm und begann ihn zu verrenken und zu verdrehen, um ihn vom Körper zu trennen – ein Geist setzt sich nämlich nicht zur Wehr; wäre das der Fall gewesen, dann hätte er mich mit einem einzigen Schlag zu Boden strecken können. Alle Geschichten, die das Gegenteil erzählen, sind Lügengeschich-

ten. Was diese Bedauernswerten zu Boden streckt, sind in Wirklichkeit das Mitleid und die Angst vor Vergeltung. Selbstverständlich hatte ich auch Angst, ließ mich aber nicht unterkriegen und kugelte den Arm immer weiter aus, bis ich das knirschende Geräusch hörte, als er sich aus der Schulter löste. Als ich mit dem großen Arm in den Händen dastand, wurde mir erst richtig klar, um welch ein fürchterliches Monstrum es sich handelte, und wenn ich die Finger anfaßte und sie hin- und herbog, dann mußte ich bei dem Gedanken an ihren Griff um meinen Rücken erschauern. Ich war mir keineswegs sicher, daß dieser Geisterarm nicht von sich aus die Verfolgung wiederaufnehmen konnte, denn in der Welt der Geister herrschen andere Gesetze als unter uns Menschen, weshalb ich beschloß, ihn in einem sehr tiefen Loch zu begraben, aus dem er in alle Ewigkeit nicht herauskommen konnte, jedenfalls nicht, solange ich an der Oberfläche der Erde lebte, und danach konnte es mir ja egal sein.
Da ich keine anderen Werkzeuge hatte als ein kleines Messer – ich war ja zuletzt Hals über Kopf davongestürzt –, mußte ich mit den bloßen Händen graben. Ich grub Tag und Nacht, stützte das Loch ab und machte immer weiter, bis es zehn Meter tief war, dann erst hörte ich auf, schmiß den Arm auf den Grund, wälzte einen Riesenstein darüber und füllte das Loch auf.
Es war nun meine Absicht, in der Hoffnung nach Hause zurückzukehren, daß ich unterwegs den einarmigen Geist würde abschütteln können. Aber ach, so sollte es nicht sein! Natürlich war der Geist hinter mir her, und es zeigte sich nun, daß er sich ohne Schwierigkeiten mit der noch vorhandenen Hand festklammern konnte und daß ich deshalb ebenso schlecht dran war wie zuvor. Zuletzt blieb ich erneut stehen und machte mich nun an den anderen Arm. Als ich ihn endlich unter ebenso großen Anstrengungen wie den ersten abbekommen hatte, wußte ich nicht, was ich damit anstellen sollte. Ich hatte keine Kraft mehr, um ein neues Loch zu graben, abgesehen davon waren meine Hände zwei große, blutende Wunden. Schließlich trug ich ihn mit mir zu einem Fluß in der Nähe, dem ich folgte, bis ich oberhalb des großen Wasserfalls war, und dort warf ich ihn hinein. Man hat nämlich von Geistergliedern gehört, die wie Fische schwimmen können. Aber ich sah, wie der reißende Strom ihn mit sich führte. Er hopste zwar hoch und runter, als kämpfe er gegen sein Schicksal, entging ihm jedoch nicht und verschwand zuletzt über den Rand des Wasserfalls und war für immer fort. Sicherheitshalber steuerte ich in die dem Flußlauf entgegengesetzte Richtung, glücklich darüber, vom Griff der beiden Hände befreit zu sein, die

die tyrannische Natur und die unvergleichliche Gier des Geistes verrieten.
Es war die reine Wohltat, zur Abwechslung mal zu spüren, wie einem der Wind sanft in den Rücken puffte. Doch als ich zurückschielte und entdeckte, daß der Geist auf seinen langen Beinen hinter mir her war und sich nun ohne Arme an meinem Rücken scheuerte, da erschrak ich zutiefst. Mit einem Satz warf ich mich auf ihn, packte sein rechtes Bein und kugelte es herum, bis es abging. Da ich mich auf einer Steppe voller Hyänen und Schakale befand, denen es schwerfällt, ohne weiteres den Unterschied zwischen wirklichen Kadavern und Geisterkadavern zu erkennen, warf ich es einfach von mir. Ich wußte, daß sich schon einer dieser Aasfresser seiner annehmen würde – wenn er aber erst einmal entdeckte, daß an dem Bein kein Fleisch war, dann würde er allerdings vor Wut völlig verrückt werden, und dann galt es nur noch, nicht in der Nähe zu sein. Deshalb und weil ich selbst allmählich von der ständigen Verfolgung wahnsinnig wurde, jedoch damit rechnete, daß ich dem einbeinigen Geist würde davonlaufen können, beschleunigte ich meine Schritte und begann schließlich zu rennen. Nach kurzer Zeit bekam ich erst einen, bald mehrere Stöße in den Rücken, die mich fast auf die Nase fallen ließen. Der Geist hopste mir auf seinem einen Bein mit gewaltigen Sprüngen hinterher, die er nicht ganz berechnen konnte und die deshalb bewirkten, daß er die ganze Zeit über von hinten in mich hineinrannte. In wildem Zorn riß ich auch das zweite Bein ab und ließ ihm die gleiche Behandlung zuteil werden wie dem ersten.
Nun kannst du hinter mir herlaufen! schrie ich.
Aber was glaubt ihr, tat der Geist? Glaubt ihr, der hätte einfach aufgegeben und mich in Ruhe und Frieden meines Weges ziehen lassen?
Nun dürft ihr bei dem Gedanken gerne erschauern, denn jetzt besteht wirklich Anlaß dazu. Ich will euch erzählen, was er tat: Er biß sich an meinem Rücken fest. Mein Vater hatte zwar schon längst alle seine Zähne verloren, aber sein Geist hatte seine eigenen neuen Zähne, und die waren völlig in Ordnung: Ohne daß ich es bemerkt hatte, hatte er sie wie ein richtiges Raubtier gebleckt und dann zusammengebissen. So, wie er den Griff der Hände gelockert hatte, wenn ich mich zu ihm umwandte, so ließen auch die Zähne los, wenn ich mich umdrehte. Sobald ich jedoch tat, als sei gar nichts, und auf den Gedanken verfiel, zu meiner Wohnung und meinem normalen Leben zurückzukehren, so war er mit seinem Biß wieder da. Von all den Weisen, in denen er sich an mich klammerte, war dies die

schlimmste und die schmerzvollste. Es tat weh, sobald ich ging, und ich hatte das gräßliche Gefühl, wenn er aus ganzer Kraft zubisse, würde er mir das Rückgrat brechen. Deshalb ging ich sehr steif und vorsichtig und bekam Kopfschmerzen und fand mein Leben elender als je zuvor. Zwar ist es ein Geisterkopf, aber es ist dennoch der Kopf meines Vaters, dachte ich; ich hatte zwar Hand an ihn gelegt, weil ich dazu getrieben worden war, aber jedesmal hatte es mir doch leid um ihn getan.
Während meiner Wanderung war ich schließlich in die Wüste gekommen, wo ich bei einem der spärlichen Sträucher vor Erschöpfung umsank. Hier fiel mein Blick auf eine Spinne, die dabei war, ihr kunstvolles Gespinst anzufertigen, und ich betrachtete sie voller Neid und Mißmut. Jeden Tag macht sie ihr Gespinst, und nicht nur jeden Tag; sondern jedesmal, wenn es zerrissen wird, fängt sie wieder von vorn an. Welch wunderbares Tagewerk! Ich träume nicht davon, große Taten vollbringen zu dürfen; gibt es aber eine größere und denkwürdigere Tat, als jeden Tag sein Tagewerk zu vollbringen? Nicht einmal dazu bin ich imstande, weil ich in Wirklichkeit ein jämmerlicher Krüppel bin, und ich merke schon, daß mein Körper dahinzusiechen beginnt, wegen der steifen Haltung und der unfreien Bewegungen, und daß der Kopfschmerz in meinem Kopf verlangt, daß ich an ihn denke, weshalb ich an nichts anderes denken kann.
Die ruhige Arbeit der kleinen Spinne war es, die mich einsehen ließ, wie sinnlos mein Leben geworden war, und damit rief sie mich in gewisser Weise ins Leben zurück.
Kurz gesagt, ich drehte mich zum Geist meines Vaters um und begann etwas, woran ich am liebsten nicht denken möchte. Wenn er keine Zähne mehr hat, mit denen er mich beißen kann, und wenn er keine Augen mehr hat, mit denen er mich sehen kann, dann bekomme ich meine Ruhe – so sagte ich mir wieder und wieder, während ich mich abrackerte, um seinen Kopf vom Körper zu trennen. Während ich das tat, starrte er mich die ganze Zeit über mit seinen fürchterlichen Augen an, was mich natürlich dazu brachte, mich noch grausamer zu fühlen. Es war sehr, sehr schwer, den Kopf abzubekommen, diesmal mußte ich das Messer benutzen, dennoch trieb mich der zähe Hals mit seiner ungeheuren Trägheit fast zum Wahnsinn. Schließlich stand ich mit dem Kopf in den Händen da. Ich zitterte am ganzen Leib, so daß ich ihn fast verloren hätte, und wenn ich der ersten besten Eingebung nachgegeben hätte, dann hätte ich ihn von mir geschleudert und wäre fortgelaufen. Doch das wagte ich

nicht. Deshalb ging ich damit fort, und als ich in der Ferne ein Dorf erblickte, legte ich ihn unter einen Busch und ging in das Dorf hinein und redete mit den Leuten dort, bis ich herausbekommen hatte, wo der Hexendoktor wohnte. Ich verließ das Dorf wieder und ging zu dem Kopf zurück, um den Abend abzuwarten, und als es dunkel geworden war, hob ich den Kopf auf und ging damit in das Dorf. Ich schlich zur Hütte des Hexendoktors, denn ich wußte, daß unter Hexendoktoren eine große Nachfrage nach Geisterköpfen besteht. Der Besitz eines solchen Kopfes kann nämlich einen solchen Hexendoktor nahezu allmächtig machen. Doch die Dorfbewohner meinen in der Regel, seine gewöhnlichen Künste verliehen ihm ausreichend große Macht, so daß sie streng darüber wachen, daß niemand ihm einen Kopf verschafft.

Er ließ mich herein, dieser Hexendoktor, aber als er den Kopf sah, hätte er mich fast wieder hinausgeworfen. Ein Hexendoktor weiß natürlich, wie gefährlich der Umgang mit so einem Kopf ist. Ein Hexendoktor muß ihn zähmen, sonst tötet er ihn oder macht ihn wahnsinnig. Dieser Hexendoktor konnte sehen, daß der Kopf meines Vaters voller Kraft war. Er konnte die Geisteraugen dieses Geisterkopfes dazu benutzen, die verborgensten Dinge zu sehen. Das würde es ihm auch ermöglichen, die verborgensten Dinge über sich selbst zu sehen, die in Erfahrung zu bringen große Stärke verlangt. Der Hexendoktor hatte Angst. Er wollte, ich solle gehen. Aber der Kopf lockte ihn auch. Er brannte danach, die Macht zu besitzen, die er ihm schenken konnte.

Wenn ich den Kopf annehmen soll, dann mußt du mir auch einen Teil von dir geben. Sonst nehme ich ihn nicht. Dann kannst du ihn wieder mitnehmen. Ich kann gut einen Finger von einem lebendigen Menschen gebrauchen.

Ohne zu zögern, legte ich den linken Zeigefinger auf einen Klotz, den er stehen hatte, und hieb ihn mit dem Beil des Hexendoktors ab. Er verband mich, und nun war er endlich zufrieden – nun hatte er sowohl einen Geisterkopf als auch einen Menschenfinger.

Ich wußte, er würde die Augen als kleine Kugeln benutzen, in denen sich alles – besonders Gedanken, Träume und andere Geheimnisse – spiegelten. Ich ließ ihn versprechen, daß er alle Zähne ausbrechen würde, was er damit anfangen wollte, weiß ich nicht. Ich mag nicht an all so etwas denken.

Es war noch dunkel, als ich ihn verließ. Nun konnte ich mich wieder so natürlich bewegen wie zuvor, und die Kopfschmerzen waren ebenfalls verschwunden, weshalb ich mich glücklich pries und mir

vornahm, so schnell wie möglich nach Hause zurückzukehren, um meine tägliche Arbeit wiederaufzunehmen, die das einzige war, was ich mir hier im Dasein wünschte. Ich legte mich in einem Stall schlafen, wo es warm war, und am Morgen vor der Dämmerung war ich wieder auf dem Weg. Kaum aber hatte ich mich aufgemacht, da merkte ich, daß er noch immer da war. Das hätte ich seinem Geisterkörper ohne Arme, Beine und Kopf ja nie zugetraut, aber natürlich hätte ich es besser wissen müssen. Wie von Geisterschwingen getragen, sauste der Körper mit seinem klopfenden Herzen, seinen atmenden Lungen, seinen rumpelnden Gedärmen und seinen ausgedorrten Geschlechtsorganen hinter mir her, und es kam mir vor, als sei er noch genauso voller Leben und Kraft wie damals, als er noch Kopf, Arme und Beine hatte. Ich floh, sinnlos vor Entsetzen, und spürte, wie sich mein trotz aller Prüfungen bisher so klarer Verstand umnebelte und wie ich allmählich außerstande war, mich zu beherrschen, und mich in gewisser Weise danach sehnte, mich in einen Abgrund zu stürzen, um so dem Ganzen ein Ende zu setzen. Denn wenn ich erst einmal tot war, der Körper zermalmt und zerschmettert, so war ich sicher, würde ich die manische Verfolgung meines Geistesvaters nicht mehr spüren, die übrigens ganz von selbst aufhören würde.
Und er wird triumphieren, er wird triumphieren! Ohne Kopf und Arme und Beine wird er triumphieren, mit Siegesgehämmer im Brustkasten, mit dem Schwellen der Lungen, mit Explosionen der Gedärme und einem letzten Abglanz des abscheulichen eisernen Willens seines Zeugungsorgans! So wird er über der dampfenden Blutlache meines befreiten Leichnams triumphieren, über dem Bett aus zermalmten Knochen meines ausgelöschten Geistes!
Wenn sowieso alles verloren ist, dann will ich ihm noch ein letztes Mal Trotz bieten!
Eine Sache ist es, Arme, Beine und sogar den Kopf abzureißen, ein anderes allerdings, den Torso zu zerlegen, auf den er nun reduziert war. Wie packt man das an? Es war ja nicht so, wie wenn man in aller Ruhe und Gemächlichkeit Zeit hat, ein Tier zu häuten und zu zerteilen. Also sah ich mich nach einem großen Stein um, sobald ich einen gefunden hatte, hob ich ihn hoch über meinen Kopf empor und ließ ihn auf seinen Brustkasten hinunterfallen, der darunter mit einem Krachen von zerschmetterten und zersplitterten Rippen zusammensank. Ich wälzte den Stein zur Seite und riß mit dem Messer das Herz heraus – es war zwar nur ein Geisterherz, aber für mich war es dennoch genauso blutig, als wäre es das richtige Herz meines

lebendigen Vaters gewesen. Ich hob es hoch in die Luft empor, und ein gewaltiger Geier kam und schnappte es mir aus den Händen. Es war ekelhaft, und nur mein umnebelter Zustand ermöglichte mir das. Doch es wurde noch schlimmer.

Als nächstes waren die Lungen dran. Ich bekam sie heraus, ohne sie in Stücke zu reißen. Ich pustete sie zu zwei Ballons auf und ließ sie davonschweben, begleitet von allen Verwünschungen und Beschwörungen, die mir einfielen, unterbrochen von demütigen Gebeten an den Wind, er möge sie nie in diese Gegend zurückführen, sondern sie mit sich zu einem stillen Wolkengrab im fernsten Kirchhof des Himmelsgewölbes nehmen.

Ergriffen von einer Wut, die mich in einen von den Eingebungen des Hasses geschliffenen Diamanten verwandelte, beugte ich mich über den Bauch und machte mich daran, ihn mit dem Messer in der Hand so kühl und überlegen zu öffnen, als hätte ich nie etwas anderes getan. Ich kann weder lesen noch schreiben, nun aber schrieb ich mit der Messerspitze ein Kreuz aus Tod, dessen Arme quer über die Bauchhaut liefen, von einer Seite zur anderen, den Schnittpunkt zwei Fingerbreit unter dem Nabel. Die vier Flügel öffneten sich unter meinen Fingern, und während ich mich erbrach, riß ich die Eingeweide heraus und vertraute sie einem Loch in der Erde an, das ich mit einem großen Stein und zu der mütterlichen Fürsorge der langsamen Verwesung verschloß.

Und nun das Sakrileg, dachte ich voller Ekel und mit dem Geschmack von Erbrochenem im Mund. Bisher habe ich ihn nicht geschändet, sondern nur mißhandelt. Nun schände ich ihn auch, ich schände den ersten und letzten Anspruch seines Geisterkörpers auf mich und die Erinnerung an den Tag, an dem der Zorn seines Hodenspeichels in ein neues Wesen überkochte, das zu mir wurde.

Wie ein Schlafwandler, der mit leichten Schritten die Sache wiederfindet, die verschwunden war und die der Wachende stundenlang vergeblich gesucht hatte, ergriff ich mit der linken Hand Hoden und Glied auf einmal und führte mit der Rechten in einer Reihe tiefer und eleganter Schnitte das Messer herum. Es ging fast leichter, als ich mir vorgestellt hatte. Diese Trophäen in der Hand, erhob ich mich und war zum erstenmal ganz und gar sicher, daß jegliche Verfolgung ein Ende hatte. Euch, sagte ich, will ich dem Feuer überlassen. Unverbrannt dürft ihr auf der Oberfläche der Erde nicht existieren.

Ich errichtete einen Scheiterhaufen für sie und legte sie darauf. Er brannte sehr lange, wie lange, weiß ich allerdings nicht. Ich blieb sitzen und schaute ihn an, bis er völlig niedergebrannt war. Dann erst erhob ich mich und ging fort, und nun entdeckte ich, daß mir ein Verfolger fehlte. Sollte ich denn zur Verfolgung geschaffen sein, dachte ich verzagt, denn dann war der Gedanke an die Fortsetzung des Lebens fast nicht zu ertragen. Als ich jedoch im selben Moment hinter meinem Rücken wieder irgendeine Anwesenheit ahnte, glaubt ihr vielleicht, ich hätte mich gefreut? Denn das wäre ja doch das Logische gewesen. Nein, ich geriet völlig außer mir. Fängt das nun von vorne an? Was heißt das, ist das der Geisterkörper seines Geisterkörpers? Finde ich denn niemals Frieden? All so etwas sagte ich zu mir, während ich so dahinging und meine Kraft zusammennahm, um mich umzudrehen, denn so zu tun, als sei gar nichts, das konnte ich unmöglich. Und was sah ich da, als ich mich endlich zusammenriß? Etwas Klitzekleines, wie eine große Fliege nur – nein, eher wie eine kleine, vertrocknete und völlig verschrumpelte Feige; ein ganz kleiner Geisterkörper schwebte in der Luft und wirkte eher ziemlich hilflos und in der weiten Welt sich selbst überlassen. Obgleich alle Kraft aus mir herausgesogen war, obgleich ich so müde war, daß es das reine Wunder war, daß ich noch immer weiterging, statt einfach umzufallen, konnte ich bei diesem Anblick dennoch nicht umhin zu lächeln. Ich nahm den klitzekleinen Geisterkörper in meine Hand, um ihn näher zu betrachten, und ich hatte ihn nur einen Augenblick studiert, bevor mir klar wurde, was ich da in der Hand hielt. Ja, aber, das ist ja sein Nabel! sagte ich zu mir und war kein bißchen überrascht. Weshalb sollte nicht auch der Nabel seinen Geisterkörper haben? Und den umzubringen, daran hatte ich überhaupt nicht gedacht. Ich wußte nicht, was ich mit dem Nabel anfangen sollte. Es wäre völlig lächerlich gewesen, ihm irgend etwas Drastisches oder Grausames anzutun, was ich hätte tun müssen, um ihn aus der Welt zu schaffen. Deshalb beschloß ich, ihn sein zu lassen. Auf diese Weise fehlt mir auch kein Verfolger, dachte ich, aber er wird nicht imstande sein, mir etwas zu tun. In gewisser Weise wird er eher ein Begleiter. Und damit behielt ich den Nabel in der Hand und ging weiter.

Ich richtete meine Schritte heimwärts. Es waren viele Jahre vergangen, und ich freute mich darauf, mit Frieden in der Seele meine müden Glieder endlich Ruhe in der vertrauten Umgebung finden zu lassen. Die sah ich bald auftauchen. Wie hat sich doch alles verändert, dachte ich bei mir – konnte allerdings den Finger nicht auf einen bestimmten Punkt legen, an dem die Veränderung sichtbar war. Meine Augen, überlegte ich, sind vielleicht auch nicht mehr

die alten. Schließlich tauchte die bekannte Hütte auf, und trotz der Tatsache, daß ihre Lehmwände noch ebenso baufällig waren wie zuvor, schien sie mir dennoch das Paradies auf Erden zu sein. Als ich dann unser eines Schwein in der Erde vor der Hütte herumwühlen sah, wollte mein Glücksgefühl fast kein Ende nehmen, und es erschien mir, als schwebte ich, obgleich ich wie ein Greis dahinstakste, der seine letzten Kräfte fast verbraucht hat.
Meine gute Frau hatte wie gewöhnlich viel zu tun, aber sie blickte doch von der Arbeit auf und sagte: Wo bist du denn die ganze Nacht gewesen?
Und ich hörte ihrer Stimme an, daß sie eine ordentliche Erklärung erwartete. Natürlich hatte sie den Verdacht, ich hätte mich von irgendeiner jungen Schönheit verlocken lassen, doch dann muß sie mir angesehen haben, daß ich erschöpft aussah, denn sie legte von sich, was sie in den Händen hielt, und kam zu mir. Sie ist nämlich eine gute Frau.
Man sollte meinen, du seist krank, sagte sie, du brauchst sicher einen Teller Suppe?
Als ich die Suppe gegessen hatte, hatte ich mich so weit erholt, daß ich ihr alle meine Erlebnisse erzählen konnte.
Ich finde, das hast du gut gemacht, sagte sie, als ich fertig war, nun will ich einen kleinen Lederbeutel für den Geisternabel deines Vaters nähen, dann kannst du ihn immer am Gürtel oder in einer Schnur um den Hals tragen, das ist besser, als wenn er dich im Rükken kitzelt. Danach nähte sie einen kleinen Beutel für den Geisternabel meines Vaters, und den trage ich seither.

In Wien wurde Böje Thompson zu Bab el Mandeb vorgelassen, der zwei Leibwächter vor dem Raum postiert hatte, in dem er in der verfallenen Villa residierte, die das vorläufige Zuhause der Flüchtlinge darstellte.
Herr Oberst, sagte Bab el Mandeb würdig, als Böje Thompson vor ihm stand – er saß mit gekreuzten Beinen mitten auf dem Fußboden –, du hast mir erzählt, wir sollten vor den italienischen Barbaren gerettet werden, um nach Europa zu kommen und dort die Segnungen der Zivilisation genießen zu können. Wie weit müssen wir noch reisen, bevor wir etwas davon merken? Du hast von dem Garten Eden in der neuen Heimat Zions gesprochen, aber davon haben wir noch nichts gesehen. Wie weit müssen wir noch reisen? Bis jetzt haben wir uns wie Sklaven und die Reise wie einen Sklaventransport empfunden; denen von uns, die immer Sklaven gewesen sind,

macht das nicht so viel aus, für uns andere aber ist das eine große Demütigung.
Was den Garten Eden betrifft, erwiderte Böje Thompson, so hast du ja selbst gesagt, er sei eine Illusion, die ihr dazu zwingen müßtet, Wirklichkeit zu werden. Doch die neue Heimat Zions erwartet euch noch immer, dafür verbürge ich mich, und dort werden die Verfolgungen aufhören. Bab el Mandeb, siehst du nicht, wie ich mich demütige, um euer Diener zu sein? Am Ende der Reise winkt die Freiheit, es fehlt uns nur noch die letzte Etappe. Doch da sie durch das fürchterliche Land der gotteslästerlichen Nazis führt, ist sie vielleicht die schwerste.
Böje Thompson spürte eine Drohung in Bab el Mandebs Stimme, als der sagte: Vielleicht haben wir den verkehrten Weg genommen, als wir im Dschungel an den Fluß kamen, von dem wir in der Bibel lesen? Ja, hätten wir nicht flußaufwärts gehen sollen? Vielleicht wären wir dann schon in dem Eden, auf das wir uns gefreut haben. Doch nun ist es zu spät zur Umkehr, und wir geben dir noch eine letzte Chance, um zu zeigen, daß du halten willst, was du die ganze Zeit über versprochen hast.
Ein Wink von Bab el Mandeb brachte die beiden Leibwächter an die Seite von Böje Thompson, worauf sie ihn mit einer sanften, doch bestimmten Berührung zur Tür umdrehten und ihn hinausführten. Deshalb hatte Böje Thompson überhaupt keine Gelegenheit, Bab el Mandeb zu erklären, daß die Existenz der kleinen Flüchtlingsgruppe allmählich zu einem Problem mit großmachtpolitischen Implikationen wurde und daß es im Augenblick überhaupt eine Frage sei, ob man die Erlaubnis erhalten würde, durch Deutschland hindurchzufahren. Was Böje Thompson selbst nicht verstand, war die Reiseroute, die man für die Expedition zurechtgelegt hatte. Weshalb hatte man sie von Griechenland aus nicht mit dem Schiff fahren lassen? Er hatte jedoch so viel mit der Bewältigung der täglichen Probleme zu tun, daß er keine überschüssigen Kräfte besaß, um eine Situation zu analysieren, die er übrigens auch nicht durchschauen konnte, weil ihm dazu die Mittel fehlten. Um so zufriedener war er mit der Wendung, die die Dinge genommen hatten, weil Magnus Troll in Wien persönlich zugegen war.
Er war diesem Mann, der die Expedition finanziert hatte, nie zuvor begegnet und sah dieser Begegnung deshalb mit erheblicher Spannung entgegen. Magnus Troll war überhaupt in der breiten Öffentlichkeit nicht sonderlich bekannt, wenn allerdings sein Name nur selten auf den Vorderseiten der Zeitungen erschien, so wurde er um

so häufiger genannt, wenn Staatsmänner, Diplomaten und die Direktoren der größten Banken miteinander sprachen. Nach außen hin kannte man ihn höchstens als den Direktor der Vereinigten Eisen- und Stacheldrahtfabriken sowie als einen ausgesuchten Kenner alter Gläser und den Besitzer einer der größten privaten Glassammlungen der Welt.
Böje Thompson begab sich zum Hotel »Imperial« in der Ringstraße, wo man ihn sich einzufinden gebeten hatte, und zwang sich dazu, ganz ruhig und abwartend in dem Zimmer einer Suite zu stehen, in das ihn ein Diener geführt hatte. Er hatte Magnus Troll nicht eintreten hören, doch als er sich aus irgendeinem Grund – vielleicht hatte sein Unterbewußtsein dennoch ein Geräusch registriert – umdrehte, sah er, daß ihm Magnus Trolls erstaunliche, aufsehenerregende und zugleich unansehnliche Gestalt entgegenkam. Selten hatte Böje Thompson einen Menschen gesehen, der in einem solchen Maße die Tatsache veranschaulichte, daß Kleidung eine Hülse ist. Magnus Trolls Hosenbeine, seine Jacke und seine Jackenärmel waren wie Röhren, die Körper und Glieder umschlossen, ohne die Haut zu berühren, der Hals stieg aus der vom Kragen gebildeten Röhre empor, und wenn er ging, bewegten sich alle diese Kleidungsröhren gleichzeitig mit den Gliedern, immer jedoch, ohne sie zu berühren, wie ein seltsam selbständiger und perfekter Mechanismus. So näherten sie sich, Körper und Hülse, als seien sie zwei selbständige Wesen, das eine im anderen, die ihre Bewegungen bis zur Vollkommenheit synchronisiert hatten, und Böje Thompson stellte sich unwillkürlich vor, daß der unberührte Körper in dieser schwarzen und weißen Hülse in einer Art verlängerten Zustands der Unschuld lebte und unerbittlich alterte, ohne das Leben kennenzulernen. Der schmale Kopf, den diese beiden Wesen gemeinsam in der Welt herumtrugen, wirkte trotz der Spuren von Runzeln konturlos, als könnten sich die hellen Sommersprossen jeden Augenblick von der darunterliegenden Knochenstruktur ablösen oder anfangen zu zerfließen und sich in dem Raum um den aufgeweichten Blick der hellblauen und schwimmenden Augen in einen unbestimmbaren Klecks verwandeln.
Magnus Troll war bei Böje Thompson angelangt und reichte ihm die Hand zur Begrüßung. Böje Thompson sah Hand wie Jackenärmel vor sich und war drauf und dran, der Vorstellung nachzugeben, daß er eigentlich außer der Hand auch die Hülse begrüßen müsse. Als die Zeremonie überstanden war und sie in ein paar Polstersesseln Platz genommen hatten, bat Magnus Troll den Oberst, vom Verlauf

der Expedition zu berichten, was Böje Thompson zu seiner offensichtlichen Zufriedenheit tat. Er schloß mit dem Ausdruck der Verwunderung darüber, daß die Flüchtlinge in Griechenland nicht mit dem Schiff abgeholt worden seien, sondern ganz im Gegenteil geradewegs in das Herz des faschistischen Europa geschickt worden waren.

Magnus Troll lächelte schwach, als lausche er den Betrachtungen eines philosophisch veranlagten Kindes über die Mysterien des Daseins.

Anscheinend, sagte er mit seiner spröden Stimme, war es das Dümmste, was wir tun konnten. In Wirklichkeit, fuhr er fort, indem er den Kopf ein wenig schräg legte, haben diese Maßnahmen große Vorteile. Denn die Demokratien sind schwach und furchtsam, und hätten wir diese Kriegsopfer mit dem Schiff gerettet, dann hätte man das zweifellos als Schießscheibe des propagandistischen Feldzugs ausgenutzt und damit wahrscheinlich die friedliche und gerne unbemerkte Assimilation der unglücklichen Flüchtlinge in unserem Heimatland erschwert. Daß wir sie nun so schlau hier nach Wien gebracht haben, ist ganz im Gegenteil ein Vorteil, obgleich auch diese Situation Gefahren und Schwierigkeiten mit sich bringt. Jetzt sind nicht nur wir, sondern auch die Staaten, durch die sie hindurchmüssen, daran interessiert, die Existenz der Flüchtlinge geheimzuhalten. Wie würde es aussehen, wenn bekannt würde, daß diese Judennigger – ja, so ist hier die übliche Bezeichnung –, diese Flüchtlinge aus einem Land, das nun bald von seinen Unterdrükkern befreit und glücklich dem großartigen Schutz der italienischen Helden unterstellt ist, sich hier in Wien befinden und bald ihre Reise durch Deutschland antreten? Welcher Skandal für die Regierungen der beiden Länder! Natürlich wissen die Italiener sehr wohl, wie sich die Sache verhält, offiziell aber müssen sie so tun, als wüßten sie nichts. Die deutsche Regierung ihrerseits hat mit diesen Flüchtlingen ein Druckmittel in die Hand bekommen, und genau das war der Sinn der Sache. Schweden kann es sich nicht erlauben, dem Schicksal dieser Bedauernswerten gleichgültig gegenüberzustehen. Niemand darf daran zweifeln, daß unser Vaterland eine humane Demokratie ist; dieses Bild unseres Landes ist für seine Existenz fast ebenso wichtig wie die Devisen – ja, es ist eine Art von Devisen, die zwar nur gängig sind, wenn sie im Einverständnis mit den handgreiflicheren, von den Banken ausgestellten Devisen leben. Hier komme in aller Bescheidenheit ich ins Spiel; oder vielleicht sollte ich sagen: Hier komme ich auch ins Spiel. Sehen Sie,

Herr Oberst, die Deutschen brauchen dringend gewisse industrielle Produkte, und in dieser Zeit nicht zuletzt Stacheldraht. Meine kleinen Fabriken können Stacheldraht nach Deutschland nur mit Erlaubnis der Regierung exportieren, weil es eine bekannte Sache ist, daß die Deutschen den Stacheldraht zu besonderen Einzäunungszwecken benutzen, auf die ich zurückkomme. Nun sollen Sie hören, was ich erreicht habe: Die schwedische Regierung ist bereit, die Exporterlaubnis zu erteilen, unter der Bedingung, daß die deutsche Regierung Sie und Ihre Flüchtlinge durch das Deutsche Reich reisen läßt. Über den Ausfall brauchen Sie sich nicht im Zweifel zu sein. Ich kann ja der schwedischen Regierung versprechen, daß die großen Aufträge, die das nach sich ziehen wird – denn ganz sicher stehen wir erst am Anfang –, Beschäftigung für viele Arbeitslose bedeutet, und nichts wird sie bei der nächsten Wahl so stärken wie eine Regierungsinitiative, die zur Einrichtung neuer Arbeitsplätze führt. Und von meinem kürzlichen Besuch in Deutschland her weiß ich, daß der Reichskanzler dringend Stacheldraht zur zeitweiligen Isolierung von volksfeindlichen Elementen braucht, was man im allerhöchsten Maße als eine innerdeutsche Angelegenheit bezeichnen muß. Andererseits kann kein Zweifel daran bestehen, daß diese Maßnahme der Aufrechterhaltung von Ruhe und Ordnung dient, die nun einmal die Voraussetzung für den Frieden und die Kultur darstellen. Deshalb, Herr Oberst, können Sie beruhigt sein: Ihre weitere Reise ist gesichert. Sie werden in ein paar Tagen oder vielleicht bereits morgen aufbrechen können.
Ich bin Ihnen äußerst dankbar, Dr. Troll, sagte Böje Thompson. (Er wußte nicht, wie er Magnus Troll titulieren sollte: Er entschloß sich instinktiv, ihn Doktor zu nennen, denn der Direktortitel erschien ihm zu profan, und es kam ihm auch so vor, als hätten Trolls ökonomische und politische Transaktionen etwas von dem leidenschaftslosen und unpersönlichen Wesen des wissenschaftlichen Experiments, und es schwebte ihm auch etwas davon vor, daß er im Zusammenhang mit der Veröffentlichung eines großen Werkes über die berühmte Glassammlung von irgendeiner Universität zum Ehrendoktor ernannt worden war.)
Magnus Troll ergriff eine silberne Dose, die zwischen ihnen auf dem Tisch stand, öffnete sie und reichte sie Böje Thompson hinüber, der erwartete, daß ihm eine Zigarre angeboten würde. Es zeigte sich jedoch, daß die Dose exquisite Karamelbonbons in durchsichtigem Zellophan enthielt, das in diskreten, doch raffinierten Nuancen getönt war.

Ich möchte gern ein bißchen von mir selbst erzählen, was vielleicht ein wenig Licht in mein Interesse an dieser Sache bringen kann, begann Magnus Troll, als er sich mit einem der Karamelbonbons versorgt hatte, an dem er lutschte, während er sprach. Frieden, Humanität und Kultur, diese drei Dinge gehören zusammen, darin sind wir uns einig, nicht wahr? Sie sind zwar im Handwerk des Krieges erzogen, aber dennoch betrachte ich Sie in erster Linie als Vertreter der Humanität. Und ich bin zwar Geschäftsmann, aber die Kultur liegt mir genauso am Herzen wie das Geschäftsleben.
Magnus Troll lutschte heftig an dem Karamelbonbon.
Dann fuhr er fort: Mein Vater war Großkaufmann, außer Geschäftssinn besaß er aber auch Sinn für Kultur, die ich ebenfalls von Kindesbeinen an zu schätzen lernte. Vater besaß nämlich eine schöne Glassammlung, und obgleich ich als kleines Kind ihre tiefere Bedeutung noch nicht begriff oder verstand, was Schönheit ist, war ich dennoch von allen diesen phantastischen Gläsern gefesselt, die er in Schränken stehen hatte – in Glasschränken natürlich – und die überhaupt nicht für den Gebrauch bestimmt waren. Ich sehe ihn noch vor mir, wie er einen der Schränke öffnete – seine geradezu verliebten Augen und die vorsichtigen Hände, mit denen er seine Gläser umhüllte. Für mich ist der Begriff Kultur in hohem Maße mit der Erinnerung an die Hände meines Vaters verbunden. Man konnte diesen Händen ansehen, daß er diese zerbrechlichen Gegenstände liebte; es war, als würden sie lebendig, wenn er sie berührte – und übrigens war er imstande, über jedes einzelne Glas einen ganzen Vortrag zu halten; ja, das Thema hatte er wirklich gründlich studiert!
Nun geschah es aber, daß sich der Wert der ganzen Sammlung – in der Zwischenzeit hatte ich ihren Umfang selbst beträchtlich erweitert – nach dem Weltkrieg vervielfachte, zu einem Zeitpunkt, an dem ich natürlich schon längst kein Kind mehr war, sondern bereits eine lange und gründliche Ausbildung hinter mir hatte. Ich hatte eine Stacheldrahtfabrikation begonnen, die während des Krieges eine heftige Blüte erlebte, und seither expandieren wir unaufhörlich. Die Glassammlung, die ich erbte, und der Stacheldraht, den ich unter vielem anderen herstelle, sind praktisch mein ein und alles. Es mag so klingen, als hätten die beiden Dinge sehr wenig miteinander zu tun, für mich allerdings besteht da nun ein sehr enger Zusammenhang. Wie erwähnt, stieg die Glassammlung während des Weltkriegs ganz erheblich im Wert. In einer Kriegssituation ist eine Glassammlung aufgrund ihrer Zerbrechlichkeit besonders gefährdet –

und gleichzeitig durch die Höhe der Prämie natürlich fast unmöglich zu versichern. Alle Formen von Krawallen, Unruhen und natürlich Revolutionen können, wenn man sie gewähren läßt, für eine Glassammlung verhängnisvoll werden – während diese Art von Ereignissen die Preise alter Gläser unablässig ansteigen läßt. Für mich ist die Stacheldrahtherstellung seit dem Weltkrieg ein Mittel zur Aufrechterhaltung des Status quo, der die unmittelbarsten Bedrohungen entfernt. Alle größeren Staaten haben Probleme mit Bürgern, die mit dem Zustand der Verhältnisse unzufrieden sind. Wenn man es zuläßt, daß sich diese Unzufriedenheit entwickelt, dann kann das zu Umwälzungen und in letzter Instanz zu Kriegen führen, die für eine Glassammlung katastrophal sind, wenn sie sich ausbreiten sollten. Ich kann deshalb nur mit Sympathie zusehen, wie die einzelnen Staaten dafür sorgen, eventuelle unruhige Elemente im Schach zu halten, wozu bekanntlich nichts so sehr geeignet ist wie Stacheldraht. In der Zwischenzeit ist der Wert der Glassammlung so ungeheuer groß geworden, daß ich es nie wage, auch nur ein einziges der Gläser aus den neuen Stahlschränken herauszunehmen, die ich für sie habe konstruieren lassen, weil es viel zu leichtsinnig wäre, wenn man solche Kostbarkeiten in Glasschränken aufbewahren würde. Doch wie soll man die Erschütterungen von Bombeneinschlägen ausschalten?
Mich verfolgt ein Alptraum. Er sucht mich auch, ja, vor allem im wachen Zustand heim, zum Beispiel, während wir hier sitzen und miteinander reden oder wenn ich mich in meinem Büro befinde und den Kopf voll von allen möglichen anderen Dingen habe.
Ich höre das Krachen einer Bombe. Sie ist nicht in der Nähe gefallen, doch es ist eine große Bombe, und sie läßt die Luft erzittern. Dann höre ich die Gläser singen – als ob die verlorenen Gläser ihren Schwanengesang sängen. Und nicht nur die Kristallgläser, nicht nur die alten venezianischen Gläser mit ihren spröden Tönen untröstlicher Wehmut, sondern selbst die kleinen dicken Lumpengläser, die eigentlich überhaupt nicht singen können, selbst die geben einen Ton von sich, der einem durch Mark und Bein geht – und gleichzeitig springen alle Gläser. Einige zersplittern völlig, doch das sind nur wenige – sie sind so überaus zart, daß die kleinste Schwingung der Luft verhängnisvoll sein kann. Alle anderen bekommen Sprünge, und ich sehe die Sprünge vor mir, die krummen Linien von Tausenden von Sprüngen durch die Gläser – eine schreckliche Katastrophe, weil sie nicht wieder gutzumachen ist. Wenn ein Gemälde beschädigt wird, dann kann man es doch bei einem Restaurator wie-

derherstellen lassen. Wenn die Feder eines alten Uhrwerks zerreißt, dann ist es für den Uhrmacher nur eine Kleinigkeit, eine neue einzusetzen. Wenn einer Bronzestatue der Kopf abgesägt wird, läßt sich in den meisten Fällen ein neuer gießen. Und ein beschädigter Geldschein läßt sich immer in der Bank umtauschen, nicht wahr? Mit einem gesprungenen Glas aber kann man nichts anfangen. Es hat seinen Wert verloren, man kann es ebensogut wegwerfen, es läßt sich nie mehr reparieren. Deshalb verfolgt mich der Gedanke an Krieg. Aber – Magnus Troll holte sich einen neuen Karamelbonbon aus der Dose, wickelte ihn mit zitternden Fingern aus einem Stück bernsteinfarbenem Zellophan und steckte ihn in den Mund – sowohl der drohende Krieg wie auch die drohende Revolution erhöhen die Nachfrage nach Stacheldraht und ermöglichen es mir so, meine Glassammlung zu erweitern und zu sichern. Um sie zu sichern, muß ich sie vor allem verteilen – es ist trotz allem undenkbar, daß die Katastrophe auf der ganzen Erde auf einmal eintreffen sollte. Deshalb kaufe ich im Augenblick überall auf der Welt einsam gelegene Villen auf, renoviere sie, versehe sie mit Alarmsystemen und stelle Dienstboten ein, deren zahlreiche Anwesenheit jedem Diebstahlsversuch ein wirksames Hindernis entgegensetzt; und auf diese Villen verteile ich meine Glassammlung. Eine liegt in Jütland, eine in Schottland, eine in Portugal, eine in Kanada, ein paar sind in den Vereinigten Staaten, eine ist in Australien, eine in Südafrika und eine auf den Kanarischen Inseln, außer denen, die ich in Schweden besitze. Im Zuge der Verwirklichung meines Plans kann ich zwar meine Glassammlung nicht mehr in ihrer Gesamtheit genießen, aber glauben Sie nicht, ich könnte mich nicht an jedes einzelne Stück der Sammlung erinnern – und im übrigen wird diese Freude durch eine andere ersetzt. Ich kann nämlich die weißen, gut erhaltenen Häuser vor mir sehen. Sie wirken ausgestorben, sind es jedoch nur scheinbar, denn sie werden von den Gläsern bewohnt, die für mich lebendiger sind als die Dienstboten, die mit ruhiger Schweigsamkeit in Filzpantoffeln über die gebohnerten Fußböden dahingleiten und dafür sorgen, daß alles in Ordnung ist, wenn ich – natürlich unangemeldet – zu Besuch komme, um mir die Gläser anzuschauen oder den bereits vorhandenen vielleicht eine neue Perle hinzuzufügen, um mich nach dem ermüdenden Kampf um neue Verträge für Stacheldrahtlieferungen an der Schönheit der Gläser zu stärken, um mir einen Hauch aus einer edleren und ausgesuchteren Welt zu holen als derjenigen, mit der uns unsere häßliche und materialistische Gegenwart umgibt.

Magnus Troll hatte ein Karamelbonbon aus lila Zellophan befreit und stopfte es nun in den Mund.
Böje Thompson hatte sich verpflichtet gefühlt, drei Karamelbonbons zu essen, nun erhob er sich und sagte mit einer leichten soldatischen Verbeugung in Richtung auf den Karamelbonbon essenden Industrie- und Finanzfürsten: Wie gesagt, Dr. Troll, ich bin Ihnen dankbar; und ich kann Ihnen gar nicht sagen, wie es meinen Geist bereichert hat, Ihnen zuzuhören. Ich bin glücklich darüber, Ihre Bekanntschaft gemacht zu haben, und darüber, im Bunde mit Ihnen der nationalen Sache der Humanität zu dienen. Doch nun ruft die Pflicht.
Als Böje Thompson wiederum auf der Ringstraße stand, fühlte er sich von einem unerklärlichen Gefühl der Keckheit durchdrungen, das er nicht abreagieren konnte und dessen er sich fast schämte. Nun, da er sich der Rettung Meneliks endlich sicher war, fühlte er sich zum erstenmal seit langer Zeit leicht ums Herz, so daß er über dieses Gefühl direkt erschrak, das aus eben diesem Grunde doppelt stark wirkte. Wie in leicht beschwipstem Zustand genoß er den Anblick der Spaziergänger in der Frühlingssonne und pries sich selbst über alle Maßen glücklich, weil er sich unter sie drängen konnte. Ihm wurde klar, daß diese Menschen während all der Zeit, in der er sich am Rande der Verzweiflung durch Einöden und Dschungel gekämpft hatte, ebenso unbekümmert wie heute umhergeschlendert waren, und vor dem Hintergrund der überstandenen Leiden erschien ihm diese bürgerliche und äußerst gesetzte Lebensform als die Verkörperung des amoralischen, doch auch unausrottbaren Prinzips des ungehemmten und unbekümmerten Lebensgenusses. Wäre er dazu imstande gewesen, hätte er eine Operettenmelodie gesummt, doch als er an der Oper vorbeikam und sein Blick auf die Plakate fiel, beschloß er sofort, eine Karte für das am selben Abend stattfindende Gastspiel der Dresdner Oper zu kaufen, die unter der Leitung von Karl Böhm den »Rosenkavalier« von Richard Strauss spielte.
Böje Thompson trank genüßlich eine Flasche Wein, bevor er zum Hotel zurückging – in Wien hatte ihn der schwedische Botschafter selbstverständlich in einem Luxushotel untergebracht, wogegen er sich nicht nennenswert gewehrt hatte –, wo er sich umzog und sich zur Oper begab. Es war wohltuend, aber auch verwirrend, sich wieder in einem lebhaften, redenden und gestikulierenden Gewimmel festlich gekleideter Menschen zu befinden. Endlich bin ich nach Europa zurückgekehrt, dachte Böje Thompson, der das Benehmen

des Publikums wiedererkannte; gleichzeitig aber fühlte er sich auf eine traurige Weise ausgeschlossen, als hätten all die anderen im voraus verabredet, sich zu amüsieren, ohne ihn in ihren Kreis hineinzulassen. Das ist weniger wesentlich, dachte er weiter, ich bin ja nicht wegen des Publikums gekommen, sondern wegen der Oper, um die Musik, die Stimmen, die Verzauberung zu erleben. Die Musik erschien ihm sofort charmant und melodiös, gleichzeitig aber war sie mit irgendeiner nervösen Kraft geladen und kokettierte bewußt leichtsinnig mit einer Erregung voller dämonischer Tendenzen. Der Anblick des Rokokointerieurs und der Rokokokostüme, in denen sich die Handlung abspielte, beruhigte Böje Thompson, und er stellte sich darauf ein, sich dem unverpflichtenden Genuß des Verhältnisses zwischen einer alternden Feldmarschallin und ihrem Geliebten hinzugeben, der den Inbegriff von Jugend und erotischer Zauberei verkörperte. Eine Ruhe in diesem Genuß war ihm nicht vergönnt, denn sofort wurde er durch das Bühnenbild aufgereizt, das eine Schamlosigkeit ausstrahlte, die er zunächst nicht lokalisieren konnte. Dann ging ihm auf, daß sie genau in dem jungen Liebhaber der Marschallin konzentriert war, denn diese Verkörperung viriler Erotik war in Wirklichkeit eine Frau. So gab sich das Publikum in diesem verbotenen Genuß bewußt einem süßen Verderben hin, bezaubert und berückt von der sexuellen Metamorphose und Abnormität, die sich in ihrer Einrahmung aus stilisierter, sinnlich verführerischer Kunst ganz unschuldig in einem göttlichen Milieu zu entfalten schienen, in dem alles erlaubt ist.
Mit heißen Wangen sah Böje Thompson nun, wie sich diese Metamorphose in einem lustigen und erregenden Spiel mit der Identität verdoppelte. Die junge Sängerin, deren Figur überhaupt nicht versteckt wurde, nur weil sie Jacke und Kniehosen trug – das war auch nicht Sinn der Sache! –, trat plötzlich als junges Mädchen verkleidet auf und hatte Angst, entlarvt zu werden; und Böje Thompson fühlte, daß diese lustigen Verwechslungsintrigen das eigentliche und unnennbare Thema der gesamten Vorstellung spiegelten.
Dennoch war er auf die dramatische Intensivierung des zweiten Akts nicht vorbereitet, die von einer Musik ausgelöst wurde, die, mit einem Laut aus harmonischen Schreien und wie von einer fleischlichen und euphorischen Begierde nach ekstatischen Tonalitäten besessen, das nur allzu willige und bereits völlig verführte Publikum betörte. In einem großen Raum wartete ein heiratsfähiges junges Mädchen mit Freundinnen und Dienstmägden darauf, daß ihr von ihrem Zukünftigen ein Zeichen – eine Rose – überbracht

würde – überbracht durch dessen Sendboten, den jungen Kavalier, der mit dem Liebhaber der Marschallin identisch war. Dem Publikum unsichtbar, peitschte der Taktstock des Dirigenten die Musik beschwörend zu einem Höhepunkt, zu irgend etwas Schrecklichem oder Wunderbarem, das in dem Genrebild der Dekorationen oder in der banalen Intrige der Handlung keinen Platz fand, sondern all dies überschreiten mußte, um Wirklichkeit werden zu können; und gerade als sie ihren Höhepunkt erreichte – der wie der maximale, schreiende Jubel der wild bearbeiteten Instrumente klang –, da sprangen im Hintergrund die Flügeltüren auf, und in der Türöffnung erschien der Rosenkavalier.

Auf einem kleinen Tablett, das er vor sich hertrug, lag die silberne Rose, die ihm den Namen verliehen hatte; sie war allerdings nur ein Vorwand für sein wunderbares Erscheinen, das den gesamten Saal laut aufstöhnen ließ, während er sich dem geheimnisvollen Genuß einer kollektiven Ohnmacht hingab. Er war von der Perücke über die Jacke, die Kniehose, die Strümpfe und bis zu den Schuhen völlig in Weiß oder in weißlichen Nuancen von Grau gehüllt. In dem starken Licht nahm seine Gestalt einen völlig silbernen Schein an, als sei er selbst eine lebendige Rosa Mystica, die mirakulöse Inkarnation einer schwindlig machenden Verzückung, die in dem leblosen Symbol der kleinen silbernen Rose gipfelte. Doch er – der Rosenkavalier, das wunderbare Wesen, das durch den unwiderstehlichen Magnetismus seines Erscheinens den gesamten Saal hypnotisierte – war eine Frau. Die Formen der Brüste ließen sich unter der Jacke nicht verbergen; die schwellenden Schenkel summierten die straffen Kurven eines üppigen und gut geformten Frauenkörpers; Hände und Füße waren klein, und obgleich er mit der aufdringlichen Feurigkeit eines jungen Mannes auftrat, bargen alle seine Bewegungen eine weibliche Anmut und waren gleichsam bis zum Zerreißen voll von einer unnachweisbaren, doch allesdurchdringenden femininen, sinnlichen Plastizität; von der männlichen Perücke eingerahmt, glühte ein gepudertes Gesicht, das mit Mund, Augen und Wangen die Maskierung verriet und die aufreizenden Geheimnisse seines geschlechtlichen Bewußtseins ausstrahlte.

Nach dem ersten Schock entstand unter dem entzückten Publikum wilde Verwirrung. Einige hielten sich von Panik ergriffen die Augen zu und wollten nicht sehen. Andere streckten anbetend und anrufend die Arme nach dieser leuchtenden, fleischlichen und frivolen Offenbarung eines unerforschten Reiches aus. Viele waren außerstande, sich zu beherrschen, und hatten sich erhoben, standen jedoch hilflos eingefangen zwischen den besetzten Stuhlreihen. Im Halbdunkel des Saales wandten sich Männer und Frauen einander zu, als erwarteten sie, daß diese unwahrscheinliche Metamorphose um sich gegriffen habe, hilflos und glücklich zugleich, weil sie in Zweifel darüber geraten waren, wer und was sie selbst waren, und es nun in den Augen ihrer Umgebung abzulesen suchten. Aus dem Parkett und von den Rängen erklangen Seufzer, Stöhnen und halb unterdrückte Ausrufe, und hier und da vernahm man klare Triller, als verwandelten sich die eingetrockneten Kehlen respektabler bürgerlicher Damen und Ehemänner unter der lösenden Wirkung des unnennbaren Geheimnisses zu verzauberten Flöten. Unwiderstehlich verzückt durch das Wunder, das die Musik hervorgerufen zu haben schien, wurde Karl Böhm so hoch über das Dirigentenpult gehoben, daß sein magischer Taktstock über dem Orchestergraben zum Vorschein kam und nun mit seinen rhythmischen Schwingungen den gesamten Saal in seiner andauernden Trance dirigierte. Böje Thompson hatte den Rosenkavalier nicht aus den Augen gelassen, und während die Musik nach der Entladung orchestraler Ekstase auf dem Höhepunkt ihren spielerischen und extravaganten Verlauf wiederaufnahm, näherte er sich unwiderstehlich der Bühne, als sei er dazu ausersehen, die geheimen Sehnsüchte des Saals zu manifestieren und die Verschmelzung der Dramen, die sich auf beiden Seiten der Rampe abspielten, zu vollziehen. Die Begeisterung des Saals sammelte sich um seine kühne Gestalt und wurde zu einer Woge, die ihn emporhob, und als er, von dieser Woge getragen, die Rampe überschritt, unterbrach er damit das Spiel und ließ ein neues und unvorhergesehenes seinen Anfang nehmen. Auf der Bühne stehend, fühlte er sich von der theatralischen Zauberei ergriffen und spürte mit wohligem Schaudern, wie die Seide mit glatter Liebkosung die Haut berührte, als Zeichen dafür, daß es ihm vergönnt war, dieses eine Mal den verbotenen Bereich der unnennbaren Ahnungen zu betreten, und das sogar, während aller Augen auf ihm ruhten und als der beneidete Vertreter des erregten Publikums. Hätte er seiner ersten Eingebung nachgegeben, hätte er sich vielleicht dem Rosenkavalier an die Brust geworfen, doch statt den Jüngling zu umarmen, blieb er nun mit einem schüchternen Lächeln vor ihm/ihr stehen, als wolle er sich selbst zur Schau stellen und sich zeigen, ausnahmsweise einmal glücklich darüber, der zu sein, der er war. Böje Thompsons plötzliches Erscheinen auf der Bühne hatte bei der jungen Braut und in der Gruppe ihrer Freundinnen und süßen Dienstmägde ziemliche Verwirrung hervorgerufen, der Rosenkavalier aber, der sofort begriffen hatte, wem dieser ungewöhnliche Ausdruck des Interesses für die Bühnenkunst galt, bewahrte seine strahlende Miene, errötete vielleicht ein wenig mehr und hielt noch immer das Tablett mit der silbernen Rose fest. Und nun sah es aus, als sei dieses sublimierte erotische Symbol für den Oberst bestimmt, der seinem Überbringer Auge in Auge gegenüberstand und sich schließlich, außerstande, seine Gefühle zu beherrschen, auf die Knie warf. Ein lawinenartiger Jubel rollte durch das Theater, die Instrumente der Musiker erfanden von selbst Töne und Läufe, von denen Richard Strauss nicht einmal geträumt hatte, und die befreiten Bewegungen des verhexten Taktstocks zwangen den Dirigenten dazu, auf dem Podium zu tanzen, so, als habe sein eigensinniger Körper hinter der Hülse des Fracks die kühnen Manifestationen einer verlorenen Unschuld wiedergefunden. Mit bebenden Lippen nahm Böje Thompson mit ausgestreckten Händen die Rose entgegen, und während der Jubel seinen Höhepunkt erreichte, spürte er, wie sein Ich zerschmolz und in einer neuen Inkarnation wiederauferstand.

In einer Ecke des Saals saß Magnus Troll, den Mund voller Karamelbonbons, und lächelte sonderbar pfiffig inmitten all des Jubels.

Böje Thompson wurde, wie abgemacht, früh am Morgen, noch bevor es hell wurde, von einem einsilbigen Offizier in seinem Hotel abgeholt. Als sie zur Villa kamen, hielten davor bereits mehrere überdeckte Militärlastwagen. Die Flüchtlinge kletterten zwar nur mit großen Bedenken hinein, als aber Bab el Mandeb es ihnen befahl, gehorchten sie ohne weiteres Zögern. Böje Thompson stieg selbst auf einen von ihnen hinauf, und als er wieder hinunterstieg, sah er zu seiner Verwunderung in dem grauenden Tag, daß sie nicht vor dem Bahnhof hielten, sondern zwischen langen Reihen von Güterwagen auf einem großen Eisenbahngelände. Kaum waren die Lastwagen leer, da begannen die Begleitsoldaten, Männer, Frauen und Kinder in die drei zunächst stehenden Waggons hineinzuscheuchen, die Männer für sich, die Frauen für sich und die erschreckten und schreienden Kinder für sich. Als Böje Thompson erkannte, was hier eigentlich vor sich ging, war es bereits zu spät, und im übrigen konnte er gegen die bewaffneten Soldaten nichts ausrichten, die für seine lautstarken Proteste völlig unempfänglich waren. Bevor er sich umsah, saß er selbst in einem Güterwagen, die Türen wurden mit einem Krach zugeschoben, und in der plötzlichen Dunkelheit hörte er das metallische Geräusch von Eisenbolzen, die vorgeschoben wurden. Böje Thompson hämmerte gegen die Tür und brüllte mit der ganzen Kraft seiner Lungen, doch er hörte nur das Geräusch von schwächer werdenden Stimmen und Füßen und darauf von sich entfernenden Lastwagen. Dann fing er wiederum das Geräusch von Schritten auf. Sie klangen stärker und schwächer auf jeder Seite des Waggons, und er begriff, daß man zwei Soldaten als Wachtposten aufgestellt hatte. Böje Thompson begann erneut zu hämmern und zu rufen. Dazwischen lauschte er. Die Schritte kamen und gingen, kamen und gingen, völlig unbeeindruckt von seinem Hämmern und seinem Rufen. Die Bewegungen der beiden Wachtposten hatten eine unheimliche Monotonie an sich, und ihre Unbeeinflußbarkeit erschien ihm unerklärlich und grausam, trotz der Tatsache, daß er als Offizier an den Gedanken gewöhnt war, daß ein Soldat sich ausschließlich und nur nach einem gegebenen Befehl richtet. In der Stille konnte er ganz schwach die Frauen und Kinder jammern und schreien hören, und die Männer, die ihn im Dunkel umgaben, seufzten schwer, bewegten sich unruhig und murmelten oder flüsterten ab und zu, nicht, um einander etwas mitzuteilen, sondern um der erdrückenden Angst Luft zu machen, die sie ergriffen hatte.

Stunden später – doch da hatte er das Gefühl für die Zeit verloren – hörte man eine Rangierlokomotive; der nun folgende Stoß und die Geräusche des Ankoppelns wirkten erregend und erfüllten ihn mit Erwartung, allein deshalb, weil sie eine Veränderung herbeiführten. Doch das Rumpeln und Dröhnen des Waggons waren auch unheilschwanger, und nun wuchs das Gefühl, das hilflose Opfer irgendeiner Macht zu sein, quälend an, als sie sich dahinbewegten, ohne zu wissen, wohin. Der Waggon füllte sich mit dem unerträglichen Gestank von Kot, und er spürte, wie seine Hose durch Ströme von Urin durchweicht wurde, die über den rüttelnden Waggonboden hin- und herliefen. Er versuchte aufzustehen, hatte allerdings noch nicht sehr lange in der Dunkelheit gestanden, als er es nicht mehr aushalten konnte und sich wieder hinsetzen mußte, während er mit beiden Händen nach einer trockenen Stelle tastete.

So fing es an.

Später gelang es ihnen, das Dasein in dem dunklen, rollenden Gefängnis so weit zu organisieren, daß alle zumindest ihre Notdurft in einer bestimmten Ecke verrichteten. In ihrem Zustand vollständiger Hoffnungslosigkeit gaben sie sich zuweilen plötzlichen Anfällen von Lustigkeit hin und fanden in den elementaren, körperlichen Nöten, denen sie unterworfen waren, einen platten Anlaß zum Lachen. Hinterher drängte sich das Gefühl der Angst und Hilflosigkeit nur um so mehr auf. Die unumgängliche körperliche Nähe im Dunkel, ein unablässiges Sichaneinanderscheuern und Schubsen waren erschreckend und störend, gleichzeitig aber auch ein unerwarteter Trost, der die Angst linderte, die von innen her durch alle Poren nach außen drang und wie eine Überempfindlichkeit oder eine Hautkrankheit in der Haut saß. Schließlich meldete sich der Schlaf wie eine Leblosigkeit, die die elenden und zitternden Körper ergriff und einen nach dem anderen gegeneinander und in verzweifelten Stellungen auf dem Wagenboden zusammensinken ließ, als seien sie in der Dunkelheit zu einer Art mißgestalteter Puppen verwandelt worden.

Als Böje Thompson wieder zu sich kam, hörte er noch immer das regelmäßige Dröhnen der Räder gegen die Schienenstöße und spürte das Rütteln des Waggons. Ein Spalt, durch den er zuvor einen Lichtstrahl gesehen hatte, war verschwunden, er begriff, daß es Nacht war. Aus irgendeinem Grund wußte er, daß sie in einen langen Zugstamm eingekoppelt waren, vielleicht, weil das Geräusch der Lokomotive so weit weg war. Er mußte daran denken, was wohl in den anderen Güterwagen sei. Er stellte sich vor, daß die Leute diesen Güterzug vorbeifahren sähen wie alle die anderen Güterzüge, die zu sehen sie gewöhnt waren – die Bauern auf den Feldern, die kaum den Kopf hoben, an Schranken wartende Leute, Kinder an grünen Böschungen, Reisende, die mit dem Koffer in der Hand auf den Eilzug warteten und ungeduldig die Reihe der Güterwagen langsam vorbeirollen sahen, als wolle sie nie ein Ende nehmen. Er konnte nicht umhin, sich vorzustellen, was in all den anderen Güterwagen desselben Zuges sein könne und in den unschuldig aussehenden Waggons all der Güterzüge, die die ganze Zeit über dahinrollten, nicht nur in Deutschland, sondern überall in der Welt. Ich kann den Gedanken an Güterwagen nicht mehr ertragen, sagte er zu sich, und in Zukunft wird mich der Anblick eines Güterwagens zusammenzucken lassen.

Nein, antwortete er sich dann selbst, wir müssen die Ausnahme sein, denn sonst ...

Aber dennoch erschien es ihm, daß bis zum Beweis des Gegenteils jeder Güterwagen unter dem Verdacht stehen würde, irgendeine Schande zu verbergen. Zu dem Zeitpunkt begannen sich seine Gedanken glücklicherweise wiederum zu verwirren, er döste dahin und wurde von dem ihn umgebenden Grauen befreit, das in ihm so greuliche Gedanken geweckt hatte.

Böje Thompson erwachte, weil er spürte, daß ihn im Dunkel Hände betasteten, Hände, die seine Sachen packten, seine Arme und seine Beine und an ihm herumzuzerren begannen. Er schrie und suchte sich zu befreien, doch egal, wie sehr er um sich schlug und zappelte, wie er nur konnte – er war völlig außer sich vor Entsetzen –, die vielen Hände lockerten ihren Griff nicht, sondern schleppten ihn über den Wagenboden durch Matsch und Unrat, bis sie ihn endlich liegen ließen. Böje Thompson hörte um sich Stimmengemurmel und blieb liegen, ohne sich zu rühren, weil er fürchtete, es könne sonst etwas geschehen. Da er sehr viel Angst hatte und vor Durst und Hunger völlig verrückt war, begann er zu weinen und schluchzte eine Zeitlang so erbärmlich, bis er keine Kraft mehr hatte und aufhören mußte. Wo wohl Bab el Mandeb ist, und was er wohl tut, dachte er, und fast gleichzeitig hörte er Bab el Mandebs Stimme aus dem Dunkel, überraschend ruhig, doch mit einem feierlichen und fast schicksalsschweren Klang.
Herr Oberst, hob die Stimme an, niemand von uns versteht, was hier geschehen ist, aber eines ist uns klar, nämlich, daß wir dir nicht länger vertrauen können. Du hast uns unter dem Vorwand aus unserer Heimat fortgelockt, daß du uns retten wolltest, und wir waren dumm genug, dir zu glauben. Jedesmal, wenn wir weiterreisen mußten, hast du deine Versprechen erneuert und gesagt, wir seien auf dem Weg zu Zions neuer Heimat, zum Garten Eden und was weiß ich sonst noch, aber die Reise ist nur ständig schlimmer geworden und unsere Situation immer hoffnungsloser. Deshalb wollen wir nicht mehr auf dich hören und haben ein Gericht eingesetzt, das entscheiden soll, welche Strafe du erleiden sollst für das, was du uns angetan hast.
Aber Bab el Mandeb, rief Böje Thompson mit schwacher Stimme, bin ich nicht genau denselben Gefahren und Unannehmlichkeiten unterworfen wie ihr? Wer bildet sich denn ein, daß ich hier freiwillig bin? Nein, ich bin genauso betrogen worden wie ihr, und ihr könnt doch nicht leugnen, daß ich mein Leben eingesetzt habe, um euch zu retten, seit wir uns zum erstenmal in den Einöden eures Heimatlandes begegnet sind.
Wenn das so ist, sagte Bab el Mandeb, dann sind deine Unkenntnis und deine Blindheit, die schuld daran sind, daß wir jetzt hier im Dunkeln sitzen und nicht wissen, was mit uns geschehen soll, ganz zu schweigen von den Frauen und Kindern, verbrecherisch, und das ist fast noch schlimmer.
Böje Thompson antwortete: Ja, aber, ich wiederhole, Bab el Mandeb,

es fehlt uns nur das letzte Stück der Reise, um an unser Ziel zu gelangen. Wie kann meine Unkenntnis schuld daran sein, daß die Reise durch ein feindliches Land führt, das uns so grausam behandelt? Und übrigens hatte ich dich bereits darauf vorbereitet. Wir müssen ganz im Gegenteil froh darüber sein, daß man uns nicht bereits umgebracht hat. Und ihr könnt doch nicht leugnen, daß viele von euch aller Wahrscheinlichkeit nach tot wären, wenn ihr in Afrika geblieben wäret, denn die Italiener sind umbarmherzig.
Was mit uns geschehen wäre, wenn wir in unserer Heimat geblieben wären, das wissen wir nicht, antwortete Bab el Mandebs Stimme aus dem Dunkel, dagegen können wir nicht daran zweifeln, wie es jetzt um uns bestellt ist und daß es nur immer schlimmer geworden ist, je mehr wir uns dem sogenannten Eden nähern. Wenn das so weitergeht, dann sind wir in Wirklichkeit auf dem Weg zur Hölle, und dann bist du ein Agent Satans und verdienst deine Strafe. Nun haben wir gehört, was du zu sagen hast, nun wollen wir das Urteil erwägen, und gleich wird es fallen.
Böje Thompson grübelte darüber nach, wie es zugegangen war, daß er, der ausgereist war, um Menelik zu retten, nun der Gefangene Meneliks war, und immer wieder fragte er sich, ob Magnus Troll wohl wisse, unter welchen Umständen der versprochene Transport durch Deutschland stattfand. Jedesmal sagte er sich, nein, das kann unmöglich der Fall sein. Er war jedoch viel zu erschüttert und verwirrt, um irgend etwas sonderlich klar denken zu können, und wurde aus diesem Zustand erst durch den Klang von Bab el Mandebs Stimme herausgerissen, die wieder aus dem Dunkel sprach.
Herr Oberst, sagte sie, hörst du zu? Ich werde dir nun das Urteil verkünden.
Böje Thompson erwachte zu neuer Tatkraft und sagte: Ihr führt aber ein seltsames Gerichtsverfahren. Wessen klagt ihr mich eigentlich an? Es gehört sich doch wohl, daß ein Angeklagter einen Verteidiger hat, aber wer hat mich verteidigt?
Ich habe dich verteidigt, Herr Oberst, sagte Bab el Mandeb, aber es war nicht leicht, denn die anderen Richter waren wütend, und wenn sie ihren Willen bekommen hätten, dann wäre die Strafe sehr viel strenger ausgefallen.
Ja, aber, du bist ja auch mein Ankläger, rief Böje Thompson. Wie konntest du mein Verteidiger sein, wenn du auch mein Ankläger warst? Und außerdem warst du obendrein auch noch Richter.
Du solltest dich nicht beklagen, niemand konnte dich besser verteidigen, als ich es getan habe, und wenn du zuviel Ärger machst, dann

verhandeln wir einfach noch einmal, ohne daß ich dich verteidige, und dann kann ich für den Ausgang nicht garantieren – oder doch: Das kann ich gerade. Denn dann fällt das Urteil noch strenger aus als jetzt. Aber hör nun zu und schrei nicht so viel herum. Wir verurteilen dich zum Tod. Damit kommst du billig davon. Zunächst war man dafür, erst deine Augen auszustechen, dir die Zunge aus dem Mund zu reißen und vielleicht eine Hand oder einen Fuß abzuhakken, doch das habe ich mit großer Mühe abwehren können. Wir sind überzeugt davon, daß du uns entweder in eine Falle geführt hast oder daß du so dumm und verantwortungslos bist, daß du selbst nicht weißt, was du tust. In beiden Fällen ist das verhängnisvoll für uns, und allein der Umstand, daß du uns von den Frauen und Kindern getrennt und sie ihrem Schicksal überlassen hast, das ebenso grausam ist wie unser eigenes, reicht aus, damit wir die strengste Strafe über dich verhängen müssen. Aber wir lassen dich billiger davonkommen und lassen dich den Tod durch Erwürgen erleiden.

Böje Thompson war drauf und dran, in Ohnmacht zu fallen. Er verlor die Selbstbeherrschung und begann zu lachen. Er hörte seine eigene Stimme im Dunkeln wie wahnsinnig lachen, als habe plötzlich eine wildfremde Person seinen Platz eingenommen, bereit, die kommenden Leiden auf sich zu nehmen.

Dann gewann er seine Beherrschung zurück und stammelte hervor: Bab el Mandeb, wenn wir einander in die Augen blicken könnten, hättest du dieses Urteil nie verkündet.

Bab el Mandebs Stimme klang fast gellend, als er sagte: Du kennst mich nicht, du kennst mich nicht! Du weißt nicht, wer ich bin. Aber ich werde es dir erzählen, ich werde es dir erzählen, und dann fürchte dich!

Nach einer Pause fuhr sie mit dem furchteinflößend ruhigen und verhängnisvollen Klang fort, als befänden sie sich nicht in dem stinkenden Dunkel des Güterwagens: Wer ist schuld daran, daß wir in diesem Dunkel sitzen und in unserer eigenen Schweinerei herumkriechen müssen, daß wir nichts zu essen und zu trinken bekommen, so daß die Gedärme vor Hunger schreien und der Hals sich zusammenschnürt?

Hör auf mich, Bab el Mandeb, erwiderte Böje Thompson heiser, wenn ihr das Urteil vollstreckt, dann schadet ihr euch selbst am meisten. Es stimmt, was ich die ganze Zeit über zu euch gesagt habe, wir sind auf dem Weg in ein Land, wo ihr in Frieden und ohne Furcht leben könnt. Doch bevor wir nach Schweden kommen, müssen wir durch Dänemark, und sobald wir nach Dänemark kommen,

werden wir aus den Waggons herausgelassen. Wenn die Dänen entdecken, daß ihr mich getötet habt – und das wird sich nicht vermeiden lassen, wenn ihr tut, was du sagst –, dann werdet ihr des Mordes angeklagt. In diesen Dingen sind sie sehr grausam, und ihr werdet allesamt wenigstens lebenslänglich eingesperrt und mit schweren Eisenketten angekettet. Ja, es stimmt, dann kommt ihr wirklich in die Hölle, aber dann kommt ihr auch nicht weiter. Wenn ihr mich dagegen leben laßt, dann werdet ihr durch die Hölle hindurchgehen können, ohne daß euch die teuflischen Dänen etwas Böses antun, denn dann haben sie euch nämlich nichts nachzusagen, wenn ihr euch im übrigen ordentlich benehmt. Wenn ihr mich dann noch immer töten wollt, dann müßt ihr einen günstigen späteren Zeitpunkt abwarten, aber zu der Zeit habt ihr vielleicht die Lust verloren.
Wenn wir dich zur Strafe für die Lage, in die du uns gebracht hast, und weil wir dir nicht länger zu vertrauen wagen und dich aus dem Weg haben wollen, zum Tode verurteilt haben, wie und weshalb sollten wir dann glauben, was du uns jetzt erzählst? Das ist uns völlig neu. Andererseits klingt es nur allzu wahrscheinlich, daß wir auf dem Weg zur Hölle sind, und mit der Vollstreckung des Urteils wollen wir vielleicht ein bißchen warten und sehen, wie sich die Dinge entwickeln; an dem Urteil selbst ändert das allerdings nichts.
Danach murmelten sie miteinander und beschlossen schließlich, Böje Thompsons Leben zu schonen. Er sank vor Erschöpfung zusammen und begann am ganzen Körper zu zittern, als wollten sich die Glieder und die Knochen voneinander losschütteln, und in diesem Zustand schlief er ein und vergaß seine Leiden. Ab und zu erwachte er in einem Gefühl des Schreckens und der Todesangst, glitt aber schnell wieder zurück in einen Zustand zwischen Schlaf und Bewußtlosigkeit. Als er endlich wieder zu sich kam, lag er an der einen Seite des Waggons und konnte durch einen schmalen Spalt einen Streifen Licht sehen. Er starrte ihn begierig an, als klammere er sich dadurch ans Leben, und hätte vor Glück darüber geschluchzt, wenn er die Kraft dazu gehabt hätte.
Er erschrak nicht einmal, als er eine Hand auf seiner Schulter spürte. Böje Thompson und sein Leben waren ihm egal geworden, seinetwegen konnten sie mit ihm tun, was sie wollten.
Es war Bab el Mandeb, und er murmelte: Herr Oberst, ich glaube fast, wir werden alle sterben. Könnten wir dann nicht ebensogut in unserem Heimatland umgekommen sein?
Böje Thompson antwortete nicht.
Bab el Mandeb fuhr fort: Du weißt nicht, wer ich bin. Du wirst unter

allen Umständen sterben, vielleicht werden wir alle zusammen sterben. Bevor du stirbst, sollst du wissen, wer ich bin.
Du bist Bab el Mandeb, sagte Böje Thompson abweisend, als wolle er die Stimme, die durch das Dunkel zu ihm drang, zum Schweigen zwingen.
Bab el Mandeb sagte: Das Dunkel macht mir nicht so viel aus, ich bin an die Dunkelheit gewöhnt.
In seinem schwachen und hilflosen Zustand lauschte Böje Thompson der Stimme, die nun zu ihm zu sprechen begann. In Abständen döste er. In seinem gequälten Zustand erschien sie ihm zuweilen unwirklich und fern, und er hörte sie stottern, beben und verstummen, wie vor unüberwindlichen Hindernissen, um danach von vorn zu beginnen. Dennoch stand das Ganze später klar und abgerundet vor ihm, vielleicht falsch, doch wie ein tieferes Dunkel, das aus der Dunkelheit gesponnen war, an die er sich nun langsam und verzweifelt zu gewöhnen begann.

Als uns in den Höhlen die Botschaft der schwedischen Lehrerin aus Addis Abeba erreichte, daß man einen großangelegten Versuch unternehmen würde, um Menelik vor der drohenden Vernichtung zu retten, begann ich sofort Pläne zu schmieden. Mit einem Schlag änderten sich meine Lebensaussichten, ich erblickte die Möglichkeit, endlich der werden zu können, zu dem die Geburt mich bestimmt hatte.
Es begann vor fünfzig Jahren, als im Abstand von einem Jahr zwei Knaben geboren wurden, deren Vater das Oberhaupt von Menelik, der Patriarch von Gondar, Bab el Mandeb der Zweite, war. Der Ältere erhielt den Namen Menelik, den Jüngeren nannte man Gondar. Menelik war dazu ausersehen, eines schönen Tages unter dem Namen Bab el Mandeb der Dritte die Nachfolge seines Vaters anzutreten.
Selten haben sich zwei Brüder so sehr geliebt wie diese beiden, und welche Liebe ist vollkommener als die Liebe zwischen zwei fast gleichaltrigen Brüdern? Sie wird nicht durch die Leidenschaften gestört, die untrennbar mit dem Verhältnis zwischen Mann und Frau verbunden sind; und die Sohnesliebe zu den Eltern wie die Liebe des Heiligen zu Gott sind undenkbar ohne ein Untertänigkeitsverhältnis. Dabei handelt es sich nicht um gleichberechtigte Partner.
Etwas Reineres und Idealeres als die Bruderliebe kann man sich also nur schwer vorstellen, jedenfalls so, wie sie bei Menelik und Gondar zum Ausdruck kam. Sobald sie nur laufen konnten, waren sie

nahezu unzertrennlich, überall sah man sie sich Hand in Hand umherbewegen, so daß man fast hätte annehmen können, sie seien Zwillinge, doch das waren sie gerade nicht, denn, wie gesagt, war zwischen ihnen ein Jahr Unterschied, und trotz großer Ähnlichkeit zwischen ihnen gab es auch andere wichtigere Unterschiede als den Altersunterschied, wie sich allmählich herausstellen sollte.

Nun mußt du daran denken, daß diese Brüder unter völlig anderen Bedingungen aufwuchsen als fast alle anderen Menschen, denn ihr Elternhaus war eine Höhle, und sie waren dazu bestimmt, den größten Teil ihres Lebens in der Höhle zu verbringen und nur mit dem Gedanken zu leben, daß sie einstmals würden Menelik dienen können, dessen Schicksal ganz und gar von ihnen abhing. Ja, das galt natürlich und in gewisser Weise ausschließlich für Menelik als den Älteren, doch da sie unzertrennlich waren, fühlte auch Gondar, daß ihm die gleiche Pflicht oblag; er konnte sich jedenfalls überhaupt nicht vorstellen, diese Welt, die er zuerst in der Gesellschaft seines geliebten Bruders kennengelernt hatte und die für ihn untrennbar mit seinem eigenen Leben verbunden war, verlassen zu müssen. Ich weiß nicht, ob es möglich ist, sich vorzustellen, wie das ist, wenn man in so einer Felsenhöhle aufwächst, zunächst einmal aber muß man sich klarmachen, daß es sich dabei um viel mehr als nur eine Höhle handelte. Nein, die beiden Jungen wuchsen in einem ganzen System von Höhlen mit mehreren Ein- und Ausgängen auf, das nur teilweise erforscht war. Im Laufe der Jahrhunderte hatte man viele Expeditionen unternommen, die oft tagelang unterwegs gewesen waren, doch noch heute ist das weitgestreckte Höhlensystem bei weitem nicht vollständig aufgenommen. Die Eingänge der Höhlen muß man kennen, um sie finden zu können, und es hatte mehrere Jahrhunderte gebraucht, bis man die Höhlen fand, die Menelik benutzte. In den Höhlen waren nicht nur Menschen, sondern auch Haustiere – Hühner, Schweine und Ziegen –, und es gab Kammern mit Getreide und anderen Vorräten, die aus den Dörfern des Tals auf Maultieren in die Berge emporgebracht wurden.

Von klein auf wurde den beiden Jungen zuweilen erlaubt, ans Tageslicht hinauszugehen, um zu spielen wie Fuchswelpen, die aus der Höhle herauskommen, wenn alles friedlich ist und keine Gefahr besteht, und so sprangen sie auf den Felsen ebenso wild umher wie andere Jungen. Doch sie kamen gern in das Dunkel und die Stille im Inneren des Berges zurück, als sei in sie irgendein biologisches Zugehörigkeitsverhältnis zu der Höhle eingebaut worden, nur weil sie darin geboren und gezeugt worden waren. Das Dunkel wurde von vereinzelten Kerzen und von Holzkohlenbecken erleuchtet, und sie lernten es, mit weit weniger Licht auszukommen, als Menschen normalerweise benötigen. Vor allem aber hatten sie sich von klein auf an die Stille gewöhnt, die im Inneren des Berges herrscht und sich nicht einmal mit der tiefsten Stille an der Oberfläche der Erde vergleichen läßt. Es ist eine mineralische, eine vollkommene Stille, die das biologische Zeitgefühl aufzulösen droht, mit dem wir leben, und das die Grundlage all unserer Illusionen bildet.

Solche Gedanken machten sich die beiden Jungen natürlich nicht. Wenn sie nach einem Besuch an der Oberfläche der Erde in die Höhle zurückkehrten, spürten sie nur, wie das Dunkel und die Stille sie in einer vertraulichen Weise einschlossen, die kein bißchen seltsam war, ihr Verhalten aber dennoch beeinflußte, ohne daß sie selbst darüber nachdachten. Hier unten waren sie keineswegs die Wildfänge, die sie oben im Tageslicht gewesen waren, sondern sie bewegten sich ruhig und beherrscht, als seien sie im Besitz einer Vernunft, die ihrem Alter weit voraus war. Ihre Mutter, eine Frau aus dem Volk, hatte an ihren Wiegen gesungen und erzählte später Märchen von all den Tieren, die oben auf der Erde leben, in den Bergen wie in den fernen Wäldern, die sie nie beobachtet hatten und die sie sich in ihrer Phantasie vorzustellen suchten. Zu dem Zeitpunkt lebte ihr Großvater noch, sie hatten ihn zwar gesehen, aber dennoch erschien er ihnen ebenso unwirklich wie die Eule, von der ihre Mutter ihnen so lebendig erzählt hatte, daß sie die großen, verschleierten Augen vor sich sehen und die unbarmherzige Grausamkeit des unbeweglichen Körpers ahnen konnten. So war es, bis ihre Mutter eines Tages zu ihnen sagte, sie sollten in den Dom gehen, und in einen dunklen Gang hineinzeigte, der ihnen bis dahin verboten gewesen war. Sie waren fünf und sechs Jahre alt, nahmen einander wie gewöhnlich bei der Hand und machten sich unverzüglich in die bezeichnete Richtung auf. Als der Gang, den sie entlanggingen, nach einiger Zeit eine Biegung machte, befanden sie sich plötzlich in vollkommener Dunkelheit, denn sie erblickten nicht den geringsten Schein von Kerzen oder Kohlenglut. Alles verschwand in dieser Dunkelheit, auch sie verschwanden, das einzige, was jeder für sich noch hatte, war das Gefühl der warmen Handfläche des Bruders. Es war, als konzentriere sich alles Leben des Universums in der Hand mit dem warmen pulsierenden Blut und dem vertrauten, aber auch ängstlichen Druck der Finger: dieser Hand, die Geborgenheit einflößte, aber auch um Schutz bat. Die beiden Hände waren ein wundersamer Knoten. Würde er gelöst oder durchgehauen, würde er in irgendeiner Weise zerrissen, dann wären nur die Dunkelheit und die zermalmende Nichtzeit des Berges überiggeblieben, eine Leere, der das Gehirn nicht hätte widerstehen können. So empfanden es die beiden Kinder, die im Dunkel einander an der Hand hielten und viel zu eng aneinandergeknüpft wurden und es nicht wagten, ihren Griff zu lockern, weil es um ihr Leben ging; da sie auch nicht umzukehren und zu erzählen wagten, daß sie nicht zum Ziel gelangt seien, begannen sie sich zögernd in das Dunkel hineinzutasten, das ihnen den Weg versperrte, als befinde sich der massive Felsen vor ihrer Nasenspitze und schiebe sich lautlos zurück, während sie sich versuchsweise vorwärtsbewegten. Ob Menelik oder Gondar den ersten Schritt machte, ist nicht zu entscheiden, denn ihre Bewegungen waren im Dunkel verborgen, und sie selbst merkten nur, daß an dem feinen Anker aus Haut, Blut und Knochen, der zwischen ihnen hing, sanft gezogen wurde und daß er deshalb in Bewegung gesetzt wurde und sie dazu zwang zu folgen. Vielleicht waren es beide auf einmal, jedenfalls führte es dazu, daß sie nach einigen zögernden Schritten in der Dunkelheit wiederum einen schwachen Lichtschimmer gewahr wurden. Im nächsten Augenblick traten sie aus dem niedrigen Gang heraus, in dem ein erwachsener Mann kaum aufrecht gehen konnte, und in den Dom hinein, wo sie erneut stehenblieben, diesmal allerdings gebannt von einem Staunen, das sie später nie mehr vergessen sollten.

Sie entdeckten, daß sich die Gänge und Höhlen, die sie bis dahin gekannt hatten, nur wie Blasen in der äußersten Schicht der Erdrinde ausnahmen, im Vergleich zu dieser enormen erstarrten Lunge, deren wahre Ausmaße sie im Schein der Kerzen nur ahnen konnten. Außerdem begriffen sie nun vielleicht zum erstenmal ihre eigene Winzigkeit. Das Himmelsgewölbe war ja einfach grenzenlos, und auf den Hängen selbst der höchsten Berge konnte man umherklettern. Doch die Wölbung umschloß eine meßbare, faßbare Leere von ungeheuren Ausmaßen, die sie selbst fast zum Verschwinden brachte.

Sie hielten einander noch immer bei der Hand, Menelik und Gondar, wie sie so dastanden, denn sie hatten keinen Moment aufgehört, sich aneinanderzuklammern, obgleich sie in dem Moment, in dem sie in den Dom eintraten, die beiden Hände, die sie zusammenbanden, völlig vergessen hatten. Am entferntesten Ende des Raumes erblickten sie den Altar und eine Gestalt, und ihnen war klar, daß diese auf sie wartete. Aber wie weit war es doch bis zu dieser Gestalt! Wie mächtig war der Raum und wie leer und furchteinflößend

– ja, es gab wahrlich mehr als genug, was einem auch noch so mutigen Jungen von fünf oder sechs Jahren Bedenken einflößen konnte! Doch Klein-Gondar, der sich noch nicht die Angst vor dem Unbekannten zugelegt hatte, die mit dem Alter und der Erfahrung kommt, hatte sich bald so weit erholt, daß er sich bereit machte, sich in Bewegung zu setzen, um so mehr, als er Menelik freudestrahlend die Entdeckung verkünden konnte, die er gerade gemacht hatte: Aber das ist ja Großvater, der dort steht!
Menelik als der Ältere fühlte sich für sie beide verantwortlich, er war sich seiner Sache nicht so sicher und zögerte deshalb, auch weil er dachte, daß man ihm später vorwerfen könnte, nicht auf sein Brüderchen aufgepaßt zu haben, wenn er sie durch irgendeine unüberlegte Handlung einer Gefahr aussetzte. Der leere Raum, den sie notwendigerweise durchqueren mußten, wirkte bedrohlich auf ihn. Doch Gondar ließ sich nicht zurückhalten, und Menelik, der seine Hand auch nicht loslassen wollte – denn dann war Klein-Gondar ja erst so richtig sich selbst überlassen –, befand sich in einer schlimmen Lage, aus der er nur befreit wurde, weil er sich widerstrebend mitziehen ließ. Sie bewegten sich also Hand in Hand vorwärts, Gondar immer einen halben Schritt vorneweg und beide mit starren Augen, denn Meneliks Angst hatte Gondar angesteckt, der auch erst jetzt, als er sich hindurchbewegte, wirklich begriff, wie groß der Raum war.
Nun komm schon, sagte Menelik kühn, als sie gut die Hälfte des Weges zurückgelegt hatten, und schritt so aus, wie es sich für einen großen Bruder gehört, und so, daß Brüderchen Gondar kaum mit ihm Schritt halten konnte.
Dabei hielten sie sich immer weiter an der Hand, denn sie waren noch immer unzertrennlich, und erst als sie vor ihrem Großvater standen, mußten sie sich loslassen, was ihren feinfühligen Händen unverständlich und unendlich traurig erschien. In einem schwarzen Priestergewand und mit diamantenbesetzten Ringen an den Fingern stand ihr Großvater vor einem Altar aus unbehauenen Felsblöcken. Jetzt erinnerte er nicht mehr an die Eule aus dem Märchen ihrer Mutter, sondern an einen anderen, noch furchteinflößenderen Vogel mit einem mageren, sehnigen Hals – dessen alte, runzlige und vertrocknete Haut in Falten lag – über dem schwarzen Federgewand und mit dem schwarzen Kopf unbeweglich darüber und dennoch die Luft mit der scharf gekrümmten Nase spaltend, die ein gutes Stück aus dem völlig verwitterten Kopf hervorsprang. Er hob seine eine Hand zum Segen, und als der Ältere zögerte Menelik nicht und

trat vor ihn hin, weil er ja immer zu wissen bekommen hatte, du bist ja der Ältere! Deshalb also mußten sie nun ihre Hände loslassen, und die Hand des Großvaters legte sich auf Meneliks Kopf, während Gondar zuschaute und sich am Anblick seines großen Bruders erfreute. Freilich war er unruhig, denn er konnte nicht vergessen, wieviel Angst Menelik noch vor einem Augenblick gehabt hatte, und wie hätte er denn ohne ihn zurechtkommen sollen? Das hatte Menelik selbst glücklicherweise vergessen, sonst hätte es ihn vielleicht gequält, doch nun dachte er in erster Linie an den sauren, unangenehmen Geruch nach Greisenkörper, den er in der Nase hatte und der ihn wünschen ließ, der Großvater und der Vater möchten ewig leben, damit er selbst nie das schreckliche Priestergewand würde anziehen müssen, das er einmal zusammen mit dem Amt erben würde. Vielleicht, dachte Gondar träumend, wird mein großer Bruder mich ab und zu das Priestergewand anprobieren lassen, so daß ich zeigen kann, daß ich es ebensogut tragen kann wie er – ja, eigentlich besser, denn ich habe keine Angst vor dem leeren Raum. Gleichzeitig aber fühlte er ein Mitleid mit seinem großen Bruder, das ihn traurig machte, weshalb er beschloß, seinen großen Bruder nie darum zu bitten, daß er das Priestergewand tragen dürfe, das rechtmäßig dem großen Bruder gehörte und zusammen mit den diamantenbesetzten Ringen das Zeichen seiner Würde darstellte.
Nachdem Menelik an diesem Tage den Segen empfangen hatte, kam die Zeit, in der er allmählich Unterricht empfangen sollte. Es war vorbei mit den unbekümmerten Spielen der Kindheit, doch da die Jungen nun einmal unzertrennlich waren, durfte Gondar beim Unterricht dabeisein und sogar daran teilnehmen. Um den Unterricht kümmerte sich ihr Vater persönlich, und stundenlang saßen sie über alte Bücher gebeugt, die all die Gelehrtheit enthielten, die sich der kommende Patriarch von Gondar nun einmal aneignen mußte. Sie waren nun so groß geworden, daß sie von der Zukunft zu sprechen begannen.
Wenn ich Patriarch werde, sagte Menelik, sollst du immer als mein vertrautester Helfer bei mir sein, und da du so gut schreibst, sollst du die Annalen führen und alles aufzeichnen, was geschieht, damit es für spätere Zeiten in Erinnerung bleibt.
Das sagt er nur, dachte Gondar, damit er selbst nicht die Annalen zu führen braucht, denn er weiß sehr gut, daß ihm das die größte Mühe bereiten würde und daß ich das viel besser und doppelt so schnell kann.
Dieser Gedanke quälte Gondar, und er versuchte ihn aus seinem

Gedächtnis zu streichen, machte jedoch die Entdeckung, daß ein einmal gedachter Gedanke sich nicht auslöschen läßt. Gleichzeitig spürte er sich im Besitz einer geheimnisvollen Stärke, die ihn zunächst hilflos und linkisch machte, weil er nicht wußte, was er damit anfangen sollte. Dafür war er dankbar, denn vor dem Hintergrund dieser Linkischkeit wirkte Menelik sicher und überlegen, und er bemerkte mit Zufriedenheit den anerkennenden Blick, mit dem der Vater seinen älteren Sohn betrachtete. So muß es sein, dachte Gondar, etwas beunruhigt im Bewußtsein der geheimnisvollen Stärke, die sich ihm ebenso unvermutet gezeigt hatte wie eine Schlange, die völlig lautlos zum Vorschein kommt und einen Augenblick später wieder im Gras oder in einem Loch in der Erde verschwindet.
Als Menelik vierzehn Jahre alt wurde – längst war Bab el Mandeb der Erste tot, und der Vater und Lehrer der Jungen, Bab el Mandeb der Zweite, hatte das Patriarchat übernommen –, wurde er an die Oberfläche der Erde geschickt, um das Leben kennenzulernen, doch erst nachdem er den Segen des Vaters empfangen hatte. Nun konnten die beiden Brüder nicht mehr zusammen sein, Gondar mußte noch ein Jahr zurückbleiben, Menelik zog von dannen mit der strengen Auflage, niemandem seine Identität zu verraten. Gondar dachte nur noch an den Tag, wo er an der Reihe sein würde, und als der Tag herankam, zog er davon und ging in Richtung der Stadt Gondar, wo sie sich ihrer Verabredung gemäß treffen wollten.
So also ist die weite Welt, dachte er, als er von dem Höhenrücken auf Gondar hinunterschaute, das staubig grün von Eukalyptusbäumen auf der gelben Ebene lag, und niemals hatte er so viele Menschen gesehen und beeilte sich hinunter in die Stadt, um sich mit klopfendem Herzen und großen Augen in das Menschengewühl hineinzubegeben. Menelik hatte sich nicht allein in Gondar aufgehalten, sondern hatte das Land kreuz und quer bereist und hatte unendlich viel zu erzählen, als sie sich wiedersahen. Er war wahrlich erheblich gewachsen, und Gondar blickte seinen großen Bruder bewundernd an, ihm wurde ganz warm vor Bewunderung, gleichzeitig aber, unruhig, spürte er blitzartig wie eine Schlange, die pfeilschnell durch das Gras dahingleitet, die geheimnisvolle Stärke, die irgendwo an einem geheimen Ort in seinem Inneren wohnte und an der Bewunderung nicht teilhatte, sondern ihr eigenes Leben lebte, völlig gleichgültig gegenüber seinen Gefühlen von Trauer und Freude.
Aber sag mir mal, fragte Gondar, bist du auch bei einer Frau gewesen?

Nein, antwortete Menelik und sah niedergeschlagen aus, und Gondar dachte, weshalb konnte er mich nicht wenigstens anlügen? Das wäre frech gewesen, aber sehr viel besser für uns beide.
Nein, fuhr Menelik fort, damit wollte ich warten, bis ich nach Gondar zurückkomme.
Am selben Abend suchten Menelik und Gondar die Hütten auf, die den Lagerplatz der Karawanen umkränzten. Bebend gingen sie zusammen durch das Kreuzfeuer der glimmenden Augen, die sie im Schein der kleinen Lagerfeuer vor den Hütten betrachteten, außerstande, sich zu entscheiden, wo sie stehenbleiben sollten, bis Gondar mit einem Ruck anhielt und sagte: Hicr!
Menelik murmelte: Ich glaube nicht ... Gondar nahm ihn bei der Hand und näherte sich dem Feuer. Menelik war gezwungen zu folgen. Ihre noch nicht völlig ausgewachsenen Handflächen preßten sich aneinander, als suchten die Knochen mit den fest eingeschnappten, gebeugten Gliedern eine unauflösbare Vereinigung.
Die Frau sagte: Kommen Sie nur, junger Herr.
Ehe Menelik sich umsah, befand er sich in der Hütte, allein mit der Frau, die ihn kundig befühlte, als sei er ein Stück Vieh, das verkauft werden sollte, worauf sie, die Arme um seinen Hals gelegt, ihre üppigen und gleichsam geölten Formen an seinen Körper preßte, der vor Entsetzen erstarrt war. Sie legte den Kopf schräg und sah ihn an. Du bist ja wohl Priester, sagte sie. Daraufhin fügte sie hinzu: Aber du bist bestimmt kein gewöhnlicher Priester.
Menelik starrte sie entsetzt an. Ihr krauses Haar, das von der großen gewölbten Stirn zurückgestrichen war, umstand ihren Kopf wie ein Kranz, der deshalb übernatürlich groß wirkte. Sie hatte ihre Lippen schwarz gemalt und die natürlichen Umrisse vergrößert, mit ihrem Schwellen und ihrer Elastizität schienen sie ihr eigenes vulgäres Leben zu leben ohne jeglichen Zusammenhang mit den kühl betrachtenden Augen.
Woher weißt du das? flüsterte er.
Sie lächelte über seine Verwirrung, und ohne etwas zu sagen, legte sie die eine Hand unter ihre Brüste und hob sie empor, so daß sie gespannt zitterten und die Warze auf seinen Brustkasten zeigte.
Du bist auch nicht hier aus der Gegend, sagte sie, möchte wissen, wo du herkommst.
Menelik spürte, wie sich seine Mundhöhle mit Speichel von einem Geschmack füllte, den er bisher nicht gekannt hatte, und gleichzeitig spürte er, wie die Starre den Körper verließ, als sei er von seinen Knochen verlassen worden.

Wollen mal sehen, ob du ein Mann bist, sagte die Frau, wessen Sohn bist du – was glaubst du, würde dein Vater sagen, wenn er dich jetzt sehen könnte? Bist du von zu Hause weggelaufen? Hat dich dein großer Bruder hierhergeführt?
Mein großer Bruder! sagte Menelik mit einem Röcheln, das den Speichel aus seinem Mundwinkel sickern ließ.
Sie ließ die Brüste sinken und ergriff statt dessen mit der Hand seine Hoden. Menelik öffnete den Mund und stöhnte laut.
Mit dir ist doch alles in Ordnung, na, komm schon. Es war also nicht dein großer Bruder, sagte sie, den Oberkörper schräg über ihn gewälzt, so daß die eine Brust über seinem Gesicht baumelte.
Menelik lag auf dem Rücken und war völlig unter ihrem Oberkörper eingeklemmt und unter dem einen Bein, das sie über seinen Unterkörper gelegt hatte, den sie mit ihrem fülligen Schenkel heftig schubberte. Die große, dunkle Brust schwoll mit einer furchteinflößenden Fülle zu ihm hinab, ab und zu berührte die Brustwarze seine Nasenspitze, als habe sie es darauf abgesehen, ihn zu necken. Seine Nasenlöcher waren voll von dem starken Geruch der fremden Haut, der im Laufe eines Augenblicks irgendwo hinter seinen Augen wie ein magischer, stinkender Dünger eine phantastische Blume dazu brachte, die strahlenden Farben ihrer Kronblüte zu entfalten. Als er mit der Hand an ihre Seite griff, spürte er deutlich die ölige Glätte der Haut und wunderte sich darüber, daß der Körper fest und weich zugleich war.
Voller Wut wälzte er sie fort, schlug ihr mit der Faust mitten ins Gesicht und rief: Weißt du, wer ich bin?
Die Frau rieb sich das Gesicht und stöhnte: Es ist mir egal, wer du bist. Meinetwegen kannst du sein, wer du willst, aber laß das Schlagen sein. Komm nun und sieh zu, daß du fertig wirst.
Menelik stieß ihre Hand weg und hob den Arm, um sie erneut zu schlagen.
Weißt du, wer ich bin?
Die Frau starrte ihn entsetzt an, ihre schwarzen Lippen zitterten, so daß die weißen Zähne zum Vorschein kamen, ihre aufgerissenen Augen glänzten wahnsinnig, und das in einem wilden Kranz um den Kopf liegende Haar bebte, als werde es von Wellen der Angst durchspült. Sie glich eher einem Dämon als einem Menschen, und genau diesen Dämon mußte Menelik besiegen und zähmen, um Frieden in seiner Seele zu finden.
Statt sie zu schlagen, beugte er sich über sie, näherte seinen Mund ihrem Ohr und flüsterte: Ich bin Menelik.

Sie lag völlig still. Er spürte den besonders starken Geruch ihrer Haare, die sie offenbar in irgend etwas gewaschen hatte, und bohrte die Nase hinein.
Ihm wurde schwindlig, den Mund völlig in ihren Haaren begraben, murmelte er: Ich schlage dich tot, wenn du mich verrätst.
Die Frau bewegte ihren großen Körper, als liefe eine langsame, gelenkte Welle hindurch, preßte ihre Arme um seinen Rücken zusammen und stieß damit gegen seinen Körper, so daß er glitt. Jetzt falle ich, dachte er und spürte, wie seine harten, eckigen Glieder auf den weichen Kissen ihrer glatten Haut ins Rutschen kamen, um unerwartet in der muskulösen Umarmung ihrer großen Schenkel zu versinken.
Menelik schwieg, als er heraus kam. Gondar hockte im Dunkeln und wartete, sprang auf und folgte ihm, wagte aber nichts zu sagen, obgleich er darauf brannte zu fragen, na, wie war es denn? Meneliks Gang verlangsamte sich, zuletzt blieb er stehen. Gondar konnte ihn im Dunkeln stöhnen hören und wurde plötzlich am ganzen Körper kalt wie Eis, als er den Bruder schluchzen hörte. Er ahnte irgendein fürchterliches Unglück, es war, als ob alle Bewegungen des Gehirns stehenblieben und die in der undurchdringlichen Dunkelheit verborgene Welt im nächsten Augenblick lautlos völlig auseinanderzufallen drohte.
Was ist los? murmelte er und legte die Hand auf die Schulter des Bruders, die krampfartig zuckte.
Menelik antwortete nicht, sondern setzte sich hin. Gondar setzte sich schräg hinter ihn.
Schließlich flog es über Meneliks Lippen: Ich habe ihr erzählt, wer ich bin.
Gondar versuchte die Bedeutung des Geschehenen zu überschauen, war aber überhaupt nicht dazu imstande. Tausend Gedanken stürzten auf einmal durch ihn hindurch. Es war, als habe die Welt in einer völlig unvorhersehbaren Weise in ihr Leben eingegriffen und mit einemmal alles über den Haufen geworfen, was er bis dahin gedacht und sich vorgestellt hatte. Er hat das Recht auf das Patriarchat verscherzt, dachte er, und einen flüchtigen Augenblick lang sah er sich selbst mit den Ringen des Patriarchen an den Fingern seinen Bruder mit einem nachsichtigen Blick betrachten. Im nächsten Augenblick aber stürmten aus allen Richtungen des Raumes die Gedanken auf ihn ein, wir sind verloren, nun können wir nie mehr nach Hause zurückkehren, alles ist verraten. Gondar erhob sich mit einem Nebel im Gehirn und sagte: Warte auf mich.

Menelik blieb sitzen, und unter dem Gewicht der unveränderlich scheinenden oder schwach blinkenden Sterne beruhigte er sich langsam in einer beweinenswerten fatalistischen Geduld. Der Mond ging auf. Er dachte, hier auf der Erde wird der Mond immer wieder aufgehen, gleichgültig, was passiert; alles nimmt seinen Lauf, was immer ich tue, irgend etwas wird sich schon ergeben.
Während er sitzenblieb, eilte Gondar zum Lagerplatz der Karawanen zurück, wo im Dunkeln hier und dort noch ein Feuer brannte. Er blieb außer Atem stehen, als er die Hütte ahnen konnte. Was nun, wenn bereits ein Neuer bei ihr ist, dachte er, sie hat vielleicht schon erzählt ... Gondar hatte keinen einzigen klaren Gedanken im Kopf, keinen Plan, keine Idee, was er unternehmen sollte. Er schlotterte vor Angst davor, bei der Frau auf einen erwachsenen Mann zu treffen. Vielleicht gibt er mir ein paar hinter die Ohren! Der Gedanke, die Frau könne das gleiche tun, fiel ihm nicht ein. Ich bin groß für mein Alter, sagte er sich. Schließlich kam ihm eine Idee, und er begann an der Feuerstelle herumzusuchen, wo Töpfe und Schüsseln ihm erzählten, daß sie auch dort ihr Essen zubereitete. Er fand, was er suchte: ein Messer. Es war nicht sonderlich scharf und seine Klinge kurz. Er verbarg es unter der Schamma. Dann schlug er den Vorhang zur Seite und trat ein.
Die Frau war allein, stieß einen Schrei des Erschreckens aus, erkannte ihn jedoch: Na, kommst du auch noch! Aber hör zu, nicht schlagen wie der andere, nicht wahr?
Gondar fragte erstaunt: Hat er dich geschlagen?
Na klar hat er mich geschlagen, sagte die Frau, er schlug mich, weil ich fragte, ob du sein großer Bruder seist; bist du das denn nicht?
Gondar antwortete nicht. Die Frau war unruhig.
Was ist los mit dir, fragte sie und runzelte die Brauen, du brauchst keine Angst zu haben, ich fresse dich nicht.
Selbst in dem schwachen Schein des Holzkohlenbeckens konnte Gondar sehen, daß die Frau ein blaues Auge abbekommen hatte. Sie hatte einen großen, schwarzen Mund. Er fand sie häßlich.
Ich habe Hunger, meinte er plötzlich, weil ihm nichts anderes einfiel. Er fand selbst, daß das dumm klang, und spürte, wie sein ganzer Körper vor Scham zu brennen begann.
Herrgott, erwiderte die Frau, ich glaube, ich habe ein wenig Brot.
Sie tastete in der Dunkelheit herum, und Gondar überlegte, ob er sich auf sie werfen sollte, bevor er sich jedoch entschließen konnte, drehte sie sich um und warf ihm ein Stück Brot zu. Es war hart und trocken. Er lutschte daran, um es aufzuweichen.

Kommst du? fragte die Frau, die sich nun hingelegt hatte. Aber vielleicht kommst du gar nicht deswegen? Bist du nicht auch noch zu jung? Wie alt bist du denn?
Fünfzehn, antwortete Gondar.
In der nun folgenden Stille hörte er seinen eigenen Herzschlag wie einen fürchterlichen Gong dröhnen, der seinen ganzen Körper zum Erbeben brachte. Die Frau rührte sich nicht, aber er sah, daß sie sich entblößt hatte. Langsam stand er auf, voller Verwunderung darüber, daß die Beine ihn tragen konnten. Wenn ich es nicht tue ... Der Gedanke trieb ihn vorwärts. Er konnte ihren Bauch sehen, der wie eine schwere Frucht glänzte, mit einer dunklen Vertiefung dort, wo sie vom Stengel gepflückt worden war. Die Frau folgte ihm mit den Blicken und entblößte mit einem beruhigenden Lächeln die Zähne, er aber hatte nur Blicke für den Bauch und hielt die Augen fest darauf gerichtet, während er sich neben ihr auf die Knie ließ. Sie hatte die Arme über den Kopf emporgestreckt, wodurch sie schlanker wurde und eine langgestreckte und geschwungene Kontur erhielt wie ein Fluß, dessen Strom einen gemächlichen Lauf nimmt.
Gondar streckte die linke Hand vor und legte sie auf ihren Bauch, während er gleichzeitig die rechte Hand unter die Schamma steckte und das Messer umklammerte. Er ließ die Handfläche hin- und hergleiten und drückte leicht auf die Bauchhaut.
Die Frau sagte mit einem erschreckten Ausdruck, als ahne sie irgend etwas: Aber du zitterst ja.
Gondar spürte, wie der Magen und die Eingeweide unter dem Druck der Hand nachgaben. Er wollte sagen, wie weich du bist, aber seine Stimme versagte, indem sich sein Hals mit einem Japsen zuschnürte, als sollte er ersticken. Er riß das Messer hervor und stieß es mit aller Kraft in ihren Bauch, wo es hineinglitt, als sei er aus Teig. Befreit öffnete er weit den Mund und füllte die Lungen mit Luft. Die Frau stieß ein seltsames, hohes Quietschen aus und begann mit den Armen in der Luft herumzufuchteln, wobei sie den Kopf hin- und herwarf und mit dem Unterkörper zu rollen begann, als wolle sie sich von dem Instrument befreien, das noch immer tief in ihren Eingeweiden steckte. Gondar riß das Messer heraus und stieß es erneut in den Bauch, diesmal allerdings mit viel geringerer Kraft, wozu auch noch kam, daß die Bewegungen des Körpers den Stoß unsicher machten. Das Messer schlitzte einen langen Riß in die Bauchdecke und sprang wieder heraus. Doch nun war die Frau zu sich gekommen, krümmte sich zusammen und warf sich über Gondar, der nach hinten kippte. Sie rollten in einer wilden Verwirrung aus fuchteln-

den und tretenden Armen und Beinen auf dem Boden umher, und die ganze Zeit über jagte Gondar das Messer mit einer Serie von wilden Stößen in ihren Körper, sie trafen zufällig, zuweilen streiften sie nur, dann aber wieder drangen sie tief ein. Die Frau brüllte wild, konnte ihn jedoch nicht festhalten, weil seine Haut bald fettig und klebrig war, und als sie versuchte, sich von ihm wegzuziehen, um sich durch die Türöffnung hinauszuschleppen, warf er sich noch einmal mit einer Wildheit auf sie, die durch den Geschmack von Blut, der seinen Mund erfüllte, erhöht worden war, und stach und fetzte in einer blinden Raserei von Bewegungen, die sie mit einem langgestreckten Heulen, das in einem Röcheln erstickte, auf den Bauch sinken ließen.
Gondar wußte, daß die Frau am Ende war. Sie war vielleicht noch nicht tot, aber sie würde sterben. Er war außerstande, sich zu rühren, obgleich er wußte, daß er sich augenblicklich entfernen müßte. Er hatte Lust zu schlafen oder, noch besser: in Ohnmacht zu fallen, mußte sich jedoch mit einem schweren Dösen begnügen, das ihn in einem alptraumartigen Warten festhielt. Er hatte das Gefühl, die Zeit fliege dahin, mehrere Jahrhunderte vergingen, während er so dalag, und viele Generationen wurden in diesen Augenblicken geboren und sanken ins Grab. Als er sich schließlich – ohne sich dazu entschlossen zu haben, er tat es einfach – erhob und hinausschaute, war der Mond aufgegangen. Er dachte mit keinem Gedanken an die Frau, sondern begann ruhig im Mondschein davonzugehen. Die vorangegangenen Nächte, nachdem er die Höhlen verlassen hatte, hatte er geschlafen, deshalb erlebte er zum erstenmal eine Mondscheinnacht, und es erschien ihm, als befinde er sich in einer neuen und bis dahin unbekannten Welt. Während er so dahinging, entdeckte er plötzlich, daß er etwas in der Hand hielt. Er blieb stehen und betrachtete seine rechte Hand, die noch immer das Messer umklammerte, als wolle sie es nie mehr loslassen. Er betrachtete es neugierig, während er den Griff seiner Finger lockerte, und ließ das Messer auf die Erde fallen. Dann ging er weiter und fand die Stelle, wo er seinen Bruder verlassen hatte.
Menelik hatte sich auf der Erde zusammengerollt und schlief mit an den Körper gezogenen Beinen. Gondar betrachtete ihn und entdeckte, daß ihm das bekannte Gesicht fremd und gleichgültig vorkam. Es ging ihm auf, daß er nie zuvor den Bruder wie ein Ding beobachtet hatte: Er hatte ja immer nach den Augen gesucht. Und nun war Menelik auf einmal ein Ding geworden, und obgleich es Gondar so erschien, als sei das etwas Fürchterliches und als müsse er sich dage-

gen zur Wehr setzen, war nichts dagegen zu machen. Es war nun einmal geschehen.
Ein Ding: Das war die Herrschaft des Todes. Wie war doch der Übergang – zwischen dem Lebendigen und dem Toten – klein und unmerkbar! Wie unendlich winzig und bedeutungslos war doch das Lebendige – zum Beispiel sein eigenes Herz – im Verhältnis zu der Menge Tod, der Unbeweglichkeit, die fast überall dort herrschte, wohin er sich wandte! Der Mondschein war kein Leben, sondern eine Art magische, selbstleuchtende Leblosigkeit. Der Nachtwind war zwar Bewegung, nicht aber Leben – eine Art wechselhafter Leblosigkeit über der stummen und trägen Leblosigkeit der Erde aus Sand und Sand und Sand. Wenn er erst einmal erwachsen war, dann würden nicht einmal die Knochen in ihm selbst mehr Leben sein – auch sie waren dabei, in einen Zustand der Unbeweglichkeit überzugehen, der die Manifestation des Todes war. Der Tod, nicht das Leben, füllte alles überall. Das Leben war nur eine unwichtige Franse an der allgegenwärtigen Leblosigkeit.
Gondar dachte, daß er nun wisse, weshalb er ein Mensch sei. Er betrachtete erneut den schlafenden Bruder, leidenschaftslos, doch mit einem Gefühl des Mitleids. Du wirst zugrunde gehen, überlegte er, und nicht einmal entdecken, weshalb du ein Mensch bist. Deshalb wirst du auch hilflos sein. Wenn Gondar nicht gerade in einem Alter von dreizehn Jahren einen Menschen getötet hätte, wären diese Gedanken Ausdruck eines lächerlichen Hochmuts gewesen. Nun war er nur auf eine viel zu plötzliche und grausame Weise gereift.
Als Gondar Meneliks Schulter berührte, erwachte der sofort und richtete sich auf. Menelik sah seinen Bruder an, und es schien ihm, als sei an ihm etwas Sonderbares, als sei er ein Schlafwandler. Menelik stand auf. Er konnte sehen, daß der Bruder durch irgend etwas völlig verschmiert war, und ergriff ihn am Arm, der fettig war und klebrig.
Gondar sagte: Ich habe sie getötet.
Er war stolz, doch seine Stimme zitterte, und plötzlich begann er am ganzen Körper zu schlottern.
Menelik schwankte, als habe er einen Schlag versetzt bekommen, und sah sich nach allen Seiten um, entweder aus Angst oder aus schierer Verwirrung.
Dann näherte er seinen Kopf dem Kopf von Gondar und flüsterte: Das hast du um meinetwillen getan?
Gondar antwortete nicht, sondern starrte ihn nur verständnislos an mit Zähnen, die wie eine Trommel, die ihren Rhythmus verloren

hat, Stakkato klapperten. Menelik versetzte ihm mit der flachen Hand eine Ohrfeige. Gondar hörte auf zu schlottern.
Idiot! rief Menelik, und wieder sah er sich um. Nun müssen wir fliehen. Wir müssen sofort los.
Ich habe solchen Durst, sagte Gondar klagend.
Menelik antwortete nicht, sondern nahm ihn bei der Hand und zog entschlossen mit ihm ab.
So wurden die beiden Brüder wiederum unzertrennlich.

Wenn sie verfolgt wurden, dann entkamen sie ihren Verfolgern. Am Morgen des ersten Tages wusch sich Gondar in einem Bergbach. Er sah bei Tageslicht fürchterlich aus, überall am ganzen Körper, im Gesicht, in den Haaren und an den Armen und Beinen hatte er Blut, das nun geronnen war. Menelik aber sagte nichts mehr zu ihm, denn Gondars Gesicht war düster und unversöhnlich. Sie mußten die Schamma waschen, aber die großen hellbraunen Flecken gingen nicht heraus. Deshalb hielten sie sich tagsüber versteckt und gingen in der Nacht weiter, bis Menelik in einem Dorf eine neue besorgte.
Sie wanderten zu abseits gelegenen Dörfern, hielten sich an die Gesellschaft der Hirten auf den weiten Steppen und teilten ihre Einsamkeit, begleiteten Karawanen und besuchten Stämme, die noch nie etwas von Gott gehört hatten. Gondar war immer bemüht, es seinem großen Bruder recht zu machen. Er achtete darauf, daß er ihn nicht aus Versehen demütigte, er gewährte ihm stets den Vortritt vor sich selbst und ließ ihn sprechen und biß sich in die Zunge, um ihm nicht das Wort abzuschneiden.
Nach einem Jahr kehrten sie heim. Eines Tages blickten sie über die Berghänge hin, wo sie als Kinder gespielt hatten und wo sich die Eingänge zu den Höhlen befanden, die ihre Heimat waren. Wenn sie erst einmal in die Höhlen hinuntergestiegen waren, das wußten sie, dann würden sie für immer dort bleiben. Nicht in dem Sinne, daß sie nie mehr das Tageslicht erblicken würden, sondern weil ihr Leben dem Dasein dort unten gewidmet sein würde; weil sie Meneliks Existenz weiterführen und garantieren mußten. Doch Gondar sagte zu sich, ich bin ja eigentlich ganz gut entbehrlich – Menelik hat nur einen Patriarchen, und sein Name ist Menelik.
Obgleich sie nur ein beziehungsweise zwei Jahre weggewesen waren, erschien ihnen alles anders als in der Erinnerung. Die Höhlen waren kleiner, die Dunkelheit war tiefer, ihre Mutter älter, ihr Vater weniger würdig als vor ihrem Aufbruch. Doch das dauerte nur ein paar Tage. Danach war die Welt, die sie gerade besucht hatten, fern

und bald fast unwirklich. Sie kamen in einer Alltagsroutine zur Ruhe, die so natürlich wirkte, als habe sie ihren Ursprung eben in der Natur selbst und sei nicht von Menschen eingeführt worden. Dennoch aber war ihr Verhalten durch die verhängnisvolle Nacht bestimmt, die sie unzertrennlicher gemacht hatte, als sie es in der Kindheit gewesen waren. Denn Menelik fürchtete seinen Bruder mit einem heimlichen Entsetzen, das er niemandem anvertrauen konnte und das er deshalb in eine karge Existenz irgendwo tief in seinem eigenen Innern verbannte. Gondar ahnte diese Angst und sagte sich, wenn ich einmal um seinetwillen gemordet habe, wie soll ich dann imstande sein zu beweisen, daß er keinen Grund hat, mich zu fürchten, sondern daß ich ihn ganz im Gegenteil mehr liebe als alles andere? Wenn ich um seinetwillen eine beliebige Frau ermorden konnte, was kann ich dann nicht um meiner selbst willen tun?

Ihr Vater, Bab el Mandeb der Zweite, betrachtete seinen älteren Sohn mit einer unparteiischen, leidenschaftslosen Strenge, die Meneliks Stimme zum Erbeben brachte, wenn er aus der Heiligen Schrift vorlesen sollte. Dann runzelte der Vater die Brauen, zeigte aber keine anderen Zeichen der Ungeduld oder Unzufriedenheit. Gondar dagegen würdigte er kaum eines Blickes. Gondar dachte, ich bin ihm gleichgültig – das paßt mir ganz gut. Diese Überzeugung verfestigte sich in Gondar, der sich dadurch gestärkt fühlte. Ich triumphiere über meinen Vater, sagte er zu sich, nicht, weil das so viel ausmacht, denn was ist er eigentlich, aber jedenfalls ist es besser, als ihn zu fürchten.

Nach ein paar Jahren war die Zeit herangekommen, daß Menelik heiraten sollte. In der Kleidung eines gewöhnlichen Hirten zog der alte Patriarch selbst bei seinem Volk umher und kehrte mit einer Braut, Judith, zurück, die zwar ein paar Jahre älter war als Menelik, doch noch immer in ihrer ganzen Jugend strahlte und voller Erwartung ihrer Erhöhung entgegensah. Ein untrüglicher Instinkt sagte ihr bald, daß Menelik aus irgendeinem Grund Gondar fürchtete, den sie deshalb aus ganzem Herzen zu hassen begann. Außerdem war sie eifersüchtig auf die Liebe zu dem Bruder, in der die Furcht ihren Ursprung hatte. Bald benutzte sie nicht gerade sanfte Mittel, um sowohl die Furcht wie auch die Liebe auszurotten.

Dein Bruder verachtet dich, sagte sie zu Menelik, siehst du nicht, wie eitel er ist, als bilde er sich ein, daß er der große Bruder sei.

Schweig, befahl Menelik, wir sind unzertrennlich und haben uns immer geliebt, aber das verstehst du nicht.

Ha – unzertrennlich –, wenn ich das schon höre! Möglich, daß du von ihm unzertrennlich bist, und das schadet dir selbst am meisten; er aber geht seine eigenen Wege und schert sich keinen Deut um dich, wenn es ihm nicht in den Kram paßt.
Judith traf mit anderen Worten den Nagel auf den Kopf, erreichte aber dennoch nicht, was sie wollte. Wie böse sie doch ist, dachte Menelik und grübelte wie ein Wahnsinniger darüber nach, was er tun könne, um sie milder zu stimmen und sie dazu zu bringen, ihn zu lieben, ohne über den Bruder zu reden, den er aus irgendeinem Grund so weit wie möglich mied. Ich werde ihr zeigen, daß sie sich irrt, sagte er zu sich mit dem verzweifelten Gefühl, daß sie recht hatte, ich bin nun einmal der große Bruder, und ich werde das Amt übernehmen und das Priestergewand und die diamantenbesetzten Ringe tragen.
Bald trug Judith ein Kind unter dem Herzen, und die Rede kam auf Gondars Heirat. Auch für ihn mußte eine Braut gefunden werden, wie Sitte und Brauch es verlangten.
Nein, sagte Gondar, ich will jetzt nicht heiraten – vielleicht später, aber nicht jetzt.
Das Gesicht von Bab el Mandeb dem Zweiten wurde starr vor Zorn, und die Lippen der Mutter zuckten vor Kummer. Gondars Standpunkt war etwas Unerhörtes. Er brachte Schande über sie allesamt, aber nichts konnte ihn zum Nachgeben bewegen. Ganz im Gegenteil, er genoß die Schande, und Menelik, den Judiths spöttische Vorwürfe und giftige Ausfälle quälten, beneidete den Bruder um den Genuß, den er sich durch seine Aufsässigkeit gegen alles und alle verschaffte, aber auch um die Freiheit, die er sich dadurch erkämpfte. Doch als der Ältere, der die Würde übernehmen sollte, konnte er es sich nicht leisten zu klagen, er spielte statt dessen die Rolle des resignierten Weisen und ging in der Rolle des künftigen Patriarchen auf, dem schwere Pflichten auferlegt waren, und das mit einem Ernst, der weit über das Ziel hinausschoß und einen fast komischen Anstrich bekam, was den scharfen Blicken von Judith nicht entging und sie in ein hysterisches Gelächter ausbrechen ließ, das der erschrockene und unglückliche Menelik ihrer weit fortgeschrittenen Schwangerschaft zuschrieb. Als sie einen Jungen gebar, strahlte Menelik allerdings vor Glück, und selbst Judith söhnte sich eine Zeitlang mit dem Dasein aus und war lauter Stolz über den verschwenderischen Strom von Milch, der ihren gespannten Brüsten entquoll. Gondar beglückwünschte die Eltern zwar, doch der Anblick des kleinen Kindes rief in seiner Seele keine besonderen Gefühle her-

vor. Er schaute es an und dachte daran, wie klein und unmerkbar der Übergang zwischen Lebendigem und Totem ist, und wenn er danach seinen Bruder betrachtete, wunderte er sich darüber, daß dieser, ein erwachsener Mann, einen so blöde verzückten Ausdruck aufsetzen konnte bei dem bloßen Anblick dieser kleinen Franse von zufälligem Leben an dem mächtigen und unbeweglichen Körper der Leblosigkeit. Er war drauf und dran, zu ihm zu sagen, paß bloß auf dein Gesicht auf! Mit dem Gesicht bist du in der Welt verloren. Er fühlte jedoch selbst, wie verletzend das gewesen wäre, und sagte natürlich nichts. Menelik seinerseits bedauerte seinen Bruder, weil er noch nicht erlebt hatte – und sich vorläufig dieses Erlebnisses auch beraubt hatte –, was es heißt, Vater zu werden, und zum erstenmal fühlte er sich auf geheimnisvolle Weise seinem Bruder überlegen. Was hilft es ihm auf die Dauer, wenn er sich anstellt und nicht so sein will wie andere – durch mich fließt das Leben weiter, und wenn wir sterben müssen, hinterläßt er nur Leere.

Der alte Bab el Mandeb war sichtlich zufrieden, und mit seiner vollen Lebenskraft sprach er: Jetzt kann ich mich ruhigen Herzens zum Sterben niederlegen, Gott sei gelobt!

Er hatte nun seinen beiden Söhnen alles beigebracht, was er über die Geschichte Meneliks wußte, und befahl ihnen, das Erbe einträchtig weiterzuführen, wenn er einmal nicht mehr sei.

Wir, das alte Zion und das neue Zion, die Kinder Salomons und die kleinen Lehrlinge Jesu hier auf Erden, wir werden immer verfolgt sein bis zu dem großen Tag seiner Wiederkunft in den Wolken. Bis jetzt haben wir überlebt, und es hängt von euch ab, ob wir weiter überleben, wenn ich nicht mehr bin. Es hängt vor allem von dir ab – er sah Menelik an –, von dir, der zum Patriarchen erwählt ist. Denk daran, sobald ich tot bin, wird sich im ganzen Volk die Nachricht verbreiten, daß der neue Patriarch von Gondar, Bab el Mandeb der Dritte, das Amt übernommen hat, und dann wird sich das Volk hinter dir vereinen, für dich beten und dir gehorchen. Deshalb darfst du Menelik nie im Stich lassen. Das gleiche gilt für dich – er wandte sich nun an Gondar –, auch von dir hängt Zions Schicksal ab. Fürchterlich wird dein Leben sein, wenn du nicht gehorchst. Ihr habt beide die Wahl zwischen Liebe und Verderben, doch denkt daran, daß das Verderben in einer bestimmten Situation das Verderben des ganzen Volkes sein kann.

Als er schließlich in einem Alter von fast siebzig Jahren starb, wurde seine Leiche in die Höhle gebracht, wo die sterblichen Reste seiner

Vorgänger lagen, und Menelik wurde Bab el Mandeb der Dritte, indem er den anderen Namen ablegte. Viele Jahre lang hatte er sich auf diesen Tag gefreut, doch als er endlich kam, fühlte er sich bereits müde, und als er die Ringe über die Finger streifte, dachte er daran, wie alt und runzlig die Hände bereits aussahen. Seine Kinder – Judith hatte ihm mehrere geboren – waren schon groß, die eheliche Tretmühle hatte ihn gequält und ihn erschöpft, wobei er sich einen Stumpfsinn zugelegt hatte, der ihn zwar vor den Sticheleien seiner Gattin schützte, allmählich aber so verwurzelt war, daß er zu einem Bestandteil seines Charakters wurde. Oft zog er sich in seine eigenen vier Wände zurück, wo er sich träumend einer Frau aus seiner Jugend hingab, die in diesen Augenblicken auf fragmentarische und wirre Weise aus den Nebeln der Vergangenheit auftauchte. Dafür triumphierte Judith bei seinem Anblick vor dem Altar, als sei es ihr Verdienst, daß er nun endlich das Ziel seines Lebens erreicht hatte, und sie versuchte ihm den Stolz einzuflößen, auf den er sich als junger Mann gefreut hatte, nach dem er nun jedoch vergeblich suchte. Zwar hatte sie seit der Geburt des ersten Sohnes ihr Vertrauen in diesen und nicht in ihren Mann gesetzt, den sie verachtete, doch da sich der Sohn zu einem charakterlosen Lümmel entwickelte, der ihre Erwartungen nicht erfüllte, wandte sie sich wiederum in der Hoffnung ihrem Mann zu, daß es dennoch nicht zu spät sei, die Gefühle der Schwäche und Unterlegenheit auszurotten, die sie so leidenschaftlich bekämpft hatte.

Wie aber erging es nun Gondar? Als er seinen Bruder im Priestergewand und mit den diamantenbesetzten Ringen an den Fingern vor dem Altar sah, dachte er, in Wirklichkeit hast du das Recht auf die Würde, die du verkörperst, verloren – doch das weiß außer dir und mir niemand.

In diesem Punkt irrte sich Gondar: Menelik hatte im Laufe der Jahre die Umstände der Ereignisse in jener verhängnisvollen Nacht aus seinem Gedächtnis gelöscht und entsann sich nur daran, daß der Bruder einen fürchterlichen Mord begangen und daß er, Menelik, ihm bei der Flucht geholfen hatte.

Außerdem aber sah Gondar, daß Meneliks erschöpfte Seele zu unreif war, um das Wesen der heiligen Gegenstände zu verstehen; daß er ein Pirat war, der glaubt, das schwarze Tuch sei imstande, ihm eine Gefährlichkeit zu verleihen, die nicht den Mündungen der Kanonen und einem grausamen Herzen entspringt; und daß er sich einbildete, es sei eine besondere gefühlsmäßige Kraftanstrengung vonnöten, um während der Ausführung der Rituale die Heiligkeit

der Ringe auf die Hände zu übertragen, die sie trugen – während es in Wirklichkeit einer Art erhabenen Lässigkeit bedurfte.
Judith hatte ihre Kinder in der Furcht vor ihrem Onkel erzogen, und da Gondar bei den Familien, die dem Patriarchen in den Höhlen dienten, nie beliebt gewesen war, wurde er im Laufe der Jahre auf eine immer größere Einsamkeit verwiesen. Während der ehemalige Menelik, jetzt Bab el Mandeb der Dritte, fett und träge wurde, wurde Gondar im Laufe der Zeit immer magerer und knochiger, und man sah ihn in den Höhlen dahinwandern, mit zielbewußtem Schritt, einen fanatischen Ausdruck in den Augen und ein Zucken um die schmalen Lippen, das bittere Selbstzufriedenheit ausdrückte. Nach dem Tod des Vaters hatte er begonnen, die Annalen zu führen. Sie waren in einer kleinen Höhle für sich gesammelt, und Bab el Mandeb der Zweite hatte sie bereits vor vielen Jahren seinen beiden Söhnen gezeigt, hatte stundenlang daraus vorgelesen und sie darin unterwiesen, wie sie zu führen seien. Nun setzte sich Gondar auf dem Fell zurecht, das auf der Erde lag, vertiefte sich in die ältesten Annalen, aus denen sein Vater seinerzeit vorgelesen hatte, und begann auch die neuesten zu studieren, die von Bab el Mandeb dem Zweiten selbst geführt worden waren.
Wo sie endeten, schrieb er: Hier werden Meneliks Annalen von Bab el Mandeb dem Dritten durch seinen Bruder weitergeführt.
Bei der Lektüre der alten Annalen war er auf Berichte gestoßen, die ihr Vater übersprungen haben mußte, als er ihnen seinerzeit vorlas – Berichte über niederträchtige Taten, über Verrat, Intrigen, Abtrünnigkeit und alle Arten der Sünden; und er beschloß, in zierlicher Schrift die Geschichte von Bab el Mandeb dem Dritten und seinem Bruder Gondar, den Unzertrennlichen, zu schreiben; dem Schweigen der Annalen den beredten Bericht anzuvertrauen, den er nicht zu beenden vermochte und der sein Herz zerrissen hätte, wenn es nicht bereits teilweise von der Leblosigkeit erobert gewesen wäre, die das allesüberragende Kennzeichen des Universums ist.
Eines Tages fand Gondar in die Annalen eingesteckt ein kleines versiegeltes Heft, das mit der Handschrift seines Vaters die Aufschrift trug: »Zu öffnen nach dem Tode von Bab el Mandeb dem Dritten«. Gondar saß lange da und hielt es in den Händen. Er war drauf und dran gewesen, das Siegel sofort zu erbrechen, und es war nicht der Respekt vor dem verstorbenen Patriarchen, der ihn zurückhielt – ihn hatte er ja schon überwunden –, sondern die Angst davor, daß das Rätsel, das sich dahinter verbarg, seine Bedeutung verlöre, wenn es zu früh offenbart würde. Er legte das Heft zwi-

schen die Seiten des Buches zurück, wo er es gefunden hatte, und stellte es an seinen Platz.
Schon längst war die Zeit gekommen, da Meneliks und Judiths Erstgeborener, der nach seinem Vater Menelik hieß, aus den Höhlen nach oben hätte geschickt werden sollen, um das Leben dort kennenzulernen. Da er sich nie auch nur einen Deut für die Traditionen interessiert hatte, einschlief, wenn Gondar ihm aus den Annalen vorlas, von den Gottesdiensten im Dom verschwand, mit den Dienstmädchen herumtändelte und seine Mutter mit einer unerträglichen Unverschämtheit behandelte, hätten selbst seine Eltern nicht gewagt, ihn allein loszuschicken.
Eines Tages sagte Bab el Mandeb der Dritte zu Gondar: Lieber Bruder, die Tradition und die Notwendigkeit verlangen es, daß mein ältester Sohn, Menelik der Jüngere, der eines Tages das Amt nach mir übernehmen soll, das Leben unter den Menschen kennenlernt, so, wie wir selbst es einst getan haben. Aber es geht nicht an, daß wir ihn allein ziehen lassen. Wahrscheinlich würde er dem ersten besten, der ihn auszufragen beginnt, alles über Menelik verraten, und vielleicht reißt er geradezu aus und kommt nie zurück. Ich kann es mir nicht erlauben, die Höhlen für so lange Zeit zu verlassen, und außerdem habe ich Krampfadern. Deshalb möchte ich dich bitten, ihn zu begleiten, ihn zu überwachen und, wenn möglich, ein wenig zu erziehen, obgleich ich zugeben muß, daß dies eine unmögliche Aufgabe zu sein scheint. Aber mit der Hilfe des Herrn wird es vielleicht trotzdem glücken, das Alter wird ihn vielleicht nicht klüger machen, aber dennoch wird er wohl nicht immer so ungebärdig bleiben, und wenn er dann erst einmal heiratet ... Dafür will ich es in deiner Abwesenheit auf mich nehmen, die Annalen zu führen.
Das kann ich dir ja nicht gut abschlagen, antwortete Gondar, obgleich es dich wohl kaum wundern wird, daß ich diese Aufgabe nur mit Unlust auf mich nehme. Doch was die Annalen angeht, so brauchst du dir keine Mühe zu machen – ich werde sie schon auf den neuesten Stand bringen, wenn ich wieder zu Hause bin.
So zogen Gondar und Menelik der Jüngere von dannen, Gondar mit bangen Ahnungen und in der Gewißheit, daß er sich da auf eine Aufgabe eingelassen hatte, die aufreibend sein würde und bar jeglichen Vergnügens. Bereits am ersten Tag aber mußte er sich darüber wundern, daß der junge Mann ein rücksichtsvoller und unterhaltsamer Reisebegleiter war und daß die Fragen, die er stellte, keineswegs so dumm waren, wie man es von diesem nichtssagenden Schnösel hätte erwarten sollen. Aber das wird sich schon ändern,

wenn wir nach Gondar kommen, dachte Gondar skeptisch. Doch mit der Zeit nahm ihn der Jüngling immer mehr ein, der ein größeres Wissen verriet, als er sich hätte träumen lassen, und eine Reife und Urteilskraft, die ihn verblüfften. Das galt auch, als sie die Stadt Gondar erreichten, in deren Menschengewimmel, das sich während dieser vielen Jahre nicht verändert hatte, Gondar vergeblich nach einem Gesicht Ausschau hielt, das er meinte, wiederfinden zu müssen – und wo er seine ruhelose Suche erst aufgab, als ihm klar wurde, daß er nach sich selbst gesucht hatte.

Sie bereisten das Land ein Jahr, und Gondar schien den Jungen besser kennenzulernen als seinen Bruder. Aber dennoch blieb an Menelik dem Jüngeren irgend etwas Unzugängliches, wie irgendein Kämmerchen oder ein Geheimraum in seiner Welt, zu dem niemand Zutritt erhielt. Ich kenne ihn in- und auswendig, sagte sich Gondar, und bewunderte den jungen Mann geradezu wegen seines großen Verstands, seiner Reife und seines freundlichen und offenen Wesens; abgesehen von – abgesehen davon, daß da irgend etwas ist –, irgend etwas, in das ich nicht eindringen kann. Manchmal betrachtet er mich in einer Weise – in einer verwirrenden Weise –, kurz, es geht etwas in ihm vor, was ich nicht greifen kann.

Nach ihrer Rückkehr nahm Gondar die Arbeit an den Annalen wieder auf.

Über Menelik den Jüngeren, der sich selbst schweigend und verschlossen verhielt, sagte er zu seinem Bruder nur: Ich glaube, die Reise hat ihm gutgetan und ihn vorteilhaft entwickelt. Du solltest versuchen, mit ihm wie mit einem erwachsenen Mann zu sprechen. Menelik befolgte den Rat, hatte davon allerdings nicht sehr viel, und Menelik der Jüngere schien Vater wie Mutter eher zu meiden, wobei die Mutter sofort aufbegehrte und sich über den schlechten Einfluß beschwerte, den Gondar auf ihren Sohn gehabt habe.

Auf die verrückte Idee konntest auch bloß du verfallen, sagte sie mit einer Stimme voller Haß und Bitterkeit zu ihrem Mann, der sich mit versteinerter Miene und einem hilflosen Beben um die Lippen in seine Privatgemächer zurückzog.

Über die Annalen gebeugt, in denen er nun seinen eigenen und den Besuch des Neffen oben auf der Erde unter den Menschen schilderte, die dort lebten, fühlte Gondar die Bitternis und den Neid in sich wachsen und Gestalt annehmen. Der größte Teil meines Lebens ist dahin, sagte er zu sich, und ich habe nur die Aussicht darauf, meine Tage als das jämmerliche Gesindel zu beenden, das ich jetzt bin. Ich wurde mit den Gaben zu etwas Höherem geboren, aber mein Bruder

stand mir im Weg. Mein armer Bruder – und Gondar fühlte sich gleichzeitig durchdrungen von einem bitteren Gefühl des Mitleids mit dem Bruder, den er so sehr liebte und dessen Leben vielleicht noch elender war als sein eigenes und nicht nur elender, sondern – was das schlimmste von allem war –: jämmerlich.
So standen die Dinge, als der Krieg ausbrach.
Was geht uns das an, sagte Menelik, wir haben uns hier jahrhundertelang verborgen gehalten, und welche Veränderung sollte es schon bedeuten, daß die Italiener das Land erobern? Darum brauchen wir uns nicht zu kümmern.
Doch nach einiger Zeit kam eine Botschaft, die die Gemüter in Wallung versetzte. Die Italiener, so verlautete es, gehen in einer bisher unbekannten Weise vor, angeblich haben sie die Absicht, Menelik umzubringen und insbesondere die Höhlen zu finden, in denen der Patriarch lebt, um ihn mit Hilfe von giftiger Luft, die in die Höhlen eingeblasen werden soll, zu töten. Gleichzeitig aber enthielt die Botschaft ein Rettungsangebot: Eine Expedition aus einem fernen fremden Land wird Menelik zu Hilfe kommen und anbieten, unser Volk in das Gelobte Land, ein neues Zion, zu führen, wo jegliche Verfolgung aufhört.
Judith begann sofort zu zetern und wollte die Höhle sogleich verlassen, die anderen aber versammelten sich in Ruhe und Besonnenheit, um die Situation zu erörtern, man war sich einig, daß es sich hier um die ernsteste Lage handelte, die das Volk von Menelik bis dahin erlebt hatte.
Bab el Mandeb der Dritte sagte: Einerseits wissen wir, daß diese Höhlen den Patriarchen von Gondar immer beschützt und Meneliks Überleben und die Weiterführung der Tradition durch Hunderte von Jahren gesichert haben; andererseits wissen wir, daß die Italiener alles tun werden, was in ihrer Macht steht, um uns zu vernichten – aber stimmt es wirklich, daß sie giftige Luft haben, die uns unten in den Höhlen töten kann? Und wie sollten sie die giftige Luft hier hereinbekommen? Und wie sollten sie die Eingänge finden?
Du unglückseliger Trottel, schrie Judith, wenn sie auch nur eine Spalte finden, die zu uns hineinführt, können sie die giftige Luft einpusten, diese Teufel. Worauf wartest du noch? Wir sollten sofort aufbrechen!
Menelik blickte sich hilflos um, und Gondar dachte, unter seiner Führung wird das Volk nie gerettet. Er ahnt nicht, wozu er sich entschließen soll. In Wirklichkeit möchte er am liebsten von dem Leben befreit werden, das er lebt, und Judith nie mehr vor Augen ha-

ben müssen. Wonach sucht er denn mit seinem Blick? Frieden! Frieden, nichts weiter. Doch der einzige Frieden, der ihm helfen kann, ist der Frieden des Grabs. Erst dort wird er für alle Zeiten von der Erinnerung an Judiths Haß befreit sein – erst dort wird er keine Entscheidung für sein eigenes und das Leben seines Volkes mehr treffen müssen. Erst dort wird er von seiner eigenen Jämmerlichkeit und dem schrecklichen Mitgefühl, das er für sich selbst hegt, befreit sein.
Während diese Gedanken durch Gondars Kopf fuhren, blickte Menelik ihn an, und ihre Blicke trafen sich. In Meneliks Blick, der seine Umgebung anzuflehen und um Gnade zu bitten schien, las Gondar eine seltsame Klarheit, die er als Todesbereitschaft deutete, so, als trete Meneliks nackte Seele einen Augenblick hervor und stelle sich vor ihm zur Schau, allein vor ihm. Gondar konnte den Anblick nicht ertragen und schlug die Augen nieder, als sei er bei irgendeiner ungebührlichen Tat ertappt worden. In diesem Augenblick, als er voll und ganz die Stärke und Sicherheit seiner eigenen Seele spürte, fühlte er sich vor seinem Bruder unwürdig und dachte voller Scham, wie kann die Schwäche solche Stärke besitzen – und wie soll ich in Zukunft die Schwäche überwinden?
Als die Verwirrung und das Gezänk – an dem der junge Menelik im übrigen nicht teilgenommen hatte, denn er saß nur schweigend da und hörte zu – ihren Höhepunkt erreicht hatten, sagte Gondar laut und mit einer Stimme, die befreiend wirkte, weil sie klang, als entscheide sie die Angelegenheit ein für allemal und dulde keinen Widerspruch: Wenn wir so weitermachen, sind wir auf jeden Fall verloren. Nun müssen wir eine Wahl treffen. Wir können nicht daran zweifeln, daß die Italiener uns ausrotten möchten, denn was der Papst in Rom von Menelik hält, das ist bekannt, seit er das erste Mal vor vielen hundert Jahren von uns gehört hat. Wir können auch nicht daran zweifeln, daß sie die Mittel besitzen, mit denen sie uns töten können. Wer hätte schon an die Flugzeuge der Europäer geglaubt, bevor er sie zum erstenmal am Himmel sah? Weshalb sollten sie dann nicht auch giftige Luft herstellen können? Nein, wir können es uns nicht erlauben, aus Angst vor Veränderungen Meneliks Schicksal aufs Spiel zu setzen. Als sich der Patriarch von Gondar zum erstenmal in diesen Höhlen niederließ, war das da nicht sowohl eine Veränderung wie auch eine Flucht? Nun müssen wir genauso kühn sein wie die ersten Höhlenbewohner und dürfen nur daran denken, wie wir Menelik und den Traditionen, die wir von unseren Vätern ererbt haben, am besten dienen. Ich schlage vor, wir

schicken den kommenden Bab el Mandeb den Vierten, Menelik den Jüngeren, unters Volk, wo er jeden einzelnen aufsuchen, sich durch das heimliche Zeichen zu erkennen geben und sagen soll, in Kürze wird eine Rettungsexpedition Menelik fortführen und Meneliks Kinder vor dem sicheren Tod retten. Meneliks Volk soll sich dieser Expedition anschließen und mit seinem Oberhaupt, dem Patriarchen von Gondar, vereint werden, der die Höhlen verlassen wird, um sich euch anzuschließen. Tut deshalb, was ich sage, wartet den Tag ab, an dem die Nachricht von der fremden Expedition zu euch gelangt, und dann brecht auf und schließt euch ihr an. Dann werdet ihr eines Tages mit Bab el Mandeb dem Dritten zusammentreffen und zusammen mit ihm eures Wegs reisen. So soll Menelik der Jüngere sprechen. Und wenn ihr mich fragt, woher weißt du, daß diese Expedition aus dem fremden Land kommen und uns retten wird?, so antworte ich, das weiß ich nicht; aber *wenn* sie kommt – und alles spricht dafür –, dann können wir uns mit eigenen Augen davon überzeugen und müssen die Möglichkeiten kühn ausnutzen. Wenn sie aber ausbleibt, dann müssen wir entscheiden, was wir statt dessen tun wollen.

Gondars Plan wurde zur Durchführung gebracht, Menelik der Jüngere wurde losgeschickt, und in den Höhlen begannen die Vorbereitungen zur Reise. Alles, was zur Ausführung der heiligen Handlungen gehörte, wurde zusammengepackt, und Gondar selbst kümmerte sich um die Annalen. Es war jedoch, als trüge diese lebhafte Aktivität ein unwirkliches Gepräge. Menelik hatte sich zwar dem Beschluß für den Aufbruch gebeugt und kümmerte sich auch um die Vorbereitungen, das geschah jedoch so geistesabwesend, als entschuldige er sich verlegen gegenüber irgend jemandem oder sei in Gedanken mit anderen Dingen beschäftigt oder als glaube er, das Ganze geschehe nur zum Schein. Selbst Judiths Tiraden – und sie war ständig hinter ihm her, trieb ihn an, korrigierte ihn, beschwerte sich über ihn – prallten scheinbar an ihm ab, er beantwortete sie mit einem sonderbaren Lächeln, als sei sie ein Erlebnis, das ihm im Traum gekommen sei, oder ein Gespenst, das keinen Zugang zu der Wirklichkeit habe, in der er sich befand, weshalb sie herumbrüllen und sich wie verrückt gebärden konnte, ohne daß ihn das berührte. Gondar zeigte verwandte Zeichen, obgleich sein Verhalten ein völlig anderes war. Er war wie besessen und von einer überdimensionalen Entschlossenheit, er war außer sich und sah diese Entschlossenheit – die endgültige Verwirklichung der Stärke, die er seit seiner

Kindheit in sich verspürt hatte – wie ein hartes Geschwür wachsen, das ihn sich wundern und fürchten ließ. Doch das ist wohl auch nicht weiter sonderbar in Anbetracht dessen, was die Entschlossenheit vorhatte und was sie beschloß. Das war zwar noch nicht offenbart worden, doch Gondar fühlte es geschehen und spürte erschüttert, daß er sich dagegen nicht wehren konnte: Die Entschlossenheit war ja ihrer Natur nach der harte Teil von ihm. Sie wollte ihren Willen haben.

Gondar wartete darauf, daß ihm der Zufall eine Gelegenheit zur Übernahme der Patriarchenwürde in die Hände spielen würde. Zuletzt aber wagte er es kaum, noch länger zu warten. Wenn ich die Sache noch weiter hinausziehe, dachte er, dann verpasse ich den Zeitpunkt. Es muß so rechtzeitig passieren, daß ich allein aufbrechen und Judith und ihre Kinder hier zurücklassen kann – denn sie verdienen es nicht, zusammen mit Menelik gerettet zu werden – und daß ich die Expedition erreichen kann, bevor Menelik der Jüngere hierher zurückkehrt, um mitzuteilen, daß er seinen Auftrag ausgeführt hat. Habe ich erst einmal die Expedition erreicht und vor den Augen des Volkes die Würde übernommen, in Priestergewand und Ringen, wird er mir meine Stellung nicht streitig machen können, und ich werde ihn statt dessen zu meiner unentbehrlichen rechten Hand und meinem geliebten Nachfolger machen – falls er sich nicht dazu entschließt, hier mit seiner Mutter und seinen Geschwistern zurückzubleiben, statt mir nachzusetzen.

Trotz dieser Überlegungen und der Entschlossenheit, in deren Besitz er war, war Gondar nicht imstande, irgend etwas zu unternehmen, und wie die Sache gelaufen wäre, wenn Menelik nicht selbst eingegriffen hätte, ist kaum zu sagen. Für Menelik wurden die Zustände immer unerträglicher. Sein abwesendes Wesen war ein Schutz, den er sich zugelegt hatte, weil es die einzige Art und Weise war, in der er seine Umgebung aushalten konnte: Dadurch hielt er sie auf Abstand, schloß sich in einen Panzer ein und machte sich unberührbar. Alle die Reisevorbereitungen, mit denen er scheinbar beschäftigt war, führte er nur zum Schein durch, denn tief in seiner Seele spürte er, daß er nicht imstande sein würde, die Höhlen zu verlassen, und daß es auch nie geschehen würde. Andererseits konnte er die Eingesperrtheit in der selbstauferlegten Apathie nicht länger ertragen und sehnte sich danach, sie zu beenden. Wenn mein Bruder nicht hier wäre, dachte er, würde ich Frieden finden. Der Gedanke war natürlich wahnsinnig, und das wußte er in gewisser Weise auch sehr wohl, aber dennoch mußte er ihn immer wieder

denken. Niemals in meinem Leben habe ich Frieden gehabt, dachte Menelik, und das ausschließlich, weil die Augen meines Bruders auf mir ruhten. Die ganze Zeit über habe ich gespürt, daß er mich abschätzte und daß meine Kräfte nie ganz ausreichten. Und nun hat er den Entschluß gefaßt, den ich nicht treffen konnte, und alle werden sagen, Gondar war es, der uns gerettet hat.
Diese Gedanken machten das Dasein für Menelik unerträglich, der gleichzeitig empfand, daß er seinen Bruder verriet. Weil er sich niemandem anvertrauen konnte, begann er mit sich selbst zu flüstern und nahm einen immer entsetzteren Gesichtsausdruck an, je länger er dem Flüstern seiner eigenen Stimme lauschte. Zuletzt raunten ihm die bebenden Lippen die Botschaft zu, die er am allermeisten fürchtete und die ihn dazu brachte, den dunkelsten Winkel aufzusuchen, damit er sein Angesicht verbergen konnte.
Verrate sie, raunten die Lippen, verrate Menelik, den Patriarchen von Gondar, dich selbst, deine Gattin, deine Kinder, deinen Bruder und die heiligen Traditionen. Verrate das Ganze! Dadurch wirst du deinem Namen einen dunklen Strahlenglanz sichern, von dem niemand geträumt hätte – und du wirst deinem Bruder mit einem Schlag die Ehre rauben, deren er sich nun sicher glaubt. Ja, begehe die niederträchtigste Tat, die du dir vorstellen kannst – dann wirst du endlich Frieden finden. Brich das feierliche Versprechen, das du deinem Vater gegeben hast. Zermalme den Sinn deines Lebens, damit du endlich und ein für allemal frei wirst.
So versunken, lauschte Menelik seiner eigenen Stimme, daß er nicht bemerkt hatte, wie Judith sich ihm in das Dunkel hinterhergeschlichen hatte. Immer erschrockener hatte sie sein Verhalten beobachtet, das sie so beunruhigte, daß sie aufgehört hatte, ihn zu schelten, herumzukommandieren und zu schikanieren, was er überhaupt nicht entdeckt hatte – ein Zeichen dafür, wie tief er in seine eigene, phantastische Welt versunken war.
Mit einem Körper, der von den bitteren und gallenkranken Gedanken verzerrt war, die er so viele Jahre beherbergt hatte, schief im Knochenbau, bucklig und das Gesicht in einem Ausdruck von Ekel und Bitterkeit erstarrt, so folgte die einstige Schönheit ihrem Mann ungehört und ungesehen und vernahm in der Stille seine flüsternde Stimme die Geheimnisse seines brechenden Hirns verraten. Judith bekam es mit der Angst, und da sie sich an niemanden anderes wenden konnte, suchte sie Gondar auf und erzählte ihm, was sie gehört hatte. Winselnd und schmeichelnd ließ sie sich vor ihm auf die Knie nieder und flehte ihn an, sie zu retten, und Gondar beobachtete ihre

Demütigung befriedigt, während sich in seinem Inneren gleichsam eine große Leere öffnete, ein Raum, der wuchs und wuchs, um ihn völlig auszufüllen und ihn von nun an in alle Ewigkeit in Besitz zu nehmen. Er dachte kühl, nun ist es entschieden; zu Judith aber sagte er: Was soll ich denn tun? Er ist der Patriarch von Gondar, verfügt er nicht über uns?
Judith schrie: Tu, was du willst, aber rette uns! Begreifst du nicht, er ist verrückt? Begreifst du nicht, was zu tun er sich anschickt?
Gondar sagte: Wie kann ich wissen, daß du nicht lügst und ihn anschwärzt? Hast du meinen Bruder nicht immer nur gehaßt, du häßliche Hexe? Und nun willst du, daß ich mich seiner entledige.
Das ist Lüge, schrie Judith, ich schwöre, das ist Lüge, beobachte ihn selbst und siehe, ob ich nicht die Wahrheit spreche.
Gondar wußte, daß sie die Wahrheit sprach, doch er ließ sie gehen, ohne sie von der Ungewißheit im Hinblick auf seine eigenen Pläne zu befreien. Er hatte zwar selbst auch noch keinen Entschluß gefaßt, doch das nur, weil er im Sinn hatte, den Entschluß unerwartet kommen, ihn aus irgendeiner Situation erwachsen zu lassen, die, dessen fühlte er sich ganz sicher, über kurz oder lang entstehen würde. In der Zwischenzeit verbarg er vor Menelik nicht, daß er ihn beobachtete. Er ließ den Blick ihm folgen und ihn so jagen, daß Menelik es entdecken mußte. Menelik schaute beiseite und wollte Gondars Blick nicht begegnen, doch ab und zu lächelte er, und hätte die Leere Gondar nicht erobert gehabt, hätte dieses Lächeln ihn krank gemacht.
Vielleicht war es auch gerade dieses Lächeln, das Gondar eines Tages erzählte, jetzt passiert etwas. Hinterher aber entsann er sich, daß Menelik bei dieser Gelegenheit ihn auch plötzlich angesehen hatte; und hatte er ihm nicht auch zugeblinzelt, als vertraue er ihm irgendein obszönes, unaussprechliches Geheimnis an? Gondar versah sich mit einem großen Dolch, und als oben auf der Erde das Dunkel hereingebrochen war, ging er aus der Höhle heraus, setzte sich in einigem Abstand dazu nieder und wartete. Es war eine sternenklare, mondhelle Nacht. Gondar betrachtete die Stellung der Sternbilder und dachte daran, daß die ewig wiederkehrenden Konstellationen ein anderer Ausdruck der Unbeweglichkeit, des Zustands von Tod seien, der wichtigsten Tatsache des Universums, in dem er lebte, und die er bereits als Kind begriffen hatte. Lange Zeit verging, er fror, denn er war nicht daran gewöhnt, sich des Nachts an der freien Luft aufzuhalten, und noch dazu ohne ein Kohlenbecken, an dem er sich wärmen konnte. Endlich hörte er jemanden aus der Höhle her-

auskommen, in dem schwachen Schein des Mondes sah er eine Gestalt auftauchen. Gondar erhob sich mit steifen Gliedern, machte ein paar Schritte und war drauf und dran, mit Menelik zusammenzustoßen, den ein Ruck durchfuhr, als er stehenblieb.
Wo willst du hin, Bruder? fragte Gondar nach einem kurzen Augenblick.
Menelik antwortete nicht.
Gondar sagte: Du willst uns doch wohl nicht verraten?
Ich bin Bab el Mandeb der Dritte, Patriarch von Gondar, sprach Menelik, aus dem Weg und laß mich vorbei. Du hast kein Recht, mich aufzuhalten, und ich brauche deine Fragen nicht zu beantworten.
Es ist hoffnungslos, Bruder, sagte Gondar, entsinnst du dich nicht, wie wir einander immer an der Hand hielten? Kehre doch um, bevor es zu spät ist.
Weshalb nennst du mich die ganze Zeit über Bruder? Meneliks Stimme bebte.
Er fuhr fort: *Du* bist es ja, der dies will. Aber das ist *meine* Nacht, das ist *meine* Nacht.
Er klang trotzig wie ein Kind, und plötzlich begann er zu rennen; so, wie sie als Kinder gespielt hatten: Es kam schon einmal vor, daß sie sich zankten und daß der eine von ihnen davonsetzte und der andere ihn verfolgte. Nun setzte Gondar Menelik hinterher, und es war ein Kinderspiel, aber es war Nacht und nicht Tag, und sie waren erwachsene Männer. In der Verfolgung fanden sie die Unschuld des Kinderspiels wieder, die die Grausamkeit überdeckte und sie dadurch möglich machte. Sie hätten ihre Rollen als erwachsene Männer überhaupt nicht zu Ende spielen können, sondern mußten notwendigerweise zu Kindern werden. Nur die Nacht ermöglichte es ihren halbhundertjährigen Körpern, diese Metamorphose zu durchlaufen, und wenn das Spiel nicht zu einem schnellen Abschluß gebracht worden wäre, ist kaum zu wissen, wozu es hätte führen können: Scham, verkrampfte Versuche, es fortzusetzen, obgleich sie selbst es durchschaut hatten, verzweifeltes Kindlichsein, Auflösung. Doch es dauerte nicht lange, dieses Nachtspiel. Gondar war zwar durch seine steifen Glieder behindert, doch als er sie erst einmal in Bewegung gebracht hatte, holte er den flüchtenden Bruder schnell ein, der im übrigen sein eigenes Tempo verzögerte, weil er sich häufig umblickte. Als Gondar Menelik erreichte, streckte er eine Hand aus, packte ihn an der Schulter und zwang ihn zum Stehenbleiben. Gondar stand hinter ihm, den Körper an den des großen Bruders gepreßt, einen Augenblick lang verharrten sie unbeweglich

in der Stellung, als sei die plötzliche körperliche Nähe zuviel für sie und schleudere sie aus dem Kinderspiel zurück – oder vorwärts – zu dem halben Hundert Jahren, das ihre Wirklichkeit darstellte, und vereinte sie dort.
Im nächsten Augenblick war Meneliks Kehle durchschnitten, so daß der Kopf fast vom Körper getrennt war.
Ich spürte seinen Körper schwer an mir ruhen, als sei ich eine Säule, ließ den Dolch fallen und ergriff ihn mit beiden Händen. Nur einen Augenblick hielt ich ihn so, dann trat ich zurück, ließ den Körper zusammensinken und legte ihn vor meinen Füßen zurecht. Plötzlich hatte ich es überhaupt nicht mehr eilig, als sei es mir gleichgültig geworden, daß ich nun die Würde als Patriarch von Gondar übernehmen, mich der Expedition anschließen und vor Meneliks Volk – das ja das Oberhaupt der Kirche nie gesehen hatte – erklären konnte, ich sei Bab el Mandeb der Dritte. Auf dem Weg zurück zur Höhle fiel mir jedoch etwas ein, was ich ganz vergessen hatte. Ich sah das kleine versiegelte Heft vor mir, auf das unser Vater geschrieben hatte: »Zu öffnen nach dem Tode von Bab el Mandeb dem Dritten« und das ich zwischen die Seiten einer der alten Annalen gelegt hatte. Es war, als erwachte ich aus einem Zustand der Betäubung, ich begann zu laufen, ich sprang in die Höhle und stürzte durch die Gänge. Ich hatte die Annalen zum Schein zusammengepackt, so, als sollte ich sie mitnehmen können, nun riß ich sie auseinander, warf sie um mich in einer heftigen Jagd nach dem bestimmten Band, den ich suchte und an den ich nur eine verschwommene Erinnerung bewahrte. Endlich hatte ich ihn zwischen den Händen, die wie in einem Anfall von Fieber zitterten, zwischen den Seiten fand ich das Heft, dessen Siegel erbrochen war. Außen stand in der wackligen und ungelenken Handschrift meines Bruders: »Ich habe das Siegel erbrochen.« Wann hatte er Gelegenheit gehabt, in den Annalen zu wühlen, über die ich eine Art Alleinherrscher war? Ich entsann mich an unser Gespräch, als ich Menelik den Jüngeren auf seiner Reise begleiten sollte und es mir verbeten hatte, daß mein Bruder während meiner Abwesenheit die Annalen führte.
Ich setzte mich hin, öffnete das Heft und begann zu lesen, was mein Vater geschrieben hatte. Ich habe es nur dieses eine Mal gelesen, und an den Wortlaut entsinne ich mich nicht, doch der Inhalt brannte sich in mir ein, und daran entsinne ich mich.

Wenn Du dies liest, ist alles entschieden. Ich selbst bin schon längst tot und vergangen und danke dem Schöpfer dafür, daß er auch ein

Zerstörer ist, der die Qual des Lebens auf eine bestimmte Anzahl Jahre beschränkt. Ich schreibe dies, um Dir Mut einzuflößen und den Willen, gegenüber Meneliks Volk Deine Pflicht zu tun, trotz der Schandtat, die Du verübt hast und die zu verhindern nicht in meiner Macht stand.

Als erst Dein Bruder und danach Du geboren wurdest, war ich ein glücklicher Mann, doch auch beunruhigt, denn ich sah ein, daß es schwer sein kann, das Leben *eines* Menschen zu leben, noch schwerer aber, eine Art Doppelleben zu leben, und genau das würdet Ihr beiden aller Wahrscheinlichkeit nach tun. Ich hatte selbst einen jüngeren Bruder gehabt, der vor vielen Jahren die Höhlen verlassen hatte und – soweit wir wußten – weit fort in fremde Länder gereist war. Er war ein harter und tatkräftiger Bursche, und als Du und Dein Bruder heranwuchst, erkannte ich in Euch mich selbst und meinen Bruder wieder. Ich kann nichts dafür und gestehe es hier offen, ich liebte Dich von Anfang an am meisten, noch mehr als den Bruder, der fortgegangen war und mit dem ich eine glückliche Kindheit verbracht hatte. Ich hatte zu ihm aufgeblickt und fühlte mich keineswegs zu der Würde berechtigt, zu der ich als der Erstgeborene bestimmt war. Nein, er sollte eigentlich nach unserem Vater Patriarch sein, dachte ich, doch das war natürlich ein Gedanke, den ich nie auszusprechen wagte und der mich auch mit Scham erfüllte. So dachte ich auch von Dir, er sollte eigentlich nach mir Patriarch sein! Doch da ich wußte, daß es in der Welt nicht so läuft, wie wir möchten und vorziehen und wünschen, sondern ein strengeres und unbarmherzigeres Gesetz herrscht, schlug ich mir diesen Gedanken aus dem Kopf und beschloß, Dir noch weniger Aufmerksamkeit und Hingabe zu bezeigen, als ich es sonst würde getan haben. Das war nun keineswegs schwierig für mich, denn in der Liebe, die ich zu Euch nährte, gab es nur einen graduellen Unterschied, und sollte das Obige den Eindruck vermitteln, daß ich nicht auch Menelik innerlich liebte, dann ist das völlig verfehlt und irreführend. Doch ich bangte um ihn – genauso, wie ich um mich selbst gebangt hatte –, denn sein Leben mit Dir an seiner Seite würde doppelt hart sein, geprägt von einer verzweifelten Anstrengung, sein Recht auf das Privileg der ererbten Würde zu beweisen.

Sehr schnell sah ich ein, daß meine Rolle bald ausgespielt sein würde. Wir Erwachsenen tun zwar immer so, als nähmen wir unsere Aufgabe als Erzieher sehr ernst, und wehe dem, der es wagt, unsere Bedeutung anzuzweifeln. In erster Linie brauchen wir den kindlichen Respekt, der uns in der Auffassung bestärken kann, daß das,

was wir sagen, tun und bestimmen, wichtig, ja entscheidend sei. Doch wenn wir uns nicht gerade ganz und gar betrügen, sind wir uns völlig im klaren darüber, daß wir nur auf das oberflächlichste in den Menschen eindringen können, der dabei ist, sich aufgrund der Kräfte, die in ihm hausen und auf die wir überhaupt keinen Einfluß haben, sein eigenes Schicksal zurechtzulegen. Das ist die Grundlage der Ohnmacht und Verzweiflung, die einen jeden ergreifen muß, der seine Kinder heranwachsen sieht und selbst nicht völlig abgestumpft ist. Es ist nämlich unmöglich, seine Kinder nicht zu Niederlagen heranwachsen zu sehen, die unabwendbar sind; und das Maß der Kraft, mit dem der einzelne imstande ist, sein Schicksal zu tragen, es zu bekämpfen, zu überlisten oder sich vielleicht geradezu zum Herrn darüber aufzuschwingen, ist höchst ungleich verteilt.
Da mir also klar war, daß ich sowieso nicht eingreifen und Euch kein bißchen dabei helfen konnte, die Prüfungen durchzustehen, die das Leben für Euch bereithaben mochte, begann ich die Dinge kühler zu erwägen und gelangte zu dem Schluß, daß der Zufall sie dennoch auf die bestmögliche Weise eingerichtet habe. Denn freilich würde es für Menelik schwer sein, Patriarch zu sein, und für Dich, ihn als Patriarchen zu sehen, die umgekehrte Situation aber wäre für Euch beide schwerer gewesen. Als der Ältere hättest Du unweigerlich gedacht, das beste sei in jeder Beziehung Dir zugefallen – und Du hättest noch größeres Erbarmen mit Deinem Bruder verspürt, der nicht einmal die Aussicht hatte, irgendwann Patriarch zu werden. Wie hätte er ohne diese Zukunftsaussicht das Erbarmen ertragen sollen, ohne völlig erbärmlich zu werden? Und wären Deine Kräfte groß genug gewesen, um Dich daran zu hindern, einen Hochmut zu entwickeln, der Dir aus gutem Grund die Verachtung aller eingebracht hätte – zum Schaden für Dich und für das Patriarchat?
Wie die Dinge nun einmal lagen, konntet Ihr Euch gegenseitig stützen, und wenn ich Euch Hand in Hand herumgehen sah, mußte ich mir immer wieder vorstellen, daß Eure kindliche Zuneigung zueinander andauern würde. So sah es lange Zeit hindurch auch aus, doch als Ihr von der großen Reise zurückkamt, beunruhigte es mich, daß Du Deinem Bruder eine größere Ehrerbietung entgegenbrachtest, als Du für gewöhnlich zum Ausdruck gebracht hattest, während gleichzeitig seine Unsicherheit im Hinblick auf alles mögliche und nicht zuletzt ihn selbst noch größer geworden war als bisher – denn kindliche Unsicherheit läßt sich auf so vieles zurückführen und ist in gewisser Weise etwas ganz Natürliches.
Diese Beobachtungen quälten mich; sie schienen mir eine Katastro-

phe zu verkünden – und dabei dachte ich nicht an etwas Gewaltsames, Plötzliches und Umwälzendes, sondern an die größere und fürchterlichere Katastrophe, die sich langsam und deshalb unmerklich entwickelt, bis sie eines schönen Tages vollendet ist. Um Menelik zu stärken, verlegte ich den Zeitpunkt seiner Heirat vor, und als ich fortreiste, um ihm eine Braut zu holen, suchte ich mir die sanfteste aus, die ich finden konnte. Ich konnte nicht sehen, was sich unter der Sanftheit verbarg, und mein eigener Unverstand trug so zu der Katastrophe bei, der ich hatte entgegenarbeiten wollen.
Mit schwerem Herzen sah ich Menelik unter Judiths krakeeligem, ewig unzufriedenem und unausgeglichenem Gemüt leiden – leiden mit einem halb entschuldigenden Lächeln und einem Ausdruck, als flehe er um Gnade. Ich konnte ihm nicht erzählen, daß es in dieser Welt keine Gnade gibt; das hätte seine Unsicherheit nur erhöht. Genauso schwer aber war mein Herz bei Deinem Anblick. Hättest Du geheiratet und Kinder bekommen, so, wie es Sitte und Brauch ist, wäre das Gleichgewicht in höherem Maße erhalten geblieben, doch da Du Dich weigertest, das Leben zu leben, das wir anderen für gut und richtig hielten, begriff ich, daß in Dir ein Teufel wohnte – ja ein Teufel, sage ich, und ich meine irgendeine dunkle Kraft, etwas Böses und Zerstörerisches, das Du in deinem Übermut zu beherrschen glaubtest, da es Dir nur als ein natürlicher Drang zur Freiheit und Selbständigkeit erschien. Menelik, der Dich immer bewundert hatte, mußte Dich nun noch mehr bewundern, ohne zu begreifen, daß gerade dazu kein Anlaß bestand und daß diese Bewunderung – die für ihn selbst unerträglich sein mußte – Euch nur immer weiter voneinander entfernen würde. Die einzige Möglichkeit war, daß Du die Annalen übernahmst, Dich auf sie konzentriertest und Dich in Ermangelung anderer Ziele und Möglichkeiten im Leben zu einem Sonderling entwickeltest, der sich mit den Jahren in der öden Selbstgenügsamkeit seiner Einsamkeit immer mehr verhärtete.
So trübe und freudlos sie auch waren, ich hatte mich mit diesen Zukunftsaussichten für Euch abgefunden und mich der Resignation ergeben, deren bittere Nahrung dem Menschen gut bekommt, der zu einer illusionslosen Anschauung des Lebens gelangt ist. Doch mit diesem Frieden des Gemüts sollte ich mein Leben nicht beenden dürfen, denn eines Tages bekam ich einen Gast, dessen Besuch alles auf den Kopf stellte.
Ein jeder Engel ist schrecklich, und wenn ich Dir nun erzähle, daß im Dunkeln der Erzengel Gabriel selbst zu mir kam, wirst Du zumindest ahnen können, was ich da durchmachen mußte. Es war eine

Nacht, in der ich entgegen meiner Gewohnheit nicht schlafen konnte. Ich hatte mich schon längst an den Gedanken gewöhnt, daß sich mein Leben seinem Ende zuneigte, und ich hatte die Rechnung für mich und für Euch beide bereits abgeschlossen. Eine unbestimmbare Unruhe hielt mich wach – so ist das wohl, wenn sich die Großen nähern, dann merken wir das im voraus, doch ohne daß wir wissen, *was* es ist. In diesem Fall war es also Gabriel, der plötzlich in der Höhle stand und mich ansah. Sein Körper strahlte einen schwachen Lichtschein aus, der ihn mir von Kopf bis Fuß sichtbar machte, doch aus irgendeinem Grund das Dunkel nicht erleuchtete. Aber wir können natürlich nicht erwarten, daß die Engel sich so benehmen wie die Dinge, die wir kennen, und so war es auch mit seinem Erscheinen. Ganz klar, sagte ich zu mir, ein Engel kann geradewegs durch Berg und Klippen fliegen, und das war übrigens auch die einzig mögliche Erklärung, denn er hatte sich unmöglich mit den großen Flügeln, die selbst jetzt, als sie gefaltet waren, an den Wänden der Höhle entlangschabten, durch die Gänge zwängen können.
Du guter und getreuer Diener, sagte Gabriel, ich bin gekommen, um dir deinen Seelenfrieden zu nehmen.
Als er eine Pause machte, als wolle er sehen, welchen Eindruck die Worte auf mich machten oder vielleicht, weil er mir Zeit lassen wollte, mich auf das Nachfolgende vorzubereiten, sagte ich: Ich bin bestimmt nur ein geringer Diener – im Gegensatz zu meinem Vater, der ein großer Weiser und fast ein Heiliger war. Doch laß mich schon hören, und mach's nicht so spannend.
Gabriel sagte: Das Kommende ist den Menschen verborgen, aber wir Engel können es sehen. Nach deinem Tode wird es mit deinen beiden Söhnen anders laufen, als du dir vorstellst.
Ich fuhr auf: Habe ich denn in diesem Leben nicht genug Kümmernisse und Enttäuschungen? Soll ich nun auch mit dem gequält werden, was geschieht, wenn ich endlich Frieden gefunden habe? Was ist das für eine Bosheit?
Als ich den letzten Satz beendet hatte, fühlte ich, daß ich zu weit gegangen war, und beugte demütig das Haupt. Doch dieses eine Mal war der Zorn mit mir durchgegangen.
Es schien jedoch nicht so, als habe Gabriel an dieser Kränkung Anstoß genommen, denn er ließ sich nichts anmerken, sondern sagte: Was ich zu sagen habe, bestätigt in Wirklichkeit nur, was du schon weißt, nämlich, daß Bruder den Bruder töten wird und daß es seit Urzeiten so ist.
Das kann nicht wahr sein, rief ich, du widersprichst dir. Erst sagst

du, es wird mit Menelik und Gondar anders laufen, als ich mir vorstelle, darauf dann, daß ich in Wirklichkeit schon weiß, was geschehen wird.
Ich spreche nur aus, antwortete Gabriel, was du nicht denkst, doch was du schon weißt.
Darauf antwortete ich nicht. Was sollte ich auch sagen? Ich weiß nicht, ob man jemals zu alt sein kann, um mit dem Leben rechten zu wollen – ich bin es jedenfalls nicht, doch wozu soll das gut sein? Es rollt ja nur weiter – das Leben –, in all seiner grausamen Unbeeinflußbarkeit. Dann haben die ältesten Chroniken also doch recht, dachte ich; und das Herz eines Vaters soll zerrissen werden, und er soll wünschen, daß er nie geboren wäre.
Ich sagte zu Gabriel: Woher weißt du, daß ich die Kraft habe zu ertragen, was du mir erzählst?
Danach fragen wir nicht, antwortete Gabriel. Sollten wir unser Erscheinen auf die Kräfte des einzelnen Menschen abstellen? Dann hätten wir genug zu tun mit Messen und Wiegen. Kann das Herz die Bürde nicht ertragen, so muß es brechen. Aber das geschieht übrigens weitaus seltener, als man annehmen sollte. Das Herz des Menschen ist so zäh, daß seiner Belastbarkeit fast keine Grenzen gesetzt sind. Anders verhält es sich mit dem Verstand, der kann sehr viel leichter Schaden erleiden, doch das passiert nun in der Regel nicht durch die großen Kümmernisse. Muß ich dir wirklich erzählen, daß es ein Privileg ist, meinen Besuch zu erhalten und an meiner Hellsicht teilzuhaben?
Ich konnte nicht umhin zu seufzen und sah Gabriel an, daß er diesen Seufzer auffing und ihn nicht billigte. So ein Seufzer aus Herzensgrund läßt sich nicht mißverstehen, und es half nichts, daß ich hinterher mit vielen Worten versicherte, daß ich den Besuch des Erzengels in hohem Maße zu schätzen wisse. Dir aber kann ich sagen, wie es ist: Ich hätte viel darum gegeben, wenn ich davon verschont geblieben wäre. Diese Engel sind nur da, um uns zu quälen. Was hatte ich davon, daß mir das Kommende mitgeteilt wurde?
Nun mußte ich durch ihn ein schweres Wissen tragen, an dem ich niemanden teilhaben lassen konnte und das mir jeden einzelnen Tag zur Qual machte, die jedoch bald zu einer Gewohnheit und dadurch in gewisser Weise noch schrecklicher wurde. Das ist aber ekelhaft, sagte ich mir; der Gedanke, der mir unerträglich erschien, als Gabriel ihn aussprach, an den habe ich mich nun bereits gewöhnt und lebe ruhig und gelassen weiter, als sei nichts geschehen. Bin ich denn ein besonders abgestumpftes Individuum, oder bin ich

nicht eher so gewöhnlich, daß es schon fast langweilig ist? Selbst das Grauenvollste bringt mich nicht dazu, recht lange auf einmal das Essen, Trinken und Schlafen zu unterlassen, und wenn sich das Grauenvolle erst einmal festgesetzt und eingebürgert hat, dann verliert es seine scharfe Kante und wird wie ein Haustier, das heimisch umherspaziert. Besuchte mich Gabriel deshalb, um mich das zu lehren? Wenn ja, dann habe ich die Lehre wahrlich begriffen!
An dem Tag aber, als ich mich Auge in Auge Gabriel gegenübersah, wurde mir unbeschreiblich schwer ums Herz, und gleichzeitig rasten meine Gedanken dahin: Konnte ich in die Zukunft nicht eingreifen, jetzt, wo ich sie kannte? Konnte ich, was geschehen sollte, nicht abwenden? Ach, konnte ich Euch nicht retten – Euch beide vor dieser Verirrung und Erniedrigung?
Doch Gabriel muß meine Gedanken gelesen haben, denn nun sagte er: Glaube ja nicht, daß es in deiner Macht steht, das Kommende zu ändern. Bedenke wohl, daß du nicht weißt, ob dein Eingreifen vielleicht gerade befördern soll, was du abwenden möchtest, und daß es deshalb bereits in dem Muster des Kommenden eingeschlossen ist.
Damit schwand er dahin. Es war, als würde das Licht, das ihn sichtbar gemacht hatte, langsam gedämpft, und zuletzt war da nur noch das Dunkel der Höhle, und ich war ganz und gar mir selbst überlassen, was das Schlimmste ist, was einem Menschen widerfahren kann. Was sollte ich tun? Aus Angst davor, die Weissagung des Engels zu erfüllen, wagte ich mein Wissen nicht zu verraten, während ich mir gleichzeitig Vorwürfe machte, weil ich nicht den Mut besaß, dieses Risiko einzugehen. Um mich doch wenigstens irgend jemandem anvertrauen zu können, beschloß ich, mein Erlebnis in ein Heft niederzuschreiben, das, so wußte ich, Gondar in die Hände fallen würde, weil er die Arbeit an den Annalen übernehmen sollte. Ich war gezwungen, daran zu glauben, daß er das Siegel respektieren würde, ging jedoch natürlich das Risiko ein, daß er es nicht tun würde.
Wenn uns die Zukunft vorausbestimmt ist, wie können wir dann schuldig sein? Dieser Gedanke macht es dem Gewissen leichter, die Erinnerung an die fürchterliche Tat zu ertragen, und nun geht es nur noch um Meneliks Zukunft.
Ich habe mich mit dem Schicksal abgefunden, auch mit dem schlimmsten, weil es nicht anders sein kann. Ich habe keinen Frieden gefunden, denn solange es Bewußtsein gibt, gibt es keinen Frieden. Aber ich habe einen relativen Frieden gefunden, der das gleiche ist wie Abgestumpftheit – die einzige Form des Friedens, die es

vor dem Frieden des Todes gibt. Den wünsche ich Dir. Er kann nicht falsch sein, denn er wird von der Zeit selbst hervorgebracht und gehört mit zur Ordnung der Natur. Wenn es Gottes Wille ist, daß Menelik überleben soll, wirst Du das Werkzeug dieses Überlebens sein und mußt die Aufgabe auf Dich nehmen. Hiermit drücke ich meinen Letzten Willen aus.

Ich sprang auf und schleuderte das Heft auf den Boden.
Dieser Idiot, schrie ich, denn ich war völlig außer mir.
All seine Vernunft war nichts weiter als Feigheit. Wenn er wußte, was geschehen würde, weshalb hat er dann nicht eingegriffen? Ausschließlich aus Angst davor, hineingezogen zu werden, mitschuldig zu werden!
Und ich tobte über meinen Vater, der glaubte, er könne sich aus allem heraushalten. Was hatte er erreicht? Mein Bruder findet das Heft, bricht das Siegel, liest... Das heißt, daß Menelik die ganze Zeit über gewußt hat, daß er von meiner Hand sterben würde – es sei denn, er selbst würde der Bruder werden, der zur Waffe griff. Das heißt, daß ich nur als Werkzeug seiner Schwäche gehandelt habe. Das heißt, daß er darauf gelauert hat, daß sich die Gelegenheit ergeben sollte. Das heißt, daß es wie einem Opfer gleichkam, als er heute abend die Höhle verließ – er wußte, was ihn im Dunkeln erwartete.
Ich setzte mich hin und dachte lange darüber nach, wie stark mein schwacher Bruder gewesen war. Und ich dachte daran, ob der Engel den ganzen Ablauf gekannt hatte, so daß mein Vater also dennoch die ihm zugedachte Rolle gespielt hatte. Der einzige von uns allen, der das Ganze verstanden hatte, war Menelik. Er hatte dieses Wissen ertragen. Plötzlich wurde ich auch auf Menelik wütend. Weshalb hatte er sich nicht aufgelehnt? Weshalb hatten sie alle so viel Angst davor, sich einzumischen? Er hätte diesen Mord verhindern können. Er hätte mich schonen können.
Ich wollte mir nicht eingestehen, daß mich das Bild meines Bruders verfolgte und quälte – ich sah seine Augen vor mir und seine unsicheren Lippen, ich sah uns Hand in Hand –, ich ergriff voller Begierde die Wut und ließ sie mich erfüllen und gab mich ihr hin, es war befreiend, so wütend zu sein, und das gab mir meine Tatkraft zurück, die mich eigentlich völlig verlassen hatte. Ich wußte, was ich zu tun hatte: das Priestergewand und die Ringe holen und dann die Höhlen verlassen – ungesehen –, Judith und ihre Kinder ihrem Schicksal überlassen, die Wanderung durch die Einöde antreten und vor dem Volk als Bab el Mandeb der Dritte erscheinen.

Einen Augenblick lang schwelgte ich in diesem Traum, den ich nun verwirklichen sollte, und verhärtete mein Herz, so daß ich den einmal eingeschlagenen Weg weitergehen konnte. Du, Bab el Mandeb der Dritte, sagte ich zu mir, darfst nicht schwach sein. Ich blickte mich unter den Annalen um, in die ich mich so viele Jahre lang vertieft hatte, die ich von Jahr zu Jahr geführt hatte und nun verlieren sollte – am liebsten hätte ich sie angezündet und verbrannt, mit Stumpf und Stiel, doch dazu war keine Zeit. Es wäre befreiend gewesen, Meneliks gesamte Erinnerung auszulöschen, so daß Menelik von vorn beginnen konnte – doch das würde ja nun in meiner Macht liegen, da wir ja nun sowieso die Höhlen und die Annalen und alles, was sich daran knüpfte, hinter uns ließen. Also eilte ich davon, und während ich durch die Gänge lief, gedachte ich des Tages, als mein Bruder und ich zum erstenmal Hand in Hand den Weg zum Dom wanderten. Ich entsann mich daran, wie sehr mich dieser große Raum damals erschreckt hatte – seither hatte ich mich daran gewöhnt. Die heiligen Gegenstände befanden sich in einer kleinen Höhle, einer Sakristei, die hinter dem Altar lag, und genau dorthin richtete ich nun beim schwachen Schein der spärlichen Lichter, die im Dunkeln rund umher nur wie kleine Punkte wirkten, meine Schritte. Ich wagte es mir einzugestehen: Der Traum, den ich gehegt hatte, seit ich zu denken und zu verstehen begann, ging nun in Erfüllung.
Ich trat in die Sakristei ein und blieb verblüfft stehen. Menelik der Jüngere saß auf dem Boden und sah mich direkt an. Ich spürte, wie ein verlegenes Lächeln meine Lippen eroberte, und dachte, die Unsicherheit meines toten Bruders schleicht sich in mich ein. Ich wußte nicht, was ich tun sollte, und blieb deshalb stehen. Zum erstenmal war ich völlig perplex.
Setz dich, Onkel, sagte Menelik der Jüngere.
Ich setzte mich hin, und lange Zeit hindurch war es still.
Schließlich sagte ich: Du bist von deiner Reise zurückgekehrt.
Das war eine Feststellung, die eine Aufforderung zu einer Erklärung enthielt. Weshalb wußte ich zum Beispiel erst jetzt, daß er zurückgekehrt war?
Menelik der Jüngere sagte jedoch nichts, sondern saß da und sah mich so ernsthaft und konzentriert an, daß es unangenehm war. Endlich öffnete er den Mund. Vater ist tot? fragte er.
Ich nickte. Wieder verging lange Zeit, wo er nichts sagte, und ich zog es vor, mich abwartend zu verhalten, und war ebenso schweigsam und verschlossen.

Er fragte endlich: Was wolltest du hier in der Sakristei?
Ich sagte: Wenn du mich hier erwartet hast – und das hast du anscheinend –, dann mußt du wohl wissen, weshalb ich gekommen bin.
Bab el Mandeb der Dritte? sagte er fragend.
Ja, fuhr er fort, du wärest ein besserer Patriarch gewesen als mein Vater. Es ist nur vernünftig, daß du dich berechtigt glaubtest, nun, da er tot ist, die Würde zu übernehmen. Aber so wird es nicht laufen – nicht ganz. Als ich zu Meneliks Volk geschickt wurde, um ihm mitzuteilen, daß es nun an der Zeit sei zu fliehen und daß die einzige Rettung in der Flucht zu finden sei, machte ich mir meine eigenen Gedanken. Nein, dachte ich, wenn wir aus diesem Land fliehen, in das wir gehören, verlieren wir auch die Erinnerung an uns selbst, und erst dann wird Menelik wirklich zugrunde gehen. Ich ahnte sehr wohl, daß die Tage meines Vaters bald gezählt sein würden. Nun muß ich als Bab el Mandeb der Vierte denken und handeln, sagte ich mir. Und das tat ich. Ich reiste unter Meneliks Volk umher, gab mich durch das heimliche Zeichen zu erkennen und sagte zu jedem einzelnen, ich bin der künftige Patriarch von Gondar, Bab el Mandeb der Vierte, und ich erzähle euch, was ihr tun müßt. Menelik droht die Vernichtung durch die Italiener, und Ausländer aus dem Norden haben eine Expedition zu unserer Rettung organisiert. Wir sollen ihr uns einzeln anschließen, während sie das Land durchzieht, und zuletzt werden wir mit ihrer Hilfe aus dem Land in Sicherheit geführt werden – auch der Patriarch von Gondar soll sich ihr anschließen. Aber ich sage, daß dies den Untergang Meneliks bedeuten würde. Von jetzt an muß Menelik ein noch verborgeneres und heimlicheres Dasein führen, und der Patriarch und sein Haus, die Gefahr laufen, in den Höhlen von dem Giftgas der Italiener getötet zu werden, müssen die Höhlen verlassen, im Volke leben und dürfen nicht von allen anderen zu unterscheiden sein. Der Dom, die Annalen, die heiligen Gegenstände, all das muß aufgegeben werden, dafür aber wird Menelik in uns allen weiterleben: Wir werden die lebendigen Annalen sein, unsere Alltagskleider werden die heiligen Gegenstände sein, und der Dom wird überall dort, wo ein jeder von uns lebt, zugegen sein. Sage deshalb irgendeinem – dem ersten besten, dem du auf deinem Weg begegnest –: Wenn du vor den Italienern und ihren Bomben Angst hast, dann schließ dich der Expedition an, die durch das Land zieht – du brauchst nur ein kleines Zeichen zu geben, dann werden sie dich mitnehmen, und es kommt auch ein Patriarch, der sich schon um euer Wohl und Wehe küm-

mern wird. Auf diese Weise werden die Italiener glauben, daß sich Meneliks ganzes Volk der Expedition angeschlossen hat und außer Landes geflohen ist, und wir können im verborgenen weiterleben. Ich werde zwar sicherheitshalber – weil die Italiener möglicherweise dennoch den Patriarchen jagen werden, von dem sie glauben sollen, er sei geflohen – die Höhlen verlassen, in denen der Patriarch jahrhundertelang gelebt hat, bleibe aber auch weiterhin euer Patriarch. Zugleich aber werdet ihr allesamt selbst zu Patriarchen, auch die Frauen und Kinder werden Patriarchen, und wir werden endlich verwirklichen, was schon immer Meneliks Bestimmung gewesen ist, weil Zion ohne Unterschied in jedem von uns wohnen wird. Tut, was ich euch sage, und fürchtet nichts! Schließlich traf ich in Gondar eine Absprache mit einem Mann, der sich, wenn die Expedition aus Addis Abeba auftaucht, als Meneliks Vertreter ausgeben soll. Alles ist so gelaufen, wie ich es vorbereitet habe, und die Expedition zieht nun bereits durchs Land und liest Menschen auf, die nichts mit Menelik zu tun haben, während Menelik selbst im verborgenen und ohne sich zu erkennen zu geben weiterlebt. Deshalb will ich dir jetzt die heiligen Gegenstände, das Priestergewand und die Ringe, überreichen, die Zeichen der Würde, die du dein ganzes Leben lang begehrt hast. Menelik braucht sie nicht mehr, du aber wirst sie brauchen. Nimm sie und zieh fort, suche die Expedition auf, denn die Armen, die sich ihr angeschlossen haben und nun Gott weiß wo umherirren und von einer neuen Heimat auf Erden träumen, wo Friede herrscht – als gäbe es eine solche überhaupt –, brauchen einen geistigen Ratgeber und Patriarchen.
Mit diesen Worten überreichte mir Menelik der Jüngere das Priestergewand und die Ringe, und ohne ein weiteres Wort erhob er sich und verließ die Sakristei. Ich blieb lange sitzen, heute entsinne ich mich überhaupt nicht mehr daran, was ich dachte. Ein paar Kerzen brannten herunter und verlöschten, und ich bemerkte, daß lange Zeit hindurch keine der Kerzen – ganz entgegen der Sitte und Gewohnheit – erneuert worden war. Als ich mich erhob, um zu gehen, sah ich die letzten Lichter in der Sakristei unsicher flackern. Bald würden auch sie erloschen sein. Der große Dom lag fast im Stockdunkeln. Die meisten Leuchtpunkte, die ich gesehen hatte, als ich auf dem Weg zur Sakristei hindurchging, waren verschwunden, und als ich ihn jetzt durchquerte, verschwanden die letzten. Selbst im tiefsten Dunkel konnte ich mich in der Richtung nicht irren und fand in den Gang hinein, der vom Dom wegführte. Als ich hindurchging, sah ich ab und zu vereinzelte Lichter, die noch unsicher flak-

kerten – ich beschleunigte meine Schritte, nicht aus Angst davor, den Weg nicht finden zu können, sondern weil ich den Gedanken nicht ertrug, die letzten Lichter verlöschen und das Dunkel sich endgültig und unwiderruflich einfinden zu sehen. Ich hatte die Absicht, ungesehen zu verschwinden, doch als ich die äußeren Höhlen erreichte, war ich verblüfft darüber, daß kein Laut auch nur einer einzigen menschlichen Stimme und auch kein Geräusch von Haustieren, die sich in den angrenzenden Räumen aufzuhalten pflegten, zu hören war. Ich schlich näher heran und sah, daß alle Höhlen verlassen waren. Menelik der Jüngere war mit seiner Mutter, seinen Geschwistern, den Dienstboten, den Haustieren – allem – aufgebrochen. Ich war allein in der totalen Stille und bald auch in dem totalen Dunkel, und in diesem Augenblick fühlte ich mich versucht, die Grenze zu überschreiten, die kleine winzige Grenze, die das Lebendige vom Toten trennt. Niemand würde jemals bemerken, daß das kleine Stümpfchen Leben, das ich war, sich mit der großen, allesumfassenden Unbeweglichkeit vereint hatte, die die letzte Wahrheit darstellt.
Weshalb tat ich es nicht? Fehlender Mut? Nein – schlimmer noch, noch menschlicher. Wie mag es wohl eigentlich sein, wenn man das Priestergewand und die Ringe trägt? So mußte ich mich immer wieder fragen. Nun habe ich meinen Bruder um dieser Gegenstände willen ermordet, sollte ich nun nicht einmal versuchen, sie zu tragen? Dann wäre sein Tod doch völlig sinnlos. Das war er vielleicht unter allen Umständen, aber dennoch ... Also trat ich aus der Höhle heraus und entdeckte zu meiner Überraschung, daß es bereits spät am Vormittag war. Ich mußte sehr viel länger in der Sakristei gesessen haben, als mir selbst klar gewesen war. Ich erschauerte, als vollzöge ich irgendeine verbotene, unzüchtige Handlung, doch sobald ich das Priestergewand angezogen und die Ringe an die Finger gesteckt hatte, spürte ich die Kraft und sehnte mich danach, von Menschen umgeben zu sein, die mich sehen konnten und die würden erkennen können, wie mich die Kraft erfüllte und mich hoch über sie emporhob. Ich sah mich um, sah die Klippen, die Sträucher, die Gräser – die ganze gleichgültige Natur, die nicht an der Bewunderung teilnehmen konnte und die ich deshalb haßte. Dann wurde mir Angst vor mir selbst, als könne es Unglück über mich hereinbringen, daß ich mir das Gewand und die Ringe grundlos angezogen hatte, weshalb ich mich ihrer schleunigst entledigte und das Gewand zu einem Bündel zusammenrollte. Mit diesem Bündel unter dem Arm lenkte ich meine Schritte nach Westen, um in der Einöde umzukom-

men oder das Volk zu finden, das sich danach sehnte, Bab el Mandeb den Dritten kennenzulernen.
Ich wanderte tagelang, und während ich in der Einsamkeit dahinging, kehrte all das Vergangene zu mir zurück, in erster Linie die ältesten Berichte der Annalen, die Geschichten und Legenden, die unser Vater nie erzählt, die ich jedoch selbst gelesen hatte und an die ich nun als einziger von allen die Erinnerung bewahrte, den ungebührlichen Bericht vom Ursprung und der ältesten Geschichte des Volkes. Beim Gehen flüsterte ich mir diese Geschichten vor, mit trockenen Lippen und brennender Kehle, als seien es die magischen Formeln, die mein Leben retten konnten. Je mehr ich lauschte, um so mehr erschien es mir, daß ich selbst in diese Berichte hineingehörte und daß die fürchterliche Tat, die ich begangen hatte – es gab nicht eine Minute, in der die Erinnerung daran mich nicht quälte –, nur ein neuer, quälender Abschnitt in einem nie abgeschlossenen Verlauf darstellte. Das Bewußtsein, daß ich in der Einöde würde umkommen können, ohne jemals meine Geschichten jemandem anders als dem Wind erzählt zu haben, quälte mich noch mehr, obgleich ich zwischendurch dachte, aber ist es nicht auch das beste für die Menschen, daß das alles in Vergessenheit gerät – und sollen sie dann doch in der Gewalt ihrer Illusionen weiterleben! Dennoch klammerte ich mich an das Leben, und in meinem geschwächten und umnebelten Zustand erschien es mir, als sei der Abstand zwischen dem Lebendigen – dem Stümpfchen Leben, das in der wahnsinnigen Hoffnung auf das Überleben in mir brannte – und dem Leblosen fast unendlich groß. Mit jedem Tag legte ich immer kürzere Strecken zurück, während ich gleichzeitig jeden Richtungssinn verlor und zuletzt nur als eine Beute von zufälligen Eingebungen umherirrte.
Eines Tages erblickte ich in der Ferne Zelte. Obgleich ich sie als Luftspiegelung betrachtete, ging ich darauf zu, und als sie nicht verschwanden, wußte ich, daß die älteste Erinnerung Meneliks nicht mit mir zugrunde gehen sollte.

Es wurde Böje Thompson nie klar, wie lange die Reise dauerte. Er hörte Bab el Mandeb sprechen, zwischendurch aber fiel er in Ohnmacht oder schlief ein, und wenn er wieder zu sich kam, erklang noch immer das regelmäßige Stoßen der Räder, der Waggon rüttelte, und er roch den Gestank von Unrat und schweißigen Körpern, hörte Stimmengemurmel und ab und zu Seufzer oder wahnsinnige Schreie und verzweifelte Gebete.

Als der Waggon endlich stillstand und die Tür zur Seite geschoben wurde, begriff er zunächst nicht, was geschah. Das Licht wälzte herein und blendete ihn, und er dachte, nun zerren sie uns heraus und erschießen uns. Je eher, desto besser – sollen sie bloß Schluß machen!
Er war deshalb höchst verblüfft, als er eine Stimme – und sogar eine Frauenstimme – seinen Namen rufen hörte. Er blinzelte mit den Augen gegen das viel zu starke Licht, das ihn blendete, völlig außerstande zu begreifen, was sich da draußen undeutlich vor seinen Augen abzeichnete: eine Menge Grün und weiße Zelte und sich hin und her bewegende Menschen. Der Klang von Vogelgesang und eine brüllende Kuh machten ihn schwindlig, er suchte in seinem Kopf nach dem Hämmern der Räder, als sei das das einzig Sichere, an das er sich noch klammern konnte. Er fand es auch, doch die Geräusche der Wirklichkeit bekämpften diese fürchterliche Kadenz und zwangen ihn wieder dazu, seine Aufmerksamkeit nach außen zu richten. Er sah, wie sich die anderen um ihn her zu rühren begannen, hörte wiederum die Stimme seinen Namen rufen und schleppte sich zu der Öffnung, die wie eine gleißende Vision voller Licht stand.
Böje Thompson war nun so weit zu sich selbst gekommen, daß er die Umgebung sehen und daran glauben konnte. Er sah eine grüne und fruchtbare Frühjahrslandschaft, eine Reihe weißer Zelte, um die ein paar Krankenschwestern herumwimmelten, vereinzelte Polizisten und einige rotwangige Soldaten, die Wache hielten. Schließlich fiel sein Blick auf Fräulein Törngren, die nach ihm gerufen hatte und die ihn nun mit energischer Behilflichkeit vom Waggon herunterbekam. Er stand auf den Beinen, die Welt drehte sich vor seinen Augen, nur langsam gelang es ihm, die bedrohliche Bewegung aufzuhalten und die Welt zum Stillstand zu bringen, während er dem begeisterten Fräulein lauschte, das ihn willkommen hieß und ihm erzählte, daß sie außerhalb von Padborg auf einem Nebengleis hielten, unmittelbar auf der anderen Seite der deutschen Grenze.
Langsam ging es Böje Thompson auf, daß sie gerettet und in Sicherheit waren, und er versuchte das Ausmaß der von ihm vollbrachten Leistung zu fassen. Fräulein Törngren war begeistert.
Herr Oberst, sagte sie, Ihre Tat hat unsere Erwartungen übertroffen. Als die Expedition in den unzugänglichsten Gegenden Abessiniens verschwand, hatten wir nie damit gerechnet, Sie wiederzusehen – wir stellten uns vor, Sie seien allesamt von den Italienern vernichtet worden oder auf andere Weise umgekommen.
Doch das ist also Menelik! fuhr sie entzückt beim Anblick der Män-

ner, Frauen und Kinder fort, die mehr tot als lebendig aus den Waggons herausgeholt wurden.
Ist das nicht großartig – sie wies auf die Zelte rund umher –, nun werden wir sie schon wieder auf die Beine bringen. Aber, Herr Oberst – wir haben ernsthafte Dinge zu besprechen. Nein, nicht jetzt, Sie müssen erst zu Kräften kommen, etwas zu essen erhalten, sich waschen und eine saubere Uniform anziehen. Und genau so eine habe ich für Sie mit und auch ein Uniformcape. Sagen Sie nicht, ich dächte nicht an alles!
Die Krankenschwestern hatten sich sofort darangemacht, sich liebevoll um die armen Flüchtlinge zu kümmern, die einzeln in die Zelte hineingeführt und der mütterlichen Fürsorge der muskulösen weißbekittelten Frauen unterworfen wurden. Reinlichkeit und Hygiene waren als erstes vonnöten, und außerdem mußte man sich sichern, daß man sie in Schuß brachte und einen gewissen Überblick über die Anzahl erhielt. Der Polizeimeister von Padborg hatte vorgeschlagen, man solle jedem von ihnen ein Zeichen ins Ohr knipsen, doch das hatte der herbeigerufene Tierarzt auf das bestimmteste abgelehnt. Statt dessen bekamen sie einen numerierten Metallring um den Knöchel, und als sie auch etwas zu essen erhalten hatten, liefen sie bald zwischen den Zelten umher oder saßen in Hosen und Hemden aus irgendeinem Rotkreuzdepot gruppenweise im Gras, was sie im Zusammenhang mit ihren kahlen Köpfen – denn die Krankenschwestern hatten sie alle geschoren – wie Strafgefangene aussehen ließ. Die schmutzigen Schammas, braun von dem Unrat der vergangenen Nächte, voller Ungeziefer und ganz steif vor eingetrocknetem Erbrochenen und Schweiß, wurden zusammen mit den abgeschnittenen Haaren auf einem großen Scheiterhaufen verbrannt. Den Frauen hatte man blaue Kittel angezogen, was sie vor Scham fast vergehen ließ, sie drückten sich in einem Haufen zusammen und blickten sich mit großen, erschrockenen Augen um. Den Kindern hatte man ausnahmslos Hosen und Hemden übergezogen, die überhaupt nicht paßten, sie liefen allesamt barfüßig umher, weil sie sofort die Schuhe auszogen, die man ihnen an die Füße gepreßt hatte. Im übrigen liefen sie nicht sehr viel herum, denn ihre dünnen Beine konnten sie fast nicht tragen, und den lächelnden Krankenschwestern war es nicht gelungen, ihnen auch nur das kleinste Lächeln oder nur ein einziges unverständliches Wort zu entlocken. Ihre großen, dunklen Augen betrachteten die Umgebung mit haßerfüllter Verachtung, und die sie umgebende Landschaft besahen sie mit einem Mißtrauen, als suchten sie die ganze Zeit über nach einer lau-

ernden Gefahr. Nur die grasenden Kühe auf einem in der Nähe gelegenen Feld flößten ihnen eine gewisse Geborgenheit ein, bis sie zu ihrem Erschrecken und Erstaunen entdeckten, daß sie hinter einem Stacheldrahtzaun eingesperrt waren.

Nur ganz wenige aus dem ganzen Haufen waren nicht stark genug gewesen. Alles hatten sie überlebt – die Vernichtung von Dörfern unter den Bomben der Italiener, die ihre Verwandten als verkohlte Leichen zurückließen; die Flucht, deren Strapazen sie dazu zwang, die Trauer zu vergessen; die feuchte Luft des Dschungels, den Angriff der Insekten und den nagenden Hunger; die Belastung des Gehirns unter den Eindrücken einer unbekannten Welt von Lärm und Maschinen; das Eingesperrtsein in dem winzigen Raum mit der rätselhaften Schüssel, auf deren rüttelnde Kante man sich nur mit der reinen Akrobatik hinhocken konnte, um seine Notdurft über dem lärmenden Loch zu verrichten, das den Kot schluckte und ihn in einem rätselhaften Nichts verschwinden ließ; die Hölle aus Dunkel und Ungewißheit im Güterwagen, mit seinem Gestank nach Urin, Exkrementen und Erbrochenem. Als sie in die Hände der handfesten, weißbekittelten Frauen gerieten, konnten sie schließlich nichts mehr ertragen, und mit einer letzten Kraftanstrengung – die unkenntliche Welt brach vor ihren Augen in einem lautlosen Verdunkeln zusammen – riefen sie den Tod-Befreier herbei und übergaben sich seiner Fürsorge, die sie augenblicklich der unerträglichen Berührung der wohlmeinenden Hände entriß. So erging es Theodore, siebenundzwanzig Jahre alt, der mit eingeseiftem Gesicht dastand, als der Tod-Befreier ihn ohne einen Laut umfallen ließ. So erging es dem Galla Alamu, ein halbes Jahrhundert alt, der völlig unerwartet zu weinen begann, als man ihm eine graumelierte Hose reichte, und außerstande, diese Scham zu überleben, mit einem tiefen Seufzer zu Boden stürzte, der zwischen den Zeltwänden widerzuhallen schien und alle Anwesenden mit Entsetzen erfüllte. So erging es Hanif Fares, dessen Alter unbestimmbar war, der, an jeder Seite eine weißbekittelte Krankenschwester, mit wackelnden Schritten und sich im Gesicht abmalendem Entsetzen auf das Zelt zusteuerte, jedoch stehenblieb, bevor er so weit kam, die Augen schloß und Frieden fand. So erging es der zerbrechlichen Gazelle Zawditu mit dem verdunkelten Geist, die, von der Bedrohung durch die weißen Hexen umgeben, die Klarheit eines Augenblicks eroberte und sie zum Sterben ausnutzte: Und sie stürzte mit einem Schrei zu Boden. Und so erging es Zara Yaqob, dem verrotteten Syphilitiker, der sich beim Anblick des Ekels in den liebevollen blauen Au-

gen zwischen den Frauen niederlegte und, nachdem er das Kreuzeszeichen über sein bejammernswertes Fleisch geschlagen hatte, den Lebensgeist zwischen dem Wundschorf der Lippen hinaussickern ließ und mit kurzem Röcheln starb.
Die fünf Leichen wurden in ein Zelt getragen, wo sie in eine Reihe gelegt wurden, und das unermüdliche Fräulein Törngren schickte nach dem Polizeimeister, der nach dem Gemeindevorsteher sandte, der den Befehl gab, der Häuptling der Wilden solle herbeikommen. Bab el Mandeb der Dritte wurde herbeigerufen, weigerte sich jedoch, sein Zelt zu verlassen – er hatte ein Zelt für sich allein beansprucht und zwei seiner Getreuen davor postiert –, wenn man ihm nicht sein Priestergewand ausliefere. Das hatte man in die Wäsche und zum Entlausen gegeben, und da es fast trocken geworden war, brachte man es zu dem Zelt, so daß er es anlegen konnte. Leider hatte das alte ehrwürdige Kleidungsstück die ungewohnte Behandlung nicht ausgehalten, der Stoff war an verschiedenen Stellen gerissen. Bab el Mandeb blieb jedoch keine andere Wahl, er mußte das Priestergewand so benutzen, wie es war.
Im Laufe des Tages hatten sich Neugierige versammelt, sie standen in gebührendem Abstand und betrachteten die seltsamen Gestalten, die aus den Güterwagen herausgeholt worden waren. Es waren Bauernknechte, alte Frauen und Kinder aller Altersklassen. Sie standen mit offenen Mündern da, die Hände in den Hosentaschen, und glotzten stundenlang, ohne sich vom Fleck zu rühren.
Bab el Mandeb erschien in der Zeltöffnung und schritt, von einem der Soldaten geführt, zwischen den Zelten dahin. Das zerlumpte Priestergewand voller Risse und Löcher umflatterte ihn, er ging unsicher auf seinen Beinen, die so dünn waren wie Stöcke, und versuchte sich eine würdige Haltung zuzulegen, indem er den kahlen Kopf hoch emporhob, während er mit zusammengekniffenen Augen in dem scharfen Licht vor sich hin starrte.
Guckt euch den an! rief einer der ländlichen Zuschauer und begann zu lachen.
Die Knechte brachen in Gelächter aus, die Kinder brüllten, und die Frauen piepsten mißbilligend beim Anblick des schändlichen Phänomens. Bab el Mandeb blieb stehen, unbemerkt von dem Soldaten, der der Nase nach weiterging, starrte die lärmenden Zuschauer scheel an und hob einen dünnen Arm mit erhobenem Zeigefinger empor, als wolle er unter diesen fernen Himmelsstrichen seinen Gott anrufen. Irgend jemand hob einen Stein auf und warf nach ihm. Triff ihn, den schwarzen Teufel! riefen sie, und bald sausten die

Steine gegen den wie gelähmt dastehenden Patriarchen, der abwehrend die Arme vors Gesicht hielt und auf der Stelle schwankte, als sei er drauf und dran, über den Haufen geworfen zu werden, obgleich ihn nur ein paar der Steine trafen. Die Wachtposten bereiteten dem Bombardement ein Ende, die Bauernknechte steckten die Fäuste wieder in die Taschen und gingen beleidigt ihres Wegs, nur die Kinder und Frauen blieben zurück.
Bab el Mandeb wurde in das Zelt geführt, wo ihn der Polizeimeister, der Gemeindevorsteher, Fräulein Törngren und Böje Thompson erwarteten.
Leider sind fünf von Euren Leuten gestorben, sagte der Gemeindevorsteher. Ich gehe davon aus, daß sich Euer Hochwürden um die Beerdigung kümmern wird, aber läßt sich das nicht etwas diskret machen?
Böje Thompson übersetzte ins Englische.
Bab el Mandeb sah sie höhnisch an und sagte: Ihr habt sie getötet, ihr müßt sie selbst begraben.
Natürlich, rief Fräulein Törngren, der Patriarch hat recht. Es ist unsere Christenpflicht, das Begräbnis vorzunehmen.
Nun mal langsam, sagte der Polizeimeister grimmig, von höchster Stelle hat man mir mitgeteilt, daß alles so diskret wie möglich vor sich gehen soll. Jedenfalls gibt es keine Beerdigung auf dem Friedhof mit Pfarrer und Totengräber und was weiß ich noch. Fragen Sie ihn, ob er in bezug auf die Beerdigung besondere Wünsche hat.
Wir haben nur einen Wunsch, sagte Bab el Mandeb, daß sie in der Erde ihrer Heimat begraben werden. Und wenn sich das nicht machen läßt, dann kann alles andere egal sein. Ihre Seelen sind mit uns, und um die werden wir uns schon kümmern und ihnen zu Gott hinaufverhelfen. Macht mit den toten Körpern, was ihr wollt.
Ich glaube schon, daß wir weitere Verhandlungen aufgeben können, sagte Böje Thompson. Ich reise jetzt seit Wochen mit Bab el Mandeb, wie sein Name lautet, und kenne ihn ziemlich gut. Was er sich in den Kopf gesetzt hat, können wir nicht ändern.
Der Gemeindevorsteher kratzte sich das Genick und sagte: Lassen Sie ihn nur gehen. Wir werden die Sache schon im stillen erledigen. Welche Rolle spielen schon ein paar Stück mehr oder weniger von diesen schwarzen Teufeln? Die werden wir schon verschwinden lassen können, ohne daß das jemandem aufgeht, und ich weiß bereits, wie wir das anpacken.
Ich muß mich ja an das Gesetz halten, sagte der Polizeimeister würdig. Es muß legal zugehen.

Schon gut, sagte der Gemeindevorsteher, das Gesetz gilt für *uns*, und du mußt darüber wachen, daß niemand es bricht. Aber du willst mir doch wohl nicht weismachen, daß es für alle möglichen Leute gilt, die man uns aus dem Inneren Afrikas oder von allen möglichen anderen Gegenden her auf den Hals schickt?
Ja, das weiß ich nicht, sagte der Polizeimeister, da muß ich erst im Justizministerium nachfragen.
Sollen wir vielleicht die Leichen hier rumliegen und in Verwesung übergehen lassen, bis irgendein Federfuchser in Kopenhagen einen Paragraphen gefunden hat, der für den Fall hier gilt, wenn es einen solchen Paragraphen überhaupt gibt? Hat man dir nicht selbst mitgeteilt, daß das Ganze so unbemerkt wie möglich vor sich gehen soll? Wenn du dich erst mit dem Justizministerium in Verbindung setzt, dann kannst du sicher sein, daß die Hauptstadtpresse bestimmt Wind von der Sache bekommt. Und dann möchte ich hier nicht Polizeimeister sein.
In gewisser Weise, sagte der Polizeimeister nachdenklich, in gewisser Weise existieren die ja überhaupt nicht. Soweit ich weiß, sind sie gestorben, bevor man ihnen den Ring ans Bein gemacht hat. Sie haben also keine Nummer und sind nirgendwo registriert, und wenn sie nicht registriert sind, fallen sie nicht unter meine Zuständigkeit. Aber deshalb ist es wohl trotzdem am besten, wenn wir vorsichtig vorgehen, und ich ziehe es vor, von nichts etwas zu wissen, weder von den Todesfällen noch von der Beerdigung.
Der Gemeindevorsteher versprach, daß das Nötige in aller möglichen Unbemerktheit vor sich gehen würde, und erließ am selben Tag die Weisung, daß Wanderburschen, die eventuell auf dem Hof auftauchten, um Geld oder Essen zu erbetteln, hereingebeten werden, eine Mahlzeit vorgesetzt bekommen und seine Rückkehr abwarten sollten. Damals gab es auf den Straßen immer Arbeitslose, und wenn er sie ansonsten nicht konsequent weggejagt hätte, hätte ihre Bettelei ihn sicher ruiniert. Er meinte nicht, daß ihre Faulheit belohnt werden solle, doch nun hatte er ausnahmsweise mal ein Angebot, das diesen arbeitsscheuen Existenzen den Stuhl vor die Tür setzen und ihnen die Möglichkeit bieten konnte, durch ehrliche Arbeit, wenn auch vielleicht keinen Tageslohn, so doch zumindest ein paar Mahlzeiten und – wer weiß? – vielleicht auch noch mehr zu verdienen.
Er hatte das Glück, daß im Laufe des Tages nicht weniger als drei vorbeikamen, und als es Abend wurde, sagte er zu ihnen: Hier in der Gemeinde haben wir oft daran gedacht, Beschäftigungsarbeiten für

die Arbeitslosen ins Werk zu setzen, doch wir haben nur begrenzte Mittel und im allgemeinen genug mit unseren eigenen Einwohnern in der Gemeinde hier zu tun. Aber gerade jetzt stehen wir in einer Situation, wo wir zusätzliche Hilfe brauchen, und ihr seid ja rüstige Kerle, die keine Arbeit scheuen und gern mit zupacken, wenn man sie braucht.

Der Gemeindevorsteher betrachtete die drei Männer, die mit hängenden, zerschlissenen und zerfransten Hosen und Armen, die sie mit ungelenken Bewegungen zu kontrollieren trachteten, nebeneinander in seiner Stube standen. Der eine war ein kleiner arbeitsloser Schneider mit Stengelarmen, einer sehr langen, dünnen Nase und nervösen, übernächtigten, rotgeränderten Augen. Der zweite glich einem Kohlentrimmer. Er war riesig, hatte kurzes schwarzes Haar, dessen Borsten wie Igelstacheln in die Luft standen, kleine Augen und eine Flappe, die aussah wie Leder. Er wirkte gutmütig, und es war ihm kein Wort zu entlocken. Der Dritte war ein verschwitzter Kontorist, der immer abwechselnd an seinem Schlips herumzog oder die Jacke auf- und zuknöpfte. Er sprach für die drei, obgleich keiner der beiden anderen ihn darum gebeten hatte. Er sprach gewandt und mit einem gewissen Selbstgefühl.

Ja, sicher sind wir stark an Arbeit interessiert, sagte er begeistert, fing sich jedoch wieder und fügte etwas zurückhaltender hinzu: Ich persönlich bin in erster Linie in Buchführung ausgebildet.

Das überhörte der Gemeindevorsteher.

Er sagte: Habt ihr denn nun auch etwas Ordentliches zu essen bekommen?

Der Schneider blinzelte nervös mit den Augen, der Kohlentrimmer nickte, und der Kontorist sagte: Ja, danke, das Essen war ausgezeichnet, ausgezeichnet. Es war eine schöne Wassergrütze. Und natürlich nehmen wir jede anfallende Arbeit an.

Leider können wir erst später am Abend anfangen, sagte der Gemeindevorsteher, ihr müßt also so lange warten. Ihr könnt noch etwas mehr zu essen bekommen, das habt ihr sicher nötig, bevor ihr zupacken müßt, und niemand soll sagen, daß er von meinem Tisch hier hungrig aufgestanden ist. Was die Bezahlung betrifft – tja –, darüber werden wir uns schon einigen. Laßt es mal langsam angehen. Ist es nicht schön zu wissen, daß man euch braucht? Das ist ja schon fast Belohnung genug. Wenn ihr Durst habt, holt euch einfach soviel ihr wollt von der Pumpe, ihr braucht nicht zu fragen, und zum Essen sollt ihr Milch bekommen, soviel ihr trinken könnt, dafür stehe *ich* ein.

Gegen Abend ließ der Gemeindevorsteher anspannen und fuhr mit den drei Arbeitslosen, ein paar Schaufeln und ein paar Spaten davon. Die drei Männer waren ganz still geworden, selbst der Kontorist sagte nichts mehr, und der Schneider blinzelte nervös beim Anblick der Spaten. Auf dem Hof hatten sie die Leute von den Güterwagen mit den Wilden aus Afrika reden hören, sie hatten das unklare Gefühl, daß diese abendliche Fahrt und die bevorstehende Arbeit irgend etwas mit diesen fremdartigen Gästen zu tun hatten. Erdrückt von dem Rücken des schweigenden Gemeindevorstehers und von den Unruhe weckenden Ahnungen, krochen sie auf dem Boden des Wagens zusammen und begannen in ihren viel zu dünnen Sachen zu frieren. Plötzlich streckte der Gemeindevorsteher einen Arm nach hinten und stubste den Kohlentrimmer an.
Hier habt ihr etwas zum Aufwärmen, sagte er.
Es war eine Flasche Branntwein. Der Kohlentrimmer nahm einen Schluck und reichte sie den anderen weiter.
Als er sie zurückgeben wollte, sagte der Gemeindevorsteher: Nein, behaltet sie nur. Aber paßt auf, daß ihr damit haushaltet, ihr sollt ja auch noch die Spaten halten können.
Seht, sagte er kurz darauf und zeigte in das Dunkel, man hat den schwarzen Teufeln erlaubt, Feuer zu machen.
Aus der Entfernung konnten sie Gestalten sich um das große Feuer herumbewegen sehen, dessen warmer Schein flackernd und unruhig auf die weißen Zeltplanen fiel. Der Anblick wirkte mysteriös und verhängnisvoll, als gehe dort in der hellen Nacht etwas Gefährliches vor sich. Doch sie rumpelten weiter über den leise knirschenden Straßenschotter und bogen in einen Feldweg ein, dessen Gras und Sand das Geräusch dämpften. Als sie einige Zeit gefahren waren, hielt der Gemeindevorsteher an und stieg ab.
Nehmt mal einen Schluck, sagte er, und dann müssen wir wirklich anpacken. Ihr müßt mir ein paar Löcher graben, erklärte er, während die Flasche herumging, und es sollte dort drüben an der Bahnböschung sein, die Staatsbesitz ist und sich deshalb zu dem Zweck am besten eignet. Also nehmt die Geräte und folgt mir.
Er nahm eine Laterne vom Wagen und ging durch das nasse Gras voran.
Hier, sagte er, als sie den Bahndamm erreichten, hier soll es sein. Jedes Loch muß ein paar Meter lang sein, einen Meter breit und anderthalb Meter tief. Nun heißt es also anpacken, Leute.
Er zeigte ihnen, wo sie graben sollten. Der Kohlentrimmer machte sich an das eine Loch, der Kontorist und der Schneider übernahmen

das zweite. Die Grassoden waren zähe, und der Schneider hatte kaum zehn Minuten gegraben, da begann er über seine Hände zu jammern. Der Kontorist grub bald heftig, bald mutlos und rückte zwischendurch den Schlips zurecht, der ihm beständig im Weg hing, wenn er sich vorbeugte. Nur der Kohlentrimmer arbeitete stetig und unverdrossen und hatte ganz allein das eine Loch fertiggegraben, als die beiden anderen kaum die Hälfte von ihrem geschafft hatten. Sie machten eine verdiente Ruhepause und ließen die Flasche ein paarmal rumgehen.

Nur nicht zu hart zupacken, sagte der Gemeindevorsteher tröstend zu dem Schneider, du wirst deine Finger noch brauchen, bevor die Nacht vorbei ist.

Sie fuhren mit der Arbeit fort, und nach mehreren Ruhepausen und nachdem die Flasche mehrmals die Runde gemacht hatte, waren die Löcher gegraben. Von dem Gemeindevorsteher angeführt, schwankten sie zum Wagen zurück und ließen sich auf dessen Boden umsinken, wo sie sich außer Atem und faselnd aufeinanderstützten, während es unter dem leichten Knarren des Zaumzeugs den Feldweg entlang-, über den Schotterweg und einen anderen Feldweg hinunterging. Plötzlich begriffen sie, daß der Wagen zwischen zwei Reihen weißer Zelte hindurchfuhr, die bleich im Dunkeln leuchteten, und bei dem Gedanken an die schwarzen Teufel, die sich hinter den Zeltbahnen verbargen, wurde ihnen angst, sie sahen sich verstört um, als erwarteten sie, daß diese herauswimmeln und sie überfallen würden. Der Gemeindevorsteher hatte Mühe, sie dazu zu überreden, vom Wagen herunterzukriechen, was ihm schließlich jedoch gelang, und sie folgten ihm in das nächstgelegene Zelt, wo sie sich unter der Zeltplane zusammenkrümmten und beim Anblick der von weißen Laken bedeckten Gestalten, die sie im Schein der Sturmlaterne ausgestreckt auf der Erde liegen sahen, wie vom Donner gerührt stehenblieben. Mit vom Schnaps erstarrten und umnebelten Augen stierten sie auf die jämmerlichen, dunklen Füße, die unten hervorguckten und mit langen, knochigen Zehen in die Luft ragten, die eingegangenen Zweigen ähnelten, als würden sie abbrechen, wenn man sie nur mit dem Fuß anstieß. Als sie umkehren wollten, um sich, wie auf eine gemeinsame Eingebung hin, rauszudrängeln, versperrte ihnen der Gemeindevorsteher mit seiner breiten und unerschütterlichen Gestalt den Weg.

Nein, nun mal langsam, Leute, sagte er und reichte ihnen die Schnapsflasche, die er sich in der Zwischenzeit gesichert hatte, ihr habt eure Arbeit noch nicht fertiggemacht. Stärkt euch mal den Ma-

gen, und du – er zeigte auf den Schneider –, du mußt dich jetzt nützlich machen, denn du bist wahrlich bisher mit dem Spaten in der Hand nicht viel wert gewesen.
Abwechselnd beugten sie die Köpfe nach hinten und sogen begierig die brennende Flüssigkeit in sich hinein, worauf sie schwankend und aufeinandergestützt erneut auf die menschenähnlichen Formen unter den Laken starrten.
Das ist nur Vieh, sagte der Gemeindevorsteher, seht ihr das nicht? Ihr müßt mir helfen, es beiseite zu schaffen – denn ihr seid doch wohl ein paar ordentliche Kerle? Sonst hätte ich euch laufenlassen. Habt ihr nicht gesagt, daß ihr alle anfallende Arbeit annehmt? Und habt ihr jemals bei der Ausführung eurer Arbeit Branntwein bekommen? Dann kommt mir ja nicht und sagt, daß ihr nicht gut behandelt werdet. Aber du, hier sind Nadel und Faden, sieh zu, daß du in Gang kommst. Und seht zu, daß ihr die Laken um das Vieh zusammennäht, so daß sie weder die Schnauze noch Klauen oder Hufe allzusehr rausstrecken, wenn wir sie raus in den Wagen transportieren müssen. Einfach große Stiche und ein bißchen schnell! Das kann bei einem Schneider ja wohl nicht so lange dauern. Bei der Tracht kommt es ja auf die Paßform nicht so genau an, und das ist wohl auch ganz gut so, du bist ja völlig schieläugig. Ja, ich habe euch zu gut behandelt. Nun nehmt euch mal zusammen – und ihr könnt ihm wohl zur Hand gehen. Zieht mal ein bißchen an dem Zipfel, damit es ganz herumreicht! Du hast doch wohl keine Angst davor, ein totes Vieh anzufassen? Das hätte ich von euch nicht geglaubt. Was sagst du da, ein schwarzer Teufel? Was kann dir denn ein solcher Teufel schon anhaben, wenn er mausetot ist? So, das ist gut, nun ist er, wie er sein muß, ein schönes Paket und ringsrum gut verschlossen.
Der Schneider saß in der Hocke und nähte wie im Fieber. Sobald er Nadel und Faden in die Hände bekam, war er wie verwandelt. Er bewegte die Hände mit mechanischer Präzision, durch den Rausch hindurch betrachtete er mit seinen geübten Schneideraugen den Stoff und dirigierte ihn in einem tranceartigen Zustand zwischen den Fingern. Es erschien ihm, als schwebe er irgendwo unter der Zeltplane und betrachte von dort aus voller Entsetzen weit unter sich seine wohlbekannten Hände, wo sie dabei waren, den Stoff um die steife, kalte und schwarze Leiche zu schließen, von der er ab und zu einen flüchtigen Blick erhaschte. Die anfeuernde Rede des Gemeindevorstehers brachte den Kontoristen und den Kohlentrimmer dazu, an jeweils einem Ende des Lakens zu ziehen und zu zerren, so daß der Schneider die Kanten zwischen seinen Fingern nicht fest-

halten konnte, die Nadel verlor, sich daran stach und sie sogar in die Leiche jagte, so daß er zuletzt die Geduld verlor und sie zu schelten begann. Sie waren wie gelähmt über die plötzliche Zungenfertigkeit des sonst so nervösen und unterwürfigen Schneiders und hörten verblüfft, wie er sich auf seine Berufsehre und auf seinen Stolz berief, während er mit der Nadel in der Luft herumfuchtelte, als legte sie gegen ihn Zeugnis ab. Als sie sich zu zanken begannen, mußte der Gemeindevorsteher eingreifen, es gelang ihm, die Gemüter zu besänftigen, und sie begnügten sich damit, einander beim Schein der Laterne ab und zu scheele Blicke zuzuwerfen, wobei sie Verwünschungen murmelten und einander alles Böse gelobten.

Bravo, sagte der Gemeindevorsteher, als der Schneider fertig war, so muß es sein! Wie kommt es denn eigentlich, daß du ein so unsteter Arbeiter bist und bettelst, wenn du ein so tüchtiger Schneider bist? Darüber solltest du ein bißchen nachdenken. Oder glaubst du, man braucht eine Flasche Branntwein, um ein ehrliches Stück Arbeit leisten zu können? Nein, damit kann man überhaupt nur rechnen, wenn man Säcke für Vieh oder Teufel nähen muß, damit sie in die Erde kommen. Aber nun packt mal an, einer an jedem Ende, damit wir sie raus auf den Wagen kriegen. Ja, ja, schon gut, ihr bekommt noch einen Schluck, aber das ist dann auch der letzte.

Stolpernd und schwankend luden sie die länglichen Pakete auf den Wagen, wo sie mit einem Bums auf dem Boden zurechtfielen. Der Gemeindevorsteher breitete eine Pferdedecke über sie aus, und die drei Arbeitslosen klemmten sich zusammen, um nicht mit ihnen in Berührung zu kommen. Immer wieder waren die drei dabei einzuschlafen, aber sie fuhren beständig erneut hoch, heimgesucht von dem Gedanken an das schwarze, teuflische Vieh, das sie mit zu seiner letzten Ruhestätte transportierten. Als sie bei den Löchern ankamen, waren sie dösig und umnebelt und hatten die ganze Zeit über das Gefühl, aus der Welt zu verschwinden, doch unter erheblicher Kraftanstrengung gelang es ihnen, die Leichen herabzuwuchten und auf die Löcher zu verteilen, in die sie daraufhin wie verrückt und in Wirklichkeit halb im Schlaf Erde hineinschaufelten, so daß sie sich später nicht mehr daran entsinnen konnten, ob das Ganze ein Traum gewesen war. Mit den Schaufeln und Spaten zusammen fielen sie auf dem Boden des Wagens um und sahen nicht, wie die Sterne an dem immer heller werdenden Himmel verblichen, während sie zum Hof zurückgefahren wurden.

Sie blieben auf dem Boden des Wagens liegen und schliefen bis in

den Vormittag hinein ihren Rausch aus. Dann ließ der Gemeindevorsteher wieder einspannen, und noch bevor sie richtig wach waren, fuhr er mit ihnen los, bis sie an eine Wegkreuzung kamen.
Auf mit euch, Leute, sagte er und stieß sie an, raus und schaut euch in der Welt um. Hier habt ihr etwas, woran ihr euch unterwegs stärken könnt.
Er reichte jedem von ihnen ein großes Freßpaket und einen kleinen Flachmann, zu dem sie sofort ihre Zuflucht nahmen, um richtig aufzuwachen. Sie standen auf der Landstraße und blickten sich um, während sie sich angestrengt zu entsinnen versuchten. Der brennende Schnaps erinnerte sie an den Alptraum der Nacht, den sie am liebsten vergessen wollten, und sie sahen einander mißtrauisch und haßerfüllt an, während sie darüber nachgrübelten, ob die anderen etwas wüßten, was sie selbst nicht wußten.
Hier sind drei Wege, sagte der Gemeindevorsteher, einer nach Norden, einer nach Osten und einer nach Westen. Ihr solltet jeder einen anderen Weg nehmen, denn ihr tut nicht klug daran, zusammen zu gehen. Die Leute könnten glauben, ihr seid eine Bande, und euch bei der Polizei anzeigen. Und ihr solltet lieber zusehen, daß ihr euch eine ehrliche Arbeit beschafft, statt bettelnd durch die Gegend zu laufen. Es mag nun einmal niemand, daß man ihm in Zeiten wie diesen, wo wir allesamt nur schwer klarkommen, die Tür einrennt. Allerdings glaube ich nicht, daß ihr euer Glück hier in der Gegend versuchen solltet, denn es ist euch bereits gelungen, einen schlechten Ruf als Saufbolde zu kriegen, alle Knechte auf dem Hof haben gesehen, wie ihr den ganzen Vormittag dagelegen und euren Rausch ausgeschlafen habt, es ist also nicht ganz grundlos. Aber ich will nicht so niederträchtig sein, daß ich euch einfach nur fortjage, denn ich verstehe eure Schwäche, deshalb habe ich euch eine kleine Stärkung mit auf den Weg gegeben. Aber nun seht zu, daß ihr wegkommt, und viel Glück auf der Reise.
Der Schneider betrachtete seine Hände, und bei ihrem Anblick entsann er sich an ihre nächtliche Arbeit. Die Erinnerung erfüllte ihn mit Angst, und während er nervös mit den Augen zwinkerte, begann er die Landstraße entlangzugehen, als hoffte er mit seinem schnellen, mechanischen Schritt einem unsichtbaren Verfolger zu entkommen. Der Kontorist rückte den Schlips zurecht und betrachtete traurig seine zerknüllten Hosen und die dreckige und zerknautschte Jacke. Er blickte dem Gemeindevorsteher nach, der sich auf dem Feldweg entfernte, unerschütterlich auf dem Bock in seiner braunen Arbeitsjacke und die Schirmmütze in der Stirn.

Bauernsau! schrie der Kontorist hinter seinem Rücken, verdammte Bauernsau! Das zahle ich dir heim, warte nur!
Er spürte selbst, wie wirkungslos die Worte waren, und nachdem er einen Schluck aus der Flasche genommen hatte, begann er mit einem Klumpen im Hals energisch nach Norden zu wandern, verlangsamte aber nach ein paar hundert Metern das Tempo und spazierte daraufhin mit schleppenden Schritten weiter, die ihm selbst unbewußt die Niederlage seines Lebens ausdrückten, während die schwingenden Arme sein Selbstgefühl und leichtfertigen Übermut widerspiegelten. Der Kohlentrimmer setzte sich in den Straßengraben und öffnete das Freßpaket. Beim Anblick der großen Klappstullen lief ihm das Wasser im Mund zusammen, und er begann sie in sich hineinzuschlingen, wobei er ab und zu einen Schluck aus dem Flachmann dazu nahm. Er kaute langsam und zufrieden, betrachtete die Landschaft, die in der Frühjahrssonne grün und lebhaft leuchtete, und lauschte verwundert den wahnsinnigen Trillern der Lerche. So muß es sein, sagte er zu sich, so muß es sein, so geht es einem gut.

Er erzählte dem Fräulein von der Begegnung mit dem anderen Fräulein Törngren in Addis Abeba; von dem Weg nach Gondar durch die komplizierten Pässe; von dem erstickenden Staub, der totenähnlichen Apathie und dem unabwendbaren Verfall der heiligen Stadt; von den Unglücken, die die Expedition heimsuchten, während sie sich gleichzeitig zu einer Karawane entwickelte, deren Zukunft immer ungewisser erschien; von den Brandbomben der Italiener; von der Wanderung durch den Dschungel zum Fluß Kusch und der weiteren Reise zu dem Eden, das er den Flüchtlingen als ihre zukünftige Heimat versprochen hatte.
Und nun, schloß er, habe ich meine Kräfte verbraucht und sehne mich nach Frieden. Aber erzählen Sie mir doch mal, was Sie für große Neuigkeiten für mich haben. Wie ich verstehe, betreffen sie mich irgendwie.
Ja, das will ich wohl meinen, sagte Fräulein Törngren, aber alles hängt davon ab, ob Sie diese Chance ebenso begierig ergreifen, wie Sie die Chance zur Rettung Meneliks ergriffen haben. Allerdings glaube ich, daß diese Zukunft unter allen Umständen unabwendbar ist, doch eine Zusammenarbeit wird das Ganze erleichtern und wäre ein abschließender Beweis Ihrer Größe.
Böje Thompson lauschte diesen unverständlichen Andeutungen verwirrt und grübelte darüber nach, was das wohl für eine Größe sei,

von der sie fabelte. Er entdeckte, daß Fräulein Törngren ihn unverwandt anschaute, und wurde verlegen, weil es schien, als ob der strahlende Blick des Fräuleins überhaupt nicht ihn, den Böje Thompson, den er selbst kannte, anschaute, sondern irgendeine verpuppte Gestalt, die in ihm wohnte und von der sie jeden Augenblick eine Entpuppung zu erwarten schien.
Beschämt sagte er: Sie setzen viel zu große Erwartungen in mich, liebes Fräulein Törngren. Ich glaube nicht, daß ich mehr ausrichten werde, doch ich bin Ihnen sehr dankbar für das Vertrauen, das Sie zu mir haben. Nur ist es viel zu groß, das kann ich Ihnen versichern.
Mein Vertrauen in das Geschlecht Thompson, zu dem unter anderem auch ein David Mortimer Thompson zählt – ja, glauben Sie nur, ich weiß, wovon ich rede –, ist bestimmt nicht übertrieben, sagte das Fräulein eifrig und bestimmt, als gäbe es nichts mehr zu diskutieren.
Und das haben Sie, bester Herr Oberst, bereits vollauf bewiesen.
Sie schwieg, doch Böje Thompson merkte ihr an, daß sie noch nicht fertig war. Ihre eckige und energische Gestalt war von irgend etwas Überdimensionalem erfüllt, das sich in ihr zusammenzog und nur darauf wartete, zum Vorschein zu kommen. Was mag das wohl sein, dachte er erschauernd, denn er spürte, daß das in höchstem Maße ihn selbst anging, und aus irgendeinem Grund machte ihm das Angst. Nach allem, was ich durchgemacht habe, wovor brauche ich da noch Angst zu haben?
Ist es nicht, als lebten wir irgendwann in der Zukunft? fragte Fräulein Törngren plötzlich mit einer fast wispernden Stimme, als vertraue sie dem Obersten wichtige Staatsgeheimnisse an.
Es ist fast nicht zu glauben, daß das alles jetzt, im Jahre 1936, passiert, nicht wahr? Sondern weit eher in dreißig oder vierzig Jahren. Alle die Flüchtlinge hier draußen, die sich plötzlich, aus Afrika kommend, bei uns befinden! Wir würden es fast nicht glauben, wenn wir davon in der Zeitung lesen würden, oder? Ist die Welt nicht sonderbar geworden? Und wenn das heute passieren kann, was kann dann nicht alles in der Zukunft passieren?
War es das, was Sie mir sagen wollten? sagte der Oberst müde und gereizt.
Verzeihen Sie, Herr Oberst – ich vergesse mich völlig! Das liegt nur daran, daß ich so von der humanitären Tat eingenommen bin, die Sie vollbracht haben, daß ich mich überhaupt nicht fassen kann. Doch es muß Ihnen klar sein – und nun komme ich zur Sache –,

daß das nicht unbemerkt abgegangen ist. Unser gemeinsamer Einsatz – denn so darf ich das doch sicher nennen? – hat, wie sich gezeigt hat, weitaus größere politische Bedeutung, als Sie und ich ahnen konnten. Sie kennen ja selbst die Absprache zwischen Magnus Troll und der deutschen Regierung, die nicht möglich gewesen wäre ohne die Billigung der schwedischen Regierung. Aber glauben Sie, daß man ungestraft Menschen rettet, die eine stolze und ehrliebende europäische Nation zum Tod bestimmt hatte – besonders Menschen mit farbiger Haut? So was, hat sich gezeigt, hat fatale Folgen. Stellen Sie sich vor, unsere humanitäre Einstellung griffe um sich! Es ist, kurz gesagt, ein gefährliches Beispiel, das Sie der Welt gezeigt haben, Herr Oberst. Und bereits während Sie auf dem Weg durch Europa waren, begann man zu planen, was mit Ihnen passieren sollte, denn die Faschisten scheuen keine Mittel, und ihre Organisationen reichen über die Ländergrenzen hinaus. Aber Ihr Beispiel war auch für andere als die Faschisten gefährlich. Die Revolutionäre verabscheuen in ihren Herzen den humanitären Geist. Die Unglücklichen dürfen nicht vor der Vernichtung gerettet werden, sondern müssen zum Aufruhr gemahnt werden, sagen sie. Der Held unserer Zeit hat eine Kampfschrift in der einen Hand und eine Bombe in der anderen! Die Unterdrückung, die sich als der trügerische Frieden der bürgerlichen Ordnung maskiert, kann nur die Gewalt an den Tag bringen! Ja, hat man Worte! Doch das sind keine leeren Worte, Herr Oberst, nein – diese Worte werden in die Tat umgesetzt, und im verborgenen arbeiten starke Kräfte daran, große und fürchterliche Dinge ins Werk zu setzen.

Doch nun komme ich zur Agentur des Todes, dem Merkwürdigsten der ganzen Sache, die niemand richtig ergründen kann. In unserer Zeit hat ja jedes Fach seine eigenen Spezialisten, doch soweit ich beurteilen kann, hat der Tod seine Spezialisten bereits so lange, wie die Menschen in geordneten Gesellschaften leben. Bezahlte Mörder sind ja jedenfalls kein neuer Begriff. Aber die Agentur des Todes ist dennoch etwas anderes. Es handelt sich dabei nicht allein um die Ausübung dieses schmutzigen Gewerbes gegen gewöhnlichen Vorteil, denn dann wäre das ja nichts Neues. Nein, die Agentur des Todes ist etwas höchst Idealistisches und nahezu Religiöses, etwas wie eine neue Sekte, und in ihr begegnen sich die widersprüchlichsten Interessen – die der Faschisten wie die der Revolutionäre – und verschmelzen zu einer höheren Einheit. Das Sonderbarste aber ist, Herr Oberst, daß selbst *unsere* Interessen von dieser unheimlichen Organisation berücksichtigt werden, von der die Öffentlichkeit keinerlei Kenntnis, die jedoch, dessen bin ich sicher, eine große Zukunft vor sich hat. Nun will ich Ihnen von einer Begegnung mit der Agentur des Todes berichten. Ich sage Ihnen nämlich – Fräulein Törngrens Stimme bebte triumphierend –, ich hatte Besuch von einem von der Agentur des Todes.

Ich habe, wie Sie wissen, die besten Beziehungen zu Magnus Troll, der Ihre Tat finanziert hat. Als ich von dem Interesse der Faschisten und der Revolutionäre an unserer humanitären Aktion hörte, bat ich ihn, mir etwas nähere Auskünfte zu verschaffen, denn ich wußte, daß er durch seine eigenen Kanäle oder über seine Beziehungen zur Polizei und zum Nachrichtendienst dazu imstande wäre. Ich erfuhr bestimmt auch eine ganze Menge, wieviel man allerdings verschwieg, weiß ich nicht. Mein Interesse an diesen Dingen muß sich in den verschiedenen Kreisen herumgesprochen haben, wo man natürlich meinen bescheidenen Anteil an der Ingangsetzung des humanitären Einsatzes und dessen besonderes Ziel sowieso schon kannte: das Überleben Meneliks, das Sie nun verwirklicht haben. Auch die Agentur des Todes wurde auf diese Weise auf mich aufmerksam, und eines Tages klingelte einer ihrer Abgesandten an der Tür zu der kleinen Wohnung, die Sie auch kennen und derer Sie sich vielleicht entsinnen. Ich ließ den jungen Mann nichtsahnend ein, denn er machte einen durch und durch vertrauenerweckenden Eindruck. Ich habe ganz vergessen zu erzählen, daß er Deutscher war, doch das erschreckte mich nun keineswegs – ich bin an den Umgang mit Ausländern gewöhnt, und speziell, was die Deutschen betrifft, so kann man sicher sein, daß sie irgendeine Form unerschütterlicher Geradlinigkeit besitzen. Man weiß immer, woran man mit ihnen ist, ob man das nun mag oder nicht. So war das auch mit diesem jungen Mann hier. Er hieß Ludwig, genauso, als hätte er die Hauptperson in irgendeiner Novelle aus der Zeit der Romantik sein können. Er verheimlichte nichts – überhaupt war ihm offenbar klar, daß ich ein Mensch bin, der alles hören kann. Sobald ich Tee und Plätzchen serviert hatte, erzählte er geradeheraus, er komme von der Agentur des Todes – ob ich wisse, was das sei? Zu dem Zeitpunkt hatte ich nur vage Gerüchte gehört, weshalb ich natürlich entzückt darüber war, einen der quicklebendigen Agenten des Todes in meiner Stube sitzen zu haben, und wahnsinnig interessiert daran, ihn von sich selbst und dem Sinn und Zweck der ganzen Sache erzählen zu hören.

Von der Agentur des Todes kann ich Ihnen nur begrenzt etwas erzählen, sagte Ludwig, ich kann nicht ohne weiteres die Geheimnisse der Organisation verraten, soweit ich sie überhaupt kenne. Aber das eine oder andere kann ich schon erzählen – dann haben wir auch einen besseren Hintergrund für unser Gespräch.

Danach erzählte mir Ludwig von seiner Kindheit und seiner Jugend, geboren wurde er in Hamburg im Jahre 1914 und war also so alt wie der Kriegszustand, der seiner Auffassung nach mit dem sogenannten Friedensschluß vier Jahre später überhaupt nicht aufgehört, sondern nur andere Formen angenommen hatte. Er erhielt eine solide, bürgerliche Erziehung, die Wert auf Redlichkeit und Rechtschaffenheit legte, und als Gymnasiast begründete er zusammen mit ein paar gleichgesinnten Kameraden einen idealistischen Klub, der schwor, die Reinheit der Seele – und im übrigen auch des Körpers – in einer von dreckigen wirtschaftlichen Methoden, politischer Heuchelei und gemeinem Machtstreben durchsäuerten Welt zu verteidigen.

Ludwig hatte einen Onkel, dessen Schicksal tiefen Eindruck auf ihn gemacht hatte. Das war ein gewisser Professor Flügel, der um die Jahrhundertwende Berühmtheit erlangte und durch seine phantastischen Ideen, seine entartete Genialität und seine merkwürdigen Fähigkeiten, mit denen er hypnotische und tranceartige Zustände hervorrufen konnte, viele Menschen – Studenten wie gewöhnliche Bürger – anzog. In unheimlicher Weise veranschaulichte er das Bedürfnis des Bürgertums, dem Elend der Zivilisation zu entkommen, ließ sich allerdings so sehr von dem unwirklichen Gespinst seiner eigenen Gedanken einfangen, daß es ihm immer schwerer wurde, zwischen Wirklichkeit und Einbildung zu unterscheiden. Dadurch machte er in gewisser Weise die Einbildung zur Wirklichkeit, zu *seiner* Wirklichkeit, das heißt, man kann sagen, er wurde verrückt. Statt zu sprechen, drückte er sich durch vogelartige Schreie aus, er schlug mit den Armen, wenn er ging, wobei er zu fliegen vorgab, und er versuchte auch wie ein Vogel zu essen, ohne die Hände zu Hilfe zu nehmen. Zur Vermeidung der Schweinerei, die dieses Verhalten mit sich führte, zog man es in der Anstalt, in die er schließlich gebracht wurde, vor, ihn zu füttern, und da das Personal ihm mechanisch immer so lange Essen in den Mund stopfte, wie man ihn zum Öffnen des Mundes bewegen konnte, wurde sein kurzstämmiger Körper allmählich fett und unförmig. Ludwig entsann sich noch mit Grausen an den Besuch, den er als Sechzehn-/Siebzehnjähriger dem verrückten Onkel mit seinem Vater gemacht hatte. Das fette Männchen, dessen Haare und Bart völlig weiß waren, betrachtete sie scharf, als sei das fast verunstaltete und verfallene Fleisch, in dem sein Geist wohnte, ein Versteck, von dem aus er, selbst unge-

sehen, die Welt belauerte und beurteilte. Dieses fürchterliche, ja extravagante Schicksal faszinierte den Jungen, der immer wieder denken mußte, wie sauber er ist! – im Gegensatz zu all den anderen. Und Ludwig betrachtete verstohlen seinen Vater, der seinen Bruder betrübt ansah und angesichts dieses Elends nicht umhinkonnte, die Selbstzufriedenheit auszustrahlen, die ihn diese Gegenüberstellung besonders stark empfinden ließ. Wie unrein, besudelt und niederträchtig er ist, dachte Ludwig von seinem Vater, wie kann man so zufrieden mit sich sein, nur weil sein Hutgeschäft gut läuft. Ach, Hüte braucht man immer, und jetzt, wo die ganze Gesellschaft in Auflösung zu geraten droht, ist es fast, als seien die Leute noch verrückter danach, Hüte zu kaufen, als je zuvor, als glaubten sie, sich durch einen neuen Hut vor kommenden Schrecken schützen zu können. Wenn er ihnen wenigstens Helme verkaufen würde, Stahlhelme! Das wäre eine andere Sache.
Ludwig sah, daß der ehemalige Professor die Welt seines Bruders – die Welt von Ludwigs Vater –, die Hutwelt, verlassen hatte, weil er sich nicht mit ihrer Unzulänglichkeit und verletzenden Banalität abfinden konnte. Doch mit seiner Hilflosigkeit hatte sich das als schlechter Ausweg erwiesen, und Ludwig begann ihn zu hassen, wegen dieser unverzeihlichen Hilflosigkeit und weil er es zugelassen hatte, daß ihn die Hüte besiegten – so wahr, wie sein Bruder, der diese verdammten Hüte an das ganze Volk vermittelte, ihn hatte einsperren lassen können und seinem Fleisch als Strafe für die Vogelträume seiner hungrigen Seele dieses kränkliche und widernatürliche Wachstum aufgezwungen hatte.
Als sie die Anstalt verließen, sagte Ludwigs Vater: So geht es einem, wenn man den ebenen Pfad der Vernunft verläßt; wenn man um jeden Preis anders sein will als alle anderen, mit der herrschenden Ordnung unzufrieden ist – die, zugegeben, natürlich von Zeit zu Zeit einer Justierung bedarf, aber gerade jetzt aus Angst vor dem noch Schlimmeren mit harter Hand aufrechterhalten werden sollte –, und sich Phantasien von einem anderen Dasein für uns Menschen hier auf Erden hingibt als dem, auf das wir nun einmal angewiesen sind und an dem bisher noch niemand hat rütteln können.
Ludwig aber zog seine eigenen Schlüsse aus dem Gesehenen – nicht sofort freilich, aber allmählich, als ihm in den folgenden Jahren immer mehr Dinge bewußt wurden. Wie konnte sich jemand einbilden, daß die Justierungen der herrschenden Ordnung, von denen sein Vater gesprochen hatte, ausreichen würden, die Sozialschweinerei auszuräumen, die die Menschenmassen in gegenseitige Zer-

störung hinaustrieb, sie in Unwissenheit duckte und sich gleichzeitig mit billigen humanistischen Phrasen und einem Kulturbegriff schmückte, an den niemand im Ernst glaubte? Das war ein Zynismus, mit dem die Reinheit sich nicht abfinden konnte, gleichzeitig aber weigerte sie sich, sich opfern zu lassen und in der Hilflosigkeit zu enden, für die der Onkel das abschreckende und verhaßte Beispiel bot.
Die idealistischen Gymnasiasten, aus denen nun Studenten geworden waren, versuchten zunächst bei dem einfachen Volk die Unverderbtheit wiederzufinden, die, so wußten sie, sich unter der verderbten Oberfläche verbergen mußte. Wir müssen den Kopf unter dem Hut ansprechen, wie Ludwig es ausgedrückt hatte, der Kopf ist in Ordnung! Es zeigte sich jedoch, daß das einfache Volk seine Hüte – oder vielleicht, was ebenso schlimm war, seine Mützen – mit einer nahezu verbrecherischen und dummen Ergebenheit liebte und daß es nicht auf sie verzichten wollte.
Den Glauben an die Reinheit können wir nicht aufgeben, erklärte Ludwig, und wenn auch das Volk durch und durch verdorben ist, dann bedarf es eines Läuterungsprozesses, der fürchterlich werden kann, und zu dessen Werkzeugen wir uns machen müssen. Deshalb kommen wir – früher oder später – nicht um den Tod herum.
Zu dem Zeitpunkt hatten sich die drei neunzehnjährigen Studenten – sie hatten aus Angst vor einer möglichen und höchstwahrscheinlichen Beschmutzung der ursprünglichen Ideale den Klub nicht erweitert – schon einige Zeit damit beschäftigt, wie sich die Reinheit zu den aufdringlichen Versuchungen des schwachen Geschlechts verhalten sollte. Alle drei hatten sie sich bereits mehrere Jahre lang eifrig der Selbstbefriedigung hingegeben und waren sich darin einig, daß sie der beste Schutz der Reinheit sei. Um jedoch in diesem Punkt keine Hilflosigkeit zu entwickeln, die auf die Dauer gesehen verhängnisvoll werden konnte, beschlossen sie, eine Lösung des Problems »Frauen« zu finden, die ihre Gewissen nicht beflecken würde, sie nicht zu hilflosen Opfern der weiblichen Verführung machen würde und ihnen gleichzeitig so viel Auslauf für ihre eingedämmte Begierde und Befriedigung der anatomischen Neugierde gewährte, wie es sie gelüstete. Sie würden es sich nicht leichtmachen, denn dann würde sich das nur irgendwann, wenn sie unvorbereitet dastanden, an ihnen rächen. Da Ludwig, dessen Gedanken um Tod und Verderben kreisten, gleichzeitig immer häufiger Waffengeschäfte aufsuchte, wo er die blanken, todbringenden Metalldinger studierte, kam ihm die Idee, die es ihnen ermöglichen

sollte, vor der Frau die Integrität ihrer Reinheit zu beweisen, vor der Frau, die sie sich durch das Lockmittel ihres Geschlechts untertan machen und ihre Hilflosigkeit dazu ausnutzen wollten, sie zu beschmutzen. Mit der stellvertretenden Erektion des Revolvers in der Hand besitzt du eine Macht, die es dir ermöglicht, selbst Zuschauer zu bleiben, während du sie gleichzeitig besiegst, dachte er. Hinterher kannst du dich ohne Gefahr allem hingeben.
Er unterbreitete seinen Kameraden diesen Gedanken, der sie zwar erbleichen ließ, dessen Konsequenz ihnen jedoch die Möglichkeit raubte, Einwände dagegen vorzubringen. Sie einigten sich deshalb darauf, daß jeder von ihnen mit Hilfe eines Revolverlaufs eine Jungfrau deflorieren solle, und da das Problem allmählich ziemlich dringlich geworden war, machten sie sich sofort daran, den Beschluß mit Hilfe des Revolvers, den sie sich gemeinsam angeschafft hatten und nun reihum gehen ließen, in die Tat umzusetzen.
Ludwigs beiden Kameraden mißlang es. Als es soweit war, konnten sie dem Lockmittel, das zu besiegen sie die Absicht gehabt hatten, nicht widerstehen, sie gaben Ludwig den Revolver zurück, ohne ihn benutzt zu haben: Sein blanker Lauf war noch immer so unerfahren wie zu dem Zeitpunkt, als sie ihn gekauft hatten. Damit löste sich der Klub auf, und die beiden mißglückten Idealisten begnügten sich mit einer bürgerlichen Karriere. Der eine studierte Jura, der zweite Literaturwissenschaft, sie trugen einen Hut, waren verlobt, freuten sich bereits darauf, Kinder zu zeugen, und fühlten sich zufrieden mit der Jämmerlichkeit der herrschenden Ordnung, nicht zuletzt in der Form, wie sie sich nun unter der Führung Adolf Hitlers abzeichnete.
Ludwig dagegen war nicht gesonnen, die Durchführung ihres gemeinsamen Beschlusses aufzugeben. Ja, jetzt, wo er niemandem mehr Rechenschaft schuldig war, erschien es ihm doppelt wichtig, daß er dies tat: Er mußte die Stärke ja, die Unüberwindlichkeit dieser Reinheit ganz notwendig beweisen. Andernfalls würde er entweder wie sein Vater oder wie sein Onkel enden, und in beiden Fällen wollte er lieber sterben. Um die Reinheit seines Gemüts abzuhärten, begann er sich seine Eltern in Intimsituationen vorzustellen, wobei er sich dann darin übte, sie mit kühlem, klinischem Interesse zu betrachten. Das fiel ihm um so leichter, als das Medizinstudium, zu dem er sich entschlossen hatte, ihn früher oder später dazu zwingen würde, alles die menschliche Anatomie Betreffende mit einer ähnlichen Objektivität zu betrachten.

Er war sich bewußt, daß die Reinheit ihm eine Art Magnetismus verlieh, die er würde ausnützen können, und insbesondere pflegte er sorgfältig seine langen, schmalen, weißen Hände, vergewissert, dadurch die Möglichkeit zur Ausführung seines Vorhabens zu verbessern, als sei diese Reinigung auch ein magischer Prozeß. Letzten Endes aber steht und fällt alles mit den Händen, sagte er sich, wenn er sie betrachtete, und war selbst fast hypnotisiert von ihrer mondartigen Weiße, von ihrer weichen und glatten Haut, den runden Nägeln und den leicht hervorstehenden Knöcheln.
Er brachte sein Vorhaben zur Durchführung, als sie ein neues Dienstmädchen vom Lande namens Martha Kärnten bekamen, von deren Jungfräulichkeit er sich überzeugt fühlte. Sie war eine kleine, gottesfürchtige und etwas einfältige Seele mit hübschen braunen Augen und roten Backen, und das Ganze ging zu seiner Enttäuschung sehr viel leichter, als er erwartet hatte. Für das endgültige Ereignis suchte er sich einen Abend aus, an dem die Eltern im Theater waren. Das Mädchen konnte sich seinen Augen, seinen Überredungen und der listigen Magie seiner Hände nicht widersetzen, oder wagte es nicht, obgleich sie immer wieder sagte: Sie tun mir etwas zuleide; das ist nicht richtig, was Sie mit mir tun wollen; Gott wird Sie dafür strafen.
Als sie dies sagte, wußte sie noch nicht einmal genau, was passieren sollte, und Ludwig erzählte ihr, daß das, was sie zusammen tun würden, kein bißchen sündig sei und etwas anderes als der tierische Umgang miteinander, dem sich sowohl ihre wie seine Eltern hingegeben hätten. Diese Worte brachten Martha zum Weinen, und Ludwig schlug ihr vor, ein Gebet zu sprechen, das sie seiner Meinung nach beruhigen würde, und gleichzeitig ganz still zu liegen, auch wenn es etwas weh tun sollte. Er hatte sich sorgfältig vorbereitet, das Ende des Revolvers und das Korn mit Gummi umwickelt und gut mit Vaseline eingeschmiert. Deshalb fiel es ihm verhältnismäßig leicht, sein Vorhaben durchzuführen.
Er sagte zu Martha Kärnten: Du bist ein gesundes und tapferes deutsches Mädchen, und nun bist du obendrein erwachsen geworden, ohne zu sündigen. Erzähl es niemandem, denn das würden andere nicht verstehen, und hast du das Bedürfnis, mit jemandem darüber zu sprechen, dann sprich mit Gott.
Martha Kärnten starrte ihn an, und er fühlte, daß sie mehr Angst vor ihm hatte, als wenn er sie in einer der üblichen tierischen Weisen genommen hätte, die er sich so lebhaft vorstellte, wenn er sich selbst befriedigte.

Als er danach allein geblieben war, überfiel ihn ein Gefühl der Leere, das weit schwerer zu ertragen war als der Anblick von Martha Kärntens bebenden Lippen und tränengeblendeten Augen. Er fühlte sich völlig leer und erloschen, gleichzeitig aber war es seltsamerweise, als sollte sein Kopf zerspringen. Lange fürchtete er, es seien die Anfänge eines Wahnsinns, doch zu seiner großen Erleichterung ging es wieder vorbei, und als seine Eltern aus dem Theater zurückkamen, war er imstande hinauszugehen und ihnen lächelnd guten Abend zu sagen. Seine Mutter kam ihm mit glühenden Wangen entgegen, noch ganz warm von den kecken Operettentönen, und als er sie in ihrem langen Kleid, den Kopf kokett schräg gelegt, durch den Salon segeln sah, kleidete er sie schleunigst aus und betrachtete sie sinnend, während sie von den unvergleichlichen Kulissen, der unvergleichlichen Musik, den unvergleichlichen Sängern und den unvergleichlich vielen Bekannten plapperte, die sie in dem zahlreich erschienenen und jubelnden Publikum begrüßt hatten. Während er sie betrachtete – er sah ihren entkleideten Körper vor sich, ohne Korsett, mit Bauch und Fettpolstern –, hörte er verblüfft eine Stimme in seinem Kopf sprechen. Sie sagte, was tust du denn da, Ludwig? Schämst du dich denn nicht? Wer hat dir das Recht gegeben, deine Mutter so zu behandeln? Du bist böse und gefühlskalt, und nun verdirbst du dich ganz bewußt, ja – bewußt. Es gibt nicht das kleinste Ding, das du lieben kannst, alles in der Welt wird zu toten, gleichgültigen Gegenständen, die du nach Gutdünken behandeln kannst, und du bist nicht einmal imstande, deine eigene Grausamkeit zu begreifen.
Man stelle sich vor, sagte Ludwig zu sich, da sitzen doch die bürgerlichen Vorurteile so fest in mir, daß sie einen Radiosender in meinem Kopf benutzen können, ohne daß ich das verhindern kann! Nun weiß ich auch das. Glücklicherweise sind sie dumm – es sind nicht umsonst bürgerliche Vorurteile –, sie platzen sofort mit allem heraus. Stell dir vor, die wären genauso raffiniert wie indigniert gewesen – das wäre gefährlich gewesen. In der augenblicklichen Situation aber fällt es mir nicht schwer, sie zu bekämpfen.
Ludwig war, das räumte er ein, erschütterter gewesen, als er hatte zugeben wollen, und mußte einen harten Kampf führen, um nicht unterzugehen. Er ging jedoch siegreich daraus hervor und konnte seine Mutter erneut ungestört vollkommen so betrachten, wie er Lust hatte, was ihn schwach vor sich hin lächeln ließ. Die Mutter war völlig davon erfüllt gewesen, ihm zu erzählen, mit wem sie in der Pause geredet hatten, und erwartete, daß sich der Sohn wirklich

dafür interessierte – schließlich handelte es sich um die Bekannten der Familie!
Nun aber sah sie das abwesende Lächeln, das um Ludwigs Lippen schwebte, und sagte: Wo hast du denn deine Gedanken?
Bei der Anatomie, antwortete er. Das ist gut, mein Junge, sagte der Vater, der im selben Augenblick eintrat, behalte sie nur da, dann wirst du es in der Medizin schon zu etwas bringen. Weißt du, was das Geheimnis meines Erfolgs ist: Ich habe immer nur Hüte im Kopf gehabt, Hüte, Hüte und wieder Hüte.
Strahlend vor Zufriedenheit und mit der Weisheit, die ihm das Geschäftsleben verliehen hatte, klopfte er seinem Sohn auf die Schulter, während seine Frau ihn bewundernd betrachtete und Ludwig selbst still vor sich hin lächelte und fast den Kopf über ihre kindlichen Narreteien geschüttelt hätte.
Nachdem er somit die Probe bestanden hatte, fühlte sich Ludwig seiner selbst sicher, da sich jedoch der Klub aufgelöst hatte, war er mit sich im unreinen darüber, was er mit seiner neuerworbenen oder jedenfalls endgültig bestätigten Sicherheit anfangen sollte. Er spürte das Verlangen nach einer Gemeinsamkeit in der Sache der Reinheit, deren Verteidigung seine Aufgabe war, und er schreckte davor zurück, sich den Nazis anzuschließen, die ihn durch ihr großspuriges und ordinäres Benehmen abstießen. Im Laufe der Zeit mußte er jedoch unumgänglich Kontakt zu anderen bekommen, die ebenso reserviert waren wie er selbst und verwandte Ansichten hegten, was sich in den ernsten Diskussionen zeigte, die sie über die Krise der Welt und die Krise Deutschlands, den Bankerott des Humanismus und die innere Verwesung des Bürgertums führten. Die jungen Menschen konnten sich darüber verständigen, daß sowohl die Faschisten wie auch die Revolutionäre eine altmodische und viel zu primitive Auffassung von der Brauchbarkeit und Berechtigung der Gewalt im politischen Kampf hätten. Keiner von ihnen war zu der Auffassung gelangt, daß die todbringende Gewalt in einer so verderbten Zeit ein Selbstzweck sein könnte. Noch waren sie in einer altmodischen, utilitaristischen Anschauung verstrickt.
So entstand der Gedanke von der Agentur des Todes, und Ludwig erklärte, sie könne sowohl auf eigene Initiative wie auf Bestellung handeln – allerdings nicht gegen Bezahlung. Wie die Tätigkeit der Agentur finanziert werde, könne er im übrigen nicht verraten.
In gewisser Weise, erklärte er, seien die Agenten des Todes eine Art Erben der Anarchisten, die gegen Ende des vorigen Jahrhunderts die Welt mit ihren Bomben aufgeschreckt hätten. Aber die Agentur des

Todes wiederhole nicht die Irrtümer der Anarchisten, nämlich, sich ihre Opfer unter Kaisern, Generälen und anderen Machthabern auszusuchen. Es sei naiv, davon zu träumen, daß derartige Attentate die Macht zum Wanken bringen könnten. Nein, die Opfer seien heute ganz im Gegenteil unter den wenigen Gerechten zu suchen, dem guten Willen, den Humanisten: Ihr Tod würde sinnlos und bösartig wirken und so den Tod sichtbarer, reinigender machen. Und in einem anderen und tieferen Sinne hätte gerade ihr Tod in hohem Maße eine Bedeutung. Der bürgerliche Glaube an den Sieg des Guten sei eines der größten Hindernisse für das Verständnis vom Ausmaß des Elends und deshalb ein Beitrag zu der Schweinerei, die es notwendigerweise zu demaskieren galt. Etwas widerwillig mußte Ludwig zugeben, daß diese Ansicht etwas Utilitaristisches an sich habe, bestand allerdings weiterhin darauf, daß dies nur in indirekterem Sinne der Fall sei.
Als er so weit gekommen war, fuhr Fräulein Törngren fort, war ich natürlich neugierig und wollte hören, weshalb er gerade mich aufgesucht hatte, denn das war ja wohl nicht nur, um mir seine interessante Geschichte zu erzählen. Aber vielleicht hatte mich die Agentur zu ihrem nächsten Opfer erkoren? Er lächelte, als ich das einwarf, wahrlich ein eigentümliches Lächeln – ich muß schon sagen-, als bedaure er, mir diesen Dienst nicht erweisen zu können, den er ansonsten gern und mit großem Vergnügen auf sich genommen hätte. Es fehlte nicht viel, und dieses stille Lächeln hätte es mir kalt den Rücken herunterlaufen lassen, doch wenn ein Abgesandter der Agentur des Todes nicht solche Gefühle hervorrufen kann, wer sollte denn dann dazu imstande sein? Weshalb mir das also völlig in Ordnung erschien. Natürlich konnte ich nicht umhin, besonders auf seine Hände zu achten, da er sie nun einmal in so ausgesuchten Wendungen erwähnt hatte, aber ehrlich gesagt – soweit ich sehen konnte, war an ihnen nichts Besonderes dran. Lang und schlank, jawohl – aber das ist doch nicht so ungewöhnlich. Demnach muß alles, was er erlebte, wenn er seine eigenen Hände betrachtete, etwas sein, was er sich selbst einbildete. Das einzig Besondere an ihnen war, daß sie ganz richtig für Männerhände ungewöhnlich gepflegt waren. Überhaupt unterschied er sich nicht sonderlich von anderen jungen Leuten mit seinem Scheitel, seinem aufgeweckten und brennenden Blick – vielleicht etwas brennender als normal – und seinem unbedingten Glauben an eine Sache. Wie viele junge Menschen aber hätten sagen können, was er mir jetzt sagte? Denn sehen Sie, das verriet, daß er nicht ganz gewöhnlich war.

Er sagte nämlich: Fräulein Törngren, Sie kennen doch Oberst Böje Thompson und haben, soweit ich weiß, an der Planung der Afrikaexpedition teilgenommen, die sich ihrem Abschluß nähert, nicht wahr? Nun ja, ich habe Sie heute aufgesucht, um zu erzählen, daß wir beschlossen haben, Oberst Thompson zu töten, und da ich dazu ausersehen worden bin, diese Aufgabe auszuführen, möchte ich sicher sein, sie so ordentlich und schön wie möglich durchführen zu können.
Im Schein der Lampe starrte Böje Thompson Fräulein Törngren verblüfft an, während sich seine Lippen zu einem ungläubigen Lächeln verzogen.
Nicht wahr, fuhr das Fräulein fort – nun zitterte ihre Stimme vor Begeisterung –, man bekommt nicht jeden Tag Besuch von einem jungen Menschen, der imstande ist, so etwas zu sagen? Und der, wohlgemerkt, meint, was er sagt! Ich will Ihnen sagen, lieber Oberst, er war schön! Er lächelte wiederum das gleiche sanfte, stille Lächeln, als flüstere jemand tief in ihm etwas Schönes und Ungewöhnliches, dem er mit einem Erstaunen lauschte, das die Empfänglichkeit seiner jugendlichen Seele verriet. Kein Zweifel, er war bereit, für seine Sache das Leben aufs Spiel zu setzen, und das muß unfehlbar einen unwiderstehlichen Eindruck machen. Diese Reinheit seiner Absicht! Und diese Ehrlichkeit, die erstaunlich ist.
Oberst Thompson stammelte: Aber sagen Sie mir, Fräulein Törngren, sagen Sie mir . . .
Ich vergesse mich wieder, rief das Fräulein, können Sie mir vergeben? Woran denke ich denn bloß? Natürlich wollen Sie den Grund dieser Ehre wissen. Es gibt nichts, wessen Sie sich zu schämen brauchten, das kann ich Ihnen durchaus versichern. Ich stellte natürlich die gleiche Frage, die Ihnen auf den Lippen brennt, und mein junger Freund erklärte mir, daß gerade Sie ein ungewöhnlich gutes Beispiel für die grundlegende Idee der Agentur sein würden, so, wie er sie mir erklärt hatte. Direkt würde man nämlich überhaupt nichts dadurch erreichen, daß man Sie, Herr Oberst, auslöschte. Die Expedition sei ja schon fast zu einem glücklichen Abschluß gebracht, so daß Ihr Tod zum augenblicklichen Zeitpunkt mit anderen Worten völlig zwecklos sein würde. Aber Ihre Tat repräsentiere eine humanitäre Leistung, die sich zwar an der Grenze zum Absurden bewege – ja, so drückte er sich aus –, die aber gerade deshalb einer gewissen Größe nicht entbehre und sich über den eher trivialen und einfallslosen Humanismus der Zeit emporhebe und sie zu etwas Bemerkenswertem mache.

Oberst Thompson, sprach Ludwig direkt zu mir, muß ein ungewöhnlicher Mensch sein – sonst stürzt man sich nicht in ein so gewagtes Unternehmen, um eine Kirchengemeinschaft von Farbigen zu retten, die doch völlig gleichgültig ist und wahrscheinlich im Laufe von einem oder zwei Menschenaltern von selbst ausstirbt oder zumindest jede Bedeutung verliert – wenn das nicht bereits jetzt geschehen ist.
Ich brauchte nicht einmal zu bestätigen, was er feststellte, denn es war ja so einleuchtend richtig; aber ich fragte ihn natürlich, ob er denn nicht fürchte, daß ich Himmel und Erde in Bewegung setzen würde, um Sie zu retten.
Wissen Sie, was er tat?
Er nahm ein Plätzchen, und dann sagte er: Fräulein Törngren, Ihre Plätzchen sind ausgezeichnet, und ist das nicht alles etwas, was wir spielen? Welchen Himmel und welche Erde wollen Sie übrigens in Bewegung setzen und mit welcher Begründung? Meinem Besuch? Nein, das kann ich nicht glauben. Und wie wollen Sie den Oberst überhaupt retten? Sie wollen ihn vielleicht entführen? Aber wird er als Held das mitmachen? Das ist bestimmt undenkbar. Letzten Endes, Fräulein Törngren, sind wir ja auch nur Plätzchen, die vom Schlund des Todes verschlungen werden, und ich sehe keinen Grund, weshalb wir – weshalb die Agentur des Todes – nicht über diesen Leckerbissen sollten verfügen können.
Können Sie jetzt verstehen, Oberst Thompson, daß ich mich auf eine ernsthafte Unterhandlung mit ihm einlassen mußte? Er war so einzigartig, so konsequent, seine Auffassung von Leben und Tod war so distanziert und weitblickend, daß er sich hoch über die Kleinlichkeit und das winselnde Selbstmitleid emporhob, das unsere Zeit so stark prägt und der größte Feind des humanitären, mystischen und antiken Heroismus darstellt, den Sie genau wie ich verehren und praktizieren. Ja, ich sah sofort, er vertrat zwar den Tod und wir das Leben, aber dennoch konnten wir Vorteile von ihm haben, und der Triumph würde letzten Endes der unsere sein.
Böje Thompson rieb sich mit der Hand die Augen, als fürchte – oder vielleicht hoffe – er, das Opfer einer Halluzination zu sein, doch hinterher saß noch immer Fräulein Törngren, dasselbe Fräulein Törngren, vor ihm, und er wußte, daß er wirklich jedes einzelne Wort, das sie sagte, gehört hatte.
Ich glaube, ich verstehe nicht ganz, murmelte er müde. Sie müssen mich schon entschuldigen, Fräulein, ich bin noch immer erschöpft nach dem Aufenthalt in dem Güterwagen. Würden Sie bitte die Güte

haben zu wiederholen, was Sie da erzählt haben – nein, um Gottes willen nicht zu wiederholen, sondern zu erklären, was der Sinn des Ganzen ist und was aus Ihrem Gespräch mit diesem hoffnungsvollen jungen Mörderkandidaten herauskam.
Natürlich, antwortete Fräulein Törngren enttäuscht. Eigentlich passierte nichts weiter, ich traf nur eine Absprache mit ihm und versprach, sie Ihnen vorzulegen, und versicherte ihm, daß Sie sie billigen würden.
Was beinhaltete denn diese Absprache? fragte der Oberst unruhig.
Wir einigten uns darauf, daß Sie die Expedition hier in Padborg verlassen, allein weiter durch Jütland hochfahren und ihn an einem Ort treffen sollten, den man Ihnen später mitteilen wird – vermutlich in irgendeinem kleinen Dorf, dessen Idylle einen passenden Hintergrund für Ihre Begegnung abgeben wird. Dort wird er dann seinen Teil der Absprache zur wohlvorbereiteten Durchführung bringen.
Das heißt, ich soll ... er will ...
Ja, sagte Fräulein Törngren und lächelte aufmunternd.
Das kann ja wohl nicht wahr sein! entfuhr es Böje Thompson.
Weshalb nicht? fragte Fräulein Törngren scharf und vorwurfsvoll wie ein Schulfräulein, das vom besten Schüler enttäuscht wird.
Weil ... weil ..., ja, weil es zu unglaublich ist.
Für unsere Zeit ist nichts zu unglaublich, gab Fräulein Törngren rasch zurück. Dafür ist im übrigen die Expedition, die Sie selbst geleitet haben, der beste Beweis.
Doch wenn wir nun schon einmal davon sprechen, fuhr sie fort, so finde ich, daß wir allen möglichen Grund zur Zufriedenheit haben, weil man uns von dem Unumgänglichen benachrichtigt, und das liegt doch vor allem in Ihrem Interesse, Herr Oberst, wonach schmachten und trachten wir denn in unserer Zeit? Was vor allem brauchen wir denn? Nur die wenigsten wagen es zu denken, wenn sie denn überhaupt imstande sind, den Gedanken hervorzubringen und sich nicht mit undeutlichen Gefühlen begnügen müssen, zu denen sie kaum zu stehen wagen. Ich aber erdreiste mich sogar, es auszusprechen. Um uns herum sehen wir nur Niedertracht, zynische Berechnung, Kleinlichkeit, Materialismus und klamme Güte. Wir brauchen etwas, zu dem wir aufblicken können, einen Heiligen und Märtyrer.
Deshalb kommt uns die Agentur des Todes gerade recht. Deshalb sollten wir zupacken, wenn uns die Agentur des Todes diesen Triumph geradezu schenken will, und insbesondere Sie, Herr

Oberst, sollten zugreifen und dankbar dafür sein, daß Sie dieses Martyrium mit vollem Bewußtsein auf sich nehmen können.
Das kommt so überraschend, sagte Böje Thompson, der weder aus noch ein wußte. Ich brauche Bedenkzeit – wie ich schon sagte: Es ist zu unglaublich. Es trifft mich völlig unvorbereitet. Ich hatte mich darauf gefreut, mich zurückziehen und in Ruhe und Frieden leben zu können, doch das läßt sich offenbar nicht machen. Könnte man diesen Agenten nicht um etwas Aufschub bitten, jedenfalls zunächst einmal?
Nein, sagte Fräulein Törngren entschieden, der Plan liegt zur Durchführung bereit. Wenn wir ihn nicht ins Werk setzen, wird die Agentur nur auf andere Weise zuschlagen, und was haben wir dabei gewonnen? Natürlich brauchen Sie Zeit, um sich an den Gedanken zu gewöhnen, und selbstverständlich muß ich Ihnen auch darin recht geben, daß es zu unglaublich ist. Ja, das ist es wirklich, aber deshalb ist es auch gerade so schön, so einzigartig, in einer Zeit, die jeglichen Glauben an Heilige verloren hat und wo als einziges nur der Gedanke an den kleinen Gewinn, den kleinen taktischen Vorteil zählt.
Was läßt Sie denn glauben, ich sei einverstanden mit Ihren Vorstellungen von Heiligen und Märtyrern und weiß der Himmel was noch? Wer gibt Ihnen im übrigen das Recht, über mein Leben zu verfügen? Fräulein Törngren, ich bin kein Held. Es tut mir leid, Sie enttäuschen zu müssen, aber ich bin kein Held. Diese Expedition war ein Mißverständnis. Ich mußte sie durchführen wegen meiner Schwäche und nicht, weil ich stark war. Wäre ich stark genug gewesen, wäre ich zu Hause geblieben und hätte mich den Teufel um Menelik geschert. Und wenn wir in der Einöde geblieben sind und nicht rechtzeitig nach Addis Abeba zurückkamen, so daß wir beizeiten das Land wie geplant ruhig und ordentlich mit der Eisenbahn verlassen konnten, dann auch nur wegen meiner Schwäche und Entschlußlosigkeit. Ja, lassen Sie das hier ruhig den Augenblick der Wahrheit sein. Ihnen wage ich es einzugestehen.
Herr Oberst, sagte Fräulein Törngren still, Sie haben Menelik gerettet.
Böje Thompson brach fast in Gelächter aus. Er dachte an den Bericht von Bab el Mandeb dem Dritten, und durch die Nebel aus Angst, Elend und körperlicher Erschöpfung in dem ratternden Güterzug entsann er sich an die Enthüllungen – und ihm ging auf, daß Menelik nun gerettet, unsichtbar und unantastbar im Volke lebte und daß die Expedition, die alle Eingeweihten – einschließlich der

Italiener – glauben ließ, er führe Menelik aus dem vom Krieg verwüsteten Land heraus, ihre Mission erfüllt hatte.
Also bin ich doch ein Held, dachte er verwirrt, auch wenn niemand weiß, weshalb und auf welche Weise. Sollte ich dann vielleicht auch ein Heiliger werden können, obgleich ich mir das eigentlich nicht vorgestellt hatte – oder zumindest ein Märtyrer wie mein Großonkel David Mortimer? Sollte ich der erste sein, der in seine Fußstapfen tritt? Das hätte sich mein Vater nicht einmal träumen lassen, aber war es nicht gerade das, wovon ich selbst als Kind träumte, wenn ich den Erzählungen meiner Mutter lauschte? Und verhält es sich also so, daß alles in Erfüllung geht – nur, ohne daß wir es erwartet haben und fast gegen unseren Willen?
Aus diesen Überlegungen riß ihn der Klang von Fräulein Törngrens Stimme: Nimm diesen Kelch von mir.
Böje Thompson zuckte zusammen. Plötzlich empfand er ein an Abscheu grenzendes Unbehagen gegenüber Fräulein Törngren und wünschte sich brennend, sie wäre in das, was geschehen sollte, nicht eingeweiht gewesen. Das sollten Sie nicht sagen, sagte er kalt und verbarg seine Gefühle. Das ist Blasphemie. Persönlich ist mir das zwar gleichgültig, denn ich bin nicht gläubig, aber gerade deshalb lasse ich mich nicht gern mit Jesus Christus vergleichen.
Ich habe nur Ihre Gedanken ausgedrückt, Herr Oberst. Fräulein Törngren lächelte pfiffig und bohrte ihren Blick in den seinen.
Der Gedanke, den ich ausgesprochen habe, fuhr sie fort, bedeutet ja nur: Es führt kein Weg zurück. Das muß ein jeder Märtyrer in dem Augenblick denken, in dem sich der Ernst unwiderruflich meldet; so viel habe ich jedenfalls begriffen.
Sollten Sie solche Gedanken nicht mir überlassen? fragte Böje Thompson wütend. Nein, wissen Sie, was ich dachte? Ich dachte, armer junger Mann, der glaubt, er müsse töten, um in dieser wahnsinnigen Welt leben zu können. Er weiß wirklich nicht, was er tut. Und wissen Sie, was ich tun werde? Ich werde auf den Plan eingehen, und wenn ich ihm begegne, werde ich sagen: Junger Mann, halten Sie ein, bevor es zu spät ist! Sie und ich, wir haben beide davon geträumt, etwas Ungewöhnliches zu vollbringen, etwas in den Augen der Welt Wahnsinniges; und wir müssen eigentlich miteinander reden können. Und dann will ich mit ihm reden, und ich bin überzeugt, ich werde ihn aus seinem fürchterlichen Irrtum herausretten können, der nichts weiter ist als ein glänzender Traum der Selbstzerstörung und nur auf die Destruktion seines eigenen verzweifelten Ichs abzielt.

Fräulein Törngren hatte die Augen aufgerissen und starrte den Oberst mit einem Ausdruck voller anbetender Begeisterung an.
So spricht ein echter Heiliger! rief sie, natürlich werden Sie mit Ihrem letzten Gedanken einen Mitmenschen retten wollen. Aber ach! Es wird auch Ihr letzter Gedanke sein, machen Sie sich darauf gefaßt. Ich kenne Ludwig, denken Sie daran, und ich weiß, daß nichts ihn aufhalten kann. Sobald er Ihre Uniform sieht, wird er sich kaltblütig daranmachen, sein Vorhaben durchzuführen, und bevor Sie überhaupt den Mund öffnen können – Sie werden höchstens ein paar Worte hervorbringen –, hat er Sie bereits abgeknallt.
Wir werden sehen, sagte Böje Thompson und erhob sich, am ganzen Körper zitternd, als halte Fräulein Törngren eine todbringende Waffe auf ihn gerichtet.
Aber sie stand nur in ihrem energischen, praktischen und maßgeschneiderten Kostüm vor ihm und sagte: Auf die Einzelheiten der Absprache können wir zurückkommen.
Er war völlig überrumpelt, als das Fräulein danach einen Schritt vortrat, ihn umarmte und ihre schmalen Lippen zu einem Kuß erst auf seine linke, dann auf seine rechte Wange spitzte. Als sie das Zelt verlassen hatte, schüttelte er unwillkürlich mehrmals den Kopf, als wolle er die Spuren der trockenen, stechenden Küsse abschütteln, als könne er sich nicht mit seinem armen Kopf abfinden, solange das Gefühl dieser indiskreten und seltsamen Berührungen noch daran klebte.

Während der Oberst die am Abteilfenster vorbeigleitenden Felder betrachtete, sann er über den rätselhaften Sinn dieser Reise durch Jütland nach. Die Agentur hat Sie im Auge, hatte Fräulein Törngren versichert, ohne zu erklären, wie das vor sich gehe, vermutlich, weil sie es selbst nicht wußte. Deshalb schielte Böje Thompson zuweilen zu seinen Mitreisenden hinüber und fragte sich, ob unter ihnen ein Abgesandter der Agentur zu finden sei. Er konnte jedoch den Gedanken an die Inszenierung eines mörderischen Komplotts nicht mit den Passagieren in Verbindung bringen, die in Abständen ein- und ausstiegen, und nachdem er in ein paar Provinzhotels übernachtet hatte, ohne daß etwas geschehen war, begann er daran zu zweifeln, daß das Ganze überhaupt ernst gemeint sei. Dieser Ludwig hat ihr sicher die Geschichte von der Agentur aufgebunden, wer weiß, zu welchem Zweck. Vielleicht ist er bloß ein gewöhnlicher Psychopath oder Hochstapler, wenn er denn überhaupt existiert, woran man durchaus seine Zweifel haben könnte. Es war, als sei sie

von dem Gedanken meiner Opferung besessen gewesen – vielleicht ist die ganze Geschichte Einbildung, in ihrem Gehirn unter dem Druck der Untätigkeit entstanden, zu der sie verurteilt war, während sie auf die Ankunft der Expedition wartete; oder sie ist Ausdruck eines unbewußten Wunsches danach, mich aus dem Weg zu haben, wenn die Flüchtlinge erst einmal in Schweden landen, so daß sie endlich selbst eine Rolle spielen und vor der Öffentlichkeit als diejenige erscheinen kann, die die Verantwortung für sie trägt, während ich in irgendeinem jütischen Provinznest hocke und darauf warte, Märtyrer zu werden.
Dieser Gedanke brachte Böje Thompson zu einem schaudernden Lächeln, denn er hatte ihn nicht davon überzeugt, daß das Ganze Dichtung und Betrug sei, sondern nur noch ein weiteres Mal seine Aufmerksamkeit auf den ehrenvollen Grund seiner Anwesenheit in diesem Zug gelenkt, wobei er fest entschlossen war, den Attentäter zu entwaffnen und ihn so vor der Untat zu retten, aber auch einverstanden mit seinem Schicksal, falls es mißlingen sollte. Der Gedanke an Ludwigs stilles, in sich gekehrtes Lächeln und seine schmalen, weißen Hände verfolgte ihn und erfüllte ihn mit einer Neugier, der er nur widerstrebend nachgab, wobei er sich vorzustellen suchte, wie er dem schönen und unbarmherzigen Mörder Auge in Auge gegenüberstehe. Je mehr sich sein Gedanke mit dieser Situation beschäftigte, um so unumgänglicher erschien sie ihm, und die Versuche, den Attentäter zu entwaffnen, trugen immer stärker den Charakter von gut verhüllten Liebeserklärungen. Ich will, ich muß ihm auch vergeben, flüsterte sich der Oberst insgeheim zu, ihm vergeben und erklären, daß er die späte, unerwartete Erfüllung meines Lebenstraumes darstellt; des Traumes, den ich – viele Jahre ohne mein eigenes Wissen – geträumt habe, seit ich mir als Kind David Mortimers blutbefleckten Körper vorstellte; gleichzeitig die Erfüllung des anderen Traumes, des Traumes, der mich bei der Begegnung mit dem Körper des jungen Mannes untergehen ließ, als er mir seine schönen Geheimnisse enthüllte.
Als der Zug nun wieder einmal an einer Station anhielt, beschloß der Oberst auszusteigen, und auf dem Schild las er den Namen des kleinen Dorfes: Engesvang. Er erschien ihm exotisch und unverständlich, und als er die kleine Straße in Richtung auf das Hotel entlangging, spürte er die Blicke, die ihm aus dem dunklen Inneren der kleinen, weißgekalkten Häuser mißtrauisch folgten. Genauso rätselhaft wie Afrika, dachte er, während er sich diskret umblickte und darüber nachdachte, was hier wohl für ein Leben gelebt werde.

Als er im Hotelzimmer stand, sagte er zu sich, sollte ich nicht auf mich aufmerksam machen? Ob sie mich wohl mit Absicht auf die Folter spannen, indem sie das Ganze verzögern, oder ob ich ihnen wohl bloß abhanden gekommen bin?
Er ging hinunter, bat darum, telefonieren zu dürfen, und verlangte das Amt.
Als die Verbindung zustande gekommen war, sagte er: Ich hätte gern die Agentur des Todes – leider kenne ich die Nummer nicht.
Einen Augenblick, erwiderte die Telefonistin, worauf lange Zeit verging.
Böje Thompson lauschte der Stille im Hörer und dachte daran, daß die Stille vielleicht die Stimme der Agentur sei, als die Telefonistin plötzlich sagte: Bitte, Sie bekommen die Verbindung direkt.
Danke, sagte Böje Thompson mit dem Gefühl, daß die Telefonistin schon weit fort sei und es nicht mehr auffangen konnte, denn er hörte mehrmals ein Klicken von den fernen, phantastischen Relais, die nun blitzschnell die Verbindung herstellten, von der alles abhing, und als die Stille wieder eingetreten war, erklang eine ruhige Stimme, die sagte: Hallo, hier ist die Agentur des Todes.
Hier ist Böje Thompson, sagte Böje Thompson nervös, meiner Ansicht nach habe ich eine Verabredung mit einem Ihrer Agenten, mit Ludwig Flügel. Läßt sich das wohl bestätigen?
Einen Moment, ließ sich die Stimme vernehmen, doch sie erklang sofort erneut: Herr Thompson, wo befinden Sie sich jetzt?
Ich dachte, die Agentur hätte mich im Auge.
Das ist überhaupt nicht nötig. Wir wissen, Sie haben uns vor Augen. Also, wo befinden Sie sich?
Und wenn ich nun keine Lust habe, Ihnen das zu erzählen?
Die Stimme klang ungeduldig, als sie sagte: Weshalb sollten Sie uns denn sonst anrufen, Herr Thompson? Wir spielen ja nicht Räuber und Gendarm, oder?
Böje Thompson lachte nervös und erwiderte: In Wirklichkeit wissen Sie wohl sicher sehr gut, daß ich mich in Engesvang aufhalte; wenn nicht, dann habe ich nichts dagegen, Ihnen diese Auskunft zu geben.
Engesvang – einen Augenblick, lassen Sie mich mal sehen.
Erneut eine kurze Stille. Böje Thompson schwitzte. Er klammerte sich an den Hörer und preßte ihn hart gegen das Ohr, als fürchtete er, es könnte ihm der kleinste Laut entgehen oder die Verbindung in der schrecklichen Stille dahinschwinden, die den kleinen schwarzen Bakelittrichter mit dem Nichts verband.

Er atmete erleichtert auf, als er die Stimme vernahm: Es macht zwar etwas Mühe, aber wir können bereits morgen Ihre Verabredung arrangieren, Herr Thompson, und weshalb sie dann verschieben? Sie brauchen nur den Zug von Engesvang aus nach Westen zu nehmen und in Hammerum auszusteigen, dort wird Ludwig Sie auf dem Bahnhof treffen. Er ist sehr ungeduldig und wartet bereits seit mehreren Tagen am Telefon, er wird also glücklich sein.
Hammerum, wiederholte Böje Thompson, welch sonderbarer Name! Warum ausgerechnet Hammerum?
Das ist ein Zufall, erklang die Antwort, es paßt nun einmal am besten so. Weshalb befinden Sie sich gerade in Engesvang und nicht an irgendeinem anderen Ort, könnte ich ja auch fragen. Das ist wohl sicher eines dieser Rätsel, die es uns nie ganz zu ergründen gelingt, nicht wahr? Aber ist das nicht auch gleichgültig, Hauptsache, die Dinge laufen so, wie sie sollen? Übrigens, Herr Oberst, Sie müssen sich darauf gefaßt machen, daß der Zug nicht pünktlich kommt. Wir müssen etwas in den Zugverkehr eingreifen, damit das Ganze klappt. Für diese Reise können Sie nicht mit dem normalen Fahrplan rechnen. Halten Sie sich also für alle Fälle auf dem Bahnhof bereit.
Können Sie auch in den Eisenbahnbetrieb eingreifen? fragte der Oberst verwundert.
Das ist unsere geringste Schwierigkeit, antwortete die Stimme mit einem kleinen Lachen. Ach, Herr Oberst, Sie ahnen nicht, wie leicht es ist, den normalen Zustand der Dinge zu stören.
Ich werde bereit sein, sagte Böje Thompson.
Damit rechnen wir auch. Leben Sie wohl, Herr Thompson. Viel Glück.
Als Böje Thompson den Hörer wieder eingehängt und zur Beendigung des Gesprächs die kleine Kurbel an der Seite des feinen, geschnitzten Holzkastens gedreht hatte, der an der Wand hing und dessen Gabel an der anderen Seite herausragte – der Apparat klingelte mit einem betrübten Ton, als er zögernd drehte –, ging er in die leere Schankstube und bestellte ein Glas Portwein. Er fühlte den Drang nach irgendeiner Art von Zerstreuung, gleichgültig, welcher, die seine Gedanken ablenken konnte, und setzte sich ans Fenster, wo er auf die Straße hinausschauen konnte. Doch die Straße lag in der frühen Abendstunde völlig still, öde und menschenverlassen da, weshalb er statt dessen hoffnungsvoll dem Wirt entgegenblickte, der nun mit einem Glas und einer Flasche kam und ihm einschenkte. Er hatte ein großes, bleiches und trockenes Gesicht, das an die

gelbgekalkte Fassade des Hotels mit den dunklen Gucklöchern der Fenster, dem schwarzen Schild über der Tür mit den eckigen weißen Buchstaben und die blanken, schwarzglasierten Ziegel des Daches erinnerte.

Verzeihung, wandte sich der Oberst an den Wirt, als dieser das Glas vor ihn auf den Tisch stellte, aber Sie würden wohl nicht so nett sein und mir ein wenig von der Gegend hier erzählen? Wenn es denn etwas für einen Fremden Interessantes zu erzählen gibt.

Das kommt wohl darauf an, sagte der Wirt und sah ihn verwundert an. Bei uns hier gibt es keine interessanten Ruinen, historischen Denkmäler oder naturschönen Gebiete. Alles ist trübselig und alltäglich und genauso trivial wie die flachen Felder.

Aber die Menschen, fragte Böje Thompson, wie leben sie?

Was soll man von den Menschen schon sagen? sinnierte der Wirt und sah vor sich hin, als denke er nach. Woran sollen sie schon denken, wenn nicht an die tägliche Plackerei von morgens bis abends? An denen ist wahrlich nicht viel Spannendes dran. Sie sind dumm und arbeitsam, und das müssen sie sein, sonst würden sie völlig in Armut und Elend zugrunde gehen.

Böje Thompson schüttelte ungläubig den Kopf und fragte: Wie können sie denn dann das Leben aushalten?

Wer sagt denn, daß sie das können? war die Antwort des Wirtes, der nun ganz heiter aussah, als belebe ihn der Gedanke an dieses Elend.

An so etwas denken die überhaupt nicht, fuhr er fort, mit so etwas geben sich nur die Leute in den größeren Städten ab, die nicht wissen, womit sie die Zeit totschlagen sollen, und dann noch Leute wie Sie und ich.

Aber dann sind sie wohl in gewisser Weise glücklich, sagte der Oberst nachdenklich. Es sind doch wohl die Grübeleien, die uns unglücklich machen, nicht wahr?

Der Wirt lachte unmotiviert vor sich hin und setzte sich gegenüber von Böje Thompson auf einen Stuhl.

Ganz im Gegenteil, sagte er und fuhr mit einem abschätzenden Blick auf den Oberst fort, ich muß schon sagen! Bilden Sie sich wirklich ein, besonders unglücklich zu sein, weil Sie Zeit und Ruhe haben, über das Elend und den leeren Tand nachzugrübeln, mit denen man sich hier im Dasein abzufinden hat? Ich möchte die Grübeleien einen angenehmen Zeitvertreib nennen im Vergleich zu dem wirklichen Unglück, doch das kennen Sie vielleicht nicht, und dann sind Sie – wenn Sie zu den Leuten gehören, die überall,

wo sie hinkommen, gern etwas Neues über das Leben lernen möchten, und so sehen Sie aus – in die richtige Gegend gekommen.
Das freut mich, sagte Böje Thompson.
Der Wirt knurrte: Das sollten Sie nun doch nicht sagen! Sie wissen wohl nicht, wohin Sie sich hier verirrt haben.
Er starrte den Obersten mit einem Ausdruck finsteren Widerwillens an, der sich jedoch nicht gegen diesen zu richten schien, sondern eher gegen irgendeine Vorstellung, die er nicht loswerden konnte.
Ich würde die verderbten und unglücklichen Tiere am liebsten vergessen, fuhr er resigniert fort, aber glauben Sie, das sei möglich? Nicht umsonst heißt der größte Hof hier in der Gegend Utgart, und wenn der nicht gewesen wäre, hätte sich das Leben wohl sicher ein wenig heller gestaltet, und es wäre nicht alles so erdrückend gewesen, denn er hat dem Ganzen seinen Stempel aufgedrückt. Doch so ist es nun mal, und damit müssen wir leben – eine solche Barbarei und solche Absonderlichkeiten findet man nicht so schnell noch einmal. Wenn so etwas Sie wirklich interessiert, will ich Ihnen gern manches erzählen, damit Sie einen Eindruck von der Geschichte der Gegend bekommen, die ja wohl nicht ganz gewöhnlich ist, obwohl ich das nicht mit Bestimmtheit weiß, denn ich bin nie über unsere Harde hinausgekommen.

In ganz alten Zeiten war diese Gegend wüst und gottverlassen und die Erde so unfruchtbar, daß es niemandem im Traum einfiel, sich hier niederzulassen. Sie war wohl auch nie als die Heimstätte von Menschen gedacht gewesen, ja, selbst das Tierreich war, nach allem, was ich gehört habe, spärlich und bestand zumeist aus Kreuzottern und verzweifelten Feldmäusen, die sich im Heidekraut versteckten, aber dennoch immer die sichere Beute der Schlangen waren. Was jemanden dazu brachte, sich hier draußen niederzulassen, weiß ich nicht, vermutlich die Stupidität und sonderbare Querköpfigkeit, die Menschen dazu bringt, gegen ihre eigene Einsicht Dinge zu tun, die nur schiefgehen können, als sei das die einzige Art und Weise, in der sie ein bißchen Genuß aus dem Dasein herausholen könnten – wenn sie denn nicht hier herauszogen, weil sie sich in den Augen von anständigen und honetten Leuten unmöglich gemacht hatten und niemand etwas mit ihnen zu tun haben wollte. Wie dem auch sei, einst, vor langer, langer Zeit, fanden sie den Weg über die Heide, und je mehr sie beim Anblick dieser trübseligen, endlosen Weiten verzweifelten, deren Heidekraut unter dem Brand der Sonne völlig eingetrocknet war und deshalb schwarz und freudlos aussah, desto mehr fühlten sie sich in ihren verhärteten und rätselhaften Seelen davon überzeugt, hier gehörten sie her. Sie hielten an der trübseligsten Stelle, die sie finden konnten, an, sahen sich befriedigt um, wobei sie sich grämten, und besiegelten ihren Entschluß hierzubleiben mit mehrtägigem Schweigen – gesprächig waren sie sowieso nicht sonderlich –, während sie sich gleichzeitig an die Errichtung der ersten elenden Hütte machten, die ihnen viele Jahre hindurch einen miserablen Schutz vor der Witterung bieten sollte, die hier draußen Sommer wie Winter immer rauher und unbarmherziger war als anderswo. Unglück und Krankheit brachten sie mit sich, unter unmenschlicher Plackerei bekamen sie die Erde unter den Pflug, aber immer trug sie weniger als erwartet, und ihr Vieh ähnelte drohenden und gespenstischen Schemen, um die die wenigen Vorbeikommenden, die ein Zufall in diese Gegend verschlug, einen großen Bogen machten und denen nur sie selbst sich zu nähern wagten, und auch das nur unter Gefahr für Leib und Leben. Dennoch wuchs der Hof, wo die Heide weichen mußte, breiteten sich diese kargen und schrecklichen Felder aus, die kein Mensch erblicken konnte, ohne von düsteren Ahnungen gelähmt zu werden, als trügen sie die Saat der Vernichtung, obgleich sie im Abstand von einigen Jahren – denn jedes Jahr ernten konnte man bei weitem nicht – von den Knechten und Mägden abgeerntet wurden, die sich nun dort verdingt hatten und sich für einen elenden Lohn und eine elende Unterkunft die Seele aus dem Leib schinden mußten und für eine unzulängliche Verpflegung, die in ihrem Körper, der immer abgearbeiteter gegen das endgültige Erliegen ankämpfte, einen Schmerz von chronischem Hunger und dauernder Verzweiflung zurückließ. Aber man muß schon sagen, niemand schuftete mehr als der Bauer und die Bäuerin, als bekämpften sie das Leben in sich und könnten es nur im Zaum halten, indem sie es dem Joch dieser nicht abzuschüttelnden Sklaverei und unmenschlichen Qual unterwarfen, von dem sie weder lassen konnten noch wollten, sondern das sie auf ihre gesamte Umgebung, die sprechende wie die sprachlose, und selbst die leblosen, aber dennoch beeinflußbaren und verfluchten Dinge übertrugen. Zur Verbreitung der Macht ihres Unglücks und Elends hatten sie sich längst mit einer freudlosen Energie an das Zeugen von Kindern gemacht, was bedrückte und kränkliche Geschöpfe hervorbrachte, deren Augen einen leeren und völlig leblosen Ausdruck hatten, als wüßten sie von der unfruchtbaren und tödlichen Gleichgültigkeit, mit der die ächzenden und widerwilligen Körper ihrer Eltern sie unter einer Hülle aus Nacht und

Leere gezeugt hatten. Scham und Schande kamen über sie allerdings erst, als die Schwester der Bäuerin bei ihnen einzog und die Luft zwischen den vier Flügeln, die sie in der Zwischenzeit hochgezogen hatten, mit einem erstickenden Hauch von Lust und Geheimnissen erfüllte. Sie war rothaarig und sah der Bäuerin nicht ähnlich, deren magere und abgehärtete Gestalt unheilschwanger und trübsinnig war wie eine alte Mähre, die einen Dragoner geduldig durch die blutigen Schlachtfelder aller Niederlagen geschleppt hat – nein, sie bewegte mit furchteinflößender Faulheit einen trägen und üppigen Körper voller weißer und roter Säfte, die ihn weiteten und unter der schwarzen Kleidung sichtlich beben und schwellen ließen, als sei sie nackt und gehe auf dem Pflaster und in der ersterbenden Dämmerung der niedrigen Räume leuchtend weiß und barfüßig umher. In seinen Träumen wurde der Bauer von einem Feuer heimgesucht, dessen rote Flammen zwischen seinen steifen und müden Beinen emporleckten und die Leiste erreichten, wo sie sich festklebten und seinen riesigen Körper sich in Schmerzen winden ließen, die er selbst im Wachen nicht vergessen konnte und weshalb er alle Muskeln seines Körpers anspannen mußte, um nicht mit einem Brüllen nachzugeben, das mit einem Male die mitteilslose Trägheit ihres Daseins über den Haufen geworfen hätte. Obgleich sie ihre trübsinnige, schindbare und nahezu leblose Brut, die von morgens bis abends mit Arbeit und Hieben erzogen worden war, bereits über die ganze Gemeinde verbreitet und nur noch ein paar Stück bei sich zu Hause hatten, kroch die Bäuerin des Nachts dennoch zu ihm ins Bett und rächte sich an den Träumen, die sie auf dem Grund seines starren und erloschenen Blicks gelesen hatte, indem sie ihn in ihr bereits verdörrtes Geheimnis hineinzwang, das sich mit einer bösen Wollust bar des Genusses an ihm festbiß. Zu der Zeit kam ein Knecht auf den Hof, dessen strahlende Männlichkeit den Körper der rothaarigen Schwester einen so gefährlichen und aufreizenden Geruch von Verzückung aussenden ließ, daß selbst die Tiere unruhig wurden. Der Knecht, der selbst verheiratet war und Kinder hatte, umkreiste sie und wurde immer ungebärdiger, während sie sich an dem Geruch aus Stallmist, Haustier und der Gärung des seinem Körper entströmenden Schweißes berauschte, den er ausstrahlte, wenn er an ihr vorbeiging und seine Augen an dem unbeherrschten Schwellen ihrer Formen klebten. Es war ein brennend heißer, trockener und staubiger Spätsommer, der alle sich mit traumwandlerischer Sicherheit in die Nähe des Todes bewegen ließ, wo sie, ein vertrautes Murmeln und Fürchten wie eine unbekannte Schwere in den

Gliedern, ihre verhängnisvollen Absprachen über das Kommende trafen. Alle glühten sie ganz und schwiegen fest. Sie ließ sich keine Gelegenheit entgehen, den Bauern mit ihrem frechen und trägen Körper und mit den Augen, die sie dem Knecht machte, zu quälen und ließ ihn sehen, wie sie zusammen in die Scheune strebten, um ihn noch mehr zu quälen, bis es ihm schließlich unerträglich wurde und er ihnen nachging. Da hatte sie sich so weit entblößt, daß ihn der Anblick ihrer weißen Brüste in der Dunkelheit der Scheune endlich und zum erstenmal tief aufseufzen ließ, während er zugleich so blind und wild wurde, daß er nicht wußte, was er tat oder was geschah. Er hielt eine Heugabel in der Hand und starrte auf den Knecht hinab, aus dessen durchlöchertem Körper das Blut in einem dicken Strom herausquoll, während die Frau auf den Hof geflüchtet war, wo sie wie von Sinnen schrie und zuletzt ohnmächtig umfiel, Schaum vor dem Mund, in den verkrampften Händen große Büschel ihrer roten Haare. Der Bauer nahm die Frau und die Kinder des Knechts zu sich, und als er die zarte, kränkliche und verschreckte Frau erblickte, bedeckte er sie, ließ jedoch die Tochter, die sie gebar, als das Kind des toten Knechts durchgehen. Sie wuchs als ein stilles und verschüchtertes Wesen auf, das seine Herkunft nicht kannte und in jeder Beziehung ein Kind Utgarts war, das letztlich in einer krankhaften und widersinnigen Weise eine ebenso zähe Beharrlichkeit besitzen sollte wie der Bauer selbst.

Noch als junges Mädchen vergaffte sie sich in einen Meieristen, der seinerseits sehen konnte, was sie in sich barg, und dessen betriebsamer Unternehmungsgeist und hygienische Männlichkeit ihr Verlangen nach Schutz befriedigten. Die Bäuerin sagte diesem Kind ihres ungetreuen Mannes ein öderes und freudloseres Dasein voraus, als man selbst auf Utgart gewöhnt war; es war zwar eine bekannte Sache, daß die Weissagungen der Bäuerin kein leeres Gerede waren, doch das schreckte sie nicht, als plane sie mit der Unbeugsamkeit eines ererbten Willens und einem untrüglichen Instinkt für die unhandgreifliche Tyrannei der Ohnmacht und des Leidens die qualvollen Siege eines jahrelangen Martyriums. Da kam aus der fernen Fremde ein Mann zum Hof, der von der verhaßten, üppigen Welt um Utgart, die sie leugneten und bekämpften, erzählen konnte, von den großen Weltmeeren voller Fische, Delphine und Wale, die sie nie gesehen hatten, und von den schamlosen Sitten und Gebräuchen unter den Menschen, die die Erde bevölkerten und von denen sie nichts wissen wollten. Noch immer völlig besessen von ihrer geilen Sehnsucht nach dem Toten, an den der Geruch nach Haustier und

Mist sie ständig in einer qualvollen Weise erinnerte, der sie sich nicht entziehen konnte, suchte die rothaarige Schwester Trost bei dem Fremden, der sie leichtsinnig lockte und durch seine Aura von verbotenem Abenteuer versuchte. Wenn die Sonne im Zenit stand, verließen sie den Hof in verschiedenen Richtungen und suchten hinaus über die trockenen und versengten Felder, doch wenn sie auch beide immer geradeaus gingen, so begegneten sie sich doch zuletzt, und irgendwo in dem verdorrten Gras zeigte sie ihm ihre kleine rote Flamme und gab sich ihm mit einer Wildheit hin, deren Stärke sie selbst überraschte und sie mit einem tückischen Zorn schüttelte, der sie langgezogen jammern und vor Furcht und Triumph fast den Verstand verlieren ließ. Jeden Tag verließen sie den Hof in verschiedenen Richtungen und trafen sich an derselben Stelle, wo die Erde von all dem säuerlichen Schweiß durchtränkt wurde, der ihnen bei ihren heftigen und stürmischen Anstrengungen entströmte, und allmählich glichen sie immer mehr Schlafwandlern, die mit starren Gesichtern einem Traum gehorchen, dessen Macht sie nicht brechen können. Als die Frau die ersten Folgen des Verhältnisses spürte und sie vor dem Fremden zur Sprache brachte, wurde er nachdenklich und antwortete hinhaltend auf ihre Fragen nach den fernen Küsten, die sie zusammen würden erreichen können und wo ihr Kind, fern von Utgarts Fluch und der tyrannischen Herrschaft des Bauern, ein anderes Leben führen konnte. Eines Tages war der Fremde fort, und die Frau legte sich in ihre Kammer, wo sie Tag und Nacht ohne sich zu rühren liegenblieb, während die Schande von Woche zu Woche und Monat zu Monat in ihr wuchs, bis sie endlich vor Schmerz und Wut schreiend einen Jungen gebar, den die Bäuerin entband und sofort in ein Kinderheim schickte, wo er etwa zehn Jahre blieb, bis er so groß war, daß er sich nützlich machen konnte. Er stand mit leerem und ausdruckslosem Gesicht elternlos im Hof, und der Bauer wies ihm Arbeit an und ließ ihn wie einen Erwachsenen schuften, so daß er im Laufe weniger Jahre krumm und schief geworden war und einen hündischen und gaffenden Gesichtsausdruck bekommen hatte, der sich nicht mehr wunderte, daß der Bauer ihn wegen des geringsten Versehens hart strafte und keine Gelegenheit versäumte, Schläge und Hiebe auf ihn niederregnen zu lassen. Die Schwester betrachtete diese Untaten mit einer in Schmerz und Apathie erstarrten Miene, ihre roten Haare ergrauten, aber noch gärte es in ihrem gefährlichen Körper, dessen Organe erneut zu hungern begannen und ihr starres, verhärmtes Gesicht mit einem Schein von Überdruß und Rachsucht belebten.

Als der Elternlose auf Nimmerwiedersehen verschwand – vielleicht endete er in einer Irrenanstalt oder als gemeiner Dieb und Verbrecher –, waren bald auch keine Mägde und Knechte mehr übrig, die letzten starben oder verließen den Hof während der kommenden Jahre. Die Kinder waren allesamt längst fort – ja, auch einige der Kinder waren tot –, übrig waren die drei, die sich nicht mehr voneinander losreißen konnten, auch wenn sie gewollt hätten, doch von Wollen war gar keine Rede, war es nie gewesen. Zusammen suchten und erstrebten sie die endgültig unfruchtbare Existenz, als hätten sie noch bei lebendigem Leibe die Leblosigkeit gewählt, auf die das Universum zusteuert, das alles Lebendige jedoch ansonsten leugnet, und jeder von ihnen unterwarf sich willig der unabwendbaren Bearbeitung durch die geduldige, gelassene Zeit. Denn des Bauern Wille zu despotischer Macht war nie stärker, unbedingter, gefestigter und unbrauchbarer gewesen. Der schlaue und haßerfüllte Blick der Bäuerin, der immer voller unheimlicher Vorahnungen gewesen war, eignete sich langsam soviel Macht an, daß sie allmählich imstande war, das Kommende mit dem Keim ihrer Zerstörung zu besudeln und ungeborene Ereignisse im Muster des Todes zu verkoppeln. Über das Vergangene nachbrütend, dessen verwester und giftiger Gestank ihre einzige Nahrung darstellte, gab sich die faule Schwester der Bäuerin dem Genuß der unumgänglichen Verderbnis ihres lüsternen und verblühten Körpers hin, den sie immer weiter in schamloser Frechheit vor dem Bauern zur Schau stellte, dessen verklemmte, verzweifelte Qual – die die Bäuerin mit unverhohlener Schadenfreude genoß – sie auf diese Weise schürte und womit sie ihrem Alter einen grotesken Inhalt von schändlichen Neigungen, unbefriedigter Lust und seniler Verstohlenheit verlieh, die nur viel zu gut zu dem Leben paßten, das sie alle drei geführt hatten. So leben sie vielleicht noch heute, doch das weiß niemand, denn seit Jahr und Tag hat niemand sie mehr besucht – oder wenn jemand sie besucht hat, dann ist er Hals über Kopf geflohen, ohne bei uns haltzumachen und über das Gesehene zu berichten –, und übrigens kommt es uns so vor, als hätten sie bereits eine Ewigkeit so gelebt, denn Utgart ist aus irgendeinem Grund auch dasselbe wie ein Gefühl des Stillstands der Zeit, der Unveränderlichkeit aller Dinge, obwohl doch immerhin das eine oder andere geschieht. Utgart, sagte ich die ganze Zeit, als sei das der Name eines Ortes oder einer Wirklichkeit, aber vielleicht ist es eine Sage, obgleich hier im Dorf quicklebendig Leute herumlaufen, die dort draußen geboren sind; oder vielleicht ist es auch der Name des Fluchs, der ursprünglich über dieser unfruchtbaren Erde ruhte und den diese Menschen zu spüren bekommen sollten, die sie gleichgültig wo und unter welchen Umständen in Besitz nehmen und sich zu eigen machen wollten; oder aber es ist eine der Luftspiegelungen, die man in diesem flachen Land erleben kann, wenn man das Glück oder das Pech hat, und deren unerwartete Herrlichkeiten vielleicht von einem selbst stammen. Aber hier in der Gegend haben wir uns nun so an Utgart gewöhnt, daß wir uns die Welt ohne es gar nicht vorstellen können, obwohl wir schon davon träumen und phantasieren können – doch wozu? Es gibt zwar Leute, die behaupten, Utgart sei dabei zu verschwinden, aber ihre Behauptung beweisen – sehen Sie, das können sie nicht. Und wenn man sie bittet, selbst da draußen nachzusehen, kommt immer irgend etwas dazwischen, das sie verhindert, so daß sie es auf einen anderen Tag verschieben müssen, der natürlich nie eintrifft. Doch ich glaube, selbst wenn Utgart wirklich verschwindet oder vielleicht bereits vor Jahrzehnten verschwunden sein sollte – ja, oder vielleicht immer nur als ein Fluch, eine Luftspiegelung oder eine andere Halluzination existiert hat –, so bedeutet das alles überhaupt nichts. Was wäre dann statt dessen? Nichts anderes als Leere. Doch dann würde die Leere, die Utgart hinterläßt, nur dasselbe bedeuten wie Utgart selbst.

5

Die Geheimnisse Böje Thompsons,
des Lokomotivführers und des Unbekannten.
Elias Lönns und des Scholiers
letzte Geschichten. Ankunft und Friede

Ich weiß nicht, wie es zuging, sagte Böje Thompson, um die drükkende Stimmung zu unterbrechen, als der Zug von der Station Bording abfuhr. Ich habe Ihnen nichts über die Expedition und darüber, wie ich aus Afrika hier in Jütland gelandet bin, erzählt; aber ich habe das Gefühl, daß ich noch weiter zurückgehen muß, um zu erklären, wie das Ganze zusammenhängt.
Vielleicht, fuhr er mit einem entschuldigenden Lächeln fort, auch ebensosehr, um es mir selbst zu erklären, und wir haben ja Zeit.
Ich übernahm den Durst meines Geschlechts danach, der Menschheit zu Hilfe zu kommen, insbesondere der Menschheit, die weit weg von Schweden wohnt und deshalb die Hilfe im größten Ausmaß benötigt. Mein Großonkel, David Mortimer Thompson, war in dem ehrenvollen Versuch gefallen, zwischen den Weißen und den Indianern Frieden zu stiften, und ich mußte mir schon frühzeitig seine übel zugerichtete Leiche vorstellen. Das ist die Nachfolge Christi, sagte meine Mutter, und ich machte mich mit dem blutigen Mysterium des Martyriums vertraut. Doch dann hatte ich ein Erlebnis, bei dem Christus eine Rolle für mich spielte, die ich meiner Mutter nicht erklären konnte; dabei war sie die Ursache dafür.
Als ich etwa fünfzehn war, nahm mich meine Mama mit zu einem Besuch bei einem Onkel in Schonen, wo wir eines Tages die Gelegenheit nutzten, um nach Kopenhagen zu fahren – sie wollte mir unter anderem die Liebfrauenkirche zeigen. Dort drin überkam mich das heftige Verlangen, auf die Knie zu fallen und Thorvaldsens berühmten Christus anzubeten, aber mir war bewußt, daß das viel zu exaltiert wirken würde. Nein, ich wollte nicht nur anbeten, ich wollte berühren, ergriffen von einer geheimnisvollen Sehnsucht, die ich nicht verstand. Aber ich mußte wie ein wohlerzogener Tourist andächtig dastehen und frieren, weil der Raum kalt war, als befänden wir uns in dem erhabenen, leblosen Inneren eines großen, kalten Steines – und gleichzeitig diese schamlose Begierde, mit den Lippen seine großen Marmorzehen zu berühren, zügeln.
Es war das erste Mal, daß ich einen Christus gesehen hatte, der mich so berührte. Wie er so dastand, mit seinen leicht ausgebreiteten Armen, als winke er mich näher, konnte ich in ihm keinen Vater erblikken – von meinem eigenen strengen Vater wußte ich, daß ein Vater

etwas ganz anderes ist; ebensowenig vermochte ich einen Gott in ihm zu sehen, denn ich konnte seine Form der Nähe nicht zu meinen freilich ziemlich unklaren Vorstellungen von göttlicher Nähe in Beziehung setzen; dafür aber faßte ich ihn als einen älteren Kameraden auf, der sich mit einer Freimütigkeit an mich wandte, die etwas Geheimnisvolles und Ungeklärtes in sich barg. Er trug ja auch ein fremdartiges Gewand wie manchmal auch die Gestalten, die sich in unseren Träumen etwas anmaßen, und ich wurde mir plötzlich meiner Kleidung bewußt, meines Anzugs, meines Hemds, meines Kragens, meiner Schuhe – in einer völlig wirren und ungewohnten Weise, und balancierte unruhig an dem Abstand hin und her, der uns trennte und an dessen Ende er mich mit seinen nackten Armen und Schultern und dem eleganten Fall seines lang herabhängenden Haares erwartete.

Meine eigene Haut war mir immer bedeutungsvoll erschienen und irgendwie schicksalsschwer, ja, im buchstäblichen Sinne schwer mit meinem Schicksal. Ich weiß nicht, wie es anderen Menschen oder, genauer gesagt, anderen Männern mit ihrer Haut geht, aus dem einfachen Grund, weil dieses Thema in ihren Gesprächen nie berührt wird. Armbewußtsein und Darmbewußtsein haben alle Männer, und sie haben auch Kopfbewußtsein, Herzbewußtsein und Lungenbewußtsein sowie Fußbewußtsein. Mit der Haut aber ist es etwas ganz anderes. Vielleicht fürchten sie sich vor diesem sensiblen und elastischen Teil ihres sichtbaren und fühlbaren Körpers; oder vielleicht sind sie auch nur nicht feinfühlig genug, um dessen Existenz zu erfassen oder jedenfalls etwas Besonderes darin zu erblicken. Oder aber sie sind alle ebenso verschämt, wie ich es bis zu diesem Augenblick gewesen bin, wo ich alle Scham beiseite schiebe. Das ist in gewisser Weise das wahrscheinlichste.

Meine Haut erwähne ich hier unter anderem wegen ihrer Weiße, in die ich insgeheim immer verliebt gewesen war. Wie soll ich erklären, daß diese Eigenliebe völlig selbstlos war, wenn ich es selbst nicht verstehe? Doch der aus Marmor gehauene Christus von Thorvaldsen hat noch weißere Haut als ich, und ich stellte mir vor, daß er seine Weiße noch stärker und innerlicher lieben mußte als ich die meine. Ich stellte mir auch etwas anderes vor, nämlich, was die Hautberührung der Gewänder bedeutete und wie sie sich zu der Berührung meiner Haut durch meine Kleidung verhielt. Der Vergleich fiel zugunsten der Gewänder aus, ich war somit bereit, ihn in jeder Beziehung als ein höherstehendes und vollkommeneres Wesen anzuerkennen.

Die Ungeheuerlichkeit meiner Gedanken war so einleuchtend, daß ich fürchtete, sie seien in meinem Blick zu lesen, weshalb ich die Augen senkte. An diesem Tag begann ich mit niedergeschlagenen Augen die Umrisse eines Lochs im Universum zu ahnen, das ich später gegen meinen Willen sollte erforschen müssen. Vorläufig war mir Christus auf eine Art zur Realität geworden, die ich mir nicht vorgestellt hatte und die ich bei weitem nicht verstand.
So lagen die Dinge noch immer, als ich als blutjunger Leutnant – denn wir Thompsons haben immer schnell Karriere gemacht – im Dritten Leibjägerregiment an einem Manöver im nördlichen Schweden teilnahm. Zu dem Zeitpunkt war ich bereits verlobt, worauf ich zurückkommen werde, denn das geht die Sache im höchsten Maße etwas an. Vorläufig aber möchte ich folgendes erzählen:
Eines Tages, als ich mich mit einer kleinen Streife auf dem Weg durch die öden, unwegsamen und großartigen Landschaften befand, in denen das Manöver stattfand, machten wir auf einem Höhenrücken halt, um die Karte zu studieren und zu beschließen, wie wir weiter verfahren sollten. Wir hatten einen Erkundungsauftrag, und viel sprach dafür, daß wir uns an diesem Punkt in kleinere Einheiten teilten, um uns später, nach Ablauf von vierundzwanzig Stunden, wiederzutreffen. Ich hatte zwar das Kommando, aber wir diskutierten den Auftrag eifrig miteinander. Irgendwann entfernte ich mich von der Gruppe und stand einen Augenblick lang in Gedanken versunken da und blickte über die Landschaft hinaus. Ich weiß nicht genauer, was da geschah, als ich mich wieder umdrehte – in gewisser Weise war es, als befände ich mich an einem sehr fernen Punkt und beobachtete von dort aus die jungen Männer; oder als sei ich wie ein Engel angeflogen gekommen und habe mich hier niedergelassen und könne mich nicht sattsehen an den jungen, irdischen Männern mit ihren rotwangigen Gesichtern und klaren blauen Augen. Ob Engel oder Mensch, sagte ich zu mir, ich bin jedenfalls glücklich, daß es die jungen Männer gibt – gibt es etwas Besseres als ihre Kameradschaft, ihre frischen Stimmen, ihr Lachen? Und dann hier draußen in der Einöde, wo sie irgendwie erst richtig hingehören, fern von dem geregelten Dasein der Stadt, fern von dem Gezänk der Stadt und von dem ohrenbetäubenden gesellschaftlichen Komödienspiel, das in Wirklichkeit eintönig und unerträglich ist. Nein, die Stille hier, in einem grenzenlosen Raum, die klare Luft mit dem feinen Gewürz der Düfte, das ist ihr bestes Element; die Strapazen hier draußen lassen sie aufblühen, so daß man wünschen könnte, sie brauchten nie zurückzukehren.

So stand ich wie ein Engel und bewunderte sie, als mir aufging, daß die jungen Burschen mir ihre Aufmerksamkeit zugewandt und mich einen Augenblick lang erwartungsvoll und danach verwundert angestarrt hatten, so daß man fast hätte meinen sollen, sie sähen wirklich einen Engel aus der Ferne, der einen Moment lang meinen Platz eingenommen hatte. So war es wohl kaum, irgend etwas aber mußten sie gesehen haben, ihrem Schweigen und den Stimmen nach zu urteilen, als sie wieder miteinander zu sprechen begannen, als ich mich näherte, denn ihre Stimmen waren jetzt gedämpfter, doch in einer musikalischen Weise, als wechselten sie wie Musiker die Tonart und ermöglichten es mir, in die gleiche Lage einzustimmen und dadurch zu einer Harmonie beizutragen, deren Klangfarbe mit einer sonderbaren Unschuld den Augenblick widerspiegelte, in dem ich in ihren Anblick versunken gewesen war und mich fast unwissentlich für das unerforschte Dasein ihres männlichen Glücks bereitgemacht hatte.
Wir brachen immer zu zweit in drei Gruppen auf, von denen jede auf ihrer eigenen Route die weitgestreckte Landschaft durchwandern und nach feindlichen Einheiten Ausschau halten sollte, um dann am nächsten Tag um zwölf Uhr an einer abgemachten Stelle zusammenzutreffen – einer Furt bei einem Bach –, von wo aus wir eine Abkürzung zurück zum Gros nehmen wollten. Zusammen mit Fähnrich Anders Björk nahm ich die nördliche Route, und wir waren noch nicht lange gegangen, als die ersten niedrigen Höhenzüge die anderen vor unseren Blicken verbargen. Wir gingen Stunde um Stunde, hielten mit dem Rücken an einem Klippenblock Rast und fühlten uns von der besonderen Lieblichkeit durchströmt, die ein sehr müder Körper erlebt, wenn man ihm zu ruhen erlaubt. Später mußten wir an einem Bach entlanggehen, bevor wir eine Stelle fanden, an der wir ihn überschreiten konnten; nasse Hosen vermieden wir aber dennoch nicht, denn wir hatten ihn unterschätzt und hatten es unterlassen, sie auszuziehen. Bald darauf gelangten wir wie vorausgesehen in einen Kiefernwald hinunter, wo wir auf einen Pfad stießen, dem wir zu folgen beschlossen. Wir hatten vor, im Freien zu übernachten, doch der Pfad führte uns zu einer primitiven, vermutlich von Jägern als Schutz vor Wind und Wetter errichteten Hütte, und dort beschlossen wir zu bleiben.
Bevor der Abend hereinbrach, holten wir Wasser und sammelten Brennholz. In der Hütte herrschte Halbdunkel, Fenster fehlten völlig, aber wir machten Feuer – der Rauch zog durch eine Öffnung im Dach ab. In dem engen Raum waren wir in eine körperliche Nähe

gebracht, die uns dazu zwang, uns in einer besonders überlegten und umständlichen Weise zu bewegen, damit wir nicht die ganze Zeit über zusammenstießen oder uns nur unablässig aneinanderschubberten. Und das vor allem wollten wir natürlich vermeiden, da es uns aus einleuchtenden Gründen unangenehm erschienen wäre. Dagegen konnten wir uns unmöglich dem Geruch unserer Wärme und schweißigen Körper oder der nassen Kleidung entziehen, die notwendigerweise getrocknet werden mußte. Wir redeten gedämpft miteinander, verdrossen – ich weiß nicht, weshalb –, vielleicht war es die körperliche Nähe, die uns diese verdrossene Fasson aufzwang, die allerdings eine behagliche, beruhigende Aufmerksamkeit keineswegs verbergen konnte, sondern sie ganz im Gegenteil gleichsam dazu brachte, mit der Glut unter dem Kochgeschirr um die Wette zu glimmen. In solch einem engen Raum erhalten die Abstände eine anormal große Bedeutung, und ein Abstand von zwanzig Zentimetern birgt Abgründe und unvorhersehbare Möglichkeiten in sich.
Fähnrich Björk war so ein richtig unbekümmerter und froher junger Bauernbursche, von denen in Schweden so viele anzutreffen sind, doch mit einem großen offenen Blick, der eine Art selbsternannte Klugheit enthielt, die mich unsicher machte. In seiner Nähe spürte ich die fehlende Erfahrung, für deren Besitz ich Gold gegeben hätte, die jedoch ebenso unaussprechlich war wie die Monatsregel einer Jungfrau. Seine Schultern waren bewunderungswürdig breit, und als er das Hemd auszog, kamen seine starken Schulter- und Nackenmuskeln zum Vorschein.
Man sieht, Sie sind an harte Arbeit gewöhnt, sagte ich, und indem ich einer plötzlichen und unwiderstehlichen Eingebung folgte, bohrte ich die Fingerspitzen in das zitternde Muskelbündel hinein, das ihren Druck passiv entgegennahm.
Seine Antwort war nur ein Murmeln, er war mit dem Kochgeschirr beschäftigt, und ich beugte mich über meine Stiefel, die ich aufzuschnüren begann. Irgendwie hatte ich einen Schuß ausgelöst, hörte jedoch bald auf, unwillkürlich nach einem Echo zu lauschen, das ausblieb. Vielleicht aber lag es auch daran, daß ich statt dessen auf seinen Atem aufmerksam wurde. Ich geriet ganz in seinen Bann, denn er war nahezu unhörbar und dennoch mächtig, als überbringe er in diskreter Weise eine Botschaft über das Volumen der Lungen und die gewaltige Lebenskraft, die ihre ruhige Bewegung hervorbrachte. Während ich mich in diese Vorstellung vertiefte und mir gleichzeitig die nasse Hose und Unterhose auszog, geschah etwas

völlig Unerwartetes, was ich als eines der epochemachendsten Ereignisse in meinem Leben bezeichnen muß. Ich spürte, wie Fähnrich Björk seine Hand auf mein Hinterteil legte. Einen Augenblick lang, während mir schwindlig wurde, liebkoste er es sanft und versetzte ihm einen leichten Druck, worauf er es wieder losließ und mit seiner Tätigkeit fortfuhr, als sei nichts geschehen. Ich fühlte mich zerrissen, von oben bis unten in zwei Hälften gespalten: Es war, als habe alles in der Welt Zweck und Bestimmung geändert, weil mein Hinterteil sich plötzlich als Quelle eines Lustgefühls entpuppt hatte, von dem ich nie auch nur geträumt hatte, und als habe sich mein wahres, doch unbekanntes Ich plötzlich in diesen unaussprechlichen Regionen angesiedelt – während gleichzeitig alles jedoch so blieb wie bisher, ohne sich von dieser überraschenden Enthüllung beeindrucken zu lassen. Zur selben Zeit aber war es unumgänglich, daß meine Gedanken um Fähnrich Björk zu kreisen begannen, und in meinen Phantasien verschmolz die Vorstellung von seinem Körper mit der Erinnerung an den Christus, den es mich einmal anzubeten verlangt hatte. Um mich nicht ganz von diesen lockenden Vorstellungen mitreißen zu lassen, richtete ich meine Gedanken auf David Mortimer Thompson und seinen selbstlosen Märtyrertod.
Was Fähnrich Björks Hand betraf, so war ich außerstande, sie zu vergessen. In gewisser Weise bedeutete sie mir mehr als Fähnrich Björk selbst, doch in dieser Hinsicht teilt sie das Schicksal mit anderen – wie soll man sie nennen? – Elementen, die in meinem Leben eine Rolle gespielt haben, so, wie das wohl auch bei anderen Menschen ist. Man spricht nämlich nur aus alter Gewohnheit oder weil man nun einmal, ohne darüber nachzudenken, der herrschenden Mythologie huldigt, von der Rolle, die Herr So oder Frau Wieso im Leben für einen gespielt hat. In der Regel hat nur irgendeine, mit Herrn So als solchem überhaupt nicht identische Eigenschaft eine Rolle gespielt; und genauso denken wir überhaupt nicht an Frau Wieso – denn sie verbirgt sich in Wirklichkeit in einem Nebel von Klischees –, dafür aber an ihre gepuderte Wange, die einen Augenblick lang die bequemen Fiktionen der sogenannten Wirklichkeit durchbrochen und die verhängnisvolle Grenze überschritten hat, wo die Dinge geboren werden und wo sie uns bei ihrer Entstehung mit der Kraft einer Brandmarkung treffen.
Jene Hand, geführt von Fähnrich Björk, guckte aus dem Loch im Universum heraus, dessen Existenz und Umriß ich einst geahnt hatte, das ich nun jedoch fühlen und lokalisieren konnte. Ich war panisch erschrocken, denn einerseits hatte mich das Loch aus dem

totalen Eingesperrtsein in der Hölle des geschlossenen Universums befreit; andererseits aber setzte mich das Loch dem Angriff der Höllenkräfte aus, die unbändig außerhalb der beruhigenden Wände meiner bis dahin so geschlossenen Welt hausten.
Bei meiner Heimkehr nach Stockholm sollte ich die so lange erwartete Reise nach Paris antreten, um meine unberührte Verlobte zu treffen, die dort unter der Aufsicht ihrer Mutter Kunst studierte.
Mein Vater sagte zu mir, indem er mich mit einem abschätzenden Blick anschaute, der Zweifel und schlecht verhohlene Resignation ausdrückte: Nun ja, die Manöver scheinst du ja überstanden zu haben, ohne daß wir uns deiner zu schämen brauchten. Aber hast du nun auch das Zeug dazu, die junge Frau nicht zu enttäuschen? Irgendwann, wenn die Ehe eine Realität ist, wirst du auf eine Probe gestellt. Dann mußt du durchaus wissen, wie du dich zu benehmen hast; dann muß du deine Truppen formieren können; dann mußt du das Gros an der richtigen Stelle einsetzen und ohne Pardon drauflosgehen können, denn dann gilt es Leben oder Tod, und dann heißt es entweder du oder sie.
Aber ich zweifle, fuhr er fort, daß du das Mark in den Knochen hast, um diese Operationen mit der passenden Bravour durchführen zu können; verliebt sein reicht nicht, denn wenn man sich auch dieses Vergnügen nicht geradezu versagen soll, so könnte man es doch ruhig den Frauen überlassen; nein – Charakter und Kampferfahrung spielen eine größere Rolle und außerdem – er kniff die Augen zusammen, als ziele er mit beiden auf einmal auf mich –, daß die Nerven abgehärtet sind, das Blut und die Schweinerei durchzustehen, ohne sich etwas anmerken zu lassen. Wir Thompsons, die wir immer die Unruhe im Blut gehabt haben, haben uns nicht von der Angst regieren lassen. Ob wir uns nun in die fernsten Winkel der Welt oder ins Bett begaben, nie haben wir unser Selbstbewußtsein verloren, und deshalb waren wir nicht zu brechen. Aber du hast dir eine Frau ausgesucht, die aus einem weicheren, einem unhandgreiflicheren Stoff gemacht ist als irgendeine der Thompsonschen Frauen, die ich kenne oder von denen ich gehört habe; deshalb muß sie dich ihrer Natur gemäß vor eine noch schwerere Aufgabe stellen, als wir anderen sie durchstehen mußten, und leider habe ich den Eindruck, daß du nicht ganz das Zeug dazu hast. Doch wenn du die Zeit ausnützt, wird sie mit dir sein, und bei kaltblütigen Rekognoszierungen im fremden Terrain kannst du dich noch immer rechtzeitig mit wertvollen Kampferfahrungen bereichern, die dir zusammen mit ihren fehlenden Erfahrungen und der sich daraus ergebenden

Unsicherheit trotz allem eine faire Chance lassen werden, die Aufgabe zu meistern. Gehst du also siegreich aus dem Kampf hervor, so hast du damit auch die einzig verläßliche Grundlage für eine Familie geschaffen, die zusammen mit ihren großen Reichtümern das feste Fundament für ideale und selbstlose Einsätze zum Nutzen der Menschheit unter schwedischer Flagge sollte abgeben können.

Gehorsamer Sohn, der ich war, beschloß ich, mir ein wenig von der Erfahrung, auf die mein Vater angespielt hatte, anzueignen, wobei mir einfiel, daß ich dazu die Reise nach Paris nutzen konnte, die mich ja durch verschiedene Großstädte führte. Während ich noch immer die Erinnerung an Fähnrich Björks Berührung in mir bewahrte, weil sie meine Welt verändert hatte, stieg ich zielbewußt in Hamburg aus dem Zug, mit dem festen Vorsatz, mich auf dem Gebiet auszubilden, auf dem ich noch keine Unterweisung erhalten hatte. Ich hatte erwogen, meine Erfahrungen in Paris zu suchen, hatte jedoch das Gefühl gehabt, die französische *amour* sei mir zu leichtfertig, zu gewagt und leichtsinnig, und daß ich mit meinem nordischen Temperament bei diesen gewagten Eskapaden vielleicht zu kurz kommen würde. Nein, dachte ich, die deutsche Liebe ist sicher geordneter, geradliniger und mehr geradezu; ihre Belehrung ist sicher handgreiflicher und deshalb im Hinblick auf die allgemeinen Erfordernisse des ehelichen Lebens nützlicher, und nur deshalb, ausschließlich deshalb, gebe ich mich ihr ja hin.
Ich zog deshalb aus, um die Aufenthaltsorte dieser wohlgeordneten und didaktischen Liebe zu finden, doch der Anblick der geschminkten und aufgedonnerten Frauen war so vulgär, daß er nicht die geringste Anziehung auf mich ausübte. Ich konnte die Erinnerung an die bebende Empfindsamkeit und die uneingestandenen Sehnsüchte meiner Haut in keiner Weise mit dieser grobschlächtigen und platten Fleischlichkeit in Einklang bringen und hatte mich bereits darauf eingestellt, mein Vorhaben aufzugeben, als ich von einem jungen Ding attackiert wurde, das sich in einer Toreinfahrt aufgestellt hatte. Sie fing meinen Blick, als ich vorbeiging, oder vielleicht fing ich den ihren? Ich weiß nicht, wer von uns der Jäger und wer die Beute war. Ich weiß nur, daß mein Blick eine absolut hoffnungslose Hilflosigkeit sowie all die Begierde nach Sünde, die trotz allem in mir geweckt worden war, ausgedrückt haben muß und daß sie das Ganze sofort begriff. Denn im nächsten Augenblick war sie neben mir und schob ihren Arm unter meinen. Denken Sie nur, ich ging immer weiter! Ich wagte nicht einmal, sie anzuschauen. Die Flam-

men der Hölle gingen neben mir her, und ich selbst brannte bis ins Mark der Knochen und ging immer nur weiter, ohne ein Wort zu sagen, doch auch ohne den Versuch, sie abzuschütteln, ganz im Gegenteil flehte ich in meinem Innern die Kleine an, ach bleib, halte fest, laß mich um Gottes willen nicht los!
Das tat sie denn auch nicht, so klug war sie, und ohne daß ich es zunächst bemerkt hatte, begann sie mich zu führen, indem sie vertraulich meinen Arm drückte und zuletzt auch meine Hand ergriff. Als ich ihre kleine warme Hand spürte, war ich drauf und dran – und glauben Sie bitte, ich übertreibe nicht, nicht im geringsten! –, da war ich drauf und dran, in Ohnmacht zu fallen, und dachte, die Einweihung in die tiefsten Mysterien der Sünde könnte nicht schwindelnder und aufwühlender sein als das, was ich in eben diesem Augenblick erlebte, was sich später als richtig und falsch zugleich erwies. Ich hatte nämlich die Essenz des Erlebnisses berührt, doch das war freilich geschehen, ohne daß es von meiner Seite aus irgendeiner Anstrengung oder Leistung bedurft hätte. Doch so leicht sollte es nicht bleiben.
Komm mit, sagte sie in gebrochenem Deutsch und zog mich durch ein Tor.
Wir stiegen viele Treppen empor und standen schließlich in einer kleinen Kammer, wo sie eine Lampe mit einem roten Schirm anzündete. Durch das Fenster konnte ich über die Stadt hinwegsehen, und darauf konzentrierte ich mich.
Willst du nicht? fragte sie jetzt – ja, sie hätte bloß wissen sollen, wie gerne ich wollte; doch woher sollte sie wissen, wie schlimm es um mich stand? Es half nichts, daß ich mich umdrehte und sie anschaute. Sie erschien mir sehr viel kleiner als alle die Frauen, die ich in den Straßen, die ich durchwandert hatte, aufmarschiert gesehen hatte, und das bißchen schwarze Unterwäsche, das nun die rundlichen Formen ihres zerbrechlichen weißen Körpers schmückte, hatte etwas unbeschreiblich Freches und Herrliches an sich. Doch leider war ich an den Boden genagelt und wußte nicht, wie ich ihr erklären sollte, daß mich diese unsichtbaren Nägel daran hinderten, meine Füße zu bewegen – Füße, die eigentlich liebend gerne auf sie zugestürzt wären. Ob ich wohl die Jacke ausziehen soll? Soll ich die Weste aufknöpfen? Soll ich denn nun die Hosenknöpfe aufknöpfen? Irgendwann muß ich mich ja entblößen. Aber ich habe nichts zu entblößen, nichts, was des Entblößens wert wäre!
Dieser jämmerliche Zustand der Dinge wurde dadurch unterbro-

chen, daß sie plötzlich schrie: Eine Maus, eine Maus! und auf einen Stuhl sprang.
Wo? rief ich.
Unter der Kommode, schrie sie und zeigte darauf.
Nun hörte ich die trippelnden Schritte ebenfalls.
Fang sie, rief sie, fang sie!
Ich warf mich auf den Fußboden und guckte unter die Kommode.
Unter dem Bett! rief sie.
Ich riß mir den einen Schuh vom Fuß, um damit nach der Maus zu schlagen, und wollte gerade unter das Bett krabbeln, als sie noch lauter quietschte und rief: Hinter dem Kleiderschrank!
Ich änderte die Richtung, während sie gleichzeitig vom Stuhl hinuntersprang, auf das Bett hinaufhopste und sich an dessen einem Ende mit weit aufgerissenen Augen zusammenkrümmte, wobei sie immer weiter quietschte. Ich versuchte hinter den Kleiderschrank zu sehen, indem ich die Wange gegen die Wand preßte, im selben Moment aber schrie sie noch lauter als zuvor: Hilfe – Hilfe –, die kommen her, die kommen hoch ins Bett!
Nun erblickte ich sie, wie sie über das Laken und unter die Bettdecke huschten, die das Mädchen verzweifelt mit der einen Hand an ihren Busen drückte, während sie mit der anderen wild nach der Maus schlug. Ihre künstliche Frisur hatte sich völlig aufgelöst, und das Entsetzen hatte das zerbrechliche junge Ding in eine rasende Furie verwandelt, die nur daran dachte, sich zu wehren, gleichzeitig aber außer sich war vor Entsetzen. Im nächsten Augenblick machte ich einen Satz quer über den Fußboden und warf mich über die Bettdecke, die mich wie eine weiche und gefügige Welle empfing, deren Berührung auf meine Hände und insbesondere auf meine Handgelenke eine verzaubernde Wirkung ausübten, denn Jackenärmel und Manschetten wurden zurückgeschoben.
Wo? rief ich, das Gesicht in der Deckenwelle begraben.
Ihre gegen die Maus gerichteten Schläge hagelten nun auf mich nieder, und sie schrie: Um Gottes willen, fang sie!
Ich befreite mein Gesicht aus der widerspenstigen Decke, parierte die Schläge, die sie auf mich herabregnen ließ, und ging mit beiden Händen unter der Bettdecke auf die Jagd nach der eifrigen Maus.
Sie haben sie! rief sie und schlang die Arme um meinen Hals, hurra!
Dann unternahm sie eine ganze Menge anderer Kunstgriffe, die ihre Profession sie mit der Behendigkeit eines Zauberkünstlers aus-

zuführen gelehrt hatte, und bald waren diverse Werkzeuge, ohne daß ich wußte, wie es eigentlich geschah, von diesem Jongleur der Lust ans Tageslicht gebracht worden.

Kurz darauf sagte sie lächelnd: Du nicht kennen dies Spiel? Schau her – meine Muschi.

Es überraschte mich völlig, daß das Organ so schwellend groß und rot war. Es war, als guckten die Eingeweide hervor. Ja, puh, es war gräßlich anzuschauen, wirklich gräßlich, und mir wurde fast übel davon, und alles drehte sich vor mir, aber trotzdem sah ich immer weiter hin. Ich weiß nicht, wie lange ich so dasaß und guckte, jedenfalls kam ich gründlich zu mir, als sie in klingendem Französisch sagte: C'est mignon, n'est-ce pas?

Und so zeigte es sich, daß die kleine Dame in der deutschen Stadt aus Paris war und Jeanne hieß. Sie versicherte mir, daß sie mir das Sündigen auf französisch beigebracht habe und daß dies die denkbar beste Art und Weise sei. Als ich ihr erzählte, ich wolle nach Paris, um meine Verlobte zu treffen, war sie erst ganz bewegt und schwärmerisch, dann aber schlug sie plötzlich um und begann mich auf die boshafteste Weise nach der Muschi meiner Verlobten auszufragen.

Meine Verlobte, sagte ich abweisend, ist ein anständiges Mädchen aus guter Familie.

Ach so, rief Jeanne, sprang auf und stellte sich breitbeinig auf das Bett, und deswegen hat sie vielleicht keine?

Und dann nahm sie den Geldschein, den ich auf den Tisch gelegt hatte, als wir das Zimmer betraten, rollte ihn zu einem kleinen Röhrchen zusammen und steckte ihn in ...

Sieh her, rief sie, hier sitzt dein Geld. Mit dem Geld machst du es. Denk daran, wenn du das erste Mal ihre Muschi siehst, und dann sieh zu, was du tun willst. Weißt du übrigens, wozu sie sie benutzt hat? Weißt du das?

Nun konnte ich plötzlich sehen, was das für ein durch und durch ordinäres Ding war, mit dem ich es zu tun hatte, und es lief mir kalt den Rücken herunter, wenn ich daran dachte, wie tief und andauernd ich mich der Sünde hingegeben hatte. Wie ausdauernd hatte ich nicht ihre Vertiertheit betrachtet! Das war ja gar nicht beabsichtigt gewesen, daß ich mich so sehr der Sünde in die Arme werfen sollte, und fast hätte ich selbst gemeint, daß ich es ehrlich verdient hatte, daß sie sich nun auf mich warf – jedenfalls war es höchste Zeit, daß ich wieder zu mir kam. Kaum hatte ich meine Sachen in Ordnung gebracht, da floh ich auch schon Hals über Kopf aus der

Tür und den Korridor hinunter. Jeanne schrie mir immer weiter hinterher, und wie ich den Korridor entlangstürzte, sah ich, wie sich eine Tür nach der anderen einen Spalt öffnete und jedesmal eine halbnackte Frau zum Vorschein kam, um neugierig nachzusehen, was da vor sich gehe – es war buchstäblich, als liefe ich zwischen diesen Frauen Spießruten, von denen die eine immer abstoßender frech und vulgärer war als die nächste und die mich mit ihren spöttischen oder nur kalten und teilnahmslosen Blicken verfolgten und peitschten, die doch das einzig richtig Lebendige und Menschliche an der ordinären Maskerade ihrer geschminkten Gesichter waren.

Nach ein paar weiteren Tagen fand ich mich in Paris ein, wo ich mich in einem Hotel einlogierte und sofort meine Verlobte Beatrice von Spegelin aufsuchte, die zusammen mit ihrer Mutter eine geräumige Wohnung mitten in der Stadt bewohnte.

Ich hatte meine Auserwählte ja viele Monate lang nicht gesehen, und während die Erlebnisse, die ich in Nordschweden und in Hamburg gehabt hatte, auf mein Inneres einen umwälzenden Einfluß ausgeübt hatten, erwartete ich, genau dieselbe Beatrice wiederzufinden, von der ich seinerzeit Abschied genommen hatte. Es war nämlich äußerst begrenzt, was einem jungen Mädchen zustoßen konnte, das unter der strengen Aufsicht seiner Mutter lebte, auch wenn es sich noch sosehr in Paris aufhielt und die Zeit bis zu seiner Heirat mit künstlerischen Studien ausfüllte.

Meine ersten Erinnerungen an Beatrice von Spegelin verknüpfen sich mit langen Spaziergängen in herbstfeuchten Wäldern, deren regungslose Melancholie gut zu ihren beseelten Augen paßte. Wir empfanden während dieser Spaziergänge trotz der Tatsache, daß wir nicht sprachen, eine seelische Harmonie, die uns miteinander verband und die bestätigt wurde, wenn wir uns die Vorstellungen von der Zukunft ausmalten, die wir beide heimlich nährten. Ihr wagte ich anzuvertrauen, daß ich davon träumte, wie ein echter Thompson den höchsten Idealen des Geschlechts nachzuleben, und obgleich sie ihrerseits nicht so hoch strebte, war sie auf ihre Weise in ihrer Hingabe an die Schönheit, die sich in den edelsten Werken der bildenden Kunst manifestiert, ebenso absolut.

Als ich ihr nun in dem großen, hellen Salon erneut begegnete, war ich vor allem darauf gespannt, ob sie sich durch mich nicht würde abgestoßen fühlen. Waren die Erfahrungen, die ich gemacht hatte, mir nicht wie eine Inschrift voller obszöner und perverser Ausdrükke abzulesen, die ihre jungfräuliche Seele sich vor Scham würden

krümmen lassen? Aber war das wirklich Beatrice von Spegelin? Ich erkannte überrascht die egozentrische Ferne ihres träumerischen Blicks wieder und bemerkte zum erstenmal um ihre bleichen Lippen eine beunruhigende sinnliche Arroganz: Ihr zartes Fleisch war mir so unschuldig, so verletzlich erschienen, daß sie trotz eines erkennbaren Schwellens auf mich wie Blütenblätter gewirkt hatten.
Ich begriff bald, daß die Anbetung der unnahbaren und unerreichbaren Schönheit der Kunst meine Beatrice mit sich gerissen und in ihrem unvorbereiteten Gemüt Verzerrungen und Umwälzungen verursacht hatte. Sie war zwar nicht geneigt, die Ergebnisse der Arbeit so vieler Monate vorzuzeigen, die wenigen Zeichnungen aber, die ich sehen durfte, überzeugten mich davon, daß sie sich künstlerisch auf einem Irrweg befand: Sie waren so zart und ätherisch, daß man hätte meinen sollen, sie habe ihren Blick nicht auch nur ein einziges Mal auf das weibliche Modell gerichtet, das doch immerhin in Fleisch und Blut vor ihr gestanden hatte. Es war, als habe eine übertriebene und fast krankhafte Jungfräulichkeit sie daran gehindert, den Frauenkörper überhaupt zu betrachten, der ihr doch eigentlich in keiner Weise hätte anstößig erscheinen sollen. Statt die Wirklichkeit zu sehen, war sie diesen unkörperlichen Wesen nachgejagt, die in ihrem Kopf sicher eine Art Wirklichkeit besaßen, aber gerade für einen bildenden Künstler als Thema schwer denkbar waren.
In der folgenden Zeit fühlte ich mich zuweilen von der plötzlichen Furcht gelähmt, sie nicht mehr zu lieben. Die Furcht war nicht unbegründet: In diesen Augenblicken liebte ich sie nämlich nicht, überhaupt nicht, und es bereitete mir Kopfschmerzen, an sie zu denken, mit ihr zu sprechen und überhaupt mit ihr zusammenzusein. Dann aber erinnerte ich mich an die Worte meines Vaters, die Verliebtheit den Frauen zu überlassen, und wenn ich spürte, wie Beatrice sich an mich klammerte, was sie ab und zu tat, fühlte ich mich überzeugt, daß ihre Liebe ungeschwächt sei. Als echter Thompson wollte ich mich nicht unbeständig und unberechenbar zeigen, weshalb ich trotz dieser Anfälle von Gefühlskälte, die mich häufig überkamen, in meinem Entschluß, Beatrice von Spegelin zu ehelichen, nicht wankend wurde. Außerdem war ich davon überzeugt, daß die eheliche Vereinigung sie menschlich und künstlerisch wiederaufrichten und sie aus den gefährlichen Träumereien ihrer ätherischen Schönheitswelt herausreißen würde. Dann, so stellte ich mir vor, würden sich meine Gefühle für sie wieder nor-

malisieren, und wir konnten getrennt und zusammen der Verwirklichung der hohen Ziele zustreben, die wir uns gesetzt hatten.
In Wirklichkeit kam es ganz anders. Wir heirateten im darauffolgenden Winter in Stockholm. Die Flitterwochen verbrachten wir auf einem der Güter der Familie von Spegelin – ohne daß es zu einer ehelichen Vereinigung kam. Es war, als seien wir von einem Fluch heimgesucht, den zu brechen keiner von uns beiden die Macht besaß. Tagsüber gingen wir im Wald spazieren, als suchten wir in seinen Tiefen, während wir dem Wind in den Bäumen und dem Gesang der Vögel lauschten, eine vergessene Zusammengehörigkeit. Des Abends starrten wir in das Kaminfeuer, als seien wir Gäste, die das Schicksal zusammengeführt hatte und von denen jeder in seinem Schweigen, ohne irgendwelche Gemeinsamkeiten, grübelnd in den unbeständigen Bewegungen der Flammen nach dem Sinn seines Lebens suchte. Ich hatte nicht den Mut, ihre undurchdringliche Keuschheit mit Gewalt zu brechen, eines Abends aber kam mir eine verzweifelte Idee, oder ich war in meinem nervösen und erregten Zustand wirklich Opfer einer Halluzination.
Wir befanden uns im Schlafzimmer, wo uns das majestätische und fürchterliche Bett erwartete und wo wir ohne ein Wort zu äußern mit steifen, lautlosen Bewegungen die Vorbereitungen zur Nacht trafen, was das Rascheln der Kleidung zum einzigen Geräusch des Universums machte, einem aufdringlichen und unerträglichen Geräusch in diesem großen, von den vielen menschenleeren Räumen und Sälen umgebenen Raum.
Plötzlich rief ich: Eine Maus! Eine Maus!, warf mich – bereits im Nachthemd – auf alle viere und begann auf dem Fußboden herumzukriechen, wobei ich mit meinem einen Pantoffel unter dem Bett und dem Nachttisch herumstocherte und nach dem vermeintlichen Störenfried schlug. Beatrice gab keinen Laut von sich, als ich mich kurz darauf aufrichtete, hatte sie sich nur flach ausgestreckt auf das Bett gelegt, unbeweglich wie eine Statue, die Arme über der Brust gefaltet. Ich sah sie an, begegnete ihrem Blick und rief mir verzweifelt zu, bist du es denn, Beatrice, oder bin ich es, der den Verstand verloren hat? Über die Antwort war ich mir zwar nicht im Zweifel, aber dennoch begann ich mich zu erforschen und zu fragen, ob die sündhaften Neigungen, denen ich nachgegeben hatte, die verborgene Ursache der Qualen seien, die ich nun durchlebte. Von Schlaflosigkeit und Kopfweh geplagt, entwickelten sich die Flitterwochen für mich zu einem wahren Martyrium, während mir deutlich wurde, daß sich Beatrice gleichzeitig immer weiter in eine Welt zurück-

zog, die mir unzugänglicher war als die unzugänglichsten Schatzkammern der Pharaonen.

So gelangten wir beide an eine Grenze, die in jedem von uns einen Zustand chronischen Schmerzes freisetzte, einen Zustand jenseits von Hoffnung und Hoffnungslosigkeit und deshalb identisch mit einer der zeitlosen Qualen, die uns in der Hölle erwarten. Ohne einander erreichen zu können, stützten wir uns deshalb aufeinander in einer stillschweigenden Ehrerbietung vor der unbekannten Notwendigkeit, die unser Leben beherrschte. Ich kümmerte mich um meine Karriere, Beatrice um ihre Kunst. Damit hatte es allerdings das Sonderbare auf sich, daß sie mir Schwindel verursacht hätte, hätte ich mich nicht langsam, seit dem ersten Wiedersehen in Paris, daran gewöhnt. Sie zeichnete noch immer, doch nahezu ohne den Bleistift das weiße Papier des Zeichenblocks berühren zu lassen. Ich habe gelesen, daß es in Tibet Mönche gibt, die über einem Bild meditieren, dessen einfache Formen die tiefsten Geheimnisse dieser Welt enthalten oder veranschaulichen. Vielleicht tat Beatrice etwas in dieser Richtung. Die Bleistiftstriche waren fast nur wie der Abdruck ihres Atems auf der weißen Fläche, die sie stundenlang betrachten konnte, als ob ihr Nichts der Spiegel sei, in dem sie die offenbarten Geheimnisse ihrer Welt ablese. Da sie das Leben in Stockholm, das ihr keine Ruhe zu dieser Vertiefung gönnte, nicht mochte, hielt sie sich allmählich fast immer auf dem Gut auf, wo ich ihr in regelmäßigen Abständen Besuche machte, auf die ich mich im Laufe der Zeit zu freuen begann, weil es mir einen unerklärlichen und schmerzgemischten Genuß bereitete, sie immer tiefer in einen ständig deutlicheren Wahnsinn hinsinken zu sehen. Das Sonderbare ist, daß sich zwischen uns eine ungewollte und ausgesucht sinnliche Vertrautheit entwickelte, die unsere verdammten und hungernden Körper einander aufsuchen und berühren ließ. Darin fanden wir großen Trost, und darauf hätten unsere Gehirne, die völlig hypnotisiert waren, bestimmt nicht kommen können. Stundenlang konnten wir Wange an Wange dasitzen, auf langen Spaziergängen suchten unsere Hände verschämt Halt beieinander, und schließlich begannen wir einander sogar in einer Weise zu betrachten, die der Verliebtheit gleichkam.

Eines Abends flüsterte Beatrice schüchtern, wobei sie mit den Fingerspitzen meine Wange liebkoste: Weißt du – du gleichst einem Mädchen.

Ich errötete. Ich schämte mich. Es war, als habe sie mein Geheimnis erraten. Voller Scham dachte ich an Fähnrich Björks Hand, die ich so sehr geliebt, die mich im Traum verfolgt und zu allen Tageszeiten heimgesucht hatte. Ohne die Augen zu öffnen, zog ich Beatrice an mich. Ich staunte über das erfahrene Schwellen ihrer gierigen Lippen, und schließlich vollzogen wir unsere Ehe, so viele Jahre, nachdem wir sie geschlossen hatten.

Nach einigen Wochen zeigte es sich, daß unsere Vereinigung Folgen hatte. Damit war Schluß mit dem chronischen Leiden und der zeitlosen Hölle, in die es uns versetzt hatte. Nun waren wir wieder in der Welt zwischen Hoffnung und Hoffnungslosigkeit, wo sich das Leben der meisten Menschen für gewöhnlich abspielt. Das galt jedenfalls für mich, denn in bezug auf Beatrice war ich hauptsächlich auf Vermutungen und Ahnungen angewiesen. Sie kommentierte die neue Perspektive des Daseins nur mit einem sanften, doch rätselhaften Lächeln, das verwirrend auf mich wirkte, weil ich nicht wußte, ob ich meine Hoffnung daran knüpfen oder es ganz im Gegenteil als einen Grund zur Hoffnungslosigkeit betrachten sollte.

Wir – ich meine ihre Mutter und ich – versuchten sie zu überreden, nach Stockholm zu fahren, als sich die Niederkunft näherte, doch davon wollte sie nichts hören. Sie lächelte und schüttelte den Kopf, so daß es mir kalt den Rücken herunterlief, das kann ich wohl sagen. Die Geburt verlief ohne Komplikationen, nur sah die alte Hebamme so absonderlich aus, als sie zu mir hinauskam und mir mitteilte, ich hätte einen ... Sohn ... bekommen.

Er soll Friederich heißen, erklärte Beatrice, als ich bei ihr stand.

Doch es war schon etwas Seltsames an Friederich, wenn man genauer hinsah. Wir schickten nach einem Professor aus Stockholm.

Er unterzog das kleine Geschöpf einer gründlichen Untersuchung und erklärte, als er sie endlich abgeschlossen hatte, düster: ein Hermaphrodit.

Oh, rief Beatrice ganz ausgelassen, sie soll Friederike heißen.

Sie werden sicher verstehen, daß ich völlig gebrochen war. Doch inmitten meiner Verzweiflung kitzelte mich eine schamlose Neugier, über die ich mich natürlich fürchterlich schämte. Ich fragte mich, ob nicht meine unnatürlichen Anlagen mitverantwortlich seien für dieses monströse Ergebnis unserer Liebe, ergründete die Frage jedoch nicht und sprach nie mit Beatrice darüber.

Natürlich war es zwingend notwendig, daß das Geheimnis dieses Kindes, das uns und unsere Familie völlig dem Skandal ausgeliefert hätte, nie herauskam, aber Beatrice besuchte Stockholm ja schon längst nicht mehr, und da wir nun mit dem Hinweis auf ihre Gesundheit und darauf, daß ihr Künstlertemperament Ruhe und Frieden brauche, alle Besuche auf dem Gut verhinderten, wuchs das unnatürliche Kind in völliger Abgeschiedenheit auf, allein mit seiner Mutter und den wenigen Dienstboten aus dem Ort. Es war, als habe sich Beatrices eigene Innenwelt mit der Geburt dieses Kindes völlig um sie geschlossen. Wenn ich zu Besuch kam, schien es, als schwinde die Welt, aus der ich kam, die Welt der Wirklichkeit, dahin und werde unwirklich. Für Beatrice existierte sie nicht, und in ihrer unglaublichen, zum Zerreißen gespannten Schwäche besaß sie die Macht, sie sich vom Leib zu halten. Sie spielte mit dem Kind wie mit einer Puppe. Sie zog ihm Mädchenkleidung an und nannte es Friederich. Sie zog ihm Knabensachen an und nannte es Friederike. Das alles empörte mich, aber ich konnte nichts dagegen machen – unter anderem, weil dieses Verhalten eine verderbte, doch unwiderlegbare Logik enthielt, die mich entwaffnete. Jedesmal, wenn ich den Hof verließ, war ich stark aufgewühlt und grübelte wie ein Wahnsinniger darüber nach, ob ich richtig gehandelt hatte, ob ich hätte anders handeln können, ob ich das Kind den Klauen der Mutter hätte entreißen und Beatrice einsperren lassen sollen. Ich gelangte jedoch nie zu einem Ergebnis, vor allem aus Unlust, mich überhaupt mit der Angelegenheit zu befassen, weshalb ich statt dessen die Abstände zwischen meinen Besuchen immer mehr vergrößerte. Ich wollte vor allem vergessen, und zuletzt zeigte ich mich nur einmal im Jahr. Diese Stippvisiten beschränkten sich allmählich auf einen einzigen Tag, und während der letzten zehn Jahre begnügte ich mich damit, mich bei dem Verwalter nach den beiden Bewohnern des Gutes zu erkundigen; sobald man mir bestätigt hatte, daß alles in Ordnung sei, reiste ich nach Stockholm zurück, wo ich während dieser vielen Jahre die Zeit damit ausfüllte, Pläne für die humanitären Taten zu schmieden, die beweisen konnten, daß ich ein echter Thompson war. Ich erwog, am Kampf gegen die russischen Bolschewiken teilzunehmen, aber auch, in den Dienst des Völkerbunds zu treten, letzten Endes aber war die Situation nicht gelegen, und irgendwie war mir meine ganze Bereitwilligkeit nicht von Nutzen. Erst als mein Vater starb, schlug meine Stunde.

Sie müssen schon entschuldigen, daß ich unterbreche, sagte der Scholier an Böje Thompson gewandt, aber wenn ich Sie so erzählen höre, erwachen in mir die Erinnerungen, ich habe zwar viele Länder durchstreift, aber trotzdem ist mir, als sei es erst gestern gewesen, daß ich in Santa Demonica ebenso seltsame Dinge erlebte.
Als ich von Maria Mustermann in Georgetown, Texas, ausriß, weil

ich keinen anderen Ausweg sah, lernte ich in Mexiko meine drei prächtigen Kameraden Moses mit der Violine, Klein-Jesus mit dem Banjo und Gabriel mit der Gitarre kennen, die mich vor der summarischen Gerechtigkeit der revolutionären Helden retteten. Um dem Tod zu entgehen, wurde ich Sänger, und zusammen mit den drei Musikanten zog ich nun im Land umher, wo wir mit unserem Gesang und unserer Musik die Sehnsucht der Zuhörer nach einer besseren Zukunft und einem strahlenderen Leben weckten. Da die Revolution bald in einem Strom von Blut erstickt wurde, entwickelte sich das zu einer ziemlich gefährlichen Beschäftigung, weshalb wir beschlossen, uns nach Süden zu wenden, in der Hoffnung, dort ein Land zu finden, wo wir unsere Talente entfalten konnten, ohne geradezu Leib und Leben zu riskieren.

Doch bevor wir Mexiko verließen, begegnete ich Companera.

Sie kam auf einem Esel vom Popocatepetl herabgeritten. An diesem Tag hatte sich der Berg – der berühmteste von Mexiko – in Nebel und Wolken gehüllt und verschwand in einer Dunkelheit, die seine Zinne einhüllte und sie noch geheimnisvoller, noch heiliger machte, als wenn sie sich gegen den blauen Himmel abzeichnete. Es war eine Dunkelheit, die von dem Berg auszugehen schien, als sei sie ein Teil davon, und die in einer Weise, die ich heute nicht begreife, eine Art erhabener Dämmerung über die ganze Landschaft verbreitete und uns fast ganz zum Schweigen brachte. Jedenfalls sprachen wir unwillkürlich mit gedämpfteren Stimmen, während wir diese trübe, undurchsichtige blaue Finsternis betrachteten, die noch keiner von uns je zuvor ähnlich erlebt hatte. Da erblickte ich sie. Anfangs war sie nur ein dunkler Schatten oder gleichsam eine Verdichtung des blauen, durchsichtigen Dunkels, doch so unwirklich verblieb sie glücklicherweise nicht, obgleich ich lange Zeit hindurch nicht wußte, ob ich meinen eigenen Augen trauen sollte. Zuletzt war sie so nahe herangekommen, daß es wirklich möglich war, sie zu sehen – eine Indianerfrau in einem zerlumpten Poncho, einen alten Strohhut auf dem Kopf, die auf einem gemächlichen und gutmütigen Esel, den sie anscheinend nicht dirigierte, sondern einfach nur dorthin gehen ließ, wohin er sie nun einmal tragen wollte, den Popocatepetl herabgeritten kam. Und es sah eindeutig so aus, als lenke der Esel seine geduldigen und nicht zu beeindruckenden Schrittchen geradewegs auf mich zu, als wartete ich am Ende des Weges, den er nun einmal mit einer Art glücklichem Fatalismus eingeschlagen hatte. Endlich konnte ich unter der Krempe des Strohhuts ihr Gesicht sehen – das dunkle, schöne Gesicht einer jungen Indianerfrau

mit breiten Wangenknochen, einem etwas großen Mund, niedriger Stirn, weil das schwarze Haar sie teilweise verbarg, und ein Paar dunklen Augen, die mich ernst und aufmerksam mit einem klugen, eindringlichen Blick betrachteten, der immer weiter auf mir ruhte, als habe sie reichlich Zeit und wolle ihrer Sache sicher sein. Und doch irrte sie sich, ja, sie irrte sich.
Sie schloß sich uns oder, genauer gesagt, mir an, und meine Kameraden tauften sie Companera. Woher sie kam, wer sie war und weshalb sie sich mit mir zusammentat, blieb ein Rätsel. Anscheinend konnte sie kein Spanisch, doch vom ersten Augenblick unseres Beisammenseins an verständigten wir uns durch den Ausdruck unserer Augen, Kopfhaltung und insbesondere durch die Bewegungen der Hände und Finger. In unserem Mitteilungseifer entwickelten Companera und ich diese Sprache schnell zu einer verblüffenden Vollkommenheit, was dazu führte, daß wir im Umgang miteinander nie etwas anderes benutzten. Auf diese Weise erhielt unser Beisammensein eine ausgesuchte Intimität. Kein Außenstehender konnte unsere Gespräche verstehen oder daran teilnehmen, und im Laufe einer kurzen Zeit zeigte es sich, daß wir imstande waren, Gemütszustände, Gedanken und Gefühle auszudrücken, die die gesprochene Sprache nicht kennt und die sich auch nie in Worte auf Papier hätten übertragen lassen. Diese Sprache des Schweigens, die es unmöglich machte, die Stimme anzuheben, verlieh unserem täglichen Leben eine ungewöhnliche Eintracht, denn es war schwer, sich zu zanken; und stritten wir uns einmal – das geschah nämlich auch, denn wir hatten beide ein stürmisches Temperament –, so gingen wir unbeschwert den direkten Weg zu Handgreiflichkeiten, die dafür in der Regel mit wunderbaren Versöhnungen endeten.
Inzwischen setzten wir die Reise fort, die mehrere Monate dauerte. Überall, wo es möglich war, trat ich mit meinen drei musikalischen Kameraden auf, und auf diese Weise verdienten wir unseren Lebensunterhalt, sparten Geld für Pferde und Maultiere zusammen und schlugen uns im übrigen von Tag zu Tag durch. Wo immer wir hinkamen, erregte Companera berechtigtes Aufsehen, denn sie war nicht allein jung und schön, sondern besaß auch den geheimnisvollen Stolz ihrer Rasse, als liege in ihrem Blut die Erinnerung an die großartigen Kulturen verschwundener Jahrhunderte. Außerdem flößte unsere wortlose Sprache einen geheimnisvollen Respekt ein, der dazu diente, den Widerwillen abzubauen, mit dem uns Weiße wie Indianer sonst oft betrachtet hätten, statt dessen umschloß uns eine Art irrationaler, neugieriger Ehrfurcht.

Von Mexiko aus reisten wir nach Süden weiter, überschritten verschiedene Grenzen und befanden uns zuletzt am Fuße der Anden. Angeregt durch die Begegnung mit verschiedenen Hirten, folgten wir den Pfaden der Ziegen und Maultiere an Berghängen, die auf den ersten Blick unwegsam erschienen waren, und fanden nach vielen Strapazen zu den hochgelegenen Pässen, die uns in das Tal führen sollten, von dem die Hirten erzählt hatten. Es war eine harte Reise, und in den Höhen, in denen wir uns bewegten, war es bitter kalt, doch trotz der Tatsache, daß sie bereits mehrere Monate schwanger war, schaffte es Companera mindestens ebensogut wie wir anderen. Ja, ihr Lächeln, das einem wunderbaren Lichtschein glich, der vom ganzen Gesicht ausging, nicht nur von dem Mund mit den weißen, strahlenden Zähnen und von den Augen, sondern ganz einfach von der ganzen Person, war eine der größten Aufmunterungen, die wir bekommen konnten, und flößte nicht nur mir, sondern auch Moses, Klein-Jesus und Gabriel neuen Mut ein. Als wir endlich eines Tages in der Ferne Santa Demonica erblickten, hatten wir sofort das Gefühl, uns einer Stadt zu nähern, in der wir uns niederlassen sollten. Die Stadt glich einem riesigen, seltsamen Brot auf der Platte der Ebene, und erst als wir näherkamen, erzählten uns der Vogelgesang, der aus dem Kirchturm und aus den staubigen Bäumen erklang, das Gackern der Hühner und die Rufe der Kinder, daß zwischen den Häusern Leben herrschte. Als nächstes erreichte uns der Geruch von Haustieren, Mist, Wäsche, Wachslichtern, Holzrauch, gebratenen Hähnchen, Gewürzen, schwarzem Kaffee und dunklen Tavernen, wo die Zeit stehengeblieben ist. Es war denn auch die heißeste Stunde der Siesta, als wir in die Stadt einritten, und als wir endlich wieder in einem schattigen Raum um einen Tisch saßen, der sich allmählich mit allerhand wohlschmeckenden Gerichten bedeckte, waren sich Companeras und meine Hände – die ohne überflüssige Bewegungen wie unübertroffene Artisten unbeschwert und lächelnd miteinander sprachen – einig darin, daß wir hier bleiben wollten.
Aus Rücksicht auf Companeras bevorstehende Niederkunft war es auch höchste Zeit, daß wir eine Bleibe fanden, und es traf sich so günstig, daß den Einwohnern von Santa Demonica nur eine einzige Sache abging, nämlich die Musik. Als sich die Leute nach der Ruhe der Siesta allmählich wieder zu rühren begannen, verbreitete sich die Neuigkeit wie ein Lauffeuer, daß Musikanten in die Stadt gekommen seien, und bald drängten sich jung und alt, Männer und Frauen, Ochsen, Pferde, Hunde und Ziegen um die Wirtschaft, in

der wir abgestiegen waren. Beim Anblick des vornehm geäderten Holzes und der raffinierten Form der Violine, dem weiblichen Schwellen der Gitarre und der mondartigen Weiße des Banjos verbreitete sich eine erwartungsvolle Stille, und die Versammelten – die sich in der Türöffnung und in den beiden Fensteröffnungen, deren Läden sie zurückgeschlagen hatten, drängelten – verfolgten mit ihren Blicken andächtig unsere Bewegungen, während wir aßen und tranken, und sperrten fast Mund und Nase auf, als sie die einleuchtende Schönheit der schwangeren Companera und die schüchternen Gespräche unserer Hände sahen.

Als wir uns aufbauten, um unsere erste Nummer zu geben, hatten wir das Gefühl, die Musik in die Welt einführen zu sollen. Vielleicht hatten diese Menschen, Tiere und Häuser noch niemals Musik gehört und kannten das Phänomen nur vom Hörensagen? Wir taten unser Bestes, um sie von der Unentbehrlichkeit der Musik zu überzeugen, und nie zuvor oder später habe ich die Liebe mit so feuriger Innigkeit besungen: Das Glück stieg und schwoll in mir mit einer solchen Stärke, daß es weh tat und drauf und dran war, mich zu zerreißen, und ich wunderte mich darüber, daß die Freude über Companera und das Kind, das sie zur Welt bringen sollte, so eng mit einem ebenso heftigen Schmerz verwandt sein konnte.

Unser Auftreten muß Eindruck gemacht haben, denn nachdem sie zunächst einmal mit Stummheit geschlagen waren, brachen die Zuhörer in ekstatischen Jubel aus, begannen Hüte, bunte Taschentücher, Blumen, gestickte Westen, Münzen, Sonnenschirme, Seidentücher und zuletzt Lederbörsen von der Größe eines Stierhodens zu werfen, die mit einem dumpfen Geräusch von schwerwiegendem Reichtum bei uns landeten, worauf sie sich schwankend, als seien sie betrunken, auf der Hauptstraße verloren.

Die Ausbeute unseres ersten Auftritts war so groß gewesen, daß wir uns bereits am nächsten Tag nach einem Haus umsehen konnten – das heißt, Moses, Klein-Jesus und Gabriel zogen es vor, in der Wirtschaft wohnen zu bleiben. Es gelang uns nach einigem Suchen unter den wenigen Häusern, die zufälligerweise zum Verkauf standen, eines zu finden, das groß genug schien, die Familie aufnehmen zu können, die, so waren wir überzeugt, das Ergebnis unseres Zusammenlebens sein würde. Der Verkäufer war ein unverheirateter, kränklich aussehender Büroangestellter vom Rathaus namens Nihil Facundo, der es seinerzeit geerbt und es, abgesehen von den Räumen zur Straße hin, hatte verfallen lassen. Er hatte plötzlich beschlossen, Goldgräber in Alaska zu werden, und nachdem der Handel abgeschlossen war, ritt er auf einer alten Schindmähre aus der Stadt hinaus, ohne einem einzigen Menschen auf Wiedersehen zu sagen. Das Haus lag in einer von einstiger Herrlichkeit geprägten Straße, und auch das Nachbarhaus – die beiden Häuser lagen so dicht beisammen, daß sie einst eine einzige vornehme, exklusive Wohnung gebildet hatten – trug die Zeichen jahrelanger Vernachlässigung. Esteban Camacho, der es mit seiner Frau und seinen drei Söhnen bewohnte, war der Inhaber eines Altwarengeschäftes, das sich bis auf die Straße erstreckte. Es war unmöglich zu sehen, wo das Geschäft aufhörte und die Wohnräume anfingen, denn die Unordnung war überall gleich groß, und die in den Stuben zu findende Anhäufung von sonderbaren Möbeln, Bücherregalen ohne Bücher, Lampen in phantastischen Formen, alten, in billigen Farben übermalten Heiligenstandbildern und hunderttausend anderen ebenso geschmacklosen Dingen vermittelte einen Eindruck von angestrebter Originalität. Esteban Camacho saß den lieben langen Tag in einem Korbsessel vor dem Haus, fett und träge, während seine magere und knochige Frau Esmeralda Canizarès sich nur ab und zu in einem aufsehenerregenden Gewand und mit weißen Handschuhen, die ihr bis an die Ellenbogen reichten, in der Türöffnung zeigte. Der älteste Sohn, Manoel, sah dem Vater ähnlich und hatte sich ebenfalls bereits einen Korbsessel angeschafft, der es ihm ermöglichte, eine entsprechende Fettleibigkeit zu entwickeln. Sohn Nummer zwei, Sigismund, war so knochig wie die Mutter, drapierte sich affektiert in gewaltige, schwere Capes und setzte eine tiefsinnige Miene auf, wenn er durch die Stadt schritt auf seinem Weg zu ihrem Stolz, der öffentlichen Bibliothek, wo er, so gab er vor, wissenschaftliche Studien betrieb. Der dritte Sohn war ein nervöser Hänfling namens Napoleon, den man immer in vertrautem Gespräch mit seiner Mutter sah, die er eingehakt begleitete, wenn sie zum Marktplatz ging.

Ich machte mich sofort daran, das Haus zu renovieren, und begann von Grund auf. Eines Vormittags, als ich gerade so richtig mit einem entlegenen Raum mit zwei Türen und der Aussicht auf eine Gasse, die hinter dem Haus verlief, beschäftigt war, ging plötzlich die zweite Tür auf, und Sigismund Camacho trat ein, eingehüllt in einen extravaganten Schlafrock aus blauer, mit weißen Sternen übersäter Seide, barbeinig und die langen, schmalen Füße in ein Paar fettigen Pantoffeln.

Er runzelte die Brauen und setzte eine Miene auf, als seien meine Malertöpfe, meine Pinsel und ich selbst etwas äußerst Anstößiges, öffnete gaffend den Mund, als seien wir etwas Unwahrscheinliches, warf den Kopf zurück, verschränkte die Arme und rief aus: Wie können Sie es wagen!

Ich war ziemlich erstaunt, und trotz seines merkwürdigen Auftretens lächelte ich entgegenkommend und setzte zu einer Entgegnung darüber an, daß hier wahrlich renoviert werden müsse.

Wie können Sie es wagen! wiederholte er indigniert, wobei er gleichzeitig die Stimme hob, die sich fast überschlug. Wie wagen Sie es, in unser Haus einzudringen? rief er, und im nächsten Augenblick tauchten erst Esmeralda, dann Napoleon, darauf Manoel und zuletzt Esteban Camacho auf. Sie standen dicht beieinander und starrten mich an, als sei ich ein gefährlicher Schädling, der obendrein außergewöhnlich häßlich sein mußte. Sie steckten die Köpfe zusammen, und es war, als piekten sie mich mit ihren Augen, so, wie man mit einem Stock ein giftiges Insekt anstochert.

So sahen sie mich an, und ich mußte mich mächtig ermannen, um nun allerdings mit einem mißlungenen und hilflosen Lächeln um die Lippen zu sagen: Entschuldigen Sie – ich glaube, Sie irren sich; denn der Raum hier ist nun einmal ein Teil des Hauses, das ich von Nihil Facundo gekauft habe.

Kaum waren mir diese Worte über die Lippen gekommen, da begannen sie durcheinanderzureden, zu rufen, zu murmeln, zu brummen, zu plappern und zu quietschen; ich verstand allerdings nur, daß sie mein Eigentumsrecht an diesem Raum bestritten und mir mit dem Gericht drohten, wenn ich mich nicht gutwillig zurückzöge, meine Malertöpfe und meine Pinsel entferne und für alle Zeit und Ewigkeit davon absehe, meine Ansprüche geltend zu machen. Ich schwang ein paarmal demonstrativ den Pinsel, nachdem ich ihn in den Topf mit rosa Leimfarbe getaucht hatte, worauf ich mich durch die eine Tür verzog, während sie sich mit lauten, empörten Rufen durch die andere drängelten.

So begann ein Streit, der sich über viele Jahre hinziehen sollte. Ich untersuchte die Angelegenheit zwar und bekam heraus, daß vor fünfunddreißig Jahren in der Sache mit dem umstrittenen Zimmer ein Urteil gefallen war. In dem Zimmer war die Tür irrtümlich nicht zugemauert worden, als man das ursprüngliche Gebäude in zwei selbständige Häuser aufteilte. Ein Zwist zwischen Esteban Camacho, der kurz zuvor sein Haus erworben hatte, und Nihil Facundos Vater, Felix Facundo, war zugunsten des letzteren entschieden worden: Das Zimmer bilde, so stellte das Urteil fest, einen Teil seines Besitzes. Damit meinte ich, müßte die Sache klar sein, doch es zeigte sich, daß die Familie Camacho dieses Urteil nie anerkannt hatte und sogar die schamlose Frechheit besaß zu behaupten, es müsse meine Aufgabe sein, einen Prozeß anzustrengen, um die Gültigkeit des alten Urteils zu beweisen! Ja, so waren diese Menschen; sie waren, kurz gesagt, völlig unmöglich.

Kurz nach unserem Einzug brachte Companera ihr Kind zur Welt, einen Jungen, der, abgesehen von einem unbedeutenden Gebrechen – er hatte nämlich einen Buckel –, gesund und munter war und uns beide mit einem unbeschreiblichen Glücksgefühl erfüllte. Wir nannten ihn Adam. In den folgenden Jahren zeugten wir direkt hintereinander eine Menge Kinder, herrliche Jungen und Mädchen, die alle aus irgendeinem unerklärlichen Grund mit einer Deformität oder einem Handicap behaftet waren, worüber wir jedoch hinwegsahen und was sie im Leben auch nie zu stören schien. Einer war lahm, ein zweiter hatte eine Hasenscharte, ein dritter einen Klumpfuß und ein vierter einen verdorrten Arm. Es war auch ein Blinder darunter, ein Taubstummer und ein wundersamer Albino, alle strotzten sie vor Leben und Gesundheit. Außerdem nahmen wir ein paar elternlose Kinder zu uns, die etwas abstachen, weil keines von ihnen auch nur den kleinsten Defekt besaß, sonst aber unterschieden sie sich nicht von den anderen und trugen zu dem allgemeinen, unordentlichen, lärmenden und unbändigen Leben bei, das das Haus erfüllte und selbst die entlegensten Räume, die Rumpelkammern und die verborgensten Winkel des Gartens durchdrang.

Companera hatte einen Webstuhl gebaut und begann Decken mit einer verblüffenden, farbigen Ornamentik zu weben, die auf den Traditionen aufbauten, die sie aus ihrem Heimatland mitgebracht hatte. Doch mehr noch: Als sie genügend davon hatte, ließ sie sich auf dem Markt nieder, wo sie sie verkaufte oder gegen Hausgerät, Nahrungsmittel oder andere nützliche Dinge eintauschte. Gleichzeitig verdiente ich an der Musik das große Geld. Ich trat noch lange Zeit hindurch mit den drei allmählich berühmten Instrumentalisten auf, doch da wir allein das neugeweckte Bedürfnis nach Musik nicht befriedigen konnten, schickte ich einen Bescheid in die Küstenstädte und versprach den Musikern und Sängern, die sich auf die lange Reise begeben würden, ein Engagement und gute Einkünfte. Im Gegensatz zu Moses, Klein-Jesus und Gabriel war ich nämlich imstande gewesen, Geld auf die hohe Kante zu legen, das ich auf diese Weise investierte, und wie sich zeigte, mit gutem Resultat. Sänger und Musiker strömten herbei, und bald hallte Santa Demonica von den Tönen wider, die selbst aus der schäbigsten Bar herausströmten. Das führte dazu, daß ich mich entscheiden mußte, ob ich der Musik dienen oder Geld verdienen wollte, wobei ich so tief in letzteres Vorhaben verstrickt war, daß die Wahl in Wirklichkeit bereits getroffen war. Aber während ich Geld scheffelte – das ich wiederum in mechanische Klaviere, Spielautomaten und gigantische Leierkästen investierte, die in zerlegtem Zustand über die Berge transportiert und nach ihrer Ankunft wieder zusammengesetzt werden mußten –, gebar Companera immer weiter Kinder und webte Decken, deren findige Ornamentik noch immer besonders die armen Pächter ansprach. Die Arbeit am Webstuhl, die Companeras ganze Konzentration erforderte, hatte sie in meinen Augen nur noch schöner gemacht; es war, als hätten diese Jahre mit Kindergeburten und harter Plackerei eine andere Schönheit herausgearbeitet, die unter der glatten Haut der jungen Frau verborgen lag und in dem Gesicht der Achtzehnjährigen nur skizziert gewesen war. Obgleich wir beide alle Hände voll zu tun hatten, verging kein Tag, an dem wir sie nicht auch dazu benutzt hätten, miteinander zu reden, und im Laufe der Zeit erhielt unsere schweigende Sprache immer neue Nuancen und wurde gleichzeitig unendlich komprimiert. Wir kannten nämlich unsere Gedanken so gut, daß eine Andeutung ausreichte, um auszudrücken, was schrecklich viele Worte erfordert hätte, andererseits aber langweilten wir uns nie in unserer Gesellschaft, weil jeder Tag uns beiden neue Erlebnisse verschaffte, die wir natürlich miteinander teilen mußten.

Abgesehen von solchen Widrigkeiten, Ärgernissen und Sorgen, die nun einmal einen untrennbaren Bestandteil des täglichen Daseins darstellen, wäre mit anderen Worten alles ungemein gut gewesen, wenn da nicht die Familie Camacho und der Streit um das Zimmer mit den beiden Türen gewesen wären. Wenn ich nach einem vielbeschäftigten Tag am Abend ins Bett gekommen war und mich darauf freute, mich dem Schlaf zu überlassen, wurden meine Gedanken unweigerlich zu der Familie und ihrem ständigen, unverschämten Pochen auf ein nichtexistentes Recht hingelenkt. Mit der Kinderschar, die wir allmählich um uns herum hatten, hätten wir das Zimmer gut gebrauchen können, aber natürlich kamen wir auch ganz gut ohne aus. Mit allen anderen als dieser Familie hätte die Sache gütlich beigelegt werden können, doch Sigismunds Auftreten – und darauf das der gesamten Familie – bei unserer ersten Begegnung hatte mir völlig die Lust genommen, die Dinge großzügig zu betrachten. Hinzu kam, daß die Familie das Ihre tat, um den Streit am Leben zu erhalten. Bevor ich mit meinen Malersachen aufgetaucht war, hatte sie es sich anscheinend nicht im Traum einfallen lassen, in dem Zimmer, das sie als ihr Eigentum behauptete, auch nur sauberzumachen, geschweige denn, es zu möblieren und zu benutzen, was in Nihil Facundos Zeit eigentlich leicht gewesen wäre, da er nie in diesen Teil seines weitläufigen Hauses kam. Nun, dagegen wurde gefegt und gewischt, und um meine Auffassung der Angelegenheit zu unterstreichen, fegte und wischte ich ebenfalls, wenngleich mit klopfendem Herzen, denn wenn ich etwas hasse, dann sind es Zank und Streit. Sie stellten auch, nur um uns zu ärgern, einen großen, grünen, gepolsterten und fettigen Lehnsessel hinein, ein häßliches Monstrum, das an phantastische und ausgeklügelte, von einem schleimigen Bezug aus grünen Pflanzen verborgene Felsenformationen denken ließ.

In dem Versuch, mir noch mehr Klarheit zu verschaffen, vergrub ich mich in alten Dokumenten, die die Geschichte des Hauses bis zu dem Zeitpunkt zurückbeleuchteten, als es in der ersten Hälfte des letzten Jahrhunderts von einer der ältesten Familien der Stadt als ein großes Gebäude errichtet worden war. Ich ging sogar so weit, daß ich einen Brief schrieb, den ich an Golddigger Nihil Facundo, Alaska, USA, richtete und auf den ich zu meiner großen Verblüffung nach einem halben Jahr eine Antwort bekam. Mein Vater, schrieb Nihil Facundo, gewann den Prozeß gegen Esteban Camacho, das stimmt, doch von dem Tag an war er in Wirklichkeit ein gebrochener Mann. Esmeralda Canizarès erklärte nämlich, wenn er das Zimmer jemals benutze, würde sie ihn keine ruhige Sekunde haben lassen. Da er fürchtete, daß sie, Hexe, die sie war, ihre Drohung wahr machen würde, lebte er ewig in Furcht und Beben, und zuletzt verlor er offenbar seinen Verstand: Er verschwand nämlich spurlos. Nach seinem unerklärlichen Fortgang war ich das letzte Mitglied des Geschlechts Facundo, und viele Jahre hindurch fürchtete ich, es werde mir ähnlich ergehen wie meinem Vater. Als das wider Erwarten nicht geschah, beschloß ich eines Tages, mir selbst eine Chance zu geben und von vorn zu beginnen, weit weg von den gefürchteten Camachos. Das habe ich auch nicht bereut, abgesehen von …, abgesehen von einem unbestimmten Sehnen, das erst Ihr Brief mich hat verstehen lassen: Ich sehne mich nach der Familie Camacho, nach ihrer unausgesprochenen Drohung, ihrer schäbigen, jämmerlichen und kleinlichen *Bösartigkeit,* die ich nie verstanden, doch immer gefürchtet habe.

Dieser Brief brachte mich nur noch mehr zum Grübeln und trug auch dazu bei, mich des Nachts wach zu halten, wenn ich mich am

allermeisten nach Schlaf sehnte. Im übrigen hatte sich natürlich auch einiges bei der Familie abgespielt, die noch immer mit großer Ausdauer ihre künstliche und aufgesetzte Eigenart pflegte, die wie ein Deckmantel über dieser Neigung zur Niedrigkeit wirkte, die sich dadurch als etwas Interessantes, Originales und Kostbares maskierte. Manoel hatte mit den Jahren freilich weder Aussehen noch Gewohnheiten geändert, war nur etwas fetter, etwas träger und damit seinem Vater nur immer ähnlicher geworden, als habe die Familie ihn so geplant. Sigismund seinerseits hatte eine sogenannte Studienreise nach Europa unternommen, deren bemerkenswertestes Ergebnis eine junge Frau war, die ein paar Monate nach seiner Heimkehr in die Stadt gereist kam und sich bei der Familie Camacho häuslich einrichtete. Sie war schlank und blond und wirkte im Gegensatz zu der Familie rein, gepflegt und ohne sonderliche Zeichen einer gesuchten Originalität. Sie hieß Benedicia und strahlte eine abweisende und exklusive Sinnlichkeit aus. Ich konnte nicht umhin, Mitleid mit ihr zu empfinden, denn sie hatte kaum wissen können, worauf sie sich da einließ, als sie beschloß, Sigismund nach Santa Demonica zu folgen und ihn zu heiraten: Sie war ja nicht nur ihm, sondern der Familie Camacho in die Klauen geraten.
Napoleon und seine Mutter waren noch immer unzertrennlich, und als er langsam erwachsen wurde, schien das obendrein noch stärker der Fall zu sein. Wenn sie zum Markt gingen, führte er Esmeralda am Arm, und mit verschränkten Fingern – sie trug unweigerlich lange, weiße Handschuhe – lehnten sie sich aneinander und steckten die Köpfe zusammen, wobei sie mit einer zwischen Mutter und Sohn nicht ganz üblichen Vertraulichkeit miteinander flüsterten und tuschelten. Ihr ungepflegtes, strähniges Haar ergraute, und aus ihrem knochigen Gesicht sprangen Kinn und Nase immer stärker hervor, während die eingesunkenen Augen immer größer wurden.

Santa Demonica war allmählich zu einer recht bedeutenden Stadt geworden. Irgendein großes ausländisches Konsortium hatte nach Absprache mit der Stadtverwaltung – denn Santa Demonica war eine Art selbständige Republik, die außer der Stadt auch das Tal und die angrenzenden Berge umfaßte – die Konzession zur Ausnutzung der Mineralreichtümer in den Bergen erhalten und legte im Zusammenhang mit den Vorbereitungen für den Bergbau eine Eisenbahnstrecke nach Santa Demonica an, die die notwendige Verbindung zur Küste herstellen sollte. Die Arbeit dauerte bereits ziemlich lange. An den großen Feiertagen kamen die Arbeiter von der Eisenbahn

und aus dem im Bau befindlichen Bergwerk nach Santa Demonica herein, wo gleichzeitig um den alten Stadtkern herum ein Ring von jämmerlichen Schuppen emporgeschossen war, und nach zwanzig Stunden waren die Straßen von stockbetrunkenen, total gerupften Männern überschwemmt, die von den Straßenkötern angepinkelt wurden, bevor die Polizisten – das Polizeikorps war stark ausgebaut worden – sie auf einen Wagen warfen und zum Gefängnis fuhren, auf dessen kaltem Steinfußboden sie viele Stunden später aufwachten, ohne sich überhaupt an die vergangenen vierundzwanzig Stunden zu entsinnen.
Dank dieses Zustroms wuchs das Bedürfnis nach Musik ständig, weshalb ich immer mehr Musiker und Sänger in den neuen, von mir finanzierten Bars und Tavernen anstellte. Es war mir klar, daß ich mit meiner Tätigkeit am Elend der Armen gutes Geld verdiente, andererseits aber liebten sie die Musik, weil ihre erregenden Rhythmen sie eine kleine Weile von dem Bewußtsein ihres quälenden und aussichtslosen Loses befreiten.
Deshalb freute es mich, als Moses, Klein-Jesus und Gabriel eines Tages zu mir kamen und sagten, sie führten eine Spendenaktion an, deren Erlös zur Unterstützung der Arbeiter in ihrem Kampf um bessere Verhältnisse gedacht sei, und dieser Kampf werde ganz bestimmt kommen. Ich gab ihnen so viel, wie ich in dem Augenblick entbehren konnte, und versprach, sie mit regelmäßigen Beiträgen zu versorgen. Zu dieser Zeit hieß es, unter den Arbeitern an der Eisenbahn und in den Bergwerken würde agitiert, und das Zentrum dieser Agitation sei Santa Demonica, von wo aus sich verwandte Botschaften gleichzeitig zu den armen Pächtern und den Indianern der Berge verbreiteten. Der Frieden, der in Santa Demonica geherrscht hatte, als wir in die Stadt kamen, war für ewig vorbei, eine neue, harte und blutige Zeit hatte ihren Anfang genommen. Es hatten sich zwar noch keine Gewalttätigkeiten ereignet, doch die Unruhe lauerte direkt unter der Oberfläche, und alle hatten das Gefühl, sie könne jederzeit losbrechen. Man machte Jagd auf die Agitatoren, der eine oder andere wurde von der Polizei geschnappt und wegen irgendwelcher Vergehen verurteilt, die er nie begangen hatte. Dagegen gelang es der Polizei nicht herauszubekommen, wie die aufrührerischen Botschaften von Santa Demonica in das ganze Tal und bis in die Berge gelangten.
Während diese unruhigen Verhältnisse die Stadt in einen latenten Zustand von nervöser Erregung versetzten, pflegte ich noch immer mein glückliches Familienleben. Companera war nicht nur fleißiger

am Webstuhl als je zuvor, sondern sobald die ältesten unserer Mädchen – die lahme Bellissima und die taubstumme Cecilia – groß genug waren, wurden sie vor einen kleinen Webstuhl gesetzt, eigneten sich unter Companeras kundiger Aufsicht schnell die Geheimnisse des Faches an und konnten bereits als Zehnjährige zu großen Webstühlen übergehen wie dem, an dem ihre Mutter arbeitete. Die Jungen entwickelten sich in alle möglichen Richtungen: Adam machte sich über die Chemie her, David über Kaninchenzucht, während Felisberto – das war der Albino – der respektierte Anführer der schlimmsten Gassenjungen der Stadt wurde. Außer unseren eigenen Kindern wimmelten immer auch ihre Kameraden und Freundinnen in unserem Haus herum, das übrigens auch Musikanten, Gaukler und Bettler gastlich aufnahm. Selbst die streunenden Straßenköter kamen selten vergeblich.
Gleichzeitig plagte mich noch immer der unentschiedene Streit mit der Familie Camacho, deren Gegenwart sich die ganze Zeit über in meine Gedanken drängte: Esmeralda in ihren ewigen weißen Handschuhen; die drei Männer, von denen jeder auf seine Weise unappetitlich war; und Benedicia, deren Schönheit eine fruchtlose Vollkommenheit prägte, die mich sehr gegen meinen Willen des Nachts wach hielt.
Eines Tages wollte ich in meinem Zimmer hinter dem inneren Patio die Wand ausbessern, als ich, nachdem ich ein paar Steine entfernt hatte, entdeckte, daß mich von der Familie Camacho nur eine dünne Schicht Putz trennte; obendrein hatte sie sogar noch ein Loch, dort, wo einst ein Nagel in die Mauer eingeschlagen worden war. Ich besann mich, ehrlich gesagt, keinen Augenblick und preßte mein Auge an das kleine Loch, denn Ehre im Leib habe ich nie gehabt. Das kam mich in gewisser Weise auch teuer zu stehen.
Doch man muß Esmeralda Canizarès gekannt haben, um mich zu verstehen; man muß sie in den geschmacklosen und prunkenden Gewändern gesehen haben, mit denen sie sich aufdonnerte, wenn sie sich öffentlich zeigte. Sie nämlich sah ich. Sie lehnte sich in einem schmutzigen, gepolsterten Sessel zurück, der einem lasterhaften Ungeheuer glich, das mitten in dem Versuch, sie zu umklammern, erstarrt war. Sie trug einen Kimono, der mich einen großen Teil der Beine, des Halses und den oberen Teil der Brust sehen ließ – alles mager, knochig und von runzliger und glanzloser Haut bedeckt. Ihre Hände und Arme waren noch immer von den langen weißen Handschuhen verborgen, die aus den fettigen und zerfransten Ärmeln des Kimonos herausschauten. Aber sie war nicht al-

lein – ach nein. Benedicia war bei ihr. Esmeralda hatte die nackten Füße auf einen kleinen Hocker gestellt, Benedicia saß auf einem anderen Hocker und war dabei, ihr die Zehennägel zu schneiden; und das hatten die vielleicht auch nötig!
Benedicia hatte wie gewöhnlich ein schwarzes Kleid an und trug ein schwarzes Tuch um ihre hellen Haare, ich glaube, nie machte sie auf mich einen reineren und feineren Eindruck. Ihre Finger glichen am ehesten weißen Koralzweigen, und mit ihnen hielt sie eine große Nagelschere. Ich konnte Esmeraldas schmutzige Fußsohlen und langen Zehen sehen und auch, wie Benedicia mit ihren zarten weißen Fingern nacheinander die Zehen ergriff, sie ein wenig zur Seite bog, um die Schere anzubringen, so daß sie mit leichtem Schnalzen und Klicken große Stücke des Nagels abschneiden konnte, der augenscheinlich ziemlich dick war, so daß sie ihre ganze Kraft aufbringen mußte.
Bei dem Anblick sperrte ich fast Mund und Nase auf, denn nun war es doch völlig klar, daß Benedicia in dem Haus fast eine Art Sklavin war. Sobald ich genug hatte, schob ich den Stein an seinen Platz und verbarg die Stelle hinter einem Bild von Santa Demonica, von dem Augenblick an jedoch hatte mein Gemüt keine Ruhe. Irgendwie mußte ich Benedicia doch zu Hilfe kommen können!
Und dann begann ich mir alle die demütigenden Situationen vorzustellen, in die die arme junge Frau von ihrer abstoßenden Schwiegermutter gebracht werden konnte. Der Gedanke an sie quälte und plagte mich, hielt mich des Nachts wach – und was das schlimmste war: Ich konnte meine Hände nicht dazu bringen, Companera davon zu erzählen. Nein, das lehnten sie glatt ab. Ich versuchte sie zu zwingen und sie zu überreden, doch ohne Erfolg. Zum erstenmal war mir etwas begegnet, was ich Companera nicht anvertrauen konnte, was auf mich so verkehrt wirkte, daß es war, als ginge ich neben mir selbst.
Als ich wieder einmal durch das Loch guckte, sah ich Esmeralda eine Patience legen, während Benedicia im Hintergrund über eine Handarbeit gebeugt auf einem Stuhl saß und ihrer Schwiegermutter augenscheinlich keinen Gedanken schenkte. Einen Augenblick später wurde die Tür einen Spalt breit geöffnet, und Napoleon, der in Unterwäsche zum Vorschein kam, sah seine Mutter mit einem sehnsüchtigen und bittenden Ausdruck an. Esmeralda erhob sich, folgte ihm und schloß die Tür hinter sich. Benedicia hatte sich nicht stören lassen, als sei sie über jeden Einfluß der lasterhaften Neigungen ihrer schändlichen Umgebung erhaben. Auf ihrer Gestalt ruhte eine

Art verklärter Frieden, und mir wurde selbst klar, daß ich laut aufstöhnte, bevor ich sah, wie sie den Kopf hob und sich mit einem erstaunten und wachsamen Ausdruck im Raum umblickte.
Ich floh von meinem Posten und begab mich in die Stadt, wo ich in einem sonderbar betäubten Zustand in den Straßen umherlief. Eine Stimme sagte zu mir, du gehst jetzt sofort zu Companera und zwingst deine Hände, ihr alles anzuvertrauen. Eine zweite sagte, geh um Himmels willen nicht zu Companera, dann verscherzt du dir jede Möglichkeit, Benedicia zu retten. Und viele andere Stimmen kamen mit ebenso eindringlichen und wohlgemeinten Ratschlägen.
Schließlich lenkte ich meine Schritte heimwärts und ging schnurstracks zu Companera, wo meine Hände noch nicht einmal zu ihrer Erklärung ansetzen konnten, bevor sie mir einen Stapel Decken auf den Arm gelegt und mir aufgetragen hatte, sofort damit zum Markt zu gehen, wo Bellissima und Cecilia saßen und sie dringend brauchten. Sie wirkte so angespannt, daß ich sofort tat, worum sie mich bat. Unterwegs hatte ich das sonderbare Gefühl, von jemandem verfolgt zu werden, doch als ich mich umdrehte, war in dem Menschengewimmel nichts Verdächtiges zu erblicken. Kaum war ich auf dem Marktplatz angekommen, da begannen Bellissima und Cecilia die Decken an die Vorübergehenden zu verteilen.
Nun hört aber mal, rief ich, das ist doch die Höhe! Aber sie waren nicht zu bremsen, und in ihrer unerschütterlichen Sturheit erkannte ich den festen Charakter ihrer Mutter wieder.
Wiederum hatte ich das sonderbare Gefühl, von jemandem verfolgt zu werden, und gleichzeitig wurde mir klar, daß in den Straßen eine unruhigere und erregtere Stimmung herrschte als gewöhnlich. In letzter Zeit hatte es Gerüchte über bevorstehende Streiks unter den Bergwerksarbeitern gegeben, und in den Vorstädten hatten Tumulte stattgefunden. Die Polizei hatte mehrere Arbeiterführer verhaftet, was wiederum zu neuer Unruhe geführt hatte. Ich suchte Moses, Klein-Jesus und Gabriel auf, um mir die letzten Neuigkeiten erzählen zu lassen, doch sie konnten mir nicht sehr viel erzählen. Alle erwarteten, daß der Streik ausbrechen würde und die Vorstädte von Tumulten heimgesucht werden würden, die wahrscheinlich Tote und Verletzte kosten würden. Die Polizei arbeitete an der Entlarvung der Organisation, die hinter den erwarteten Streiks stand und ihre aufrührerischen Botschaften bis zu den Tagelöhnern der Ebene und den Indianern der Berge verbreitete – vorläufig ohne Erfolg. Unter den geheimnisvollen Personen, die in letzter Zeit in der Stadt

beobachtet worden waren, waren auch zwei Gringos in gleichen grauen Sakkos, über deren mögliche Verbindung mit den Ereignissen niemand mit Sicherheit etwas sagen konnte. Sie schienen in der Stadt niemanden zu kennen; sie mischten sich in nichts ein; scheinbar taten sie gar nichts.

Der Bau der Gleisanlage war jedoch beendet, der Bahnhof war gebaut, nun fehlte nur noch die Einweihung der Bahn, die ein paar Tage später stattfinden sollte: Dann nämlich würde der erste Zug von der Küste ankommen und später dahin wieder abfahren. Als ich meine drei alten Kameraden verließ, machte ich einen Umweg zum Bahnhof und betrachtete die unberührten Eisenbahnschienen, die sich von hier aus in nordwestliche Richtung erstreckten, die Blechschuppen der Vorstädte durchbrachen und sich über der Ebene zu den fernen, blauenden Bergen verloren. Ich gedachte meiner Jugend, mein Herz schnürte sich zusammen, und ich dachte an das ganze teure Glück, das mir das Leben mit Companera beschert hatte. Als ich zum Haus zurückkehrte – unterwegs hatte ich wieder das Gefühl, jemand folge mir von weitem oder jemand betrachte mich, als hätte ich in der Menge plötzlich den Blick aus ein Paar beobachtenden Augen aufgefangen –, also, als ich zurückkam, fand ich Companera so sehr am Webstuhl beschäftigt, daß ich das Gespräch mit ihr, zu dem ich mich eigentlich entschlossen hatte, verschob. Von einer unwiderstehlichen Neugier getrieben suchte ich das kleine Loch auf, durch das ich wieder einen Blick auf Benedicia zu erhaschen hoffte. Das geschah auch wirklich, und diesmal verzauberte mich ihr Anblick. Sie war nämlich ganz in Weiß, ihr Gewand war mit Federn und Daunen besetzt, die ihre Gestalt völlig verbargen. Nur die Füße, die Hände und der Kopf guckten aus dieser weißen, fedrigen und daunigen Weiße heraus, die einen sonderbaren Gegensatz zu der schmutzigen und schäbigen Umgebung bildete.

Companera arbeitete auch nach Einbruch der Dunkelheit und selbst in der Nacht weiter; als ich erwachte, weil ich von merkwürdigen Träumen heimgesucht wurde, hörte ich das dumpfe Geräusch der unermüdlichen Webstuhlarbeit. So sehr hatte sie wirklich noch nie angepackt, und dieser übertriebene Fleiß erschien mir unheilverkündend. Aber in Companeras Gesicht, das der fehlende Schlaf schwer werden ließ, las ich eine dumpfe Entschlossenheit, und statt ins Bett zu gehen, begnügte sie sich während der folgenden Tage damit, in etwas zusammengesunkener Stellung am Webstuhl ab und zu eine Stunde zu schlafen.

Ich schickte Moses, Klein-Jesus und Gabriel all mein Geld, sie hatten mir erzählt, die Bewegung brauche wieder finanzielle Unterstützung, im übrigen aber lief ich immer ruheloser im Haus umher. Ich fühlte mich zu dem Guckloch hingezogen, widerstand jedoch der Versuchung, es aufzusuchen, weil ich das Gefühl hatte, daß damit irgendeine Gefahr verbunden sei, als könnten meine Augen verhext werden, wenn ich nur diese Intimszenen einer Art häuslichen Glücks betrachtete, das mir – abgesehen von Benedicias Person – abstoßend erschien.

Während ich so umherging und in alle möglichen Gedanken versunken war, die auf seltsame Weise in meinem Kopf herumwirbelten, fiel mein Blick auf ein weißes Huhn, das sich vom Garten in das Haus verirrt hatte; ich lief hinterher, um es zu fangen. Als ich die Tür erreichte, durch die es verschwunden war, sah ich flüchtig, wie es sich flügelschlagend durch die nächste Tür zwängte, die angelehnt war. Ich hörte es gackern und stürzte ihm hinterher, wobei ich mit einem erpichten Krähen nach ihm rief. Erst als ich durch die nächste Tür witschte, wurde mir klar, daß ich durch das Zimmer gelaufen war, um das ich mich seit Jahren mit der Familie Camacho zankte, und mit einem Schauder begriff ich, daß ich mich mit anderen Worten im Haus der verhaßten Familie befand. Wenn mich hier jemand sah! Aber die Familie Camacho hielt keine Hühner, das weiße Huhn mußte also unseres sein, es war mein Recht, es zu fangen.

Deshalb setzte ich die Verfolgung fort, bis ich plötzlich in einem Zimmer stand, das mir bekannt vorkam.

Der hat aber einen roten Kamm! rief eine Stimme.

Ich fuhr auf dem Absatz herum und stand Auge in Auge vor Esmeralda Canizarès, die in dem Stuhl saß, den ich so gut kannte, und die mich mit einem haßerfüllten Blick betrachtete, während sie sich zufrieden ihre behandschuhten Hände rieb. Neben ihr stand Benedicia in ihrem weißen Federgewand und lächelte sanft, wobei sie sich mit ihren bleichen, sauberen Händen etwas zurechtmachte und die Federn richtete, die da und dort in Unordnung geraten waren.

Jetzt, als ich in dem Raum stand, konnte ich an der einen Wand einen Kamin sehen, in dem ein Feuer brannte. An der entgegengesetzten Wand saß Esteban Camacho, von seinen Söhnen umgeben, mit einem artigen Ausdruck in seinem fetten Gesicht und einem scheelen Blick, sobald er diesen auf mich richtete.

Ich warf mich vor Benedicia auf die Knie, streckte die Arme nach ihr aus und rief: Benedicia! Benedicia! Ich bin gekommen, um Sie zu retten. Sie verdienen ein besseres Dasein, davon bin ich überzeugt, und ich biete Ihnen meinen Schutz an. Ich bin zwar verheiratet, wie Sie wissen, aber ..., kurz, damit kommen wir schon klar, darum brauchen Sie sich nicht zu sorgen.

Na, der kräht vielleicht, bemerkte Esmeralda.

Ja, sagte Benedicia, der ist vielleicht aufgeregt! Ob der wohl betrunken ist?

Esteban, Manoel, Sigismund und Napoleon lachten laut und plötzlich und hörten ebenso plötzlich wieder auf.

Verblüfft starrte ich Benedicia an, die mit Esmeralda sprach, als habe sie überhaupt nicht verstanden, was ich gesagt hatte. Ihr weißes, reines, regelmäßiges Gesicht war noch ebenso ausdruckslos wie zuvor.

Nun bekam ich es mit der Angst und beschloß abzuhauen, entdeckte jedoch, daß Benedicia in aller Eile und ohne daß mir klargeworden war, was da vor sich ging, auf dem Fußboden um mich herum einen Kreidestrich gezogen hatte, den zu überschreiten mir unmöglich war.

Habt ihr die Spieße bereit? rief Esmeralda.

Ja, ja, ja, antworteten Esteban, Manoel, Sigismund und Napoleon im Chor.

Dann fangen wir an, fuhr Esmeralda fort und gab Benedicia einen Wink. Sei so lieb und rupfe ihn erst.

Mit einem festen Griff ihrer weichen, weißen Hände packte mich Benedicia und legte mich auf den Tisch. Ich zappelte ein bißchen, doch es half alles nichts, und während mein Kamm immer roter wurde – das spürte ich deutlich –, begann sie mich mit geübten Fingern Stück um Stück zu rupfen, so daß allmählich meine nackte Haut zum Vorschein kam, die sich jedesmal zusammenkrampfte, wenn ihre Fingerspitzen sie berührten.

Da ich lag, konnte ich den Kopf drehen und auf diese Weise die vier Kerle sehen, die dasaßen und mich mit einem hungrigen Ausdruck ansahen. Das schlimmste aber waren die großen, spitzen Eisenspieße, die sie in den Händen hielten und ungeduldig befingerten, während sie mit lauernden Augen den Ereignissen folgten. Von ihrer Seite war wahrlich keine Barmherzigkeit zu erwarten – ganz im Gegenteil, die saßen schon da und sabberten vor Ungeduld danach, daß sie und ihre Spieße an der Reihe sein würden.

Wieder sah ich Benedicia an, die über mich gebeugt stand. Wie schön sie war! Ich wollte gerade ganz vergehen, als mir einfiel, was sie eigentlich mit mir machte.

Ich flüsterte ihr zu: Benedicia – hören Sie zu! Ich bin in Wirklichkeit ein Wildschwein. Das Ganze ist ein großer Irrtum. Ich bin ein Wildschwein – Sie sollten nur wissen ...
Aber Benedicia rupfte mich ungerührt weiter, und nun war ich beim Anblick ihres unbeeinflußbaren Gesichts vor Entsetzen gelähmt. Es strahlte nicht einmal Kälte aus. Eher war es die Heimstatt eines sonderbar vernichtenden Mangels an allem. Es besaß einzig und allein seine tote, strahlende Vollkommenheit. Mir wurde klar, daß sie überhaupt kein Mensch war, sondern eine Hülle oder vielleicht eine Puppe, was ihre Berührungen zehnmal schlimmer machte. Ja, Sigismund war sicher in Europa gewesen, um sie bei irgendeinem verdammten Demiurgen zu kaufen – kein normaler Mensch würde ja freiwillig in diese Familie einheiraten!
Allmählich hatte mich Benedicia fast ganz gerupft, und nun spürte ich, wie sie mit zwei Fingerspitzen mein schlaffes Glied ergriff und es anhob, um es vorzuzeigen. Ich krähte wie ein Wahnsinniger und wollte mich aufrichten, sie aber schubste mich sanft, doch bestimmt wieder zurück. Die vier Männer brüllten und brummten begeistert, während sie ungeduldig mit den Füßen stampften und die Spieße auf den Boden stießen.
Ich fühlte mich so wehrlos, und mir war so angst, als sei ich kein erwachsener Mann, sondern nur ein hilfloses Kind, und meine ganze Angst konzentrierte sich dort unten, wo sie nun an mir herumfingerte. Mit kleinen, jammernden Tönen versuchte ich Eindruck auf sie zu machen und begann auch zu weinen, aber es kamen keine Tränen.
Nun ist er soweit, sagte Benedicia zu Esmeralda.
Die hatte ich ganz vergessen. Ich drehte den Kopf und sah sie an, und nun wurde mir so bange, daß ich alles Weinen und Jammern vergaß und nur ganz, ganz still dalag.
Esmeralda sah mich noch immer mit einem gierigen und ungeduldigen Ausdruck an und richtete sich nun im Sessel auf. Meine Augen folgten ihren Bewegungen, in meinem armen Körper war mir so angst, und ich fühlte mich so hilflos, daß ich ihm gleichsam entfloh, so tat, als sei er überhaupt nicht ich, und fast neugierig Esmeraldas Tun und Lassen beobachtete.
Sie begann den einen Handschuh auszuziehen, allmählich kam der Unterarm zum Vorschein und war immer abstoßender und unheimlicher anzusehen – hart und sehnig, als sei er aus Stahl gewunden, und mit einer grautrüben Farbe, die die Haut trocken und tot erscheinen ließ. Die Hand allerdings war noch viel schlimmer, als sie

endlich aus ihrer Hülle herauskam. Sie war sehr lang, stark, knochig und krallig, und das Schlimmste von allem: Die schwarzlackierten, gewetzten Nägel, die mehrere Zentimeter lang waren, waren spitz zugefeilt und glichen kleinen Messern, die dazu geschaffen waren, lebendes Fleisch aufzuschlitzen.
Es war nur Sache eines Augenblicks, bevor Esmeralda auch den anderen Handschuh ausgezogen hatte, nun war sie also bereit, sich über mich herzumachen. Sie hielt die Hände – oder die Krallen, sollte ich wohl lieber sagen – vor sich empor, als wolle sie sie inspizieren, und der Anblick der zehn schwarzen, glänzenden Nägel, die einer Art Operationsinstrumente der Hölle glichen, ging mir durch Mark und Bein. Ich konnte unmöglich immer weiter glauben, mein armer Körper sei nicht ich, denn jetzt, als sie sich näherte, wußte ich, daß sie im nächsten Augenblick ihre Nägel in mein Fleisch bohren und mir danach höchstwahrscheinlich ohne Bedenken mit ihnen die Augen ausstechen würde.
Es sollte mir also gerade das Allerschlimmste passieren, als die Tür, durch die ich hereingekommen war, von zwei Männern, die einander auf den Fersen in den Raum hineinstürzten, aufgesprengt wurde. Sie trugen die gleichen grauen Anzüge und hatten jeder einen eleganten, weichen Hut auf dem Kopf, in ihrer vorgestreckten Rechten aber hielten sie auch beide einen blanken und blitzenden Colt, den sie im nächsten Augenblick abfeuerten. Esmeralda streckte unsicher ihre kralligen Hände in die Luft und knickte langsam zusammen, als sei ihr Rückgrat an mehreren Stellen zugleich gebrochen worden, und an Benedicias weißem Federkleid wurde ein kleiner roter Fleck schnell zu einer großen roten Blume. Zum erstenmal zeigte Benedicias Gesicht Zeichen des Lebens. Aus irgendeiner tief begrabenen Schicht ihres Bewußtseins stieg eine animalische Angst in ihren reinen, schönen Zügen empor, die sich in dem Augenblick, als der Tod sie einholte, menschlich verzerrten.
Esteban, Manoel, Sigismund und Napoleon hatten sich auf den Fußboden geworfen, wo sie nun auf allen vieren herumkrochen, als seien sie in Insekten verwandelt worden und glaubten, sie könnten in Spalten und Ritzen verschwinden. Ich selbst sprang schnell vom Tisch herunter, und in dem Augenblick, als ich splitternackt vor meinen beiden Rettern stand, erkannte ich in den unfertigen und dennoch gleichsam viel zu erwachsenen Zügen dieser Jünglinge meine beiden Söhne Hans und Hugo.
Ja aber, stieß ich entsetzt aus und starrte ihre rauchenden Revolver an, ihr seid doch noch Kinder!

Doch es war keine Zeit für Erklärungen. Zieh dich schnell an, riefen sie wie aus einem Mund, wir müssen den Zug erreichen.
Im Laufe eines Augenblicks konnten wir das Zimmer verlassen, von dem ich mit einem einzigen Blick Abschied nahm. Tod, Chaos und Verwirrung herrschten darin. Noch immer flitzten die vier Männer auf allen vieren auf dem Fußboden so verwirrt herum, daß es komisch und unheimlich wirkte, und ihre glänzenden Augen waren völlig ausdruckslos vor Angst. Esmeralda war ein länglicher, unregelmäßiger Haufen von Knochen in einer dünnen, abstoßenden Hülle aus Kleidung, die jahrelang nicht gewaschen worden war; das bißchen Blut, das ihr vertrockneter Körper in sich gehabt hatte, war herausgesickert und bildete auf dem Fußboden eine unbedeutende Lache. Benedicia, die in ihren weißen, blutbefleckten Federn umgesunken war, rief mit erstarrten und aufgerissenen Augen den Tod um Aufschub an.
Ja, aber Companera! rief ich außer Atem und verzweifelt, während wir durch das Haus stürmten.
Keine Zeit – keine Zeit! antworteten sie, rissen mich in vollem Galopp auf die Straße und liefen zum Bahnhof weiter.
Die Menschenmenge bewegte sich, von einer ungewöhnlichen Erregung ergriffen, unruhig in den Straßen umher. Ab und zu waren Schüsse zu hören, und der Geruch von Rauch erzählte uns, daß die ersten Häuser brannten. Der flaggenverzierte und blumengeschmückte Zug hielt am Bahnsteig – die Lokomotive stand unter Dampf –, ein Orchester spielte, und eine größere Versammlung feierlich aussehender Männer in hohen, schwarzen Hüten hatte sich wie zur Parade aufgestellt und klatschte nach Abschluß des Musikstücks diskret die weißbehandschuhten Hände. Es gelang uns, ohne Aufsehen zu erregen, in einen der Wagen hineinzukommen, wo Hans und Hugo drei Fahrkarten herauszogen, die uns Zutritt zu gepolsterten Sitzen verschafften, die uns wie Sessel entgegennahmen.
Ich erwachte wie aus einer Betäubung, erhob mich, um wieder aus dem Wagen zu stürzen, und rief: Ich will sein, wo Companera ist – ich kann ohne Companera nicht leben.
Sie aber versperrten mir den Ausgang, zogen ihre Revolver und zielten auf mich, und ihre Blitze sprühenden Augen verrieten mir, daß mit ihnen nicht zu spaßen war.
Du bleibst hier, sagte Hans, und Hugo fuhr fort: Gott sei Dank hat die Polizei im Augenblick anderes im Kopf, deshalb haben wir einen kleinen Vorsprung. Aber wenn sie dich fangen würden, könntest du sicher sein, daß du an einer Wand endest.

Ich sah mich hilfesuchend um und erblickte durch ein Fenster Companera, die sich mit wild flatterndem Haar ihren Weg durch die Reihen der feinen Herren bahnte, die sie unsanft zur Seite stieß. Im selben Moment erblickte sie mich. Sie streckte die Hände zu mir empor, und auch ich streckte meine Hände vor; aber die Scheibe war dazwischen, wir konnten einander nicht erreichen. Noch war Zeit zu einer Erklärung, noch konnte die komprimierte Sprache unserer Hände das Versäumte nachholen, alles Ungesagte sagen und in der Stunde des Abschieds die große Vergebung der Liebe mitteilen. Zum erstenmal aber ließen sie uns im Stich. Companeras Hände waren in einer hilflosen Geste erstarrt, die nur eine Ohnmacht und Verzweiflung ganz ohne Sprache ausdrückte; und mein zerrissenes Herz konnte die Hände nicht dazu bringen, stammelnd die Reue zu formulieren, die das Geschehene sowieso nicht ungeschehen machen konnte.
Ein paar der feinen Herren, die von Companera fast umgeworfen worden waren und ihre blanken Hüte verloren hatten, hatten ein paar Gendarmen herbeigerufen und ihnen gezeigt, wer der erregte Störenfried sei.
Die Lokomotive pfiff, und in einer langsamen, zerfleischenden, mechanischen Weise wurden Companera und ich auseinandergerissen, als sich der Zug in Bewegung setzte. In letzter Sekunde liefen drei aufgedonnerte Frauenzimmer mit großen Taschen in den Händen über den Bahnsteig und sprangen auf den Zug, während sich die beiden Gendarmen neben Companera stellten und schwer die Hände auf ihre Schultern fallen ließen. Das war das letzte, was ich von ihr sah.

Hans und Hugo erzählten, daß sie bereits als Zehnjährige den Plan gehabt hätten, in die Welt hinauszureisen, um mich zu finden. Fast täglich sprachen sie von der Nacht, in der wir Abschied voneinander genommen hatten, und die Sehnsucht danach, wieder mit mir zusammensein zu können, hatte während all dieser Jahre die Erinnerung an mich wachgehalten. In aller Heimlichkeit sparten sie Geld, und als Dreizehnjährige rissen sie aus, um mich zu suchen, mit dem Ziel, mich nach Hause zu bringen und wieder mit ihrer Mutter zu vereinen. Sie hatten meine Fährte in Mexiko gefunden, sie wieder verloren und waren weitergereist, hatten in Ost und West gesucht – und waren nach etwa einem Jahr endlich in Santa Demonica gelandet. Dort hatten sie mich ausspioniert und beschlossen, den Versuch zu unternehmen, mich dazu zu überreden, mit ihnen zu reisen, wenn die neue Eisenbahn eingeweiht werden sollte. Der Eindruck meines blühenden Familienlebens ließ sie fast den Mut verlieren, doch die schlafwandlerische Art und Weise, in der ich während der letzten Tage herumgelaufen war – sie waren mir abwechselnd wie ein Schatten gefolgt –, hatte ihnen die Vorahnung einer künftigen Katastrophe vermittelt, deren Ursachen sie nicht verstanden.

Als sie schließlich zur Tat schritten und im Haus nach mir fragten, hatten sie ein Gespräch mit Companera. Sie hatte ihnen erklärt, daß mir unsere Nachbarsfamilie aufgrund einer jahrelangen Streiterei um ein gleichgültiges Zimmer auf die Nerven gegangen sei: In der Nacht, wenn ich schlief, sprachen meine Hände im Schlaf – hatte Companera gesagt –, und ihr bruchstückartiger Ausbruch hätte einen Alptraum verraten, in dem ich das Opfer der Verfolgung durch die Familie Camacho gewesen sei.

Doch findet ihn selbst, fügte sie hinzu und wandte sich wieder dem Webstuhl zu, er ist irgendwo hier im Haus.

So gingen Hans und Hugo auf die Jagd nach mir in dem seltsamsten Haus, das sie jemals besucht hatten. Während sie davon erzählten, erlebte ich noch einmal diese Welt, die ich nun verloren und die ich nie zuvor *gesehen* hatte, weil sie unserem Leben entwachsen und Teil meiner selbst war.

Die ersten Räume, in die sie hineinkamen, waren voller Webstühle, an denen Mädchen aller Altersklassen – von denen mehrere durch irgendein körperliches Gebrechen gezeichnet waren – unermüdlich arbeiteten, wobei die Ältesten die Kleineren anlernten. Danach betraten sie einen großen Speisesaal, wo eine Gruppe schlagfertiger, um einen bemerkenswerten Albino gruppierter Straßenjungen sich die Zeit mit Kartenspiel vertrieb, während ein trauriger Zigeuner eine Harmonika traktierte und ein paar zerlumpte Lazaronen über dem Tisch eingeschlafen waren. Ein schwefliger Geruch ließ sie die Nase in etwas stecken, was sich als ein chemisches Laboratorium erwies, und beim Anblick eines einsamen, buckligen Jünglings mit dicker, stahlgefaßter Brille inmitten eines brodelnden, stinkenden und dampfenden Sammelsuriums aus Kolben und Glasröhrchen zogen sie sich schleunigst wieder zurück. Im Garten, den sie als nächstes betraten, verirrten sie sich in einem Labyrinth aus übereinandergestapelten Kaninchenställen und mußten sich von einem verdrossenen Jungen heraushelfen lassen, dessen Gesicht durch eine Hasenscharte entstellt war. Sie drangen weiter vor und stießen auf Burschen, die auf Steckenpferden ritten und sich mit Holz-

schwertern schlugen, und hatten sich in Zimmer wie Puppenstuben verirrt, wo kleine Mädchen mit großen Schleifen im Haar auf einem Kleinstofen Puppenessen kochten und eifrig in Kasserollen rührten, in denen winzige rote Ameisen, Kellerasseln und Kakerlaken herumschwammen. Zuletzt waren sie in einem Raum gelandet, der völlig leer war, wenn man einmal von einem Bild der Santa Demonica absah, das deshalb ihre Aufmerksamkeit auf sich zog. Es stellte Santa Demonica dar, die sich als Elfjährige mit einem unzerreißbaren, aus verbotenen Wünschen gedrehten Faden die Schamlippen zusammennäht. Mit dem instinktiven Gefühl, daß es irgendein Geheimnis verberge, rissen sie es von der Wand und enthüllten ein kleines Loch, durch das sie das charakteristische Geräusch der verzweifelten Schreie eines Hahns vernahmen, der zum Hackklotz geschleppt wird. Das Geräusch verstummte, und als sie neugierig durch das Loch guckten, sahen sie eine Szenerie, die sie zunächst nicht verstanden, die sie aber im nächsten Augenblick dazu brachte, sich noch tiefer in das Labyrinth des Hauses zu stürzen, um im letzten Augenblick die Revolver ihre tödliche Sprache sprechen zu lassen.
Und nun, so schlossen sie, ist es also endlich so gelaufen, wie wir gehofft haben; nun mußt du mit uns nach Hause zu unserer Mutter reisen.

Ich war von einer Verzweiflung gebrochen, die die Eingeweide meines Bewußtseins aufgewühlt hatte. Ich begriff nicht, wie es mir möglich sein sollte weiterzuleben, und das war mir übrigens auch völlig gleichgültig. Ich wurde von einem fürchterlichen, kalten Dunkel durchspült, das ich mit Dankbarkeit entgegennahm, weil ich einen Augenblick lang glaubte, es sei der Tod.
Als ich endlich überhaupt wieder etwas wahrnehmen konnte, hatte ich nur eine einzige klare Vorstellung im Kopf: Zu dem Leben, dem ich einst vor langer Zeit entflohen war, zurückkehren, das wollte ich unter keinen Umständen. Hans und Hugo waren nicht mehr zu retten: Sie hatten nur ihre Mutter im Kopf. Mit mir aber durften sie nicht rechnen.
Erschöpft schlief ich ein und wurde im Schlaf von dem Bewußtsein der nicht wiedergutzumachenden Konsequenzen meiner Handlungen gequält, glücklicherweise aber war der Schlaf bald so tief, daß alles verschwand. Irgendwann fing ich an, von Musik zu träumen, und dachte unklar, dann könne ich vielleicht trotzdem leben. Während ich so dachte, ging mir auf, daß ich wach war, doch trotz der

Tatsache, daß ich also nicht mehr träumen konnte, erklang die Musik weiter. Ich fürchtete, sie würde aufhören, wenn ich die Augen öffnete, weshalb ich sie so fest zusammenkniff, daß mir davon die Stirn ganz weh tat, zuletzt aber gab es keinen Zweifel mehr: Ich hörte die wohlbekannten Töne der Violine, des Banjos und der Gitarre, als sei wie durch ein Wunder eine Verbindung zu der Vergangenheit hergestellt, die ich schon längst tot und begraben glaubte.
Moses, Klein-Jesus und Gabriel, die aus der Frauenkleidung, in die sie sich vermummt hatten, weil ihnen der Boden unter den Füßen brannte, herauskrochen, halfen mir dabei, bevor wir die Küste erreichten, vor Hans und Hugo auszureißen, die angesichts so musikalischer Gegner meines Wissens für diesmal eine weitere Verfolgung aufgaben und sicherlich nach Georgetown, Texas, zurückgekehrt sind, zu ihrer Mutter und zu all den Onkeln und Tanten, vor denen meine Belehrung sie also nicht zu retten vermocht hatte.
Während der folgenden Jahre kam ich mit meinen drei Freunden weit umher, und wir erlebten viele Abenteuer, bis sich unsere Wege schließlich trennten. Sie erzählten mir auch, daß die revolutionären Botschaften, die sich von Santa Demonica aus – ohne daß jemand begriff, wie – zu den armen Tagelöhnern der Ebene und den Indianern der Berge verbreitet hatten, in Companeras Decken gewesen waren und nur von diesen elenden Analphabeten gedeutet werden konnten, die in der sinnreichen Ornamentik die unwelkbaren Kryptogramme der Lebensfreude, des ewigen Aufruhrs und der Barmherzigkeit fanden.

Als der Zug in Ikast – der letzten Station vor Hammerum – anhielt, kam unerwartet der Zugführer in das Abteil und sagte, zu Oberst Böje Thompson gewandt, da sei ein junger – ein junger – ein junger Mensch, der darum bitte, mit ihm sprechen zu dürfen.
Das muß ein Mißverständnis sein, sagte Böje Thompson überrascht, was soll das bedeuten? Es sollte doch erst in Hammerum sein.
Er sah unschlüssig aus, als wüßte er in dieser unerwarteten Lage weder aus noch ein.
Der Zugführer sah ihn mißbilligend an.
Ich finde eigentlich, wir haben schon genug Merkwürdigkeiten gehabt, sagte er und fügte hinzu: Der junge Mensch behauptet, er sei ein Verwandter des Obersten.
Böje Thompson sah verwirrt aus.
Wie schlau! sagte er sarkastisch und fuhr rätselhaft fort: Was glauben die wohl, was sie damit erreichen können?

Als er das Abteil verlassen hatte, sagte Elias Lönn: Sollten wir uns nicht die Beine vertreten?
Ja, ich bin auch neugierig, gestand der Scholier.
Elias Lönn schnappte sich den Korb, und einen Augenblick später standen sie zusammen mit Frau Lönn auf dem Bahnsteig, der in die Strahlen der Nachmittagssonne gebadet dalag. Der Lokomotivführer war ebenfalls von seiner Maschine herabgestiegen. Er stand da mit einer verschlissenen schwarzen Mütze auf dem Kopf und in seinem dunkelblauen, schmutzigen Overall und betrachtete die Person, von der der Zugführer gesprochen hatte.
Vor dem kleinen, zierlichen Stationsgebäude aus roten Backsteinen stand ein junger Mensch in einem eleganten, schwarzen Sakko und weißem Hemd. Dieser männliche Aufzug wirkte allerdings eigentümlich herausfordernd und anstößig, nicht nur wegen des Kopfes mit den hellen Locken, die ein bleiches Gesicht umrahmten und fast bis auf die Schultern reichten, sondern vor allem wegen der zweideutigen Formen des Körpers, der kleinen, molligen Hände und der Stellung der Beine.
Böje Thompson näherte sich zögernd, augenscheinlich ratlos und beklommen angesichts der Situation, deren Prüfung ihn völlig überraschte, und blieb zuletzt genau vor dem Unbekannten stehen. Es war, als zögere er vor den unüberschaubaren Konsequenzen des unausweichlichen Erkennens, als suche er noch immer Zeit zu gewinnen und weigere sich standhaft, sich der Wirklichkeit auszuliefern, deren Wahrheit er auf die Dauer nicht verdrängen konnte und die sich ihm bereits in ihrem ganzen schreckenerregenden Ausmaß darstellte.
Das fürchterliche Gesicht des Unbekannten! Der Oberst blinzelte mit den Augen. Ein Gesicht mit viel zuviel Süße, gleichsam überreif und von einem unmerkbaren Schwellen gezeichnet, als sei der zarte Schädel mit einem dünnen, appetitlichen Puder überzogen; ein in einer unfreiwilligen Erstarrung gefangenes Gesicht, das wirkte, als sei ihm seine eigene Süße verleidet worden und als müsse es sie leugnen; ein zerquältes Gesicht: Die großen Augen hatten den verschleierten Glanz eines fernen, erinnerten Glücks – der Mund dagegen war eingesperrt, als würde die Haut um ihn von einem Ring aus unsichtbaren Stiften festgehalten.
Der Unbekannte brach die Stille und sagte: Ich komme, Sie zu holen.
Die Worte wurden mit einer schwachen, tonlosen Stimme geäußert, doch es war, als ob ihre trockene Feststellung den Raum zerspaltete und zersplitterte und vor dem alltäglichen und plausiblen Stations-

gebäude ein gähnendes Loch, einen geheimnisvollen Abgrund zurückließ.
Herr und Frau Lönn und der Scholier waren Böje Thompson gefolgt, und der Lokomotivführer hatte sich ihnen unwillkürlich genähert, als sei es sein Recht, bei der sich abspielenden Szene Zuschauer zu sein.
Böje Thompson hatte sich zusammengenommen.
Er stammelte: Wer hat Sie geschickt? Ich verstehe überhaupt nichts.
Der Unbekannte lächelte nahezu unmerklich. Es sah aus, als täte das Lächeln dem Gesicht weh.
Nein, sicher, nein, Sie verstehen überhaupt nichts, sagte der Unbekannte und fuhr traurig fort: Aber wenn Sie den Ort hier verlassen, werden Sie verstehen. Kommen Sie, setzen wir uns hin, wir haben viel zu erzählen – oder, genauer gesagt: Ich habe viel zu erzählen.
Das sind meine Reisegefährten, sagte Böje Thompson ablenkend, als er die kleine Gruppe erblickte.
Verzeihung, sagte Elias Lönn, wir ziehen uns zurück, wir möchten nicht stören.
Nein, warten Sie, sagte der Unbekannte, ich bitte Sie: Lassen Sie sich nicht abschrecken. Ich bin gekommen, um meinen Vater zu holen, und wenn Sie erst einmal hören, weshalb, so bin ich überzeugt, daß Sie mich unterstützen werden. Hier sind zwei Bänke – setzen Sie sich mit uns zusammen nieder. Ja, ich bitte Sie! Hier, Vater, setzen Sie sich doch hin. Sie haben doch keine Angst vor mir? Nein, wir kennen uns auch nicht, doch das wird sich ändern. Sie sollen mich kennenlernen. Ja – und wenn Sie mich erst einmal kennen, dann, glaube ich, werden Sie mich nicht mehr fürchten. Ich bin trotz allem ein Teil von Ihnen. Doch wo soll ich beginnen?
Der Lokomotivführer war stehengeblieben und lehnte sich an die Mauer in der Nähe der Bank, so daß er das Geschehen verfolgen konnte. Friederich-Friederike befeuchtete die Lippen mit der Zunge, ohne den Mund zu öffnen.

Ich bin in einem Haus aufgewachsen, das von den sonderbarsten Substanzen der Stille und Abgeschiedenheit erfüllt war. Nur ein Weg führte durch meilenweite Nadelwälder zu dem Haus. Es muß sich um einen der verkehrsärmsten Wege dieser Welt handeln – vielleicht läßt er sich nur mit dem Weg zu einem abgelegenen Kloster in Tibet vergleichen, den nie ein Mönch in beide Richtungen begeht.
Außer meiner Mutter und den wenigen Dienstboten sah ich zunächst viele Jahre lang keine anderen menschlichen Wesen – das

Haus, das wir bewohnten, lag nämlich völlig abgesondert und nicht in der unmittelbaren Nähe der Wirtschaftsgebäude. In gewisser Weise opferte meine Mutter ihr Leben für mich. Bereits vor meiner Ankunft hatte sie ihr Dasein auf völlige Abgeschiedenheit eingestellt, als ahnte sie, daß meine Existenz Ansprüche an sie stellen würde, die sich mit dem normalen Dasein, wie es sich nun einmal mit Geselligkeit, Zeitunglesen, Theaterbesuchen oder womit man sonst noch die Zeit in der Gesellschaftsschicht, der sie angehört, verbringt, nicht vereinen ließ. Nein, das wäre überhaupt nicht gegangen. Doch ich wurde nicht nur mit der mütterlichen Liebe umgeben, die normalerweise Kindern zuteil wird, sondern sowohl sie wie auch die Dienstboten brachten mir gebührenden Respekt und Ehrerbietung entgegen. Selbst die Tiere – unsere Hunde und unsere Katzen – gingen mit mir anders um als mit anderen Menschen, und ich bin auch sicher, daß sie begriffen, weshalb.

In einem Alter von fünf oder sechs Jahren war ich zum erstenmal allein in der Welt. Das Kindermädchen, das mit mir im Gras vor dem Haus spielte, hatte mich aus irgendeinem Grund verlassen – man hatte sicher nach ihr gerufen –, und ich nutzte die Gelegenheit, um auf Abenteuer in die weite Welt auszuziehen, von deren Existenz ich wohlgemerkt nicht die geringste Ahnung hatte. Ich folgte dem Weg vom Haus in den Wald, der sich nun zum erstenmal um mich schloß, so daß ich fast geglaubt hätte, das sichere Haus, das meinen Blicken entschwunden war, habe ebenfalls zu existieren aufgehört. Ich mußte weitergehen und gelangte an eine große Lichtung. In der Ferne sah ich einige große rote Holzgebäude, und da es das erste Mal war, daß ich andere Häuser als unser eigenes weißgestrichenes sah, blieb ich verwundert stehen. Noch verwunderter aber war ich beim Anblick der Menschen, die sich um die Häuser zu schaffen machten. Ich glaubte nämlich nicht, daß es in der Welt außer meiner Mutter, unseren wenigen Dienstboten und mir selbst andere Menschen gebe – ausgenommen Papa also, der einmal im Jahr zu Besuch kam; aber der war eigentlich kein richtiger Mensch. Manchmal meinte ich, er wohne allein in dem Wald, aus dem er herausgefahren kam und der die ganze Welt erfüllte; dann wieder glaubte ich, er sei ganz einfach tot und erstehe nur wieder auf und existiere in der kurzen Zeit, die er bei uns verbrachte. Meine Mutter hatte mir zwar Bilderbücher gezeigt, in denen andere Kinder vorkamen, die sie Jungen und Mädchen nannte, die aber begriff ich – und darin bestärkte sie mich – als eine Art Phantasiewesen, ebenso wie die Trolle, Zwerge und Engel, die oft in denselben Büchern vorkamen.

Aber die Welt wimmelte ja von Menschen! Ich sah mindestens fünf, sechs auf einmal und war völlig bestürzt und mir über alles im unklaren. Außerdem stand dort auf dem Feld ein großes Tier, das nicht wie ein Pferd aussah, das einzige mir bekannte Tier, das größer war als der Hund. Ich fühlte mich unwiderstehlich davon angezogen und begann darauf zuzugehen, denn im Gegensatz zu den mir bekannten Tieren stand es vollständig unbeweglich da, als sei es mit seiner riesigen, rotbraunen Masse völlig erstarrt. Doch erst als ich ganz zu dem Tier hingekommen war, wurde mir richtig klar, wie groß es war und daß ich selbst nur klein und unbedeutend war. Es bewegte sich ein wenig, und ich erblickte etwas Fürchterliches, was ich nie vergessen habe. Es hatte nämlich einen großen Eisenring durch die Nase, und von dem Eisenring führte ein dickes Tau zu einem Pfahl, der in die Erde geschlagen war. Das alles war mir unklar und rätselhaft, aber ich fühlte mich beklommen und unglücklich – ich sah die Kraft des Tieres und konnte sie in gewisser Weise auch riechen, und die kleinen Augen in dem riesigen Kopf glommen mit einem rötlichen Schein, der aussah, als käme er aus den dunklen, geheimnisvollen Tiefen des Körpers.
Ich hörte einen erschreckten Ausruf und drehte mich um. Draußen auf dem Weg standen meine Mutter und das Kindermädchen Ulrika in ihren langen weißen Kleidern und starrten mich an. Ich winkte ihnen zu, sie aber schüttelten den Kopf und machten verzweifelte Bewegungen mit den Armen, was so lustig aussah, daß es mich zum Lachen brachte. Ich sagte dem Tier auf Wiedersehen, und mit meinem Bubikopf, in dem weißen Kleid mit Rüschen und weißen Kniestrümpfen ging ich durch den gleißenden, sonnenheißen Sommertag und war ganz von dem Erlebten erfüllt. Ich hatte etwas für mich, an dem niemand anders Anteil hatte – wie schwer lastete das! Ich begann zu weinen, als ich auf den Weg hinauskam und meine Mutter erreichte, doch keineswegs aus den Gründen, die sie vermutete. Ich weinte um das Tier und um mich – glaube ich jedenfalls.
Meine Mutter kümmerte sich selbst um meinen Unterricht. Das geschah in der Bibliothek, einem Raum voller Bücher, alle sehr alt und in schönen, dunklen Einbänden, die sie schwer und unhandlich, gleichzeitig aber auch respekteinflößend machten. Sie lehrte mich Lesen und Schreiben und auch auf schwedisch und in verschiedenen fremden Sprachen zu rezitieren. Deshalb konnte ich als Zehnjähriger die Oden des Horaz auf lateinisch zitieren, die Fabeln La Fontaines auf französisch, Schillers Gedichte auf deutsch und Shakespeares Sonette auf englisch. Im Laufe der Zeit lernte ich

diese Sprachen allmählich auch verstehen und konnte mit der bis dahin so unverständlichen Musik der Verse einen Sinn verbinden. Jedesmal, wenn ich einen Vers auswendig konnte, gab mir meine liebevolle Mutter zur Belohnung einen Bonbon. Sie wußte nicht, daß auch die Mädchen mir Bonbons gaben und daß dies vielleicht der Grund der Bauchschmerzen war, die mich nicht selten quälten und sie so besorgt machten. Ich lernte auch Geschichte und Geographie, so daß ich allmählich einen recht guten Begriff von der großen Welt und den vielen Menschen, die sie bevölkerten, bekam. Dafür lernte ich weder Rechnen, Mathematik noch Geometrie, die ihr böhmische Dörfer waren, und was die Chemie, die Physik und die Geologie betrifft, so waren das für sie nur Wörter. Das Wort Anatomie vermied sie ganz, und wenn mich die Mädchen in ihrer einfältigen Weisheit nicht etwas anderes gelehrt hätten, hätte ich noch viele Jahre lang geglaubt, daß ich mich nicht von anderen Menschen unterschied. Freilich gab es da ein Rätsel, über das ich mir den Kopf zerbrach und nach dem ich meine Mutter nicht auszufragen wagte. Denn wenn sie mir nie erklärt hatte, was das mit »Männern« und »Frauen« bedeuten sollte, dann mußte das einen Grund haben, und ich schämte mich, weil ich nicht bereits längst begriffen hatte, was sich hinter diesen Wörtern verbarg.

Ulrika aber wagte ich zu fragen, und da sie meine Fragen überhörte oder ausweichend antwortete, drang ich in sie.

Da lüftete sie den Schleier des großen Geheimnisses, mit Tränen in den Augen ließ sie sich vor mir auf die Knie und flüsterte: Ach, kleines Kind (da war ich schon gar nicht mehr so klein), du bist seltener, vollkommener als alle wir anderen.

Ich war ziemlich erschrocken, doch obgleich sie mir alles erklärte, verstand ich in Wirklichkeit nicht, was das bedeutete. Ich fand es nur natürlich, daß man mich verwöhnte, und nahm begierig all die Bonbons entgegen, die ich bekam, obwohl ich mehr als einmal Zahnschmerzen gehabt hatte und es aus eben diesem Grund sogar notwendig gewesen war, mich den langen Weg zum nächsten Zahnarzt zu bringen. Ihn hatte ich verabscheut: Er hatte mich so seltsam und ekelhaft angestarrt, daß mir noch viele Tage lang elend zumute und ich nicht imstande war, die schmerzhafte Erinnerung an den unerklärlichen Haß seiner Augen abzuschütteln.

Waren die Menschen draußen in der Welt so?

Ich vertraute mich Ulrika an, die sagte: Er konnte den Anblick von etwas so Seltenem wie dich nicht ertragen.

Dann drückte sie mich weinend an sich, ihre Liebe tröstete mich,

doch aus irgendeinem Grund, den ich nicht erklären konnte, verstärkte selbst sie ein wachsendes Gefühl der Verlassenheit.
Im Alter von dreizehn Jahren wurde ich krank. Mein Körper wandte sich gegen mich oder wurde die Heimstatt eines Streits, den ich einfach nur erdulden mußte, solange er dauerte. Mein Gehirn hämmerte von einem fürchterlichen Schmerz, und es war, als ob alle Organe meines Körpers, von denen ich bisher außer den Zähnen und dem Bauch nichts gemerkt hatte, einzeln Ansprüche an mich erhoben, meine Aufmerksamkeit an sich reißen und mich in Besitz nehmen wollten. Während die äußere Welt fern und gleichgültig wurde, wurde ich von Schreien und Stöhnen erfüllt, die Organe zerrten so in mir, daß ich fürchtete, sie würden mich zerreißen und mich blutig, verstümmelt und außerstande zu überleben zurücklassen. Deshalb wunderte es mich nicht, daß das Blut aus mir herauszufließen begann, doch als ich erst einmal von einem süßen Gefühl der Ermattung durchdrungen wurde, ahnte ich, daß der Krieg in meinem Körper zu Ende war. Es war, als habe sich mein Bewußtsein weit weg befunden und nähere sich nun ganz langsam, auf einem dunklen und stillen Strom fließend, wieder, um eins mit mir zu werden, und finde sich mit einem Gefühl unbeschreiblichen Genusses in dem intimen und unzerteilbaren Inneren meiner doppelten Natur zurecht.
Seit der Zeit mußte ich mich einfach lieben. Ich liebte mich selbst in einer Weise, zu der die Menschen normalerweise nicht imstande sind. Mein Dasein wurde zu einem ununterbrochenen Stelldichein mit mir selbst, und die Vereinigung, die ich erlebte, einfach nur durch meine Existenz, verekelte mir den platten und demütigenden Umgang, auf den Männer und Frauen sonst angewiesen sind. Ich konnte keusch sein, und gleichzeitig war ich imstande, Begierde zu fühlen, und ohne der gewöhnlichen, banalen Selbstzufriedenheit zu verfallen, konnte ich in mir sowohl das Männlein wie auch die charakteristischen Wunder der weiblichen Schönheit lieben.
Von nun an pflegte ich, ohne mich zu schämen, die Norm meiner eigenen entschlechtlichten oder überschlechtlichten Schönheit, und insgeheim mußte ich Ulrikas Worten recht geben, mit denen sie einst von meiner Seltenheit und Vollkommenheit gesprochen und deren Reichweite sie selbst wohl kaum verstanden hatte.
Wie würde wohl das Ergebnis aussehen, wenn ich mich nur selbst reproduzieren könnte? Eine noch vollkommenere Schönheit, etwas sublim Fleischliches, der erste Entwurf für eine neue Spezies auf Erden! Sollte das nicht möglich sein? Ich hörte von Insemination

und stellte mir vor, daß man den Prozeß zu einer Vollkommenheit entwickeln könne, der ihn für mich brauchbar machte, so daß ich eines schönen Tages mit mir selbst ein wunderbares Kind zeugen konnte.
Ich verehrte mich also selbst und hegte die ungeahnten Möglichkeiten meiner Eigentümlichkeit, wobei ich mich gleichzeitig mit neuerwecktem Bewußtsein liebevoll um mein Äußeres, meine Kleidung und mein gesamtes Auftreten kümmerte. Alles wäre sehr gut gewesen, wenn mich nicht meine Zähne immer stärker gequält hätten. Die Schmerzen suchten bald den einen, bald den anderen Teil des Mundes heim, und ich verfluchte die Zähne, die eigentlich so schön und regelmäßig saßen, obgleich bereits jetzt Löcher in der Reihe waren. Wenn ich mich in Abständen mit Fragen an meine Mutter gewandt hatte, hatte sie mich nur mit einem gequälten Ausdruck angeblickt, als sei sie es, die Schmerzen habe. Mit ihr konnte man nicht über so etwas Prosaisches wie Zähne sprechen, wenn ich das Thema aufbrachte, wußte sie weder ein noch aus und griff zur Bonbondose, um mir damit die Bitterkeit meiner Gedanken zu versüßen.
Schließlich erbarmte sich Ulrika meiner.
Armes Kind, sagte sie, wie sehr du doch leidest, und wozu? Schaff du dir die Plage ein für allemal vom Hals – das haben wir anderen getan, als wir in deinem Alter waren.
Im Spiegel betrachtete ich die Zähne – viele von ihnen bereits teilweise ruiniert –, die mir so viele Schmerzen verursachten. Ich konnte den Gedanken fast nicht ertragen, daß an mir etwas Unvollkommenes sein sollte, doch ein Stich von Schmerzen ließ mich schreiend den Mund schließen, den Kopf an die Wand hämmern und die idealen Forderungen der vollkommenen Schönheit vergessen.
Ich ging zu meiner Mutter und sagte zu ihr: Jetzt hör mich an! Muß ich ein Gebiß haben? Mutter, ich bin so unglücklich!
Sie sah mich abwesend an, schüttelte den Kopf und lächelte entgegenkommend.
Da entschloß ich mich. Ich ging zu Ulrika, und wir machten uns auf den Weg zu einem Zahntechniker, den sie kannte. Er untersuchte meine Zähne und erklärte, daß da nur eines zu tun sei.
Friederich-Friederike hatte die Stimme gesenkt, so daß sie kaum hörbar war, und fuhr nach einer kleinen Pause fast flüsternd fort. Beim Weitererzählen fand die Stimme jedoch allmählich ihre natürliche Lage wieder.
So bekam ich meine falschen Zähne und hätte nun froh sein sollen,

denn nun waren die Zahnschmerzen fort und kehrten nie mehr zurück. Aber ich konnte nicht froh sein. Ich ekelte mich vor diesem fremden, künstlichen Ding, das ich in den Mund bekommen hatte. Ich wußte, daß ein jeder, der mich sah, sobald ich den Mund öffnete, die künstlichen Zähne erblicken würde, die sofort den Eindruck meiner seltsamen und provozierenden Schönheit zerstören würden. Mit diesen Zähnen im Mund, die ich am Abend herausnahm und in ein Glas Wasser legte, war ich plötzlich banal und gewöhnlich geworden; ich haßte meinen eigenen Körper, der mich verraten hatte, und vergaß alle Gedanken daran, ein wunderbares Kind mit mir selbst zu zeugen.
Von nun an begann ich die Welt mit anderen Augen zu sehen. Überall, wo ich etwas Schönes gefunden hatte, enthüllte sich bei genauerem Hinsehen nun die anstößige Banalität von ein paar künstlichen Zähnen, und vorbei war es mit der Entzückung über dieses und jenes. Der Trost, den die Entdeckung darstellte, daß jede Vollkommenheit ein Gebrechen barg, irgend etwas Plattes, Ordinäres und Künstliches, machte mich nur noch betrübter, trotzdem aber konnte ich nicht umhin, es zu genießen, wenn ich wieder eine dieser Unvollkommenheiten entlarvte.
Ich hatte meine Mutter geliebt und bewundert. Nun mußte ich mir eingestehen, daß ihre sogenannte künstlerische Arbeit nichts weiter war als die hochtrabende und gleichzeitig nichtssagende Pfuscherei einer verkrüppelten, havarierten Seele. Doch damit nicht genug: Mit welcher Begründung standen ein großes Haus, eine ganze Riege Dienstboten und alles, was sie an Essen und Trinken nur wünschte, zu ihrer Verfügung? Sie tat überhaupt nichts Nützliches oder Vernünftiges – nein, sie war nicht einmal imstande gewesen zu verhindern, daß ich – das einzige, was ihr anvertraut war und was dafür wahrlich einzigartig war – meine teuren Zähne zugunsten dieses vulgären Ersatzes verlor.
So begann ich die Welt auszufragen. Nun wollte ich sie kennenlernen. Ich las all die Bücher in der Bibliothek, die meine Mutter nie aus dem Regal genommen hatte, doch das war überhaupt nichts, verglichen mit dem Erlebnis, als mir Ulrika eines Tages eine Zeitung zusteckte – in aller Heimlichkeit, natürlich, denn Zeitungen waren verpönt. Das wirkte ungefähr so heftig wie die falschen Zähne – nicht nur wegen der Dinge, die darin standen, sondern weil das gedruckte Wort in diesen komischen Streifen über die Seiten ausgebreitet war, so daß man kaum wußte, wo man anfangen und wo man aufhören sollte – nein, im Prinzip wirkte es endlos, dafür aber auch

in einer erregenden Weise gleichgültig, die nichts mit der Ergriffenheit gemein hatte, mit denen die schweren Folianten und die statuarischen Verse ihrer überschaubaren Seiten das Gemüt erfüllen konnten.
Jetzt, wo mir der Zusammenhang längst klargeworden war, begannen meine Gedanken unweigerlich um meinen Vater zu kreisen. Ich entsann mich noch schwach an ihn, oder aber ich bildete mir ein, ihn vor mir sehen zu können, wie er seinerzeit aus dem Wald herausgefahren kam – aber er war eine stumme, schattenhafte Figur, die ich unmöglich in der mir bekannten Wirklichkeit unterbringen konnte. Wie war er? Wer war er? Wie konnte ich etwas über ihn erfahren? Einmal wurde mir klar, daß ein Gast auf den Hof kam, über den ich nichts erfuhr. Ein seltenes Mal geschah es zwar, daß irgend jemand aus der Welt von draußen zum Hof gefahren kam, doch ich hatte – das Benehmen der Dienstboten erzählte mir das – das Gefühl bekommen, daß an diesem Gast etwas Besonderes sei. Vom Fenster meiner Kammer aus konnte ich auf den Wagen hinunterschauen, der wartend auf dem Hofplatz hielt, und ich starrte ihn immer weiter an, bis der Fremde zum Vorschein kam, über den Platz ging und sich in den Wagen setzte.
Dieser Mann trug irgendeine Uniform. Ich sah nur seinen Rücken. Dennoch begann mein Herz bei seinem Anblick so heftig zu schlagen, daß mir angst und mein Bewußtsein von einem weißen, blendenden Licht durchdrungen wurde, wobei ich sofort wußte, daß der Mann mein Vater war.
Mein Leben nahm nun eine neue Wende. Ich beschloß, daß ich mich nicht mit dem verhexten Zustand der Unwirklichkeit abfinden wolle, in dem meine Mutter mich gefangenhielt, und begann deshalb, mich auf alle mögliche Weise darauf vorzubereiten, das Leben und die Wirklichkeit kennenzulernen, die man vor mir verborgen hielt und vor der ich verborgen gehalten wurde. Flüchtige Blicke hatte ich ja bereits während meiner Besuche beim Zahnarzt und beim Zahntechniker erhascht, aber die waren so zusammenhanglos, daß sie mir noch unwirklicher erschienen als meine vertraute, enge Welt. Bald schmerzte mein Gehirn unter den Eindrücken dieser Mannigfaltigkeit, über die ich vorläufig nur lesen konnte, und ich brannte vor Sehnsucht danach, dieses Chaos kennenzulernen. Ich wußte zwar, daß mein Erscheinen die Welt schockieren würde, doch darauf war ich vorbereitet und bereit, es in Kauf zu nehmen.
Der Verwalter, der für alle Geldangelegenheiten verantwortlich war, hatte mir allmählich unter dem Eindruck meiner Neugierde und der

Vernunft, mit der ich über die Dinge sprach, Einblick in den Gutsbetrieb gewährt und damit auch in den Umfang der Mittel, die zu meinem Unterhalt angesetzt waren. Die Verwaltung dieser Mittel übernahm ich nun – innerhalb der Grenzen, die er kontrollierte – selbst, und da sie überaus reichlich bemessen waren, fiel es mir leicht, so viel Geld beiseite zu legen, daß es sich bald zu beträchtlichen Beträgen summierte.

Ich bereitete mich gründlich darauf vor, die Welt zu unterlaufen, um die meine Gedanken nun beständig kreisten, die Welt, in der sich mein Vater bewegte, und so, wie sich unser Dasein allmählich entwickelt hatte, würde ich das tun können, ohne daß Mutter es entdeckte. Es konnten Tage und Wochen vergehen, wo wir einander nicht sahen: Sie lebte in ihre Gemächer eingeschlossen und hatte jedes Gefühl von Zeit verloren, und wenn mich nicht die Zahnschmerzen zusammen mit der unermüdlichen Tätigkeit meines Verstandes zum Leben erweckt hätten, hätten wir wie zwei erloschene Gestirne in unüberschaubaren Zeiträumen umeinander kreisen können.

Das Bild meines Vaters, dessen Rücken ich gesehen hatte, hatte sich in mich eingebrannt. Durch die Welt würde ich zu dem Vater gelangen, den ich nicht kannte und nach dem sich mein ganzes Wesen mit einem stummen, anhaltenden Schrei sehnte. Aber wie sollte ich es anfangen?

Meine Studien und Untersuchungen hatten mir verraten, daß die einzige Welt, in der ich mich zunächst würde aufhalten können, die Welt des Theaters sei, unter Schauspielern, Tänzern und Auftretenden jeglicher Art. Das erwies sich als zutreffend. Zu Beginn der Theatersaison fuhr ich zum erstenmal nach Stockholm und suchte die Cafés und Restaurants auf, in denen die Theaterwelt zusammenkam. Ich spürte selbst, daß mein Mund aufgrund des Bewußtseins seines unnennbaren Inhalts, den meine fest verschlossenen Lippen verbargen, uncharmant war, dafür aber drückte der Rest meiner Person die ganze potenzierte Süße aus, die das Ergebnis der überrumpelnden Einheit meiner doppelten Natur war. Mein Auftauchen rief im ersten Augenblick wilde Verwirrung hervor, als sei die Vervielfachung meiner Anwesenheit in den dunklen, trügerischen Tiefen der unzähligen, golden gerahmten Spiegel Ausdruck der unerklärlichen Magie meiner Person; wie eine verzaubernde und zugleich gefährliche Liebkosung zog ich alle Aufmerksamkeit auf mich und befand mich sofort im Mittelpunkt des glühendsten Interesses dieser Kreise, das sowohl Bewunderung wie auch Neugierde, Anbetung,

Neid und Kurmacherei barg. Da niemand wußte, woher ich kam und wohin ich wieder verschwand, blieb ich ein Rätsel und bewegte mich in diesen Kreisen bald wie die lebendige, angebetet-anstößige Verkörperung einer phantastischen und unaussprechlichen Legende. Wie ich diese Position weiter ausnutzen sollte, war mir anfangs nicht klar, doch die Möglichkeiten tauchten in einer für mich völlig unvorhersehbaren Weise von selbst auf.

An einem der Tische, an dem ich oft in dem Café saß, dessen Dunkel mit Kerzenlicht, Zigarettenrauch und einem schwachen Klirren aus Stimmen und Gläsern gefüttert war, tauchte Silvia mit ihrem Pagenkopf, der betrübten Elastizität ihrer schmalen, roten Lippen und der grünen Kühle ihrer bewußten, abschätzenden Augen auf. Sie war Zeichnerin und hatte sich auf raffinierte Porträts der Berühmtheiten der Theaterwelt spezialisiert. Eines Abends ließ sie eine Bemerkung fallen, die sie mit einem schrägen Blick unter den Augenwimpern, den niemand anders bemerkte, auf mich münzte.

Sie sagte: Ein Vermögen wert zu sein, ohne das auszunützen, das nenne ich Naivität.

Ich suchte sie auf. In einem Atelier mit japanischen Schirmen, Bugholzstühlen, unter bunten Decken verborgenen Diwanen, Vogelbauern, Zeichenmaterialien und durchdrungen von einem Duft aus süßen, exotischen Parfüms, weihte sie mich in die Pläne ein, die sie unwillkürlich hatte entwerfen müssen, nachdem ich aufgetaucht war. Sie dachte nicht im Traum daran, so, wie ich es mir zunächst vorgestellt hatte, mich zu zeichnen, sondern zeigte auf eine Kamera, die auf ihrem dreibeinigen Stativ und mit ihrem schwarzen Tuch in einer Ecke des Raums stand. Sie arbeitete bereits seit einiger Zeit an der Fotografie und hatte sich mit Vorliebe auf das, was sie ungewöhnliche Motive nannte, geworfen. Ich sei, erklärte sie, ein Geschenk des Himmels, und wenn ich Modell stehen würde – ich verstünde sicher, wie –, dann wäre damit das große Geld zu verdienen. Der Markt für solche Bilder sei international, und sie habe Beziehungen, die für den Absatz in Deutschland und Frankreich sorgen würden.

Wäre mir das, was ich erreichen wollte, nicht so lebensnotwendig erschienen, dann wäre ich geflohen. Aber ich wagte es nicht, meinen Vater aufzusuchen, und mußte ihn deshalb auf andere Weise kennenlernen. Ich dachte an meine falschen Zähne und sagte mir, wenn die Welt nun einmal voll solchen Betrugs sei, nütze es gar nichts, daß ich mich über die Teilnahme an ihrem betrügerischen Spiel um Geld und Einfluß erhaben dünkte. Mit dem brennenden

Schamgefühl, dem ich mich nicht entziehen konnte, erklärte ich Silvia, daß ich kein Geld wolle. Mein Honorar, falls ich einwilligte, sollte von ganz anderer Art sein: Sie mußte mir Auskünfte verschaffen; ich wollte soviel wie möglich über eine bestimmte Person erfahren – über die Familie des Betreffenden, seine Jugend und Ehe; über den Alltag des Betreffenden, seine Gewohnheiten und Neigungen; kurz, alles, was dazu beitragen konnte, mir ein intimes und umfassendes Wissen über diese Person zu verschaffen.

So begann die Zusammenarbeit: Wir verabredeten, daß die erste Aufnahme stattfinden solle, wenn Silvia die ersten Auskünfte über die Person, deren Namen ich nun angab, bekommen hätte. Um unsere Beziehung zueinander zu verbergen, vereinbarten wir des weiteren eine Art Kodesprache, die es uns ermöglichte, Verabredungen im Hinblick auf Aufnahmen bei Silvia vorzuschlagen und zu bestätigen, ohne daß wir gezwungen waren, uns aneinander zu wenden: Die Bestellungen, die wir beim Ober in unserem gemeinsamen Stammcafé abgaben, enthielten die Mitteilungen, die wir einander überbringen wollten.

Aus spärlichen Requisiten baute Silvia phantastische und raffinierte Dekorationen auf, entkleidete und drapierte mich und verlieh mir mit Hilfe von Perücken allmählich eine Unzahl neuer Identitäten, die ich verblüfft im Spiegel betrachtete, und ich war nur traurig, daß ich keine Zeit hatte, sie kennenzulernen. Bereits bei unserer ersten Sitzung stieß sie allerdings auf ein unerwartetes Problem. Sie hatte mich in leichte Kaskaden aus durchsichtigen Stoffen drapiert, die meinen Körper durchscheinen ließen, und mich in einer Haltung angebracht, die es mir nach einiger Übung mit einer ausreichenden, zwar nicht Natürlichkeit, aber ihr doch sehr ähnlichen Kunstfertigkeit einzunehmen gelang. Trotzdem war sie nicht zufrieden.

Etwas stimmt nicht, sagte sie und starrte mich verzweifelt an, irgend etwas paßt nicht in die Gesamtheit. Du bist bildschön, das Licht verteilt sich auf deinem Körper wie Liebkosungen, du bist eins mit dem Faltenwurf, als sei er ein Teil von dir, kurz: Alles ist vollkommen. Und trotzdem stimmt etwas nicht.

Sie ging an das andere Ende des Ateliers, steckte sich eine Zigarette an und kam wieder zurück.

In dem Augenblick, in dem sie mich nun wieder ansah, erstarrte sie und sagte: Was ist mit deinem Mund los?

Die Frage traf mich wie ein Peitschenhieb. Ich war gezwungen, Silvia in das Geheimnis einzuweihen, das ich vor der Welt verborgen hielt, indem ich nie lachte, sondern mich damit begnügte, die Lippen in einem vagen und künstlichen Lächeln zu verziehen, das mich unter normalen Umständen nur noch rätselhafter machte.

Es wurde notwendig, Fächer einzuführen, mit denen ich den unteren Teil meines Gesichts verstecken konnte, und ich übte mich in Handbewegungen, die denselben Zweck verfolgten. Damit drängte sich das Bewußtsein meines Mundes nur noch mehr auf und quälte mich noch stärker als zuvor.

Gleichzeitig versorgte Silvia mich jedoch mit Auskünften über meinen Vater, der langsam aus dem Schatten heraustrat und zu einer Person wurde, deren Wesen und Geschichte ich kennenlernte und die ich glücklicherweise gern haben konnte. Silvia besaß die Fähigkeit, sich Zugang zu einem Milieu zu verschaffen und Auskünfte herauszuholen, ohne daß das eigentlich jemandem aufging. Im Laufe der Zeit machte sie das Bild immer vollständiger, zuletzt konnte ich fast seinem täglichen Tun und Lassen folgen. Aber je besser ich ihn kennenlernte, um so größer wurde auch das Verlangen: Wie gern hätte ich mit ihm über alles sprechen wollen, was mir am Herzen lag, denn ich fühlte mich als der einsamste Mensch der Welt. Meine Mutter, die ich geliebt hatte, war in einem Nebel entschwunden, der sie die sie umgebende Welt vergessen ließ, und als ich heranwuchs und allmählich keine Puppe mehr war, mit der sie spielen konnte, hatte sie das Interesse an mir verloren. Aber vielleicht würde er mir den Rücken zukehren? Nein, ich hatte ihn als einen Menschen kennengelernt, der sich um die Menschheit sorgte; einen Menschen mit hohen Idealen, der nur darauf wartete, irgend etwas Bedeutungsvolles zu leisten. Was konnte da näher sein als ich? Ich war in gewisser Weise ebenfalls bedeutungsvoll, und ich würde nicht verlangen, daß er mit mir in aller Öffentlichkeit auftrat. Ich kannte die Geschichte seines Großonkels, David Mortimer Thompson, der sein Leben für die unmögliche Sache der Indianer hingegeben hatte. Unmenschlicher als die wilden Indianer konnte ich ja wohl nicht sein – ob er sich dann wohl meiner nicht erbarmen würde? Gleichzeitig konnte ich nicht umhin, davon zu träumen, daß er seinen Wunsch, etwas Großes für die Menschheit zu leisten, wahr machte, daß er wirklich in die blutigen Fußstapfen David Mortimers treten würde, daß er irgendeine humanitäre Tat vollbringen würde, die ihn mit einem Schlag berühmt machen und erneut Glanz auf den Namen des Thompsonschen Geschlechts werfen würde.

Ängstlich verfolgte ich von weitem den Zustand der apathischen Resignation, mit dem er die Nachrichten von dem italienischen Pro-

pagandafeldzug gegen Abessinien und danach vom Ausbruch des Krieges aufnahm, und ich war fast daran zu verzweifeln und den Glauben an ihn zu verlieren, als sich nach dem Tod seines Vaters alles glücklicherweise und sehr plötzlich änderte. Endlich tat er etwas: Er stellte sich an die Spitze einer Expedition, die dem unglücklichen Land humanitäre Hilfe bringen und der ganzen Welt beweisen sollte, daß nicht alle weißen, christlichen Nationen so waren wie die Italiener. Leider, und zum Nachteil für meinen Seelenfrieden, zitterte ich natürlich vor Angst, daß er gleichzeitig sein Leben verlieren und die letzte Erinnerung an ihn ein Steinhaufen in den Einöden Abessiniens sein würde.
Silvia kam jedoch noch immer mit neuen Auskünften, und durch sie erfuhr ich von dem wahren Zweck der Expedition und hörte sowohl von Fräulein Törngren, deren Porträt Silvia zeichnete, wie auch von Magnus Troll, der im Hintergrund eine undurchschaubare Rolle als Geldgeber spielte. Glücklicherweise war die Nachfrage nach Silvias fotografischen Meisterwerken groß und wuchs ständig – die Kunden, erzählte sie mir, seien in den einflußreichsten Kreisen Frankreichs und Deutschlands zu finden –, weshalb sie darauf versessen war, meinem seltsamen Körper neue Möglichkeiten zu entlocken. Daß die Sittenpolizei in Mitteleuropa von der Existenz dieser pikanten Bilder, die überall, wo sie auftauchten, Furore machten, Skandal und Begeisterung erregten, Wind bekommen hatte, ist ganz klar: Damit hatte man ja rechnen müssen.
Ich ließ mich deshalb auch weiterbenutzen, und eines Tages erzählte mir Silvia, sie sei dabei, auf zwei verschiedenen Wegen zu Quellen vorzustoßen, die anscheinend unschätzbare Auskünfte geben konnten. Die eine war ein Vetter meines Vaters, Sohn seines Onkels väterlicherseits, der einen großen Teil der Familienpapiere übernommen und sich zu einer Art Archivar der Familienerinnerungen gemacht hatte. Folke Thompson war Mineraloge und lebte das stille, zurückgezogene Leben eines Wissenschaftlers. Er hatte jedoch außer einigen Sprößlingen, deren bürgerlicher Lebensstil schlagend an seinen eigenen erinnerte, einen Sohn Sebastian, der sich mit einem Übermaß an Energie und unbestimmbaren, künstlerischen Ambitionen in das ermüdende und anstrengende Dasein der Boheme geworfen hatte und deshalb ein leichtes Opfer von Silvias erfahrenen Intrigen geworden war. Die zweite Quelle, die keinen Zugang zur Vergangenheit, sondern zur Gegenwart eröffnete, sah allerdings noch vielversprechender aus.
Es war Silvia gelungen, ein Verhältnis mit Magnus Trolls engstem,

vertrautestem Sekretär anzufangen – dafür allerdings stellte sie extravagante Ansprüche an mich; denn sollte sie ihre Erzeugnisse auch weiterhin absetzen und auf dem exklusiven Markt ihre führende Stellung behalten können, so mußten sie immer neue aufreizende Einfälle bergen. Silvia hatte jedoch das Gefühl, daß Magnus Trolls Rolle als philanthropischer Hintermann keineswegs so eindeutig sei, wie sie auf den ersten Blick auszusehen schien. Vielleicht war das, was ich Gefühl nenne, nur der Ausfluß ihres eigenen, gut entwickelten Geschäftssinns – sie fragte sich ganz einfach, welchen Vorteil Magnus Troll von seiner Investition habe. Allmählich zeigte es sich, daß die humanitäre und idealistische Expedition, die mein Vater anführte, ein Steinchen in einem politischen Spiel war – eines von Magnus Trolls vielen Steinchen. In dem Zusammenhang war das energische Fräulein Törngren nur ein zweites Steinchen, das überhaupt nicht wußte, was sie da ins Werk gesetzt hatte, als sie sich ursprünglich an den Finanzmann wandte.
Als die Expedition Wien erreicht hatte, hatte Magnus Troll sie dort untergebracht, wo er sie haben wollte. Nichts wäre leichter für ihn gewesen, als die Flüchtlinge von Griechenland oder irgendeiner anderen Hafenstadt im Nahen Osten aus mit dem Schiff nach Schweden fahren zu lassen. All das und der Vorteil, den er dadurch erlangte, daß er die Expedition gegenüber der deutschen wie der schwedischen Regierung als Druckmittel benutzen konnte, waren allerdings ziemlich offenbar und wurden von allen Teilen akzeptiert – ausgenommen natürlich von Fräulein Törngren und ihren idealistischen Freunden. Doch nun erlangten wir – durch Silvias immer intimere Beziehung zu dem Sekretärvertrauten – einen Einblick in Verbindungen, die anfangs so phantastisch wirkten, daß wir kaum daran zu glauben wagten, und von deren Zusammenhang mit der Expedition und meinem Vater wir lange Zeit hindurch nichts wußten.
Die Beschäftigung mit meinem Vater, seinem Charakter, seinem Leben und seinem Schicksal hatte auch Silvia beeinflußt. Allmählich interessierte sie sich ebensosehr wie ich dafür, in die Geheimnisse dieses Menschen einzudringen, und wir verbrachten viele Stunden damit, den Mann zu diskutieren, dem keiner von uns jemals begegnet war – wenn wir einmal von den undeutlichen Erinnerungen absehen, die ich an den geheimnisvollen Mann besaß, der in langen Abständen aus den dunklen Wäldern auftauchte und einen Tag lang mein kindliches Dasein mit dem Rätsel seiner Anwesenheit erfüllte. Doch unser Wissen war voller Löcher, und vor allem

war meine Existenz das lebendige Symbol eines Dunkels, das zu erforschen Silvia in keiner Weise gelungen war.
Dafür verschaffte sie durch Sebastian immer neue Auskünfte über die Vergangenheit des Geschlechts. Es war ihr nicht schwergefallen, diesen leichtfertigen Aufrührer zu zähmen, dessen künstlerische Ambitionen rund umher an den verführerischen Stränden der weißgedeckten Cafétische strandeten und dessen halb unbewußtes Wissen über die Vergangenheit der Familie – als Kind hatte er stundenlang den gleichförmigen Monologen des Vaters lauschen müssen – sie mit ihren geschickten Fragen langsam aufdeckte. Allmählich interessierte er sich schließlich selbst dafür und begann sich hinter dem Rücken seines Vaters – dadurch erschien ihm die Beschäftigung anziehend aufrührerisch – in die Dokumente aus Taufscheinen, Tagebüchern, Briefen, Bilanzen und so weiter einzugraben, die neues Licht auf eine Vergangenheit werfen konnten, deren realistische Episoden im Laufe der Zeit einen legendenhaften Charakter angenommen hatten.
Gleichzeitig beunruhigten uns die Mitteilungen von der Aktivität der Sittenpolizei, unter anderem in Paris, wo gewisse Zwischenhändler direkt verhaftet worden waren. Silvia beruhigte mich und sich selbst damit, daß die hohen Personen – es waren Minister unter ihnen –, die zu den Abnehmern gehörten, schon dafür sorgen würden, die Angelegenheit zu vertuschen, und die Polizei daran hindern würden, in ihren Nachforschungen allzu zudringlich zu werden.
Zu dem Zeitpunkt befanden sich die Flüchtlinge noch in Wien. Magnus Troll tat nichts, um zu verhindern, daß sie später unter unmenschlichen Verhältnissen in geschlossenen Güterwagen durch Deutschland transportiert wurden – ganz im Gegenteil geschah das mit seiner stillschweigenden Billigung, denn dadurch würde die Wirkung der humanitären Wohltätigkeit und Fürsorge, die den Armen zuteil werden würde, wenn sie erst mal wieder unter seinen Fittichen waren, nur um so stärker ausfallen. Im Zusammenhang mit ihrer Ankunft in Dänemark hatte man allerdings Absprachen getroffen, die meinen Vater betrafen und zu deren Durchführung Fräulein Törngren als Werkzeug diente. Was sie nicht ahnte, Silvia aber nun aufdeckte, war die Tatsache, daß Magnus Troll bereits jahrelang den Unterhalt – und seinerzeit die Errichtung – der Agentur des Todes finanzierte. In unruhigen Zeiten, in denen das Elend und die Unzufriedenheit der Massen die Dinge in einer für die Produktion, die Stabilität und damit die Rentabilität gefährlichen Weise ins

Rutschen bringen konnten, mußten die glimmende Erregung und die gerechte Entrüstung von den Gebieten abgelenkt werden, wo sie unersetzlichen Schaden anrichten konnten. Dann und wann ein Menschenopfer zeitigte eine phantastische Wirkung. Zwar wurden anonyme Menschen dauernd zu Tausenden geopfert – in Deutschland, Sibirien, China, Indien, Abessinien und an anderen Orten –, aber das waren irgendwie *zu viele*, als daß es richtig Eindruck machen konnte. Die starben ja *massenhaft*, und das an sich zeigte ja bereits, wie bedeutungslos sie waren. Ein einzelnes, gut geplantes Attentat auf eine bekannte und gern auch geachtete Person konzentrierte dagegen die Entrüstung der Mehrheit auf die mörderischen Extremisten und ermöglichte es dadurch, daß man in Ruhe und Frieden die für die Produktion und die Mehrzahl beste, notwendige Politik durchführen konnte. So etwas konnte nicht dem Zufall überlassen bleiben, und das war der Hintergrund für die Errichtung der Agentur des Todes, der Magnus Troll durch seine politischen Beziehungen – einem unergründlichen Geflecht aus Zusammenhängen – einen zwar nach außen hin unbekannten, in Wirklichkeit aber doch halboffiziellen Status verliehen hatte: Das erklärte auch, weshalb es möglich war, über das Reichstelefon leicht und bequem mit der Agentur in Verbindung zu treten. Mit dem fiebrigen Gefühl, mit der Entwicklung der Ereignisse um die Wette zu laufen, erwartete ich nun jeden Tag, zitternd vor Erregung, die Auskünfte, die Silvia herbeischaffte. Im Laufe der Zeit war ihr die Erfüllung der geheimen Wünsche des Sekretärvertrauten immer mehr zuwider geworden. Nach außen hin war er ein ruhiger und stabiler Ehemann mit drei halberwachsenen Kindern. Nach einem zögernden Beginn hatte er jedoch immer direkter zum Ausdruck gebracht, daß er in Silvia eine grausame Herrscherin sehen wolle, die ihn in schwarzen Stiefeln, eine Peitsche in der Hand, dazu zwang, sich zu entkleiden, sich auf den Fußboden zu werfen und bebend vor genießerischem Entsetzen die nadelscharfen Spitzen ihrer blanken Stiefel zu küssen. Das war jedoch die Bedingung für die von mir verlangten Auskünfte, ohne die ich mich nicht zur Verfügung stellen wollte; und sie konnte ohne die Einkünfte, die ich ihr verschaffte, nicht mehr auskommen. Andererseits war Silvia imstande, Ansprüche an mich zu stellen, denen ich nachkommen mußte. Wir waren in einer Weise aneinandergebunden, die unsere Arbeit belastend und kompliziert machte, nicht zuletzt deshalb, weil sich über unsere geschäftliche Beziehung hinweg zwischen uns eine Kameradschaft entwickelt hatte, die keiner von uns mehr entbehren konnte.

Nach längerem Druck hatte ich in eine Reihe von Aufnahmen eingewilligt, bei denen ich mich totaler als je zuvor auslieferte – bedingungslos, schutzlos, in einer obszönen Entblößung, von der ich mir nie etwas hätte träumen lassen und die mich, nachdem sie erst einmal überstanden war, für immer unverletzlich gemacht hat. Ich ließ mich wie gewöhnlich als das Experiment der Natur, das ich nun einmal bin, fotografieren, anstößig, fürchterlich und anderen Menschen unerklärlich, doch nun ohne Fächer und ohne Handbewegungen, die den Mund verbergen konnten – ganz im Gegenteil, ich zeigte aus vollem Hals lachend meinen zahnlosen Kiefer.
Das Ergebnis war furchteinflößend und einträglich. Die Nachforschungen der Sittenpolizei erstreckten sich nun auf ganz Westeuropa, doch selbst die Polizei wurde eine Zeitlang durch die Begegnung mit dem grausamen Nihilismus dieser Bilder gelähmt und verlor sich mutlos und verwirrt in der Betrachtung der spottenden Botschaft meines obszönen Mundes. Welche Abgründe raffinierter Lasterhaftigkeit mußten dieser zynischen Findigkeit zugrunde liegen? Welches gefährliche, vielköpfige Ungeheuer aus raffinierter Schweinerei?
Wie sollte sich ein Beamter jemals vorstellen können, daß sich hinter diesen Bildern eine angstvolle, unschuldige und einsame Seele verbarg, die sich nur nach ihrem Vater sehnte und in aller Unschuld – ja, so war es – darum kämpfte, ihn kennenzulernen und sich ihm nur einmal in der Hoffnung nähern zu dürfen, daß er sich dann ihrer erbarmen und es endlich auf sich nehmen würde, der einzige und liebevolle Vater dieser hungernden Seele zu sein?
Wie gesagt: Die Polizei war eine Zeitlang gelähmt, und das war unser Glück. Und nun brachte Silvia endlich ihren jammernden, jämmerlichen und untertänigen Sklaven dazu, das letzte Geheimnis herauszurücken, worüber sie so in Empörung geriet, daß sie ihm ins Gesicht spuckte und in einem Anfall von Raserei auf ihn einpeitschte, was ihn dazu brachte, sie im schreienden Falsett mit den zärtlichsten Liebeserklärungen zu überhäufen. Noch in rasender Wildheit und wie im Fieber zitternd von dem Abscheu, der in ihr erweckt worden war, eilte Silvia zu mir; doch als sie vor mir stand, konnte sie es fast nicht herausbringen, und ich mußte sie rütteln, um sie so weit zu beruhigen, daß sie mich in das Geheimnis einweihen konnte: Magnus Troll hatte der Agentur des Todes aufgetragen, meinen Vater nach seiner Ankunft in Dänemark zu ermorden.
Ich fühlte mich angesichts der Kräfte, die so zynisch berechnend handeln konnten, hilflos und konnte mich natürlich nicht damit

abfinden, daß sie so ohne weiteres meinen geliebten Vater töten würden. Ich mußte versuchen, ihn zu retten, aber ich mußte schnell handeln, weshalb ich mich Hals über Kopf bereit machte, nach Dänemark zu reisen. Gleichzeitig war die Polizei wieder zu Kräften gekommen. Man hatte den Ursprung der Bilder bis nach Stockholm zurückverfolgt, und die schwedische Sittenpolizei fing an, unter anderem in den Milieus, in denen Silvia und ich uns bewegten, herumzuschnüffeln. Silvia machte sich darauf gefaßt, flüchten zu müssen, doch bevor wir uns trennten, gab sie mir zwei Dinge: Fräulein Törngren verließ Stockholm, doch zuvor hatte Silvia ihr die unschätzbare Information entlockt, daß mein Vater von der Grenze aus durch Jütland hochreisen würde; und Sebastian hatte ihr ein Dokument verschafft, das nach seiner eigenen Aussage außerordentlich interessant war. Das überließ sie mir.
Als mir klarwurde, wie groß Jütland trotz allem ist, verlor ich fast den Mut. Die Chance, meinen Vater zu finden, war unendlich klein. Ich war gezwungen, den Zufall walten zu lassen. Nun habe ich nie an den Zufall geglaubt, und den Zufall walten zu lassen ist für mich ein anderer Ausdruck dafür, daß man sich von ursächlichen Zusammenhängen leiten läßt, deren Logik unsere beschränkte Vernunft nicht begreifen kann. Ich vertiefte mich in eine Karte über Jütland und entschied mich, ohne erklären zu können, weshalb, dafür, nach Silkeborg zu fahren. Als ich so weit gekommen war, hatte ich irgendwie das Gefühl, daß mir der Zufall nicht mehr weiterhelfen konnte, und in Ermangelung seines Beistands entschloß ich mich zum Nächstbesten, was, so fand ich heraus, die Polizei sein mußte.
Nachdem ich im Hotel »Dania« übernachtet hatte, ging ich deshalb heute vormittag direkt zum Polizeirevier, wo mein Erscheinen eine schlecht verhohlene Bestürzung hervorrief, die ich auszunutzen wußte. Ich sah, daß der Inspektor von einer unausrottbaren Angst vor dem Unerklärlichen ergriffen wurde, die ihn meine Wünsche erfüllen ließ. Ich brauchte nicht einmal Theater zu spielen: Ich sagte die Dinge, wie sie sind, nämlich, daß ich nach meinem Vater suche – und ob sie sich meiner doch nicht erbarmen und mir helfen wollten, ihn zu finden? Die Aufrichtigkeit meiner verzweifelten Bitte zusammen mit der beunruhigenden Schönheit meiner Gestalt, an deren Wirkung auf meine Umgebung ich mich bis heute noch nicht gewöhnt habe, machte ihn offensichtlich ganz versessen darauf, die Effektivität der Silkeborger Polizei zu beweisen, und einen Augenblick später war die gesamte Mannschaft des Re-

viers damit beschäftigt, bei allen Gasthöfen, Hotels und Eisenbahnstationen des Hinterlandes herumzutelefonieren.
Nach dem Mittagessen teilte man mir mit, daß mein Vater, Oberst Böje Thompson, in Engesvang übernachtet hatte und von dort aus weiter nach Westen gereist war, mit dem normalen Zug, der im übrigen einer ungewöhnlichen und unerklärlichen Verspätung ausgesetzt war. Knapp hatte mir der Inspektor diesen Bescheid gegeben, da beschloß ich auch schon, ein Taxi zu mieten und so meinen Vater einzuholen, bevor es zu spät war. Kaum aber hatte ich den Anruf getätigt, da stand der Inspektor bereits wieder vor mir und studierte mich mit einer Neugierde, die mich stutzen ließ. Er war äußerst verlegen, schließlich aber kam heraus, daß gerade mein Steckbrief mit einem Haftbefehl eingegangen sei.
Er sah mich bedeutsam an, und als er sah, daß sich meine Augen mit Tränen füllten, sagte er: Ich kann Sie nicht im Polizeiwagen fahren – nein, den Dienst können wir Ihnen nicht erweisen. Aber das Taxi hält ja schon draußen und wartet auf Sie, wenn Sie sich also einfach ganz leise davonmachen würden, dann könnte ich ja die Verfolgung aufnehmen. Es sollte mir doch wohl gelingen, Sie in Ikast einzuholen? Es könnte ja sein, daß Sie es schaffen, dort den Oberst auf dem Bahnhof zu treffen, aber im übrigen will ich mich da nicht einmischen.
Er sprach in einer seltsamen, bedächtigen Weise, die mich beruhigte und gleichzeitig mit Verwunderung erfüllte und die ich später bei dem Taxifahrer wiederfand, der mich fuhr. Diese Jüten sind die komischsten Menschen, die mir bisher begegnet sind, und ich freue mich, daß ich Ihnen gleich den Inspektor vorstellen kann, der mich hier im Wartesaal erwartet, von wo aus er mich im Auge behalten kann.
Ich will Sie also nicht weiterreisen lassen. Und sei es nur, weil Sie jetzt eine Aufgabe hier im Leben haben, vor der Sie bisher geflohen sind: Sie müssen sich Ihres Kindes annehmen. Mein Urteil wird sicher zur Bewährung ausgesetzt, und im übrigen wird man mir, Monstrum, das ich bin, auftragen, ein zurückgezogenes Dasein zu führen. Mein Umgang mit Menschen ist immer mehr oder weniger qualvoll: Ich sehe, wie sie von mir abgestoßen oder in einer Weise von mir angezogen werden, die mich mit Trauer erfüllt. Trotzdem weiß ich, daß ich schön bin und es nur eins gibt, was meine Schönheit schändet. Silvia ist die einzige, die mir ein schwaches Gefühl von Ruhe und Frieden des Gemüts hat geben können, doch sie sehe ich wohl kaum jemals wieder. Soll ich nun in meiner Einsamkeit als

ein Verdammter verrotten? Dem Namen des Geschlechts Thompson hängt der Skandal unter allen Umständen und für alle Zeiten an, und die Verantwortung dafür müssen wir wohl zusammen tragen; aber in den großen Wäldern verborgen, fern vom Rampenlicht der Öffentlichkeit, werden Sie vor der Agentur des Todes geschützt sein und im übrigen jeglichen Wert als Ziel der Agenturtätigkeit verlieren. Haben wir beide nicht viel miteinander zu bereden? Sollten wir einander nicht endlich kennenlernen? Meine Mutter wird uns an eine Vergangenheit erinnern, die wir nicht leugnen können. Vielleicht wird man sagen, wir beide seien überflüssige, unnütze Parasiten, so, wie ich einst von meiner eigenen Mutter dachte; das mag schon sein, aber wen wird man wohl diese Rechnung aufstellen lassen? Und wir haben uns jedenfalls beide bedingungslos der Aufgabe hingegeben, die wir auf uns genommen haben. Von wie vielen kann man das schon sagen?
Vielleicht finden Sie, es sei feige zu fliehen? Vielleicht finden Sie, Sie könnten die großen Traditionen des Thompsonschen Geschlechts nicht verraten? Aber nun wissen Sie ja, wessen Spiel Sie spielen; und schließlich will ich Ihnen noch eine wichtige Sache erzählen, bevor wir zusammen von hier fortgehen.

Als ich mich von Silvia trennte, gab sie mir, wie gesagt, ein Dokument, das Sebastian herbeigeschafft hatte. Es handelte sich um einen Brief, der anscheinend von seinem Empfänger nie gelesen worden war, denn als Sebastian ihn fand, lag er noch immer in dem verschlossenen Umschlag, in dem der Absender ihn abgeschickt hatte. Sebastian las ihn deshalb als erster, und darauf las ich ihn unterwegs im Zug nach Jütland.
Der Brief ist an Ihre Mutter gerichtet, das Datum zeigt jedoch, daß er abgeschickt wurde, noch bevor sie Ihren Vater heiratete. Wie er seither in dem Archiv Ihres Onkels landen konnte, kann ich nicht erklären. Der Briefschreiber hieß Anders, vermutlich ein Jugendfreund Ihrer Mutter und anscheinend ein unruhiger Kopf, der aus Hang zum Abenteuer in die Vereinigten Staaten gereist war. Vielleicht wollte Ihre Mutter ihn vergessen, vielleicht fürchtete sie instinktiv den Inhalt des Briefes. Es handelt sich um eine ordentliche Epistel, die auch Anspielungen auf andere, frühere Briefe enthält.
Anders spielt auch auf Ihren Vater an: Eingedenk meines braven Kameraden Georg, für den Du, glaube ich, eine Schwäche hattest, schreibt er, und daraufhin erwähnt er den Steinhaufen über David Mortimer Thompson, von dem er früher gesprochen hatte.

Aber hier in Kalifornien, wo ich mich jetzt befinde, fährt er fort, hat noch niemand von David Mortimer Thompson und seiner edlen Seele gehört – das glaubte ich zumindest bis vor kurzem, als ich in einer kleinen Stadt, wo ich mich auf der Durchreise aufhielt, die nähere Bekanntschaft eines älteren Farmers namens Benjamin Held machte. Er erregte meine Neugier ganz einfach wegen seines abwesenden Gesichtsausdrucks, als ich in irgendeinem Zusammenhang das Geschlecht Thompson erwähnte.
So ungefähr steht es in dem Brief – ich habe ihn im Koffer, und später können Sie ihn selbst lesen –, und nun kommt das Interessante. Doch deshalb sage ich noch einmal, daß das Wort Zufall ein unzulänglicher und direkt irreführender Ausdruck für einen Aspekt der Wirklichkeit ist, den unsere Gehirne nicht zu erfassen vermögen.
Eines Abends, so erzählt Anders, fragte ich Mr. Held direkt darüber aus, was er von David Mortimer Thompsons Leben und Treiben wisse. Meine Frage stimmte ihn noch nachdenklicher, als er sowieso schon war – Mr. Held ist nämlich ein ruhiger, fast sanftmütiger Mann, besonnen, aber auch ziemlich unerschütterlich, um nicht zu sagen, ein bißchen ein sturer Bock, soweit ich das beurteilen kann. Nichtsdestoweniger schien es, als habe die Frage sein Gemüt in Aufruhr versetzt, und schließlich sagte er: Ich habe David Mortimer Thompson gekannt, sogar ziemlich gut.
Er sah mich an und fügte hinzu: Ich kenne die Wahrheit über ihn.
Das glaubte ich ebenfalls zu tun, weshalb ich ziemlich verblüfft war und ausrief: Welche Wahrheit?
Benjamin Held erzählte: Der junge David Mortimer Thompson war ein guter Mensch mit hohen Idealen. Als er von der Demütigung der Indianer hörte, erfüllte ihn das mit Mitleid, und wenn sich die Gelegenheit dazu bot, so sprach er aus ehrlicher Christenseele für die unglücklichen Stämme, wohl wissend, daß ihn das nicht gerade beliebt machte, Menschen zu verteidigen, die für ihre Grausamkeit berüchtigt waren. Er war Kavallerist, hatte jedoch das Glück gehabt zu dienen, ohne an Kämpfen gegen Indianer teilzunehmen, weshalb seine Loyalität auch noch auf keine Probe gestellt worden war. David Mortimer Thompson hielt sich selbst für mutig. Es war sein fester Entschluß, jede sich bietende Gelegenheit zu nutzen, um Blutvergießen zu verhindern und dabei, wenn notwendig, sogar sein Leben aufs Spiel zu setzen; er war zufrieden, wenn er mit seinem Tod auch nur einen kleinen Teil der ungerechten Behandlung, die die Weißen ihren roten Brüdern angedeihen ließen, würde sühnen

können. Dann wurde jedoch sein Regiment in Fort Smith in Arkansas stationiert, und zwar zu einem Zeitpunkt, als das Gerücht wissen wollte, daß sich eine Gruppe Komantschen auf dem Kriegspfad befinde. Bei einem Streifengang wurde er als Pfadfinder durch eine Schlucht geschickt und fand an der Mündung dieser Schlucht die Leiche eines weißen Mannes, den eine Kugel in die Brust getötet hatte und der skalpiert worden war. Kurz darauf erblickte er, selbst ungesehen, eine Gruppe Komantschen, die um einen in der Nähe gelegenen Hügel herumritt. Da bekam es David Mortimer mit der Angst, und er verlor die Selbstbeherrschung. Er beschloß, sich zu verstecken, bis die Gefahr vorüber sei, wohl wissend, daß der Rest der Streife kurz darauf durch die Schlucht geritten kommen würde und er sie deshalb warnen sollte. Er konnte sie jedoch nicht warnen, ohne auf sich selbst aufmerksam und sich dadurch zur Schießscheibe zu machen. Er zog das Pferd in ein Gestrüpp, wo er sich, völlig besinnungslos vor Entsetzen, versteckte und abwartete, was geschehen würde.
Die Zeit schlich dahin, in Wirklichkeit waren allerdings nicht sehr viele Minuten vergangen, als die Streife auftauchte. Die Komantschen hatten sich nun so verteilt, daß sie der Patrouille den Weg abschneiden konnten, wenn sie erst einmal die Schlucht verlassen hatte. Noch hätte David Mortimer die Situation retten können, denn von seinem Versteck aus hätte er auf die Indianer feuern und sie höchstwahrscheinlich durch diesen Beschuß aus einem völlig unerwarteten Winkel in die Flucht jagen können. Er verlor jedoch wiederum den Kopf und stürzte plötzlich mit warnenden Rufen und Schreien aus seinem Versteck hervor. Im selben Moment krachten die ersten Schüsse. David Mortimer warf sich augenblicklich nieder. Die Kavalleristen gingen in Deckung und überlegten, ob sie versuchen sollten, ihren kühnen Kameraden zu holen, den sie für verletzt hielten; doch das Feuer war so stark, daß das der reine Selbstmord gewesen wäre, weshalb sie sich durch die Schlucht zurückzogen, noch immer von den sie verfolgenden Komantschen beschossen. Sobald David Mortimer auf dem Boden lag, machte er sich daran, auf das Gebüsch zuzukriechen, wo er sich versteckt hatte. Es gelang ihm, das Versteck zu erreichen, und über die Verfolgung der Streife vergaßen die Komantschen offenbar völlig den Soldaten, der zur allgemeinen Verblüffung hervorgestürzt war und mit seinen Rufen und Gebärden einen Augenblick lang die Aufmerksamkeit auf sich gelenkt hatte, um danach zu verschwinden.
Die Scham brannte so sehr in David Mortimer, daß es ihm erschien,

als fresse sie ihn inwendig auf. Er blieb an derselben Stelle liegen, allein in der Gesellschaft seines Pferdes, außerstande, sich zu irgend etwas zu entschließen, als warte er darauf, daß die Nacht ihn mit ihrem Dunkel auslöschen und ihn von der Qual befreien würde, die das bloße Atemholen ihm verursachte. Als es aber hell wurde, entsann er sich an den skalpierten Toten, und inmitten der Scham, die ihn nicht verließ, empfand er eine schäbige, unwiderstehliche Freude darüber, daß nicht er dort steif und kalt lag und bald von Aasgeiern, Ameisen und Maden verzehrt werden würde.

Doch wie sollte er ins Leben zurückkehren können? Er würde nie mehr seinen Kameraden unter die Augen treten können – er würde dem David Mortimer nicht begegnen können, der er einmal gewesen war. Deshalb ritt er zu dem Toten zurück. Es gelang ihm, einen Teil der Lederkleidung zu entfernen, die er sich anzog. Die Züge des skalpierten, schrecklich zugerichteten Kopfes waren verzerrt, von geronnenem Blut bedeckt und fast ganz unpersönlich. Er ließ ein paar seiner militärischen Kleidungsstücke in der Nähe liegen und häufte Steine über die Leiche, so daß sie halbwegs verborgen war.

Den Rest des Tages versteckte sich David Mortimer. Er war sich nicht sicher, ob er hier im Leben eine Zukunft haben würde. Die Geschehnisse des vergangenen Tages liefen immer wieder vor ihm ab: Der Anblick des Toten, der gleichsam wie etwas Fremdes und Unverständliches, das ihn mit Entsetzen erfüllte, unbeweglich im Sand lag; die plötzliche, unwiderstehliche Angst beim Anblick der Indianer – *die Todesangst* –, die sich an ihn gekrallt hatte; die Minuten in den Büschen, als er auf die Ankunft der Streife wartete; und schließlich die seltsam unwirklichen Augenblicke, als er hervorgestürzt und beim Krachen des ersten Schusses umgefallen war – er hörte noch immer den dumpfen Laut, der gleichsam einen Augenblick in der Luft stehengeblieben war und die Todesangst wieder akut machte, und dann all die folgenden, die loskrachten, während er in der brennenden Sonne völlig von Sinnen durch den Sand robbte, bis er endlich in dem Versteck angelangt war.

In der Nacht ritt er fort. Er erschien sich selbst wie ein Wiedergänger, ein lebendiger Toter auf der Flucht vor der grausamen Maskerade einer verfälschten Wirklichkeit. Er liebte die Nacht, weil sie ihn verbarg.

Es gelang ihm, nach Kansas zu kommen. Dort erkundigte er sich vorsichtig nach einem gewissen David Mortimer Thompson, Kavallerist bei Fort Smith in Arkansas: Ob vielleicht jemand gehört habe, wie es ihm ergangen sei?

Aber ja, er wurde getötet, der arme Dummkopf, bei dem Versuch, einen Kampf mit einem Haufen Indianer zu verhindern; doch dank seiner Warnung sei es seinen Kameraden, wenn auch mit Mühe und Not, gelungen zu entkommen. Die Komantschen hätten ihn skalpiert. Man habe über der Leiche ein Steingrab errichtet, ein Pfarrer habe später dieses einsame Grab geweiht.

Dann bin ich noch immer nicht weit genug weg, sagte er zu sich, ich muß so weit weg, daß niemand jemals etwas von David Mortimer Thompson gehört hat. Er ritt deshalb weiter nach Westen.

Endlich ließ er sich nieder, er war sich sicher, seine Vergangenheit hinter sich gelassen zu haben. Er begann den Boden zu bestellen. Das war eine sonderbare Arbeit, unüberschaubar und handgreiflich, gleichförmig wie die flache Landschaft und doch die ganze Zeit über anspruchsvoll. Jeder Morgen war eine scharfe Kante, an der er vorbeimußte: Er wußte, die Prüfung lag nicht irgendwo in der Zukunft, sondern begann augenblicklich und wiederholte sich beständig, mühselig und unüberwindlich. Er hatte einen neuen Namen angenommen, die Wunden der Vergangenheit schlossen sich mit jedem Tag mehr. Nun heiratete er eine junge Frau, deren Körper durch die tägliche Plackerei bereits sehnig geworden war und die mit ihm in den Trott der Arbeit einfiel, als sei das immer der Sinn ihres Lebens gewesen. Sie hatten den Kummer, daß ihr erstes Kind als Säugling starb; doch selbst an dem Tag, als sie den kleinen Sarg begruben, erledigten sie wie gewöhnlich ihre Arbeit.

Die Arbeit hier macht mich dumm wie einen Ochsen, dachte er zuweilen.

Er dachte auch, daß Mut etwas anderes sei, als er es sich in seiner Jugend vorgestellt hatte, was es aber sei, wußte er nicht, und er hatte selten Zeit, sich in solche Fragen zu vertiefen.

Allmählich war die Vergangenheit so fern, daß es ihm erschien, als habe sie ein anderer gelebt. Er konnte sich durchaus, wenn auch mit Mühe, den Anblick der skalpierten Leiche ins Gedächtnis zurückrufen, und er hörte auch ein fernes Echo vom Krachen der Schüsse; doch das sagte ihm nichts mehr.

Nach dem ersten Kind, das gestorben war, bekamen sie noch vier Kinder, die alle lebten und ihnen allmählich bei der Arbeit eine große Hilfe wurden.

Das, so schloß Benjamin Held, ist die Wahrheit über David Mortimer Thompson.

Als Böje Thompson und Friederich-Friederike verschwunden waren, herrschte längere Zeit tiefe Stille, die erst von dem Geräusch eines Schluchzens unterbrochen wurde. Ein paar große Tränen bahnten sich ihren Weg über die Wangen des Lokomotivführers, und er verbarg die Augen mit der Hand.
Aber um Himmels willen, was ist denn los? rief Frau Lönn mitfühlend aus.
Verzeihung, murmelte der Lokomotivführer, aber ich war so bewegt, als ich die beiden zusammen fortgehen sah.
Ja, sagte Frau Lönn, es war ja wirklich auch ein Glück, daß sie sich gefunden haben; aber weiß der Himmel, das ist eine sonderbare Familie.
Der Lokomotivführer seufzte schwer: Nicht immer macht es einen glücklich, wenn man seinen Ursprung findet.
Einen Augenblick lang glaubten sie, er würde wieder in Tränen ausbrechen, dann aber wurde ihnen klar, daß er einfach so aussah.
Nun sollen Sie hören, wie es mir erging, fuhr der Lokomotivführer fort. Mein Vater war Eisenbahnarbeiter in Silkeborg, meine Mutter die uneheliche Tochter einer Schauspielerin, mit der es später bergab ging. Für meinen Vater gab es hier im Leben nichts Höheres, als Lokomotivführer zu werden, weshalb er die Hoffnung hegte, daß er diesen Traum in mir erfüllt sehen würde.
Bereits als Kind entdeckte ich zwei Dinge, nämlich, daß ich ein Pflegekind war und daß ich eine Krankheit hatte. Von dem Moment an, als mir das dämmerte, war ich von dem Gedanken besessen, in das Geheimnis meiner Herkunft einzudringen und herauszubekommen, was das für eine geheimnisvolle Krankheit sei, von der man nicht laut sprach und die ich nirgendwo an meinem Körper sehen konnte, der mir selbst gesund und munter erschien.
Zuletzt wurde ich von dem Nachsinnen und Grübeln, das zu nichts führte, fast ganz rappelig, aber wenn meine Mutter oder mein Vater etwas ängstlich zu mir sagten: Du siehst so abwesend aus, worüber brütest du denn nach?, so antwortete ich bloß, daß ich darüber nachdächte, ob ich wohl jemals eine der großen D-Zug-Lokomotiven, die ins Ausland gehen, führen würde.
Nun strebe mal nicht zu hoch, warnte mich mein Vater besorgt, wenn er mich so reden hörte, du mußt froh sein, wenn du mal auf der jütischen Langbahn fährst.
Wenn ich nun nicht der Sohn meines Vaters war, weshalb sollte er dann bestimmen, wie hoch ich mich hier im Leben emporschwingen konnte? Außerdem wurde mir klar, daß die vielen Jahre als Ei-

senbahnarbeiter ihn beschränkt und überaus abgearbeitet und häßlich gemacht hatten. Von ihm wollte ich mich nicht so einfach bremsen lassen.
Einmal, als ich allein zu Hause war, durchwühlte ich die Schubladen meiner Eltern, in der Hoffnung, den Schlüssel zu meiner Herkunft zu finden. Zuunterst in einer Schublade fand ich einen Umschlag, der meinen Namen trug. Er enthielt verschiedene Papiere, die ich leider nicht ganz verstand. Aber ich konnte doch ein paar Namen und eine Adresse in Paris entziffern, die ich aufschrieb.
Als ich alt genug war, brach ich auf und reiste fort, ohne zu sagen, weshalb. Meine Eltern glaubten, mich treibe die pure Abenteuerlust, und mein trauriger und abgearbeiteter Vater versuchte vergeblich, mich zurückzuhalten, indem er mir die beruhigende Regelmäßigkeit des Zugverkehrs vorhielt.
Ich wohnte in den schäbigsten Herbergen der Großstädte; ich aß in unappetitlichen, überfüllten Räumen, wo es nach Armut und altem Urin stank und die Suppe so dünn war wie Wasser; ich arbeitete als Lastenträger unter Abschaum und Strolchen, die bereit waren, einen Mann wegen einer zufälligen Beleidigung niederzuschlagen, und die ohne Zögern ihren letzten Kanten Brot mit dir teilten. Ich schaffte es, kurz gesagt, alles mögliche zu erleben, bevor ich endlich in Paris ankam und nach dem Weg zu der Straße fragte, die ich aufgeschrieben hatte.
In Paris gibt es riesige Gebäude unten am Fluß, dessen Namen ich vergessen habe, glasblinkende Paläste, Schlösser so groß wie eine ganze Stadt; aber ich wußte, daß das alles zusammen nur eine Art kostbarer und übergroßer Kulissen war und daß man die Häuser, in denen die Menschen der Stadt wohnten, hinter die Kulissen verstaut und vermutlich zusammengepackt und wie den schlimmsten Abfall aufeinandergestapelt hatte, und dann konnten die Menschen bitte schön darin leben. In genauso einem Haus landete ich und tastete mich hindurch. Ein düsteres Labyrinth aus verkommenen Treppen und feuchten Korridoren voll eines vorgeschichtlichen Dunkels, als seien die Menschen, die hinter den Türen lärmten und schrien und raschelten, eine Art verkümmerte Nachfolger der urzeitlichen Höhlenbewohner. Ich fand die Tür mit der richtigen Nummer – ich mußte ein Streichholz anzünden, um sie zu lesen – und war drauf und dran, wieder umzukehren, aus Furcht vor der Stille, die durch sie hinausdrang. Das war der schlimmste Augenblick von allen. Als der überstanden war, lief der Rest von allein, kopfüber in den Abgrund hinab.

In dem Zimmer saß ein Mann, der aussah, als habe er jahrelang nichts weiter getan, als auf mich zu warten. Er war nur ältlich, doch sein Körper begann hier und da bereits zu faulen. Er hatte fast kein einziges Haar auf dem Kopf, der Schädel glich einem großen, verwachsenen Pilz, außerdem war sein Gesicht voller Wunden, nicht zuletzt an den Lippen, die teilweise verschwunden waren. Es war also ein recht unheimlicher Anblick. Das schlimmste aber waren trotzdem die Augen, mit denen er mich anglotzte, so daß es mich fast krank gemacht hätte. Sie waren nahezu kugelrund, und die Augenlider bildeten um sie herum einen roten Rand wie einen glühenden Kreis, denn sie waren oben wie unten völlig ohne Wimpern und ganz blutig vor Entzündung und weil er sie mit seinen langen, hellgelben Nägeln kratzte.
Hier kam man, was Krankheit anging, auf seine Kosten, und dabei habe ich noch nicht einmal von seinem langen und völlig skelettartigen Körper erzählt, der durch die Kleidung hindurch nach verdorbenem Fleisch roch; und stellen Sie sich vor, er hatte nackte Beine und Füße, die unten weit aus den zu kurzen und ausgefransten Hosen herausragten und so schmutzig waren, daß die Haut einer Art dreckigem Gips glich, der in länglichen, knochigen Formen erstarrt war, die nur eine entfernte und abstoßende Ähnlichkeit mit Knöcheln, Fersen und Zehen und ähnlichem besaßen.
Sehr gegen meinen Willen mußte ich ihn anpacken, ich rüttelte ihn so und wiederholte: Jetzt bin ich gekommen, erzähl schon!, so daß er zuletzt zu winseln begann, als habe er die Fähigkeit zum Sprechen verloren und finde sie erst nach verschiedenen mißglückten Versuchen wieder. Er begann suchend auf dänisch mit französischen Brocken, und indem ich ihn abwechselnd wiederholt schüttelte, überredete und ihm drohte, brachte ich ihn endlich dazu, so zusammenhängend zu sprechen, daß ich verstand, was er sagte. Er erzählte von der Frau, die sich um ihn gekümmert hatte, soweit er sich zurückerinnerte, und die ihn in dem Zimmer eingesperrt gehalten hatte, außer zuweilen am Abend, wenn sie ihn mit hinausnahm und ihm im Schutz der Dunkelheit das Menschengewimmel zeigte, das er zu fürchten und zu meiden lernte. Sie lehrte ihn alles, auch, wie er in den Abfalleimern Essen sammeln konnte, und als sie schließlich starb, trug er sie zu Grabe und weinte zum erstenmal in seinem Leben und so lange, daß die Quelle der Tränen zuletzt ein für allemal austrocknete.
Ich rüttelte ihn wieder und bettelte: Ich will etwas über mich wissen. Du hast mich vergessen.

Er starrte mich mit seinen runden Augen erschrocken an und leuchtete in einem verrückten Lächeln auf, als sei ihm irgend etwas eingefallen, was ihm eine boshafte Befriedigung verschaffte.
Die Frau, so erzählte er, habe ihm alles beigebracht, außer zwei Dingen: Sie hatte ihn nichts über Gott gelehrt, denn sie verabscheute die Priester, und sie selbst kannte ihn nicht; und sie hatte ihn nicht gelehrt, wie sich Mann und Frau paaren, denn sie besaß kein Geld, um dafür Liebe zu kaufen. Eines Tages hatte sie jedoch eine junge Frau mitgebracht, die, so schien es ihm, einer hochgeborenen Prinzessin glich und wie ein Traum von orientalischen Gärten roch, deren große graugrünliche Augen jedoch einen so zerquälten Ausdruck trugen, daß sie ihn mit der Unberechenbarkeit eines lauernden Wahnsinns erschreckt hatten. Die Frau ging zur Tür hinaus und ließ sie allein mit dem Bett, in dem sie beide, Rücken an Rücken, zu schlafen pflegten und dessen alte, gebündelte Decken voll waren von den bitteren und ekelerregenden Gerüchen eines langen Lebens. Den stärksten Eindruck auf ihn machte das unwahrscheinliche Himmelreich aus unbeschreiblichen Gerüchen, die sich in der Tiefe ihres aufgelösten Haars auf dem schmutzigen Kissen verbargen, und der Anblick der schwarzen Schnürstiefel, deren blanke und geschwungene Formen seltsam waren und sie kleinen, unnützen Tempelschreinen in irgendeiner phantastischen Religion ähnlich machten.
Als die junge Frau mit hoch erhobenem Kopf und völlig leerem und ausdruckslosem Gesicht wieder gegangen war, kehrte sie zurück und sagte: Das war die Liebe, jetzt fehlt nur noch Gott, du mußt ohne Gott auskommen.
Der Mann machte eine Pause, als verliere er sich in der Erinnerung an die Schnürstiefel und das verlorene Himmelreich der Gerüche, und ich flüsterte erregt: Und was weiter? Pfeif auf Gott! Weiter!
Danach erzählte er, wie die junge Frau viele Monate später durch die Tür eingetreten sei, ein Bündel auf dem Arm, das sie ohne ein Wort der Frau in den Schoß legte, worauf sie fortging, um nie wieder zurückzukehren. Das kleine Bündel begann bald zu schreien, und sie fand zwischen den von einer Nadel zusammengehaltenen Wolldekken eine Nuckelflasche mit lauwarmer Milch. Bevor sie sie jedoch dem schreienden Kind in den Mund steckte, wickelte sie es aus und guckte ihm zwischen die Beine, erst dann nahm sie das Kind in den Arm, lullte es zärtlich ein, steckte ihm den Schnuller zwischen die gierigen Lippen und stoppte damit die ohnmächtigen Schreie.
Als das kleine Kind wie ein richtiger Mensch stehen und gehen

konnte, schrieb sie Briefe, was nie zuvor geschehen war, und erhielt schließlich selbst einen Brief, den sie mit fliegenden Händen öffnete. Das wiederholte sich, und eines Tages sagte sie, das Kind solle bei fremden Menschen abgeliefert werden, um nach Hause in sein Vaterland gebracht zu werden. Deshalb ging sie mit ihm an der Hand durch die Tür und kehrte mit leeren Händen heim.
Nun verging eine lange Zeit, während der ich nicht hörte, was der Mann sagte, denn ich fand, ich hätte mehr als genug gehört, und verfluchte meine Eltern zu Hause in Silkeborg, weil sie den Umschlag mit meinem Namen nicht vernichtet hatten, der schuld daran war, daß ich jetzt hier saß. Aber dann spitzte ich die Ohren, weil ich ihn von der Krankheit sprechen hörte, und obgleich ich Lust hatte, den Schwanz einzukneifen und durch die Tür zu verschwinden, um irgendwie zu vergessen, blieb ich dennoch sitzen; und so ging es vor sich, daß ich die Reise in den Abgrund fortsetzte, der tiefer war, als ich es für möglich gehalten hätte.
Deine Krankheit? hatte sie geantwortet, als er sie danach ausgefragt hatte – denn daß er eine Krankheit hatte, ließ sich ja nicht verbergen –, die hast du von deinem Vater.
Das war ein Vater, auf den du stolz sein konntest, fuhr sie fort, und wenn *ich* auf irgend etwas stolz bin, dann darauf, daß er mich zu sich nahm und mich in dem unterirdischen Reich, wo er selbst Herrscher war, zur Fürstin machte. Und weißt du, was er zu mir sagte, als wir das erste Mal zusammen waren? Er zeigte auf die Wunden an seinem Körper und sagte: Du sollst den Stolz und den Fluch mit mir teilen und ihn an unsere Nachkommen und an die Nachkommen unserer Nachkommen wie eine unauslöschliche Erinnerung an die dunkle Nabe des Rades, die das Strahlenbündel der Speichen sammelt, weitergeben.
Er hatte ein langes Messer, wie ein Rasiermesser scharf geschliffen, das er schneller führte als irgend jemand anders. Kitzelte er damit die Kehle eines Mannes mit einer Bewegung, der mit den Augen kaum zu folgen war, so öffnete sich sofort ein roter, lächelnder Mund aus Blut, und der Kopf des Mannes war fast vom Körper getrennt. Deshalb fürchteten und ehrten seine Untergebenen ihn und wagten es nie, von ihren Ausflügen nach Hause zurückzukehren, ohne seine Befehle auf Punkt und Komma genau ausgeführt zu haben.
Mit seiner Haut wie Löwenhaut, seiner gekrümmten Nase, seinem schwarzkrausen Haar und seinen sehr großen, dunklen Augen, die in einem Gesicht von felsenhafter Unbeweglichkeit mit einem seidi-

gen Glanz leuchteten, strahlte er die unanfechtbare Autorität des geborenen Herrschers aus.
Er erzählte mir von seiner Herkunft und seinem Leben: Als Sohn des obersten Priesters meines Volkes wuchs ich in den Höhlen auf, in denen unsere Vorgänger vor Jahrhunderten Zuflucht und Schutz vor Verfolgung gesucht hatten. Mein älterer Bruder, der das Amt nach meinem Vater übernehmen sollte, war ängstlich und unentschlossen, doch bereits als Dreizehnjähriger wurde ich von der schweren und ungeduldigen Männlichkeit zwischen meinen Beinen in die Arme einer Frau getrieben, die ich im Dunkel der Höhlen für rein und unbefleckt hielt. Als ich nach einiger Zeit an meinem Körper ein Zeichen entdeckte, fragte ich einen weisen Mann um Rat, und der erzählte mir, daß ich die Krankheit bekommen hätte.
Die haben die Europäer uns gebracht, erzählte er, als sie vor vierhundert Jahren mit Schiffen in unser Land kamen und den Priesterkönig Johannes suchten, den sie nie gefunden haben. Seither habe sich die Krankheit im Körper des Volkes umhergeschlichen, und nichts habe sie ausrotten können; sie verberge sich unter der glattesten Haut, um plötzlich nach Jahrzehnten der verborgenen Tätigkeit auszubrechen; sie klebte den Neugeborenen an, die blind waren, voller Wunden oder mißgebildet, verbarg sich wiederum und lag jedesmal auf der Lauer, wenn die Lust einen Mann packte und unwiderstehlich in seine Männlichkeit fuhr, die nach Befriedigung ihres Dranges verlangte, auch wenn zu dieser Befriedigung keine anderen Löcher zur Verfügung standen als ein stinkendes, faulendes Loch, in dessen Tiefen die Krankheit kochte; und selbst das reinste, unschuldigste und jungfräulichste Loch konnte einen Keim bergen, der stark genug war, sich durch das Mark eines hochgewachsenen Mannes zu fressen, um Jahre später in seinem Gehirn zu explodieren und ihn besinnungsloser als das jämmerlichste Schwein im Dreck auf die Knie zu zwingen: Das sei das Erbe der Europäer, die das Land nie mit der Waffe erobert, es dafür aber mit der geheimen Schande ihres sündigen Lebens verseucht hätten.
Als ein französischer Wissenschaftler das Land bereiste, verließ ich die Höhlen, schloß mich ihm an und folgte ihm später mit fünf zu Priestern geweihten Jünglingen als Begleiter nach Paris. Bei unserer Ankunft erregten wir großes Aufsehen, alle feierten uns, bald aber entdeckte ich, daß wir als eine Art interessanter Tiere oder als extravagantes und geheimnisvolles Spielzeug betrachtet wurden, das man jederzeit wegwerfen konnte. Unsere Umgebung demütigte uns mit einem Hochmut, der einer gewissen grandiosen und nieder-

trächtigen Größe nicht entbehrte, und als mir aufging, daß unser Platz letzten Endes unter den Niedrigsten ihrer eigenen sei, unter dem Gesindel, den Bettlern, den Landstreichern, der Hefe, dem Pöbel und selbst den Verbrechern, beschloß ich, ihr Spiel zu spielen – das einzige, das ich spielen konnte, ohne mich zu demütigen.
Die Höhlen, in denen wir unsere Kindheit verbracht hatten, hatten unsere Fähigkeit ausgebildet, selbst im dichtesten Dunkel sehen zu können, und versetzten uns nun in die Lage, Diebereien einer bisher ungehörten Kühnheit zu begehen. Wenn nötig, schreckten wir auch vor dem Gebrauch der Messer nicht zurück, die ebenso lautlos waren wie unsere Schritte. Der Umsatz der gestohlenen Werte brachte mich mit den geachteten Finanzkönigen der Unterwelt in Verbindung, denen ich den Hals zu brechen beschloß, als mir aufging, daß sie uns mit der gleichen herablassenden Verachtung betrachteten wie der sogenannte respektable Teil der Gesellschaft. Als das erledigt war, hatte ich meinen entschlossenen Abstieg durch die Ränge beendet und war nun der unumstrittene Herrscher. Ich benutzte meine Macht dazu, langsam die Hurenhäuser von Paris aufzukaufen, die ich einer strengen Disziplin unterwarf. Mit Hilfe von Geld oder Drohungen machte ich die Ärzte, die die Aufsicht führten, zu meinen gehorsamen Werkzeugen, die den Befehl hatten, die Namen der Mädchen anzugeben, die die Krankheit noch nicht hatten, so daß die Angelegenheit in Ordnung gebracht werden konnte, und die dann nur absolut untaugliche Medikamente verschrieben. Die jungen Mädchen, die vom Lande kamen, um in den feinen Häusern zu dienen, bekamen wir mit Hilfe unserer eleganten und gut betuchten Verführer unter die Herrschaft der Krankheit, wodurch sich die Krankheit unweigerlich auf die Hausherren und die jungen Söhne dieser feinen Häuser ausbreitete. Ich freute mich darauf, meine Tätigkeit auf die anderen Hauptstädte Europas auszudehnen, sagte mir jedoch: Laß mich zunächst meine Arbeit hier gründlich tun, denn Paris ist das Zentrum dieses ganzen Radaus, dieser ganzen affigen Betriebsamkeit, dieser ganzen großsprecherischen Selbstzufriedenheit, die sich Europas Kultur nennt; und dann will ich weitermachen, so lange und so geduldig, daß Europa allmählich in seiner eigenen Fäulnis umkommt und es ihm mit Zins und Zinseszins heimgezahlt wird!
Nun begreifst du vielleicht, daß du auf deinen Vater stolz sein kannst! sagte sie und erzählte danach, daß er ihr einen geheimen Ausgang aus dem Haus, das sein Hauptquartier war, gezeigt hatte: Eine Falltür im Kellerfußboden führte in einen Schacht, der mit den

Kloaken verbunden war. Als sie mich gebar, war Krieg. Mich im Arm, hatte sie etwas Neues gefunden, für das es sich zu leben lohnte, und während des bitteren Kampfes um das Überleben wagte sie nicht, bei ihm zu bleiben. Seine Wächter erlaubten ihr nicht, das Haus zu verlassen, doch sie floh durch den Keller und erreichte die Kloaken, wo sie schnell die Orientierung verlor. Auch wenn sie spürte, daß sich bis dahin noch kein Mensch auf eine hoffnungslosere und verzweifeltere Wanderung begeben hatte, sagte sie sich gleichzeitig, daß wir Menschen nun einmal dazu geschaffen sind, selbst die Hölle zu ertragen, wenn es denn sein soll. Sie traf auf Verrückte, die von toten Ratten und dem Wasser der Kloaken lebten; Kinder, die von ihren Eltern hinuntergeschickt worden waren, die sie nicht ernähren und kleiden konnten, die auf kleinen, nächtlichen Streifzügen oben in den Straßen Hunde und Katzen fingen, denen sie die Kehle durchschnitten und die sie mit ihren Kameraden teilten, wenn sie zu diesen unterirdischen Zufluchtsstätten zurückkehrten; Prostituierte, die Bordelle zur Befriedigung von unaussprechlichen Perversitäten eingerichtet hatten, die ihnen Vermögen einbrachten, die in der »Banque de France« standen; professionelle Hexen, die sich unter Furzen und schrillem Gelächter zur Durchführung von abscheulichen Ritualen versammelten; religiöse Sekten, die in unverständlichen Zungen gekreuzigte Ratten anbeteten; junge Liebende, die in einer Art lebendigem Begräbnis zusammen den Tod suchten; Nachkommen der Kreuzritter, die auf rostige Schwerter schworen und Pläne für die Weltherrschaft in Christi Namen entwarfen; und Einsiedler; Selbstquäler; entsprungene, von Eisenketten rasselnde Strafgefangene; verdammte Dichter; ja und noch viele, viele andere, und schließlich auch Mönche, die diese Welt zu ihrem Missionsfeld gemacht hatten und auf unermüdlichen Wanderungen die Werke der Barmherzigkeit ausführten, die Schmerzen der Kranken milderten und zu den Sterbenden von den Verheißungen der Ewigkeit sprachen. Als sie schließlich wieder hochkam, standen nach dem Krieg und nach dem Gemorde viele Wohnungen leer, sie schlich sich durch das Tor dieses Hauses und hier herein, wo wir sitzen und wo wir bleiben durften, weil die Welt uns vergessen hatte, als hätte es uns nie gegeben. Aber sie hatte Recht daran getan zu fliehen, denn kurze Zeit nach Ende des Krieges stürmte die Polizei sein Haus, und als er durch die Kanäle fliehen wollte, war auch dieser Ausgang versperrt. Er schnitt sich selbst die Kehle durch, bevor sie ihn fingen, und die ganze Geschichte kam in die Zeitung.

Zu dem Zeitpunkt hatte ich bereits mehr als genug gehört. Mein Kopf schmerzte von dem, was der Mann erzählt hatte – es war kein körperlicher Schmerz, sondern ein Denkschmerz, wenn man das so sagen kann, ein Schmerz in all dem, was ich von der Welt und mir selbst zu wissen geglaubt hatte und was nun zerstoben, zerfetzt und kurz und klein geschlagen worden war.

Inzwischen war es jedoch Abend geworden, draußen war es schon längst dunkel.

Nachdem wir lange, ohne etwas zu sagen, so dagesessen hatten, schielte er mißtrauisch zu mir hinüber, erhob sich und sagte: Komm, ich will dir ihr Grab zeigen.

Na, das konnte wohl weiter nichts schaden, wenn ich nun schon mal in der ganzen Sache drinsteckte, und ich war innerlich so zerschmettert, daß mir der Gedanke gar nicht kam, daß der Zeitpunkt etwas eigentümlich sei. Er ergriff eine alte Brottüte, die nach Schimmel roch, und ging voran – ohne Mantel und barfüßig, obgleich es schon lange Herbst und bitter kalt war.

Er hatte einen gleitenden, schleichenden und lautlosen Gang und konnte sich so schnell und doch so langsam bewegen, daß er es immer schaffte, in einer dunklen Gasse oder einem Torweg zu verschwinden, wenn er Gefahr lief, irgend jemandem zu begegnen. Ich trottete nur wie gewöhnlich dahin oder lief ein wenig, denn er hatte es eilig, und ich mußte ihn gut im Auge behalten, denn er glich eigentlich am ehesten einem fliehenden Schatten, der beständig mit der Dunkelheit der Häuser, der Torwege und der großen Plätze verfloß. Einmal sah ich, wie er, fast ohne seine Schritte zu verlangsamen, eine Zeitung aufhob, die in der Gosse lag. Als er an einer Friedhofsmauer entlanggegangen war, blieb er in einem dunklen Winkel stehen, breitete die Zeitung auf den Steinen aus und begann darin zu lesen, nachdem er sich auf allen vieren niedergelassen hatte. Er suchte die Seiten entlang, bis er fand, was er suchte.

Ich lese immer »Neues von Gott«, sagte er. Hier stehen zwei Telegramme. Das eine ist aus Amsterdam. Gott wurde von dem Bauhandwerker Georg van Toor bei der Heerengracht gesehen und sah aus wie ein durchschnittlicher holländischer Büroangestellter; aber er schwebte mehrere Minuten lang mitten über dem Kanal, bevor er verschwand. Das zweite Telegramm ist aus Peking. Hier hat ein Schüler einer Missionsschule Gott gesehen. Er erzählt, Gott sei ihm in europäischer Kleidung mit einem Regenschirm unter dem Arm auf dem Weg begegnet und direkt durch ihn hindurchgegangen.

Der Mann blickte zu mir empor: Hörst du, die wissen nicht, wovon

sie reden. Aber ich habe das Thema auf eigene Faust studiert, denn sie konnte mir ja nicht helfen. Und ich habe es herausbekommen, ich habe es herausbekommen.
Er sprach in einem überschwenglichen und geheimnisvollen Tonfall, der mich unruhig machte, als warne er vor der unheimlichen Vollendung einer schleichenden Verwandlung.
Was weißt du denn? fragte ich.
Na, glaubst du vielleicht, ich rücke damit so ohne weiteres heraus, fuhr er auf. Weshalb fragst du denn? Du interessierst dich ja nicht für Gott; aber das solltest du eigentlich tun, fügte er giftig hinzu.
Er konnte es aber doch nicht lassen und setzte mit einem boshaften Grinsen hinzu: Das ist ein Rätsel: Was ist in dir?
Er beugte sich wieder über die Zeitung und sagte, wobei er gleichzeitig vor Lachen fast erstickte: Hier steht, daß die französischen Leser dazu aufgefordert sind, Mitteilungen an »Neues von Gott« zu schicken. Hier steht – er brüllte und hickste, so daß er die Worte kaum herausbringen konnte –, hier steht, daß ... daß wir in Frankreich ... auch dabeisein sollten ..., wenn ... von Gott die Rede ist.
Sein Gelächter ging in ein langgestrecktes Heulen über, wobei er zur Seite kullerte, sich auf der Erde wälzte und mit den Nägeln in den Fliesen des Bürgersteigs kratzte. Dieses Benehmen konnte ich fast nicht ertragen, aber es wurde noch schlimmer, viel schlimmer, so daß ich es vorgezogen hätte, wenn er bei der Heulerei geblieben wäre, die an sich ganz unschuldig war. Denn als er damit aufgehört hatte, sah ich nämlich, wie er die Hose herunterzog und sich unter lautem Stöhnen an der Mauer hinhockte.

Nun war es, als sei ich so tief in den Abgrund gestürzt und stürze immer weiter, daß seine Dunkelheit in mich eindrang, um mich zu ersticken. Ich mag überhaupt nicht erzählen, was geschah. Ich schäme mich. Er war kein Mensch mehr, sondern ein Tier, und ich hinderte ihn nur daran, sich einzusauen, indem ich ihm im letzten Augenblick einen solchen Tritt versetzte, daß er über den Bürgersteig hinwegkullerte.
Das brachte ihn offenbar wieder zu sich, denn seine Stimme klang normal und vernünftig, als er wieder hochgekommen war und ungeduldig sagte: Komm schon.
Nun hatte ich mich allmählich an den Abgrund gewöhnt – denn selbst an den Abgrund kann man sich gewöhnen, das gehörte zu den Dingen, die ich lernte –, und während ich ihm folgte, begann ich die Gedanken des Abgrunds zu denken und entdeckte auf diese Weise,

daß ich ein Kind des Abgrunds geworden war. Daran müßt ihr denken, wenn ich erzähle, was später geschah, sonst versteht ihr es nicht und glaubt vielleicht, ich sei ein fürchterlicher Mensch, und das ist bestimmt nicht der Fall.
Ich dachte, wir würden auf den Friedhof gehen, aber nein – der Abgrund hat seine eigenen Gräber, wie sich zeigte, irgendwo im Dunkeln auf einem breiten und öden Boulevard öffnete er einen Gully im Bürgersteig, und bevor ich wußte, wie mir geschah, waren wir senkrecht auf dem Weg in einen tiefen Schacht. Er führte mich an der Hand den geraden Weg durch das Dunkel, und als er stehenblieb, ein Streichholz anstrich und ein Stearinlicht entzündete, sah ich die niedrige Wölbung über unseren Köpfen und eine Nische oder Öffnung in der Mauer, in der es noch immer stockfinster war. Er entzündete noch mehr Kerzen, ebenso andächtig, als sei es in einer Kirche oder einer vornehmen Kapelle, und nun konnte ich in der Nische etwas Längliches sehen, ein dreckiges Laken, das, so begriff ich, die irdischen Reste meiner armen Großmutter umhüllte. Er hatte sich auf die Knie niedergelassen, und im Schein der Wachslichter, die auf dem Steinfußboden festgeschmolzen waren, trug sein von Wunden übersätes und abstoßendes Gesicht einen frommen und liebevollen Ausdruck wie der eines Sonntagsschulkindes. In mir tobten die Gedanken des Abgrunds. In mir machten die Gedanken des Abgrunds Pläne und trafen Entschlüsse, die der erschreckenden Logik des Abgrunds folgten, die ich anscheinend meisterte, als hätte ich nie etwas anderes getan.
Als wir aus dem Gully wieder hochstiegen, prägte ich mir die Umgebung und den Namen des Boulevards ein, bevor wir mit voller Geschwindigkeit durch die dunklen Schächte der nachtöden Straßen den Heimweg einschlugen. Die Mülleimer waren an den Rand des Bürgersteigs gestellt worden, und wenn wir daran vorbeikamen, versorgte er sich mit ihrem stinkenden Überfluß und ließ die Beute in der Brottüte verschwinden.
Sobald wir zur Tür hereingekommen waren, kehrte er die Tüte um und schüttete den gesamten Inhalt auf den Fußboden. Da waren Brotenden, hart wie Stein, die er in Wasser legte, Fischköpfe, halbe Sardinen, Kartoffeln, Käserinden, Spargelenden, Apfelgriebse und andere gute Sachen, kurz, eine reiche und nahrhafte, doch unansehnliche Mahlzeit, über die sich der Mann jedoch mit einem reißenden Appetit hermachte, wobei er auf allen vieren auf dem Fußboden lag.
Nach allem, was ich bereits gesehen hatte, konnte mich nichts mehr

beeindrucken, und verglichen mit den schrecklichen Gedanken des Abgrunds in mir, war es fast eine Zerstreuung, ihn essen zu sehen. Was hätte sein Vater in seiner Lage getan? fragte ich mich. Der Gedanke ließ mich unwillkürlich lächeln, als hätten der Abgrund und ich ein Geheimnis. Doch ich besaß kein Messer, das so scharf war wie eine Rasierklinge, und übrigens hatten die Bewegungen meiner Hand bei weitem nicht die nötige Sicherheit. Nachdenklich betrachtete ich die gefräßige Esserei des Mannes, und in dem Grad der lauteren und schonungslosen Grausamkeit, die sein Vater an den Tag gelegt hatte, fand ich den Ansatzpunkt eines Entschlusses, der mit der gebieterischen Notwendigkeit des Abgrunds übereinstimmte, der ich mich hatte unterwerfen müssen.

Nachdem er gegessen hatte, warf er sich aufs Bett und schlief ein, ohne sich weiter um mich zu kümmern, als sei ich für ihn bereits nicht mehr interessant. Bei Tagesanbruch ging ich hinaus, irrte in den Straßen umher, fand den Gully im Bürgersteig und sah mich um. Die Leute waren so beschäftigt wie gewöhnlich, und da ich nun die Gedanken des Abgrunds dachte und mit den Augen des Abgrunds sah, wirkte das höchst sonderbar auf mich.

Am Nachmittag kaufte ich ein Brot, eine Dose Sardinen und eine Tüte Rattengift, die ich in einer Apotheke erstand, wo ich mich durch eine ungelenke Zeichnung einer Ratte und eines Kreuzes verständlich machte. Die Waren unter dem Arm, ging ich zum Fluß hinunter, wo ich unter einigen Bäumen ein friedliches Plätzchen fand. Dort standen Fischer am Kai, hie und da lagen Vagabunden und schliefen oder blinzelten mit glasigen Augen gegen das Licht, und junge Liebende küßten und knutschten einander mit einer gierigen und unersättlichen Gefräßigkeit. Als ich das Brot aufschnitt und die Dose öffnete, zitterten mir die Hände, und alles begann vor meinen Augen zu tanzen, da aber erblickte ich Gott, der geradewegs auf mich zukam. Er glich einem Vagabunden, war allerdings nicht ganz so derangiert, wie es alte Clochards mit ihren verschleierten Augen und ruinierten und fast ganz zersprengten Gesichtern zu sein pflegen. Er ließ sich neben mir nieder, und als ich den Inhalt der Dose und darauf eine große Portion Gift in das aufgeschnittene Brot leerte, half er mir das Brot halten; ich weiß auch nicht, wie es sonst hätte klappen können. Deshalb kann ich auch so sicher sagen, wenn man wirklich unten im Abgrund landet, wo es grausiger ist, als man sich vorstellen kann, dann hilft Gott einem auch, und man wird nicht im Stich gelassen.

Als nun das Brot gut mit Sardinen und Gift gestopft war, erhob sich

Gott wieder und ging still seines Weges, und ich blieb mit kaltem Schweiß auf der Stirn zurück. Aber allein die Tatsache, daß er überhaupt gekommen war, war fast, als würde einem jemand auf die Schulter klopfen, wenn man es am meisten braucht, und ich dachte immer wieder daran, wie es gewesen war, als er neben mir saß, bis es dunkel wurde.
Auch mein Körper war durch den Aufenthalt im Abgrund verwandelt worden, es waren nicht nur die Gedanken. Das spürte ich besonders deutlich, als ich mich erhob, um zu gehen, denn ich kann beschwören, daß er fast gefühllos geworden war. Ich spürte überhaupt nicht, daß ich mit den Füßen auftrat, aber sie gingen trotzdem, als lenke sie irgendeine Kraft, ganz sicher den rechten Weg, so daß niemand geglaubt hätte, ich sei ein anderer als gewöhnlich. Während ich meinen Weg durch das Labyrinth des Hauses suchte, hoch und entlang und heraus und hinein, auf Treppen und Korridoren, bebte ich bei der Begegnung mit den Höhlenbewohnern, die in der feuchten Dunkelheit lebten, wich ihnen aus und las in ihren zögernden oder plötzlich beschleunigten Schritten, wenn sie an mir vorbeigingen, die gleiche Furcht, die ich empfand. Der Abgrund wurde offenbar bevölkert, was ihn nur noch unerträglicher machte.
Der Mann saß wie am vorigen Abend im Sessel, und ich setzte mich wieder ihm gegenüber. Keiner von uns sagte etwas. Die Stunden schlichen dahin. Dieses Warten unterwarf mein Bewußtsein einer Art unerträglichen chemischen Stagnation, und ich wurde aus einem abstrakten Zustand des fruchtlosen Nichts, der mich auf die Dauer wahnsinnig gemacht hätte, erst herausgerissen, als er sich endlich mit der Absicht zu rühren begann, sich auf seine nächtliche Verproviantierungsstreife zu begeben. Nun zog ich das Paket hervor, kippte den Inhalt auf den Fußboden und zeigte darauf. Er beäugte mißtrauisch das mittlerweile halbtrockene Brot, das mehr oder weniger mit Sardinenöl eingeschmiert war, und da er zögerte, warf ich ihm ein mechanisches und aufmunterndes Lächeln zu, das ihn die Brauen runzeln ließ. Dann erblickte er jedoch das Stück Papier, in dem das Brot eingepackt gewesen war. Es war eine Seite aus einer alten Zeitung, zerknüllt und fettig, und darüber machte er sich nun her und vergaß alles andere. Es schien, als sei er vor allem ein leidenschaftlicher Zeitungsleser.
So verließ ich ihn. Ich kann mir die Nacht nicht ins Gedächtnis zurückrufen. Ab und zu schlief ich, glaube ich, auf einer Bank ein und erwachte steif vor Kälte. Einmal ging ich mit steifen Schritten in eine Bar, die zufällig noch geöffnet hatte. Ein paar Mädchen kicher-

ten verschämt, aber der Kellner wies mich hinaus. Ich begriff, daß solche geschützten, erleuchteten Räume nicht für die unglücklichen Kinder des Abgrunds gemacht waren, und ging mit einer höflichen Verneigung meines Weges. Am Morgen begab ich mich zum Fluß hinunter, denn ich wußte, daß dessen Ufer für alle da waren. Meine Gedärme schrien vor Hunger, aber die Sonne wärmte mich. Irgendwann im Laufe des Tages kaufte ich ein wohlschmeckendes Brot, über das ich mich mit gutem Appetit hermachte. Leider zeigte sich Gott nicht noch einmal, wie ich gehofft hatte. Er war sicher anderen zu Hilfe geeilt, die in diesem Augenblick seinen Beistand dringender brauchten. Ich ruhte mich aus und sammelte Kräfte für das letzte, was mir noch zu tun blieb.
Sobald es dunkelte, kehrte ich zu dem Raum zurück. Er hatte jedes Stümpfchen des vergifteten Brotes gegessen und lag tot auf dem Fußboden. Ich wickelte ihn, so gut ich konnte, in eine zerlumpte Bettdecke, steckte ein paar Lichtstümpfchen in die Tasche und hievte mir mit Mühe den Körper auf die Schultern. In den Korridoren und auf den Treppen wichen die Leute ehrerbietig zur Seite, wenn sie mich mit meiner schweren Last kommen sahen, und als ich auf die Straße hinauskam, machte ich nicht den Versuch, mich zu verbergen, teils, weil das unmöglich war, teils, weil das die Aufmerksamkeit auf mich gelenkt hätte. Ich mußte viele Pausen einlegen, aber bald war ich in den öden und dunklen Straßen und ließ mir viel Zeit.
Der Abstieg war schwierig, aber es ging schon. Mit einer Kerze in der einen Hand tastete ich mich vorwärts, bis ich die Stelle erreichte, wo ich ihn neben der Gestalt anbrachte, die schon dalag, und ihn mit der Decke zudeckte.
Als das getan war, fiel ich um, erschöpft und von Schweiß durchweicht.
Erst viele Stunden später hatte ich so viele Kräfte gesammelt, daß ich mich entschließen konnte, in die Straßen zurückzukehren. Es war hell, als ich aufstieg und die Eisenluke mit einem Krach hinter mir zufallen ließ, und die Leute um mich herum stießen erschreckte Rufe aus, zeigten auf mich und begannen herbeizuströmen. Ich sagte ihnen, sie sollten keine Angst haben, und erklärte mit wenigen Worten, daß ich zwar ein Kind des Abgrunds sei, es jedoch nicht zu bleiben gedächte. Da ich aber die Sprache nicht konnte – oder sie die meine nicht –, verstanden sie mich natürlich nicht, und um kein unnötiges Aufsehen zu erregen, kehrte ich ihnen den Rücken zu und ging davon.

Unten am Fluß ließ ich einfach die Zeit vergehen und vergehen, aber ich merkte schon, daß ich in einer Art Falle gefangen war und nicht weiterkam. Wenn ich nur eine Zukunft gehabt hätte, dachte ich, dann hätte es kein Problem gegeben. Ich sah nämlich durchaus, wie einfach und geradezu alles war. Mein Vater zu Hause in Silkeborg hatte doch recht gehabt. Es galt, sich bei der Bahn zu bewerben und zur Aufrechterhaltung ihres regelmäßigen Betriebs beizutragen. Der Abgrund konnte sich ganz sicher überall öffnen, und es erforderte zweifellos ständige Wachsamkeit, wenn man das Eintreffen solcher Katastrophen verhindern wollte. Ich, der ich nun den Abgrund aus eigenem Augenschein kannte, war sicher für diese Arbeit besonders geeignet, auf diese Weise würden die Bahn und ich einander stützen.

Was die Krankheit anging, so mußten wir uns wohl gegenseitig durch das Leben begleiten, aber ich wollte ihr nicht gestatten, mich zu übermannen, ich mußte also wachsam sein und durfte sie vor allem nicht an andere weiterverpflanzen.

Doch das war alles nur Theorie, denn ich war noch immer wie gefangen und beherbergte das ganze Elend des Abgrunds, das in mir wie ein Dunkel stillstand, das mich mir selbst verschloß und das, so spürte ich, aus mir hinausdrang und mir anzusehen war, als sei mein Körper nichts weiter als ein einziger großer, massiver Schatten.

Diesmal war es nicht Gott, der mir zu Hilfe kam, sondern ein ganz gewöhnlicher Mensch. Ein nichtsahnender Landstreicher ließ sich nämlich neben mir nieder und sagte irgend etwas, weil er mit irgend jemandem schwatzen mußte, ganz gleichgültig, mit wem. Als ich nicht antwortete, sah er mich zum erstenmal richtig an, und nachdem er mich einen Augenblick lang studiert hatte, steckte er die eine Hand in die Tasche und wühlte darin herum, bis er fand, was er suchte. Dann zog er sie heraus und reichte mir einen Zigarettenstummel, den ich dankbar annahm. Wie die häßlichen Kröten der Märchen, die sich durch einen Zauberschlag in schöne Prinzen verwandeln, so fühlte ich das Dunkel weichen und meinen Körper verlassen. Ich war kein Kind des Abgrunds mehr, sondern wieder ein ganz gewöhnlicher Mensch und hatte eine Zukunft, und während ich mich darauf vorbereitete aufzubrechen, um herauszubekommen, wie ich nach Hause, meinem richtigen Zuhause, kommen konnte, stürmten alle möglichen Sorgen auf mich ein, und ich vergaß, dem Landstreicher zu danken, der mir seine letzte Zigarette gegeben hatte.

Es reicht nicht, wenn man das Dunkel erfahren hat, sagte Elias Lönn, denn die Sorgen, von denen Sie sprechen, sind in gewisser Weise auch eine Art Dunkelheit.
Das mußt du uns unterwegs erklären, sagte Frau Lönn, denn nun scheint es endlich weiterzugehen.
Der Lokomotivführer und die Reisenden trennten sich. Als sie ihre Plätze eingenommen hatten, entdeckte Frau Lönn, daß der Oberst den Umhang vergessen hatte, der über die arme Wöchnerin ausgebreitet worden war.
Du frierst ja, sagte sie und reichte ihn Elias Lönn, der hemdsärmelig dasaß, leg ihn doch um.
Fremd, wie das Kleidungsstück, das Militärcape, war, betrachtete Elias Lönn es skeptisch, da er aber wirklich fröstelte, nahm er es schließlich um die Schultern, während sich der Zug in Bewegung setzte, um die letzte Strecke, die ihn von Hammerum trennte, zurückzulegen.

Daß eine glückliche Zukunft durchaus im schwärzesten Dunkel beginnen kann, dafür bin ich ein Beispiel, sagte Elias Lönn. Ich erwachte auf dem Grunde eines Kellerschachtes in Hamburg und ahnte anfangs nicht, wo ich war und wie ich dort hingekommen war. Es war, als sei ich in eine Tiefe versenkt worden, einen Schlund, der mich verschluckt hatte und aus dem ich mich nun langsam wieder emporbewegte, außerstande, mich daran zu erinnern, was dem Ganzen vorausgegangen war. Ich ahnte auch nicht, wer ich selbst war, denn das einzige, was ich im Kopf hatte, war ein fürchterlicher Schmerz, der gleichsam darin herumtanzte, aber auch eine Angst, die ich nicht verstand und die mein Bewußtsein völlig lähmte. Dann begann es langsam wie abgerissene, zusammenhanglose Bilder aufzutauchen, die sich erst allmählich zu Einheiten fügten, die ich verstehen und wiedererkennen konnte, während ich gleichzeitig auch meinen Körper und meine Glieder entdeckte, die in irgendeiner sonderbar verzerrten Stellung dalagen und bald ebensosehr schmerzten wie der Kopf. Dann tauchte zuletzt der unglückliche Mann auf, der mir seine grauenvolle Geschichte erzählt hatte, und ich entsann mich, daß ich Elias Lönn sei und am vorhergehenden Tag in einer Toreinfahrt gestanden hatte, die ich nie hätte verlassen sollen, denn von da an waren die Unglücksfälle über mich hereingestürzt, mit einem Ergebnis, das mir nun allmählich bewußt wurde. Doch wie ich auf dem Grunde des Kellerschachtes gelandet war, daran entsann ich mich nicht, und das begriff ich auch nicht. Und

weshalb war der Mann, der mich doch begleitet hatte, mir nicht zu Hilfe gekommen? Weshalb hatte er mich gerade jetzt verlassen, wo ich ihn brauchte?
Als mir endlich der Zusammenhang aufging und ich begriff, daß der unglückliche Mann ein böser Mann und Lügner gewesen war und daß er meine Brieftasche geraubt hatte, wurde mir unendlich traurig zumute – einmal wegen der Bosheit, aber auch, weil ich mich ohne Geld in einer verzweifelten Lage befand.
Zunächst also bedeutete der Kellerschacht meinen endgültigen Absturz in das tiefste Dunkel Hamburgs, darauf aber sollte er auch den Beginn meines Aufstiegs bedeuten. Nachdem mich ein böser Mensch dort hinabgestürzt hatte, kam nun ein guter Mensch und half mir hinauf. Ich stöhnte nämlich glücklicherweise so laut, teils vor Schmerzen, teils und nun besonders aus Verzweiflung, daß mein Stöhnen von einem Vorbeigehenden gehört wurde. Ich hatte zwar das Geräusch klappernder Absätze auf dem Pflaster aufgefangen, aber aus Angst davor, in dieser unbarmherzigen Stadt an noch einen bösen Menschen zu geraten, wagte ich nicht um Hilfe zu rufen. Ja, als das Geräusch plötzlich die Richtung änderte und sich dem Kellerschacht näherte, wurde mir angst, und ich versuchte mit dem Stöhnen aufzuhören, als ich aber eine Frauenstimme in den Schacht rufen hörte: Hallo, ist da jemand?, gestattete ich es mir wieder, laut zu stöhnen, weil ich meinte, von einer Frau hätte ich nicht so viel zu fürchten.
So ging es zu, daß ich Krimhilde Lüders kennenlernte, die nun zu mir in den Schacht hinunterstieg, mir auf die Beine half und mich die Treppe hochbugsierte, bis wir unter einem Laternenpfahl standen, wo sie mir das Blut von meinem zerschlagenen Gesicht wischte. Als ich endlich wieder aus meinen geschwollenen Augen gucken konnte, ging mir auf, daß ich hier von einem der Särge aus dem Wirtshaus, das ich zu Beginn der Nacht besucht hatte, aufgelesen worden war. Sie hatte so ein langes, bleiches und kantiges Gesicht, das hier und da kräftig geschminkt war, schmale, traurige Lippen und ein paar senkrechte Furchen auf der Stirn, obgleich sie bestimmt nicht sonderlich alt war. Ich war also der Sünde selbst in die Hände gefallen, und obwohl ich noch ganz benommen war und schwankend dastand und mir der Kopf weh tat und mir ein Schleier vor den Augen tanzte, beschloß ich auf der Hut zu sein und den Versuchungen nicht nachzugeben, denen ich aller Wahrscheinlichkeit nach ausgesetzt werden würde.
In dem Zustand können Sie nicht auf den Straßen herumlaufen, Sie

brauchen eine Stärkung, sagte Krimhilde, wie der Name der Frau also lautete, und obwohl ich das Schlimmste fürchtete, konnte ich mich nicht zur Wehr setzen, sondern mußte mich mitziehen lassen, denn mir war ganz elend, und ich war zu nichts imstande.
Wir gingen durch einen dunklen Torweg und viele Treppen hinauf und schließlich durch einen langen Korridor. Mir wurde ganz schwindlig beim Anblick all der Türen, an denen wir vorbeigingen. Dahinter schliefen also all die Menschen, die auf dem großen Platz herumgewimmelt waren und deren Menge mich verwirrt hatte. Nun begriff ich besser, wie da überhaupt Platz für sie sein konnte, so, wie die zusammengestapelt waren, und ich spürte, wie ihre Gegenwart selbst die Luft hier draußen im Korridor dick und erstickend machte.
Krimhilde wohnte in einem kleinen Zimmer hinter einer der vielen Türen. Ich blieb stehen, als wir eintraten. Ich wagte nicht, mich hinzusetzen. Ich hatte das Gefühl, stehend sei ich gegen Versuchungen besser gefeit, weshalb ich stehen blieb, obgleich ich dem Umsinken nahe war und die Beine unter mir zitterten. Krimhilde machte auf einer Gasflamme in der Ecke Kaffeewasser heiß und forderte mich auf, mich auf einen Stuhl zu setzen, doch ich war standhaft und ließ mich nicht verlocken. Außer einem Kleiderschrank, einem kleinen Tisch und einem Diwan gab es in dem ganzen Zimmer nur einen Stuhl. Ich hatte noch nie so etwas Schäbiges gesehen. Die Möbel schienen an der Schrumpfkrankheit zu leiden. Sie waren fürchterlich mager, selbst dem Kleiderschrank sah man an, daß er nicht mit so viel Sachen gefüttert wurde, wie es seine Bestimmung gewesen war. Der Anblick der Möbel verursachte mir Unbehagen, als steckten sie mich mit irgendeinem Leiden an, das aus verhängnisvollen Gründen ihr unabwendbares Los war. Als ich einen kleinen Spiegel an der Wand erblickte, bewegte ich mich seitlich dahin, um hineinzusehen. Im Raum war es halb dunkel, so daß mir das Sehen schwerfiel; ich mußte mein Gesicht ganz an den Spiegel pressen und ahnte zuletzt einen Mund, der wegen einer geschwollenen Oberlippe unkenntlich war. Das ist aber seltsam, sagte ich mir bei diesem Anblick, den ich allmählich durch das Bild großer Hautabschürfungen an den Wangen und ein blaues Auge ergänzte – obgleich das ja in Anbetracht der Tatsache, daß es mir so übel ergangen war, kein bißchen sonderbar war.
Während ich so ganz verwundert mich und die Spuren studierte, die die Bosheit in meinem Gesicht hinterlassen hatte, entzündete sich um meinen Kopf eine leuchtende Aura. Die kam, so zeigte sich,

von einer Kerze, die Krimhilde in der Hand hielt und mit der sie sich genähert hatte und nun direkt hinter mir stand. Als ich mich umwandte, betrachtete sie mich aufmerksam im Schein der Kerze, berührte die Wunden und Schrammen in meinem Gesicht prüfend mit einem weichen Finger, dessen verweilende Berührung mich erstarren ließ, und nahm mich darauf bei der Hand. Doch das war zu viel für mich. Die Beine konnten mich nicht mehr tragen, ich fiel auf den Stuhl nieder und verbrannte mich an dem Kaffee, den Krimhilde mir eingeschenkt hatte, weil ich ihn unbeherrscht in mich hineinzuschlürfen begann.
Krimhilde setzte sich auf den Diwan mir gegenüber, und um mich durch ihre Augen nicht zu sehr verwirren zu lassen, begann ich schnell zu reden und erzählte, wie es zugegangen sei, daß ich in dem Kellerschacht gelandet war, die ganze Geschichte seit dem Augenblick meiner Abreise von zu Hause. Beim Erzählen wurde mir klar, wie groß die Katastrophe war. Nicht genug damit, daß ich meine Reise nicht fortsetzen konnte, denn ich hatte sowohl meine Fahrkarte wie auch mein Geld verloren, nein, ich konnte noch nicht einmal mein Hotel bezahlen.
Da weiß ich Rat, sagte Krimhilde, als ich fertig war, mein Vater ist Altwarenhändler, der will sicher gern ein Paar von Dr. Müllers Stützen kaufen, die brauchen Sie ja sowieso nicht, und er ist ganz verrückt danach, denn er ist sehr unglücklich und glaubt felsenfest daran, daß so was helfen kann. Und sonst kann er sie ja einfach verkaufen. Kommen Sie, gehen wir gleich.
Es schien mir zwar ein sehr komischer Zeitpunkt für einen Besuch zu sein, aber ich war heilfroh, aus dem gefährlichen Zimmer herauszukommen, daß ich nicht protestierte. Der Kaffee hatte mir auch gutgetan, so daß ich mich nun ganz wohl fühlte.
Altwarenhändler Lüders wohnte in einem kleinen Eckhaus weit draußen in einem Vorortviertel, ganz draußen an der Grenze zwischen Stadt und Land, die wir erst erreichten, nachdem wir kilometerlange Straßen durchtrabt hatten. Zu der Zeit hatte ich noch nie so etwas Trostloses wie das Sammelsurium aus kleinen Häusern, Schuppen, Werkstätten, Abfallhaufen, Wagenwracks, Pferdeställen und holperigen Straßen gesehen, das uns umgab. Hamburgs Straßen konnte man viel nachsagen, jedenfalls aber herrschte unter ihnen eine gewisse Ordnung; Straßen wie Häuser waren nach einem bestimmten System angelegt. Hier draußen aber war es, als verliefen selbst die Straßen völlig wahllos, abgesehen von einer Landstraße, die schnurgerade in dem flachen Land verschwand, als träume sie

davon, so schnell wie möglich aus diesem Wirrwarr zu entkommen. Die hier und da verstreuten Häuser waren so häßlich, daß es ganz ausgeklügelt wirkte. Überhaupt war das eine Art Stadt, die keine Stadt war, und Land, das nicht Land war und wie ich es noch nie gesehen hatte.

Allmählich wurde es hell, weshalb ich mir auch einen Eindruck von der Umgebung verschaffen konnte – erleuchtet aber waren nur die Fenster des einstöckigen Hauses, das ganz für sich an einer Ecke lag und an dem auf einem Schild über der Tür stand: *A. Lüders Altwarenhandel.*

Aus irgendeinem Grund stimmte mich der Anblick dieses einsam gelegenen Hauses mit all seinen erleuchteten Fenstern traurig, sie schienen von einer unermüdlichen Tätigkeit zu erzählen, die vor sich ging, während alle anderen schliefen; andererseits aber war es ganz natürlich und logisch, daß gerade ich, der sich zu nächtlichen Abenteuern in der großen Stadt hatte verlocken lassen, und Krimhilde, deren Beruf ein Werk der Nacht war, uns auf dem Weg dorthin befanden. Krimhilde öffnete denn auch wie zu Hause die Tür, ohne anzuklopfen, und ließ mich in etwas eintreten, was mich an eine Werkstatt, ein Lager, ein Geschäft, ein Büro, ein Wohnzimmer, ein Schlafzimmer, eine Küche, eine Waschküche, einen Stall, eine Müllkippe und noch viele andere Dinge gleichzeitig denken ließ. Es brannten mehrere Petroleumlampen, die es uns möglich machten, uns zwischen den Gängen und Pfaden, die durch die Dinge gebahnt waren, hindurchzufinden. Es waren alles verschlissene, verbrauchte oder kaputte Dinge, von Schuhen mit zerlöcherten Sohlen und Regenschirmen mit geknicktem Gestell bis zu rostigen Dachrinnen und fettigen Nähmaschinen, denen ihre Gebrechen nicht anzusehen waren, und noch Hunderte oder wohl eher Tausende von anderen Dingen. Rund umher stießen wir plötzlich auf Betten, in denen schlafend kleine und halberwachsene Kinder lagen, so daß ich den Eindruck erhielt, Herr Lüders habe eine sehr zahlreiche Familie. Schließlich tauchte er selbst auf, sein übernächtigtes Gesicht kam in einem Raum mit Regalen zum Vorschein, die voll aller möglicher Flaschen standen wie in einer Apotheke, nur daß die Flaschen leer und viele von ihnen angeschlagen waren. Er kam mir bekannt vor, und als er sich bewegte, wurde mir klar, wer er war: Es war der Unglückliche, der sich auf die Straße gestürzt hatte und von einem Pferdewagen umgefahren worden war.

Lieber Vater, sagte Krimhilde, ich komme zu dir mit einem jungen Mann, der etwas zu verkaufen hat, was dich interessieren wird. Ein

Paar Müller-Stützen, funkelnagelneu. Er hat all sein Geld verloren und braucht Bargeld.
Ich bin kein Philanthrop, murmelte Herr Lüders und schlug mit der rechten Hand nach dem einen Flügel, der sofort nach vorn klappte, so, wie ich es am Nachmittag gesehen hatte.
Und woher weißt du übrigens, ob sie echt sind, fuhr er fort, und nicht nur eine Nachahmung? Heutzutage wird einem aller möglicher Plunder angedreht, nicht zuletzt, wenn es sich um Stützen handelt, es ist bald nicht mehr auszuhalten. Nun leide ich schon so viele Jahre unter der Sache hier, daß ich mich kaum noch daran entsinnen kann, wie es war, bevor sie mir entwuchsen, und ich finde weder Rast noch Ruhe. Ich werde wahnsinnig, wenn ich unter all den Idioten in der Stadt umhergehe, und in dem Wahnsinn eines Augenblicks bilde ich mir ein, ich könnte mich über das Ganze erheben und fliegen. Es geht immer schief, und ich lerne es nie. Eines Tages töte ich mich, daran zweifle ich nicht im geringsten, und eigentlich ist es ein wahres Wunder, daß das nicht schon längst passiert ist. Dr. Müllers Stützen! Glauben Sie vielleicht, ich kenne sie nicht? Glauben Sie vielleicht, ich hätte sie nicht ausprobiert? Alle diese Erfindungen, diese Vorwände, all diese Technik, und nichts hilft, der Schrei bleibt einem im Hals stecken, die Flügel sind jeder natürlichen Bewegung im Weg, selbst das Gehen läuft letztlich Gefahr, zu einem lächerlichen Prozeß zu werden, wenn das nicht bereits der Fall ist, und ich wage zu behaupten, daß allein das Menschsein allmählich schon komisch wird. Sehen Sie mich nur an! Und Sie sollten bloß wissen, wie Sie selber aussehen, junger Mann; aber vielleicht ist es gut, daß Sie das nicht wissen, noch nicht. Sie sind so jung, Sie können die Lächerlichkeit nicht so gut ertragen. Mit mir aber ist es anders. Ich bin ganz einverstanden. Die Sache ist ja die, wenn ich nicht einverstanden wäre, dann würde ich mich erst richtig lächerlich machen. Und Sie wollen ein Paar Stützen verkaufen? Tja, ich kann sie ja mal probieren, obgleich ich nicht das geringste Zutrauen dazu habe. Aber sonst können sie ja zwischen dem ganzen anderen Gerümpel hier landen. Eines schönen Tages wird schon ein schönes Dusseltier kommen, das glaubt, es habe den Fund seines Lebens gemacht, wenn es darüberstolpert, und dann habe ich wohl immer noch ein bißchen davon – was weiß ich.
Danach untersuchte Herr Lüders meine Stützen und bot mir zwanzig Mark dafür.
Aber sie haben einen Platinbelag und haben über hundert gekostet, rief ich aus, über das minimale Angebot eher verblüfft als wütend.

Hahaha, lachte Herr Lüders mit seinem Gesicht voller Narben, Schorf und blutunterlaufenen Stellen. Für mich ist das ein Geschäft, verstehen Sie? Wieviel glauben Sie denn, kann ich für ein Paar abgelegte Stützen nehmen, die speziell für Ihre Bedürfnisse hergestellt wurden?
Er begann auf und ab zu gehen, und irgendwie merkte ich ihm an, daß er darauf brannte, die Stützen an meinem Rücken in die Finger zu bekommen.
Ich sagte: Wenn das so sein soll, dann will ich sie überhaupt nicht verkaufen.
Er versetzte irgendwelchem Eisengerümpel, das auf dem Fußboden herumlag, einen Tritt und rief: Na, und wie wollen Sie dann ohne Geld zurechtkommen, Freundchen? Wollen Sie vielleicht dahin *fliegen*, wo Sie herkommen? Oder glauben Sie vielleicht, das Hotel nimmt als Bezahlung abgelegte Stützen an? Denken Sie, ich hätte Geld wie Heu? Es hat keinen Zweck, daß ich in erster Linie an Stützen für meine eigenen jämmerlichen Flügel denke – ich habe eine große Familie zu versorgen, und Kinder können nun mal nicht von Luft und Flattergrillen leben. Krimhilde kann sich glücklicherweise selbst versorgen, aber die sieben anderen ... Sagen wir – dreißig Mark? Aber damit bin ich dann auch ruiniert, total ruiniert.
Zuletzt verkaufte ich Altwarenhändler Lüders die Stützen für vierzig Mark. Er löste sie vorsichtig von meinem Rücken, und sobald er sie in den Händen hatte, vergaß er mich vollständig und vertiefte sich in ihre Konstruktion. Ich fühlte mich in schwermütiger Weise von etwas Überflüssigem befreit, sie waren von Anfang bis Ende eine Enttäuschung gewesen, aber nun war ich genausoweit wie zuvor, ich merkte nichts davon, daß ich im Laufe der Nacht größere Kräfte und Geschmeidigkeit erworben haben sollte; das Wesen, zu dem ich wurde, war, soweit ich merken konnte, noch immer genauso unvollkommen. Doch gleichgültig, wie unvollkommen und schwermütig ich war, ich mußte die vierzig Mark haben, die mir die Stützen eingebracht hatten. Deshalb stipste ich den Altwarenhändler auf den Rücken und bat um das Geld.
Er ließ sich von seiner Untersuchung nicht ablenken und begnügte sich damit, über die Schulter zu brüllen: Isolde, gib dem Herrn vierzig Mark!
Nun erblickte ich eine Frau, die sich mit schlaftrunkener Miene aus einer großen Badewanne erhob, die in einer Ecke stand und in der sie anscheinend ihr Lager eingerichtet hatte. Sie paßte gut in das Gesamtbild, denn sie sah aus wie ein defekter und ausrangierter Ge-

genstand, genau wie die, die sie umgaben, obgleich sie also noch funktionierte. Ob sie ein Nachthemd oder ganz gewöhnliche Alltagskleidung anhatte, konnte ich nicht entscheiden, jedenfalls aber begann sie gähnend und ohne ein Wort in den Klamotten herumzuwühlen, und die Geldscheine, die sie allmählich herausfischte, waren denn, abgesehen von ihrem allgemeinen fettigen, zerfledderten und zerknüllten Zustand, auch in Ordnung.

Krimhilde, mein rettender Engel, war leider verschwunden, ihr konnte ich also nicht auf Wiedersehen sagen, weshalb ich nun den Weg zur Stadt allein zurücklegen mußte. Ich verließ Herrn Lüders' Altwarenhandel und drehte mich um, um zurückzuschauen, als ich etwas weiter weg war. Er sah aus, als läge er so ungefähr am äußersten Rand der Welt. Die Landstraße, die vorbeiführte, verschwand einfach in ein großes, leeres Nichts, die grauen endlosen Felder – und doch wußte ich, daß er voll war vom Gerümpel der Stadt, fast, als könnte man dort all das finden, was die Hunderttausende von Menschen der Stadt irgendwann in ihren Händen gehabt und dann fallen lassen oder einfach weggeworfen hatten.

Aber nun war ich endlich wieder guten Mutes. Nun galt es nur, zum Hotel zurückzufinden und irgendwie die Reise in meine großartige Zukunft fortzusetzen. Das Böse hatte mir zwar eins auf den Schädel gegeben, aber das Gute hatte mir wieder auf die Beine geholfen, und die Sünde hatte keine Macht über mich erlangt. Vor mir lag die Stadt, es wurde immer heller, und ich sah die Sonne hinter den grauen Massen der Häuser aufgehen. Zwar war das neue Geschöpf, das sich in mir bildete, noch unausgetragen, das spürte ich schon, aber ich war bereit, mich damit abzufinden, daß die Flügel mich noch nicht tragen konnten und ich deshalb mühselig in die neue Zeit hineingehen mußte.

Ich hatte, mit anderen Worten, resigniert, und wenn mir nicht etwas zugestoßen wäre, was alles auf den Kopf stellte, dann hätte ich im Hinblick auf die Flügel und die Mühe, die sie mir bereiteten, mein Leben höchstwahrscheinlich in einem Zustand völliger Resignation dahingelebt, während ich gleichzeitig wie ein Wahnsinniger darum gekämpft hätte, mir als ein immer anerkannterer und wohlhabenderer Optiker einen immer besseren Platz in der Gesellschaft zu erobern. All das war mir natürlich nicht klar, als ich an jenem Morgen durch Hamburg wanderte – ich hatte nichts weiter im Kopf, als heim ins Hotel zu kommen, um mich ein wenig auszuruhen, und danach einen Ausweg zu finden, so daß ich meine Reise zu meiner weiteren Ausbildung in der Schweiz fortsetzen konnte.

Die Straßen waren bereits voller Menschen, doch nun wunderte mich das nicht mehr, ich empfand es ganz im Gegenteil als natürlich, daß wir so viele waren, es so eilig hatten und so traurig aussahen. Ich bekam Lust auf ein bißchen Frühstück und ging in ein Wirtshaus. Es war ein Stammlokal für Droschkenkutscher, die sich in ihren großen Capes, dick und schwergliedrig, mit großen, rotfleckigen Gesichtern und trübsinnig hängenden Schnauzbärten an den Tischen breitmachten. Ich selbst fühlte mich in ihrer Gesellschaft ungeheuer schmal, so, als ließen mich ihre morgenfeuchten Augen in der Breite schrumpfen, wenn sie mich betrachteten, und auf diese Weise wurden meine unglücklichen Flügel vielleicht noch sichtbarer und mein sowieso schon dünner Hals vielleicht noch vogelartiger. Es gelang mir aber trotzdem, irgendwie zwischen ihnen hindurchzugleiten und mir den Weg zu einem freien Platz in einem Winkel zu bahnen, wo meine Schande bis zu einem gewissen Grad verborgen sein konnte, wenn ich mich fest in die Ecke drückte. Dennoch konnte es dem Droschkenkutscher, der sich kurz darauf an meinem Tisch niederließ, weil es der einzige freie Platz war, nicht entgehen, wie es um mich stand.
Er sah mich mit einem mitfühlenden Blick an, als sei ich ein jämmerlicher, geplagter Droschkengaul, und sagte: Ach, Herrgott, es ist wirklich nicht leicht!
Da ich an ihm nichts Auffälliges bemerken konnte, sagte ich: Was wissen Sie denn davon? Mag schon sein, daß wir unglücklich sind, aber das sind all die anderen auch, in gewisser Weise haben wir also wenigstens einen Vorzug, auch wenn der ziemlich unerklärlich ist.
Der Droschkenkutscher schob die Mütze in den Nacken und sagte: Na, das nenne ich vielleicht Zufriedenheit, und Zufriedenheit ist kein schlechter Ausgangspunkt, wenn es denn also die richtige ist. Denn Zufriedenheit mit sich selbst kann aus der Vernunft entstehen, und allein die Zufriedenheit, die aus der Vernunft entsteht, ist die höchste, die einem zuteil werden kann. Leider aber habe ich den Verdacht, daß es sich auch um Hochmut handeln kann, und das ist eine Freude, die entsteht, wenn ein Mensch mehr von sich überzeugt ist, als recht und billig ist.
Diese seltsamen Worte machten mich neugierig, weshalb ich sagte: Ich verstehe nicht recht, was Sie damit sagen wollen. Ich weiß nur, daß es Menschen gibt, die in dieser Zeit ein neues Wesen in sich heranwachsen fühlen, das sich nicht entfalten kann. Deshalb werden sie lächerlich, verrückt, wichtigtuerisch, verzweifelt, vergrübelt und was weiß ich noch. Ich bin aus einer kleinen Stadt in Jüt-

land vor weniger als vierundzwanzig Stunden hier angekommen, so viel aber habe ich jedenfalls begriffen.
Sie haben Ihre Zeit wahrlich gut genutzt, sagte der Droschkenkutscher und schlürfte einen Mundvoll Kaffee. Sie haben die Möglichkeit, noch mehr zu verstehen, fuhr er fort, das Ganze ist in Wirklichkeit sehr einfach – in gewisser Weise gilt es nur, das Ganze auf den Kopf zu stellen.
Ich sagte nichts, denn ich verstand nicht, was er meinte und worauf er hinauswollte.
Die Energie muß nur einfach die Richtung ändern, so daß die Kräfte nach innen statt nach außen wachsen, sagte er.
Mir kam der Gedanke, er wolle mich auf den Arm nehmen.
Er fuhr fort: Es ist nur eine Frage der Weisheit, die sich glücklicherweise erlernen läßt. Jedenfalls handelt es sich nicht um Apparate und Technik, auch wenn sie noch so fein und kostbar sind; Weisheit ist es auch nicht, wenn man unverständliche Abhandlungen über etwas schreibt, was jeder beliebige Mensch genausogut kennt wie der gelehrteste Professor. Fragen Sie nur irgendeinen Droschkenkutscher, ob es beispielsweise der Sinn des Menschen sei, fliegen zu können, und er wird ganz entschieden nein sagen, denn das sagt ihm die gesunde Vernunft, und alle Träumereien in diese Richtung können nur von Übel sein. Er wird hinzufügen, daß es ganz im Gegenteil so sei, daß der Mensch in Droschken fahren solle, wenn er das Bedürfnis danach habe und falls er es sich leisten könne, und daß es das beste wäre, wenn alle es sich leisten könnten, wenn sie das Bedürfnis danach haben. Was das Wesen betrifft, von dem Sie, junger Mann, sprechen, so haben weise Männer bereits vor vielen hundert Jahren Regeln gemacht, die ganz genau auf Sie, mein Freund, und auf Ihre Lage zutreffen. Was halten Sie von der hier:
Gefühle, die unserer Natur zuwiderlaufen, das heißt böse sind, sind insoweit böse, als sie verhindern, daß der Geist versteht!
Nein, sagte ich, dem kann ich nicht folgen, das ist zu schwer für mich.
Doch davon wollte der Droschkenkutscher überhaupt nichts hören. Nun hören Sie mal, begann er, das ist doch sonnenklar: Zu fühlen, man müsse imstande sein zu fliegen, ist etwas Böses, denn dafür ist der Mensch nun einmal nicht geschaffen; und solange man dieser Einbildung oder diesem Gefühl unterliegt, ist man doch nicht imstande, mit seinem Verstand oder seinem Kopf zu begreifen, wie das eigentlich zusammenhängt und worum es sich eigentlich handelt.
Aber worum handelt es sich denn dann eigentlich? fragte ich.

Sehen Sie, diese Frage ist bereits ein großer Fortschritt, antwortete er, aber natürlich ist das nicht so einfach zu beantworten.
Na, dachte ich, während ich meinen Blick im Raum umherschweifen ließ, nun sind wir genausoweit wie zuvor. Letzten Endes ist er genauso hilflos wie alle anderen. Aber was habe ich denn auch von einem Droschkenkutscher erwartet? Die gleiche Verzweiflung und Hilflosigkeit herrscht überall, und sicher hat er recht, daß diese Droschkenkutscher nur eins im Kopf haben, nämlich die möglichen Kunden, die ihnen ein bißchen Geld in die Kasse bringen können.
Man hätte meinen sollen, er hätte meine Gedanken erraten, denn nun sagte er: Natürlich ist nicht jeder Droschkenkutscher ein Weiser, aber wenn sich auch die Frage, worum es sich eigentlich handelt, nicht so geradeheraus beantworten läßt, so ist damit doch nicht gesagt, daß es auch unmöglich ist. Das Ganze steht jedenfalls in einem Buch, das ich hier in der Tasche habe.
Das Ganze? fragte ich ungläubig, denn zu dem Zeitpunkt hatte ich noch nie von Büchern gehört, die alles enthalten, und von denen gibt es ja jedenfalls in der Welt nicht sehr viele.
Ja, das wage ich zu behaupten, sagte der Droschkenkutscher. Ich bin nun seit dreißig Jahren Droschkenkutscher, und in diesen dreißig Jahren habe ich das Buch unablässig studiert. Zwar stehen Dinge darin, die ich noch immer nicht verstehe, doch das meiste, was dort über die Gefühle, über die menschliche Knechtschaft und über die menschliche Freiheit steht, das verstehe ich. Und es beantwortet alles, wenn man die Fragen nur richtig stellt.
Er hatte inzwischen ein großes Buch aus der Innentasche seines Capes herausgezogen und reichte es mir nun hinüber. Da sah ich zum erstenmal den Namen Baruch de Spinoza und las zum erstenmal den Titel seines großen Werkes, »Ethik«, das dank dieses Droschkenkutschers zum Leitstern meines Lebens wurde.
Er sagte: Ich weiß wohl, daß es im Orient große Weise geben soll, die das Ganze ebenfalls erklärt und den Weg zur wahren Glückseligkeit gewiesen haben. Ihr Denken aber liegt dem meinen viel zu fern. Spinoza dagegen erklärt das Ganze durch Beweise und ist mathematisch exakt, man kann also nicht dagegen an.
So etwas klingt natürlich ziemlich verrückt, wenn es von einem Hamburger Droschkenkutscher an einem frühen Morgen über einer Tasse Kaffee bei dem Geräusch der scharrenden Stühle seiner Kollegen, die sich nun erheben und unter Gesprächen das Lokal verlassen, geäußert wird. Eigentlich hätte wohl auch mein Droschkenkutscher, der mit seinem Kaffee fertig war, zu seinem Bock zurückkeh-

ren sollen, aber er nahm sich Zeit und blieb sitzen, und wenn er das nicht getan hätte, würde ich heute nicht hier sitzen, und vor allem wäre ich nicht der, der ich bin.
Hören Sie mal, sagte er und schlug in dem Buch nach. *Unbedingt aus Tugend handeln ist nichts anderes in uns, als nach der Leitung der Vernunft handeln, leben, sein Sein erhalten auf der Grundlage des Suchens nach dem eigenen Nutzen.* Vierundzwanzigster Lehrsatz im Vierten Teil. Läßt es sich deutlicher ausdrücken?
Das klingt höchst egoistisch, wenn ich es denn richtig mitbekommen habe, wandte ich ein. Sagt er nicht, man solle das für einen selbst Nützliche anstreben? Und wo bleibt der Beweis? Gerade der Beweis sollte das Buch ja zu etwas Besonderem machen.
Der Droschkenkutscher lächelte, und ich entsinne mich noch, daß es das freundliche Lächeln eines wirklichen Weisen war, weder triumphierend, herablassend, nachsichtig, höhnisch noch sonst irgend etwas Häßliches.
Der Beweis, sagte er, kommt hinterher. So ist es im ganzen Buch. Erst sagt er im Lehrsatz, wie es sich verhält, und darauf folgt der Beweis. Doch den will ich Ihnen nicht vorlesen, denn das erfordert ein genaueres Studium. Alle Beweise bauen nämlich auf die vorhergehenden Lehrsätze, Definitionen, Folgesätze und Beweise auf, so daß alles völlig unwiderlegbar ist. Und das Ganze beruht auf einigen wenigen Grundsätzen und Definitionen, die im großen und ganzen nichts weiter besagen, als was alle Menschen bejahen können, wenn man sie also versteht, und gerade das ist das Schwere. Aber in bezug auf das Egoistische: Nein, da irren Sie sich ganz. Denn wenn Sie den zweiten Folgesatz des fünfunddreißigsten Lehrsatzes im selben Teil aufschlagen, so lesen Sie unter anderem:
Wenn jeder Mensch am meisten seinen eigenen Nutzen sucht, dann sind die Menschen einander am meisten nützlich.
Denn das Nützliche ist dasselbe wie das Vernünftige, nach Spinozas Geometrie, und *somit stimmen die Menschen, sofern sie nach der Leitung der Vernunft leben, auch untereinander notwendigerweise immer überein.*
Kann man diese Worte hören, ohne die gebieterische Stimme der Weisheit zu vernehmen? Ich konnte das jedenfalls nicht. Auf diese Weise klang es völlig natürlich und geradezu, als sei es nur das, was ein jeder sich selbst sagen könnte, aber gerade das war ja das Gute daran.
Der Droschkenkutscher sah mir an, daß es Eindruck gemacht hatte. Man kann wirklich sein ganzes Leben damit zubringen, so leben zu

lernen, sagte er, und der Schlußstein des Ganzen ist die Glückseligkeit, zu der ich noch nicht gelangt bin. Doch so weit komme ich hoffentlich noch, bevor ich sterbe.
Die Glückseligkeit, sagt Spinoza, *ist nicht der Lohn der Tugend, sondern selbst Tugend; und wir erfreuen uns ihrer nicht deshalb, weil wir die Gelüste hemmen, sondern, umgekehrt, weil wir uns ihrer erfreuen, deswegen können wir die Gelüste hemmen.*
Zweiundvierzigster Lehrsatz im Fünften Buch, der letzte Lehrsatz von allen. Aber wenn Sie mehr über die Gefühle, die Vernunft, die Tugend, die Glückseligkeit und darüber, wie man sein Leben leben und ein freier Mensch werden kann – und wer möchte das nicht gern? –, wissen wollen, so steht das alles mit Beweis in dem Buch und gilt für alle Menschen zu allen Zeiten.
Nachdem ich das gehört hatte, wunderte mich nur noch eines, und ich sagte zu dem Droschkenkutscher: Wenn das Buch wirklich so hervorragend ist, wie Sie sagen, weshalb ist es dann nicht bekannter? Weshalb wird es dann nicht in allen Schulen aller Länder für alle Kinder als Lehrbuch benutzt, so daß sie richtig leben lernen und sich selbst und einander nützlich sein können? Ich habe jedenfalls noch nie von dem Buch gehört, und ich wage zu bezweifeln, daß es in Silkeborg, woher ich komme, auch nur einen einzigen Menschen gibt, der es kennt. Es ist auch nie in unserer Zeitung erwähnt worden. Nein, es muß irgend etwas Geheimnisvolles daran sein, was Sie entweder nicht wissen oder nicht sagen wollen.
Das Buch ist in gewisser Weise weltberühmt und unbekannt zugleich, unsterblich und gleichzeitig kaum existent, antwortete der Droschkenkutscher. Wissen Sie aber auch, weshalb? – Wenn ich damit auch gleich Ihre Frage beantworten darf. Das kann ich leicht, denn die Antwort steht natürlich in dem Buch selbst, obendrein in seinen allerletzten Zeilen, die so lauten:
Wenn nun der Weg, der, wie ich gezeigt habe, hierhin führt – nämlich zur wahren Zufriedenheit des Gemüts –, *äußerst schwierig zu sein scheint, so läßt er sich doch finden. Und freilich schwierig muß sein, was so selten gefunden wird. Denn wie wäre es möglich, wenn das Heil leicht zugänglich wäre und ohne große Mühe gefunden werden könnte, daß fast alle es unbeachtet lassen? Aber alles Erhabene ist ebenso schwer wie selten.*
Der Droschkenkutscher sah mich nicht mit dem triumphierenden Blick an, den man vielleicht hätte erwarten sollen, denn durch einen lebenslangen Umgang mit dem Buch hatte er sich so viel Weisheit angeeignet, daß er keinen Hang dazu verspürte, über Unver-

ständige wie mich zu triumphieren. Ich war jedoch von den einfachen, geradlinigen Worten ergriffen worden, die ich gehört hatte, und es war mir klar, daß sie in der unüberschaubaren und verwirrten Welt, in die ich hinausgeworfen worden war, genau die Belehrung enthielten, die ich brauchte. Wenn ich, statt zu all den strahlenden Horizonten, die ich mir beim Anblick der Hunderte von Masten des Hafens vorgegaukelt hatte, hinauszureisen, wenn ich, statt mich in eine neue und unbekannte Wesensform hineinzuträumen, eine Reise in die Weisheit zu der Glückseligkeit antreten konnte, die sich in der vollkommenen Vernunft verbarg, dann würde die Ausbeute meines Hamburger Aufenthalts größer sein, als ich hätte erwarten können.

Das Buch hätte ich gern, sagte ich, aber wo soll ich ein Exemplar finden, wenn es fast nicht existent ist, wie Sie sagen?

In der letzten Zeit habe ich daran gedacht, daß ich mich davon trennen sollte. Nun kenne ich es nämlich so gut, daß ich seine ganze Gelehrtheit im Kopf habe, und es nützt ja nichts, daß ich in Ewigkeit von dem gedruckten Wort abhängig bin. Darin wäre Spinoza ganz sicher mit mir einig. Ich könnte Ihnen ja also mein Exemplar verkaufen. Wieviel Geld haben Sie denn?

Ich habe vierzig Mark, sagte ich. Die habe ich verdient, weil ich einem Altwarenhändler ein Paar funkelnagelneue Müller-Stützen verkauft habe, für die ich über hundert Mark gegeben hatte.

Ohne zu zögern sagte der Droschkenkutscher: Ich will Ihnen das Buch für zwanzig Mark verkaufen. Weisheit zu erwerben ist immer billiger als Technik, und im Gegensatz zur Technik ist sie unverwüstlich – nicht das Buch als solches, vielleicht, wohl aber die Weisheit, zu der es einen Zugang eröffnet.

Das kann ich mir in Wirklichkeit nicht leisten, sagte ich, ich muß mein Hotel bezahlen und habe sowieso sicher schon zu wenig Geld. Ich bin überhaupt in einer äußerst unglücklichen Lage.

Wenn ich der Weisheit folgen und das für mich Nützliche suchen soll, dann ist es nützlich für mich, jedenfalls zwanzig Mark für ein so großes Buch hereinzubekommen, das zwar etwas zerschlissen, dafür aber äußerst selten und immer sorgfältig behandelt worden ist. Gleichzeitig aber ist es nützlich für Sie, denn wenn Sie nicht bereit sind, für die wahre Zufriedenheit des Gemüts zwanzig Mark zu opfern, dann bedeutet sie Ihnen auch nichts, gleichgültig, wie viele unbezahlte Hotelrechnungen Sie haben. In Wirklichkeit sollte ich vielleicht sogar vierzig Mark von Ihnen verlangen, denn das ist eine ernsthafte Sache.

Glücklicherweise machte ich keinen Rückzieher, sondern traf in diesem Augenblick in meinem Leben einen sehr entscheidenden Entschluß. Ich zog zwanzig Mark heraus und gab sie dem Droschkenkutscher, und er reichte mir dafür das unschätzbare Buch. Eigentlich erwarb ich das große Lehrbuch der Vernunft auf diese Weise also in einem Anfall jugendlichen Leichtsinns, und man kann vielleicht sagen, daß ich zu einem späteren Zeitpunkt meines Lebens, als ich meine Gefühle etwas mehr unter Kontrolle hatte, nicht so impulsiv würde gehandelt haben.

Draußen auf dem Bürgersteig verabschiedete ich mich von dem Droschkenkutscher, und während er auf den Bock zurückkroch, um von nun an ohne sein Nachschlagewerk vernünftig zu denken, schlug ich eben dieses Buch auf und begann darin zu lesen, denn ich konnte nicht bis zu meinem Hotel damit warten, die Bekanntschaft der Weisheit zu machen. In den Straßen der Stadt herrschte das gleiche Leben, das am vorigen Tag so großen Eindruck auf mich gemacht hatte, nun aber ließ ich mich nur mit dem Strom in die Richtung meines Hotels führen, völlig in das Buch vertieft. Ich spürte nur, daß der Menschenstrom immer dichter wurde, als wir uns dem Zentrum näherten, um mich herum stießen sich Schultern aneinander, und der Lärm dieser Menschenmassen stieg ohrenbetäubend an, ohne mich jedoch von meiner Lektüre ablenken zu können.

In der gleichen Weise muß man, wenn man die Furcht ablegen will, die Selbstbehauptung zum Gegenstand des Nachdenkens machen; man muß sich nämlich die üblichen Lebensgefahren vorrechnen und oft vorstellen und zudem auch, wie sie sich durch Geistesgegenwart und Seelenstärke am besten vermeiden und überwinden lassen.

Ich sah von dem Buch auf, um mir eine Lebensgefahr vorzustellen, und entdeckte zu meiner Verblüffung, daß ich mitten auf der Straße von einer gewaltigen Menschenmasse umschlossen dahinging, die sich unter lauten und teilweise taktfesten Rufen vorwärtsbewegte. Es waren sowohl Männer wie auch Frauen, die unablässig die rechte Hand mit geballter Faust emporhoben, und in allen Gesichtern waren die gleiche Erregung und ein Ausdruck dumpfen Trotzes und der Verzweiflung zu sehen. Ich sah ihnen sofort an, daß sie draußen aus den Vorortvierteln kamen – sie waren so wie die Leute angezogen, die ich letzte Nacht in der Kneipe gesehen hatte, sie hatten die fahle und irgendwie immer ein bißchen dreckige Haut armer Arbeiter, widerspenstiges oder ungepflegtes Haar und verwüstete Gesichtszüge. Ich begriff nicht, weshalb sich diese Menschen hier hereindrückten, wo man sie sonst nicht zu sehen bekam, bevor ich einige Bahren erblickte, die zwischen den erregten Köpfen und den geballten Fäusten gleichsam dahinschwebten – in Wirklichkeit wurden sie natürlich von einigen auf den Schultern getragen. Auf den Bahren lagen die zugedeckten Leichen der Opfer, welche die Feuer in der letzten Nacht gefordert hatten, was aus großen Schildern hervorging, die neben ihnen hergetragen wurden. Diese zugedeckten Leichen waren das einzig Unbewegliche in diesem Mahlstrom aus Bewegungen und strahlten eine triumphierende und unbeachtete Gleichgültigkeit aus. Weit vorn in dem ganzen Aufzug wehten ein paar rote Fahnen.

Ich kann durchaus sagen, daß ich Lust hatte, wie diese Menschen, von denen ich umgeben war, die rechte Faust im Protest zu erheben, denn wie sie empfand ich eine ohnmächtige Wut über die Verhältnisse, die diesen sinnlosen Tod hervorriefen; doch in der schubsenden, drängelnden Menschenmenge, die immer dichter wurde, lief ich leicht Gefahr, das kostbare Buch zu verlieren, weshalb ich es mit beiden Händen an mich preßte. Hier und da sah man hinter den Fensterscheiben, an denen wir vorbeikamen, erschrockene Gesichter, und wenn ich den heiseren, erregten Stimmen lauschte und die geballten Fäuste und die Augen voller Trauer und Wut betrachtete, dann begriff ich die Ursachen dieses Erschreckens, an denen ich teilhatte, so wahr ich mich mitten in dem Demonstrationszug befand und ungeachtet der Tatsache, daß ich unabsichtlich hineingeraten war. Übrigens konnte ich nicht wieder herauskommen, selbst wenn ich gewollt hätte, nein, ich mußte bitte schön mitgehen und ein Kopf unter vielen sein, auf deren unruhigem Strom die Leichen schaukelten und trieben, bis der Strom auf einen großen Platz hinausfloß, wo er sich in viele kleinere Ströme teilte und Wirbel bildete, während sich die Leichen verteilten, als flössen sie in alle Himmelsrichtungen, bis sie schießlich zur Ruhe kamen und still lagen.

In dem Moment, in dem die Menschenmenge so auf dem großen Platz zur Ruhe gekommen war, schien es, als würde sie von einer erdrückenden Angst ergriffen. Ich spürte es fast, daß sie irgendwie auf irgend etwas wartete, was sie wieder in Bewegung setzen konnte. Sie war voller Sehnsucht nach der Kraft, die zugegen gewesen war, als sie sich in den Kanal der Straßen hineingestaut hatte, was sicher auch der Grund dafür war, daß sie mit einem donnernden Brüllen eine Gestalt begrüßte, die sich auf irgend etwas stellte – was es war, konnte ich von meinem Platz aus nicht sehen – und über ihre

Köpfe hinweg zu sprechen und zu schreien begann. Obgleich der Mann anscheinend aus voller Lunge brüllte, konnte seine Stimme bei weitem nicht den ganzen Platz erreichen, ich fing nur ab und zu ein Wort auf: Elend – Schulter an Schulter – zerschmettern; aber alle verstanden, was er meinte, und jedesmal, wenn er einen der Sätze beendete, den er gleichzeitig mit seiner geballten Faust in der Luft festhämmerte, erhob sich erneut ein tosendes Gebrüll aus der Menge, die ihm zugewandt war, während gleichzeitig die Fäuste in der Luft fuchtelten; und das war fast ebensogut wie die unwiderstehliche Bewegung eines dahinströmenden Flusses.

Noch während er schrie und die Menge ihre Antwort brüllte, begann sich aus irgendeinem Grund eine Unruhe breitzumachen, deren Ursachen ich zunächst nicht verstand. Plötzlich aber erklang ein lauter Ruf: Polizei! – Polizei! Und ich selbst und alle die anderen, die um mich herumstanden, wir drehten uns in die Richtung, aus der der Ruf gekommen war. Nun kam er jedoch auf eine verwirrende Weise von vielen Seiten gleichzeitig, und ich verstand nicht, was das sollte. Wie konnte man sich so aufregen, nur wegen ein paar Polizisten, die ja nur nach eventuellen Rüpeln und Rabauken Ausschau halten wollten – übrigens konnte ich mir gut vorstellen, daß in dieser gemischten Versammlung ein paar solche zu finden waren –, und weshalb wollte man deshalb absolut da hin, um zu sehen, was dort vor sich ging? Denn nun begannen die Leute bald in die eine, bald in die andere Richtung zu schubsen, als könnten sie sich nicht entscheiden, und ich hatte erneut Angst, mein kostbares Buch zu verlieren, während der Redner gleichzeitig rief: Schulter an Schulter – Genossen – steht fest; letzteres aber war nun völlig unmöglich. Auch die Bahren mit den Leichen waren wieder in Bewegung geraten. Ein paar trudelten langsam herum, als seien sie von unterseeischen Wirbelströmen ergriffen, andere glitten ruckweise vor und zurück oder rutschten plötzlich seitlich, wobei sie unbeherrscht schaukelten und so die erhabene Unbeweglichkeit der Leichen gefährdeten.

Im nächsten Augenblick waren alle wild auf der Flucht. Da wir aber alle dicht gestaucht waren, flüchteten wir unablässig ineinander, drängelten uns gegeneinander und wechselten die Richtung, um nur irgendwohin fliehen zu können. Wir flohen, kurz gesagt, untereinander umher, alle waren von der größten Erregung ergriffen und schrien und brüllten, und es geschah auch, daß der eine oder andere umgeworfen wurde und Mühe hatte, wieder auf die Beine zu kommen. Von allem, was ich bisher in Hamburg mitgemacht hatte, war

dies das Schlimmste, und auch das, was sich am stärksten von den Erlebnissen unterschied, die man in der Stadt, die ich ein paar Tage zuvor verlassen hatte, haben konnte; denn selbst am Verfassungstag, wo viele Menschen versammelt waren, war es undenkbar, daß so etwas vor sich gehen konnte. Die Methode, die die Polizei benutzte, um Ruhe in die kochende Menge zu bringen, war ebenfalls äußerst ungewöhnlich, und es war nicht weiter sonderbar, daß sie nicht zu dem gewünschten Ergebnis führte. Nun sah ich nämlich die Polizei zu Pferd in Zweierkolonnen von verschiedenen Seiten auf einmal angeritten kommen, so, als bohrten sie Keile in die Menge. Doch die Polizisten begnügten sich nicht damit, friedlich daherzureiten, nein – um die erhitzten Gemüter zur Ruhe zu bringen, droschen sie mit großen, weitreichenden Knüppeln auf alle ein, an die sie herankamen, so daß Männer und Frauen um sie herum umsanken. Glücklicherweise konnten sich die meisten wieder erheben, aber diese Behandlung hatte sie nun keineswegs friedlicher gestimmt, ganz im Gegenteil, sie flüchteten mit noch wilderen Schreien, und es war ihnen deutlich anzusehen, daß sie das Auge des Gesetzes verfluchten. Sie aber ritten einfach im Schritt weiter, konzentrierten sich darauf, die nervösen, unruhigen Pferde zurückzuhalten, und ihren bleichen, zerquälten Gesichtern unter den blanken Helmen sah ich an, daß sie Angst hatten, weshalb sie vielleicht auch in einer Art Notwehr und einem Zustand des erregten, entsetzten Genusses um sich schlugen, um sich die Leute ganz sicher vom Leib zu halten. Dann kam plötzlich jemand auf die Idee, Steine nach ihnen zu werfen, die man aus dem Pflaster herausgebrochen hatte. Die meisten Pflastersteine flogen in die Menge, wo sie ab und zu Leute am Kopf trafen, so daß diese umfielen, liegenblieben und deshalb selbstverständlich von den Flüchtenden noch übler zugerichtet wurden, ab und zu aber geschah es doch, daß ein Polizist an der Brust oder in den Rücken getroffen wurde; und einer, der einen Pflasterstein mitten an den Kopf bekam, fiel blutend vom Pferd, was die Menge, die sich noch immer, ohne richtig irgendwohin flüchten zu können, wild auf der Flucht befand, aus schadenfrohem Jubel in lautes Gebrüll und Gegröle ausbrechen ließ.
Ich selbst hatte ebenfalls die Flucht ergriffen, denn wer will schon gern von Knüppeln, Pferdehufen oder Pflastersteinen getroffen werden, was mir denn auch glücklich erspart blieb. Gegen die Seiten des Platzes hin herrschte ein fürchterliches Gedränge, denn dorthin flohen alle, vermutlich in der Hoffnung, durch die Straßen entkommen zu können. Aber auch dort erwartete sie Polizei, die auf sie

einschlug, zwar nicht zu Pferd, aber doch in Reih und Glied, wo sie Schulter an Schulter stand und all die Unerschütterlichkeit besaß, die die verwirrte Menge so gern gehabt hätte. Deshalb floh ich lieber in Richtung Zentrum, woher in Abständen noch immer die Stimme des Redners zu hören war – die meiste Zeit allerdings ertrank sie in den erregten Rufen und Schreien. Mit den Leichenbahren war es völlig schiefgegangen. Zuletzt hatten sie nicht mehr auf dem aufgewühlten Meer der Menge treiben können, sondern waren untergegangen. Die Träger waren von den Bahren fortgerissen worden oder hatten die Flucht ergriffen, und von den gekenterten und gesunkenen Bahren waren die Leichen auf das Pflaster gerollt, wo die Leute über sie stolperten und wo sie ebenso unbeweglich wie zuvor dalagen, doch nun weitaus weniger majestätisch, teilweise entblößt unter den zerknüllten, schmutzigen Laken, die mehr oder weniger weggerissen waren, so daß man die verbrannten Glieder, zerschmetterten Köpfe und verkohlten Körper sehen konnte.
Die Reihen der Fliehenden um mich herum lichteten sich, und nun konnte ich den Redner auf einem großen Ziehkarren stehen sehen. Noch gab es in seiner Nähe ein paar rote Fahnen, die einige große, standhafte Kerle hoch emporhoben, während andere rund umher verstreut lagen, wo ihre Träger sie verloren hatten oder sie hatten fallen lassen. Da mir der Ziehkarren als die sicherste Stelle von allen erschien, eilte ich zu ihm und setzte mich darauf, glücklich darüber, daß ich noch immer das kostbare Buch an mich gedrückt hielt. Der Redner redete nicht mehr – verständlicherweise, denn da war niemand mehr, zu dem er hätte reden können, abgesehen von den wenigen getreuen Fahnenträgern und mir sowie den Polizisten, die sich nun zu Pferd und zu Fuß über den öden Platz näherten. Erst als sie so nah heran waren, daß ich ihren Gesichtsausdruck sehen konnte, ging mir auf, daß sie keine friedlichen Absichten hegten, und das kam, ehrlich gesagt, völlig überraschend für mich, denn so, wie wir dastanden, störten wir ja niemanden. Vielleicht waren es die mahnenden Worte des Buches über die Geistesgegenwart in der Stunde der Gefahr, die ich gerade gelesen hatte, bevor die Ereignisse anrollten, vielleicht auch nur ein instinktives Sich-an-irgend-etwas-Klammern, das einen ergreift, wenn das Unglück über einen hereinbricht, was mich dazu brachte, das Buch festzuhalten und es während der darauffolgenden heftigen Ereignisse nicht einen Augenblick loszulassen. Es war, als wälzte sich die Welt in Gestalt großer, schwarzer Polizeicapes über mich herein, die mit Fleisch und Muskeln gestopft und mit blanken Knöpfen besetzt waren, und darüber

blitzende, unbarmherzige Helme – wälzte sich über mich herein, riß mich von dem Ziehkarren herunter, traktierte mich mit Schlägen, warf mich um und trat nach mir. Ja, die Behandlung, die der Diebsknecht mir während der Nacht da unten im Kellerschacht verpaßt hatte, war nichts gegen die grausame Gründlichkeit, die diese Polizeigendarmen an den Tag legten, die mich noch nicht einmal in Ohnmacht fallenließen, sondern mich zuletzt wieder in die Senkrechte rissen und mit mir davonzumarschieren begannen.
Ich war völlig verwirrt, mein Kopf benommen und zerschlagen, und ich begriff kaum, was da vor sich ging; es war, als ob diese Polizeikörper, die sich um mich zusammenpreßten, und diese Fäuste, die auf meinen Schultern lagen, mich davontrügen und führten, ohne daß ich selbst irgend etwas dagegen tun konnte. Ich entdeckte, daß die Leute auf dem Bürgersteig stehenblieben und mir mit schrekkensstarren Blicken folgten, als sei ich ein gefährlicher Verbrecher. Doch weshalb befand ich mich nicht unter den Spaziergängern auf dem Bürgersteig, wo ich hingehörte? Die Polizisten um mich warfen ihre bestiefelten Beine mitten auf der Straße in taktfestem Schritt nach vorn und ließen alles vor uns zur Seite weichen, und ich war gezwungen, meine zitternden Beine ebenso hochzuschmeißen und die ganze Zeit über im Takt mitzulaufen – es gab keinen Ausweg. Wir landeten auf dem Polizeirevier: erst Büros, dann Korridore, dann das Kittchen. Und dort knallte die Tür hinter uns zu, da standen wir dann und sahen uns an – den mißbilligenden oder verwunderten Blicken meiner Mitgefangenen sah ich an, daß sie nicht verstanden, weshalb ich mich hier zusammen mit ihnen befand. Ich selbst verstand es auch nicht.
Wir bekamen nichts zu essen – nicht vor dem nächsten Morgen, als man uns etwas Suppe brachte. Obgleich mir der Körper überall weh tat, gelang es mir doch, mit Hilfe des Buches die Zeit totzuschlagen. Mit meinen Mitgefangenen konnte ich nämlich nicht reden. Ich erklärte ihnen zwar, wer ich sei, und sie hörten mir auch zu, als ich aber zu Ende gesprochen hatte, schüttelten sie nur den Kopf, starrten mich noch genauso verständnislos an, sagten Dinge zu mir in einer Sprache, die zwar an Deutsch erinnerte, die ich aber unmöglich verstehen konnte, und gaben dann auf. Ihr Elend war auch so groß, daß sie völlig außerstande gewesen wären zu verstehen, wenn ich versucht hätte, ihnen zu erklären, was ein freier Mensch ist, soweit ich das nun selber begriffen hatte. Es gab vielleicht nur eine Gruppe, die in dieser Hinsicht noch schlimmer dran war, nämlich die Polizeigendarmen, und die waren in jeder Hinsicht jämmerli-

cher als meine armen Leidensgenossen. Die anderen Gefangenen kämpften nämlich genauso wie ich für ein menschliches Gut; ich dafür, unter der Führung der Vernunft aus Tugend unbedingt zu handeln – so viel hatte ich von dem Buch bereits verstanden –; sie für Häuser, in denen sie nicht Gefahr liefen, zusammen mit ihren Familien vom Feuer eingeschlossen zu werden. Die Polizeigendarmen dagegen hatten nichts weiter im Kopf, als die Leute niederzuknüppeln, und das konnte man doch unter keinen Umständen ein menschliches Gut nennen.

Ich für meinen Teil hatte vorläufig begriffen, daß es riskant war, das kostbare Buch auf offener Straße zu lesen. Dafür war in gewisser Weise kein Ort besser geeignet, sich in das Buch zu vertiefen, als gerade das Gefängnis, in dem ich durch das Spiel der Umstände gelandet war. Hier fürchtete ich weder bestohlen noch gestört zu werden, und obwohl mich der Anblick des kleinen, vergitterten Fensters unweigerlich traurig stimmte – denn noch war ich ja nicht so weit gekommen, daß ich die Gefühle mit Hilfe der Vernunft beherrschte –, so war ich dennoch durchaus zufrieden, wenn ich daran dachte, daß weder die Größe des Fensters noch das Gitter oder sonst irgend etwas mich daran hinderte, die Wahrheiten zu studieren, die allesamt von mir handelten. Auf diese Weise wendete sich mein Unglück zum Glück, denn ich hatte Ruhe, mich in die Gedanken des Buches zu vertiefen, und dort im Kittchen begann für mich die Freiheit.

Die Weisheit besteht in gewisser Weise nur aus einer einzigen Sache und ist ganz geradezu; trotzdem ist sie schwer auszudrücken. Wenn das überhaupt irgendwo getan worden ist, dann in dem Buch, das ich in die Hand bekommen hatte. Ich verstand sofort so viel, daß ich mich nicht zu bewegen brauchte, um in ihren Besitz zu gelangen, nein, ich konnte auf meinem Hintern sitzen bleiben und würde dennoch nie auf ihren Grund gelangen – genauso, wie der Droschkenkutscher dreißig Jahre lang durch dieselben Straßen gefahren war, ohne die Endstation der Weisheit zu erreichen.

Deshalb blieb ich also sitzen, und ich blieb im Kittchen sitzen, als meine Mitgefangenen herauswanderten. Sie waren noch genauso verbittert wie zu dem Zeitpunkt, als sie hereingekommen waren, und jetzt würden sie richtig loslegen und die Dinge ändern, sagten sie; ich aber dachte, das einzige, absolut einzige in dieser Welt, was ein Mensch mit Sicherheit ändern kann, ist sich selbst. Alles andere kann so sehr äußeren Mächten und dem Spiel des Zufalls unterworfen sein, daß kein Mensch es ändern kann – jedenfalls nicht nach seinem eigenen Kopf. Deshalb blieb ich sitzen und fuhr fort, mich selbst zu ändern. Das ist zwar auch eine unendliche Aufgabe, aber doch nicht ganz so hoffnungslos. Während ich mich änderte, studierte ich jedoch gleichzeitig die menschlichen Gefühle, die schrittweise ihre Macht verlieren, die Macht, mit der sie die meisten Menschen beherrschen – wenn sie ihrer geheimnisvollen Erhabenheit entkleidet und in all ihrer Nacktheit mit dem klaren Blick des Verstandes betrachtet werden.

Eines Tages kehrten meine früheren Mitgefangenen natürlich zurück und waren erneut meine Mitgefangenen, ausgenommen einer, von dem ich sie sprechen hörte. Ihren Gesprächen konnte ich entnehmen, daß sie bereits viel erreicht hatten, und ich freute mich auch gehörig, als ich sie von den neuen Häusern sprechen hörte, die nun gebaut worden waren und in denen die Brandgefahr weitgehend vermindert worden war. Trotzdem waren sie noch genauso verbittert wie während ihres ersten Aufenthalts im Kittchen, und ich sah keinerlei Anzeichen dafür, daß sie glücklich oder zufrieden waren, weder mit sich noch mit der Welt. Von dem einen, der nicht mit ihnen war, sprachen sie sehr abschätzig. Ihm war es zwar gut ergangen, er hatte eine feste Stelle als Hauswart bekommen, und was daran so schlimm sein sollte, das konnte ich nicht verstehen. Na, sie kamen jedenfalls aus dem Kittchen wieder heraus, und dann kam der Krieg, von dem ich eine ganze Menge hörte und dem sich alle mit so großer Begeisterung entgegengestürzt hatten. Selbst nach dem Krieg kehrten dieselben ab und zu ins Kittchen zurück, und nun hatten mehrere von ihnen sowohl Arme wie auch Beine verloren, waren aber noch immer unermüdlich damit beschäftigt, bald das eine, bald das andere zu ändern. All die Zeit hindurch blieben sie sich jedoch gleich, wogegen ich von mir zu behaupten wage, daß ich langsam, Schritt um Schritt, der Vernunft größeren Spielraum ließ, und das ist wohl das Höchste, was ein Mensch erreichen kann, weil es immer größere Zufriedenheit verleiht und dennoch nie Anlaß zur Selbstzufriedenheit gibt.

Im Laufe der Zeit hatten wir einander trotz allem verstehen gelernt, meine Mitgefangenen und ich, und es herrschte immer Wiedersehensfreude, wenn sie auftauchten. Dann mußten sie von all dem erzählen, was sie seit dem letztenmal ausgerichtet hatten, und das war wahrlich nicht wenig. Sie hatten Vereine gegründet, Kampfschriften herausgegeben, Demonstrationen veranstaltet, Reden – viele Reden – gehalten und in jeder Beziehung für ihre Sache gearbeitet, die gerechte Sache der Armen und Elenden.

Ich lauschte ihnen und freute mich aufrichtig über all das, was sie ausrichteten, wenn ich aber dann zu ihnen sagte, nun will ich euch dafür etwas von der Freiheit und der Weisheit erzählen, glaubt ihr vielleicht, das interessierte sie? Nein, sie stellten sich taub, oder aber sie sagten, es gäbe nur eine Freiheit, und das wäre die Freiheit, die darin bestünde, nicht ausgebeutet und ausgeplündert zu werden; und es gäbe nur eine Weisheit, und das wäre die, die uns erzählt, wie die Gesellschaft geändert und so eingerichtet werden könnte, daß ein Mensch nicht der Sklave des anderen zu sein bräuchte.

Ihr habt also nicht verstanden, daß ein Mensch auch Sklave seiner selbst sein kann, fragte ich, und ihr wißt nicht, daß diese Knechtschaft am schwersten zu überwinden, dies aber gleichzeitig auch das Nützlichste ist?

Doch davon wollten sie überhaupt nichts hören und forderten mich statt dessen dazu auf, mich ihrer Bewegung anzuschließen, was allmählich leichter gesagt als getan war. Denn während sie sich leicht darauf einigen konnten, daß die Freiheit darin bestünde, nicht ausgebeutet zu werden, zeigte es sich im Laufe der Zeit, daß sie im Hinblick auf die Weisheit darüber, wie die Gesellschaft verändert und eingerichtet werden sollte, bei weitem nicht einig waren, und darüber gerieten sie oft in Streit – ja, einige von ihnen endeten schließlich als tödliche Feinde.

Da sagte ich zu ihnen: Aber wenn ihr euer großes Ziel nicht erreicht und das Ganze nicht verändert und viel besser eingerichtet wird, wie wollt ihr dann mit Zufriedenheit und Frieden in der Seele sterben?

Sie riefen: Es ist ein Verbrechen, mit Zufriedenheit und Frieden in der Seele zu sterben, solange jemand hungert und solange wir der kleinen Minderheit, die die Produktionsmittel besitzt, diese Produktionsmittel nicht entrissen und sie den Massen gegeben haben.

Aber wenn ihr sterbt, dann werden die Hungrigen und die Produktionsmittel ja ausgelöscht, sagte ich, und dann ist da nur noch der Tod. Und wenn ihr sterbt, werdet ihr ausgelöscht, und die Hungrigen und die Produktionsmittel müssen trotzdem selbständig und ohne euch weiterleben, denn dann seid ihr überflüssig und ungültig.

Wir werden weiterkämpfen, solange wir leben, antworteten sie, um den Tod wollen wir uns überhaupt nicht kümmern, denn das kann uns nur schwächen.

Ich sagte: Wenn ihr jemals das Glück haben solltet, in einem unbewachten Augenblick den Kampf zu vergessen, dann wird euch der Tod, aber auch das Leben einfallen. Möglicherweise wird der Tod selbst dieser unbewachte Augenblick sein, und dann werdet ihr ihn fürchten, weil der Gedanke an die Auslöschung mehr ist, als ihr ertragen könnt, und ihr werdet euch vergeblich nach dem Leben sehnen, das ihr nun plötzlich überhaupt nicht zu leben geglaubt habt.

Die Menschen wissen nämlich nicht, daß sie sterben müssen, obgleich sie denselben Satz immer aufs neue wiederholen: Wir müssen alle sterben. Doch wie das Leben, so habe ich auch den Tod mit Hilfe der Vernunft und von den Gemütsbewegungen befreit betrachtet, die uns bald in die eine, bald in die andere Richtung treiben und uns mit Verwirrung und Furcht erfüllen; deshalb bin ich jeden Augenblick darauf vorbereitet, ihm mit Gemütsruhe zu begegnen.

Nun dürft ihr nicht glauben, daß ich – weil ich so zu meinen Mitgefangenen sprach – geradezu Teil an der Glückseligkeit erhalten hätte, aber ich war auch damit zufrieden, ein schlichtes und gewöhnliches Leben zu leben, ohne eine wehrlose Beute der Stürme zu sein, die Menschen ergreifen, sie wahnsinnig machen und zerschmettern; oder eine Beute der Leere, die ihr Inneres verwüstet, sie verzehrt und sie mit Ekel erfüllt; oder, kurz gesagt, der fehlenden Vernunft, die sie zu einer leichten Beute der Furcht wie aller möglichen einfältigen Wünsche und Eingebungen macht und das allergewöhnlichste ist. Es herrscht nämlich überall Chaos, die Augen dafür waren mir am ersten Tag, als ich in Hamburg stand und die ziellosen Bewegungen der unüberschaubaren Menschenmengen sah, aufgegangen, und nichts ist leichter, als in diesem Chaos zugrunde zu gehen oder sein Leben unwiederbringlich zu vergeuden.

Für diese Auffassung mußte ich unweigerlich viele traurige Beispiele erleben, denn in diesen Jahren wanderten natürlich viele durch das Kittchen, kleine Verbrecher, Betrüger und Börsenspekulanten und dann solche Leute, die verhaftet werden, weil sie so träge sind, daß sie anderen Menschen im Weg stehen.

In Wirklichkeit saß ich nicht mehr im Kittchen, sondern in meinem Laden und in meiner Werkstatt, doch sehen Sie, die Optik ist dieselbe, und Spinoza ernährte sich als Glasschleifer; auch meine Tätigkeit ist nützlich gewesen – es hat mich immer gefreut, wenn ich mit diesen wundersamen Gläsern Menschen dazu bringen konnte, schärfer zu sehen. Kittchen – Laden, das ist nicht das Entscheidende, es kommt darauf an, wie man es betrachtet, die Werkstatt des Geistes trägt man ja überall, wo man geht und steht, mit sich herum.

Nur ist man ein nützlicheres Mitglied der menschlichen Gesellschaft, wenn man nützlich darin wirken kann, auch das schätzt die Vernunft, und ich strebe bereits seit vielen Jahren danach, als Bürger, Ehemann und Vater nützlich zu wirken, während ich mich gleichzeitig unermüdlich mit der unendlichen und unendlich interessanten Aufgabe beschäftige, mich selbst zu ändern. Kittchen – Laden, ja – meine kämpfenden Mitgefangenen bauten feuersichere Häuser, und dann setzten sie all die Elenden des Kittchens in die Wohnungen, die dort übereinandergestapelt waren; doch statt sich darüber zu freuen, daß sie einer Feuersgefahr entkommen waren, die nun nicht mehr bestand, begannen sich die Elenden bald noch elender zu fühlen, weil sie zum lebenslänglichen Aufenthalt in diesen komfortablen Kittchen verurteilt waren.
Daß mein eigenes Kittchen oder mein eigener Laden ganz komfortabel ist, davon habe ich mich nicht ablenken lassen. Die wahre Tugend, die uns die Vernunft lehrt, widersetzt sich nicht der Bequemlichkeit, denn das wäre ein Ausdruck des Fanatismus, der ihr fernliegt. Glücklicherweise ist es hier in Dänemark – für mich wie für die meisten anderen – möglich gewesen, es in jeder Beziehung so bequem zu haben, daß es ein leichtes ist, die uns allen obliegenden bürgerlichen Verpflichtungen zu erfüllen. Gleichzeitig habe ich unermüdlich mein eigenes Elend bekämpft und mir zumindest irgendein Stümpfchen der Tugend angeeignet, deren voller Besitz die Glückseligkeit bedeutet. Ganz ruhig! Von dem Stadium bin ich noch weit entfernt, ich habe bestimmt mehr als genug damit zu tun, mich um das zu kümmern, was ich tun sollte – unter anderem habe ich noch eine alte Schuld, die ich unbedingt endlich bezahlen muß.
Kittchen – Laden, Laden – Kittchen, das war für mich nicht entscheidend seit dem Tag vor vielen Jahren, an dem ich mich mit einem Körper und einem Kopf, die noch von all den Schlägen und Tritten schmerzten, die ich abbekommen hatte, auf den Hintern setzte und das Buch aufschlug und zum erstenmal den vierundvierzigsten Lehrsatz des Zweiten Teils las:
Es liegt in der Natur der Vernunft, die Dinge nicht als zufällig, sondern als notwendig zu betrachten.

Der Zug näherte sich nun Hammerum, und im Abteil entspann sich eine kurze Diskussion. Bevor er sie verlassen hatte, hatte Böje Thompson etwas über die Agentur des Todes und eine Verabredung auf dem Bahnhof von Hammerum gesagt, Friederich-Friederikes Bericht aber hatte ihn so nachdenklich gestimmt – und sie war so darauf versessen gewesen, ihn fortzubekommen –, daß er ihnen keine ordentliche und zusammenhängende Erklärung gegeben hatte. Frau Lönn mahnte zur Vorsicht, doch Elias Lönn verwies sehr logisch darauf, daß sich der Oberst ja nicht mehr im Zug befinde. Der Scholier sprach vor allem dafür, daß sich Frau Lönn keinem unnötigen Risiko aussetzen solle.

Elias Lönn war immer zu verschämt gewesen, um zu erzählen, daß er seit seiner Jugend und noch bevor er das erste Mal von Silkeborg fortgereist war, um sich in die Schweiz zu begeben, die er nie erreicht hatte, beschlossen hatte, als Held zu leben. Bisher hatte sein Heldenleben teils aus solchen Taten bestanden, die an jedem Tag des Jahres, Jahr um Jahr, verlangt werden, wenn man als ganz gewöhnlicher Mensch leben will, teils aus der gleichzeitigen, geduldigen Zuschleifung der inneren Optik, die ihn dazu befähigte, die Welt und sein Leben mit einem leidenschaftslosen und abgeklärten Blick zu betrachten. Heute hatte er freilich zum zweitenmal in seinem Leben die Schwelle zum Unbekannten überschritten, doch der Gedanke daran erschreckte ihn nicht: Auch das mußte er kennenlernen.

Als aber der Zug in die Station von Hammerum einrollte, reichte er Frau Lönn den Korb mit Spinoza, den er auf den Knien stehen hatte, und sagte: Nun paß mal einen Augenblick auf, dann steige ich zuerst aus.

Auf der Station von Hammerum sah Elias Lönn klarer, deutlicher und intensiver als je zuvor, daß die Welt Frieden ist, daß hinter dem Wechselhaften, Unüberschaubaren und Verwirrenden, das die Sinne bestürmt, ein Zustand von Frieden zu finden ist, der sich wie die Botschaft aus einem fernen Himmelreich, kristallklar und leuchtend mit all den bekannten, alltäglichen und banalen Dingen vermählt, die die sichtbare Welt bilden. Er war auf den Bahnsteig hinabgestiegen und sah sich einen Augenblick suchend um. Aus der Lokomotive strömte ein bißchen Dampf, und aus dem Schornstein stieg eine dünne Rauchsäule empor und verwehte bei ihrer Begegnung mit einer fast unmerklichen Brise. Die blanken Kolben blitzten in der Sonne, die ihn in die Augen stach, wenn er nach Westen schaute. Unter dem blauen Himmel hatte das Stationsgebäude etwas Verklärtes, gleichsam zum Bersten Bereites und doch Selbstverständliches an sich, aber auch der menschenleere Bahnsteig, wo ein paar Spatzen umherhopsten, die Schilder, das Becken mit Trinkwasser, das man in einem dünnen Strahl rinnen lassen konnte, ein leerer Handwagen und all die anderen an sich innerlich gleichgülti-

gen Dinge. In den frisch ausgeschlagenen Birken, die weiter weg zu sehen waren, brachen sich die Sonnenstrahlen im Glanz der hellgrünen Blätter und brachten ein sonderbar leichtes und verzaubertes Mosaik hervor.
In dem Augenblick, als Elias Lönn sah und spürte, daß dieser Zustand Wahrheit war, durchdrang ihn ein Gefühl des Wohlbehagens, als ob sich die Welt endlich von selbst, ohne daß er irgend etwas hätte tun können, einrenkte. Nur eines störte ihn: Er wunderte sich flüchtig über die Abwesenheit des Stationsvorstehers, denn er wußte, daß an jeder ordentlichen Station der ankommende Zug vom Stationsvorsteher in seiner schwarzen Uniform und der goldbetreßten Mütze auf dem Kopf begrüßt wurde.
Ludwig Flügel trat am Ende des Bahnsteigs hervor, wo er hinter dem niedrigen roten Gebäude mit den Toiletten gestanden hatte. Er trug eine längliche Tasche in der Hand, die er auf die Erde stellte und schnell öffnete. Als Flügel hervortrat, sah er sofort die einsame Gestalt in dem grünen Uniformcape, das er von der Beschreibung her kannte, und mit völlig beherrschten Nerven nahm er die Maschinenpistole aus der Tasche, zielte und schoß. In dem Moment aber, als sich der Zeigefinger der rechten Hand um den Auslöser krümmte und die Salve auslöste, drehte sich der Uniformierte um und enthüllte zu Ludwigs Verblüffung eine Person in Zivil, die keiner Beschreibung entsprach. Die linke Hand des jungen Flügel zitterte und ließ den Lauf erbeben. Das keckernde Geräusch der Maschinenpistole ließ die friedlichen Spatzen auf dem Bahnsteig erschreckt fliehen. Die wie verwirrte Wespen schwirrenden Kugeln zersplitterten ein Fenster des Zugs, schlugen krachend gegen die Zugseiten, prallten als Querschläger zum Stationsgebäude hinüber und zerrissen die Stille mit einem pfeifenden Geräusch, das sich in den Gehörgang einbohrte und einen Zustand der Panik und des Erstaunens zurückließ. Elias Lönn war auch getroffen worden. Eine Kugel hatte seinen Arm gestreift, sie war durch das Cape und das Hemd hindurchgegangen und hatte ihm am linken Oberarm eine oberflächliche Fleischwunde zugefügt. Die andere Kugel aber – oder, genauer gesagt, die erste – hatte ihn ein paar Zentimeter unter der untersten Rippe rechts in den Bauch getroffen. Er hatte den Schlag und danach einen brennenden Schmerz verspürt, der ihn die Hand auf die verletzte Stelle drücken ließ, was dazu führte, daß das Blut schnell durch das Unterhemd und das Hemd hindurchdrang und klebrig an der Handfläche zu spüren war. In dem Augenblick, in dem er getroffen worden war und während er das Geräusch der pfeifenden Ku-

geln in den Ohren hatte, die ihre Bahnen fortsetzten, als versuchten sie aus dem Reich des Friedens und der Stille, in dem sie sich befanden, zu fliehen, hatte er einen erschreckten Ruf ausgestoßen. Alles war so schnell gegangen: Als er sich umdrehte, hatte er plötzlich die Sonne im Rücken, ihre niedrigen Strahlen fielen gerade und scharf auf den jungen Mann, dessen mörderische Waffe hin und her schwankte. Mit einer Hellsichtigkeit, die durch den Schmerz und das Erschrecken gefördert wurde, betrachtete Elias Lönn die schlanke Gestalt und vor allem das Gesicht, in dessen scharfen, reinen Zügen und brennenden Augen er trotz des Abstands eine intellektuelle Trauer und einen phantastischen Traum las, der in ihm eine ferne Erinnerung zum Leben erweckte. Er wollte erneut rufen, doch nachdem das Geräusch der pfeifenden Kugeln erstorben war, konnte er es nicht über sich bringen, den Frieden, der sich wieder eingestellt hatte, erneut zu brechen, und zog es vor, ihn mit seiner unvergeßlichen Botschaft für sich sprechen zu lassen. Ludwig Flügel warf die Maschinenpistole von sich, desorientiert und wütend darüber, daß er sich im entscheidenden Augenblick hatte verwirren lassen. Was sollte das? Was war das für ein Rollentausch, der ihn daran hinderte, seine Mission zu erfüllen? Aber nicht genug damit, daß er seine Mission nicht erfüllen konnte: Er war in erster Linie enttäuscht darüber, die Tat nicht ausgeführt zu haben, auf die er sich so lange Zeit hindurch eingestellt hatte und deren Verwirklichung die Schwelle darstellte, hinter der sein Leben in die glühende Apokalypse seiner Vollstreckung eingetreten wäre. Der Mord war zur Logik seines Lebens geworden, und der drohende Zusammenbruch der Logik ließ ihn am ganzen Körper erzittern.

Er hatte die Sonne in den Augen. Hatte er sich vielleicht deshalb geirrt und sich verwirren lassen? Er kniff die Augen zusammen und suchte mit den Blicken erneut das vermutete Opfer, das noch immer auf derselben Stelle des Bahnsteigs stand. Durch die bebenden Schlitze der Augen sah er die stechende Sonne die Gestalt mit einem weißen und gleißenden Umriß umsäumen, der ihn mit einem ohnmächtigen Haß erfüllte. Am Körper entlang ahnte er den deutlichen Umriß von etwas, was nur ein Paar jämmerliche, schlaff herabhängende Flügel sein konnten, und er wurde an den Onkel, den Professor, erinnert, dessen häßliche Niederlage ihn noch immer mit Abscheu erfüllte.

Vor allem will ich das ein für allemal auslöschen, schrie Ludwig Flügel sich zu, und der Schrei war so heftig, daß er alle anderen, noch möglichen Stimmen übertönte. Ohne sich zu übereilen, denn der allesdurchdringende Haß hatte ihn endlich ruhig gemacht, als fänden seine Nerven in einem fast genießerischen Zustand des Vollzugs Ruhe, beugte er sich über die Tasche, die noch offen vor seinen Füßen stand. Vorsichtig nahm er eine Handgranate heraus, entsicherte sie und schätzte ruhig und leidenschaftslos den Abstand zu seinem Opfer ab. Dann warf er sie und sprang schnell hinter den Giebel des Gebäudes, vor dem er stand, in Deckung.

Alles war wie zuvor, abgesehen davon, daß die Spatzen von dem Bahnsteig geflüchtet waren, und abgesehen von dem Schmerz, der Elias Lönn erzählte, daß die verblüffende und traumhafte Begebenheit Wirklichkeit gewesen war. Der Frieden war zurückgekehrt, endgültig, einleuchtend und doch unerklärlich unter dem blauen Himmel. Es ärgerte Elias Lönn nur, daß der Stationsvorsteher mit der goldbetreßten Mütze sich noch immer nicht zeigte. Er konnte ja nicht wissen, daß der überraschte Beamte fünf Minuten zuvor in seinem Büro eingesperrt worden war. Dafür sah er zu seiner Zufriedenheit den jungen Mann, der überhaupt nicht hierhergehörte, hinter den friedlich dastehenden Toiletten verschwinden; und mit einem ungläubigen Lächeln, wie bei einem Narren, der seinem Glück entgegengeht, folgte er mit den Blicken gekränkt dem geheimnisvollen, schnurrenden Ding, das, nachdem es einige Meter von ihm entfernt gelandet war, schnell näher rollte, als verlange es mit seiner zielgerichteten Bewegung volle Anerkennung und Gleichberechtigung unter den ach so alltäglichen, um nicht zu sagen banalen Phänomenen in dieser Welt aus Frieden, die Elias Lönn nun nie mehr vergessen würde.

6

Der Traum von Freya und der Bericht über eine Hochzeit. Was Freya und Martin in Afrika sahen. Die Geschichte der Waldnymphe. Spinozas Tod und Apotheose

Noch entsinne ich mich an den abstoßenden Gestank aus der Schlachterei über der windzerzausten und unappetitlichen Gegend, wo das Völkchen sein Wesen trieb. An so etwas war ich nicht gewöhnt: Ich war in dem Glauben erzogen, es sei die Natur der Welt, rein, nett und ordentlich zu sein. So war die Welt auch, damals, in Silkeborg; und hätte ich nicht das Völkchen kennengelernt, so hätte ich meine Rekonstruktion vielleicht nie durchführen können: eine Frage der Optik, eine Frage der verborgenen Unterseite der Dinge, eine Frage der Nacht im Gegensatz zum Tag, eine Frage von Hunden. Selbst des Nachts hing der Gestank in der Luft – des Nachts, wenn die Fragen gestellt wurden, die Fragen, die uns wach hielten und unsere Schlaflosigkeit mit ihrer Entzündung erfüllten, während die Stadt schlief; nett und ordentlich, selbst des Nachts.

Eines Tages war ein Arbeiter aus der Schlachterei direkt zu ihnen hingekommen. Er hatte sich niedergelassen und eine Flasche Branntwein geleert, und in seinem Rausch hatte er erzählt, wie er während der Arbeit in der Schlachthalle ein unheimliches Erlebnis gehabt habe. Plötzlich hatte er gesehen, wie die Schweine in blutbefleckten Schürzen umherwatschelten und seine Arbeitskollegen abschlachteten. Einige waren bereits unter der Decke ausgespannt, den Kopf nach unten und den Bauch aufgeschlitzt, während eines der Schweine dabei war, die Eingeweide herauszunehmen, die bereits massenweise auf dem Fußboden herumlagen. Die Halle hallte wider von dem Geheul und Geschrei der Schlachter, die von den Schweinen herangetrieben und nacheinander zum Abschlachten ausgewählt wurden; und die Schreie der Opfer erstickten erst dann in einem Röcheln, wenn das Blut in einem dicken Strahl aus dem Hals herausspritzte. Im letzten Augenblick, bevor er selbst in den Haufen getrieben wurde, entwischte er durch eine Tür und ergriff die Flucht. Unterwegs begegnete ihm ein gemütliches Ferkel, vor dem er sich verstellen mußte, aus Angst, es könne entdecken, daß er auf der Flucht sei.

Beim Anblick der kleinen, blauen Äuglein in dem rosa Gesicht spürte er einen Eiseshauch an seinem Rückgrat: Obgleich das Ferkel in diesem Augenblick friedlich grunzte, war ihm klar, daß es im nächsten Augenblick, ohne mit der Wimper zu zucken, in die Rolle des

Handlangers dieser blutigen Arbeit, die seine Kameraden in eßbare Leichen verwandelte, einsteigen konnte. Als er endlich aus der Schlachterei entkam, konnte er unmöglich zu sich nach Hause gehen. Er wußte, daß alle für die Erlebnisse, deren er sich selbst schämte, weil er durchaus einsehen konnte, daß das viel zu unglaublich klang, nur Hohn, Gelächter oder bestenfalls Unverständnis übrig haben würden. Er wollte auch nichts mehr mit Schweinebraten zu tun haben – er wollte jedenfalls nicht Gefahr laufen, seine Kameraden zu fressen; und allein das, so wußte er, würde ausreichen, ihm das Dasein unter ordentlichen Menschen unmöglich zu machen. In dieser unglücklichen Lage sah er nur den Ausweg, sich an die kleine, verachtete Gruppe zu wenden, mit der anständige Menschen nichts zu tun haben wollten und die er – ebenso wie seine alten Arbeitskollegen – nur mit Hohn und Verachtung betrachtet hatte. Deshalb saß er nun hier in dem Gestank der Schlachterei, der ihn beständig an das Entsetzen erinnerte, nun aber umgeben von rücksichtsvollen Menschen, die ihn in Ruhe ließen, wenn er sich seinen schwermütigen Grübeleien hingab, und ihm geduldig lauschten, wenn er wiederholt erzählte, was sich da in Wirklichkeit hinter der weißen Mauer abspielte.
Das alles wurde mir von dem Buchhalter erzählt, einem akkuraten Mann mittleren Alters, der seinen Namen daher hatte, daß er die Bücher der Erinnerung führte, und vielleicht auch, weil er genau über die Zahlen Buch führte, die für seine Existenz eine so große Bedeutung besaßen. Er hatte nämlich Vermögen, eine Tatsache, die er mit der größten Geheimniskrämerei umgab, obgleich alle sie kannten, und er wachte pflichteifrig über jede Öre, die er – gezwungenermaßen – ausgeben mußte. Das Vermögen wie der Geiz erregten nur die Nachsicht der übrigen, die wahrlich auch notwendig war.
Er erzählte mir auch, daß andere an dieser Stelle geboren seien und kein anderes Dasein als diese knappe, notdürftige Existenz gekannt hätten. Es gab Stammtafeln, die unter den zerbrechlichen und schwer zugänglichen Gewölben der Erinnerung aufbewahrt wurden und mehrere Generationen zurückreichten. Auf dem Begräbnisplatz, der hinter einem dünnen, zerzausten Gestrüpp verborgen lag, wurden mir ehrwürdige Gräber gezeigt, deren Lage jedoch in keiner Weise aus Kreuzen, Steinen oder irgendeiner anderen Kennzeichnung hervorging.
Die Hüterin der Gräber aber, die mich zusammen mit dem Buchhalter herumführte, kannte kein Zögern, wenn sie ihren alten Hakenfinger auf einen jämmerlichen Hügel oder eher wohl nur ein Bü-

schel in dem spärlichen Gras richtete und sagte: Hier ruht Sebastian Not, den man auch das wandelnde Fragezeichen nannte, der vor über hundert Jahren starb und dessen Urenkel in Abständen zu uns zurückkehren; und dort der Beschwörer der Unendlichkeit, der arme Kantor, dessen Verstand das Geräusch der Siebenmeilenschritte seiner eigenen Gedanken an den Grenzen der Wirklichkeit nicht ertragen konnte; und der berühmte Lumpensammler und Hundezüchter Pinnaghel Jochumsen fand hier, nach einem unsteten Leben in Angst und Elend, unter diesem verwelkten Hügelchen eine letzte Ruhestätte.

Die folgenden Eiswinter waren für das Völkchen, das seinem Untergang entgegenzugehen schien, katastrophal. Ich litt keine Not, und auch andere besaßen warme Zufluchtsstätten, einige aber fand man erfroren, eingeschlossen in einem Panzer aus Eis, der ihre sichtbare Form bewahrte, so, als seien sie in ihrem fürchterlichen Elend auch über den Tod hinaus noch standhaft. Diese unnütze und erzwungene Standhaftigkeit erschien uns symbolisch und vorbildlich, ging aber im übrigen natürlich völlig unbeachtet hin, teils, weil das Völkchen überhaupt die Öffentlichkeit nicht interessierte – jedenfalls höchstens als Thema der Entrüstung –, teils, weil alle und jeder während des Krieges und der Besetzung alles mögliche andere im Kopf hatte, was weitaus schwerwiegender war und allgemeineres und insbesondere nationaleres Interesse zu besitzen schien. Es läutete keine Glocke bei ihrer Beerdigung, die sich nur unter größter Mühe durchführen ließ. Es kostete den ehemaligen Schlachtereiarbeiter, der wie durch ein Wunder überlebte, jedesmal mehrere Tage schwerer Arbeit, mit der Hacke das notwendige Loch zu graben, aber die Kälte, die den Toten in dem Eispanzer wie in einem Glassarg eingeschlossen hielt, hinderte die Leiche daran, in Fäulnis überzugehen. Unbekannt in öffentlichen Büros, Registern und bei den Behörden überhaupt, verschwand sie aus dieser Welt, um in die dunkle Gemeinschaft der Erde aufgenommen zu werden.

So zerstreute die Zeit das Völkchen in alle Winde, und man sollte meinen, es sei völlig in Vergessenheit geraten. Wo es sein Wesen trieb, wurde vor ein paar Jahren der Supermarkt Multikauf gebaut; wenn man dort hineinkommt, hat man das Gefühl, er hätte ebensogut auf dem Mond liegen können.

Eines Tages, als ich darin umherging und meinen Einkaufswagen vor mir herschob, fiel mein Blick auf einen phantastischen menschlichen Lumpenhaufen, und zuerst wollte ich meinen Augen nicht trauen; doch es gab keinen Zweifel: Es war die Hüterin der Gräber.

Sie muß an die hundert Jahre gewesen sein und war vom Durchhalten so zäh geworden, daß sie aussah, als sei sie bereit, die nächsten hundert in Angriff zu nehmen. Mit seinem phantastischen Anachronismus wirkte ihr Anblick mitleiderregend, und ihre sinnlose Anwesenheit – sie war natürlich nicht einkaufen – ließ die Leute glauben, sie sei eine unschädliche Verrückte oder kindisch geworden. Als ich näher kam, war ich verblüfft über die Klarheit auf dem Grund ihrer verschleierten, blauen Augen, und trotz einer bebenden und fast unhörbaren Stimme war ihre Erinnerung nicht verblichen. Mit einer kleinen, weißen, fast zu einem Nichts zusammengeschrumpften Hand wies sie auf das Tiefkühlregal voller Hähnchen und sagte: Hier ist die Stelle, wo der Kantor liegt – und dort, fuhr sie fort und wandte sich zu einem rustikalen Handwagen, der, mit Sonderangebotsmayonnaise in Riesentuben beladen, zwischen den Regalen aufgestellt war, dort liegen die Letzten, die Namenlosen, die der Schlachter während der Eiswinter begrub.
Eines Tages stieß ich auch auf den Buchhalter, den ich längst tot und dahin geglaubt hatte. Er fragte mich, aus welchem Grund ich eigentlich seinerzeit das Völkchen aufgesucht hätte, und das erzählte ich ihm.
Der Grund, so sagte ich, ist auf seltsame Weise mit dem Tod des Optikers Elias Lönn verbunden, den Sie vielleicht, wie alle anderen, vergessen haben. An dem Tag, als Elias Lönn beschlossen hatte, nach Hammerum zu reisen – und das war genau der Tag, an dem er starb –, hatte ich es auf mich genommen, seinen Sohn Martin zu beaufsichtigen. Das führte dazu, daß mir Martin eine phantastische Geschichte über seine kleine Freundin und Schulkameradin Freya erzählte und Freya ihn in meinem Laden abholen kam. Als sie wieder gegangen waren, saß ich als Opfer einer fürchterlichen Verzweiflung da. Ich schäme mich, davon zu erzählen, vor allem aber schämte ich mich damals, denn die Jahre haben mich trotz allem eine gewisse Nachsicht, auch mit mir selbst, gelehrt.
Ich hatte Freya oft gesehen, doch als sie an dem Tag in meinen Laden eintrat, begann sich alles vor mir zu drehen. Sie war ein Mädchen von zehn Jahren mit blauen Augen und langen, blonden Zöpfen. Ich weiß wohl, daß andere hier anderer Ansicht sind, aber ich sehe das nun einmal so, daß zehn Jahre das beste Alter der Frau sind. Alles Baby- und Kleinkindhafte ist längst verschwunden. Eine Frau von zehn Jahren ist im allerhöchsten Maße ein bewußter Mensch, und sie hat vor allen älteren Altersklassen den großen Vorzug, daß ihre Sinne noch ganz wach sind und das Dasein und dessen Phänomene

mit einer Klarheit und einer Scharfsichtigkeit erfassen, die später unter dem Einfluß der gesellschaftlichen Normen und Klischees unweigerlich verschwinden. Ein zehnjähriges Kind, und insbesondere ein zehnjähriges Mädchen – denn den Jungen hat man in der Regel die Normen stärker eingebleut –, ist in Wahrheit ein originaler Mensch und übertrifft in dieser Hinsicht alle anderen. Was man bei Erwachsenen Originalität nennt, ist fast immer nur die einseitige Entwicklung irgendeiner besonderen Anlage, in gewisser Weise eine Art Mißbildung.

Ja, aber ein kleines Mädchen von zehn Jahren ist überhaupt noch keine Frau, werden Sie vielleicht sagen. Doch da irren Sie sich, und das zeigt nur, daß wir Erwachsenen die Fähigkeit verloren haben, die Wirklichkeit zu sehen. Alle Instinkte der Weiblichkeit sind in einem zehnjährigen Mädchen nämlich da, und in gewisser Weise in reinerer Form als zu irgendeinem anderen Zeitpunkt. Die Geschlechtsreife ist zwar anscheinend noch nicht eingetreten, doch die ist in Wirklichkeit nur eine Art äußere, körperliche Manifestation eines Prozesses, den die Zehnjährige bereits durchlaufen hat. Die Menstruation, die Brüste, der Haarwuchs – das sind die groben äußeren Signale, die die Umgebung und die Frau selbst auf sie als Geschlechtsobjekt aufmerksam machen und die Degradierung einleiten, der sie sich nicht entziehen kann, nicht einmal – nein, überhaupt nicht – durch eine festgehaltene Jungfräulichkeit, die sie ganz im Gegenteil für den Zuschauer nur noch quälender macht.

Der unschuldige Blick eines zehnjährigen Mädchens bedeutet nur, daß sie ohne Scham die Wahrheiten betrachtet, gegen die die erwachsene oder halberwachsene Frau sich bereits zu wappnen gelernt hat, die sie verfälscht oder von denen sie absieht. Denn die Frau wird mit den Jahren nur beschränkter, ärmer – und das ist sowohl das Ergebnis ihrer physiologischen Entwicklung, die ihr Bewußtsein unweigerlich auf eine begrenzte Anzahl Organe und damit die Sinne und die Gefühle auf einen begrenzteren Ausschnitt der Welt zentriert, als auch ein Resultat der Tatsache, daß sie nun zu einem gesellschaftlichen Wesen wird, dessen Auftreten weit stärker von der Erwartung ihrer Umwelt abhängt. Nun muß sie ja daran denken, es den Männern – oder jedenfalls einem Mann – recht zu machen, ganz zu schweigen von den Kindern, die sie nun zur Welt bringt und die sie fast unweigerlich einschränken müssen, da sie ihre Aufmerksamkeit an einen unendlich kleinen Teil der totalen Wirklichkeit ketten. Für die Männer steht es natürlich noch schlimmer.

Nein, ein Mädchen von zehn Jahren ist ein Unikat. Alles Fühl- und Erlebbare strömt in sie mit einer vitalen Kraft hinein, die wir uns fast nicht vorstellen können, und strahlt auch wieder aus ihr heraus, als sei es in ihrem wunderbaren Organismus verdichtet, aber auch durch ihre eigentümliche und bereits sonderbar voll entwickelte Persönlichkeit gefärbt worden. Und das, was ich nun gesagt habe und was für diese kleinen Mädchen ganz allgemein gilt, galt in besonderem Maße für Freya, die eine furchtlose kleine Seele war, die auf eine zarte, doch eigentlich unverhülltere, direktere und persönlichere Art und Weise als eine erwachsene Frau von den intimsten Geheimnissen ihres Geschlechts leuchtete.
Ich begreife die Überlegenheit nicht, die Erwachsene in der Regel gegenüber Kindern empfinden. Für mich ist sie ein Ausdruck ihrer fürchterlichen Abgestumpftheit. Was ist denn das für ein Leben, da so an kleinen Zahnrädchen herumzupusseln, zum Beispiel? Wie mußte ich mich nicht in Freyas Augen ausnehmen – ein elender Sklave, ohne Aussicht auf einen anderen Inhalt seines Daseins als den, der in dem mechanischen Inneren all dieser gleichgültigen Uhren zu finden ist! Ich betrachte es als Beweis dafür, daß ich noch nicht völlig verloren war, daß ich mich vor diesem Mädchen schämte, deren allwissender Blick, der aussah, als durchschaue er mich in einem Augenblick mehr, als ich selbst es jemals vermocht hatte, dennoch verletzend wirkte.
Deshalb atmete ich erleichtert auf, als die beiden den Laden verlassen hatten, während ich sie mir gleichzeitig zurückwünschte, um mich wieder der Verzauberung auszusetzen, die mir den Boden unter den Füßen entzogen hatte. Ich sah das kleine Gesicht vor mir mit den ziemlich großen, klaren Augen unter den hellen Brauen, den runden, roten Wangen und den großen Lippen, die nicht mehr kindlich waren, sondern ihre reife, frauliche Form gefunden hatten; ich sah ihren kleinen Körper, der noch die kindliche Feingliedrigkeit besaß, aber stark war und erfüllt von einem feurigen, ungezähmten Leben, das allen ihren sanften Bewegungen eine überraschende Frische und den paradoxen Liebreiz eines jungen, unerfahrenen Tiers verlieh. Hätte ich doch Martin sein und mit der größten Selbstverständlichkeit der Welt neben ihr hergehen können! Hätte mir dieser Wunsch erfüllt werden können, so hätte ich hier im Dasein keine anderen Wünsche mehr gehabt – nein, ich hätte mit Freuden mein ganzes Leben dafür hingegeben, an diesem ganz gewöhnlichen Nachmittag neben dieser kleinen, lustigen und schwatzenden Göttin der Wirklichkeit durch die bekannten Straßen gehen zu können.

Das klingt so einfach, und doch erschien es mir unerreichbarer als die phantastischen Märchen mit Prinzessinnen, Fürstinnen und Millionenerbinnen, die man in den Traumwelten der Kitschromane finden kann. Was ich mir vorstellte, war ja etwas Unzulässiges, etwas Verbotenes. Zwar wäre es mir nicht im Traum eingefallen, die kleine Schönheit auch nur mit dem kleinen Finger anzurühren, doch das Gefühl, das ich für sie hegte, war an sich schon kriminell genug. Und ich machte mir nicht vor, daß ich geradezu neben Freya würde hergehen können, ohne daß alle mir würden ansehen können, daß ich wegen dieses – dieses Kindes im siebten Himmel war.
Wenn da bloß kein Waldschrat gewesen wäre! Martin hatte mir gerade erzählt, daß Freya ihn in seiner Baubude besuchte, ja, daß sie dem Toben der Elemente trotzte und buchstäblich durch Feuer und Wasser ging, um zu ihm zu gelangen, obgleich er einem jeden normalen Mädchen unappetitlich und abstoßend erscheinen mußte. Das zeigte gerade, daß Freya nicht ganz gewöhnlich war, aber dennoch konnte ich mich mit dem Gedanken nicht abfinden, der mich ganz im Gegenteil quälte und plagte. Und das Schlimmste von allem war, daß sie am selben Tag den Waldschrat heiraten wollte – damit hatte sie sich nämlich einverstanden erklärt, hatte Martin erzählt, und das sollte bei dem Völkchen vor sich gehen.
Ich wollte nicht den Anschein erwecken, daß ich nicht an die phantastische Geschichte glaubte, weshalb ich Martin mit Freya hatte gehen lassen, obwohl ich seinen Eltern versprochen hatte, gut auf ihn aufzupassen. Ich mußte allein sein und alle seine Fragen loswerden. Wenn ich allein war, besuchte Freya mich. Sie fand sich ruhig ein, setzte sich auf einen Stuhl und las in einer Illustrierten, und ich konnte sie zwischen den Zahnrädern und den widerspenstigen Federn ungestört betrachten. So geschah es auch an diesem Tag. Der Eifer, mit dem sie die Bilder betrachtete, besaß eine Schönheit, die bezaubernd wirkte. Ihr Blick war noch nicht abgestumpft; sie verschlang die kitschigen Bilder, als sei jedes eine Offenbarung – ohne deshalb gläubig zu werden; denn sie bewahrte trotzdem einen solchen Abstand dazu, daß sie bereit war, diese farbenprächtigen Offenbarungen zugunsten der folgenden, die sie auch nicht ernst nahm, ohne Bedenken zu verwerfen.
Zuletzt konnte ich mich nicht mehr auf die Uhren konzentrieren. Es nützt nichts, sagte ich mir, und dann machte ich für diesen Tag den Laden zu, schloß mich in die Werkstatt ein und zog die Rollos herunter. Ich entsann mich an das, was Martin von dem Waldschrat erzählt hatte, daß er sich vor Freya ausgezogen hatte, die bei dem

Anblick kein bißchen erschrocken gewesen war, obgleich er eigentlich grauenvoll gewesen sein muß. Nun bin ich der Waldschrat, sagte ich mir, und mit behutsamen Bewegungen, um Freya in ihrer Lektüre nicht zu stören, begann ich mich auszuziehen. Ich bebte, denn das, was ich da tat, war geheimnisvoll und schrecklich – wer kann schon verstehen, daß ein erwachsener Mann sein Leben in die Hände eines zehnjährigen Schulmädchens legt; und war es nicht genau das, was ich hier tat? Was ist das doch für ein komischer Wahnsinn! Doch bei dem Gedanken daran, in wessen Hände alle anderen Menschen ihr Leben legten, wirkte es trotzdem weitaus schöner und sinnvoller. Ich machte also weiter, bis ich ganz nackt dastand, nun aber kam das Schwerste. Um Freyas Aufmerksamkeit auf mich zu ziehen, mußte ich ihren Namen aussprechen, aber ich spürte bereits im voraus, wie dieses einzige, geheime Wort sich, wenn es die Stille brach, gegen mich wenden und mich mit der Abwesenheit meiner Geliebten durchbohren würde.

In Wirklichkeit werde ich das nie wagen, sagte ich betrübt zu mir, während ich meine Socken und Sockenhalter, die man damals trug, wieder anzuziehen begann – ich werde nie ein Held. Genau in dem Augenblick, als die Wahrheit die Fiktion besiegte, klingelte das Telefon, dessen Läuten mir das Gefühl gab, auf frischer Tat ertappt worden zu sein. Blödsinn, schnitt ich mir selbst das Wort ab, als ich zögerte, den Hörer abzunehmen, niemand kann deiner Stimme anhören, daß du nackt bist. So ging es zu, daß ich die Mitteilung von Elias Lönns Tod nur in Socken und bei herabgelassenen Rollos erhielt.

Ich bekam andere Sorgen als Freya. Elias Lönns Tod war sinnlos und unverständlich – weshalb hatte er ein solches Ende genommen? Frau Lönn erzählte mir später von der Zugreise – die gewaltsamen Ereignisse, denen sie ausgesetzt gewesen war, zwangen sie dazu, sich vor jemandem zu erleichtern, und da ich der Nächste war, mußte ich mir die sonderbaren Verspätungen und die höchst absonderlichen Geschichten, die unterwegs erzählt worden waren, anhören. Die Leute redeten viel von Elias Lönns Tod, und eine Zeitlang erwarteten viele, daß sich die Geschichte mit einem anderen unschuldigen Bürger wiederholen würde – alle möglichen Gerüchte waren im Umlauf. Als aber nichts geschah, vergaßen alle die Geschichte, und zuletzt, daß überhaupt ein Optiker dieses Namens gelebt hatte – selbst die Zeitungen, die die Nachricht enthalten hatten, zerbröckelten in den Archiven, als sei ihr Papier nicht zur Aufbewahrung so quälender Erinnerungen gemacht.

Frau Lönn fiel es anscheinend schwer, sich völlig von dem Schock zu erholen. Sie war ruhelos geworden, von der Erinnerung gequält und geplagt, vermutete ich, und nicht lange nach der Beerdigung verreiste sie. Vor ihrer Abreise nahm sie mir das Versprechen ab, daß ich mich in ihrer Abwesenheit um Martins Erziehung kümmern würde.

Ich bin so aus dem Gleichgewicht geraten, daß ich ihn nur kaputtmache, sagte sie, glücklicherweise aber habe ich Verwandte, die sich um mich kümmern können und wo ich zur Ruhe kommen kann.

Dann gab sie mir ein Buch, das Elias Lönn gehört hatte.

Das einzige, was ihn interessierte, sagte sie, Spinozas »Ethik«.

Ich hörte nie mehr von ihr.

Nun hätte mein Glück gemacht sein sollen, denn nun war Martin ja mein Sohn, und ich konnte damit rechnen, die kleine Freya jeden Tag zu sehen. Unglücklicherweise hatten sie sich anscheinend zu dieser Zeit verzankt, so daß ich um alles betrogen wurde und mir nur die Mühe blieb, so einen Burschen zu erziehen. Er wurde schließlich zum Optiker ausgebildet, denn dafür besaß er Anlagen, und als Erwachsener konnte er in den Laden einziehen, der seinem Vater gehört hatte.

Zwei Dinge kehrten in den folgenden Jahren immer wieder zu mir zurück: die Erinnerung an die kleine Freya, ihren Besuch bei dem Waldschrat und ihre Hochzeit mit ihm; und der Gedanke an Elias Lönns rätselhaften Tod. Es war in erster Linie die Erinnerung an Freya, die mich in der Hoffnung zu dem Völkchen trieb, daß ich dort, wenn ich es kennenlernte, etwas erfahren würde. Als ich aber das Völkchen erst einmal kennengelernt hatte, hatte ich meinen ursprünglichen Beweggrund fast vergessen – auch weil mich inzwischen die Frage nach Elias Lönns Tod und der Reise, deren Verlauf und Abschluß so rätselhaft waren, immer mehr beschäftigte. Wie lebt und stirbt ein Held, fragte ich mich, denn mir war klar, daß Helden nicht den blutigen Schlachtfeldern vorbehalten, sondern weit eher dort zu finden sind, wo wir es am wenigsten vermuten. Andererseits ist es aber wohl auch nicht nur ein Mitlaufen – denn dann wären wir ja fast alle Helden, und das stimmt jedenfalls nicht. Ich vertiefte mich in Spinozas »Ethik« und ging in meiner Erinnerung alles durch, was Frau Lönn mir erzählt hatte.

So begann ich die Ereignisse des verhängnisvollen Tages zu rekonstruieren und entdeckte, daß es war, als dringe man immer weiter in ein Labyrinth voller Sackgassen ein, die ich ebenfalls erforschen

mußte, und daß ich selbst und meine eigenen Erlebnisse an eben jenem Tag ein Teil des Labyrinths ausmachten und den Schnittpunkt von Ereignissen bildeten, deren Bedeutung für die Rekonstruktion ich noch nicht verstand.
Aber bekam ich denn Freya nicht wieder, als sie und Martin einander nach vielen Jahren wiederfanden und ein Liebespaar wurden? Nein, ihre Rückkehr war ganz im Gegenteil der endgültige Beweis dafür, daß sie für immer verloren war: In dem vernünftigen jungen Mädchen erkannte ich nur mit Mühe die kleine Zehnjährige, die mich verzaubert hatte und die ich nie würde verraten können. Das stimmt allerdings nicht ganz, denn in meiner Treulosigkeit hatte ich einen Ersatz für sie in den kleinen Mädchen gesucht, die mit viel zu großen Schulmappen morgens und nachmittags, jahrein, jahraus, an meinem Geschäft vorbeiwanderten; keine von ihnen konnte jedoch die Freya ersetzen, die ich gekannt hatte, und ich gab es allmählich auf, zu meinen Lebzeiten das Wunder wiederzufinden, das ich einst aus der Ferne angebetet und das allen anderen den Waldschrat vorgezogen hatte.

Der Buchhalter sagte: Ich kann mich gut auf den Tag besinnen, und da Sie es nun schon einmal aufgebracht haben, kann ich erzählen, daß die Hochzeit wirklich stattfand. Trotz der verschämten und schüchternen Weise, in der der Waldschrat von seiner kleinen Freundin sprach, war es deutlich, daß er sie sehr liebte, und man konnte nicht nach ihr fragen, ohne daß seine ganze Birne rot anlief. Wir gönnten dem Waldschrat diese Liebe aus ganzem Herzen, denn teils war er ein sehr unglücklicher und zerquälter Mensch, teils hatte er ein so reines Herz und war so gutmütig, daß er geradezu einen Überschuß an Ergebenheit besaß, den er bisher nicht hatte loswerden können. Er hatte nur seinen armen, namenlosen Hund, und das war trotz allem nicht genug.
Dann tauchte er eines Tages mit dem kleinen Mädchen auf, das tatsächlich Freya hieß, und wir fanden allesamt, daß sie ein hinreißendes Geschöpf sei, dem mit seiner behutsamen und verschämten Liebe zweifellos gut gedient sein würde. Sie erklärten übereinstimmend, daß sie beschlossen hätten zu heiraten, und baten uns, die Trauung vorzunehmen, die die Gesellschaft sonst nie abgesegnet haben würde. Nach einer kurzen Beratung willigten wir ein. Der Schlachter wurde dazu ausersehen, die Trauung durchzuführen, ich wollte die Rolle als Trauzeuge übernehmen. Einen solchen konnte man selbstverständlich nicht entbehren, und als Freya das

hörte, erklärte sie, natürlich würde sie an dem ausgemachten Tag ebenfalls mit einem Trauzeugen kommen.
So geschah es auch. Ich entsinne mich noch an den Anblick von Freya und Martin, die einander nicht bei der Hand hielten, aber dennoch so aussahen, als gehörten sie zusammen, als sie auf uns zukamen. Der Waldschrat hatte sich zur Feier des Tages geschmückt, das heißt, er hatte sich gewaschen, aber er konnte das wilde Starren seiner blutunterlaufenen Augen und den Sabber, der nicht hinter seiner hängenden und glänzenden Unterlippe bleiben wollte, nicht verbergen. Die kleine Freya hatte aus den ersten Blumen des Frühlings einen Kranz geflochten, und mit diesem Brautkranz um die Stirn stellte sie sich vor den Schlachter und neben den Waldschrat, der so zitterte, als sollte er hingerichtet werden.
Der Schlachter hatte seine blutbefleckte Schürze an und schwankte etwas in der Brise, wegen des Branntweins, den er hatte trinken müssen, um sich seinen Mut zu erhalten. Nun war der Augenblick gekommen, da er einen Text hersagen sollte, der zur Feier des Tages verfaßt worden war,· doch aus irgendeinem Grund kam kein Ton über seine Lippen. Entweder hatte er den Text vergessen, den er jedoch auf ein Stück Papier geschrieben hatte, das er in der Hand hielt, oder aber er glaubte nicht, daß es bereits an der Zeit sei, oder aber ihm waren Skrupel gekommen – wenn es denn keine vierte unergründliche Ursache gab. Jedenfalls: Er hielt hartnäckig die Schnauze.
Diese Augenblicke waren die schönsten, die wir an diesem Tag erleben sollten. Es war, als hielte die Zeit selbst den Atem an, als seien wir allesamt plötzlich die lebendigen Teile eines schönen, unglaublichen und überraschenden Oblatenbildes geworden, das durch irgendeine unfaßbare Gnade und völlig vernunftwidrig hier in unserem Territorium Wirklichkeit geworden war. Wir standen allesamt stramm. Keiner sagte ein Wort, keiner rührte ein Glied, der Wind spielte lautlos mit den Blumen um Freyas Stirn, und die fernen Geräusche der Stadt, eines vorbeifahrenden Autos und aus der Schlachterei erreichten uns wie aus einer anderen Welt, einer verlorenen und fast unwirklichen Welt, die so prosaisch und gleichgültig war, daß sie uns nichts mehr anging.
Irgendwie muß es dem Schlachter aufgegangen sein, daß doch nicht alles so war, wie es sein sollte, denn seine Augen begannen sich zu bewegen, als suche er nach Hilfe, und nun gelang es mir, seinen Blick aufzufangen. Ich machte ihm ein Zeichen, und das nicht besonders diskret, denn ich wollte sicher sein, daß er mich verstand.

Er verstand. Er begann den Text vorzulesen, und es war uns allen gleichgültig, daß er sich unablässig verlas, Zeilen übersprang und über die Worte stolperte, so daß das Ganze wie ein fürchterliches Sammelsurium klang. In gewisser Weise erhöhten diese Mängel den Eindruck, den der Text machte, so, als sei er in einer Art kompliziertem Kirchenlatein abgefaßt, dessen halb unverständliche Brocken haargenau zu der seltsamen Zeremonie paßten und ihr einen Schein uralter Rituale verliehen. Mir stiegen geradezu die Tränen in die Augen, als ich den Waldschrat und Freya an den richtigen Stellen ja sagen und den Schlachter darauf erklären hörte, sie seien nun Mann und Frau.

Als sie sich einander zuwandten und sich bei der Hand nahmen, wurde mir beim Anblick eines koketten und fast herausfordernden Ausdrucks in Freyas Gesicht unruhig, denn er reimte sich in keiner Weise mit ihrem Alter und ihrer Unschuld; aber er verschwand denn auch so schnell wieder, daß ich mir sagte, ich müsse Gespenster gesehen haben. Danach war alles eitel Freude, wir feierten, tranken Kaffee mit Branntwein – Freya und Martin hatten jeder eine Brause mitgebracht – und kreisten natürlich alle um Freya, was den kindlichen Stolz und das Glücksgefühl des Waldschrats nur erhöhte.

Doch gerade auf dem Höhepunkt des Festes hörte ich Freya sagen, hörten wir allesamt Freya sagen, denn sie sprach laut, mit einer klaren und glockenreinen Stimme: Ach, bitte, zieh dich doch aus, so, wie du es damals bei dir zu Hause getan hast.

Die Worte hatten einen süßen und lustigen Klang, und Freya lächelte unschuldig in einer Weise, die mir angst machte.

Der Waldschrat sah zunächst verwirrt aus. Alle Gespräche verstummten, alle Blicke richteten sich auf ihn, und bevor jemand die Situation mit irgendeiner ablenkenden Bemerkung retten konnte, die ihn und uns alle die verhängnisvollen Worte hätte vergessen lassen, war ihre Wirkung bereits tief eingedrungen und ließ sich nicht mehr aufheben. Sein Kopf war vor Erregung und Freude rot gewesen, er glänzte vor barbarischer und unschuldiger Glückseligkeit, die auch um seine sabbernden Lippen ein schönes, benommenes Lächeln gelegt hatte. Nun wich die Farbe langsam aus seinem Gesicht, die Lippen begannen zu beben wie ein Tier, das vor Todesangst zittert, und seine Augen füllten sich mit einer besorgten und verwirrten Unruhe, als ahne er mehr, als daß er verstand, daß irgend etwas Schreckliches geschehen war. Da wir ihn alle anstarrten, mußte er unweigerlich denken, wir warteten nur darauf, daß er

Freyas ungeheuerlicher und obszöner Aufforderung Folge leisten würde, die die intimsten Geheimnisse seines ängstlichen Gemüts bloßgelegt hatte.
In dem Augenblick fürchtete ich, daß er der Aufforderung seiner Geliebten nachkommen könnte. Vielleicht wäre es das beste gewesen, wenn er es getan hätte. Das hätte uns von einer atavistischen Angst befreit, die statt dessen verstärkt wurde. Und für Freya wäre die Strafe dieses Schuldgefühls, das sie nun plagen mußte, statt dessen zu einer Läuterung, einer Peitsche aus grausamer Wahrhaftigkeit geworden, die diesen Fleck des Verderbens aus ihrer kindlichen Seele herausgerissen hätte.
Wenn ich allerdings daran denke, was hätte geschehen können, wenn irgendein anständiger Bürger auch nur aus der Ferne gesehen hätte, wie sich der Waldschrat in aller Öffentlichkeit die Klamotten auszog, dann freue ich mich darüber, daß er es nicht tat.
Schließlich brach der Waldschrat die Verzauberung. Er erhob sich langsam und umständlich, als sei er sich nicht sicher, daß er auf den Beinen stehen könne, und stammelte irgend etwas davon, daß er nach Hause müsse, um – um nach Namenlos zu schauen, er habe Namenlos ganz vergessen – den armen Namenlos –, er entfernte sich murmelnd, bestieg sein Fahrrad und verschwand schnell und schlingernd, als fühlte er sich verfolgt.
Etwas später gingen Freya und Martin. Ich weiß nicht, weshalb sie so seltsam verdammt aussahen, so, als ob sie nicht mehr zusammengehörten und jeder für sich in den Fasern seines Körpers die Sehnsucht nach einem Verlust erlebte, den sie nicht begriffen.

Ich hatte Martin erlaubt, das Manuskript zu dem Buch zu lesen, an dem ich arbeitete und das in gewisser Weise von dem großen Rätsel seines Lebens handelte. Er war schon längst erwachsen und hatte selbst Kinder, und da ich seiner Mutter versprochen hatte, mich um seine Erziehung zu kümmern, konnte ich nicht umhin, ihm nun einen Einblick in die Rekonstruktion zu gewähren, die allmählich ordentlich angeschwollen war.
Er war äußerst interessiert an diesem Blick in eine fremde Welt, die es ihm schenkte, und sagte halb im Spaß: Eigentlich solltest du mich ein Kapitel hinzufügen lassen.
Dazu sah ich keinen Anlaß. Dafür hatte der Zugführer, dessen Bericht ich bereits früher gelauscht hatte, mir von Frau Lönn erzählt, daß sie am selben Tag, als das Unglück stattfand, in Hammerum ein Geschäft aufgesucht habe, das mit ausgestopften Tieren handelte.

Der Inhaber lebte noch, er wohnte im Altersheim, war dem Branntwein verfallen, im übrigen aber absolut geistesfrisch – und ihn beschloß ich zu besuchen.
Bevor daraus etwas wurde, machten Freya und Martin eine Charterreise nach Zandia. Ihre Kinder waren nun so groß, daß sie die Eltern durchaus eine Woche entbehren konnten. Als sie nach Hause zurückkehrten, war Martin nicht gesund, und ich wurde von einer verschreckten Freya aufgesucht, die mir von den seltsamen Umständen der Krankheit erzählte, die er sich zugezogen hatte.
Als wir ihn fanden, erzählte Freya, war er bewußtlos, aber er hätte ja auch nicht auf eigene Faust loszuziehen brauchen, dann wäre das nicht geschehen. Aber ich sage ja, auch wenn sie an der Oberfläche zivilisiert werden, so bleiben sie tief drinnen auch weiterhin primitiv, und es läßt sich unmöglich vorhersehen, was einem begegnen kann, wenn man sich unter sie begibt. Das hatte ich Martin auch viele Male gesagt, und du weißt, daß ich eigentlich vor nichts Angst habe, aber andererseits: Wenn man an seine Kinder denken muß, dann stürzt man sich nicht kopflos in alles mögliche, nicht wahr? Aber er lachte mich immer aus und erwiderte, ich machte die Dinge geheimnisvoller, als sie seien. Das nahm ich allerdings nicht so schwer, ich konnte ja nicht ahnen, was dahintersteckte, und wenn ich das gewußt hätte, wäre es auch nicht schiefgegangen. Dann hätte ich ihn schon gehindert, oder ich hätte ihn begleitet, denn letzten Endes, und wenn es denn sein *muß*, habe ich vor nichts Angst oder bin jedenfalls bereit, fast einer jeden Gefahr zu trotzen. Das weißt du ja auch. Aber ich witterte, wie gesagt, keine Gefahr, das alles sagten wir nur zueinander, wenn wir uns am Strand sonnten oder am Abend, wenn wir mit einem Drink dasaßen und die Sonne im Atlantik untergehen sahen. Das war wunderbar, ganz einfach wunderbar, aber, ehrlich gesagt, wurde das etwas von der Unruhe und Erregung überschattet, die ich in der Zwischenzeit durchgemacht hatte. Na, aber, als wir bereits so lange da waren, daß ich allmählich schön braun wurde, da passierte es, und es passierte, weil wir mit einem der großen Busse der Reisegesellschaft einen unschuldigen Ausflug in den Busch zu einem Negerdorf machen wollten. Das mit der Sonnenbräune glaubst du vielleicht nicht, denn jetzt sehe ich kein bißchen braun aus, das weiß ich selber sehr gut, aber das liegt ausschließlich an dem Schrecken, den ich bekam. Es war, als würde meine Haut ganz grau, irgendwie konnte ich es spüren – aber das kann natürlich egal sein, es war viel schlimmer mit Martin, und um ihn handelt es sich.

Wir wollten also auf einen Ausflug in eines der Eingeborenendörfer, und ich begrüßte die Idee freudig, das darfst du nicht mißverstehen. Wir wissen ja ganz genau, daß es mit den Schwarzen abgesprochen ist, die kriegen sicher Geld dafür, daß sie vor uns auftreten, aber ich muß schon sagen, sie wirkten ganz natürlich, und alles bei ihnen war auch so primitiv, wie man es nur verlangen konnte – es war zwar verblüffend sauber, aber überall waren große Familien und Haustiere in einigen elenden Hütten zusammengepfercht. Vor allem aber waren sie glücklich, und ich glaube nicht, daß man sie dafür bezahlen kann, so glücklich zu sein. Nein, die Menschen hierzulande sind sauer und unfreundlich im Vergleich zu denen, denn die sahen uns an, als sei es das größte Glück ihres Lebens, daß wir da in ihr Dorf angefahren kamen und herumgingen und sie begrüßten. Ich war so mit all dem Seltsamen und Fremdartigen um mich herum beschäftigt, daß ich nicht bemerkte, daß Martin nicht mehr mit uns zusammen herumging. Und das Seltsamste war in gewisser Weise, daß in einer der Hütten eine Figur aus der Königlichen Porzellanfabrik in Kopenhagen stand – du kennst sie bestimmt, sie stellt einen kleinen Jungen und ein kleines Mädchen dar, die sich zueinander hinlehnen und sich auf den Mund küssen. Ja, war das nicht seltsam? Es wirkte völlig verrückt, wie du sicher verstehst, und wir mußten lachen, als wir sie sahen. Ich glaube, eigentlich hätten wir sie überhaupt nicht sehen sollen, sie stand halb hinter einem Transistorradio versteckt, dem einzig Modernen, was die dort im Hause hatten, und ich weiß nicht, ob sie sich schämten oder ob sie nur Angst hatten, wir könnten glauben, sie hätten sie gestohlen. Jedenfalls verstummten sie so komisch, als wir darauf zeigten, und alle Frauen des Mannes, die eigentlich alle durcheinandergeredet hatten und fast wie vierzehnjährige Gören wirkten, obgleich sie allesamt mehrere Kinder zur Welt gebracht hatten, stellten sich davor und zerrten und zogen an uns herum, um uns wieder aus der Hütte herauszukriegen. Die Porzellanfigur war auch gleichgültig, es war nur sonderbar, und man sagt sich, die Welt ist wirklich klein geworden, nun siehst du ja, worüber man in dem jämmerlichsten Winkel Afrikas stolpert!
Na, als wir wieder aus der Hütte heraus waren, war es auch fast schon Zeit, daß wir uns wieder am Bus versammeln sollten, und erst da ging mir auf, daß ich die letzte halbe Stunde nichts von Martin gesehen habe – ich war nämlich mit zwei schwedischen Damen herumgegangen, mit denen wir immer beim Abendessen zusammensaßen. Natürlich geriet alles in hellen Aufruhr, wo konnte er geblieben

sein? Der Führer, den wir mithatten, holte ein paar Leute aus dem Dorf und fing an, sie auszufragen, aber die wußten nichts und schüttelten nur ihre schwarzen Köpfe, so daß das Weiße der Augen noch stärker hervortrat, und alle Leute des Dorfes begannen so komisch auszusehen, aber weißt du was? Es war, als sei das Ganze auf den Kopf gestellt worden. Sie waren noch genauso freundlich, und es schien auch durchaus so, als teilten sie unsere Unruhe, plötzlich aber war es, als seien sie es, die uns betrachteten. Ja, siehst du, bis dahin war es umgekehrt gewesen. Zwar hatten sie uns angeguckt, als wir in dem Dorf auftauchten und aus dem Bus stiegen und plötzlich mitten unter ihren Hütten und Schuppen standen, aber eigentlich waren wir es ja, die sie betrachteten, genauso, wie wir die Hütten und so weiter beguckten. Sie guckten uns auch an, wie ich schon sagte, aber das Ganze lief trotzdem darauf hinaus, daß wir sie anschauen sollten, und dem konnten sie sich nicht entziehen. Nun waren sie es, die uns betrachteten. Sie standen in kleinen Grüppchen zusammen und schauten uns an, während wir verwirrt herumliefen, denn natürlich waren nicht nur der Führer und ich außer sich geraten – ich war sogar verhältnismäßig ruhig, wenn ich das sagen darf –, nein, praktisch war die ganze Gesellschaft in die größte Erregung geraten, schrie und gestikulierte, als befänden wir uns plötzlich in einer drohenden Gefahr. Der Führer ging durch alle Hütten und redete mit allen, die er erwischen konnte, Martin aber fand er nicht. Zuletzt blieb uns nichts weiter übrig, wir mußten zum Hotel zurückkehren, und von dort aus alarmierten wir die Polizei. Es verging lange, lange Zeit – oder aber ich war allmählich nicht mehr imstande, die Zeit zu berechnen, jedenfalls schien mir eine Ewigkeit zu vergehen, bevor vor dem Hotel ein Polizeiwagen vorfuhr. Ich setzte es durch, daß ich mitdurfte, und so fuhren wir wieder los, den ausgefahrenen Weg entlang, der bald nur noch eine Radspur im Sand war, und gelangten zu dem Dorf, wo sich die beiden Polizisten und der Führer der Bustour, der auch mit war, daranmachten, die Bevölkerung in ihrer eigenen Sprache zu verhören. Anscheinend führte das zu keinem Ergebnis, und die beiden Polizisten sahen mutlos aus. Es war auch eine unangenehme Affäre für ihr Land – denk bloß an die Einnahmen aus dem Fremdenverkehr! –, weshalb sie offenbar beschlossen, daß wir nach ihm suchen sollten. Der Nachmittag neigte sich bereits, als wir tiefer in den Busch hineinfuhren, bald gab es keine Hütten mehr, sondern nur noch eine furchteinflößende öde Landschaft, durch die wir fuhren, ohne daß jemand im Wagen ein Wort sprach. Eine Zeitlang wurde mir selbst angst, hier saß ich mit drei Schwarzen, die ich nicht kannte, wir fuhren nach Afrika hinein, während die Sonne im Westen immer tiefer sank, so daß ich voraussehen konnte, daß es bald dunkel werden würde, und was das hieß, das wußte ich bereits. Und was dann? Dann wäre jede Nachforschung vergeblich, und würden sie im Dunkeln den Weg zurückfinden können? Wir kamen zu kleinen Dörfern, die kleiner waren als das, das wir mit dem Bus besucht hatten, wo uns die Einwohner erschreckt anstarrten und nur den Kopf schüttelten, wenn die Polizisten ihre Fragen stellten. Mehrere Male änderten wir die Richtung, bogen bald nach Norden, bald wieder nach Osten ab, dann wieder nach Süden, und eine Zeitlang fuhren wir an einem Fluß entlang, an dessen schlammigem Ufer wir auch zu einem Dorf gelangten, das hier schon seit Jahrtausenden zu liegen schien, wenn man einmal von den rostigen Blechkanistern absah, die zum Wasserholen benutzt wurden. Hier erfuhren die Polizisten vielleicht irgend etwas. Sie sagten zwar nichts zu mir, vielleicht, weil sie keine Hoffnungen wecken wollten, die sich dann doch als grundlos erweisen konnten, aber es war, als führen wir nun mit stärkerem Zielbewußtsein weiter, diesmal eher in östlicher Richtung. Es war auch nicht viel Zeit zu verlieren. Die Sonne stand nun niedrig am Himmel, glühend rot, und wenn ich auch nicht viel Ahnung von Natur habe, vor allem nicht von der Natur Afrikas, und wenn ich auch das Ganze von einem dahinjagenden Auto aus erlebte, so konnte ich dennoch spüren, daß sich alles gleichsam auf den großen Umschwung vorbereitete, wo sich das Nachtdunkel plötzlich hervorwälzt, als sei es ernst und alles solle wirklich untergehen oder zu etwas ganz anderem werden als im Lichte des Tages.

Vielleicht liegt das nur an den langen Schatten und den warmen Farben, aber es mag auch sein, daß ich, ohne darüber nachzudenken, beispielsweise die Vögel bemerkt hatte, die, kurz bevor es Nacht wird, sicher auf eine ganz bestimmte Weise fliegen. Jedenfalls weiß ich, daß ich zitterte und bebte, außerdem konnte ich gleichsam auch riechen, daß die drei Schwarzen ganz anders angespannt dasaßen, als sie es bei unserer Suche bisher getan hatten, wo sie nur nervös und ruhelos gewesen waren. Wir fuhren zwar nach Osten, wechselten aber dennoch ein paarmal die Richtung. Weshalb fahren wir zickzack, fragte ich mich, aber die ganze Zeit über dröhnten wir mit unvermindertem Tempo weiter, und mich beschlich das erdrükkende Gefühl, das Auto sei in irgendein wahnsinniges Tier verwandelt worden, das, die Schnauze im Sand, einer unsichtbaren Fährte durch das Terrain folgte, das so steinig und uneben war, daß wir

hoch- und runterhopsten und von einer Seite auf die andere geworfen wurden.
Ich war so von Sinnen geschüttelt worden und wurde gleichzeitig von Angst und Vorahnungen erdrückt, als wir plötzlich so scharf bremsten, daß sich um den Wagen eine große Staubwolke erhob. Die drei Schwarzen wimmelten heraus. Zuerst sah ich nichts, dann aber sah ich, wie sie sich um eine Gestalt scharten, die ein Dutzend Meter vom Wagen entfernt unter einem hohen Baum im Gras lag. Ich glaube, ich stieß einen Schrei aus, warf mich aus dem Wagen, und im nächsten Augenblick kniete ich neben Martin, der so still im Sand lag, als schliefe er. Aber du hättest sein Gesicht sehen sollen! Ich weiß nicht, wie es zuging, aber es sah aus, als sei sein Kopf viele Kilo schwerer geworden, und als er die Augen aufschlug und mich ansah, dachte ich, er wird den Kopf nie mehr heben können, was ist bloß mit ihm geschehen, kann er mich überhaupt erkennen?
Wenn ein Paar Augen, die man zu kennen glaubt, plötzlich völlig fremd aussehen, dann erschrickt man wirklich. Ich vergaß vollkommen Ort und Zeit, während ich dasaß und ihn anschaute, und erst als einer der Polizisten meine Schulter berührte, nahm ich wieder wahr, wo ich mich befand: Ich erhaschte einen kurzen Blick von der Sonnenscheibe, die feuerrot hinter dem Horizont verschwand, und spürte zum erstenmal eine Brise, die mich am ganzen Körper erzittern ließ, obgleich sie nicht kalt war. Martin war nun bei Bewußtsein und machte den Versuch aufzustehen, aber er konnte nicht, sein Mund öffnete und schloß sich, als wolle er etwas sagen; die einzigen Worte aber, die über seine Lippen kamen, waren: das Fahrrad – das Fahrrad.
Ja, was sagst du dazu? Sie trugen ihn zum Auto. Wir mußten uns zusammendrücken. Martin hing wie eine Schlotterpuppe an mir, und in mir hämmerte es, er hat den Verstand verloren, er ist vergiftet worden – er ist von einer Schlange oder einem Skorpion gebissen worden – solche Sachen und viele andere, noch wildere wirbelten in mir herum. Wir waren gerade erst aufgebrochen, da brach die Dunkelheit herein, und im Laufe von ein paar Minuten war es stockdunkel. Es sah aus, als zögen uns die Kegel der Scheinwerfer durch die Nacht, und in dem hopsenden, schlingernden Wagen begann ich ein Grauen zu fühlen, das ich mit irgendeinem dunklen und unbekannten Afrika verband, dessen Existenz mir erst jetzt allmählich klarwurde. Es war, als könne es überhaupt nicht stimmen, daß ich die Freya war, die ich so gut kannte – sie war irgendwo zurückgelassen worden, vermutlich im Hotel, in dem geborgenen Zimmer oder

im Restaurant, aber ich freute mich darauf, sie wiederzufinden und die erdrückende Angst loszuwerden, die ich jetzt empfand. Und natürlich dachte ich in erster Linie daran, den armen Martin aus dem Zustand herauszureißen, in dem er sich befand, ich ging davon aus, daß er wieder zu sich kommen würde, wenn wir erst einmal in die bekanntere Umgebung zurückgekehrt waren. Doch da hatte ich mich verrechnet; er war zwar so weit zu Kräften gekommen, daß er selbst gehen konnte, und er wollte auch zum Hotel und nicht zum Krankenhaus gefahren werden, doch er ging mit steifen Schritten und stieren Augen durch die Halle, was die herbeieilenden Reisebekanntschaften daran hinderte, sich auf ihn zu werfen, und sie stattdessen stehenbleiben und drei Schritte zurücktreten ließ, mit einem völlig gelähmten Ausdruck im Gesicht. Ich verabschiedete mich von dem Führer und den beiden Polizisten. Ich fragte sie danach aus, ob sie etwas erklären könnten. Sie schüttelten den Kopf, aber, ach, wie besorgt sahen sie aus, als wüßten sie irgend etwas, was sie nicht sagen wollten oder nicht sagen konnten.
Ich drang in sie: Was ist mit ihm los, was ist geschehen? Helfen Sie mir doch, denken Sie daran, er ist mein Mann, begreifen Sie nicht, wie unglücklich ich bin?
Aber egal, wie verzweifelt ich bettelte, sie schüttelten nur mit versteinerter Miene den Kopf und sagten: Fieber vielleicht – wer weiß? Und das war alles, was ich aus ihnen herauskriegen konnte.
Selbst als ich anfing herumzuschreien, blieben sie querköpfig und sahen bloß noch verlegener aus, und erst als ich rief: Was hat er denn gesehen, Geister, Gespenster?, reagierten sie mit einem kleinen Erschrecken, zupften an ihrer Kleidung herum und machten Anstalten aufzubrechen.
Daran konnte ich sie nicht hindern, denn ich hatte ja an Martin zu denken, als sie sich also langsam zurückzogen und mit ihrem Geheimnis im Dunkeln verschwanden, als gehöre es der verdammten afrikanischen Nacht an, konnte ich nur in das Zimmer zu Martin hocheilen, der sich völlig angezogen auf das Bett geworfen hatte.
Ich wünschte die Charterreise und die Bustour und das Hotel und ganz Afrika zum Teufel, als ich Martin so still daliegen und in die Luft starren sah, aber ich fühlte mich unbeschreiblich erleichtert, ja wie von einem schrecklichen Alptraum befreit, als er den Kopf wandte und mich ansah. Denn es war zwar noch immer so, als sei sein Blick fern und sonderbar belastet, weil er aus diesem noch immer viele Kilo oder vielleicht Tonnen schweren Block seines Kopfes kam, gleichzeitig aber sah ich, daß er irgendwie kämpfte, um zu mir

zu gelangen. Das heißt, *er wußte also, daß ich da war*, und so war sein Blick nicht gewesen, als er draußen im Busch die Augen aufschlug und ich ihn mit meinen Blicken suchte, aber nur den unverständlichen Schmerz eines fremden Wesens fand. Deshalb sprach ich ihn nun an, denn ich dachte mir, der Ton meiner Stimme könne vielleicht in seiner Seele irgendeine Erinnerung zum Vibrieren bringen, die ihn in seinem Kampf darum, zu mir und zu sich selbst zurück – oder vielleicht vorwärts – zu gelangen, stärken konnte. Ich habe keine Ahnung, was ich sagte. Ich hatte keine Zeit, mir etwas Vernünftiges oder Inhaltsreiches auszudenken, aber es kann schon sein, daß darin mehr Vernunft und mehr Inhalt lagen, als mir bewußt ist, denn ich öffnete ganz einfach die Schleusen meines Herzens – was sollte ich denn auch sonst tun? Ich glaube, ich sprach von der Vergangenheit, du weißt, Erinnerungen aus der Kindheit und Jugend, all das, woraus man nun mal schöpft, wenn man in die Lage gerät, daß man irgend etwas erzählen oder zum Beispiel große Kinder unterhalten muß, aber was ich auch gesagt haben mag, ich glaube schon, es hatte ein bißchen die gewünschte Wirkung. Es konnte ihn zwar bei weitem nicht sofort heilen, denn du hast ja selbst gesehen, wie es ihm ging, als er nach Hause kam, aber da hättest du ihn die erste Nacht sehen müssen. Ich kämpfte darum, ihn ins Leben zurückzuholen, und ich hatte in jener Nacht das Gefühl, daß der Kampf jetzt ausgekämpft werden mußte. Ich wagte ihn keine Sekunde loszulassen, sein Blick hing an mir, und er kämpfte selbst verzweifelt, um nicht zurückzusinken und sich von der Angst verschlucken zu lassen, die hinter ihm her war. Ich sprach noch immer, als es Morgen wurde und die Sonne aufging. Ich entdeckte, daß er eingeschlafen war, während ich noch immer redete, und nun war es, als säße ich hier und erzählte mein eigenes Leben, als käme es mir sehr viel größer und unüberschaubarer und reicher hoch, als mir jemals klargewesen war: Es war, als kehrte jeder einzige Augenblick des Glücks, des Schmerzes oder der Erwartung, jeder Sinneseindruck, den ich jemals empfangen hatte, zu mir zurück; und indem mir das bewußt wurde, verblich es, erst langsam, dann schneller und immer schneller wie ein großes, wunderbares Feuer, dessen Flammen, indem sie zusammensinken und verlöschen, noch einen Abglanz ihrer Pracht auf der Netzhaut hinterlassen. Ich war erschöpft wie noch nie. Als ich von Osten das Morgenlicht über das Meer fallen sah, fühlte ich mich dankbar, als reiche man mir ein Stück Brot. Nun konnte ich mich sogar mit Afrika und mit der Nacht aussöhnen, obwohl ich mir auch sagte, du mußt anerkennen lernen,

daß du gewisse Dinge nicht verstehst und nie verstehen wirst. Das ist nun einmal das Los des Menschen – jedenfalls das meine –, und das liegt vielleicht nur daran, daß ich zu dumm bin; deshalb aber wird man nie mit völligem Frieden in der Seele sterben können; aber das wäre wohl auch zuviel verlangt.
Ich war, so komisch das auch klingen mag, ganz zufrieden mit allem, als ich an dem Morgen über das Meer hinausblickte, aber ich fühlte mich von der Müdigkeit auch total gerädert, obgleich ich ja in gewisser Weise nichts getan hatte – jedenfalls so im normalen Sinne. Mein Optimismus war allerdings, wie sich zeigte, auch etwas voreilig. In Martins Zustand zeichnete sich zwar eine entscheidende Wende zum Besseren ab, doch als er im Laufe des Tages erwachte, schien es trotzdem, als müßten wir noch einmal von vorn anfangen. Darauf folgte die Zeit, in der es hoch- und runterging – glücklicherweise dauerte unser Aufenthalt nur noch ein paar Tage, leider aber hatte es keinen Einfluß auf seinen Zustand, daß er wieder nach Hause kam, so, wie ich es gehofft hatte. Es geht ihm zwar jetzt etwas besser, aber das hat wahrhaftig auch lange genug gedauert, und noch immer passiert es, daß er nachts aufwacht und aufstehen muß. Eine Erklärung aber habe ich von ihm nicht bekommen können, und es reicht mir auch, daß ich ihn zurückerhalten habe. Das Wahrscheinlichste ist, daß er sich aus irgendeinem Grund vom Dorf entfernt, sich verirrt und vielleicht einen Hitzschlag bekommen hat oder von einem giftigen Insekt gebissen worden ist und in einem Zustand der Bewußtlosigkeit Alpträume durchlebt hat, die ihn heute noch quälen und mit denen er sich offenbar abfinden muß. Wenn das der Preis für eine Urlaubsreise nach Afrika ist, dann finde ich den Preis hoch. Die Versicherung wollte nichts zahlen, teils, weil er die Reisegesellschaft selbst verlassen hat, teils, weil er sich weigerte, sich am Ort einer ärztlichen Behandlung zu unterziehen. Nun aber scheint er doch bald so weit auf dem Damm zu sein, daß er seine Arbeit wiederaufnehmen kann.

Als Martin wieder ganz gesund geworden war, ließ er sich eines Tages bei mir im Hinterzimmer nieder und begann unaufgefordert zu erzählen.
Die erste Zeit in Afrika lagen wir nur am Strand und lauschten der Dünung des Atlantiks, während wir uns von der Sonne bräunen ließen und ab und zu in die Wellen tauchten. Während wir so dalagen, bewegten sich meine Gedanken unweigerlich in das Land hinter uns hinein, von dem wir überhaupt nichts wußten und das mir völ-

lig unwirklich erschien, als säßen wir auf der äußersten Verbrämung einer Illusion. Aber die Schwarzen, die wir am Strand sahen und die uns im Hotel bedienten, waren ja ebenso wirklich wie wir selber – was sollten sie denn auch sonst sein? Na, aber wie du vielleicht hörst, war ich also ziemlich neugierig und wollte mir das Land dort drin etwas näher anschauen, wo die Schwarzen herkamen und wo ihre Dörfer im Busch verstreut lagen, weshalb es mir auch gut paßte, daß ein Ausflug dorthin veranstaltet werden sollte, obgleich ich mir auch ausrechnen konnte, daß es begrenzt ist, was man als Tourist in zwei Stunden in einem Negerdorf erleben kann.
Du hast wahrscheinlich bereits von dem Ausflug in das Dorf gehört, vielleicht hast du auch die Farbfotos gesehen, die Freya dort gemacht hat, und natürlich fing es dort an, obwohl es vielleicht schwer zu erklären ist, wie es kam. Oder in gewisser Weise ist es überhaupt nicht schwer. Wärst du vielleicht nicht auch neugierig, wenn du in einer Negerhütte in Afrika eine der bekannten Figuren aus der Königlichen Porzellanfabrik gesehen hättest? Na, aber genau das passierte mir, und, ehrlich gesagt, habe ich die Augen wohl ziemlich aufgesperrt, als ich sie sah. Sie stand auf dem Fußboden in einer Ecke in einer der Hütten, und es lag etwas Stroh darauf, so daß man fast hätte meinen sollen, es sei ihr ein Opfer gebracht worden. Ich begann die Bewohner der Hütte danach auszufragen, das heißt mit Zeichen und Gebärden, denn entweder war in der Hütte niemand, der englisch verstand, oder aber sie taten bloß so. Die ganze Familie – der Mann, seine Eltern, seine drei Frauen und ihre sechzehn Kinder – war dort im Raum versammelt, aber sie sahen verlegen und allmählich fast eingeschüchtert aus, als ich mit meinen Fingerfragen, meinem Zeigen und Mit-den-Armen-in-der-Luft-Herumfuchteln und mit meinem aufmunternden Lächeln in sie drang, und als ich Münzen hervorzog, war es, als liefe ein Schauer durch sie hindurch, und sie begannen durcheinanderzugackern, wobei sie sich nicht an mich wandten, sondern aneinander. Einer von ihnen nahm die Figur und stellte sie hinter das Transistorradio – ja, es war eine wohlhabende Familie –, da ich mich aber nicht aufhalten ließ, schleuderte mir schließlich einer von ihnen »die weiße Hexe« – »the white witch« – hinterher und zeigte gleichzeitig nach Osten. Es schienen also doch Englischkenntnisse vorhanden zu sein, als ich mich aber mit weiteren Fragen versuchte, begannen sie mir zu drohen und mich zu drängeln, um mich rauszukriegen.
Nun entnahm ich ihren drohenden Blicken und dem Murmeln, das

von ihnen erklang, daß es ihnen Ernst sei, weshalb ich nur wiederholte, indem ich mich zurückzog: White witch? – White witch? Was sollte das bedeuten? Weshalb stand da eine Figur aus der Königlichen Porzellanfabrik in einer elenden Negerhütte? Weshalb hatten die bis zum äußersten getriebenen Bewohner »die weiße Hexe« gesagt? Weshalb hatten sie sich so geheimnisvoll, so erregt und so drohend benommen? Weshalb hatten sie nach Osten gezeigt?
Nach Osten, das war im Landesinneren. Was war das für ein Geheimnis von einer weißen Hexe, die sich dort drin verbarg? Das klang wie eine phantastische Geschichte in einer romantischen Erzählung, ein bißchen nach Afrikaromantik, aber die Wirklichkeit, die mich umgab, mit dem Touristenbus, den ich von meinem Platz aus sehen konnte, widersprach der phantasievollen Auslegung dieser seltsamen Episode, die mir so unerwartet zugestoßen war. Ich konnte nicht umhin, nach Osten zu sehen, dort erstreckte sich der Busch, weiter drin waren fruchtbare und sumpfige Wälder an den Ufern des Flusses, und noch weiter weg die Berge, durch deren Paß die Nomaden der fernen Hochebenen mit der Küstenbevölkerung hier unten in Verbindung standen, hier unten, wo wir uns befanden und wo es jetzt Flugplätze und Hotels mit Swimmingpool und Klimaanlage gab.
Eigentlich lasse ich sonst nicht die Phantasie mit mir durchgehen, und tatsächlich war es ja auch die Wirklichkeit, die mich reizte. Ich begann zu fragen – aber gedämpft, denn ich hatte bereits begriffen, daß man davon nicht laut reden sollte: White witch?, wodurch es mir gelang, eine ganze Reihe Erwachsener zu erschrecken, die die Augen aufrissen, sich abwandten oder mich nur angafften.
Doch ein Bürschchen von dreizehn oder vierzehn Jahren reagierte schließlich, er zeigte nach Osten und wiederholte: White witch, white witch!
Ich war so verblüfft, daß ich ihm etwas zu geben vergaß, statt dessen schlug ich den Pfad ein, der aus dem Dorf unter Bäumen fortführte und von den Generationen von Füßen, die ihn begangen hatten, hart und gleichmäßig getreten worden war. Er führte genau nach Osten, das war also jedenfalls die richtige Richtung, und ich erwartete jeden Augenblick, irgend etwas auftauchen zu sehen, was das Geheimnis aufklären konnte. Doch das geschah nicht, obgleich ich ziemlich lange ging, und ich ärgerte mich so sehr darüber, daß meine Neugierde nicht befriedigt wurde, daß ich mich entschloß, noch ein wenig weiterzugehen. Ich wußte, daß mir noch genug Zeit blieb, bis der Bus uns zurückfahren sollte.

Sag mir, was ist der Unterschied, wenn man gedankenlos oder gedankenvoll ist? Ich war sehr gedankenvoll, aber gerade deshalb war ich ungeheuer gedankenlos, was mir natürlich hinterher aufgegangen ist. Trotzdem kann ich nichts bereuen. Was hättest du an meiner Stelle getan?
Ich kam zu einem neuen Dorf, das kleiner war als das vorhergehende. Meine Ankunft erregte großes Aufsehen, hier war bestimmt noch nie ein Touristenbus gewesen. Alle Einwohner, Kinder wie Erwachsene, scharten sich um mich, als ich aber englisch sprach, führten sie mich zu einem jungen Mann, der gerade sein Fahrrad flickte.
Die weiße Hexe? Er starrte mich forschend an. Was willst du von ihr? Paß lieber auf.
Und die Figuren? fragte ich.
Wer sich von ihr weihen läßt, bekommt einen Fetisch mit.
Weihen, wie?
Der junge Mann sagte: Es heißt, in ihrem Unterleib wohnen Unüberwindlichkeit und Unsterblichkeit, aber man muß durch eine enge Öffnung, um dessen teilhaftig zu werden. Die Weiße ihrer Haut kommt daher, daß sie von einem großen Zauberer geschaffen wurde, der sie aus dem weißen Pulver zermahlener Skelette gebildet hat. Sie ist nicht weiß wie du.
Kann man nur so eine Figur bekommen?
Nein, sie verkauft sie auch ohne weiteres, dann ist sie bei weitem nicht so teuer, aber wer hat schon Lust dazu? Sie verleiht an sich noch keine Unsterblichkeit und Unüberwindlichkeit, nur die Sehnsucht danach. Es kann sein – er maß mich mit den Blicken –, daß du reich genug bist für das Ganze.
Ich fragte ihn nach dem Weg, denn jetzt brannte ich erst wirklich darauf, das Phänomen näher zu studieren. Er erklärte mir den Weg, und ich verstand, daß es noch ziemlich weit sei; aber ich schob entschlossen alle Bedenken beiseite. Meine Urlaubsreise erschien mir plötzlich in einer völlig neuen Perspektive, ich freute mich bereits darauf, Freya von einem Erlebnis berichten zu können, das mehr als außergewöhnlich war, und nach unserer Heimkehr mit meinem Pioniergeist angeben zu können. Es ärgerte mich nur, daß ich meinen Fotoapparat nicht mithatte – den hatte sich Freya nämlich umgehängt, als wir in dem Dorf waren, so daß ich eine Fotoreportage dieser ganzen seltsamen Entdeckungsreise hätte machen können. Jedenfalls aber freute ich mich darauf, eine Figur der Königlichen Porzellanfabrik vorzeigen zu können, die ich bei einer bekannten

Hexe an der afrikanischen Westküste erworben hatte – ich wußte ja, daß meine Brieftasche gut mit Dollarscheinen gespickt war.
Nun mußte ich allerdings in erster Linie erst einmal weiterkommen, weshalb ich gerade in die angegebene Richtung weitergehen wollte, als mir eine Idee kam. Ich fragte den jungen Mann, ob er mir nicht sein Fahrrad verkaufen wolle, das er gerade fertiggeflickt hatte, und als wir den Preis hin und her verhandelt hatten, war das Geschäft abgeschlossen.
Paß auf! war das letzte, was er sagte, als ich mich in den Sattel schwang und aus dem Dorf hinausfuhr.
Noch nie habe ich so das Gefühl gehabt, in Weiten hinauszufahren, die unendlich sind; aber wenn man bedenkt, daß ich eigentlich fast auf Afrikas Mitte zufuhr, dann ist das vielleicht nicht so komisch.
Das Gefühl, so auf dem Fahrrad dahinzurollen, war äußerst ermunternd, aber ich paßte auf, daß ich nicht zu hart in die Pedale trat, um mich in der Hitze nicht zu überanstrengen, die hier im Landesinneren sehr viel heftiger wirkte als draußen an der Küste, wo eine Brise vom Meer sie nicht drückend werden ließ. Beim Fahren dachte ich daran, was der junge Mann gesagt hatte, und allmählich verursachten mir seine kurzen Bemerkungen ein komisches Ziehen im Zwerchfell, obgleich ich mir die ganze Zeit über sagte, daß das alles nur Ausdruck eines dummen Aberglaubens sei. Selbst ein englischsprechender Neger, der ein Fahrrad flicken kann und sich auf Geld versteht, ist also genauso abergläubisch wie ein altes Weib, sagte ich mir. Wie sollen aus ihnen jemals aufgeklärte Vernunftwesen werden? Ich versuchte das Ziehen auch zu bannen, indem ich mir versicherte, daß ich natürlich nur im Sinn hätte, eine Figur zu kaufen und dadurch aufzuklären, wie sie hier gelandet seien – und nichts weiter. Nach allem zu schließen, handelte es sich um eine einfache Prostituierte, die es verstanden hatte, ihr Geschäft mit einer geheimnisvollen Aura zu umgeben, die sicher gutes Geld einbrachte.
Ich erreichte den Fluß und kam durch ein weiteres Dorf. Du kannst dir gar nicht vorstellen, wie sie die Augen aufsperrten, als ich mit Sonnenbrille und Strohhut da durchgeradelt kam, aber ich ließ mich nicht beirren und verfolgte weiter meine Spur durch dichtes Gebüsch, wo es nun auch nach Schlamm und faulenden Pflanzen roch und wo ich von großen, feuerroten Blumen umgeben war, die aussahen, als streckten sie mir aus einem tiefen und feuchten Schlund die Zunge heraus.
Als ich den Sumpf wieder verließ, wußte ich von der Beschreibung her, daß ich mich nun der Wohnung der Hexe näherte, und ich ent-

deckte zu meiner Überraschung, daß meine Glieder schwer wurden wie Blei, so daß ich kaum die Pedale herumtreten konnte. Ich hielt an, wischte mir mit dem Taschentuch den Schweiß von der Stirn und versuchte die Ursache dieses sonderbaren Unwohlseins zu ergründen, das von einem heftigen Herzklopfen begleitet wurde. Ich erforschte mich so ausdauernd, daß ich schließlich erkannte, daß einer meiner Gedanken – ein heimliches und mißgebildetes Geschöpf, dessen häßliche Physiognomie ich am liebsten nicht kennen wollte – sich in den Worten vom Unterleib der Hexe und den Schätzen, zu denen seine enge Passage Zugang verlieh, festgebissen hatte. Dieser Gedanke nährte sich allerdings keineswegs von der Unsterblichkeit, Unüberwindlichkeit oder anderen Ausgeburten der Phantasie, sondern von der Vorstellung, mit einer alten Hexe in Afrika zu schlafen, und das ließ mich nun nicht mehr los.
Ich schloß die Augen in dem Versuch, meine Gedanken zu sammeln, das heißt, mich selbst zu etwas Überschaubarem und nicht allzu Fremdem zu sammeln; doch ob ich sie nun öffnete oder schloß, ich wurde unaufhörlich von einer schieren Sintflut aus Gedanken und Vorstellungen umgerissen, deren unbekannter Ursprung mir geheimnisvoll und beunruhigend erschien, und schließlich blieb mir nichts weiter übrig, als die Fahrt fortzusetzen, wenn ich nicht Gefahr laufen wollte, den Rest des Tages am selben Fleck stehenzubleiben, und das wollte ich nicht.
Es ging auch ausgezeichnet, ja viel besser als erwartet, als hätte ich mich einfach nur durch diesen Entschluß von dem krankhaften Zustand geheilt, der mich in diese Krise hinausgeworfen hatte. Eines war mir klar, nämlich, daß ich nicht der Martin Lönn sein konnte, an den ich mich eigentlich gewöhnt hatte, daß irgendwie eine andere Person in mir hervorgetreten war, die aber trotzdem auch ich war und mit der ich nun verwundert Bekanntschaft schloß. Was ich jetzt begehen wollte, war nämlich viel zu anormal, als daß man es hätte dem Touristen zuschreiben können, der unter meinem Namen lief, und dennoch erschien es mir selbstverständlich und unumgänglich. Das klingt ja wohl alles ziemlich verwirrt, und das war es in gewisser Weise auch, aber doch auch wieder nicht so verwirrt, jedenfalls fuhr ich schuckelnd und hopsend, dennoch zielbewußt auf dem festgetrampelten, für einen Fahrradfahrer aber trotzdem höchst unebenen Pfad weiter, wobei ich meinen Blick starr auf den Weg halten mußte, um nicht umzukippen; mit dem Ergebnis, daß ich, als ich trotzdem aufsah, um mich zu orientieren, sofort umkippte, nicht aufgrund der Unebenheiten auf dem Pfad, sondern weil mir der An-

blick der Hütte, die gerade hundertfünfzig Meter entfernt dalag, einen Schock versetzte, als hätte ich doch nicht an ihre Existenz geglaubt. Nach meinem Sturz schwindelte mir, aber ich kam doch wieder auf die Beine.
Nun muß ich wohl lieber schnell erzählen, daß der Anblick der Hütte mich vielleicht vor allem deshalb so erschreckte, weil im Schatten der einen Wand eine weißgekleidete Gestalt saß. Die Vorstellung von einer Hexe ist für uns so ungewohnt, daß wir schon außer uns geraten, wenn davon in gewisser Weise als etwas ganz Alltäglichem und Natürlichem gesprochen wird – so erging es jedenfalls mir. Ihr erster Anblick erschütterte mich jedoch in einem Maße, auf das ich überhaupt nicht vorbereitet war. Nein, ich hatte sicher bis zuletzt gehofft, sie sei nicht wirklich. Nun aber ließ sich ihre Existenz jedenfalls nicht übersehen, und das um so weniger, als die Hütte das Prosaischste und Behelfsmäßigste war, was man sich vorstellen kann – sie war nämlich weitgehend aus alten Bierkästen erbaut. Das kam völlig überraschend für mich, kann ich wohl behaupten – ich hatte mir eine richtige, herkömmliche Hütte ohne die Reste und Enden aller möglichen industriellen Abfallprodukte vorgestellt, wie ich sie in den Dörfern, durch die ich gefahren war, gesehen hatte, die sich dadurch bereits in die Müllkippen der Zivilisation verwandelten.
Jedenfalls hatte ich Hut und Sonnenbrille verloren. Nun hob ich den Hut auf und setzte mir die Sonnenbrille wieder auf die Nase, und als das getan war, sah ich, daß das Weib verschwunden war – anscheinend in die Hütte. Sie hatte in der heißen Luft wie eine Fata Morgana geflimmert, doch als ich nun die dunkle Sonnenbrille wieder aufhatte, war es, als käme sie etwas zur Ruhe. Während ich auf die Hütte zuspazierte, erinnerte ich mich an meine gut vierzig Jahre und bat sie, mir beizustehen, denn mit dieser Rückendeckung hätte ich ja doch eine gewisse Würde und Lebenserfahrung haben müssen. Aber ich kann es ebensogut direkt sagen: Sie verschwanden, verdufteten, und in gewisser Weise habe ich sie seither nicht mehr gesehen. Deshalb kämpfte ich ganz auf eigene Faust, um meiner Gemütsbewegung Herr zu werden, denn es gefiel mir nicht, daß sie völlig ungehindert mit mir ihr Spiel sollte treiben können; aber das gelang nur teilweise. Nein, nachdem ich erst einmal meiner Neugierde nachgegeben und beschlossen hatte, die Hexe aufzusuchen, war vollständige Gemütsruhe nicht mehr möglich.
Wie gesagt, war die Hütte in Wirklichkeit ein Schuppen aus Blech und alten Bierkästen, und als ich darauf zuging und sie näher beäug-

te, wurde ich immer stärker verstimmt. Alles Geheimnisvolle verschwand, ich sah die Dinge, wie sie waren: das jämmerlichste und trostloseste Bordell, das man sich vorstellen kann, ohne jegliche Andeutung des falschen Schmucks, den selbst ein schäbiges Großstadtbordell zu bieten hat.

Na, aber ich mußte da durch, deshalb bückte ich mich und betrat den Raum, der nach der blendenden Sonne draußen dunkel wirkte. Tatsächlich war es im Innern sehr dunkel, denn es fiel nur Licht durch die Türöffnung und dann noch durch einige ganz schmale Ritzen in den Wänden, die bei weitem nicht ausreichten, den Raum zu erleuchten. Hier und dort ahnte ich auf dem Fußboden einige Kästen, einen Spirituskocher und einen Haufen leerer Kanister und Konservendosen. Ganz hinten aber, ganz tief im Dunkeln, dort verbarg sich die Hexe. Ich konnte sie fast nicht sehen, so dunkel war es. Außerdem war sie in dreckige Lumpen gehüllt, aus denen nur die Füße und ein paar graue Haarzotteln hervorguckten. Von ihrer Haut sah ich nur wenig, aber sie war ganz weiß und wirkte selbst aus der Entfernung hart und rissig wie ein ausgetrocknetes Flußbett.

Ich näherte mich dem Lager, auf dem sie lag und das im übrigen nur aus ein paar zerlumpten und zerlöcherten Schilfmatten bestand, doch bevor ich zu nahe herankam, hielt sie mich mit einer Handbewegung zurück und sagte mit heiserer und pfeifender Stimme: Money! Money!

Gleichzeitig streckte sie eine Hand aus den Lumpen, klopfte mit dem Handrücken auf die Erde und ließ sie dann mit offener Handfläche ruhen. Ich zählte die Scheine in ihre weiße Hand. Die lag völlig unbeweglich wie ein Gegenstand, der neben dem Lager auf dem Boden angebracht worden war. Meine eigenen Hände zitterten, obwohl ich mich bemühte, die Herrschaft über ihre Bewegungen zu behalten.

Bekomme ich nun die große Weihe – und eine Figur? fragte ich auf englisch, kurzatmig von einer Erregung, die meinen Hals anschwellen und die Haut um meine völlig ausgetrockneten Lippen stramm werden ließ.

Sie nickte. Ich betrachtete verblüfft ihre magere, knochige und runzlige Hand, die sich wie eine mechanische Klaue um die Scheine schloß und sie unter die Schilfmatte schoben. Wie in der Unwirklichkeit eines Traumes erhob ich mich und trat an das elende Lager, von dem ein Geruch von eingetrocknetem Schweiß und verschimmelten Essensresten ausging, der mir fast Übelkeit verursacht hätte. Ich war in einer mir selbst völlig rätselhaften und unverständlichen

Weise erregt. In Wirklichkeit hätte ich mich abgestoßen fühlen sollen, aber in welcher Wirklichkeit? Das Gefühl der Übelkeit und die Erregung hingen zusammen und gehörten wohl mit zu der Weihe, für die ich schweres Geld bezahlt hatte. Nun sah ich, daß die alte Kokotte ihre Beine breitgemacht hatte und daß die Haut zwischen ihren runzligen Schenkeln in Falten hing. Schaudernd begrub ich mich in dem Haufen aus schmutzigen Lumpen und geheimnisvollen, verwitterten Organen, wo ich zu meiner Verwunderung Ruhe fand, als hätte ich nichts mehr zu wünschen und zu begehren. Nach einer Weile zappelte ich wie ein Frosch, seufzte müde und ließ den Kopf an ihrer spindeldürren Schulter ruhen.

Ich hatte völlig die Sonnenbrille vergessen, die mir jetzt im Weg war. Ich nahm sie ab und konnte nun die Einzelheiten in den notdürftig zusammengehauenen Wänden, die uns umgaben, sehr viel deutlicher sehen, bis mir ihre Hand auffiel, die in mein Blickfeld geriet. Ich starrte sie gedankenlos an, doch dann begann ich zu frieren, und im Laufe eines Augenblicks fühlte ich mich eisig kalt. Ich hatte das Gefühl einer Katastrophe, doch was das für eine Katastrophe sei, verstand ich nicht – ich wußte nur, daß sie von der Hand ausging, wie immer das auch sein mochte; als berge die Hand eine Botschaft, die mein Verstand nicht begreifen wollte. Ich erinnere mich, daß ich dachte, das hier muß schlimmer sein als sterben – und im selben Augenblick, als es völlig unerträglich wurde, stieß ich einen Schrei aus, warf mich von ihr weg und wälzte mich auf dem Boden.

Da lag ich nun und versuchte mich zu fassen, bis ich mich so weit erholt hatte, daß ich die Hexe wieder anzusehen wagte – vor dem Hintergrund des Geschehenen erschien sie mir, als trüge sie ihren Namen zu Recht –, um jedoch kein Risiko einzugehen, hatte ich mir die Sonnenbrille wieder aufgesetzt. Glücklicherweise konnte ich die Hand, die Ursache der fürchterlichen Angst, nicht sehen, und das Tuch, das sie um den Kopf trug, verbarg noch immer den größten Teil ihres Gesichts. Mir fiel ein, daß ich noch immer etwas gut hatte. Das war wohl die Weihe, stammelte ich. Und nun die Figur. Ich wollte auch eine Figur haben.

Sie hob den Deckel einer Kiste, die hinter ihr stand, und zog eine der bekannten und beliebten Figuren der Königlichen Porzellanfabrik heraus, die sie zwischen uns auf den Boden stellte. Sie stellte einen Jungen in Begleitung eines Hundes dar.

Ich staunte.

Wo kommt die her? fragte ich, indem ich unwillkürlich ins Dänische überging. Wie landen die Figuren hier? Und wer bist du eigentlich?

Ich spürte, daß ich einem Geheimnis nachjagte, dem ich auf den Grund gehen mußte. Ich mußte ihr die Wahrheit entreißen, und wenn ich sie aus ihrem alten Körper herausprügeln sollte.
Heraus mit der Sprache, Alte! brüllte ich sie an, so daß sie zusammenzuckte und rückwärts kroch, als fürchtete sie, ich würde im nächsten Augenblick auf sie eindreschen.
Abwehrend hob sie die eine Hand. Da war sie wieder, die Hand. Sie zitterte. Anscheinend hatte auch sie wirklich Angst.
Frage nicht, bat sie mit bebender Stimme.
Aber ich wollte mich nicht bremsen lassen. Nun hatte sie bitte schön den Schleier des Geheimnisses zu lüften, das in der Anwesenheit der Porzellanfiguren lag.
Du brauchst keine Angst zu haben, sagte ich ruhiger und setzte mich zurecht, es geschieht dir nichts. Erzähl nur.

Eines ist für den Verlauf meines Lebens entscheidender gewesen als alles andere, nämlich die Tatsache, daß ich ein Findelkind bin und daß die Eltern, die mich zu sich und es auf sich nahmen, mich zu erziehen, das Geheimnis meiner Herkunft nicht kannten. Das war sicher auch ganz gut so, denn sonst hätten sie mich vielleicht geradezu gelehrt, mein eigenes Geschlecht zu hassen und zu verachten. So schief lief es nun also nicht, ich mußte nur, ohne mich zu verraten, die Wahrheit selbst aufklären, die – als sie endlich deutlich vor mir stand – mein ganzes Leben auf den Kopf stellen sollte. Ich entstamme nämlich dem Geschlecht der Waldnymphen, weshalb es also wohl nicht so sonderbar ist, daß ich mich in der kleinen Wohnung, die meine sogenannten Eltern bewohnten und wo sie mich vor allem Staubwischen, Fußböden schrubben und Essen kochen lehrten, so daß ich auf diese Weise hier im Dasein ein Ziel hätte, fremd und fehl am Platze fühlte. Sie taten alles in der besten Absicht, und da ich als Kind meine eigene Identität nur unklar ahnte, eignete ich mir lernwillig das Dasein an, das sie mir sozusagen übertrugen und nach dem ich mich deshalb mit einem Gefühl der Verwirrung und Mutlosigkeit abrichtete.
Nun will ich dich nicht mit meiner ganzen Autobiographie ermüden, das würde auch mich selbst müde machen, und wir würden uns nur zu Tode langweilen, denn in Wirklichkeit gibt es über diese vielen Jahre nichts weiter zu sagen als das, was ich bereits gesagt habe. Du weißt ja selbst, wie das Leben in so einer Familie in einer dänischen Kleinstadt aussieht, den Rest kannst du dir also selbst leicht vorstellen. Was meine falschen Eltern begonnen hatten, führ-

te ich selbst weiter – Herrgott, ich kannte ja nichts anderes! Obgleich ich aber zu dem Mann, den ich heiratete, wegen seines starken Charakters aufblickte, so spornte gerade der mich vielleicht dazu an, meine eigenen Wege zu gehen und in aller Heimlichkeit dem Trieb zu folgen, den meine unwissende Umgebung und deren Verlängerungen in mir selbst immer unterdrückt hatten. Nicht, daß ich geglaubt hätte, auf diesem Weg das Glück zu finden, denn mir war völlig klar, daß das Leiden und das Unglück ebensogut mein Schicksal sein könnten, sondern weil ich mich nun einmal nicht zu dem Bild meiner selbst bekennen konnte, das meine Umgebung mit so großer Selbstverständlichkeit grüßte.
Es erschreckte mich, daß das Nymphendasein sich als weitaus anstrengender erwies, als ich mir vorgestellt hatte. Wenn meine Mutter es konnte, kann ich es auch, sagte ich mir, und ich spürte, wie sich in dem Körper, mit dem ich herumlief und der ihn noch verbarg, der starke Körper der Nymphe entwickelte und bildete.
In den Hainen und Wäldchen, wo ich mich aufhielt, sobald sich die Gelegenheit bot, spähte ich nach anderen Nymphen, mit denen ich Erfahrungen austauschen konnte und deren bloßer Anblick ein Genuß für mich gewesen wäre. Deshalb war es mein großer Kummer, daß ich nie das Glück hatte, jemandem zu begegnen, und in der Einsamkeit verlor ich zuweilen fast den Glauben an meine eigene Existenz oder jedenfalls an deren Berechtigung. Hinzu kam, daß der sich in mir abspielende Kampf zwischen den beiden Identitäten mich unsicher machte und mir so viel Angst einflößte, daß ich beständig einen übelriechenden Schweiß produzierte, der für mich wie für meine Umgebung eine Plage war. Die Wende trat ein, als ich eines Tages auf einem meiner Streifzüge endlich einer zweiten, älteren und erfahreneren Nymphe begegnete.
Sogar heute noch, wo ich so viel durchgemacht habe und das Leben fast aus mir herausgeplagt ist, kann ich bei der Erinnerung an die dänischen Buchenhaine richtig ins Schwärmen geraten. Sie sind wirklich wie für uns Nymphen geschaffen, und da die Bevölkerung nicht an unsere Existenz glaubt oder davon überhaupt nichts weiß, haben wir sie fast ganz für uns. Ihre schönen Wiesen sind der herrlichste Tummelplatz, und sie sind schattig, ohne drückend zu wirken – ganz im Gegenteil, sie sind offen, und der Blick kann sie angenehm durchstreifen.
In genau so einem Buchenhain erblickte ich die Nymphe, die ich eben erwähnt habe. Ich weiß wohl, es ist schwer, sich vorzustellen, daß mein Körper eine Jugend gehabt haben soll, aber auch Wald-

nymphen altern – und übrigens war ich damals auch nicht mehr ganz jung. Meine Jugend war ja mit einem Leben vergangen, das nicht wirklich das meine war, deshalb hatte ich etwas nachzuholen. Ich rief die Nymphe, die sich mit leichtem Schritt zwischen den Stämmen hindurchbewegte, und in ihrem Blick las ich, als sie sich näherte, das strenge und unerbittliche Gesetz, dem das Leben der Waldnymphe unterworfen ist. Obgleich ich es geahnt hatte, war ich natürlich erschrocken, als ich es so deutlich ausgedrückt sah, denn daß auch ich mich ihm unterwerfen mußte, daran zweifelte ich keinen Augenblick. Zusammen badeten wir in einer Quelle, deren kühles Wasser die neue Identität meines bebenden Körpers bestätigte, als wir aber nach dem Bad einander mit leichten Fingern liebkosten, wurde mir so angst vor ihrer Trauer und ihrer Einsamkeit, die mich, so fürchtete ich, mit Ansprüchen binden würden, denen ich nicht genügen konnte oder wollte, daß ich mich zur Flucht wandte.
Zu dem Zeitpunkt hatte ich bereits versucht, meinen Mann mein wahres Ich sehen zu lassen, das ihn jedoch zu Tode erschreckte. Da die Waldnymphe in Wirklichkeit treu ist, war ich damit in einer fürchterlichen Klemme, was vielleicht auch der Grund dafür war, daß ich auch von unheimlichen Träumen heimgesucht wurde, deren wahre Bedeutung ich erst sehr viel später ahnte. Aus diesem Dilemma rettete mich ein Spiel von zufälligen Umständen, wenn ich aber ganz ehrlich sein soll, wozu ich heute einen Drang verspüre, so muß ich zugeben, daß ich mich vielleicht in die Zufälle einmischte und so für ihren Verlauf mitverantwortlich wurde, womit ich seither habe leben müssen.
Damals war Dänemark ein friedliches Land, und es fiel niemandem im Traume ein, daß die blutigen Umwälzungen, die die Welt ansonsten kennzeichneten, die aber fern und unwirklich wirkten, in das Herz der Idylle sollten eindringen können, die ein geachteter König und ein vertrauenerweckender Staatsmann garantierten. Genau das aber geschah, und als ich in aller Unschuld meinem Mann eine Art Verkleidung anbot, bezeichnete ich ihn gleichzeitig als Ziel der Kräfte, die das Entsetzen in ihre Dienste nahmen und seither den Mord unaufhörlich zu einem der gewöhnlichsten Rituale der Welt gemacht haben, das inzwischen so weit verbreitet ist, daß es nicht einmal mehr unser Grauen erregt.
Seit dem Tod meines Mannes habe ich nicht vergessen können, was in dieser Welt vor sich geht. Ich war in den Besitz eines Wissens gelangt, von dem ich selbst wie meine Umgebung in hohem Maße verschont geblieben war. Das erzeugte eine Wut in mir, die mich

daran hinderte, der Verzweiflung zu unterliegen, die später so oft Sturm gegen mich gelaufen ist und die mich damals in Ohnmacht fallen ließ. Mich plagten Gewissensbisse, denn ich wünschte meinen Mann tot, haßte aber gleichzeitig die Kräfte, die ihm den Garaus machten. Wie ging es zu, daß ich mitspielte, wenn ich es denn tat? Ach, in einem unbewachten Augenblick spielen wir wie Kinder, und bevor wir es entdecken, hat das Entsetzen das ausgenutzt, und alles hat sich für Zeit und Ewigkeit geändert und wird nie mehr so, wie es war.

Als ich aus der Bewußtlosigkeit erwachte, betrachtete ich das Leben als Witwe, das nun zu meiner Verfügung stand, mit meiner vollen und ganzen Waldnymphennatur. Mir war sofort klar, daß ich niemals würde weiterleben können, als sei nichts geschehen, unter den Menschen, die bisher meine Umgebung ausgemacht hatten und die weder imstande sein würden, die Wut zu verstehen, mit der ich eine Verzweiflung bekämpfte, die sie in ihrem scheinbar so geborgenen und unantastbaren Dasein nicht kannten, noch den unersättlichen Hunger, mit dem mein neues Wesen nach den bitteren und süßen Säften einer von unausgesprochenen Tabus umgebenen Frucht trachtete; dabei dachte ich nicht nur an das offenbare Verlangen meines Geschlechts nach Ekstase und Zärtlichkeit und nach den glitzernden Explosionen der Ovarien, sondern auch daran, daß das Gehirn unbarmherzig die unbeachteten Halluzinationen des Gegebenen und Selbstverständlichen entlarven wollte: Was meine Umgebung Familienglück nannte, war ja nichts weiter als die patriarchalische Trägheit einer uralten Institution, und die sogenannte persönliche Freiheit bezeichnete nur die Möglichkeit, einer der Rollen, die zur Verfügung standen und außerhalb deren es keine anerkannte Existenz gab, ein paar gleichgültige Verzierungen hinzuzufügen.

Ich gestand mir allerdings auch mit meiner vollen und ganzen Waldnymphennatur ein, daß ich mir bereits vor dem Tod meines Mannes das mögliche Dasein mit unserer neuesten Bekanntschaft, die ich von nun an den König nennen will, vorgestellt hatte. Er war zwar selbst gerade dabei, sozusagen das Leben aufzugeben, und erzählte, er sei vom äußersten Rand der Welt in seine Heimatgegend zurückgekehrt. Wo diese Heimat sich eigentlich befand, wurde allerdings nie deutlich, und ich habe das Gefühl, er reiste durch Jütland, um sich eine passende Heimatgegend zu erdichten, die gegebenenfalls ebenso legendenhaft sein würde wie die Städte und die Daseinsformen, die er nach eigenen Aussagen gesehen und gelebt hatte. Außerdem gab er vor, so gebrechlich zu sein, daß er für alle Zukunft mit den Frauen fertig sei, doch das durchschaute ich als eine Art Angabe und als eine Möglichkeit, sich interessant zu machen – und vielleicht als eine Verteidigung gegen die von mir ausgehende Versuchung, nachdem ich von meiner inneren Zerrissenheit und meiner übelriechenden Transpiration befreit war.

Ich äußerte nur einen einzigen Wunsch, ich wollte nämlich fortgebracht werden von dem Ort, der mich die ganze Zeit über an die Vergangenheit erinnern würde. Das war teils aufrichtig gemeint, teils Berechnung – ich wußte, die Aussicht auf die Abenteuer, die unsere gemeinsame Fortreise unweigerlich mit sich bringen würden, würde ihn über alle Maßen reizen; und ich schäme mich auch nicht, das zu sagen, denn es ist nun einmal eine Tatsache, daß selbst das Leben mit den Menschen, die wir am meisten lieben – und ich habe den König von dem Tag an, als ich ihm begegnete, geliebt –, nicht möglich wäre ohne kleine Betrügereien, die uns dabei helfen, die Dinge in der für alle Teile besten Weise funktionieren zu lassen.

Nachdem mein armer Mann begraben worden war und ich verschiedene andere Kleinigkeiten in Ordnung gebracht hatte, ließ ich mich vom König holen, und nun kam er zu meiner großen Überraschung im Wagen und war von zwei amerikanischen Helfern begleitet, ein paar jüngeren Männern, die abwechselnd den Wagen fuhren und die ich von jetzt an die beiden Türme nennen will. Sie behandelten den König familiär, was anfangs anstößig auf mich wirkte, woran ich mich jedoch bald gewöhnte. Im übrigen war es, als wachten sie über ihn oder hielten jedenfalls ein waches Auge auf ihn, als fürchteten sie, daß er sich, wenn er sich selbst überlassen wäre, ins Unglück stürzen würde. Darin hatten sie, wie sich zeigte, völlig recht, doch daran konnte ihn keine Macht der Erde hindern, was ihnen, glaube ich, auch klar war. Deshalb zeigten sie vielleicht auch eine gewisse ewige Besorgnis, die sie prägte, obgleich sie sonst in keiner Weise den Kopf hängen ließen, was ich persönlich zu spüren bekam.

Als wir nach Kopenhagen gelangten, wechselten wir alle die Namen und ich außerdem die Haarfarbe, die Frisur und die Kleidung – gewissermaßen waren wir ja auf der Flucht, und ich würde jedenfalls mit meiner alten intakten Identität nicht weit kommen. Mit neuen Papieren versehen, bereiteten wir uns darauf vor, ins Ausland zu reisen, und da der König in dem Zusammenhang ziemlich viel zu tun hatte, verbrachte ich die Zeit in Gesellschaft der beiden Türme, die fast ebenso alt waren wie ich. Das Ergebnis war, daß zwischen uns eine erotische Intimität entstand, deren Entwicklung unüber-

schaubare Konsequenzen hätte haben können. Ich fing jedoch von den beiden Türmen irgendein Gefahrensignal auf, das in unerklärlicher Weise mit der sie prägenden Besorgnis zusammenhing: Ich fühlte, daß das Feuer, das ich sehr leicht würde auflodern lassen können, sich katastrophal entwickeln und sie selbst wie auch mich schlimmstenfalls verzehren konnte. Da es den Nymphen nicht liegt, mit diesen ernsten Dingen kindlich zu spielen, begann ich sie statt dessen nach ihrem Verhältnis zum König auszufragen. Sie erzählten, daß er hier im Leben ihr Lehrer gewesen sei und daß sie deshalb in seiner Schuld stünden. Gleichzeitig gebe ihnen sein Streunerdasein Anlaß zu Unruhe und Besorgnis, und sie hofften in erster Linie darauf, daß er nun endlich zur Ruhe kommen würde. Ich versprach, mein Bestes zu tun, um ihn in dieser Hinsicht zu stützen, was sie sehr beruhigte. Sie selbst standen im Geschäftsleben, waren beide in einer Firma angestellt, deren Tätigkeit sich über verschiedene Landesgrenzen hinweg erstreckte. Geleitet wurde sie von einer Frau – sie müssen wir die Königin nennen –, die sie bewunderten und gleichzeitig fürchteten, und vermutlich war sie es, die nach ihnen schickte. Eines Morgens waren sie abgereist – doch das war nicht das letzte Mal, daß ich die beiden Türme sah.
Inzwischen hatte der König seine Vorbereitungen zu unserer Abreise beendet. Er hatte Geld in verschiedenen ausländischen Banken und schlug mir vor, wir sollten uns in Frankreich niederlassen. In dieser Zeit, in der wir viel miteinander sprachen und einander richtig kennenlernten, erzählte ich ihm die Wahrheit über meinen Ursprung, und fast hätte er im Hinblick auf die Reise durch Deutschland Bedenken gehabt.
Siehst du, sagte er, die Nazis jagen die Nymphen genauso, wie sie die Juden jagen, das geschieht nur in aller Heimlichkeit, denn offiziell können sie sich nicht anmerken lassen, daß sie von der Existenz der Nymphen überhaupt wissen oder sie anerkennen. Paß deshalb auf, daß du dich nicht verrätst – deine Staatsangehörigkeit ist keine Garantie: Sie sind schlimmer als Gangster und würden dich ohne Bedenken entführen. Außerdem argumentieren sie so: Eine Nymphe hat in Wirklichkeit keine Staatsangehörigkeit und kein anderes Vaterland als Wälder, Felder und Wiesen – und darin haben sie ja in gewisser Weise recht.
Ich selbst aber war in dieser Zeit auch nicht ganz untätig. Ich begann die schönsten Figuren der Königlichen Porzellanfabrik aufzukaufen, hinter deren berechnender Naivität ich ein rührendes und verhülltes Bekenntnis zu einer vergessenen, von aufrichtigen Gefühlen

beherrschten Lebensform sah – Liebe, Treue, Freundschaft, Hingabe –, an die alle Menschen tief in ihrem Inneren glauben, obgleich ihr tägliches Tun und Lassen so sehr der Macht des Geldes und dem Druck ihrer Umgebung unterworfen ist. Es gelang mir, eine umfangreiche Sammlung zu erwerben, die, sorgfältig in Zeitungen und Holzwolle verpackt, in eine große Kiste gelegt, zugenagelt und mit den gebührenden Deklarationen versehen, uns als Frachtgut nachgeschickt wurde.

Wie liebte ich Paris – und das in erster Linie wegen der Boulevards und ihrer Bäume. Ich weiß nicht, ob irgendeine andere Stadt so sehr für Nymphen geschaffen ist wie gerade Paris. Die kühlenden Schatten der Platanen beschwören die Haine, aus denen wir stammen, und vereinen sich auf Asphalt und Pflaster mit einem kosmopolitischen Leben, das vollkommen der Natur der Nymphen entspricht. Ich glaube, das erleichterte mir den Übergang. Den Übergang, sage ich, aber du wirst dir wohl denken können, daß es sich in Wirklichkeit um eine kolossale Umwälzung handelte, weshalb das Ganze bei weitem nicht immer rosig aussah. Tatsächlich forderte mein neues Dasein mir eine dauernde und heftige Anspannung ab – und dabei darf das Leben einer Nymphe nicht angespannt oder gezwungen sein. Mein bisheriges, höchst beschütztes Dasein erschien mir nun völlig unverständlich, gleichzeitig aber begann mir zu dämmern, daß ich meinem verstorbenen Mann vielleicht keine Gerechtigkeit hatte widerfahren lassen. Welche Beschlüsse und welche Anspannung hatte nicht sein Leben ihm abverlangt? Wieviel konnte man verlangen? Wenn ich die Nymphe in mir nicht hatte finden können, damals, wie hätte er dann dazu imstande sein sollen?
Mit dem König verhielt es sich ganz anders. Kaum waren wir in Paris angekommen, da begann er weitschweifende Pläne zu entwikkeln, und ich mußte mich nun daran gewöhnen, an der Erörterung von Projekten teilzunehmen, zu deren Beurteilung mir anfangs alle Voraussetzungen fehlten, mit denen ich mich aber bald genauso eifrig beschäftigte wie er. Glücklicherweise waren wir uns schnell einig darüber, daß wir beide nichts Besseres finden könnten als die Weinproduktion, und sobald sich die Gelegenheit bot, investierte er soviel Geld wie möglich in Weinfelder, Weingüter und Weinfirmen. Doch dabei ließen wir es nicht bewenden. Nein, wir zogen auf eines der Güter, und, von den Winzern angeleitet, beschäftigte sich der König mit den Geheimnissen des Weinbaus, was dazu führte, daß er sich nicht nur ein großes Wissen aneignete, sondern allmählich

geradezu selbst wie ein Winzer aussah. Ich selbst richtete auf dem Gut ein großes Badezimmer ein, wo ich außer einem Hahn mit gewöhnlichem Wasser, den der König benutzte, für mich einen Hahn mit Quellwasser einbauen ließ. Das Gerücht von diesem Hahn verbreitete sich allerdings schnell in der Gegend, und die verblümten Anspielungen und gut verpackten Fragen der Winzerfrauen und der jungen Mädchen verrieten eine Neugier, die ich ebensogut befriedigen konnte. Weshalb sollte das erfrischende Bad in dem Quellwasser, das durch ein Rohr von den nahegelegenen waldigen Höhen zu dem Badezimmer geleitet wurde, mir allein vorbehalten sein? Deshalb lud ich nun bald die eine, bald die andere der Winzerfrauen dazu ein, in meiner geräumigen emaillierten Badewanne ein Bad zu nehmen, wenn die Tagesarbeit beendet war und ihre müden und schweißigen Körper es am meisten nötig hatten. Da ich als weiblicher Bademeister auftrat, verletzte es ihre natürliche Schamhaftigkeit nicht, daß wir allmählich mehrere waren und sich das Ganze bald zu regelmäßig stattfindenden Zusammenkünften entwickelte, bei denen wir unter allgemeiner Munterkeit und im übrigen in aller Unschuld einander mit Wasser bespritzten, wuschen und so ausgelassen waren wie Schulgören.
Diese Winzerfrauen hatten in der Regel eine sehr schwere Figur, da sie aber ein hartes Leben führten und sich abrackerten, blieben sie bis in ihr hohes Alter behende. Es war wunderbar, ihre großen, weißen Körper zu sehen – ich selbst bin ja immer ziemlich mager gewesen –, wenn sie in der Badewanne lagen und sich wie Seelöwen im Wasser drehten. Wenn sie aus dem Bad emporstiegen, um sich abzutrocknen, lösten sie oft das dunkle Haar, das sie sonst immer in einem Knoten im Nacken trugen, damit es sie bei der Arbeit nicht störte. Ja, das war wirklich ein Anblick, wenn diese nicht mehr ganz jungen Frauen plötzlich dastanden und ihnen das dicke dunkle Haar über die weißen Schultern herabfloß, das vergesse ich nie; nicht allein waren sie schön in einer Weise, wie die Arbeit den Menschen schön machen kann, wenn sie sie nicht gerade verkrüppelt, sondern sie waren – insgesamt gesehen – auch die klügsten Menschen, die mir je begegnet sind, das kann ich durchaus sagen.
Wir verbrachten also eine glückliche Zeit, und darüber bin ich froh, ebenso um des Königs wie um meiner selbst willen. Ich war ja die Ursache dafür gewesen, daß seine Pläne für ein friedliches Alter in Jütland zunichte gemacht worden waren, doch nun konnte er noch ein paar Jahre voll mit einer Arbeit beschäftigt leben, die er liebte und die ihn mit einem Wein belohnte, an dem wir nicht zu sparen

brauchten. Wie alles andere in seinem Leben überraschte ihn das völlig, und ich liebte ihn, weil er imstande war, ein Dasein zu improvisieren, das uns jeden Tag mit neuen Freuden belohnte.
Glaub ja nicht, das hier sei reine Schönfärberei! Ich habe keineswegs vergessen, daß wir schuften mußten und daß wir mit der Produktion bestimmt auch Ärgernisse und Probleme hatten, die ganze Zeit über aber erlebten wir all die Zufriedenheit, von der man hier auf Erden träumen kann.
Dann kam der Krieg. Anfangs stellten wir uns nicht vor, daß er uns direkt berühren würde, eines Abends aber kam der kleine jüdische Apotheker zu uns hoch und sagte: Fliehen Sie! Fliehen Sie! Sie müssen begreifen, Madame, Sie müssen begreifen, Monsieur, wenn die Nazis kommen, dann gibt es hier in der Gegend Menschen, die das gern ausnutzen werden, um Sie fertigzumachen. Sie glauben mir nicht? Ach, es gibt Bauerntölpel, die nur auf eine Gelegenheit lauern, dem Besuch ihrer Frauen in Madames Badewanne einen Riegel vorzuschieben – nicht viele, aber ein einziger reicht auch. Mein Gott, wir wissen alle, daß Sie unter angenommenem Namen leben, aber weshalb sollten wir uns da einmischen? Wir lieben Sie beide, und deshalb bin ich gekommen, um Sie zu warnen.
Er verabschiedete sich, und wir redeten die ganze Nacht miteinander. Wir hatten das Gefühl, daß unser Leben vor einem entscheidenden Wendepunkt stehe, und fühlten uns plötzlich einem Spiel von Kräften unterworfen, das sich bisher im verborgenen entfaltet hatte, nun aber offen hervortrat. Waren das nicht die gleichen Kräfte – oder Kräfte, die irgendwie mit denen verwandt waren, die meinen ersten Mann ermordet hatten?
Um die Felder und die Grundstücke nicht mit dem Gefühl verlassen zu müssen, daß unsere getane Arbeit vergeblich gewesen sei, schenkten wir das Ganze den Winzerfrauen, die wir für besser geeignet hielten, diese Werte zu verwalten und die notwendige Gemeinschaft zu schaffen, als die Männer, von denen viele eingezogen werden und vielleicht nie zurückkehren würden. Sobald die Formalitäten erledigt waren, brachen wir Hals über Kopf auf, das einzige, was wir mitnahmen, war die Kiste mit königlichem Porzellan, die während dieser Jahre ungeöffnet in einem Keller gestanden hatte.
In Südfrankreich waren wir in relativer Sicherheit, da wir aber nach Frankreichs Zusammenbruch Flüchtlinge waren, mußten uns die Behörden registrieren und begannen sich deshalb eingehender für uns zu interessieren. Das inquisitorische Vorgehen der französischen Beamten ging uns allmählich auf die Nerven – wie vermißten

wir die Winzer! –, und es war uns klar, daß wir das Schlimmste zu fürchten hatten, wenn sie das Geheimnis unserer Identität herausbekämen. Sie hatten bereits Anfragen an die Behörden in Dänemark und an den örtlichen Polizeimeister des Distrikts, wo wir unsere Weinfelder gehabt hatten, geschickt. Wenn der sich als allzu geschäftig erwies, würde die Wahrheit über mich ebenfalls ans Tageslicht kommen (sie war ja unter den Winzern allgemein bekannt) – und dann bestand die Gefahr, daß man uns den Nazis ausliefern würde. Die Furcht davor, in einem Konzentrationslager zu enden, trieb uns wieder auf die Flucht. Mit unserem letzten Geld kauften wir über verschiedene dunkle Beziehungen, die sich der König mit seiner üblichen Geistesgegenwart in Marseille verschafft hatte, Ausreisevisa und Fahrkarten für einen Dampfer, der vorläufig verschiedene Häfen an der afrikanischen Westküste anlaufen sollte.
Der Kapitän war ein Grieche, der, wie sich zeigte, dem Rum und philosophischen Diskussionen verfallen war. Deshalb strahlte er vor Glück darüber, uns an Bord zu haben, lud uns in seine Kajüte ein und las mit begeisterter Stimme verstreute Zitate aus den Werken vor, die überall herumlagen. Das war eine völlig neue Welt, die sich hier vor uns öffnete, ich lauschte voller Spannung seinem Bericht von Sokrates' Verurteilung und Tod. Sie ließ mich an eine Geschichte denken, die ich einst von einer Weisen und Prophetin gehört hatte, die in ähnlicher Weise aufgrund falscher Anschuldigungen zum Tode verurteilt worden war und auch freiwillig ihr Leben geopfert hatte. Der Kapitän hatte dieselbe oder eine ganz ähnliche Geschichte gehört, und wir führten lange Diskussionen darüber, ob es richtig gewesen sei, daß sich die Frau zur Verfügung gestellt hatte und freiwillig in den Tod gegangen war. Ich bestand darauf, daß sie sich bis zuletzt hätte wehren sollen, denn trotz all der klugen Argumente, die sich anführen ließen und die sie auch anführte, so bleiben das Leben und das Atemholen letzten Endes doch über jedes Argument erhaben. Es wäre auch die beste und lebensbejahendste Lehre gewesen, die sie an ihre Mitmenschen hätte weitergeben können. Der Kapitän dagegen behauptete, daß die Menschen aus ihrer Tat hätten lernen können, den Tod nicht zu fürchten.
Diese abstrakten Diskussionen ermüdeten den König, der lieber oben auf der Kommandobrücke beim Steuermann stehen und über den Atlantik blicken wollte. Als ich einmal so unvorsichtig gewesen war, dem Griechen meine Herkunft zu verraten, war er ganz begeistert und sagte, er selbst sei mit Dionysos verwandt und habe sich immer auf den Augenblick gefreut, wo er einer Nymphe begegnen

würde. Während er seiner Gewohnheit treu kleine Schlucke aus der Rumflasche nahm, stürzte er sich in lange Argumente, die beweisen sollten, daß der Klimax der Philosophie in der fleischlichen Vereinigung unter dionysischer Ekstase zu finden sei; ich versuchte ihn zwar davon zu überzeugen, daß dies dem echten sokratischen Denken sehr fernliege, er aber beharrte mit einem so aufdringlichen Elan darauf, daß das meinen Zorn weckte.

Zorn verbindet man vielleicht nicht unmittelbar mit Nymphen. Es ist jedoch eine völlig verkehrte Annahme, daß die Natur der Nymphe nur Zärtlichkeit und andere sanfte Gefühle kenne. Nein, eine Nymphe kann durchaus fürchterlich zornig werden, vor allem auf Männer, die aufgrund irgendeines eingebildeten Vorzugs glauben, sie könnten über sie bestimmen. Die hemmungslosen Nachstellungen des Kapitäns, die zu zeigen schienen, daß er meinen Widerstand nur als Teil der Unterhaltung auffaßte, erfüllten mich mit einem flammenden Zorn, doch als der philosophische und dionysische Scharlatan, als der er sich nun entpuppte, begriff er nicht, welcher Ernst in den Ausdrücken des Hohns und der Verachtung lag, mit denen ich ihn überschüttete. Mit einem aufgedunsenen Gesicht, das vor Rum und Begierde glühte, wälzte er sich zu mir hin, und ich sah seinen dicken Lippen an, daß sie im nächsten Augenblick ihre glänzende Schmiere über meine Wange reiben, an meiner Nase lutschen und meine flüchtenden Augen überschmatzen würden. Sein Körper war zu einem vielgliedrigen Ungeheuer geworden, das mich allmählich mit den wogenden Bewegungen eines Meerestieres umschloß, um seine Saugnäpfe überall auf meiner Haut anzubringen, die in der Hitze des Gefechts bereits an verschiedenen Stellen entblößt worden war. Mit einem dumpfen Geräusch wie ein unterdrückter Seufzer zersprang die Rumflasche an seinem Schädel, gegen den ich sie aus aller Kraft geschwungen hatte, und er sank mit einem Ausdruck wie ein enttäuschtes Murmeltier ohne einen Laut zusammen.

Auf der Brücke fand ich den König, dem der Steuermann gut eingeschenkt hatte, den mein Anblick bestürzte. Sofort wurde mir klar, daß der Kapitän und der Steuermann unter einer Decke gesteckt hatten, weshalb ich ihn bat, zu seinem Gefährten hinunterzugehen, der ein vertrauliches Gespräch mit ihm führen wolle. Sobald der Steuermann verschwunden war, gab ich dem Rudergänger den Befehl, Kurs auf den nächsten Hafen zu nehmen, und der verschreckte Matrose wagte nicht, sich zu widersetzen. Daraufhin teilte ich der Besatzung mit, daß ich vorläufig das Kommando über das Schiff über-

nommen hätte, das ich sicher in den Hafen zu führen gedächte, und ich befahl, aus der Kajüte des versoffenen Kapitäns alle noch darin befindlichen Rumflaschen herauszuräumen. Der Steuermann war so erschrocken gewesen über die Behandlung, die ich dem Kapitän hatte angedeihen lassen, der ein paar Tage lang zwischen Leben und Tod schwebte, daß er sich nicht gegen mich aufzulehnen wagte, und nach einigen Tagen sahen wir den flachen, weißen Strand mit den Palmen, den Häusern und dem Hafen auftauchen. Damals war Zandia noch eine englische Kolonie, und kaum hatten wir am Kai festgemacht, da eilte der Steuermann zum englischen Gouverneur und klagte mich des Mordversuchs, der Unzucht und der Piraterie an.
Der Gouverneur ließ mich durch Soldaten holen. Es waren ein halbes Dutzend schwarze Männer, die englische Shorts trugen und mit Messern und uralten Karabinern bewaffnet waren. Als er hörte, wir seien ein paar Skandinavier auf der Flucht vor den Nazis und den Franzosen, und der Verwundete sei nur ein Grieche, ließ er die Angelegenheit sofort fallen, bot uns Whisky an und lud uns ein, seine unerträgliche Langeweile mit ihm zu teilen.
Nach ein paar Wochen brach die Krankheit aus. Eines Morgens konnte der König sich nicht daran erinnern, wer er war, wo er war und weshalb, und ich durchlebte ein paar angsterfüllte Stunden, bis sein Gedächtnis zurückkehrte. Am selben Nachmittag aber wurde ich von Halluzinationen heimgesucht, als ich die trübsinnige, staubige Hauptstraße von Zandia entlangging: Plötzlich erschien es mir, als seien die Straßen und die Bürgersteige in glühendes Eisen verwandelt, auf das meine Füße nicht traten, sondern über dem sie dahinschwebten, und die Häuser auf beiden Seiten der Straße sah ich als große Öfen, in deren erhitztem Inneren Menschen zu leibhaftigen Puppen gebrannt wurden.
So hätte die ungewohnte Hitze, der ungewohnte Whisky und die ungewohnte Langeweile uns fast untergekriegt, als die Nachricht kam, daß der Verwalter einer flußaufwärts gelegenen Handelsstation tot sei. Diese Chance ergriffen wir begierig, und der Gouverneur übertrug dem König sofort die Stellung als neuer Verwalter. Wir hatten alles verloren, es war unsere einzige Überlebensmöglichkeit. Das einzige, was wir nicht verloren hatten, war die Kiste mit dem königlichen Porzellan. Sie wurde an Bord eines winzigen Flußdampfers gebracht, und damit begann ein neuer Abschnitt unseres Lebens.

Ich entsinne mich noch so deutlich, als sei es gestern gewesen, des Augenblicks, als wir die Handelsstation zum erstenmal sahen. Ich hatte mich an das schlammige Wasser des Flusses gewöhnt, an die unfruchtbaren Landschaften und an die elenden Dörfer, ich hatte mich sogar an den Brand der Sonne gewöhnt – aber als wir nach einer Biegung des Flusses den kleinen Haufen Häuser und Hütten erblickten, begriff ich, daß ich mich noch nicht an den Gedanken an die kommenden Jahre gewöhnt hatte. Ich begann zu lachen. Und das einzig Gute an diesem Moment war, daß der König, nachdem er ein paarmal verwundert von mir zu dem Ziel meines Blickes hinübergeschaut hatte, ebenfalls aus vollem Halse zu lachen anfing.
Ich bin überzeugt, unter anderen Umständen hätte der König mit dieser Handelsstation Wunder vollbracht, so, wie er sein ganzes Leben hindurch Wunder vollbracht hatte. Aber selbst Wunderdoktoren werden durch die Umstände Grenzen gesetzt, und der Krieg bedeutete jedenfalls in dem Winkel der Welt, in dem wir gelandet waren, daß alles steckenblieb. Was sollten wir mit einer Sendung elektrischer Birnen anfangen, die uns nur daran erinnerten, daß die Segnungen der Elektrizität ihre Grenzen haben? Da waren Nägel, die rosteten, weil Hämmer zum Nägeleinschlagen und weil Dinge zum Zusammennageln fehlten. Für die Wollunterwäsche aus einer Kleidersammlung unter kirchlichen Kreisen in Nordengland irgendwann mitten in den dreißiger Jahren, die nun endlich ein Ziel erreichte, ließ sich aus guten Gründen unmöglich Absatz finden. Und der König sortierte und ölte zwar sorgfältig eine Kiste mit Reserveteilen für ein paar Traktoren, die niemand jemals gesehen hatte, fand aber diese Beschäftigung lächerlich und demütigend. Allmählich wurde sein Dasein deshalb völlig sinnlos. Da ich inzwischen ein paar Haustiere hielt, verfiel ich nicht in gleicher Weise wie er quälenden Grübeleien, und ich konnte auch nicht umhin zu denken, eines Tages passiert etwas, eines Tages ändern sich die Verhältnisse, das hier kann nicht bis in alle Ewigkeit so weitergehen.
Eines Tages passierte wirklich etwas. Der König kam nämlich zu mir und teilte mir mit, er habe sich die heiratsfähigen Mädchen des nächsten Dorfes angeschaut und beabsichtige, im Hinblick auf die Zahl der Frauen, dem Brauch und der Sitte der Bevölkerung zu folgen. Viele der jungen Männer, die sich als Soldaten unter die Fahne der berühmten Regimenter Seiner Majestät gemeldet hatten, waren bereits auf den fernen Schlachtfeldern Europas gefallen, und die dreizehnjährigen Mädchen befanden sich in vielen Fällen in einer tragischen Lage. Fast wäre ich über diese Mitteilung glücklich gewe-

sen, denn ich gönnte dem König aus ganzem Herzen alles Vergnügen und alle Labe, die er hier im Leben noch finden konnte, aber ich konnte mich einem fürchterlichen Schmerz nicht entziehen, der mich gleichzeitig durchbohrte.
Ich sah in mir der Nymphe in die Augen, die ich hatte sein wollen und der ich nun verschiedene Jahre hindurch treu gewesen war. Mir ging auf, daß sie sich nicht in ihrer Ehre gekränkt fühlte, so, als sei sie völlig über solche Kränkungen erhaben, doch der Schmerz, den ich empfunden hatte, verflüchtigte sich dennoch nicht, so, als sei ich ein zusammengesetzteres Wesen, als mir selbst klar war.
Die drei kleinen Mädchen, die nun unter unserem Dach wohnen sollten, waren behende und arbeitsam, und ich entdeckte, daß sie mir noch mehr gehorchten als dem König und daß sie es liebten, in meiner Nähe zu sein, obwohl sie nicht verstanden, was ich sagte.
Im Laufe der nächsten paar Jahre alterte der König sehr, und da wir eine Zeit des Hungers und der Entbehrungen durchlebten, in der fast im ganzen Land eine Hungersnot herrschte, wurden wir beide ausgezehrt und litten gleichzeitig unter ansteckenden Krankheiten, gegen die wir keine Widerstandskraft besaßen. Wir verloren Zähne und Haare, hatten Entzündungskrankheiten in den Augen, wurden von Insekten und Parasiten angegriffen – wir waren, kurz gesagt, mehr tot als lebendig und überlebten nur dank der jungen Frauen, die uns während all unserer Leiden getreulich pflegten, während sie gleichzeitig in irgendeiner unbegreiflichen Weise Essen für die Mulattengören herbeischafften, die bald um uns herumwimmelten.
Eines Tages öffnete ich die Kiste mit königlichem Porzellan und nahm ein paar Figuren heraus. Die jungen Negerfrauen sperrten die Augen auf und betrachteten die seltsamen Wesen andächtig, und ohne daß ich selbst begriff, weshalb, begann ich zu weinen und konnte lange Zeit hindurch diesen unwiderstehlichen Tränenfluß nicht eindämmen. Ihren Fragen – denn nun hatte ich ihre Sprache gelernt – entnahm ich, daß sie die Figuren als Ahnen und Fetische auffaßten, und während sie andächtig lauschten, erzählte ich ihnen von den Mächten, die in jeder einzelnen Figur wohnten. Und glaube mir: Das dachte ich mir nicht aus. In dem Augenblick war jede Figur ein Gott, und jede hatte ihre Geschichte.
Ich verriet hier eine solche Kenntnis der geheimnisvollen Kräfte, die in den weißen und blauen Figuren wohnten, deren Material ihnen von einer unverständlichen edlen Beschaffenheit erschien, obgleich mir die mattweiße Farbe immer wie Zuckerglasur oder er-

starrte Schlagsahne vorkam, daß sich der Ruf verbreiten mußte, ich sei eine kundige und äußerst wirksame Hexe.
Zu dem Zeitpunkt war der Krieg fast vorbei, alles sah nach besseren Zeiten aus. Allmählich kamen Waren an, die man verkaufen konnte, und da der König zu alt und gleichgültig geworden war, kümmerte ich mich um den Handel. Doch gerade als alles gut lief, schlug der kleinen Kolonie die Stunde der Freiheit, sie wurde ein selbständiger Staat und entledigte sich folglich ihrer kolonialen Ausbeuter. Während große englische und amerikanische Ölgesellschaften und Bauunternehmen Verträge über die Anlage eines neuen Hafens und den Bau großer Fabriken an der Küste abschlossen, wurde gleichzeitig eine energische Säuberung unter allen kolonialen Überresten durchgeführt. Die Freiheit kam zu uns in Gestalt eines Motorbootes mit einem Maschinengewehr an Deck sowie einer kleinen Abteilung jugendlicher Soldaten, die von einem jungen Leutnant angeführt wurde. Sie wurden mit Begeisterung begrüßt, in der Nacht wurde ein Fest gefeiert, von dem wir nur die Geräusche hörten und dessen Trommeln uns bis zum Morgengrauen wach hielten, und im Laufe des Tages erschien der Leutnant bei uns, um uns mitzuteilen, daß die Handelsstation von nun an von einem Vertreter der Regierung geführt würde, der sich in Kürze einfinden werde. Eine offene Frage war noch, ob wir überhaupt hier wohnen bleiben durften. Da ich mir nicht vorstellen konnte, wo wir in diesem Augenblick hinsollten, lud ich den Leutnant zu einem näheren Gespräch ein. Er war ein junger schöner Mann, und ich wußte, daß er sich in erster Linie für die Porzellanfiguren interessierte, von denen man ihm unweigerlich erzählt hatte. Deshalb nahm ich eine heraus und begann zu erzählen, wobei mir jedoch aufging, daß die Begierde, die ich nun in seinen Augen sah, nicht nur der Figur galt. In diesem Augenblick begriff ich, daß ich in einen Machtkampf verwickelt und selbst der schwache Teil war. Unser Schicksal lag in seinen Händen, und ich war im voraus zur Niederlage verdammt. Nymphe, die ich war, beschloß ich augenblicklich – zwar nicht die Niederlage zum Sieg zu wenden, denn wenn ich das für möglich gehalten hätte, hätte ich mich einer gefährlichen Illusion hingegeben –, aber doch jedenfalls soviel wie möglich aus der unumgänglichen Niederlage herauszuholen und sie auf lange Sicht in einen Vorteil umzuwandeln.
Ich überrumpelte ihn durch ein Entgegenkommen, das er überhaupt nicht erwartet hatte. Ich erschreckte ihn, indem ich meiner Umarmung Namen gab, die er fürchten mußte. Gesegnet mit der Ehre und Stärke meines Geschlechts, brachte ich ihn zum Zittern wie einen

Ingenieur, der zum erstenmal nach seiner Prüfung vor einer Aufgabe im wirklichen Leben steht. Ich hielt ihn auf Abstand, während ich meine Kleidung ablegte, so daß er Zeit hatte, meinen Körper zu sehen, der von der Hungersnot und den Krankheiten, die ich durchgemacht hatte, so gefoltert war, daß er bereits damals als Vogelscheuche hätte dienen können. Der Schweiß lief ihm in Strömen herunter, doch ich sah ihm direkt in die Augen, stellte mich vor ihm auf und hämmerte mit der einen Hand seinen langen Knüppel in meine Handfläche, so daß es seinen ganzen Körper durchzuckte, als hätten wir damit einen Handel abgeschlossen.
Er reiste fort und nahm eine Porzellanfigur mit sich, über die ich erst, in seiner Anwesenheit, meinen Urin ausgegossen hatte; dafür waren unsere Papiere mit einer Aufenthaltsgenehmigung auf unbestimmte Zeit versehen worden. Der König, der nicht wußte, was diese magischen Stempel und Unterschriften gekostet hatten, war begeistert, ich aber wurde von einer Schwermut ergriffen, weil mir ein Teil meiner Seele gefühllos geworden zu sein schien: Ich wußte, daß er da war, aber er war kalt geworden. Da ich noch nie probiert hatte, mit einer kalten Seele herumzulaufen, erblickte ich darin eine neue Herausforderung, wobei mir allerdings auch klar war, daß es schwieriger sein würde, auf die Dauer die Niederlage in einen Vorteil zu verwandeln, als ich mir in meinem Kampfesmut vorgestellt hatte. Gerade darauf hätte ich ja meine ganze Seele und alle meine Kräfte ansetzen sollen, und nun entdeckte ich zu meinem Erschrekken, daß der bloße Kampf gegen die Schwermut alles mit Beschlag belegte.
Aber die Zeit vergeht ja, und die Dinge geschehen ohne Rücksicht auf unsere Seelen, die einfach mitzuziehen haben, so gut sie es vermögen, und so auch hier. Der junge Leiter kam, und wir erhielten allergnädigst die Erlaubnis, in einem Raum am einen Ende des Gebäudes zu wohnen, fast eine Art Lager, in das wir leicht einziehen konnten, da wir keine anderen Möbel besaßen als ein paar Schilfmatten und die Kiste mit den Porzellanfiguren. Die schwarzen Frauen des Königs bereiteten über dem Feuer auf der Erde vor der Tür das Essen, während er selbst mit dem Rücken am Haus im Schatten saß und in die Sonne blinzelte. Eines Tages wurde dieses friedliche Leben in äußerstem Elend von einem großen Wagen unterbrochen, der vor dem Haus vorrollte. Es war das erste und einzige Mal, daß wir einen der Straßenkreuzer sahen, die wir aus den zufälligen Zeitungen, die nach wochenlanger Verspätung zu uns gelangten, kannten.

Die beiden Türme, die ihm entstiegen, waren würdiger und distinguierter geworden als vor Jahren, als sie aber den alten Mann mit verfilztem Haar und Bart und in zerlumpten Klamotten auf der Erde sitzen sahen, spiegelte sich in ihren Gesichtern eine Verblüffung und Verzweiflung, die sie nicht zu verbergen suchten. Mit einer würdigen Geste bat der König sie, neben ihm auf der Erde Platz zu nehmen und zu erzählen, was sie in den dazwischenliegenden Jahren erlebt hätten. Sie hatten beide als Offiziere am Krieg teilgenommen, und nach dem Friedensschluß, als sie in Paris stationiert waren, hatten sie eine Nachforschung nach dem König eingeleitet, die sich als ergebnislos erwies. Das heißt, sie hatten die Grundstücke gefunden, die der König besessen und einer Gemeinschaft von Winzerfrauen übertragen hatte, die sie noch immer bewirtschafteten. Die Gemeinschaft befand sich in einer schwierigen finanziellen Lage, sie hatte kein Geld für notwendige Investitionen und konnte weder vom französischen Staat noch von den Banken Hilfe erwarten. Glücklicherweise konnten die beiden Türme ihnen die Hilfe der großen, internationalen Firma anbieten, deren Interessen sie noch immer dienten und die nach dem Krieg die Brauereien in Deutschland aufgekauft hatte, mit denen sie bis dahin Geschäfte gemacht hatte. So war es möglich gewesen, der Gemeinschaft wieder auf die Beine zu helfen, aber natürlich hatte die Königin dafür einen Platz im Aufsichtsrat verlangen können, auf dessen Beschlüsse sie sich einen entscheidenden Einfluß gesichert hatte. Sie waren nach Zandia gekommen, um persönlich eine neue Brauerei einzuweihen, die der Konzern hier gebaut hatte, wo sie bei einem angeregten Essen mit einem der staatlichen Vertreter im Aufsichtsrat der Gesellschaft ins Gespräch gekommen waren und einen Bericht gehört hatten, der sie die Ohren spitzen ließ. Glücklicherweise verschwiegen sie diskret den Inhalt des Berichts, schielten aber beide zu mir hinüber, und in ihren Blicken las ich den jämmerlichen Schrecken ihres Geschlechts und eine stumme Bitte darum, in ein Wunder eingeweiht zu werden, das sich ihrem amerikanischen Verstand entzog.
Die Begegnung mit dem König, der in dem Bericht, den sie gehört hatten, offenbar keine sonderlich hervortretende Rolle gespielt hatte, hatte sie offensichtlich überrascht, und sie fabelten davon, uns mit zurückzunehmen; davon, daß wir uns in der Hauptstadt ansiedeln könnten oder in irgendeiner anderen Hauptstadt – Paris, London, Kopenhagen, wo immer wir wollten; mir wurde klar, daß ich in erster Linie diese Anschläge auf unsere Freiheit vereiteln mußte.

Ich spürte instinktiv, daß uns ihre Firma jedenfalls nicht in die Tasche kriegen durfte.
Als der König nach einer Weile seinen Nachmittagsschlaf halten wollte, legte er sich in einen Winkel des Lagers und schlief wie gewöhnlich bald fest. Ich nahm die beiden nicht mehr ganz jungen Männer mit hinein, und obgleich sie vor Nervosität zitterten, kamen sie mit und taten bereitwillig alles, worum ich sie bat. Mit ihren wohlgenährten Körpern, die unter der Kleidung weiß und rosig waren, glichen sie einem Paar Riesenbabys. Sie erzählten bereitwillig, daß sie mit besiegten Frauen in Deutschland und mit französischen Prostituierten in Paris geschlafen hätten und deshalb eine große Erfahrung zu besitzen meinten; als ich mich aber vor ihnen entkleidete und meine dünnen, hängenden Brüste, die Narben nach Hautkrankheiten und die schlaffen und eingetrockneten Schamlippen enthüllte, sahen sie mich mit ihren großen Kinderaugen flehend an und mußten mit großer Mühe auf die Sprünge gebracht werden. Der König schlief ruhig – wer weiß, wo er in seinen Träumen war –, und während ich diese seltsam reinen Körper in mich drückte, entführte mich ihr exotischer Geruch nach Seife und Haarwasser in ferne Gegenden, von denen ich eigentlich definitiv Abschied genommen hatte und die ich nie mehr besuchen sollte.
Sie bekamen ein paar Porzellanfiguren mit – nicht, ohne gleichzeitig die sich daran knüpfenden Geschichten zu hören –, und ich nahm ihnen das Versprechen ab, daß sie nie den Versuch machen würden, den König zu entfernen, sondern daß er den Rest seines Lebens in Ruhe und Frieden hier verbringen dürfe.
Einige Zeit, nachdem sie abgefahren waren, fuhr ein Lastwagen vor dem Haus vor. Er ließ verschiedene Kästen Mustermannbier sowie Stapel von Konserven zurück, die den Verbrauch von mehreren Monaten deckten. Das starke, gut schmeckende Bier gab Anlaß zu einem gewaltigen Fest, an dem alle Anwohner teilnahmen. Es erregte die Eifersucht des Verwalters, daß er nicht imstande war, es abzuhalten; ein paar der zuletzt geborenen Mulatten, denen von ihren unwissenden Müttern ebenfalls eingeschenkt worden war, ertranken im Fluß, und der König und ich umarmten uns weinend und versuchten noch einmal ohne größeren Erfolg, uns zu lieben.
Während der folgenden Zeit ernährten wir uns von der überreichlichen Konservenmenge, die wir gründlich mit Bier hinunterspülten, und bevor wir uns durch das Ganze hindurchgegessen und -getrunken hatten, kam eine neue und ebenso große Ladung. Dieser Beitrag zum Haushalt erleichterte den drei Frauen die Arbeit so sehr, daß sie

sich im Laufe kurzer Zeit in wohlgenährte Matronen verwandelten, die unter dem Einfluß des Bieres einen großen Teil des Tages verschliefen und langsam die traditionelle Kochkunst ihres Stammes vergaßen. Die Augen des Königs, die das Alter nicht zu trüben vermocht hatte, bekamen nun einen unklaren Glanz, und meine eigene Verdauung wurde durch die viel zu kräftigen Nahrungsmittel durcheinandergebracht, mit dem Ergebnis, daß ich immer dünner wurde, obgleich ich meinen Teil des Biers trank.
Der Verwalter, unter dessen bürokratischer Tyrannei die Handelsstation nach der kurzen Blüte wieder dahinsiechte, wurde durch die an ihm nagende Eifersucht immer boshafter. Er war nicht imstande, die Geschenke in Gestalt von Bier und Konserven, die wir ihm anboten, anzunehmen, und da ich zudem noch seine Nachstellungen zurückwies, beschloß er, uns auf die eine oder andere Weise fertigzumachen. Die Aufenthaltsgenehmigung, die ich uns verschafft hatte, rückgängig machen, das konnte er nicht, aber eines Tages tauchte ein Beamter des Innenministeriums auf und begann den König nach seiner Vergangenheit auszufragen. Da er auf keine seiner Fragen eine klare Antwort bekommen konnte, reiste er anscheinend unverrichteter Dinge wieder fort, das Lächeln des Verwalters aber war so boshaft, daß mir das Schlimmste schwante.
Eines schönen Tages kehrten die beiden Türme zurück, diesmal in einem offenen Sportwagen. Sie wirkten besorgt und ratlos, und erst nach einigem Hin- und Hergerede rückten sie mit ihrem Vorhaben heraus. Sie waren gekommen, um den König zu warnen.
In Zandia, wo ein Mann ganz normal mehrere Frauen hatte, gab es kein Gesetz gegen die Bigamie. Von ausländischer Seite hatte man sich jedoch an gewisse einflußreiche Personen in der Regierung und Verwaltung gewandt betreffs eines ausländischen Staatsbürgers, nämlich des Königs, der das Gesetz in dem Land verletzt hatte, in dem er einst eine Ehe geschlossen hatte, die nie geschieden worden war. Da es sich um äußerst einflußreiche Geschäftsbeziehungen handelte, deutete alles darauf hin, daß die Regierung im Augenblick beabsichtigte, den König zu verhaften, um ihn eventuell später an das Land auszuliefern, dessen Gesetz er durch seine Ehe mit drei zandianischen Staatsbürgerinnen verletzt hatte.
Der König saß wie gewöhnlich im Schatten des Hauses und hörte den beiden Türmen mit halb geschlossenen Augen zu. Meiner Meinung nach war er von der Untätigkeit, dem Bier und der Konservennahrung praktisch so umnebelt, daß ich mir nicht sicher war, ob er verstand, was da gesagt wurde. Als aber die beiden Türme ihren

Bericht beendet hatten, hob er seine Lider, die das Alter so schwer und runzlig gemacht hatte wie die eines Elefanten, und sah mit einem Blick voller ungeschwächter Entschlossenheit vor sich hin. Ruf die Familie zusammen, sagte er zu mir.
Als wir alle versammelt waren, die Frauen und die Kinder, von den kleinsten Knirpsen bis zu den jungen Grünschnäbeln, richtete er sich auf, blickte sich im Kreis um und sagte: Hier im Leben muß man jederzeit darauf vorbereitet sein, aufzubrechen und sich an einen neuen Ort zu begeben, falls die Verhältnisse an dem Ort, wo man sich befindet, unerträglich werden oder die Macht der Umstände in anderer Weise zu stark wird. Diesen Bedingungen habe ich mich immer willig unterworfen, und vieles habe ich zugleich unterwegs verloren, zu meinem großen Schmerz und Kummer. Nun fügt es sich so, daß ich mich noch ein weiteres Mal aufmachen muß, diesmal, um einer schmählichen Gefangennahme zu entgehen oder, was noch schlimmer ist, der Auslieferung an eine Macht, von der ich nie wieder werde aufbrechen können und die ich dann nie mehr verlassen kann. Sollte es wirklich so weit kommen, würde ich lieber selbst aufbrechen und allein fortziehen, als das zu riskieren, aber ich bin nun alt und sehe deutlich, daß ich vielleicht keine Gelegenheit haben werde, eine neue Familie zu gründen. Wir, die hier versammelt sind, sind alle eine große Familie. Brechen wir zusammen auf und ziehen wir fort. Wenn wir nach Osten gehen, erreichen wir zuletzt die Berge, wo die Karawanenpfade der Nomadenvölker enden, dort werden wir uns mit Zelten und Kamelen eindecken und durch die Pässe ziehen, durch die wir die Steppen und Wüsten erreichen können, in deren weglosem Sand die Verfolger unsere Spuren verlieren werden. Hier werden keine Mächte und Gesetze uns erreichen können, und wir werden in Frieden miteinander unter einem Himmel leben können, der keine Bedingungen stellt, sondern jeden Tag die Sonne auf uns scheinen läßt.
Diese Rede machte einen tiefen Eindruck auf uns, und wir machten uns alle daran, Vorbereitungen für die Wanderung zu treffen, auch die beiden Türme, die uns zumindest ein gutes Stück Wegs begleiten wollten. Als aber alle zum Aufbruch bereit waren und der König sich erheben wollte, um sich an die Spitze zu stellen, zeigte es sich, daß er kaum auf seinen alten Beinen stehen und nur unter beiden Armen gestützt davonstaksen konnte. Wir waren so daran gewöhnt, ihn mit dem Rücken am Haus sitzen und ab und zu durch die Türöffnung raus und rein schleichen zu sehen, daß wir nicht gemerkt hatten, wie sehr er gealtert war.

All das aufgeräumte Reden und Rufen, dem wir uns bei unseren Vorbereitungen hingegeben hatten, verstummte, es war totenstill, als er, auf die beiden Türme gestützt, aus dem Schatten herauswakkelte, Richtung Osten einschlug und, ohne sich umzuwenden, das Haus und die Hütten und den schlammigen Fluß verließ, wobei ihm nur der zornige und haßerfüllte Blick des Verwalters folgte.
Schweigend schlossen wir uns ihm an und wanderten in Begräbnisstimmung über die Ebene hinaus, ich glaube, das war ein seltsamer Anblick.

Nun nähert sich das Ende, wie du sicher hörst. Aber warte nur, es stehen dir noch ein paar Überraschungen bevor!
Der Geist des Königs regierte noch kräftig in ihm, bald aber hatte er nichts mehr zu regieren. Die Hitze und die Erschöpfung ermüdeten seinen Verstand, und ich erhielt den Eindruck, daß er sich allmählich zur Ruhe legte, obgleich ihn sein Wille noch immer vorwärts zwang. Er ging gleichsam wie ein großer Geist, der sich nicht aufhalten lassen will, doch selbst der größte Geist, der sich in einer irdischen Hülle befindet, erliegt, wenn die Beine sich weigern weiterzugehen und der Verstand ausrastet. Natürlich versagten nicht nur die Beine. Er war in Wirklichkeit so schwach, daß er nach zehn Minuten auf der Stelle hätte umfallen müssen, und wenn er dennoch imstande war, ein paar Tage durchzuhalten, dann nur, weil ihm klar war, daß es völlig aus mit ihm wäre, wenn er jetzt aufgab.
Wenn wir zur Nacht rasteten, schlief er nicht. Er lag mit weit geöffneten Augen da und wartete darauf, daß im Osten der Morgen hervorbrechen würde, und er begrüßte jede neue Morgendämmerung mit einem hungrigen und dankbaren Ausdruck, obgleich er fast nicht imstande war, die Leiden zu ertragen, denen ihn die brennende Sonne aussetzte. Während dieser Zeit war es, als würde sein Kopf im Verhältnis zum Körper größer. Seine kräftige Gestalt schrumpfte ein, aber je entkräfteter, ausgemergelter und eingeschrumpfter er aussah, um so imposanter erschien der Kopf, als könne das ungeheure Bewußtsein von etwas Unsagbarem keinen Platz darin finden und zwinge ihn deshalb, über seine natürlichen Proportionen hinauszuwachsen.
Deshalb verstehe ich gut, daß es ihm immer schwererfiel, ihn vom Boden zu erheben. Seine Augen füllten sich mit einem Nebel, als seien sie der Eingang zu einem Universum, dessen grenzenlose Weiten sich im Unbekannten verloren, und seine Lippen, die schmal und eingefallen waren, wie meine es sind wegen des zahn-

losen Kiefers, flüsterten in Abständen irgend etwas Unverständliches.

Eines Morgens rief er mich zu sich.

Als ich zu ihm hinkam, sah er dort, wo er lag, mit einem klaren Blick zu mir auf und sagte mit lauter und deutlicher Stimme: Wir müssen weiter.

Damit starb er.

Nun dämmerte es uns, daß wir nicht das geringste Vertrauen darauf hatten, daß wir die Karawanenstraßen würden erreichen können, von denen er gefaselt hatte, und da der Grund unseres Aufbruchs nicht mehr existierte, beschlossen wir umzukehren und wieder nach Hause zu ziehen. Wir begruben ihn ohne Zeremonien, denn wir hatten keine Ahnung, welche Zeremonie passend gewesen wäre, und bewegten uns sofort nach Westen. Die Einträchtigkeit, die den ganzen großen Haufen geprägt hatte, war nun wie weggeblasen, Zank und Streit gehörten zur Tagesordnung. Bald hatte sich der Haufen, der an die dreißig Menschen gezählt hatte, in verschiedene Grüppchen zersplittert, und ich ging schließlich ganz für mich allein. Ich hatte den beiden Türmen die Hucke vollgeschimpft, weil sie uns mit Bier und Konserven überschüttet hatten, was alles nur zum Verderben geführt hatte, und als sie sich zu entschuldigen suchten und ihre guten Absichten beteuerten, warf ich mich in einem wahren Wutausbruch über sie und beschuldigte sie geradeheraus, am Tod des Königs schuld zu sein: Mit all ihrem guten Willen waren sie nicht imstande gewesen zu verhindern, daß diese fürchterliche ausländische Macht, die ich ohne Zögern mit der Königin identifizierte, ihre gierigen Finger nach dem König ausgestreckt und ihn so zur Flucht gezwungen hatte. Sie erbleichten, und händeringend erklärten sie, sie seien in den Klauen eben dieser Königin und hätten ihr ganzes Leben lang vergeblich versucht, sich von ihr loszumachen. Das sei nie ganz gelungen, und trotz allem, was sie dem König verdankten, hätten sie sich auf Dauer nicht gegen sie auflehnen können. Doch wie könne ich vergessen, daß sie ihn gewarnt hätten?

Die drei Gattinnen, die der König außer mir zurückließ, gingen in die Hauptstadt, wo sie, soweit ich weiß, im Elend der Prostitution landeten. Die Lager von Konserven und Bier waren aufgebraucht, und da sie vergessen hatten, wie man mit dem Alltag fertig wird, und zu fett und träge geworden waren, um den Boden zu bearbeiten, sahen sie keinen anderen Ausweg. Ihre unzähligen Kinder zerstreuten sich in alle vier Winde, ich aber baute mir aus den leeren Bierkä-

sten dieses Haus – mich bei dem Verwalter einmieten, der mich haßte, davon wollte ich jedenfalls nichts wissen.
Inzwischen hatte sich der junge Offizier, der seinerzeit unsere Aufenthaltsgenehmigung verlängert hatte, an die Spitze einer Militärregierung und der Einheitspartei gestellt, die das Land regiert. Er schickte nacheinander seine Minister zu mir hinaus, und alle kehrten sie von mir mit einer überpißten Porzellanfigur zurück. Das Alter hatte meine Haut noch weißer gemacht, als sie es immer gewesen war, und da ich das Dunkel meiner Hütte nur selten verließ, begann ich sie als meine Grabkammer aufzufassen, ein Gedanke, der für mich nichts Abstoßendes birgt – ich befinde mich ja sowieso schon in der Grabkammer meines Körpers, genauso wie alle anderen. Der Unterschied ist nur der, daß ich es mir im Gegensatz zu den meisten anderen Menschen eingestanden habe. Aber siehst du, auch das in Wirklichkeit vielleicht nur, weil ich eine Nymphe bin, denn wenn irgendein Wesen in seinem Körper wohnt, dann die Nymphe. Und ob ich nun die junge Nymphe bin, die leichtfüßig durch den Wald eilt und in den frischen Quellen badet, oder die alte, die sich in Grab und Urne verwandelt – das ist in Wirklichkeit dasselbe. Na, aber ich war also, wie du wohl siehst, so richtig die alte Hexe geworden, die du hier vor dir siehst, und daß ich Respekt einflöße, das hast du sicher entdeckt. Ich bin auch stolz darauf, daß die ganze Regierung ihre Ausbildung durch mich erhalten hat, so daß man sagen kann, daß das junge Mädchen aus Jütland in Zandia eine nationale Institution geworden ist, obgleich das inoffiziell ist und natürlich geheimgehalten wird.
So standen die Dinge, als ich eines Tages buchstäblich einen Gast vom Himmel bekam. Das war so ungewöhnlich, daß ich in die Türöffnung wackelte und hinausschaute, und was sah ich da? Eine Frau, so strahlend und phantastisch, wie ich sie noch nie zuvor gesehen hatte, war einem blitzenden Hubschrauber entstiegen und bewegte sich mit vorsichtigen Schritten und auf einen Stock gestützt auf meinen Schuppen zu. Wie alt sie war, konnte ich unmöglich entscheiden, doch ich bin sicher, daß sie nie Hunger oder Not gelitten hatte oder von verunstaltenden Krankheiten heimgesucht worden war. Sie hatte schneeweißes Haar, ihre Haut war hellbraun und sah aus, als sei sie künstlich gefärbt und konserviert. Sie trug Hosen, die in der Sonne wie neugeputztes Silber glänzten, und als sie den Mund öffnete, sah ich, daß alle ihre Zähne aus purem Gold waren. Die diamantenbesetzte Brille rahmte ihre Augen mit einem Glanz toter Steine ein, und hinter ihren gefärbten Gläsern ahnte ich nur

den erstarrten Ausdruck einer unstillbaren Begierde. Der Anblick dieses unglückseligen Geschöpfes erfüllte mich mit einer Mischung aus Mitleid und Entsetzen. Ich wankte zu meinem Lager zurück, und einen Augenblick später stand sie in der Türöffnung. In der Hand hielt sie eine Spraydose, mit der sie duftende Parfümwolken in die Luft verspritzte, durch die sie hindurchmußte und die meinen Schuppen alsbald mit ihrem synthetischen Wohlgeruch erfüllten, der mir fast Übelkeit verursacht hätte.
Ich bin die Königin, sagte sie. Wo ist er?
Gnädige Frau, erwiderte ich, er ist nicht hier, aber was wollen Sie denn mit ihm?
Er gehört mir, sagte sie, und er hat mir immer gehört.
Wissen Sie denn nicht, daß Sie ihn längst verloren haben? fragte ich, verblüfft über die Stärke der Überzeugung, mit der sie sprach, als handele es sich darum, irgendeine religiöse Wahrheit festzuhalten.
Verloren? sagte sie. Das erkenne ich nicht an.
Aber was haben Sie denn nicht schon alles verloren? fragte ich, denken Sie mal nach! Das ganze Leben dreht sich ja nur um das Verlieren. Als erstes verliert man die Glückseligkeit der Präexistenz, darauf verliert man die geborgene Wärme des Mutterleibs und das beruhigende Geräusch des Herzschlags und bald auch die Zitzen, an die man sich so gern klammert; man verliert sein erstes Spielzeug, sein Spielalter und seine Spielkameraden. Eines Tages verliert man seine Unschuld, und nun geht das Verlieren schneller. Man verliert seinen Vater, und man verliert seine Mutter, man verliert seine Freiheit, man verliert seine Freunde und vielleicht auch seine Feinde; man verliert seine Zukunftsaussichten, man verliert seine Hoffnung, man verliert seinen Glauben, und man verliert seine Liebe. Danach verliert man seinen Ehrgeiz, wenn man den nicht bereits verloren hat. Man verliert seine Kinder, man verliert seinen guten Namen und seinen Ruf, seine Selbstachtung und danach sein Haar, seine Zähne und seine Gesundheit. Sein Vaterland hat man vielleicht schon längst verloren, und nun verliert man seinen Seelenfrieden und seinen Appetit. Zu dem Zeitpunkt hat man auch schon längst seine Lust verloren, doch das tut nicht so viel, denn man hat niemanden, mit dem man sie befriedigen kann – die hat man verloren. Man verliert ein Auge, eine Lunge, einen Arm, eine Niere oder ein Bein, man verliert die Fähigkeit, das Wasser zu halten, und man verliert die aufrechte Haltung. Man verliert den Selbsterhaltungstrieb. Man verliert das Gedächtnis, den Geschmack und den Verstand. Wenn nichts mehr übrig ist, verliert man das Leben. Und die

Leiche, die man hinterläßt, verliert ihre Wärme und ihre Beweglichkeit. Sie verliert das Fleisch und die Haut, und zuletzt verliert sie auch die Knochen – oder, genauer gesagt, die Knochen verlieren einander, und schließlich verlieren sich die Knochen selbst. Endlich gibt es nichts mehr zu verlieren, und man kann sagen, daß nun die endgültige und totale Unverlierbarkeit eingetreten ist.
Das war die längste Rede, die ich jemals gehalten hatte, doch sie machte anscheinend auf sie keinen größeren Eindruck.
Sie starrte mich durch ihre Parfümwolke kalt an: Habe ich vielleicht meine Macht verloren? Die ist immer nur größer geworden, und sie wird mich überleben. Sie ist sogar größer und stärker als ich selbst. Wo ist er?
Da hat er Sie angeführt, sagte ich, wissen Sie denn nicht, daß er tot ist?
Ich war völlig verblüfft, denn das mußte ja bedeuten, daß die beiden Türme es nicht gewagt hatten, es ihr zu erzählen. Sie stand so lange da, ohne sich zu rühren und ohne etwas zu sagen, daß ich mir fast vorstellte, die Neuigkeit habe Eindruck auf sie gemacht.
Da fragte sie, mit einer Stimme, die nichts verriet: Wo liegt er?
Zwei Tage später kehrte sie an der Spitze eines ganzen Geleitzugs von Lastautos, Planierraupen und Baggern zurück, der sich, nachdem sie sich einen der hellbraunen Söhne des Königs zum Führer genommen hatte, nach Osten in Bewegung setzte. Als sie die Stelle erreichten, begann ein Bagger zu graben, und das mit einer solchen Effektivität, daß das mehr oder weniger zersplitterte und zerschmetterte Skelett im Laufe von fünf Minuten auf einem der Lastwagen landete. Das Ereignis wurde von einer Gruppe Fotografen, die die Königin begleitete, fotografiert und gefilmt, und ich habe die Sensation in den zandianischen Zeitungen gründlich beschrieben gelesen, die angesichts der Neuigkeit, daß der Begründer des berühmten Imperiums so viele Jahre lang inkognito als nützlicher Bürger und Verwalter einer Handelsstation in ihrem Land gelebt hatte, vor Begeisterung überströmten. Als die ganze Ladung Knochen heim nach Amerika kam, wurde jedes einzelne Skeletteil restauriert, präpariert und versilbert und das danach wieder zusammengefügte Skelett unter einer Glasglocke in dem aus diesem Anlaß gebauten Mausoleum ausgestellt.
Überhaupt sind mir Gemütsbewegungen nicht erspart geblieben, und die Ruhe meiner Grabkammer wurde von Gespenstern einer nie abgeschlossenen Vergangenheit gestört. Lange Zeit hoffte ich, daß sich diese Gespenster niemals in Fleisch und Blut manifestieren

würden, gleichzeitig aber sehnte ich mich danach, daß es geschehen möge; denn seit ich mir meiner Herkunft bewußt wurde und beschloß – oder vielleicht dazu gezwungen wurde –, das Leben zu leben, das mir bestimmt war, habe ich es vorgezogen, im Kampf mit der handgreiflichen Wirklichkeit meine Haut zu Markte zu tragen, statt mich in der Angst vor dem Unbekannten zu verzehren, auf die man sonst angewiesen ist. Jedesmal, wenn ein Mann hier eintrat, sah ich in ihm den Sohn, den ich verlassen und der Welt überantwortet hatte, und ér entsetzte sich darüber, in mir altem Weib seine Mutter wiederzufinden. Nur die Hochzeit des Todes in diesem Grab aus alten Bierkästen versöhnte uns mit der schrecklichen Tat, der wir uns hingaben, und erst wenn diese großen Kerle, nachdem sie mich so geschändet hatten, schreiend meinen Körper verließen, verspürte ich ein wenig Zufriedenheit und Ruhe in der Seele, weil ich den Mut gehabt hatte, mich selbst hinzugeben und mich von den schandbarsten und geheimsten Sehnsüchten mißbrauchen zu lassen, und dadurch ein kleines Scherflein zu dem Leben beigesteuert hatte, an dem ich trotzdem hänge und das ich nicht so gern anschwärze, obgleich es mich in vieler Weise so grob mißhandelt hat, so daß ich in mir oft gestöhnt habe, genug; es ist genug; laß mich in Ruhe!

Und nun kommen wir also zu dir, es hilft alles nichts. Auch du mußtest deine Eltern verlieren, denn das Leben zerriß deinen Vater und verschluckte deine Mutter, die sich danach in ein unhandgreifliches Phantom verwandelte, und du wußtest nicht, daß sie deine Phantasie heimsuchte und sie weder Tag noch Nacht in Ruhe ließ.

Als du angeradelt kamst und mich vor der Hütte erblicktest, hättest du noch umkehren können. Ich weiß nicht, was mich ausnahmsweise dazu getrieben hatte, mich in die Sonne zu setzen – vielleicht irgendeine sonderbare Vorahnung, denn es ist nun mal meine Erfahrung, daß wir im voraus von den Dingen, die mit uns geschehen werden, unterrichtet sind und daß unser innerer Kompaß uns geradewegs in die Prüfungen hineinsteuert, um die wir sowieso nicht herumkommen, auch wenn wir uns noch so winden. Doch du bliebst nicht rechtzeitig stehen, und obgleich ich mich schleunigst wieder in das Dunkel der Hütte verzog, war mir völlig klar, daß die Dinge nun ihren Lauf nehmen mußten. Ich begriff selbst nicht, weshalb das eigentlich so schrecklich sein sollte, denn es war ja, ehrlich gesagt, nicht das erste Mal, und zu dem Zeitpunkt warst du noch immer nichts weiter als ein Mann, der sich von den Gerüchten über die weiße Hexe hatte locken lassen. Das Alter hat meine Sehkraft zwar geschwächt, dafür aber haben sich meine Augen so sehr an das ewige Dunkel hier drin gewöhnt, daß ich alles sehr viel deutlicher sehe, als meine Gäste es können. Deine Art zu gehen und deine Bewegungen, als du eintratest, riefen sofort eine unbestimmte Erinnerung in mir wach, die mich unruhig machte. Meine Ahnungen wurden schnell bestätigt, und indem ich, um dich zu schonen, das Tuch vors Gesicht zog, betrachtete ich dich im verborgenen, um in diesem fremden Erwachsenen den Sohn wiederzufinden, der mich diesmal besuchte.

Wir Menschen glauben immer, wenn das Schlimmste eintrifft, daß nun die Welt untergeht; daß wir nun nicht mehr ertragen können; daß nun unser Verstand zerbricht. Doch noch hat die feste Erde sich nicht aufgelöst; wir ertragen ohne Schaden schlimmere Dinge, als wir uns vorgestellt hatten; und wenn wir uns nicht gerade vollständig verleugnen, haben wir an unserem guten Verstand immer eine solide Stütze. Nein, wenn das Schlimmste eingetreten ist, entdekken wir die fürchterliche und gesundmachende Stärke der Gewohnheit und der täglichen Bedürfnisse.

Ich konnte nichts tun, um das Schlimmste zu verhindern, denn du warst von dem Gedanken an die weiße Hexe ebenso besessen wie alle die anderen, die den verhängnisvollen Versuchungen meines alten und vertrockneten Fleisches erlegen sind. Ich sah es an dem Glanz von zurückgehaltenem Wahnsinn in dem Blick, mit dem du mich anstarrtest, mit einem Ausdruck wie ein wahnsinniger Träumer, der von den gut gehüteten Geheimnissen seines eigenen Gemüts eingefangen ist. Ich wagte nicht, dich aufzuhalten, weil ich fürchtete, daß du von dem Schock, den dir das versetzen würde, versteinert, nie mehr imstande sein würdest, von allein den Weg aus dem Labyrinth des Traumes herauszufinden.

So ließ ich dich bei mir den Tod kosten, und durch die Stürme meines Körpers suchtest du auf dem Wege des Genusses, wo an jeder Biegung die Angst lauert und die ganze Zeit über besiegt wird, in die schmerzlose Ruhe hinunter, die wir so heftig begehren. Als du so weit gekommen warst, wollte ich dich auf ewig dort behalten, doch du entdecktest den Betrug und strebtest zum Leben, obgleich du wissen solltest – das ist dein Privileg –, daß es dich quälen und zum Schluß töten wird.

Wenn du durch die Tür dort hinausgegangen bist, erwarte ich, dich nie mehr zu sehen. Das ist im übrigen auch gleichgültig, denn nun bin ich mit dir fertig, wohingegen du mit mir nie fertig wirst. Doch was willst du mit der Porzellanfigur? Glaubst du, sie sei mehr wert,

weil ich draufgepinkelt habe? Oder bildest du dir ein, irgend jemand würde deine Geschichte glauben, bloß weil du sie mithast? Nein, so naiv kannst du nicht sein. Du wirst nicht einmal jemanden davon überzeugen können, daß du mit einer Waldnymphe gesprochen hast, und alles andere verschweigst du wohl besser.
Glaubst du selbst, daß du in einer solchen Figur Trost finden kannst? Von mir aus gern, doch davon kannst du mich nicht überzeugen. Nein, nun findet deine Seele nie mehr Frieden, denn nachdem du mich zum Reden gebracht hast, ist es vorbei mit allem, was Vergessen heißt, vorbei aber ist es insbesondere mit all dem Geheimnisvollen, das die Vorstellung von mir umhüllt hatte. Du bist der Feuerprobe der Erfahrung ausgesetzt gewesen, und du wirst nie vergessen können, was du heute hier getrieben hast. Das hast du nur dir selbst zu verdanken, und mit dem Wissen läßt sich ja schließlich auch leben.
Mir bleibt nur noch eins zu sagen, wenn du mir noch einmal begegnen möchtest, dann mußt du einen Buchenwald aufsuchen und dir, ohne dich vom Flüstern des Todes im Laub erschrecken zu lassen, den Weg zu einer Quelle mit klarem Wasser bahnen. Dort werde ich dir entgegenkommen, leichtfüßig und in der schönsten Pracht meines Fleisches, und wenn du die Strenge meines Blickes nicht fürchtest, werden wir uns endlich begegnen und einander ohne Angst ansehen.

An dem Tag, als uns Elias Lönn allesamt durch seinen sinnlosen Tod aufschreckte, kam Frau Lönn in meinen Laden und lieferte Spinoza ab. Ich ahnte nicht, wer die Frau war, die da totenbleich mit dem feinen Korb in der Hand in der Tür stand und sich an den Türrahmen und danach auf den Ladentisch stützen mußte, um nicht umzufallen, das wurde mir erst klar, als sie wieder gegangen war.
Anfangs sagte sie nichts, und ich glaubte, es sei, weil sie vor Erstaunen über den Inhalt des Ladens verstummt sei. Zu dieser Tageszeit schien die Sonne genau in das Geschäft – das heißt, das hätte sie getan, wenn ich nicht das Rollo vor das Schaufenster gezogen hätte. Von außen konnte man also nur ein Rollo sehen und deshalb durchaus ein wenig erstaunt sein, wenn man auf das, was sich dahinter verbarg, nicht vorbereitet war. Die Regale und Schränke waren voller stummer Tiere, die in dem gelblichen Schein des Rollos völlig unbeweglich dastanden, so daß das Ganze so feierlich wirkte wie ein Kirchenraum, in den das Licht durch die bunten Scheiben fällt. Es gab Leute, die unwillkürlich den Hut abnahmen, wenn sie eintra-

ten, das habe ich mehrmals erlebt, und ich glaube, es gibt niemanden, der nicht zumindest ein wenig die Stimme senkte. Man ist hier ja vom Wunder des Lebens und dem Reichtum der Natur umgeben, und doch sind alle diese so lebendig erscheinenden Tiere tot, so daß man sie richtig studieren kann, und sie haben etwas Erhabenes und Würdiges an sich und gleichzeitig etwas Rätselhaftes, als würden sie uns ihr Geheimnis sowieso nie ausliefern, gleichgültig, wie lange wir sie betrachten. Einen feineren und sonderbareren Schmuckgegenstand als ein ausgestopftes Tier findet man nicht – und dabei ist er auch noch lehrreich –; beispielsweise ist ein Fuchs, der zwischen Blumenvasen und Familienfotos und Kunstgegenständen aus Glas und Porzellan auf Raub aus ist, ein ausgesprochen sonderbares Tier und gehört gewissermaßen zu einer Art für sich, der man einen ordentlichen und treffenden Namen zu geben versäumt hat.
Als ich Kind war, hatten wir nämlich eine Möwe auf einem Regal, wo sie von Freiheit und fernen Stränden träumte, die niemand von uns jemals gesehen hatte, weil mein Vater Bauer war und weit im Landesinneren wohnte. Wenn sie unter die Lampe auf den Tisch gestellt wurde, erfüllte sie uns mit Andacht, und es kam mir so vor, daß mich ihre Glasaugen anstarrten, als wollten sie etwas von mir. Ich hungerte danach, daß sie die Flügel schütteln, sich von der sandfarbenen Platte, auf der sie stand, abheben und auf irgendeine wunderbare Weise sogar aus der Stube entwischen würde. Aber ich konnte es mir noch so sehr wünschen – und ich konnte versuchsweise die Augen schließen und mir vorstellen, wenn ich sie erneut öffnete, sei die Welt anders und besser und vor allem wunderbarer –, der Vogel blieb natürlich stehen. Es wurde später Abend, der Schlaf übermannte mich, doch selbst im Schlaf beschäftigte ich mich mit diesem quälenden Rätsel – dieser leibhaftigen Lebendigkeit und Leblosigkeit zugleich –, das mich noch bis zum heutigen Tag quält und verfolgt. Deshalb muß ich mich auch zuweilen über einem Gläschen entspannen, eines der wenigen Dinge, das die Qual verschwinden läßt, wenn sie in Abständen zu aufdringlich wird, was meine Frau nie hat verstehen können, ganz einfach, weil sie sich nicht vorstellen kann, was Qual heißt, nur, weil sie bar jeder Phantasie ist und lediglich an den alltäglichen Krimskrams denken kann.
Trotz dieser Träume, die, wenn ich das sagen darf, von einer zarten und sensiblen Seele zeugen, war ich als junger Mensch ziemlich heftig und ungebärdig, und als ich konfirmiert worden war und anfing, Alkohol zu trinken, gab es nichts mehr, wovor ich haltmachte. Die Qual konnte mich in Gestalt gräßlicher Wutanfälle ergreifen,

und dann war eine Flasche Branntwein das einzige, was mich dazu bringen konnte, einigermaßen zur Ruhe zu kommen. Doch bevor ich auf dem Grund der Flasche angelangt war und die Ruhe sich wieder über mich gesenkt hatte, geschah es nicht ganz selten, daß ich mich in irgendeine Schlägerei verwickelte, oft mit mehreren großen Kerlen auf einmal, so daß ich trotz meiner Kraft letzten Endes Dresche bezog und deshalb voller Wunden und Schrammen und mit zerrissenen Klamotten nach Hause kam, dafür aber vollständig und gänzlich ruhig.

Ich sagte zu mir, wenn das mit mir sowieso so weitergehen soll, wie es angefangen hat, dann kann ich meine Eltern und meine neun Geschwister ebensogut mit meinem Anblick verschonen und es meiner Mutter ersparen, dauernd meine Sachen flicken zu müssen. Dann lieber in die Stadt gehen, wo unglückliche Menschen wie ich besser ihresgleichen finden können und wo ich mit meiner Scham und meinem Unglück in der Menge verschwinden kann.

Deshalb verließ ich das Elternhaus, wo meine Eltern mir nachtrauerten, allerdings nicht sehr stark, denn sie hatten ja all die anderen Kinder, an die sie denken mußten, und konnten nicht ihre ganze Zeit damit verbringen, sich um mich zu sorgen. In den Städten – denn bald verließ ich die erste und fuhr zur nächsten und wieder zur nächsten weiter – wurde mir klar, daß es solchen Abschaum wie mich massig gibt, und ich wurde gezwungen, es aufzugeben, mich als etwas Besonderes zu betrachten, woran ich mich eigentlich gewöhnt hatte. Ich weiß nicht, was uns zu dem Glauben veranlaßt, daß sich in einer Stadt um so besser leben läßt, je schmutziger, elender und unüberschaubarer sie ist, doch so ist das nun mal. In Jütland hat der Name Hamburg seit undenklichen Zeiten einen magnetisch anziehenden und abstoßenden Klang. Es klingt vielleicht nicht sonderlich national, wenn man so etwas sagt, doch verglichen mit Hamburg ist Kopenhagen – des Königs Kopenhagen, wie es heißt, als sei es in erster Linie für die Spaziergänge des Königs berechnet und deshalb so nett und zierlich mit ein bißchen verstreutem Grün – als Großstadt betrachtet nichts weiter als eine Art Nippesfigur; Hamburg dagegen – das ist Ernst! Der Name hat etwas Gestähltes und Furchteinflößendes an sich, das völlig der Wirklichkeit entspricht.

Ich fuhr nach Hamburg und spürte, daß ich wirklich nach Europa und zur Zukunft gekommen war, mit deren Gestaltung all die geschäftigen, umhereilenden Menschen vollauf im Gange waren; und daß ihnen das sicher auch gelingen würde, darüber war ich mir beim Anblick dieser energischen deutschen Gesichter keinen Au-

genblick im Zweifel. Ich stürzte mich in das Großstadtdasein und kostete im Laufe der nächsten Monate Sieg und Niederlage und auch die große Bitterkeit der Liebe in einer Weise wie nie zuvor oder danach. Meine Geliebte war Kellnerin in der Kneipe »Zur guten Hoffnung«, sie war großbusig und hatte einen wunderbaren Hintern, auf den ich ihr gern einen Klaps gab. Ach, ich habe sie viele Male über die Knie gelegt, die Backen in die Luft – sie waren weiß und schwellend, appetitlich und fast erschreckend, und zitterten auf beiden Seiten der Ritze, der allerhand geheimnisvolle Düfte entstiegen und mich in der Nase kitzelten, so daß ich von Ekstase ergriffen wurde und unbedingt tun mußte, was sie sagte, und klatsch und klatsch, so daß sich zuletzt eine feine Röte verbreitete, obwohl ich in Wirklichkeit nicht besonders fest zuschlug, denn das brachte ich nicht über mich.
Elise war so schlagfertig und bestimmt, wie das für ein Mädchen in ihrem Gewerbe und mit dem Publikum, das in die »Gute Hoffnung« kam, nun einmal notwendig war – keiner durfte ihr zu nahe kommen, den sie nicht selbst dazu einlud, und alle fürchteten sie und betrachteten sie als äußerst streng. Die Wahrheit ist jedoch, daß sie eine scheue und zarte Seele war und einen Mann brauchte, der sie ebenso feinfühlig behandelte, als sei sie eine zerbrechliche Blume, um nicht zu sagen eine bleiche und seelenvolle Fürstin oder ein jungfräuliches Jungmädchen – und so einen Mann fand sie also in mir. Dafür war sie mit mir unendlich langmütig. Eines ist, daß ich mich etwa einmal die Woche vollaufen ließ, denn das tat sie auch selbst. Ein anderes ist aber, daß ich wieder von einem Wutanfall heimgesucht wurde, so daß ich mich wie ein Wahnsinniger auf den Branntwein stürzen, Schlägereien veranstalten, Stühle und Tische zertrümmern und überhaupt völlig von Sinnen geraten mußte, bis ich im Laufe von ein paar Tagen mehrere Flaschen Branntwein geleert hatte und endlich wie leblos umfiel. Als ich wieder zu mir kam – und selten hat sich mir die Welt so verdunkelt –, sah mich Elise mit einem aufmunternden Lächeln an, als heiße sie mich wieder willkommen und sei nur froh darüber, daß ich nicht in der Gewalt dieser dunklen Kräfte geblieben sei – dagegen hörte ich nicht ein vorwurfsvolles Wort über all das Unheil, das ich angerichtet hatte.
Das erleichterte meine Rückkehr in die Welt in unerhörtem Maß und vertrieb bald das Dunkel, das mich einzuschließen und zu ersticken drohte, und dafür erzählte ich die Geschichten aus meiner Kindheit, die Elise so gern hörte. Sie selbst war in der Stadt aufgewachsen und

glaubte, das Leben draußen auf dem Land müsse die reine Glückseligkeit sein. Das hätte es auch sein können, sagte ich betrübt, wenn ich nicht eine böse Stiefmutter und einen schwachen Vater gehabt hätte, die mich zuletzt wegjagten und mich damit teils zwangen, die Stadt aufzusuchen, teils, Vergessen im Branntwein zu suchen, wenn Kummer und Verzweiflung mich übermannten. Der einzige Trost, den ich besaß, war eine ausgestopfte Möwe, die bei uns in der Stube stand. Ich vertraute mich ihrem präparierten Inneren an, das mich nie verriet, und zusammen träumten wir davon, uns zur Flucht zu erheben, um die Freiheit und das Glück zu finden, für die Möwe war das ein einsamer Strand, für mich waren es gute Menschen und insbesondere die unermüdliche Fürsorge einer liebevollen Mutter. Doch es war der Aufmerksamkeit meiner schlauen und berechnenden Stiefmutter nicht entgangen, daß ich ein vertrautes und inniges Verhältnis zu der Möwe aufgebaut hatte, und aus purer Eifersucht steckte sie sie eines Tages in den Herd und verbrannte sie unter dem Vorwand, sie sei voller Flöhe. Das einzige, was von ihr übrigblieb, waren die Augen, die sie herausgepolkt hatte und nun mit einem unschuldigen Ausdruck und einer Bewegung voll berechnender Grausamkeit vor mir auf den Tisch legte.
Ich war selbst ganz bewegt über meine schreckliche Kindheit und die fürchterlichen Erlebnisse, denen ich ausgesetzt gewesen war und die nach und nach auftauchten, wenn Elise mich zu erzählen bat. Nach der Geschichte mit der Möwe trocknete sie ihre verweinten Augen, legte den Kopf an meine Brust und begann in schwärmerischen Wendungen von der Freiheit und dem Glück zu sprechen, das zusammen zu finden wunderbar sein müsse.
Stell dir vor, wenn wir Flügel hätten und zwei schöne, weiße Möwen wären, die zusammen fortfliegen könnten, sagte sie träumerisch, weg aus der Bude hier – ich war zu Elise gezogen, die ein Zimmer in einem großen, feuchten und düsteren Block mit vielen Stockwerken hatte – und weg von all den ekelhaften Saufbrüdern in der Kneipe, für die ich immer rennen muß, weit weg an einen schönen, kleinen Strand, den wir ganz für uns allein haben könnten.
War Elise in solche Träumereien versunken, dann nützte es gar nichts, daß ich ihr ein bißchen an die Zitzen griff, ich mußte warten, bis sie ausgeträumt hatte und mich mit niedergeschlagenen Augen darum bat, ihr die Klapse auf den Hintern zu geben, die sie wie ein Aal zappeln ließen, obgleich sie nicht rank und schlank war, sondern ganz im Gegenteil an allen Ecken und Kanten immer stärker

ausbeulte und mich sozusagen in dem Wellengang aus schweißigen und schwappenden Formationen ihres Körpers ertränken konnte.
Ich war so glücklich, daß ich es nicht schaffte, wie gewöhnlich zur Arbeit in den Hafen zu gehen, und außerdem mußte ich mich erst nach dem Wutanfall und dem Branntwein erholen. Ich genoß es so richtig, lange zu schlafen – das hatte ich bis dahin nur ganz ausnahmsweise versucht –, doch hier in der Großstadt ergab sich das gleichsam von selbst, und Elise sorgte immer dafür, daß Essen für mich bereitstand, das ich mir nehmen konnte, wenn ich aufwachte und während der vielen Stunden, in denen sie in der »Guten Hoffnung« arbeitete. Nun hätte ich ja eigentlich richtig ausgeruht sein müssen, das Komische war jedoch, daß ich nach den ersten paar Tagen, in denen ich die Kräfte und den Lebensmut zurückkehren spürte, von einer schleichenden Müdigkeit heimgesucht wurde, die mich immer wieder in eine schwere Dösigkeit versinken ließ. Jedesmal, wenn ich so vor mich hin gedöst hatte und daraufhin endlich wieder aufwachte, hatte ich das Gefühl, etwas Unersetzliches verpaßt zu haben, das ich in irgendeiner Weise wieder einholen mußte, bevor es zu spät war. Deshalb raste ich umher, eilte die Treppen hinunter und rannte fast die Straße entlang, bis ich außer Atem stehenblieb und vergessen hatte, was ich eigentlich wollte. Dann ging ich mit hängenden Ohren und schleppenden Schritten weiter und spürte, wie ich wieder in diesen Dämmerzustand versank, obgleich ich vom Lärm und der Bewegung der Straße umgeben war. Ich wurde von diesen dösigen Zuständen so erschöpft, daß ich in der Regel wie ein Stein schlief, wenn Elise nach Hause kam. Sie war zwar müde von den vielen Stunden Arbeit, aber trotzdem zu dieser Tageszeit noch immer lebendig und gut aufgelegt, deshalb weckte sie mich und versuchte, ein bißchen Leben in mich zu bringen, kippte Branntwein in mich hinein und bat mich, von der bösen Stiefmutter, der weißen Möwe und der Drangsal meiner unglücklichen Kindheit zu erzählen. Doch der Branntwein machte mich im Laufe eines Augenblicks wieder so dösig, daß ich mich unmöglich auch nur an einen der boshaften Einfälle meiner Stiefmutter erinnern konnte und überhaupt vor allem nur schlafen wollte; und selbst Elises weiße Backen sah ich wie in einem Dusel und war außerstande, sie mit dem Feuer und Enthusiasmus zu klopfen, die ihren schwellenden Körper zum Zappeln und die Quelle des Saftes zwischen ihren Beinen zum Laufen und zum Überlaufen brachten.
Um mich tagsüber etwas aufzumöbeln, griff ich auf den Branntwein zurück, der auch ein guter Freund und Helfer war – die Tage füllten

sich mit sonderbaren Erlebnissen und Bekanntschaften mit vielen Männern und Frauen, mein Nachtschlaf dagegen wurde noch schwerer. Eines Morgens war Elise von ihrer Arbeit in der »Guten Hoffnung« nicht nach Hause gekommen, und es zeigte sich, daß sie mich zugunsten eines heruntergekommenen Pianisten mit langen Fingern, pomadisiertem Haar und den großen, treuen Augen eines unglücklichen Hundes verlassen hatte. Meine erste Eingebung war, diesen Hering zu verdreschen, doch obgleich ich unglücklich war, war es mir unmöglich, wütend zu werden, statt dessen fiel ich ihm weinend um den Hals und versicherte ihn meiner Freundschaft.
Als ich aber wieder auf der Straße stand, war ich so verzweifelt, daß ich aufhörte zu weinen und ziellos umherzuirren begann. Ich versuchte die Bekanntschaften aufzusuchen, die ich in der letzten Zeit gemacht hatte, nun aber sah ich, daß diese Saufkumpane eine Bande berechnender Schakale waren und die Frauen nichts weiter als ordinäre Weiber ganz ohne Gefühl und Einfühlungsvermögen. Ich sagte ihnen allen die Wahrheit geradewegs in ihre ekelhaften und lasterhaften Fratzen, so daß die Frauen aufheulten und mich zausten und die Männer sich auf mich warfen und auf mich eindroschen, ohne daß ich mich zur Wehr setzte – ich erzählte ihnen nur immer weiter die Wahrheit, ruhig und zähneknirschend, bis sie mehrere meiner Zähne ausgeschlagen hatten und mich in die Gosse warfen, deren Dreck ich meine Wahrheiten zuflüsterte, wobei ich Zähne ausspuckte und die Augen zu öffnen versuchte, die völlig verklebt waren. Anfangs konnte ich überhaupt nicht aufstehen, weshalb ich davonkriechen mußte, völlig bier- und blutverschmiert, doch darum kümmerte sich niemand, denn so ist das Leben in der Großstadt – ich kroch zwischen all den eiligen Beinen umher, und zwischendurch hörte ich eine Frauenstimme etwas sagen, was klang wie: Hoppla, paß auf, daß du nicht auf den da trittst!
Ich muß um alle Straßenecken im Kreis gekrochen sein, denn als es Abend geworden war und ich endlich wieder aufstehen konnte, stand ich an derselben Stelle, ich peilte also direkt das Lokal an, trat ein und hielt mich steif wie ein Soldat. Sie taten, als sei gar nichts, denn von ihrer Warte aus war die Sache ein für allemal aus der Welt, ich aber begann ihnen sofort die Wahrheit mitten in ihre Gesichter zu sagen, die vor mir in einem merkwürdig violetten Nebel auf und ab tanzten, und brachte alles vor, was ich am Nachmittag nicht geschafft hatte. Sie glotzten mich einen Augenblick an, und als nächstes entsinne ich mich daran, daß ich in einem Strom aus Blut und Erbrochenem die letzten Zähne in die Gosse spuckte und daraufhin

wiederum mühsam auf Händen und Füßen davonzukrauchen begann, die sowieso schon völlig blutig waren, diesmal wohlweislich in die entgegengesetzte Richtung, um wenigstens nicht noch mal an derselben Stelle zu landen und wieder gezwungen zu sein, die Wahrheiten vorzubringen, die diese Sippschaft sich so hartnäckig anzuhören weigerte.

An die nächste Woche erinnere ich mich wie durch einen Nebel, doch eines Morgens, als ich unten am Hafen erwachte, ging ich völlig mechanisch hin, um am selben Kai wie früher Arbeit zu finden. Anfangs konnten mich meine alten Arbeitskameraden überhaupt nicht erkennen, denn zuvor war ich immer sauber gewaschen und ordentlich angezogen gewesen, und man nahm mich überhaupt nur, weil man gerade in Verlegenheit war. Natürlich vertrank ich den ersten wie den zweiten und auch den dritten Tageslohn – abgesehen davon, daß ich für die Übernachtung in einer Herberge bezahlte –, zuletzt aber erschien mir dieses Dasein so langweilig, daß ich irgend etwas unternehmen mußte. Ebenso mechanisch, wie ich nach Arbeit gesucht hatte, ebenso mechanisch ging ich nach ein paar weiteren Tagen, in denen ich mein Geld gespart hatte, zum Bahnhof und kaufte eine Fahrkarte nach Silkeborg, denn Hammerum, woher ich kam, konnten sie in ihren Fahrplänen nicht finden. Ich spürte selbst, daß ich in einem Zustand von tödlichem Fatalismus oder eher von Gleichgültigkeit gelandet war, und wenn ich nun nach Hause fahren wollte, dann keineswegs, weil ich dazu besondere Lust hatte – ganz im Gegenteil, ich sah der bevorstehenden Heimkehr nahezu mit Abscheu entgegen –, sondern es war eher der Ausfluß einer zufälligen Laune, der ich es auf diese Weise gestattete, mich herumzukommandieren, ohne daß ich imstande war, mich dagegen aufzulehnen.

Die Fahrkarte in der Tasche ging ich auf die Straßen hinaus, die ich auf Händen und Füßen durchkrochen hatte, und da ich die Qual kommen spürte und fürchtete, sie würde sich zu der altbekannten, verhängnisvollen Wut entwickeln, kaufte ich eiligst eine Flasche Branntwein, die ich ungewöhnlich schnell in mich hineinkippte, so daß ich einen Anlaß hatte, mir noch eine zu kaufen, die ich mir dann zu Gemüte führte. Ich fand mich verschmiert und verschlagen in einer Toreinfahrt wieder, als wehrloses Opfer eines Dunkels, das um so mehr zunahm, je mehr ich zu Bewußtsein kam, und immer dichter wurde, als sollte mein Verstand für alle Zeit darin zugrunde gehen. Ich wäre deshalb ganz sicher auch liegen geblieben, um einfach zu sterben, wenn nicht der Knecht gekommen wäre und mit seinen

Holzschuhstiefeln nach mir getreten hätte. Er bürstete mir auch mit seinem Besen den Kopf ein bißchen ab, um etwas von dem Dreck wegzubekommen, damit er sehen konnte, was ich für einer sei, und als er sich vergewissert hatte, daß ich nicht ins Haus gehörte, schleppte er mich auf den Bürgersteig hinaus, wo er mich hochhievte und mir auftrug zu verschwinden und nie wiederzukommen, denn sonst würde er schon! Und dann schüttelte er seine Faust vor meinen halbblinden und blutunterlaufenen Augen. Sobald er wieder im Hof verschwunden war, streckte ich beide Hände aus und klammerte mich an das Haus, das ich nur mit größter Mühe daran hinderte, über mir zusammenzustürzen. Erst als ich völlig sicher war, daß es unerschütterlich senkrecht stand, wagte ich meinen Griff an der Mauer zu lockern und lehnte mich statt dessen mit dem Rücken daran, während ich mit den Fingern die geschwollenen Augenlider trennte, in der Hoffnung, etwas Alltägliches und Wirkliches sehen zu können, was das Dunkel zum Verschwinden brachte, das meinen Verstand fürchterlicher und kompakter als je zuvor umhüllte. Doch davon wurde es nur noch schlimmer, denn nun bevölkerte sich dieser Zustand des Dunkels und der Hoffnungslosigkeit mit schweigenden, starrenden Tieren, die in hellen Haufen auftauchten, darunter Vögel, die zu schweben schienen, obgleich sie mit gefalteten Flügeln unbeweglich dasaßen, und ich schloß erneut die Augen, um der Verfolgung dieses Sammelsuriums aus Schimpansen, Hühnern, Schoßhunden, Alligatoren und Schmetterlingen zu entgehen.

Nun war mir klar, daß es wirklich übel um mich bestellt war, und obgleich ich wußte, daß sie auf die Dauer das Übel nur noch schlimmer machen würde, sehnte ich mich dennoch wie ein Wahnsinniger nach einer Flasche Branntwein, die mich von der größten Hoffnungslosigkeit und den auf mich lauernden Gespenstern befreien konnte. Ich zitterte am ganzen Körper und begann zu schluchzen. Ich rief mit schwacher Stimme nach Elise, nach meiner Mutter und sogar nach meinem Vater, und während die Tränen rollten, öffneten sich meine Augen erneut, und ich sah das Haus gegenüber beben, weil meine Tränen an der Fassade herunterrannen. Ganz unten war ein Aquarium, das zu meiner Verwunderung nicht nur Fische enthielt, sondern auch verschiedene vierfüßige Tiere und Vögel, die sich völlig still verhielten, als seien sie eine Art unvergängliche Gäste der Ewigkeit, und auch durch den milden Regen meiner Tränen nicht beeinflußt wurden, der nun langsam nachließ, mit dem Ergebnis, daß das Wasser im Aquarium verschwand.

Damals erlebte ich noch die sonderbare Klarheit, die einem Rausch folgt und die Nervenspitzen bloßlegt und alles, was man spürt, in die Seele schickt, die gleichsam sauber gewaschen ist und neugeboren unter dem Eindruck der Dinge bebt, die völlig überwältigend sein können. Das Geschäft mit den ausgestopften Tieren schien mir eine reine Offenbarung zu sein. Ich konnte meinen Blick nicht davon abwenden und spürte ein Entzücken, das in einem Augenblick jede Erinnerung an das Dunkel verjagt hatte, das mich nur einen Moment zuvor hatte fühlen lassen, daß ich lebendig begraben sei. Geistesabwesend vernahm ich, daß die Leute, die vorbeigingen, mich verwundert anstarrten – ich war sicher äußerst sehenswert –, und vergaß völlig meinen eigenen Zustand. Die Kopfschmerzen verschwanden zwar nicht von einem Augenblick auf den nächsten, andererseits aber verhinderten sie nicht, daß mich diese Entzückung erfüllte, die sich langsam in ein Staunen verwandelte, um schließlich in ein Gefühl der Andacht und Dankbarkeit zu münden. Zuletzt hatte ich die einleuchtende Idee, quer über die Straße zu gehen, mit dem Ergebnis, daß ich zur selben Zeit mich selbst, nämlich im Schaufenster widergespiegelt, und die Tiere dahinter sehen konnte, so daß ich mich beiden Teilen gleichzeitig und gleichsam ganz unabwendbar näherte.
Ich war nicht nur wieder bei der einsamen Möwe meiner Kindheit, die mir so strahlend und so voller heimlicher Botschaften erschienen war – nein, dies übertraf alles, was ich in dieser Richtung je gesehen hatte, und ich verschlang jedes einzelne Exemplar mit den Augen und bebte, als ich sah, wie akkurat sie gemacht waren, während ich zugleich sprachlos vor Bewunderung bemerkte, wie jedes genau die kleine Eigentümlichkeit besaß – die Stellung der Beine, einen anmutig erhobenen Schwanz, den schrägen Kopf –, die sie lebendig und wirklichkeitsnah machte. Wie lange ich so in ihre Betrachtung versunken war, weiß ich nicht, denn ich vergaß Ort und Zeit, irgendwann aber erblickte ich einen Zettel, der ganz links innen an die Scheibe geklebt war und auf dem stand:

LEHRLING GESUCHT

Ich starrte darauf, als sei ich verrückt, mich durchliefen Kälteschauer, ich wandte mich ab und blinzelte in die Sonne und wandte mich wieder dem Zettel zu und flüsterte mir die Worte halblaut vor, als wagte ich fast nicht, sie über meine Lippen kommen zu lassen, aus Furcht davor, sie könnten beschädigt werden, wenn sie ausgesprochen würden.

Es war mir nie zuvor eingefallen, doch in diesem Augenblick wußte ich, daß ich hier im Dasein nur einen einzigen großen Wunsch hatte: Ich wollte lernen, diese wunderbaren, leblosen und trotzdem so lebendigen Geschöpfe herzustellen – und wenn ich das durfte, dann konnte alles andere meinetwegen zum Teufel gehen. Obendrein war ich überzeugt davon, daß dies meine letzte und einzige Möglichkeit zur Rettung sei – aber auch, daß ich mich sehr gern in die schwierige und zeitraubende Arbeit vertiefen und meine ganze Seele hineinlegen würde, denn die dürstete nach einem Ziel und einem Sinn hier im Dasein.
Gleichzeitig verzweifelte ich, denn so, wie ich zugerichtet war, konnte ich mich unmöglich dem Inhaber, Dr. Schwartz, vorstellen, und wie durfte ich hoffen, ein wenig präsentabler aussehen zu können, bevor vielleicht ein anderer sich an ihn wandte und angenommen wurde? Ich wollte gerade alle Bedenken beiseite schieben und mich trotzdem Dr. Schwartz vorstellen – ja, ich war wirklich ganz verzweifelt und zu allem imstande –, als mir zu meiner Erleichterung aufging, daß es Sonntag war und das Geschäft zu hatte.
Im nächsten Augenblick war ich wieder unschlüssig und wurde von bangen Ahnungen heimgesucht, denn wie sollte ich in weniger als vierundzwanzig Stunden so weit sein, daß ich einen vertrauenerweckenden Eindruck machen konnte, so, wie ich aussah – mit geschwollenen Lippen und Augen, geronnenem Blut im Haar, blutunterlaufenen Stellen, das Hemd von Blut befleckt und die Jacke und die Hose in einer völlig unbeschreiblichen, zerknautschten und schmutzigen Verfassung? Wo sollte ich hingehen? Denn natürlich war ich auch völlig blank. Ich zottelte niedergeschlagen davon, wobei ich mir die wahnsinnigsten Möglichkeiten wie Überfall und Einbruch überlegte und gleichzeitig meine Augen unter den anderen Spaziergängern umherirren ließ, in der unbewußten Hoffnung, einen Mitmenschen zu erblicken, der mir helfen konnte. Doch die glichen keinen Mitmenschen, alle die, die da ihre Sonntagskleidung spazierentrugen, die glichen nur gewöhnlichen Bürgern, und das ist etwas ganz anderes, ich sah schon von weitem, wie sie an mir vorbeisahen, als ginge neben mir eine sehr interessante Person her, die sie daran hinderte, mein peinliches und unsympathisches Elend zu sehen.
Während ich so dahinging, fiel mein Blick auf etwas wie eine feine Spalte oder einen Schlitz im Strom dieser spazierenden Bürger, durch den ich zu einem Menschen dahinter hindurchschauen konnte, ein ungewöhnliches und mir unerklärliches Phänomen, das

mich stehenbleiben und meine Augen reiben ließ, in dem Glauben, mit ihnen sei etwas nicht in Ordnung; aber er blieb darin, als hätte er seine eigene Straße für sich allein, mit seinem eigenen charakteristischen Licht von seiner eigenen Sonne und was sonst noch an Wolken und verwandten Phänomenen dazugehört. Ich konnte nicht umhin, ihm zu folgen und zu ihm hineinzuspähen und ihn anzuschauen und zu bemerken, daß er ein großes und anscheinend schweres Buch trug, das seine unbedeutenden Kräfte fast überstieg, weshalb er mir leid tat, denn er schien es sowieso schon nicht allzu leicht zu haben. Außerdem war es vollkommen klar, daß er aus Jütland kam, er strahlte in seiner soliden und etwas unbeholfenen Kleidung, die zerknüllt und mitgenommen aussah und von traurigen Nächten und bitteren Erfahrungen zeugte, buchstäblich die Einsamkeit eines jungen unbeholfenen Jüten in dieser unbarmherzigen Großstadt aus. Bevor ich wußte, was ich tat, hatte ich in meinem Eifer die Spalte überschritten, ich war durch den Schlitz gewitscht, hinter dem er sich ganz einsam befand, und bewegte mich nun mit ihm zusammen auf der Straße, die er um sich hatte, und als ich seinem Blick begegnete, fiel mir dessen trauriger Stolz auf, seine ferne, freundliche Überlegenheit, die von besorgten Grübeleien gepeitscht und geplagt wurde.
Er sah mich und runzelte die Brauen. Das war nicht weiter überraschend, wenn man bedachte, wie ich aussah – ich glich dem schlimmsten Strolch und hatte zweifellos den hilflosen Ausdruck eines gefolterten Hundes, als ich ihn angaffte. Außerdem war ich groß und kräftig und er nur zart, so daß er vielleicht erwartete, ich würde ihn im nächsten Augenblick niederschlagen. Jedenfalls klammerte er sich mit beiden Händen an das Buch und sah sich erschrocken um, doch wir waren allein auf seiner Straße, unter seiner Sonne und mit seinen Schatten – alle die anderen gingen außerhalb des Schlitzes, und im übrigen waren wir ihnen völlig gleichgültig. Sein nächster Blick auf mich vergewisserte ihn, daß ich mit meinen langen dicken Armen, die kraftlos herunterbaumelten, keine bösen Absichten hegte, und daß es viel eher so aussah, als hätten wir uns aus purer Hilflosigkeit einander angeschlossen.
Wie sind Sie denn hier gelandet? fragte er, als wir eine Zeitlang nebeneinander hergegangen waren.
Ich bin durch eine Spalte gewitscht, sagte ich bedeutsam, das war nicht sonderlich schwierig, es ging fast ganz von selbst, aber – wie geht das vor sich? – ich verstehe es selbst nicht – was heißt das?
Er schüttelte den Kopf.

Ich persönlich habe den Weg gerade erst eingeschlagen, sagte er. In Wirklichkeit dürfte ich nicht besorgt sein, und es quält mich, daß ich es doch bin. Auf diese Weise verstärkt die eine Sorge die nächste, und das ist natürlich völlig falsch. Ich hoffe bald so weit zur Vernunft zu kommen, daß es dann in die richtige Richtung geht.
Ja, aber das Buch, sagte ich, das ist doch viel zu schwer für Sie, so, wie Sie es da herumschleppen. Soll ich es nicht tragen?
Er warf mir einen so feindseligen und mißtrauischen Blick zu, daß ich ganz erschrocken war; dann sagte er: Nichts zu machen, ich lasse mich nicht so an der Nase herumführen, wenn Sie hinter dem Buch her sind, dann können Sie gleich verschwinden.
Ich war unglücklich und lenkte versöhnlich ein: Ja, aber, Sie mißverstehen mich, ich wollte Ihnen nur helfen. Ich werde das Buch nicht mit dem kleinen Finger anrühren, und übrigens kann ich kaum lesen, was sollte ich also mit so einem dicken Buch? Das wäre doch die reinste Strafe, wenn ich mich da durchbuchstabieren müßte.
Ja, dann weiß ich wirklich nicht, was aus Ihnen werden soll, sagte er und sah mich nun besorgt an. Alles, was man braucht, steht nämlich in dem Buch hier, und es ist mein großes Glück, daß ich es mir und damit die Richtschnur der Vernunft gesichert habe.
Das gilt vielleicht für Sie, wandte ich ein, aber für mich ist das ganz anders. Morgen will ich mich um eine Stelle bewerben, die für mein Leben entscheidend ist – und sehen Sie nur, wie ich aussehe! Ich ging ganz friedlich die Straße entlang, als ich von einem Haufen Rowdies überfallen wurde, und wenn ich mich nicht verteidigt hätte, hätten sie mich ganz sicher totgeschlagen. Ich habe sie in die Flucht getrieben, aber was nützt das schon, so, wie ich zugerichtet bin? Und das schlimmste ist, ich kann nirgendwo hingehen.
Ich bin auch überfallen worden, erzählte er eifrig, und später kam ich ins Gefängnis, weil ich an einer Demonstration teilgenommen hatte. Nun kann ich mein Hotel nicht bezahlen, und ich kann auch nicht, wie geplant, weiterreisen, denn Geld und Fahrkarten wurden mir gestohlen. Was soll ich bloß tun? Von dem Buch trenne ich mich unter keinen Umständen. Wenn ich das habe, dann kann ich mich durchaus damit abfinden, daß ich nicht in die Schweiz komme, um meine Ausbildung zu vollenden, aber dann muß ich wenigstens nach Hause, nach Silkeborg, so daß ich endlich vernünftig leben kann und alle Träume von einer großen Zukunft fahrenlasse, die nur die reine Eitelkeit sind und nicht zur Zufriedenheit des Herzens und zur wahren Glückseligkeit führen.

Ich verstand nicht, was er mit all diesen sonderbaren Worten meinte und was das Ganze sollte, aber als er Silkeborg sagte, fiel mir die Fahrkarte ein, die ich gekauft hatte, und ich begann in meinen Taschen herumzuwühlen.
Ich fand sie auch zerknüllt in einer Jackentasche und zog sie nachdenklich heraus, denn es begann mir irgend etwas vorzuschweben, und da wir gerade vor seinem Hotel stehengeblieben waren, sagte ich: Ich habe das Gefühl, ich muß die Fahrkarte hier loswerden, denn morgen muß ich alles auf eine Karte setzen. Es ist eine einfache Fahrkarte nach Silkeborg. Bitte nehmen Sie sie an. Sie tun mir einen großen Gefallen, wenn Sie sie nehmen, denn solange ich sie in der Tasche habe, könnte ich noch immer zu dem Glauben verleitet werden, ein Rückzug sei möglich, und das möchte ich nicht länger annehmen. Für mich geht es um alles oder nichts, und da helfen keine Schliche. Sie dagegen können das Buch unter den Arm nehmen und glückselig heim nach Silkeborg reisen. Als Gegenleistung möchte ich nur eines: Lassen Sie mich Ihr Hotelzimmer benutzen, damit ich mich waschen, meine Kleidung säubern und mich überhaupt in Ordnung bringen kann. Morgen will ich mich um die Stelle als Lehrling bewerben, um zu lernen, wie man Tiere ausstopft, und ich bin sicher, Dr. Schwartz gibt mir eine Chance, wenn ich nur einigermaßen präsentabel aussehe – ich werde ihn schon merken lassen, daß ich darauf brenne, und mich unter keinen Umständen abweisen lassen.
Mein neuer Freund, und das war Elias Lönn, war glücklich.
Aber wie soll ich Ihnen das bloß vergelten? fragte er verwirrt. Ich kann ja die Fahrkarte nicht bezahlen, ich muß es Ihnen schuldig bleiben.
Solange wir hier sind, sagte ich – und ich dachte an den Raum hinter dem Schlitz, wo ich ihn eräugt hatte und durch den ich leise und unbemerkt hindurchgewitscht war –, solange wir hier sind, denken wir nicht an Rückzahlung oder Schulden oder Wiedergutmachung. Seien wir einfach nur zufrieden damit, daß es jedem von uns so gut geht, wie es nun einmal am besten für uns ist.
Dann fügte ich hinzu: Wenn Sie jemals ein Haustier haben sollten, und der Tag kommt, an dem Sie sich davon trennen müssen, weil es krank oder alt geworden ist und sowieso eingeschläfert werden muß, dann kommen Sie mit ihm zu mir! Dann werde ich ein neues und wunderbares Wesen daraus erschaffen, wo Leben und Tod in einer höheren Einheit verschmelzen, die schön und lehrreich ist.
Das versprach er zu tun, und wir gingen zusammen in das Hotel,

wobei ich mich ein wenig im Hintergrund hielt, um keinen Anstoß zu erregen. Lönn war gezwungen, die Uhr, die er als Konfirmationsgeschenk bekommen hatte, abzuliefern, um die Rechnung bezahlen zu können, das Buch aber behielt er, und als ich das Hotel verließ, war ich wie verwandelt, frisch gewaschen, rasiert, die schlimmsten Flecken von meiner Kleidung entfernt, gebürstet und geputzt, so daß ich fast nicht wiederzuerkennen war.

Am Montag – Lönn hatte mir so viel Kleingeld gegeben, daß ich in einer Herberge übernachten konnte – stand ich vor Dr. Schwartz, und trotz meines festen Vorsatzes und obwohl ich mir im Kopf oft wiederholt hatte, was ich ihm sagen wollte und was ihn zweifellos überzeugen würde, stotterte ich nun herum und stammelte so sehr, daß nur losgerissene und sinnlose Brocken herauskamen, die mich mit Scham und Verzweiflung erfüllten. Bereits der Anblick von Dr. Schwartz hatte mich völlig verwirrt gemacht. Er war glattrasiert, bis auf ein kleines, gestutztes Bärtchen an der Oberlippe, und auf dem steifen und untadeligen Eckenkragen ruhte sein Kopf wie ein Gegenstand, der von einer Person mit einer Manie für gerade Linien, Kreisbögen und scharf abgegrenzte Flächen konstruiert war, die alle zusammen mit unterschiedlicher Blankheit von zurückgeworfenem Licht blitzten – Wangen, Nasenrücken, Brillengläser, Stirn, Haar und mitten darin die betrachtenden Augen, deren Blick ebenso manikürt, gepflegt, geschnitten, geglättet und geputzt wirkte wie der Rest der Person.

Da mich zuletzt die Redegabe völlig im Stich ließ, war ich drauf und dran, mich vor ihm auf die Knie zu werfen, um ihn auf diese Weise endgültig von der Ernsthaftigkeit meiner Hinwendung zu überzeugen, die, so fürchtete ich, aus meiner verwirrten und unzusammenhängenden Rede nicht hervorgegangen war, doch bevor es so weit kam, ergriff er das Wort, und ich betrachtete seine Zähne, die nun zwischen den schmalen Lippen zum Vorschein kamen, und hörte die Worte, die klangen, als ließe er sie durch irgendeinen Kunstgriff in schnurgeraden und bewundernswerten Reihen frei und wohlberechnet im Raum hängen.

Wenn ich Sie recht verstanden habe, sagte Dr. Schwartz unter anderem, so legen Sie der neckischen Leblosigkeit der ausgestopften Tiere eine so außerordentliche Bedeutung bei, daß ich sie fast metaphysisch nennen möchte, und Sie beabsichtigen, diesem einzigartigen Handwerk mit einer selbstlosen Inbrunst zu dienen, die Ihrer Liebe zu dessen besonderer Vollkommenheit entspringt und die allein das Verlangen Ihrer Seele befriedigen kann?

Das einzig Unvollkommene an Dr. Schwartz waren seine Zähne. Sie waren gelblich, viel zu groß, als seien sie durch einen Irrtum in seinem Mund angebracht worden, und saßen in einer unordentlichen und komplizierten Weise, die seine Mundhöhle wie die Heimstätte eines heimlichen und unerforschten Grauens wirken ließ, von dem er selbst nichts wußte; ich wurde von einer unwiderstehlichen Lust ergriffen, ihn davor zu warnen, als stelle es eine Bedrohung seiner Existenz dar. Dankbar betrachtete ich seinen Mund, als er ihn wieder geschlossen hatte, und nickte bestätigend – obgleich er Worte benutzte, die ich nicht kannte, und in einer sonderbaren, verwickelten Weise sprach, war mir doch klar, daß er meine Gedanken besser ausgedrückt hatte, als ich selbst es hätte tun können.
Hm, sagte er nachdenklich, wobei er wiederum die Worte zweckmäßig aus seinem grausamen und geheimnisvollen Mund herauskommen ließ, in dem Fall messen Sie unserem Handwerk viel zu große Bedeutung bei. Ihre Inbrunst gehört zwar zu der seltenen Sorte, die es braucht, um einen wirklichen Meister des Faches zu schaffen, aber Sie laufen auch ein beträchtliches Risiko.
Dazu bin ich bereit, rief ich begeistert.
Alles mit Maßen, sagte Dr. Schwartz kühl. Ihre Bewunderung, junger Mann, ist unmäßig und deshalb übertrieben. Ihre Inbrunst ist zu groß: Es gibt nichts unter der Sonne, was zu so großer Inbrunst berechtigt. Alles hat seine Grenzen; und selbst *diese* Überzeugung muß ihre eigene, geheimnisvolle Grenze haben. Außerdem ist da noch etwas, was mich bedenklich stimmt: Sie haben noch gar nicht nach dem Lohn während der Lehrzeit gefragt. Da Sie – wie ich sehe – unbemittelt sind, müssen Sie sich ja wohl Gedanken darüber gemacht haben, wovon Sie leben wollen? Denn man wird nun einmal nicht satt von der Inbrunst, die Sie im Übermaß besitzen.
Doch nehmen wir einmal an, fuhr er fort, daß das Alter und die unumgängliche Disziplin der Arbeit Ihrem leicht beweglichen und jugendlichen Gemüt den notwendigen Ballast verleihen werden; nehmen wir einmal an, ich bezahle Ihnen so viel, daß Sie eine notdürftige, doch achtbare Existenz aufrechterhalten können – dann können Sie sich vielleicht zu einem brauchbaren Handwerker, vielleicht sogar zu einem Meister entwickeln, der mit den täglichen kleinen Fortschritten und Prüfungen, aus denen das Leben eines Handwerkers nun einmal besteht, zufrieden ist, der alle die großen Visionen, die erregten Gemütszustände und seelenvollen Neigungen, die Sie zum Ausdruck zu bringen suchen, abgelegt hat. Neh-

men wir das einmal an: Sie können dann morgen früh Punkt sieben Uhr anfangen.

Er schloß den Mund, verbarg hinter dem schmalen Strich der Lippen das unnennbare und unsympathische Mysterium der Zähne, das während seiner Rede so einfach und anstößig hervorblitzte und mich fast in ein ängstliches und schamvolles Lachen hätte ausbrechen lassen, das ich unmöglich hätte erklären können. Errötend verließ ich den Laden und Dr. Schwartz, und die ganze Nacht über hielt ich mich aufrecht, um meine Kleidung nicht zu zerknautschen – für die Herberge hatte ich kein Geld – und am nächsten Morgen Punkt sieben Uhr meine Lehrzeit antreten zu können.

Ich besaß Geschick für das Fach. Nach zwei Jahren konnte Dr. Schwartz mir nichts mehr beibringen, und ich betrachtete mich, ehrlich gesagt, bereits weit eher als seinesgleichen und als Mitarbeiter denn als seinen Schüler, obgleich ich noch immer für einen bescheidenen Lohn schuften mußte und nichts zu sagen hatte. Wenn ich erst so richtig mit einer Arbeit angefangen hatte, hatte ich das Gefühl, tage- und nächtelang weitermachen zu können, doch das wurde mir nie erlaubt. Abends um sieben löschte Dr. Schwartz unweigerlich das Licht in der Werkstatt und drehte den Schlüssel in der Tür um.

Alles mit Maßen, sagte er, wenn ich ihn darum bat, am Abend und in der Nacht weitermachen zu dürfen, und aufgrund dieser Hartnäkkigkeit, um nicht zu sagen Verstocktheit, war es mir nicht vergönnt, die Meisterwerke, die mir vorschwebten und die eigentlich das Ergebnis meiner Lehrzeit hätten sein können, zu schaffen.

Um mich nicht in meiner Entfaltung hemmen zu lassen, beschloß ich aufzubrechen, obgleich ich dann nicht das Diplom bekommen würde, zu dem nur eine vierjährige, abgeschlossene Lehrzeit berechtigte. Ich hatte den Eindruck, daß ich als Selbständiger mit weit größerer Kühnheit würde in die Leibhaftigkeit und Leblosigkeit eindringen können, die das eigentliche Rätsel der ausgestopften Tiere ausmachen und mich in einer Weise quälten, die ich Dr. Schwartz nicht erklären konnte. Das wäre ungehörig gewesen, und das undeutliche Gefühl der Schamhaftigkeit hielt mich von dem Versuch ab. Das war vielleicht ein Fehler.

Vielleicht hätte ich ihm mein Herz ausschütten sollen, damit er ausnahmsweise einmal hätte sehen können, was ein Herz eigentlich ist, denn ich bezweifle, daß er das wußte.

Ich hatte also recht mit meinen Befürchtungen, sagte er an dem Tag, als ich ihm meinen Entschluß mitteilte.

Ich fühlte, daß ich mich rechtfertigen mußte, und sagte: Ich bin dankbar für die Ausbildung, die ich erhalten habe – aber weshalb soll ich vier Jahre lang als Lehrling arbeiten, wenn ich bereits jetzt die Fertigkeit besitze, für deren Aneignung andere die ganze Lehrzeit brauchen?
Ihre Arbeitsleistungen sind untadelig, sagte Dr. Schwartz, aber ich bezweifle trotzdem, daß Sie sich die grundlegenden Geheimnisse des Faches angeeignet haben.
Dieser rätselhaften Äußerung konnte ich nicht näher nachgehen, doch das, was ich flüchtig von seinen Zähnen gesehen hatte, an die ich mich nie gewöhnt hatte – es kam mir so vor, als sei sein Mund die Heimstätte irgendeines fremden, namenlosen und ungenannten Wesens –, ließ mich plötzlich am ganzen Körper erzittern, und ich mußte unbedingt flüstern: Dr. Schwartz – Ihre Zähne, im Mund – Sie müssen wissen, daß – daß –
Dr. Schwartz erstarrte, es sah ganz deutlich so aus, als schrumpfe er ein, als zögen sich Fleisch und Sehnen und Nerven um die Knochen zusammen, die hervorzutreten begannen – von den Knöcheln bis zu den Wangen und dem Hals, wo ich sie nun sehen konnte, so daß er immer mehr wie ein mit einer Menge überflüssiger Kleidung ausstaffiertes, erstarrtes Skelett aussah.
Wie können Sie es wagen, zischte er durch die zusammengekniffenen, eingeschrumpften Lippen, die ganz weiß geworden waren.
Ich konnte mich fast nicht erheben, irgendwie aber gelang es mir doch, aus der Werkstatt herauszukommen. Ich ging wie in einem Nebel durch den Laden, ohne von den Tieren Abschied nehmen zu können, obgleich ich spürte, daß sie sich um mich scharten, mir nachstarrten und mit ihrer ganzen betörenden, toten Leibhaftigkeit und mit all der in ihnen angelegten Liebe nach mir riefen. Auf der Straße drehte ich mich um. Der Anblick des Fensters hätte mich fast zurückstürzen lassen, um den Bruch wieder auszuglätten, glücklicherweise aber ermannte ich mich und schwor mir, daß ich es der Welt schon zeigen würde. So entging ich der Niederlage vor einer drohenden Schwäche, die auf verhängnisvolle Weise mein ganzes Leben hätte ändern können, und schuf die Grundlage der Selbständigkeit, die es seither kennzeichnet. Ich zitterte noch so stark am ganzen Körper, daß ich mir unbedingt ein paar Glas genehmigen mußte, um zur Ruhe zu kommen, und als das so einigermaßen gelungen war, begann ich Pläne für die Zukunft zu schmieden.
Seit diesem Tag hat das Leben oft versucht, mich zu zerbrechen und mich vom Kurs abzubringen, doch das ist ihm nun nie ganz gelun-

gen, obgleich ich durchaus meine Kämpfe habe führen müssen und mir die Martern nicht erspart geblieben sind, die der Alltag einem bieten kann und die mich daran gehindert haben, so sublim zu leben, wie es den Glücklicheren in der Lotterie des Lebens vergönnt ist.
Es begann damit, daß ich nach meiner Heimkehr nach Dänemark eingezogen wurde. Das Donnern der Kanonen – man machte mich nämlich zum Artilleristen – störte den Seelenfrieden, den ich mir während der monatelangen stillen, konzentrierten Arbeit bei Dr. Schwartz angeeignet hatte, und ich gewann ihn nur mit Hilfe von Branntwein wieder zurück, wenn ich Urlaub hatte und mich in Gesellschaft von Kameraden befand, die aus anderen Gründen ebenso durstig waren wie ich. Während eines solchen Ausgangs machte ich die intime Bekanntschaft der Kellnerin Marie Louise, die Marilise gerufen wurde und einen tiefen Eindruck auf mich machte, weil sie am Tag danach meinen schmerzenden Kopf mit nassen Umschlägen behandelte. Ich verliebte mich in die feinen Daunen ihrer Oberlippe, in das blonde Haar, das sie zu einer kunstvollen Frisur aufgesteckt hatte, die mich an ein ausgestopftes Tier unbekannter Abstammung erinnerte, und in die Fürsorge, die sie an den Tag legte, wenn ich sie am meisten brauchte.
Du großer, verrückter Soldat! sagte sie liebevoll und mit einem schelmischen Ausdruck in ihren prangenden und leicht glubschigen blauen Augen; und wenn ich ihr meine Pläne für die Zukunft entwickelte, lauschte sie hingegeben und bemühte sich auf das reizendste, die tieferen Geheimnisse des Faches zu verstehen, das mein ein und alles war. Deshalb war es nur ganz natürlich und völlig unumgänglich, daß sie allmählich in die Pläne einbezogen wurde, und als ich meine Soldatenzeit beendet hatte, schritt ich mit ein wenig Hilfe ihres gesparten Geldes an die Errichtung meines eigenen Geschäfts in Kopenhagen, und gleichzeitig heirateten wir.
Alles sah von Anfang an ausgesprochen günstig aus, doch die eingebildeten Kopenhagener verrieten bald eine unglaubliche Versnobtheit, unter der ich litt und mit der ich mich deshalb auf die Dauer nicht abfinden konnte. Erstens sahen sie natürlich auf mich herab, weil ich Jüte war, zweitens legten sie weniger Wert auf die sichtbaren Ergebnisse meiner Fähigkeiten, die eigentlich nicht zu übersehen waren, als auf irgendein zufälliges Papier. Wenn die Sachkundigen hörten, ich sei ein Schüler des berühmten Dr. Schwartz aus Hamburg, so erwarteten sie auch, daß ich ein Diplom vorzeigen konnte. Ich sagte ihnen wahrheitsgemäß, daß es Dr. Schwartz nach

zwei Jahren aufgegeben hätte, mich mehr zu lehren, und mich als seinesgleichen betrachtete, aber dann kamen ihnen dennoch Bedenken, und sie wagten es nicht länger, auf ihre eigenen Augen zu vertrauen. Wenn ich dann mit reinen Worten ihre Versnobtheit entlarvte, waren sie tief beleidigt und verbreiteten in ihrem Umgangskreis natürlich böswillige Gerüchte über mich. Es tröstete mich, daß mir Marilise eines Tages erzählte, sie erwarte ein Kind, als ich das aber in aller Unschuld mit ein paar alten Soldatenkameraden gefeiert hatte und eines Morgens etwas benommen, aber sonst guter Laune nach Hause zurückkehrte, empfing sie mich nicht mit den nassen Tüchern und schelmischen Blicken, auf die ich mich gefreut hatte, sondern mit einer sauren und mürrischen Fratze und so querköpfig, daß sie es kaum über sich bringen konnte, meinen Morgenkaffee zu machen, als ich ihr das auftrug. Mir wurde schwarz vor Augen, so daß ich fast wahnsinnig davon geworden wäre, und nun gab es niemanden, der mir aus dem fürchterlichen Zustand heraushelfen konnte – ich hatte einzig und allein die Arbeit, andererseits aber kostete es mich eine fast übermenschliche Anspannung, sie wieder aufzunehmen.

An dem Tag fing ich an, Marilise zu hassen. Ich haßte sie still und innig und war mir anfangs nicht einmal im klaren darüber, was ich da für ein seltsames Gefühl für sie hegte. Erst nach einigen Jahren konnte ich es beim rechten Namen nennen und mich sozusagen dazu bekennen, Haß aber war es die ganze Zeit über gewesen. Im Laufe der Zeit bekamen wir vier Kinder, doch an denen hatte ich nicht sehr viel Freude. Es kam mir so vor, als schrien sie immer, was ich übrigens auch selbst getan hätte, wenn ich der Fürsorge ihrer Mutter überlassen gewesen wäre; um also überhaupt ein wenig Ruhe zu finden, war ich buchstäblich gezwungen, mich früh und spät in der Werkstatt aufzuhalten. Nun hatte ich ja glücklicherweise keinen Dr. Schwartz, der das Licht ausmachte und den Schlüssel umdrehte, ich konnte weiterarbeiten, solange ich wollte, oder bei anderen Gelegenheiten in Ruhe und Frieden die Zeitung lesen, während ich mir ein Glas zu Gemüte führte.

Nach wenigen Jahren konnte ich die Versnobtheit der Kopenhagener nicht mehr ertragen und faßte den Entschluß, mich in Hammerum niederzulassen, wo ich mich weit billiger einmieten konnte, wobei ich von dieser Stadt aus, die so schön mitten im Land liegt, gleichzeitig die ganze Halbinsel mit meinen Schöpfungen versorgen konnte. Marilise war nie über Kopenhagen hinausgekommen und sah in dem Umzug einen rachsüchtigen Einfall meinerseits, und ab-

gesehen davon, daß das natürlich die schwärzeste Lüge war, war ich keineswegs sonderlich traurig darüber, daß sie von den gewöhnlichen Weibern getrennt wurde, die sie ihre Freundinnen nannte. Stellen Sie sich vor – sie nannte mich einen Bauerntölpel, als sei ich mein ganzes Leben lang in Holzschuhen herumgelaufen, und mit dem Verständnis für meine Arbeit war es natürlich schon längst vorbei. Ewig beschwerte sie sich über das Haushaltsgeld, und sie entblödete sich nicht einmal, mich faul zu nennen und mich auch dazu aufzufordern, mich nach einer anderen Beschäftigung umzusehen. Als hätte ich etwas dafür gekonnt, daß das Interesse an ausgestopften Tieren in diesen Jahren nachließ! Als hätte ich etwas dafür gekonnt, daß die Schulen allmählich gut eingedeckt waren! Übrigens lebten wir ausgezeichnet, jedenfalls erträglich, und sie war in Wirklichkeit nur sauer darüber, daß ich kein Vermögen opfern wollte, um ihre Gier nach Kleidern zu befriedigen. Sie bildete sich, glaube ich, ein, sie sei noch immer jung und reizend – du lieber Himmel! Wozu, glauben Sie, hatten sich die Daunen an der Oberlippe allmählich entwickelt? Raten Sie mal! Nein, ich war ganz einfach gezwungen, mir ein bißchen Vergessen anzutrinken, um mich ihr nähern zu können, und dann war sie darüber auch noch sauer – kurz gesagt, egal, was ich tat, um ihr entgegenzukommen und ihr von Zeit zu Zeit noch Liebe zu zeigen, es war immer falsch, und deshalb hörte ich damit auch auf. Danach war nur noch der Haß übrig. Das Schlimmste aber war, daß sie mit dem Alter verdammt boshaft geworden war. Sie redete dauernd davon, daß ohne ihr Geld aus mir nichts geworden wäre – als sei es das bißchen Geld gewesen, das etwas bedeutet hatte, und nicht vielmehr meine Fähigkeiten!
Unsere Kinder besaßen gute Anlagen, das sah ich mit einem Blick, doch sobald sie groß genug waren, mußten sie für sich selbst sorgen, weshalb es nicht lange dauerte, bevor sie nacheinander aus dem Nest entflogen und nur ab und an zu den Festtagen auftauchten. Meine alten Eltern sahen wir nicht sehr oft, obgleich wir nun nicht sehr weit weg von ihnen wohnten. Marilise verachtete diese Bauern, und sie ihrerseits konnten nicht begreifen, daß ich so viele Stunden an eine Arbeit verschwendete – wie sie sagten –, die sie nur als eine passende Freizeitbeschäftigung betrachteten. Die ausgestopfte Möwe, die den schönsten Träumen meiner Kindheit Flügel verliehen hatte, war längst verschwunden, und als ich sie einmal erwähnte, sahen sie verständnislos aus und wiesen mit ihren betrübten Nasen verwundert bald in die eine, bald in die andere Richtung.

Nachdem die Kinder weg waren, hatte ich mehr Ruhe, mich in meine Arbeit zu vertiefen, und ich verbrachte meine glücklichsten Stunden in der Werkstatt oder allein im Laden, wo ich stundenlang dasitzen und einfach nur die mich umgebenden Tiere anschauen konnte – ja, in Wirklichkeit sah ich sie nicht an, denn ich kannte sie natürlich in- und auswendig; ich war mit ihnen in einer tieferen und wunderbareren Weise zusammen, als man es mit Menschen oder anderen lebendigen Wesen sein kann. Es war, als könnte ich die Leblosigkeit mit ihnen teilen, als sei ich mit einer feinen und unverfälschten Leere ausgestopft, die mich den sonderbaren, unmerklichen Übergang zwischen lebendig und leblos erleben ließ und mir Zugang zu den unvergänglichen Mineralen der Zeitlosigkeit verschaffte.

In diese Beschäftigung war ich an jenem Tag vertieft, an dem die mir fremde und unbekannte Frau Lönn eintrat. Da solche plötzlichen und unerwarteten Besuche nicht sehr häufig waren, dauerte es etwas, bis ich zurückfand und so im gewöhnlichen alltäglichen Sinne ganz gegenwärtig war. Sie sagte allerdings auch nichts, und auf diese Weise verging so lange Zeit, daß ich in die Regionen der Leblosigkeit zurückgesunken wäre, in dem Glauben, auch sie gehöre dorthin, wenn sie nicht so gequält ausgesehen hätte, daß es mich beunruhigte. Hinzu kam der Korb, den sie zwischen uns auf den Ladentisch stellte, als enthalte er an sich die Erklärung ihrer stummen, aufdringlichen Anwesenheit.

Glauben Sie an Vorahnungen? fragte sie plötzlich.

Ja, antwortete ich augenblicklich, ohne Bedenken.

Weshalb ich ja sagte, weiß ich nicht und begreife ich bis heute nicht, denn ich bin nie abergläubisch gewesen; in dem Augenblick aber war es mir unmöglich, anders zu antworten, als müsse das Gespräch, das wir begonnen hatten, notwendigerweise seiner eigenen absonderlichen Logik folgen.

Einen Augenblick später fuhr sie fort: Heute morgen, kurz bevor ich aufwachte, träumte ich, ich sei eine Fliege.

Das ist aber unheimlich, murmelte ich erschlagen.

Sie nickte stumm.

Nach einem Augenblick, in dem unsere Atemzüge wie das fast lautlose Flüstern einer unbestimmten Drohung klangen, sagte die Frau tonlos: Elias Lönn ist tot.

Diese lakonische Mitteilung erschien mir so sonderbar, daß ich das Interesse an dem unheimlichen Traum verlor und verwirrt und tastend die Erinnerung an eine Vergangenheit aufzudecken begann,

die die dazwischenliegenden Jahre längst verborgen und ausgelöscht hatten. Aber was sollte das heißen, daß diese Vergangenheit gerade jetzt und gerade in dem Mund dieser Frau zurückkehrte? Und sollte ich mich darüber freuen oder traurig darüber sein, daß die Zeit selbst so nach mir schlug? Darüber, daß sie anscheinend in die verkehrte Richtung schnurrte? Darüber, daß sie einen Toten auferstehen ließ, um ihn sofort und endgültig ins Grab zu befördern?
Aber Sie kannten ihn doch? fragte die Frau und betrachtete mich prüfend.
Nein, antwortete ich, weil ich den Drang verspürte, die Wahrheit zu sagen.
Dann fügte ich hinzu: Natürlich kannte ich ihn, so – aber was spielt das für eine Rolle?
Die Frau sagte nachdenklich: Vielleicht war es auch gar keine Vorahnung seines Todes, denn Lönn war ja völlig blutig und zerfetzt, wohingegen der Körper, auf dem ich herumspazierte, einfach unter meinen Füßen still und kalt wurde und mich dadurch mit Entsetzen erfüllte, denn wenn es etwas gibt, was ich hasse und verabscheue, dann den Tod; wenn das Entsetzen denn nicht ebensosehr an der fürchterlichen Wesensform lag, die ich angenommen hatte und der ich um alles in der Welt entgehen wollte.
Sie sah mich fragend an, so, als sollte ich das Rätsel aufklären können, wozu ich natürlich außerstande war; ich entsinne mich jedoch an diese dunklen Worte, weil ich mich unwillkürlich anstrengte und ihnen in der vergeblichen Hoffnung lauschte zu begreifen, worum es sich bei der ganzen Geschichte eigentlich handelte.
Nun fuhr sie verständlicher fort: Wenn Sie Elias Lönn gekannt haben, dann müssen Sie der Mann sein. Nun leugnen Sie es nicht! Wir sind heute morgen losgefahren, weil Lönn Spinoza zu Ihnen bringen wollte.
Wen? fragte ich.
Sie schob den Korb zu mir hin und sagte: Ich habe Sie durch Nachfragen gefunden. Er muß sich etwas dabei gedacht haben, denn er tat nichts ohne einen vernünftigen Grund. Spinoza.
Aber was ist denn geschehen? fragte ich, ohne den Korb anzurühren.
Elias Lönn wurde vor einer Stunde mit einer Handgranate in die Luft gejagt, antwortete sie.
Nun entsann ich mich, daß während meines kürzlichen Aufenthalts im Grenzland der Leblosigkeit eine ferne Explosion erklungen war und daß ich gerade noch denken konnte, die geht dich nichts an,

bevor ich mich wieder in der inhaltlosen Stille befand, die von den Füchsen, Igeln, Eichhörnchen, Kreuzottern, Krähen und Möwen bewacht wurde, die mich mit ihrer vertrauten und unbeeinflußbaren Unantastbarkeit umgaben.

Was soll das denn heißen, rief ich bestürzt aus, ist der Krieg etwa nach Hammerum gekommen?

Die bleiche und leidende Frau sah aus, als denke sie darüber nach, dann sagte sie: Nein, ich glaube, es ist noch schlimmer.

Meine Bestürzung nahm noch zu, weil ich nicht begriff, was sie meinte, und ich sagte nichts. Auch sie verhielt sich stumm, und so standen wir lange in Grübeleien versunken da. Es war mir, als sollte ich sie nach etwas fragen, aber mir wollte nicht einfallen, was es war.

Schließlich brach sie die Stille und sagte: Ja, Sie können den Korb einfach behalten.

Ich zuckte zusammen. Diese viel zu alltäglichen und einleuchtenden Worte klangen sinnlos und machten das Ganze noch unerträglicher und unverständlicher. Die Frau nutzte meine Verwirrung aus und ging durch die Tür hinaus, und bevor ich mich zusammengerafft hatte, hatte sie diese hinter sich geschlossen. Im selben Moment dämmerte mir, daß sie Frau Lönn sein mußte, obgleich ich nicht imstande war, das zu verstehen. Sie war jedenfalls um die Vierzig, Elias Lönn aber schien mir ein strebsamer und schüchterner junger Mann zu sein, kaum über Zwanzig, der sich gerade entschlossen hatte, ein nützliches und bescheidenes Leben unter der Herrschaft der Vernunft zu leben. Im nächsten Augenblick wurde er dann in völlig unverständlicher Weise, sozusagen vor meiner Nase, aus dem Weg geräumt. In dem Raum zwischen diesen beiden – dem jungen Lönn und dem toten Lönn – gab es nur einen undurchdringlichen Nebel, den ich nicht mit einem Leben und bestimmt nicht mit der Frau verbinden konnte, der ich gerade gegenübergestanden hatte.

Am liebsten wäre ich in den angenehmen Zustand zurückgesunken, in dem ich mich befunden hatte, bevor die Tür aufging, doch das war unmöglich. Außer den Gedanken, die in mir wieder zum Leben erweckt worden waren, hinderte mich daran auch der Korb. Der konnte ebensogut durch einen der Zauberkünste herbeigebracht worden sein, von denen man in »Tausendundeiner Nacht« hört, denn das Erscheinen und ebenso plötzliche Verschwinden der Frau trug fast den Charakter einer Sinnestäuschung und ließ sich nicht nachprüfen. Der Korb dagegen war jedoch ganz wirklich und stand

immer weiter vor mir auf dem Ladentisch, mit seinem rätselhaften Inhalt, der mir von dem Lönn geschickt worden war, der weder der hoffnungsvolle Mensch war, an dessen Züge ich mich noch schwach erinnerte, noch die übel zugerichtete Leiche, als die er schließlich endete, sondern dagegen der undurchdringliche, formlose und geheimnisvolle Nebel, der all das Dazwischenliegende einhüllte oder, genauer gesagt, ausmachte.
Ich nahm den Deckel ab und sah im Korb eine zusammengerollte Siamkatze. Ihre eiskalten, blauen Augen hatte das Alter getrübt, noch aber erfüllte sie der aristokratische Stolz, der grundlegende Zug ihres Charakters. Sie betrachtete mich mißtrauisch, herablassend und feindlich und sah aus, als überlege sie sich, ob sich das Aufstehen lohne. Schließlich entschloß sie sich, trat mit langsamen, wohlüberlegten Bewegungen lautlos aus dem Korb heraus und sah sich mit einem Ausdruck resignierter Neugierde hochmütig um. Sie litt zwar an keiner auffälligen Krankheit und hielt sich noch immer stolz auf den gebrechlichen Beinen, dennoch aber ging von ihr ein Schein abgedankter Schönheit und hinfälliger Würde aus. Sie besaß nicht mehr sehr viel Lebenskraft, der Pelz unter dem Bauch war schlaff, und sie bewegte sich steifbeinig und vorsichtig und im übrigen mit einem Ausdruck des Ekels, als verabscheue sie von vornherein die unbekannte Welt, die sie nun umgab und von deren Erforschung sie deshalb ohne Verdruß Abstand nahm.
Die hat das Leben aber satt, dachte ich bei mir, während ich Spinozas halbherzigen Versuch, sich für die unbekannte Umgebung zu interessieren, betrachtete.
Nach ein paar langsamen Schlägen mit dem Schwanz, die wie die müde Geste wirkten, mit der ein alternder Philosoph eine uninteressante Problematik abfertigt, und nachdem er mir einen vorwurfsvollen Blick voller unausgesprochener Anklagen zugeworfen hatte, kehrte Spinoza mit trägen Bewegungen, die ein trauriger Liebreiz prägte, der in sich noch einen Abglanz des einstigen Bewußtseins von den unantastbaren Werten einer verfeinerten Schönheit barg, in seinen Korb zurück.
Warte nur, murmelte ich, du sollst deine ganze Kraft und Schönheit wiederhaben; du sollst neu zu einer ewigen, wenn auch leblosen Herrlichkeit getauft werden und jung und rank mit einem Strahlenkranz ungeschwächten Selbstbewußtseins auferstehen; ja, du sollst in Wahrheit zur ewigen und unveränderlichen Verkörperung der Siamkatze, der Siamkatze Spinoza, werden.
Als ich den Deckel anhob, um ihn wieder auf den Korb zu legen, sah

ich einen alten Zeitungsausschnitt, der an seine Innenseite geklebt war. Er erzählte von mir anläßlich des Umstands, daß ich nach mehrjähriger einträglicher Tätigkeit in der Hauptstadt beschlossen hätte, in meine Heimatgegend zurückzukehren, und mich deshalb in Hammerum niedergelassen und ein Geschäft eröffnet hätte. Ich starrte lange darauf. Es war, als entstiegen sowohl ich als auch vor allem der unbekannte Lönn – der unförmliche, gesichtslose Nebel –, der ihn gewissenhaft mit dem Gedanken an ein Versprechen ausgeschnitten hatte, das ich längst vergessen hatte, daraus mit tragikomischer Entschlossenheit empor. Der hatte vielleicht eine Lehre abbekommen, der Lönn! Und ich – ich legte den Deckel wieder über Spinoza –, ich hatte nun eine bedeutende Aufgabe.
Als ich in die Wohnung hochging, die über dem Geschäft lag, summte ich so vor mich hin, daß Marilise glaubte, ich sei froh. In Wirklichkeit war mir wehmütig zumute, doch für solche Nuancen hatte sie keinen Sinn. Übrigens interessierte sie sich höchstens eine halbe Minute für meinen Gemütszustand, denn wie gewöhnlich hatte sie nur Tratsch im Kopf, und heute mehr als je zuvor. Sie erzählte mir die phantastischsten Geschichten über die Ereignisse, die an diesem Tag eingetreten waren. Eine verrückte Person, die nach der Untat im Auto geflüchtet war, hatte auf dem Bahnhof mehrere Menschen mit Kugeln und Bomben getötet – es fehlte nicht viel, und Marilise hätte behauptet, sie habe die Leichen selbst in Reih und Glied auf dem Bahnsteig liegen sehen. Während sie erzählte, stopfte sie sich Kartoffeln, gedünsteten Blumenkohl und gebratenen Speck in den Mund. Das war ein äußerst unästhetischer Anblick. Ich ließ mich nicht dazu herab, ihr zu erzählen, was ich selbst erlebt hatte. Das war jedenfalls unumstößlich wirklich, und ich wollte es nicht durch den Tonfall hysterischen Genusses beschmutzen lassen, in dem sie das weitererzählen und mir dabei langsam das Erlebnis stehlen und zuletzt alle glauben machen würde, sie habe in dem Augenblick im Laden gestanden, als Frau Lönn eintrat. Je mehr sie redete, um so vulgärer wurde der sinnlose Tod, als sei er nichts weiter als eine banale Theatervorstellung gewesen, die im Hinblick auf so triste Kleingeister wie Marilise inszeniert worden war, die sich langweilten und irgendeine billige Form der Unterhaltung brauchten. Noch während sie also so redete, den Mund voller Kartoffeln, erhob ich mich vom Tisch und ließ sie reden, was sie wahrscheinlich auch weiter tat, und flüchtete in den Laden, wo ich in Abständen einen Schluck aus einer Flasche nahm, die ich wohlweislich unter dem Ladentisch stehen hatte, während ich träumerisch den

Korb betrachtete; ohne auch nur zu einem einzigen Schluß zu gelangen – denn ich hatte es längst aufgegeben, an die betrügerischen Konklusionen irgendeiner behaupteten Lebensweisheit zu glauben, einschließlich meiner eigenen –, grübelte ich über die unverständliche Schönheit in dem seltsam verwobenen Muster des Zufalls und der Gesetzmäßigkeit nach.
In der Nacht träumte ich – schlafend oder halbwach – von dem jungen Lönn, der bleich und unentschlossen ein gewichtiges Buch durch das Hamburger Menschengewimmel trug; von einer blutigen, unkenntlichen Leiche, die mich mit ihrer erschreckenden und unerklärlichen Identität verfolgte; und von einer Nebelbank, in der eine Stimme vergeblich darum kämpfte, zu Worte zu kommen, als wolle sie mich mit einer Botschaft erreichen, und die sich schließlich verdichtete und die Gestalt einer gebrechlichen Katze annahm. All dies Wirre und Schreckliche war das Leben, unerträglich und sinnlos.
Am nächsten Tag schläferte ich Spinoza ein. Nun sah er nach gar nichts aus, selbst der Pelz hatte den letzten Rest von Glanz und Schönheit eingebüßt, doch so mußte es notwendigerweise sein, damit die großartige Transformation stattfinden konnte. Ich hatte Großes mit ihm vor und beabsichtigte, etwas Vollkommeneres und Vollständigeres zu schaffen als je zuvor, das nicht nur mir selbst oder irgendeinem zufälligen Käufer zugute kommen sollte. Deshalb wandte ich die größte Sorgfalt auf meine Arbeit, als ich die Leiche häutete und den Pelz abzog, und deshalb legte ich das kleine Herz bloß und sorgte dafür, daß es nicht beschädigt wurde, als ich es herausnahm, reinigte und in Spiritus tat. Da ich keine Vollkommenheit anstrebte, die in bezug auf die Anatomie sowieso illusorisch sein würde, warf ich den Rest der Innereien in den Mülleimer und begann daraufhin, unter Benutzung von Skalpell und Lösungsmitteln, die Knochen vom Fleisch zu reinigen und auf diese Weise das zierliche und graziöse Skelett bloßzulegen.
Nachdem die Haut gebührend behandelt worden war, konnte ich anfangen, den neuen Körper aufzubauen, den sie von nun an umspannen sollte. Ich modellierte einen jungen und geschmeidigen Spinoza, der mitten in einem Schritt stehengeblieben ist, Schwanz und Kopf erhoben hat und so die normale, raubtierhafte Wachsamkeit der Katze, aber auch das besondere, aristokratische Selbstgefühl des Siamkaters demonstriert. Die blauen Glasperlen, die seine Augen ausmachen, strahlen dämonische Kälte aus einer stolzen und niederträchtigen Seele aus, die alle Annäherungen zurück-

weist, sich zu einer grundlegenden und unergründlichen Einsamkeit bekennt und die Welt und ihre Phänomene mit einer distanzierten und fast erschreckenden Objektivität betrachtet. Es gelang mir wirklich, dem Pelz einen frischgeputzten und glänzenden Schimmer zu verleihen, der im hohen Maß zu der schlagenden Leibhaftigkeit des verfeinerten, akkuraten und raffinierten Wesens beiträgt. Ich war zufrieden mit meinem Werk und stolz, hatte aber auch Bedenken beim Anblick der beunruhigenden Vollkommenheit dieses neugeschaffenen Geschöpfs, das aussieht, als fehle ihm etwas, als verberge sich in der vollkommenen Nachahmung eine quälende Minderwertigkeit oder als weise der enttäuschende Betrug der Vollkommenheit über sich hinaus und entlarve die frechen, traurigen und unwiderstehlichen Mängel des Lebendigen. Mich tröstete deshalb der Anblick des Skeletts, das ich sorgfältig in derselben Stellung angebracht hatte wie das ausgestopfte Tier, denn seiner weißen Vollkommenheit fehlt wohltuend die Persönlichkeit; es besitzt eine beruhigende Neutralität und bewahrt eine trockene, unbestreitbare und gleichsam lässige Wahrhaftigkeit.

Das Ganze schenkte ich der Hammerumer Schule, wo es in Gesellschaft von Mäuseschädeln, Eulengewölle und Versteinerungen, umgeben von den Gespenstern der kindlichen und zerbrochenen Träume fauler, unaufmerksamer Schüler, in einem staubigen Glasschrank landete. Seit jenem Tag haben die Schulkinder von Hammerum immer gute Zensuren in der Anatomie der Katze.

Bengt Söderbergh
Rondo für Teresa

Roman

Rasch und Röhring

390 Seiten, gebunden mit Schutzumschlag